RUDOLF RICHTER

ELEKTRISCHE MASCHINEN III

Elektrische Maschinen

Von

Dr.-Ing. Rudolf Richter
Em. Professor an der Technischen Hochschule in Karlsruhe
vorm. Direktor des Elektrotechnischen Instituts

Dritter Band

Die Transformatoren

Mit 230 Textabbildungen

Zweite, verbesserte Auflage

Springer Basel AG

1954

ISBN 978-3-0348-4077-4 ISBN 978-3-0348-4152-8 (eBook)
DOI 10.1007/978-3-0348-4152-8

Ursprünglich erschienen bei Verlag Birkhäuser AG., Basel 1954.
Softcover reprint of the hardcover 2nd edition 1954

Vorwort zur ersten Auflage.

Eine längere unerwünschte Verzögerung im Erscheinen der „Transformatoren" hätte sich nicht vermeiden lassen, wenn sie, wie es zunächst beabsichtigt war, mit den Asynchronmotoren zusammen in einem Band behandelt worden wären. Der Abschnitt über die Transformatoren wurde deshalb in diesen kleinen Einzelband abgetrennt. Manchem mag vielleicht die ausführliche Behandlung dieses Sondergebietes des Elektromaschinenbaues überflüssig erscheinen, wenn er an das bekannte umfangreiche Werk über Transformatoren von Vidmar denkt. Ich glaube jedoch, manches Neue — nicht nur in der Behandlungsweise, sondern auch in den Ergebnissen und in der Berechnung der Transformatoren — in gedrängter Form in meinem Buch zu bieten, so daß der Leser beim Vergleich mit dem Vidmarschen Buch erkennen wird, daß keines der beiden das andere voll zu ersetzen vermag.

Von meinen Mitarbeitern bei der Bearbeitung des vorliegenden Bandes möchte ich meinen früheren Assistenten Herrn Dr.-Ing. Theodor Bödefeld, jetzt Professor am Staatstechnikum in Karlsruhe, und meine Assistenten Herrn Dr.-Ing. Joseph Reiser und Herrn Dipl.-Ing. Theophil Sitzler in erster Linie nennen. Die Herren Reiser und Sitzler haben sämtliche Teile, Herr Bödefeld einen großen Teil des Manuskripts durchgesehen und dabei zur Verbesserung der Darstellung und Ergänzung des Stoffes beigetragen. Herrn Professor Bödefeld verdanke ich auch einen zusammenfassenden Bericht über den neuesten Stand der Überspannungsfrage, den ich bei Abfassung des Abschnittes C „Überspannungserscheinungen" verwendet habe. Zahlreiche Einzelrechnungen und experimentelle Untersuchungen, die zur quantitativen Klärung der verschiedenen Fragen erforderlich waren und zum Teil in diesem Band verwertet sind, sind als Diplomarbeiten im Elektrotechnischen Institut der Technischen Hochschule Karlsruhe behandelt und von Assistenten überwacht und gesichtet worden. Neben den bereits genannten Herren haben sich hier noch mein früherer Assistent Herr Dipl.-Ing. Ernst Burkart und meine Assistenten Herr Dipl.-Ing. Ludwig Hess und Herr Dipl.-Ing. Wolfgang Mehlhardt beteiligt. Außer den Herren Reiser und Sitzler hat noch mein früherer Assistent, Herr Dr.-Ing. Franz Heiles, die Korrekturen mitgelesen. Besonders wertvoll war mir dabei die langjährige Erfahrung, über die Herr Heiles im Transformatorenbau verfügt.

Ihnen allen sei für ihre Mitarbeit und ihr verständnisvolles Einfühlen in meine Gedankengänge, wodurch sie einen großen Anteil an dem Zustandekommen dieses Bandes haben, herzlich gedankt. Danken möchte ich ferner allen denen — und dazu gehören auch einige Diplomkandidaten —, die gelegentlich bei der Vorbereitung von Einzelfragen mitgeholfen haben, hier aber nicht besonders genannt sind. Auch den Firmen, die mir Abbildungsvorlagen und andere Unterlagen zur Verfügung gestellt haben, und der Verlagsbuchhandlung Springer, die auf alle meine Wünsche bereitwilligst eingegangen ist, spreche ich meinen Dank aus.

Karlsruhe, im März 1932.

Rudolf Richter.

Vorwort zur zweiten Auflage.

Die zweite Auflage von Band III konnte als ein berichtigter photomechanischer Neudruck hergestellt werden, weil die in den verflossenen 20 Jahren auf dem Gebiete der Transformatoren zu verzeichnenden Fortschritte, so wichtig sie auch teilweise sind, an dem grundsätzlichen Inhalt des Buches nichts ändern konnten. Diese Fortschritte und Neuerungen sind unter der Überschrift „Ergänzungen" auf Seite IX bis XXIV, nach Abschnitten geordnet, behandelt. Anschliessend ist dann die wichtigste neuere Literatur (Seite XXV bis XXVIII) angegeben. Die in den Abschnitten E 2 a u. b und F 2 b der ersten Auflage benutzte Begriffsunterscheidung zwischen Spartransformator und Zusatztransformator stimmt nicht genau mit der in § 3 der RET angegebenen überein (vgl. Küchler, ETZ 1933, Seite 463). Um die Begriffe mit den RET in Übereinstimmung zu bringen, sind die genannten Abschnitte entsprechend geändert.

Karlsruhe, im Oktober 1953.

Rudolf Richter.

Inhaltsverzeichnis.

Verzeichnis der Zahlentafeln.

Ergänzungen.

Abschnitt A. Magnetisierungserscheinungen.

Transformatorbleche. In den letzten 20 Jahren sind die Transformatorbleche erheblich verbessert worden. In den USA hat man Bleche entwickelt, die nur bis zu einer Blechstärke von etwa 2,5 mm warm ausgewalzt werden, dann aber kalt auf die gewünschte Blechstärke (gewöhnlich 0,35 mm) gewalzt werden. Nach dem Walzen werden die Bleche noch einer besonderen Wärmebehandlung in Wasserstoffatmosphäre unterzogen, um die Bleche zu entkohlen. Bei diesen kaltgewalzten Blechen wird die Magnetisierbarkeit verbessert, so daß beispielsweise bei den «Hypersilblechen» die Kerninduktion gegenüber den nur warmgewalzten Blechen um etwa 20% erhöht werden darf [L 236]. Während die Verlustziffer bei den nur warmgewalzten Blechen bei 0,35 mm Stärke, je nach dem Si-Gehalt, für V_{10} zwischen 1,5 und 0,9 W/kg und für V_{15} zwischen 3,4 und 2,7 W/kg liegt, haben die kaltgewalzten Bleche bei 0,35 mm Stärke in der Walzrichtung Verlustziffern für V_{10} zwischen 0,75 und 0,55 W/kg und für V_{15} zwischen 2,7 und 1,3 W/kg; quer zur Walzrichtung sind sie erheblich größer. Ein Nachteil der kaltgewalzten Bleche ist, daß sie gegen Erschütterungen sehr empfindlich sind und daß beim Zusammenbau des Transformators und beim Einschichten der Jochbleche besonders vorsichtig vorgegangen werden muß [L 172 u. 240].

Überlappte Blechstöße. Um den Magnetisierungsstrom zu verringern, hat man die stumpfen Blechstöße fast ganz verlassen und führt heute auch sehr große Transformatoren mit überlappten Blechen aus (Abb. 2, 156 u. 157). Über den Einfluß solcher Überlappungen auf den Magnetisierungsstrom und die Eisenverluste liegen einige neuere Untersuchungen vor [L 173 u. 174]. Die Vergrößerung des Magnetisierungsstromes kann man durch einen fiktiven Luftspalt im Eisenweg berücksichtigen, der von der Induktion im Eisenquerschnitt abhängt. Dieser fiktive Luftspalt δ beträgt je Überlappungsstelle bei einzeln verschachtelten Blechen von 0,35 mm Stärke, $V_{10} = 1$ W/kg und Kerninduktionen $B_K < 10000$ Gß $\delta < 0{,}02$ mm, $B_K = 14000$ Gß $\delta \approx 0{,}06$ mm, $B_K = 18000$ Gß $\delta \approx 0{,}1$ mm.

Bei 0,5 mm starken Blechen mit $V_{10} = 1{,}3$ W/kg ist der fiktive Luftspalt etwa 40% größer, bei paarig verschachtelten Blechen ist er etwa 60% größer als bei einzeln verschachtelten [L 174].

Unterdrückung der Oberwellen im Magnetisierungsstrom. Die Oberwellen des Magnetisierungsstromes sind unerwünscht, weil die dem Netz entnommenen Oberwellenströme die Netzspannung verzerren (vgl. Abschnitt A 3 b).

Bei den in Europa üblichen Drehstromnetzen ohne geerdeten Nullleiter treten bei symmetrischem Eisenkörper (vgl. Abb. 8) nur solche Wellen ungerader Ordnungszahl im Magnetisierungsstrom auf, die nicht durch 3 teilbar sind, also hauptsächlich die 5. und 7., da die der höheren Ordnungszahlen von geringerer Bedeutung sind. Bei der heute üblichen Ausführung der Transformatoren mit drei nebeneinander angeordneten Eisenkernen (Abb. 19) treten wegen der Unsymmetrie des magnetischen Kreises auch noch Stromwellen auf, deren Ordnungszahl durch 3 teilbar ist. Für das Netz lassen sich diese Wellen mehr oder weniger unterdrücken, wenn die Anschlüsse der Verteilungstransformatoren ungefähr gleicher Leistung an die Netzleitungen zyklisch vertauscht werden [L 177]. Es bleiben dann nur noch die Oberwellen bestehen, deren Ordnungszahlen nicht durch 3 teilbar sind.

Ein Transformator mit Sternschaltung ohne Nulleiter weist neben der Grundwelle im Magnetisierungsstrom noch eine positive 5. Welle auf (vgl. Abb. 12a oder 16). Bei Dreieckschaltung der Primärwicklung oder bei einer in Dreieck geschalteten Tertiärwicklung (u. dasselbe gilt auch für Zickzackschaltung [L 178]) ändert aber die 5. Welle ihr Vorzeichen (vgl. Abb. 10). Man überblickt das leicht beim Vergleich der Bilder 1 a und 1 b, wovon 1 a für die Grundwelle und 1 b für die 5. Welle des Stromes gilt. Bei Dreieckschaltung ist der Netzstrom J_{II}—J_{III}, der für die 5. Welle das entgegengesetzte Vorzeichen wie für die Grundwelle hat. Für die 7., 17., 19., ... Welle, allgemein für $\nu = 6\,k \pm 1$ (worin k eine ungerade Zahl ist), gilt dasselbe wie für die 5. Welle. Durch Parallelschalten einer Gruppe mit Sternschaltung und einer solchen mit Dreieckschaltung können also die Oberwellen der dem Netz entnommenen Magnetisierungsströme im wesentlichen unterdrückt werden [L 177]. Bei den unsymmetrischen Transformatoren nach Abbildung 19 müßten allerdings 6 Transformatoren gleicher Leistung zu einer Gruppe vereinigt werden, um die Oberwellen im Netz zu unterdrücken. Das wird nur in seltenen Fällen erreichbar sein.

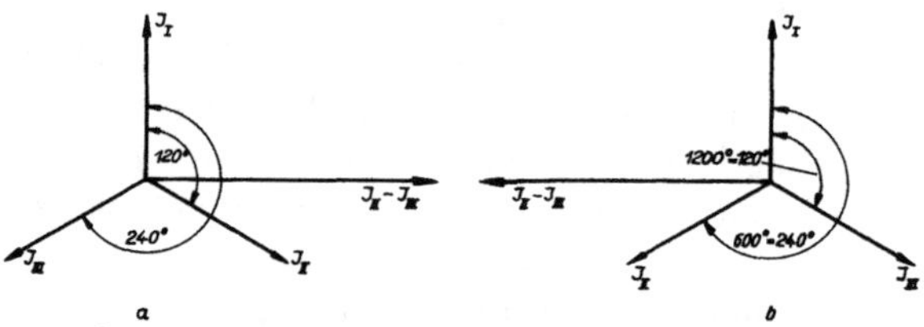

Bild 1. Netzstrom $J_{II} - J_{III}$, a) für die Grundwelle, b) für die 5. Welle.

Buch und *Hueter* [L 178] haben gezeigt, daß die Unterdrückung der 5., 7., 17., 19., ... Welle auch in einem einzigen Transformator möglich ist. Wie ein Blick auf die Abbildung 12 a oder 16 einerseits und 10 andererseits erkennen läßt, haben bei Sternschaltung der Primärwicklung diese Oberwellen das entgegengesetzte Vorzeichen wie bei Dreieckschaltung der Primärwicklung oder bei einer in Dreieck geschalteten Tertiärwicklung. Wenn also in den Kreis der Tertiärwicklung eine Drossel eingeschaltet wird, so lassen sich durch richtiges Einstellen des Blindwiderstandes dieser Drossel die Wellen der Ordnungszahlen $6\,k \pm 1$ (mit $k =$

ungerade) im Magnetisierungsstrom zum Verschwinden bringen. Auch bei Transformatoren mit und ohne magnetischen Rückschluß haben die Wellen der Ordnungszahlen $\nu = 6\,k \pm 1$ verschiedenes Vorzeichen. Durch passende Bemessung des magnetischen Widerstandes des Rückschlusses lassen sich also ebenfalls die Oberwellen $(6\,k \pm 1)$-facher Ordnung unterdrücken. Beim symmetrischen Eisenkörper (Abb. 8) verbindet der magnetische Rückschluß die Verkettungspunkte der Joche; bei dem heute üblichen unsymmetrischen Aufbau des Transformators (Abb. 19) kann der magnetische Rückschluß bei einem fünfschenkligen Transformator mit zwei unbewickelten Kernen gebildet werden (Abb. 29).

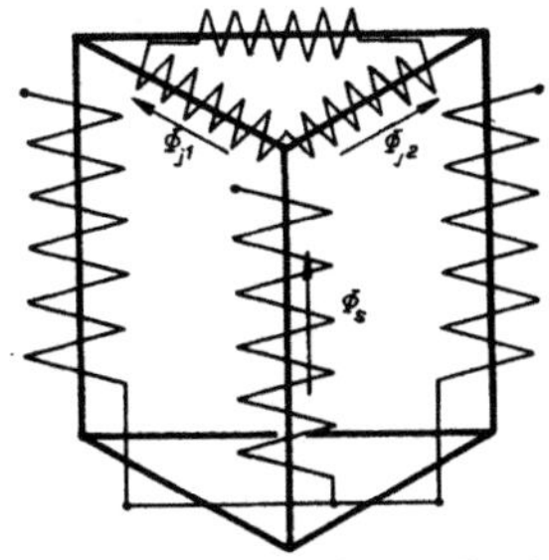

Bild 2. Symmetrischer Dreiphasentransformator zur Unterdrückung der Oberwellen.

Es sind noch andere Vorschläge gemacht worden, um die Oberwellen im Magnetisierungsstrom zu unterdrücken [L 179 u. 180]. Betrachten wir zunächst den symmetrischen Aufbau des Transformators in Bild 2, wobei der Eisenkörper nur durch einfache starke Linien angedeutet ist. Die drei Kerne werden durch die in Dreieck geschalteten Joche verkettet. Die Flüsse Φ_{j1} und Φ_{j3} sind gegen den Kernfluß Φ_S um $\pm 30°$ phasenverschoben (Bild 3a). Für die Wellen $\nu = 6\,k \pm 1$ mit k = ungerade haben also ihre Magnetisierungsströme die Phasen $180° \pm 30°$; für alle geraden k wäre die Summe $J_{j1} + J_{j2}$ in Phase mit J_S. Für ungerade k (also $\nu = 5, 7, 17, 19, \ldots$) ist $J_{j1} + J_{j2}$ in Gegenphase zu J_S (Bild 3b). Damit die Oberwellen $\nu = 6\,k \pm 1$ im Magnetisierungsstrom nicht auftreten, muß also $J_{S\nu} = \sqrt{3}\,J_{j\nu}$ sein. Die in sich geschlossene Tertiärwicklung auf den Jochen in Bild 2 soll die Flüsse der Ordnungszahlen, die durch 3 teilbar sind, unterdrücken. Bei dem unsymmetrischen Aufbau des Transformators nach Abbildung 19 können die Joche nach Bild 4 geschlitzt werden, so daß ihre Teile die drei Kerne im Dreieck verketten.

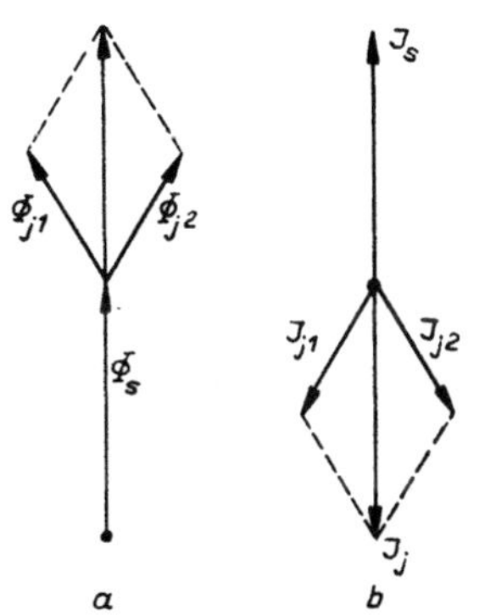

Bild 3. a) Flüsse der Grundwelle in Bild 2, b) Phase der Ströme J_s und J_j für die 5. Welle.

Über die Berechnung der Transformatoren mit oberwellenarmem Magnetstrom s. [L 181].

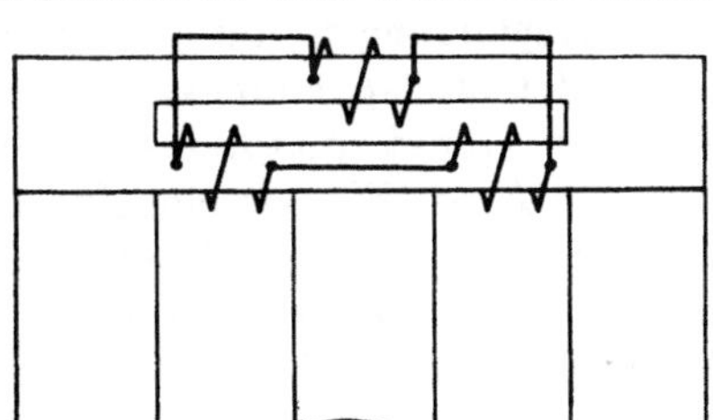

Bild 4. Unsymmetrischer Transformator zur Unterdrückung der Oberwellen.

B. Streuungserscheinungen.

Im Abschnitt B 1 hatten wir zunächst angenommen, daß das System der Primär- und Sekundärwicklung völlig von Eisen umschlossen sei (vgl. Abb. 53 bis 55). Den Einfluß des wirklichen Abstandes der Kerne und Joche von der Wicklung auf die Streuinduktivität des Transformators hatten wir dann durch einen Faktor $k < 1$ berücksichtigt. Für die symmetrische Scheibenwicklung konnte dieser Faktor berechnet werden (vgl. Gl. 78c), für die Zylinderwicklung hatten wir ihn geschätzt. Einige neuere Arbeiten beschäftigen sich mit dem Korrektionsfaktor k bei der Zylinderwicklung (Abschnitt B 1c). Der Einfluß der Wicklungsbreite a zur Wicklungshöhe b (vgl. Abb. 53 bis 55), die axiale Unsymmetrie (vgl. Abb. 74) und der Abstand der Wicklung vom Eisen wird berücksichtigt und eine befriedigende Übereinstimmung zwischen Rechnung und Messung gefunden [L 182 bis 188]. Die Angaben im Abschnitt B 1c werden im wesentlichen bestätigt.

Auch über die Stromkräfte (Abschnitt B 4 b) liegen neue Untersuchungen vor; es werden die radialen und axialen Kräfte [L 189], der Einfluß der axialen Unsymmetrie [L 190] und die Eisennähe [L 191] behandelt. Wie im letzten Absatz auf Seite 89 gezeigt wurde, hat die Nähe des Eisens erheblichen Einfluß auf die Stromkräfte. Nach [L 191] ergeben sich bei der üblichen Ausführung der Transformatoren durch die Nähe der Eisenkerne 60 bis 80% größere Stromkräfte als sie unter der Annahme berechnet werden, daß die Nähe des Eisens vernachlässigt wird. In Übereinstimmung mit dem letzten Absatz auf Seite 89 werden die Stromkräfte durch die Nähe der Joche nur wenig vergrößert, nach [L 191] etwa 5 bis 10%. In [L 192] wird gezeigt, wie groß die Zahl der Abstützstellen gegen den Eisenkern zu wählen ist, damit die Gefahr des Einknickens der inneren Röhrenspulen nicht zu befürchten ist. Die unsymmetrische Zickzackschaltung wird in [L 186] behandelt.

C. Überspannungserscheinungen.

Stoßspannungsprüfung. Seit Erscheinen der ersten Auflage ist der Frage der Stoßspannungssicherheit und damit auch der Gewittersicherheit der Transformatoren große Beachtung geschenkt worden [L 198]. Die von *K. W. Wagner* eingeführte Behandlung der Spulen als Doppelleitung mit einem ihrer Windungsinduktivität und Erdkapazität entsprechenden Wellenwiderstand wurde vertieft durch eine zusätzliche Berücksichtigung der Windungskapazität und der Gegenkapazität zwischen den verschiedenen Windungen. Nach *Rüdenberg* wird das Verhalten einer Spule insbesondere gekennzeichnet durch die «kritische Frequenz» (angenähert gleich der Eigenfrequenz einer Windung). Schwingungen unterhalb der kritischen Frequenz laufen in die Wicklung wie in eine Doppelleitung ein. Bei Sinusschwingungen oberhalb der kritischen Frequenz bildet sich eine zeitlich harmonische, räumlich jedoch feststehende Spannungsverteilung aus, die in das Wicklungsinnere hinein exponentiell abklingt [L 199]. Nach neueren Arbeiten von *Rüdenberg* [L 200 u. 201] kann man nun die tatsächliche Spannungsbeanspruchung einer Wicklung auch dadurch ermitteln, daß man die auftretende Welle beliebiger Form nach *Fourier* zerlegt in eine Wellengruppe mit Frequenzen von 0 bis zur kritischen Frequenz und eine zweite Gruppe mit den Frequenzen oberhalb der kritischen Frequenz. Die erste Wellengruppe dringt in die Wicklung ein wie in eine Doppelleitung mit entsprechenden Wellenwiderständen. Die zweite bewirkt eine jeweils räumliche, feststehende, exponentielle Spannungsverteilung längs der Wicklung. Die tatsächliche Spannungsbeanspruchung ergibt sich aus der Überlagerung der beiden Spannungsverteilungen in den verschiedenen Zeitpunkten.

Man ist heute in der Lage, die Spannungsverteilung bei der Stoßspannungsprüfung in genügender Übereinstimmung mit dem Versuch vorauszuberechnen. Auch der Einfluß der Form der Spannungswelle, der Stirn- und der Rückenbreite, kann berücksichtigt werden [L 202 bis 210].

In VDE 0450/XI 39 «Leitsätze für die Erzeugung und Verwendung von Stoßspannungen für Prüfzwecke» ist die Form der Spannungswelle (Bild 5) durch die Begriffe Stirnzeit T_s, Rückenhalbwertzeit T_r, Halbwertdauer T_h (alle in µs), Stirnsteilheit U_m/T_s in kV/µs definiert. Eine «abgeschnittene» Stoßspannung liegt vor, wenn infolge eines Überschlages ein Spannungszusammenbruch erfolgt. Die Spannung wird dann nach der Zeit $T_{üz}$ abgeschnitten (gestrichelte Ordinate in Bild 5).

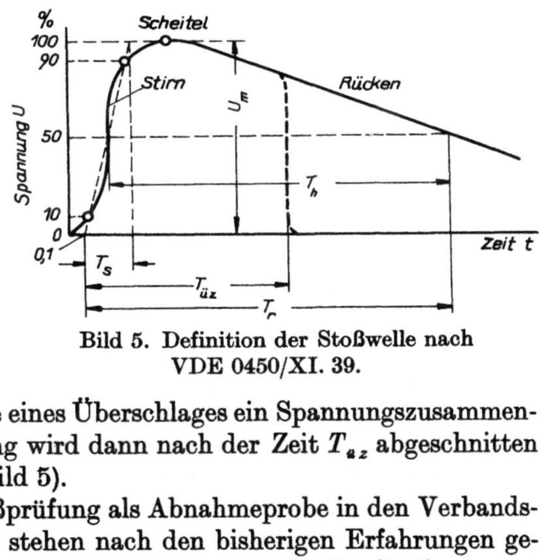

Bild 5. Definition der Stoßwelle nach VDE 0450/XI. 39.

Dem Wunsche, die Stoßprüfung als Abnahmeprobe in den Verbandsvorschriften aufzunehmen, stehen nach den bisherigen Erfahrungen gewisse Schwierigkeiten entgegen. Zunächst wären die Prüfbedingungen, z. B. Form und Höhe der Spannungswelle, einphasiger oder dreiphasiger Stoß, festzulegen. Dann aber ist zu bedenken, daß eine zu strenge Prüfung den Transformator gefährdet, und es scheint noch nicht gelungen zu sein, mit Sicherheit festzustellen, ob der Transformator durch die Stoßprüfung gelitten hat.

Schwingungsfreier Transformator. Transformatoren der üblichen Bauart mit Zylinder- oder Röhrenwicklung, bei der die Oberspannungswicklung aus Scheibenspulen aufgebaut ist (vgl. Abb. 176), lassen sich gewitterfest bauen, wenn die innere Isolierung zwischen Lagen und Leitern der hyperbolisch verteilten Anfangsspannung (Abb. 77a u. b) angepaßt wird [L 212]. Um die verstärkte Isolierung vermeiden zu können, ist anzustreben, daß die Verteilung der Anfangsspannung mit der Endverteilung möglichst übereinstimmt, also geradlinig verläuft. Solche Trans-

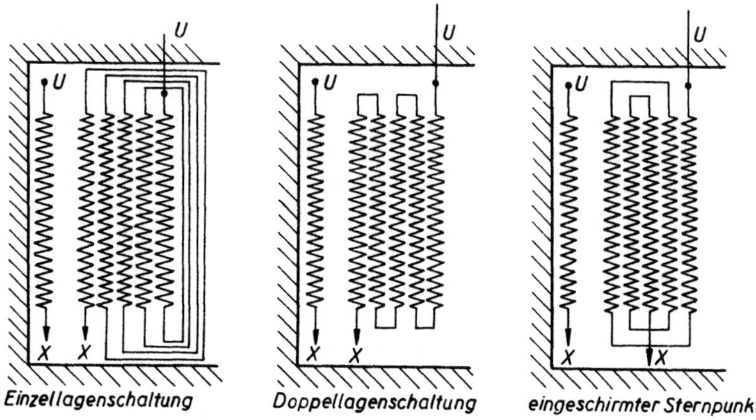

Bild 6. Schaltungen schwingungsfreier Transformatoren mit Zylinderspulen.

formatoren werden «**gesteuert**» oder «**schwingungsfrei**» genannt. Man erreicht diese angenähert geradlinige Spannungsverteilung auf verschiedene Weise. Behält man die Röhrenwicklung mit vorzugsweise axialem Spannungsgefälle bei, so kann durch einen außerhalb der Wicklung mit dem Hochspannungspol verbundenen metallischen Schirm die geradlinige Anfangsverteilung angenähert erreicht werden. Auch durch Vergrößerung der gegenseitigen Spulenkapazität bei Anwendung breitflächiger Spulen, und durch einen an der Eingangsseite angeordneten metallischen Schirm läßt sich die geradlinige Spannungsverteilung erreichen [L 203 u. 179]. Beide Ausführungen werden in den USA, wo der Sternpunkt geerdet ist und drei einphasige Transformatoren zu einer Drehstromeinheit vereinigt sind, verwendet.

Für die in Europa üblichen Drehstromtransformatoren kommt die aus mehreren in Reihe geschalteten Zylinderspulen bestehende Lagenwicklung in Frage. Drei Ausführungsbeispiele dieser Schaltung sind in Bild 6 [L 179, 203 u. 212] angedeutet. Die jeweilige Kapazität der Spulen wird möglichst groß bemessen und dadurch eine von Anfang an weitgehende geradlinige Spannungsverteilung in der Wicklung erzwungen. Dies trifft in radialer Richtung immer zu, in axialer aber nur dann, wenn man auf die einzelnen Spulen einen sich längs der ganzen Wicklungslänge erstreckenden Steuerschirm anordnet. Läßt man diesen weg, wie es meist bei großen Transformatoren geschieht, so kommt beim Auftreffen steiler Stoßspannungswellen, je nach dem Verhältnis der Stirnlänge der Wanderwelle zur Lauflänge einer Lage, zu mehr oder weniger großen Spannungsgefällen in der Anfangsverteilung [L 203, S. 500].

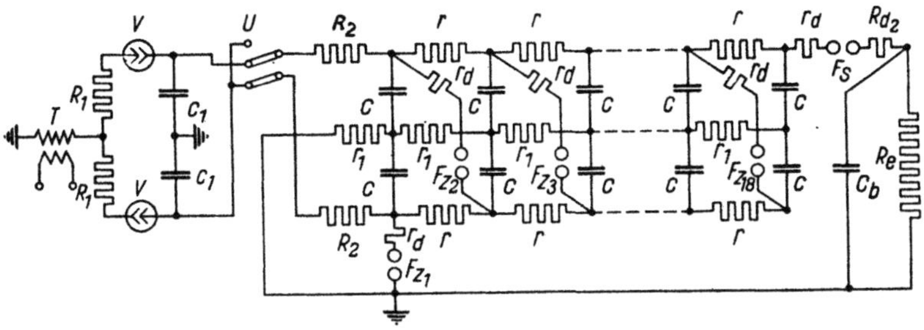

T Ladetransformator
U Polaritätsumsteller
V Gleichrichterventile
R_1, R_2 Vorwiderstände zum Schutz der Gleichrichterventile (500 bzw. 250 kΩ)
c_1 Pufferkondensatoren (je 0,14 μF)
c Stoßkondensatoren (je 2 × 0,14 μF)
r Ladewiderstände (je 20 kΩ)
r_1 Widerstände zum Erden der Stufenmitten
r_d Dämpfungswiderstände (je 30 bis 40 Ω)
R_{d_2} äußerer Dämpfungswiderstand
R_e Entladewiderstand
C_b Belastungskapazität im Entladekreis
F_{z_1} bis $F_{z_{18}}$ Zündfunkenstrecken.
F_s Schaltfunkenstrecke

Bild 7. Schaltung eines Stoßgenerators der SSW für 3,6 MV.

Stoßgenerator. Zur Erzeugung von Spannungsstößen wird eine Wechselspannung gleichgerichtet; mit dieser Gleichspannung werden Kondensatoren aufgeladen und durch Funkenstrecken plötzlich an das Prüfobjekt gelegt. Um mit einer verhältnismäßig kleinen Wechselspannung auszukommen, wird in mehreren Stufen über zusätzliche Funkenstrecken der eingeleitete Spannungsstoß verdoppelt [L 213]. Bild 7 stellt die Schaltung eines 3,6 MV Stoßgenerators mit 17 Verdoppelungsstufen dar [L 214]. Beim Überschlag beispielsweise der Funkenstrecke V_{z2}, werden die zuerst parallel geschalteten Kondensatoren C in Reihe geschaltet; die Spannung wird dadurch verdoppelt. Das wiederholt sich nach Bild 7 17mal. Widerstände und Kapazitäten müssen ihrer Aufgabe entsprechend bemessen werden (vgl. Bild 7).

Hochspannungs- und Prüftransformatoren werden häufig als Trockentransformatoren ausgeführt, weil ihre Belastung nur kurzzeitig ist [L 170, S. 372]. Der von *K. Fischer* angegebene Transformator ist ähnlich einer Kondensatordurchführung aufgebaut (Bild 8a u. b). Über der Unterspannungswicklung ist die Hochspannungswicklung auf mehreren

Hartpapierzylindern, deren axiale Längen mit der Entfernung vom Eisenkern abnehmen, einlagig mit Lackdraht gewickelt. Der Anfang einer innersten Lage ist mit dem Eisenkörper leitend verbunden. Die einzelnen Lagen sind in Reihe geschaltet, wobei abwechselnd die Lage

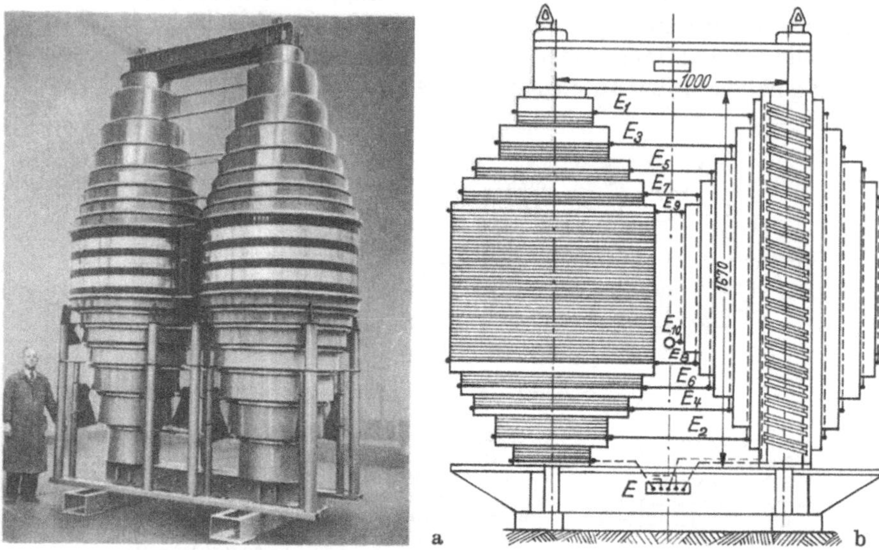

Bild 8. Hochspannungstransformator nach K. Fischer, a) Lichtbild, b) Schaltung.

des einen Schenkels mit der entsprechenden des anderen verbunden wird (Bild 8b). Nur die äußersten Lagen werden zuweilen parallel geschaltet; das Ende der Wicklung wird zur Hochspannungsklemme geführt.

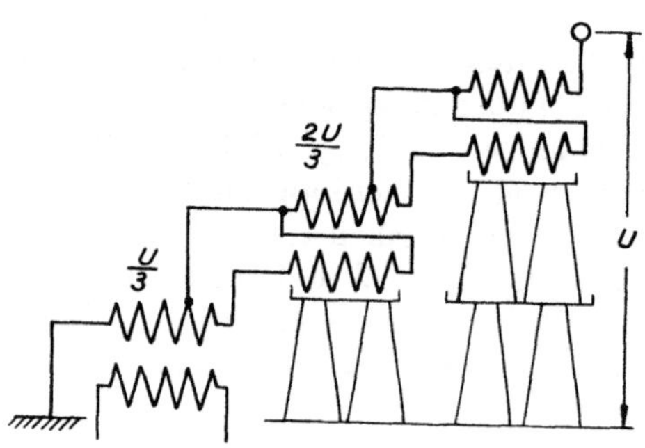

Bild 9.
Stufenschaltung von Transformatoren.

Für Prüftransformatoren kommt auch die Reihenschaltung der Hochspannungswicklungen von mehreren Einzeltransformatoren in Frage [L 218]. Bei n Einzeltransformatoren ist dann die Spannung zwischen den Klemmen jedes Transformators nur U/n, wenn U die gesammte Spannung bedeutet. Die Transformatoren müssen aber mit ihren gesamten Einrichtungen für die Spannung isoliert werden, die der gesamten Spannung ihrer Stufe entspricht. Bild 9 stellt die Schaltung für $n = 3$ dar.

E 5. Der Schubtransformator.

Spannungsregelnde Transformatoren ohne Kontakte, zu denen der Schubtransformator in Abschnitt E 5 gehört, haben bei der Regelung in Netzen Anwendung gefunden. Darüber wird in [L 225] berichtet, wobei der «Gleittransformator» von *Löbl* zugrundegelegt wird, der ähnlich dem Schubtransformator in den Abbildungen 116 u. 117 aufgebaut ist. Bild 10 zeigt den besonders einfachen «Tauchtransformator» der Firma BBC. E ist der Eisenkörper, 1 die ruhende Primärwicklung, 2 die verschiebbare Sekundärwicklung. In der durch Bild 10 u. 10a veranschaulichten Stellung der Sekundärwicklung wird in dieser die größte Spannung induziert, während bei herausgezogener Sekundärwicklung (Bild 10b) die Spannung Null ist.

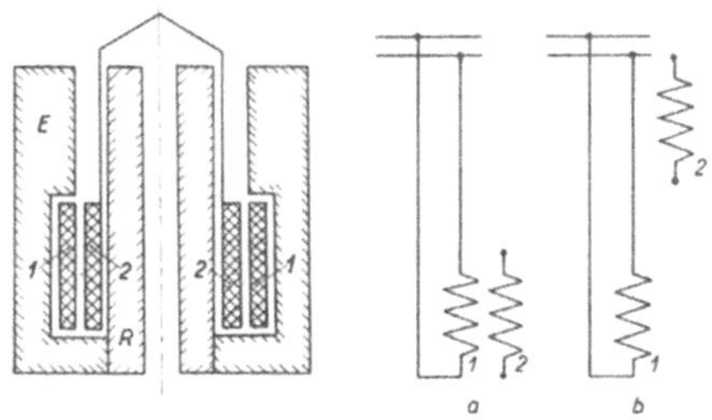

Bild 10. Tauchtransformator. BBC.

Eine veränderliche Spannung kann auch einer auf der blanken Sekundärwicklung schleifenden Bürste entnommen werden, wenn die Wicklung mit dem Eisenkern gedreht wird [L 227].

Bild 11.
Dreiphasiger Regelschalter für 300 A, ± 12 Stufen auf Montagegerüst. SSW.

F 4. Netztransformator mit Spannungsregelung.

Bei Netztransformatoren mit veränderlicher Übersetzung werden zur Raumersparnis die in Abbildung 126 nebeneinander liegenden Kontaktbahnen übereinander angeordnet, wie es der Regelschalter der SSW in Bild 11 für einen Transformator mit Sternpunktregelung zeigt [L 229 u. 228a]. Die Kontakte der drei Phasen sind in sechs Kontaktbahnen übereinander angeordnet.

G. Experimentelle Untersuchung.

Nach dem Kompensationsprinzip ist ein Instrument entwickelt worden, das die direkte Ablesung der Übersetzung des Transformators gestattet [L 230]. Es wird von der Firma Hartmann & Braun hergestellt.

Nach einem Vorschlag von *Koppelmann* [L 232] wird zur Messung des Wirk- und Blindspannungsverlustes ein Drehspulinstrument mit vorgeschaltetem mechanischen Gleichrichter verwendet, womit sowohl der Phasenwinkel als auch Wirk- und Blindkomponente von Strom und Spannung gemessen werden können. Das Instrument wird von der AEG hergestellt.

H. Aufbau

Um kleinere Magnetisierungsströme zu erhalten und höhere Kerninduktionen anwenden zu können, werden die Bleche auch bei großen Transformatoren verschachtelt. Transformatoren mit stumpfen Stoßstellen (vgl. Abb. 167 u. 168) werden heute kaum noch ausgeführt. Bild 12 zeigt das Vorschichten eines großen Transformators. Die Joche der einen Seite werden nach dem Vorschichten wieder herausgenommen, um die Wicklungen über die Kerne schieben zu können. Das Einschichten der Joche (vgl. Abb. 159) wird umso mehr erleichtert, je niedriger die Joche sind. Fünfschenkeltransformatoren und Transformatoren mit einzelnen voneinander isolierten Blechpaketen (Abb. 161 u. 181) sind Beispiele für niedrige Jochhöhen. Eine noch weitergehendere Verringerung der Jochhöhe wird bei dem radial geblechten Eisenkern erreicht [L 235 u. 237 bis 239]. Die einzelnen Bleche werden durch Punktschweißung zu keilförmigen Segmenten verschweißt (vgl. Bild 13a) und durch Endringe, die an den Kernseiten angeschweißt sind, zu einem festen zusammenhängenden Ganzen verbunden (Bild 13b). Die Joche stoßen seitlich stumpf auf den Kern. Die Jochhöhe beträgt hier nur 20% vom Kerndurchmesser. Transformatoren mit radial geblechten Kernen sind für Einphasentransformatoren ausgebildet. Bei Drehstrom werden drei Einphasentransformatoren zu einer Drehstromeinheit geschaltet. Sie sollen bei großen Leistungen, wenn man die billigere Reserve berücksichtigt, wirtschaftlicher sein als die Drehstrom-

Bild 12. Vorschichten der Bleche eines größeren Transformators (10 MVA). ELIN.

transformatoren [L 238]. Kleine Jochhöhe wird auch mit Rücksicht auf den Bahntransport verlangt, denn sie ergibt eine kleine Bauhöhe.

Die Einführung der kalt gewalzten Bleche (vgl. S. IX) hat auch im Aufbau des Eisenkörpers neue Konstruktionen entstehen lassen.

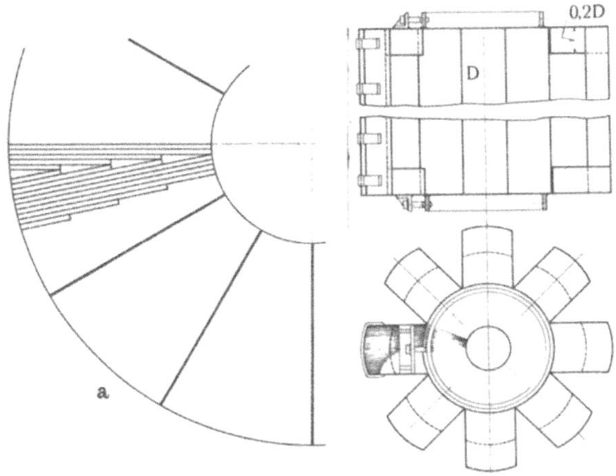

Bild 13. Transformator mit radialgeblechtem Eisenkern. a) Kern, b) gesamter Eisenkörper. BBC.

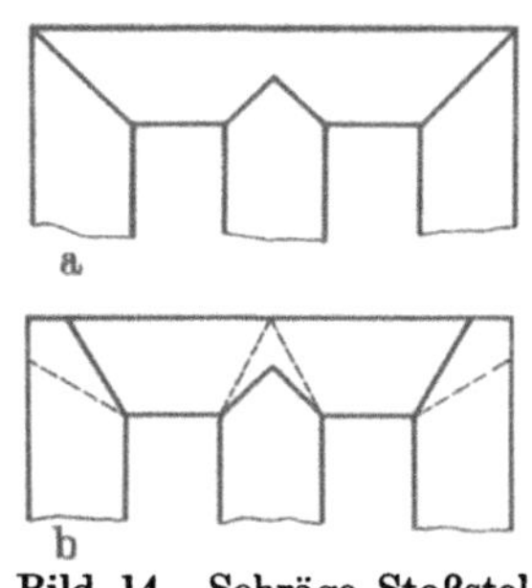

Bild 14. Schräge Stoßstellen. a) stumpf b) überlappt.

Die Stoßstellen werden nach Bild 14a schräg gelegt [L 236 u. 240] und die Überlappungen entsprechend ausgebildet, wie es in Bild 14b angedeutet ist. Im Aufbau des Eisenkörpers verwendet man auch besondere Eckteile (Bild 15) oder die sogenannten Wickelkerne (Bild 16) [L 240 u. 241]. Wickelkerne werden hauptsächlich bei kleineren Einphasentransformatoren verwendet. Zwei Ausführungen kommen dabei hauptsächlich in Frage. Bei der einen wird der Kern aus langem Blechband über einen Dorn gewickelt, dessen Querschnitt gleich dem «Fenster» des Eisenkörpers ist; der Kern wird zusammengenietet und aufgefräst, so daß die beiden Eisenhälften über die fertig vorbereitete Spule geschoben werden können. Nach einer anderen Ausführung werden die Bleche, möglichst mit abgestufter Breite, aufgewickelt; der Eisenkörper wird dann einer Wärmebehandlung unterzogen, um den Blechen die durch das Wickeln entstandene Spannung zu nehmen. Um diesen ungeteilten Eisenkörper werden die aus zwei Hälften bestehenden Spulenträger gelegt

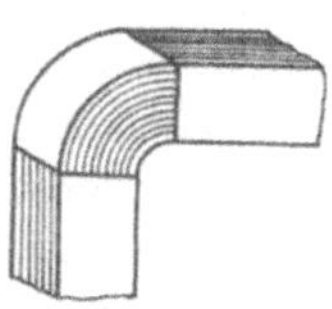

Bild 15. Blechecke, die nur in der Walzrichtung magnetisiert wird.

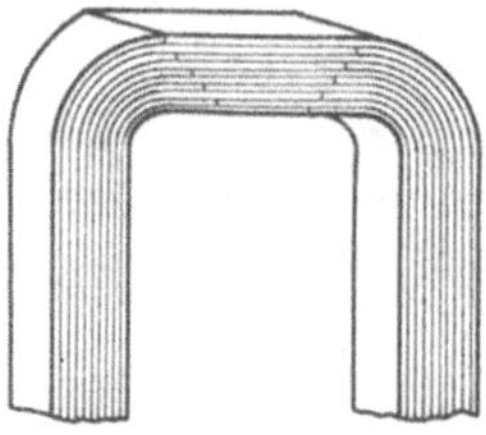

Bild 16. Wickelkern.

und um den Kern drehbar zu je einem Spulenkörper vereinigt. Bei ruhendem Eisenkern kann dann durch Drehen der Spulenkörper die Wicklung aufgebracht werden [L 242].

Um das aktive Material besser auszunutzen, wird der Querschnitt des Eisenkerns der Kreisform möglichst genau angepaßt, bis zum Kreisquerschnitt mit abgeschnittenen Segmenten (Bild 17). Durch die zylindrische Ausbildung der Innenfläche der Joche wird eine Verbesserung der Feldverteilung an den kritischen Stellen erreicht [L 237 u. 238].

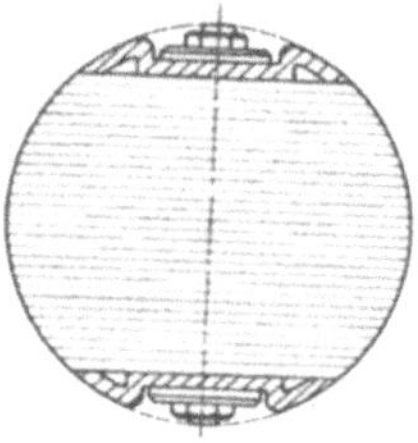

Bild 17. Fast kreisförmiger Eisenkernquerschnitt.

Für hohe Spannungen werden die Hartpapierzylinder durch Isolierkappen abgedeckt, wie es Abbildung 180 zeigt. Die Firma BBC führt die Isolierung zwischen Ober- und Unterspannungswicklung nach Art der Hochspannungskabelisolierung aus. Auf einer verhältnismäßig dünnen Hartpapierhülse als Träger wird ölgetränktes Kabelpapier aufgewickelt (vgl. Bild 18). Lichter Durchmesser und Wandstärke sind so bemessen, daß der Abstand zwischen Ober- und Unterspannungswicklung bis auf ein geringes Spiel ausgefüllt wird. Nach dem Aufbringen der Oberspannungswicklung wird das Papier in schmale Streifen, die durch Aufreißen an den Zylinderenden gebildet werden, um den Schutzring an der Wicklungsstirn radial nach außen gebogen. Von Lage zu Lage werden die Einrisse entsprechend verschoben, so daß eine gute Überlappung der Papierlage entsteht (Bild 18). Diese «Spreizflanschwickel» geben dem Wicklungsende die erforderliche Festigkeit gegen Gleitüberschläge. Der Abstand zwischen Ober- und Unterspannungs-

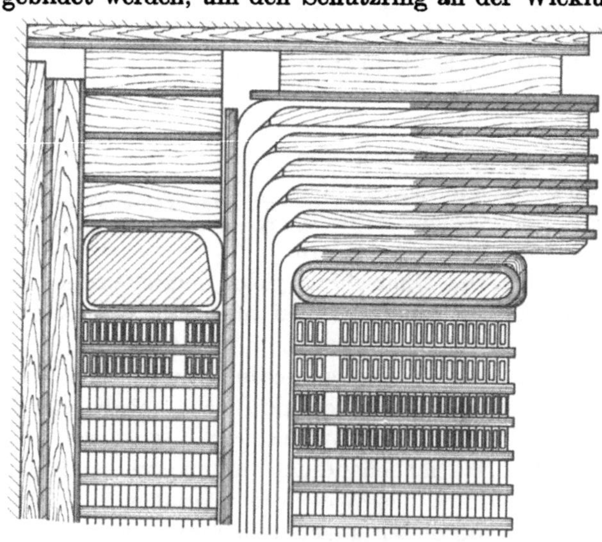

Bild 18. Spreizflanschwickel. BBC.

Wicklung kann auf mindestens die Hälfte gegenüber der sonst üblichen Ausführung verringert werden. Als Vorteile dieser neuen Isolierung werden angegeben kleinere Ölmenge, geringeres Gewicht und kleinere Verluste [L 235 u. 238].

Die Forderung nach schnellem betriebsbereitem Einsatz von Groß-

Bild 19. Wandertransformator. 100 MVA, 220/110 kV. ELIN.

Bild 20. Wandertransformator 10 MVA mit Selbstkühlung. AEG.

transformatoren hat die sogenannten «Wandertransformatoren» geschaffen, die auf besonderen Transportwagen (Tiefladewagen) mit ihren Kühleinrichtungen und Hochspannungsdurchführungen befördert werden können, so daß sie keine besondere Herrichtung am Verwendungsort erfordern [L 179]. Heute sind Wandertransformatoren für 120 MVA bei

Bild 21. Geschachtelter Eisenkörper zum Transformator in Bild 19.

110 und 220 kV keine Seltenheit. Bei großen Transformatoren wird für die Spannungsregelung auch ein besonderer Zusatztransformator verwendet [L 245 u. 246]. Bild 19 zeigt einen 100-MVA-Transformator der ELIN für 110/220 kV mit künstlicher Belüftung, Bild 20 einen solchen der AEG mit natürlicher Belüftung (Selbstkühlung) für 10 MVA. Bild 21 veranschaulicht den (geschichteten) Eisenkörper zum Transformator in Bild 19.

J. Kühlung und Erwärmung.

Die zusätzliche Luftkühlung (vgl. Abb. 201) ist weiter ausgebildet worden. In [L 247] werden Schraubenlüfter unter den Seitenkühlern angeordnet. Bei den 100-MVA-Transformatoren der ELIN für Kaprun (vgl. Bild 19) besteht die Kühleinrichtung aus vier voneinander unabhängigen Rippenrohr-Luftkühlern mit zwangsweisem Ölumlauf und je zwei zugehörigen Axiallüftern, welche die Luft über den Kühlern ansaugen und direkt ins Freie ausblasen. Bild 17 zeigt die Kühler einer Stirnseite

Bild 22. Kühler einer Stirnseite des Transformators in Bild 19 mit Pumpen- und Lüftungsanordnungen.

mit der Pumpen- und Lüfteranordnung. Angaben über Erwärmungsberechnung für Großtransformatoren findet man bei *Kehse* [L 170, Seite 158 u. f.].

Bei Transformatoren hoher Leistung und hoher Spannung wird als Kühl- und Isoliermittel gewöhnlich Öl verwendet. Ein Nachteil der Öltransformatoren ist die Brandgefahr, wenn im Transformator ein Lichtbogen auftritt. Es lag deshalb schon lange der Wunsch nach einem flüssigen unverbrennbaren Isolier- und Kühlmittel vor. Ein solches hat man in Chlorverbindungen des Benzols und des Diphenyls gefunden; es ist in Deutschland unter dem Namen Clophen bekannt geworden. Über die Eigenschaft von Clophen siehe [L 179]. In Deutschland scheinen Transformatoren mit Clophenkühlung bisher keine Verbreitung gefunden zu haben; in den USA werden schon seit mehreren Jahren «Pyranol-Transformatoren» größerer Leistung betrieben [L 171].

In den USA wird auch die Dampfkühlung bei Transformatoren angewendet. Blechpaket und Wicklung werden mit flüssigem Fluorkohlenwasserstoff bespült [L 249]. Fluorkohlenwasserstoff hat eine hohe Durchschlagsfestigkeit und hohe Verdampfungswärme; es kondensiert bei Zimmertemperatur.

Zur Überwachung der Erwärmung von Öltransformatoren ist das «thermische Abbild» des Transformators entwickelt worden, das das thermische Verhalten der Transformatorwicklung in allen Belastungsfällen getreu wiedergibt. Das thermische Abbild besteht in einer Heizwicklung aus Kupfer, die die Temperatur im Transformator abbildet und wie ein Thermometer in das Öl des Transformators getaucht ist [L 254 u. 255].

L. Entwurf.

Eine Reihe neuerer Untersuchungen beschäftigt sich mit dem wirtschaftlich günstigsten Entwurf des Transformators [L 262 bis 265].

Zur Ermittlung der günstigsten Abmessungen des Eisenkörpers wird das Verhältnis von Eisengewicht zu Kupfergewicht eingeführt [L 262]. Eine geeignete Wahl dieses Gewichtsverhältnisses ermöglicht die Einschränkung der Ausführungen, die in der Nähe des Preisoptimums liegen.

Um Großtransformatoren zu verbilligen, empfiehlt *Kehse* [L 266] größere Kernquerschnitte zu verwenden; die Wicklung kann dann als einfach konzentrierte Wicklung ausgeführt werden.

Die wichtigsten Betriebsgrößen normaler Drehstromtransformatoren werden von *Stier* [L 267] als relative auf die Nenngrößen bezogene Werte zu der Gestalt und Nennleistung des Transformators in Beziehung gebracht. Sämtliche relativen Größen, die im Kurzschluß eine Rolle spielen, hängen ausschließlich vom Querschnitt des Transformators ab. Dabei ist der erreichbare Mindestwert des relativen Wirkspannungsverlusts dem Eisenkreisdurchmesser umgekehrt proportional, die relative Streuspannung der Wicklungshöhe und die Kurzschlußzeitkonstante dem Quadrat der radialen Abmessung der Wicklung proportional. Dagegen sind die im Leerlauf maßgebenden Größen ausschließlich vom Längsschnitt des Transformators abhängig.

Zusätzliches Literaturverzeichnis.

Hinter den laufenden Nummern stehen in Klammern die bezüglichen Abschnitte.

168 (A bis L). *La Cour u. Faye-Hansen*, Die Transformatoren. Springer-Verlag 1936.
169 (A bis L). *Schäfer*, Transformatoren, Sammlung Göschen 1949.
170 (A bis L). *Kehse*, Handbuch des Transformatorenbaues. Enke-Verlag 1950.
171 (A bis L). *Blume, Boyajian, etc.*, Transformer Engineering. John Wiley & Sons, New York 1953.
172 (A und L.) —, Transformatorbleche mit niedrigen Wattverlusten, Ref. E. u. M. 68 (1951) S. 264.
173 (A und L). *Buttler* u. *Mang*, Der Einfluß überlappter Blechstöße auf magnetische Spannung und Eisenverluste bei Wechselstrommagnetisierung. JIEE 95 II (1948) S. 15, Ref. ETZ 69 (1948) S. 308.
174 (A und L). *Küchler*, Der magnetische Widerstand verschachtelter Stoßfugen im Eisenkern von Transformatoren und Meßwandlern. Z. f. E. 1 (1948) S. 97.
175 (A). *Heiles*, Über die Magnetisierung des Dreiphasen-Kerntransformators. A. f. E. 26 (1932) S. 693.
176 (A). *Rüdenberg*, Non-Harmonic Oscillations as caused by Magnetic Saturation. AIEE General Meeting, Swampscott, June 1949.
177 (A). *Scharstein*, Bekämpfung von Oberwellen in ausgedehnten Netzen. ETZ 58 (1937) S. 729.
178 (A). *Buch* u. *Hueter*, Über Transformatoren mit annährend sinusförmigem Magnetisierungsstrom. ETZ 56 (1935) S. 933.
179 (A und H). *Biermanns*, Fortschritte im Transformatorenbau. ETZ 58 (1937) S. 622, 659, 687.
180 (A). *Krämer*, Neue Bauform für Transformatoren mit sinusförmigem Magnetisierungsstrom. VDE-Fachber. 9 (1937) S. 52.
181 (A). *Kübler*, Zur Berechnung von oberwellenfreien Drehstromtransformatoren. E.u.M. 62 (1944) S. 230.
182 (B). *Knaack* u. *Schwab*, Zusätzliche Streuung bei Transformatoren, A.f.E. 32 (1938) S. 470.
183 (B). *Knaack*, Beitrag zur Berechnung der Streuung bei symmetrischen Scheibenwicklungen. ETZ 60 (1939) S. 47.
184 (B). *Schmitz*, Die Querfeldstreuung des Transformators. Elektrotechnik 1 (1947) S. 107.
185 (B). *Küchler*, Das Streufeld von Transformatorwicklungen. Z.f.E. 2 (1949) S. 25.
186 (B). *Rösch*, Verfahren zur Berechnung der Kurzschlußspannung von Transformatorwicklungen in Zickzackschaltung. E.u.M. 70 (1953) S. 125.
187 (B). *Festl*, Über die genauere Bestimmung der Kurzschlußspannung von Transformatoren mit Zylinderspulen. E.u.M. 69 (1952) S. 306.
187a (B). *Knaack-Festl*, Über die genaue Berechnung der Kurzschlußspannung von Transformatoren mit Zylinderspulen. E.u.M. 70 (1953) S. 303 bis 308.
188 (B). *Faye-Hansen*, Berechnung der Ströme beim Kurzschluß einer Spulengruppe von Transformatoren in Reihenparallelschaltung. ETZ 73 (1952) S. 485.
189 (B). *Festl*, Ermittlung der Stromkräfte von Transformatoren und ihre Kontrolle im Prüfstand. ETZ 72 (1951) S. 173.
190 (B). *Wienhard*, Ein Beitrag zur Berechnung der Stromkräfte beim Transformator. ETZ 71 (1951) S. 309.
191 (B). *E. Fischer*, Einfluß des Eisenkerns auf die Stromkräfte von Transformatorwicklungen. ETZ 59 (1938) S. 1059.
192 (B). *E. Fischer*, Die Festigkeit der inneren Röhre von Transformatorwicklungen. ETZ 73 (1952) S. 121.

193 (C). *Rüdenberg*, Elektrische Schaltvorgänge, Springer-Verlag 3. Aufl. 1933, S. 532 bis 538.
194 (C). *Biermanns*, Hochspannung und Hochleistung. Carl Hanser-Verlag, München (1949).
195 (C, H und K). *Roth*, Hochspannungstechnik, 3. Aufl. Springer-Verlag 1950.
196 (C). *Frühauf*, Überspannungen und Überspannungsschutz. Sammlung Göschen 1950.
197 (C). *Gautenbein*, Neuere Entwicklungen in der Hochspannungstechnik. E. u. M. 70 (1953) S. 237.
198 (C). *Flegler*, Die Stoßwellenbeanspruchung von Maschinen- und Transformatorwicklungen. ETZ 70 (1949), S. 285.
199 (C). *Rüdenberg*, Entstehung und Verlauf elektrischer Sprungwellen. E. u. M. 32 (1914) S. 729.
200 (C). *Rüdenberg*, Performance of Traveling Waves in Coils and Windings. Electr. Engng. Trans. Sect. 59 (1940) S. 1031.
201 (C). *Rüdenberg*, Electric Oscillations and Surges in Sub-Divided Windings. J. appl. Phys. 2 (1940) S. 665.
202 (C). *Marguerre*, Die Berechnung des Stoßkreises für eine gegebene Form der Stoßspannung. ETZ 60 (1939) S. 837.
202a (C). *Lenze*, Erzeugung normgerechter Stoßwellen im gedämpften Schwingungskreise. ETZ 74 (1953) S. 475.
203 (C und H). *Elsner*, Gewittersicherheit moderner Hochspannungstransformatoren. E. u. M. 61 (1943) S. 493.
204 (C). *A. Hochrainer*, Die Erörterung der Stoßspannungsprüfung von Transformatoren auf der CIGRE-Tagung in Paris 1950 und die Gefährdung der Wicklungen durch abgeschnittene Wellen. E. u. M. 68 (1951) S. 505.
205 (C). *Jalla*, Phénomènes transitoires dans une machine éléctrique soumise à une tension de choc de front de durée finie. Bull. S.E.V. 39 (1948) S. 755.
206 (C). *A. Hochrainer*, Die Spannungsverteilung in einer Transformatorwicklung bei beliebiger Form der Stoßspannung. ETZ 74 (1953) S. 153.
207 (C). *Höfer*, Kenngrößen und Funktionenkonstanten von Stoßwellen verschiedenen zeitlichen Verlaufs. ETZ 73 (1952) S. 461.
208 (C). *Wellauer*. Die Beanspruchung und der Überspannungsschutz des Sternpunktes von Transformatoren. Bull. Oerlikon (1952) Nr. 295, S. 73.
209 (C). *Rippon* u. *Hickling*, Feststellung von Wicklungsschäden bei der Stoßprüfung von Transformatoren. Ref. ETZ 71 (1950) S. 660.
209a (C). *Salka*, Berechnung des Stoßkreises. A. f. E. 41 (1953) S. 18.
210 (C). *Stephanides*, Untersuchung der durch Stoßwellen angeregten Schwingungsvorgänge in Regeltransformatoren. ELIN-Z. 5 (1953) S. 33.
211 (C). *Pàl*, Hochspannungskonstruktionen mit gleichmäßig verteilter Festigkeit. E. u. M. 69 (1952) S. 295.
212 (C). *Elsner*, Zur Theorie des schwingungsfreien Drehstromtransformators. W. V. Siemens 18 (1939) H. 1, S. 1.
213 (C). *Marx*, Versuche über die Prüfung von Isolatoren mit Spannungsstößen. ETZ 45 (1924) S. 652.
214 (C). *Elsner*, Das neue Höchstspannungsprüffeld der SSW in Nürnberg. Siemens-Z. 26 (1952) S. 259.
215 (C). *K. Fischer*, Hochspannungsprüfanlage für das El. Institut der TH Aachen. ETZ 46 (1925) S. 186.
216 (C und H). *Drabeck und Elsner*, Die Entwicklung der Wandertransformatoren bis zu den höchsten Betriebsspannungen. Festschrift der SSW zu ihrem 50jährigen Bestehen, 1953, S. 219.

217 (C). *K. Fischer*, Über Versuche mit Induktionskondensatoren. ETZ 51 (1939) S. 1765.
218 (C). *K. Fischer*, Die Energiewanderung bei der Stufenschaltung von Transformatoren. Helios (1931) H. 32.
219 (E1). *Rösch*, Theorie des n-Wicklungstransformators. A.f.E. 39 (1950) S. 668.
220 (E1). *Timascheff*, Über die Ersatzschaltung des Dreiwicklungstransformators. E.u.M. 68 (1951) S. 277.
221 (E1). *Rösch*, Arbeitsverhältnisse des doppeltgespeisten Dreiwicklungstransformators. E.u.M. 69 (1952) S. 475.
222 (E1). *Rösch*, Dreiwicklungstransformator mit zwei Wicklungen in Dreieckschaltung bei Erdschlußbetrieb. ETZ 74 (1953) S. 102.
223 (E2). —, Ein 30/40-MVA-Spartransformator. ETZ 72 (1951) S. 713.
224 (F und C). *Rösch*, Über eine Gefahr höchster Überspannungen am Sternpunkt von Zusatztransformatoren. E.u.M. 69 (1952) S. 161.
225 (E5 und F). *Löbl und Hammerl*, Spannungsregelung mit Gleittransformatoren. Springer-Verlag 1933.
226 (E5). *Meyerhans*, Der Tauchtransformator. BBC-MITT. 32 (1945) S. 207.
227 (F). *Gänger*, Der Thoma-Regeltransformator. ETZ 59 (1938) S. 1353.
228 (F4). *Manzinger*, Der Stand der Entwicklung und des betrieblichen Verhaltens der Lastschalter an Regeltransformatoren. ELIN-Z. 3 (1951) S. 65.
228a (F4). *Manzinger*, Lastregelschalter für Ofenregeltransformatoren. ELIN-Z. 5 (1953) S. 41.
229 (F4). *M. Schwaiger*, Neuzeitliche Stufenregeleinrichtungen für Transformatoren. Festschrift der SSW zu ihrem 50jährigen Bestehen 1953, S. 237.
230 (G1). *Keller*, Neuer Trafo-Übersetzungsmesser. ETZ 72 (1951) S. 463.
231 (G2). *Medina*, Zur Messung der Leerlaufverluste von Kleinsttransformatoren für 50 Hz. E.u.M. 67 (1950) S. 99.
232 (G2). *Koppelmann*, Verfahren zur direkten Messung des Wirk- und Blindspannungsabfalles von Umspannern. A.f.E. 39 (1948) S. 164.
233 (G). *Krächter, Lindemann;* Kalorimetrische Bestimmung der Verluste von Transformatorblechen. ETZ 73 (1952) S. 362.
234 (H). *Küchler*, Fortschritte im Bau von Umspannern. VDE-Fachber. 11 (1939) S. 170.
235 (H). *Meyerhans*, Neue Bauweisen von Transformatoren und Drosselspulen. BBC-Mitt. 32 (1945) S. 91.
236 (H). *Chevalier*, Eine neue Entwicklung im Bau großer Leistungstransformatoren. Ref. ETZ 70 (1949) S. 269.
237 (H). —, Aus dem schweizerischen Großtransformatorenbau. Ref. ETZ 70 (1949) S. 217.
238 (H). *Waldvogel*, Entwicklung und zeitgemäße Tendenzen im Bau von Großtransformatoren. Ref. ETZ 70 (1949) S. 522.
239 (H). *Böcker*, Der Entwicklungsstand im Großtransformatorenbau. VDE-Fachber. 15 (1951) S. 19.
240 (H). *Kollmann*, Fragen bei der Auslegung von Transformatorkernen. ELIN-Z. 5 (1953) S. 15.
241 (H). *Gordy, Somerville;* Aus Blechband gewickelte Transformatorenkerne. Ref. Bull. S.E.V. 43 (1952) S. 128.
242 (H). —, Einige Neuerungen im amerikanischen Elektromaschinenbau; 4. Transformatoren mit gewickeltem Eisenkern. Bull. S.E.V. 39 (1948) S. 771.
243 (H). *K. Fischer*, Die Grenzen der Verwendbarkeit von öllosen Transformatoren neuzeitlicher Konstruktion im Netzbetrieb. VDE-Fachber. 10 (1938) S. 55.

244 (H). *J. Müller*, Bauform und Anwendungsbereich des Drehstrom-Trockentransformators. ELIN-Z. 1 (1949) S. 41.
245 (H). *J. Müller*, Die 70 und 100 MVA-Großtransformatoren der ELIN. ELIN-Z. 5 (1953) S. 4.

246 (J und H). *Pinkawa*, Über die Entwicklung der Kühleinrichtungen von Öltransformatoren. ELIN-Z. 1 (1949) S. 74.
247 (J und H). *J. Müller*, Öltransformatoren mit Selbstkühlung und zusätzlicher Belüftung. ELIN-Z. 3 (1951) S. 143.
248 (J). *Bollmann*, Die Kühlung von Großtransformatoren. BBC-Nachr. 34 (1952) S. 50.
249 (J). *Perry*, Dampfkühlung für Transformatoren. Ref. ETZ 73 (1952) S. 158.
250 (J). *Gotter*, Die Wärmeübergangszahl von Transformatoröl. Elektrotechnik 1 (1947) S. 169.
250a (J). *H. Weh*, Die zweidimensionale Wärmeströmung im geschichteten Transformatorkern. A.f.E. 41 (1953) S. 122.
251 (J). *Tschalär*, Über die Wärmeabstrahlung an gewellten Oberflächen. Ref. E.u.M. 62 (1944) S. 384.
252 (J). *Heiles*, Über die zweckmäßige Gestaltung und Anordnung von Kühlrippen. E.u.M. 69 (1952) S. 323.
253 (J). *Heiles*, Belüftung von Transformatorkammern. Z.f.E. 3 (1950) S. 42.
254 (J). *Kamber*, Das thermische Abbild für Öltransformatoren. Bull. Oerlikon Nr. 292 (1952) S. 13.
255 (J). *Täuber*, Der Schutz des Öltransformators. ETZ 60 (1939) S. 314.

256 (K). *Größer*, Einige elektrostatische Probleme der Hochspannungstechnik. A.f.E. 25 (1931) S. 193.
257 (K). *Itschner*, Transformatoren für 380 kV-Übertragungsleitung. Bull. S.E.V. 44 (1953) S. 145.
258 (K). *Langlois-Berthelot*, Über die Lebensdauer der Isolierstoffe unter dem Einfluß der Wärme. Ref. E.u.M. 70 (1953) S. 65.
259 (K). *Reiche* u. *Nölke*, Die elektrostatischen Probleme des Trockentransformators. VDE-Fachber. 10 (1938) S. 59.
260 (K). *Nitzsche, Dietz, Kallers;* Silikon-Isolierstoffe und ihre Anwendungen. ETZ 74 (1953) S. 71.
261 (K). *Unger*, Die elektrische Feldstärke zwischen zwei gewölbten Elektronen. Ref. ETZ 71 (1950) S. 498.

262 (L1). *Czech*, Ermittlung der günstigsten Gestellabmessungen von Transformatoren. ELIN-Z. 5 (1953) S. 24.
263 (L4). *Schick*, Die wirtschaftliche Verlustaufteilung bei Transformatoren. ETZ 73 (1952) S. 14.
264 (L4). *Stier-Schick*, Die wirtschaftliche Verlustaufteilung bei Transformatoren. ETZ 73 (1952) S. 414.
265 (L4). *Hammerl*, Berechnung eines Transformators bei vorgeschriebener Kurzschlußspannung. E.u.M. 70 (1953) S. 25.
266 (L4). *Kehse*, Ersparnisse an Herstellungskosten und Verbesserung des Wirkungsgrades bei Großtransformatoren durch einfach-konzentrische Ausführung. EMA. Die elektr. Masch. (1950), H. 9, S. 259.
267 (L5). *Stier*, Die quantitative Analyse der elektrischen Maschine durchgeführt am Transformator. E.u.M. 69 (1952) S. 62.
268 (L5). *Giltay*, Über die Bestimmung der MMK zu einem gegebenen magnetischen Fluß. Ref. ETZ 73 (1952) S. 94.

A. Magnetisierungserscheinungen.

Im ersten Bande haben wir schon im Abschn. I C 9 die Wirkungsweise des Transformators und im Abschn. II A 4 seinen Aufbau im wesentlichen kennengelernt und im zweiten Bande bei Behandlung der Reaktanz- und Grundgleichungen unsere Kenntnis über das Verhalten des Transformators vertieft (Abschn. I 3b). Diese Grundlagen reichen hin, um unsere eingehenderen Betrachtungen über den Transformator mit einigen Einzeluntersuchungen zu beginnen, die für das Verhalten des Transformators wichtig sind. Zum bessern Verständnis verweisen wir auch auf den Abschn. H, der den Aufbau des Transformators ausführlicher behandelt als der Abschn. II A 4 des ersten Bandes. Zunächst werden wir die Berechnung des Magnetisierungsstromes und die mit ihm verknüpften Erscheinungen besprechen.

1. Der Einphasen-Transformator.

a. Magnetischer Kreis und Luftspalt. Beim Einphasen-Transformator haben wir einen einfachen magnetischen Kreis, wie wir ihn schon in etwas verwickelterer Form, entsprechend dem Aufbau der umlaufenden Maschinen, im ersten Band (Abschn. II G) kennengelernt haben. Hier besteht der magnetische Kreis aus den bewickelten Kernen, auch Schenkel genannt, den Jochen und den Luftspalten, die, wie wir schon früher gesehen haben (Abschn. II A 4, Bd. I), aus Herstellungsgründen zweckmäßig sind. Der Einfluß dieser Luftspalte auf den Magnetisierungsstrom ist um so größer, je kleiner der Transformator ist, weil die Länge der Kerne und Joche mit der Leistung wächst, die Luftspaltlänge aber davon nur wenig beeinflußt wird. Ganz kleine Transformatoren, etwa unter 1 kVA, werden deshalb zuweilen auch ohne Luftspalt hergestellt, wobei dann die Unbequemlichkeit des Einwickelns in das geschlossene Blechpaket in Kauf genommen werden muß.

Wenn der Transformator mit s t u m p f e n Stoßfugen ausgeführt wird, so dürfen die Flächen nicht unmittelbar aufeinanderstoßen, sondern müssen durch eine Zwischenlage voneinander elektrisch isoliert werden. Diese elektrische Isolierung der gegenüberstehenden Eisenbleche ist erforderlich, um die Ausbildung von Wirbelströmen zu verhindern, die entstehen würden, wenn die dünnen Isolierschichten zwischen den

Blechen eines Teils (z. B. des Joches) durch Bleche des andern Teils (des Kerns) überbrückt wären. In Abb. 1 ist der Weg dieser Wirbelströme durch stark gestrichelte Linien in den zwei Ansichten eines Blechstoßes eingezeichnet; der Deutlichkeit wegen sind nur vier Kern- und vier Jochbleche angedeutet, und die Kernbreite in der Blechebene ist sehr schmal angenommen.

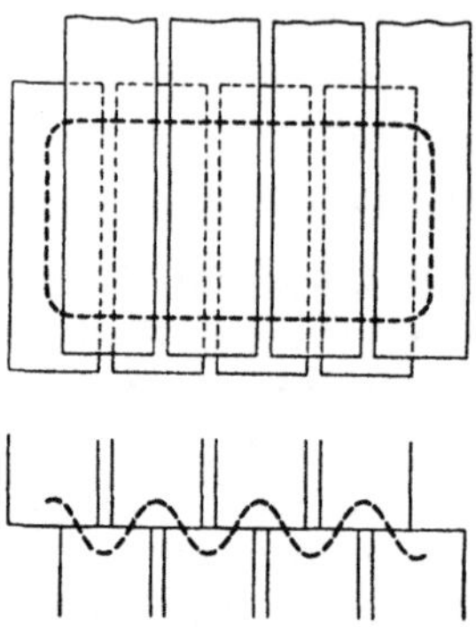

Abb. 1. Wirbelstrombahn bei nichtisolierten stumpfen Stoßstellen.

Bei sorgfältig geglätteten Stoßflächen der Blechpakete kann für Transformatoren kleiner und mittlerer Leistung die Stärke der Isolierzwischenlage an der Stoßfuge in der Regel zu

$$\delta = 0{,}15 \text{ mm} \tag{1}$$

angenommen werden. Bei nicht bearbeiteter Stoßfuge muß man stärkere Isolierzwischenlagen, bis hinauf zu 1 mm, verwenden, weil sonst die Gefahr besteht, daß die Bleche die Isolierzwischenlagen des Stoßes zerstören.

Wenn die Kern- und Jochbleche nicht stumpf aneinanderstoßen, sondern nach Abb. 2a **verzapft** werden, so daß sie sich nach Abb. 2b überlappen, treten die Induktionslinien (in Abb. 2b gestrichelt) in der Nähe der Stoßfuge zweier Bleche zu den Nachbarblechen über, wodurch die Stoßfuge entlastet wird. In diesem Fall hängt die wirksame Länge der Stoßfuge hauptsächlich von der magnetischen Beanspruchung der Bleche ab; sie ist bei den praktisch in Frage kommenden Induktionen gewöhnlich so klein, daß man sie vernachlässigen, also $\delta = 0$ setzen darf.

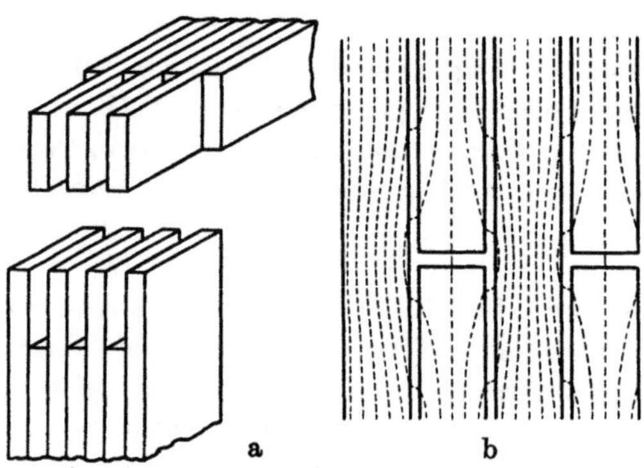

Abb. 2a u. b. Verzapfte Stoßstellen (Induktionslinien gestrichelt).

Bei den Untersuchungen in den nächsten Abschnitten werden wir die gesamte Weglänge $\Sigma\delta$ der Luftspalte auf die gesamte Länge L_E des Eisenweges beziehen und das Verhältnis

$$\eta = \frac{\Sigma\delta}{L_E} \tag{2}$$

einführen. Bei einem Einphasen-Transformator für 50 kVA mit 4 Luftspalten von je 0,15 mm ist $\eta \approx 4 \cdot 10^{-4}$, die gesamte Weglänge der Luftspalte beträgt also etwa 0,04% des gesamten Eisenweges. Ferner werden wir immer hochlegiertes Blech voraussetzen (gestrichelte Kurve in Abb. 87, Bd. II), wie es bei Transformatoren für 50 Hz gewöhnlich verwendet wird.

b. Der Augenblickswert des Magnetisierungsstromes. Der Magnetisierungsstrom des Transformators ergibt sich in bekannter Weise aus dem Durchflutungsgesetz (Abschn. I B 3, Bd. I). Wir erhalten den Augenblickswert des Magnetisierungsstromes zu

$$i = \frac{v}{w}, \tag{3}$$

worin v der Augenblickswert der magnetischen Umlaufspannung und w die (in Reihe geschaltete) Windungszahl der Wicklung ist, d. h. die Zahl der vom Magnetisierungsstrom i durchflossenen Drähte, die durch das Fenster des Transformators treten (vgl. Abschn. I B 3, Bd. I). Die magnetische Umlaufspannung erhalten wir mit genügender Annäherung für Kerntransformatoren (Abb. 3a) zu

$$v = 2 L_K h_K + 2 L_J h_J + 4 \delta h_L, \tag{3a}$$

für Manteltransformatoren (Abb. 3b) zu

$$v = L_K h_K + (L_J + L_K) h_J + 2\delta (h_{LK} + h_{LJ}), \tag{3b}$$

wobei angenommen ist, daß beim Manteltransformator die Querschnitte der Längs- und der Querjoche gleich groß sind. h_K und h_J sind die Augenblickswerte der Feldstärke in den Kernen und Jochen (in Strenge Mittelwerte über die Längen); h_L ist die Feldstärke in dem Luftspalt bei Kerntransformatoren, h_{LK} und h_{LJ} die in den Luftspalten am Kern und den seitlichen Jochteilen des Manteltransformators.

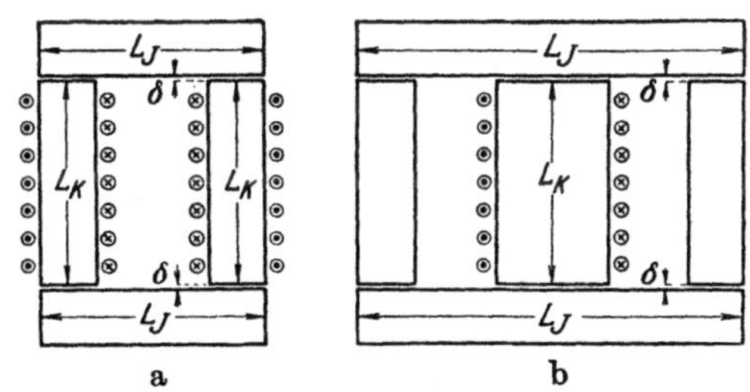

Abb. 3a u. b. Einphasen-Kern- (a) und Einphasen-Manteltransformator (b).

Zur Ermittlung der Feldstärke in den Eisenteilen gehen wir von einem Augenblickswert des Flusses φ im Eisenkern aus. Der Fluß in den dem Eisen parallel geschalteten Nebenwegen im Luftraum ist bei den praktisch in Frage kommenden Induktionen für einen magnetischen Kreis ohne Luftspalte verschwindend klein und darf deshalb unberücksichtigt bleiben. Bei einem magnetischen Kreis mit Luftspalten kann die Streuung in der Nähe der Stoßstellen eine beträchtliche Verringerung der magnetischen Feldstärke in den der Stoßfuge benachbarten Eisenteilen zur Folge haben. Berechnen wir die Induktion im Eisen als Quotient von Fluß und Eisenquerschnitt und vernachlässigen die

Streuung an den Stoßstellen, so rechnen wir mit einer gewissen Sicherheit. Aus der Induktion erhalten wir nach der Magnetisierungskurve die zugehörige Feldstärke. Die Magnetisierungskurven in Abb. 87 und 88, Bd. II, gelten für die Augenblickswerte von Induktion und Feldstärke bei Vernachlässigung der Hysterese.

Entsprechend erhalten wir die Induktion im Luftspalt als Quotient von Fluß und Luftquerschnitt und durch Division dieser Induktion mit der Permeabilität

$$\Pi_0 = 1{,}257 \cdot 10^{-8} \frac{\mathrm{H}}{\mathrm{cm}} = 1{,}257 \frac{\text{Gauß cm}}{\text{Amp}} \tag{4}$$

die Feldstärke im Luftspalt. Bei der Berechnung der Luftquerschnitte müßte eigentlich die Ausbreitung der Induktionslinien an der Stoßfuge berücksichtigt werden. Ohne diese Berücksichtigung ergeben sich die Luftquerschnitte aus den Stoßfugenflächen, d. h. aus den entsprechenden Eisenquerschnitten durch Division mit dem Faktor k_E, der das Verhältnis des reinen Eisenquerschnitts zum gesamten Kernquerschnitt einschließlich der Isolierschichten zwischen den Blechen angibt (vgl. Bd. I, S. 165). Dieser Faktor weicht nicht sehr von der Einheit ab, er ist bei 0,5 mm dickem Blech mit der üblichen Stärke der Papierzwischenlagen etwa 0,9, bei 0,35 mm dickem Blech etwa 0,86. Da nun die Luftspaltlänge bei der Herstellung doch nur annähernd eingehalten werden kann, so dürfen wir zur Vereinfachung der Berechnung die Luftspaltinduktion gleich der entsprechenden Induktion im Eisen setzen ($b_L = b_K$, $b_{LK} = b_K$, $b_{LJ} = b_J$), wobei wir wieder mit einer gewissen Sicherheit rechnen. Beim Manteltransformator ist zu beachten, daß immer zwei Jochquerschnitte magnetisch parallel geschaltet sind.

c. Der zeitliche Verlauf und der Effektivwert des Magnetisierungsstromes. Ermitteln wir für verschiedene angenommene Induktionsflüsse im Eisenkern den Magnetisierungsstrom i nach Gl. (3) und (3a u. b), so erhalten wir die magnetische Charakteristik des Transformators φ (i) oder auch b (i), worin b die dem Induktionsfluß φ proportionale Kerninduktion ist. Für einen gegebenen zeitlichen Verlauf des Induktionsflusses oder der Induktion b können wir aus der magnetischen Charakteristik den zeitlichen Verlauf des Magnetisierungsstromes ermitteln. In Abb. 4a u. b ist die Bestimmung der Stromkurve i für eine zeitlich sinusförmige Flußkurve (entsprechend der Kurve b in Abb. 4b) mit dem Höchstwert $B = 14000$ Gauß der Kern- und Jochinduktion angedeutet. Um das Ergebnis verallgemeinern zu können, ist an Stelle des Stromes i das Verhältnis zwischen der magnetischen Spannung v des Kreises und der gesamten Länge L_E des Eisenweges angegeben, so daß man den Magnetisierungsstrom durch Multiplikation mit der Eisenweglänge und Division mit der Windungszahl w erhält. Es ist ferner angenommen, daß die gesamte Weglänge $\Sigma\delta$ der Luftspalte 0,04% der gesamten Länge L_E der Eisenwege beträgt ($\eta = 4 \cdot 10^{-4}$). Wäre die Permeabilität des Eisens unendlich groß, so würde die Gerade L in Abb. 4a die magnetische Charakteristik darstellen.

Unter dem Einfluß der magnetischen Hysterese (Bd. I, Abschn. II F 2 a) wird diese Stromkurve noch etwas verzerrt. In Abb. 4a und b sind für den Höchstwert $B = 14000$ Gauß der Kern- und Jochinduktion die Hystereseschleife und die entsprechende Stromkurve gestrichelt eingezeichnet. Die Form der Stromkurve wird bei den hohen Induktionen, wie sie praktisch gewöhnlich in Frage kommen, durch die Hysterese nicht wesentlich geändert; ihre Grundwelle ist aber nicht

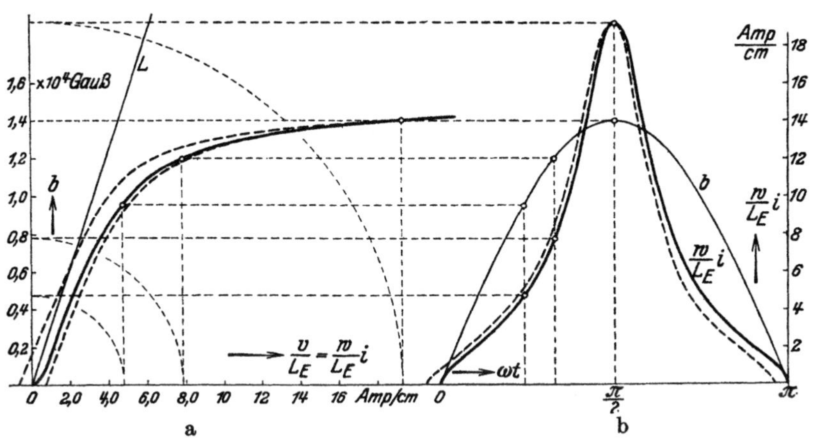

Abb. 4a u. b. Ermittlung der Stromkurve i bei sinusförmiger Induktionskurve b aus der magnetischen Charakteristik. Gestrichelte Kurven mit Berücksichtigung der Hysterese.

mehr in Phase mit der Induktion, der Strom hat eine Wirkkomponente, die den Hystereseverlusten entspricht. Da der Einfluß der Hysterese auf die Stromkurve nur gering ist, werden wir bei den folgenden Untersuchungen in der Regel die magnetische Kurve der Erstmagnetisierung (voll ausgezogene Kurve in Abb. 4a) voraussetzen.

Die Netzspannung, an die der Transformator angeschlossen wird, weicht gewöhnlich nicht wesentlich von der Sinusform ab; dann verlaufen auch der Induktionsfluß und die Induktion sehr angenähert sinusförmig, da der Spannungsverlust in der Wicklung vernachlässigbar klein ist. Unter dieser Annahme sind die Stromkurven für verschiedene Induktionen berechnet und in Abb. 5a und b aufgetragen. Abb. 5a gilt bei Vernachlässigung der Luftspalte; der Abb. 5b liegen Luftspalte zugrunde, deren gesamte Länge 0,04% der gesamten Länge des Eisenwegs beträgt ($\eta = 4 \cdot 10^{-4}$). In allen Fällen ist vorausgesetzt, daß die Induktion im Joch dieselbe ist wie im Kern. Bei vergrößertem Jochquerschnitt ergeben sich etwas weniger spitze Stromkurven. Der Einfluß der magnetischen Hysterese ist mit Berücksichtigung der Luftspalte für die Kerninduktion $B = 14000$ Gauß durch die gestrichelte Kurve in Abb. 4b gezeigt.

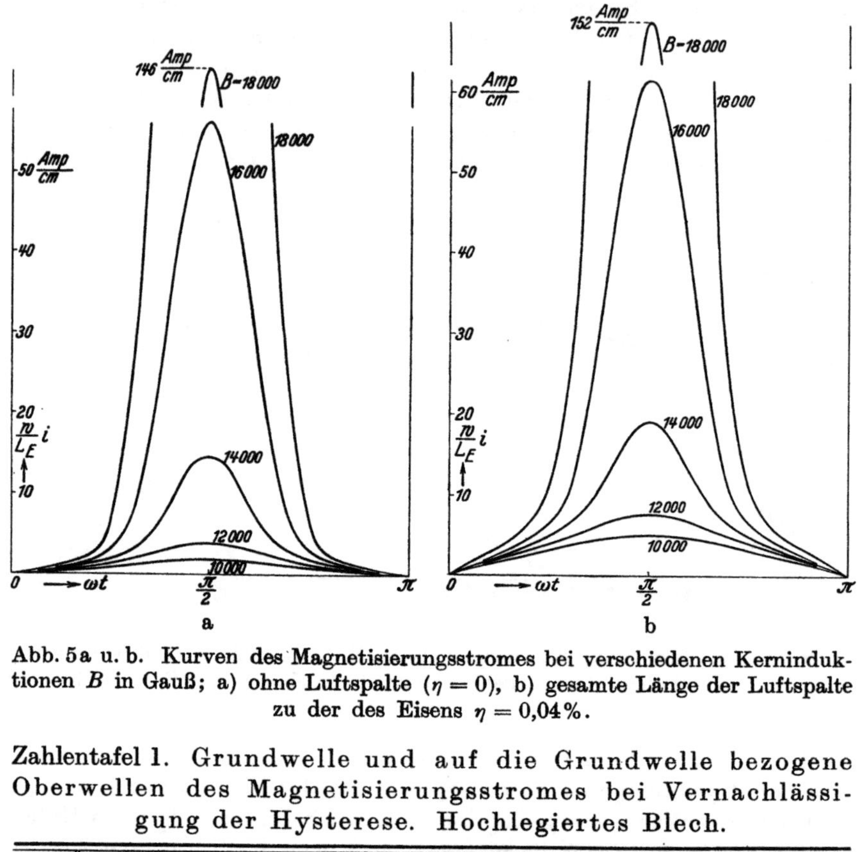

Abb. 5a u. b. Kurven des Magnetisierungsstromes bei verschiedenen Kerninduktionen B in Gauß; a) ohne Luftspalte ($\eta = 0$), b) gesamte Länge der Luftspalte zu der des Eisens $\eta = 0{,}04\%$.

Zahlentafel 1. Grundwelle und auf die Grundwelle bezogene Oberwellen des Magnetisierungsstromes bei Vernachlässigung der Hysterese. Hochlegiertes Blech.

B	$\Sigma\delta/L_E = 0$					$\Sigma\delta/L_E = 4\cdot10^{-4}$				
in Gauß	$\sqrt{2}\,\frac{w}{L_E}J_1$ in Amp/cm	$\frac{J_3}{J_1}$	$\frac{J_5}{J_1}$	$\frac{J_7}{J_1}$	$\frac{J_9}{J_1}$	$\sqrt{2}\,\frac{w}{L_E}J_1$ in Amp/cm	$\frac{J_3}{J_1}$	$\frac{J_5}{J_1}$	$\frac{J_7}{J_1}$	$\frac{J_9}{J_1}$
10000	1,53	−0,162	0,050	0,011	0,009	4,76	−0,045	0,014	0,003	0,002
12000	2,73	−0,287	0,094	−0,013	0,010	6,54	−0,109	0,036	−0,005	0,004
14000	7,38	−0,528	0,267	−0,113	0,062	12,1	−0,312	0,157	−0,067	0,037
16000	26,1	−0,658	0,331	−0,121	0,031	31,2	−0,549	0,272	−0 099	0,026
18000	74,5	−0,658	0,275	−0,053	−0,018	80,9	−0,605	0,253	−0,488	−0,016

Für alle diese Fälle sind in Zahlentafel 1 die Grundwelle und die Anteile der Einzelwellen bis zur 9. Ordnung, bezogen auf die Grundwelle des Stromes, zusammengestellt. In Zahlentafel 2, die den Einfluß der Hysterese erkennen läßt, ist zwischen Wirk- (J_w) und Blindkomponente (J_b) unterschieden. Die Oberwellen J_ν sind so zerlegt, daß die Komponenten $J_{\nu u}$ gleichzeitig mit J_{1w} und die Komponenten $J_{\nu b}$ gleichzeitig mit J_{1b} Null werden. Es ist $J_{1w}/J_1 = 0{,}077$ und $J_{1b}/J_1 = 0{,}997$.

Zahlentafel 2. Die nach den Wirk- und Blindkomponenten der Grundwelle des Magnetisierungsstromes zerlegten Oberwellen bei Berücksichtigung der Hysterese und $B = 14000$ Gauß. $\Sigma\delta/L_E = 4\cdot 10^{-4}$.

	$\nu =$ 3	5	7	9
$J_{\nu b}/J_{1b}$	$-0{,}362$	$+0{,}178$	$-0{,}089$	$+0{,}038$
$J_{\nu w}/J_{1w}$	$-0{,}477$	$+0{,}259$	$+0{,}115$	$-0{,}017$

In Abb. 6 sind die Amplitude der Grundwelle $\sqrt{2}\,J_1$ für $\eta = 0$ (starke Linie) und die auf die Grundwelle bezogenen Oberwellen des Magnetisierungsstromes für $\eta = 0$ (voll ausgezogen) und $\eta = 4\cdot 10^{-4}$ (gestrichelt) als Funktion der Kerninduktion dargestellt. Aus den Kurven für $\eta = 0$ lassen sich die für andere Werte von η leicht ableiten. Bei sinusförmigem Verlauf der Induktion ist nämlich der Anteil des Magnetisierungsstromes, der für die Luftspalte erforderlich ist, ebenfalls sinusförmig. Durch die Luftspalte wird also nur die Grundwelle des Magnetisierungsstromes geändert, während die Oberwellen dieselben bleiben. Die auf die Grundwellenamplitude bezogenen Amplituden der Oberwellen werden deshalb bei Anwesenheit von Luftspalten im Verhältnis der Grundwellenamplitude ohne Luftspalte zu der mit Luftspalten verringert.

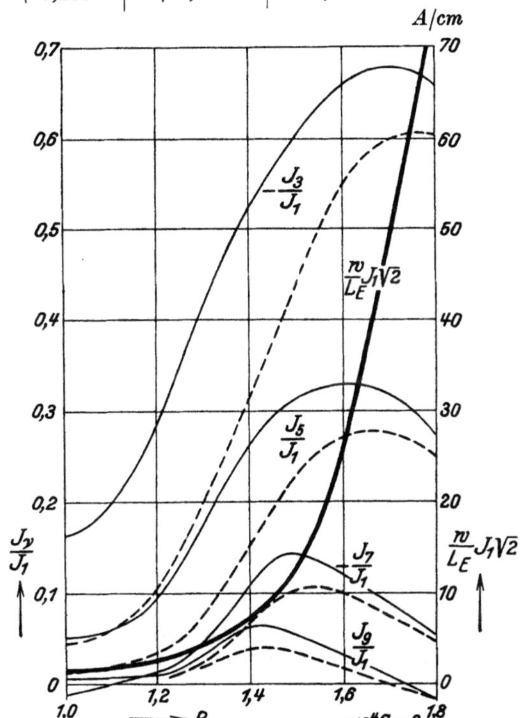

Abb. 6. Grundwellenamplitude $\sqrt{2}\,J_1$ (stark) und auf die Grundwelle bezogene Oberwellen J_ν/J_1 des Magnetisierungsstromes (schwach ausgezogen ohne Luftspalte, gestrichelt mit Luftspalten, $\eta = 0{,}04\%$) als Funktion der Kerninduktion B.

Gewöhnlich wird nach dem Effektivwert J des Magnetisierungsstromes gefragt. Setzt man in Gl. (3) den Höchstwert der Umlaufspannung ein, der sich mit dem Höchstwert B ergibt, so erhalten wir auch den Höchstwert J_{max} des Magnetisierungsstromes. Um den Effektivwert J zu erhalten, müssen wir den Höchstwert durch den Scheitelfaktor

$$\sigma = \frac{J_{max}}{J} \tag{5}$$

dividieren, der für eine sinusförmige Kurve $\sqrt{2}$ ist, für die in Abb. 5a u. b dargestellten Kurven aber in Abb. 7 als Funktion der Kerninduktion B für $\eta = \Sigma\delta/L_E$ gleich 0, 0,04 und 0,08% dargestellt ist. Die Kerninduktion liegt bei Transformatoren für 50 Hz gewöhnlich zwischen den Grenzen 11000 und 14000 Gauß, der Scheitelfaktor also etwa zwischen den Grenzen 1,6 und 2,3, d. h. der Effektivwert beträgt nur etwa 88 bis 61% des Effektivwertes eines sinusförmigen Magnetisierungsstromes mit demselben Höchstwert.

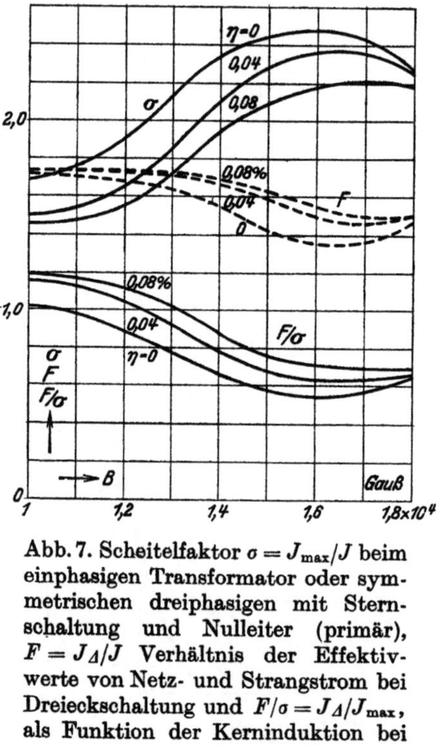

Abb. 7. Scheitelfaktor $\sigma = J_{max}/J$ beim einphasigen Transformator oder symmetrischen dreiphasigen mit Sternschaltung und Nulleiter (primär), $F = J_\Delta/J$ Verhältnis der Effektivwerte von Netz- und Strangstrom bei Dreieckschaltung und $F/\sigma = J_\Delta/J_{max}$, als Funktion der Kerninduktion bei verschiedenen Anteilen η der Luftspaltlänge in % der Eisenlänge.

Zur praktischen Berechnung des Magnetisierungsstromes können wir nun von dem Höchstwert des Magnetisierungsstromes ausgehen, den wir nach Gl. (3) berechnen, indem wir die Umlaufspannung für den Höchstwert des Kernflusses bilden, der sich bei sinusförmigem Verlauf der EMK E in bekannter Weise aus der Gleichung

$$\Phi = \frac{E}{\sqrt{2}\pi f w} \tag{6}$$

ergibt (vgl. Abschn. II C 1, Bd. I), worin $E = U$, der Klemmenspannung, gesetzt werden darf. Den Höchstwert des Magnetisierungsstromes dividieren wir durch den Scheitelfaktor σ, der nach Abb. 7 für die Kerninduktion B geschätzt werden kann, um den Effektivwert zu erhalten.

Bei konstanter Klemmenspannung und Frequenz ändert sich der Magnetisierungsstrom nicht wesentlich mit der Belastung, weil sowohl der Wirkspannungsverlust als auch der Blindspannungsverlust gewöhnlich sehr klein ist und der den Blindspannungsverlust hervorrufende Streufluß zum Teil ebenfalls das Eisen beansprucht.

2. Der symmetrische dreiphasige Kerntransformator.

a. Sternschaltung mit Nulleiter, Dreieckschaltung. Zur Transformation in Dreiphasennetzen werden in Amerika gewöhnlich drei Einphasen-Transformatoren an Stelle der in Europa üblichen Dreiphasen-Transformatoren verwendet. Schaltet man hierbei die Transformatoren in Stern und legt sie an ein Dreiphasennetz mit Nulleiter, so können sich die Magnetisierungsströme ebenso wie bei einphasig betriebenen Transformatoren ausbilden. In diesem Falle gelten also dieselben Untersuchungen wie im Abschn. 1.

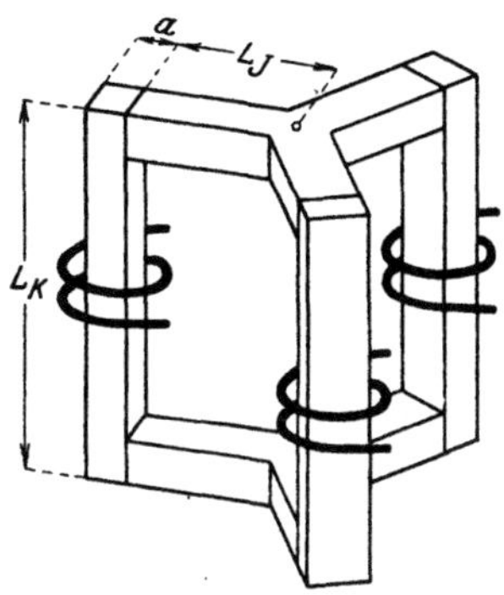

Abb. 8. Symmetrischer Dreiphasen-Transformator.

Ebenso verhält sich auch der in Stern verkettete symmetrische Dreiphasen-Transformator (Abb. 8, vgl. auch Abb. 86, Bd. I), wenn er an einem symmetrischen Dreiphasennetz mit Nulleiter liegt (Abb. 9). Ändert sich die Strangspannung sinusförmig, so gilt dies bei Vernachlässigung des Wirkwiderstandes auch für den Induktionsfluß, und in jedem Augenblick ist die Summe der Flüsse, die im Verkettungspunkt zusammenfließen, Null. Jeder Kern mit den beiden zugehörigen Jochteilen, die wir uns durch einen Eisenkern von unendlich großer Permeabilität geschlossen denken können, verhält sich also genau so wie ein Einphasen-Transformator, und in dem Magnetisierungsstrom sind alle Wellen vertreten, die bei sinusförmiger Induktion nach der magnetischen Charakteristik jedes Kreisteils zwischen den Jochverkettungspunkten auftreten müssen. Für jeden Strang gelten die Stromkurven in Abb. 5a u. b. Im Nulleiter fließt die Summe der Strangströme, also bei symmetrischem Netz im wesentlichen der dreifache Strom der 3. Welle eines Stranges. Wie wir aus Abb. 6 ersehen, beträgt der Nullleiterstrom bei $B = 14000$ Gauß und $\eta = 0$ mehr als das 1,5-fache des Strangstromes.

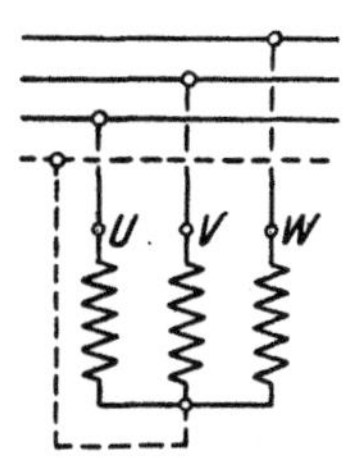

Abb. 9. Sternschaltung mit Nulleiter.

Der Magnetisierungsstrom ist wie beim Einphasen-Transformator zu berechnen. Der Höchstwert der Umlaufspannung ist hier [vgl. Gl. (3a) und Abb. 8]

$$V = L_K H_K + 2 L_J H_J + 2\delta H_{LJ}, \tag{7a}$$

worin H_K, H_J und H_{LJ} aus dem Höchstwert Φ des Kernflusses zu ermitteln sind, und die Amplitude des Magnetisierungsstromes

$$J_{\max} = \frac{V}{w}. \tag{7}$$

Durch Division dieser Amplitude mit dem Scheitelfaktor σ, der den Kurven in Abb. 7 entnommen werden kann, erhalten wir den Effektivwert des Magnetisierungsstromes. Ein vierter Schenkel, der die Verkettungspunkte der drei bewickelten Schenkel miteinander verbände, würde daran nichts ändern.

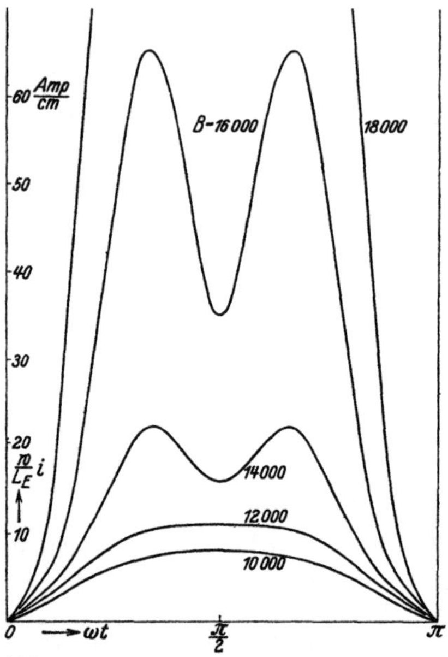

Abb. 10. Kurven des dem Netz entnommenen Magnetisierungsstromes bei Dreieckschaltung und verschiedenen Kerninduktionen B in Gauß.

Wenn die Strangspannungen Oberwellen aufweisen, treten solche Wellen auch im Induktionsfluß auf. Je nach der Phase dieser Wellen zu den Grundwellen können dann die entsprechenden Wellen in der Kurve des Magnetisierungsstromes stärker oder schwächer hervortreten als bei sinusförmigen Strangspannungen (vgl. Abschn. 3).

Auch bei der Dreieckschaltung ändert sich bei sinusförmiger Netzspannung der Fluß im Kern annähernd sinusförmig. Es können sich in den Strangströmen die Oberwellen dreifacher Frequenz und ihrer ungeraden Vielfachen ausbilden, genau so wie beim Einphasen-Transformator oder beim Dreiphasen-Transformator in Sternschaltung mit Nulleiter. Diese Oberwellen sind in allen drei Strängen gleichgerichtet und schließen sich innerhalb der Wicklung, während der dem Netz entnommene Magnetisierungsstrom diese Oberwellen nicht aufweist. Abb. 10 stellt die Stromkurven des dem Netz entnommenen Magnetisierungsstromes bei $\eta = 4 \cdot 10^{-4}$ und Vernachlässigung der Hysterese dar. Sie ergeben sich als Differenz der Augenblickswerte zweier Strangströme in Abbildung 5b, wenn man beachtet, daß diese um je $^1/_3$ Periode gegeneinander in der Phase verschoben sind. Bei Berücksichtigung der Hysterese werden die Kurven unsymmetrisch, der eine der beiden Höchstwerte, die sich bei $B > 12000$ Gauß ausbilden, ist etwas größer als der andere.

Der Faktor

$$F = \frac{J_\Delta}{J}, \tag{8}$$

mit dem der Effektivwert des Strangstromes J zu multiplizieren ist, um den dem Netz entnommenen Effektivwert des Magnetisierungsstromes J_Δ zu erhalten, ist in Abb. 7 als Funktion der Kerninduktion B eingetragen, wobei die Hysterese vernachlässigt und wieder angenommen ist, daß die Jochinduktion gleich der Kerninduktion ist. Da im Netzstrom die Wellen 3. Ordnung und die Vielfachen davon fehlen, ist $F < \sqrt{3}$.

Aus dem Höchstwert J_{max} des Strangstromes nach Gl. (7) erhalten wir mit dem Scheitelfaktor σ nach Abb. 7 den Effektivwert des Netzstromes zu

$$J_\Delta = \frac{F}{\sigma} J_{max}. \tag{9}$$

In Abb. 7 ist das Verhältnis F/σ ebenfalls eingetragen.

b. Sternschaltung ohne Nulleiter und ohne eine in Dreieck geschaltete Wicklung. Wenn der Nulleiter fehlt, so muß in jedem Augenblick die Summe der Strangströme Null sein, und es können im Magnetisierungsstrom nicht die Wellen 3. Ordnung und Vielfache davon auftreten. Dafür weisen dann der Induktionsfluß und die Induktion die Oberwellen dieser Ordnung auf, so wie es die magnetische Charakteristik des Transformators verlangt, wenn die Sekundärwicklung unverkettet, in Stern geschaltet oder nicht vorhanden ist. Diese Oberwellen sind aber in allen drei Kernen des Transformators gleichgerichtet; ihr Fluß muß sich über die beiden Joche durch den Luftraum oder den etwa vorhandenen eisernen Ölkessel schließen. Die von den Flüssen dreifacher Frequenz und ihrer ungeraden Vielfachen in den einzelnen Wicklungssträngen induzierten EMKe sind nach Abchn. II C 5, Bd. I, alle gleichgerichtet, heben sich also in dem Stromkreis über zwei Netzklemmen auf; dagegen treten zwischen den Verkettungspunkten der Transformatorwicklung und des Netzes Spannungen dreifacher Frequenz und ihrer ungeraden Vielfachen auf. Gegenüber den Wellen dreifacher Frequenz sind die der ungeraden Vielfachen sehr klein, deshalb werden wir im folgenden gewöhnlich nur von den Wellen dreifacher Frequenz sprechen, obgleich dasselbe auch für die Wellen der ungeraden Vielfachen von 3 gilt.

Um die Stromkurve zu ermitteln, brauchen wir außer der magnetischen Charakteristik für die Hauptkerne mit ihren Jochteilen zwischen den magnetischen Verkettungspunkten, etwa in der Form $\varphi(v)$, noch die magnetische Charakteristik $\varphi_L(v_L)$ (Abb. 11) für den Fluß von Joch zu Joch durch die Umgebung, d. h. den Luftraum oder den eisernen Ölkessel oder einen etwa vorhandenen vierten, unbewickelten Schenkel, die wir zunächst als gegeben voraussetzen (vgl. Abschn. 5).

Dabei vernachlässigen wir die teilweise Entlastung der Jochteile, die dadurch hervorgerufen wird, daß der Luftfluß φ_L nicht in den Verkettungspunkten, sondern an den Jochoberflächen ein- und austritt. Wir setzen voraus, daß die Netzspannung sinusförmig und symmetrisch sei und der Spannungsverlust in den Wicklungen vernachlässigt werden darf. Im Kernfluß tritt dann außer der Grundwelle Φ_1 des Flusses, die sich aus der durch $\sqrt{3}$ dividierten verketteten Spannung ergibt, noch die 3. Welle auf.

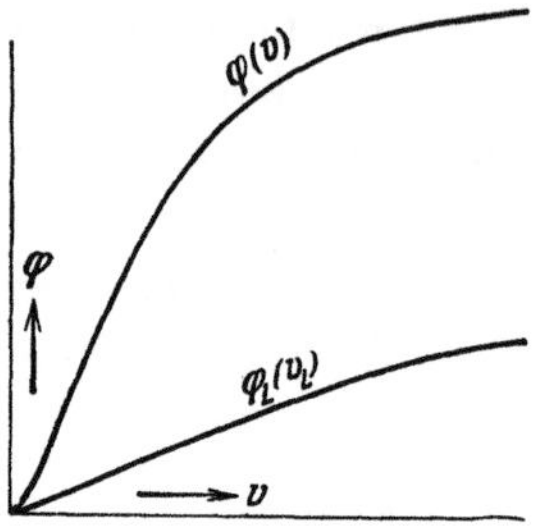

Abb. 11. Magnetisierungskurven, $\varphi(v)$ für die Hauptkreisteile, $\varphi_L(v_L)$ für den äußern Weg von Joch zu Joch.

Bilden wir die magnetische Spannung längs eines geschlossenen Weges, der durch einen bewickelten Kern über die zugehörigen Jochteile durch den Luftraum führt, so erhalten wir den Augenblickswert des Magnetisierungsstromes zu

$$i = \frac{1}{w}\,(L_K h_K + 2 L_J h_J + 2\delta h_{LJ} + v_L)\,. \qquad (10)$$

In dieser Gleichung sind h_K, h_J und h_{LJ} aus den magnetischen Beanspruchungen zu ermitteln, die zu

$$\varphi = \Phi_1 \sin\omega t + \Phi_3 \sin 3\omega t \qquad (10\text{a})$$

gehören, während sich v_L aus dem Luftfluß

$$\varphi_L = 3\Phi_3 \sin 3\omega t \qquad (10\text{b})$$

ergibt. Für eine angenommene oder gegebene Grundwellenamplitude Φ_1 können wir nun Φ_3 durch Probieren so bestimmen, daß in der Stromkurve die 3. Welle verschwindet. Wir nehmen zunächst Φ_3 willkürlich an und berechnen nach Gl. (10) und (10a u. b) durch Einsetzen verschiedener Werte für t punktweise die Stromkurve und ändern Φ_3 so lange ab, bis in der nach Gl. (10) gebildeten Stromkurve die 3. Welle nicht mehr vorhanden ist. Man erhält so im wesentlichen den Magnetisierungsstrom, der sich tatsächlich einstellt.

In Abb. 12a u. b sind die auf diese Weise erhaltenen Kurven $(w/L_E)i$ für verschiedene Grundwellenamplituden der Kern- und Jochinduktion B_1 aufgezeichnet. Dabei sind beispielsweise (vgl. Abb. 8) $L_K = 38$ cm, $(L_J + a) = 21$ cm und der Jochquerschnitt gleich dem Kernquerschnitt $q_E = 100\ \text{cm}^2$ angenommen, und es ist nach Abschn. 5

$$\Lambda = \frac{\varphi_L}{v_L} = 7(L_J + a) = 147\,\frac{\text{Maxwell}}{\text{Amp}} \qquad (11)$$

gesetzt. Abb. 12a gilt bei Vernachlässigung der Luftspalte, Abb. 12b für den Fall, daß die gesamte Weglänge der Luftspalte 0,04% der gesamten Eisenweglänge beträgt. Wir erkennen durch Vergleich der

Abb. 12a u. b mit 5a u. b, daß die Stromkurve bei Sternschaltung ohne Nulleiter im allgemeinen 3 Höchstwerte in jeder Halbwelle aufweist und die größte Amplitude wesentlich kleiner ist als bei Sternschaltung mit Nulleiter.

Die Scheitelfaktoren σ der Kurven in Abb. 12a u. b sind ebenfalls kleiner als die der Kurven in Abb. 5a u. b bei derselben Grundwellenamplitude B_1 der Induktion. Beziehen wir aber hier den Effektivwert

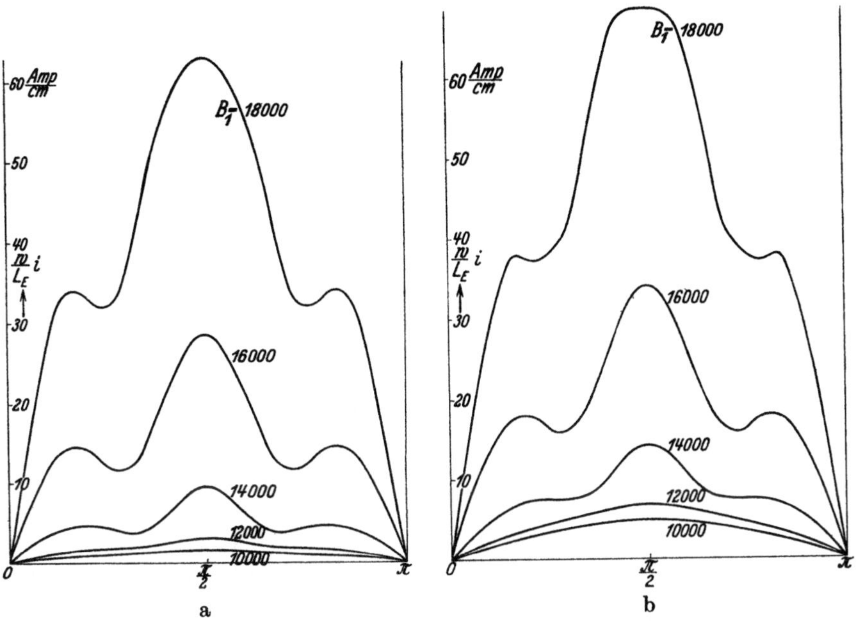

Abb. 12a u. b. Kurven des Magnetisierungsstromes beim symmetrischen Transformator mit Sternschaltung ohne Nulleiter (primär) und verschiedenen Kerninduktionen B in Gauß; a) ohne Luftspalte, b) mit Luftspalten ($\eta = 0{,}04\,\%$).

des Magnetisierungsstromes auf den Höchstwert $J_{\max}$ des Magnetisierungsstromes bei angeschlossenem Nulleiter [Gl. (7)],

$$J_0 = \frac{J_{\max}}{\sigma'}, \tag{12}$$

so erhalten wir als Funktion der Grundwellenamplitude B_1 die in Abb. 13 voll ausgezogenen Kurven für den fiktiven Scheitelfaktor σ', der erheblich größer ist als der Scheitelfaktor σ bei angeschlossenem Nulleiter (vgl. Abb. 7).

Das Verhältnis der Induktionsamplituden der 3. Welle und der Grundwelle ist für das hier behandelte Beispiel in Abb. 14 als Funktion der Grundwellenamplitude aufgetragen. Die dritte Induktionswelle induziert in den Wicklungen des Transformators EMKe, die,

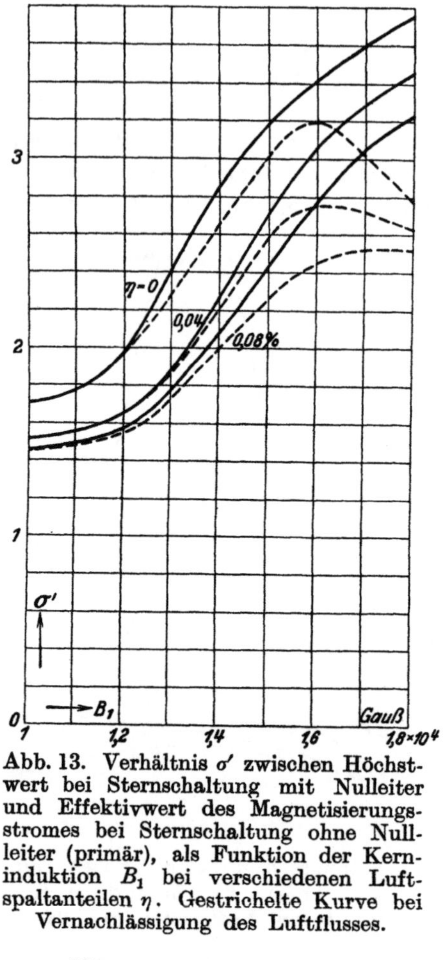

Abb. 13. Verhältnis σ' zwischen Höchstwert bei Sternschaltung mit Nulleiter und Effektivwert des Magnetisierungsstromes bei Sternschaltung ohne Nullleiter (primär), als Funktion der Kerninduktion B_1 bei verschiedenen Luftspaltanteilen η. Gestrichelte Kurve bei Vernachlässigung des Luftflusses.

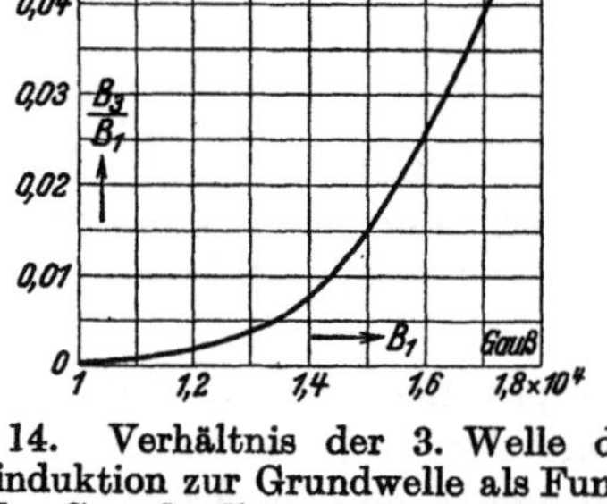

Abb. 14. Verhältnis der 3. Welle der Kerninduktion zur Grundwelle als Funktion der Grundwelleninduktion für einen bestimmten Fall.

bezogen auf die Strangspannung, dreimal so groß sind wie die relative Induktion in Abb. 14. Zwischen dem Verkettungspunkt der Transformatorwicklung und dem Sternpunkt des Netzes tritt also die Spannung

$$U_0 = 3\,\frac{B_3}{B_1}\,U \qquad (13)$$

auf, die bei unsern Annahmen und $B_1 = 14000$ Gauß 2,2% der Strangspannung beträgt, bei $B_1 = 16000$ Gauß aber schon auf etwa 8% anwächst.

c. Sternschaltung ohne Nullleiter mit einer in Dreieck geschalteten Wicklung. Im letzten Abschnitt hatten wir die Sekundärwicklung als nicht vorhanden oder in Stern geschaltet angenommen. Bei Sternschaltung der Sekundärwicklung heben sich die Spannungen dreifacher Frequenz in der verketteten Spannung auf. Ist dagegen die Sekundärwicklung in Dreieck geschaltet, so werden durch den Luftfluß φ_L Ströme dreifacher Frequenz induziert, die den Luftfluß abdämpfen. Ebenso wie die Dreieckschaltung verhält sich auch eine Kurzschlußwicklung, die alle drei Kerne des Transformators umschlingt. In der Tat ergibt die Dreieckschaltung mit je einer Windung eine um alle Kerne geschlungene Kurzschlußwicklung (Abb. 15). Eine solche „Tertiärwicklung" kann zur Unterdrückung des Flusses und der EMK dreifacher Frequenz bei Sternschaltung der Sekundärwicklung Verwendung finden.

Wenn der Luftfluß φ_L durch das Vorhandensein einer in Dreieck geschalteten Sekundär- oder Tertiärwicklung Null wird, so führt diese Wicklung die Ströme dreifacher Frequenz und ihrer Vielfachen, die bei Sternschaltung mit angeschlossenem Nulleiter in der Primärwicklung fließen würden. Wir erhalten deshalb den Magnetisierungsstrom bei Sternschaltung der Primärwicklung ohne Nulleiter mit einer in Dreieck geschalteten Sekundär- oder Tertiärwicklung, indem wir von dem Magnetisierungsstrom bei Sternschaltung mit Nulleiter die Wellen dreifacher Frequenz und ihrer Vielfachen abziehen (vgl. Abb. 6). Wir erhalten so beispielsweise für $B_1 = 14000$ Gauß und die Verhältnisse η gleich 0 und 0,04% die in Abb. 16 vollausgezogenen Kurven. Die gestrichelte Kurve stellt den Strom i_3 in der Tertiärwicklung oder einer in Dreieck geschalteten Sekundärwicklung dar.

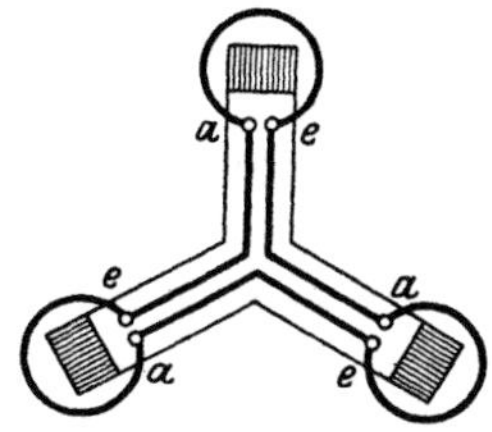

Abb. 15. Dreieckschaltung mit je einer Windung.

Vergleichen wir diese Kurven mit denen in Abb. 12a u. b, die ohne eine in Dreieck geschaltete Sekundär- oder Tertiärwicklung gelten, so erkennen wir, daß die Kurvenformen im wesentlichen übereinstimmen, die Höchstwerte aber in Abb. 16 nur etwas größer sind als die in Abb. 12a u. b. Angenähert können wir deshalb auch die Kurve des Magnetisierungsstromes bei Sternschaltung der Primärwicklung ohne Nulleiter und ohne in Dreieck geschaltete Sekundär- oder Tertiärwicklung nach dem hier zuletzt angegebenen einfachen Verfahren ermitteln. Die Analyse der Stromkurve bei angeschlossenem Nulleiter braucht dabei nicht ausgeführt zu werden. Bilden wir nämlich für jeden Augenblick die Summe der drei Strangströme, so erhalten wir den Nulleiterstrom; dividieren wir diesen durch 3, so ergibt sich der Strom i_3 in der in Dreieck geschalteten Tertiär- oder Sekundärwicklung, und ziehen wir diesen von dem Magnetisierungsstrom bei angeschlossenem Nulleiter ab, so ist die Differenz der gesuchte Magnetisierungsstrom.

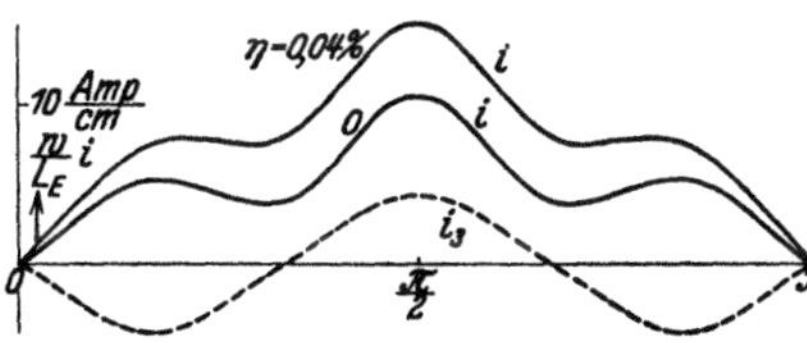

Abb. 16. i Stromkurven bei Sternschaltung ohne Nulleiter mit einer Dreieckwicklung (Strom i_3), $B_1 = 14000$ Gauß.

Im Abschn. a haben wir gesehen, daß bei Dreieckschaltung der Primärwicklung die Wellen dreifacher Frequenz und ihrer Vielfachen in den Netzströmen nicht auftreten, die Einzelwellen der Stromkurven also übereinstimmen mit denen bei Sternschaltung mit in Dreieck geschalteter Sekundär- oder Tertiärwicklung. Wir erhalten deshalb nach Gl. (9) den fiktiven Scheitelfaktor σ', durch den wir den Höchstwert J_{max} des Stromes bei Sternschaltung mit Nulleiter dividieren müssen, um den Effektivwert des Stromes ohne Nulleiter mit in Dreieck geschalteter Sekundär- oder Tertiärwicklung zu erhalten, zu

$$\sigma' = \frac{\sqrt{3}}{F}\,\sigma\,. \tag{14}$$

Er ist in Abb. 13 als Funktion der Grundwellenamplitude der Kerninduktion gestrichelt eingetragen.

3. Gegenseitige Beeinflussung von Magnetisierungsstrom und Spannungskurve.

a. Einfluß der Spannungskurve. Wir hatten bei unsern Betrachtungen vorausgesetzt, daß die Spannungen des primären Netzes sinusförmig sind, in der Spannungskurve also eine 3. Welle nicht auftritt. Für die verkettete Spannung wird diese Annahme oft zutreffen. Die Strangspannungen weisen aber gewöhnlich eine mehr oder weniger stärkere Welle 3. Ordnung auf. Dadurch können bei Sternschaltung mit angeschlossenem Nulleiter die Stromkurven wesentlich von denen abweichen, die wir für sinusförmige Strangspannung ermittelt haben.

Der Fluß, der der 3. Welle der Strangspannung entspricht, muß von den Jochen durch den Luftraum und den etwa vorhandenen Ölkessel fließen. Die zur Erregung dieses Flusses erforderliche Stromwelle 3. Ordnung wird deshalb verhältnismäßig groß. Sie kann sich zu der bei sinusförmiger Strangspannung im Magnetisierungsstrom auftretenden 3. Welle addieren, so daß die Kurve des Magnetisierungsstromes noch „spitzer“ wird als bei sinusförmiger Strangspannung, oder subtrahieren, so daß sie „flacher“ oder gar eingesattelt wird. Der erste Fall tritt bei flachen Spannungskurven, der zweite bei spitzen auf, sofern die Abflachung oder Zuspitzung der Spannungskurve lediglich durch die 3. Welle verursacht wird. Wie aus Abb. 17a u. b im nächsten Abschnitt hervorgeht, bewirkt nämlich eine Abflachung der Spannungskurve durch die 3. Welle eine Zuspitzung der Flußkurve und umgekehrt, während eine durch die 5. Welle abgeflachte oder zugespitzte Spannungskurve auch eine Abflachung oder Zuspitzung der Flußkurve zur Folge hat. Eine Spannungskurve, die durch die Welle 3. Ordnung abgeflacht wird, wirkt sich also wesentlich ungünstiger aus als eine durch sie zugespitzte Spannungskurve.

Die 3. Stromwellen der Magnetisierungsströme addieren sich im Nulleiter, so daß bei flachen Spannungskurven der Nulleiterstrom unzulässig hohe Werte annehmen kann [L 1]. Aber auch bei spitzen Spannungskurven kann dies der Fall sein, wenn die 3. Spannungswellen verhältnismäßig groß sind.

Die Zickzackschaltung, die wir im Abschn. B 2 näher kennenlernen werden, wird gewöhnlich nur für die Sekundärwicklung des Transformators verwendet. Wir haben deshalb die Magnetisierungsströme dieser Wicklung nicht näher betrachtet. Es sei aber darauf hingewiesen, daß bei der Zickzackschaltung, wenn sie in der Primärwicklung mit angeschlossenem Nulleiter verwendet wird, die 3. Welle des Stromes und damit der Nulleiterstrom besonders groß werden können. Die von den 3. Wellen hervorgerufenen Durchflutungen der beiden Wicklungsabteilungen eines Kerns heben sich nämlich bei der Zickzackschaltung auf, so daß eine 3. Welle des Induktionsflusses durch den engen Raum zwischen den beiden Wicklungsabteilungen eines Kerns fließen muß, wozu ein entsprechend großer Magnetisierungsstrom 3. Ordnung erforderlich ist [L 2].

b. Einfluß des Magnetisierungsstromes auf die Spannungskurve. Der Magnetisierungsstrom wird auf das Netz zurückwirken und bei vollkommen sinusförmiger EMK des den Transformator speisenden Generators die Netzspannung verzerren. Die Grundwelle des Magnetisierungsstromes ruft einen ebenfalls sinusförmigen Spannungsverlust hervor und hat deshalb keine Verzerrung der Spannungskurve zur Folge. Anders verhalten sich die Oberwellen des Magnetisierungsstromes, von denen jede einen Spannungsverlust im Generator und der Verbindungsleitung zum Transformator hervorruft, der dieselbe Frequenz wie die entsprechende Oberwelle des Magnetisierungsstromes hat. Die Amplituden der Oberwellen betragen zwar nur je einen Bruchteil der Grundwellenamplitude des Magnetisierungsstromes, und diese wieder nur einen kleinen Bruchteil des Nennstromes. Der Blindwiderstand des Generators und der Zuleitung zum Transformator ist aber der Frequenz des Stromes proportional, so daß die Blindspannungsverluste der Oberwellen sich störend bemerkbar machen können.

Setzen wir beispielsweise einen Transformator ohne Luftspalte mit einer Kerninduktion von 14000 Gauß voraus. Hierbei betragen nach Abb. 6 die Amplituden der 3., 5. und 7. Welle des Magnetisierungsstromes das 0,53-, 0,27- und 0,11-fache der Grundwellenamplitude. Bei 1% relativem Eisenverlust beträgt nach Gl. (63a) die Grundwelle des Magnetisierungsstromes etwa 10% des Nennstromes. Nehmen wir noch an, daß bei Nennstrom der gesamte induktive Spannungsverlust im Generator und der Zuleitung 20% der Nennspannung beträgt, so ergeben sich die folgenden durch die Einzelwellen des Magnetisierungsstromes hervorgerufenen Spannungsverluste, bezogen auf die Nennspannung:

$$\text{Grundwelle: } 0{,}1\cdot 20\% = 2\%, \qquad \text{3. Welle: } 3\cdot 0{,}53\cdot 2\% = 3{,}2\%,$$

$$\text{5. Welle: } 5\cdot 0{,}27\cdot 2\% = 2{,}7\%, \qquad \text{7. Welle: } 7\cdot 0{,}11\cdot 2\% = 1{,}5\%.$$

Die Spannungsverluste der 3. und 5. Welle können also schon eine merkliche Verzerrung der Spannungskurve zur Folge haben. Diese

Gefahr besteht besonders dann, wenn mehrere Transformatoren am Netz liegen, die gleichzeitig niemals voll belastet sind, so daß die Summe der Nennströme beträchtlich größer ist als der Strom, der der Nennleistung des Netzes entspricht. Bei Kerninduktionen über 14000 Gauß nehmen die Spannungsverluste der Oberwellen mit der Kerninduktion sehr schnell zu, weil nicht nur die auf den Nennstrom bezogene Grundwelle des Magnetisierungsstromes, sondern zunächst auch noch die auf die Grundwelle des Magnetisierungsstromes bezogenen Oberwellen des Magnetisierungsstromes anwachsen (vgl. Abb. 6).

Die durch den Magnetisierungsstrom verzerrte Spannungskurve beeinflußt nun auch wieder den Magnetisierungsstrom. Wir wollen

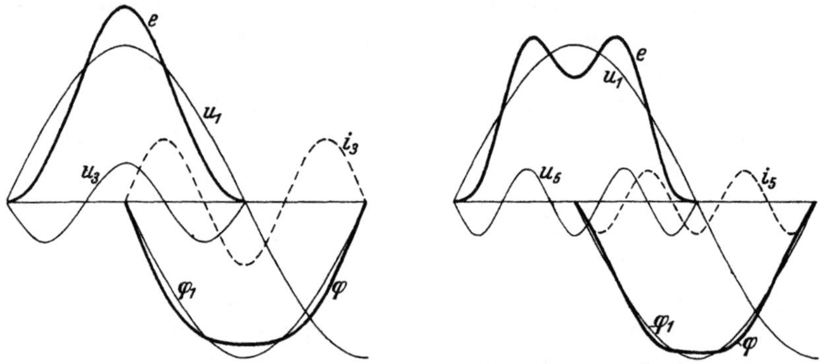

Abb. 17a u. b. Gegenseitige Beeinflussung von Magnetisierungsstrom und Spannungskurve; a) durch die 3., b) durch die 5. Welle des Magnetisierungsstromes.

diesen Vorgang für die 3. und 5. Welle des Magnetisierungsstromes getrennt zeigen. In Abb. 17a u. b stellen die Kurven u_1 die sinusförmige Netzspannung dar, bevor der Transformator angeschlossen wird. Die gestrichelten Kurven i_3 bzw. i_5 seien die 3. bzw. 5. Welle des Magnetisierungsstromes bei Vernachlässigung der Spannungsverluste, wenn also die EMK im Transformator gleich der Spannung u_1 wäre. Diese Stromwellen haben den Spannungsverlust u_3 bzw. u_5 in den Blindwiderständen des Generators, der den Transformator speist, in der Zuleitung zum Transformator und der Primärwicklung des Transformators zur Folge und ergeben zu u_1 addiert die im Transformator induzierte EMK e. Die den Spannungen u_1 und e entsprechenden Flüsse φ_1 und φ sind in Abb. 17a u. b ebenfalls eingezeichnet und lassen erkennen, daß durch den Spannungsverlust die Oberwellen des Magnetisierungsstromes verkleinert werden müssen. Mit den aus dem Fluß φ berechneten Wellen des Magnetisierungsstromes ergeben sich etwas kleinere Spannungsverluste und daher auch kleinere Abweichungen zwischen φ und φ_1. Durch mehrfache Wiederholung dieser Rechnung lassen sich die sich endgültig einstellenden Magnetisierungsströme und Spannungsoberwellen ermitteln. So wurde gefunden, daß für eine Kerninduktion von 14000 Gauß, die sich bei Vernachlässigung der Spannungsverluste einstellen würde, unter den eingangs genannten Annahmen die Amplituden der einzelnen Wellen des Magnetisierungsstromes um folgende Beträge verringert werden: Grundwelle 20%, 3. Welle 30%, 5. Welle 30%, 7. Welle 38%. In demselben Maße werden die induktiven Spannungsverluste verringert.

Die Berechnung wurde auch für eine Kerninduktion von 16000 Gauß, die sich bei Vernachlässigung der Spannungsverluste ergeben würde, ausgeführt, wieder unter der Annahme, daß bei Nennstrom der gesamte induktive Spannungsverlust im Generator und der Zuleitung zum Transformator 20% der Nennspannung beträgt. Dabei ergab sich, daß die Amplituden der Einzelwellen des Magnetisierungsstromes durch den Spannungsverlust um folgende Beträge verringert werden: Grundwelle 44%, 3. Welle 52%, 5. Welle 60%, 7. Welle 72%. Die Amplituden der Spannungswellen, die die Spannungskurve verzerren, ergaben sich für die Einzelwellen der Reihe nach zu 4,1%, 6,9%, 4,7%, 1,4% der Amplitude der Nennspannung.

Die vorstehenden Betrachtungen gelten für einen Einphasen-Transformator oder einen Dreiphasen-Transformator mit Sternschaltung und angeschlossenem Nulleiter. Bei Dreiphasen-Transformatoren mit Dreieckschaltung oder Sternschaltung ohne Nulleiter können die 3. Wellen von Strom und Spannung im Netz nicht auftreten, und es werden nur die Wellen des Magnetisierungsstromes die Spannung verzerren, deren Ordnungszahl nicht durch 3 teilbar ist.

Ist der Transformator sekundär belastet, so können Oberwellen auch in der Sekundärwicklung fließen. Immer wird die resultierende Durchflutung der Primär- und Sekundärwicklung in jedem Augenblick durch den Fluß im Transformator nach Maßgabe der magnetischen Charakteristik des Transformators bestimmt. Dieser Fall unterscheidet sich von dem vorher behandelten nur dadurch, daß der Widerstand für die Stromoberwellen aus der Parallelschaltung der für die Oberwellen maßgebenden Widerstände im Primär- und Sekundärkreis des Transformators besteht.

Ein praktisch wichtiger Fall ist der in Abb. 18a dargestellte, wobei die Sekundärwicklung auf eine offene Fernleitung geschaltet ist, die wir durch die Reihenschaltung von Induktivität und Kapazität ersetzen. Abb. 18b stellt hierfür den Ersatzstromkreis dar. Darin ist L_σ die maßgebende Induktivität auf der Primärseite, d. h. Streuinduktivität der Primärwicklung des Transformators und Generators und Induktivität der Leitung; L' ist die maßgebende, auf die Windungszahl der Primärwicklung bezogene Induktivität der Sekundärseite, d. h. Streuinduktivität der Sekundärwicklung des Transformators und Induktivität der Leitung; K' ist die auf die Windungszahl der Primärwicklung bezogene Kapazität der Leitung auf der Sekundärseite.

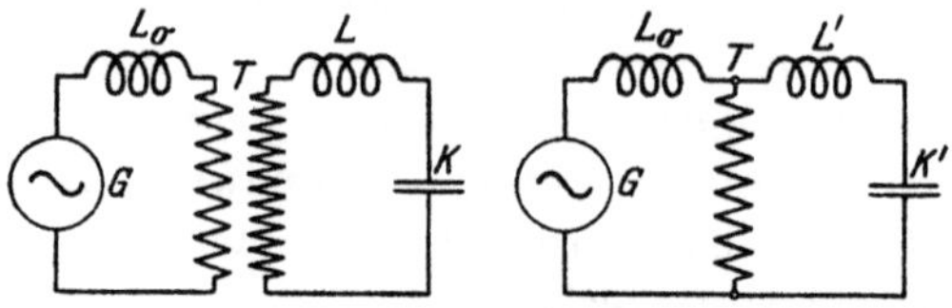

Abb. 18a u. b. Transformator mit kapazitiver Belastung durch eine Fernleitung, b) Ersatzstromkreis.

Der Widerstand für eine Oberwelle ergibt sich bei Vernachlässigung der Wirkwiderstände aus der Parallelschaltung der Induktivität L_σ mit der Reihenschaltung von Induktivität L' und Kapazität K'. Wir erhalten den resultierenden Widerstand für die Oberwelle ν-ter Ordnung zu

$$X = \frac{\nu\,\omega\,L_\sigma\left(\nu\,\omega\,L' - \dfrac{1}{\nu\,\omega\,K'}\right)}{\nu\,\omega\,L_\sigma + \nu\,\omega\,L' - \dfrac{1}{\nu\,\omega\,K'}}\,. \tag{15}$$

Wir haben nun zwei Grenzfälle zu unterscheiden. Es wird

$$X = 0 \quad \text{für} \quad \nu\,\omega\,L' = \frac{1}{\nu\,\omega\,K'} \tag{15a}$$

und

$$X = \infty \quad \text{für} \quad \nu\,\omega\,L_\sigma + \nu\,\omega\,L' = \frac{1}{\nu\,\omega\,K'}\,. \tag{15b}$$

Im ersten Falle findet die ν-te Stromwelle im Sekundärkreis keinen Widerstand; sie fließt ausschließlich durch die Sekundärwicklung, während die Primärwicklung von dieser Oberwelle frei ist. Der Spannungsverlust dieser Oberwelle ist also auf der Primärseite Null, und ebenso verschwindet auch die Rückwirkung der Oberwelle auf die im Transformator induzierte EMK. Die im Sekundärkreis fließende Stromwelle wird aber im Netz zusätzliche Spannungen von der Ordnungszahl der Oberwelle hervorrufen, die an den einzelnen Stellen des Netzes verschieden groß sind.

Im zweiten Falle kann sich wegen des großen Widerstandes die ν-te Welle nicht ausbilden, und der Fluß im Transformator muß sich nach Maßgabe der magnetischen Charakteristik im Transformator einstellen. Die Rückwirkung der Oberwelle auf die im Transformator induzierte EMK wird hierbei am größten.

Diesen Fall, bei dem die beiden Zweige der Parallelschaltung in Resonanz sind, hat Boyajian [L 4] experimentell untersucht. Dabei speiste ein Generator für 200 kVA Leistung drei in Stern geschaltete Einphasen-Transformatoren, die sekundär auf Kondensatoren geschaltet waren. Die Induktivität L' in Abb. 18a u. b war also gleich der Streuinduktivität $L'_{2\sigma}$ der Sekundärwicklung der Transformatoren. Die Verzerrung der Sekundärspannung der Transformatoren durch die in Resonanz befindliche 5. Stromwelle betrug bei 15600 Gauß Kerninduktion etwa 13% der Grundwelle, bei 10000 bis 13330 Gauß etwa 4,5%; für die 7. Stromwelle betrug die Spannungsverzerrung bei 15600 Gauß etwa 1,9%, bei 10000 bis 13300 Gauß etwa 1,1%.

4. Der unsymmetrische dreiphasige Kerntransformator.

a. Sternschaltung mit Nulleiter, Dreieckschaltung. Die dreiphasigen Kerntransformatoren werden gewöhnlich so ausgeführt, daß die drei Eisenkerne in einer Ebene liegen (Abb. 19, vgl. auch Abb. 89a u. b, Bd. I). Der magnetische Aufbau wird dadurch unsymmetrisch. Der Verkettungspunkt liegt etwa in der Mitte des Joches, so daß der Weg zwischen den Verkettungspunkten für den mittlern Kern kürzer ist als für die beiden äußern Kerne. Die grundsätzlichen Betrachtungen im Abschn. 2 gelten auch für diesen Transformator. Als neue Erscheinung beobachten wir jedoch, daß der Magnetisierungsstrom in der Wicklung des mittleren Kernes kleiner ist als in einer der äußern Kerne.

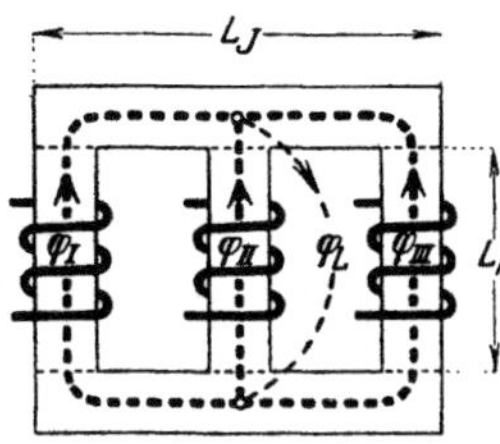

Abb. 19. Unsymmetrischer Dreiphasen-Transformator.

Wir betrachten zunächst die Sternschaltung mit Nulleiter. Wenn dabei die Strangspannungen sinusförmig sind, der Fluß sich also bei Vernachlässigung des Einflusses des Verlustwiderstandes der Wicklung ebenfalls sinusförmig ändert, so können wir aus den magnetischen Charakteristiken für den innern Kreisteil und für die äußern Kreisteile zwischen den Verkettungspunkten den Verlauf der Ströme nach Abschn. 2a bestimmen. Für den Fall, daß die Netzspannungen symmetrisch sind und die Kerninduktion gleich der Jochinduktion gleich $B = 14000$ Gauß ist, das Verhältnis der gesamten Länge der Luftspalte zur Eisenlänge für den innern Kreisteil $\eta = \Sigma\delta/L_K = 0{,}08\%$ und das Verhältnis der Jochlänge L_J zur Kernlänge L_K (Abb. 19) 1,8 beträgt, sind die Strang-

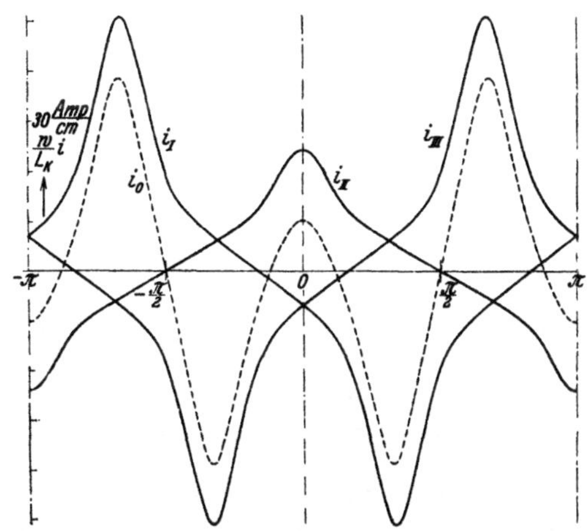

Abb. 20. Kurven der Magnetisierungsströme i_I, i_{II}, i_{III} bei Sternschaltung mit Nulleiter (Strom i_0), $B = 14000$ Gauß.

ströme in Abb. 20 aufgezeichnet. Ihre Summe ergibt den in der Abbildung gestrichelt dargestellten Nulleiterstrom. Da der Strangstrom des mittleren Kerns kleiner ist als die Strangströme der äußern Kerne, enthält der Nulleiterstrom nicht nur im wesentlichen die 3. Welle, sondern auch noch die Grundwelle und die übrigen Oberwellen.

Aus den Amplituden der Magnetisierungsströme erhalten wir durch Division mit den Scheitelfaktoren, die wir aus Abb. 7 für einen vorliegenden Fall abschätzen können, die Effektivwerte. Bezeichnen wir die Größen der äußern Kreisteile mit den Zeigern I und III, die des innern Kreisteils mit II, so ist das Verhältnis der Effektivwerte der Ströme in der Wicklung eines äußern und innern Kreisteils

$$\iota = \frac{J_I}{J_{II}} = \frac{J_{I\,\max}}{J_{II\,\max}} \frac{\sigma_{II}}{\sigma_I} = \frac{V_I}{V_{II}} \frac{\sigma_{II}}{\sigma_I}. \tag{16}$$

Wenn die Joche dieselben Querschnitte wie die Kerne haben und keine Luftspalte in den Eisenkreisteilen vorhanden sind, ist das Verhältnis der Scheitelfaktoren 1. Unter dem Einfluß der Luftspalte wird σ_I etwas größer als σ_{II}, das Verhältnis ι der Ströme also etwas kleiner als das Verhältnis V_I/V_{II} der Amplituden der magnetischen Spannungen von einem äußern und dem innern Kreisteil. Da das Verhältnis der Scheitelfaktoren bei derselben Kerninduktion nicht sehr von der Einheit abweicht (vgl. Abbildung 7), gilt angenähert

$$\iota \approx \frac{V_I}{V_{II}}. \tag{16'}$$

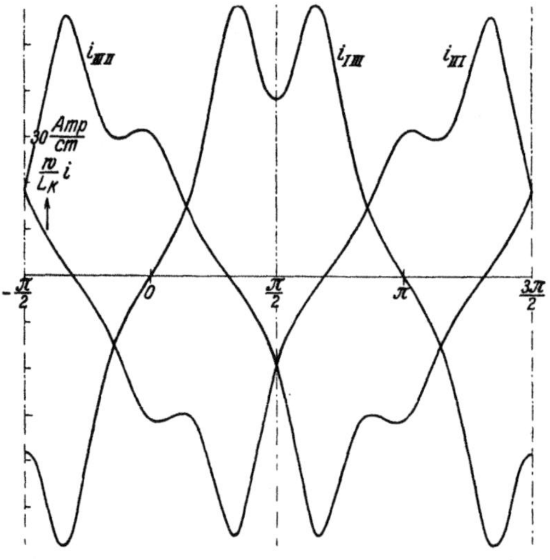

Abb. 21. Kurven der Netzströme bei Dreieckschaltung, $B = 14000$ Gauß.

Ist die Magnetisierungswicklung in Dreieck geschaltet, so ergeben sich innerhalb der Wicklung dieselben Magnetisierungsströme. Die dem Netz entnommenen Magnetisierungsströme erhalten wir als Differenz je zweier Strangströme; ihre Augenblickswerte sind in Abb. 21 für denselben Fall dargestellt, für den Abb. 20 gilt. Zwei der Ströme sind auch bei Abwesenheit von Hysterese, wie wir es hier vorausgesetzt haben, unsymmetrisch.

In dem verketteten Strom $i_{I\,III}$ ist die 3. Welle nicht mehr vorhanden, während in den beiden andern Strömen $i_{II\,I}$ und $i_{III\,II}$ nur die verhältnismäßig kleine Differenz der 3. Wellen der Strangströme i_I und i_{II} bzw. i_{II} und i_{III} auftritt. Außerdem enthalten die verketteten Ströme noch die Oberwellen, deren Ordnungszahl nicht durch 3 teilbar ist, die aber keinen wesentlichen Beitrag zum Effektivwert der Ströme liefern. Wir können deshalb mit genügender Annäherung die Effektivwerte in einem Vektordiagramm zusammensetzen, wenn wir aus den Strangströmen die 3. Wellen ausscheiden. Zu diesem Zwecke haben wir die Amplituden der Strangströme nur durch die fiktiven Scheitelfaktoren

$$\sigma' = \frac{\sqrt{3}\,\sigma}{F} \tag{17}$$

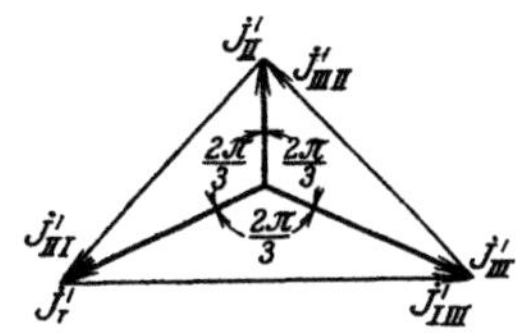

Abb. 22. Ermittlung der angenäherten Effektivwerte der Netzströme aus den Strangströmen J'_I usw. (nach Abzug der 3. Welle von J_I usw.).

zu dividieren, die aus Abb. 13 geschätzt werden können, und erhalten für die Effektivwerte der Strangströme nach Ausscheiden der 3. Wellen

$$J'_I = \frac{J_{I\,\max}}{\sigma'_I} = \frac{F_I}{\sqrt{3}} J_I\,, \qquad J'_{II} = \frac{J_{II\,\max}}{\sigma'_{II}} = \frac{F_{II}}{\sqrt{3}} J_{II}\,. \tag{18a}$$

Die Grundwellen der Strangströme sind in der Phase um eine Drittelperiode gegeneinander verschoben, und wir können die angenäherten verketteten Ströme aus dem Vektordiagramm in Abb. 22 ermitteln. Es ist

$$J'_{II\,I} < J'_{I\,III} = \sqrt{3}\,J'_I = F_I\,J_I \tag{19a}$$

und

$$J'_{II\,I} = J'_{III\,II} \approx J_{II\,I} = J_{III\,II}\,, \qquad J'_{I\,III} = J_{I\,III}\,. \tag{19b u. c}$$

Die aus dem Diagramm ermittelten Ströme $J'_{II\,I} = J'_{III\,II}$ sind also nur angenähert gleich den wirklichen verketteten Strömen $J_{II\,I} = J_{III\,II}$, während der Strom $J'_{I\,III}$ genau gleich dem wirklichen Strom $J_{I\,III}$ ist. Bezeichnen wir mit ι' das Verhältnis

$$\iota' = \frac{J'_I}{J'_{II}} = \frac{\sigma_I}{\sigma'_I}\,\frac{\sigma'_{II}}{\sigma_{II}}\,\iota = \frac{F_I}{F_{II}}\,\iota \approx \iota\,, \tag{18}$$

worin die Werte von F aus Abb. 7 geschätzt werden können, so folgt aus den einfachen trigonometrischen Beziehungen der Abb. 22 das Verhältnis

$$\iota'_\Delta = \frac{J'_{I\,III}}{J'_{II\,I}} = \frac{J'_{I\,III}}{J'_{III\,II}} = \frac{\sqrt{3}\,\iota'}{\sqrt{1 + \iota' + \iota'^2}}\,. \tag{19}$$

Dieses Verhältnis ist sehr angenähert gleich dem genauen Verhältnis

$$\iota_\Delta = \frac{J_{I\,III}}{J_{II\,I}} = \frac{J_{I\,III}}{J_{III\,II}} \tag{20a}$$

der verketteten Ströme; es ist also

$$\iota_\Delta \approx \iota'_\Delta\,. \tag{20b}$$

In Abb. 20 ist $\iota = 1{,}87$. Für den innern Kreisteil ist $\eta = 0{,}08\%$, für die äußern Kreisteile $\eta = 0{,}08/2{,}8 = 0{,}0286\%$. Damit schätzen wir nach Abb. 7 $F_{II} = 1{,}69$, $F_I = 1{,}63$ und erhalten nach Gl. (18) $\iota' = 1{,}81$ und nach Gl. (19) $\iota'_\Delta = 1{,}26$, in Übereinstimmung mit dem aus Abb. 21 ermittelten genauen Wert für ι_Δ.

b. Sternschaltung ohne Nulleiter und ohne eine in Dreieck geschaltete Wicklung. Bei dieser Schaltung sind die Flüsse in den drei Kernen ebenso wie die Strangspannungen unbekannt. Nur die Differenzen je zweier Flüsse (vgl. Abb. 19)

$$\varphi_{II\,I} = \varphi_I - \varphi_{II}, \tag{21a}$$

$$\varphi_{III\,II} = \varphi_{II} - \varphi_{III}, \tag{21b}$$

$$\varphi_{I\,III} = \varphi_{III} - \varphi_I \tag{21c}$$

sind durch die angelegten Klemmenspannungen $U_{II\,I}$, $U_{III\,II}$, $U_{I\,III}$ bei Vernachlässigung der kleinen Spannungsverluste bestimmt. Diese fiktiven Flüsse ergeben sich zu

$$\left.\begin{aligned} \varphi_{II\,I} = -\frac{1}{w}\int u_{II\,I}\,dt + C_{II\,I}, \quad \varphi_{III\,II} = -\frac{1}{w}\int u_{III\,II}\,dt + C_{III\,II}, \\ \varphi_{I\,III} = -\frac{1}{w}\int u_{I\,III}\,dt + C_{I\,III}, \end{aligned}\right\} \tag{22a bis c}$$

wobei unter der Voraussetzung, daß keine remanenten Flüsse vorhanden sind, die Integrationskonstanten $C_{II\,I}$, $C_{III\,II}$ und $C_{I\,III}$ Null werden. Da in jedem Augenblick die Summe $u_{II\,I} + u_{III\,II} + u_{I\,III}$ Null ist, muß nach Gl. (22a bis c) noch gelten

$$\varphi_{II\,I} + \varphi_{III\,II} + \varphi_{I\,III} = 0. \tag{22}$$

Bei sinusförmiger Klemmenspannung können die Amplituden der fiktiven Flüsse nach der Gleichung

$$\Phi = \frac{U}{\sqrt{2}\pi f w} \tag{23}$$

berechnet werden, und die Flüsse sind gegeneinander ebenso in der Phase verschoben wie die entsprechenden Klemmenspannungen.

Zur Vereinfachung unserer Betrachtungen vernachlässigen wir wie im Abschn. 2b die Entlastung der Joche durch den Fluß, der im wesentlichen aus den Jochoberflächen austritt und durch den Luftraum und über den etwa vorhandenen Ölkessel fließt, nehmen also an, daß der Luftfluß in den Verkettungspunkten endet (Abb. 19). Bezeichnen wir den Fluß durch den Luftraum mit φ_L, so besteht nach Abb. 19 zwischen den Teilflüssen die Beziehung

$$\varphi_I + \varphi_{II} + \varphi_{III} = \varphi_L. \tag{24}$$

Für die Magnetisierungsströme muß bei Sternschaltung ohne Nullleiter noch die Gleichung

$$i_I + i_{II} + i_{III} = 0 \tag{25}$$

erfüllt sein.

Bilden wir jetzt die magnetische Umlaufspannung über je einen Eisenkreisteil und den Luftraum und setzen voraus, daß alle Wicklungen auf den drei Kernen dieselbe Windungszahl w haben, so erhalten wir

$$v_I(\varphi_I) \quad + v_L = w i_I\,, \tag{26a}$$

$$v_{II}(\varphi_{II}) \quad + v_L = w i_{II}\,, \tag{26b}$$

$$v_{III}(\varphi_{III}) + v_L = w i_{III}\,. \tag{26c}$$

Die Addition dieser drei Gleichungen ergibt mit Gl. (25)

$$v_I(\varphi_I) + v_{II}(\varphi_{II}) + v_{III}(\varphi_{III}) = -3 v_L\,. \tag{26}$$

Mit dem konstanten Leitwert Λ für den Fluß durch den Luftraum ist

$$v_L = \frac{\varphi_L}{\Lambda}\,. \tag{27}$$

Die übrigen Flüsse in Gl. (26) können wir durch die bekannten fiktiven Flüsse in Gl. (21a bis c) und den Fluß φ_L ausdrücken. Wir erhalten aus Gl. (24)

$$\varphi_{III} = \varphi_L - \varphi_I - \varphi_{II}\,. \tag{27a}$$

Ersetzen wir in Gl. (21b u. c) den Fluß φ_{III} nach Gl. (27a), so erhalten wir aus den beiden neuen Gleichungen bei Beachtung von Gl. (22)

$$\varphi_{II} = \frac{\varphi_{I\,III} + 2\varphi_{III\,II} + \varphi_L}{3} = \frac{\varphi_{III\,II} - \varphi_{II\,I} + \varphi_L}{3} \tag{27b}$$

und

$$\varphi_I = \frac{\varphi_{II\,I} - \varphi_{I\,III} + \varphi_L}{3}\,, \tag{27c}$$

Gl. (26) geht mit den Gl. (27) und (27a bis c) über in

$$\left.\begin{aligned} v_I\left(\frac{\varphi_{II\,I} - \varphi_{I\,III}}{3} + \frac{\varphi_L}{3}\right) + v_{II}\left(\frac{\varphi_{III\,II} - \varphi_{II\,I}}{3} + \frac{\varphi_L}{3}\right) \\ + v_{III}\left(\frac{\varphi_{I\,III} - \varphi_{III\,II}}{3} + \frac{\varphi_L}{3}\right) = -\frac{3\varphi_L}{\Lambda}\,. \end{aligned}\right\} \tag{28}$$

Nicht übersehen darf man, daß die v Funktionen der Klammergrößen darstellen, diese also keine Faktoren sind.

Aus Gl. (28) können wir nun mit Hilfe der magnetischen Charakteristiken $\varphi_I(v_I)$, $\varphi_{II}(v_{II})$, $\varphi_{III}(v_{III})$ und der für jeden Augenblick gegebenen fiktiven Flüsse $\varphi_{II\,I}$, $\varphi_{III\,II}$, $\varphi_{I\,III}$ den Augenblickswert des Luftflusses φ_L auf folgende Weise bestimmen (vgl. Abb. 23). Wir verschieben die Charakteristiken $\varphi_I(v_I)$, $\varphi_{II}(v_{II})$ und $\varphi_{III}(v_{III})$ im Sinne negativer oder positiver Ordinaten um

$$\frac{\varphi_{II\,I} - \varphi_{I\,III}}{3}, \quad \frac{\varphi_{III\,II} - \varphi_{II\,I}}{3} \quad \text{und} \quad \frac{\varphi_{I\,III} - \varphi_{III\,II}}{3},$$

je nachdem die letzten drei Ausdrücke positiv oder negativ sind. In Abb. 23 sind $\frac{\varphi_{II\,I} - \varphi_{I\,III}}{3}$ und $\frac{\varphi_{III\,II} - \varphi_{II\,I}}{3}$ positiv, $\frac{\varphi_{I\,III} - \varphi_{III\,II}}{3}$ ist negativ angenommen. Die verschobenen Kurven (in Abb. 23 gestrichelt) stellen die Funktionen $v_I\left(\frac{\varphi_L}{3}\right)$, $v_{II}\left(\frac{\varphi_L}{3}\right)$ und $v_{III}\left(\frac{\varphi_L}{3}\right)$ dar. Wir bilden nun aus diesen drei Charakteristiken die Summe der magnetischen Spannungen und erhalten die Funktion $\Sigma v = f\left(\frac{\varphi_L}{3}\right)$ (stark ausgezogene Kurve in Abb. 23). Nach Gl. (28) muß

$$\sum v = -\frac{3\,\varphi_L}{\Lambda} \tag{28a}$$

sein. Tragen wir $-\frac{3\,\varphi_L}{\Lambda} = v$ ebenfalls als Funktion von $\frac{\varphi_L}{3}$ auf, also $v = -\frac{9}{\Lambda} \cdot \frac{\varphi_L}{3}$ oder $\frac{\varphi_L}{3} = -\frac{\Lambda}{9} \cdot v$, so liefert uns der Schnittpunkt dieser Geraden mit der Kurve $\sum v = f\left(\frac{\varphi_L}{3}\right)$ den gesuchten Wert von $\frac{\varphi_L}{3}$.

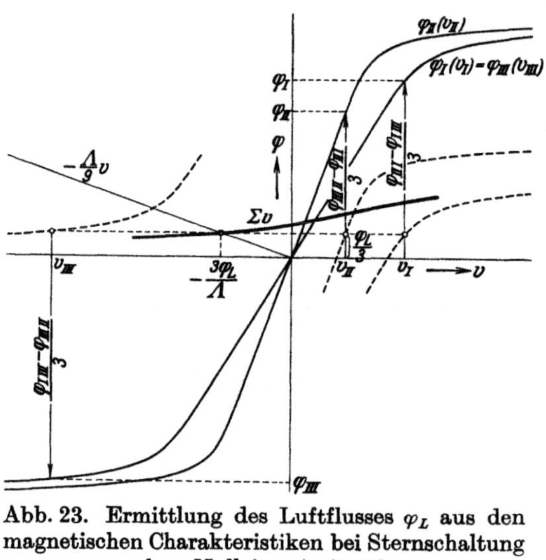

Abb. 23. Ermittlung des Luftflusses φ_L aus den magnetischen Charakteristiken bei Sternschaltung ohne Nulleiter (primär).

Die einzelnen Glieder der Gl. (28) lassen sich in Abb. 23 unmittelbar ablesen. Ebenso auch die Flüsse φ_I, φ_{II}, φ_{III}. Die Spannung v_L ergibt sich aus Gl. (27) und damit die Magnetisierungsströme i_I, i_{II}, i_{III} aus Gl. (26a bis c).

Die zeichnerische Bestimmung der Flüsse ist nicht sehr genau. Es empfiehlt sich deshalb, sie nur zur ungefähren Ermittlung des Flusses φ_L zu benutzen, während der genaue Wert durch Probieren so zu bestimmen ist, daß die Gl. (28) genau erfüllt ist.

In Abb. 24 stellen die voll ausgezogenen Kurven, die auf diese Weise für jeden Augenblickswert der fiktiven Flüsse $\varphi_{II\,I}$, $\varphi_{III\,II}$,

$\varphi_{I\,III}$ bei sinusförmiger Klemmenspannung und symmetrischem Netz ermittelten Augenblickswerte $\frac{w}{L_K} i$ dar, die dem Magnetisierungsstrom i proportional sind. Die gestrichelte Kurve gibt den auf die Jochlänge L_J bezogenen Luftfluß φ_L an. Die Kurven gelten für die Grundwelleninduktion $B_1 = 14000$ Gauß im Kern und im Joch und für dieselben Abmessungen des magnetischen Kreises, für die Abb. 20 gilt. Es ist nach Abschn. 5a $\Lambda = 2{,}5\, L_J$ Maxwell/Amp gesetzt. Der Luftfluß φ_L enthält außer der 3. Welle hauptsächlich noch die Grundwelle.

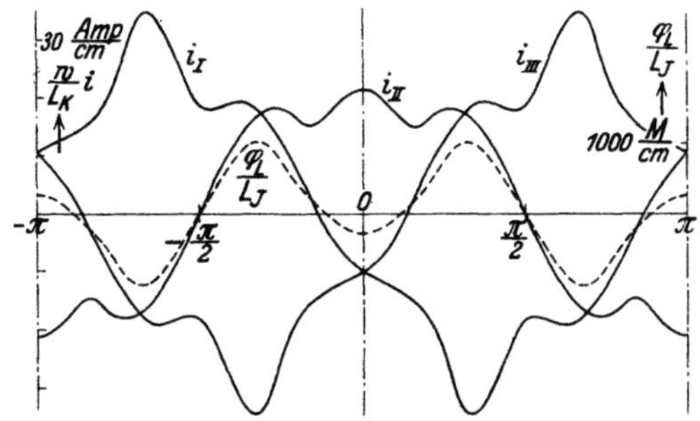

Abb. 24. Kurven der Ströme (i_I usw.) und des Luftflusses φ_L bei Sternschaltung ohne Nullleiter, $B_1 = 14000$ Gauß.

c. Sternschaltung ohne Nulleiter mit einer in Dreieck geschalteten Wicklung. Wenn die Sekundärwicklung in Dreieck geschaltet ist oder eine besondere in Dreieck geschaltete Tertiärwicklung angeordnet wird, die sich nach Abschn. 2c wie eine um alle drei Kerne gewickelte Kurzschlußwicklung verhält, wird der Fluß φ_L abgedämpft und kann gleich Null gesetzt werden. Es ist dann

$$\varphi_I + \varphi_{II} + \varphi_{III} = 0\,, \tag{29a}$$

und die Flüsse φ_I, φ_{II} und φ_{III} sind bei symmetrischem Netz und sinusförmiger Klemmenspannung ebenfalls sinusförmig, gleich groß und in der Phase gegeneinander um eine Drittelperiode verschoben. Verstehen wir in diesem besondern Falle unter v_L die Durchflutung der Tertiär- oder der in Dreieck geschalteten Sekundärwicklung, so können wir mit den bekannten Flüssen diese Durchflutung nach Gl. (26) und im Anschluß daran die Strangströme der Primärwicklung nach Gl. (26a bis c) berechnen.

Einfacher erhalten wir diese Ströme durch folgende Überlegung. Unter der Voraussetzung der Gl. (29a) ergeben sich bei Sternschaltung ohne Nulleiter mit einer in Dreieck geschalteten Tertiär- oder Sekundärwicklung dieselben Flüsse wie bei Sternschaltung mit Nulleiter oder bei Dreieckschaltung der Primärwicklung. Die gesamte Durchflutung je Schenkel muß also in diesen Fällen dieselbe sein.

Die Teile $i_0 w/3$ der Durchflutung, die bei Sternschaltung mit Nullleiter den Nulleiterstrom

$$i_I + i_{II} + i_{III} = i_0 \tag{29b}$$

ergeben, werden bei Sternschaltung ohne Nulleiter mit in Dreieck geschalteter Tertiär- oder Sekundärwicklung von der Tertiär- bzw. Sekundärwicklung aufgebracht. Hat die Tertiär- oder Sekundärwicklung dieselbe Windungszahl wie die Primärwicklung, so ist also der Strom dieser Wicklung

$$\dot{i}_3 = \frac{\dot{i}_0}{3}. \tag{29}$$

Für die Durchflutung der Primärwicklung bleibt die Differenz der in beiden Fällen gleichen Gesamtdurchflutung und der Durchflutung der Tertiär- oder Sekundärwicklung übrig. Wir erhalten also für die Primärströme bei Sternschaltung ohne Nulleiter mit in Dreieck geschalteter Tertiär- oder Sekundärwicklung

$$\dot{i}_{I\,o} = \dot{i}_I - \frac{\dot{i}_0}{3}, \quad \dot{i}_{II\,o} = \dot{i}_{II} - \frac{\dot{i}_0}{3}, \quad \dot{i}_{III\,o} = \dot{i}_{III} - \frac{\dot{i}_0}{3}. \tag{30a bis c}$$

Bei Dreieckschaltung der Primärwicklung gilt für die Netzströme

$$\dot{i}_{II\,I} = \dot{i}_I - \dot{i}_{II}, \quad \dot{i}_{I\,III} = \dot{i}_{III} - \dot{i}_I, \quad \dot{i}_{III\,II} = \dot{i}_{II} - \dot{i}_{III}. \tag{31a bis c}$$

Bilden wir die Differenz zweier Netzströme, so erhalten wir mit Gl. (29b) z. B.

$$\dot{i}_{II\,I} - \dot{i}_{I\,III} = 2\dot{i}_I - \dot{i}_{II} - \dot{i}_{III} = 3\dot{i}_I - \dot{i}_0 \tag{32}$$

oder

$$\left.\begin{aligned} \frac{\dot{i}_{II\,I} - \dot{i}_{I\,III}}{3} &= \dot{i}_I - \frac{\dot{i}_0}{3} \\ \text{und entsprechend} \quad \frac{\dot{i}_{I\,III} - \dot{i}_{III\,II}}{3} &= \dot{i}_{III} - \frac{\dot{i}_0}{3} \\ \text{und} \quad \frac{\dot{i}_{III\,II} - \dot{i}_{II\,I}}{3} &= \dot{i}_{II} - \frac{\dot{i}_0}{3}. \end{aligned}\right\} \tag{32a bis c}$$

Durch Vergleich mit Gl. (30a bis c) erkennen wir, daß wir nach den Gl. (32a bis c) die Magnetisierungsströme $\dot{i}_{I\,o}$, $\dot{i}_{II\,o}$, $\dot{i}_{III\,o}$ auch aus den verketteten Strömen bei Dreieckschaltung der Primärwicklung berechnen können.

Die Strangströme bei Sternschaltung ohne Nulleiter mit in Dreieck geschalteter Tertiär- oder Sekundärwicklung ergeben sich also entweder [vgl. Gl. (30a bis c)] aus der Differenz der Strangströme bei angeschlossenem Nulleiter und dem durch 3 dividierten Nulleiterstrom oder [vgl. Gl. (32a bis c)] aus der durch 3 dividierten Differenz zweier verketteter Ströme bei Dreieckschaltung.

In Abb. 25 stellen die drei voll ausgezogenen Kurven die so erhaltenen Strangströme dar; die gestrichelte Kurve entspricht dem Strom $\dot{i}_3$ in der in Dreieck geschalteten Sekundär- oder Tertiärwicklung. Wir sehen, daß die Stromkurven nicht wesentlich abweichen von den in Abb. 24 dargestellten Kurven für Sternschaltung ohne Nullleiter, wenn keine in Dreieck geschaltete Sekundär- oder Tertiärwicklung vorhanden ist. Wir können deshalb bei Sternschaltung ohne Nullleiter in allen Fällen, wenigstens angenähert, die Magnetisierungsströme nach den Gl. (32a bis c) ermitteln.

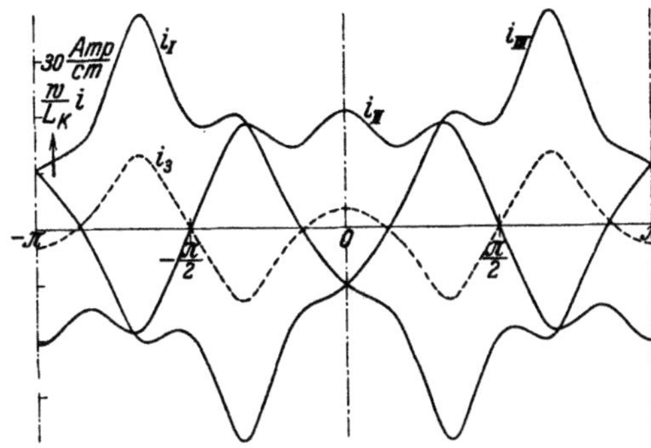

Abb. 25. Stromkurven (i_I usw.) bei Sternschaltung ohne Nulleiter mit einer Dreieckwicklung (Strom i_3) $B = 14000$ Gauß.

Die Effektivwerte J_{Io}, J_{IIo} und J_{IIIo} für Sternschaltung ohne Nulleiter mit in Dreieck geschalteter Tertiär- oder Sekundärwicklung können wir mit genügender Annäherung aus einem Vektordiagramm ermitteln (Abbildung 26). Verbinden wir in dem Dreieck für die angenäherten verketteten Ströme bei Dreieckschaltung (vgl. Abb. 22) die Ecken mit den Mitten der gegenüberliegenden Seiten (Abb. 26), so stellen diese Verbindungslinien die halbe Differenz je zweier angenäherter Verkettungsströme dar. In dem gemeinsamen Schnittpunkt der Verbindungslinien werden diese nun im Verhältnis 2 : 1 geteilt, so daß nach Gl. (32a bis c) und (30a bis c) die Beträge der Vektoren J'_{Io}, J'_{IIo}, J'_{IIIo} von dem gemeinsamen Schnittpunkt bis zu den Dreiecksecken sehr angenähert die Effektivwerte J_{Io}, J_{IIo} und J_{IIIo} bei Sternschaltung ohne Nulleiter mit in Dreieck geschalteter Sekundär- oder Tertiärwicklung darstellen. Es ist nun nach Abb. 26

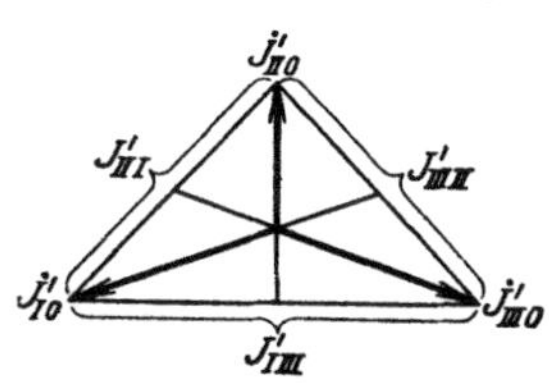

Abb. 26. Ermittlung der angenäherten Strangströme (J'_{Io} usw.) bei Sternschaltung ohne Nulleiter aus den angenäherten Netzströmen bei Dreieckschaltung ($J'_{II\,I}$ usw.).

$$\tfrac{1}{4}J'^2_{IIo} + \tfrac{1}{4}J'^2_{I\,III} = J'^2_{Io} \tag{33a}$$

und

$$\tfrac{9}{4}J'^2_{IIo} + \tfrac{1}{4}J'^2_{I\,III} = J'^2_{II\,I}. \tag{33b}$$

Daraus erhalten wir, wenn wir noch Gl. (19) und (19a) berücksichtigen,

$$\left.\begin{aligned} J'_{Io} &= \tfrac{1}{3}\sqrt{J'^2_{II\,I} + 2J'^2_{I\,III}} = \frac{J'_{I\,III}}{3}\sqrt{\frac{1+\iota'+7\iota'^2}{3\iota'^2}} \\ &= \frac{F_I J_I}{3}\sqrt{\frac{1+\iota'+7\iota'^2}{3\iota'^2}} \end{aligned}\right\} \tag{34a}$$

und

$$\left.\begin{aligned} J'_{II\,o} &= \frac{1}{3}\sqrt{4J'^2_{II\,I} - J'^2_{I\,III}} = \frac{J'_{I\,III}}{3}\sqrt{\frac{4+4\iota'+\iota'^2}{3\iota'^2}} \\ &= \frac{F_I J_I}{3}\sqrt{\frac{4+4\iota'+\iota'^2}{3\iota'^2}}. \end{aligned}\right\} \tag{34b}$$

Das Verhältnis der Effektivwerte des Stromes der Wicklung eines äußern Kerns zu dem der Wicklung des innern Kerns ist sehr angenähert

$$\iota'_o = \frac{J'_{I\,o}}{J'_{II\,o}} = \sqrt{\frac{1+\iota'+7\iota'^2}{4+4\iota'+\iota'^2}} \approx \frac{J_{I\,o}}{J_{II\,o}}. \tag{34}$$

Bei den Annahmen, die den Abb. 20, 21, 24 und 25 zugrunde liegen, ist $\iota' = 1{,}81$ (vgl. S. 24). Damit erhalten wir $\iota'_o = 1{,}34$, während das Verhältnis der Effektivwerte nach Abb. 24 $\iota_o = 1{,}26$ und nach Abb. 25 $\iota_o = 1{,}32$ ergibt.

d. Zusammenfassung und praktische Berechnung des effektiven Magnetisierungsstromes. Die Grundlage der Berechnung bildet der in Stern geschaltete Transformator mit primär angeschlossenem Nullleiter, wenn auch dieser Fall keine große praktische Bedeutung hat.

Den zeitlichen Verlauf der Ströme in den drei Wicklungssträngen bei Sternschaltung mit Nulleiter erhalten wir aus den magnetischen Charakteristiken der Augenblickswerte. Diese sind für einen äußern und den innern magnetischen Kreisteil zwischen den Verkettungspunkten der Joche getrennt zu bestimmen (vgl. Abschn. A 2a u. 4a, Abb. 20). Die Summe der drei Ströme ist der Strom im Nulleiter.

Bei Dreieckschaltung der Primärwicklung ergeben sich dieselben Strangströme wie bei Sternschaltung mit Nulleiter. Die Kurven der Netzströme erhalten wir aus der Differenz je zweier Strangströme (vgl. Abschn. 4a, Abb. 21).

Bei Sternschaltung ohne Nulleiter mit in Dreieck geschalteter Sekundär- oder Tertiärwicklung ergibt sich der zeitliche Verlauf der Magnetisierungsströme aus der Differenz der Strangströme bei Sternschaltung mit Nulleiter und dem durch 3 geteilten Nulleiterstrom. Angenähert gelten die so ermittelten Magnetisierungsströme auch für den Fall, daß keine in Dreieck geschaltete Wicklung vorhanden ist (vgl. Abschn. 4b u. c, Abb. 24 und 25).

Zur Bestimmung der Effektivwerte der Magnetisierungsströme ermitteln wir zunächst die Amplituden der Magnetisierungsströme bei Sternschaltung mit Nulleiter

$$J_{I\max} = \frac{1}{w}(H_K L_K + H_J L_J + 1{,}6\,\delta B_L)\ \text{Amp} \tag{35a}$$

und

$$J_{II\max} = \frac{1}{w}(H_K L_K + 1.6\,\delta B_L)\ \text{Amp}\,, \tag{35b}$$

worin die Feldstärken H_K und H_J in Amp/cm, die Induktion in Gauß und die Längen L_K, L_J und δ in cm einzusetzen sind. δ ist die Länge eines Luftspaltes; es sind für jeden Kreisteil zwischen den Jochverkettungspunkten zwei Luftspalte vorausgesetzt.

Durch Division der Stromamplituden mit den Scheitelfaktoren σ, die aus Abb. 7 für einen vorliegenden Fall geschätzt werden können, erhalten wir die Effektivwerte J_I und J_{II} bei Sternschaltung mit angeschlossenem Nulleiter.

Der Effektivwert des dem Netz entnommenen Stromes bei Dreieckschaltung ist nach Gl. (19a u. c)

$$J_{I\,III} = F_I J_I\,, \tag{36a}$$

wenn J_I der Effektivwert des Magnetisierungsstroms der Wicklung auf dem Kern I bei Sternschaltung mit Nulleiter ist. Der Faktor F_I kann für den Kreisteil I nach Abb. 7 geschätzt werden. Die Effektivwerte der andern beiden verketteten Ströme ergeben sich aus Gl. (19) und (20a u. b) zu

$$J_{II\,I} = J_{III\,II} \approx \sqrt{\frac{1 + \iota' + \iota'^2}{\iota'^2}}\,\frac{F_I}{\sqrt{3}}\,J_I\,, \tag{36b}$$

worin nach Gl. (18), (16) und (16′)

$$\iota' = \frac{F_I}{F_{II}}\frac{J_I}{J_{II}} \approx \frac{J_I}{J_{II}} \approx \frac{J_{I\max}}{J_{II\max}} \tag{36}$$

ist. Der Faktor F_{II} für den Kreisteil II kann nach Abb. 7 geschätzt werden.

Die Effektivwerte der Magnetisierungsströme bei Sternschaltung ohne Nulleiter mit in Dreieck geschalteter sekundärer oder tertiärer Wicklung ergeben sich nach Gl. (34a u. b) zu

$$J_{I0} = J_{III0} = \frac{F_I J_I}{3}\sqrt{\frac{1 + \iota' + 7\iota'^2}{3\iota'^2}} \approx \frac{J_I}{1{,}8}\sqrt{\frac{1 + \iota' + 7\iota'^2}{3\iota'^2}} \tag{37a}$$

und

$$J_{II0} \approx \frac{F_I J_I}{3}\sqrt{\frac{4 + 4\iota' + \iota'^2}{3\iota'^2}} \approx \frac{J_I}{1{,}8}\sqrt{\frac{4 + 4\iota' + \iota'^2}{3\iota'^2}}\,; \tag{37b}$$

sie gelten auch angenähert, wenn keine in Dreieck geschaltete Wicklung vorhanden ist.

5. Der Luftfluß und seine zusätzlichen Verluste.

a. Der Leitwert für den Luftfluß. Für den Leitwert des Flusses φ_L, der beim Fehlen eines Nulleiters oder einer Dreieckwicklung zwischen den Jochen des Transformators über den Luftraum und den etwa vorhandenen Ölkessel fließt, können wir schreiben [vgl. Gl. (19), Bd. I]

$$\Lambda = \frac{\varphi_L}{v_L}\,, \tag{38}$$

worin v_L die magnetische Spannung zwischen den Jochen über einen Weg außerhalb der Wicklung des Transformators ist. Zur angenäherten Berechnung dieses Leitwertes denken wir uns zunächst den Transformator ohne Ölkessel und ersetzen den annähernd rechteckigen Querschnitt des Joches durch einen kreisförmigen mit demselben Umfang U_J wie der des Jochquerschnitts. Es ist also der Radius des Ersatzzylinders (Abb. 27)

$$r = \frac{U_J}{2\pi}. \tag{39a}$$

Das magnetische Feld zwischen den Jochen bildet sich dann in ähnlicher Weise aus wie das elektrische Feld zwischen zwei Leitern mit kreisförmigem Querschnitt. Es wird nur in der Nähe der Kerne und im Bereich der Wicklung von der Verteilung des elektrostatischen Feldes merklich abweichen. Für die Berechnung des Flusses scheidet der Raum, den die Magnetisierungswicklung einnimmt, aus, während die über die Wicklung hinausragenden Kernteile den Fluß vergrößern. In roher Annäherung werden sich beide Einflüsse etwa aufheben.

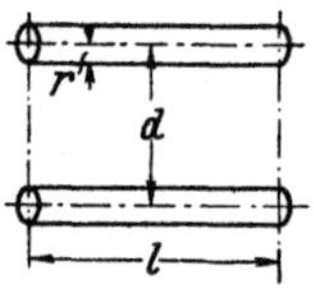

Abb. 27. Ersatzbild der Joche.

Schreiben wir mit den Bezeichnungen nach Abb. 27 für den Leitwert

$$\Lambda = \Pi_0 l \lambda, \tag{39}$$

so ist λ die dimensionslose magnetische Leitwertzahl [vgl. Gl. (375b), Bd. I], die wir gleich der dimensionslosen auf die Längeneinheit bezogenen Kapazität zwischen zwei Leitern von dem Radius r und dem Abstand d setzen können. Da in praktischen Fällen r genügend klein gegenüber d ist, dürfen wir für die Leitwertzahl schreiben

$$\lambda = \frac{\pi}{\ln\frac{d}{r}} = \frac{1{,}36}{\lg\frac{d}{r}}. \tag{40}$$

Bei praktischen Ausführungen des Transformators ist etwa

$$6 \leqq \frac{d}{r} \leqq 10, \tag{40a}$$

$$0{,}78 \leqq \lg\frac{d}{r} \leqq 1 \tag{40b}$$

also

$$1{,}75 \geqq \lambda \geqq 1{,}36. \tag{40c}$$

In der Länge l können wir den Einfluß der Endflächen mit berücksichtigen, der schätzungsweise die Leitwertzahl nach Gl. (40) um 20% erhöht. Wir setzen also bei einem Transformator, dessen Kerne in einer Ebene liegen (Abb. 19),

$$l \approx 1{,}2\, L_J \tag{39b}$$

und erhalten mit dem Durchschnittswert $\lambda = 1{,}5$ für einen Transformator ohne Ölkessel

$$\Lambda \approx 2{,}25\, L_J \frac{\text{Maxwell}}{\text{Amp}} \,. \tag{41}$$

Ähnlich ergibt sich für einen Transformator nach Abb. 8, dessen Kerne symmetrisch um eine Mittellinie angeordnet sind, mit einer gewissen Annäherung

$$l \approx 3(L_J + a) \tag{39'b}$$

und

$$\Lambda \approx 5{,}6(L_J + a) \frac{\text{Maxwell}}{\text{Amp}} \,. \tag{41'}$$

Wenn der Transformator in einem Ölkessel untergebracht ist, schließt sich der Luftfluß zum Teil durch den Ölkessel. Er induziert aber in diesem auch Wirbelströme, die den durch den Ölkessel fließenden Fluß abdämpfen. Bei den praktisch in Frage kommenden Ausführungen wird nach theoretischen und experimentellen Untersuchungen von Ollendorff [L 8] der Leitwert Λ im Durchschnitt um etwa 25% vergrößert. Wir erhalten also bei Öltransformatoren, deren Kerne in einer Ebene angeordnet sind,

$$\Lambda \approx 2{,}8\, L_J \frac{\text{Maxwell}}{\text{Amp}} \,. \tag{42a}$$

In der Nähe der Wicklung befindliche eiserne Konstruktionsteile können den Leitwert ebenfalls erhöhen. So wurden an praktischen Ausführungen Werte von Λ bis zu $4 L_J$ Maxwell/Amp gemessen [L 8].

Entsprechend können wir für Öltransformatoren, deren Kerne symmetrisch um eine Mittellinie angeordnet sind, setzen

$$\Lambda \approx 7(L_J + a) \frac{\text{Maxwell}}{\text{Amp}} \,. \tag{42b}$$

b. Verluste im Ölkessel. Der Verlauf des Luftflusses über den Kessel ist in groben Zügen durch die gestrichelten Linien in Abb. 28 angegeben. Wir können uns ihn durch einen fiktiven Strombelag an den Schenkeln des Transformators erzeugt denken, der durch Kreuze und Punkte in Abb. 28 angedeutet ist. Im Kesselmantel induziert der Fluß eine elektrische Strömung, die ebenfalls durch Kreuze und Punkte veranschaulicht ist. Die Verluste im Kessel sind hauptsächlich Stromwärmeverluste, die vorwiegend im Kesselmantel auftreten.

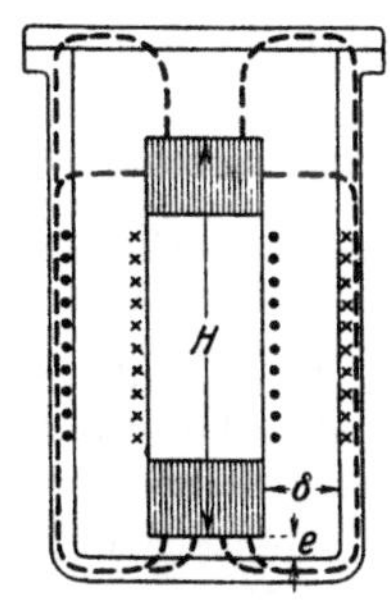

Abb. 28. Zur Berechnung der Kesselverluste.

Die Berechnung dieser Verluste, die nur beim Fehlen eines Nulleiters oder einer Dreieckwicklung auftreten, hat Ollendorff [L 8] unter gewissen Vereinfachungen behandelt. Die experimentelle Nachprüfung seiner Untersuchungen hat ergeben (vgl. Abb. 28), daß bei kleinen

Werten von δ/H (0,15 bis 0,18) die berechneten Mantelverluste gut mit dem Versuch übereinstimmen. Bei größeren Werten δ/H (etwa 0,3 bis 0,4) waren die gemessenen Verluste etwa doppelt so groß, als die Berechnung nach Ollendorff ergab.

Für überschlägige Berechnungen läßt sich die etwas umständliche Ermittlung der Verluste im Kessel nach Ollendorff umgehen. Auf Grund experimenteller Untersuchungen an Transformatoren mit einem glatten Kesselmantel ohne Boden und Deckel, der die beiden äußern Hälften der kreiszylindrischen Wicklungen der beiden äußern Kerne konzentrisch umgab, im übrigen Teil sich aber geradlinig fortsetzte, ergab sich bei einer Frequenz von 150 Hz für die Mantelverluste Q_M die einfache Beziehung

$$Q_M \approx 1{,}5 \frac{H}{\delta} L_J \, \Theta_3^2 \, 10^{-6}\,\text{Watt}. \tag{43a}$$

Darin sind die Jochlänge L_J (vgl. Abb. 19) in cm und der Effektivwert $\Theta_3 = wJ_3$ der Durchflutung, die zur Erregung des Luftflusses diente, in Amp einzusetzen.

Experimentell wurde auch der Einfluß des Bodens untersucht und gefunden, daß die Kesselverluste bei Anwesenheit des Kesselbodens im Abstand e cm von der untern Jochfläche (Abb. 28) um

$$Q_B \approx \frac{12}{e}\left(\frac{\delta}{H}\right)^2 Q_M\,\text{Watt} \tag{43b}$$

vergrößert werden. Gl. (43b) gilt für $e \geqq 1{,}5$ cm; für $e = 0$ geht der Faktor $12/e$ in den Grenzwert 10 über. Der Abstand des Deckels von der obern Jochfläche ist gewöhnlich wesentlich größer als der des Bodens von der untern Jochfläche; die durch ihn verursachten Verluste werden in den meisten Fällen vernachlässigbar klein sein.

Wenn der Luftfluß φ_L neben der 3. Welle noch eine Grundwelle enthält (vgl. Abb. 24), so wird auch diese Welle Verluste im Kessel hervorrufen. Diese Verluste sind aber gewöhnlich sehr gering. Sie sind auch von der Stärke Δ der Kesselwand abhängig, während sich die Verluste bei 150 Hz in praktischen Fällen nur sehr wenig mit der Stärke der Kesselwand ändern. So wurden beispielsweise bei einer Kesselwandstärke von 1,5 mm die Mantelverluste bei Abwesenheit von Boden und Deckel und 50 Hz zu

$$Q_M \approx 0{,}45 \frac{H}{\delta} L_J \, \Theta_1^2 \, 10^{-6}\,\text{Watt} \tag{43'a}$$

gemessen, worin Θ_1 die Durchflutung ist, die den Luftfluß der Grundwelle erregt. Bei 0,5 mm starkem Blechmantel waren sie etwa 25% geringer. Für den Zuwachs der Verluste bei Anwesenheit des Bodens ergab sich etwa

$$Q_B \approx \frac{6}{e}\,\frac{\delta}{H}\, Q_M\,\text{Watt} \tag{43'b}$$

bei $e \geqq 1{,}5$ cm. Für $e = 0$ ging der Faktor $6/e$ in den Grenzwert 4,5 über.

In allen Fällen hat sich gezeigt, daß die Verluste dem Quadrat der Durchflutung proportional sind, die Permeabilität des Kesseleisens also konstant angenommen werden darf.

Der Einfluß eines gewellten Blechmantels auf die zusätzlichen Verluste durch den Luftfluß läßt sich leicht abschätzen. Die Wirbelstromverluste sind, gleichgültig ob die Rückwirkung der Wirbelströme zu berücksichtigen ist oder nicht, dem Quadrat der Induktion im Blechmantel und dem wirklichen Umfang des Blechmantels proportional (vgl. Abschn. II F 2b, Bd. I). Beim Wellblechmantel wird die Induktion im Mantel im Verhältnis des glatten Umfangs zum (gestreckten) gewellten Umfang verringert. Die zusätzlichen Verluste beim Wellblechkessel verringern sich also gegenüber denen beim glatten Kessel im Verhältnis des glatten Umfangs zum gestreckten gewellten Umfang.

Die in die Gl. (43a) und (43'a) einzusetzende Durchflutung ist gleich dem Effektivwert der entsprechenden Luftspannung zwischen den Jochen, also $V_{L3}/\sqrt{2}$ bzw. $V_{L1}/\sqrt{2}$, und ergibt sich aus den Untersuchungen in den Abschn. A 2b und A 4b.

Dort hatten wir mit einem geschätzten Wert Λ den Fluß φ_L berechnet; daraus ergibt sich nach Gl. (38) die Luftspannung v_L. Um die Bestimmung von v_L aus der umständlichen Berechnung des Flusses φ_L zu umgehen, können wir mit einer gewissen Annäherung

$$v_L \approx \frac{w\, i_0}{3} \tag{44}$$

setzen, worin i_0 der Nulleiterstrom bei Sternschaltung der Primärwicklung mit angeschlossenem Nulleiter ist. Nach Gl. (44) erhält man v_L etwas zu groß, rechnet also sicher.

Die Nachrechnung des im Abschn. 2b behandelten Beispiels eines symmetrischen Transformators ergibt für Gl. (44) bei einer Grundwellenamplitude $B_1 = 14000$ Gauß der Kerninduktion einen um 9%, bei $B_1 = 16000$ Gauß einen um 25% und bei $B_1 = 18000$ Gauß einen um 48% zu großen Wert für v_L.

Beim symmetrischen Transformator enthält v_L nur Wellen 3. Ordnung und ihrer Vielfachen, wobei die Amplituden der letzteren Wellen verschwindend klein sind. Wir brauchen deshalb die Kurve v_L nicht besonders zu bestimmen, sondern können die Amplitude V_{L3} mit Hilfe der Kurven in Abb. 6 ermitteln. Für die gegebene Grundwellenamplitude der Kerninduktion B_1 entnehmen wir der Abb. 6 mit $B = B_1$ den Wert $\sqrt{2}\, w J_1/L_E$ und das Verhältnis J_3/J_1 für einen Kreis ohne Luftspalte ($\eta = 0$). Damit erhalten wir

$$\Theta_3 = \frac{V_{L3}}{\sqrt{2}} \approx \frac{w J_1}{L_E} \cdot \frac{J_3}{J_1} \cdot L_E\,, \tag{44a}$$

worin L_E die Weglänge im Eisen zwischen den beiden Verkettungspunkten (vgl. Abb. 8) bezeichnet.

Beim unsymmetrischen Transformator (vgl. Abb. 19) enthält die Kurve v_L außer der 3. Welle auch noch im wesentlichen die Grundwelle (vgl. Abb. 24). Wir wollen der Einfachheit wegen die Grundwelle gleich Null setzen. Unter dieser nicht ganz zutreffenden Annahme sind dann die Grundwellen der Magnetisierungsströme der drei Wicklungsstränge in der Phase um ja eine Drittelperiode verschoben und die 3. Wellen phasengleich, und wir können die Durchflutung wJ_3 für jeden der drei Kerne mit Hilfe der Kurven in Abb. 6 ermitteln. Wir entnehmen für die gegebene Grundwellenamplitude der Kerninduktion B_1 die Werte $\sqrt{2}wJ_1/L_E$ und J_3/J_1 für $\eta = 0$ und erhalten die in Gl. (43a) einzusetzende Durchflutung mit einer gewissen Annäherung als Mittelwert der drei magnetischen Spannungen zu

$$\Theta_3 = \frac{V_{L3}}{\sqrt{2}} \approx \frac{wJ_1}{L_E} \cdot \frac{J_3}{J_1} \cdot \left(L_K + \frac{2}{3} L_J\right) \tag{44b}$$

(vgl. Abb. 19).

Die nach Gl. (44b) ermittelten Werte von V_{L3} ergeben für das im Abschn. 4b behandelte Beispiel bei einer Grundwellenamplitude der Kerninduktion $B_1 = 14000$ Gauß einen um 8%, bei $B_1 = 16000$ Gauß einen um 20% zu großen Wert.

Im Abschn. G 2c werden wir zeigen, wie V_{L3} und V_{L1} angenähert experimentell bestimmt werden können.

6. Der fünfschenklige Transformator.

Bei sehr großen Dreiphasen-Transformatoren, von etwa 50000 kVA aufwärts, werden zuweilen neben den drei bewickelten Schenkeln noch zwei unbewickelte Schenkel angeordnet, die in derselben Ebene wie die bewickelten liegen und die Wicklungen nach Art eines Manteltransformators umgeben (Abb. 29). Der Jochquerschnitt kann dann kleiner bemessen werden, etwa gleich dem 0,6-fachen des dreischenkligen Transformators, so daß die Bauhöhe des Transformators kleiner wird. Die Leistung, bis zu welcher der Transformator noch mit Rücksicht auf das Eisenbahnprofil betriebsfertig versandt werden kann, wird dadurch bis auf etwa 100000 kVA bei 220 kV heraufgesetzt.

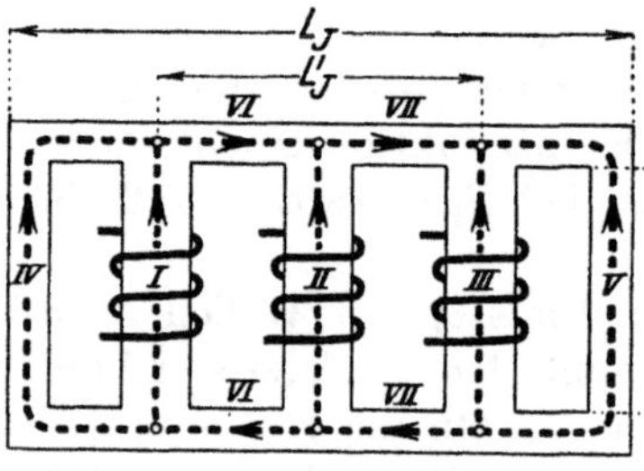

Abb. 29. Fünfschenkliger Dreiphasen-Transformator.

a. Sternschaltung mit angeschlossenem Nulleiter, Dreieckschaltung. Wir bestimmen zunächst die Flußverteilung im Eisenkörper. Mit den in Abb. 29 eingezeichneten Zählpfeilen erhalten wir folgende Beziehungen zwischen den Augenblickswerten der Flüsse in den einzelnen Kreisteilen

$$\varphi_I + \varphi_{IV} = \varphi_{VI}\,, \tag{45a}$$

$$\varphi_{III} + \varphi_V + \varphi_{VII} = 0\,, \tag{45b}$$

$$\varphi_{II} + \varphi_{VI} = \varphi_{VII}\,. \tag{45c}$$

Dazu tritt noch bei Sternschaltung mit angeschlossenem Nulleiter bzw. bei Dreieckschaltung die Bedingung

$$\varphi_I + \varphi_{II} + \varphi_{III} = 0\,, \tag{45d}$$

wenn die Summe der Strangspannungen in jedem Augenblick Null ist und wir den geringen Spannungsverlust in den Wicklungen vernachlässigen. Addieren wir die Gl. (45a bis c), so ergibt sich mit Gl. (45d)

$$\varphi_V = -\varphi_{IV}\,. \tag{45e}$$

Wir bilden die Umlaufspannung über die unbewickelten Schenkel und Joche, die in jedem Augenblick nach dem Durchflutungsgesetz Null sein muß:

$$v_{IV}(\varphi_{IV}) + 2v_{VI}(\varphi_{VI}) + 2v_{VII}(\varphi_{VII}) - v_V(\varphi_V) = 0 \tag{46a}$$

oder unter Voraussetzung gleicher Eisenquerschnitte der beiden unbewickelten Schenkel mit Gl. (45e)

$$v_{IV}(\varphi_{IV}) + v_{VI}(\varphi_{VI}) + v_{VII}(\varphi_{VII}) = 0\,. \tag{46b}$$

Für die Flüsse φ_{VI} und φ_{VII} bestehen nach Gl. (45a) und (45b) mit (45e) die Beziehungen

$$\varphi_{VI} = \varphi_{IV} + \varphi_I \quad \text{und} \quad \varphi_{VII} = \varphi_{IV} - \varphi_{III}\,, \tag{46c u. d}$$

so daß wir Gl. (46b) auch schreiben können

$$v_{IV}(\varphi_{IV}) + v_{VI}(\varphi_{IV} + \varphi_I) + v_{VII}(\varphi_{IV} - \varphi_{III}) = 0\,. \tag{46}$$

Aus dieser Gleichung können wir nun den Fluß φ_{IV} für jeden Augenblick bestimmen, wenn die Augenblickswerte der Flüsse φ_I und φ_{III}, die den Strangspannungen entsprechen, und die magnetischen Charakteristiken der Kreisteile *IV*, *VI* und *VII* gegeben sind. In Abb. 30 sind die Charakteristiken $v_{IV}(\varphi_{IV})$, $v_{VI}(\varphi_{VI})$ und $v_{VII}(\varphi_{VII})$, wobei in praktischen Fällen immer $v_{VI}(\varphi_{VI}) = v_{VII}(\varphi_{VII})$ ist, schwach ausgezogen dargestellt.

Wir verschieben die Charakteristik $v_{VI}(\varphi_{VI})$ im Sinne negativer Ordinaten um den Augenblickswert φ_I (im Sinne positiver Ordinaten, wenn φ_I negativ ist) und $v_{VII}(\varphi_{VII})$ im Sinne positiver Ordinaten um den entsprechenden Augenblickswert φ_{III} (im Sinne negativer Ordinaten, wenn φ_{III} negativ ist) und erhalten die gestrichelten Charakteristiken

$$v_{VI}(\varphi_{VI} - \varphi_I) = v_{VI}(\varphi_{IV}) \quad \text{und} \quad v_{VII}(\varphi_{VII} + \varphi_{III}) = v_{VII}(\varphi_{IV}) \tag{47a u. b}$$

in Abb. 30, worin φ_I und φ_{III} beide positiv angenommen sind. Addieren wir die magnetischen Spannungen der Charakteristiken $v_{IV}(\varphi_{IV})$, $v_{VI}(\varphi_{IV})$ und $v_{VII}(\varphi_{IV})$, so erhalten wir die stark ausgezogene Kurve

$$\left.\begin{aligned} v(\varphi_{IV}) = v_{IV}(\varphi_{IV}) + v_{VI}(\varphi_{IV}) \\ + v_{VII}(\varphi_{IV}) \,. \end{aligned}\right\} \quad (47)$$

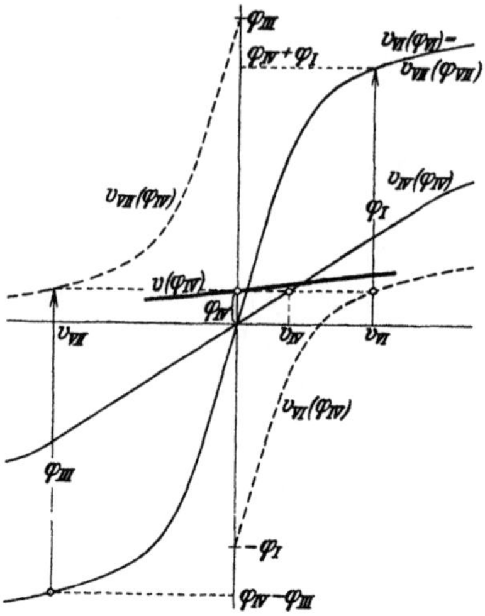

Abb. 30. Ermittlung des Flusses φ_{IV} in Abb. 29.

Der Fluß φ_{IV}, bei dem diese Kurve die Ordinatenachse schneidet, genügt der Bedingung (46), wie die in die Charakteristiken $v_{IV}(\varphi_{IV})$, $v_{VI}(\varphi_{VI})$ und $v_{VII}(\varphi_{VII})$ eingeschriebenen Flüsse und Spannungen erkennen lassen. Die noch unbekannten Flüsse φ_{VI} und φ_{VII} ergeben sich aus Gl. (46c u. d). Durch Annahme verschiedener zueinandergehöriger Augenblickswerte von φ_I und φ_{III} lassen sich die Flußkurven ermitteln.

Da die zeichnerische Ermittlung des Flusses φ_{IV} nicht sehr genau ist, empfiehlt es sich, den gewonnenen Wert noch zu verbessern, wobei man zweckmäßig die zugehörigen Werte der Charakteristiken $v_{IV}(\varphi_{IV})$, $v_{VI}(\varphi_{VI})$ und $v_{VII}(\varphi_{VII})$ tabellarisch in kleinen Intervallen zusammenstellt und nach Gl. (46) den genaueren Wert von φ_{IV} rechnerisch ermittelt.

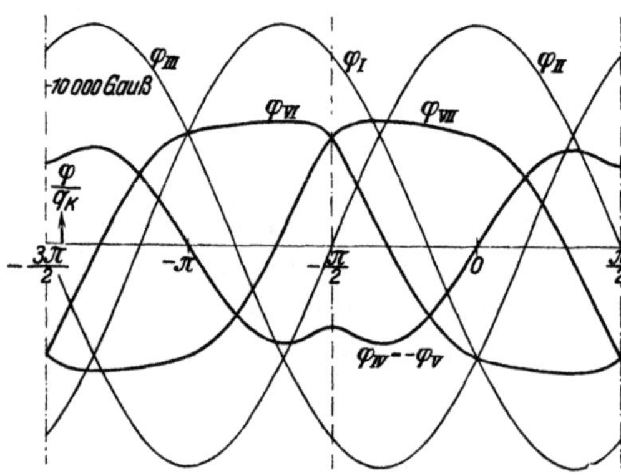

Abb. 31. Kurven der Flüsse beim fünfschenkligen Transformator mit Sternschaltung und Nulleiter, $B_K = 14000$ Gauß.

Unter der Annahme, daß der Transformator aus einem symmetrischen Dreiphasennetz gespeist wird und die Flüsse in den bewickelten Kernen sich sinusförmig ändern, ist in Abb. 31 der zeitliche Verlauf der einzelnen Flüsse für den Fall dargestellt, daß die Kerninduktion der bewickelten Schenkel $B_K = 14000$ Gauß, der Querschnitt der unbewickelten Schenkel und Joche das 0,6-fache der bewickelten Kerne und das Verhältnis der Summe der beiden Luftspaltlängen zur Kernlänge für alle fünf Schenkel $8 \cdot 10^{-4}$ beträgt. Die auf die Kernlängen bezogenen Jochlängen sind beispielsweise zu $L_J/L_K = 2{,}5$ und $L'_J/L_K = 1{,}3$ angenommen (vgl. Abb. 29). Der angeschriebene Ordinatenmaßstab gilt je cm^2 Eisenkernquerschnitt. Mit dem Kernquerschnitt q_K multipliziert, erhalten wir also erst die Flüsse. In dem angeschriebenen Ordinatenmaßstab stellen die Kurven φ_I, φ_{II} und φ_{III} auch die Kerninduktion dar, die Ordinaten der übrigen Kurven sind noch durch $q_J/q_K = 0{,}6$ zu dividieren, um die Induktionen in den entsprechenden Eisenteilen zu erhalten. Der Höchstwert der Induktion in den unbewickelten Schenkeln ist also $B_{IV} = B_V = 6050/0{,}6 = 10100$, der in den Jochteilen $B_{VI} = B_{VII} = 7900/0{,}6 = 13200$ Gauß. (Nach Abschn. II F 2 und H 2, Bd. I, können aus dem zeitlichen Verlauf der Flußkurven die Eisenverluste berechnet werden.)

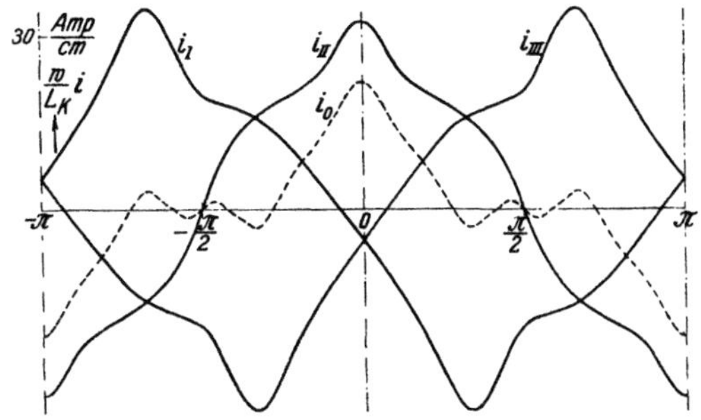

Abb. 32. Kurven der Strangströme i_I, i_{II}, i_{III} bei Sternschaltung mit Nulleiter (Strom i_0) $B_K = 14000$ Gauß.

Aus den magnetischen Charakteristiken der Kreisteile ergeben sich die Strangströme zu

$$\left.\begin{aligned} i_I &= \frac{v_I - v_{IV}}{w}, \\ i_{II} &= \frac{v_{II} - 2v_{VI} - v_{IV}}{w}, \\ i_{III} &= \frac{v_{III} - v_V}{w} \end{aligned}\right\} \quad \text{(48a bis c)}$$

und der Nulleiterstrom zu

$$i_0 = i_I + i_{II} + i_{III}. \quad \text{(48d)}$$

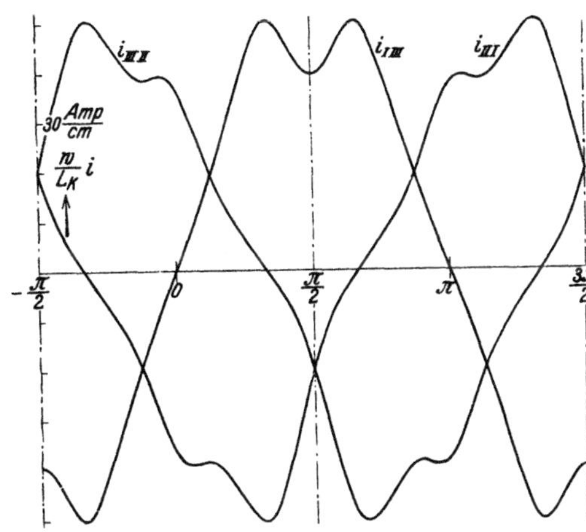

Abb. 33. Kurven der Netzströme bei Dreieckschaltung, $B_K = 14000$ Gauß.

Sie sind in Abb. 32 dargestellt; der Nulleiterstrom ist gestrichelt. Die Netzströme bei Dreieckschaltung erhalten wir aus der Differenz zweier Strangströme (Abb. 33). Der angeschriebene Ordinatenmaßstab in Abb. 32 und 33 gilt je cm Kernlänge und für eine Windung, so daß die Ordinaten der Kurven noch mit der Kernlänge L_K in cm zu multiplizieren und durch die Windungszahl w zu dividieren sind, um den Strom in Amp zu erhalten. Wir erkennen, daß im Gegensatz zu dem dreischenkligen Transformator die

Effektivwerte der drei Magnetisierungsströme nicht wesentlich voneinander abweichen.

b. Sternschaltung ohne Nulleiter. Nehmen wir zunächst an, daß die Sekundärwicklung in Dreieck geschaltet oder eine besondere Kurzschlußwicklung angeordnet ist, welche die drei bewickelten Kerne umschlingt, so muß wie bei Dreieckschaltung die Gl. (45d) bestehen, und wir erhalten nach Abschn. 4c die Strangströme bei Sternschaltung ohne Nulleiter aus der Differenz des Magnetisierungsstromes bei Sternschaltung mit Nulleiter und dem durch 3 geteilten Nulleiterstrom. In Abb. 34 sind die so erhaltenen Stromkurven dargestellt; der Strom i_3 in der in Dreieck geschalteten Tertiär- oder Sekundärwicklung ist gestrichelt.

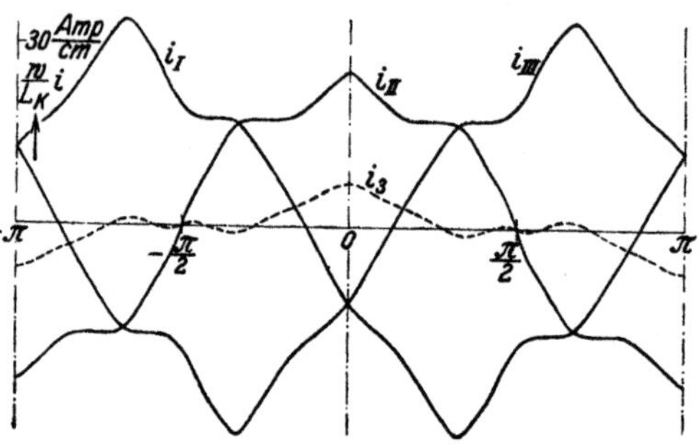

Abb. 34. Stromkurven (i_I usw.) bei Sternschaltung ohne Nulleiter mit Dreieckwicklung (Strom i_3); $B_K = 14000$ Gauß.

Ist jedoch die Sekundärwicklung in Stern geschaltet und keine Kurzschlußwicklung um die drei bewickelten Kerne gelegt, so können sich wesentliche Abweichungen von den Stromkurven in Abb. 34 ergeben, da die Summe $\varphi_I + \varphi_{II} + \varphi_{III}$ der drei Kernflüsse wesentlich größer ist als beim dreischenkligen Transformator. In den Jochteilen *IV* und *V* steht nämlich diesem resultierenden Fluß ein magnetisch gut leitender Weg zur Verfügung. An Stelle der Bedingung (45d) für die Flüsse in den bewickelten Kernen tritt in diesem Fall die entsprechende Bedingung für die Ströme,

$$i_I + i_{II} + i_{III} = 0\,. \tag{49}$$

Die Differenz je zweier Flüsse in den bewickelten Kernen ist aus der Netzspannung bekannt. Mit Gl. (45a bis c) erhalten wir für diese Flüsse

$$\varphi_{II\,I} = \varphi_I - \varphi_{II} = -\varphi_{IV} + 2\varphi_{VI} - \varphi_{VII}\,, \tag{50a}$$

$$\varphi_{III\,II} = \varphi_{II} - \varphi_{III} = +\varphi_V - \varphi_{VI} + 2\varphi_{VII}\,. \tag{50b}$$

Als Ausdruck dafür, daß die Umlaufspannung längs der unbewickelten Kreisteile Null sein muß, gilt auch hier Gl. (46a). Ersetzen wir in dieser Gleichung die sich aus Gl. (50a u. b) ergebenden Flüsse

$$\varphi_{IV} = -\varphi_{II\,I} + 2\varphi_{VI} - \varphi_{VII} \tag{51a}$$

und

$$\varphi_V = \varphi_{III\,II} + \varphi_{VI} - 2\varphi_{VII}\,, \tag{51b}$$

so geht sie über in

$$\left.\begin{aligned} v_{IV}(-\varphi_{II\,I} + 2\varphi_{VI} - \varphi_{VII}) + 2v_{VI}(\varphi_{VI}) + 2v_{VII}(\varphi_{VII}) \\ - v_V(\varphi_{III\,II} + \varphi_{VI} - 2\varphi_{VII}) = 0\,. \end{aligned}\right\} \tag{52}$$

In dieser Gleichung haben wir noch die beiden Unbekannten φ_{VI} und φ_{VII}. Um sie zu trennen, brauchen wir noch eine zweite Gleichung, die sich nach dem Durchflutungsgesetz über Wege ergibt, die je durch einen der drei bewickelten Kerne führen:

$$w\,i_I = v_I(\varphi_I) - v_{IV}(\varphi_{IV})\,, \tag{53a}$$

$$w\,i_{II} = v_{II}(\varphi_{II}) + 2\,v_{VII}(\varphi_{VII}) - v_V(\varphi_V)\,, \tag{53b}$$

$$w\,i_{III} = v_{III}(\varphi_{III}) - v_V(\varphi_V)\,. \tag{53c}$$

Die Summe der linken Seiten dieser Gleichungen muß nach Gl. (49) Null sein. Bilden wir diese Summe und ersetzen die Flüsse φ_I bis φ_V durch die Flüsse φ_{VI} und φ_{VII} mit Hilfe der Gl. (45a bis c) und (51a u. b), so erhalten wir

$$\left.\begin{aligned} &v_I(\varphi_{II\,I} - \varphi_{VI} + \varphi_{VII}) + v_{II}(-\varphi_{VI} + \varphi_{VII}) \\ &\quad + v_{III}(-\varphi_{III\,II} - \varphi_{VI} + \varphi_{VII}) - v_{IV}(-\varphi_{II\,I} + 2\varphi_{VI} - \varphi_{VII}) \\ &\quad - 2v_V(\varphi_{III\,II} + \varphi_{VI} - 2\varphi_{VII}) + 2v_{VII}(\varphi_{VII}) = 0\,. \end{aligned}\right\} \tag{54}$$

Um aus den Gl. (52) und (54) die unbekannten Flüsse φ_{VI} und φ_{VII} zu bestimmen, schreiben wir für die magnetischen Charakteristiken der Kreisteile

$$v_I(\varphi_I) = C_I\varphi_I\,, \qquad v_{II}(\varphi_{II}) = C_{II}\varphi_{II} \quad \text{usw.,} \tag{55a, b}$$

worin C_I, C_{II} usw. aber nur bei geradlinigen Charakteristiken konstant sind. In diesem Falle könnten wir die Gl. (52) und (54) nach φ_{VI} und φ_{VII} auflösen.

Die Krümmung der Charakteristik darf aber nicht vernachlässigt werden. Wir können zu ihrer Berücksichtigung in erster Annäherung die C so annehmen, wie sie sich aus dem untern geradlinigen Teil der Charakteristik ergeben ($v = C\varphi$). Damit berechnen wir nach Gl. (52) und (54) φ_{VI} und φ_{VII}, aus Gl. (51a u. b) φ_{IV} und φ_V und aus Gl. (45a bis c) φ_I, φ_{II} und φ_{III}. Mit diesen in erster Annäherung berechneten Flüssen könnten wir nun den magnetischen Charakteristiken die dazugehörigen neuen Werte für C entnehmen und damit die Flüsse in zweiter Annäherung ermitteln. Es zeigt sich aber, daß diese C von den wirklichen zu stark abweichen. Eine bessere Näherung erhalten wir auf folgende Weise. Wir ziehen durch den Punkt des in erster Annäherung gefundenen Flusses φ der Geraden $v = C\varphi$ (s. Abb. 35) eine Parallele zur Ordinatenachse. Dem Schnittpunkt dieser Parallelen mit der Charakteristik entnehmen wir den neuen Faktor C'. Mit diesem C' ermitteln wir die

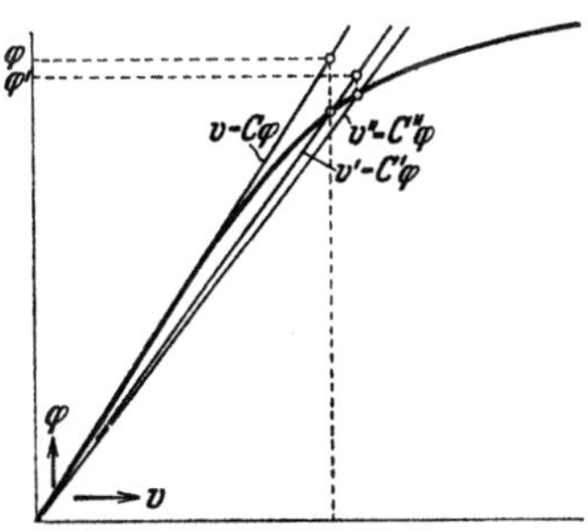

Abb. 35. Ermittlung der Flüsse bei Sternschaltung ohne Nullleiter und ohne Dreieckwicklung.

Flüsse φ' in zweiter Annäherung, bestimmen die Faktoren C'' in dritter Annäherung usw., bis sich keine Änderung der Faktoren C mehr ergibt[1]).

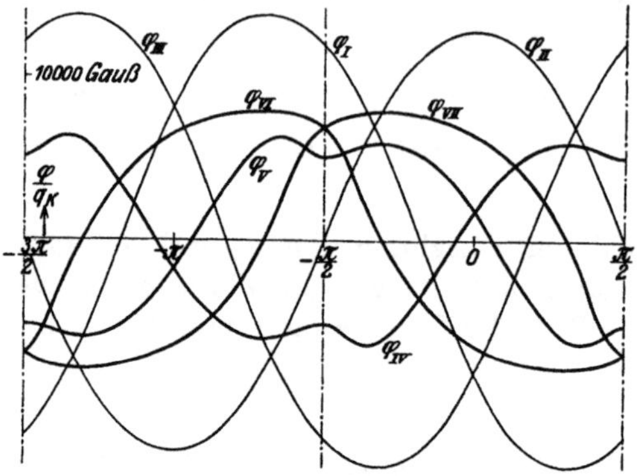

Abb. 36. Kurven der Flüsse bei Sternschaltung ohne Nulleiter und ohne Dreieckwicklung, $B_{K1} = 14000$ Gauß.

In Abb. 36 sind die so ermittelten Flußkurven für ein symmetrisches Netz und eine Grundwelleninduktion in den bewickelten Kernen von $B_{K1} = 14000$ Gauß aufgetragen. Die Flüsse φ_I, φ_{II} und φ_{III} in den bewickelten Kernen sind nicht mehr genau sinusförmig und nicht um eine Drittelperiode gegeneinander in der Phase verschoben. Die dadurch hervorgerufene Nullpunktsverschiebung der Primärspannungen können wir mit genügender Genauigkeit aus einem Vektordiagramm ermitteln, indem wir die Amplitude der Grundwellen der Strangspannungen, die denen der Flüsse proportional sind, in das symmetrische Dreieck der verketteten Spannungen einzeichnen. Die Ermittlung dieser Nullpunktsverschiebung ergab im vorliegenden Falle etwa 6% der symmetrischen Strangspannung.

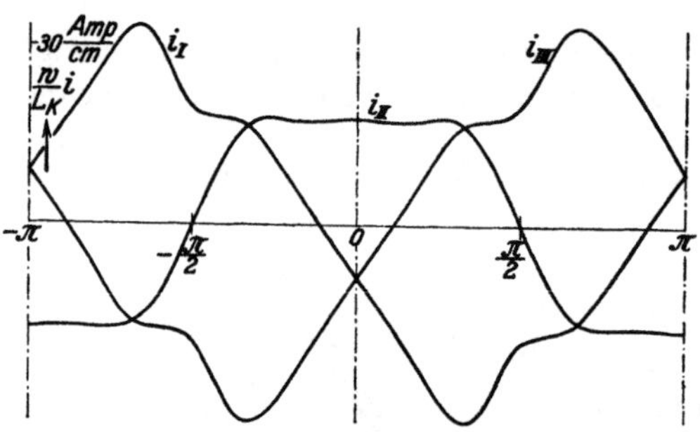

Abb. 37. Kurven der Strangströme bei Sternschaltung ohne Nulleiter und ohne Dreieckwicklung, $B_{K1} = 14000$ Gauß.

Abb. 37 stellt die Strangströme dar. Durch Vergleich mit Abb. 34 erkennen wir, daß durch Wegfall einer in Dreieck geschalteten Tertiär- oder Sekundärwicklung der Strom i_{II} in der Wicklung des mittleren Kerns wesentlich beeinflußt wird.

7. Der Dreiphasen-Manteltransformator.

Der Dreiphasen-Manteltransformator entsteht, wie wir im Abschn. II A 4, Bd. I, gesehen haben, durch Aneinanderreihen von drei Einphasen-Manteltransformatoren. In Abb. 38 ist der wesentliche Auf-

[1]) Noch schneller kommt man zum Ziel, wenn man statt der Parallelen zur Ordinatenachse unter stumpfem Winkel gegen die Abszissenachse geneigte Geraden zieht.

bau des Transformators mit einer in Stern geschalteten Primärwicklung dargestellt. Wir unterscheiden die Kerne *I, II, III*, um die die drei Wicklungsstränge gewickelt sind, die Jochteile *J* und die Stege *St*. Die Wicklungen sind so geschaltet, daß sie, im positiven Sinne vom Strom durchflossen, die äußern Kerne *I* und *III* im entgegengesetzten Sinne magnetisieren wie den innern Kern *II* (Abb. 39a). Die innern Stege führen dann die halbe Summe der benachbarten Kernflüsse, und bei symmetrischen Kernflüssen und sinusförmigem Verlauf sind ihre Amplituden halb so groß wie die der Kernflüsse (vgl. Abb. 39b). Würde man die Wicklungen so schalten, daß sie die Kerne im gleichen Sinne magnetisieren, so würden die innern Stege die halbe Differenz der Kernflüsse führen, die etwa $\sqrt{3}$ mal so groß ist wie bei der Schaltung in Abb. 38.

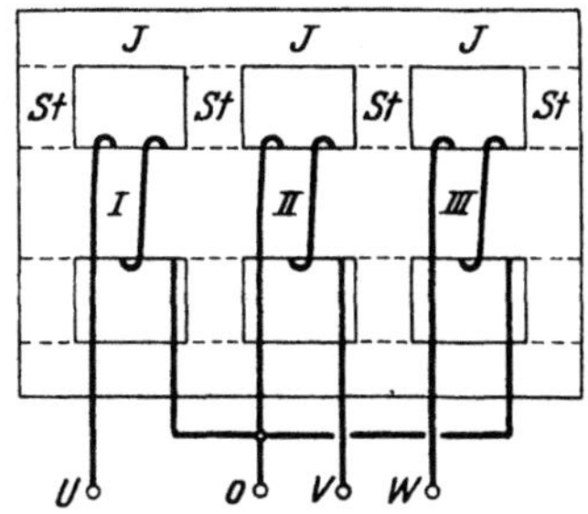

Abb. 38. Dreiphasiger Mantel-Transformator.

Betrachten wir zunächst die Schaltung mit angeschlossenem Nulleiter auf der Primärseite, so sind die Kernflüsse φ_I, φ_{II} und φ_{III} aus dem zeitlichen Verlauf der Strangspannungen in jedem Augenblick gegeben. Wir können dann nach Abb. 39a die Flüsse in den Jochteilen und den äußern Stegen sofort angeben, während die Flüsse φ_{IV} und φ_V in den innern Stegen

$$\varphi_{IV} = \frac{\varphi_I + \varphi_{II}}{2} \quad \text{und} \quad \varphi_V = \frac{\varphi_{II} + \varphi_{III}}{2} \qquad (56\text{a u. b})$$

sind. Damit können wir die magnetische Umlaufspannung für jeden der drei Kreisteile berechnen und erhalten durch Division mit der Windungszahl w die Magnetisierungsströme.

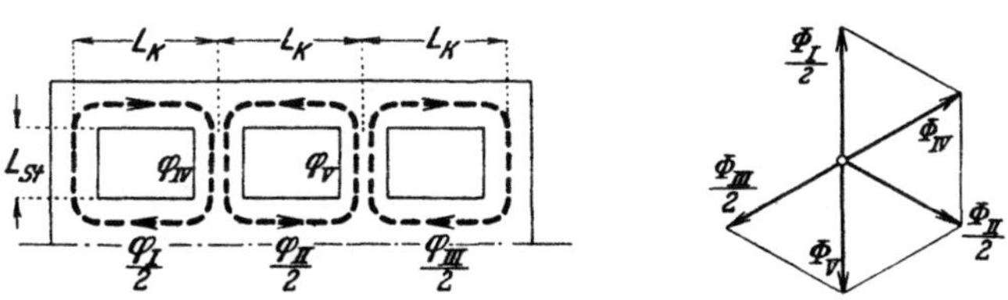

a

b

Abb. 39a u. b. Die Flüsse in den verschiedenen Teilen des magnetischen Kreises.

Wenn der Transformator an einem symmetrischen Netz mit sinusförmigen Spannungen liegt, ist bei Vernachlässigung der geringen Spannungsverluste nach Abb. 39b

$$\varphi_{IV} = -\frac{\varphi_{III}}{2} \quad \text{und} \quad \varphi_V = -\frac{\varphi_I}{2}. \qquad (56\text{c u. d})$$

Für diesen Fall sind unter der Annahme, daß die Steglänge L_{St} halb so groß wie die Kernlänge L_K und die Querschnitte der Jochteile und Stege halb so groß wie die der Kerne sind und die Länge eines Luftspalts (in Abb. 38 gestrichelt angedeutet) 0,04% einer Steglänge beträgt, die Magnetisierungsströme bei einem Höchstwert der Kerninduktion von 14000 Gauß und für stark legiertes Blech in Abb. 40 aufgezeichnet. Der Nulleiterstrom ist durch die gestrichelte Kurve dargestellt. Wir erkennen, daß die Magnetisierungsströme für die äußern Kerne größer sind als für den innern Kern, daß aber, im Gegensatz zu dem unsymmetrischen Kerntransformator (vgl. Abb. 20) der zeitliche Verlauf der Ströme in den Wicklungen der äußern Kerne unsymmetrisch ist.

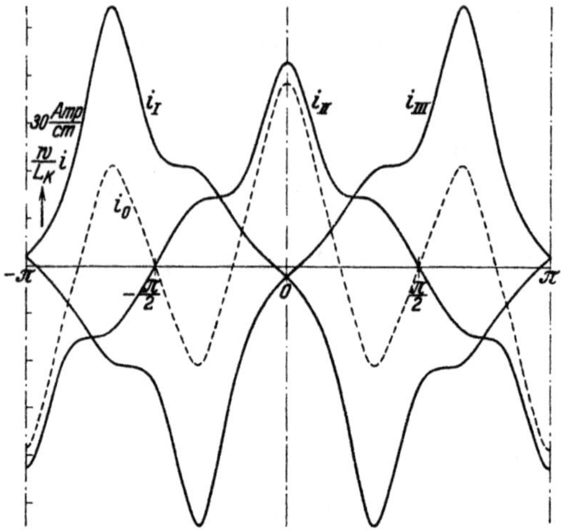

Abb. 40. Stromkurven (i_I usw.) bei Sternschaltung mit Nulleiter (Strom i_0), $B_K = 14000$ Gauß.

Der Höchstwert der Umlaufspannung ist für die äußern Kreisteile (vgl. Abb. 39a u. b)

$$V_I = V_{III} = L_K(H_K + H_J) + L_{St}(H_a + H_i) + 2\delta(H_{La} + H_{Li}) \qquad (57\,a)$$

und für den innern Kreisteil

$$V_{II} = L_K(H_K + H_J) + 2L_{St}H_i + 4\delta H_{Li}. \qquad (57\,b)$$

Die Feldstärken H_K, H_J, H_a und H_i sind der Magnetisierungskurve mit den Induktionen

$$B_K = \frac{\Phi}{q_k}, \quad B_J = \frac{\Phi}{2q_J}, \quad B_a = \frac{\Phi}{2q_{St}}, \quad B_i = \frac{\Phi}{4q_{St}} \qquad (57\text{c bis f})$$

zu entnehmen; die Feldstärken H_{La} und H_{Li} in den Luftspalten berechnet man aus den Induktionen in den Luftspalten für die äußern (B_{La}) und die innern Stege (B_{Li}).

Die Effektivwerte der Magnetisierungsströme ergeben sich dann zu

$$J_I = J_{III} = \frac{V_I}{w\sigma}, \quad J_{II} = \frac{V_{II}}{w\sigma}, \qquad (58\text{a u. b})$$

worin die Scheitelfaktoren σ geschätzt werden müssen.

Die Kurven der verketteten Ströme bei Dreieckschaltung erhalten wir auch hier aus der Differenz der Ströme bei Sternschaltung mit

Nulleiter (Abb. 40). Bei Sternschaltung ohne Nulleiter mit in Dreieck geschalteter Sekundär- oder Tertiärwicklung (angenähert auch ohne diese) ergeben sich die Kurven der Magnetisierungsströme wie im Abschn. 4c entweder aus der durch 3 geteilten Differenz der Netzströme bei Dreieckschaltung oder aus der Differenz je eines Strangstromes bei angeschlossenem Nulleiter und dem durch 3 geteilten Nullleiterstrom. Die Formen dieser Kurven stimmen im wesentlichen mit denen beim unsymmetrischen Transformator (Abb. 24 und 25) überein und sind deshalb nicht besonders dargestellt.

8. Der relative Magnetisierungsstrom.

a. Näherungsgleichung. Als relativen Magnetisierungsstrom bezeichnen wir den auf den Nennstrom bezogenen Magnetisierungsstrom.

Für den relativen Magnetisierungsstrom wollen wir eine Gleichung ableiten, die möglichst unabhängig von den Abmessungen des magnetischen Kreises und seiner Wicklung ist, um so zu einer Formel zu gelangen, die den relativen Magnetisierungsstrom leicht abzuschätzen gestattet [vgl. L 112, S. 25]. Bei der Ableitung setzen wir zunächst einphasige oder mehrphasige Kerntransformatoren voraus.

Der Übersichtlichkeit wegen wollen wir die beiden Teile des Magnetisierungsstromes, die den Eisen- und den Luftwegen entsprechen, getrennt berechnen und diese später addieren. Die Formelgrößen in diesem Abschnitt setzen wir in folgenden Einheiten ein: Alle Längen in cm, Querschnitte in cm², Induktionen in Gauß, Feldstärken in Amp/cm, EMK in Volt, Ströme in Amp, Leistung in Watt, Frequenz in Hz, Dichte („spezifisches Gewicht") in g/cm³.

Zunächst behandeln wir den Teil des Magnetisierungsstromes, der bei Vernachlässigung der Luftspalte auftreten würde. Bezeichnen wir mit m' die Zahl der bewickelten Kerne, mit L'_J die gesamte Länge aller Jochteile und mit

$$\lambda = \frac{L'_J}{m' L_K} \tag{59a}$$

das Verhältnis der gesamten Länge der Joche zu der gesamten Länge der Kerne, so können wir nach Abschn. 1, 2 und 4 für den Mittelwert der effektiven Magnetisierungsströme aller Wicklungsstränge schreiben

$$J'_\mu = \frac{H_K L_K + H_J L'_J/m'}{w\sigma} = \frac{H_K + \lambda H_J}{w\sigma} L_K, \tag{59}$$

worin w die Windungszahl eines bewickelten Kerns und für σ etwa der Mittelwert der Scheitelfaktoren der Strangströme einzusetzen ist. Dividieren wir diese Gleichung durch den Nennstrom J_N, so erhalten wir den relativen Magnetisierungsstrom. Auf der rechten Seite der Gl. (59) erscheint dann noch das unbekannte Produkt $w J_N$.

Um dieses Produkt zu eliminieren, führen wir die relativen, d. h. die auf die (innere) Nenn-Scheinleistung bezogenen Eisenverluste

$$v_E = \frac{Q_E}{m' E_N J_N} \tag{60}$$

ein und drücken die Eisenverluste Q_E und die EMK E_N durch die Größen des magnetischen Kreises und der Wicklung aus.

Nach Gl. (212), Bd. I, können wir für die Verlustziffer

$$V = \varkappa \left(\frac{B}{10000}\right)^2 \text{Watt/kg} \tag{60a}$$

schreiben, worin die Zahl $\varkappa$ gleich dem Betrag der Verlustziffer bei $B = 10000$ Gauß ist. Für eine Frequenz von 50 Hz ist $\varkappa$ in Zahlentafel 4 auf S. 157, Bd. I, für verschiedene Bleche eingeschrieben. Die gesamten Eisenverluste des Transformators ergeben sich dann zu

$$Q_E = s\varkappa \left(\frac{B_K}{10000}\right)^2 \frac{q_K L_K m'}{1000} + s\varkappa \left(\frac{B_J}{10000}\right)^2 \frac{q_J L'_J}{1000}. \tag{60b}$$

Darin bedeuten s die Dichte (spezifisches Gewicht), B_K und B_J die Induktionen in den Kernen bzw. Jochen, q_K und q_J die Querschnitte eines Kernes bzw. eines Joches. Die induzierte EMK ist

$$E_N = \sqrt{2}\pi f w q_K B_K 10^{-8}. \tag{60c}$$

Führen wir die Gleichungen für Q_E und E_N in Gl. (60) ein und setzen zur Abkürzung

$$\beta = \frac{B_K}{B_J} = \frac{q_J}{q_K}, \tag{61a}$$

so erhalten wir

$$v_E = \frac{s\varkappa\left(1 + \frac{\lambda}{\beta}\right) B_K}{\sqrt{2}\pi f w J_N} L_K 10^{-3}. \tag{61b}$$

Daraus berechnen wir die Windungszahl w, die wir in Gl. (59) einsetzen, und erhalten schließlich für den Teil des relativen Magnetisierungsstromes, der nur die Eisenwege berücksichtigt,

$$\frac{J'_\mu}{J_N} = \frac{\sqrt{2}\pi f 10^3}{s\varkappa\sigma} \cdot \frac{H_K + \lambda H_J}{\left(1 + \frac{\lambda}{\beta}\right) B_K} \cdot v_E. \tag{61}$$

Diese Gleichung enthält von den Abmessungen des Transformators nur noch die Verhältniszahlen λ zwischen gesamter Joch- und gesamter Kernlänge und β zwischen den Querschnitten von Joch und Kern. Bei gleichen magnetischen Beanspruchungen ist unter Vernachlässigung der Luftspalte der relative Magnetisierungsstrom nach Gl. (61) den relativen Eisenverlusten proportional.

Wir wenden uns nun dem Teil J''_μ des Magnetisierungsstromes zu, der den Luftspalten entspricht. Unter der Annahme, daß in jedem Kreisteil zwischen den Verkettungspunkten zwei Luftspalte liegen, ist

$$J''_\mu = \frac{2\,\delta\,B_L}{0{,}4\,\pi\,\sigma\,w}. \tag{62a}$$

Beziehen wir diesen Teil des Magnetisierungsstromes auf den der Gl. (59), so erhalten wir

$$\frac{J''_\mu}{J'_\mu} = \frac{J''_\mu/J_N}{J'_\mu/J_N} = 0{,}8\,\frac{2\,\delta}{L_K}\,\frac{B_L}{H_K + \lambda H_J}, \tag{62}$$

worin B_L gleich $k_E B_K$ oder $k_E B_J$ ist, je nachdem der Luftquerschnitt durch den Kernquerschnitt (Abb. 19) oder den Jochquerschnitt (Abb. 8) bestimmt wird.

Der resultierende relative Magnetisierungsstrom ergibt sich mit Gl. (61) und (62) zu

$$\left.\begin{aligned} \mu &= \frac{J_\mu}{J_N} = \frac{J'_\mu}{J_N} + \frac{J''_\mu}{J_N} \\ &= \frac{\sqrt{2}\,\pi\,f\,10^3}{s\,\varkappa\,\sigma}\,\frac{H_K + \lambda H_J}{\left(1 + \frac{\lambda}{\beta}\right) B_K}\left(1 + 0{,}8\,\frac{2\,\delta}{L_K}\,\frac{B_L}{H_K + \lambda H_J}\right) v_E\,. \end{aligned}\right\} \tag{63}$$

Die Frequenz f ist gewöhnlich 50 Hz, der Eisenkreis besteht gewöhnlich aus legiertem Blech von 0,35 mm Dicke ($\varkappa = 1{,}35$, $s = 7{,}6$), und in den meisten Fällen liegt der Luftspalt am Querschnitt des Kerns an. Berücksichtigen wir die zusätzlichen Eisenverluste mit 20%, setzen also $\varkappa = 1{,}2 \cdot 1{,}35 = 1{,}62$, ferner $B_L = 0{,}86\,B_K$ (vgl. S. 4) und für den Scheitelfaktor den Durchschnittswert $\sigma = 1{,}8$ (vgl. Abb. 7 und 13), so geht Gl. (63) für 50 Hz und legiertes Blech über in

$$\mu = \frac{J_\mu}{J_N} \approx \left(\frac{(H_K + \lambda H_J)\,10^4}{\left(1 + \frac{\lambda}{\beta}\right) B_K} + \frac{0{,}7}{1 + \frac{\lambda}{\beta}}\,\frac{2\,\delta\,10^4}{L_K}\right) v_E \tag{63a}$$

und nimmt die besonders einfache Form

$$\mu = \frac{J_\mu}{J_N} \approx \left(\frac{H_K\,10^4}{B_K} + 0{,}7\,\frac{2\,\delta\,10^4}{L_K + L'_J/m'}\right) v_E \tag{63b}$$

an, wenn die Jochinduktion gleich der Kerninduktion ist ($H_J = H_K$, $\beta = 1$).

Der relative Magnetisierungsstrom ist nach Gl. (63) und (63a u. b) proportional den relativen Eisenverlusten v_E. Das erste Glied in der Klammer von Gl. (63b) ist nur von der magnetischen Beanspruchung der Kerne abhängig und ergibt sich aus der Magnetisierungskurve des

Eisens. Das zweite Glied ist durch das Verhältnis der gesamten Luftspaltlänge zur mittleren Eisenweglänge der Kreisteile zwischen den Verkettungspunkten gegeben; es kann leicht geschätzt werden und ist bei verzapften Stoßstellen praktisch Null.

Die zunächst für Kerntransformatoren abgeleiteten Gl. (63) und (63a u. b) gelten auch für Manteltransformatoren, für die dreiphasigen nach Abschn. 7 angenähert, wenn die Stege zu den Jochen gezählt werden. Zu beachten ist bei den Manteltransformatoren, daß immer zwei Jochteile parallel geschaltet sind, L'_J also nur die halbe Länge sämtlicher Jochteile, q_K der doppelte Querschnitt eines Jochteils ist. Für den fünfschenkligen Dreiphasen-Transformator berechnet man den relativen Magnetisierungsstrom angenähert nach Gl. (63b), wenn bei der Ermittlung von L'_J die unbewickelten äußern Schenkel unbeachtet bleiben.

b. Einfluß der Jochverstärkung. Durch Jochverstärkung ($\beta > 1$) kann der relative Magnetisierungsstrom verringert werden, worüber Gl. (63) Aufschluß gibt (H_J nimmt erheblich ab).

Bei derselben Kerninduktion und denselben Eisenabmessungen wird nicht nur der Klammerausdruck, sondern auch v_E mit wachsender

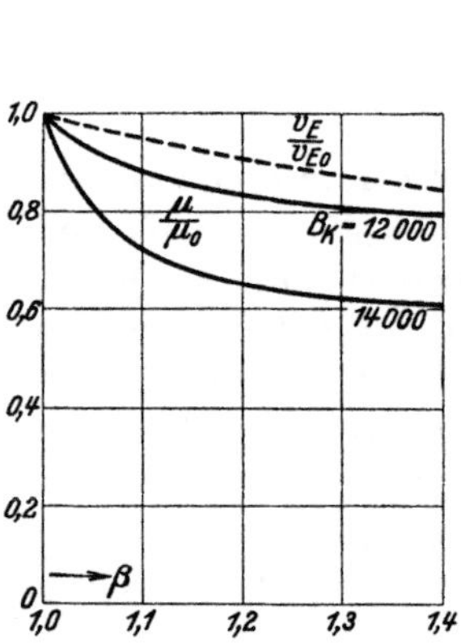

Abb. 41.

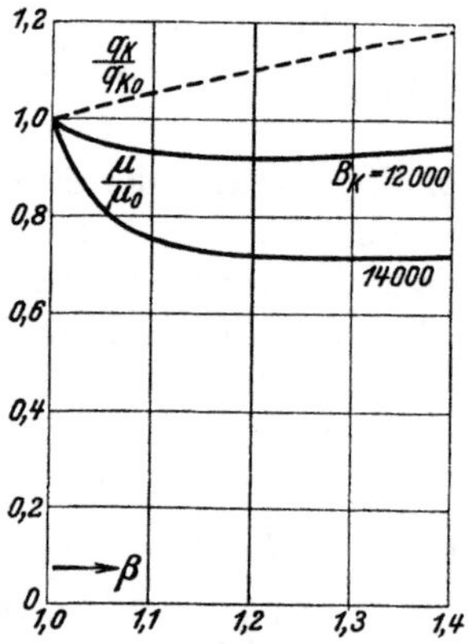

Abb. 42.

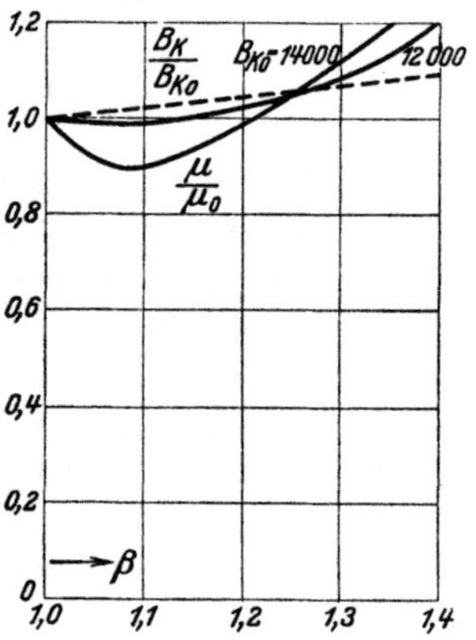

Abb. 43.

Abb. 41 bis 43. Relative Magnetisierungsströme μ als Funktion der Jochverstärkung $\beta = q_J/q_K$, Abb. 41 bei konstantem Kernquerschnitt q_K und Induktion B_K, Abb. 42 bei konstanten relativen Eisenverlusten v_E und B_K, Abb. 43 bei konstanten v_E und q_K. Alle Größen bezogen auf die ohne Jochverstärkung (Zeiger 0). Die gestrichelten Kurven sind unabhängig von der Kerninduktion.

Jochverstärkung kleiner. In Abb. 41 ist für die Durchschnittswerte $\lambda = 1{,}2$ und $2\delta 10^4/L_K = 8$ und die Kerninduktionen B_K gleich 12000 und 14000 Gauß die Abnahme des relativen Magnetisierungsstroms μ (voll ausgezogene Kurven) als Funktion der Jochverstärkung dargestellt; die gestrichelte Kurve zeigt die Abnahme der Eisenverluste, die unabhängig von B_K ist. Beide Größen sind auf die Werte μ_0 und v_{E0} ohne Jochverstärkung (Zeiger 0) bezogen.

Gewöhnlich sind aber die zulässigen relativen Eisenverluste $v_E = v_{E0}$ gegeben, die man mit Rücksicht auf die Herstellungskosten des Transformators auch nicht unterschreiten wird. Lassen wir dann die Kerninduktion konstant und vergrößern mit wachsender Jochverstärkung auch den Kernquerschnitt q_K, um wieder dieselben Eisenverluste bei Jochverstärkung zu erhalten, so stellen die voll ausgezogenen Kurven in Abb. 42 die Abnahme des relativen Magnetisierungsstromes und die gestrichelte die Zunahme des Kernquerschnitts dar; letztere ist unabhängig von der Kerninduktion. Die Abnahme des Magnetisierungsstromes mit wachsender Jochverstärkung ist geringer als in dem Falle der Abb. 41, dafür wird aber auch der Kernfluß vergrößert, so daß die Windungszahlen der Wicklungen umgekehrt proportional dem Kernquerschnittsverhältnis q_K/q_{K0} verringert werden.

Nehmen wir schließlich an, daß bei festen relativen Eisenverlusten $v_E = v_{E0}$ die Eisenabmessungen dieselben bleiben, die Kerninduktion aber mit der Jochverstärkung erhöht wird, so erhalten wir für den relativen Magnetisierungsstrom die voll ausgezogenen Kurven in Abb. 43, während die gestrichelte die Zunahme der Kerninduktion angibt, die unabhängig von B_{K0} ist. Mit diesen Annahmen nimmt zunächst der Magnetisierungsstrom mit zunehmender Jochverstärkung etwas ab, um dann über den Wert ohne Jochverstärkung hinaus anzuwachsen.

c. Abhängigkeit von der Leistung. In der Regel sinkt v_E mit wachsender Leistung des Transformators. Bei geometrisch ähnlich gebauten Transformatoren ist bei derselben Kern- und derselben Jochinduktion nach Abschn. L 5a das Verhältnis der relativen Eisenverluste umgekehrt proportional der 4. Wurzel aus den Leistungen

$$\frac{v_{E1}}{v_{E2}} = \sqrt[4]{\frac{N_2}{N_1}}. \tag{64}$$

Bei geometrisch ähnlich gebauten Transformatoren mit derselben Kern- und derselben Jochinduktion ist aber der Klammerausdruck in Gl. (63a) konstant; es verhalten sich also die auf den Nennstrom bezogenen Magnetisierungsströme umgekehrt wie die 4. Wurzel aus den Leistungen. Das durch Gl. (64) ausgedrückte Gesetz ist auch bei den Einheitstransformatoren des DIN-Blattes VDE 2600 angenähert erfüllt.

9. Der Einschaltstromstoß.

Wenn der sekundär offene Transformator primär an Spannung gelegt wird, so bildet sich der stationäre Leerlaufstrom gewöhnlich erst nach einer gewissen Zeit aus, praktisch allerdings schon nach sehr kurzer Zeit. Bis zu dieser Zeit wird ein Ausgleichsvorgang auftreten, der, wie wir sehen werden, unter Umständen starke Stromstöße zur Folge hat.

a. Induktivität der Wicklung konstant. Wir betrachten zunächst den rechnerisch sehr einfach zu verfolgenden Vorgang, wenn die Induktivität L_1 der primären Wicklung konstant ist. Die Differentialgleichung lautet:

$$-iR_1 - L_1 \frac{di}{dt} = u\,. \tag{65}$$

Schreiben wir für die Spannung

$$u = \Re\mathrm{e}\left(\sqrt{2}\,\dot{U}\right) = \Re\mathrm{e}\left(\sqrt{2}\,U\,\varepsilon^{j(\omega t+\alpha)}\right) = \sqrt{2}\,U\cos(\omega t + \alpha) \tag{66a}$$

und machen nach Abschn. I 1c u. d, Bd. II, für den stationären Strom (Dauerstrom) i_d den Ansatz

$$i_d = \Re\mathrm{e}\left(\sqrt{2}\,\dot{J}_d\right) = \Re\mathrm{e}\left(\sqrt{2}\,J_d\,\varepsilon^{j(\omega t+\alpha+\varphi)}\right) = \sqrt{2}\,J_d\cos(\omega t + \alpha + \varphi)\,, \tag{66b}$$

so erhalten wir aus Gl. (65)

$$\dot{J}_d = -\frac{\dot{U}}{R_1 + j\omega L_1} \tag{66c}$$

oder nach Gl. (66a u. b) und Abb. 44

$$\left.\begin{aligned} i_d &= \Re\mathrm{e}\left(-\frac{\sqrt{2}\,\dot{U}}{R_1 + j\omega L_1}\right) = \Re\mathrm{e}\left(\frac{\sqrt{2}\,U}{\sqrt{R_1^2 + \omega^2 L_1^2}}\,\varepsilon^{j(\omega t+\alpha+\varphi)}\right) \\ &= \frac{\sqrt{2}\,U}{\sqrt{R_1^2 + \omega^2 L_1^2}}\cos(\omega t + \alpha + \varphi)\,, \end{aligned}\right\} \tag{66}$$

worin

$$\varphi = \pi - \operatorname{arctg}\frac{\omega L_1}{R_1}$$

ist.

Den stetigen Übergang vom Strom $i = 0$ beim Einschalten der Primärwicklung zum stationären Strom i_d vermittelt der freie Strom i_f, den wir aus Gl. (65) erhalten, indem wir $u = 0$ setzen. Zur Bestimmung dieses freien Stromes machen wir den Ansatz

$$i_f = J_f\,\varepsilon^{j\mu t} \tag{67a}$$

und erhalten durch Einsetzen von $i = i_f$ in die linke Seite von Gl. (65), die wir gleich Null setzen,

$$j\mu = -\frac{R_1}{L_1} = -\frac{1}{T_1}\,, \tag{67b}$$

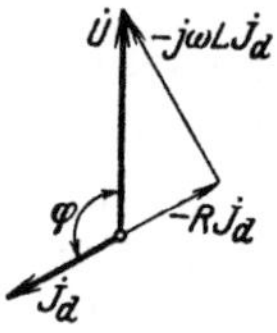

Abb. 44. Erläuterung zu Gl. (66c).

worin T_1 die Zeitkonstante der Primärwicklung des Transformators ist. Der freie Strom

$$i_f = J_f\,\varepsilon^{-\frac{R_1}{L_1}t} \tag{67c}$$

ist also ein exponentiell abklingender Gleichstrom.

Wir nehmen an, daß der Transformator zur Zeit $t = 0$ eingeschaltet wird. Es ist dann

$$t = 0: \qquad i = i_f + i_d = 0 . \tag{67d}$$

Daraus erhalten wir mit Gl. (66) und (67c)

$$i_f = -\frac{\sqrt{2}\,U \cos(\alpha + \varphi)}{\sqrt{R_1^2 + \omega^2 L_1^2}}\,\varepsilon^{-\frac{R_1}{L_1}t} \tag{67}$$

und

$$i = i_f + i_d = \frac{\sqrt{2}\,U}{\sqrt{R_1^2 + \omega^2 L_1^2}}\left[\cos(\omega t + \alpha + \varphi) - \cos(\alpha + \varphi)\,\varepsilon^{-\frac{R_1}{L_1}t}\right]. \tag{68}$$

In Abb. 45 sind der freie Strom i_f und der Dauerstrom i_d beispielsweise für $\alpha + \varphi = 150°$ aufgetragen; ihre Summe liefert den resultierenden Strom i. Der freie Strom bewirkt also eine Verlagerung des Dauerstromes, die um so größer ist, je mehr sich $|\cos(\alpha + \varphi)|$ der Einheit nähert. Der Einschaltstromstoß erreicht bei $\cos(\alpha + \varphi) = \pm 1$ seinen höchsten Wert. Dieser ist für verschwindenden Wirkwiderstand R_1 am größten, gleich dem Doppelten der Amplitude des Dauerstromes, und tritt eine halbe Periode nach dem Einschalten auf. In Abb. 45 ist der Deutlichkeit wegen die maßgebende Zeitkonstante $T_1 = L_1/R_1$ sehr klein angenommen ($T_1 = 0{,}035$ sec). In Wirklichkeit ist sie bedeutend größer und erreicht schon bei kleinen Einheitstransformatoren 3 sec, so daß bei konstanter Induktivität, wie wir sie zunächst vorausgesetzt haben, der freie Strom nach einer halben Periode noch nicht merklich abgeklungen ist.

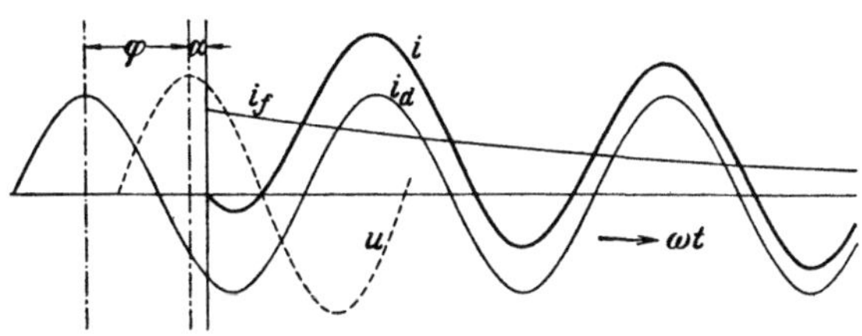

Abb. 45. Einschaltstrom $i = i_f + i_d$ bei konstanter Induktivität; Zeitkonstante $T = 0{,}035$ sec.

Wird die Wicklung in dem Augenblick an Spannung gelegt, in dem diese ihren positiven oder negativen Höchstwert erreicht hat, $\alpha = 0$ oder π, so ist bei $R_1 = 0$ auch $\cos(\alpha + \varphi) = 0$. Ein freier Strom tritt in diesem Falle nicht auf. Es fließt also schon vom Augenblick des Einschaltens ab der Dauerstrom.

b. Einfluß der Sättigungserscheinung. Beim Transformator ist nun die Induktivität der Wicklung nicht konstant, sondern sinkt mit wachsender magnetischer Beanspruchung sehr schnell. Dadurch wird der Stromstoß ganz wesentlich größer als das Doppelte der Amplitude des Dauerstromes, so daß das Einschalten des Transformators kurzschlußartige Erscheinungen zur Folge haben kann. Um den Einfluß der Sättigungserscheinung zu berücksichtigen, müssen wir von der Differentialgleichung

$$-R_1 i - w_1 \frac{d\varphi}{dt} = \sqrt{2}\,U \cos(\omega t + \alpha) \tag{69}$$

des Stromkreises ausgehen, worin die Beziehung zwischen i und φ durch die magnetische Charakteristik des Transformators gegeben ist. Zur Bestimmung des stationären Flusses können wir den Wirkwiderstand vernachlässigen und erhalten

$$\varphi_d = -\frac{\sqrt{2}\,U}{\omega w_1} \sin(\omega t + \alpha)\,. \tag{69a}$$

Vernachlässigen wir auch hier zunächst den dämpfenden Einfluß des Wirkwiderstandes, setzen also $R_1 = 0$, so erhalten wir den freien Fluß φ_f, der den stetigen Übergang vom stromlosen Zustand in den Dauerzustand vermittelt, indem wir in Gl. (69) die rechte Seite gleich Null setzen. Der freie Fluß

$$\varphi_f = C \tag{69b}$$

ist konstant, weil wir $R_1 = 0$ gesetzt haben. Nehmen wir noch an, daß im Augenblick des Einschaltens ein remanenter Fluß φ_R besteht, so erhalten wir zur Zeit

$t = 0$:
$$\varphi_d + \varphi_f = \varphi_R\,, \tag{70a}$$

also mit Gl. (69a u. b)

$$C = \frac{\sqrt{2}\,U}{\omega w_1} \sin\alpha + \varphi_R \tag{70b}$$

und zu beliebiger Zeit

$$\varphi = \varphi_d + \varphi_f = \varphi_R + \frac{\sqrt{2}\,U}{\omega w_1}\left[\sin\alpha - \sin(\omega t + \alpha)\right]. \tag{70}$$

Der größte mögliche Induktionsfluß φ_{kr} tritt auf, wenn bei positivem φ_R der Winkel $\alpha = \pi/2$ und $\sin(\omega t + \alpha) = -1$ ist, d. h. eine halbe Periode nach dem Einschalten ($t = 0$), und ist dann gleich dem doppelten Höchstwert des Dauerflusses

$$\Phi_d = \frac{\sqrt{2}\,U}{\omega w_1} \tag{70c}$$

vermehrt um den remanenten Magnetismus φ_R. Für diesen ungünstigsten Fall sind in Abb. 46a die den Flüssen φ_d und φ entsprechenden Kerninduktionen b_d und b dargestellt, wobei angenommen ist, daß $\varphi_R = 0{,}215\,\Phi_d$ (entsprechend $b_R = 3000$ Gauß) und der Höchstwert der Kerninduktion im Dauerbetrieb $B_d = 14000$ Gauß ist. Aus der magnetischen Charakteristik des Transformators, die in Abb. 46b unter der Annahme, daß die gesamte Länge der Luftspalte 0,05% der gesamten Eisenweglänge beträgt, für zwei verschiedene Abszissenmaßstäbe dargestellt ist, kann der zu der Induktion b gehörige Einschaltstrom i bestimmt werden, der in Abb. 46a ebenfalls eingezeichnet ist. In unserm Beispiel ergibt sich der Einschaltstromstoß zu etwa 500mal so groß wie die Amplitude des Dauermagnetisierungsstromes. Der Effektivwert des Dauermagnetisierungsstromes beträgt bei etwa 0,75% relativer Eisenverluste nach Gl. (63b) etwa 8% des Nennstromes, seine Amplitude ist nach Abb. 7

$$\frac{\sigma}{\sqrt{2}} 8\% = \frac{2{,}1}{\sqrt{2}} 8\% \approx 12\%$$

der Amplitude des Nennstromes. Damit erhalten wir den Einschaltstromstoß zu etwa 60mal so groß wie die Amplitude des Nennstromes.

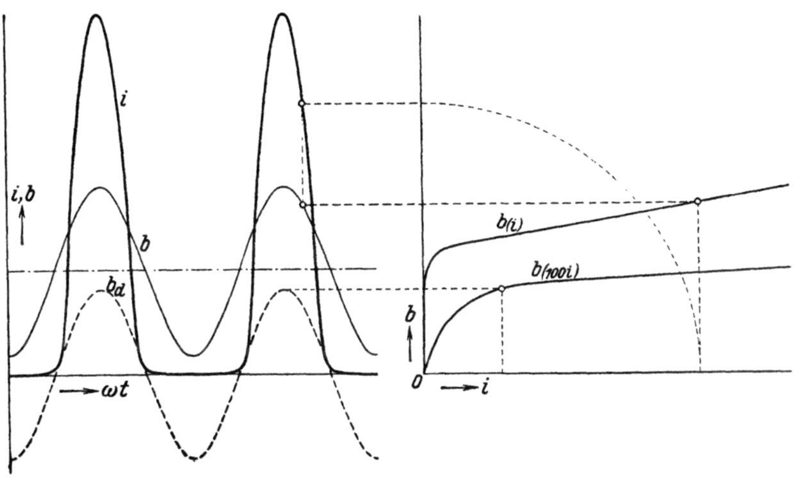

Abb. 46a u. b. Ermittlung der Stromkurve i bei gegebener Induktionskurve b aus der Magnetisierungskurve $b(i)$, bei Vernachlässigung des Wirkwiderstandes.

Dieses Verhältnis hängt von der magnetischen Beanspruchung im Dauerzustand ab, es wächst anfangs mit zunehmender Beanspruchung, erreicht bei einer gewissen Beanspruchung seinen Höchstwert und sinkt dann wieder.

In Wirklichkeit wird der Stromstoß unter dem dämpfenden Einfluß des Wirkwiderstandes stark gemildert. Die Integration der Gl. (69) ergibt

$$\varphi = -\frac{\sqrt{2}\,U}{\omega\, w_1} \sin(\omega t + \alpha) - \frac{R_1}{w_1}\int i\,dt + C. \tag{71}$$

Beim Einschalten des Transformators ist $i = 0$; es möge dabei der remanente Fluß φ_R herrschen. Dann erhalten wir zur Bestimmung der Integrationskonstanten C

für $t = 0$:
$$\varphi_R = -\frac{\sqrt{2}\,U}{\omega\, w_1}\sin\alpha + C \tag{71a}$$
und
$$C = \varphi_R + \frac{\sqrt{2}\,U}{\omega\, w_1}\sin\alpha\,. \tag{71b}$$

Setzen wir diesen Wert in Gl. (71) ein, so erhalten wir
$$\varphi = \varphi_R + \frac{\sqrt{2}\,U}{\omega\, w_1}[\sin\alpha - \sin(\omega t + \alpha)] - \frac{R_1}{w_1}\int i\,dt\,. \tag{72}$$

Nach dieser Gleichung kann man den Fluß φ und damit den Strom i mit Berücksichtigung des Wirkwiderstandes R_1 ermitteln, indem man, von der Zeit $t = 0$ ausgehend, Fluß und Strom schrittweise in kleinen Zeitabschnitten bestimmt und so die Kurven des Flusses oder der Induktion und des Stromes allmählich nach Gl. (72) aufbaut. Unter der Annahme, daß der Wirkspannungsverlust bei Leerlauf 0,125%, bei Nennstrom also 0,125/0,08 = 1,56% der Klemmenspannung beträgt, entsprechend einer Wirkkomponente der Nenn-Kurzschlußspannung von etwa 3,1%, ist in Abb. 47 die Stromkurve für denselben Transformator, für den Abbildung 46a u. b gilt, aufgezeichnet. Der Maßstab ist derselbe wie in Abb. 46a u. b; die Induktionskurve bei $R_1 = 0$ ist zum Vergleich gestrichelt angedeutet. Der Stromstoß wird dabei auf 0,585 des Betrages für $R_1 = 0$ verringert, beträgt also etwa das 290-fache der Amplitude des stationären Magnetisierungsstromes oder das 35-fache der Amplitude des Nennstromes.

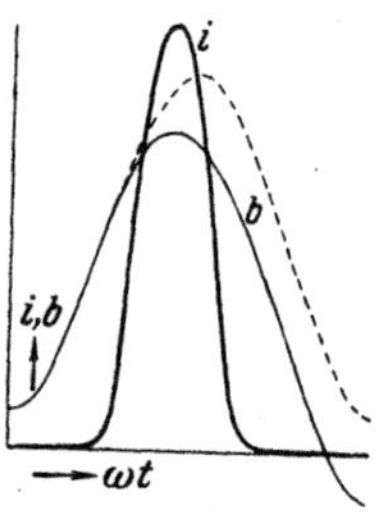

Abb. 47. Stromkurve i und Induktionskurve b mit, gestrichelte Kurve b ohne Berücksichtigung des Wirkwiderstandes.

In Wirklichkeit werden die Einschaltstromstöße wohl nicht den hohen Wert annehmen, den wir für den Augenblick des Einschaltens bei $u = 0$ berechnen, weil bei Annäherung der Schalterkontakte schon ein Funke übertreten kann, wodurch der Transformator bei $u \gtrless 0$ an das Netz gelegt wird.

Abb. 48. Vorkontaktschalter.

Damit der Einschaltstromstoß die Amplitude des Magnetisierungsstromes nicht wesentlich überschreitet, kann man einen Schalter mit Vorkontakt verwenden, durch den vorübergehend ein Wirkwiderstand der Transformatorwicklung vorgeschaltet wird (Abb. 48). Die Größe dieses Vorschaltwiderstandes ist so zu bemessen, daß er bei Nennstrom einen Spannungsverlust $R\,J_d$ von einigen Hundertsteln der

Klemmenspannung hervorruft. Der Strom ist bei einem solchen Vorschaltwiderstand schon nach der ersten halben Periode praktisch auf den stationären Strom gesunken. Beim Kurzschließen des Vorschaltwiderstandes ist der auftretende Stromstoß sehr klein, weil der Spannungsverlust RJ sehr klein gegenüber der in der Wicklung induzierten EMK ist. Abb. 49 zeigt die Stromaufnahme eines Transformators für 20 kVA mit einem Vorschaltwiderstand, dessen Spannung im stationären Zustand 2% der Klemmenspannung beträgt [L 15]. Nach der neunten Halbwelle wurde bei Abb. 49 der Vorkontakt kurz geschlossen.

Wenn der Transformator sekundär nicht offen ist, so setzt sich der Ausgleichstrom aus zwei Exponentialfunktionen zusammen. Im Abschn. B 4a werden wir sehen, wie wir diesen Fall rechnerisch behandeln

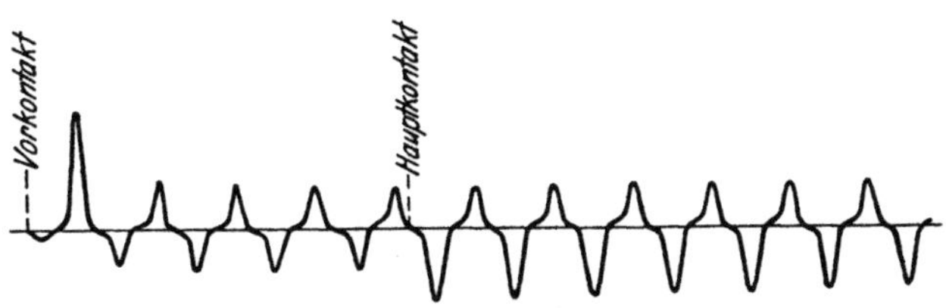

Abb. 49. Einschaltstrom eines Transformators für 20 kVA mit Vorkontaktschalter; Spannungsverlust im Widerstand im stationären Zustand 2% der Netzspannung. (Nach Linke: A. f. E. Bd. 1 S. 22.)

können. Ist die Sekundärwicklung über einen Widerstand geschlossen, der der Nennbelastung des Transformators entspricht, so fällt die eine der beiden Exponentialkurven außerordentlich schnell ab, so daß sich im weiteren Verlauf das äußere Bild des Einschaltvorganges von dem Fall mit offener Sekundärwicklung nur noch wenig unterscheidet; es lagert sich in der Hauptsache über den Einschaltstrom bei offener Sekundärwicklung noch der dem Widerstand des sekundären Kreises entsprechende Belastungsstrom. Ist dagegen der äußere sekundäre Widerstand klein oder ganz kurz geschlossen, so sind es gerade die Ströme, die zu der schneller abfallenden Exponentialfunktion gehören, die die äußere Form des Ausgleichvorganges ausmachen, wie wir im Abschn. B 4a beim Kurzschließen der sekundären Wicklung sehen werden, wenn der Transformator primär an konstanter Klemmenspannung liegt.

B. Streuungserscheinungen.

1. Der Streublindwiderstand bei Stern- oder Dreieckschaltung.

Im Abschn. I 3a, Bd. II, haben wir die von den Wicklungen eines Transformators erregten fiktiven Flüsse in Nutz- und Streuflüsse aufgeteilt. Diese Aufteilung geschieht aus praktischen Gründen. Beim technischen Transformator verläuft nämlich hauptsächlich der Nutzfluß im Eisen und der Streufluß in Luft, und damit ist für die Bestimmung der Induktivität eine getrennte Berechnung der beiden Anteile erforderlich. Die Aufteilung der Spulenflüsse kommt durch folgende Gleichungen zum Ausdruck

$$\psi_1 = L_1 i_1 + M i_2 = \left(L_1 - \frac{w_1}{w_2} M\right) i_1 + M\left(\frac{w_1}{w_2} i_1 + i_2\right), \qquad (73\,\mathrm{a})$$

$$\psi_2 = L_2 i_2 + M i_1 = \left(L_2 - \frac{w_2}{w_1} M\right) i_2 + M\left(i_1 + \frac{w_2}{w_1} i_2\right). \qquad (73\,\mathrm{b})$$

Bezeichnen wir

$$L_1 - \frac{w_1}{w_2} M = L_{1\sigma}, \qquad L_2 - \frac{w_2}{w_1} M = L_{2\sigma}, \qquad (74\,\mathrm{a\,u.\,b})$$

so stellen $L_{1\sigma} i_1$ und $L_{2\sigma} i_2$ die Streuspulenflüsse, die Reste der rechten Seiten der Gl. (73a u. b) die Nutzspulenflüsse dar.

Bei linearen Leiterkreisen, wie wir sie im Abschn. I 3a, Bd. II, vorausgesetzt haben, besteht bei Erregung nur eines der Leiterkreise eine scharfe Grenze zwischen Streufluß und Nutzfluß, die beim Transformator mit beliebigem Spulenseitenquerschnitt nicht mehr vorhanden ist [L 18]. An Hand der Gl. (73a u. b) läßt sich aber in diesem Falle eine Trennung der Spulenflüsse vornehmen und der Transformator auf das Schema der Abb. 18, Bd. II, mit linearen Leiterkreisen zurückführen. Nutz- und Streufluß sind nach dieser Aufteilung nur noch fiktive Flüsse. Beim technischen Transformator mit geschlossenem Eisenkreis stimmt jedoch der Nutzfluß praktisch mit dem Fluß im Eisenkern überein.

Aus den Gl. (73a u. b) geht hervor, daß für $w_2 i_2 = -w_1 i_1$ der Nutzspulenfluß Null wird (Magnetisierungsstrom Null). Es sind dann nur noch die Streuspulenflüsse vorhanden. Die magnetische Energie der Streufelder ist in diesem Falle

$$W = \frac{1}{2}\left(L_{1\sigma} i_1^2 + L_{2\sigma} i_2^2\right) = \frac{1}{2}\left[L_{1\sigma} + \left(\frac{w_1}{w_2}\right)^2 L_{2\sigma}\right] i_1^2. \qquad (75\,\mathrm{a})$$

Daraus erhalten wir die gesamte auf die primäre Wicklung bezogene Streuinduktivität [vgl. Gl. (47), Bd. I]

$$L_\sigma = L_{1\sigma} + \left(\frac{w_1}{w_2}\right)^2 L_{2\sigma} = \frac{2\,W}{i_1^2}. \qquad (75\,\mathrm{b})$$

Im Abschn. D 1 werden wir sehen, daß es in fast allen praktischen Fällen genügt, diese zu kennen.

Für die praktische Berechnung der gesamten Streuinduktivität können wir zur Vereinfachung der Anschauung annehmen, daß die sekundäre Windungszahl gleich der primären ist und die Wicklungen gegeneinander geschaltet sind. Wir erhalten dann aus der magnetischen Energie nach Gl. (75b) die auf die primäre Windungszahl bezogene gesamte Streuinduktivität des Transformators.

a. Symmetrische Scheibenwicklung. Aus Symmetriegründen wird die Scheibenwicklung (vgl. Abschn. II A 4, Bd. I) gewöhnlich so ausgeführt, daß die in der Nähe des Joches liegenden Endspulen, das sind gewöhnlich die Unterspannungsspulen, als halbe Spulen mit halber Windungszahl ausgebildet sind. Abb. 50a stellt im Schnitt durch eine Kernachse die Spulenseitenquerschnitte und den wesentlichen Verlauf der Streulinien (gestrichelt) außerhalb des Eisens dar. Die radiale Breite einer Spule sei b, die axiale Höhe a_1 bzw. a_2 (vgl. Abb. 50b). Der Querschnitt der Oberspannungswicklung (in den Abbildungen der primären) ist wegen des kleineren Füllfaktors größer als der der Unterspanungswicklung.

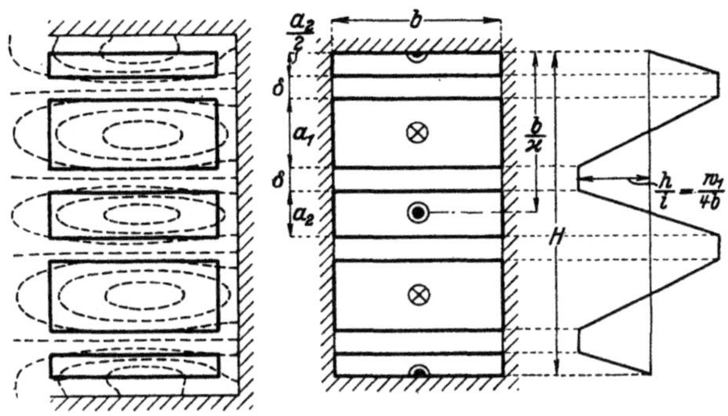

Abb. 50a bis c. Symmetrische Scheibenwicklung; a) Spulenseiten und Feldlinien, b) Ersatzbild, c) Feldverteilung für das Ersatzbild.

Zur Berechnung des Streublindwiderstandes denken wir uns die Spulen ganz von Eisen umschlossen, wie es Abb. 50b andeutet. Die Streulinien gehen dann radial durch den Luftraum, und wir erhalten nach dem Durchflutungsgesetz die in Abb. 50c dargestellte Verteilung der Induktion längs der Höhe H. Durch diese Annahme werden der Streufluß und der Streublindwiderstand etwas vergrößert; wir rechnen also nach dem Ersatzbild zu reichlich. Später werden wir die Größe des Fehlers unserer Rechnung noch angeben.

Welche Induktionslinien mit der Primär- und welche mit der Sekundärwicklung verkettet sind, brauchen wir hier nicht zu erörtern, da nur der gesamte, auf die Primärwicklung bezogene Blindwiderstand Beachtung verdient. Wir können also zur Vereinfachung der Anschauung annehmen, daß alle Streulinien nur mit der Primärwicklung verkettet sind. Die Streuinduktivität L_σ berechnen wir aus der magnetischen Energie, wobei wir nur die Energie im Raum außerhalb des Eisens zu beachten brauchen, da die im Eisen verschwindend klein, sogar Null ist, wenn die Permeabilität des Eisens unendlich groß angenommen wird.

Die Beziehung zwischen der Streuinduktivität L_σ und der magnetischen Energie W ist durch Gl. (75b) gegeben. Die magnetische

Energie im Raum außerhalb des Eisens berechnen wir nach Abschn. I B 10, Bd. I [Gl. (48b), die für die Augenblickswerte gilt] zu

$$W = \tfrac{1}{2}\Pi_0 \int_T h^2\, d\tau, \tag{76}$$

worin h die magnetische Feldstärke und i der Strom in den gegeneinander geschalteten Wicklungen ist.

Aus Gl. (75b) und (76) erhalten wir die Streuinduktivität nach dem Ersatzbild Abb. 50b

$$L'_\sigma = \Pi_0 b\, U_M \int_H \left(\frac{h}{i}\right)^2 dx, \tag{77}$$

worin U_M gleich der mittleren Windungslänge U_m von Primär- und Sekundärwicklung und H die axiale Höhe der gesamten Wicklung ist (Abb. 50b). Zur Auswertung des Integrals brauchen wir nach Abb. 50c nur einen der Spulenabschnitte von der Höhe $2\delta + a_1 + a_2$ zu betrachten, da sich die Verteilung in Richtung der Kernachse $q$mal periodisch wiederholt, wenn wir mit q die Zahl der vollen Primärspulen bezeichnen, die gleich der der vollen Sekundärspulen ist. Wir erhalten

$$\int_H \left(\frac{h}{i}\right)^2 dx = q \int_0^{2\delta + a_1 + a_2} \left(\frac{h}{i}\right)^2 dx. \tag{77a}$$

Das Verhältnis h/i ist in dem Luftspalt zwischen den Spulen

$$\frac{h}{i} = \frac{w_1}{2qb}, \tag{77b}$$

und es ändert sich innerhalb des Spulenquerschnittes linear. Damit wird

$$\left.\begin{aligned} \int_H \left(\frac{h}{i}\right)^2 dx &= 2q\left\{\int_0^{a_1/2} \left(\frac{2x}{a_1}\,\frac{w_1}{2qb}\right)^2 dx + \left(\frac{w_1}{2qb}\right)^2 \delta + \int_0^{a_2/2} \left(\frac{2x}{a_2}\,\frac{w_1}{2qb}\right)^2 dx\right\} \\ &= \frac{w_1^2}{2qb^2}\left(\delta + \frac{a_1 + a_2}{6}\right). \end{aligned}\right\} \tag{77c}$$

Setzen wir diesen Wert des Integrals in Gl. (77) ein, so erhalten wir die Streuinduktivität L'_σ für das Ersatzbild in Abb. 50b, die wir noch mit einem Korrektionsfaktor $k < 1$ multiplizieren müssen, um die wirkliche Streuinduktivität L_σ zu erhalten. Für den Streublindwiderstand können wir also schreiben

$$X_\sigma = 2\pi f L_\sigma = 2\pi f k L'_\sigma, \tag{78}$$

$$X_\sigma = \frac{\pi f \Pi_0 U_M w_1^2}{qb} k\left(\delta + \frac{a_1 + a_2}{6}\right) \tag{78a}$$

oder

$$X_\sigma = 3{,}95 \frac{f U_M w_1^2}{q b} k \left(\delta + \frac{a_1 + a_2}{6}\right) 10^{-8} \text{ Ohm}, \qquad (78\text{b})$$

wenn f in Hz und die Längen in cm eingesetzt werden.

Der Streublindwiderstand der Scheibenwicklung kann durch entsprechende Unterteilung der Wicklung (Vergrößerung von q) beliebig verringert werden; er sinkt nach Gl. (78b) wesentlich schneller als umgekehrt proportional q, weil mit wachsendem q bei derselben Höhe des Kernes auch $a_1 + a_2$ sinkt.

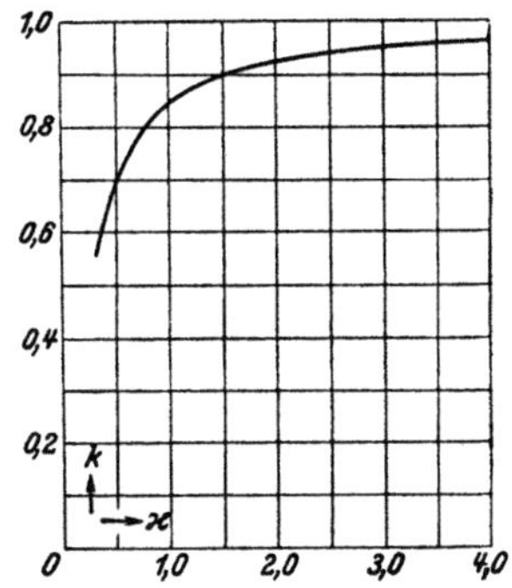

Abb. 51. Korrektionsfaktor k als Funktion von $\varkappa$ [vgl. Gl. (78d) bzw. (81b)].

Die genaue Berechnung der Streuinduktivität ist unter Berücksichtigung des wirklichen Verlaufs der Streulinien von Rogowski [L 19] ausgeführt worden. Dabei ergab sich für den Korrektionsfaktor k in Gl. (78a u. b) der Ausdruck

$$k = 1 - \frac{1}{2\pi\varkappa} + \frac{1}{2\pi\varkappa\,\varepsilon^{2\pi\varkappa}} \approx 1 - \frac{1}{2\pi\varkappa}, \qquad (78\text{c})$$

worin zur Abkürzung

$$\varkappa = \frac{b}{2\delta + a_1 + a_2} \qquad (78\text{d})$$

gesetzt ist und ε die Basis der natürlichen Logarithmen bedeutet ($\varepsilon = 2{,}718$). Der Korrektionsfaktor k fällt hauptsächlich bei kleinem $\varkappa$ ins Gewicht, wie man auch aus dem Feldbild in Abb. 50a erkennen kann, das sich um so mehr dem der Abbildung 50b entsprechenden Feldbilde nähert, je größer b gegenüber $2\delta + a_1 + a_2$ ist. In Abb. 51 ist k als Funktion von $\varkappa$ aufgetragen. In den meisten Fällen ist $\varkappa > 1$, dann ist der Korrektionsfaktor $0{,}84 < k < 1$.

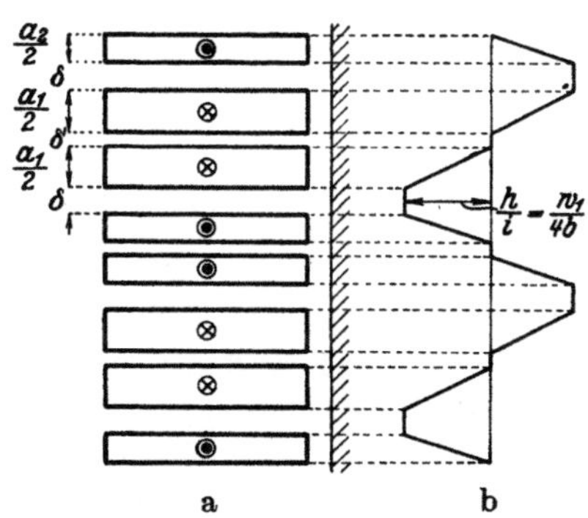

Abb. 52a u. b. Symmetrische Scheibenwicklung mit Kühlkanälen zwischen den Halbspulen.

Zuweilen werden auch zur Verbesserung der Kühlung die vollen Spulen unterteilt, so daß sich die ganze Wicklung aus Halbspulen zusammensetzt, wie es Abb. 52 zeigt. Da in diesem Falle der Luftspalt δ' zwischen je zwei zusammengehörigen Halbspulen feldfrei ist (vgl. Abb. 52b), wird durch diese Luftspalte der Streublindwiderstand nicht beeinflußt, er ist ebenfalls nach Gl. (78b) zu berechnen mit den Bezeichnungen nach Abb. 52a.

b. Unsymmetrische Scheibenwicklung. Die Unsymmetrie der Scheibenwicklung kann sich darin äußern, daß die Endspulen als volle Spulen ausgeführt werden, entweder so, daß die eine Wicklung q, die andere $q+1$ Vollspulen enthält (Abb. 53a), oder daß beide Wicklungen q Vollspulen enthalten (Abb. 54a). Unsymmetrien können aber auch dadurch entstehen, daß zur Einstellung verschiedener Spannungen Windungen der einen Wicklung abgeschaltet werden, oder daß die Eingangsspulen wegen ihrer stärkeren Beanspruchung durch Sprungwellen stärker isoliert werden und deshalb weniger Windungen erhalten. Auch in diesen Fällen kann man mit gewisser Annäherung die Streuinduktivität berechnen, wenn man, wie im Abschn. a, annimmt, daß die ganze Wicklung von Eisen umgeben ist.

Wir wollen als Beispiel die Wicklungsinduktivität nur für zwei Ausführungen berechnen, um den Gang der Berechnung zu zeigen und gleichzeitig zu erkennen, welchen Einfluß die Ausführung der Endspulen als Vollspulen auf die Streuinduktivität hat.

In Abb. 53a ist $q_1 = 2$ und $q_2 = 3$. Wir erhalten die in Abb. 53b dargestellte Induktionsverteilung. Das Integral in Gl. (77a) wird jetzt

$$\left.\begin{aligned}\int\limits_H \left(\frac{h}{i}\right)^2 dx &= 2\left\{\int\limits_0^{a_2}\left(\frac{x}{a_2}\frac{w_1}{3b}\right)^2 dx + \left(\frac{w_1}{3b}\right)^2\delta + \int\limits_0^{2a_1/3}\left(\frac{3x}{2a_1}\frac{w_1}{3b}\right)^2 dx\right.\\ &\left.\quad + \int\limits_0^{a_1/3}\left(\frac{3x}{a_1}\frac{w_1}{6b}\right)^2 dx + \left(\frac{w_1}{6b}\right)^2\delta + \int\limits_0^{a_2/2}\left(\frac{2x}{a_2}\frac{w_1}{6b}\right)^2 dx\right\}\\ &= \frac{w_1^2}{36b^2}(10\delta + 2a_1 + 3a_2)\end{aligned}\right\} \quad (79\,\mathrm{a})$$

und

$$X_\sigma = 2{,}2\frac{f U_M w_1^2}{b}k\left(\delta + \frac{2a_1 + 3a_2}{10}\right)10^{-8}\ \text{Ohm}. \quad (79)$$

Zum Vergleich mit der symmetrischen Ausführung setzen wir in Gl. (78b) $q = 2$ und die Durchschnittswerte $a_1 = 5\delta$ und $a_2 = 3\delta$; es ist dann in Gl. (79) $a_1 = 5\delta$ und $a_2 = 2\delta$ einzusetzen. Nehmen wir der Einfachheit wegen noch an, daß k in beiden Fällen denselben Wert hat, so erhalten wir bei vollen Endspulen den 1,24-fachen Streublindwiderstand wie bei halben Endspulen.

Bei der Anordnung nach Abb. 54a mit der in Abb. 54b dargestellten Verteilung des Streufeldes erhalten wir in derselben Weise wie früher

$$X_\sigma = 3{,}95\frac{f U_M w_1^2}{b}k\left(\delta + \frac{a_1 + a_2}{3}\right)10^{-8}\,\text{Ohm}. \quad (80)$$

Mit denselben Annahmen für die symmetrische Ausführung wie zuletzt finden wir, daß bei zwei Vollspulen auf jeder Seite der Blind-

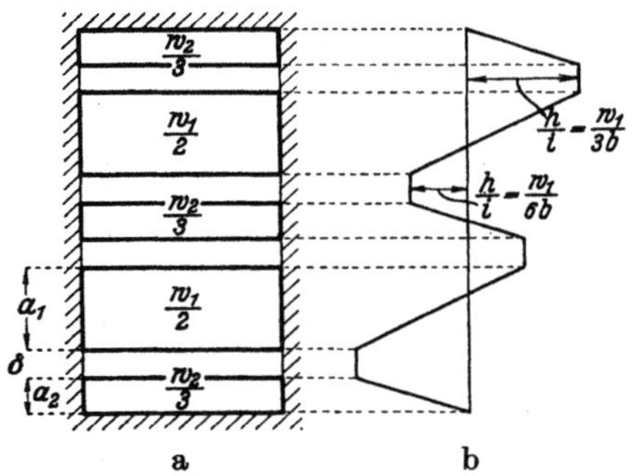

Abb. 53 a u. b. Unsymmetrische Scheibenwicklung mit zwei primären und drei sekundären Vollspulen.

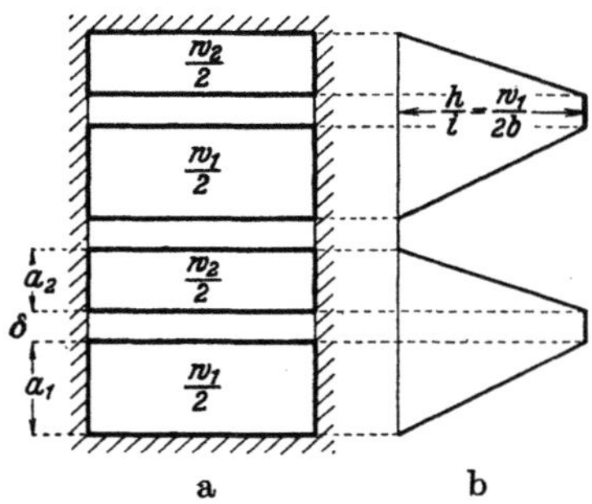

Abb. 54 a u. b. Unsymmetrische Scheibenwicklung mit zwei primären und zwei sekundären Vollspulen.

widerstand 3,15mal so groß ist wie bei halben Endspulen. Die letzte Anordnung ist also bedeutend ungünstiger als die andern beiden und wird deshalb auch nicht ausgeführt.

c. Zylinderwicklung. Der Schnitt durch die Kernachse einer Zylinderwicklung ist in Abb. 55a dargestellt mit dem Verlauf der Streulinien, wie sie sich etwa einstellen werden. Abb. 55b ist unser Ersatzbild, während Abb. 55c die Induktionsverteilung für dieses Ersatzbild angibt. Wir erkennen sofort, daß dieses Bild mit der Abb. 54b übereinstimmt, nur daß sich in dieser Abbildung die Verteilung einmal wiederholt und die Induktion halb so groß ist wie in Abb. 55c. Mit den Abmessungen, wie sie in Abb. 55b eingeschrieben sind, ist der Wert von X_σ doppelt so groß, als er sich aus Gl. (80) ergibt; wir erhalten also für die Zylinderwicklung nach Abb. 55a

$$X_\sigma = 7{,}9 \frac{f\, U_M\, w_1^2}{b} k \left(\delta + \frac{a_1 + a_2}{3}\right) 10^{-8}\,\text{Ohm}. \qquad (81)$$

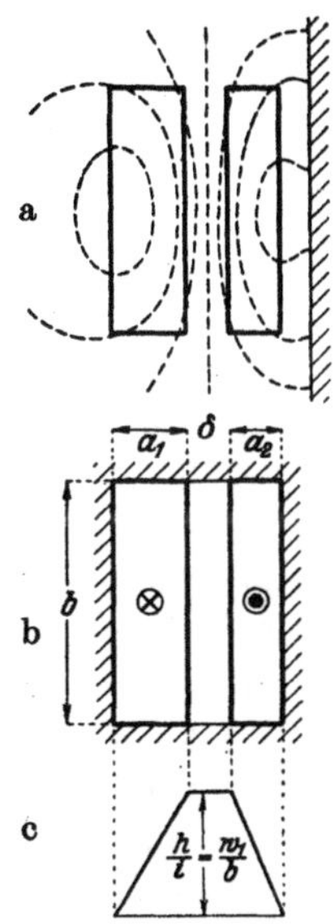

Abb. 55a bis c. Zylinderwicklung; a) Spulenseiten und Feldlinien, b) Erzatzbild, c) Feldverteilung für dasselbe.

Der Korrektionsfaktor k hat hier aber — und dasselbe gilt für die unsymmetrische Scheibenwicklung — einen andern Wert als bei der symmetrischen Scheibenwicklung. Durch Vergleich der Induktionsverteilung in Abb. 55c mit der in Abb. 50c schätzen wir, daß der Korrektionsfaktor angenähert nach Gl. (78c) berechnet werden kann, wenn wir dabei

$$\varkappa = \frac{b}{2(\delta + a_1 + a_2)} \tag{81b}$$

setzen. Bei der Zylinderwicklung ist das Verhältnis $\varkappa$ wegen der großen Spulenhöhe b wesentlich größer als bei der Scheibenwicklung. Der Korrektionsfaktor k darf deshalb hier praktisch gleich 1 gesetzt werden.

In Gl. (81) ist U_M nur angenähert gleich der mittleren Windungslänge U_m von Primär- und Sekundärwicklung. Wir dürfen nämlich in Strenge hier nicht wie in Gl. (77) U_M vor das Integralzeichen setzen, sondern müssen schreiben

$$L'_\sigma = \Pi_0 b \int_{x=0}^{a_2+\delta+a_1} (d + 2x)\pi \left(\frac{h}{i}\right)^2 dx\,, \tag{81'}$$

worin d der innere Durchmesser der inneren (sekundären) Wicklung ist (vgl. Abb. 220). Die Auswertung dieses Integrals liefert für den in Gl. (81) einzusetzenden Wert von U_M

$$\left.\begin{aligned} U_M &= \pi\left[(d + a_2 + \delta + a_1) - \frac{a_1 - a_2}{2}\,\frac{a_1 + a_2 + 4\delta}{a_1 + a_2 + 3\delta}\right] \\ &\approx \pi\left[(d + a_1 + a_2 + \delta) - \frac{a_1 - a_2}{2}\right] = \pi\left(d + \delta + \frac{a_1 + 3a_2}{2}\right), \end{aligned}\right\} \tag{81a}$$

worin $\pi(d + a_1 + a_2 + \delta) = U_m$ die mittlere Windungslänge der Wicklungen ist.

Während bei der symmetrischen Scheibenwicklung Luftspalte zwischen zusammengehörigen Halbspulen auf den Streublindwiderstand keinen Einfluß haben, wird bei der unsymmetrischen Scheibenwicklung und der Zylinderwicklung der Streublindwiderstand durch solche Luftspalte vergrößert, weil die Induktion in solchen Luftspalten nicht mehr Null ist (vgl. Abb. 56a u. b) wie bei der symmetrischen Scheibenwicklung (Abb. 52a u. b). Mit den Bezeichnungen in Abb. 56a u. b erhalten wir für die unterteilte Zylinderwicklung den Streublindwiderstand zu

$$X_\sigma = 7{,}9\,\frac{f\,U_M w_1^2}{b}\,k\left(\delta + \frac{\delta_1 + \delta_2}{4} + \frac{a_1 + a_2}{3}\right)10^{-8}\,\text{Ohm}. \tag{82}$$

Hier kann man mit genügender Annäherung setzen

$$\left.\begin{aligned} U_M &\approx \pi\left[(d + a_1 + a_2 + \delta + \delta_1 + \delta_2) - \frac{(a_1 + \delta_1) - (a_2 + \delta_2)}{2}\right] \\ &= \pi\left(d + \delta + \frac{(a_1 + \delta_1) + 3(a_2 + \delta_2)}{2}\right). \end{aligned}\right\} \tag{82a}$$

Bei der einfachen Zylinderwicklung, wie sie in Abb. 55a dargestellt ist, bleibt gewöhnlich der Streublindwiderstand innerhalb der gewünschten Grenzen. In den Fällen, in denen die Zylinderwicklung einen zu großen Streublindwiderstand ergibt, kann die eine der beiden Wicklungen, ähnlich wie bei der Scheibenwicklung, nach Abb. 57a unterteilt werden, so daß sie aus zwei konzentrischen Zylinderspulen mit halber Spulenbreite besteht. Diese Anordnung, die wir kurz als **Doppel-Zylinderwicklung** bezeichnen wollen, hat auch den Vorzug, daß die Kurzschlußkräfte wesentlich gemildert werden. Aus der Verteilung des Streufeldes (Abb. 57c) für das Ersatzbild 57b geht hervor, daß dann dieselbe Gleichung für den Streublindwiderstand gilt, wie bei der Scheibenwicklung mit $q = 1$ [Gl. (78b)], also

a

b

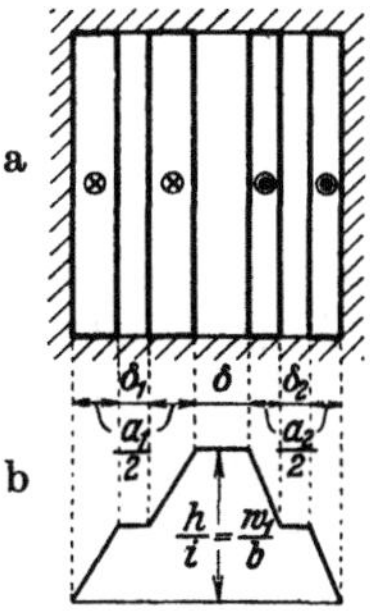

Abb. 56a u. b. Zylinderwicklung mit Kühlkanälen zwischen den Halbspulen.

$$X_\sigma = 3{,}95 \frac{f U_M w_1^2}{b} k \left(\delta + \frac{a_1 + a_2}{6}\right) 10^{-8}\,\text{Ohm}\,, \qquad (83)$$

worin $U_M = U_m$ gleich der mittleren Windungslänge der Wicklungen ist. Ergibt auch diese Anordnung einen zu großen Streublindwiderstand, so muß der Transformator mit Scheibenwicklung und $q > 1$ ausgeführt werden.

Bei der **unsymmetrischen Zylinderwicklung**, d. h. wenn die axialen Höhen b der Primär- und Sekundärwicklung verschieden sind, kann man die Streuinduktivität auf folgende Weise bestimmen. Man zerlegt die Durchflutung der Primär- und Sekundärwicklung in je zwei Komponenten (vgl. Abb. 70b u. c), von denen das eine Paar einer symmetrischen Wicklungsanordnung entspricht, für die die magnetische Energie und die Streuinduktivität nach den hier angegebenen Gleichungen berechnet werden kann. Für das andere Paar der Komponenten bestimmt man die magnetische Energie aus einem Feldbilde (vgl. z. B. Abb. 70d u. e). Aus der Summe W der magnetischen Energien der beiden Komponentenpaare der Durchflutung erhält man dann nach Gl. (75b) die gesamte Streuinduktivität. Die einfache Summenbildung ist zulässig, weil die beiden Feldkomponenten zueinander senkrecht stehen.

a

b

c

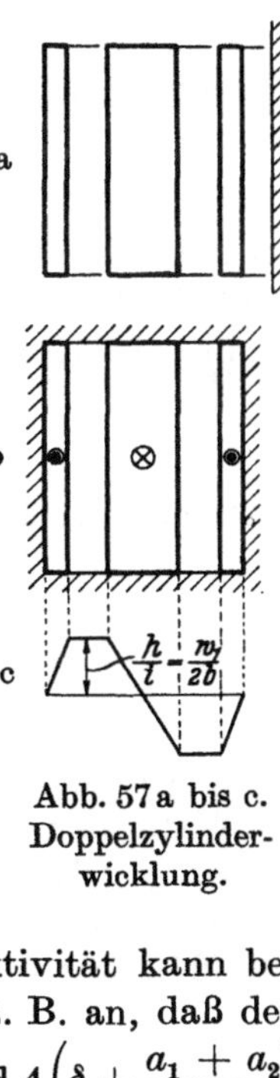

Abb. 57a bis c. Doppelzylinderwicklung.

Der Einfluß der Unsymmetrie auf die Streuinduktivität kann bei Öltransformatoren sehr groß werden. Nehmen wir z. B. an, daß der Kesselmantel den Umfang jedes Eisenkerns im Abstand $4\left(\delta + \frac{a_1 + a_2}{3}\right)$

zur Hälfte umgibt, und bezeichnen mit b' die Höhe des Wicklungsteils, der in der Mitte einer Wicklung abgeschaltet ist (vgl. Abb. 70a bis e), so ergibt sich der zusätzliche Streublindwiderstand

$$X'_\sigma \approx \frac{X_\sigma}{100}\left(\frac{b'}{\delta + \frac{a_1 + a_2}{3}}\right)^2, \tag{83a}$$

worin X_σ der Streublindwiderstand der symmetrischen Anordnung [Gl. (81)] ist.

d. Der Blindspannungsverlust. Aus dem Streublindwiderstand erhalten wir durch Multiplikation mit dem Strom der Primärwicklung den Blindspannungsverlust oder den Betrag der Streu-EMK

$$E_\sigma = X_\sigma J_1 . \tag{84a}$$

Zur Beurteilung der Größe des Blindspannungsverlustes beziehen wir diesen zweckmäßig auf die in der Primärwicklung vom Hauptfluß induzierte EMK

$$E_1 = \sqrt{2}\pi f w_1 \Phi \tag{84b}$$

und erhalten beispielsweise für eine symmetrische Scheibenwicklung mit Gl. (78a)

$$\varepsilon_b = \frac{X_\sigma J_1}{E_1} = \frac{\Pi_0}{\sqrt{2}} \frac{U_M w_1}{qb} \frac{J_1}{\Phi} k\left(\delta + \frac{a_1 + a_2}{6}\right). \tag{84}$$

Ersetzen wir in dieser Gleichung noch den Strom durch die Scheinleistung N_s^1 eines Stranges (entsprechend einem bewickelten Kern)

$$N_s^1 = E_1 J_1 , \tag{84c}$$

so erhalten wir den relativen Blindspannungsverlust der symmetrischen Scheibenwicklung in Abhängigkeit von der Scheinleistung eines bewickelten Kerns zu

$$\varepsilon_b = \frac{\Pi_0}{2\pi f} \frac{U_M}{qb} \frac{N_s^1}{\Phi^2} k\left(\delta + \frac{a_1 + a_2}{6}\right) \tag{85a}$$

oder mit der Abkürzung

$$\Lambda' = \frac{0{,}2\, U_M}{qb} k\left(\delta + \frac{a_1 + a_2}{6}\right) 10^8 , \tag{86a}$$

$$\varepsilon_b = \frac{N_s^1}{f \Phi^2} \Lambda' , \tag{86}$$

wenn wir in Gl. (86) und (86a) die Längen in cm, die Scheinleistung in Watt, den Fluß in Maxwell $= 10^{-8}$ Vs und die Frequenz in Hz einsetzen. Entsprechend ergibt sich mit denselben Einheiten für die Zylinderwicklung [Gl. (81)] der relative Blindspannungsverlust nach Gl. (86), wenn

$$\Lambda' = \frac{0{,}4\, U_M}{b} k\left(\delta + \frac{a_1 + a_2}{3}\right) 10^8 \tag{86b}$$

gesetzt wird.

Wir erkennen aus den Formeln für den relativen Blindspannungsverlust, der bei Transformatoren über 20 kVA Leistung gewöhnlich den größten Teil des gesamten Spannungsverlustes ausmacht, sehr klar seine Abhängigkeit von der Leistung N_s^1 eines Strangs, der Frequenz f und dem Hauptfluß Φ. Bei demselben Hauptfluß und derselben Frequenz ist der relative Blindspannungsverlust proportional der Leistung, bei derselben Leistung und demselben Induktionsfluß ist er umgekehrt proportional der Frequenz. Die letzte Abhängigkeit ist überraschend, denn bei oberflächlicher Betrachtung würde man eher das Gegenteil erwarten. Die physikalische Erklärung ist darin zu suchen, daß die Windungszahl der Transformatorwicklung bei demselben Induktionsfluß umgekehrt proportional der Frequenz ist und der Blindspannungsverlust mit dem Quadrat der Windungszahl wächst. Um aber kein falsches Bild über die Abhängigkeit des relativen Blindspannungsverlustes von der Frequenz bei demselben Transformatormodell aufkommen zu lassen, sei daran erinnert, daß bei gleichen elektromagnetischen Beanspruchungen die Leistung N_s^1 des Modells proportional der Frequenz ist, so daß mit diesen Voraussetzungen der Einfluß der Frequenz auf den relativen Blindspannungsverlust verschwindet.

Besonders wichtig ist die Abhängigkeit des relativen Blindspannungsverlustes vom Induktionsfluß Φ; er ist umgekehrt proportional dem Quadrat des Induktionsflusses, wenn die übrigen Größen nicht geändert werden. Die Vergrößerung des Induktionsflusses ist also ein sehr wirksames Mittel, um den relativen Spannungsverlust des Transformators zu verringern. Die Gl. (86) und (86a u. b) werden später den Ausgangspunkt für den Entwurf des Transformators bilden.

Die in diesen Abschnitten behandelten Formeln für den Streublindwiderstand und den Spannungsverlust gelten zunächst für einen Transformatorkern. Bei einphasigen Transformatoren mit zwei Kernen, wie sie gewöhnlich Verwendung finden, und Reihenschaltung der primären Spulen, ist der Streublindwiderstand und auch der Spannungsverlust doppelt so groß; die vom Hauptfluß induzierte EMK ist aber ebenfalls doppelt so groß wie in der Wicklung eines Kerns, so daß der relative Spannungsverlust derselbe bleibt. Bei Dreiphasen-Transformatoren gelten die aufgestellten Formeln für den Streublindwiderstand und den Spannungsverlust zunächst ebenfalls für einen Transformatorkern, also für einen Wicklungsstrang. Der Streublindwiderstand zwischen den äußern Klemmen muß bei Sternschaltung noch mit $\sqrt{3}$ multipliziert werden. Der relative Spannungsverlust gilt dagegen auch bei Sternschaltung für die verkettete Spannung, da sowohl die verkettete Spannung als auch der hierfür maßgebende Blindspannungsverlust $\sqrt{3}$mal so groß ist wie die entsprechenden Strangspannungen.

2. Die Zickzackschaltung.

a. Zweck der Zickzackschaltung. In elektrischen Verteilungsanlagen wird gewöhnlich außer den Außenleitern noch der Nulleiter verlegt, um nicht nur die Spannung zwischen den Außenleitern, sondern auch die zwischen einem Außen- und dem Nullleiter zur Verfügung zu haben, die kleiner als die zwischen zwei Außenleitern ist und sich deshalb für Glühlampenbeleuchtung besser eignet. Bei Einphasenstrom (Abb. 58a) ist die Spannung zwischen Außen- und Nulleiter die Hälfte, bei Dreiphasenstrom (Abb. 58b) ist sie $1/\sqrt{3}$ von der zwischen zwei Außenleitern. Wenn in diesen Fällen auch der Nullpunkt auf der primären Seite des Transformators mit dem Nullpunkt der Wicklung des den Transformator speisenden Generators verbunden ist, ergeben sich auch bei ungleichmäßiger Belastung der einzelnen Stränge, d. h. wenn im Nulleiter Strom fließt, keine Störungen, weil in der Wicklung jedes Transformatorkerns ein primärer Strom fließen kann, der die Durchflutung der Sekundärwicklung für den magnetischen Hauptkreis aufhebt. Dasselbe gilt auch für den Fall, daß die Wicklungen der einzelnen Kerne, die Stränge, beim Ein-

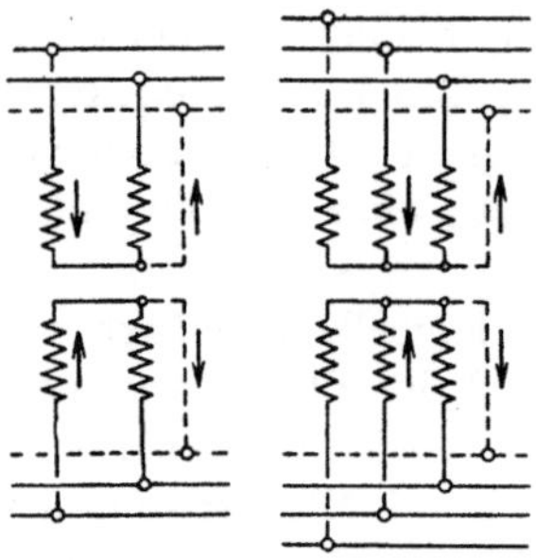

a b

Abb. 58a u. b. Einphasen- (a) und Dreiphasen-Schaltung (b) mit Nulleiter auf beiden Netzseiten.

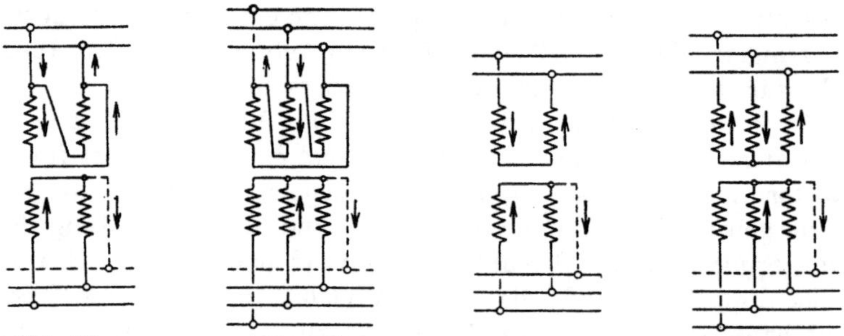

Abb. 59a. Abb. 59b. Abb. 60a. Abb. 60b.

Abb. 59a u. b und 60a u. b. Einphasen- (a) und Dreiphasen-Schaltung (b) mit Nulleiter auf der Sekundärseite; Abb. 59 Parallel- bzw. Dreieckschaltung, Abbildung 60 Reihen- bzw. Sternschaltung auf der Primärseite.

phasen-Transformator parallel (Abb. 59a), beim Dreiphasen-Transformator in Dreieck (Abb. 59b) geschaltet sind. Die Stromrichtungspfeile in den Abb. 58 und 59a u. b veranschaulichen dies.

Der Nulleiter auf der Primärseite ist wegen Verteuerung der Anlagekosten unerwünscht, und die Parallel- oder Dreieckschaltung auf der Primärseite, die gewöhnlich für eine hohe Spannung zu bemessen ist, hat den Nachteil, daß die Windungszahl der Wicklung und daher der Raumverlust durch Isolierung größer wird als bei Reihen- oder Sternschaltung der Primärwicklung. Läßt man dagegen bei Reihen- oder Sternschaltung der Primärwicklung den Nulleiter weg (Abb. 60a u. b), so kann bei einseitiger Belastung auf der sekundären Seite die Durchflutung der Sekundärwicklung jedes Kerns nicht mehr durch eine entsprechende Durchflutung der Primärwicklung desselben Kerns aufgehoben werden. In Abb. 60a u. b ist durch Pfeile angedeutet, daß auf der Sekundärseite nur der Strom zwischen einem Außenleiter und dem Nulleiter fließt. Der Primärstrom muß dann durch die Wicklungen sämtlicher Kerne fließen, wie es die Pfeile in Abb. 60a u. b andeuten.

Die **Folgen dieser Stromverteilung** müssen wir näher untersuchen. Vernachlässigen wir den Magnetisierungsstrom, so muß die

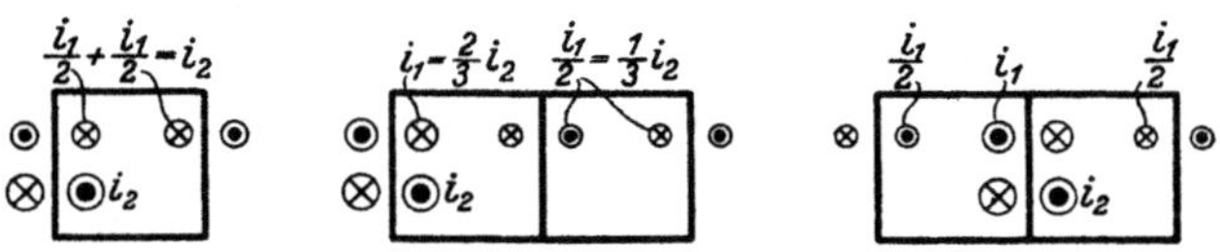

Abb. 61a bis c. Stromverteilung bei einseitiger Belastung und Schaltung nach Abb. 60a bzw. b; a) Einphasen-, b) und c) Dreiphasen-Kerntransformatoren.

Durchflutung in jedem Fenster des Transformators Null sein, und wir erhalten die in Abb. 61a bis c eingezeichneten Ströme für **Kerntransformatoren**, wobei der magnetische Kreis durch dicke Linien angedeutet ist. Abb. 61a stellt den Fall des Einphasen-Transformators, Abb. 61b u. c des Dreiphasen-Transformators dar, wobei die einseitige sekundäre Belastung einmal (Abb. 61b) auf einem äußern Kern, das andre Mal (Abb. 61c) auf dem mittleren Kern angenommen ist. Die Durchflutungen der Primärwicklungen befinden sich zum Teil auf andern Kernen als die Durchflutung der Sekundärwicklung, wodurch die Streuung zwischen der Sekundärwicklung und der Primärwicklung beträchtlich vergrößert wird. Die Folge davon ist ein großer Spannungsverlust, der auch eine Verschiebung des Sternpunktes hervorruft. Dies wird sofort klar, wenn wir die resultierende Durchflutung auf jedem Kern (nicht Fenster) bilden. Diese ist z. B. bei dem dreiphasigen Transformator $i_2/3$, und zwar für alle Kerne gleichphasig, und erregt einen zusätzlichen Fluß von Nennfrequenz, nämlich den Streufluß zwischen den Wicklungsteilen auf verschiedenen Kernen, der seinen Weg durch den Luftraum nimmt und nach Abschn. A 5a berechnet werden kann. Die von diesem Fluß induzierte EMK ist für alle Stränge gleichphasig und verschiebt den Sternpunkt des Spannungsdiagramms. Nach § 8 der RET 1930 ist bei diesen dreiphasigen Transformatoren eine Belastung des Nullpunkts von höchstens 10% des Nennstromes zulässig.

Noch ungünstiger verhält sich der dreiphasige Manteltransformator, weil hier die Wicklungen jedes Strangs für sich von Eisen umschlossen sind (Abb. 62), so daß ein sehr großer Spannungsverlust in denjenigen primären Wicklungssträngen auftritt, die auf Kernen liegen, deren Sekundärwicklungen keine Belastungsströme führen. Der Sternpunkt wird dann fast bis in den Punkt des Spannungssterns verschoben, der der Klemme des Strangs entspricht, in dem die einseitige sekundäre Belastung auftritt. Der dreiphasige Manteltransformator darf deshalb nicht einseitig belastet werden, auch wenn diese Belastung nur schwach ist. Der einphasige Manteltransformator hat nur einen Kern und fällt also nicht unter diese Betrachtungen.

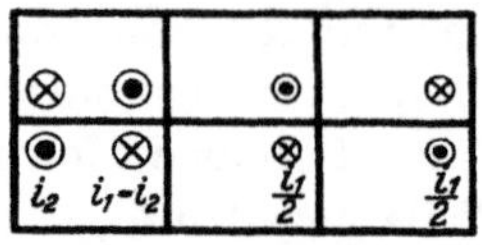

Abb. 62 wie Abb. 61a bis c, aber für Dreiphasen-Manteltransformator.

Wir sehen aus diesen Überlegungen, daß es für einen einwandfreien Betrieb des Transformators im allgemeinen nicht genügt, wenn bei Vernachlässigung des Magnetisierungsstromes die Summe der Durchflutungen in jedem Fenster Null ist, sondern daß wir vielmehr verlangen müssen, daß sich die Durchflutungen der Wicklungen eines jeden Kerns aufheben.

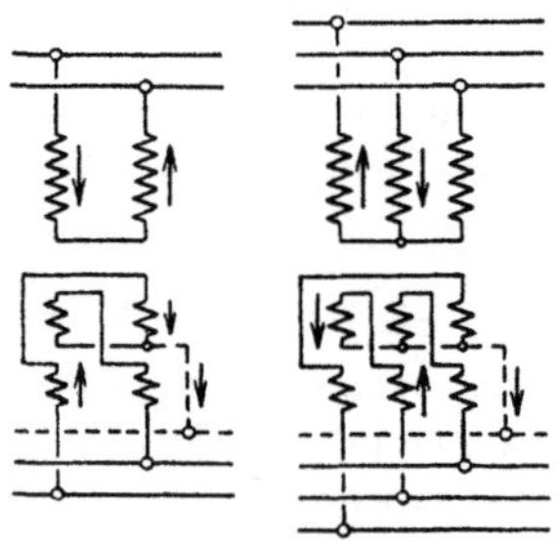

Abb. 63a u. b. Zickzackschaltung der Sekundärwicklung; a) Einphasen-, b) Dreiphasen-Transformator.

Um die besprochenen Übelstände zu beseitigen, verwendet man die sogenannte Zickzackschaltung. Diese beruht darauf, daß die Sekundärwicklung auf jedem Kern in zwei gleichwertige Teile unterteilt wird und je zwei Teile verschiedener Kerne gegeneinander geschaltet werden, wie es die Abb. 63a u. b veranschaulichen. Eine einseitige Belastung auf der Sekundärseite verteilt sich dann immer auf zwei Kerne, und es kann, wie es die Pfeile in Abb. 63a u. b andeuten, auf der Primärseite immer ein Strom fließen, der die Durchflutung der Sekundärwicklung auf jedem der beiden Kerne aufhebt.

b. Spannung und Strom der Sekundärseite. Beim Einphasen-Transformator ergibt sich die Sekundärspannung bei Zickzackschaltung in derselben Weise wie bei der gewöhnlichen Schaltung, weil die EMKe in den beiden in Reihe geschalteten Wicklungsteilen auf verschiedenen Kernen gleichphasig sind. Entsprechendes gilt auch für die Ströme, so daß kein Unterschied zwischen der gewöhnlichen Hintereinanderschaltung und der Zickzackschaltung besteht.

Beim Dreiphasen-Transformator (Abb. 64a) sind dagegen die induzierten EMKe in den in Reihe geschalteten Wicklungsteilen eines Transformators in der Phase um den Winkel $\pi/3$ verschoben. In Abb. 64b sind mit $\dot{E}_U$, $\dot{E}_V$ und $\dot{E}_W$ die EMKe in der Primärwicklung bezeichnet, die, wenn der Transformator an einem symmetrischen Dreiphasennetz liegt, gegeneinander um den Winkel $2\pi/3$ in der Phase verschoben sind. $\dot{E}_I$ bedeutet die in jeder der beiden gleichwertigen Wicklungsabteilungen der Sekundärwicklung auf dem Kern I induzierte EMK, die in Phase mit $\dot{E}_U$ ist, $\dot{E}_{II}$ und $\dot{E}_{III}$ die entsprechenden EMKe der andern Kerne, in Phase mit $\dot{E}_V$ bzw. $\dot{E}_W$. Der Deutlichkeit wegen ist in Abb. 64b angenommen, daß die Beträge E_I, E_{II} und E_{III} halb so groß sind wie

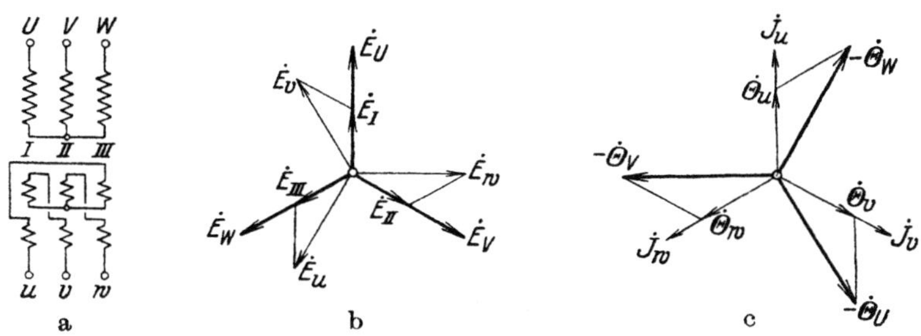

Abb. 64a bis c. Dreiphasige Zickzackschaltung; b) Spannungsdiagramm, c) Strom- und Durchflutungsdiagramm.

E_U, E_V und E_W. Für den Strang u (vgl. Abb. 64a) erhalten wir die resultierende EMK

$$\dot{E}_u = \dot{E}_{III} - \dot{E}_I, \qquad E_u = \sqrt{3}\,E_I. \tag{87a u. b}$$

Durch zyklische Vertauschung der Zeiger ergeben sich die EMKe $\dot{E}_v$ und $\dot{E}_w$. Die Übersetzung des Transformators mit Zickzackschaltung ist also

$$\frac{E_U}{E_u} = \frac{2}{\sqrt{3}}\,\frac{w_1}{w_2}, \tag{87}$$

wenn wir mit w_1 die in Reihe geschaltete Windungszahl der Primärwicklung eines Strangs und mit w_2 die der Sekundärwicklung, d. h. mit $w_2/2$ die in Reihe geschaltete Windungszahl einer Abteilung eines Strangs der Sekundärwicklung bezeichnen. Um eine gewisse Spannung auf der Sekundärseite zu erhalten, sind also bei der Zickzackschaltung $2/\sqrt{3} = 1{,}16$mal so viele Windungen nötig wie bei der gewöhnlichen Schaltung. Dieser Nachteil hat aber im Vergleich zu den Vorteilen der Zickzackschaltung wenig zu bedeuten.

Ebenso wie die EMKe eines Wicklungsstranges sind die Durchflutungen desselben Kerns auf der Sekundärseite in der Phase verschoben. Bezeichnen wir die Durchflutung einer Wicklungsabteilung der Sekundärwicklung, die vom Strom $\dot{J}_u$ durchflossen wird, mit $\dot{\Theta}_u$, so erhalten wir die sekundäre Durchflutung auf dem Kern III, die bei Vernachlässigung des Magnetisierungsstromes gleich der negativen Durchflutung $\dot{\Theta}_W$ der Primärwicklung auf diesem Kern ist, zu

$$\dot{\Theta}_u - \dot{\Theta}_w = -\dot{\Theta}_W \tag{88a}$$

(vgl. Abb. 64c). Für die übrigen Kerne erhalten wir entsprechende Beziehungen durch zyklische Vertauschung der Zeiger. Mit der Beziehung

$$\Theta_u = \frac{w_2}{2} J_u, \quad \Theta_U = w_1 J_U \tag{88b u. c}$$

erhalten wir die Stromübersetzung zu

$$\frac{J_U}{J_u} = \frac{\sqrt{3}}{2} \frac{w_2}{w_1} = \frac{E_u}{E_U}, \tag{88}$$

also gleich der reziproken Übersetzung der Spannungen, wie es nicht anders zu erwarten war.

Die Strom- und Spannungsübersetzung ergibt sich also bei der Zickzackschaltung ebenso wie bei einer Sternschaltung, deren sekundäre Windungszahl $w_2' = (\sqrt{3}/2)\, w_2$ ist.

c. Der Streublindwiderstand. Werden die beiden Wicklungsabteilungen der Sekundärwicklung bifilar gewickelt, so daß sie gegeneinander praktisch keine Streuung aufweisen, so verhält sich die Zickzackschaltung genau so wie eine gewöhnliche Sternschaltung mit der sekundären Windungszahl $\frac{\sqrt{3}}{2} w_2$, und der auf die Primärwicklung bezogene Streublindwiderstand könnte nach denselben Gleichungen berechnet werden wie bei der gewöhnlichen Wicklung in den Abschn. 1a und c.

In Wirklichkeit liegen nun die beiden Wicklungsabteilungen radial nebeneinander bei der Zylinderwicklung und axial übereinander bei der Scheibenwicklung, so daß die gegenseitige Streuung zwischen den beiden auf einem Kern befindlichen Abteilungen der Sekundärwicklung nicht mehr Null ist. Wir müssen deshalb den Streublindwiderstand bei der Zickzackschaltung besonders berechnen. Dabei wollen wir uns auf die Zylinderwicklung beschränken, weil diese fast ausschließlich für Zickzackschaltung in Frage kommt und die Berechnung leicht auf Scheibenwicklung zu übertragen ist.

Zur Berechnung der Streuinduktivität denken wir uns die Sekundärwicklung zwischen den Klemmen u, v und w (Abb. 64a) kurz geschlossen und vernachlässigen den Magnetisierungsstrom und den Wirkwiderstand der Wicklung.

Die Durchflutungen der beiden Abteilungen der Sekundärwicklung desselben Kerns können wir nach Abb. 65, in der der Übersichtlichkeit wegen $w_2 = \frac{2}{\sqrt{3}} w_1$ angenommen ist, in je zwei Komponenten zerlegen. Je eine Komponente ist in Gegenphase mit der Durchflutung $\dot{\Theta}_W$ der Primärwicklung und hat den Betrag $\frac{w_1}{2} J_u$; die andern sind gegenüber der Primärdurchflutung um eine Viertelperiode verfrüht bzw. verspätet, zueinander also in Gegenphase, und haben den Betrag $\frac{w_1}{2\sqrt{3}} J_u$.

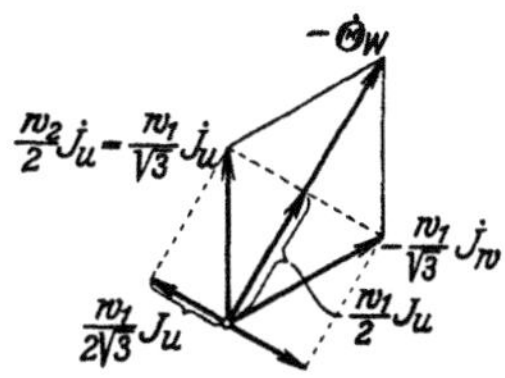

Abb. 65. Durchflutungsdiagramm für einen Kern, wenn $w_2 = \frac{2}{\sqrt{3}} w_1$.

Abb. 66a stellt das Ersatzbild für die Streuungsberechnung dar, wobei δ' der Abstand der unisolierten Leiteroberflächen der beiden sekundären Wicklungsabteilungen ist. Die Feldverteilung, welche die Durchflutung der Primärwicklung $w_1 J_W$, beispielsweise für Kern *III*, zusammen mit den in Abb. 65 angedeuteten Komponenten $\frac{w_1}{2} J_u = \frac{w_1}{2} J_w$ der Wicklungsabteilungen der Sekundärwicklungen erzeugt, ist in Abb. 66b dargestellt. Gegenüber diesem Felde um eine Viertelperiode phasenverschoben, haben wir noch das von den restlichen Durchflutungskomponenten $\frac{w_1}{2\sqrt{3}} J_u = -\frac{w_1}{2\sqrt{3}} J_w$ herrührende und in Abb. 66c dargestellte Feld.

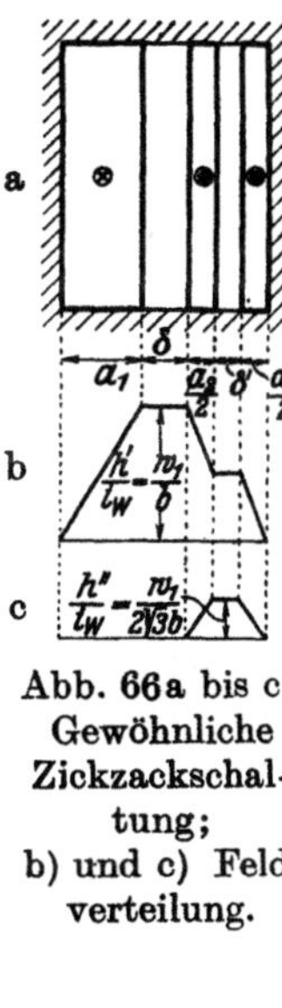

Abb. 66a bis c. Gewöhnliche Zickzackschaltung; b) und c) Feldverteilung.

Da die Felder der Abb. 66b u. c in der Phase um eine Viertelperiode gegeneinander verschoben sind, können wir bei der Streuungsberechnung aus der magnetischen Energie die beiden Felder getrennt behandeln.

Für den Höchstwert der magnetischen Energie des ersten Feldes (Abb. 66b) können wir für jeden der drei Wicklungsstränge schreiben

$$W'_{\max} = L'_\sigma J_U^2, \tag{89'a}$$

worin L'_σ die auf die primäre Wicklung bezogene Streuinduktivität und $J_U = J_V = J_W$ der Effektivwert des primären Strangstroms ist. Damit erhalten wir den Augenblickswert der magnetischen Energie aller drei Wicklungsstränge zusammen, der ebenso wie die Drehstromleistung eines symmetrischen Dreiphasenstroms konstant ist, zu

$$W' = \tfrac{3}{2} L'_\sigma J_U^2. \tag{89a}$$

Entsprechend ist der Augenblickswert der magnetischen Energie für das zweite Streufeld (Abb. 66c)

$$W'' = \tfrac{3}{2} L''_\sigma J''^2_u , \tag{89b}$$

worin L''_σ die auf eine sekundäre Wicklungsabteilung (Windungszahl $w_2/2$) bezogene Streuinduktivität je zweier auf einem Kern befindlichen Wicklungsabteilungen der Sekundärwicklung und J''_u der Effektivwert derjenigen Stromkomponente einer Wicklungsabteilung ist, die gegenüber dem Strom in der Primärwicklung um eine Viertelperiode phasenverschoben ist.

Aus Gl. (89a u. b) erhalten wir für den zeitlich konstanten Wert der magnetischen Streufeldenergie des Transformators

$$W = W' + W'' = \tfrac{3}{2} L_\sigma J_U^2 = \tfrac{3}{2}[L'_\sigma J_U^2 + L''_\sigma J''^2_u] . \tag{89}$$

Es ist also

$$L_\sigma = L'_\sigma + L''_\sigma \left(\frac{J''_u}{J_U}\right)^2 \tag{90a}$$

oder der auf die primäre Wicklung bezogene Streublindwiderstand bei Zickzackschaltung

$$X_\sigma = X'_\sigma + \left(\frac{J''_u}{J_U}\right)^2 X''_\sigma . \tag{90b}$$

X'_σ erhalten wir nach Gl. (82), wenn wir $\delta_1 = 0$, $\delta_2 = \delta'$ setzen zu

$$X'_\sigma = 7{,}9 \frac{f U_M w_1^2}{b} k \left(\delta + \frac{\delta'}{4} + \frac{a_1 + a_2}{3}\right) 10^{-8}\,\text{Ohm}. \tag{91a}$$

X''_σ ergibt sich nach Gl. (81), wenn wir $w_2/2$ an Stelle von w_1, δ' an Stelle von δ und a_2 an Stelle von $a_1 + a_2$ setzen, zu

$$X''_\sigma = 7{,}9 \frac{f U_M w_2^2}{4b} k \left(\delta' + \frac{a_2}{3}\right) 10^{-8}\,\text{Ohm} . \tag{90c}$$

Es ist nun nach Abb. 65 und Gl. (88)

$$\frac{J''_u}{J_U} = \frac{1}{2} \frac{J_u}{J_U} = \frac{1}{\sqrt{3}} \frac{w_1}{w_2} . \tag{90d}$$

Damit erhalten wir

$$\left(\frac{J''_u}{J_U}\right)^2 X''_\sigma = \frac{1}{3} \left(\frac{w_1}{w_2}\right)^2 X''_\sigma = 7{,}9 \frac{f U_M w_1^2}{b} k \left(\frac{\delta'}{12} + \frac{a_2}{36}\right) 10^{-8}\,\text{Ohm}. \tag{91b}$$

Der gesamte, auf die Primärwicklung bezogene Blindwiderstand ist also nach Gl. (90b) und (91a u. b), wenn wir den Unterschied der Werte von U_M in den Gleichungen für X'_σ und X''_σ außer acht lassen,

$$X_\sigma = 7{,}9 \frac{f U_M w_1^2}{b} k \left(\delta + \frac{a_1 + a_2}{3} + \frac{\delta'}{3} + \frac{a_2}{36}\right) 10^{-8}\,\text{Ohm}. \tag{91}$$

Für das Verhältnis des durch die Zickzackschaltung hervorgerufenen zusätzlichen Blindwiderstandes zu dem Blindwiderstand der gewöhnlichen Schaltung ergibt sich aus Gl. (91a u. b)

$$\left(\frac{J_u''}{J_U}\right)^2 \frac{X_\sigma''}{X_\sigma'} = \left(\frac{\delta'}{12} + \frac{a_2}{36}\right) : \left(\delta + \frac{a_1 + a_2}{3} + \frac{\delta'}{4}\right). \tag{91c}$$

Setzen wir z. B. $a_1 = 3\delta$, $a_2 = 2\delta$, $\delta' = \delta/4$, so wird dieses Verhältnis 0,03. Der zusätzliche Blindwiderstand beträgt also nur etwa 3% des Blindwiderstandes der gewöhnlichen Wicklung und kann bei der Zylinderwicklung meistens vernachlässigt werden.

Sehr stark kann sich dagegen der Streublindwiderstand vergrößern, wenn man bei der Doppelzylinderwicklung nach Abb. 57a nicht je eine Hälfte von jeder Halbspule der Sekundärwicklung zu einer Wicklungsabteilung der Zickzackschaltung verbindet, sondern jede der beiden Halbspulen als eine Wicklungsabteilung schaltet. In Abb. 67a ist das Ersatzbild dieser ungünstigen Anordnung aufgezeichnet. Zu dem Blindwiderstand bei der gewöhnlichen Schaltung

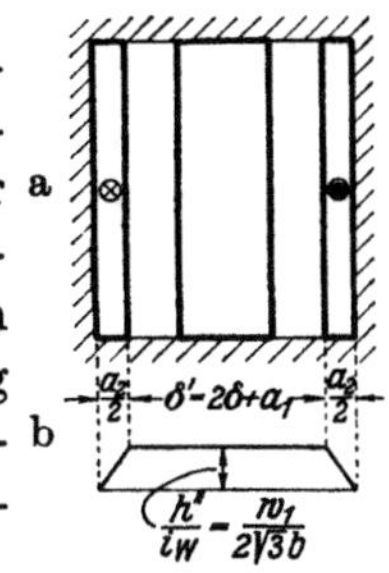

Abb. 67a u. b. Doppelzylinder-Zickzackschaltung.

$$X_\sigma' = 3{,}95 \frac{f\,U_M w_1^2}{b} k \left(\delta + \frac{a_1 + a_2}{6}\right) 10^{-8} \text{ Ohm} \tag{92a}$$

nach Gl. (83) kommt hier noch der zusätzliche Blindwiderstand nach Gl. (91b) hinzu mit $\delta' = 2\delta + a_1$, so daß der gesamte Blindwiderstand

$$X_\sigma = 3{,}95 \frac{f\,U_M w_1^2}{b} k \left(\frac{4}{3}\delta + \frac{a_1}{3} + \frac{2}{9} a_2\right) 10^{-8} \text{ Ohm} \tag{92}$$

beträgt. Es ist hier das Verhältnis

$$\left(\frac{J_u''}{J_U}\right)^2 \frac{X_\sigma''}{X_\sigma'} = \frac{6\delta + 3a_1 + a_2}{18\delta + 3(a_1 + a_2)}. \tag{93}$$

Mit $a_1 = 3\delta$, $a_2 = 2\delta$ erhalten wir hierfür 0,52. In diesem Falle würde also der gesamte Streublindwiderstand der Zickzackschaltung etwa 52% größer sein als der der gewöhnlichen Schaltung.

3. Zusätzliche Verluste durch den Streufluß.

a. In den Leitern bei symmetrischer Wicklung. Im Abschn. II L, Bd. I, haben wir die zusätzliche Stromwärme durch den Streufluß in den Wicklungen ausführlich behandelt und im Abschn. II L 5, Bd. I, die Anwendung der Untersuchung auf Transformatorwicklungen gezeigt. Wir wollen uns hier darauf beschränken, die dort abgeleiteten Gleichungen für das „Widerstandsverhältnis" k, das ist das Verhältnis der Stromwärmen bei Wechselstrom und Gleichstrom mit demselben Effektivwert des Stromes, anzuschreiben und kurz zu erläutern. Die Differenz zwischen der Wechselstromwärme und der Gleichstromwärme stellt die zusätzlichen Verluste durch den Streufluß dar, die also durch

$$Q_z = (k - 1) R_g J^2 \tag{94}$$

gegeben sind, wenn R_g den Gleichwiderstand der Wicklung bedeutet.

Die Berechnung des Widerstandsverhältnisses bei Transformatorwicklungen haben wir auf das von in Nuten eingebetteten Leitern zurückgeführt, bei denen der Streufluß quer durch die Nut tritt. Maßgebend für das Widerstandsverhältnis ist die sog. „reduzierte Leiterhöhe“

$$\xi = \alpha h, \tag{95}$$

eine dimensionslose Zahl, die sich aus dem Produkt der Höhe h (Abmessung senkrecht zu den Streulinien) eines Leiters in cm und dem Faktor

$$\alpha = 2\pi \sqrt{\frac{nb}{a} \frac{f}{\varrho \cdot 10^5}}\ \text{cm}^{-1} \tag{95a}$$

ergibt. In der letzten Gleichung bedeutet: n die Zahl der Leiter quer zur Nut (in Richtung der Streulinien), b die Breite des Leiters, also nb die gesamte Kupferbreite in Richtung der Streulinien, a die Nutbreite, also nb/a das Verhältnis der gesamten Kupferbreite zur Nutbreite, f die Frequenz in Hz und ϱ den spezifischen elektrischen Widerstand des Leitermetalls in $\Omega\,\text{mm}^2/\text{m}$.

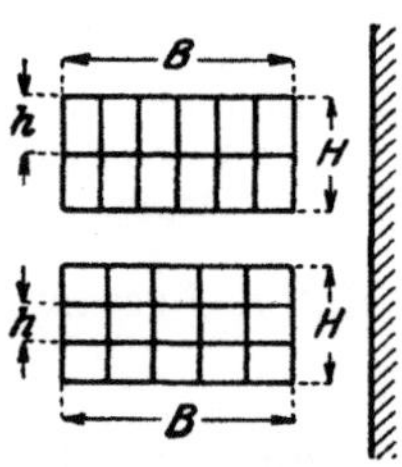

Abb. 68. Scheibenwicklung; obere Spule $m = 2$, $n = 6$, untere Spule $m = 3$, $n = 5$.

Bei der Scheibenwicklung ist die Leiterhöhe h in Richtung der Achse des Eisenkerns zu messen (Abb. 68), die Leiterbreite b senkrecht dazu. n ist die Zahl der radial nebeneinanderliegenden Leiter und m die Zahl der axial übereinanderliegenden Leiter der Primär- bzw. Sekundärwicklung. Wir erhalten nach Abschn. II L 5, Bd. I, für das Widerstandsverhältnis mit $\xi \leqq 1$ bei $m \geqq 2$ oder $\xi \leqq 2$ bei $m = 1$ für Wicklungen mit rechteckigem Leiterquerschnitt

$$k_{\square} = 1 + \frac{m^2 - 0{,}8}{36} \xi^4 \tag{96a}$$

und für solche mit kreisförmigem Leiterquerschnitt

$$k_{\circ} = 1 + \frac{m^2 - 0{,}8}{61} \xi^4 . \tag{96b}$$

Zur Berechnung von α nach Gl. (95a) ist

$$a \approx B + 0{,}6 H \tag{96c}$$

zu setzen (vgl. Abb. 68). Für kreisförmige Leiterquerschnitte mit dem Durchmesser d ist $h = b = d$ zu setzen.

Bei der Zylinderwicklung ist die Leiterhöhe h senkrecht zur Achse zu messen, die Leiterbreite b in Richtung der Kernachse (Abb. 69). n ist die Zahl der axial übereinanderliegenden Leiter, m die Zahl der radial nebeneinanderliegenden Leiter der Primär- bzw. Sekundärwicklung. Wir erhalten für $\xi \leqq 1$ bei rechteckigem Leiterquerschnitt

$$k_{\square} = 1 + \frac{m^2 - 0{,}2}{9} \xi^4, \qquad (97\text{a})$$

bei kreisförmigem Leiterquerschnitt

$$k_{\circ} = 1 + \frac{m^2 - 0{,}2}{15{,}25} \xi^4. \qquad (97\text{b})$$

Zur Berechnung von α nach Gl. (95a) ist

$$a \approx B + 2H \qquad (97\text{c})$$

zu setzen (Abb. 69).

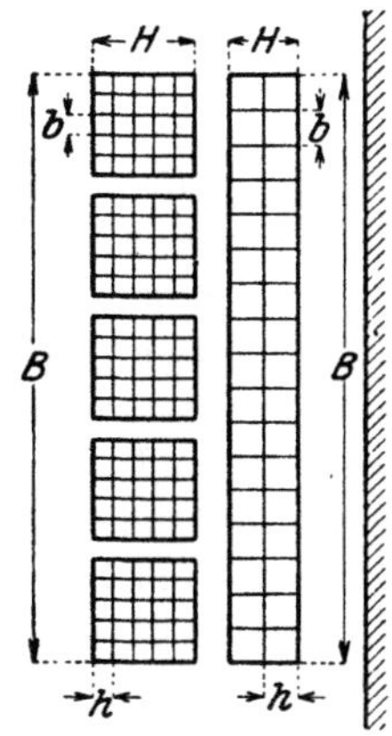

Abb. 69. Zylinderwicklung; äußere Spule $m = 5$, $n = 25$, innere Spule $m = 2$, $n = 17$.

Das Widerstandsverhältnis ist nach den hier angegebenen Gleichungen für jede Wicklung getrennt zu berechnen. Größere reduzierte Leiterhöhen als $\xi = 1$ bei $m \geqq 2$ und $\xi = 2$ für die Scheibenwicklung mit $m = 1$ kommen bei massiven Leitern mit Rücksicht auf die zusätzlichen Verluste nicht in Frage.

Für die Doppelzylinderwicklung gelten dieselben Gleichungen wie für die Scheibenwicklung, aber mit den Bezeichnungen nach Abbildung 69.

b. Im Ölkessel bei symmetrischer Wicklung. Der bei Belastung des Transformators auftretende Streufluß kann teilweise in massive Metallteile, besonders in die Wandungen des Ölkessels, eindringen und dadurch zusätzliche Verluste bei Belastung hervorrufen (vgl. Abb. 28). Diese zusätzlichen Verluste sind in den meisten Fällen klein, wenn darauf geachtet wird, daß in der Nähe stärkerer Streufelder massive Eisenteile von größeren Ausmaßen vermieden werden, so daß hauptsächlich nur noch die zusätzlichen Verluste übrigbleiben, die der in den Ölkessel des Transformators eintretende Streufluß hervorruft. Die Größe dieser Verluste wollen wir in diesem Abschnitt abzuschätzen versuchen.

Wir betrachten zunächst die gewöhnliche Zylinderwicklung. Die Induktion im Luftraum zwischen Primär- und Sekundärwicklung (vgl. Abb. 55a bis c) ist

$$B_0 = \Pi_0 \sqrt{2} A, \qquad (98\text{a})$$

worin (vgl. Abb. 55b)

$$A = \frac{w_1 J_1}{b} \qquad (98\text{b})$$

der Strombelag der Primärwicklung ist. Mit den Bezeichnungen in Abb. 55b erhalten wir den Streufluß eines Kerns zu

$$\Phi_S = B_0\left(\delta + \frac{a_1 + a_2}{2}\right) U_m, \tag{98}$$

worin die mittlere Windungslänge U_m von Primär- und Sekundärwicklung gleich dem mittleren Umfang der Streuflußröhre gesetzt ist. Dieser Fluß ist nach Abschn. 1 praktisch unabhängig von der Beschaffenheit des äußeren Raumes, der die Spule umgibt.

Die Summe der Streuflüsse in den Räumen zwischen Primär- und Sekundärwicklung aller bewickelten Kerne ist bei Kerntransformatoren und symmetrischer Belastung in jedem Augenblick Null, sowohl beim Einphasen-Transformator als auch beim Dreiphasen-Transformator. Der Streufluß eines Kerns fließt deshalb zum Teil durch den Raum der Primär- und Sekundärwicklung der andern Kerne zurück. Ein anderer Teil schließt sich über Joche und Kerne des Transformators, und nur ein verhältnismäßig kleiner Bruchteil, den wir mit $\alpha\,\Phi_S$ bezeichnen, tritt in die Kesselwände über. Das Streufeld im Kessel des einphasigen Kerntransformators ist ein stehendes Wechselfeld, während das eines dreiphasigen Kerntransformators einem Drehfeld ähnlich ist, das um den Mantel des Transformators herumwandert. Die mittlere Induktion in jeder Hälfte des Blechmantels ist daher mit Gl. (98a) und (98)

$$B = 2\frac{\alpha\,\Phi_S}{\Delta\,U_K} = 2\sqrt{2}\,\Pi_0\frac{\alpha\,U_m}{\Delta\,U_K}A\left(\delta + \frac{a_1 + a_2}{2}\right), \tag{99a}$$

worin U_K der Umfang des Blechkesselmantels mit Berücksichtigung der etwa vorhandenen Wellen ist (vgl. Abschn. H 3b).

Zur Abschätzung der Verluste im Kessel können wir von der im Abschn. II F 2b, Bd. I, abgeleiteten Gl. (202) ausgehen, die die Wirbelstromverluste in der Raumeinheit eines Blechs angibt. Für zeitlich sinusförmig sich ändernde Induktion ist

$$V_W = \frac{5}{3\varrho}\left(\Delta\frac{f}{100}\,\frac{B}{10000}\right)^2 \text{Watt/cm}^3. \tag{99b}$$

Darin ist der spezifische elektrische Widerstand ϱ des Kesselblechs in $\Omega\,\text{mm}^2/\text{m}$, die Blechdicke Δ in cm, die Frequenz der Ummagnetisierung in Hz und die Induktion B in Gauß einzusetzen. In der Gleichung tritt das Produkt ΔB auf, das dem Teil des Streuflusses proportional ist, der in den Kesselmantel eintritt. Die spezifischen Verluste sind also nur von diesem Fluß abhängig, nicht aber von der Größe der Einzelfaktoren. Daraus erkennen wir, daß die spezifischen Verluste in den Teilen des Kessels, wo die Induktionslinien senkrecht zur Kesselwand eintreten, nicht größer zu erwarten sind als in den übrigen Teilen. Zur Abschätzung der Verluste können wir annehmen, daß die Induktionslinien ausschließlich parallel zum Kesselblech verlaufen, und das Volumen des Kesselblechs etwa mit der Höhe des Kesselmantels berechnen.

Führen wir in Gl. (99b) die Induktion nach Gl. (99a) ein und berücksichtigen die Rückwirkung der Wirbelströme durch den Faktor k_m, der der Abb. 155, Bd. I, entnommen werden kann (er ist bis zu 2 mm dicken Blechen etwa 1, bei 6 mm dicken Blechen etwa 0,4), so erhalten wir

$$V_W \approx \frac{20}{\varrho} k_m \left[\frac{\alpha U_m}{U_K} \frac{f}{100} \frac{A}{10000} \left(\delta + \frac{a_1 + a_2}{2}\right)\right]^2 \text{Watt/cm}^3, \qquad (99)$$

wenn wir die Längen in cm, den Strombelag in A/cm, die Frequenz in Hz und den spezifischen Widerstand in $\Omega\,\text{mm}^2/\text{m}$ einsetzen. Mit dem Durchschnittswert $\varrho = 0{,}125\ \Omega\,\text{mm}^2/\text{m}$ und einer Frequenz von 50 Hz geht Gl. (99) über in

$$V_W \approx 40 k_m \left[\frac{\alpha U_m}{100\, U_K} \frac{A}{100} \left(\delta + \frac{a_1 + a_2}{2}\right)\right]^2 \text{Watt/cm}^3. \qquad (100\text{a})$$

Bezeichnen wir mit H die Kesselhöhe, so ist das Volumen des Kesselmantels $U_K \Delta H$, und wir erhalten die zusätzlichen Verluste im Kessel zu

$$Q \approx \frac{40 \Delta H}{U_K} k_m \left[\frac{\alpha U_m}{100} \frac{A}{100} \left(\delta + \frac{a_1 + a_2}{2}\right)\right]^2 \text{Watt.} \qquad (100)$$

Bei linearer Vergrößerung aller Abmessungen des Transformators und des Kessels wächst auch A proportional der linearen Vergrößerung. Die zusätzlichen Verluste wachsen also nach Gl. (100) mit der 7. Potenz der Vergrößerung der linearen Abmessungen, während nach Abschn. L 5a die Leistung nur mit der 4. Potenz der Vergrößerung der linearen Abmessungen wächst. Die relativen zusätzlichen Verluste wachsen also mit der 3. Potenz der linearen Vergrößerung der Abmessungen oder mit der $^3/_4$. Potenz der Vergrößerung der Leistung.

Bei einem Transformator für eine Leistung von 100 kVA, dem größten Einheitstransformator, ist etwa $\Delta = 0{,}2$ cm, $k_m = 1$, $H = 100$ cm, $U_K = 900$ cm, $U_m = 70$ cm, $A = 250$ A/cm und $\left(\delta + \frac{a_1 + a_2}{2}\right) = 2{,}3$ cm. Setzen wir für den Bruchteil des Streuflusses, der in den Kesselmantel eintritt, den verhältnismäßig großen Wert $\alpha = 0{,}3$, so erhalten wir nach Gl. (100) $Q \approx 1{,}3$ Watt, das sind nur $1{,}3 \cdot 10^{-3}$% der Leistung des Transformators. Bei linearer Vergrößerung des Transformators auf eine Leistung von 100000 kVA würden die relativen Verluste $1000^{3/4} \cdot 1{,}3 \cdot 10^{-3}\% \approx 0{,}23\%$ betragen. Wir sehen also, daß die zusätzlichen Verluste im Ölkessel bei symmetrischer Wicklung erst bei sehr großen Transformatoren praktisch in Frage kommen können. In Wirklichkeit wächst aber die Dicke des Kesselblechs mit der Leistung nicht so schnell wie die übrigen Abmessungen, und wenn es der Fall wäre, würde sich die Rückwirkung der Wirbelströme, die wir vernachlässigt haben, schon stark bemerkbar machen, wodurch die zusätzlichen Verluste verringert werden.

Noch geringer sind die zusätzlichen Verluste im Ölkessel bei der Doppelzylinderwicklung, weil hier α verhältnismäßig klein wird. Bei der Scheibenwicklung ist der Streufluß zwischen zwei Spulen wesentlich kleiner als bei der Zylinderwicklung, und nur ein sehr kleiner Teil davon dringt in den Kesselmantel ein.

c. Im Ölkessel bei unsymmetrischer Wicklung. Beim Abschalten von Windungen (vgl. Abschn. F) können durch die dabei auftretende Un-

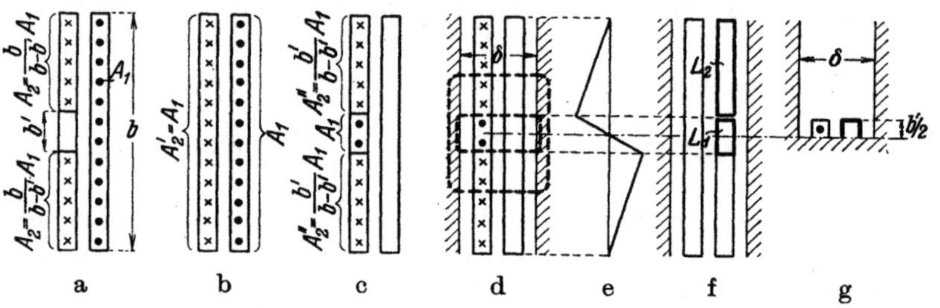

Abb. 70a bis g. Unsymmetrische Zylinderwicklung; a) wirkliche Strombeläge, b) und c) fiktive Komponenten, d) Querfeld, e) seine Verteilung, f) und g) zur Berechnung der Wirbelstromwärme in den Leitern.

symmetrie der Wicklungen stärkere Streufelder in den Kessel eindringen, deren zusätzliche Stromwärme unter Umständen bemerkbar werden kann.

In Abb. 70a sind die Spulenseiten einer Zylinderwicklung im Querschnitt dargestellt, wobei ein Teil der Windungen in der Mitte der Oberspannungswicklung stromlos ist. Die sich dabei ergebenden Strombeläge längs der Achse des Kerns sind angeschrieben. Diese unsymmetrische Verteilung können wir in die in Abb. 70b u. c. dargestellten Komponenten zerlegen, von denen die in Abb. 70b eine symmetrische Verteilung aufweist und deshalb keine neuen Erscheinungen zur Folge hat. Das Magnetfeld der Stromkomponenten nach Abb. 70c und die von ihnen verursachten Verluste sind noch zu untersuchen.

Die Wicklung liegt zwischen Eisenkern und Kesselmantel (Abb. 70d). Wir haben deshalb ähnliche Verhältnisse vor uns wie bei einer elektrischen Maschine, in deren Luftspalt eine Wicklung mit der Stromverteilung nach Abb. 70c liegt. Der quer durch die Wicklung tretende Fluß, der etwa die in Abb. 70e angedeutete Verteilung längs der Wicklungsachse hat, schließt sich (stark gestrichelte Linien in Abb. 70d) bei genügend kleinem Abstand zwischen Kern und Kesselwand hauptsächlich durch die Eisenteile. Unter Voraussetzung eines konstanten Abstandes zwischen Kern und Kesselwand können wir das in den Kesselmantel eintretende Feld und die von ihm in der Kesselwand entwickelte Stromwärme in grober Annäherung berechnen. Auch in den Blechen des Eisenkerns werden von dem Querfeld Wirbelströme induziert, deren Stromwärme jedoch wesentlich geringer ist, weil die Dicke der Bleche im Kern gewöhnlich nur einen Bruchteil der Wandstärke des Kessels beträgt und der durch die Kerne sich schließende Luftfluß nur teilweise quer durch die Bleche in den Kern eintritt.

Wir wollen die Berechnung im einzelnen hier nicht verfolgen und beschränken uns darauf, zur Abschätzung der Verluste die von Heiles [L 25] hierfür abgeleitete Näherungsgleichung anzuschreiben. Sie lautet für die von dem Querfluß herrührenden Stromwärmeverluste im Kessel

$$Q \approx \frac{0{,}1}{\varrho} k_m \left[\frac{U_m}{U_a} \frac{1}{\delta} \left(\frac{b}{10}\right)^2 \frac{A_1}{100} \frac{f}{100}\right]^2 b\, U_K\, \Delta \gamma \text{ Watt.} \tag{101}$$

In dieser Gleichung bedeuten: ϱ den spezifischen elektrischen Widerstand des Kesselblechs in $\Omega\,\mathrm{mm^2/m}$ (etwa $0{,}125\,\Omega\,\mathrm{mm^2/m}$), k_m den Rückwirkungsfaktor der Wirbelströme (vgl. S. 77), U_m/U_a das Verhältnis des mittleren Umfangs von Kesselwand und Eisenkern zum Umfang der Kesselwand (bei Transformatoren mittlerer Leistung etwa 0,6), δ den mittleren Abstand zwischen Eisenkern und Kesselwand in cm, b die Wicklungshöhe (Abb. 70a) in cm, f die Frequenz in Hz, U_K den Umfangsteil des Kessels in cm, der keinen wesentlich größeren Abstand vom Kern als δ aufweist, Δ die Blechstärke des Kessels in cm und (vgl. Abb. 70a)

$$\gamma \approx \left(\frac{b'}{b}\right)^2 \left(0{,}2 + 0{,}4\,\frac{b'}{b}\right); \tag{101a}$$

A_1 (Abb. 70a) ist in Amp/cm einzusetzen. Die nach Gl. (101) zu berechnenden zusätzlichen Verluste werden bei $b'/b \leqq 0{,}1$ wohl erst bei Transformatoren für einige 1000 kVA prakische Bedeutung erlangen.

Von Heiles [L 26] ist auch der Einfluß einseitiger Unsymmetrie der Wicklung untersucht und gezeigt, daß beim Abschalten von Wicklungsteilen an einem Ende der einen Wicklung die zusätzlichen Verluste etwa 8 mal so groß sind als beim Abschalten eines gleich großen Wicklungsteils in der Mitte [Gl. (101)].

d. In den Leitern bei unsymmetrischer Wicklung. Bei sehr großen Leiterabmessungen in Richtung der Kernachse, wie sie bei voller Symmetrie der Zylinderwicklung zulässig sind, kann das bei unsymmetrischer Wicklung auftretende Querfeld in diesen Leitern beträchtliche zusätzliche Stromwärme zur Folge haben. Wir setzen voraus, daß die Unsymmetrie durch Abschalten von Windungen im mittleren Teil der Oberspannungswicklung verursacht ist, in der wegen der Kleinheit der

Leiterabmessungen keine merkliche zusätzliche Stromwärme auftritt. Aus dem Vergleich der Verteilung des Querfeldes in Abb. 70e mit der eines in Nuten eingebetteten Leiters ergibt sich die angenäherte Berechnung dieser zusätzlichen Stromwärme.

Wir betrachten zunächst den Teil der Unterspannungswicklung, der dem abgeschalteten Teil der Oberspannungswicklung genau gegenüberliegt (L_1 in Abb. 70f). Wir haben im wesentlichen dieselbe Feldverteilung wie bei einer Spulenseite halber Höhe $b'/2$ in einer Nut von der Breite δ (Abb. 70g). Das Querfeld wird von dem gesamten Strom im Wicklungsteil L_1 erregt. Unter der Annahme, daß die Feldlinien alle senkrecht zu den Seitenwänden verlaufen, können wir das Widerstandsverhältnis nach Abschn. II L 2, Bd. I, berechnen. Bezeichnen wir mit m die Zahl der axial übereinander liegenden Leiter im Wicklungsteil L_1 und mit h die axiale Abmessung eines dieser Leiter (vgl. Abb. 68), so können wir für diesen Wicklungsteil das Widerstandsverhältnis nach Gl. (96a) berechnen, worin zur Ermittlung der reduzierten Leiterhöhe ξ in Gl. (95) und (95a) die gesamte radiale Kupferbreite der Unterspannungswicklung an Stelle von nb und δ an Stelle von a zu setzen ist.

Wir haben nun noch den andern Teil (L_2 in Abb. 70f) der Unterspannungswicklung zu betrachten, der dem oberen bzw. unteren Teil der Oberspannungswicklung gegenüberliegt und dieselbe Höhe wie dieser Teil, nämlich $(b - b')/2$, hat. Hier müssen wir beachten, daß das Querfeld durch einen Strom erregt wird, der nach Abb. 70c im Verhältnis $b'/(b - b')$ kleiner ist als der gesamte im Wicklungsteil L_2 selbst fließende Strom. Dasselbe Querfeld würde der wirkliche Strom im Wicklungsteil L_2 erregen, wenn der Luftspalt δ im Verhältnis $(b - b')/b'$ vergrößert wäre. Bei der Berechnung der reduzierten Leiterhöhe ξ nach Gl. (95) und (95a) müssen wir also $(b - b')\delta/b'$ an Stelle von a und die radiale reine Kupferbreite der Unterspannungswicklung an Stelle von nb setzen. Die Berechnung des Widerstandsverhältnisses für diesen Wicklungsteil muß nach Gl. (97a) erfolgen, wobei für m die Zahl der im Bereich $(b - b')/2$ in axialer Richtung übereinander liegenden Leiter einzusetzen ist.

In allen Fällen kann nach dieser Berechnung natürlich nur die ungefähre Größenordnung der zusätzlichen Wicklungsverluste erfaßt werden, weil das Feld zwischen Eisenkern und Kessel, das der zusätzliche Strombelag nach Abb. 70d erregt, nicht den einfachen Verlauf hat, wie es der Einfachheit wegen in Abb. 70e angenommen ist.

4. Die Kurzschlußerscheinungen.

a. Der Kurzschlußstrom. Den primären Strom, der bei Nennspannung und kurz geschlossener Sekundärwicklung auftritt, bezeichnen wir als Kurzschlußstrom. Gegenüber diesem Kurzschlußstrom verschwindet die zur Ummagnetisierung noch erforderliche Stromkomponente bis auf einige Tausendstel und darf deshalb vernachlässigt werden. Dasselbe gilt von der Wirkkomponente des Stromes, die den Eisenverlusten entspricht. Mit diesen Vernachlässigungen wird $\dot{J}_1 = -\dot{J}_2'$. Setzen wir diese Beziehung in die Transformatorgleichungen (76a u. b), Bd. II, ein, so erhalten wir mit $\dot{U}_2' = 0$ den Dauerkurzschlußstrom zu

$$J_k = \frac{U_1}{\sqrt{(R_1 + R_2')^2 + (X_{1\sigma} + X_{2\sigma}')^2}} = \frac{U_1}{\sqrt{R^2 + X_\sigma^2}}, \tag{102a}$$

worin R der gesamte, auf die Primärwicklung bezogene Wirkwiderstand und X_σ der gesamte Streublindwiderstand ist.

Multiplizieren wir $\sqrt{R^2 + X_\sigma^2}$ mit dem Nennstrom J_N, so erhalten wir den gesamten Spannungsverlust bei Nennstrom, den man als Nenn-Kurzschlußspannung bezeichnet, weil diese Spannung bei Kurzschluß der Sekundärwicklung und Speisung der Primärwicklung mit Nennstrom an den primären Klemmen gemessen werden kann. Die auf die primäre Nennspannung U_1 bezogene Nenn-Kurzschlußspannung bezeichnet man als relative Nenn-Kurzschlußspannung.

Erweitern wir den Bruch in Gl. (102a) mit dem primären Nennstrom J_N und führen die relative Nenn-Kurzschlußspannung

$$\varepsilon_k = \frac{\sqrt{R^2 + X_\sigma^2}}{U_1} J_N \tag{102}$$

ein, so erhalten wir

$$J_k = \frac{J_N}{\varepsilon_k}. \tag{102b}$$

Der Kurzschlußstrom beträgt bei den Einheitstransformatoren (DIN 2600) etwa das 20- bis 30-fache des Nennstromes.

Wird der leerlaufende Transformator plötzlich auf der Sekundärseite kurz geschlossen, so entsteht ein Ausgleichsvorgang. Um diesen Ausgleichsvorgang zu bestimmen, gehen wir entsprechend Abschn. A 9a von den Spannungsgleichungen der beiden Wicklungen aus, wobei wir die Klemmenspannungen wieder gleich Null setzen:

$$L_1 \frac{di_1}{dt} + M \frac{di_2}{dt} + R_1 i_1 = 0, \tag{103a}$$

$$L_2 \frac{di_2}{dt} + M \frac{di_1}{dt} + R_2 i_2 = 0. \tag{103b}$$

Die Lösungen dieser beiden Gleichungen lauten:

$$i_{1f} = A_1 \varepsilon^{-\varrho_A t} + B_1 \varepsilon^{-\varrho_B t}, \tag{104a}$$

$$i_{2f} = A_2 \varepsilon^{-\varrho_A t} + B_2 \varepsilon^{-\varrho_B t}. \tag{104b}$$

Darin sind i_{1f} und i_{2f} die freien Ströme (Ausgleichströme) der beiden Wicklungen. Die Dämpfungskonstanten ϱ_A und ϱ_B erhalten wir durch Einsetzen der partikulären Lösungen $i' = A\varepsilon^{-\varrho t}$ und $i'' = B\varepsilon^{-\varrho t}$ in Gl. (103a u. b), und die Integrationskonstanten aus den Anfangsbedingungen und den Gl. (103a u. b). Die mit ϱ_A sehr langsam abfallenden Glieder gehören zu dem Feld, das sich im Hauptkraftlinienweg ausbildet, und die mit ϱ_B schneller abfallenden Glieder zu den Streufeldern.

In unserm Fall des plötzlichen sekundären Kurzschlusses sind A_1 und A_2 so klein (bei Vernachlässigung des Magnetisierungsstromes gleich Null), daß wir sie vernachlässigen können. Die Dämpfungskonstante des zweiten Gliedes in den Gl. (104a u. b) ist

$$\varrho_B \approx \frac{R}{L_\sigma}, \tag{104}$$

wobei R der gesamte, auf die Primärseite bezogene Wirkwiderstand und L_σ die gesamte Streuinduktivität ist. Der Verlauf der Ströme ist somit bei Vernachlässigung des Magnetisierungsstromes ($i_2 = -i_1$) wieder durch die Gl. (68), aber mit R und L_σ an Stelle von R_1 und L_1, bestimmt und durch Abb. 45 veranschaulicht, nur daß das freie Glied entsprechend der hier in Betracht kommenden Zeitkonstanten

$$T = \frac{1}{\varrho_B} = \frac{L_\sigma}{R} \tag{104'}$$

bedeutend rascher abfällt als beim Einschalten des sekundär offenen Transformators. Die Zeitkonstante ist bei den Einheitstransformatoren etwa 0,003 sec; sie wächst mit der Leistung des Transformators und nimmt bei den größten Transformatoren bei 50 Hz etwa den Wert 0,03 sec an.

Der größte Wert i_{kr} des Stoßkurzschlußstromes tritt auf, wenn die eckige Klammer in Gl. (68) ihren Höchstwert annimmt. Das ist mit genügender Annäherung der Fall für $\omega t = \pi$ und $\alpha + \varphi = \pi$. Damit erhalten wir

$$i_{\text{kr}} = \sqrt{2}\left(1 + \varepsilon^{-\frac{t}{T}}\right) J_k. \tag{105}$$

Während also im ungünstigsten Augenblick des Einschaltens der Stoßkurzschlußstrom i_{kr} bei Vernachlässigung des Wirkwiderstandes doppelt so groß ist wie die Amplitude $\sqrt{2}\, J_k$ des Dauerkurzschlußstromes, beträgt er unter Berücksichtigung des Wirkwiderstandes bei den Einheitstransformatoren mit $T \approx 0{,}003$ sec nur etwa

$$i_{\text{kr}} = 1{,}04\sqrt{2}\, J_k \approx 1{,}5\, J_k, \tag{106}$$

das ergibt bei den Einheitstransformatoren etwa das 30- bis 45-fache des Effektivwerts des Nennstromes. Bei sehr großen Transformatoren (entsprechend $T \approx 0{,}03$ sec) kann i_{kr} bis zu etwa $2{,}4\, J_k$ anwachsen.

Der hier beschriebene Ausgleichsvorgang stimmt bei Vernachlässigung des Magnetisierungsstromes überein mit dem, der auftritt, wenn der sekundär kurzgeschlossene Transformator primärseitig plötzlich an Spannung gelegt wird.

Nach § 57 der RET 1930 müssen Transformatoren und Drosselspulen den Stoßkurzschlußstrom aushalten, sofern dieser das 75-fache des Effektivwertes des Nennstromes nicht übersteigt. Wenn höhere Werte auftreten können, muß die Streuinduktivität durch strombegrenzende Vorschaltdrosseln vergrößert werden. Bei Spar- und Zusatztransformatoren können Stoßkurzschlußströme auftreten, die das 75-fache des Nennstromes weit überschreiten (vgl. Abschn. E 2d).

b. Die Stromkräfte. Die in den stromdurchflossenen Wicklungen auftretenden mechanischen Kräfte sind dem Quadrat des Stromes proportional und müssen also bei Kurzschluß gewaltig anwachsen. Es ist nötig, sich über die Wirkung dieser Kräfte und über ihre Größe Klarheit zu verschaffen, um Maßnahmen zur Befestigung und Abstützung der Wicklungen treffen zu können.

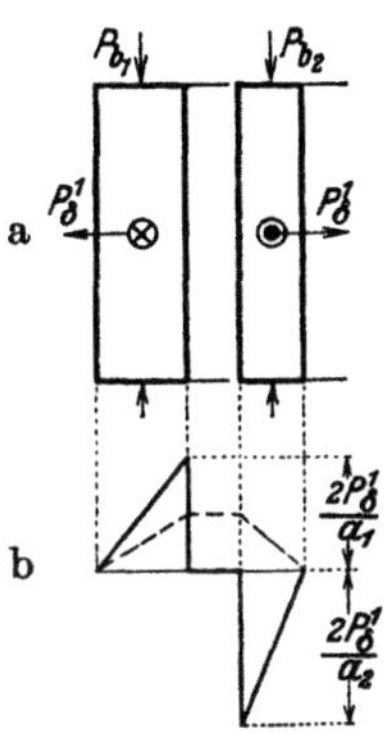

Abb. 71a u. b. Zylinderwicklung; a) Stromkräfte, b) ihre Verteilung.

Wir wollen zunächst die Zylinderwicklung betrachten und dabei voraussetzen, daß beide Spulen, also die Primär- und Sekundärwicklung, dieselbe Höhe b haben und nicht gegeneinander axial verschoben sind. Der Querschnitt der Spulenseiten einer Zylinderwicklung ist in Abb. 71a dargestellt. Die Ströme in den beiden Spulenseitenquerschnitten sind entgegengesetzt gerichtet. Betrachten wir die Spulen als starre Körper, so tritt je Längeneinheit des mittleren Windungsumfangs U_m eine radial gerichtete Kraft P_δ^1 auf, die den Luftspalt δ zwischen den Spulenseiten zu vergrößern sucht. Die innere Spule wird zusammengedrückt, die äußere gedehnt. Kreisförmige Spulen nehmen diese Kraft ohne besondere konstruktive Maßnahmen auf, dagegen müssen rechteckige Spulen außen und innen gut abgestützt werden, etwa durch die in Abb. 72 angedeuteten Konstruktionsteile, um ein Ausbiegen der äußern und ein Einbiegen der innern Spule zu verhindern. Die Kraft zwischen zwei Stützpunkten ergibt sich zu $P_\delta^1 l$, worin l der Abstand der Stützpunkte ist.

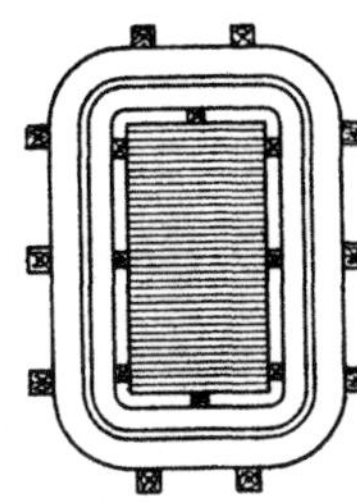

Abb. 72. Abstützung bei rechteckigen Zylinderspulen.

Wenn die beiden Spulen durch ungenaue Herstellung exzentrisch angeordnet sind, so ist die Kraft P_δ^1 ungleichmäßig am mittleren Spulenumfang verteilt. Dort, wo die Luftspaltbreite kleiner ist, ist die Kraft größer, und umgekehrt. Die Kräfte P_δ^1 sind also bestrebt, die Spulen konzentrisch auszurichten.

Die Kraft P_δ^1 ergibt sich als Summe der Kräfte aller Lagen, wobei die Lagenkräfte proportional dem Produkt aus der mittleren Induktionskomponente in Richtung der Spulenachse und dem Gesamtstrom einer Lage sind. In Abb. 71 b ist, entsprechend dem vereinfachten Feldbilde, das wir der Berechnung der Streuinduktivität im Abschn. 1c zugrunde gelegt haben, die Verteilung der axialen Induktion quer zur Spulenachse gestrichelt eingezeichnet. Voll ausgezogene Linien geben die Verteilung der Stromkräfte längs der Spulenbreite an, wobei der Einfachheit wegen die Isolierung der Lagen unendlich schwach angenommen ist. Die Flächen, die diese Kurven (Geraden) mit der Abszissenachse einschließen, müssen je gleich der Kraft P_δ^1 sein. Bei der äußern Spule ist die Stromkraft der innern Lage am größten, die der äußern Lage am kleinsten; umgekehrt ist es bei der innern Spule. Bei m Lagen und unendlich großer Lagenzahl (praktisch: sehr vielen Lagen) ist die größte Stromkraft einer Lage $\frac{2}{m} P_\delta^1$, die kleinste Null. Bei endlicher Lagenzahl erhält man, wie sich leicht zeigen läßt, für die Grenzwerte $\frac{2m-1}{m^2} P_\delta^1$ und $\frac{1}{m^2} P_\delta^1$. Die äußern Lagen der äußern Spule müssen die Gesamtkraft der unter ihnen liegenden Lagen, die innern Lagen der innern Spule die der über ihnen liegenden äußern Lagen aufnehmen, sofern sich die einzelnen Lagen durch die Reibung zwischen den einzelnen Windungen und durch die innern Kräfte im Kupfer, die mit einer möglichen Dehnung auftreten, nicht selbst stützen. Diese Reibung wird durch die Kräfte P_b (Abb. 71 a), mit denen die Spulen in axialer Richtung zusammengepreßt werden, vergrößert. Durch das Zusammenwirken aller Kräfte werden die Spulen in sich sehr fest, und es besteht in der Regel nicht die Gefahr, daß sich die Endlagen oder die Endwindungen von den Spulen ablösen. Der innere Enddraht der äußern Wicklung und der äußere der innern Wicklung werden fest gegen ihre Wicklungen gedrückt, und die auf die äußern Enddrähte der äußern Spule sowie auf die innern Enddrähte der innern Spule wirkenden Stromkräfte sind bei größerer Lagenzahl sehr klein. Bei einlagiger Wicklung, wie sie zuweilen für die innere Spule in Frage kommt, besteht allerdings die Gefahr, daß die Spulenenden nach innen gedrückt werden; diese Kräfte müssen durch den innern Papierzylinder und seine Abstützungen gegen den Eisenkern aufgenommen werden.

Die Größe der Kraft berechnen wir aus der magnetischen Energie, die sich nach Gl. (75b) und (78) zu

$$W = \frac{i^2}{4\pi f} X_\sigma \tag{107a}$$

ergibt. Wir erhalten nach Abschn. I B 13, Bd. I, die gesamte Umfangskraft

$$P_\delta = U_m P_\delta^1 \tag{107b}$$

aus der Änderung ∂W der magnetischen Energie bei einer unendlich kleinen Vergrößerung $\partial \delta$ des Luftspalts bei konstantem Strom zu

$$P_\delta = \frac{\partial W}{\partial \delta} = \frac{i^2}{4\pi f} \frac{\partial X_\sigma}{\partial \delta}. \tag{107}$$

Es wird nach Gl. (107) und (81), wenn wir den nur wenig veränderlichen Korrektionsfaktor k in Gl. (81) konstant und gleich 1 annehmen,

$$P_\delta = 0{,}63 \cdot 10^{-2} \frac{U_m}{b} \left(\frac{w_1 i}{1000}\right)^2 \text{Joule/cm} \tag{108}$$

oder

$$P_\delta = 0{,}064 \frac{U_m}{b} \left(\frac{w_1 i}{1000}\right)^2 \text{kg}, \tag{108a}$$

wenn wir U_m und b in gleichen Einheiten und i in Amp einsetzen.

Bei plötzlichem Kurzschluß wird der Höchstwert dieser Kraft

$$P_{\delta\,\mathrm{kr}} = 0{,}064 \frac{U_m}{b} \left(\frac{w_1 i_{\mathrm{kr}}}{1000}\right)^2 \text{kg}. \tag{108b}$$

Ersetzen wir darin $\frac{U_m w_1^2}{b}$ nach Gl. (81), i_{kr} nach Gl. (105) und J_k nach Gl. (102b) und führen noch den relativen Blindspannungsverlust bei Nennstrom J_N,

$$\varepsilon_b = \frac{X_\sigma J_N}{U_1} \tag{109a}$$

ein, so erhalten wir

$$P_{\delta\,\mathrm{kr}} = 1{,}62 \left(1 + \varepsilon^{-\frac{t}{T}}\right)^2 \frac{\varepsilon_b}{\varepsilon_k} \frac{N_s^1}{f \varepsilon_k \left(\delta + \frac{a_1 + a_2}{3}\right)} \text{kg}. \tag{109}$$

Darin sind

$$N_s^1 = U_1 J_N, \tag{109b}$$

die Scheinleistung eines Kerns, in Watt, die Frequenz f in Hz und die Längen in cm einzusetzen. Die Zeitkonstante T ist durch Gl. (104′) gegeben; das Verhältnis $\varepsilon_b/\varepsilon_k$ ist bei großen Transformatoren nur wenig kleiner als 1.

Außer den radialen Kräften treten noch innere Kräfte in der Primär- und Sekundärwicklung auf, die jede Wicklung für sich in axialer Richtung zusammenpressen und die Wicklungshöhe b zu verkürzen suchen. Zur Aufnahme dieser Kräfte sind bei der Zylinderwicklung keine äußern Konstruktionen erforderlich, wenn die axialen Längen b der beiden Wicklungen genau gleich groß und diese nicht gegeneinander verschoben sind.

Für beide Wicklungen zusammen ist bei Annahme des vereinfachten Feldbildes in Abb. 55c die Kraft nach Gl. (107a) und (81)

$$P_b = P_{b_1} + P_{b_2} = \frac{\partial W}{\partial b} = \frac{\delta + \frac{a_1 + a_2}{3}}{b} P_\delta \qquad (110\text{a})$$

und für eine Wicklung

$$P_{b_1} = P_{b_2} = \frac{\delta + \frac{a_1 + a_2}{3}}{2b} P_\delta . \qquad (110\text{b})$$

Diese Kraft ergibt sich bei dem vereinfachten Feldbilde nach Abb. 55c als die Kraft, mit der die Eisenteile, die wir uns als Begrenzung der Spulen gedacht haben, die Spulen zusammenpressen.

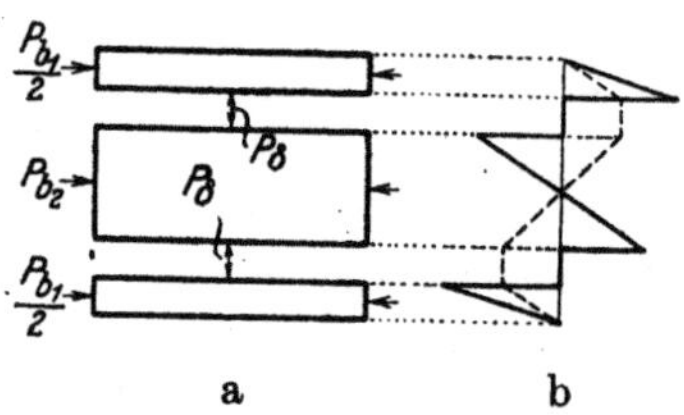

Abb. 73a u. b. Scheibenwicklung; a) Stromkräfte, b) ihre Verteilung.

Wir wenden uns nun der symmetrischen Scheibenwicklung zu, deren Spulenseiten, der Einfachheit wegen für $q = 1$, in Abb. 73a im Querschnitt dargestellt sind. Wir setzen voraus, daß alle Spulen dieselbe radiale Breite b haben (vgl. Abb. 50b). Auch hier haben wir zwischen den Kräften P_δ und P_b zu unterscheiden. Die Kraft P_δ sucht die Spulen axial voneinander zu entfernen, und es sind deshalb die Spulen zur Aufnahme dieser Kräfte fest aufeinanderzupressen, wobei diese Zusammenpressung zweckmäßig durch Federn (vgl. Abb. 191) elastisch erfolgt. Diese axiale Kraft, für welche die Konstruktionsteile, die die Kraft aufnehmen müssen, zu bemessen sind, berechnen wir wieder aus der magnetischen Energie nach Gleichung (107a) mit Gl. (78b) zu

$$P_\delta = \frac{\partial W}{2q\,\partial\delta} = 0{,}016\,\frac{U_m}{q^2 b}\left(\frac{w_1 i}{1000}\right)^2 \text{kg} . \qquad (111)$$

Da bei der Scheibenwicklung diese Kraft in axialer Richtung wirkt, verhalten sich im Gegensatz zur Zylinderwicklung rechteckige Spulen nicht ungünstiger als Kreisspulen.

In Abb. 73b ist die Verteilung der Stromkräfte innerhalb der Spulen durch die voll ausgezogenen Linien dargestellt, während die gestrichelten die Feldverteilung im Wicklungsraum längs der Kernachse wiedergeben.

Die gesamte Kraft, mit der die Spulen radial zusammengepreßt werden, erhalten wir zu

$$P_b = \frac{\partial W}{\partial b} = \frac{\delta + \frac{a_1 + a_2}{6}}{b} P_\delta \qquad (112\text{a})$$

oder für eine volle Spule zu

$$P_{b_1} = P_{b_2} = \frac{P_b}{2q} = \frac{\delta + \frac{a_1 + a_2}{6}}{2qb} P_\delta . \qquad (112\text{b})$$

Auch bei der Scheibenwicklung ist ein Abbiegen der Endwindungen nicht zu befürchten, da die Windungen an der Oberfläche durch die Stromkräfte an die Spulen gepreßt werden.

Für die Doppel-Zylinderwicklung gelten die Gl. (111) und (112a) mit $q = 1$. Wir erkennen durch Vergleich der Gl. (108a) und (111), daß die gesamte Kraft P_δ bei der Doppel-Zylinderwicklung nur halb so groß ist wie bei der gewöhnlichen Zylinderwicklung. Die mittlere Spule (vgl. Abb. 57) wird wie bei der Scheibenwicklung nach Abb. 73 mit $q = 1$ nur auf Druck beansprucht.

Bei der unsymmetrischen Scheibenwicklung ergeben sich wesentlich größere äußere Kräfte entsprechend der größeren magnetischen Energie. Diese Kräfte sind auch nicht gleichmäßig auf die einzelnen Spulen verteilt, sondern für die Endspulen wesentlich größer. Die einfachen Feldbilder, die wir der Berechnung der Streuinduktivität zugrunde gelegt haben, sind dann in Strenge auch nicht mehr für die Endspulen gültig. Unsymmetrische Scheibenwicklungen werden gewöhnlich vermieden.

Wir hatten bei unsern Untersuchungen angenommen, daß die Mittellinien der Spulenseiten bei der Zylinderwicklung in gleicher axialer Höhe, bei der Scheibenwicklung auf gleichem Umfang liegen. Sind dagegen bei Zylinderwicklung die Spulen axial gegeneinander verschoben, so entstehen noch axiale Kräfte, die die Unsymmetrie zu vergrößern suchen. Haben andrerseits bei der Scheibenwicklung die primären und die sekundären Spulen verschiedenen mittleren Umfang, so treten hier noch radiale Kräfte auf, die die Unsymmetrie ebenfalls zu vergrößern suchen. Diese Kräfte, die besonders bei Zylinderwicklung zu beachten sind, können wir mit der Annahme unseres vereinfachten Feldbildes nicht berechnen. Mit genügender Annäherung erhalten wir aber diese Kräfte, wenn wir bei Vernachlässigung der Eisennähe die Spulenseitenquerschnitte unendlich dünn und den mittleren Umfang unendlich groß annehmen und die Kraft für die wirkliche mittlere Länge U_m umrechnen. Es ist dies der Fall einer unendlich langen Hin- und Rückleitung im gegenseitigen Abstand δ'.

Diesen Fall hat Steidinger [L 27] schon unter der Annahme behandelt, daß beide Spulen (Sammelschienen) gleich hoch und in Richtung der Höhe nicht gegeneinander verschoben sind. Die axiale Kraft P_l, die beide Wicklungen (Sammelschienen) aufeinander ausüben, ist in diesem Falle Null, und es tritt nur die Kraft P_δ auf. Um uns zu überzeugen, daß die Annahme unendlich schmaler Spulenseitenquerschnitte zulässig ist, wollen wir zunächst das Ergebnis der Rechnung von Steidinger mit dem unsrigen vergleichen. Die Kraft P_δ, die er berechnet, ergibt sich aus der von uns berechneten Kraft [Gleichung (108a)], wenn wir diese noch mit dem Faktor

$$k' = 1 - \frac{2}{\pi}\operatorname{arctg} c - \frac{c}{\pi}\ln\frac{1+c^2}{c^2} \tag{113}$$

multiplizieren, worin zur Abkürzung

$$c = \frac{\delta'}{b} \tag{113a}$$

gesetzt ist. Für δ' können wir bei der Zylinderwicklung etwa setzen

$$\delta' = \delta + \frac{a_1 + a_2}{3}. \tag{113b}$$

Durch Einsetzen der praktisch in Frage kommenden Werte für δ' erkennen wir, daß der Korrektionsfaktor k' nur wenig von 1 abweicht. So erhalten wir z. B. $k' = 0{,}87$ mit $c = 0{,}05$, $k' = 0{,}79$ mit $c = 0{,}1$ und finden darin eine Stütze der von uns aufgestellten Formeln, denen ein vereinfachtes Feldbild zugrunde liegt, die aber die endliche Breite der Spulen berücksichtigen.

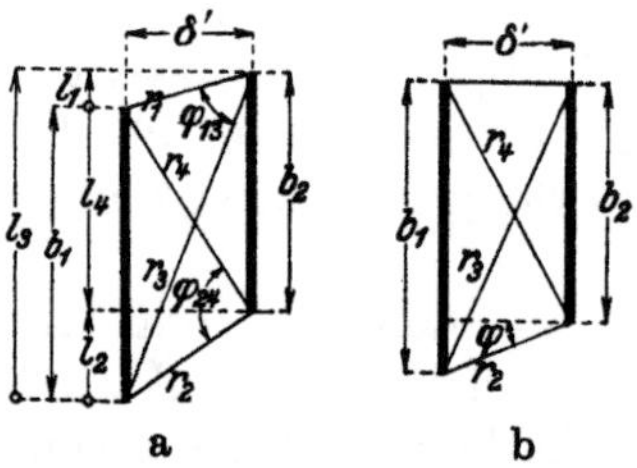

Abb. 74a u. b. Axial gegeneinander verschobene Zylinderspulen.

Der von Steidinger angegebene Rechnungsgang läßt sich nun auch auf den allgemeinen Fall leicht übertragen, daß die Spulen (Sammelschienen) verschiedene Höhen b_1 und b_2 haben und in Richtung der Höhe gegeneinander verschoben sind, wie es Abb. 74a andeutet. Die von Bödefeld durchgeführte Berechnung soll hier nicht wiedergegeben werden, wir schreiben nur das Ergebnis an. Mit den Bezeichnungen der Abb. 74a erhalten wir

$$P_l = \frac{\Pi_0}{2\pi}\frac{U_m}{b_1 b_2}(w_1 i)^2\left[l_1\ln\frac{r_1}{r_3} + l_2\ln\frac{r_2}{r_4} + b_1\ln\frac{r_4}{r_3} + \delta'(\varphi_{24} - \varphi_{13})\right]. \tag{114}$$

Für den praktisch wichtigen Fall, daß $l_1 = 0$ ist (vgl. Abb. 74b), der Unterschied zwischen b_1 und b_2 also z. B. durch Abschalten von Windungen am Ende der einen Wicklung auftritt, erhalten wir

$$P_l = \frac{\Pi_0}{2\pi}\frac{U_m}{b_1 b_2}(w_1 i)^2\left[b_1\ln\frac{r_2}{r_3} - b_2\ln\frac{r_2}{r_4} + \delta'\varphi\right]. \tag{115}$$

Führen wir noch die Abkürzungen

$$c = \frac{\delta'}{b_1} \quad \text{und} \quad \varepsilon = \frac{l_2}{b_1} = \frac{b_1 - b_2}{b_1} = 1 - \frac{b_2}{b_1} \tag{115a u. b}$$

ein, so geht Gl. (115) für den praktisch wichtigen Fall, daß

$$c \ll 1 \quad \text{und} \quad \varepsilon \ll 1,$$

über in

$$P_l \approx \frac{\Pi_0}{4\pi} \frac{U_m}{b_1} (w_1 i)^2 \varepsilon \ln(\varepsilon^2 + c^2) \tag{116a}$$

oder

$$P_l \approx \frac{\varepsilon}{2\pi} \ln(\varepsilon^2 + c^2) P_\delta = 0{,}37\, \varepsilon \lg(\varepsilon^2 + c^2) P_\delta, \tag{116}$$

worin P_δ durch Gl. (108a) gegeben ist. Nach Gl. (116) erhält man etwas zu kleine Werte für P_l; der Fehler ist für $\varepsilon \leqq 0{,}1$ und $\varepsilon \geqq c$ kleiner als 30%. Diese Kraft, mit der bei Ungenauigkeit im Aufbau des Transformators immer zu rechnen ist, muß durch Konstruktionsteile, welche die axialen Stöße bei plötzlichem Kurzschluß abfangen, etwa durch kräftige Spiralfedern an den die Endspulen stützenden Teilen (vgl. Abb. 191) aufgenommen werden.

Gl. (115) wurde experimentell nachgeprüft[1]), und zwar zunächst ohne Anwesenheit von Eisen, wie es die Ableitung der Gleichung voraussetzt. Die Spulen wurden aus Drähten von 2 mm Durchmesser in zwei Lagen gewickelt; die Höhe b_1 der inneren Spule betrug 29 cm. Der mittlere Umfang U_m der Spulen wurde zwischen 78,5 cm und 174 cm geändert, wobei der Abstand $\delta' = 5$ cm der Spulen (vgl. Abb. 74b) konstant blieb. Durch Abschalten von Windungen der äußeren Spule wurde ε [Gl. (115b)] zwischen 0 und 0,5 geändert; c [Gl. (115a)] blieb konstant gleich $5/29 = 0{,}172$. Die Versuche ergaben, daß die Axialkräfte die nach Gl. (115) berechneten Werte nicht ganz erreichen; bei $U_m = 78{,}5$ cm betrug die auftretende Axialkraft nur 60%, bei $U_m = 174$ cm 88% der nach Gl. (115) berechneten Werte.

Um den Einfluß der Eisennähe zu untersuchen, wurden der Kern durch aufgerollte Bleche, die Joche durch ebene Bleche nachgebildet. Die Messung ergab eine Vergrößerung der Axialkräfte, die fast ausschließlich auf die Kernnähe zurückzuführen war. Bei einem Abstand des mittleren Umfangskreises der inneren Spule vom Eisenkern, der gleich dem Abstand δ' der beiden Spulen, nämlich 5 cm, war, ergaben sich um 45% größere Kräfte als die nach Gl. (115) berechneten, und zwar praktisch unabhängig von der Länge des mittleren Umfangs der Spulen. Bei kleinerem Abstand des mittleren Umfangskreises der inneren Spule vom Eisenkern als 5 cm, wie er aber praktisch kaum in Frage kommt, machte sich die Länge des mittleren Umfangs der Spulen bemerkbar. So wurde bei einem Abstand von etwa 1 cm bei $U_m = 78{,}5$ cm der 2,4-fache und bei $U_m = 174$ cm der 2-fache Betrag der nach Gl. (115) berechneten Kraft gemessen.

---

[1]) Diplomarbeit von Herrn Georg Schade.

In allen diesen Fällen haben wir die Spulen des Transformators als starre Körper betrachtet. Über die Kräfte an beliebigen Stellen innerhalb des Spulenseitenquerschnitts geben unsere Formeln keinen genauen Aufschluß. Bei Vernachlässigung der Eisennähe können wir die Kraftverteilung im Innern des Spulenseitenquerschnitts berechnen. Aber gerade das Feld der Endspulen, in denen die Feldverteilung wesentlich von unsern vereinfachenden Annahmen abweicht, wird hierbei nicht richtig wiedergegeben, so daß die immerhin sehr umständliche Berechnung des Feldes bei Vernachlässigung des Eisens keine genaue Bestimmung der Verteilung der Stromkräfte ermöglicht.

C. Überspannungserscheinungen.

1. Übersicht.

In einem Netz treten mancherlei Störungen auf, die Überspannungen beim Transformator auslösen können. Dabei kommt es nicht so sehr auf die Höhe der auftretenden Klemmenspannung an, als vielmehr auf die Verteilung der Spannung über die Wicklung, also auf die Spannung von Windung zu Windung und von Windung zu Erde. Als Störungen in diesem Sinne kommen in Frage lange und kurze Wanderwellen mit mehr oder weniger steiler Front und hochfrequente Spannungsschwingungen.

Die Ursachen solcher Störungen sind genügend bekannt, z. B. Schaltvorgänge, Kurzschlüsse und Erdschlüsse mit und ohne Lichtbogen, atmosphärische Entladungen. Diese Störungen lassen sich im allgemeinen weder vermeiden noch kann ihr Auftreten und ihr Verlauf im voraus bestimmt werden. Man muß also auch damit rechnen, daß alle diese Störungen, die jeweils ganz verschiedene Wirkung auf den Transformator haben, den Transformator bedrohen können. Das Verhalten des Transformators gegenüber Wanderwellen und hochfrequenten Schwingungen ist keineswegs restlos geklärt. Die hierbei auftauchenden Fragen sind so verwickelt, daß eine strenge mathematische Behandlung nicht durchführbar ist. Die Klärung der strittigen Fragen (wie z. B. der kritischen Frequenz) durch den Versuch ist noch nicht abgeschlossen. Wir müssen uns hier darauf beschränken, das Verhalten des Transformators gegenüber den Störungen nur so weit zu beschreiben, als es für das allgemeine Verständnis der Vorgänge und den Entwurf der Wicklung erforderlich ist.

Während bei der üblichen Betriebsfrequenz von 50 Hz der Transformator sich wie eine konzentrierte Induktivität verhält, tritt bei zunehmender Frequenz mehr und mehr die Kapazität von Windung gegen Windung und gegen Erde in Erscheinung. Durch diese kapazitiven Nebenschlüsse fließt beim Anlegen einer Wechselspannung ein kapazitiver Strom (auch „Querstrom" genannt) von Windung zu Windung und Windung zu Erde. Die resultierende Stromstärke längs des Leiters der Wicklung ändert sich wellenförmig. Es bilden sich Strom- und Spannungsbäuche und -knoten, d. h. stehende Wellen. Bei sehr hoher Frequenz bleiben schließlich nur noch die kapazitiven Ströme übrig. Die Zeit einer Periode reicht nicht mehr aus, einen Leiterstrom unter Gegenwart von Induktivität sich entwickeln zu lassen, während die Ausbreitungsgeschwindigkeit des elektrischen Feldes praktisch als unendlich groß dagegen angesehen werden kann. Die Frage nach dem Übergang vom Gebiet der periodischen Wellenverteilung zum Gebiet der kapazitiven Spannungsverteilung ist noch nicht völlig geklärt. Wahrscheinlich wird es, je nach den Umständen, ein mehr oder weniger breites Übergangsgebiet geben, in dem beide Spannungsverteilungen nebeneinander auftreten und in dem der Übergang sich allmählich vollzieht.

2. Spannungsverteilung.

a. Kapazitive Spannungsverteilung. Bei sehr hoher Frequenz oder im ersten Augenblick des Auflaufens einer Sprungwelle verhält sich der Transformator wie eine Kondensatorkette. Um uns ein Bild von der Spannungsverteilung zu machen, denken wir uns die einzelnen Windungen aufgeschnitten, so daß sich die Wicklung aus übereinandergeschichteten Drahtringen zusammensetzt. Jeder Ring besitzt gegen sämtliche andern Ringe und gegen Erde eine wohlbestimmte Kapazität. Für unsere Zwecke genügt es, nur die Kapazität eines Ringes gegen die benachbarten Ringe und gegen Erde zu berücksichtigen.

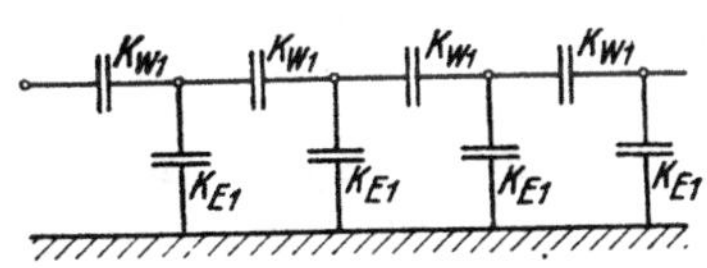

Abb. 75. Ersatzbild einer Zylinderspule bei sehr hoher Frequenz.

Die einfachsten Verhältnisse ergeben sich bei einer einlagigen Zylinderspule, die wir im folgenden betrachten wollen. Mit der Kapazität K_{W1} von Windung gegen Windung und der Kapazität K_{E1} von Windung gegen Erde erhalten wir das in Abb. 75 gezeigte Ersatzbild. Die Reihenschaltung sämtlicher Windungskapazitäten ergibt mit der Windungszahl w eine Gesamtkapazität

$$K_W = \frac{1}{w} K_{W1}, \tag{117a}$$

die wir als die Kapazität der Eingangswindung gegen die Endwindung bezeichnen können. Die Parallelschaltung sämtlicher Erdkapazitäten ergibt eine resultierende Kapazität gegen Erde

$$K_E = w\, K_{E1}. \tag{117b}$$

Wenn wir an den Gesamtstrom denken, den diese Kondensatorkette vom Netz aufnimmt, können wir sie mit einem Ersatzkondensator vergleichen, dessen Größe durch

$$K \approx \sqrt{K_W K_E} \tag{117}$$

gegeben ist [L 43].

Die Kapazität des Transformators kann sich bei sehr hohen Spannungen (Prüftransformatoren) auch im störungsfreien Betrieb bemerkbar machen. Der Kapazitätsstrom kann größer sein als der Magnetisierungsstrom [L 49], und die Spannungsübersetzung des Transformators bei Leerlauf stimmt dann nicht mehr mit dem Windungsverhältnis überein.

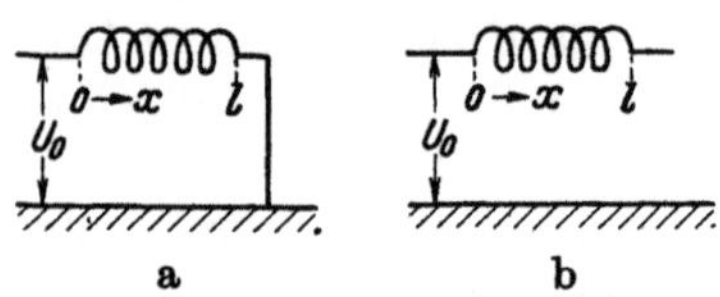

Abb. 76a u. b. Zylinderspulen; a) geerdet, b) ungeerdet.

Bei der Bestimmung der Spannungsverteilung müssen wir unterscheiden, ob das Ende der Spule an Erde liegt (Fall a) oder gegen Erde isoliert ist (Fall b). In beiden Fällen soll die Spannung zwischen der Eingangsklemme und Erde liegen (Abb. 76a u. b). Alle andern Fälle lassen sich hierauf zurückführen. So verhält sich z. B. eine gegen Erde isolierte Wicklung, auf deren beiden Enden Wanderwellen auflaufen, wie eine in ihrem Symmetriepunkt geerdete Wicklung [L 48].

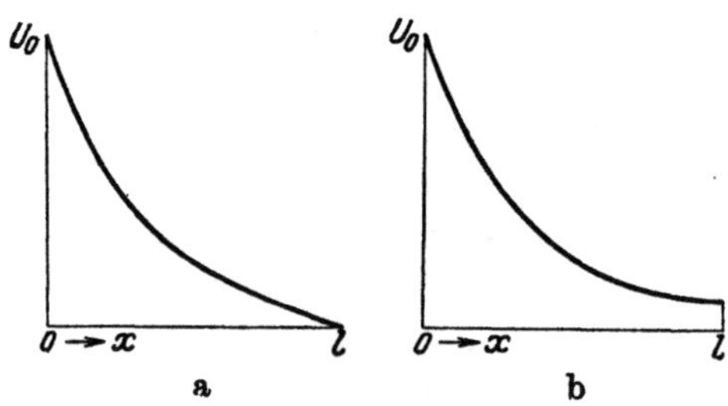

Abb. 77a u. b. Spannungsverteilung zur Zeit $t = 0$, $\alpha = 3$; a) geerdet, b) ungeerdet.

Bezeichnen wir mit U_0 die Spannungshöhe einer einseitig unbegrenzten Wanderwelle mit senkrechter Front, so ist im Augenblick des Eintreffens der Wanderwelle am Wicklungsanfang die Spannung von Windung gegen Erde längs (x) der Wicklung von der Spulenlänge l [L 43] für

$$\text{Fall a:} \quad U = U_0 \frac{\sinh \alpha (1 - x/l)}{\sinh \alpha}, \tag{118a}$$

$$\text{Fall b:} \quad U = U_0 \frac{\cosh \alpha (1 - x/l)}{\cosh \alpha}, \tag{118b}$$

worin zur Abkürzung

$$\alpha = \sqrt{\frac{K_E}{K_W}} \tag{118}$$

gesetzt ist (Abb. 77a u. b). Die Windungen müssen wir uns dabei unendlich fein über die Spulenlänge l verteilt denken. Dieselbe Spannungsverteilung gilt auch für den Fall, daß die Spannung U_0 eine Spannungsschwingung von sehr hoher Frequenz ist.

Für das Spannungsgefälle von Windung zu Windung erhalten wir

$$\text{Fall a:}\quad \frac{\partial U}{\partial x} = -\alpha\,\frac{U_0}{l}\,\frac{\mathfrak{Cof}\,\alpha\,(1 - x/l)}{\mathfrak{Sin}\,\alpha}, \tag{119a}$$

$$\text{Fall b:}\quad \frac{\partial U}{\partial x} = -\alpha\,\frac{U_0}{l}\,\frac{\mathfrak{Sin}\,\alpha\,(1 - x/l)}{\mathfrak{Cof}\,\alpha}. \tag{119b}$$

Dieses Spannungsgefälle kann praktisch gleich der Spannungsdifferenz für die Einheit der Spulenlänge an den verschiedenen Stellen x der Wicklung gesetzt werden. Den größten Wert erhalten wir für $x = 0$ an der Eingangswindung. Mit der Windungszahl je Längeneinheit w/l wird die größte Spannung zwischen den Eingangswindungen für

$$\text{Fall a:}\quad U_a = \alpha\,\frac{U_0}{w}\,\mathfrak{Cotg}\,\alpha\,, \qquad \text{Fall b:}\quad U_a = \alpha\,\frac{U_0}{w}\,\mathfrak{Tg}\,\alpha\,. \tag{120a u. b}$$

Für $\alpha > 3$ ist $\mathfrak{Tg}\,\alpha \approx \mathfrak{Cotg}\,\alpha \approx 1$. Damit ergibt sich angenähert für die Spannung zwischen den Eingangswindungen

$$U_a \approx \alpha\,\frac{U_0}{w}. \tag{120}$$

Da U_0/w die Spannung je Windung bei linearer Spannungsverteilung ist, gibt uns der Faktor α an, um wieviel diese Windungsspannung am Eingang der Wicklung vergrößert wird. Bei konzentrischer Zylinderwicklung schwankt α etwa zwischen 5 und 30 [L 43].

Es ist noch zu beachten, daß eine Wanderwelle an den Klemmen des Transformators durch vollständige oder teilweise Reflektion aufgestaut wird, noch ehe sich ein merkbar entlastender Strom in der Transformatorspule entwickelt hat [L 48]. Theoretisch kann also die höchste Windungsspannung doppelt so groß werden als Gl. (120) angibt.

Die Spannungsverteilung bei andern Wicklungsanordnungen läßt sich nicht allgemein angeben. Bei Zylinderwicklung mit Scheibenspulen für die Oberspannungswicklung kann man jedoch ohne großen Fehler annehmen, daß die Spannung sowohl längs der Wicklung als auch von Lage zu Lage der einzelnen Scheibenspulen annähernd durch Gl. (118a bzw. b) wiedergegeben wird. Über das besondere Verhalten einer zweilagigen Zylinderspule siehe [L 46].

Bei der Berechnung des Wertes α entstehen Schwierigkeiten in der Bestimmung des maßgebenden Wertes der Erdkapazität. Nach unserm Ersatzbild Abb. 75 hatten wir bei der Parallelschaltung aller Teilkapazitäten unbegrenzte Leitfähigkeit der Erde angenommen. Inwieweit diese Annahme z. B. beim Eisenkern eines Transformators zutrifft, ist schwer zu sagen, da insbesondere auch der induktive Widerstand beim Eindringen einer Stromwelle sehr groß sein kann [L 48].

b. Die freien Schwingungen. Als Gebilde mit verteilter Induktivität und Kapazität ist der Transformator auch zu Eigenschwingungen in Form stehender Wellen befähigt. Der Versuch zeigt [L 48], daß Spulen mit überwiegender Windungskapazität leichter und ausgeprägter zu Eigenschwingungen neigen als Spulen mit überwiegender Erdkapazität. Letztere nähern sich in ihrem Verhalten mehr der Freileitung. Praktisch dürften technische Transformatoren als Spulen mit überwiegender Windungskapazität anzusprechen sein. Die Frage nach der möglichen Zahl der Eigenschwingungswellen ist von untergeordneter Bedeutung, da mit zunehmender Ordnungszahl und Frequenz die Dämpfung zunimmt und die freie Schwingung schnell zum Erlöschen bringt. Wichtig sind nur die Grundwelle und die ersten Oberwellen.

Eine stehende Welle entsteht durch Überlagerung einer vorwärtslaufenden Welle und ihrer reflektierten zurücklaufenden Welle. Die Geschwindigkeit der verschiedenen Eigenschwingungswellen strebt einem gewissen Grenzwert zu, ist also nicht für alle Wellenlängen konstant wie bei einer Freileitung.

Eine Spannungswelle von der Amplitude $U_{0\nu}$, der Wellenlänge λ_ν und der Frequenz f_ν, worin der Zeiger ν die Ordnungszahl der zu betrachtenden Eigenschwingungswelle bezeichnet, hat mit den Abkürzungen

$$\mu_\nu = \frac{2\pi}{\lambda_\nu} \quad \text{und} \quad \omega_\nu = 2\pi f_\nu \tag{121a, b}$$

die Form

$$u_\nu = U_{0\nu} \sin \mu_\nu x \cdot \cos \omega_\nu t\,. \tag{121}$$

Nach Blume und Boyajian [L 43] ist die Frequenz

$$f_\nu = \frac{2\pi n^2}{\sqrt{L_\sigma (K_E + 4\pi^2 n^2 K_W)}}\,, \tag{121c}$$

worin

$$n = \frac{l}{\lambda_\nu} \tag{121d}$$

das Verhältnis von gesamter Wicklungsdrahtlänge l zur Wellenlänge λ_ν und L_σ eine gewisse, von der Wellenlänge abhängige Streuinduktivität ist, die experimentell bestimmt werden kann [L 43].

In Abb. 78a u. b stellen, wie wir im folgenden zeigen werden, die Ordinaten der schraffierten Flächen die für die freien Schwingungen maßgebende Spannungsverteilung dar. Man sieht sofort, daß im Falle a (Erdung des Wicklungsendes) die Wicklung nur in Vielfachen von Halbwellenlängen, und im Falle b (isoliertes Wicklungsende) nur in ungeraden Vielfachen von Viertelwellenlängen schwingen kann. Es ist also für

$$\text{Fall a:} \quad n = \tfrac{1}{2}, \tfrac{2}{2}, \tfrac{3}{2}, \ldots, \quad \nu = 1, 2, 3, \ldots, \tag{122a}$$

$$\text{Fall b:} \quad n = \tfrac{1}{4}, \tfrac{3}{4}, \tfrac{5}{4}, \ldots, \quad \nu = 1, 3, 5, \ldots, \tag{122b}$$

Das Eindringen einer Rechteckwelle. Freie Schwingungen treten als Ausgleichsvorgänge bei Zustandsänderungen auf. Nach

K. W. Wagner [L 38] läßt sich auch das weitere Eindringen einer Wanderwelle in eine Spule mit Hilfe der freien Schwingungen beschreiben. Diese stellen den Übergang von der kapazitiven Anfangsverteilung zum Endzustand her. Der Endzustand ist bei einseitig geerdeterWicklung (Fall a) durch einen konstanten Leitungsstrom zur Erde mit linearem Spannungsabfall und bei ungeerdeter Wicklung (Fall b) durch konstantes Potential aller Windungen gegen Erde gekennzeichnet. Die fiktive Spannungsverteilung, die durch abklingende freie Schwingungen allmählich verschwindet, ist dann durch die Differenz der Spannungsverteilungen im Anfangs- und Endzustand gegeben. Diese für die freien Schwingungen maßgebende Spannungsverteilung beim Eindringen einer Wanderwelle ist in Abb. 78a u. b für die beiden Fälle a und b durch die Ordinaten der schraffierten Fläche gekennzeichnet. Nach unserer vorausgegangenen Rechnung können wir für diese fiktive Spannungsverteilung schreiben

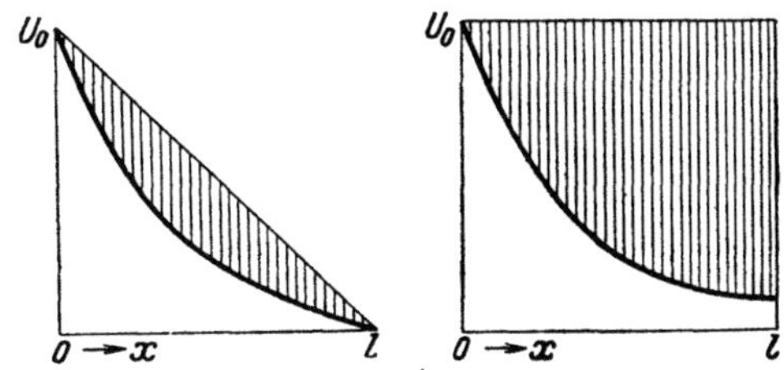

a b

Abb. 78a u. b. Maßgebende Spannungsverteilung für die freien Schwingungen; a) geerdet, b) ungeerdet.

$$\text{Fall a:}\quad u_f(x)_{t=0} = U_0\left[\frac{\mathfrak{Sin}\,\alpha\,(1 - x/l)}{\mathfrak{Sin}\,\alpha} - (1 - x/l)\right], \tag{123a}$$

$$\text{Fall b:}\quad u_f(x)_{t=0} = U_0\left[\frac{\mathfrak{Cof}\,\alpha\,(1 - x/l)}{\mathfrak{Cof}\,\alpha} - 1\right]. \tag{123b}$$

Bei der Bestimmung der kapazitiven Spannungsverteilung hatten wir l als Spulenlänge bezeichnet. Da sich die freien Wellen aber längs des Wicklungsdrahtes ausbilden, denken wir uns die jeweilige kapazitive Windungsspannung gleichmäßig über die Windungslänge aufgeteilt. Dann wird l gleich der gesamten Länge des Wicklungsdrahtes. Da unsere Rechnung von vornherein ihre Gültigkeit bei Wellenlängen in der Größenordnung einer Windungslänge verliert, ist diese Annahme berechtigt.

Die durch Gl. (123a u. b) gegebene Spannungsverteilung für die freien Schwingungen zerlegen wir in ihre Einzelwellen. Wir erhalten für die Amplitude der ν-ten Welle in beiden Fällen

$$\left.\begin{aligned} A_\nu &= \frac{2}{l}\int_0^l u_f(x)_{t=0}\sin\mu_\nu x\cdot dx = -\frac{2\,U_0}{\mu_\nu l}\,\frac{\alpha^2}{\alpha^2+\mu_\nu^2 l^2} \\ &= -\frac{U_0}{\pi n}\,\frac{1}{1+\left(\dfrac{2\pi n}{\alpha}\right)^2} \end{aligned}\right\} \tag{123c}$$

und für die freien Schwingungen nach Gl. (121)

$$u_f = \sum_{\nu}^{\infty} A_\nu \sin \mu_\nu x \cdot \cos \omega_\nu t\,, \tag{124c}$$

wobei im Falle der einseitig geerdeten Wicklung (Fall a) die Summation über alle Ordnungszahlen, im Falle der ungeerdeten Wicklung (Fall b) über

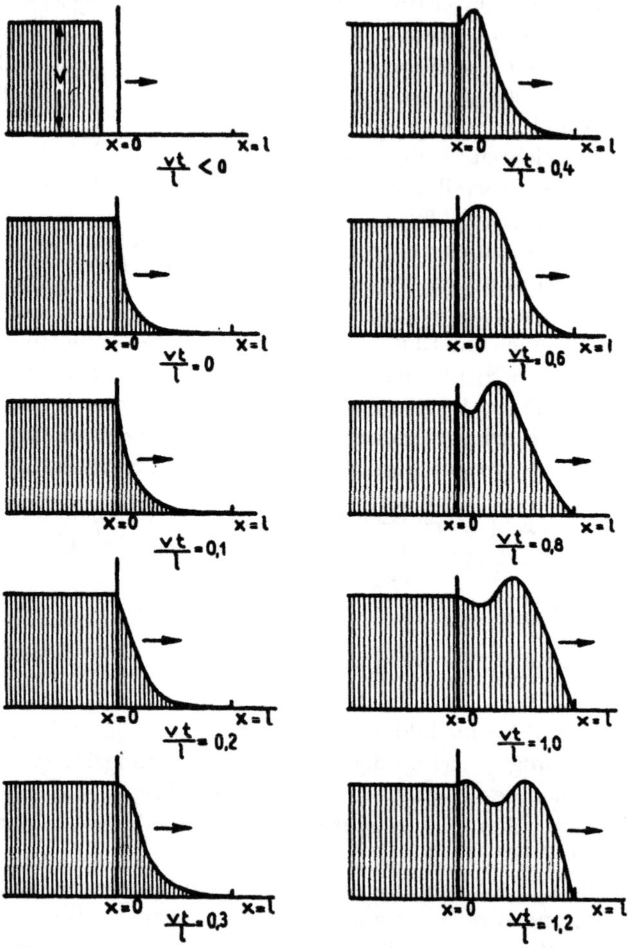

Abb. 79a. Eindringen einer Wanderwelle in die geerdete Wicklung; $\alpha = 10$. (Nach Biermanns u. Mayr: Hochspannungsforschung und Hochspannungspraxis S. 181.)

alle ungeraden Ordnungszahlen zu erstrecken ist [vgl. Gl. (122a u. b)]. Diese freien Schwingungen lagern sich über den Endzustand (zur Zeit $t = \infty$)

$$\text{Fall a:}\quad u_d = U_0\left(1 - \frac{x}{l}\right), \qquad \text{Fall b:}\quad u_d = U_0\,, \tag{124a u. b}$$

so daß wir für die resultierende Spannung während des Eindringens einer Wanderwelle in die Wicklung

$$u = u_d + u_f \tag{124}$$

erhalten.

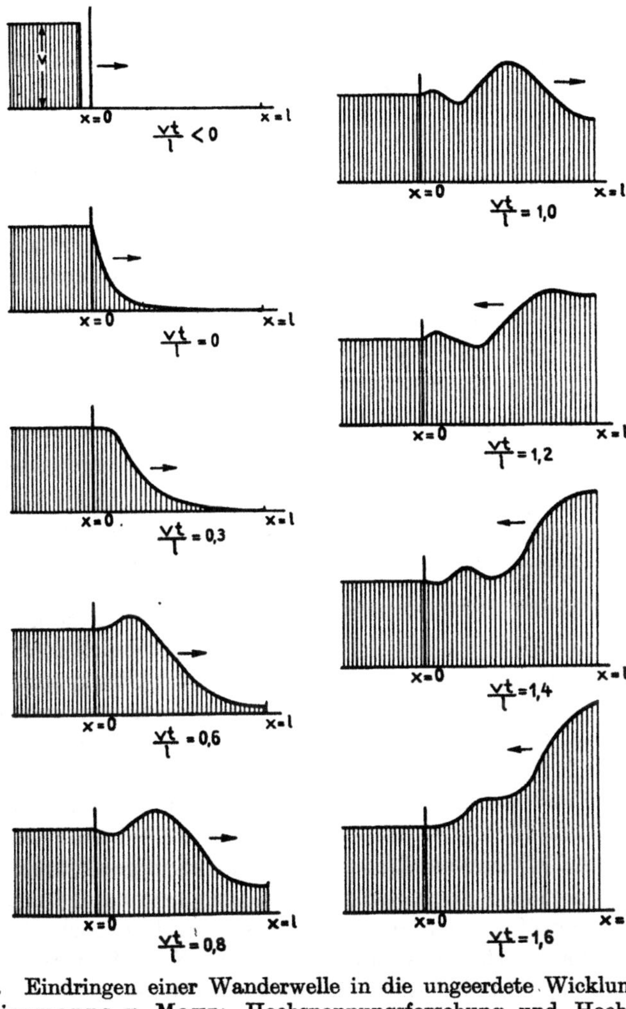

Abb. 79b. Eindringen einer Wanderwelle in die ungeerdete Wicklung; $\alpha = 10$. (Nach Biermanns u. Mayr: Hochspannungsforschung und Hochspannungspraxis S. 182.)

Die Abb. 79a u. b zeigen den von Biermanns [L 47] für die beiden Fälle a und b nach Gl. (124) und (124a bis c) berechneten Vorgang beim Eindringen einer Wanderwelle mit senkrechter Front in die Wicklung. Man erkennt, wie sich die Wellenstirn ständig umbildet und die eindringende Welle sich abschleift, daß aber Spannungserhöhungen auftreten, deren Höchstwerte bei einseitig geerdeter Wicklung (Fall a) im Innern der Wicklung, bei ungeerdeter Wicklung (Fall b) am Ende der Wicklung liegen. Das Spannungsgefälle erreicht gewöhnlich nicht den hohen Wert, den es für die Eingangswindungen im Augenblick des Auftreffens der Wanderwelle hat.

Resonanzüberspannungen. Eine wichtige Folge der Eigenschwingungen des Transformators ist die Gefahr von Resonanzüberspannungen. Wird an einen Transformator eine Wechselspannung U_0 gelegt, deren Frequenz mit einer Eigenfrequenz des Transformators übereinstimmt, so entstehen Resonanzüberspannungen, die den Transformator nicht in den Eingangswindungen, sondern meist in den mittleren und Endspulen mit einem Vielfachen der angelegten Spannung beanspruchen können. Diese Überspannungen können angefacht werden durch Oberwellen in der Spannungskurve, durch Wanderwellen- und Lichtbogenschwingungen. Je nach der Schaltung treten Vielfache von Halb- oder Viertelwellenlängen auf. Die Abb. 80a u. b zeigen die Spannungsverteilung für die geerdete und ungeerdete Wicklung. Am gefährlichsten sind die Grundwellen, da die Schwingungen höherer Ordnung stark abgedämpft werden. Für die Beanspruchung der Wicklung ist nicht nur die größte Spannung gegen Erde, sondern auch die Spannung zwischen benachbarten Windungen wichtig. Nach Bunet [L 37] ergibt sich der Überspannungsfaktor für die Grundwellen zu

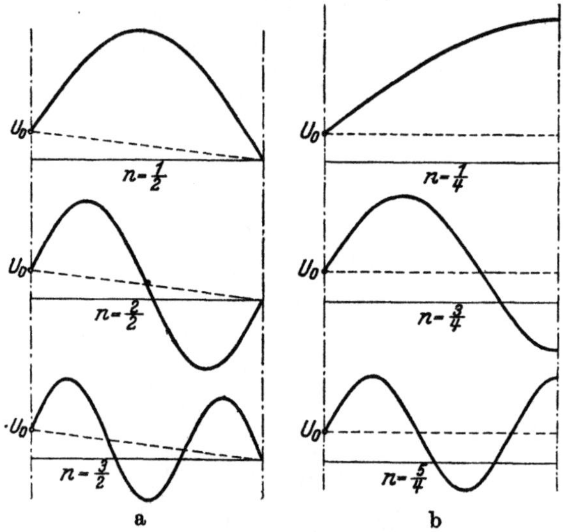

Abb. 80a u. b. Resonanzüberspannungen; a) bei geerdeter, b) bei ungeerdeter Wicklung.

$$\frac{u_{\max}}{U_0} \approx \frac{2}{R\sqrt{\frac{K_E}{L}}}, \tag{125}$$

worin R der Wirkwiderstand und L die hier maßgebende Wicklungsinduktivität ist, für die Bunet näherungsweise die Induktivität der Wicklung bei 50 Hz einsetzt. Fallou [L 44] hat für einzelne Transformatoren den Überspannungsfaktor experimentell bestimmt; er ergab sich zwischen den Grenzen 3,6 und 16,6.

c. Praktische Folgerungen. Am gefährlichsten hat sich bisher in der Praxis die Beanspruchung der Eingangswindungen durch die kapazitive Spannungsverteilung herausgestellt; nach Kopeliowitsch [L 44] lassen sich 52% aller Transformatordurchschläge auf solche an den Eingangswindungen zurückführen. Die Rechnungen zeigen, daß es darauf ankommt, den Faktor α klein zu halten. Man muß also die Windungskapazität möglichst groß und die Gesamtkapazität gegen Erde möglichst klein machen. Daraus ergeben sich ohne weiteres die konstruktiven Maßnahmen für die Isolierung der Eingangswindungen.

Die Vergrößerung des gegenseitigen Abstandes der Eingangswindungen würde zu einer Verminderung der Windungskapazität führen, während die Erdkapazität praktisch unverändert bliebe. Dadurch würde sich aber der Wert α vergrößern und damit auch die Spannung an den Eingangswindungen. Man muß deshalb für die Eingangswindungen Leiter von möglichst flachem Rechteckquerschnitt verwenden, die flach übereinander zu wickeln sind. Außerdem sind die Eingangswindungen durch Stoffe hoher elektrischer Festigkeit und großer Dielektrizitätskonstante gegeneinander zu isolieren. Bei kleinen und mittleren Transformatoren genügt eine verstärkte Lagenisolierung.

Eine ähnliche Wirkung wie die Vergrößerung der Kapazität der Eingangswindungen haben auch die „Schutzringe", die am Anfang der Oberspannungswicklung liegen und mit der ersten Windung verbunden sind [L 105, S. 461]. Wird durch die Ringe noch die Kapazität der Eingangswindung gegen Erde vergrößert, so kann ein Aufstauen der Wanderwelle beim Auflaufen auf die Wicklung verhindert werden, weil zur Aufladung dieser Kapazität eine größere Zeit erforderlich ist, während der sich bereits ein Leitungsstrom entwickelt. Die gleiche Wirkung erreicht man durch Zwischenschalten passend bemessener Kabelstrecken zwischen die Freileitung und den Transformator [L 36]. Mit dieser Schutzmaßnahme muß man jedoch vorsichtig sein in den Fällen, in denen sich vor dem Transformator bzw. vor dem Kabel eine Schutzdrossel oder eine konzentrierte Induktivität befindet. Die Induktivität bildet mit der Eingangskapazität einen Thomsonschen Schwingungskreis, der durch Wanderwellen oder Schwingungen in Resonanz kommen und zu hohen Spannungen an den Klemmen des Transformators führen kann [L 43]. Die Schutzdrossel würde dann kein Schutz, sondern eine Gefahr für den Transformator werden.

Die Überschläge im Innern der Wicklungen von Transformatoren zeigen, daß auch die Gefahr der Resonanzüberspannungen nicht unterschätzt werden darf. Da diese an allen Stellen der Wicklung zu Überbeanspruchung führen können, sollte die Windungsisolierung der ganzen

Wicklung für die volle verkettete Betriebsspannung bemessen werden, wie es in jüngster Zeit öfter empfohlen und häufig auch ausgeführt wird.

Besonders sorgfältig ist bei ungeerdeten Wicklungen der Nullpunkt zu schützen, an dem nach Abb. 79b hohe Spannungen gegen Erde auftreten können.

3. Die Sprungwellenprobe.

Die RET schreiben in § 48 eine Sprungwellenprobe vor (vgl. Abschn. G 4b), bei der die eine Wicklung gespeist und jeder Wicklungsstrang der andern, d. i. die zu prüfende Wicklung, über eine Kugelfunkenstrecke auf einen Kondensator geschaltet wird (Abb. 150). Der Kugelabstand jeder Funkenstrecke wird für einen Überschlag bei 1,1-facher Nennspannung eingestellt. Bei zeitlich sinusförmiger Klemmenspannung erfolgt also der Überschlag bei einer Spannung von $1{,}1\sqrt{2}\,U_N = 1{,}56\,U_N$, wenn U_N den Effektivwert der Nennspannung bezeichnet. Der Transformator wird nach Einstellung der Funkenstrecke auf das 1,3-fache der Nennspannung erregt und ein Funkenspiel von 10 sec Dauer aufrechterhalten.

Die hierbei sich abspielenden Vorgänge lassen sich auf Grund unsrer bisherigen Betrachtungen leicht verfolgen. Vor dem Überschlag ist die Spannungsverteilung längs der Wicklung durch die in Abb. 81 dargestellte Gerade von der Überschlagspannung $1{,}56\,U_N$ am Wicklungsanfang ($x = 0$) nach der Spannung Null am Nullpunkt ($x = l$) der Wicklung gegeben. Wegen der Symmetrie der Prüfschaltung (Abb. 150) dürfen die Wicklungsstränge im Nullpunkt als geerdet angesehen werden. Erreicht die Spannung an den Klemmen des Transformators den Augenblickswert $1{,}56\,U_N$, so tritt ein Funkenüberschlag auf, der wie ein Kurzschluß des elektrischen Feldes im Transformator wirkt, weil die der Kugelfunkenstrecke vorgeschaltete Kapazität sehr groß ist gegenüber der wirksamen Kapazität K [Gl. (117)] des Transformators und der Kondensator sich nicht sofort aufladen kann. Eine Entladungswelle zieht dabei in die Wicklung ein und verteilt sich im ersten Augenblick nach Gl. (118a).

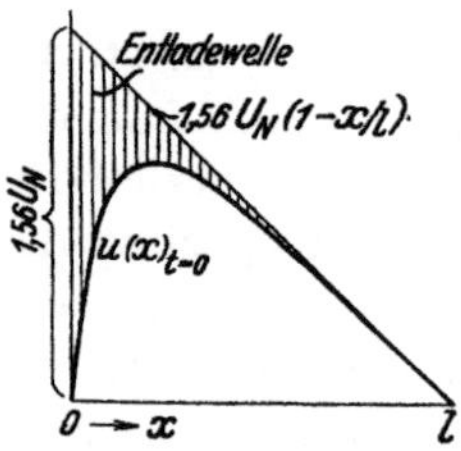

Abb. 81. Sprungwelle im Augenblick des Funkenüberschlags.

Diese Spannungsverteilung der in die Wicklung einziehenden Entladungswelle ist von der unmittelbar vor dem Überschlag herrschenden Spannungsverteilung abzuziehen, um die resultierende Sprungwelle

$$u(x)_{t=0} = 1{,}56\,U_N\left[\left(1-\frac{x}{l}\right)-\frac{\mathfrak{Sin}\,\alpha\,(1-x/l)}{\mathfrak{Sin}\,\alpha}\right] \qquad (126\text{a})$$

zu erhalten (Abb. 81), die im Augenblick des Funkenüberschlags herrscht. Diese löst freie Schwingungen im Transformator aus, die zu der Spannungsverteilung $u(x) = 0$ überführen. Nach dem Abklingen der freien Schwingungen ist das elektrische Feld restlos zusammengebrochen. Dieser Vorgang spielt sich während eines ganz kleinen Bruchteils der Dauer einer Periode der Netzfrequenz ab, während die Kugeln der Funkenstrecke durch einen Funken überbrückt werden.

Die stärkste Windungsbeanspruchung tritt im Augenblick des Überschlags, und zwar an den Eingangswindungen auf und ergibt sich aus

$$\left(\frac{\partial u(x)_{t=0}}{\partial x}\right)_{x=0} = 1{,}56\, U_N \frac{\alpha \operatorname{\mathfrak{Cotg}} \alpha - 1}{l} \tag{126b}$$

für $\alpha \geqq 3$ zu

$$u_{w\,\max} = \frac{l}{w}\left(\frac{\partial u(x)_{t=0}}{\partial x}\right)_{x=0} \approx 1{,}56(\alpha - 1)\frac{U_N}{w}. \tag{126}$$

Wir müssen noch betrachten, wie sich die Spannung am Transformator wieder erholt. Dies geschieht durch einen zweiten Ausgleichsvorgang in Form einer gedämpften Thomsonschen Schwingung. Der Transformator stellt die Induktivität dar, und die Kapazität ist durch den vorgeschalteten Kondensator gegeben. Ihre Frequenz ergibt sich aus der für den Thomsonschen Schwingungskreis geltenden Formel; sie ist in praktischen Fällen bedeutend kleiner als die Grundfrequenz der Sprungwellenschwingung. Die Spannung steigt bei diesem Ausgleichsvorgang unter Vernachlässigung der Dämpfung auf den doppelten Wert der Überschlagspannung und klingt dann oszillatorisch auf den einfachen Wert $1{,}56\, U_N$ ab. Ist der Kondensator auf genügend hohe Spannung aufgeladen und die Spannung an der Funkenstrecke hinreichend klein geworden, dann hört das Funkenspiel auf, um wieder einzusetzen, wenn die Spannung an der Funkenstrecke auf $1{,}56\, U_N$ angestiegen ist.

D. Betriebseigenschaften.

1. Vektordiagramm und Spannungsänderung.

In Abb. 21, Bd. II, hatten wir bereits das Vektordiagramm des Transformators bei Vernachlässigung der Eisenverluste an Hand der Grundgleichungen des Transformators aufgezeichnet. Wir wollen hier (Abb. 82), ausgehend vom sekundären Belastungszustand (U_2, J_2, φ_2) das Diagramm für einen Wicklungsstrang aufbauen, wobei wir zunächst neben dem Magnetisierungsstrom auch die Eisenverluste berücksichtigen. Um das Diagramm übersichtlich zu gestalten, beziehen wir alle sekundären Spannungsgrößen auf die Primärseite des Transformators, d. h. wir multiplizieren sie mit dem Windungsverhältnis w_1/w_2, das wir beispielsweise zu 1,5 annehmen.

Indem wir zu der auf die Primärwicklung bezogenen Sekundärspannung $\dot{U}_2' = \frac{w_1}{w_2}\dot{U}_2$ den Blindspannungsverlust $j\frac{w_1}{w_2}X_{2\sigma}\dot{J}_2$ und den Wirkspannungsverlust $\frac{w_1}{w_2} R_2 \dot{J}_2$ addieren, erhalten wir die auf die Primärwicklung bezogene EMK der Sekundärwicklung $\dot{E}_2'$, die gleich der in der Primärwicklung induzierten EMK $\dot{E}_1$ ist. Gegenüber dieser EMK um eine Viertelperiode verfrüht ist der resultierende Induktionsfluß $\dot{\Phi}$ im Transformatorkern und in Phase damit der Magnetisierungsstrom $\dot{J}_\mu$, dessen Grundwelle wir in bekannter Weise nach Abschnitt A 1 und 4 bestimmen können. Der dem Eisenverlust entsprechende Strom ergibt sich zu

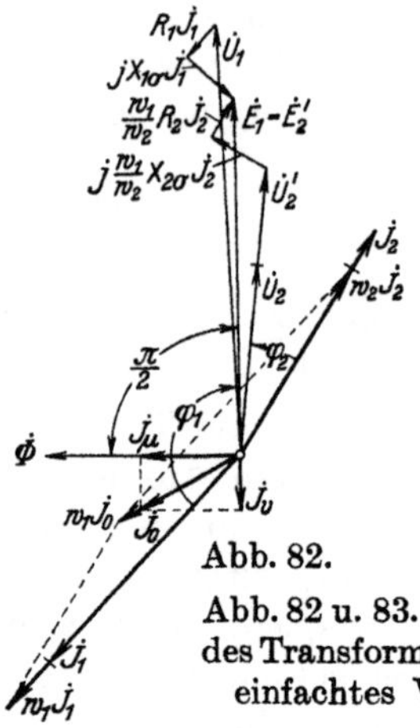

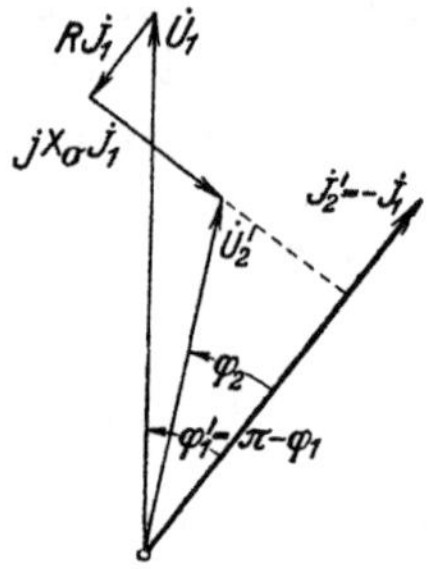

Abb. 82. Abb. 83.

Abb. 82 u. 83. Vektordiagramme des Transformators; Abb. 83 vereinfachtes Vektordiagramm.

$$J_v = \frac{Q_E}{m E_1}, \qquad (127\,a)$$

worin Q_E die Eisenverluste und m die Strangzahl bedeuten. $\dot{J}_v$ ist in Gegenphase zu $\dot{E}_1$. Aus $\dot{J}_\mu$ und $\dot{J}_v$ erhalten wir den Leerlaufstrom $\dot{J}_0$.

Die Durchflutung des Leerlaufstromes ist gleich der Resultierenden aus der primären und sekundären Durchflutung,

$$w_1 \dot{J}_0 = w_1 \dot{J}_1 + w_2 \dot{J}_2. \qquad (127\,b)$$

Daraus erhalten wir die primäre Durchflutung $w_1 \dot{J}_1$ und durch Division mit w_1 den primären Strom $\dot{J}_1$. Ziehen wir von der EMK $\dot{E}_1$ in der Primärwicklung den Blindspannungsverlust $j X_{1\sigma} \dot{J}_1$ und den Wirkspannungsverlust $R_1 \dot{J}_1$ der Primärwicklung ab, so erhalten wir die primäre Klemmenspannung $\dot{U}_1$. Umgekehrt hätten wir auch von der primären Spannung $\dot{U}_1$ und dem primären Strom $\dot{J}_1$ ausgehen können.

In Wirklichkeit sind nun die Ströme $\dot{J}_\mu$ und $\dot{J}_0$ sehr klein, etwa $^1/_{10}$ von den in Abb. 82 gezeichneten Strömen, wenn der Belastungsstrom $\dot{J}_2$ für Nennbetrieb gilt. Wir können deshalb für alle praktischen Fälle bei Nennbetrieb $\dot{J}_0 \approx 0$ setzen. $\dot{J}_1$ ist dann in Gegenphase zu $\dot{J}_2$, und es ist

$$\frac{w_2}{w_1} \dot{J}_2 = \dot{J}_2' = -\dot{J}_1. \qquad (128\,a)$$

Um die Spannungsänderung zu bestimmen, brauchen wir dann nicht zwischen primärem und sekundärem Spannungsverlust zu unterscheiden, sondern können annehmen, daß der gesamte Spannungsverlust in der Primärwicklung auftritt. Wir müssen dann setzen

$$R = R_1 + \left(\frac{w_1}{w_2}\right)^2 R_2, \qquad X_\sigma = X_{1\sigma} + \left(\frac{w_1}{w_2}\right)^2 X_{2\sigma}. \qquad (128\,\text{b u. c})$$

Aus diesem Grunde konnten wir im Abschn. B 1 und 2 darauf verzichten, die Komponenten $X_{1\sigma}$ und $X_{2\sigma}$ getrennt zu berechnen. Das Diagramm in Abb. 82 geht mit diesen Vereinfachungen über in das Diagramm der Abb. 83. Wegen der Kleinheit von RJ_1 und $X_\sigma J_1$ weicht in praktischen Fällen $\varphi_1' = \pi - \varphi_1$ nicht wesentlich von φ_2 ab.

Wie bei den elektrischen Maschinen wird auch hier als Spannungsänderung (vgl. § 16 der RET 1930) die auf die Sekundärspannung bezogene Spannungserhöhung bezeichnet, die bei konstanter Primärspannung auftritt, wenn der mit Nenngrößen belastete Transformator entlastet wird. Sie hängt bei demselben Transformator vom Phasenwinkel φ_2 ab. Nach Abb. 83 erhalten wir

$$U_1 = \sqrt{(U_2' \cos\varphi_2 + RJ_1)^2 + (U_2' \sin\varphi_2 + X_\sigma J_1)^2} \qquad (129)$$

und mit den Abkürzungen

$$\varepsilon_w = \frac{RJ_1}{U_2'}, \quad \varepsilon_b = \frac{X_\sigma J_1}{U_2'} \quad \text{und} \quad \varepsilon_k = \sqrt{\varepsilon_w^2 + \varepsilon_b^2} \qquad (130\,\text{a bis c})$$

für den relativen Wirkspannungsverlust oder den relativen Stromwärmeverlust (ε_w), den relativen Blindspannungsverlust oder die relative Streuspannung (ε_b) und die sogenannte relative Kurzschlußspannung (ε_k) wird die Spannungsänderung

$$\left.\begin{aligned} v &= \frac{U_1 - U_2'}{U_2'} = \sqrt{(\varepsilon_w + \cos\varphi_2)^2 + (\varepsilon_b + \sin\varphi_2)^2} - 1 \\ &= \sqrt{1 + \varepsilon_k^2 + 2(\varepsilon_w \cos\varphi_2 + \varepsilon_b \sin\varphi_2)} - 1 \\ &\approx \varepsilon_w \cos\varphi_2 + \varepsilon_b \sin\varphi_2 + \frac{\varepsilon_k^2}{2}. \end{aligned}\right\} \qquad (130)$$

In praktischen Fällen können wir ε_k^2 gegenüber $2(\varepsilon_w \cos\varphi_2 + \varepsilon_b \sin\varphi_2)$ vernachlässigen und erhalten

$$v \approx \varepsilon_w \cos\varphi_2 + \varepsilon_b \sin\varphi_2, \qquad (130')$$

was man auch aus Abb. 83 ohne weiteres ablesen kann, wenn man beachtet, daß der Winkel zwischen $\dot{U}_1$ und $\dot{U}_2$ in praktischen Fällen sehr klein ist. Der relative Spannungsverlust und die Spannungsänderung sollen nach den RET in % angegeben werden.

2. Die Kreisdiagramme.

Zwei Kreisdiagramme geben den Einfluß des Spannungsverlustes auf die Sekundärspannung besonders anschaulich wieder. Das eine stellt den Einfluß des sekundären Phasenwinkels bei konstantem Strom, das andere den Einfluß des Stromes bei konstantem sekundären Phasenwinkel dar.

a. Bei konstantem Strom und veränderlichem Phasenwinkel φ_2. Halten wir, wie in Abb. 84, den Strom $\dot{J}_2' = -\dot{J}_1$ fest und tragen vom Anfangspunkt 0 des Stromvektors $\dot{J}_2'$ den Spannungsverlust $R\dot{J}_1 + jX_\sigma\dot{J}_1$ an, so erhalten wir den Punkt 0'. Schlagen wir um 0 und 0' Kreise mit dem Radius der konstanten Primärspannung U_1, so stellt der erste Kreis den geometrischen Ort für den Endpunkt des primären Spannungsvektors $\dot{U}_1$, der zweite den des sekundären $\dot{U}_2'$

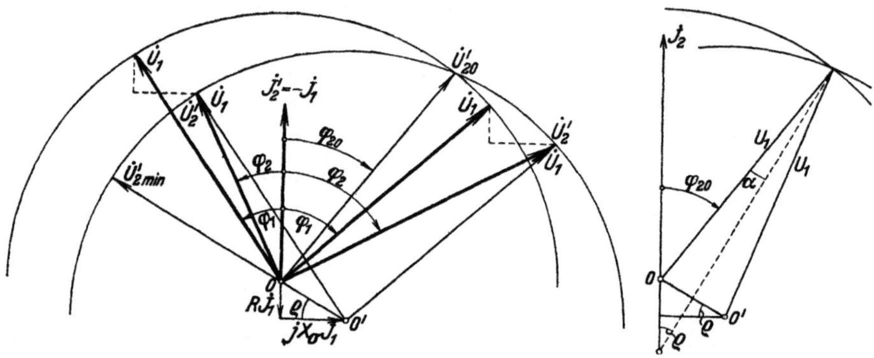

Abb. 84a u. b. Änderung der Sekundärspannung $\dot{U}_2'$, bei konstantem Strom $\dot{J}_2'$ aber veränderlichem Phasenwinkel φ_2, b) Ermittlung von φ_{20}.

dar. Der Beweis hierfür folgt aus den beiden für verschiedene Phasenwinkel φ_2 in Abb. 84a eingezeichneten Spannungsdiagrammen. Es ist, wie in Abb. 83, die Summe $\dot{U}_1 + R\dot{J}_1 + jX_\sigma\dot{J}_1 = \dot{U}_2'$. Wir erkennen aus diesem zuerst von Kapp angegebenen Diagramm die Abhängigkeit der Sekundärspannung U_2' von dem Phasenwinkel φ_2. Für gegenüber der Spannung phasenverspätete Ströme ist die Sekundärspannung U_2' immer kleiner, für genügend phasenverfrühte Ströme ist sie größer als die primäre Spannung U_1. Der Schnittpunkt der beiden Kreise U_2' und U_1 ergibt den Phasenwinkel φ_{20}, bei dem der Betrag der sekundären Klemmenspannung gleich dem der primären ist. Bezeichnen wir mit ϱ den Winkel, dessen Tangente

$$\operatorname{tg}\varrho = \frac{R}{X_\sigma} \tag{131a}$$

ist, so erhalten wir nach Abb. 84b, mit Einführung des durch die Gleichung

$$\sin\alpha = \frac{\sqrt{R^2 + X_\sigma^2}\, J_1}{2\,U_1} = \frac{\varepsilon_k}{2} \tag{131b}$$

bestimmten Winkels α, den Phasenwinkel

$$\varphi_{20} = \varrho + \alpha\,. \tag{131}$$

Wegen der Kleinheit von α bei Nennstrom (für $\varepsilon_k \leqq 0{,}07$ ist $\alpha \leqq 2°$) können wir statt des Sinus den Winkel selbst setzen und erhalten

$$\varphi_{20}^{\circ} = \varrho^{\circ} + \frac{\varepsilon_k}{\pi} 90^{\circ} \tag{131'}$$

für den Winkel, um den der Strom gegenüber der sekundären Klemmenspannung voreilen muß, damit bei Nennbelastung die sekundäre Klemmenspannung gleich der primären ist. Der Kleinstwert der sekundären Spannung ergibt sich nach Abb. 84a bei einer Nacheilung des Stromes gegenüber der sekundären Klemmenspannung um $\pi/2 - \varrho$.

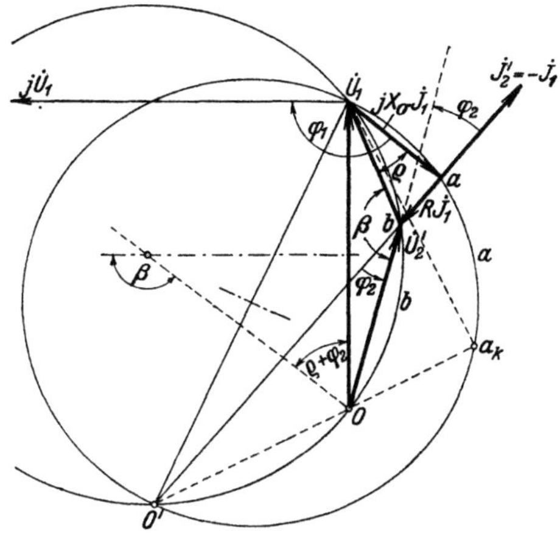

Abb. 85. Änderung der Sekundärspannung $\dot{U}_2'$ und des Phasenwinkels φ_1, bei konstantem Phasenwinkel φ_2 aber veränderlichem Strom $\dot{J}_2'$; φ_2 positiv.

b. Bei konstantem Phasenwinkel φ_2 und veränderlichem Strom. In Abb. 85 ist das Spannungsdiagramm des Transformators für einen Belastungszustand mit phasenverspätetem Strom gegenüber der sekundären Klemmenspannung durch starke Linien hervorgehoben. Der Winkel

$$\beta = \pi - \left(\frac{\pi}{2} - \varrho - \varphi_2\right) = \frac{\pi}{2} + \varrho + \varphi_2 \tag{132}$$

ist bei konstantem Phasenwinkel φ_2 unabhängig vom Strom, also konstant; deshalb bewegt sich der Endpunkt des Spannungsvektors $\dot{U}_2'$ bei fester Primärspannung $\dot{U}_1$ auf einem Kreis (b), der durch Anfangs- und Endpunkt von $\dot{U}_1$ geht. Die Bestimmung des Mittelpunktes dieses Kreises ist in Abb. 85 angedeutet. Verlängern wir $R\dot{J}_1$ bis zum Schnittpunkt mit dem Kreis b in 0', so ist der Winkel $0b0' = \varphi_2 = \text{const}$, der Punkt 0' gilt also für jeden beliebigen Belastungsstrom. Da der Winkel bei a ein rechter ist, erhalten wir als geometrischen Ort für den Punkt a einen Kreis, der die Verbindungslinie von 0' und dem Endpunkt von $\dot{U}_1$ als Durchmesser hat. Bei Leerlauf fallen die Punkte a und b in den Endpunkt von $\dot{U}_1$, und es ist $\dot{U}_2' = \dot{U}_1$. Mit wachsender Belastung wandert der Endpunkt von $\dot{U}_2'$ auf dem Kreise b, wobei die Klemmenspannung $\dot{U}_2'$ sinkt. Bei Kurzschluß ist $\dot{U}_2' = 0$, Punkt b fällt in 0, Punkt a in a_k. Der Betrag des jeweiligen Belastungsstromes wird durch den Betrag des Vektors $j X_\sigma \dot{J}_1$ dargestellt, der dem Betrage der Ströme $\dot{J}_1$ und $\dot{J}_2$ proportional ist. Um die Änderung des Phasenwinkels φ_1 zwischen Primärstrom und primärer Klemmenspannung zu erkennen, ziehen wir vom Endpunkt des Vektors $\dot{U}_1$ den Vektor $j \dot{U}_1$. Der Winkel zwischen den Vektoren $j X_\sigma \dot{J}_1$ und $j \dot{U}_1$ ist dann gleich dem Winkel zwischen $\dot{J}_1$ und $\dot{U}_1$, also gleich dem Phasenwinkel φ_1.

In Abb. 86 und 87 sind die entsprechenden Diagramme für $\varphi_2 = 0$ bzw. für einen negativen Phasenwinkel, d. h. für Voreilung des Stromes $\dot{J}_2$ gegenüber der Klemmenspannung $\dot{U}_2$ dargestellt, die sich auf ähnliche Weise bestimmen lassen wie das Diagramm in Abb. 85. Wir

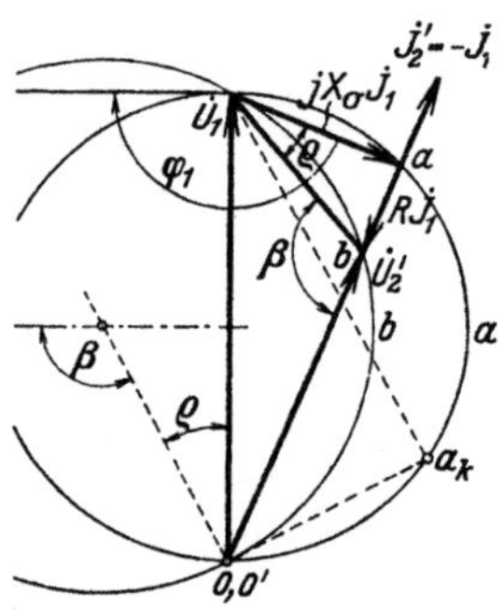

Abb. 86. Wie Abb. 85, aber $\varphi_2 = 0$.

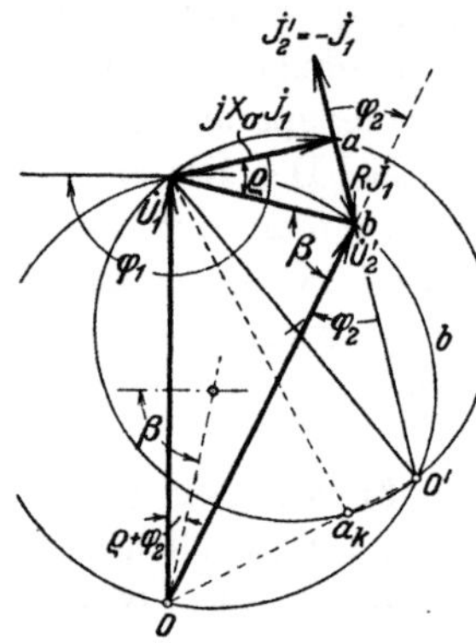

Abb. 87. Wie Abb. 85, aber φ_2 negativ.

erkennen durch Vergleich der Abb. 85 bis 87, die für denselben Transformator, d. h. für dieselben Werte R und X_σ und dieselbe Primärspannung $\dot{U}_1$ gezeichnet sind, daß die sekundäre Klemmenspannung mit dem Belastungsstrom um so langsamer sinkt, je kleiner der Winkel φ_2 ist, und daß sie bei negativem Winkel φ_2, d. h. bei Voreilung des Stromes gegenüber der Klemmenspannung vom Leerlauf ausgehend sogar zunächst anwächst, um dann später wieder zu sinken bis auf Null bei Kurzschluß. Im Kurzschluß und bei Leerlauf stimmen alle drei Diagramme überein.

3. Parallelbetrieb.

a. Bedingungen für einen einwandfreien Parallelbetrieb. Um einen einwandfreien Betrieb von Transformatoren zu erhalten, die sowohl auf der Primärseite als auch auf der Sekundärseite an denselben Sammelschienen parallel geschaltet sind, muß eine Reihe von Bedingungen erfüllt sein, die wir zunächst besprechen wollen.

In Strenge müssen wir von einem einwandfreien Parallelbetrieb verlangen, daß bei unbelastetem Sekundärnetz die Sekundärwicklungen aller parallel geschalteten Transformatoren stromlos sind, daß sich bei Belastung die einzelnen Transformatoren im Verhältnis ihrer Nennleistungen an der Stromlieferung beteiligen und daß ihre Belastungsströme alle phasengleich sind. Wäre die erste Bedingung nicht erfüllt, so würden Ausgleichströme zwischen den Transformatoren fließen, die eine zusätzliche Belastung der Wicklungen bedeuten. Die Nichterfüllung der zweiten Bedingung hätte zur Folge, daß einer der parallel geschalteten Transformatoren schon seinen Nennstrom erreicht, bevor die andern voll belastet sind. Wenn schließlich die Belastungsströme der parallel geschalteten Transformatoren nicht phasengleich sind, so ist der gesamte Belastungsstrom kleiner als die algebraische Summe der Transformatorströme. Das Sekundärnetz kann also in diesem Falle nicht mit der Summe der Nennleistungen aller Transformatoren beansprucht werden, ohne diese zu überlasten. In praktischen Fällen wird man sich damit begnügen, wenn die erwähnten Bedingungen angenähert erfüllt sind.

Damit die Sekundärwicklungen bei unbelastetem Sekundärnetz stromlos sind, müssen die induzierten EMKe nach Phase und Betrag einander gleich sein. Um dies in Strenge zu erreichen, müssen in der Regel drei Bedingungen erfüllt sein. Zunächst müssen die Schaltungen der parallel arbeitenden Transformatoren so übereinstimmen, daß bei Vernachlässigung der Spannungsverluste der Spannungsvektorstern auf der Sekundärseite bei allen Transformatoren dieselbe Lage gegenüber dem primären Spannungsvektorstern aufweist. Bei Einphasen-Transformatoren läßt sich dies immer durch gleichsinnige Verbindung der Transformatorklemmen mit den Sammelschienen erreichen. Bei Dreiphasen-Transformatoren können wir die Transformatoren nach ihrer Schaltung in Gruppen einteilen, so daß die Transformatoren jeder Gruppe der genannten Bedingung genügen und unter sich parallel geschaltet werden dürfen. Im Abschn. k werden wir diese Schaltgruppen besprechen. Als zweite Bedingung müssen wir gleiche Übersetzungen der parallel geschalteten Transformatoren verlangen, und schließlich müssen auch die Leerlaufströme denselben Spannungsverlust nach Betrag und Phase in den Primärwicklungen hervorrufen, damit keine Ausgleichströme fließen können. Wir werden später sehen, daß die letzte Bedingung weniger wichtig ist.

Damit der sekundäre Belastungsstrom sich im Verhältnis der Nennleistungen auf die parallel geschalteten Transformatoren verteilt, müssen in der Regel die Kurzschlußspannungen bei Nennstrom einander gleich sein, d. h. die den Spannungsverlust verursachenden Scheinwiderstände müssen sich umgekehrt wie die Nennleistungen der Transformatoren verhalten.

Schließlich verlangt die Forderung, daß die Sekundärströme alle phasengleich sein sollen, für alle Transformatoren dasselbe Verhältnis von Wirkwiderstand zu Streublindwiderstand (gleiche Phasenwinkel φ_k bei Kurzschluß); denn dieses Verhältnis bestimmt die Phase des Stromes gegenüber dem resultierenden Spannungsverlust (vgl. Abb. 90), der für alle Transformatoren, die primär und sekundär an denselben Sammelschienen liegen, dieselbe Phase hat. Wie wir später sehen werden, ist diese Bedingung weniger wichtig.

b. Aufstellung der Stromgleichung für zwei Transformatoren. Von den genannten Bedingungen gehört die der richtigen Schaltung der Transformatoren zu den wichtigsten; sie muß auch erfüllt sein, wenn zwischen den parallel geschalteten Transformatoren eine größere Leitungsstrecke liegt. Sie läßt sich aber leicht erreichen und kann deshalb bei den folgenden Betrachtungen als erfüllt vorausgesetzt werden. Den Einfluß einer Abweichung von den übrigen Bedingungen, die nicht immer genau erfüllt werden können, auf die Belastung der Transformatoren müssen wir dagegen besonders untersuchen.

Dabei setzen wir der Einfachheit wegen voraus, daß nur zwei Transformatoren parallel geschaltet sind. Gegeben sei die primäre Klemmenspannung $\dot{U}_1$ und der Sekundärstrom $\dot{J}_2$ des Netzes (Abb. 88). Dabei nehmen wir an, daß der Phasenwinkel zwischen dem Spannungsstern auf der sekundären und dem auf der primären Seite bei Vernachlässigung der Spannungsverluste Null ist, d. h. wir nehmen an, daß beide Transformatoren der Schaltgruppe A (vgl. Abschn. k) angehören; im andern Falle müssen wir uns den primären Spannungsstern um jenen Phasenwinkel (z. B. bei der Schaltgruppe B um 180°) in die Lage des sekundären Spannungssterns gedreht denken.

Die Größen der beiden Transformatoren sollen durch die Zeiger I und II unterschieden werden. Wir beziehen alle Größen auf die Sekundärseite. Zur Abkürzung setzen wir für den Streublindwiderstand X statt X_σ. Für die Übersetzungen schreiben wir

$$\ddot{u}_I = \frac{w_{2I}}{w_{1I}} \quad \text{und} \quad \ddot{u}_{II} = \frac{w_{2II}}{w_{1II}}. \tag{133a u. b}$$

Auf die Sekundärseite bezogen, erhalten wir dann folgende Verlustwiderstände

$$R'_{1I} = \ddot{u}_I^2 R_{1I}, \qquad R_I = R_{2I} + R'_{1I}, \tag{134a u. b}$$

$$R'_{1II} = \ddot{u}_{II}^2 R_{1II}, \qquad R_{II} = R_{2II} + R'_{1II}, \tag{134c u. d}$$

und

$$X'_{1I} = \ddot{u}_I^2 X_{1I}, \qquad X_I = X_{2I} + X'_{1I}, \tag{134e u. f}$$

$$X'_{1II} = \ddot{u}_{II}^2 X_{1II}, \qquad X_{II} = X_{2II} + X'_{1II}. \tag{134g u. h}$$

Wir können dann für jeden der beiden Transformatoren ein Spannungsdiagramm zeichnen, wie es für einen der beiden Transformatoren Abb. 89 darstellt, worin der Zeiger I bzw. II der Deutlichkeit wegen weggelassen ist und J_0 den Leerlaufstrom darstellt.

Setzen wir für den Transformator I

$$\left.\begin{aligned} \dot{Z}_{1I} = R_{1I} + jX_{1I}, \quad \dot{Z}_{2I} = R_{2I} + jX_{2I}, \\ \dot{Z}_I = R'_{1I} + R_{2I} + j(X'_{1I} + X_{2I}) \end{aligned}\right\} \qquad (134\text{i bis l})$$

und entsprechende Gleichungen für den Transformator II, so gilt für den Transformator I die Spannungsgleichung

$$\ddot{u}_I(\dot{U}_1 + \dot{Z}_{1I}\dot{J}_{0I}) - \dot{Z}'_{1I}\dot{J}_{2I} = \dot{U}_2 + \dot{Z}_{2I}\dot{J}_{2I} \qquad (135)$$

oder

$$\ddot{u}_I(\dot{U}_1 + \dot{Z}_{1I}\dot{J}_{0I}) = \dot{U}_2 + \dot{Z}_I\dot{J}_{2I}, \qquad (135\text{a})$$

und für den Transformator II

$$\ddot{u}_{II}(\dot{U}_1 + \dot{Z}_{1II}\dot{J}_{0II}) = \dot{U}_2 + \dot{Z}_{II}\dot{J}_{2II}. \qquad (135\text{b})$$

Ferner gilt für die Sekundärströme

$$\dot{J}_{2I} + \dot{J}_{2II} = \dot{J}_2. \qquad (135\text{c})$$

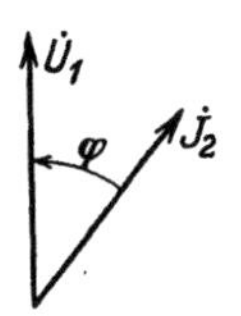

Abb. 88. Phasenwinkel φ.

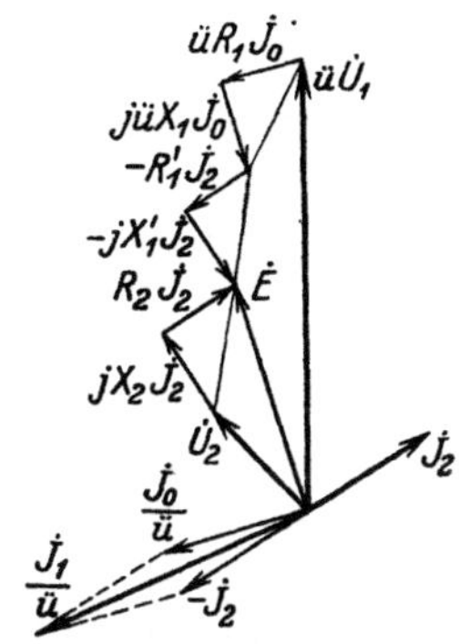

Abb. 89. Vektordiagramm eines der parallel arbeitenden Transformatoren.

Ersetzen wir in Gl. (135b) den Strom $\dot{J}_{2II}$ nach Gl. (135c) und bilden die Differenz der Gl. (135a u. b), so hebt sich $\dot{U}_2$ heraus und wir erhalten einen Ausdruck für den Strom $\dot{J}_{2I}$ des Transformators I, der nur noch von den gegebenen Größen der Transformatoren und dem sekundären Belastungsstrom $\dot{J}_2$ des Netzes abhängt. Diesen Strom können wir in drei Anteile zerlegen,

$$\dot{J}_{2I} = \dot{J}_{2I0} + \dot{J}_{2I\ddot{u}} + \dot{J}_{2I\varepsilon}. \qquad (136)$$

Der erste Teil $\dot{J}_{2I0}$ stellt hauptsächlich den Einfluß der Leerlaufströme dar und wird Null, wenn die Leerlaufströme Null sind; der zweite Teil $\dot{J}_{2I\ddot{u}}$ hängt hauptsächlich von den Übersetzungen ab und wird Null, wenn die Übersetzungen einander gleich sind; der dritte Teil $\dot{J}_{2I\varepsilon}$ ist von der Belastung des sekundären Netzes abhängig und wird hauptsächlich durch die Verlustscheinwiderstände beeinflußt. Wir erhalten für die drei Stromanteile

$$\dot{J}_{2I0} = \frac{\ddot{u}_I\dot{Z}_{1I}\dot{J}_{0I} - \ddot{u}_{II}\dot{Z}_{1II}\dot{J}_{0II}}{\dot{Z}_I + \dot{Z}_{II}}, \qquad (136\text{a})$$

$$\dot{J}_{2I\ddot{u}} = \frac{\ddot{u}_I - \ddot{u}_{II}}{\dot{Z}_I + \dot{Z}_{II}}\dot{U}_1, \qquad (136\text{b})$$

$$\dot{J}_{2I\varepsilon} = \frac{\dot{Z}_{II}}{\dot{Z}_I + \dot{Z}_{II}}\dot{J}_2. \qquad (136\text{c})$$

Dieselben Gleichungen gelten auch für den andern Transformator, wenn wir diesen mit I und den ersten mit II bezeichnen. Die Ströme $\dot{J}_{0I}$ und $\dot{J}_{0II}$ werden sich mit der Belastung der Transformatoren etwas ändern; bei der Auswertung der Gl. (136a) dürfen wir aber ohne wesentlichen Fehler sie so einsetzen, wie sie sich bei wirklichem Leerlauf ergeben. Dann ist außer $\dot{J}_{2I\ddot{u}}$ auch $\dot{J}_{2I0}$, die wir beide als Ausgleichströme bezeichnen können, unabhängig von der Belastung, während $\dot{J}_{2I\varepsilon}$ dem Belastungsstrom proportional ist.

Durch die Gl. (136) und (136a bis c) ist die Aufgabe, die Strombelastung der Transformatoren zu bestimmen, schon gelöst. Die Teilströme ergeben sich aus den Übersetzungen $\ddot{u}$, den Leerlaufströmen $\dot{J}_0$, den komplexen Verlustscheinwiderständen $\dot{Z}$, der primären Klemmenspannung $\dot{U}_1$ und dem sekundären Belastungsstrom $\dot{J}_2$ des Netzes, und ihre geometrische Summe ist nach Gl. (136) der Transformatorstrom.

Die Gleichungen sind zwar zur Berechnung des Transformatorstromes in Einzelfällen sehr übersichtlich, aber in der vorliegenden Form noch nicht für eine allgemeine Diskussion geeignet[1]). Zu diesem Zweck müssen wir sie noch umformen. Dabei wollen wir einige vereinfachende Annahmen machen, die das Ergebnis nur unmerklich beeinflussen. Wir vernachlässigen die sehr geringen Eisenverluste[2]), setzen also an Stelle des Leerlaufstromes $\dot{J}_0$ den Magnetisierungsstrom $\dot{J}_\mu$ und nehmen an, daß dieser um eine Viertelperiode gegenüber der primären Klemmenspannung $\dot{U}_1$ phasenverfrüht ist. Wir setzen ferner einander gleich die Verhältnisse

$$\frac{\ddot{u}_I^2 R_{1I}}{R_I} = \frac{\ddot{u}_{II}^2 R_{1II}}{R_{II}} = \frac{\ddot{u}_I^2 X_{1I}}{X_I} = \frac{\ddot{u}_{II}^2 X_{1II}}{X_{II}} = \zeta . \qquad (137\,\text{a})$$

Für die Wirkwiderstände R ist dies mit großer Annäherung zulässig; für die Blindwiderstände X sind uns die Verhältnisse gewöhnlich nicht genau bekannt, und wir müssen für die Auswertung der Verhältnisse doch einen Durchschnittswert einsetzen, der etwa bei $\zeta = {}^1/_2$ liegt.

Zur Abkürzung führen wir noch ein: Die Verhältnisse zwischen den Magnetisierungsströmen und den Nennströmen, die relativen Magnetisierungsströme

$$\mu_I = \frac{J_{\mu I}}{\ddot{u}_I J_{2NI}}, \quad \mu_{II} = \frac{J_{\mu II}}{\ddot{u}_{II} J_{2NII}}, \qquad (137\,\text{b, c})$$

[1]) Der Leser, der sich mit der allgemeinen Diskussion der Gleichungen nicht befassen will, kann die folgenden Betrachtungen und die Abschnitte c bis i übergehen. Durch Einsetzen der Zahlenwerte in die Gl. (136a bis c) kann er die Teilströme für einen vorliegenden Fall berechnen.

[2]) Die Berechtigung dieser Vernachlässigung werden wir später erkennen. Es ergibt sich nämlich, daß sich der Magnetisierungsstrom (und dasselbe gilt auch für den Leerlaufstrom) erst bemerkbar macht, wenn er wesentlich größer als 10% des Nennstromes ist. Die Wirkkomponente des Leerlaufstromes ist aber immer wesentlich kleiner, bei dem kleinsten Einheitstransformator z. B. nur 2%.

das Verhältnis zwischen den Nennströmen der beiden Transformatoren

$$\eta = \frac{J_{2NII}}{J_{2NI}}, \qquad (137\,\mathrm{d})$$

Abb. 90. Phasenwinkel φ_k.

das Verhältnis der Übersetzungen

$$\ddot{u} = \frac{\ddot{u}_{II}}{\ddot{u}_I}, \qquad (137\,\mathrm{e})$$

die relativen Kurzschlußspannungen bei Nennstrom

$$\varepsilon_{kI} = \frac{Z_I J_{2NI}}{\ddot{u}_I U_1}, \quad \varepsilon_{kII} = \frac{Z_{II} J_{2NII}}{\ddot{u}_{II} U_1} \qquad (137\,\mathrm{f\ u.\ g})$$

und ihr Verhältnis

$$\varepsilon = \frac{\varepsilon_{kII}}{\varepsilon_{kI}}; \qquad (137\,\mathrm{h})$$

ferner die Winkel φ_{kI} und φ_{kII} zwischen dem Wirkspannungsverlust und dem resultierenden Spannungsverlust (Abb. 90)

$$\cos\varphi_{kI} = \frac{R_I}{Z_I}, \quad \cos\varphi_{kII} = \frac{R_{II}}{Z_{II}}. \qquad (137\,\mathrm{i\ u.\ k})$$

Schließlich zerlegen wir noch jeden der drei Teilströme $\dot{J}_{2I\mu}$, $\dot{J}_{2I\ddot{u}}$, $\dot{J}_{2I\varepsilon}$ des Transformators in je zwei Komponenten, die eine, die „Wirkkomponente", in Phase mit dem Strom $\dot{J}_2$ des sekundären Netzes und die andere, die „Blindkomponente", um eine Viertelperiode gegenüber $\dot{J}_2$ voreilend. Wir beziehen diese Komponenten auf den Nennstrom des Transformators, setzen also für die Wirk- (Zeiger w) bzw. die Blindkomponente (Zeiger b)

$$\overset{w}{\iota^b_\mu} = \frac{\overset{w}{J^b_{2I\mu}}}{J_{2NI}}, \quad \overset{w}{\iota^b_{\ddot{u}}} = \frac{\overset{w}{J^b_{2I\ddot{u}}}}{J_{2NI}}, \quad \overset{w}{\iota^b_\varepsilon} = \frac{\overset{w}{J^b_{2I\varepsilon}}}{J_{2NI}}, \qquad (138\,\mathrm{a\ bis\ c})$$

Die Gleichungen für die relativen Stromkomponenten, die sich mit unsern Vereinfachungen und Abkürzungen ergeben [vgl. L 61, Gl. (7a bis f)][1], sind in ihrer allgemeinen Form sehr unübersichtlich. Wir beschränken uns deshalb darauf, sie hier anzuschreiben für den Fall

$$\varphi_{kI} = \varphi_{kII} = \varphi_k\colon \quad \overset{w}{\iota^b_\mu} = \mp \zeta \eta \frac{\mu_I - \ddot{u}\varepsilon\mu_{II}}{\eta + \ddot{u}\varepsilon} \, {}^{\sin}_{\cos}\, \varphi, \qquad (139\,\mathrm{a})$$

$$\overset{w}{\iota^b_{\ddot{u}}} = \frac{\eta}{(\eta + \ddot{u}\varepsilon)\,\varepsilon_{kI}} (1 - \ddot{u}) \, {}^{\cos}_{\sin}\, (\varphi - \varphi_k), \qquad (139\,\mathrm{b})$$

$$\iota^w_\varepsilon = \frac{(1+\eta)\,\ddot{u}\varepsilon}{\eta + \ddot{u}\varepsilon} \cdot \frac{J_2}{J_{2N}}, \quad \iota^b_\varepsilon = 0; \qquad (139\,\mathrm{c,\ d})$$

[1]) Dieser Veröffentlichung (E. u. M. Wien 1931, Heft 25) schließen wir uns bei den folgenden Betrachtungen im wesentlichen an.

denn eine Abweichung des Differenzwinkels $\varphi_{kI} - \varphi_{kII}$ von Null hat in praktischen Fällen keinen wesentlichen Einfluß auf den Transformatorstrom. In Gl. (139c) ist J_{2N} der Nennstrom des sekundären Netzes.

Die drei Teile des Transformatorstroms, die im wesentlichen durch die Unterschiede der relativen Magnetisierungsströme [Gl. (139a)], der Übersetzungen [Gl. (139b)] und durch das Verhältnis der Nenn-Kurzschlußspannungen [Gl. (139c)] bestimmt werden, werden wir der Übersichtlichkeit wegen in den Abschn. e bis g getrennt betrachten. Zunächst wollen wir jedoch noch zwei Abschnitte einfügen, um die praktisch in Frage kommenden ungünstigsten Werte von η und $\ddot{u}\varepsilon$ zu ermitteln und den größten praktisch vorkommenden Differenzwinkel $\varphi_{kI} - \varphi_{kII}$ abzuschätzen, damit wir auch den Einfluß dieses Winkels nach den hier nicht wiedergegebenen Gleichungen zeigen können.

c. Ungünstigste Werte von η und $\ddot{u}\varepsilon$. Die Gl. (139a bis c) geben die relativen Stromkomponenten für den Transformator *I* an. Am meisten gefährdet ist der kleinere der beiden parallel geschalteten Transformatoren; deshalb müssen wir, wenn wir die ungünstigsten Fälle betrachten wollen, für η den größten Wert einsetzen, der praktisch in Frage kommen kann. In § 60 der RET 1930 wird empfohlen, vom Dauer-Parallelbetrieb bei Transformatoren, deren Nenn-Leistungsverhältnis größer als 1 : 3 ist, abzusehen. Wir legen deshalb bei der Berechnung der Stromkomponenten als ungünstigsten Fall $\eta = 3$ zugrunde.

Nach den Gl. (139a u. b) wird der Ausgleichstrom, der von den relativen Magnetisierungsströmen und der Ungleichheit der Übersetzungen hervorgerufen wird, am größten, wenn das Produkt $\ddot{u}\varepsilon$ aus den Verhältnissen der Übersetzungen und der Nenn-Kurzschlußspannungen seinen kleinsten Wert annimmt. Nach § 61 der RET 1930 gilt der Parallelbetrieb als einwandfrei, „wenn die Nenn-Kurzschlußspannungen nicht mehr als $\pm 10\%$ vom Mittelwert der (Nenn-) Kurzschlußspannungen der vorhandenen Transformatoren abweichen". Unter „vorhandenen Transformatoren" wird man wohl sämtliche Transformatoren verstehen müssen, die parallel arbeiten sollen. Bei zwei parallel arbeitenden Transformatoren ist dann das kleinste Verhältnis $\varepsilon = 0{,}9/1{,}1 = 0{,}818$. Bei dieser „wörtlichen" Auslegung des § 61 der RET 1930 würde er aber mit dem der RET 1923 übereinstimmen, in denen der Nebensatz lautete: „Wenn die Nenn-Kurzschlußspannungen nicht mehr als $\pm 10\%$ von ihrem Mittel abweichen". Wir wollen deshalb hier auch noch eine „freie" Auslegung des § 61 der RET 1930 in Betracht ziehen, nämlich daß die Nenn-Kurzschlußspannungen mehrerer zu einem Transformatorbetrieb neu hinzukommender Transformatoren nicht mehr als $\pm 10\%$ von dem Mittel der Nenn-Kurzschlußspannungen der bereits vorhandenen Transformatoren abweichen dürfen. Bei dieser Auslegung dürfte bei einem vorhandenen Transformator (II) die Nenn-Kurzschlußspannung eines neu hinzukommenden (I) nicht mehr als $\pm 10\%$ von der des bereits vorhandenen abweichen. In diesem Falle würde das kleinste Verhältnis $\varepsilon = 1/1{,}1 = 0{,}909$ sein.

Schließlich ist im DIN-Blatt VDE 2600 für die Einheitstransformatoren angegeben, daß die Nenn-Kurzschlußspannung um $+10$ und -20% von dem festgesetzten Wert abweichen darf. Dabei müssen wir noch berücksichtigen, daß die Nenn-Kurzschlußspannungen der Einheitstransformatoren von der Leistung abhängig sind. So beträgt bei 5000 V Schaltgruppe C_3 die relative Nenn-Kurzschlußspannung des Transformators für 10 kVA 4,3% und die des Transformators für 30 kVA 4,0%. Bei zwei parallel geschalteten Transformatoren ist also der kleinste Wert $\varepsilon = 4{,}0 \cdot 0{,}8/4{,}3 \cdot 1{,}1 = 0{,}68$.

Das Verhältnis $\ddot{u}$ der Übersetzungen darf, wie wir im Abschn. f sehen werden, in der Regel nur um Bruchteile eines Hundertstels von 1 abweichen. Deshalb dürfen wir für die ungünstigsten praktisch vorkommenden Fälle beim Ausgleichstrom, der von den relativen Magnetisierungsströmen [Gl. (139a)] herrührt, etwa $\ddot{u}\varepsilon$ gleich 0,909 bei freier, 0,818 bei wörtlicher Auslegung und 0,68 bei Einheitstransformatoren setzen.

Während die größten Ausgleichströme nach Gl. (139a u. b) bei dem kleinsten Wert von $\ddot{u}\varepsilon$ auftreten, ergibt sich, wie wir im Abschn. g erkennen werden, der größte zusätzliche Belastungsstrom, den der Teilstrom nach Gl. (139c) zur Folge hat, bei den größten Werten von $\ddot{u}\varepsilon$. Wir erhalten als größten Wert von ε bei freier Auslegung des § 61 der RET 1930 $1/0{,}9 = 1{,}111$, bei wörtlicher $1{,}1/0{,}9 = 1{,}222$ und bei Einheitstransformatoren $4{,}0 \cdot 1{,}1/4{,}3 \cdot 0{,}8 = 1{,}279$. In den ungünstigsten, praktisch vorkommenden Fällen müssen wir also in Gl. (139c) für $\ddot{u}\varepsilon$ etwa 1,111 bei freier, 1,222 bei wörtlicher Auslegung und 1,279 bei Einheitstransformatoren setzen.

d. Größter Differenzwinkel $|\varphi_{kI} - \varphi_{kII}|$. In Zahlentafel 3 sind die relative Nenn-Kurzschlußspannung ε_k und ihre Wirkkomponente ε_w und der Winkel φ_k für die Hauptreihe der Einheitstransformatoren nach DIN VDE 2600 bei den Grenzspannungen 5000 und 20000 V für Schaltgruppe A_2[1]) zusammengestellt. Die größte bei diesen Transformatoren auftretende Differenz der Winkel φ_k ist $|\varphi_{kI} - \varphi_{kII}| = 53°8' - 38°13' = 14°55'$, wobei aber das Verhältnis der Leistungen der Transformatoren, zu denen diese Winkel gehören, $100:5 = 20:1$ ist. Als ungünstigsten Fall haben wir aber mit Rücksicht auf § 60 der RET 1930 ein Leistungsverhältnis $3:1$ zugrunde gelegt. Für dieses Verhältnis liegt der Betrag des Differenzwinkels $\varphi_{kI} - \varphi_{kII}$ bei den Einheits-Transformatoren immer unter 6°. Hierbei ist jedoch voraus-

[1]) Für Schaltgruppe C_3 und bei der Sonderreihe der Einheitstransformatoren (DIN VDE 2601) ergeben sich noch kleinere Unterschiede zwischen den Winkeln φ_k.

Zahlentafel 3. Relative Nenn-Kurzschlußspannung ε_k in %, ihre Wirkkomponente ε_w und Phasenwinkel φ_k ($\cos\varphi_k = \varepsilon_w/\varepsilon_k$) bei den Einheitstransformatoren nach DIN VDE 2600.

			Leistung in kVA						
			5	10	20	30	50	75	100
Schaltgruppe A_2	5000 V	ε_k	4,2	4,0	3,9	3,8	3,6	3,5	3,5
		ε_w	3,3	3,0	2,8	2,6	2,5	2,3	2,1
		φ_k	38° 13′	41° 25′	44° 7′	46° 50′	46° 1′	48° 55′	53° 8′
	20000 V	ε_k	4,6	4,5	4,4	4,3	4,1	3,9	3,8
		ε_w	3,3	3,0	2,8	2,6	2,5	2,3	2,1
		φ_k	44° 10′	48° 11′	50° 29′	52° 48′	52° 26′	53° 52′	56° 27′

gesetzt, daß neben der Nenn-Kurzschlußspannung auch die Wirkkomponente der Nenn-Kurzschlußspannung eingehalten wird. Um den Einfluß der Abweichung der Wirkkomponenten voneinander zu zeigen, ist in Abb. 91 als Funktion des Phasenwinkels φ_{kI} dargestellt, wie sich der Differenzwinkel $|\varphi_{kI} - \varphi_{kII}|$ ändert, wenn bei gleichbleibender Nenn-Kurzschlußspannung die Wirkkomponente des Transformators *II* das λ-fache der Wirkkomponente des Transformators *I* ist, $\varepsilon_{wII} = \lambda\varepsilon_{wI}$, wobei λ gleich 0,4, 0,6, 0,8 angenommen ist. Wir erkennen daraus, daß bei kleinen Transformatoren (φ_{kI} klein) der Einfluß von λ auf den Differenzwinkel $|\varphi_{kI} - \varphi_{kII}|$ sehr groß ist. Transformatoren kleinerer Leistung als 5 kVA, die kleinsten der Einheits-Transformatoren, werden aber wohl kaum an denselben Sammelschienen parallel geschaltet. Es kommt deshalb praktisch nur der Bereich $\varphi_{kI} > 37°$ in Betracht. Für $\lambda = 0{,}8$, das heißt bei einer um 20% kleineren Wirkkomponente der Nenn-Kurzschlußspannung ε_{kI}, ist bei $\varphi_{kI} = 37°$ der Differenzwinkel $|\varphi_{kI} - \varphi_{kII}|$ etwa 13°. Mit zunehmender Leistung sinkt dann aber der Differenzwinkel sehr schnell. Er beträgt bei den größten Einheitstransformatoren für 100 kVA bei $\lambda = 0{,}8$ nur noch etwa 8°, bei $\lambda = 0{,}6$ etwa 15° und ist bei noch größeren Leistungen wesentlich kleiner.

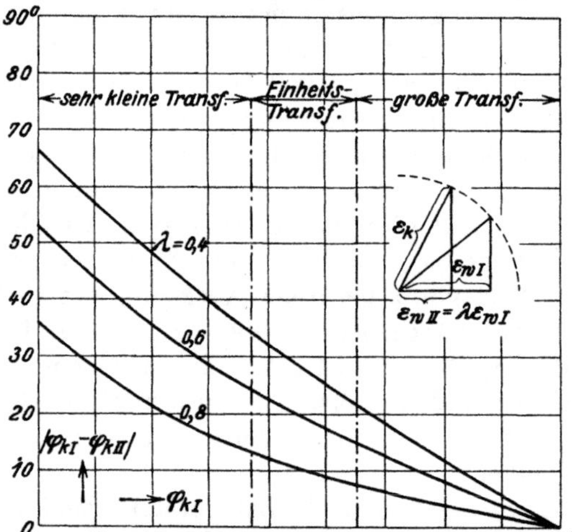

Abb. 91. Einfluß der Abweichung der Wirkkomponente ε_w der Nenn-Kurzschlußspannung auf den Differenzwinkel $|\varphi_{kI} - \varphi_{kII}|$.

Berücksichtigen wir, daß Transformatoren sehr kleiner Leistung an denselben Sammelschienen nicht parallel geschaltet werden, so wird in den meisten praktischen Fällen der Differenzwinkel 10° nicht überschreiten. In ungünstigen Fällen kann er auch 20° betragen, während ein Differenzwinkel von 30° einen außergewöhnlichen Fall darstellt, der auch nur bei sehr kleinen Transformatoren zu erwarten ist.

e. Einfluß der relativen Magnetisierungsströme. Für den Betrag des relativen zusätzlichen Stromes, der hauptsächlich von den Magnetisierungsströmen herrührt, erhalten wir nach Gl. (139a)

$$\iota_\mu = \zeta \eta \left| \frac{\mu_I - \ddot{u}\varepsilon \mu_{II}}{\eta + \ddot{u}\varepsilon} \right| . \tag{140}$$

Setzen wir noch $\ddot{u}\varepsilon = 1$, wie es stets angestrebt wird, so erhalten wir für

$$\varphi_{kI} = \varphi_{kII} \text{ und } \ddot{u}\varepsilon = 1: \qquad \iota_\mu = \frac{\zeta\eta}{1+\eta} |\mu_I - \mu_{II}| . \tag{140'}$$

Mit den Annahmen $\varphi_{kI} = \varphi_{kII}$ und $\ddot{u}\varepsilon = 1$ ist also der relative Ausgleichstrom proportional der Differenz der relativen Magnetisierungsströme. Setzen wir noch für ζ den Durchschnittswert 0,5, so erhalten wir mit

$$\eta = 3: \qquad \iota_\mu = \tfrac{3}{8} |\mu_I - \mu_{II}| . \tag{140''}$$

Nehmen wir zum Beispiel an, daß der relative Magnetisierungsstrom des Transformators I den schon verhältnismäßig großen Wert $\mu_I = 0{,}100$ hat, so würde nach Abschn. A 8c bei denselben magnetischen Beanspruchungen und geometrisch ähnlichen Transformatoren für den größeren Transformator II $\mu_{II} \approx 0{,}100/\sqrt[4]{\eta} = 0{,}100/\sqrt[4]{3} = 0{,}076$ sein. In diesem Falle ergäbe sich nach Gl. (140'') ein Ausgleichstrom von nur 0,9% des Nennstromes des kleinen Transformators. Setzen wir dagegen den schon recht ungewöhnlichen Fall voraus, daß $\mu_I = 0{,}150$ und $\mu_{II} = 0{,}030$ ist, also $\mu_I - \mu_{II} = 0{,}12$, so ergäbe sich für den Transformator I ein relativer Ausgleichstrom von 4,5%.

Um den Einfluß des Produktes $\ddot{u}\varepsilon$ und des Differenzwinkels $|\varphi_{kI} - \varphi_{kII}|$ auf den relativen Ausgleichstrom ι_μ zu zeigen, ist dieser in Abb. 92 für den ungünstigsten Fall des kleineren Transformators mit $\eta = 3$ als Funktion von $\ddot{u}\varepsilon$ bei verschiedenen Differenzwinkeln und für die relativen Magnetisierungsströme $\mu_I = 0{,}150$ und $\mu_{II} = 0{,}030$ sowie $\mu_I = 0{,}100$ und $\mu_{II} = 0{,}076$ aufgetragen. Die Ordinaten für die im Abschn. c ermittelten ungünstigsten Werte von $\ddot{u}\varepsilon$ gleich 0,909, 0,818 und 0,68 sind besonders hervorgehoben. Wir erkennen aus diesen Kurven, daß die Abweichung des Produktes $\ddot{u}\varepsilon$ von 1 und des Differenzwinkels $|\varphi_{kI} - \varphi_{kII}|$ von 0 nur bei kleinen Unterschieden der relativen Magnetisierungsströme, bei denen der relative Ausgleichstrom an sich sehr gering und praktisch ohne Bedeutung ist, diesen wesentlich beeinflußt, so daß für praktische Zwecke Gl. (140′) genügend Aufschluß über den Ausgleichstrom gibt.

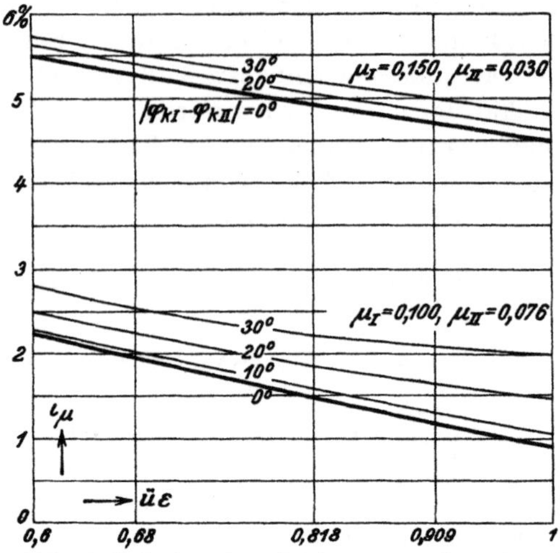

Abb. 92. Relativer Ausgleichstrom ι_μ, herrührend von der Ungleichheit der relativen Magnetisierungsströme μ_I und μ_{II}, für den kleineren Transformator; Nennleistungsverhältnis $\eta = 3$.

Die auf den Belastungsstrom des sekundären Netzes bezogenen Komponenten des Ausgleichstromes ergeben sich für

$$\varphi_{kI} - \varphi_{kII} = 0$$

nach Gl. (139a). Wenn, wie in der Regel, $\mu_I > \ddot{u}\varepsilon\mu_{II}$ ist, wirkt für die gewöhnlich praktisch in Frage kommenden Phasenwinkel zwischen Strom und Klemmenspannung, $0° < \varphi \leqq 90°$ (vgl. Abb. 88 und 93), die Komponente $J^w_{2I\mu}$ dem Belastungsstrom entgegen, verringert also bei Belastung die Strombeanspruchung des kleinen Transformators. Die auf den großen Transformator bezogene Komponente des Ausgleichstromes ist dagegen gleichgerichtet mit dem Belastungsstrom und erhöht die Beanspruchung, wobei allerdings zu beachten ist, daß hier der relative Ausgleichstrom bei $\eta = 3$ nur ein Drittel des auf den Transformator I bezogenen und in Abb. 92 dargestellten Ausgleichstromes beträgt. Wenn beide Transformatoren dieselbe Leistung haben ($\eta = 1$), beträgt der für beide Transformatoren dann gleich große Ausgleichstrom etwa $^2/_3$ des in Abb. 92 dargestellten relativen Ausgleichstromes. Manchmal kann aber der relative Magnetisierungsstrom des großen Transformators auch größer sein als der des kleinen oder die Belastung kann ganz oder teilweise kapazitiv sein $(-90° \leqq \varphi < 0°)$.

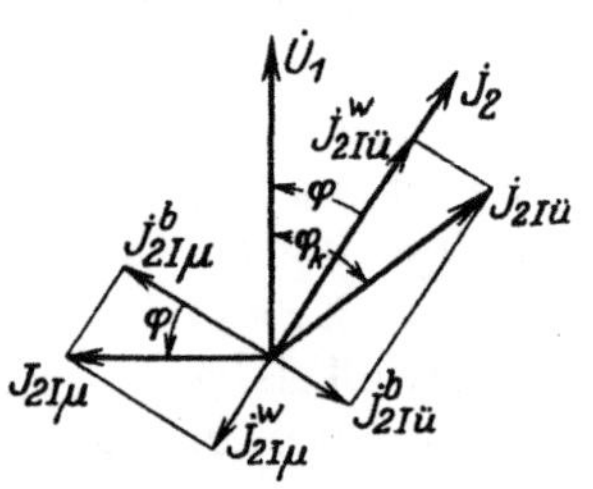

Abb. 93. Ausgleichströme $\dot{J}_{2I\mu}$ für $\mu_I > \ddot{u}\varepsilon\mu_{II}$ und $\dot{J}_{2I\ddot{u}}$ für $\ddot{u}_I > \ddot{u}_{II}$.

Dann ändert bei $\mu_I < \ddot{u}\varepsilon\mu_{II}$ nach Gl. (139a) die Wirkkomponente des Ausgleichstromes ihr Vorzeichen, und die Strombeanspruchung des kleinen Transformators wird bei Belastung vergrößert.

Wenn dieser letzte Fall auch seltener vorkommen wird, so muß doch mit ihm gerechnet werden. Da auch unter Umständen der von der Verschiedenheit der relativen Magnetisierungsströme herrührende Ausgleichstrom fast reine Wirkkomponente sein kann ($\varphi \approx \pm 90^\circ$), so wird man, damit diese in ungünstigsten Fällen nur etwa 5% des Nennstromes erreicht, verlangen müssen, daß die Differenz der relativen Magnetisierungsströme 0,12 nicht überschreitet.

Wir haben die Übersetzung [Gl. (133a u. b)] gleich dem Verhältnis der sekundären zur primären Windungszahl gesetzt, in Übereinstimmung mit § 11 der RET 1930, wenn die sekundäre Wicklung die Oberspannungswicklung ist. Experimentell wird die Übersetzung aber aus dem Verhältnis der Leerlaufspannungen (Abschnitt G 1a) ermittelt, wie sie nach der Fassung des § 11 der älteren RET 1923 auch definiert war. Wenn die Verhältnisse der Leerlaufspannungen der parallel arbeitenden Transformatoren einander gleich sind, erhalten wir kleinere Ausgleichströme, als wenn dies für das Verhältnis der Windungszahlen der Fall ist. In Abb. 94 ist das Leerlaufdiagramm zweier parallel geschalteter Transformatoren dargestellt, wobei der Übersichtlichkeit wegen das Windungsverhältnis des Transformators I zu 1 angenommen ist. Wäre auch das Windungsverhältnis des Transformators II gleich 1, so würde die sekundäre Leerlaufspannung $\dot{U}_{2II0} = \dot{E}_{1II}$, der Ausgleichstrom also der Differenz $\dot{E}_{1I} - \dot{E}_{1II}$ proportional sein. Stimmen dagegen die Verhältnisse der Spannungen bei Leerlauf überein, so ist $U_{2II0} = U_{2I0}$ und der Ausgleichstrom ist nur proportional $\dot{U}_{2I0} - \dot{U}_{2II0}$. Er wird etwa im Verhältnis $\varepsilon_w/\varepsilon_k$, der Wirkkomponente der relativen Nenn-Kurzschlußspannung zur relativen Nenn-Kurzschlußspannung des Transformators, verringert. Für große Transformatoren (ε_w klein, $\cos\varphi_k$ klein) ergäbe also die ältere Fassung der RET einen wesentlich kleineren Ausgleichstrom. Der Ausgleichstrom würde Null sein, wenn $R_{1I} = R_{1II} = 0$ oder $R_{1I} J_{\mu I} = R_{1II} J_{\mu II}$ wäre.

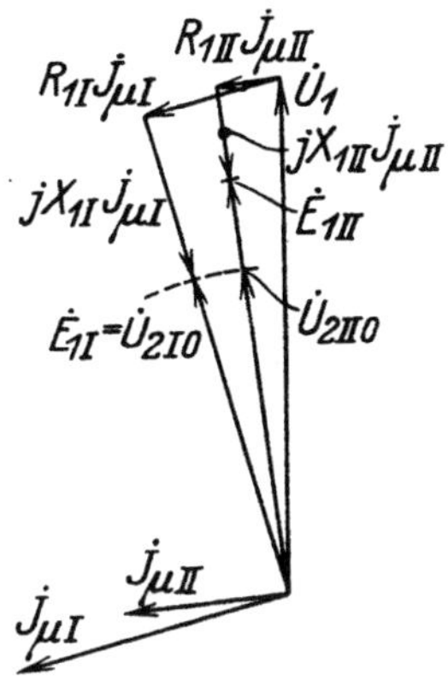

Abb. 94. Leerlaufdiagramm zweier parallel arbeitender Transformatoren.

Für den relativen zusätzlichen Belastungsstrom ι_ε, der hauptsächlich durch die Ungleichheit der Nenn-Kurzschlußspannungen hervorgerufen wird, ist es dagegen praktisch gleichgültig, ob als Übersetzung das Verhältnis der Windungszahlen oder das der Leerlaufspannungen eingeführt wird [L 61, S. 485 und 486].

f. Einfluß der Ungleichheit der Übersetzungen. Für den Betrag des relativen Ausgleichstromes, der im wesentlichen durch die Verschiedenheit der Übersetzungen hervorgerufen wird, erhalten wir aus Gl. (139b)

$$\iota_{ü} = \frac{\eta}{(\eta + ü\varepsilon)\,\varepsilon_{kI}} \left|1 - ü\right|. \tag{141}$$

Dieser Betrag ist proportional der Abweichung $(1 - \ddot{u})$ des Verhältnisses $\ddot{u}$ der Übersetzungen von 1 und umgekehrt proportional der relativen Nenn-Kurzschlußspannung ε_{kI}. Für $\eta = 3$ ist $\eta + \ddot{u}\varepsilon \approx 4$, und wir können schreiben

$$\eta = 3: \qquad \iota_{\ddot{u}} \approx \frac{3}{4}\left|\frac{1-\ddot{u}}{\varepsilon_{kI}}\right|. \tag{141'}$$

Bei den Einheitstransformatoren ist im Durchschnitt $\varepsilon_{kI} = 0{,}042$ und damit

$$\iota_{\ddot{u}} \approx 18\,|1 - \ddot{u}|. \tag{141''}$$

Eine Abweichung des Verhältnisses der Übersetzungen von 1 um 1% bewirkt also einen Ausgleichstrom von 18% des Nennstromes. Große Hochspannungstransformatoren sind weniger empfindlich, weil bei ihnen die Nenn-Kurzschlußspannung etwa das Dreifache der Nenn-Kurzschlußspannung der Einheits-Transformatoren betragen kann.

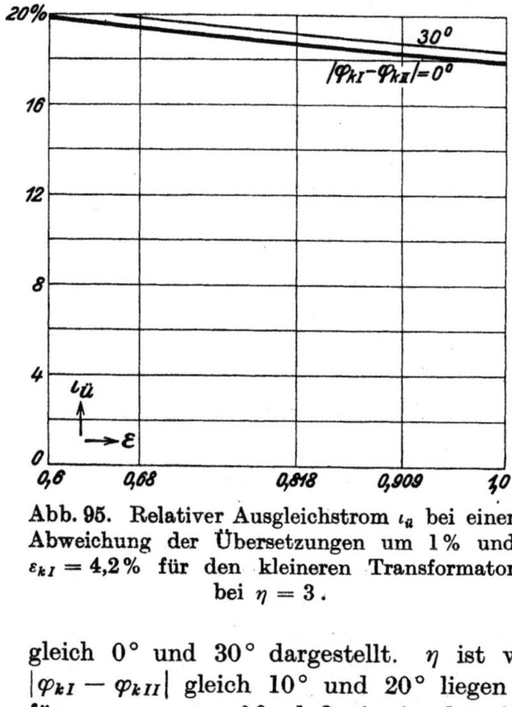

Abb. 95. Relativer Ausgleichstrom $\iota_{\ddot{u}}$ bei einer Abweichung der Übersetzungen um 1% und $\varepsilon_{kI} = 4{,}2\%$ für den kleineren Transformator bei $\eta = 3$.

Um den Einfluß des Verhältnisses ε der relativen Nenn-Kurzschlußspannungen und des Differenzwinkels $\varphi_{kI} - \varphi_{kII}$ auf den relativen Ausgleichstrom abzuschätzen, dessen Betrag unabhängig von φ ist, ist in Abb. 95 der relative Ausgleichstrom bei $\varepsilon_{kI} = 4{,}2\%$ und $1 - \ddot{u} = 1\%$ als Funktion von ε für die Differenzwinkel $|\varphi_{kI} - \varphi_{kII}|$ gleich 0° und 30° dargestellt. η ist wieder gleich 3 gesetzt. Für $|\varphi_{kI} - \varphi_{kII}|$ gleich 10° und 20° liegen die Kurven so nahe bei der für $\varphi_{kI} - \varphi_{kII} = 0°$, daß sie in der Abbildung nicht eingezeichnet werden konnten. Wir erkennen aus dem flachen Verlauf dieser Kurven, daß der Einfluß von ε auch auf den relativen Ausgleichstrom $\iota_{\ddot{u}}$ sehr gering ist und der des Differenzwinkels fast verschwindet.

Der relative Ausgleichstrom ist umgekehrt proportional ε_{kI} und proportional $1 - \ddot{u}$. Lassen wir einen relativen Ausgleichstrom von etwa 5% des Nennstromes zu, so darf bei $\varepsilon_{kI} = 4{,}2\%$ das Verhältnis der Übersetzungen höchstens 0,3% von 1 abweichen. Bei kleinen relativen Nenn-Kurzschlußspannungen, wie sie für die Einheits-

Transformatoren gelten, müssen also die Übersetzungen der parallel zu schaltenden Transformatoren sehr genau bemessen werden.

In Abb. 93 ist die Lage der von der Verschiedenheit der Übersetzungen und der Magnetisierungsströme herrührenden Ausgleichströme und ihre auf den Belastungsstrom bezogenen Komponenten für den kleinen Transformator (I) bei $\varphi_{kI} = \varphi_{kII} = \varphi_k$ dargestellt, wobei angenommen ist, daß sowohl der relative Magnetisierungsstrom, als auch die Übersetzung des kleinen Transformators größer sind als die des andern Transformators. In diesem Falle ($\ddot{u}_I > \ddot{u}_{II}$, $\mu_I > \mu_{II}$) heben sich die beiden Ausgleichströme $\dot{J}_{2I\mu}$ und $\dot{J}_{2I\ddot{u}}$ teilweise auf; ihre Wirkkomponenten lassen sich sogar durch passende Wahl der Übersetzungen ($\ddot{u} < 1$) ganz aufheben. Es muß in letzterem Falle nach Abb. 93 sein

$$J_{2I\ddot{u}} \cos(\varphi - \varphi_k) = J_{2I\mu} \sin\varphi \,. \tag{142}$$

Wenn der relative Magnetisierungsstrom des kleinen Transformators kleiner ist als der des größern, so läßt sich dasselbe durch eine Übersetzung erreichen, die etwas kleiner als die des größeren Transformators ist. Die Komponenten der Ausgleichströme ändern dann in Abb. 93 alle ihre Vorzeichen.

g. Einfluß der Ungleichheit der Nenn-Kurzschlußspannungen. Es bleibt uns noch übrig, die von der Belastung abhängigen zusätzlichen Stromkomponenten zu betrachten, die im wesentlichen durch das Verhältnis der Nenn-Kurzschlußspannungen bestimmt werden.

Besondere Beachtung verdient hier der Fall, daß das Netz mit dem Nennstrom belastet ist, der algebraischen Summe der Nennströme der parallelgeschalteten Transformatoren, also $J_2/J_{2N} = 1$ ist. Der Überschuß von ι_ε^w über 1 stellt dann nach Gl. (139c) die Überlastung des Transformators dar. Wir erhalten bei

$$\frac{J_2}{J_{2N}} = 1: \qquad \iota_\varepsilon^w - 1 = \frac{\eta(\ddot{u}\varepsilon - 1)}{\eta + \ddot{u}\varepsilon}. \tag{143}$$

Eine Überlastung des Transformators tritt bei $\ddot{u}\varepsilon > 1$ auf, also wenn der kleinere Transformator die kleinere Nenn-Kurzschlußspannung hat, und ist um so größer, je größer das Produkt $\ddot{u}\varepsilon$ und je größer η ist.

In Abb. 96 stellt die stark ausgezogene Kurve für $\varphi_{kI} - \varphi_{kII} = 0°$ den nach Gl. (143) berechneten zusätzlichen Belastungsstrom $\iota_\varepsilon^w - 1$ bei $\eta = 3$ als Funktion des Produktes $\ddot{u}\varepsilon$ dar. Der kleinere Transformator wird also bei den in Abb. 96 hervorgehobenen Ordinaten für $\ddot{u}\varepsilon$ gleich 1,111, 1,222 und 1,279 um 8,1, 15,8 und 19,6% überlastet. Diesen Stromüberlastungen entsprechen Wärmeüberlastungen der Wicklungen von etwa 16, 34 und 43%. Bei Berücksichtigung der RET 1930 haben also die Unterschiede in den Nenn-Kurzschlußspannungen den größten Einfluß auf die Überlastung eines Transformators. Die Überlastung kann durch die Ausgleichströme, herrührend von den

Magnetisierungsströmen und der Verschiedenheit der Übersetzungen, noch vergrößert werden.

Wenn der Differenzwinkel $\varphi_{kI} - \varphi_{kII}$ von Null abweicht, so wird der relative zusätzliche Wirkstrom $\iota_\varepsilon^w - 1$ verringert; es tritt aber noch ein Blindstrom ι_ε^b auf, der den relativen resultierenden zusätzlichen Strom $\iota_\varepsilon - 1$ vergrößert. In Abb. 96 stellen für den kleineren Transformator bei $\eta = 3$, die schwach ausgezogenen Kurven die zusätzliche Wirkkomponente $\iota_\varepsilon^w - 1$, die gestrichelten die Blindkomponente ι_ε^b und die stark ausgezogenen Kurven den resultierenden zusätzlichen Belastungsstrom $\iota_\varepsilon - 1$ bei verschiedenen Differenzwinkeln $\varphi_{kI} - \varphi_{kII}$ dar. Beachten wir, daß ein Differenzwinkel $|\varphi_{kI} - \varphi_{kII}| = 20°$ schon einen sehr ungünstigen Fall darstellt, so erkennen wir, daß auch für den hier betrachteten Stromanteil der Einfluß des Differenzwinkels in praktischen Fällen vernachlässigt werden darf.

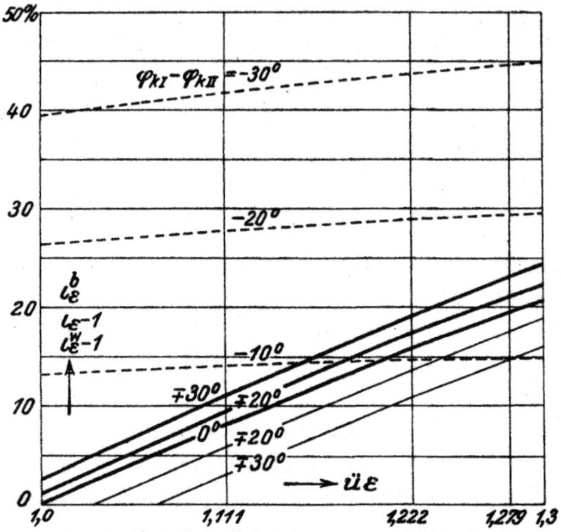

Abb. 96. Zusätzliche relative „Wirkkomponente" $\iota_\varepsilon^w - 1$ (dünn), „Blindkomponente" ι_ε^b (gestrichelt) und zusätzlicher relativer Belastungsstrom $\iota_\varepsilon - 1$ (stark) für den kleineren Transformator bei $\eta = 3$.

h. Unterdrückung des zusätzlichen Belastungsstromes. Die mit dem Belastungsstrom des sekundären Netzes phasengleiche Komponente des resultierenden zusätzlichen Stromes, der durch die Verschiedenheit der Nenn-Kurzschlußspannungen, der relativen Magnetisierungsströme und der Übersetzungen hervorgerufen wird, können wir für einen bestimmten Belastungszustand durch passende Wahl der Übersetzungen unterdrücken. Die zusätzliche, mit $\dot{J}_2$ phasengleiche Stromkomponente wird bei Belastung mit Nennstrom Null, wenn

$$\iota_\varepsilon^w - 1 + \iota_{\ddot{u}}^w + \iota_u^w = 0 \tag{144}$$

ist. Daraus erhalten wir nach Gl. (143), (139a) und (139b) das Verhältnis der Übersetzungen, bei dem Gl. (144) erfüllt ist, zu

$$\ddot{u} = \frac{\varepsilon_{kI} + \zeta\,\varepsilon_{kI}\,\mu_I \sin\varphi - \cos(\varphi - \varphi_k)}{\varepsilon\,\varepsilon_{kI} + \zeta\,\varepsilon\,\varepsilon_{kI}\,\mu_{II} \sin\varphi - \cos(\varphi - \varphi_k)} \tag{144a}$$

oder

$$1 - \ddot{u} = \frac{\varepsilon_{kI}[1 - \varepsilon + \zeta(\mu_I - \varepsilon\,\mu_{II})\sin\varphi]}{\cos(\varphi - \varphi_k) - \varepsilon\,\varepsilon_{kI} - \zeta\,\varepsilon\,\varepsilon_{kI}\,\mu_{II}\sin\varphi}. \tag{144b}$$

Die um $^1/_4$ Periode gegenüber $\dot{J}_{2N}$ phasenverschobene Komponente des relativen Zusatzstromes beträgt dann nach Gl. (139a) und (139b)

$$\iota^b = \frac{\eta}{\eta + \ddot{u}\,\varepsilon}\left[\zeta\,(\mu_I - \ddot{u}\,\varepsilon\,\mu_{II})\cos\varphi + \frac{1-\ddot{u}}{\varepsilon_{kI}}\sin(\varphi - \varphi_k)\right]. \tag{144c}$$

Diese Komponente ist bei einem der Klemmenspannung nacheilenden Belastungsstrom (φ positiv) gewöhnlich so klein, daß sie den resultierenden Strom nur sehr wenig vergrößert. Bei voreilendem Strom ist jedoch Vorsicht geboten. Es tritt dann nach Gl. (144c) eine starke Komponente senkrecht zum Belastungsstrom auf, die ein Mehrfaches des Nennstromes betragen kann.

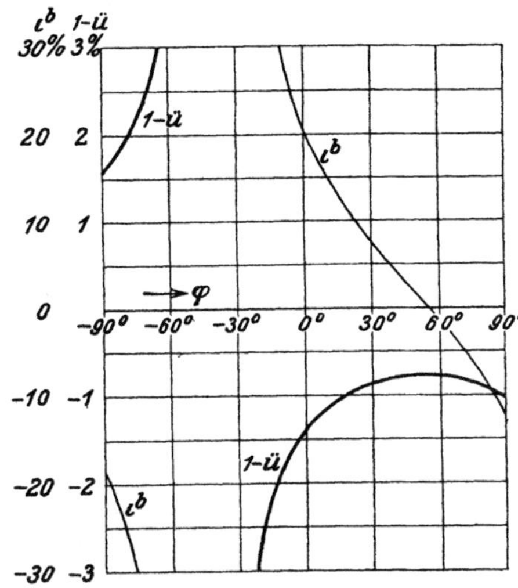

Abb. 97. Abweichungen $1-\ddot{u}$ des Verhältnisses $\ddot{u}$ der Übersetzungen von 1, bei der die „Wirkkomponente" des zusätzlichen Belastungsstromes Null wird, und die verbleibende „Blindkomponente" ι^b.

Für den Fall $\varphi_k = 45°$, $\varepsilon_{kI} = 0{,}042$, $\varepsilon = 1{,}222$, $\zeta = 0{,}5$, $\mu_I = 0{,}150$, $\mu_{II} = 0{,}030$ und $\eta = 3$ ist beispielsweise in Abb. 97 die Abweichung $1 - \ddot{u}$ der Übersetzung $\ddot{u}$ von 1, bei der die „Wirkkomponente" des Transformatorstromes gleich dem Nennstrom ist, und der „Blindstrom" ι^b als Funktion des Phasenwinkels φ dargestellt. Bei einer verbleibenden Blindkomponente des Transformatorstromes von 15% des Nennstromes wird der resultierende Belastungsstrom etwa 1% größer als der Nennstrom. Für einen Phasenwinkel, der im Bereich $10° \leqq \varphi \leqq 90°$ liegt, läßt sich also in unserm Falle eine Überlastung des Transformators, die bei gleichen Übersetzungen auftreten und dann bei Vernachlässigung der Magnetisierungsströme 15,8% betragen würde, durch entsprechende Wahl der Übersetzungen praktisch beseitigen. Bei einem Phasenwinkel von $\varphi = 0°$ bleibt noch eine Überlastung von etwa 2% bestehen.

In den meisten praktischen Fällen kann der Einfluß der relativen Magnetisierungsströme vernachlässigt werden. Mit dieser Vernachlässigung lauten die Gl. (144b) und (144c)

$$1 - \ddot{u} \approx \frac{(1-\varepsilon)\,\varepsilon_{kI}}{\cos(\varphi - \varphi_k) - \varepsilon\,\varepsilon_{kI}}, \tag{144'b}$$

$$\iota^b \approx \frac{\eta\,(1-\varepsilon)}{\eta + \ddot{u}\,\varepsilon}\,\mathrm{tg}\,(\varphi - \varphi_k). \tag{144'c}$$

Mit Hilfe der Gl. (144'c) können wir leicht überschlagen, ob in einem vorliegenden Fall für die Grenzwerte, die φ praktisch annehmen kann, die Blindkomponente ι^b in mäßigen Grenzen bleibt, ob also durch Änderung der Übersetzung eines der beiden parallel arbeitenden Transformatoren ein wesentlich günstigerer Parallelbetrieb gewährleistet wird.

Eine Änderung der Übersetzung in den hier in Frage kommenden Grenzen läßt sich an bereits fertiggestellten Transformatoren nur schwer vornehmen. Man könnte aber zu diesem Zweck einige Windungen der Primär- oder Sekundärwicklung abschaltbar einrichten. In praktischen Fällen hilft man sich bei großen Unterschieden der Nenn-Kurzschlußspannungen durch Vorschalten von Zusatzdrosseln vor die Wicklung des Transformators mit der kleineren Nenn-Kurzschlußspannung.

i. Parallelbetrieb von mehr als zwei Transformatoren. Wenn mehr als zwei Transformatoren primär und sekundär parallel geschaltet sind, lassen sich die Ströme der einzelnen Transformatoren grundsätzlich in ähnlicher Weise bestimmen wie bei zwei Transformatoren. Man erhält an Stelle der beiden Gl. (135a u. b) bei n parallel geschalteten Transformatoren n entsprechende Gleichungen. Durch Differenzbildung je zweier Gleichungen erhalten wir $n - 1$ neue Gleichungen, in denen die Sekundärspannung U_2 nicht mehr vorkommt. Aus diesen $n - 1$ Gleichungen und einer der Gl. (135c) entsprechenden, die zum Ausdruck bringt, daß die geometrische Summe der Einzelströme gleich dem resultierenden Strom sein muß, kann man dann jeden Einzelstrom der Transformatoren ermitteln. Es läßt sich zeigen, daß auch bei mehr als zwei parallel geschalteten Transformatoren der Einfluß des Unterschiedes der Phasenwinkel φ_k bei Kurzschluß der Transformatoren in praktischen Fällen vernachlässigt werden darf. Deshalb dürfen wir uns hier auf den Fall beschränken, daß die Phasenwinkel φ_k aller Transformatoren einander gleich sind.

Beziehen wir die Nennströme, die Nenn-Kurzschlußspannungen und die Übersetzungen alle auf die entsprechenden Größen des Transformators I und bezeichnen die Verhältnisse

$$\eta_{II} = \frac{J_{2NII}}{J_{2NI}}, \qquad \eta_{III} = \frac{J_{2NIII}}{J_{2NI}}, \quad \ldots, \tag{145a}$$

$$\varepsilon_{II} = \frac{\varepsilon_{kII}}{\varepsilon_{kI}}, \qquad \varepsilon_{III} = \frac{\varepsilon_{kIII}}{\varepsilon_{kI}}, \quad \ldots, \tag{145b}$$

$$\ddot{u}^{II} = \frac{\ddot{u}_{II}}{\ddot{u}_I}, \qquad \ddot{u}^{III} = \frac{\ddot{u}_{III}}{\ddot{u}_I}, \quad \ldots, \tag{145c}$$

so erhalten wir mit den Abkürzungen

$$\left.\begin{aligned} A = {} & (\ddot{u}^{II}\,\varepsilon_{II} - 1)\cdot\eta_{II}\cdot\ddot{u}^{III}\,\varepsilon_{III}\cdot\ddot{u}^{IV}\,\varepsilon_{IV}\cdot\ddot{u}^{V}\varepsilon_{V}\;\ldots \\ & + (\ddot{u}^{III}\,\varepsilon_{III} - 1)\cdot\ddot{u}^{II}\,\varepsilon_{II}\cdot\eta_{III}\cdot\ddot{u}^{IV}\varepsilon_{IV}\cdot\ddot{u}^{V}\varepsilon_{V}\;\ldots \\ & + (\ddot{u}^{IV}\varepsilon_{IV} - 1)\cdot\ddot{u}^{II}\,\varepsilon_{II}\cdot\ddot{u}^{III}\,\varepsilon_{III}\cdot\eta_{IV}\cdot\ddot{u}^{V}\,\varepsilon_{V}\;\ldots \\ & + \ldots, \end{aligned}\right\} \qquad (146\,\mathrm{a})$$

$$B = \ddot{u}^{II}\,\varepsilon_{II}\cdot\ddot{u}^{III}\,\varepsilon_{III}\cdot\ddot{u}^{IV}\varepsilon_{IV}\cdot\ddot{u}^{V}\varepsilon_{V}\;\ldots, \qquad (146\,\mathrm{b})$$

$$\left.\begin{aligned} C = {} & \eta_{II}\cdot\ddot{u}^{III}\,\varepsilon_{III}\cdot\ddot{u}^{IV}\,\varepsilon_{IV}\cdot\ddot{u}^{V}\varepsilon_{V}\;\ldots \\ & + \ddot{u}^{II}\,\varepsilon_{II}\cdot\eta_{III}\cdot\ddot{u}^{IV}\varepsilon_{IV}\cdot\ddot{u}^{V}\varepsilon_{V}\ldots \\ & + \ddot{u}^{II}\,\varepsilon_{II}\cdot\ddot{u}^{III}\,\varepsilon_{III}\cdot\eta_{IV}\cdot\ddot{u}^{V}\,\varepsilon_{V}\;\ldots \\ & + \cdots \end{aligned}\right\} \qquad (146\,\mathrm{c})$$

den relativen zusätzlichen Belastungsstrom im Transformator I, der bei Nennbelastung des sekundären Netzes auftritt und im wesentlichen von der Ungleichheit der Nenn-Kurzschlußspannungen herrührt, zu

$$\iota_\varepsilon - 1 = \frac{A}{B + C}\,. \qquad (146)$$

Die entsprechenden Gleichungen [vgl. L 61] für die relativen Ausgleichströme, die von den Magnetisierungsströmen und der Ungleichheit der Übersetzungen herrühren, wollen wir hier nicht anschreiben, weil der erste Ausgleichstrom in fast allen praktischen Fällen sehr klein ist, der zweite aber durch genügend genaue Einhaltung der Übersetzungen unterdrückt werden kann. Wir beschränken uns darauf, die im denkbar ungünstigsten Falle bei beliebig vielen parallel geschalteten Transformatoren und Berücksichtigung der Vorschriften der RET 1930 auftretenden relativen Teilströme ι_μ, $\iota_{\ddot{u}}$ und $\iota_\varepsilon - 1$ für freie und wörtliche Auslegung des § 61 der RET 1930 zusammenzustellen. In Zahlentafel 4 sind diese Ströme auf die entsprechenden für zwei parallel geschaltete Transformatoren im ungünstigsten Falle bezogen. Dieser Zusammenstellung entnehmen wir, daß die im ungünstigsten Falle auftretenden Ausgleichströme ι_μ und $\iota_{\ddot{u}}$ beispielsweise bei $n = 4$ parallel arbeitenden Transformatoren um 15 bis 18% größer sind als im ungünstigsten Falle bei zwei parallel arbeitenden Transformatoren. Der zusätzliche Belastungsstrom, der von der Ungleichheit der Nenn-Kurzschlußspannungen abhängt, ist bei vier parallel arbeitenden Transformatoren bei freier Auslegung des § 61 der RET 1930 um 22% größer, bei wörtlicher Auslegung um 17% kleiner als bei nur zwei Transformatoren.

Da die hier betrachteten denkbar ungünstigsten Fälle in der Regel nicht auftreten werden, die von der Ungleichheit der Übersetzungen und der relativen Magnetisierungsströme herrührenden Ausgleichströme weniger ins Gewicht fallen, und die wörtliche Auslegung des § 61 der RET 1930 wohl die maßgebende ist, dürfen wir annehmen, daß der Parallelbetrieb von mehr als zwei Transformatoren in der Regel nicht mehr gefährdet ist als der von nur zwei Transformatoren.

Zahlentafel 4. Verhältnis zwischen den relativen Ausgleichströmen ι_μ und $\iota_{\ddot{u}}$, sowie den relativen zusätzlichen Belastungsströmen $\iota_\varepsilon - 1$ bei n Transformatoren zu den entsprechenden Strömen bei $n = 2$ im denkbar ungünstigsten Falle.

	Freie Auslegung			Wörtliche Auslegung		
	$n =$			$n =$		
	3	4	∞	3	4	∞
ι_μ	1,13	1,18	1,30	1,10	1,15	1,26
$\iota_{\ddot{u}}$	1,13	1,18	1,30	1,12	1,16	1,28
$\iota_\varepsilon - 1$	1,16	1,22	1,37	0,88	0,83	0,70

k. Die Schaltgruppen der Transformatoren. Im Abschn. a haben wir gesehen, daß die Parallelschaltung von Transformatoren voraussetzt, daß für alle Transformatoren bei Vernachlässigung der Spannungsverluste der Spannungsstern auf der sekundären Seite um denselben Phasenwinkel gegenüber dem Spannungsstern auf der primären Seite verschoben ist. Dieser Phasenwinkel ist von der Schaltung und der Klemmenbezeichnung abhängig.

Wird bei Dreiphasen-Transformatoren Schaltung und Klemmenbezeichnung so gewählt, daß der Phasenwinkel zwischen den beiden Spannungssternen Null ist, so erhält man die Schaltgruppe A in der nebenstehenden Zusammenstellung, die den RET 1930 entnommen ist und die Schaltungen und die Spannungsdiagramme für die in Deutschland verwendeten Schaltgruppen darstellt. In jeder Schaltgruppe sind nur die praktisch wichtigen Schaltungen angegeben, so fehlen die Schaltungen mit Zickzackschaltung der Oberspannungswicklung.

Von den Schaltungen A_1, A_2, A_3 der Schaltgruppe A ist die Schaltung A_2 die wichtigste, weil man die Wicklung für die Oberspannung mit Rücksicht auf gute Raumausnützung und Betriebssicherheit gern in Stern schaltet. Diese Schaltung ist jedoch, wie wir im Abschn. B 2a gesehen haben, für Sekundärnetze mit Nulleiter im allgemeinen nicht geeignet. Nur bei Kerntransformatoren ist dabei eine geringe einseitige Belastung, bis etwa höchstens 10% des Nennstromes, zulässig. Die Schaltung A_3 gestattet zwar einseitige Belastungen bis zum Nennstrom; sie hat aber auf der Primärseite die gewöhnlich unerwünschte Dreieckschaltung und daneben noch die ungünstige Ausnutzung der Zickzackschaltung auf der Sekundärseite.

Es liegt deshalb noch ein Bedürfnis nach einer günstigeren Schaltung für Verteilungstransformatoren mit Nulleiter auf der Sekundärseite vor, wie sie z. B. die Schaltgruppe C bietet. Hier haben wir in den Schaltungen C_1 und C_3 die Möglichkeit, die Sekundärseite bis zum Nennstrom ohne Störungen einseitig zu belasten. Die Schaltung C_1 hat eine gute Ausnutzung der Sekundärwicklung, verlangt aber Dreieck-

Schaltungen und Schaltgruppen.

(Nach VDE: Regeln für die Bewertung und Prüfung von Transformatoren S. 7, Tafel 1.)

I. Dreiphasen-Transformatoren		Vektorbild Ober- | Unter- spannungen	Schaltungsbild Ober- | Unter- spannung
Schaltgruppe *A*	A_1 A_2 A_3	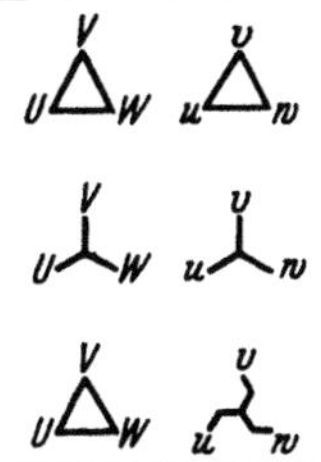	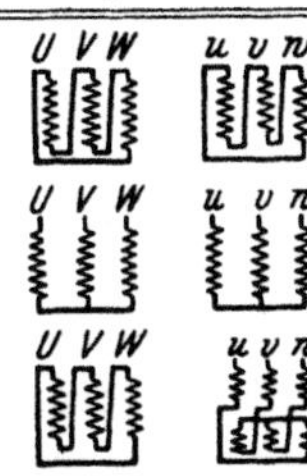
Schaltgruppe *B*	B_1 B_2 B_3	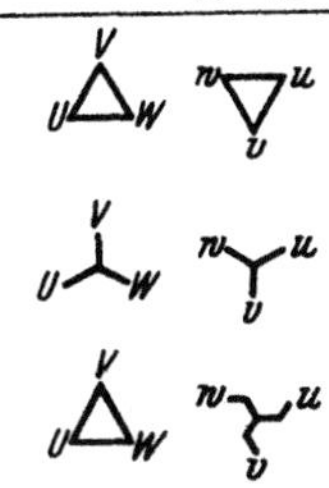	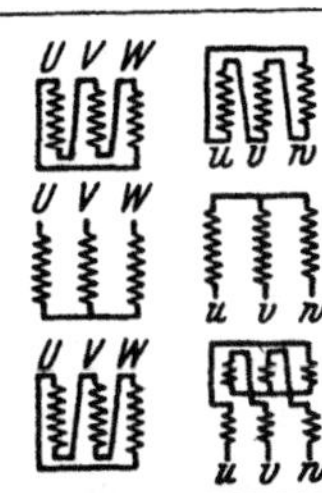
Schaltgruppe *C*	C_1 C_2 C_3	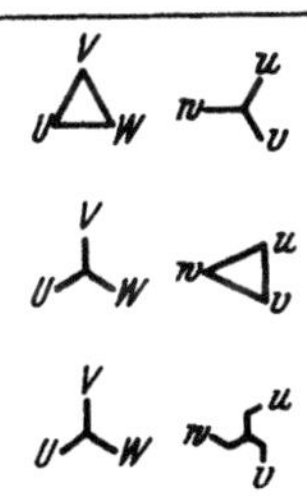	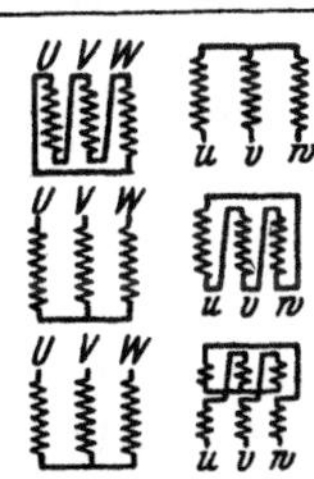
Schaltgruppe *D*	D_1 D_2 D_3	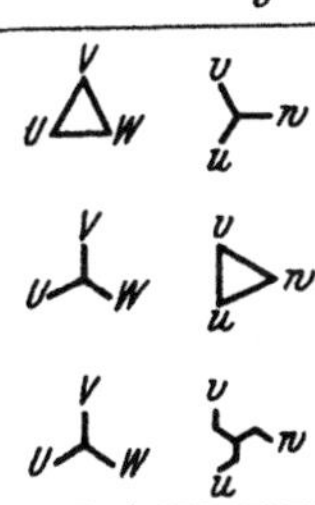	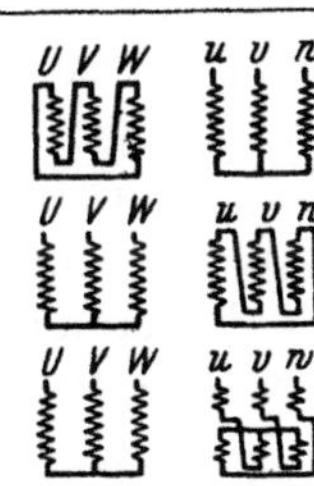
II. Einphasen-Transformatoren Schaltgruppe *E*		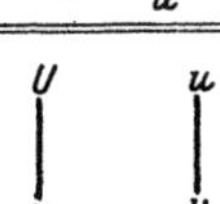	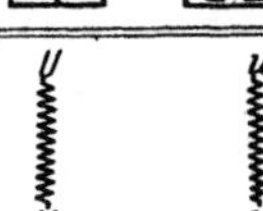
		gleichsinnige Schaltung	

schaltung der Primärwicklung, und ist deshalb besonders für große Transformatoren geeignet, bei denen die Dreieckschaltung wegen der verhältnismäßig großen Leiterquerschnitte weniger nachteilig ist. Die Schaltung C_3 hat auf der Primärseite die günstige Sternschaltung, verlangt aber dafür auf der Sekundärseite die Zickzackschaltung; sie kommt deshalb hauptsächlich für kleine Verteilungstransformatoren in Frage. Die Schaltung C_2 kann nicht mit Nulleiter auf der Sekundärseite verwendet werden; sie kommt für Haupttransformatoren größerer Kraftwerke und Unterstationen in Betracht.

Mit diesen beiden Schaltgruppen A und C könnten alle praktischen Bedürfnisse gedeckt werden, so daß es überflüssig wäre, weitere Schaltgruppen zu verwenden. Im ganzen könnte man durch Wahl der Schaltung und Klemmenbezeichnung 12 verschiedene Schaltgruppen bilden, bei denen der Phasenwinkel zwischen dem sekundären und primären Spannungsstern sich in Stufen von je 30° von 0 bis 360° ändert. Praktisch verwendet werden in Deutschland bei Dreiphasenstrom außer den Schaltgruppen A und C noch die Gruppen B und D, weil ältere Anlagen diese Schaltungen aufweisen und der Parallelbetrieb verlangt, daß neu hinzukommende Transformatoren derselben Schaltgruppe angehören. Die Transformatoren der Schaltgruppe D lassen sich übrigens durch Änderung der Klemmenbezeichnung in die Schaltgruppe C überführen, z. B. durch Vertauschen der Klemmen U und V und der Klemmen v und w.

Die Schaltgruppe E gilt für die Einphasen-Transformatoren und verlangt keine weitere Erklärung.

E. Sonderschaltungen.

1. Der Transformator mit drei Wicklungen.

In größeren Überlandwerken kommt es häufig vor, daß von einem Oberspannungsnetz zwei andere Netze mit verschiedenen Unterspannungen gespeist werden. In jüngster Zeit verwendet man in diesem Falle einen einzigen Transformator mit drei Wicklungen. Den Spannungsverlust in einem solchen Transformator werden wir in diesem Abschnitt untersuchen.

Für die Klemmenspannungen $\dot{U}_1$, $\dot{U}_2$ und $\dot{U}_3$ des Transformators können wir ohne weiteres die drei Gleichungen

$$\left.\begin{aligned} \dot{U}_1 &= -[R_1 \dot{J}_1 + jX_1 \dot{J}_1 + jX_{12} \dot{J}_2 + jX_{13} \dot{J}_3], \\ \dot{U}_2 &= -[R_2 \dot{J}_2 + jX_2 \dot{J}_2 + jX_{23} \dot{J}_3 + jX_{12} \dot{J}_1], \\ \dot{U}_3 &= -[R_3 \dot{J}_3 + jX_3 \dot{J}_3 + jX_{13} \dot{J}_1 + jX_{23} \dot{J}_2] \end{aligned}\right\} \quad (147\text{a bis c})$$

anschreiben, worin X_1, X_2, X_3 den gesamten Blindwiderstand der Wicklungen 1, 2, 3 des Transformators (vgl. Abschn. I 3a, Bd. II) und X_{12}, X_{13}, X_{23} den Blindwiderstand der gegenseitigen Induktion zwischen den Wicklungen 1 und 2, 1 und 3, 2 und 3 bezeichnen.

Beziehen wir in den Gl. (147a bis c) alle Größen auf die Windungszahl der Wicklung 1, schreiben also für die Ströme

$$J_2' = \frac{w_2}{w_1} J_2 , \qquad J_3' = \frac{w_3}{w_1} J_3 \tag{148a u. b}$$

und beispielsweise für die Wirkwiderstände

$$R_2' = \left(\frac{w_1}{w_2}\right)^2 R_2 , \qquad R_3' = \left(\frac{w_1}{w_3}\right)^2 R_3 , \tag{148c u. d}$$

so gehen die Gl. (147a bis c) über in

$$\left.\begin{aligned} \dot{U}_1 &= -\left[R_1 \dot{J}_1 + j X_1 \dot{J}_1 + j \frac{w_1}{w_2} X_{12} \dot{J}_2' + j \frac{w_1}{w_3} X_{13} \dot{J}_3'\right], \\ \dot{U}_2' &= -\left[R_2' \dot{J}_2' + j \left(\frac{w_1}{w_2}\right)^2 X_2 \dot{J}_2' + j \frac{w_1^2}{w_2 w_3} X_{23} \dot{J}_3' + j \frac{w_1}{w_2} X_{12} \dot{J}_1\right], \\ \dot{U}_3' &= -\left[R_3' \dot{J}_3' + j \left(\frac{w_1}{w_3}\right)^2 X_3 \dot{J}_3' + j \frac{w_1}{w_3} X_{13} \dot{J}_1 + j \frac{w_1^2}{w_2 w_3} X_{23} \dot{J}_2'\right]. \end{aligned}\right\} \tag{149a bis c}$$

Neben diesen Spannungsgleichungen muß bei Vernachlässigung[1]) des Leerlaufstromes noch die Stromgleichung

$$\dot{J}_1 + \dot{J}_2' + \dot{J}_3' = 0 \tag{149d}$$

bestehen. Bilden wir die Differenz einerseits der Gl. (149a) und (149b), andererseits der Gl. (149a) und (149c) und ersetzen in der ersten Differenz den Strom $\dot{J}_3'$ nach Gl. (149d), in der zweiten den Strom $\dot{J}_2'$, so erhalten wir

$$\dot{U}_2' = \dot{U}_1 + (R_1 + j X_{\sigma 1}) \dot{J}_1 - (R_2' + j X_{\sigma 2}') \dot{J}_2', \tag{150a}$$

$$\dot{U}_3' = \dot{U}_1 + (R_1 + j X_{\sigma 1}) \dot{J}_1 - (R_3' + j X_{\sigma 3}') \dot{J}_3', \tag{150b}$$

worin zur Abkürzung

$$X_{\sigma 1} = X_1 - \frac{w_1}{w_2} X_{12} + \frac{w_1^2}{w_2 w_3} X_{23} - \frac{w_1}{w_3} X_{13} , \tag{151a}$$

$$X_{\sigma 2}' = \left(\frac{w_1}{w_2}\right)^2 X_2 - \frac{w_1^2}{w_2 w_3} X_{23} + \frac{w_1}{w_3} X_{13} - \frac{w_1}{w_2} X_{12} , \tag{151b}$$

$$X_{\sigma 3}' = \left(\frac{w_1}{w_3}\right)^2 X_3 - \frac{w_1}{w_3} X_{13} - \frac{w_1^2}{w_2 w_3} X_{23} + \frac{w_1}{w_2} X_{12} \tag{151c}$$

gesetzt ist.

---

[1]) Die Form der Darstellung mit **Vernachlässigung** des Leerlaufstroms geht auf eine Abhandlung von Herrn Prof. **Brüderlink** zurück.

Addieren wir die Gl. (151a) und (151b), so erhalten wir

$$\left.\begin{aligned} X_{\sigma 1} + X'_{\sigma 2} &= \left(X_1 - \frac{w_1}{w_2} X_{12}\right) + \left(\frac{w_1}{w_2}\right)^2 \left(X_2 - \frac{w_2}{w_1} X_{12}\right) \\ &= X_{1\sigma 12} + X'_{2\sigma 12} = X_{\sigma 12}. \end{aligned}\right\} \quad (152\text{a})$$

Das ist der bei offener Wicklung 3 und kurzgeschlossener Wicklung 2 an der Wicklung 1 gemessene Streublindwiderstand. Ebenso ergibt die Addition der Gl. (151a) und (151c)

$$X_{\sigma 1} + X'_{\sigma 3} = \left(X_1 - \frac{w_1}{w_3} X_{13}\right) + \left(\frac{w_1}{w_3}\right)^2 \left(X_3 - \frac{w_3}{w_1} X_{13}\right) = X_{\sigma 13} \quad (152\text{b})$$

den bei offener Wicklung 2 und kurzgeschlossener Wicklung 3 an der Wicklung 1 gemessenen Streublindwiderstand. Schließlich erhalten wir durch Addition der Gl. (151b) und (151c)

$$\left.\begin{aligned} X'_{\sigma 2} + X'_{\sigma 3} &= \left(\frac{w_1}{w_2}\right)^2 \left(X_2 - \frac{w_2}{w_3} X_{23}\right) + \left(\frac{w_2}{w_3}\right)^2 \left(X_3 - \frac{w_3}{w_1} X_{23}\right) \\ &= \left(\frac{w_1}{w_2}\right)^2 X_{\sigma 23} = X'_{\sigma 23} \end{aligned}\right\} \quad (152\text{c})$$

den auf die Windungszahl der Wicklung 1 [im Verhältnis $(w_1/w_2)^2$] umgerechneten Streublindwiderstand der Wicklung 2 bei offener Wicklung 1 und kurzgeschlossener Wicklung 3.

Aus den Gl. (152a bis c) ergeben sich

$$X_{\sigma 1} = \frac{X_{\sigma 12} + X_{\sigma 13} - X'_{\sigma 23}}{2}, \quad (153\text{a})$$

$$X'_{\sigma 2} = \frac{X'_{\sigma 23} + X_{\sigma 12} - X_{\sigma 13}}{2}, \quad (153\text{b})$$

$$X'_{\sigma 3} = \frac{X'_{\sigma 23} + X_{\sigma 13} - X_{\sigma 12}}{2}, \quad (153\text{c})$$

die in die Gl. (150a u. b) einzusetzen sind, um bei gegebener Spannung $\dot{U}_1$ der Wicklung 1 und gegebenen Belastungsströmen der drei Wicklungen die auf die Windungszahl der Wicklung 1 bezogenen Spannungen der andern Wicklungen zu berechnen. Der Betrag und die Phase der Ströme $\dot{J}_1$, $\dot{J}'_2$ und $\dot{J}'_3$ kann dabei beliebig sein, wenn nur die Gl. (149d) erfüllt ist. Sind die Phasenwinkel zwischen den Strömen zweier Wicklungen, z. B. 1 und 2, gegenüber ihren Klemmenspannungen stumpf, so entnehmen diese beiden Wicklungen ihren Netzen Leistung, während die andere Wicklung Leistung an ihr Netz abgibt.

Die Streublindwiderstände $X_{\sigma 12}$, $X'_{\sigma 23}$ und $X_{\sigma 13}$ lassen sich nach den Gleichungen im Abschn. B 1 für jede gegebene Wicklungsanordnung berechnen.

Wenn $$X_{\sigma 12} = X'_{\sigma 23} = X_{\sigma 13} = X_\sigma \tag{154}$$

ist, wie es bei Scheibenwicklung mit großer Spulenzahl q annähernd zutreffen mag, gehen die Gl. (150a u. b) unter Beachtung von Gl. (153a bis c) über in

$$\dot{U}'_2 = \dot{U}_1 + R_1 \dot{J}_1 + j\frac{X_\sigma}{2}\dot{J}_1 - R'_2 \dot{J}'_2 - j\frac{X_\sigma}{2}\dot{J}'_2, \tag{154a}$$

$$\dot{U}'_3 = \dot{U}_1 + R_1 \dot{J}_1 + j\frac{X_\sigma}{2}\dot{J}_1 - R'_3 \dot{J}'_3 - j\frac{X_\sigma}{2}\dot{J}'_3. \tag{154b}$$

Für das Stromdiagramm in Abb. 98b, das voraussetzt, daß nur die Wicklung 1 Leistung aufnimmt, ist in Abb. 98a das Spannungsdiagramm

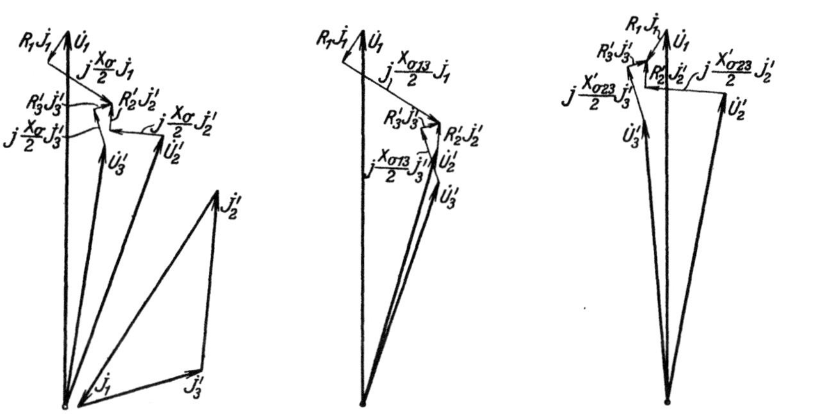

Abb. 98a bis d. Spannungsdiagramme des Dreiwicklungs-Transformators bei konstanter Spannung U_1; a) $X_{\sigma 12} = X'_{\sigma 23} = X_{\sigma 13} = X_\sigma$, b) Stromdiagramm, c) $X_{\sigma 12} = X'_{\sigma 23} = \frac{1}{2} X_{\sigma 13}$, d) $X_{\sigma 12} = X_{\sigma 13} = \frac{1}{2} X'_{\sigma 23}$.

dargestellt, wobei vorausgesetzt ist, daß jede der drei Blindkomponenten der relativen Nenn-Kurzschlußspannungen 40% von U_1 und die Stromwärmeverluste in jeder Wicklung 10% von ihrer Leistung betragen.

Bei Zylinderwicklung sind die Beziehungen zwischen den Blindwiderständen $X_{\sigma 12}$, $X'_{\sigma 23}$ und $X_{\sigma 13}$ von der Lage der drei Wicklungen zueinander abhängig. Bilden die drei Wicklungen drei konzentrische Zylinder, so wollen wir zwei Fälle unterscheiden.

In dem einen Fall soll die Wicklung 1, die wir hier beispielsweise als die einzige Leistung aufnehmende Wicklung voraussetzen, die äußere oder die innere Spule sein. Nehmen wir dann noch an, daß alle Spulenseitenquerschnitte ungefähr dieselbe Breite ($a_1 \approx a_2 \approx a_3$) und dieselben Abstände ($\delta_{12} \approx \delta_{23}$) haben, so gilt angenähert

$$X_{\sigma 12} = X'_{\sigma 23} = \tfrac{1}{2} X_{\sigma 13}, \tag{155}$$

und die Gl. (150a u. b) gehen über in

$$\dot{U}_2' = \dot{U}_1 + R_1 \dot{J}_1 + j \frac{X_{\sigma 13}}{2} \dot{J}_1 - R_2' \dot{J}_2', \tag{155a}$$

$$\dot{U}_3' = \dot{U}_1 + R_1 \dot{J}_1 + j \frac{X_{\sigma 13}}{2} \dot{J}_1 - R_3' \dot{J}_3' - j \frac{X_{\sigma 13}}{2} \dot{J}_3'. \tag{155b}$$

Liegt dagegen in dem andern Fall die Spule 1 zwischen den Spulen 2 und 3, so gilt angenähert

$$X_{\sigma 12} = X_{\sigma 13} = \tfrac{1}{2} X_{\sigma 23}', \tag{156}$$

und wir erhalten die Spannungsgleichungen

$$\dot{U}_2' = \dot{U}_1 + R_1 \dot{J}_1 - R_2' \dot{J}_2' - j \frac{X_{\sigma 23}'}{2} \dot{J}_2', \tag{156a}$$

$$\dot{U}_3' = \dot{U}_1 + R_1 \dot{J}_1 - R_3' \dot{J}_3' - j \frac{X_{\sigma 23}'}{2} \dot{J}_3'. \tag{156b}$$

Für diese beiden Fälle der Zylinderwicklung sind mit dem Stromdiagramm nach Abb. 98b die Spannungsdiagramme in Abb. 98c u. d unter der Annahme aufgezeichnet, daß der Mittelwert der Blindkomponenten der drei relativen Nenn-Kurzschlußspannungen in jedem Fall 40% von U_1 und die Stromwärmeverluste wieder 10% der Leistung jeder Wicklung betragen. Durch Vergleich der beiden Diagramme erkennen wir, daß die Spannungsänderung wesentlich kleiner ist (Abb. 98d), wenn die Leistung aufnehmende Wicklung z w i s c h e n den Leistung abgebenden Wicklungen liegt.

Die Unterschiede in den relativen Nenn-Kurzschlußspannungen bei der Zylinderwicklung lassen sich ausgleichen, wenn man die Wicklungen aus mehr als drei konzentrischen Zylindern herstellt und die Wicklungen entsprechend verschachtelt.

Die relativen Nenn-Kurzschlußspannungen haben wir in den Abb. 98a und 98c u. d der Übersichtlichkeit wegen übertrieben groß angenommen. In praktischen Fällen betragen sie nur einen kleinen Bruchteil davon, und es sind dann auch die Phasenwinkel zwischen den Klemmenspannungen immer klein. Deshalb können wir, wenn wir die Phasenwinkel der Ströme in den Wicklungen 1, 2 und 3 nach der Klemmenspannung U_1 mit φ_1, φ_2 und φ_3 bezeichnen, die Differenz der Beträge der Spannungen [vgl. Gl. (150a u. b)] nach den Gleichungen

$$U_1 - U_2' \approx -[R_1 \cos\varphi_1 + X_{\sigma 1} \sin\varphi_1] J_1 + [R_2' \cos\varphi_2 + X_{\sigma 2}' \sin\varphi_2] J_2', \tag{157a}$$

$$U_1 - U_3' \approx -[R_1 \cos\varphi_1 + X_{\sigma 1} \sin\varphi_1] J_1 + [R_3' \cos\varphi_3 + X_{\sigma 3}' \sin\varphi_3] J_3' \tag{157b}$$

berechnen, wobei zu beachten ist, daß für stumpfe Winkel φ (Leistungsaufnahme) der $\cos\varphi$, und für gegenüber $\dot{U}_1$ um einen Winkel $\varphi < \pi$ voreilende Ströme der $\sin\varphi$ negativ ist. Aus der Differenz der Beträge der Spannungen erhalten wir durch Division mit U_2' bzw. U_3' die Spannungsänderung.

Die für den Entwurf maßgebende Leistung des Dreiwicklungs-Transformators ist gleich der halben Summe der Scheinleistungen der drei Wicklungen; also

$$N_s = \frac{N_{s1} + N_{s2} + N_{s3}}{2}. \tag{157}$$

2. Spartransformatoren.

a. Die Sparschaltung. Wenn die Unterspannung von derselben Größenordnung wie die Oberspannung ist, kann man mit Vorteil Unter- und Oberspannung teilweise vereinigen. Eine solche Schaltung ist in

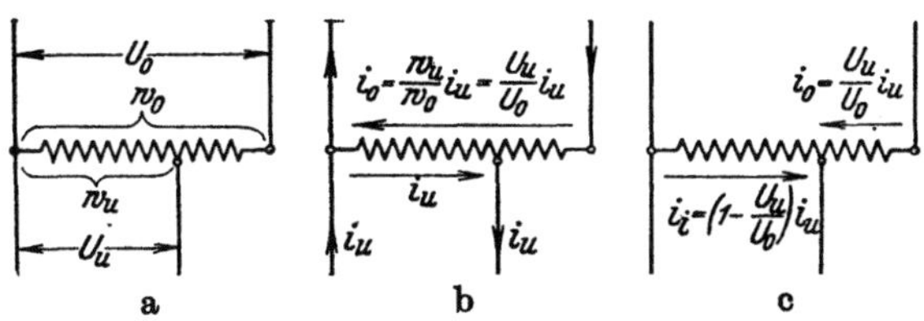

Abb. 99a bis c. Schaltung des Spartransformators und Stromverteilung.

Abb. 99a einphasig dargestellt. Die Unterspannungswicklung ist ein Teil der Oberspannungswicklung und wird durch Anzapfung der Oberspannungswicklung erhalten. Deshalb bezeichnet man solche Transformatoren als „einspulige" Transformatoren, um sie von den gewöhnlichen „zweispuligen" zu unterscheiden. Bei der praktischen Ausführung wird allerdings der gemeinsame Wicklungsteil und der Rest so angeordnet wie die beiden Wicklungen eines gewöhnlichen Transformators, so daß der „einspulige" Transformator in Wirklichkeit doch zwei Spulen hat (vgl. Abb. 100).

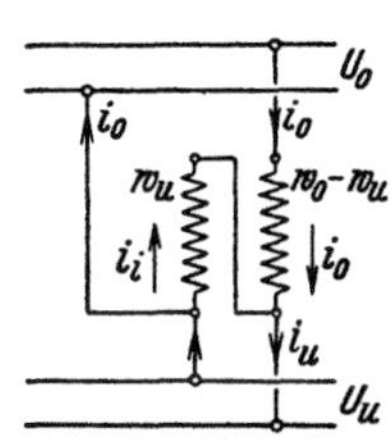

Abb. 100. Wicklungsanordnung des Spartransformators.

Auch beim einspuligen Transformator ist bei Vernachlässigung der kleinen Spannungsverluste in der Wicklung das Verhältnis der Spannungen durch das Verhältnis der Windungszahlen gegeben,

$$\frac{U_o}{U_u} = \frac{w_o}{w_u}. \tag{158}$$

Wenn wir die Zählrichtungen wie in Abschn. I 3b, Bd. II (vgl. Abb. 20), annehmen und den Leerlaufstrom vernachlässigen, muß bei Belastung des Transformators

$$w_u \dot{J}_u + w_o \dot{J}_o = 0 \tag{159}$$

sein. Daraus erhalten wir den Strom in der Oberspannungswicklung zu

$$\dot{J}_o = -\frac{w_u}{w_o}\dot{J}_u = -\frac{U_u}{U_o}\dot{J}_u \tag{160}$$

(vgl. Abb. 99b, in der, ebenso wie in Abb. 99c und 100, die Pfeile die wirkliche relative Stromrichtung angeben). In dem gemeinsamen Teil der Wicklung fließt die Summe von Primär- und Sekundärstrom (vgl. Abb. 99c)

$$\dot{J}_i = \left(1 - \frac{w_u}{w_o}\right)\dot{J}_u = \left(1 - \frac{U_u}{U_o}\right)\dot{J}_u = \left(1 - \frac{U_o}{U_u}\right)\dot{J}_o, \tag{160a}$$

in dem Restteil der Strom

$$\dot{J}_o = -\frac{w_u}{w_o}\dot{J}_u = -\frac{U_u}{U_o}\dot{J}_u. \tag{160b}$$

Der Strom J_i in dem gemeinsamen Wicklungsteil ist also kleiner als der Strom der Unterspannungsseite und wird um so kleiner, je weniger die Unterspannung von der Oberspannung abweicht. Dadurch werden die Abmessungen kleiner als beim gewöhnlichen zweispuligen Transformator; es wird also an Baustoffen gespart. Man bezeichnet deshalb solche Transformatoren, deren Primär- und Sekundärwicklung teilweise vereinigt sind, auch als Spartransformatoren.

Für die Bemessung des Transformators ist nicht die primäre oder sekundäre Leistung des Transformators, die sogenannte Durchgangsleistung, maßgebend, sondern die Leistung, die von dem einen Wicklungsteil (mit dem Strom J_i) auf den andern (mit dem Strom J_o) transformatorisch übertragen wird (Abb. 99c) und die man als „Eigenleistung" bezeichnet. Die beiden Wicklungsabteilungen sind also als primäre und sekundäre Wicklungen eines gewöhnlichen Transformators aufzufassen. Die transformatorisch übertragene Leistung ist gleich dem Produkt aus der von dem gemeinsamen Fluß in einer der beiden Wicklungen induzierten EMK und dem in dieser Wicklung fließenden Strom. Bei Vernachlässigung der Spannungsverluste können wir diese EMK gleich der entsprechenden Klemmenspannung setzen und erhalten für die umgesetzte Leistung

$$U_u J_i = (U_o - U_u) J_o = \left(1 - \frac{U_u}{U_o}\right) U_u J_u = \left(1 - \frac{U_u}{U_o}\right) U_o J_o. \tag{161a}$$

Die im Spartransformator umgesetzte Leistung beträgt also nur das $\left(1 - \frac{U_u}{U_o}\right)$-fache der primären oder sekundären Leistung $N_s = U_u J_u = U_o J_o$, d. h. der Spartransformator ist wie ein gewöhnlicher Transformator zu bemessen, dessen Leistung

$$N_s' = \left(1 - \frac{U_u}{U_o}\right) N_s = \frac{w_o - w_u}{w_o} N_s \tag{161b}$$

beträgt. Die Ersparnis an den Kosten des Transformators ist also um so größer, je mehr sich das Verhältnis von Unter- und Oberspannung der Einheit nähert. Für $U_o = U_u$ geht der Spartransformator in eine Drosselspule über. Die Leistung, für die er in diesem Grenzfalle zu bemessen ist, ist nach Gl. (161b) Null, weil wir den Leerlaufstrom vernachlässigt haben. Für $U_u/U_o = {}^1/_2$ ist der Spartransformator nur für die Hälfte der Leistung eines gewöhnlichen Transformators zu entwerfen.

Sinngemäß ergibt sich die Sparschaltung bei Mehrphasen-Transformatoren aus der bei Einphasen-Transformatoren, wobei gewöhnlich nur die Sternschaltung praktische Bedeutung hat, die in Abb. 101 für Dreiphasenstrom dargestellt ist. Dabei haben wir in Übereinstimmung mit früheren Darstellungen die Spulenachsen senkrecht gezeichnet.

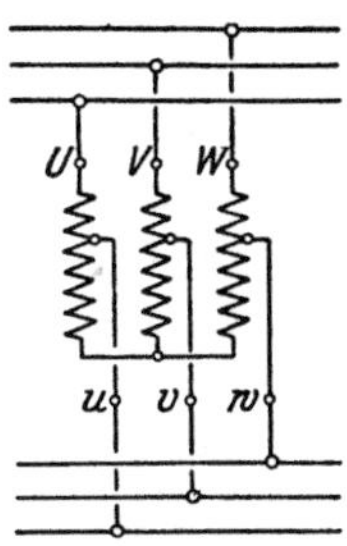

Abb. 101. Sparschaltung beim Dreiphasen-Transformator.

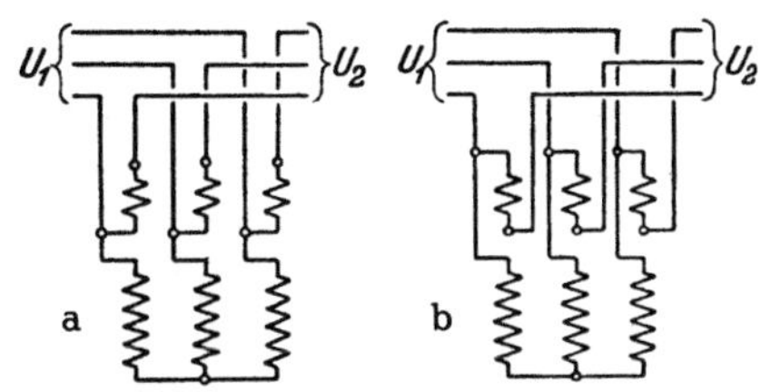

Abb. 102 a und b Spartransformatoren mit umschaltbarer Wicklung; a) Spannungserhöhung, b) Spannungserniedrigung

b. Der Spartransformator mit umschaltbarer Wicklung. Werden die Wicklungen eines Spartransformators nicht fest, sondern umschaltbar miteinander leitend verbunden, so kann nach Bedarf die Spannung der einen Wicklungsabteilung zur Spannung der andern addiert oder subtrahiert, die Sekundärspannung also erhöht oder erniedrigt werden. In Abb. 102a und b sind die beiden Fälle beispielsweise für Dreiphasenstrom dargestellt. Auch in diesen Schaltungen fällt nach § 3 der RET der Transformator unter den Begriff des Spartransformators.

Um diese Schaltungen mit dem gewöhnlichen Spartransformator zu vergleichen, zeichnen wir sie für Einphasenstrom in der Darstellung, die der Abb. 99a entspricht. Der Fall der Spannungserhöhung (entsprechend Abb. 102a) unterscheidet sich dann in keiner Weise von der Sparschaltung in Abb. 99a. Bei der Spannungserniedrigung (Abb. 103) ist aber der Transformator schlechter ausgenützt als der Spartransformator nach Abb. 99a. Die für den Entwurf maßgebende Leistung wäre für die Schaltung in Abb. 103

$$N_s'' = U_1(J_1 - J_2) = U_Z J_2 = \frac{U_Z}{U_2} N_s, \qquad (162a)$$

während sie beim Spartransformator nach Abb. 99 a nur

$$N_s' = \left(1 - \frac{U_2}{U_1}\right) N_s = \frac{U_Z}{U_1} N_s \tag{162b}$$

ist. Es gilt also

$$N_s'' = \frac{U_1}{U_2} N_s'. \tag{162}$$

Wenn der Spartransformator als solcher (Abb. 102 a) mit Spannungserhöhung entworfen ist, ergeben sich bei demselben Belastungsstrom in der Schaltung für Spannungserniedrigung dieselben Verluste wie in der Schaltung für Spannungserhöhung, während bei einer Sparschaltung für Spannungserniedrigung (Abb. 99 a) die Verluste entsprechend niedriger sind.

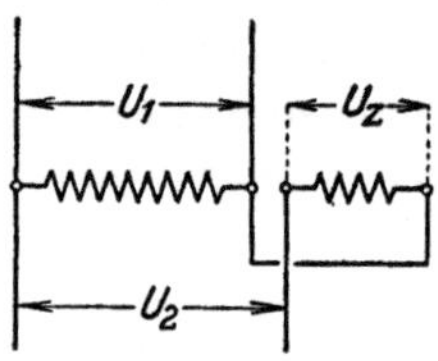

Abb. 103. Spannungserniedrigung.

Schalten wir den Transformator nach Abb. 104, d. h. mit Sparschaltung für Spannungserhöhung und Spannungserniedrigung, so ergeben sich bei Spannungserniedrigung (Schalthebel unten) geringere Verluste als bei Spannungserhöhung (Schalthebel oben) mit demselben Belastungsstrom.

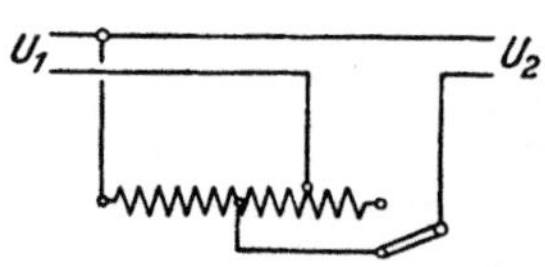

Abb. 104. Sparschaltung mit Spannungserniedrigung und -erhöhung.

c. Spannungsdiagramm. Bezeichnen wir mit R_i den Wirkwiderstand, mit $X_{i\sigma}$ den Streublindwiderstand der gemeinsamen Wicklungsabteilung eines Spartransformators und mit R_a bzw. $X_{a\sigma}$ die entsprechenden Widerstände des äußern, nur vom primären oder sekundären Strom durchflossenen Wicklungsteils, so können wir für die Spannungsgleichungen eines Spartransformators (vgl. Abb. 100, in der die Pfeile die wirkliche relative Stromrichtung darstellen, also nicht Zählpfeile bedeuten) schreiben

$$\dot{U}_u = -(R_i + j X_{i\sigma}) \dot{J}_i + \dot{E}_u \tag{163a}$$

und

$$\dot{U}_o = -(R_i + j X_{i\sigma}) \dot{J}_i - (R_a + j X_{a\sigma}) \dot{J}_o + \dot{E}_o \tag{163b}$$

oder

$$\dot{U}_o' = \frac{w_u}{w_o} \dot{U}_o = -(R_i + j X_{i\sigma}) \frac{w_u}{w_o} \dot{J}_i - (R_a + j X_{a\sigma}) \frac{w_u}{w_o} \dot{J}_o + \dot{E}_u, \tag{163b'}$$

denn es ist $\frac{w_u}{w_o} \dot{E}_o = \dot{E}_u$. Für den Fall, daß die Unterspannungswicklung die primäre (Leistung aufnehmende) Wicklung ist, ist in Abb. 105 das Spannungsdiagramm für das Windungsverhältnis $w_o/w_u = 1{,}85$ aufgezeichnet.

Ersetzen wir in Gl. (163a) und (163b′) die Ströme durch den Strom $\dot{J}_u$ der Unterspannungsseite und subtrahieren die beiden Gleichungen voneinander, so erhalten wir nach einfachen Umformungen

$$\dot{U}_o' = \dot{U}_u + (R_{\mathrm{Sp}} + jX_{\sigma\,\mathrm{Sp}})\dot{J}_u, \tag{164}$$

worin

$$R_{\mathrm{Sp}} = \left(\frac{w_o - w_u}{w_o}\right)^2 \left[R_i + \left(\frac{w_u}{w_o - w_u}\right)^2 R_a\right] = \left(\frac{w_o - w_u}{w_o}\right)^2 R \tag{164a}$$

der auf die Unterspannungsseite des Spartransformators bezogene Verlust-Wirkwiderstand und

$$X_{\sigma\,\mathrm{Sp}} = \left(\frac{w_o - w_u}{w_o}\right)^2 \left[X_{i\sigma} + \left(\frac{w_u}{w_o - w_u}\right)^2 X_{a\sigma}\right] = \left(\frac{w_o - w_u}{w_o}\right)^2 X_\sigma \tag{164b}$$

der entsprechende Streublindwiderstand ist. Damit erhalten wir das vereinfachte Spannungsdiagramm in Abb. 106. In Gl. (164a u. b) stellen

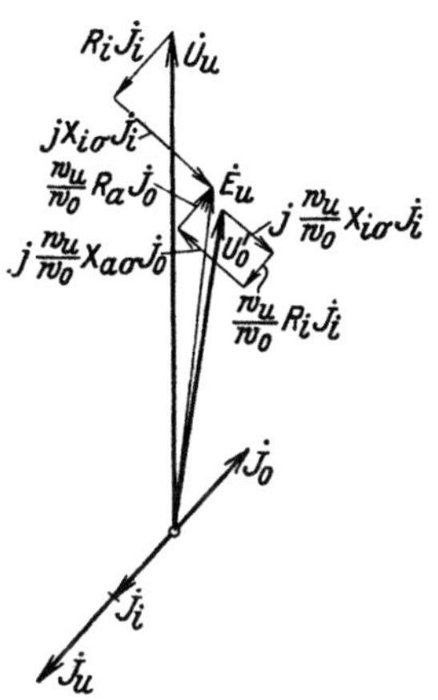

Abb. 105.

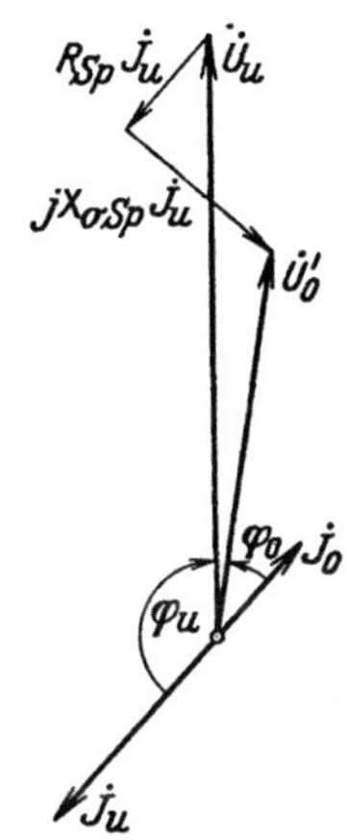

Abb. 106.

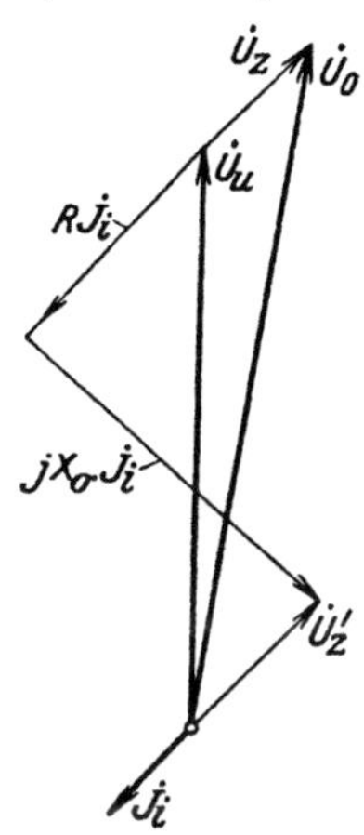

Abb. 107.

Abb. 105 bis 107. Vektordiagramme des Spartransformators; $w_o/w_u = 1{,}85$. Abb. 106 vereinfachtes Spannungsdiagramm, 107 Auffassung als Zusatztransformator.

R und X_σ den gesamten auf w_u bezogenen Wirk- bzw. Streublindwiderstand dar, wenn der gemeinsame Wicklungsteil als Primär- und der Restteil als Sekundärwicklung geschaltet wird.

Setzen wir

$$\varepsilon_w = \frac{R_{\mathrm{Sp}} J_u}{U_o'}, \qquad \varepsilon_b = \frac{X_{\sigma\,\mathrm{Sp}} J_u}{U_o'} \tag{165}$$

für den relativen Wirk- bzw. Blindspannungsverlust, so können wir die Spannungsänderung nach den Gl. (130) und (130′) im Abschn. D 1 berechnen.

Zu demselben Ergebnis gelangen wir auch auf folgende Weise (vgl. Abb. 107). Zu der Spannung $\dot{U}_u$ des gemeinsamen Wicklungsteils addieren wir den Spannungsverlust $(R + jX_\sigma)\dot{J}_i$, den auf den gemeinsamen Wicklungsteil bezogenen Spannungsverlust eines gewöhnlichen

Transformators mit denselben Wicklungsabteilungen. Wir erhalten als Summe die auf die Windungszahl des gemeinsamen Wicklungsteils bezogene Zusatzspannung $\dot{U}'_Z = \frac{w_u}{w_o - w_u} \dot{U}_Z$. Durch Addition von $\dot{U}_Z$ zu $\dot{U}_u$ ergibt sich die Oberspannung $\dot{U}_o$.

Nach Gl. (164a u. b) ist

$$\frac{R_{\mathrm{Sp}}}{R} = \frac{X_{\sigma\,\mathrm{Sp}}}{X_\sigma} = \left(\frac{w_o - w_u}{w_o}\right)^2. \tag{164c}$$

Daraus erhalten wir das Verhältnis zwischen den relativen Spannungsverlusten des Spartransformators zu denen des zweispuligen Transformators, wenn wir R_{Sp} mit J_u und R mit J_i multiplizieren. Beachten wir die Beziehung zwischen J_u und J_i nach Gl. (160a), so ergibt sich dieses Verhältnis zu $(w_o - w_u)/w_o$.

Die in den Gl. (164a u. b) vorkommenden Widerstände R und X_σ sind wie beim gewöhnlichen Transformator, dessen Primärwicklung der gemeinsame Wicklungsteil und dessen Sekundärwicklung der Restteil ist, nach Abschn. B zu berechnen. Sie ergeben sich genau wie beim gewöhnlichen Transformator durch Messung an dem gemeinsamen Wicklungsteil, wenn der Restteil kurzgeschlossen ist.

d. Dauerkurzschlußstrom. Beziehen wir die Kurzschlußströme des Spartransformators auf den Kurzschlußstrom

$$J_k = \frac{U_u}{\sqrt{R^2 + X_\sigma^2}} \tag{166}$$

im gemeinsamen Wicklungsteil, wenn der Restteil der Wicklung kurzgeschlossen wird, so erhalten wir für die Dauerkurzschlußströme auf der Unterspannungsseite

$$J_{uk} = \frac{U_u}{\sqrt{R_{\mathrm{Sp}}^2 + X_{\sigma\,\mathrm{Sp}}^2}} = \left(\frac{w_o}{w_o - w_u}\right)^2 J_k, \tag{166a}$$

auf der Oberspannungsseite

$$J_{ok} = \frac{w_u\, w_o}{(w_o - w_u)^2} J_k \tag{166b}$$

und im gemeinsamen Wicklungsteil

$$J_{ik} = \frac{w_o}{w_o - w_u} J_k. \tag{166c}$$

Für einige Fälle sind in Zahlentafel 5 die auf den Kurzschlußstrom J_k [Gl. (166)] bezogenen Kurzschlußströme zusammengestellt.

Besondere Beachtung verdient das Verhältnis J_{ik}/J_k (letzte Spalte in Zahlentafel 5), das ein Vielfaches von 1 ist. In diesem Verhältnis werden bei Kurzschluß die Wicklungen des Spartransformators stärker belastet als beim zweispuligen Transformator, dessen Primärwicklung der gemeinsame und dessen Sekundärwicklung der Restteil der Wicklung des Spartransformators ist. Im Quadrat dieses Verhältnisses werden die mechanischen Beanspruchungen beim Spartransformator größer sein als in der gewöhnlichen zweispuligen Schaltung. Um die Wicklung vor den hierbei und besonders beim plötzlichen Kurzschluß (Abschn. B 4) auftretenden mechanischen Kräfte zu schützen, kann der Streublindwiderstand des Spartransformators durch entsprechende Anordnung der Wicklungen oder durch Vorschaltdrosseln vergrößert werden. Nach § 57 der RET 1930 sind Vorschaltdrosseln anzuwenden, wenn der Dauerkurzschlußstrom mindestens das 30-fache des Nennstromes beträgt.

Zur Beurteilung der Klemmen-Kurzschlußströme J_{uk} und J_{ok} beim Spartransformator müssen wir beachten, daß die in Zahlentafel 5 eingeschriebenen Ströme auf den Kurzschlußstrom eines solchen zweispuligen Transformators bezogen sind, dessen Leistung gleich der beim Spartransformator in den Wicklungen umgesetzten Leistung ist. Um sie auf einen zweispuligen Transformator von derselben Durchgangsleistung $N_s = U_u J_u = U_o J_o$ zu beziehen, müssen wir sie noch durch das Verhältnis zwischen Durchgangsleistung N_s und im Spartransformator umgesetzter Leistung N_s' dividieren. Dieses Verhältnis ist gleich dem Verhältnis J_{ik}/J_k, wie sich durch Vergleich der Gl. (161b) mit Gl. (166c) ergibt. Der Netzkurzschlußstrom J_{uk} ist also beim Spartransformator im Verhältnis

$$\frac{J_{uk}}{J_k}\,\frac{J_k}{J_{ik}} = \frac{w_o}{w_o - w_u}$$

größer als der eines zweispuligen Transformators, dessen Leistung gleich der Durchgangsleistung des Spartransformators und dessen relative Nenn-Kurzschlußspannung dieselbe wie bei dem als zweispuligen Transformator geschalteten Spartransformator ist.

Zahlentafel 5. Dauerkurzschlußströme an den Klemmen und im gemeinsamen Wicklungsteil, bezogen auf den Primärstrom J_k [Gl. (166)] bei kurzgeschlossenem äußern Wicklungsteil.

$\frac{w_o}{w_u}$	$\frac{J_{uk}}{J_k}$	$\frac{J_{ok}}{J_k}$	$\frac{J_{ik}}{J_k}$
1,10	121	110	11
1.25	25	20	5
1,50	9	6	3

3. Umformung von Drei- in Zweiphasenstrom.

Von den Schaltungen zur Umformung der Phasenzahl werden wir nur solche betrachten, die Dreiphasenstrom in Zweiphasenstrom oder umgekehrt umformen, weil die übrigen Fälle, soweit sie praktische

Bedeutung haben, schon im Abschn. III A 1, Bd. II, im Zusammenhang mit dem Einankerumformer behandelt sind.

a. Durch zwei Einphasen-Transformatoren. Bei der in Abb. 108 dargestellten Scottschen Schaltung werden zwei Einphasen-Transformatoren (*I* und *II*) verwendet, die, wenn wir die Drehstromseite als die primäre bezeichnen, die Windungsverhältnisse

$$\ddot{u}_I = \frac{\sqrt{3}}{2}\,\frac{w_1}{w_2} \quad \text{und} \quad \ddot{u}_{II} = \frac{w_1}{w_2} \qquad \text{(167a u. b)}$$

haben. Die Primärwicklung des Transformators *II* wird in der Mitte angezapft und mit dem einen Ende der Primärwicklung des Transformators *I* verbunden. Wenn dann die Primärwicklung an einem symmetrischen Dreiphasennetz liegt und beispielsweise $w_2 = w_1$ ist, erhalten wir bei Leerlauf das in Abb. 108a dargestellte Spannungsdiagramm. Die beiden sekundären Transformatorspannungen sind gegeneinander um eine Viertelperiode phasenverschoben, entsprechen also den Leerlaufspannungen eines unverketteten symmetrischen Zweiphasensystems.

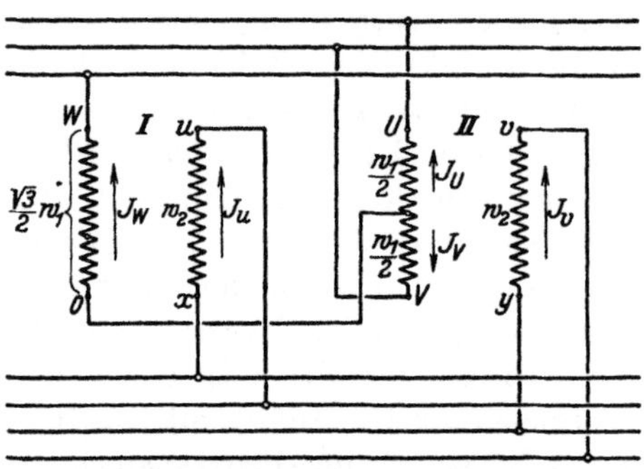

Abb. 108. Scottsche Schaltung.

Zur Bestimmung der Ströme $\dot{J}_U$, $\dot{J}_V$, $\dot{J}_W$ auf der dreiphasigen Primärseite bei gegebenen Strömen $\dot{J}_u$ und $\dot{J}_v$ auf der zweiphasigen Sekundärseite haben wir bei Vernachlässigung der Leerlaufströme die Durchflutungsbedingungen für die beiden Transformatoren

$$w_2 \dot{J}_u + \frac{\sqrt{3}}{2} w_1 \dot{J}_W = 0\,, \qquad \text{(168a)}$$

$$w_2 \dot{J}_v + \frac{w_1}{2} \dot{J}_U - \frac{w_1}{2} \dot{J}_V = 0 \qquad \text{(168b)}$$

und die Knotenpunktsgleichung der Ströme

$$\dot{J}_U + \dot{J}_V + \dot{J}_W = 0\,. \qquad \text{(168c)}$$

Damit erhalten wir

$$\dot{J}_U = \frac{w_2}{w_1}\left(\frac{1}{\sqrt{3}} \dot{J}_u - \dot{J}_v\right), \qquad \text{(169a)}$$

$$\dot{J}_V = \frac{w_2}{w_1}\left(\frac{1}{\sqrt{3}} \dot{J}_u + \dot{J}_v\right), \qquad \text{(169b)}$$

$$\dot{J}_W = -\frac{w_2}{w_1}\,\frac{2}{\sqrt{3}}\,\dot{J}_u\,. \qquad \text{(169c)}$$

Bei symmetrischer Sekundärbelastung ist

$$\dot{J}_u = j\,\dot{J}_v\,. \tag{169}$$

Für diesen Fall ist unter der Annahme, daß $w_2 = w_1$ ist, das Stromdiagramm in Abb. 108b aufgezeichnet. Die dem Dreiphasennetz entnommenen Ströme $\dot{J}_U$, $\dot{J}_V$, $\dot{J}_W$ sind bei symmetrischer Belastung der Sekundärseite ihrem Betrage nach einander gleich und gegeneinander um eine Drittelperiode phasenverschoben, d. h. bei symmetrischer Strombelastung auf der Zweiphasenseite haben wir auch auf der Dreiphasenseite eine symmetrische Strombelastung.

Bei symmetrischer Zweiphasenbelastung sind die Sekundärwicklungen der beiden Transformatoren für dieselbe Leistung zu bemessen. Setzen wir für beide Transformatoren gleiche magnetische Kreise mit

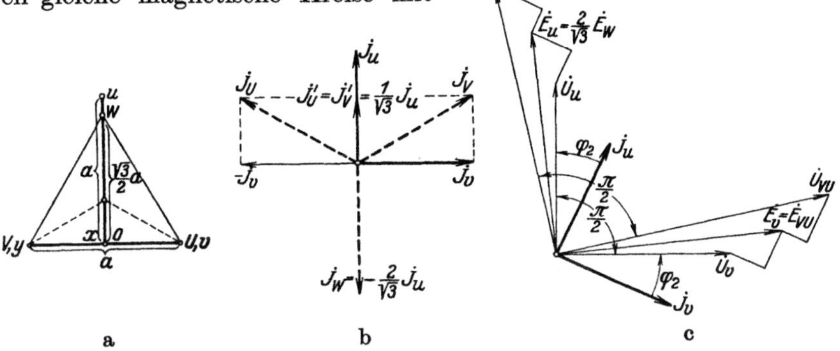

Abb. 108a bis c. Diagramme der Scottschen Schaltung, $w_2 = w_1$; a) Spannungsdiagramm bei Leerlauf, b) Stromdiagramm bei symmetrischer Belastung, c) Spannungsdiagramm bei symmetrischer Belastung.

gleichen magnetischen Beanspruchungen voraus und gleiche Kupfergewichte sowohl der primären als auch der sekundären Wicklungen, so sind die Kupferverluste der sekundären Wicklungen einander gleich; die Primärwicklung des Transformators *II* weist dann aber größere Stromwärmeverluste auf als die des Transformators *I*, und zwar im Verhältnis

$$\frac{J_U^2}{\frac{3}{4}\,J_W^2} = \frac{4}{3}\,. \tag{170a}$$

Die Primärwicklung des Transformators *II* muß deshalb entsprechend stärker bemessen werden. Nehmen wir gleiche Stromdichten und mittlere Windungslängen in den Primärwicklungen der beiden Transformatoren an, so sind die Leiterlängen den Windungszahlen, die Leiterquerschnitte den Strömen proportional, und es werden das

Kupfergewicht und die Kupferverluste der Primärwicklung des Transformators *II*

$$p = \frac{w_1 J_U}{\frac{\sqrt{3}}{2} w_1 J_W} = \frac{2}{\sqrt{3}} \approx 1{,}16 \tag{170b}$$

mal so groß wie die des Transformators *I*.

Die beiden Abteilungen der Primärwicklung des Transformators *II* sind so anzuordnen, daß die in ihnen fließenden Stromkomponenten J'_U und J'_V (vgl. Abb. 108b) keinen wesentlichen Streufluß zwischen den beiden Wicklungsabteilungen erregen, weil sonst eine zusätzliche Streuung auftreten würde, ähnlich wie bei der Zickzackschaltung (Abschn. B 2c).

Wir haben schließlich noch zu untersuchen, ob bei symmetrischer Belastung der Sekundärseite und symmetrischem Primärnetz die Spannung des sekundären Netzes symmetrisch bleibt. Der Übersichtlichkeit wegen setzen wir wieder $w_2 = w_1$ und vernachlässigen den Leerlaufstrom.

Addieren wir zu der Sekundärspannung $\dot{U}_u$ in Abb. 108c den Spannungsverlust $(R_u + j X_{u\sigma})\dot{J}_u$, so erhalten wir die vom Hauptfluß induzierte EMK $\dot{E}_u$, die bei der Annahme $w_2 = w_1$ gleich dem $\frac{2}{\sqrt{3}}$-fachen der in der Primärwicklung induzierten EMK $\dot{E}_W$ ist. Addieren wir dazu noch den auf die Sekundärseite bezogenen Spannungsverlust in der Primärwicklung $\frac{2}{\sqrt{3}}(R_W + j X_{W\sigma})\dot{J}_u$, so erhalten wir das $\frac{2}{\sqrt{3}}$-fache der Primärspannung $\dot{U}_{0W}$.

Für den Transformator *II* erhalten wir in gleicher Weise durch Addition des Spannungsverlustes $(R_v + j X_{v\sigma})\dot{J}_v$, dessen Betrag gleich dem im Transformator *I* angenommen werden darf, zu der Sekundärspannung $\dot{U}_v$ die vom Hauptfluß induzierte EMK $\dot{E}_v$, die gleich der in der Primärwicklung $\dot{E}_{VU}$ ist. Nehmen wir nun an, daß im Transformator *II* die Primärwicklung so verstärkt ist, daß sich dieselbe Stromwärme ergibt wie in der Primärwicklung des Transformators *I*, und daß die beiden Teile der Primärwicklung des Transformators *II* so angeordnet sind, daß ihre gegenseitige Streuung verschwindend klein ist, so sind Wirk- und Blindwiderstand der Primärwicklung im wesentlichen die gleichen wie die auf die Sekundärseite bezogenen des Transformators *I*. Addieren wir noch den durch sie hervorgerufenen Spannungsverlust zur EMK $\dot{E}_{VU}$, so erhalten wir die Spannung $\dot{U}_{VU}$, die gegenüber der Spannung $\dot{U}_{0W}$ um eine Viertelperiode verspätet ist. Ihr Betrag ist $U_{VU} = \frac{2}{\sqrt{3}} U_{0W}$.

Wir sehen also durch Vergleich mit dem Spannungsdiagramm in Abb. 108a, daß bei symmetrischer Belastung der Sekundärseite die Spannungsdiagramme beider Seiten symmetrisch bleiben.

Bei unsymmetrischer Belastung der Sekundärseite wird natürlich auch das primäre Netz unsymmetrisch belastet. Für jede beliebige Strombelastung der Sekundärseite lassen sich nach Gl. (169a bis c) die Ströme auf der Primärseite ermitteln; damit kann dann das Spannungsdiagramm aufgezeichnet werden.

Den Nullpunkt auf der Dreiphasenseite können wir durch eine Anzapfung der Primärwicklung des Transformators I zugänglich machen, die die primäre Spannung dieses Transformators im Verhältnis 1 : 2 unterteilt (vgl. Abb. 108 und 108a).

Die Scottsche Schaltung kann auch mit einspuligen Transformatoren in Sparschaltung ausgeführt werden. Abb. 109 stellt für den Fall, daß $U_{yv} = U_{VU}$ ist, die Schaltung dar, in die auch die Windungszahlen und die Ströme in den einzelnen Wicklungsabteilungen eingeschrieben sind. Die Zweiphasenwicklungen sind in dem Anzapfpunkt des Transformators II verkettet, so daß die vier Leitungen des Zweiphasenstromes nur auf elektrisch getrennte Stromkreise geschaltet werden dürfen, während bei der Schaltung mit zweispuligen Transformatoren zwei Leitungen zu einer verbunden werden können. Sehr häufig erfolgt nun aber die Umwandlung von Drei- in Zweiphasenstrom nur zu dem Zweck, das Dreiphasennetz beim Anschluß zweier gleicher Einphasenmotoren symmetrisch zu belasten, wobei dann der Transformator auf die getrennten Wicklungen der Einphasenmotoren geschaltet werden kann. In solchen Fällen kann die Sparschaltung mit Vorteil verwendet werden.

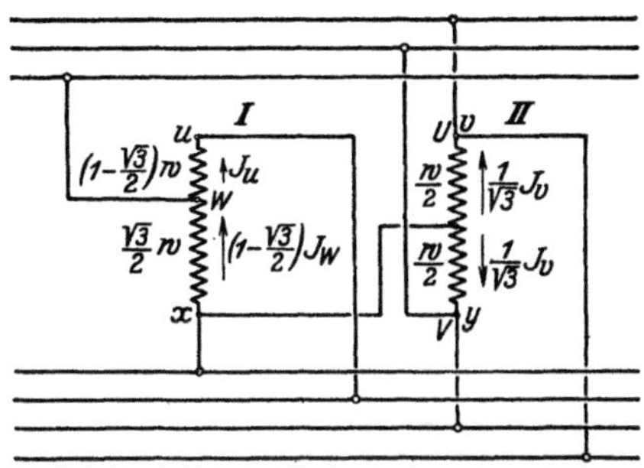

Abb. 109. Scottsche Schaltung mit einspuligen Transformatoren (Sparschaltung).

Um die hierbei gewonnene Ersparnis gegenüber der Schaltung bei zweispuligen Transformatoren abzuschätzen, vergleichen wir die in den Wicklungen der Transformatoren umgesetzte Leistung bei der Sparschaltung (Abb. 109) mit der bei der gewöhnlichen Schaltung (Abb. 108). Wir erhalten [vgl. Gl. (161a)] das Verhältnis dieser Leistungen für Transformator I zu

$$\frac{N'_{sI}}{N_{sI}} = \frac{\left(1 - \frac{\sqrt{3}}{2}\right) w J_u}{w J_u} = 0{,}134\,, \qquad (171\,\text{a})$$

für Transformator *II* zu

$$\frac{N'_{sII}}{N_{sII}} = \frac{\frac{1}{2\sqrt{3}} w J_v}{w J_v} = 0{,}289\,. \tag{171b}$$

Die Leistungen N'_{sI} und N'_{sII}, für die die Transformatoren bei der Sparschaltung zu bemessen sind, betragen also nur einen kleinen Bruchteil der Transformatorleistungen bei der gewöhnlichen Scottschen Schaltung nach Abb. 108. Die Ersparnis für den Transformator *II* ist sogar noch etwas größer als sich aus Gl. (171b) ergibt, weil, wie wir gesehen haben, die Primärwicklung des Transformators *II* in der Schaltung nach Abb. 108 etwas reichlicher bemessen werden muß, als der umgesetzten Leistung entspricht. Bei der Sparschaltung ist der Transformator *II* für die 2,16-fache Leistung des Transformators *I* zu bemessen.

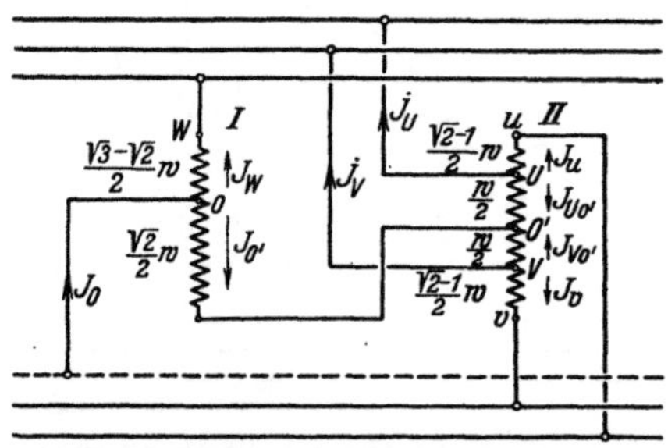

Abb. 110. Schaltung von F. Stern mit zwei Einphasen-Transformatoren.

Nach einer Schaltung von F. Stern [L 68], die ebenfalls wie die Scottsche zwei Einphasen-Transformatoren verwendet, kann man mit einspuligen Transformatoren auch ein in üblicher Weise verkettetes Zweiphasennetz speisen. Abb. 110 stellt hierfür die Schaltung mit den Windungszahlen und Abb. 110a das Spannungsdiagramm bei Leerlauf dar. Die Ströme in den Wicklungsabteilungen erhalten wir aus den Stromverzweigungen und den Bedingungen, daß für jeden Transformator (Leerlaufstrom vernachlässigt) die Summe der Durchflutungen und für das Drehstromnetz die Summe der Ströme Null sein muß. Bei symmetrischer Belastung des Zweiphasennetzes ergeben sich in runden Verhältniszahlen die folgenden Beziehungen zwischen den Strömen

$$\left.\begin{aligned} J_U = J_V = J_W = 1{,}16\,J_u, \quad J_{U0'} = J_{V0'} = 0{,}28\,J_W = 0{,}325\,J_u, \\ J_{0'} = 0{,}225\,J_W = 0{,}26\,J_u\,. \end{aligned}\right\} \tag{172a bis c}$$

Abb. 110b stellt das Stromdiagramm dar, aus dem sich bei Beachtung der Windungszahlen nach Abb. 110 ergibt, daß bei symmetrischer Belastung des Zweiphasennetzes auch das Drehstromnetz symmetrisch belastet ist.

Vergleichen wir wieder die Leistungen der Transformatoren dieser Sparschaltung (Abb. 110) mit den Transfomatorleistungen der gewöhnlichen Scottschen Schaltung nach Abb. 108, so erhalten wir für den Transformator I

$$\frac{N'_{sI}}{N_{sI}} = \frac{\frac{\sqrt{3}-\sqrt{2}}{2}\, w\, J_W}{\frac{\sqrt{3}}{2}\, w\, J_W} = 0{,}184 \qquad (173\text{a})$$

und für den Transformator II

$$\frac{N'_{sII}}{N_{sII}} = \frac{\frac{\sqrt{2}-1}{2}\, w\, J_v + \frac{1}{2}\, w\, J_{U0'}}{w\, J_v} = 0{,}368\,. \qquad (173\text{b})$$

Im Mittel sind also die Transformatoren bei der Schaltung nach Abb. 110 für eine etwa 30% größere Leistung zu bemessen als bei der Schaltung nach Abb. 109 [vgl. Gl. (171a u. b)]. In der Schaltung nach Abbildung 110 ist der Transformator II für die doppelte Leistung des Transformators I zu bemessen.

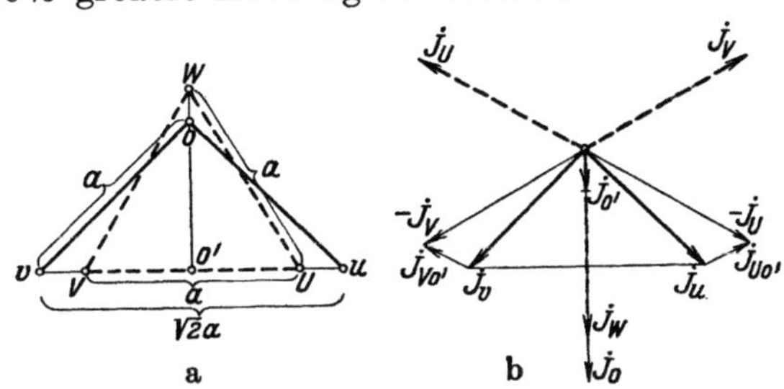

Abb. 110a u. b. Spannungs- (a) und Stromdiagramm (b) für die Schaltung nach Abb. 110.

Führen wir den Transformator in Abb. 110 zweispulig aus und vergleichen die bei gleichen Stromdichten für die Kupfergewichte und Kupferverluste etwa maßgebenden Produkte aus Windungszahl und Strom in jeder der beiden Wicklungen der beiden Transformatoren mit denen nach der Scottschen Schaltung (Abb. 108), so ergeben sich für den Transformator I in beiden Fällen dieselben Produkte für Primär- und Sekundärwicklung. Beim Transformator II sind sie für die Drehstromseite ebenfalls gleich groß, für die Zweiphasenseite aber bei der Schaltung von Stern um 41,4% größer als bei der Scottschen Schaltung. Es ist also auch die zweispulige Ausführung der Schaltung nach Abb. 110 ungünstiger als die gewöhnliche zweispulige Scottsche Schaltung nach Abb. 108.

b. Durch einen Dreiphasen-Transformator. Von den Vorschlägen zur Umwandlung von Dreiphasen- in Zweiphasenstrom mittels eines Eisenkreises, wie er bei Dreiphasen-Transformatoren Verwendung findet, wollen wir hier als Beispiel die von Jos. Kübler [L 70] angegebene und in Abb. 111 dargestellte Schaltung betrachten. Aus dem Spannungsdiagramm bei Leerlauf mit $w_2 = w_1$ in Abb. 111a ergeben sich die in Abb. 111 eingeschriebenen Windungszahlen der einzelnen Wicklungszweige. Die Strombedingungen für die Knotenpunkte (vgl. Abb. 111)

$$\dot{J}_0 = \dot{J}_u + \dot{J}_v = \dot{J}_a + \dot{J}_b, \quad \dot{J}_{ab} = \dot{J}_v - \dot{J}_b = \dot{J}_a - \dot{J}_u, \quad \text{(174a u. b)}$$

die Durchflutungsbedingungen für $w_1 = w_2$ bei Vernachlässigung des Leerlaufstromes

$$\dot{J}_a = -\dot{J}_U, \quad \dot{J}_b = \dot{J}_W, \quad (\dot{J}_v - \dot{J}_u)\frac{\sqrt{3}-1}{2} = -\dot{J}_V - \dot{J}_{ab} \quad \text{(174c bis e)}$$

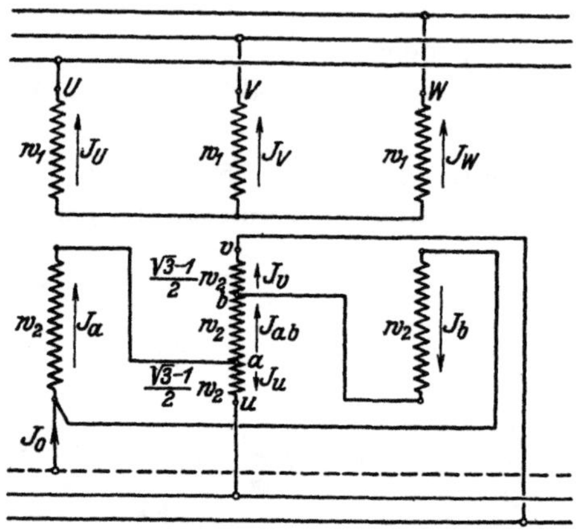

Abb. 111. Schaltung von Jos. Kübler mit einem Dreiphasen-Transformator.

und die Bedingung

$$\dot{J}_U + \dot{J}_V + \dot{J}_W = 0 \quad \text{(174f)}$$

liefern uns bei symmetrischer Sekundärseite das in Abb. 111b dargestellte Stromdiagramm, worin

$$J_{ab} = \frac{\sqrt{3}-1}{\sqrt{6}} J_u, \quad \text{(175a)}$$

$$J_U = J_a = J_b = \frac{\sqrt{2}}{\sqrt{3}} J_u \quad \text{(175b)}$$

ist. Wir erkennen daraus, daß eine symmetrische Belastung auf der Zweiphasenseite auch hier eine symmetrische Strombelastung auf der Dreiphasenseite hervorruft.

Wir wollen die Kupfergewichte und Kupferverluste dieses Transformators mit denen eines gewöhnlichen Dreiphasen-Transformators bei demselben magnetischen Kreis, derselben mittleren Windungslänge und derselben Stromdichte vergleichen, wobei wir den Magnetisierungsstrom vernachlässigen. Es ist das Verhältnis der Kupfergewichte und Kupferverluste bei der Zweiphasen- und Dreiphasenschaltung

$$\left.\begin{aligned} p &= \frac{3J_U + 2J_a + J_{ab} + (\sqrt{3}-1)J_u}{6J_U} \\ &= \frac{10 + (\sqrt{3}-1)(\sqrt{6}+1)}{12} = 1{,}04. \end{aligned}\right\} \quad (175)$$

Die Wicklung des Transformators braucht also nur wenig reichlicher bemessen zu werden als bei einem gewöhnlichen Dreiphasen-Transformator derselben Leistung.

Wenn die Zweiphasenwicklung unverkettet sein soll, ist der Wicklungszweig $a\,b$ in Abb. 111 herauszunehmen. Damit dann aber die Durchflutungen der Zweiphasenströme auf jedem Eisenkern durch entsprechende Durchflutungen der Dreiphasenströme aufgehoben werden können, ist eine in Dreieck geschaltete Tertiärwicklung anzubringen. Die Schaltung der Tertiär- und auch der Sekundärwicklung ist in Abb. 112 dargestellt, in der die Windungszahlen und Ströme eingeschrieben sind. Für das Verhältnis der Kupfergewichte und -verluste dieses Transformators zu denen eines gewöhnlichen Dreiphasen-Transformators erhalten wir

$$\left.\begin{aligned} p &= \frac{3J_U + 2J_u + \left(\sqrt{3}-1\right)J_u + 3J_{ab}}{6J_U} \\ &= \frac{3+\sqrt{6}+3\left(\sqrt{2}+\sqrt{3}\right)}{12} = 1{,}24. \end{aligned}\right\} \tag{176}$$

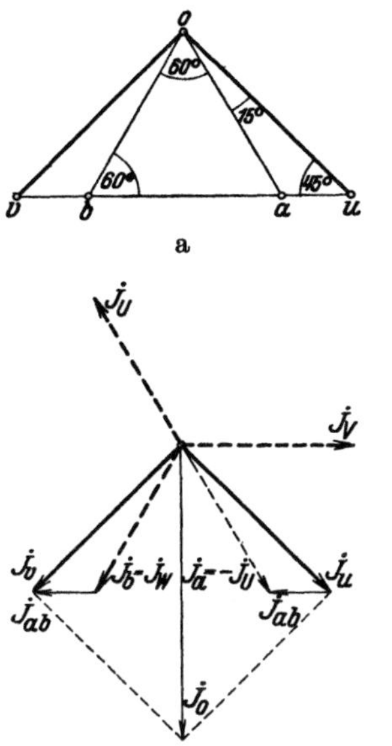

Abb. 111a u. b. Spannungs- (a) und Stromdiagramm (b) für die Schaltung nach Abb. 111.

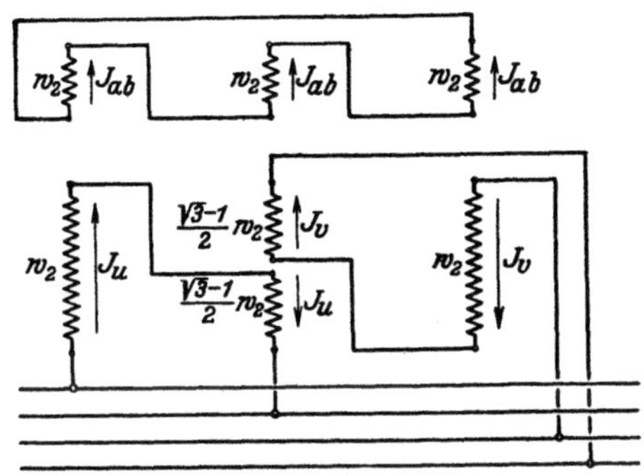

Abb. 112. Schaltung mit einem Dreiphasen-Transformator für unverkettete Zweiphasenwicklungen.

c. Durch einen Zweiphasen-Transformator. Bei dieser von Sonns [L 69] angegebenen Schaltung (Abb. 113) wird das Eisengestell eines Zweiphasen-Transformators verwendet, d. h. es ist der Querschnitt des mittleren Eisenkerns $\sqrt{2}$mal größer als der jedes äußern Kerns. Mit den in Abb. 113 angeschriebenen Windungszahlen ergibt sich bei $w_2 = w_1$ und Leerlauf das Spannungsdiagramm in Abb. 113a, wenn man beachtet, daß der Fluß in dem mittleren Kern $\sqrt{2}$mal so groß ist wie der in einem der äußern Kerne.

Die Strombedingungen für die Netze

$$\dot{J}_U + \dot{J}_V + \dot{J}_W = 0, \qquad \dot{J}_u + \dot{J}_v = \dot{J}_0 \tag{177a u. b}$$

und die Verkettungspunkte

$$\dot{J}_0 + \dot{J}_{v0} = \dot{J}_{0u}, \qquad \dot{J}_{0u} = \dot{J}_{uv} + \dot{J}_u, \qquad \dot{J}_{uv} = \dot{J}_v + \dot{J}_{v0}, \tag{177c bis e}$$

und die Durchflutungsbedingungen für $w_1 = w_2$ bei Vernachlässigung des Leerlaufstromes

$$\dot{J}_U + \dot{J}_{0u} = 0\,, \qquad \frac{\sqrt{3}-1}{2}\dot{J}_V + \dot{J}_{uv} = 0\,, \qquad \dot{J}_W + \dot{J}_{v0} = 0 \quad \text{(177f bis h)}$$

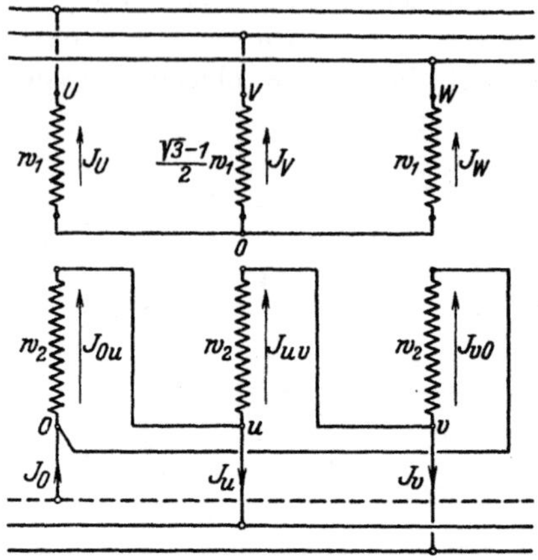

Abb. 113. Schaltung mit einem Zweiphasen-Transformator nach Sonns.

ergeben bei symmetrischer Sekundärseite das in Abb. 113b dargestellte Stromdiagramm. Es ist

$$J_{0u} = J_{v0} = J_U = J_V = J_W\,, \quad \text{(178a)}$$

$$J_u = \frac{\sqrt{3}}{\sqrt{2}} J_U \quad \text{(178b)}$$

und

$$J_{uv} = \frac{\sqrt{3}-1}{2} J_V. \quad \text{(178c)}$$

Vergleichen wir wieder die Kupfergewichte und -verluste bei diesem Transformator mit denen eines gewöhnlichen Zweiphasen-Transformators mit derselben Leistung bei demselben magnetischen Kreis, derselben mittleren Windungslänge und derselben Stromdichte, so erhalten wir das Verhältnis

$$p = \frac{2\left[1 + \frac{\sqrt{3}-1}{2} + 1\right] J_U}{4\,J_u} = \frac{3+\sqrt{3}}{2\sqrt{6}} = 0{,}96\,. \quad \text{(178)}$$

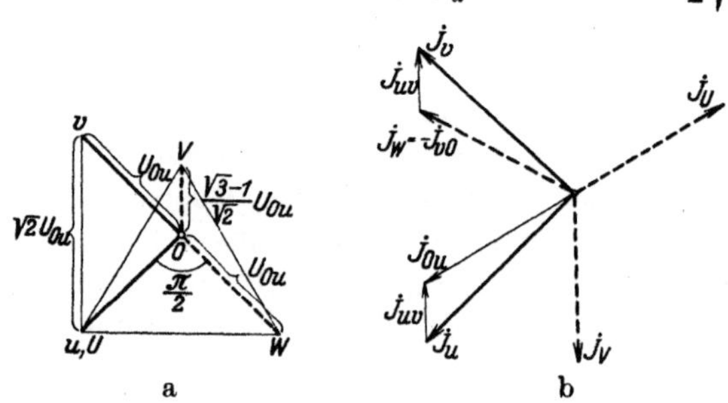

Abb. 113a u. b. Spannungs- (a) und Stromdiagramm (b) für die Schaltung nach Abb. 113.

Wenn die Zweiphasenwicklung unverkettet sein soll, müssen die Wicklungsenden der beiden äußern Kerne auf der Sekundärseite getrennt herausgeführt werden, und es ist eine Tertiärwicklung anzubringen, die mit der Sekundärwicklung in Abb. 113 übereinstimmt. Die Sekundärwicklungen auf den äußern Kernen führen dann an Stelle des Stromes $J_{0u} = J_{v0}$ den Strom $J_u = J_v = \frac{\sqrt{3}}{\sqrt{2}} J_U$, die Tertiärwicklung den Strom $J_{uv} = \frac{\sqrt{3}-1}{2} J_V$. Für das Verhältnis des Kupfergewichts eines solchen Transformators zu dem eines gewöhnlichen Zweiphasen-Transformators derselben Leistung gilt

$$\left.\begin{aligned} p &= \frac{\left[1 + \frac{\sqrt{3}-1}{2} + 1\right] J_U + 2\frac{\sqrt{3}}{\sqrt{2}} J_U + 3\frac{\sqrt{3}-1}{2} J_U}{4 J_u} \\ &= \frac{2\sqrt{3}+\sqrt{6}}{2\sqrt{6}} = 1{,}21\,. \end{aligned}\right\} \qquad (179)$$

4. Die V-Schaltung.

Schaltet man bei einem primär in Dreieck geschalteten Dreiphasen-Transformator einen Wicklungsstrang ab, so entsteht die in Abb. 114 dargestellte Schaltung, die wir als V-Schaltung auf der Primärseite

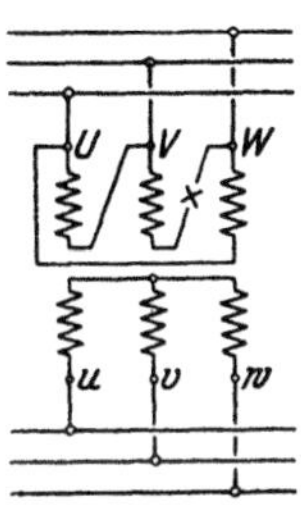

Abb. 114. Einseitige V-Schaltung.

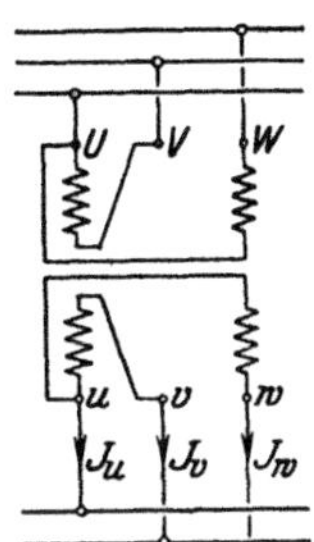

Abb. 115. Doppelseitige V-Schaltung.

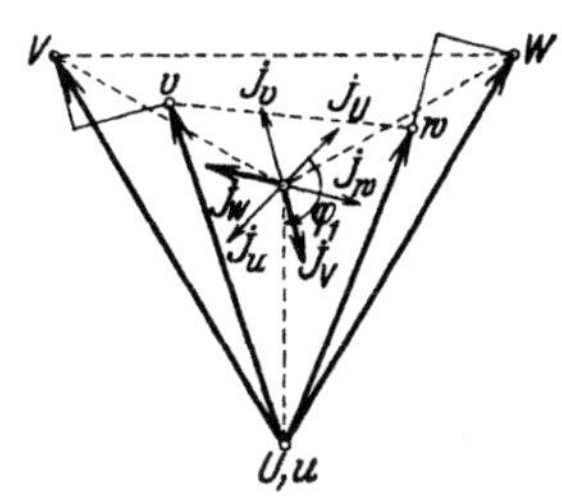

Abb. 115a. Diagramm für die doppelseitige V-Schaltung bei symmetrischer Belastung.

bezeichnen, weil die Spannungen an den beiden Wicklungssträngen im Spannungsdiagramm ein V darstellen (vgl. Abb. 115a). Durch den Wegfall eines Wicklungsstranges wird an dem Spannungsdiagramm auf der Sekundärseite bei Leerlauf nichts geändert. Belasten wir dagegen die in Stern geschaltete Sekundärseite, so wird ein starker Spannungsverlust und eine Verzerrung des sekundären Spannungssternes auftreten, weil die Durchflutung der Sekundärwicklung desjenigen Kerns, dessen Primärwicklung abgeschaltet ist, nicht durch eine primäre Durchflutung aufgehoben werden kann.

Schaltet man auch auf der Sekundärseite den entsprechenden Wicklungsstrang ab, so erhält man die doppelseitige V-Schaltung, wie sie in Abb. 115 dargestellt ist. Die doppelseitige V-Schaltung ergibt zwar bei symmetrischer Belastung des Sekundärnetzes auch eine Verzerrung des sekundären Spannungssterns, aber die Spannungsverluste bleiben in mäßigen Grenzen.

Das Spannungsdiagramm auf der primären Seite möge durch das gleichseitige Dreieck UVW in Abb. 115a dargestellt sein. Von dem

Verkettungspunkt U aus erhalten wir die durch starke Linien hervorgehobenen Spannungsvektoren UV und UW der beiden Wicklungen. Die Strombelastung möge symmetrisch sein. Sie sei auf der primären Seite durch die Stromvektoren $\dot{J}_U$, $\dot{J}_V$, $\dot{J}_W$, auf der Sekundärseite durch die Ströme $\dot{J}_u = -\dot{J}_U$, $\dot{J}_v = -\dot{J}_V$ und $\dot{J}_w = -\dot{J}_W$ dargestellt, wenn wir den Leerlaufstrom vernachlässigen und die Übersetzung zu 1 annehmen. Die in den Wicklungen der Primärseite fließenden Ströme $\dot{J}_V$ und $\dot{J}_W$ sind durch starke Linien hervorgehoben. Addieren wir zu den Spannungen $\overline{\dot{UV}}$ und $\overline{\dot{UW}}$ die durch die Ströme $\dot{J}_V$ und $\dot{J}_W$ bzw. $\dot{J}_v$ und $\dot{J}_w$ hervorgerufenen, auf die primäre Wicklung bezogenen Spannungsverluste, so erhalten wir die Spannungen $\overline{\dot{uv}}$ und $\overline{\dot{uw}}$ der Sekundärseite und das sekundäre Spannungsdreieck uvw.

Die Verzerrung des sekundären Spannungsdreiecks ist von dem Phasenwinkel φ_1 zwischen Strom und Spannung, dem Phasenwinkel φ_k bei Kurzschluß und der Größe des Verlustwiderstandes abhängig. Bei den Annahmen, die dem Diagramm in Abb. 115a zugrunde liegen (teilweise induktive Belastung), kommt sie hauptsächlich dadurch zum Ausdruck, daß der Winkel bei u kleiner als 60° ist.

Die V-Schaltung wird zuweilen bei Stufentransformatoren (Abschn. F) ausgeführt, weil hierbei eine der drei Kontaktbahnen, die bei dem gewöhnlichen dreiphasigen Stufentransformator notwendig sind, wegfällt, wodurch die Regelapparate um etwa ein Drittel verbilligt werden. Zu beachten ist hierbei allerdings, daß die Streuung von Stufentransformatoren bei herabgeregelter Spannung stark anwächst und daher bei Anwendung der V-Schaltung eine besonders starke Verzerrung des Spannungssterns auf der Sekundärseite zu erwarten ist.

Die doppelseitige V-Schaltung kann auch mit zwei Einphasen-Transformatoren ausgeführt werden.

5. Der Schubtransformator.

In jüngster Zeit hat die Firma Koch & Sterzel A.-G. in Dresden einen Transformator, den Schubtransformator, entwickelt, bei dem zur stufenlosen Reglung die Primärwicklung gegenüber der Sekundärwicklung verschoben wird.

Der grundsätzliche Gedanke dieser stetigen Reglung wird durch die Abb. 116a bis d veranschaulicht. Im Aufbau entspricht der Transformator der Mantelausführung mit dem Kern K und den Jochen J. Zwei Jochkörper sind jedoch übereinander nach Abb. 116a angeordnet, wobei jeder Teil eine besondere Primärwicklung *1* trägt. Beide Primärwicklungen, die dieselbe Windungszahl haben, sind nach Abb. 116b parallel geschaltet, derart, daß sie Flüsse erregen, die im Kern K entgegengesetzt gerichtet sind. Der feststehende Kern trägt die Sekundärwicklung *2*. In den Stellungen des Jochkörpers, die den Abb. 116a und 116d entsprechen, verhält sich der Schubtransformator wie ein gewöhnlicher Manteltransformator, in Abb. 116a mit der oberen, in Abb. 116d mit der unteren Primärwicklung. Die andere Primärwicklung nimmt in diesem Fall nur ihren Leerlaufstrom auf und beteiligt sich nicht an der Energieübertragung. In Zwischenstellungen induzieren beide Primärwicklungen die Sekundärwicklung, und zwar im entgegengesetzten Sinne, wobei die Wirkung derjenigen Primärwicklung überwiegt, der die Sekundärwicklung am nächsten liegt. In der Mittelstellung (Abb. 116c) des Jochkörpers mit seinen Primärwicklungen ist die in der Sekundärwicklung induzierte EMK Null. Sie ändert sich bei Verschiebung des Jochkörpers von der Anfangstellung Abb. 116a bis zur Endstellung Abb. 116d annähernd linear mit dem Weg der Verschiebung von ihrem positiven bis zu demselben negativen Höchstwert.

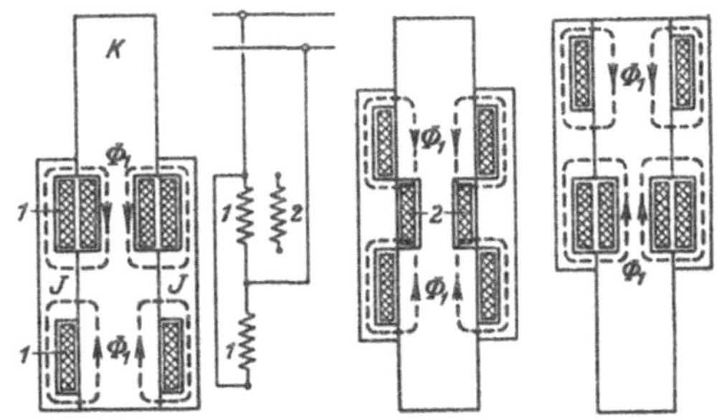

Abb. 116 a bis d. Vereinfachter Schubtransformator; a) Anfangsstellung, b) Schaltung, c) Mittelstellung, d) Endstellung.

In dieser einfachen Form ist der Transformator für die **technische Anwendung** noch nicht geeignet. Gewöhnlich wird er als Zusatztransformator (Abschn. 2b) verwendet, wobei die Sekundärwicklung auch in der Zwischenstellung (Abbildung 116c) von Strom durchflossen wird, in der der Schubtransformator nach Abb. 116 eine unzulässig große Streuung aufweisen würde. Die praktische Ausführung wird durch Abb. 117a mit der Schaltung nach Abb. 117b veranschaulicht. Die Sekundärwicklung *2* ist in Nuten des Kerns untergebracht und zwischen den Primärspulen *1* sind noch Nuten mit Hilfswicklungen *3*, *3'* und *3''* im verschiebbaren Jochkörper angeordnet. In der Mittelnut befindet sich, konzentrisch mit den übrigen Spulen, eine in sich kurz geschlossene Spule *3*, die

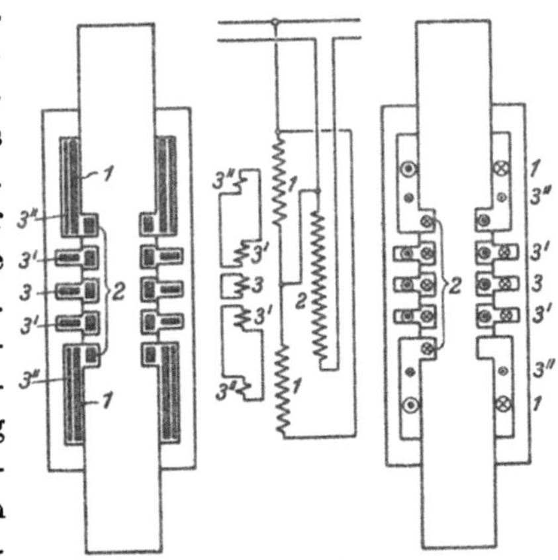

Abb. 117 a bis c. Ausführung des Schubtransformators; a) Wicklungsanordnung, b) Schaltung, c) Durchflutungen.

einen Teil des Streuflusses der Sekundärwicklung abdämpft. Zur weiteren Abdämpfung des sekundären Streuflusses dienen die Wicklungen *3'*, *3''*. Schlösse man die Spulen *3'* ebenso wie die Spule *3* je in sich kurz, so würden sie nicht nur den Streufluß, sondern auch die Leerlaufflüsse der Primärwicklungen teilweise abdämpfen. Um den Streufluß der Sekundärwicklung in der dargestellten Mittelstellung des Kerns abzudämpfen, ohne die Hauptflüsse zu stören, könnten die Spulen *3'*, *3* und *3''* in Reihe kurz geschlossen werden. Von dieser Schaltung wird nicht Gebrauch gemacht, weil dann in andern Stellungen die Abdämpfung des Streuflusses nur ungenügend wäre. Bei der praktischen Ausführung erhalten die Spulen *3'*, die nur mit dem halben Kernfluß verkettet sind, die doppelte Windungszahl wie die Spulen *3''*, und es werden die obern und die untern Spulen *3'* und *3''* je in Gegenschaltung kurz geschlossen, wie es Abb. 117b andeutet, in der der Schubtransformator als Zusatztransformator geschaltet ist. Die von den Hauptflüssen in diesen Gegenschaltungen induzierte EMK ist dann Null und der Streufluß der Sekundärwicklung, der durch die den Primärspulen *1* benachbarten Zähne fließt, wird abgedämpft, wobei die Durchflutungen der Spulen *3''* durch Ausgleichströme in den Primärwicklungen kompensiert werden. Abb. 117c zeigt die Stromrichtung in den Wicklungen, wenn die Leerlaufströme vernachlässigt werden. Der primäre Belastungsstrom ist für die in den Abb. 117a bis c angenommene Stellung des Jochkörpers Null. Die Ströme in den Wicklungen *3*, *3'* und *3''* stellen sich so ein, daß die Nutdurchflutungen im Kern durch die Nutdurchflutungen im Jochkörper aufgehoben werden, der von der Sekundärwicklung erregte Fluß also abgedämpft wird. Die Primärwicklungen führen außerdem noch die Leerlaufströme.

Die beiden Joche werden bei der technischen Ausführung mit den Erreger- und Hilfswicklungen in einem Rahmen gelagert, der gegenüber dem feststehenden Kern durch vier an den Ecken angeordnete Spindeln gehoben und gesenkt werden kann. Kräftige Federn pressen die geschliffenen Gleitflächen von Kern und Joch aufeinander. Um an diesen Stellen Eisenbrand zu verhüten und Geräuschbildung durch die Ummagnetisierung des Eisens zu mildern, wird dieses hinreichend schwach magnetisch beansprucht. Der Antrieb erfolgt bei kleinen Transformatoren von Hand, bei größern durch einen angebauten Motor mit Schneckengetriebe. Größere Schubtransformatoren werden in ölgefüllten Kesseln mit Ausdehnungsgefäß eingebaut. Bei Dreiphasenstrom werden drei Einphasen-Transformatoren in einem gemeinsamen Rahmen untergebracht. Auch die V-Schaltung wird zuweilen angewendet, um bei Dreiphasenstrom mit zwei Einphasen-Transformatoren auszukommen.

Für hohe Spannungen ist der Schubtransformator nicht geeignet. Zur Verwendung als Netzregler in Hochspannungsanlagen muß er in der Regel über feste Transformatoren (Isoliertransformatoren) ans Netz geschaltet werden.

F. Spannungsreglung.

1. Die Spannungsreglung.

Eine Spannungsreglung in weiteren Grenzen kommt nur für Sonderfälle in Frage, wenn der Transformator auf einen besonderen Stromkreis arbeitet, wie z. B. in der chemischen Industrie auf Schmelzöfen oder bei Einphasen-Vollbahnlokomotiven auf die Antriebsmotoren. In engen Grenzen, bis zu etwa $\pm 20\%$, ist eine Spannungsreglung für Netztransformatoren erforderlich, um bei wechselnder Belastung an gewissen Punkten des Netzes die Spannung konstant zu halten. Früher begnügte man sich in diesen Fällen damit, am Transformator zwei Anzapfungen anzubringen, um je nach dem Ort der Aufstellung des Transformators im Netz drei Spannungsstufen, Nennspannung und zwei um $\pm 4\%$ von der Nennspannung abweichende Leerlaufspannungen, einstellen zu können. Die zunehmende Ausdehnung der Überlandnetze und die Kupplung der Überlandkraftwerke verlangen jedoch eine weitergehende Spannungsreglung bis zu etwa $\pm 20\%$, die während des Betriebes unter Belastung des Transformators vorgenommen werden muß.

Eine stetige Spannungsreglung ermöglichen der Drehtransformator und der Schubtransformator, die bei Netzreglung als Zusatztransformatoren geschaltet werden, bei weitgehender Spannungsreglung noch in Verbindung mit einem Stufentransformator [L 79]. Die Verwendung des Drehtransformators zur Spannungsreglung bei Einankerumformern haben wir im Abschn. III C 2, Bd. II, kennengelernt. In derselben Schaltung kann auch der Schubtransformator verwendet werden, dessen Aufbau im Abschn. E 5 behandelt ist. Zur Spannungsreglung in Netzen werden außerdem noch Phasenschieber, das sind übererregte Synchron- oder Asynchronmaschinen, verwendet, die neben einer Verbesserung des Leistungsfaktors im Netz durch Änderung der Blindströme gleichzeitig auch eine Spannungsreglung ermöglichen. Im folgenden werden wir uns nur mit der Stufenreglung näher befassen, die in den letzten Jahren zur Spannungsreglung eine weitgehende Verbreitung gefunden hat. Dabei werden wir immer die wichtigste Anwendung, nämlich die Spannungsreglung in Netzen, im Auge behalten.

Neben der Spannungsreglung ohne Änderung der Phase, die auch als „Längsreglung" bezeichnet wird, kommt beim Zusammenschluß verschiedner Leitungsnetze noch eine Reglung des Phasenwinkels zwischen den Spannungen der einzelnen Netze in Frage [L 80]. Diese läßt sich wie die Längsreglung mit Stufentransformatoren erreichen, deren

Phase gegenüber der „Längsspannung" um eine Viertelperiode verschoben ist; man bezeichnet sie deshalb als „Querreglung". Die bei der Querreglung erforderlichen Spannungen lassen sich bei Dreiphasen-Transformatoren leicht erhalten; so ist z. B. bei symmetrischer Sternschaltung die verkettete Spannung an zwei Wicklungssträngen gegenüber der Spannung an dem dritten Wicklungsstrang um eine Viertelperiode phasenverschoben. Den folgenden Abschnitten werden wir die wichtigere Längsreglung zugrunde legen, die auf die Querreglung ohne weiteres übertragen werden kann.

2. Die grundsätzlichen Schaltungen der Stufenreglung.

a. Reglung am Haupttransformator. Bei der Besprechung dieser Schaltungen nehmen wir zunächst keine Rücksicht auf die Einrichtungen, die dazu dienen, eine Unterbrechung des Stromkreises zu verhindern und den Kurzschluß von Wicklungsteilen unschädlich zu machen. Die Schaltungen stellen wir nur einphasig dar. Sie gelten dann auch für einen Wicklungsstrang bei Dreiphasenstrom, wobei die Klemmen X und x bei Sternschaltung zu den Verkettungspunkten geführt werden können.

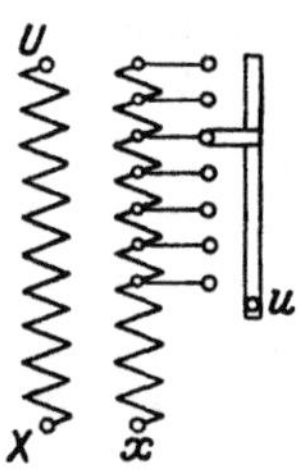

Abb. 118. Grundsätzliche Stufenreglung.

Die einfachste Ausführung dieser Stufenreglung ist in Abb. 118 für einen zweispuligen Transformator dargestellt. Bei Einphasenstrom werden die Klemmen U und X an das Primärnetz geschaltet und die Spannung zwischen den Klemmen u und x wird durch den Gleitkontakt an der Sekundärwicklung geregelt, der die Klemme u an verschiedene Anzapfungen der Sekundärwicklung zu legen gestattet. Die Schaltung ist beispielsweise für sechs Anzapfungen, also sieben Spannungsstufen dargestellt. Dieselbe Stufenzahl ist auch für die übrigen Abbildungen bis Abb. 120b angenommen, um den Vergleich der verschiedenen Schaltungen miteinander zu erleichtern.

Um bei derselben Zahl der Spannungsstufen die Zahl der Anzapfungen an der Wicklung zu verringern, kann der angezapfte Wicklungsteil umschaltbar eingerichtet werden, so daß sich die Spannungen des angezapften Teils der Wicklung und des unangezapften Teils erst subtrahieren und nach der Umschaltung addieren. In Abb. 119a ist diese Reglung beispielsweise für einen Spartransformator dargestellt. Die kleinste Sekundärspannung U_2 (zwischen den Klemmen U_2 und X) ergibt sich bei konstanter Primärspannung U_1 (zwischen U_1 und X), wenn sich in der eingezeichneten Stellung des einpoligen Umschalters S der Gleitkontakt unten befindet. Sie ist gleich der Differenz der Primärspannung und der Gesamtspannung an dem angezapften Wicklungsteil. Durch Verschieben des Gleitkontaktes wird die Sekundärspannung vergrößert und ist in der obersten Stellung des Gleitkontaktes gleich der Primärspannung. Um die Sekundärspannung weiter aufwärts zu regeln, wird der Schalter *S* umgelegt und gleichzeitig der Gleitkontakt nach unten verschoben, wenn die Gleitbahn, wie es in der Abbildung angenommen ist, geradlinig ausgeführt ist. Bei kreisförmiger Kontaktbahn braucht der Gleitkontakt nur um eine Stufe weiter gedreht zu werden, um von der oberen Lage in Abb. 119a in die untere zu gelangen. In dieser Stellung ist die Sekundärspannung wieder gleich der Primärspannung und kann durch Verschieben des Gleitkontaktes bis zur Summe

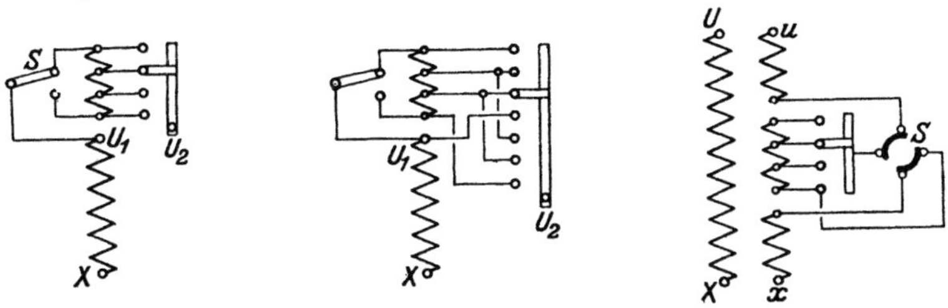

Abb. 119a bis c. Stufenreglung mit umschaltbaren Anzapfteilen; a) mit, b) ohne Rückwärtsbewegung, c) Anzapfteile in der Mitte der Wicklung.

aus der Primärspannung und der Spannung des angezapften Wicklungsteils vergrößert werden. Die rückwärtige Bewegung des Gleitkontaktes läßt sich auch bei geradliniger Kontaktbahn umgehen, wenn diese nach Abb. 119b ausgeführt, die Zahl der Kontakte also fast verdoppelt wird.

Um die gegen Überspannungen empfindlichen angezapften Wicklungsteile zu schützen, können diese bei zweispuligen Transformatoren auch an den Nullpunkt oder in die Mitte der Wicklung gelegt werden. Dieser letzte Fall, der hauptsächlich bei Dreieckschaltung der Sekundärwicklung in Frage kommt, ist in Abb. 119c dargestellt; der Umschalter *S* muß dann doppelpolig ausgeführt werden.

b. Reglung in Zusatzschaltung. Bei den bisher behandelten Schaltungen erfolgt die Spannungsreglung unmittelbar am Haupttransformator.

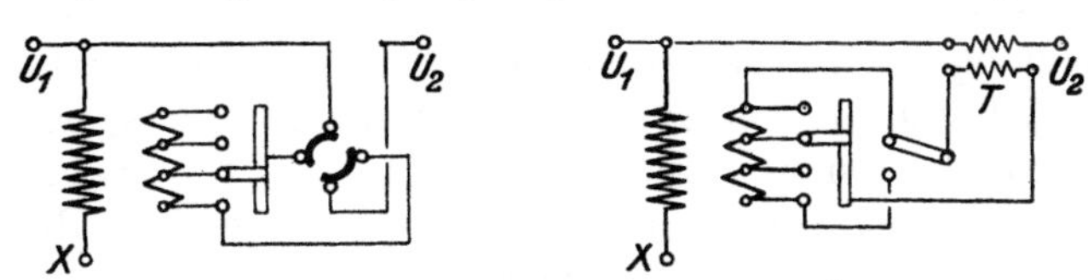

Abb. 120a und b. Stufenreglung mit Regeltransformator; a) ohne, b) mit Zusatztransformator (Reihentransformator) T.

tor. Für Netztransformatoren größerer Leistung empfiehlt es sich, die Regeleinrichtung vom Haupttransformator zu trennen und einen besonderen Regeltransformator dafür auszubilden, der entweder getrennt vom Haupttransformator aufgestellt wird oder in einem Anbau des Haupttransformators oder auch unmittelbar über dem Haupttransformator in demselben Ölkessel untergebracht wird. Die Abb. 120a und b stellen solche Schaltungen des Regeltransformators dar. In Abb. 120a wird die regelbare Wicklung des Regeltransformators unmittelbar, in Abb. 120b über einen Zusatztransformator T in die Leitung geschaltet. Im ersten Fall ist zur Umschaltung der Regelwicklung ein zweipoliger Umschalter erforderlich, im zweiten Fall genügt ein einpoliger.

c. Doppelschaltung. Die Umschaltung des regelbaren Teils der Wicklung läßt sich bei sogenannter Doppelschaltung vermeiden, die in

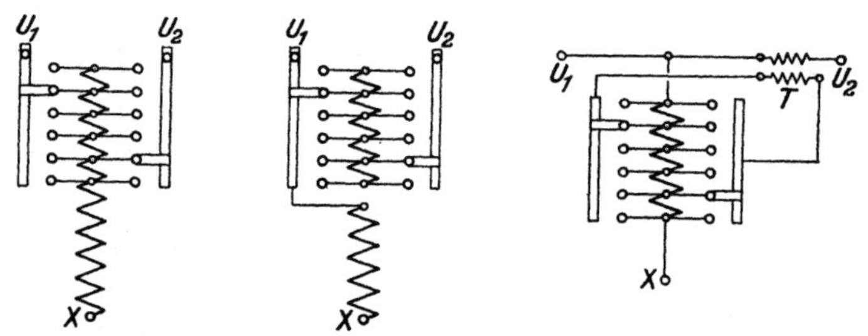

Abb. 121a bis c. Stufenreglung in Doppelschaltung; c) Schaltung mit Zusatztransformator T.

Abb. 121a für eine Reglung mit sechs Stufen bei gleichzeitiger Bewegung der beiden Gleitkontakte dargestellt ist. Die beiden Gleitkontakte werden hier gegeneinander bewegt. Befindet sich der linke Gleitkontakt oben, der rechte unten, so ist die Spannung $U_2 < U_1$. Befinden sich beide Gleitkontakte in der Mitte, so ist $U_2 = U_1$, befindet sich der linke unten, der rechte oben, so ist $U_2 > U_1$. Werden die Gleitkontakte nicht gleichzeitig, sondern nacheinander bewegt, so ergeben sich elf Spannungsstufen. Ist außer der gezeichneten Wicklung noch eine besondere Primärwicklung vorhanden, so kann die Wicklung in Abb. 121a zwei getrennte Netze speisen. Wenn keine besondere Primärwicklung, die an konstanter Spannung liegt, vorhanden ist, stellt Abb. 121a eine Sparschaltung dar. Bliebe dabei die Spannung U_1 konstant, so würde sich die Magnetisierung des Transformators während der Reglung ändern. Dies wird vermieden in der Schaltung nach Abb. 121b. Für einen Regeltransformator in Sparschaltung, der neben dem Haupttransformator aufgestellt werden kann, gibt Abb. 121c die Schaltung in Verbindung mit Zusatztransformator T an.

3. Vermeidung des Kurzschlusses von Wicklungsstufen.

a. Durch Widerstände oder Drosselspulen. Um beim Übergang von einer Schaltstufe zur nächsten, beispielsweise in Abb. 118, den Stromkreis nicht zu unterbrechen und doch einen vollkommenen Kurzschluß des Wicklungsteils zwischen zwei aufeinanderfolgenden Anzapfungen zu vermeiden, kann die Kontaktbahn ähnlich wie beim Zellenschalter ausgeführt werden, wobei beim Übergang von einer Schaltstufe zur nächsten erst die Verbindung mit dieser über einen Widerstand erfolgt, der später kurz geschlossen wird. Eine solche Schaltung ist für den einfachen Fall der Abb. 118 in Abb. 122 für die Sekundärwicklung dargestellt. Neben der Hauptkontaktbahn rechts der Wicklung ist noch eine Hilfskontaktbahn links der Wicklung angeordnet. Beim Übergang von einer Schaltstufe zur nächsten wird erst der Hilfsgleitkontakt vorgerückt, so daß eine Wicklungsstufe über den Widerstand *R* geschlossen wird. Der Hauptgleitkontakt auf der rechten Seite folgt dann sofort nach, wobei vorübergehend der Hauptstrom über den Widerstand *R* fließt. In der Betriebsstellung liegen Hilfsgleitkontakt und Hauptgleitkontakt an derselben Anzapfstelle, der Widerstand *R* ist kurz geschlossen.

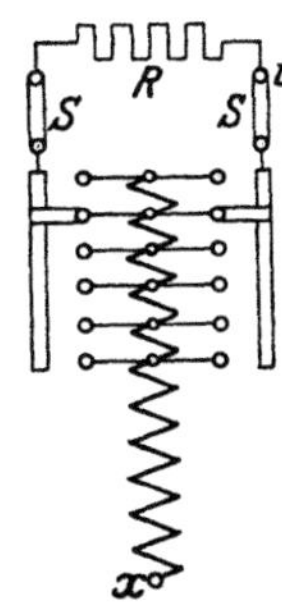

Abb. 122. Stufenreglung mit Überbrückungswiderstand *R*. $s = 6$.

Statt des Widerstandes kann auch eine Drossel verwendet werden. Solche Schaltungen, die häufig bei Einphasenlokomotiven zur Spannungsreglung dienen, sind in Abbildung 123a u. b dargestellt.

Bei Abb. 123a liegen in der Betriebsstellung die Enden der Drossel immer an zwei aufeinanderfolgenden Anzapfstellen des Transformators, und die Drossel wirkt in allen Betriebsstellungen als Spannungsteiler. In der Übergangsstellung wird der eine Gleitkontakt geöffnet, so daß der Strom kurzzeitig nur durch die eine Hälfte der Drossel fließt, deren Eisen dabei durch den Hauptstrom so stark gesättigt wird, daß der durch sie hervorgerufene Spannungsverlust verhältnismäßig gering ist.

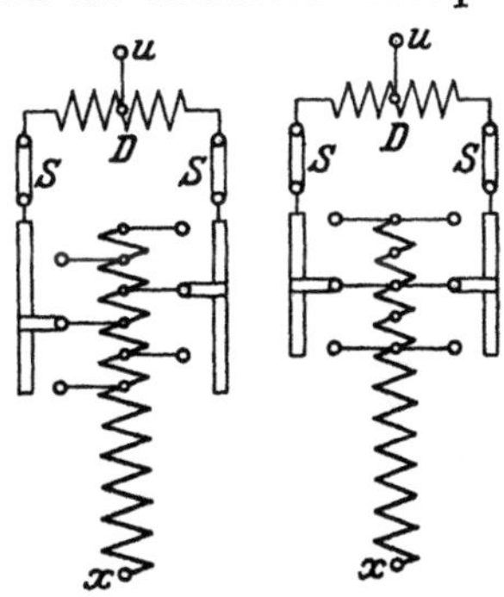

Abb. 123a u. b. Stufenreglung mit Drossel *D* als Spannungsteiler. $s = 5$.

Bei der Schaltung nach Abb. 123b sind zwei Betriebsstellungen zu unterscheiden. Einmal liegen beide Gleitkontakte an derselben Anzapfung (wie in Abb. 123b). Die Drossel ist kurz geschlossen, sorgt aber für gleichmäßige Stromverteilung auf beide Kontakte. In der andern Betriebsstellung liegen die beiden Gleitkontakte an zwei benachbarten Anzapfungen. Diese Betriebsstellung entspricht der Abb. 123a; die Drossel wirkt hierbei als Spannungsteiler. Während des Überganges von einer Betriebsstellung zur nächsten fließt wie bei Schaltung Abb. 123a der Hauptstrom nur durch eine Hälfte der Drossel.

Die Schaltung nach Abb. 123b hat den Vorteil, daß die Zahl der Wicklungsanzapfungen kleiner ist als bei der Schaltung nach Abb. 123a, und zwar ist bei ungerader Zahl s der Spannungsstufen nach Abb. 123a die Zahl der Anzapfungen $a = s$, nach Abb. 123b aber nur $a = (s - 1)/2$. Dafür muß aber die Drossel in Abb. 123b für die doppelte Spannung bemessen werden, und der durch die Drossel hervorgerufene Spannungsverlust ist beim Übergang von einer Betriebsstufe zur nächsten entsprechend größer.

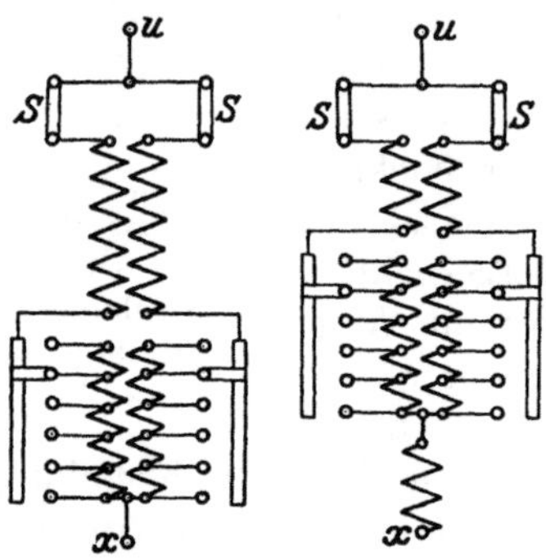

Abb. 124a u. b. Stufenreglung nach Abb. 123b mit Wicklungsteilen als Spannungsteiler. $s = 6$.

b. Durch eingeschaltete Wicklungsteile. Die Drossel kann entbehrt werden, wenn der Transformator zwei parallel geschaltete Wicklungen oder Wicklungsteile enthält, die im Sinne der Drossel in Abbildung 123a oder b wirken. Solche Schaltungen sind in Abb. 124a u. b dargestellt, wobei der Einfachheit wegen wieder die Primärwicklung weggelassen ist. In Abb. 124a ist die ganze Sekundärwicklung zweiteilig ausgeführt, in Abb. 124b nur ein Teil, dessen Streublindwiderstand hinreicht, um die Stärke des Ausgleichstroms zu beschränken, der auftritt, wenn die Gleitkontakte zu beiden Seiten der Wicklungen an verschiedenen Anzapfungen liegen. Gewöhnlich werden hierbei nur solche Schaltstellungen als Betriebsstellungen verwendet, bei denen nach Abb. 123b beide Gleitkontakte an denselben Anzapfstellen liegen.

Die Schaltungen, bei denen der regelbare Teil der Wicklung durch ein- oder zweipolige Schalter umgeschaltet wird (Abb. 119a und 120a u. b), lassen sich für Umschaltung ohne Unterbrechung des Hauptstromes konstruktiv leicht ausführen, sofern daneben durch eines der beschriebenen Mittel die Unterbrechung einzelner Wicklungsstufen unmöglich und die Überbrückung unschädlich gemacht wird. Bei den einpoligen Umschaltern, z. B. in Abb. 119a, ist in der obersten Stellung des Gleitkontaktes U_1 mit U_2 zu verbinden, der Gleitkontakt in die unterste Stellung zu überführen und dann der Schalter S umzustellen. Bei den zweipoligen Umschaltern, z. B. in Abb. 120a, brauchen nur die Kontakte, die nicht mit der Regelwicklung verbunden sind (in Abb. 120a führen sie zu U_1 und U_2), verbreitert ausgeführt zu werden, so daß bei der Umschaltung eine Unterbrechung des Hauptstromes nicht auftreten kann.

4. Ausführung bei Netztransformatoren.

a. Anordnung besonderer Unterbrechungsschalter. Bei den im Abschn. 3 beschriebenen Einrichtungen wird der Strom, der sich beim Überbrücken einer Wicklungsstufe in dieser ausbildet, durch den Widerstand oder die Drossel zwar stark gemildert, aber nicht vollkommen unterdrückt. Beim Weiterschalten muß er unterbrochen werden, wobei ein Funke an dem Gleitkontakt auftritt. Bei Netztransformatoren, die meistens für hohe Spannungen gebaut werden, wird nun der Kontaktapparat zusammen mit dem Haupttransformator oder mit dem besondern Regeltransformator gewöhnlich in demselben Ölkessel untergebracht. Das hat zur Folge, daß durch den Schaltfunken an der Kontaktbahn das Öl verunreinigt und dadurch die Hochspannungswicklung des Transformators gefährdet wird. Man ist deshalb noch einen Schritt weitergegangen und hat die Regeleinrichtung so ausgebildet, daß besondere Schalter außerhalb des Transformatorkessels, die häufig als Luftschalter ausgebildet sind, die Unterbrechung des Stromes in der Wicklungsstufe vornehmen, so daß die Umschaltung am Gleitkontakt völlig stromlos, also funkenfrei erfolgen kann. Bei Schaltung mit Widerstand, wie beispielsweise in Abb. 122, wird dann auch dieser gewöhnlich außerhalb des Transformators angeordnet.

Solche Unterbrechungsschalter (S), auch Leistungsschalter oder Lastschalter genannt, sind schon in den Abb. 122, 123a u. b und 124a u. b im oberen Teil der Abbildung angedeutet; wir brauchen hier nur ihren Zweck noch zu erläutern. Bei der Schaltung nach Abb. 122 wird beim Übergang auf die nächste Schaltstufe zuerst der linke Unterbrechungsschalter geöffnet; der linke Gleitkontakt kann dann stromlos um eine Stufe verschoben werden, worauf der linke Unterbrechungsschalter wieder geschlossen wird. Alsdann wird der rechte Unterbrechungsschalter geöffnet, der rechte stromlose Gleitkontakt auf die nächste Schaltstufe verschoben und schließlich der rechte Unterbrechungsschalter wieder geschlossen.

Ähnlich ist die Übergangsschaltung bei den Abb. 123a u. b und 124a u. b, die wir für die Abb. 123a kurz erläutern. Beim Übergang von der einen Schaltstufe auf die folgende, beispielsweise die größere Spannungsstufe in Abb. 123a, wird zunächst der linke Unterbrechungsschalter geöffnet, der linke dann stromlose Gleitkontakt um eine Stufe vorgeschoben und schließlich der linke Unterbrechungsschalter wieder geschlossen. Dasselbe Spiel wiederholt sich dann in genau derselben Reihenfolge für den rechten Unterbrechungsschalter und den rechten Gleitkontakt, wenn die Spannung um eine weitere Stufe erhöht werden soll. Ähnlich gestaltet sich die Umschaltung bei allen hier behandelten Schaltungen.

b. Schaltung von Jansen. Größere Verbreitung hat die besondere, in Abb. 125 dargestellte Schaltung von Jansen gefunden. In der Abbildung ist eine Betriebsstellung dargestellt, in der der Hauptstrom über den linken Gleitkontakt fließt. Beim Übergang auf die nächste Betriebsstellung wird zuerst der rechte stromlose Gleitkontakt auf die nächste Stufe verschoben. Hierauf wird der obere zur Klemme u führende Unterbrechungsschalter in die waagerechte Lage gedreht, in der die Widerstände R_1 und R_2 in Reihenschaltung an zwei benachbarten Anzapfstellen des Transformators liegen. Dann wird der Unterbrechungsschalter weitergedreht, bis er die symmetrische Lage zu der in Abb. 125 eingezeichneten Stellung einnimmt. Der durch R_1 fließende Strom wird dabei zunächst unterbrochen, der Widerstand R_2 vorübergehend vom Hauptstrom durchflossen und schließlich kurz geschlossen.

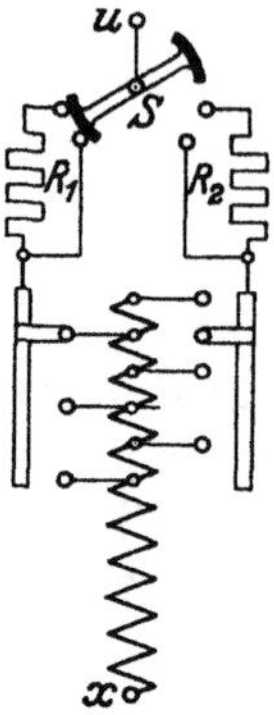

Abb. 125. Schaltung nach Jansen. $s = 6$.

Diese Schaltbewegungen werden in sehr kurzer Zeit (einigen hundertstel Sekunden) ausgeführt, so daß die Widerstände nur kurzzeitig vom Strom durchflossen werden. Für die richtige Reihenfolge der Schaltbewegungen sorgt ein entsprechend ausgebildetes Getriebe, welches sowohl von Hand, als auch durch Motor betätigt werden kann. Um zu verhindern, daß der

Abb. 126. Dreiphasiger Stufenregler nach Jansen; Bergmann, E. W.

Unterbrechungsschalter in einer Zwischenstellung stehenbleibt und dadurch die Widerstände längere Zeit eingeschaltet bleiben, wird gleichzeitig mit dem Verschieben des Gleitkontaktes eine Feder gespannt

(Kraftspeicher), die nach Verstellung des Gleitkontakts den Unterbrechungsschalter betätigt, auch wenn der Antrieb aus irgendeinem Grunde versagen sollte. Der Unterbrechungsschalter wird als Schnellschalter ausgeführt.

In Abb. 126 ist eine von den Bergmann-Elektrizitätswerken ausgeführte dreiphasige Stufenreglung nach Jansen dargestellt, die in den Transformator eingebaut oder über ihm angeordnet werden kann. Im untern Teil ist der Stufenschalter mit den Gleitkontakten zu erkennen, im obern Teil die Unterbrechungsschalter mit den Widerständen. Abb. 127 stellt einen dreiphasigen Regeltransformator der BBC mit angebautem Stufenschalter dar. Die Unterbrechungsschalter sind als Luftschalter ausgebildet.

Abb. 127. Dreiphasiger Regeltransformator mit angebautem Stufenschalter. 3800 kVA, 66000 V $\pm$ 6 $\times$ 900 V. BBC.

5. Die Anordnung der Wicklungsteile.

Durch das Abschalten von Windungen entstehen im Transformator Unsymmetrien, die, besonders wenn die Reglung in weiten Grenzen stattfindet, unzulässig große Streuspannungen, zusätzliche Verluste und Stromkräfte zur Folge haben können. Diese Nachteile ließen sich vermeiden, wenn man jede Wicklungsstufe über die ganze Länge des Kerns anordnen würde. Da dies praktisch gewöhnlich nicht ausführbar ist, sollten bei einer Spannungsreglung in weiten Grenzen wenigstens die einzelnen Wicklungsstufen aus zwei symmetrisch liegenden Teilen zusammengesetzt werden, die entweder in Reihe oder parallel zu schalten sind. Diese Wicklungsstufen können dann noch so ineinander geschachtelt werden, daß auf jeder Spannungsstufe die Streuung möglichst klein ist. Abb. 128 stellt hierfür ein Beispiel mit vier Wicklungsstufen und einer Reglung bis herab auf Null dar. Die Spulen *1* und *1'*, *2* und *2'* . . . sind parallel geschaltet. Auf der ersten (untersten) Spannungsstufe sind nur die Spulen *1* und *1'* eingeschaltet, auf der zweiten *1*, *1'*, *2*, *2'* usw. Wenn die Spannung nicht bis auf Null herabgeregelt werden muß, werden die Windungen des unangezapften Teils der Wicklung zweckmäßig über die ganze Länge des angezapften Teils gleichmäßig verteilt (ähnlich wie in Abb. 129a) oder zwischen die einzelnen Wicklungsstufen des regelbaren Wicklungsteiles eingeschachtelt (ähnlich wie in Abb. 130).

Ist die Spannungsreglung nur in mäßigen Grenzen erforderlich, etwa bis zu $\pm 20\%$ (wie bei Netztransformatoren), so kann gewöhnlich die Reihenfolge der Wicklungsstufen am Kern mit der in der Schaltung übereinstimmen. Eine solche Anordnung ist in Abb. 129a für den Fall dargestellt, daß der unangezapfte (in der Abbildung der mittlere) Wicklungsteil über die ganze Kernlänge gleichmäßig verteilt ist. Ein-

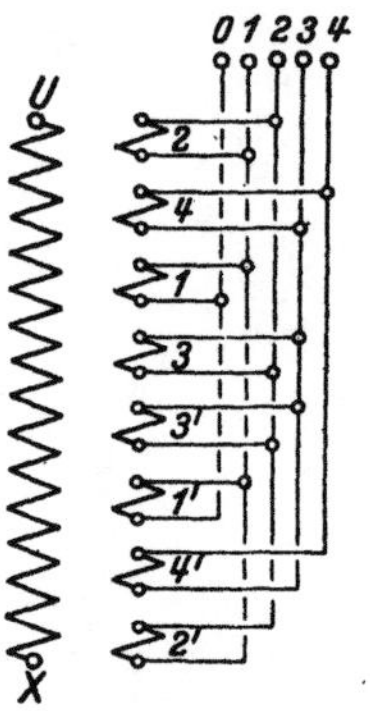

Abb. 128. Symmetrische Verteilung der Wicklungsstufen.

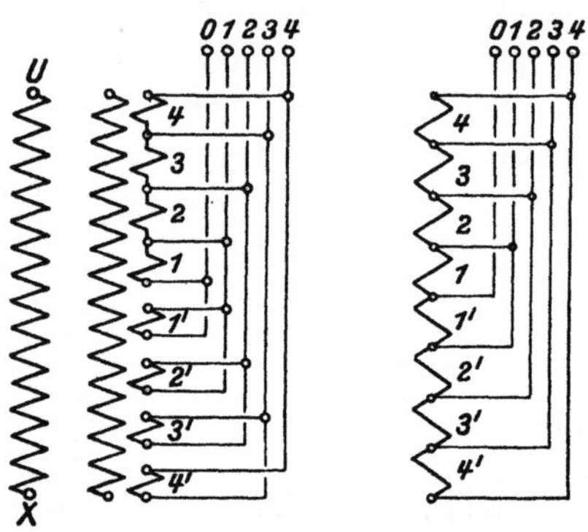

a b

Abb. 129a u. b. Anordnung der Wicklungsstufen bei der Spannungsreglung in kleinen Grenzen; b) bei Umkehrung des Wicklungssinnes der unteren Wicklungshälfte.

facher und übersichtlicher wird diese Schaltung, wenn die untere Hälfte der Spulen (*1'*, *2'*, *3'*, *4'*) des angezapften Wicklungsteils im umgekehrten Sinne gewickelt ist wie die obere Hälfte (*1*, *2*, *3*, *4*). Abb. 129b stellt hierfür die Schaltung des angezapften Teils der Sekundärwicklung dar.

Noch einfacher, aber nicht ganz so günstig, weil die einzelnen Wicklungsstufen nicht mehr aus je zwei symmetrisch liegenden Teilen bestehen, ist die in Abb. 130 dargestellte Wicklungsanordnung mit gleichsinnigen Spulen, bei der der angezapfte Wicklungsteil in zwei Teile zerlegt ist und diese in die unangezapften Wicklungsteile geschachtelt sind.

Die Schäden der Unsymmetrie ließen sich auch vermeiden, wenn für jede Wicklungsstufe eine besondere am Netz liegende Primärwicklung angebracht werden würde, von gleicher Höhe und gleicher Lage wie die entsprechende Wicklungsstufe; alle Primärwicklungen müßten parallel geschaltet sein und dieselbe Windungszahl haben.

Der Transformator würde dadurch aber sehr verteuert werden und seine Betriebssicherheit darunter leiden. In den meisten praktischen Fällen wird es jedoch schon genügen, wenn man sämtlichen Wicklungsstufen eine solche besondere Primärwicklung gegenüberstellt, wie es beispielsweise in Abb. 131 dargestellt ist. Die eine Primärwicklung (die untere in Abb. 131) entspricht dem unangezapften Teil der Sekundärwicklung, dessen Durchflutung sie kompensiert während die andere Primärwicklung (die obere) etwa der Lage des angezapften Teils der Sekundärwicklung entspricht. Der Strom dieser Primärwicklung wird sich dabei im wesentlichen so einstellen, daß er die Durchflutung in dem angezapften Wicklungsteil aufhebt.

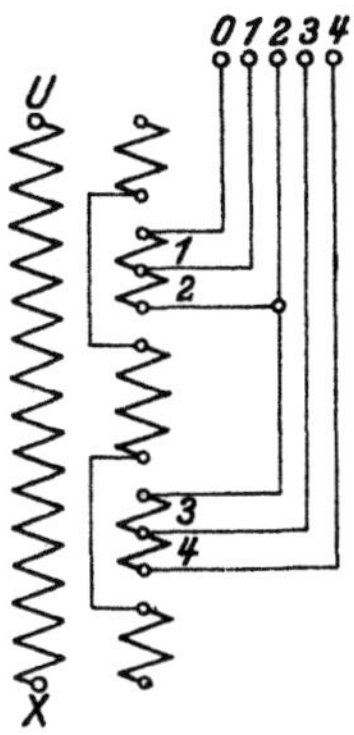

Abb. 130. Andere Anordnung der Wicklungsteile.

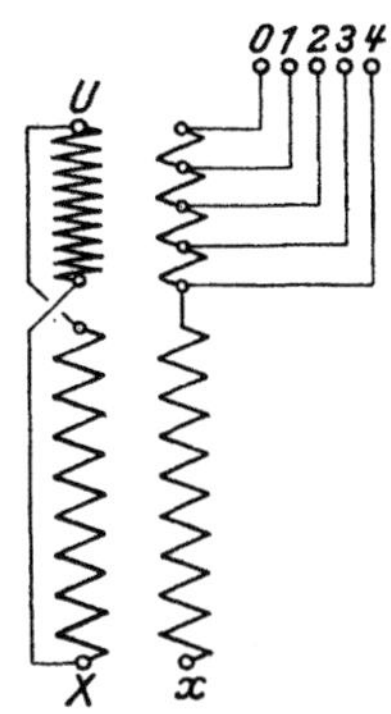

Abb. 131. Besondere primäre Wicklung für die Schaltstufen.

Eine derartige Unterteilung der Primärwicklung verteuert aber den Transformator, besonders wenn die Nennspannung dieser Wicklung sehr hoch ist. Es ist dann oft zweckmäßig, eine dritte Wicklung anzuordnen, die aus parallel geschalteten Teilen besteht, und die nur den Zweck hat, ungleiche Strombeläge der Sekundärwicklung auszugleichen, die Stromverteilung gewissermaßen zu „verschieben". Solche Wicklungen bezeichnet man daher als Schubwicklungen. Die in Abb. 131 dargestellten Primärwicklungen können wir als eine Schubwicklung auffassen, wenn außerdem noch eine über die gesamte Wicklungshöhe gleichmäßig verteilte Primärwicklung vorhanden ist.

G. Experimentelle Untersuchung.

1. Übersetzung und Schaltung.

a. Übersetzung. Die Übersetzung der Transformatoren muß sehr genau ermittelt werden, um beurteilen zu können, ob die Transformatoren zum Parallelbetrieb miteinander geeignet sind. Im Abschn. D 3f haben wir gesehen, daß schon eine Abweichung der Übersetzung um einige Tausendstel von dem vorgeschriebenen Wert eine merkliche Überlastung eines der parallel geschalteten Transformatoren zur Folge haben kann.

Nach § 11 der RET 1930 ist die Übersetzung durch das Verhältnis der Windungszahlen definiert, wie wir es auch stets vorausgesetzt haben. Im Gegensatz dazu bezeichnet § 11 der älteren RET 1923 die

Übersetzung als das Verhältnis der Spannungen bei Leerlauf (vgl. Abschn. D 3f). Der Unterschied der Übersetzungen nach diesen beiden Definitionen hängt hauptsächlich von der Größe des relativen Magnetisierungsstromes und dem relativen Blindspannungsverlust bei Nennstrom in der Primärwicklung ab. So erhalten wir beispielsweise bei einer Blindkomponente der relativen Nenn-Kurzschlußspannung von 5% der Nennspannung, wobei die Hälfte auf die primäre Wicklung entfallen möge, und einer Grundwelle des Magnetisierungsstromes von 10% des Nennstromes eine Abweichung des Verhältnisses der Spannungen von dem der Windungszahlen um etwa $0{,}1 \cdot \frac{1}{2} \cdot 5\% = 0{,}25\%$. Bei großen relativen Magnetisierungsströmen kann also die Abweichung schon merklich sein.

Wir haben im Abschn. D 3f gesehen, daß für einen guten Parallelbetrieb die Übereinstimmung der Verhältnisse der Leerlaufspannungen wichtiger ist als die der Windungszahlen. Mit Rücksicht auf den Parallelbetrieb würde es deshalb genügen, das Verhältnis der Nenn-Leerlaufspannungen zu ermitteln. Um die Übersetzung im Sinne des § 11 der RET 1930 zu erhalten, müssen wir den Einfluß des Magnetisierungsstromes ausscheiden. Dies ist mit hinreichender Genauigkeit möglich, wenn wir die Spannungsübersetzung bei verringerter Klemmenspannung messen und sie gleich dem Verhältnis der Windungszahlen setzen. Gewöhnlich genügt eine Verringerung der Klemmenspannung auf das 0,8-fache der Nennspannung, weil der Magnetisierungsstrom sehr schnell mit der Klemmenspannung sinkt. Wir können dann setzen

$$\ddot{u} = \frac{w_o}{w_u} = \frac{U_o}{U_u}, \tag{180}$$

worin U_o bzw. U_u die bei Leerlauf gemessene Spannung der Oberspannungs- bzw. Unterspannungswicklung ist.

In der Praxis wird die Übersetzung oft bei sehr viel geringerer Spannung als 0,8 der Nennspannung ausgeführt. Dabei ist jedoch zu beachten, daß der Einfluß des Magnetisierungsstromes auf die Übersetzung bei Kerninduktionen, die unterhalb des Berührungspunktes einer durch den Koordinatenanfangspunkt gelegten Tangente an die Magnetisierungskurve (vgl. Abb. 4a) liegen, wieder zunimmt. Der Einfluß der Wirkkomponente des Leerlaufstroms ist praktisch unabhängig von der Spannung, weil sie der Spannung proportional ist.

Die **Ermittlung der Übersetzung** aus den gemessenen Spannungen mit einer Genauigkeit von wenigen Tausendsteln setzt sehr genau anzeigende und ablesbare Spannungszeiger voraus. Nehmen wir an, daß der relative Fehler einer Spannungsmessung $\pm\delta$ betragen kann, und setzen wir den ungünstigsten Fall voraus, daß die eine Spannung um diesen Fehler zu groß, die andere um denselben Fehler zu klein gemessen wird, so erhalten wir

$$\ddot{u}' = \frac{U_o'}{U_u'} = \frac{(1 \pm \delta)\, U_o}{(1 \mp \delta)\, U_u} \approx \ddot{u}(1 \pm 2\delta)\,, \qquad (180\text{a})$$

worin die fehlerhaften Größen durch ′ gekennzeichnet sind. Bei einem relativen Fehler der Spannungsmessung von $\delta = \pm 0{,}5\%$ kann also der Fehler der Übersetzung im ungünstigsten Falle schon 1% betragen.

Größere Genauigkeit erreicht man bei nicht zu großem $\ddot{u}$, wenn man außer der Unterspannung U_u nicht die Oberspannung, sondern die Differenzspannung $U = (U_o - U_u)$ in der Schaltung nach Abb. 132 mißt. Es ist dann

$$\ddot{u}' = 1 + \frac{(1 \pm \delta)(U_o - U_u)}{(1 \mp \delta)\, U_u} = \ddot{u}\left(1 \pm \frac{\ddot{u} - 1}{\ddot{u}}\, 2\delta\right). \qquad (180\text{b})$$

Der Fehler wird hier um so kleiner, je kleiner $\ddot{u}$ ist, und ist nur halb so groß wie bei Bestimmung der Übersetzung aus Ober- und Unterspannung, wenn $\ddot{u} = 2$ ist.

Die Übersetzung kann unter Verwendung eines praktisch induktions- und kapazitätsfreien Spannungsteilers in der Schaltung nach Abb. 133 ziemlich genau gemessen werden. Der Teilwiderstand r des Spannungsteilers mit dem Gesamtwiderstand R ist so einzustellen, daß der Stromzeiger J im Kreis der Unterspannungswicklung keinen Ausschlag anzeigt. Die Übersetzung ist dann

$$\ddot{u} = \frac{U_o}{U_u} = \frac{R}{r}. \qquad (180\text{c})$$

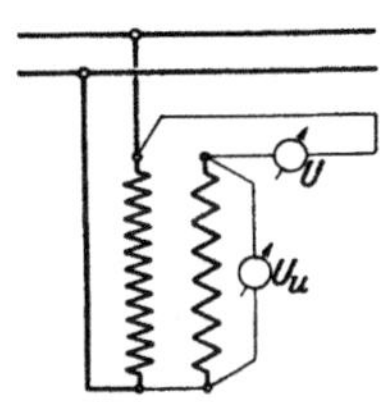

Abb. 132.

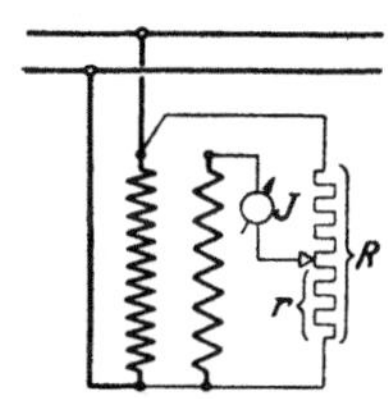

Abb. 133.

Abb. 132 u. 133. Messung der Übersetzung; Abb. 132 aus Unterspannung U_u und Differenzspannung U, Abbildung 133 mit Spannungsteiler.

Der Einfluß der Magnetisierungsströme kann sich bei dieser Messung dadurch bemerkbar machen, daß die Spannung $\dot{U}_u$ nicht genau phasengleich mit $\dot{U}_o$ ist. Der Ausschlag des Stromzeigers läßt sich dann durch Einstellung des Widerstandes r nicht auf Null bringen; es muß auf kleinsten Ausschlag eingestellt werden. Verwendet man dagegen zur Einstellung des Widerstandes r einen Leistungszeiger, dessen feststehende Spule unter Verwendung eines Vorschaltwiderstandes an die Oberspannung und dessen bewegliche Spule in den Kreis der Unterspannungswicklung geschaltet wird, so läßt sich in jedem Falle der Widerstand so einstellen, daß der Ausschlag des Leistungszeigers Null ist. Aus der Richtung des Ausschlags läßt sich auch erkennen, in welchem Sinne der Widerstand r geändert werden muß, um den Ausschlag Null zu erhalten.

Sehr genaue Werte der Übersetzung lassen sich mit der Scheringschen Brücke ermitteln, wie sie zur Bestimmung der Übersetzung von Meßwandlern Verwendung findet [L 92].

Um die Abweichung der Übersetzungen zweier Transformatoren, die für den Parallelbetrieb bestimmt sind, zu ermitteln, kann man die Transformatoren nach Abb. 134 schalten und außer der Spannung U_{oI} des einen Transformators die Differenzspannung U messen. Unter der Voraussetzung, daß die Spannungen U_{oI} und U_{oII} phasengleich sind, ist

$$U_{oII} = U_{oI} \pm U. \tag{181a}$$

Bezeichnen wir die Übersetzungen der beiden Transformatoren mit

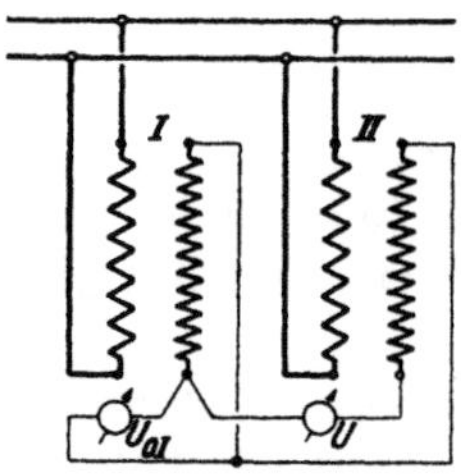

Abb. 134. Messung der Abweichung der Übersetzungen zweier Transformatoren.

$$\ddot{u}_I = \frac{U_{oI}}{U_{uI}} \quad \text{und} \quad \ddot{u}_{II} = \frac{U_{oII}}{U_{uII}} \tag{181b}$$

und beachten, daß nach Schaltung $U_{uI} = U_{uII}$ ist, so erhalten wir das Verhältnis der Übersetzungen zu

$$\frac{\ddot{u}_I}{\ddot{u}_{II}} = \frac{U_{oI}}{U_{oII}} = \frac{U_{oI}}{U_{oI} \pm U} = 1 \mp \frac{U}{U_{oI} \pm U}. \tag{181}$$

Dieses Verhältnis darf in der Regel höchstens um einige Tausendstel von 1 abweichen, deshalb muß es sehr genau bestimmt werden. Die Genauigkeit dieser Bestimmung ist hauptsächlich davon abhängig, mit welcher Genauigkeit U gemessen werden kann. Da kleine Wechselspannungen schwer zu messen sind, empfiehlt es sich, die Transformatoren von der Unterspannungsseite aus zu speisen, wie es auch in Abb. 134 angenommen ist.

Die Voraussetzung, daß die Spannungen auf der Sekundärseite phasengleich sind, trifft nun im allgemeinen nicht zu, so daß wir nach Gl. (181) in der Regel eine zu große Abweichung des Verhältnisses der Übersetzungen von 1 erhalten. Den Fehler können wir leicht abschätzen. Der Phasenunterschied der Sekundärspannungen hängt im wesentlichen von den primären Wirkwiderständen und der Differenz der relativen Magnetisierungsströme ab. Setzen wir z. B. eine Wirkkomponente der Nenn-Kurzschlußspannung von 2% der Nennspannung voraus, wovon die Hälfte auf die Primärwicklung entfalle, und eine Differenz der relativen Magnetisierungsströme von 10% des Nennstromes, so ist der größte Fehler bei der Ermittlung des Verhältnisses der Übersetzungen nach Gl. (181) etwa $0{,}1 \cdot \frac{1}{2} \cdot 2\% = 0{,}1\%$. Führen wir die Messung bei etwas geringerer Spannung als Nennspannung aus, so ist der mögliche Fehler noch wesentlich kleiner.

Die Ermittlung der Übersetzung von Dreiphasen-Transformatoren setzt im allgemeinen voraus, daß die bei der Messung angelegte Spannung symmetrisch ist. Wenn diese Voraussetzung nicht zutrifft, können bei der Messung der Übersetzung von Transformatoren der Schaltgruppen C und D Fehler auftreten, die sich nach [L 98] vermeiden lassen, wenn man bei den Schaltungen C_1, D_1, C_3 und D_3 die Übersetzungen aus dem durch $\sqrt{3}$ dividierten Verhältnis der Spannungen $U—V$ und $o—u$, $V—W$ und $o—v$, $W—U$ und $o—w$, bei den Schaltungen C_2 und D_2 aus dem mit $\sqrt{3}$ multiplizierten Verhältnis der Spannungen $O—U$ und $w—u$, $O—V$ und $u—v$, $O—W$ und $v—w$ ermittelt.

b. Schaltung. Bei Einphasen-Transformatoren soll nach Tafel I der RET 1930 (vgl. S. 125 unten) die Schaltung gleichsinnig sein. Bei der gleichsinnigen Schaltung sind die Spannungen der Oberspannungswicklung $U\,V$ und der Unterspannungswicklung uv gleichgerichtet, bei der gegensinnigen Schaltung entgegengerichtet. Zur Untersuchung wird eine Wicklung des Transformators an Spannung gelegt. Wir verbinden die Klemmen V und v und messen die Spannung zwischen den Klemmen U und u. Ist diese kleiner als die bei Verbindung der Klemmen U und v gemessene Spannung $V—u$, so liegt eine gleichsinnige Schaltung vor. Ist dagegen die Spannung $V—u$ kleiner als die Spannung $U—u$, so ist die Schaltung gegensinnig.

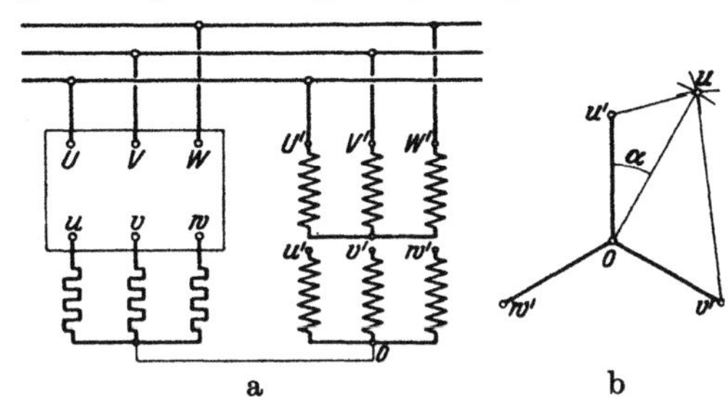

Abb. 135a u. b. Ermittlung der Schaltgruppe bei Schaffung eines künstlichen Nullpunktes; a) Schaltung, b) Vektordiagramm.

Der Schaltsinn läßt sich auch mit einem polarisierten Spannungszeiger messen, der einmal an die Klemmen V und U, das andere Mal an die Klemmen v und u geschaltet wird. Wenn die eine der beiden Wicklungen mit Gleichstrom gespeist wird, so muß der polarisierte Spannungszeiger beim Einschalten des Gleichstroms in beiden Fällen nach derselben Richtung ausschlagen, wenn gleichsinnige Schaltung vorliegt.

Die Schaltgruppe bei Dreiphasen-Transformatoren läßt sich durch Vergleich mit einem Transformator ermitteln, von dem die Lage des sekundären Spannungssternes zum primären bekannt ist, und der ungefähr dieselbe Übersetzung wie der zu untersuchende Transformator hat. Zweckmäßig wird als Hilfstransformator ein solcher mit Sternschaltung auf beiden Seiten verwendet, wie er auf der rechten Seite der Abb. 135a angedeutet ist. Von dem zu untersuchenden Transformator (linke Seite der Abb. 135a) sei nur die Klemmenbezeichnung bekannt. Auf der Sekundärseite dieses Transformators schafft man einen künstlichen Nullpunkt durch Widerstände und verbindet diesen mit dem Nullpunkt der Sekundärseite des Hilfstransformators. Durch Messung der Spannung zwischen den Klemmen Ou', Ou, $u'u$ und $v'u$ (vgl. Abb. 135b) kann die gegenseitige Lage der Spannungsvektoren $\dot{\overline{Ou'}}$ und $\dot{\overline{Ou}}$ ermittelt werden, und auf ähnliche Weise die der übrigen Spannungsvektoren. Die Messung der Spannung $v'u$ ist notwendig, um festzustellen, ob $\dot{\overline{Ou}}$ gegenüber $\dot{\overline{Ou'}}$ vor- oder nacheilt.

Ohne künstlichen Nullpunkt kann man zur Bestimmung des Phasenwinkels, beispielsweise zwischen den Klemmenspannungen $v'u'$ und vu, die Transformatoren nach Abb. 136a schalten und die Spannungen $u'v'$, $v'w'$, $w'u'$, sowie die Spannungen $u'u$, $v'u$ und $w'u$ messen. Man erhält den Phasenwinkel α zwischen den Spannungen $\dot{\overline{v'u'}}$ und $\dot{\overline{vu}}$ in der in Abb. 136b angedeuteten Weise.

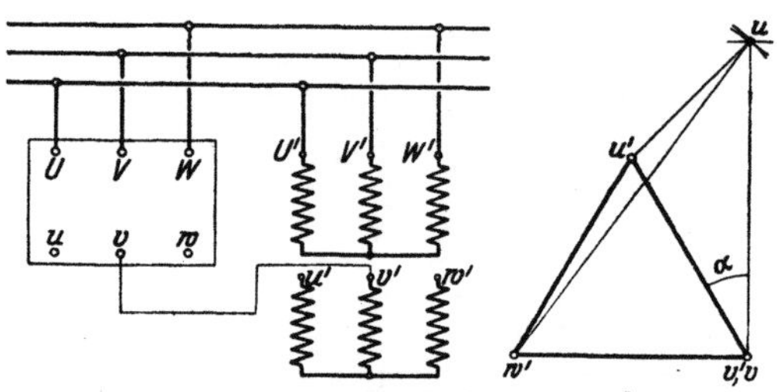

a b

Abb. 136a u. b. Ermittlung der Schaltgruppe ohne künstlichen Nullpunkt; a) Schaltung, b) Vektordiagramm.

Bei nicht zu hoher Übersetzung kommt man auch ohne Hilfstransformator aus. Man verbindet z. B. die Klemmen V und v miteinander (vgl. Abb. 136a) und speist die Oberspannungswicklung (mit verminderter Spannung). Nach Messen der Spannungen $U—V$, $V—W$, $W—U$, $U—u$, $U—w$, $W—u$ und $W—w$ kann man in ähnlicher Weise wie in Abb. 136b die gegenseitige Lage der Spannungsdreiecke der Ober- und Unterspannungsseite ermitteln.

2. Leerlauf und Kurzschluß.

a. Die Leistungsmessung. Die Verluste bei Leerlauf und bei Kurzschluß werden mit Leistungszeigern gemessen. Über die Schaltung des Leistungszeigers und eine etwa erforderliche Korrektur durch den Verbrauch der Meßgeräte sei auf Seite 412 und 413, Bd. II, verwiesen.

Bei Dreiphasen-Transformatoren kann man die Leistung entweder mit zwei oder mit drei Leistungszeigern messen.

Die Schaltung zur Messung der Leerlaufverluste mit zwei Leistungszeigern ist in Abb. 137a und das zugehörige Vektordiagramm in Abb. 137b für einen symmetrischen Transformator dargestellt. Von den für die Leerlaufmessung maßgebenden Phasenwinkeln ist der Phasenwinkel φ_I zwischen Strom $\dot{J}_U$ und Spannung $\dot{\overline{VU}}$ im Leistungszeiger L_I spitz und der Phasenwinkel φ_{II} zwischen Strom $\dot{J}_W$ und Spannung $\dot{\overline{VW}}$ im Leistungszeiger L_{II} stumpf. Die Summe der Angaben der beiden

Leistungszeiger gibt bei der Schaltung nach Abb. 137a die Leistungsaufnahme des Transformators an. Die Angaben der beiden Leistungszeiger haben aber verschiedenes Vorzeichen, und da sie gewöhnlich nur wenig voneinander verschieden sind, ist die Leerlaufmessung mit zwei Leistungszeigern nicht sehr genau.

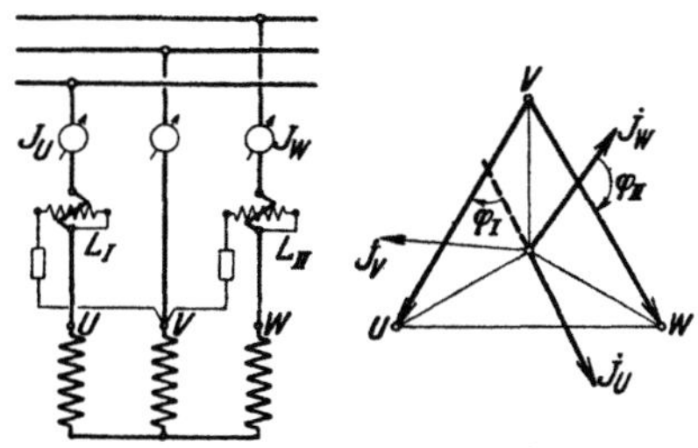

a b

Abb. 137 a u. b. Leistungsmessung mit zwei Leistungszeigern; a) Schaltung, b) Vektordiagramm.

Die Schaltung mit drei Leistungszeigern, wie sie in Abb. 138a dargestellt ist, setzt die Zugänglichkeit des Verkettungspunktes oder die Schaffung eines künstlichen Nullpunktes über die Widerstände (in den Abbildungen durch kleine Rechtecke angedeutet) der Spannungszweige der Leistungszeiger voraus. Auch bei dieser Schaltung sind die Angaben der drei Leistungszeiger zu addieren. Sie haben beim symmetrischen Transformator gleiche Vorzeichen; die Leistungsfaktoren sind aber, ebenso wie bei der einphasigen Schaltung, sehr klein, in der Größenordnung von etwa 0,1. Mit den üblichen Leistungszeigern, bei denen ohne Überlastung des Meßgerätes der größte ablesbare Ausschlag erst bei $\cos\varphi = 1$ erreicht wird, ist daher keine genaue Ablesung möglich. Man hat deshalb für diesen Zweck Leistungszeiger für kleinen Leistungsfaktor ausgebildet, bei denen der größte ablesbare Ausschlag schon bei großer Phasenverschiebung zwischen Strom und Klemmenspannung auftritt. Wenn solche Leistungszeiger verwendet werden, ist die Messung mit drei Leistungszeigern nach Abb. 138a genauer als die mit zwei Leistungszeigern nach Abb. 137a.

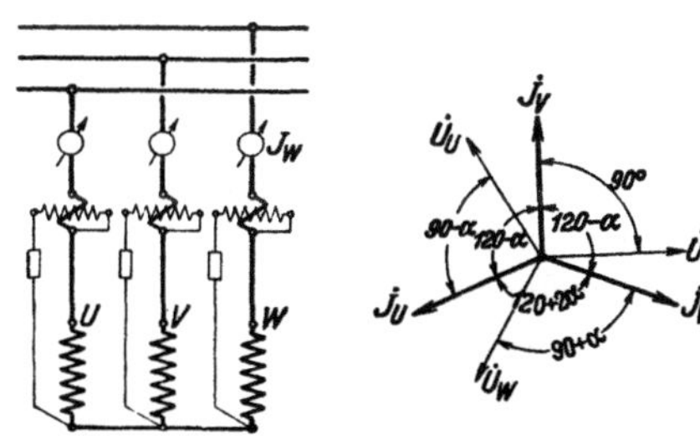

a b

Abb. 138 a u. b. Leistungsmessung mit drei Leistungszeigern; a) Schaltung, b) Vektordiagramm.

Bei dem unsymmetrischen Transformator mit in Stern geschalteter Primärwicklung ohne angeschlossenen Nulleiter kann auch bei Messung mit drei Leistungszeigern nach Abb. 138a die Leistung des einen Wicklungsstrangs negativ sein, d. h. der eine Leistungszeiger wird nicht im gleichen Sinne ausschlagen wie die beiden andern Leistungszeiger. Die Angabe dieses Leistungszeigers hat negatives Vorzeichen. Wie wir im Abschn. A 4b gesehen haben, sind die Grundwellen der Magnetisierungsströme hier nicht mehr um 120° in der Phase gegeneinander verschoben (vgl. Abb. 26). Im allgemeinen sind die Phasenwinkel zwischen den aufeinanderfolgenden Strömen $\dot{J}_U$, $\dot{J}_V$, $\dot{J}_W$ $120° - \alpha°$, $120° - \alpha°$, $120° + 2\alpha°$, wobei der Winkel α von der Induktion im Kern abhängig ist. Bei Vernachlässigung der Verluste im Transformator muß die gesamte Leistungsaufnahme Null sein. Die Klemmenspannungen $\dot{U}_U$, $\dot{U}_V$, $\dot{U}_W$, die gegeneinander um den Phasenwinkel 120° verschoben sind, können dann keine andere als die in Abb. 138b eingezeichnete Lage zu den Strömen haben. Die Leistungsaufnahme im Strang V ist also Null und die in den beiden andern Strängen sind entgegengesetzt gleich, d. h. es findet ein Austausch von Leistung zwischen den beiden äußern Strängen statt. Über diese Leistungen lagern sich nun die Verluste in den einzelnen Strängen; wenn diese in den beiden äußern Strängen kleiner sind als die ausgetauschte Leistung $U_U J_U \sin\alpha$, so ist die Leistungsaufnahme in einem der äußern Stränge negativ.

Bei Transformatoren für hohe Oberspannung wird man die Messung auf der Unterspannungsseite ausführen. Ist auch diese noch sehr hoch, so empfiehlt es sich aus Sicherheitsgründen, die Meßgeräte über Meßwandler zu schalten. Die Sekundärwicklungen der Meßwandler müssen geerdet werden.

Das über die Genauigkeit der Leistungsmessung bei Leerlauf Gesagte gilt auch für die Kurzschlußmessung großer Transformatoren, da auch dabei der Leistungsfaktor sehr klein ist.

b. Leerlaufverluste. Bei Leerlauf des Transformators mißt man mit Leistungszeigern die Summe aus den Eisenverlusten im Hauptkreis, den zusätzlichen Leerlaufverlusten in den Konstruktionsteilen und dem etwa vorhandenen Ölkessel, den Verlusten im Dielektrikum und den bei Leerlauf auftretenden Stromwärmeverlusten in der Primärwicklung.

Die Stromwärmeverluste sind gegenüber den übrigen Verlusten sehr klein, weil der Leerlaufstrom in der Regel weniger als 10% des Nennstromes beträgt und die Stromwärmeverluste dem Quadrat des Stromes proportional sind. Sie können mit genügender Genauigkeit aus dem Wirkwiderstand der Primärwicklung berechnet werden. Größere Beträge der Stromwärmeverluste können sich ergeben, wenn bei der Messung nur Teile der Wicklung verwendet werden, um die Spannung bei der Leerlaufmessung der Spannung der zur Verfügung stehenden Stromquelle anzupassen. Ziehen wir die Stromwärmeverluste, sofern sie überhaupt in Betracht kommen, von den gemessenen Leerlaufverlusten ab, so verbleiben noch die Eisenverluste im Hauptkreis, die zusätzlichen Verluste in Konstruktionsteilen und in dem etwa vorhandenen Ölkessel und die Verluste im Dielektrikum. Die Stromwärmeverluste können bei der Messung dadurch ausgeschieden werden, daß man die Stromspulen der Leistungszeiger in den p r i m ä r e n Stromkreis, die Spannungszweige aber an die sekundären Klemmen legt, weil deren Spannung praktisch gleich der EMK ist. Von diesem Verfahren, die Stromwärmeverluste auszuscheiden, wird bei sog. Vormessungen der Eisenverluste Gebrauch gemacht, bei denen die Magnetisierungs- und die Spannungswicklung aus nur wenigen Windungen bestehen.

Die Verluste im Dielektrikum kommen nur bei Transformatoren für Höchstspannung in Frage. Sie sind auch hierbei klein gegenüber den Eisenverlusten. Dies geht schon daraus hervor, daß das Volumen der festen Isolierstoffe, besonders der Teile, die sich in starken elektrischen Feldern befinden, klein gegenüber dem Eisenvolumen ist und die Energiedichte in den am höchsten beanspruchten Teilen klein sein muß, damit nicht unzulässige örtliche Erwärmungen des Isolierstoffes auftreten. Das Öl, das wir auch zum Dielektrikum rechnen müssen, befindet sich fast ausschließlich in einem verhältnismäßig schwachen elektrischen Felde, so daß die dielektrischen Verluste im Öl ebenfalls nur gering sind. Die Verluste im Dielektrikum haben deshalb nur insofern eine Bedeutung, als sie örtliche Erwärmungen des Isolierstoffes zur Folge haben können; ihre Gesamtverluste können in der Regel gegenüber den Eisenverlusten als vernachlässigbar klein angenommen werden.

Nach Abzug der Stromwärmeverluste von der gemessenen Leerlaufleistung erhalten wir also im wesentlichen die Eisenverluste und die zusätzlichen Verluste in den Konstruktionsteilen und dem etwa vorhandenen Ölkessel.

Von diesen Verlusten können wir die im Ölkessel ausscheiden, wenn wir die Messung ohne Ölkessel ausführen, sofern dies mit Rücksicht auf die Isolierfestigkeit zulässig ist. Die zusätzlichen Verluste in den Konstruktionsteilen und im Ölkessel sind in der Regel klein, wenn bei Sternschaltung der gespeisten Wicklung der Nullpunkt mit dem der Stromquelle verbunden wird oder eine Wicklung des Transformators in Dreieck geschaltet ist. In letzterem Falle treten dafür allerdings in geringem Maße Verluste in der Dreieckswicklung auf. Die zusätzlichen Verluste lassen sich auch unmittelbar messen, wenn die Stromkomponenten bekannt sind, die den Luftfluß zwischen den Jochen erregen (vgl. Abschn. c).

Um die Verluste als Funktion der Kerninduktion darzustellen, müssen wir letztere in bekannter Weise aus der EMK berechnen, die wir unmittelbar an der offenen Wicklung des Transformators messen können [vgl. z. B. Gl. (6)]. Wenn die Windungszahl der Wicklung nicht bekannt ist, muß man eine Probewicklung auf die Kerne aufbringen, die möglichst nicht in der Nähe der Stoßfugen liegen soll. Führen wir die Messung bei konstanter Kerninduktion und verschiedener Wechselstromfrequenz aus und tragen den Quotienten aus den Verlusten und der Frequenz als Funktion der Frequenz auf, so können wir die Hystereseverluste in bekannter Weise (vgl. Abschn. III E 3, Bd. I) von den übrigen Verlusten trennen. Da die Hystereseverluste nur einfach proportional der Frequenz sind, die übrigen Verluste aber bei nicht zu hoher Frequenz proportional mit dem Quadrat der Frequenz wachsen, so stellt der Abschnitt auf der Ordinatenachse (Frequenz Null) der geradlinig extrapolierten Kurve die auf die Frequenz 1 bezogenen Hystereseverluste dar.

Die Hystereseverluste sind ferner angenähert proportional dem Quadrat des Höchstwertes der Induktion, sind also nicht wie die Wirbelstromwärme vom Effektivwert der EMK abhängig, sondern nach Abschn. II C 1, Gl. (115b), Bd. I, vom Mittelwert. Wenn daher die Kurve der EMK, die wir an der offenen Wicklung des Transformators messen, von der Sinusform abweicht, werden die Hystereseverluste dadurch merklich beeinflußt, und es kann eine Umrechnung der gemessenen Hystereseverluste Q_H auf eine sinusförmige Flußkurve (Q_{Hs}) erwünscht sein. Sofern der zeitliche Verlauf des Flusses in einer Halbperiode nur einen Umkehrpunkt hat, die EMK-Kurve also innerhalb jeder Halbwelle nur einmal Null wird, kann diese Umrechnung nach der Gleichung

$$Q_{Hs} = \left(\frac{\xi_E}{\xi_{Es}}\right)^2 Q_H = 0{,}814\, \xi_E^2 Q_H \tag{182}$$

erfolgen, worin ξ_E der Formfaktor der Kurve der EMK ist, bei der die Messung ausgeführt wird.

Der Formfaktor läßt sich aus der oszillographisch aufgenommenen Kurve der EMK rechnerisch ermitteln. Er ist gleich dem Verhältnis zwischen Effektivwert und Mittelwert einer Halbwelle. Effektivwert und Mittelwert lassen sich aber auch unmittelbar messen, und zwar der Mittelwert mit einem polarisierten Meßgerät nach Gleichrichten des Wechselstroms. Zum Gleichrichten können zwei Glühkathodenröhren (G) mit geradliniger Charakteristik in der Schaltung nach Abb. 139 Verwendung finden, wenn die Sekundärwicklung in der Mitte angezapft wird. Der gleichgerichtete Strom in dem Widerstand R, der so hoch zu bemessen ist, daß der Spannungsverlust in den Röhren gegenüber dem im Widerstand verschwindet, wird durch einen empfindlichen Stromzeiger A gemessen. Er ergibt durch Multiplikation mit dem Widerstand R den halben Mittelwert der EMK der Sekundärwicklung, deren Effektivwert mit dem Spannungszeiger V gemessen

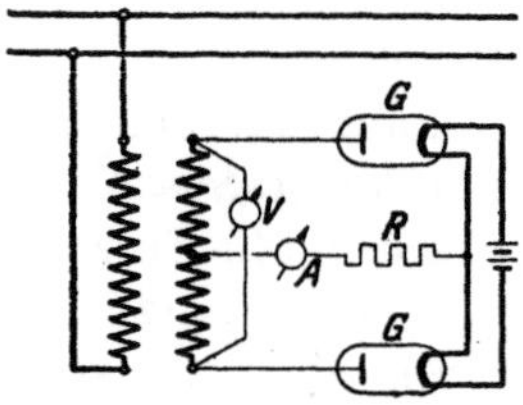

Abb. 139. Schaltung zur Ermittlung des Formfaktors.

wird. Da der gleichgerichtete Strom denselben Effektivwert wie der Wechselstrom hat, kann auch die Spannung an dem Widerstand R gleichzeitig mit einem Spannungszeiger, der den Effektivwert angibt (dynamometrisches Gerät), und einem, der den Mittelwert angibt (polarisiertes Gerät), gemessen werden. Das Verhältnis dieser Angaben ist dann der Formfaktor. In diesem Falle kommt der Spannungsverlust in den Röhren nicht in Betracht, der Widerstand R braucht also nicht so hoch wie im ersten Falle bemessen zu werden. Die Anzapfung der Sekundärwicklung läßt sich bei Verwendung von vier Glühkathodenröhren umgehen [L 88].

Die zusätzlichen Verluste sind, wie wir in den Abschn. A 2b, A 3, A 4b und A 5b gesehen haben, abhängig von der Kurve der EMK im Transformator und können bei Spannungskurven, die durch eine 3. Welle abgeflacht sind, ganz bedeutend größer sein als bei sinusförmiger Spannungskurve.

Bei dem heute fast ausschließlich für Transformatoren verwendeten hochlegierten Blech ist der Temperaturkoeffizient (vgl. Abschn. II L 1, Bd. I) sehr klein, so daß die Eisenverluste im magnetischen Hauptkreis praktisch unabhängig von der Temperatur sind. Bei gewöhnlichem Blech ergibt sich dagegen eine merkliche Abnahme der Wirbelstromverluste mit wachsender Temperatur. Ebenso werden auch die zusätzlichen Verluste mit wachsender Temperatur sinken. Wenn dieser Einfluß bei der Messung der Leerlaufverluste berücksichtigt werden soll, muß diese in betriebswarmem Zustand des Transformators ausgeführt werden, oder es sind die Wirbelstromverluste und die zusätzlichen Verluste auf den betriebswarmen Zustand umzurechnen. Die Hystereseverluste sind praktisch unabhängig von der Temperatur.

c. Der Luftfluß und seine Verluste. Um den Leitwert Λ des Luftflusses zu ermitteln, der von Joch zu Joch außerhalb der Primärwicklung durch den Luftraum und über den etwa vorhandenen Ölkessel fließt (vgl. Abschn. A 5), bestimmen wir zunächst die magnetische Charakteristik $U(J_L)$ bei Reihenschaltung (offene Dreieckschaltung) aller Stränge der Primärwicklung des Transformators (Abb. 140a). Sie ist im wesentlichen eine Gerade. Aus der gemessenen Spannung U berechnen wir mit der Windungszahl w_1 eines Stranges den Höchstwert des Flusses Φ_L. Der Höchstwert der magnetischen Spannung ergibt sich aus dem gemessenen Strom J_L zu

$$V_L = \sqrt{2}\, w_1 J_L \,. \tag{183a}$$

Damit erhalten wir den Leitwert Λ des Luftflusses [Gl. (38)] zu

$$\Lambda = \frac{\Phi_L}{V_L} = \frac{\Phi_L}{\sqrt{2}\, w_1 J_L}, \tag{183}$$

der gewöhnlich praktisch unabhängig von Φ_L oder J_L ist. Führen wir diesen Versuch mit der dreifachen Nennfrequenz aus (da im Luftfluß hauptsächlich die 3. Welle vorherrscht) und messen gleichzeitig die Leistungsaufnahme, so erhalten wir nach Abzug der Stromwärmeverluste, die berechnet werden können, die zusätzlichen Verluste durch den Luftfluß dreifacher Frequenz.

Da nach Abschn. A 2c der Strom in einer in Dreieck geschalteten Wicklung den Luftfluß Φ_L fast vollständig abdämpft (vgl. auch Abschn. A 5b), können wir den für Nennbetrieb etwa maßgebenden Strom J_L auf folgende Weise messen (Abb. 140b): Wir speisen die in Stern (ohne Nulleiter) geschaltete Sekundärwicklung bei Nennspannung und Nennfrequenz und schließen die in Dreieck geschaltete Primär-

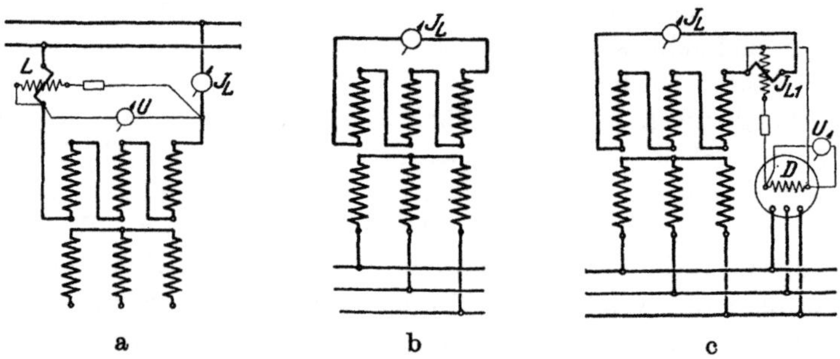

Abb. 140a bis c. Schaltungen: a) zur Ermittlung des Leitwerts Λ und der Verluste durch den Luftfluß, b) zur angenäherten Ermittlung des Stromes J_L, c) zur Abtrennung der Grundwelle.

wicklung über einen Stromzeiger kurz, der den für den Luftfluß im wesentlichen maßgebenden Strom J_L angibt.

Nach Abschn. A 4b enthält der Luftfluß bei dem unsymmetrischen Dreiphasen-Transformator außer der 3. Welle auch noch im wesentlichen die Grundwelle (vgl. Abb. 24). Deshalb messen wir die zusätzlichen Verluste bei Speisung der Primärwicklung mit der dreifachen Nennfrequenz und dem bei Dreieckschaltung der Primärwicklung (Abb. 140b) ermittelten Effektivstrom zu groß. Um sie genauer zu bestimmen, müssen wir den Strom in der in Dreieck geschalteten Primärwicklung bei Speisung der Sekundärwicklung mit Nennspannung und Nennfrequenz oszillographisch aufnehmen oder die Grundwelle und die 3. Welle getrennt bestimmen. Zur Messung der zusätzlichen Verluste in der Schaltung nach Abb. 140a wäre dann die primäre Wicklung mit einem Strom zu speisen, der nicht nur denselben Effektivwert, sondern auch dieselben Anteile der Grundwelle und der 3. Welle hat wie der Strom in der Primärwicklung in der Schaltung nach Abb. 140b. Da die von der Grundwelle des Luftflusses hervorgerufenen zusätzlichen Verluste aber nur gering sind (vgl. Abschn. A 5b), genügt gewöhnlich die Messung bei einem Strom, der die 3. Welle allein aufweist.

Den Effektivwert J_{L3} dieser 3. Welle des Stromes J_L erhalten wir mit genügender Annäherung aus der Gleichung

$$J_{L3} \approx \sqrt{J_L^2 - J_{L1}^2}\,. \tag{184}$$

Zur Ermittlung des Effektivwertes J_{L1} der Grundwelle in dieser Gleichung können wir nach Abb. 140c einen Leistungszeiger verwenden, dessen Stromspule von dem Strom J_L durchflossen wird, und dessen Spannungsspule über einen Drehtransformator D von demselben Netz gespeist wird, an dem die Sekundärwicklung des Transformators liegt. Der Drehtransformator ist so einzustellen, daß der Leistungszeiger den größten Ausschlag angibt. Die Messung setzt voraus, daß die Spannung U an der Sekundärwicklung des Drehtransformators D sinusförmig ist oder wenigstens keine 3. Welle von nennenswertem Betrag aufweist. Bezeichnen wir mit c die Konstante des Leistungszeigers, mit der der Ausschlag α bei der Spannung U am Zweige der Spannungsspule zu multiplizieren ist, um die gemessene Leistung zu erhalten, so ergibt sich

$$J_{L1} = \frac{c\,\alpha}{U}\,. \tag{184a}$$

d. Kurzschluß. Die Kurzschlußmessung dient zur Ermittlung der Nenn-Kurzschlußspannung und der Stromwärmeverluste (Wicklungsverluste).

Schließen wir die Klemmen der Sekundärwicklung kurz und messen die (verkettete) Primärspannung U_k bei Nennfrequenz und verschiedenen in die Klemmen der Primärwicklung fließenden Strömen J_k, so erhalten wir die Kurzschlußcharakteristik $U_k(J_k)$, die bei konstanter Wicklungstemperatur sehr angenähert eine Gerade ist, weil der Weg des Streuflusses zum größten Teil durch den Luftraum führt und der Magnetisierungsstrom bei Kurzschluß verschwindend klein ist. Um die Wicklung durch zu große Erwärmung nicht zu gefährden, ist die Kurzschlußmessung bei solchen Strömen auszuführen, die nicht größer sind als der Nennstrom. Die bei Nennstrom und betriebswarmem Transformator auftretende Kurzschlußspannung U_{kN} ist die Nenn-Kurzschlußspannung. Beziehen wir diese auf die primäre (verkettete) Nennspannung U_N, so erhalten wir die relative Nenn-Kurzschlußspannung

$$\varepsilon_k = \frac{U_{kN}}{U_N}\,. \tag{185}$$

Nach § 15 der RET 1930 kann mit Ausnahme der Transformatoren für landwirtschaftliche Betriebe und solcher Transformatoren für

Dauerbetrieb, deren Leistung kleiner als 10 kVA ist, eine Wicklungstemperatur von 75° zugrunde gelegt werden. Bei Transformatoren mit Anzapfungen ist die Kurzschlußmessung bei der Anzapfung vorzunehmen, die der Nennspannung entspricht.

Messen wir gleichzeitig auch die gesamte primäre Leistungsaufnahme N_k, so ist diese praktisch gleich den Stromwärmeverlusten in den Wicklungen und den im Bereich des Streufeldes liegenden massiven Konstruktionsteilen. Die Eisenverluste im magnetischen Hauptkreis sind bei Kurzschluß gegenüber den Stromwärmeverlusten verschwindend klein.

Wir erhalten bei Einphasen-Transformatoren den auf die primäre Wicklung bezogenen Wirkwiderstand

$$R = R_1 + R_2' = \frac{N_k}{J_k^2}, \tag{186a}$$

den auf die Primärwicklung bezogenen Streu-Blindwiderstand

$$X_\sigma = X_{1\sigma} + X_{2\sigma}' = \frac{1}{J_k}\sqrt{U_k^2 - \left(\frac{N_k}{J_k}\right)^2} \tag{186b}$$

und den Phasenwinkel φ_k bei Kurzschluß aus der Gleichung

$$\cos\varphi_k = \frac{N_k}{U_k J_k}. \tag{186c}$$

Bei Dreiphasen-Transformatoren mit Sternschaltung der Primärwicklung sind die auf die Primärwicklung bezogenen Verlustwiderstände eines Wicklungsstranges (Mittelwert der drei Stränge)

$$R = R_1 + R_2' = \frac{N_k}{3\,J_k^2} \tag{187a}$$

und

$$X_\sigma = X_{1\sigma} + X_{2\sigma}' = \frac{1}{J_k}\sqrt{\frac{U_k^2}{3} - \left(\frac{N_k}{3\,J_k}\right)^2}. \tag{187b}$$

Bei Dreieckschaltung der Primärwicklung sind diese noch mit 3 zu multiplizieren, um die Widerstände eines Stranges zu erhalten. Der Phasenwinkel bei Kurzschluß ergibt sich in beiden Fällen aus der Gleichung

$$\cos\varphi_k = \frac{N_k}{\sqrt{3}\,U_k J_k}. \tag{187c}$$

Bei Dreiphasen-Transformatoren mit Sternschaltung oder offener Schaltung der Primär- und Sekundärwicklung kann die Kurzschlußmessung auch an jedem Strang getrennt ausgeführt werden, wobei die Primärwicklung des betreffenden Stranges gespeist und die Sekundärwicklung desselben Strangs kurzgeschlossen wird, die übrigen Wicklungsstränge aber alle offen bleiben. Es gelten dann dieselben Gleichungen (186a bis c) wie bei Einphasen-Transformatoren. Diese einphasige Messung hat den Vorteil, daß wir die relative Kurzschlußspannung und die Verlustwiderstände für alle drei Stränge getrennt erhalten und die Stromquelle nur mit $^1/_3$ der Leistung des dreiphasigen Kurzschlusses belastet wird. Auch die relativen zusätzlichen Stromwärmeverluste sind, soweit sie in den Wicklungen und den benachbarten Konstruktionsteilen auftreten, bei der einphasigen Messung im wesentlichen dieselben wie bei der dreiphasigen, nur die im Ölkessel auftretenden weichen von denen bei dreiphasiger Messung ab.

Bei Transformatoren für hohe Stromstärken und kleine Spannung auf der Sekundärseite kann der Verlust in dem Kurzschlußbügel einen merklichen Anteil an der gemessenen Leistung haben. In diesem Falle sind die Verluste in dem Kurzschlußbügel getrennt zu ermitteln und von der gemessenen Leistung abzuziehen, um die Wicklungsverluste N_k zu erhalten.

Der im Kurzschluß gemessene Wirkwiderstand enthält auch die zusätzlichen Verluste durch Wirbelströme in den Wicklungen und den im Bereich des Streufeldes liegenden Konstruktionsteilen des Transformators (vgl. Abschn. B 3). Experimentell erhalten wir die gesamten zusätzlichen Stromwärmeverluste durch die Streufelder, indem wir von den gemessenen Kurzschlußverlusten die berechneten Gleichstromverluste abziehen. Diese ergeben sich als Produkt aus dem Quadrat des gemessenen Stromes und den auf die primäre Windungszahl bezogenen Gleichwiderständen, die wir mit einer Meßbrücke oder aus Strom- und Spannungsmessung mit Gleichstrom ermitteln.

Während die Gleichstromverluste mit der Wicklungstemperatur zunehmen, sinken die zusätzlichen Verluste mit wachsender Temperatur [L 96]. Wenn die Messung nicht bei betriebswarmen Wicklungen ausgeführt werden kann, lassen sich die Verluste auf diesen Zustand umrechnen. Diese Umrechnung ergibt sich für den Gleichstromverlust aus Gl. (319c), Bd. I, für die zusätzlichen aus Gl. (96 u. 97a bis c) in Verbindung mit Gl. (95) u. (95a) Abschn. B3a. Die Gleichstromverluste sind proportional, die zusätzlichen Verluste umgekehrt proportional dem spezifischen Widerstand, wenn sich bei den zusätzlichen Verlusten die Rückwirkung der Wirbelströme nicht bemerkbar macht, wie es bei richtig entworfenen Wicklungen auch der Fall ist. Nach § 53 der RET sind nur die Gleichstromverluste umzurechnen, während die Abhängigkeit der zusätzlichen Verluste von der Temperatur vernächlässigt wird.

3. Erwärmung.

a. Allgemeine Bestimmungen. Die §§ 33 bis 45 der RET 1930 enthalten Bestimmungen über die Ermittlung der Erwärmung im Probelauf und Angaben über die zulässigen Grenzerwärmungen und -temperaturen. Auf diese Teile der RET, von denen wir hier nur die wichtigsten Angaben besprechen und teilweise ergänzen, sei besonders hingewiesen.

Als Erwärmung eines Transformatorteils wird nach § 33 bei allen Betriebsarten mit Ausnahme der kurzzeitigen Betriebe der Unterschied zwischen seiner Temperatur und der des zutretenden Kühlmittels bezeichnet. Bei den kurzzeitigen Betriebsarten gilt dagegen als Erwärmung der Unterschied seiner Temperaturen am Ende und bei Beginn der Prüfung, weil während der kurzen Betriebsdauer die Änderung der Temperatur des zutretenden Kühlmittels keinen wesentlichen Einfluß auf die Temperatur der einzelnen Teile des Transformators hat.

Als Temperatur des Kühlmittels gilt nach § 40 der Durchschnittswert der während des letzten Viertels der Versuchszeit gemessenen Temperatur der Umgebungsluft bei Selbstkühlung und des Kühlmittels am Eintrittsstutzen bei Fremdlüftung und Wasserkühlung. Wenn bei Fremdlüftung auch eine nennenswerte Wärmeabgabe an die Umgebungsluft stattfindet, so gilt als Temperatur des Kühlmittels

$$t_K = \frac{t'_K W_K + t_L W_L}{W_K + W_L}, \tag{188}$$

worin t'_K die Temperatur des einströmenden Kühlmittels, t_L die der Umgebungsluft, W_K die Wärmeabgabe an das einströmende Kühlmittel, W_L die an die Umgebungsluft ist. Große Transformatoren folgen kurzzeitigen Temperaturschwankungen der Umgebungsluft nur langsam. Der dadurch bedingte Fehler kann durch Vergleich mit einem ähnlichen, nicht angeschlossenen Transformator ausgeglichen werden, der ungefähr denselben Kühlungsverhältnissen ausgesetzt ist. Um plötzliche Schwankungen der Lufttemperatur auszugleichen, kann das Thermometer zur Messung der Lufttemperatur in einem kleinen Ölbett von nicht zu großer Wärmekapazität untergebracht werden.

Der Dauerbetrieb kann nach § 34 abgebrochen werden, wenn die Erwärmung nicht um mehr als 1° in der Stunde zunimmt, sofern die erreichte Erwärmung nicht weniger als 5° unter der gewährleisteten Erwärmungsgrenze liegt. Wenn der Erwärmungsversuch abgebrochen wird, bevor die Enderwärmung praktisch erreicht ist, kann diese durch Extrapolation der Kurve (Geraden) ermittelt werden, die die Erwärmung als Funktion der in gleichen Zeiträumen gemessenen Erwärmungszunahme darstellt (vgl. Abschn. II O 4, Abb. 309, Bd. I). In Transformatoren für Selbstkühlung wird die Endtemperatur praktisch erreicht bei Transformatoren für 10 bis 100 kVA nach 8 bis 10 h, für 100 bis 1000 kVA nach 10 bis 14 h und für 1000 bis 5000 kVA nach 14 bis 20 h.

Die Wicklungserwärmung wird nach § 35 bei Öltransformatoren aus der Widerstandszunahme bestimmt. Bei Trockentransformatoren ist auch die örtliche Erwärmung an der vermutlich heißesten zugänglichen Stelle mit Thermometer zu messen. Der höhere der beiden Werte, der aus der Widerstandszunahme berechnete oder der mit Thermometer gemessene, gilt beim Trockentransformator als Erwärmung.

Die Temperaturzunahme der Kupferwicklung berechnet man aus der Widerstandszunahme nach Gl. (319c), Bd. I, wenn der Temperaturkoeffizient $\alpha = 3{,}93 \cdot 10^{-3}\,{}^\circ\mathrm{C}^{-1}$ gesetzt wird, zu

$$\vartheta = \frac{R_w - R_k}{R_k}(235 + t_k)\,{}^\circ\mathrm{C}, \tag{189}$$

worin R_w der Widerstand der warmen, R_k der der kalten Wicklung und t_k die Temperatur der kalten Wicklung in °C ist. Diese Temperaturzunahme gilt nach § 33 der RET 1930 bei den kurzzeitigen Betriebsarten auch als Erwärmung der Wicklung, während bei den übrigen Betriebsarten, besonders dem Dauerbetrieb, noch die Differenz $t_K - t_k$ aus der Temperatur des zuströmenden Kühlmittels und der der kalten Wicklung von ϑ nach Gl. (189) abzuziehen ist, um die Erwärmung der Wicklung zu erhalten.

Die Widerstandsmessungen zur Berechnung der Erwärmung müssen immer an demselben Wicklungsteil ausgeführt werden, weil die Unterschiede der Widerstände der einzelnen Wicklungsstränge von derselben Größenordnung sein können wie die Widerstandszunahme durch Erwärmung. Die Wicklungstemperatur bei kalter Wicklung muß möglichst genau ermittelt werden, bei Trockentransformatoren durch Messung mit Thermometer an verschiedenen Stellen der Wicklung, bei Öltransformatoren durch Messung der Öltemperatur, wenn diese über mehrere Stunden konstant geblieben ist. Bei Messung der Widerstände mit Gleichstrom aus Strom- und Spannungsmessung muß der Spannungskreis vor dem Ausschalten der Wicklung geöffnet werden, weil sonst der Spannungszeiger durch die Induktionsspannung beim Ausschalten der Transformatorwicklung gefährdet werden könnte. Alle übrigen Wicklungen bleiben bei der Widerstandsmessung durch Strom und Spannung zweckmäßig offen, weil die in kurzgeschlossenen Wicklungen auftretenden Kurzschlußströme nur allmählich abklingen und erst nach längerer Zeit stationäre Verhältnisse eintreten.

Der warme Widerstand ist unmittelbar nach dem Abschalten des Transformators zu messen, innerhalb weniger Minuten, weil nach dem Abschalten des Transformators die Wicklungstemperatur in der Regel schnell sinkt (bis zu etwa 5° C nach 2 min). Beim Abschalten des Transformators ist auch die Fremdlüftung oder Wasserkühlung, wenn solche vorhanden ist, gleichzeitig abzustellen. Um den Widerstand der Wicklung zur Zeit der Abschaltung des Transformators genauer zu ermitteln, sind rasch hintereinander mehrere Widerstandsmessungen auszuführen und die Zeiten zu messen, zu denen sie, vom Abschalten des Transformators aus gerechnet, erfolgen. Der Widerstand der Wicklung kann dann angenähert durch Extrapolation für den Zeitpunkt beim Abschalten erhalten werden.

Im § 42 der RET 1930 sind die zulässigen Grenzerwärmungen zusammengestellt. Sie gelten unter der Voraussetzung, daß die Temperatur des zutretenden Kühlmittels bei Luftkühlung 35° C, bei Wasserkühlung 25° C nicht überschreitet. Bei Wasserkühlung ist diese Temperatur, die für neue Transformatoren gilt, niedriger angesetzt, um der Verunreinigung der Kühler im Laufe der Zeit Rechnung zu tragen. Die Grenzerwärmung der Wicklungen richtet sich nach den verwendeten Isolierstoffen, die nach dem Grad ihrer Wärmebeständigkeit in verschiedene Klassen eingeteilt sind (§ 41).

Für Trockentransformatoren mit Isolierstoff der Klasse A (Papier und Faserstoffe getränkt, Lackdraht) und A_f (Papier, Faserstoff, Lackdraht und Füllmasse) beträgt die zulässige Grenzerwärmung 60° C, für Öltransformatoren mit Isolierstoff der Klasse A_o (Papier, Faserstoff, Lackdraht unter Öl) 70° C. Dieselben Erwärmungen gelten auch für die Eisenkerne. Die zulässige Grenzerwärmung des Öls an der heißesten Stelle ist zu 60° C angegeben.

In den folgenden Abschnitten werden wir nun die für die Erwärmungsprobe praktisch in Frage kommenden Schaltungen näher kennenlernen, die alle den Zweck verfolgen, das Netz bei der Erwärmungsprobe zu entlasten und Stromkosten zu ersparen. Die betriebsmäßige Belastung zur Ermittlung der Erwärmung kommt nur bei ganz kleinen Transformatoren in Frage und braucht hier nicht näher besprochen zu werden. Die Belastung des Transformators durch einen unter- oder übererregten leerlaufenden Synchronmotor sei aber noch erwähnt.

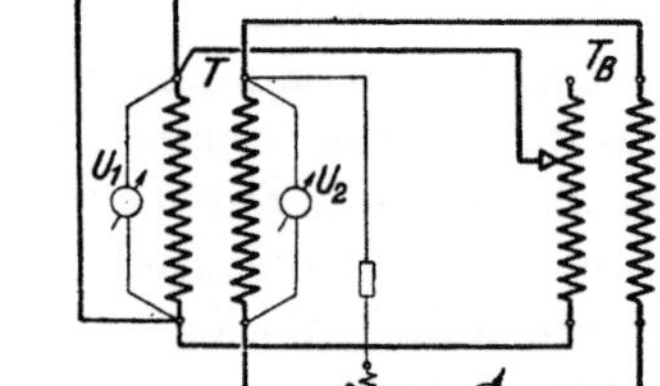

Abb. 141. Rückarbeitsverfahren mit regelbarem Belastungstransformator T_B.

b. Rückarbeitsverfahren. Zur Anwendung des Rückarbeitsverfahrens ist außer dem zu untersuchenden Transformator noch ein zweiter Transformator von mindestens derselben Leistung und etwas größerer Übersetzung erforderlich. Die Schaltung hierfür ist in Abb. 141 dargestellt. T ist der zu untersuchende Transformator, T_B der Belastungstransformator. Beide Transformatoren sind primär und sekundär parallel geschaltet. Die Übersetzung des Transformators T_B ist regelbar, in Abb. 141 beispielsweise durch Änderung der Windungszahl der Primärwicklung, so daß die Übersetzung so eingestellt werden kann, daß der Ausgleichstrom J_2 gleich dem Nennstrom des zu untersuchenden Transformators ist. Da die Übersetzung bei der Schaltung nach Abb. 141 nur in Stufen geändert werden kann, ist zwischen die Sekundärwicklungen der beiden Transformatoren noch ein regelbarer Widerstand R_a eingeschaltet, um den Nennstrom des Transformators T genauer einstellen zu können.

Der Phasenwinkel φ zwischen Strom und sekundärer Klemmenspannung des Transformators T kann bei dieser einfachen Schaltung mit Wirkwiderstand R_a im allgemeinen nicht so eingestellt werden wie er bei „Nennbetrieb“[1]) des Transformators T auftritt. Die Stromwärmeverluste sind zwar bei Vernachlässigung des Leerlaufstroms unabhängig von dem Phasenwinkel φ. Bei größeren relativen Magnetisierungsströmen hat jedoch der Phasenwinkel φ schon merklichen Einfluß auf die Stromwärmeverluste in der Primärwicklung. So erhöht z. B. ein relativer Magnetisierungsstrom von 10% bei den Leistungsfaktoren $\cos\varphi$ gleich 1, 0,8 und 0 die Stromwärmeverluste in der Wicklung um 1%, 7% bzw. 21%, während ein relativer Magnetisierungsstrom von 5% sie nur um 0,2%, 3% bzw. 10% vergrößert. Gewöhnlich ist nun aber der sekundäre Leistungsfaktor im „Nennbetrieb“ etwa 0,8 bei nacheilendem Strom, und auf ungefähr diesen Wert kann auch der Leistungsfaktor beim Rückarbeitsverfahren eingestellt werden, wenn im Sekundärkreis ein regelbarer Wirkwiderstand liegt. Die in der Primärwicklung auftretenden Stromwärmeverluste werden dann in der Regel höchstens um einige Hundertstel von denen bei Nennbetrieb abweichen. Will man den Einfluß des Phasenwinkels bei der Erwärmungsprobe genau berücksichtigen, so sind im allgemeinen zur genauen Einstellung des Phasenwinkels φ auf den Wert bei „Nennbetrieb“ neben dem Wirkwiderstand R_a noch regelbare induktive (bei voreilenden Strömen kapazitive) Widerstände zu verwenden.

Leichter lassen sich die Eisenverluste so einstellen, daß sie gleich denen bei „Nennbetrieb“ sind. Die Eisenverluste sind im wesentlichen von der vom gemeinsamen Induktionsfluß induzierten EMK E abhängig. Die Klemmenspannung U_1 ist deshalb so einzustellen, daß im Transformator T die EMK E_1 gleich der EMK E_{1N} bei „Nennbetrieb“ ist. Nehmen wir an, daß der relative Spannungsverlust in der Primärwicklung ebenso groß ist wie der in der Sekundärwicklung, so ist bei „Nennbetrieb“ des Transformators T mit dem Phasenwinkel φ_N

$$E_{1N} = U_{1N} - \tfrac{1}{2}(\varepsilon_w \cos\varphi_N + \varepsilon_b \sin\varphi_N)\,, \tag{190a}$$

[1]) Nach § 9 gehört zwar der Leistungsfaktor nicht zu den Größen des Nennbetriebs. Da er aber Einfluß auf die Erwärmung der Primärwicklung des Transformators hat, müssen wir hier doch von einem Leistungsfaktor bei „Nennbetrieb“ sprechen.

beim Rückarbeitsverfahren mit dem Phasenwinkel φ

$$E_1 = U_1 - \tfrac{1}{2}(\varepsilon_w \cos\varphi + \varepsilon_b \sin\varphi)\,, \tag{190b}$$

worin ε_w die Wirkkomponente und ε_b die Blindkomponente der relativen Nenn-Kurzschlußspannung des Transformators T ist. Aus diesen Gleichungen erhalten wir die einzustellende Klemmenspannung

$$U_1 = U_{1N} - \tfrac{1}{2}[\varepsilon_w(\cos\varphi_N - \cos\varphi) + \varepsilon_b(\sin\varphi_N - \sin\varphi)]\,. \tag{190}$$

Der Phasenwinkel φ beim Rückarbeitsverfahren muß zur Ermittlung der Spannung U_1 durch Leistungs- und Strom- und Spannungsmessung bestimmt werden.

Damit die Primärwicklung des Transformators T bei nacheilendem Strom vom Netz Leistung aufnimmt, wie es nach § 4 der RET bei Nennbetrieb des Transformators T der Fall ist, muß das Windungsverhältnis w_1/w_2 des Transformators T_B etwas größer sein als das des Transformators T. Die notwendige Abweichung der Übersetzung von der des Transformators T können wir leicht abschätzen. Nach Gl. (141) ist der relative Ausgleichstrom

$$\iota_{\ddot{u}} = \frac{\eta}{(\eta + \ddot{u}\varepsilon)\,\varepsilon_k}\,|1 - \ddot{u}|\,, \tag{191}$$

worin η das Verhältnis der Nennleistungen des Belastungstransformators T_B und des zu untersuchenden Transformators T, ε_k die relative Nenn-Kurzschlußspannung des Transformators T, $\ddot{u}$ das Verhältnis der Übersetzungen und ε das der Nenn-Kurzschlußspannungen der Transformatoren T_B und T ist. Wenn beide Transformatoren dieselbe Nennleistung haben ($\eta = 1$) ist mit $\ddot{u}\varepsilon \approx 1$

$$\iota_{\ddot{u}} \approx \frac{1}{2\varepsilon_k}\,|1 - \ddot{u}|. \tag{191a}$$

Bei Nennstrom muß $\iota_{\ddot{u}} = 1$ sein und damit

$$|1 - \ddot{u}| \approx 2\varepsilon_k\,; \tag{191b}$$

d. h. die Abweichung des Verhältnisses der Übersetzungen von 1 muß etwa gleich dem Doppelten der relativen Nenn-Kurzschlußspannung des Transformators T sein. Für Einheitstransformatoren mit dem Durchschnittswert $\varepsilon_k = 4{,}2\%$ müßte also die Abweichung der Übersetzungen mindestens 8,4% betragen. Hinzu kommt noch ein geringer Betrag für die Spannungsverluste in den Verbindungskabeln. Die üblichen Anzapfungen, die die Übersetzungen um $\pm 4\%$ ändern, reichen also nicht mehr aus, um den Transformator mit Nennstrom zu belasten. Verwenden wir aber als Belastungstransformator einen solchen beträchtlich größerer Nennleistung, beispielsweise für dreifache Nennleistung ($\eta = 3$), so ist

$$|1 - \ddot{u}| \approx \tfrac{4}{3}\varepsilon_k\,. \tag{191c}$$

Die notwendige Abweichung der Ubersetzungen, um den Transformator T mit Nennstrom zu belasten, beträgt also bei den Einheitstransformatoren in diesem Fall etwa 5,6%. Wir können bei den üblichen Anzapfungen an dem einen Transformator eine um 4% größere, an dem andern eine um 4% kleinere Übersetzung einstellen und erhalten dann eine Abweichung der Übersetzungen von 8%, die bei $\eta = 3$ ausreichend ist, um durch den Widerstand R_a in Abb. 141 den Nennstrom einstellen zu können.

Wenn zwei genau gleiche Transformatoren vorhanden sind und die Übersetzungen so einstellbar sind, daß als Ausgleichstrom der Nennstrom fließt, kann das Rückarbeitsverfahren zur Messung der gesamten Verluste beider Transformatoren dienen. Dieses Verfahren ist jedoch viel umständlicher als die Messung der Einzelverluste bei Leerlauf und Kurzschluß, und ist bei Berücksichtigung aller Korrektionen kaum genauer.

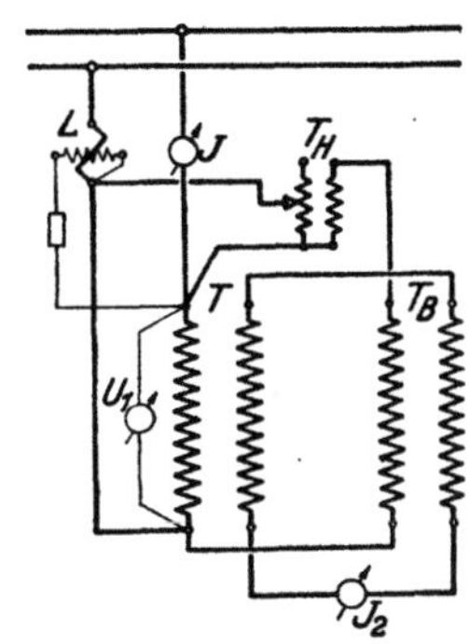

Abb. 142. Rückarbeitsverfahren mit Belastungstransformator T_B und Hilfstransformator T_H.

Die Änderung der Übersetzung des Belastungstransformators läßt sich beim Rückarbeitsverfahren umgehen, wenn man einen besonderen kleinen Hilfstransformator T_H in der Schaltung nach Abb. 142 verwendet. Die Übersetzung dieses Transformators ist zweckmäßig regelbar; er braucht aber nur eine Leistung von etwa 10% der Nennleistung des Transformators T zu haben. Will man auch die Reglung des kleinen Hilfstransformators umgehen, so kann zur Einstellung des Belastungsstromes ein regelbarer Widerstand in die Primärwicklung des Hilfstransformators geschaltet werden.

Auch hier können die gesamten Verluste beider Transformatoren ermittelt werden, indem von der gesamten Leistungsaufnahme die Verluste in dem Hilfstransformator und dem etwa eingeschalteten Wirkwiderstand abgezogen werden.

Es sei schließlich noch darauf hingewiesen, daß bei dem Erwärmungsversuch der Belastungstransformator T_B in solcher Entfernung von dem zu untersuchenden Transformator T aufzustellen oder durch eine Zwischenwand abzuschirmen ist, daß eine gegenseitige Erwärmung der Transformatoren praktisch nicht in Frage kommt.

c. Kunstschaltungen. Nicht immer steht ein regelbarer Belastungstransformator oder ein für das Rückarbeitsverfahren geeigneter Hilfstransformator zur Verfügung oder die Stromquelle wird durch die gesamten Verluste zweier Transformatoren zu stark belastet. Es sind deshalb Schaltungen ersonnen worden, bei denen nur die Leerlaufverluste vom Wechselstromnetz der Nennfrequenz gedeckt, die Wicklungsverluste aber von einer andern Stromquelle aufgebracht werden.

Besitzt der zu untersuchende Transformator in jeder Wicklung zwei gleichwertige Wicklungsabteilungen oder können solche durch Umschaltung gebildet werden, so lassen sich die Lastverluste durch Gleichstrom erzeugen, indem diese Wicklungsabteilungen jeder Wicklung in Gegenschaltung mit Gleichstrom gespeist werden, wie es Abb. 143 für einen Einphasen-Transformator erkennen läßt. Die resultierende Gleichstromdurchflutung ist dann für den magnetischen Hauptkreis Null, so daß die Magnetisierung des Transformators durch den Gleichstrom nicht beeinflußt wird. Je eine Wicklungsabteilung der Stränge der Primärwicklung wird an das Netz mit Nennfrequenz gelegt, dem der Transformator seinen Leerlaufsverbrauch entnimmt. Die durch den Leerlaufstrom hervorgerufene Stromwärme ist dann zwar doppelt so groß wie in der betriebsmäßigen Schaltung, aber gewöhnlich immer noch vernachlässigbar klein. Die Ströme J_1 und J_2 werden durch die regelbaren Widerstände so eingestellt, daß sie in den Wicklungen dieselbe Stromwärme erzeugen wie die Wechselströme bei Nennbetrieb. Da bei Gleichstrom die zusätzlichen Verluste durch Stromverdrängung fortfallen, müssen die Gleichstrom-Effektivwerte der Ströme entsprechend größer eingestellt werden als die Effektivwerte der Ströme in den Wicklungsabteilungen bei Nennbetrieb des Transformators. Zu beachten ist noch, daß dem einen Wicklungszweig, dem linken in Abb. 143, das Wechselstromnetz parallel geschaltet ist. Um zu verhindern, daß ein wesentlicher Teil des Gleichstromes J_1 über das Netz fließt, ist ein genügend großer Wirkwiderstand in die Zuleitung zum Wechselstromnetz einzuschalten.

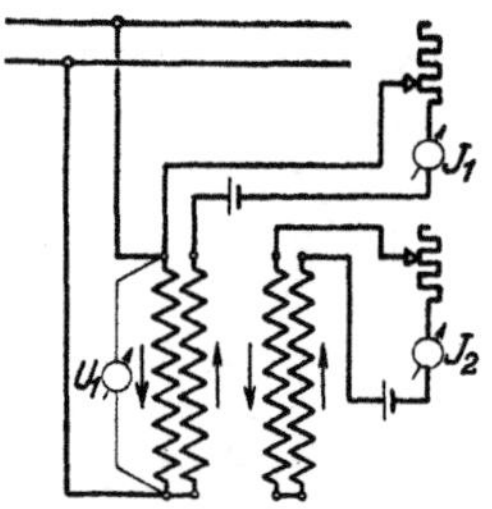

Abb. 143. Kunstschaltung mit gleichwertigen Wicklungsabteilungen.

Statt der Gleichstromquelle können auch Wechselstromquellen zur Erzeugung des Belastungsstroms verwendet werden. Da der Strom je eine der beiden Wicklungsabteilungen bei diesem Versuch im andern Sinne durchfließt wie bei Nennbetrieb, werden bei Speisung der gegeneinander geschalteten Wicklungen mit denselben effektiven Strömen wie bei Nennbetrieb auch hier nicht dieselben zusätzlichen Verluste auftreten wie im Nennbetrieb, auch wenn die Frequenz in beiden Fällen dieselbe ist.

Wenn solche gleichwertigen Wicklungsabteilungen, wie sie die Schaltung nach Abb. 143 voraussetzt, nicht vorhanden sind, kann man bei einphasigen Kerntransformatoren die primären Wicklungen der beiden Kerne (K_I und K_{II} in Abb. 144) parallel schalten und die gegeneinander geschalteten Sekundärwicklungen der beiden Kerne mit dem Belastungsstrom speisen. Die Primärwicklung liegt am Netz mit Nennfrequenz und entnimmt diesem die Leerlaufsverluste. Der Belastungsstrom wird der Sekundärwicklung des zu untersuchenden Transformators durch die Sekundärwicklung des Hilfstransformators T_H zugeführt, dessen Primärwicklung von dem Wechselstromgenerator G gespeist wird. Die Durchflutungen der Sekundärwicklung werden dann auf jedem Kern durch entsprechende Durchflutungen in der Primärwicklung aufgehoben, wie es die Pfeile in Abb. 144 andeuten. Für den magnetischen Hauptkreis ist zwar die Durchflutung der Sekundärwicklung allein schon Null; Sekundärwicklung und Primärwicklung eines jeden Kerns sind aber auch durch den über den äußern Luftraum fließenden Fluß miteinander verkettet.

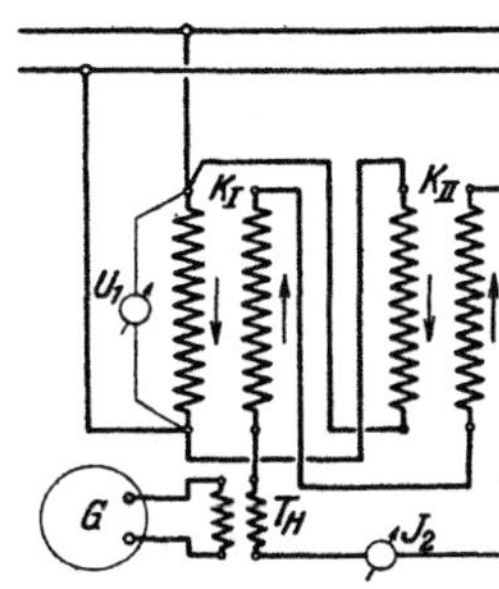

Abb. 144. Kunstschaltung mit nur einem Einphasen-Transformator.

Über diese Ströme lagert sich der vom Netz mit Nennfrequenz gelieferte Magnetisierungsstrom. Um dieselben zusätzlichen Verluste zu erhalten wie bei Nennbetrieb, müßte der Generator G auch Ströme der Nennfrequenz erzeugen. Wenn zum Antrieb des Generators G ein Synchronmotor Verwendung fände, der von demselben Netz gespeist wird, das den Transformator magnetisiert, so könnte durch besondere Hilfseinrichtungen (vgl. Abschn. II K 4, Bd. II) die dem Nennbetrieb entsprechende Phase zwischen Leerlaufstrom und Belastungsstrom eingestellt werden. Da solche Einrichtungen aber nicht einfach sind, wird man auf eine genaue Einstellung der Phase verzichten. In diesem Falle ist es dann zweckmäßiger, die Frequenz des Generators G um einige Hundertstel höher oder niedriger als Nennfrequenz einzustellen, wobei der Generator G auch nicht von einem Synchronmotor angetrieben werden muß, der von demselben Netz gespeist wird, das den Magnetisierungsstrom liefert. Um bei der Erwärmungsprobe im Mittel dieselben zusätzlichen Verluste wie bei Nennbetrieb zu erhalten, kann abwechselnd eine etwas höhere und eine etwas niedrigere Frequenz als die Nennfrequenz eingestellt werden. Der Strom J_2 kann durch die Erregung des Generators geregelt werden.

Stehen zwei Transformatoren (T_I und T_{II}) mit ungefähr gleichen Übersetzungen für den Erwärmungsversuch zur Verfügung, so braucht die innere Schaltung der Transformatoren nicht geändert zu werden. Die Schaltung bei Einphasenstrom ist in diesem Falle in Abb. 145 dargestellt. Wenn die Übersetzungen der beiden Transformatoren nicht genau einander gleich sind, wird ein Teil des Belastungsstroms auch von dem Netz geliefert, das die Transformatoren magnetisiert. Um hierbei sehr langsame Schwebungen der überlagerten Belastungsströme zu umgehen, muß die Frequenz des Generators G entweder genau gleich der Frequenz des Netzes sein, das die Transfor-

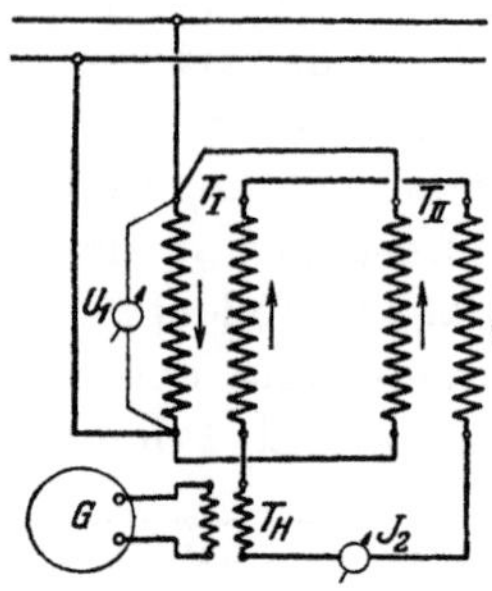

Abb. 145. Kunstschaltung mit zwei Einphasen-Transformatoren.

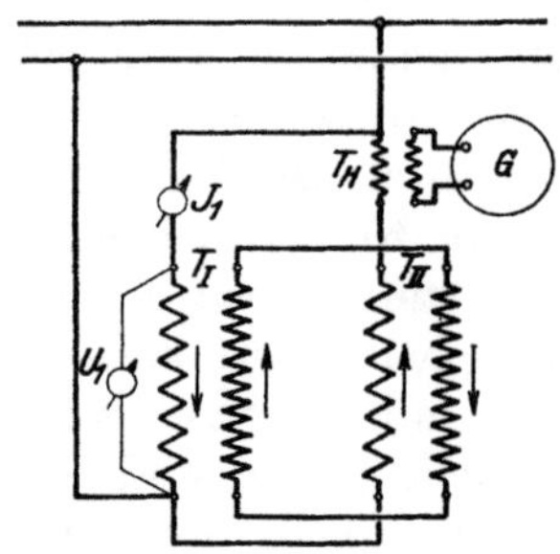

Abb. 146. Kunstschaltung für Hochspannungstransformatoren.

matoren magnetisiert, oder genügend, d. h. um einige Hundertstel von jener Frequenz verschieden sein.

Bei Hochspannungstransformatoren wird man sowohl die Erregung der Transformatoren, als auch die Speisung mit den Belastungsströmen von der Unterspannungsseite vornehmen, wie es in Abb. 146

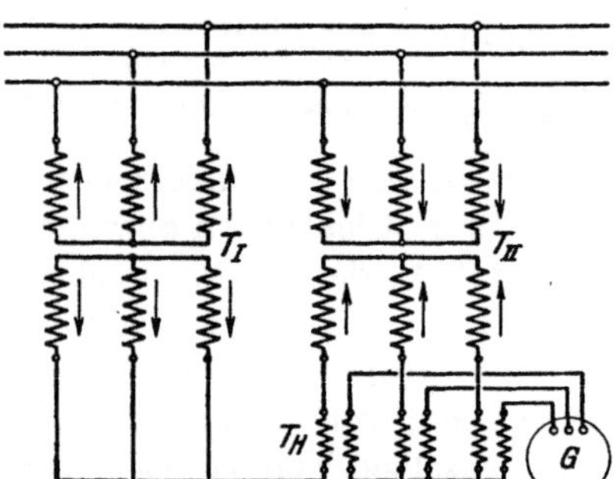

Abb. 147.

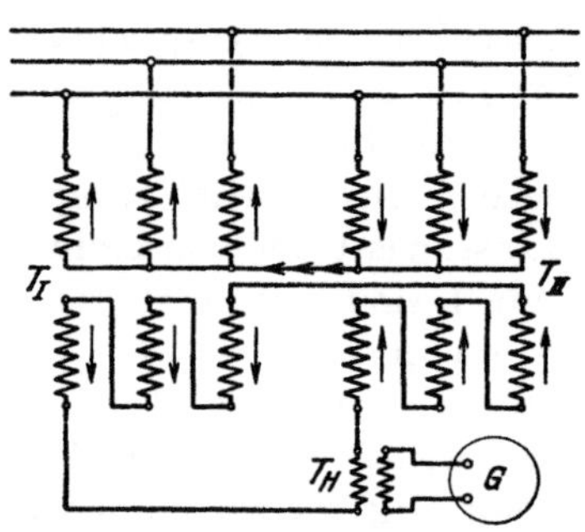

Abb. 148.

Abb. 147 u. 148. Kunstschaltung bei Dreiphasen-Transformatoren; Abb. 147 mit dreiphasigem, Abb. 148 mit einphasigem Belastungsstrom.

dargestellt ist. Soll die Erwärmung zweier genau gleicher Transformatoren untersucht werden, so muß, um hierbei möglichst gleiche magnetische Beanspruchungen der Transformatoren zu erhalten, der Anschluß von der obern Sammelschiene in Abb. 146 statt an die Endklemme der Sekundärwicklung des Transformators T_H an eine Anzapfung in der Mitte dieser Wicklung gelegt werden.

Die der Abb. 145 entsprechende Schaltung für Dreiphasenstrom ist in Abb. 147 dargestellt, worin die Belastungsströme in den Wicklungen wieder durch Pfeile angedeutet sind. Genau dieselben Schaltungen lassen sich auch bei Dreieck- oder Zickzackschaltung ausführen.

Wenn die Primärwicklungen in Stern und die Sekundärwicklungen in Dreieck geschaltet sind oder durch Umschaltung der Wicklungsstränge in solche Schaltungen umgeändert werden können, so kann man die Belastungsströme auch durch eine einphasige Stromquelle erzeugen, wie es in Abb. 148 dargestellt ist. Die Sternpunkte der Primärwicklung der beiden Transformatoren müssen dann miteinander verbunden werden, damit die gleichphasigen Sekundärdurchflutungen der drei Kerne durch Ströme in den Primärwicklungen kompensiert werden können. Die zusätzlichen Verluste können hierbei von denen in der betriebsmäßigen Schaltung etwas abweichen. Deshalb empfiehlt es sich, den Belastungsstrom in diesem Falle nicht auf Nennstrom, sondern auf Nenn-Stromwärmeverluste einzustellen.

d. Leerlauf und Kurzschluß. Am einfachsten wäre es, zwei getrennte Erwärmungsversuche auszuführen, den einen bei Leerlauf, den andern bei Kurzschluß, und die Erwärmung im Betriebe gleich der Summe der Erwärmungen bei Leerlauf und Kurzschluß zu setzen (vgl. Abschn. II K 7c, Bd. II). Diese Ermittlung der Erwärmung ist jedoch mit Fehlern behaftet. Die Stromwärmeverluste sind von der Wicklungstemperatur abhängig und deshalb beim Kurzschlußdauerversuch kleiner als bei Nennbetrieb. Die Eisenverluste würden bei gewöhnlichem Blech wegen der niedrigeren Temperatur kleiner sein als bei Nennbetrieb; bei dem gewöhnlich verwendeten hochlegierten Blech sind sie unabhängig von der Temperatur.

Noch größere Fehler ergeben sich bei Öltransformatoren, weil bei den Einzelversuchen infolge der geringeren Erwärmung das Öl dickflüssiger ist und die Ölzirkulation behindert. Man erhält deshalb die Erwärmung eines Öltransformators aus der Summe der Erwärmungen bei Leerlauf und Kurzschluß gewöhnlich zu groß.

Das im Abschn. II K 7c, Bd. II, angegebene Verfahren, die Maschinen abwechselnd leer bei erhöhter Klemmenspannung und im Kurzschluß bei erhöhtem Strom zu betreiben, so daß der zeitliche Mittelwert der Leerlaufverluste bzw. der Kurzschlußverluste während der Probe gleich den entsprechenden Verlusten bei Nennbetrieb ist, kommt bei Transformatoren nicht in Frage, weil dabei hohe Klemmenspannungen (mindestens das 1,41-fache der Nennspannung bei Nennfrequenz) erforderlich sind, die nicht nur die Wicklungsisolation stärker beanspruchen, sondern auch unzulässig große Magnetisierungsströme ergeben würden. Auch die kurzzeitige Vergrößerung der Stromwärmeverluste (mindestens auf das Doppelte der Nenn-Stromwärmeverluste) wäre mit Rücksicht auf die Erwärmung der Wicklungsisolierung bedenklich.

Zuweilen kommt es dagegen bei der Erwärmungsprobe nicht auf die Temperaturverteilung im Innern des Transformators an, sondern nur auf die Untersuchung der Wärmeabgabe durch den Kessel. Wenn dann sich die Kühlmitteltemperatur soweit unter 35° C halten läßt, daß die zulässige Grenztemperatur der Wicklung nicht überschritten wird, kann dem Transformator im Kurzschluß eine Leistung zugeführt werden, die gleich der Summe der Leerlauf- und Wicklungsverluste bei Nennbetrieb ist. Es läßt sich auf diese Weise die Wärmeabgabe des Kessels ziemlich einwandfrei ermitteln.

4. Die Isolationsproben.

Nach § 46 der RET 1930 ist der Transformator im allgemeinen einer dreifachen Probe seiner Isolierfestigkeit zu unterwerfen, der Wicklungsprobe, der Sprungwellenprobe und der Windungsprobe. In der Regel sollen die Proben im warmen Zustand des Transformators erfolgen, doch dürfen sie auch am kalten Transformator vorgenommen werden, wenn eine Erwärmungsprobe vorher nicht stattgefunden hat. Die Proben gelten als bestanden, wenn an der Wicklung weder Durchschlag noch Überschlag erfolgt, und keine Gleitfunken auftreten (vgl. Tafel VII der RET 1930).

a. Wicklungsprobe. Die Wicklungsprobe dient zur Feststellung der ausreichenden Isolierung der Wicklungen gegeneinander und gegen den Eisenkörper. Die Prüfspannung soll praktisch sinusförmig, ihre Frequenz gleich der Nennfrequenz oder 50 Hz sein. Die Prüfspannungen sind in Tafel VII der RET angegeben, sie liegen bei Öltransformatoren je nach der Höhe der Nennspannung zwischen dem 3,25- bis 2-fachen der Nennspannung. Bei der Probe darf höchstens die halbe Prüfspannung unmittelbar durch Schließen eines Schalters an den Prüfgegenstand gelegt werden. Die Steigerung der Spannung auf den vollen Wert soll stetig oder in einzelnen Stufen von höchstens 5% der Endspannung erfolgen. Die Zeit der Spannungssteigerung vom halben Wert bis zum Endwert soll nicht kürzer als 10 Sekunden sein. Der Endwert der Prüfspannung ist während einer Minute einzuhalten.

Ein Pol der Stromquelle wird an die zu prüfende Wicklung, der andere an die Gesamtheit der untereinander und mit dem Eisenkörper verbundenen andern Wicklungen gelegt. In Abb. 149 ist die Schaltung für die Wicklungsprobe eines Hochspannungstransformators dargestellt. T ist der Transformator, der der Probe unterworfen werden soll, T_H der Prüftransformator.

Die Unterspannungswicklung des Prüftransformators wird von einem Synchrongenerator G gespeist, dessen Spannung durch einen Widerstand im Erregerkreis des Generators genügend weit und fein geregelt werden kann. Die Speisung des Prüftransformators aus einem

Wechselstromnetz und die Einstellung der Prüfspannung durch besondere regelbare Transformatoren ist nicht zu empfehlen, weil die Kurvenform des Netzes stark von der Sinusform abweichen kann und Spannungsschwankungen im Netz stören können.

Es ist in Abb. 149 die Prüfung der Oberspannungswicklung gegen Eisenkörper und Unterspannungswicklung dargestellt. Die Wicklungsenden der Unterspannungswicklung sind untereinander und mit dem Eisenkörper und Erde verbunden. Die ebenfalls untereinander verbundenen Wicklungsenden der Oberspannungswicklung des zu prüfenden Transformators sind an die nicht geerdete Klemme der Oberspannungswicklung des Prüftransformators gelegt. Die Verbindung aller Enden jeder Wicklung bei dieser Prüfung ist bei Hochspannungstransformatoren zu empfehlen, um zu verhindern, daß durch Kapazitätserscheinungen zwischen Anfang und Ende der Wicklung Spannung auftritt.

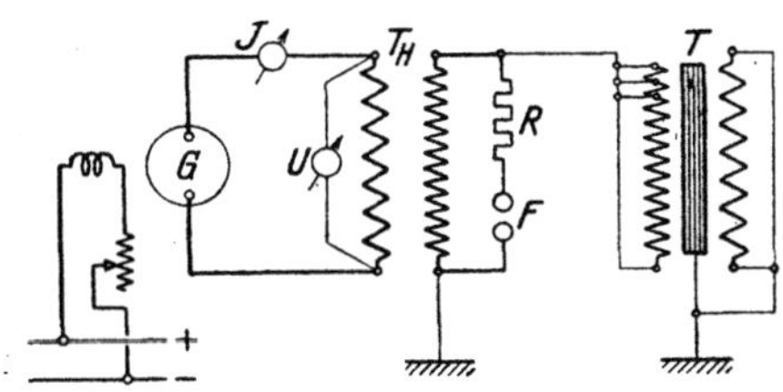

Abb. 149. Schaltung für die Wicklungsprobe.

Bei hohen Prüfspannungen ist mitunter die Messung der Spannung mit Schwierigkeiten verknüpft. Am gebräuchlichsten ist es, die Prüfspannung mit einer Kugelfunkenstrecke (*F*) zu messen, die beim Höchstwert der Spannung überschlagen wird, und den Spannungszeiger *U* der Unterspannungsseite des Prüftransformators mit dieser Kugelfunkenstrecke zuerst zu eichen, die Kugelfunkenstrecke dann zu vergrößern und die Prüfspannung nach dem Spannungszeiger *U* auf der Unterspannungsseite einzustellen. Die Eichung muß bei angelegtem Transformator *T* erfolgen und ist bei einer Spannung vorzunehmen, die etwa 20% unter der Prüfspannung liegt. Mit der Kugelfunkenstrecke wird ein Widerstand *R* in Reihe geschaltet, der den Strom beim Überschlag auf einige Amp beschränkt. Die Einstellung des Kugelabstandes der Funkenstrecke für eine gegebene Prüfspannung und seine Abhängigkeit vom Barometerstand, sowie die näheren Angaben über die Ausführung der Messung sind in den Regeln [L 90] des VDE enthalten. Der Stromzeiger *J* in der Unterspannungswicklung des Prüftransformators dient zur Feststellung, daß die Isolierung unter der Probe nicht gelitten hat. Bei konstanter Spannung darf der Strom nicht steigen und es dürfen keine Schwankungen des Stromes bemerkbar sein.

b. Sprungwellenprobe. Die Sprungwellenprobe dient zur Feststellung, daß die Wicklungsisolation gegenüber den etwa im Betrieb auftretenden Sprungwellen ausreicht (vgl. Abschn. C 3). In Abb. 150 ist die Schaltung für die Sprungwellenprobe eines Dreiphasen-Transformators dargestellt. Die zu prüfende Wicklung des Transformators ist über Funkenstrecken *F* aus massiven Kupferkugeln von mindestens 50 mm Durchmesser auf Kondensatoren *K* geschaltet, deren Kapazität nach § 48 der RET 1930 bis zu 6 kV Nennspannung mindestens 0,05 μF betragen soll und für höhere Spannungen umgekehrt proportional der Spannung sinken darf. Für Spannungen bis zu 35 kV können als Kondensatoren auch Kabel verwendet werden.

Der Kugelabstand jeder Funkenstrecke wird für einen Überschlag bei dem 1,1-fachen der Nennspannung eingestellt. Der Transformator ist durch den Generator *G* mit mindestens Nennfrequenz auf etwa das 1,3-fache der Nennspannung zu erregen. Nach dem Zünden wird ein Funkenspiel von 10 Sekunden Dauer aufrechterhalten. Die Funkenstrecken sind dabei mit einem Luftstrom von etwa 3 m/s Geschwindigkeit anzublasen.

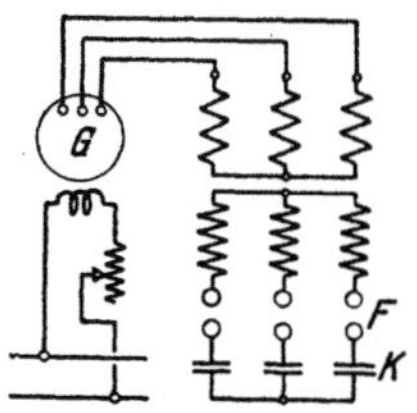

Abb. 150. Schaltung für die Sprungwellenprobe.

Durch die Funkenüberschläge werden die Kondensatoren von der Wicklungsspannung immer wieder umgeladen, bei jedem Funkenüberschlag zieht eine Sprungwelle in die zu prüfende Wicklung ein (vgl. Abschn. C 3).

Mehrphasen-Transformatoren können auch mit einphasiger Schaltung geprüft werden, dabei sind die Anschlüsse so oft zu vertauschen, daß jeder Wicklungsstrang der Sprungwellenprobe ausgesetzt wird. Über die Sprungwellenprobe bei Zusatztransformatoren sei auf § 48 der RET 1930 verwiesen.

c. **Windungsprobe.** Die Windungsprobe dient zur Feststellung der ausreichenden Isolierung benachbarter Windungen gegeneinander und zum Auffinden von Wicklungsdurchschlägen, die durch die Sprungwellenprobe eingeleitet sein können. Der Transformator wird hierbei in der Regel (vgl. Tafel IX der RET 1930) auf die doppelte Nennspannung erregt und dieser Spannung 5 min lang ausgesetzt. Damit bei dieser Probe der Magnetisierungsstrom nicht zu hoch anwächst, darf die Frequenz gegenüber der Nennfrequenz entsprechend erhöht werden.

Nach § 50 der RET 1930 wird empfohlen, vor und nach Vornahme der drei Spannungsproben die Widerstände der Wicklung zu messen. Unterschiede zwischen den beiden gemessenen Widerständen sollen das Auftreten von Wicklungsschäden anzeigen.

Über die Prüfung von Durchführungsisolatoren sei auf § 51 der RET verwiesen.

H. Aufbau der Transformatoren.

Zum bessern Verständnis der folgenden Abschnitte wird es zweckmäßig sein, zunächst den Aufbau des Transformators zu besprechen.

1. Der Eisenkörper.

a. Kern- und Manteltype. Im Abschn. II A 4, Bd. I, haben wir die wichtigsten Formen des Eisenkörpers schon kennengelernt. Wir haben zwischen Kern- und Manteltransformatoren unterschieden. Die Manteltypen sind durch größere Kernquerschnitte (vgl. Abschn. L 1a) und kürzere Kerne, die Kerntypen durch kleinere Kernquerschnitte und längere Kerne gekennzeichnet. Kerntransformatoren werden deshalb in der Regel mit senkrecht, Manteltransformatoren mit waagrecht angeordneten Kernen ausgeführt. Die Wahl zwischen den beiden Typen hängt zum Teil davon ab, ob Scheiben- oder Zylinderwicklung angewendet wird. Mit Rücksicht darauf, daß für natürliche Kühlung des Transformators senkrechte Kanäle wirksamer sind als waagrechte, wird man die Scheibenwicklung bei waagrecht, die Zylinderwicklung bei senkrecht angeordneten Kernen bevorzugen.

Die Zylinderwicklung erfordert weniger Isolierstoff und wird auch in der Herstellung billiger als die Scheibenwicklung. Kreisförmige Zylinderspulen sind nach Abschn. B 4b auch besonders widerstandsfähig gegen die Stromkräfte beim plötzlichen Kurzschluß. Deshalb wird die Kerntype in Verbindung mit der Zylinderwicklung gewöhnlich bevorzugt, besonders bei größeren Leistungen und Spannungen in der Ausführung mit kreisförmigen Spulen.

Für Regeltransformatoren ist dagegen die Scheibenwicklung besser geeignet, weil bei dieser die Unsymmetrie der Wicklung, die beim Abschalten von Windungen nicht zu vermeiden ist, weniger Einfluß auf die Kurzschlußsicherheit des Transformators hat als bei der weniger fest gelagerten Zylinderwicklung. Auch bei Transformatoren für sehr hohe Ströme (z. B. Transformatoren für elektrolytische Öfen) sind Scheibenspulen besser geeignet als Zylinderspulen. Man wird deshalb für diese Fälle oft den Manteltransformator bevorzugen.

Bei den dreiphasigen Kerntransformatoren werden die Mittellinien der Kerne gewöhnlich in einer Ebene angeordnet (Abb. 19); die symmetrische Form (Abb. 8) kommt nur noch selten vor. Für sehr große Leistungen, bei denen eine möglichst niedrige Bauart des Tansformators erwünscht ist, wird der fünfschenklige Transformator (Abschn. A 6) ausgeführt.

b. Die Querschnittsform der Kerne und Joche. In den meisten Fällen werden bei Kerntransformatoren kreisförmige Spulen bevorzugt, die sich bequemer wickeln lassen als rechteckige und gegen die Stromkräfte bei Kurzschluß besser gesichert sind (Abschn. B 4b). Der *kreisförmigen* Spulenöffnung muß sich dann der *Kernquerschnitt* anpassen.

Für Transformatoren mittlerer Leistung wird der kreuzförmige Kernquerschnitt bevorzugt, der noch genügend große Kühlkanäle zwischen

Eisen und Wicklung frei läßt. Dabei ergibt sich die günstigste Ausnützung der Fläche des umschriebenen Kreises bei den in Abb. 151a eingetragenen Abmessungen. Bei 0,35 mm dicken Blechen mit $k_E = 0,86$ ist das Verhältnis zwischen reinem Eisenquerschnitt und Flächeninhalt des umschriebenen Kreises $f_E = 0,677$, bei 0,5 mm dicken Blechen ist es $f_E = 0,708$.

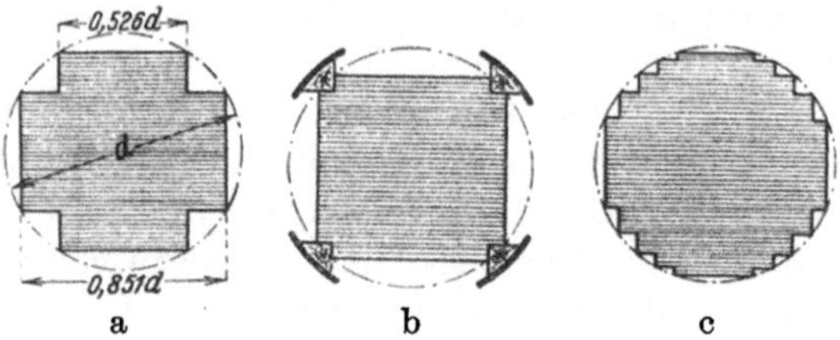

Abb. 151a bis c. Querschnittsformen des Kerns.

Von dieser Querschnittsform wird aus baulichen Gründen zuweilen abgewichen, z. B. um Platz für die Schrauben- oder Nietköpfe zum Zusammenpressen des Blechpakets zu gewinnen. Im Grenzfalle geht der kreuzförmige Querschnitt in den fast quadratischen der Abb. 151b über, wobei die Kreuzform nur noch zur Aufnahme von Holzkeilen dient, um die Wicklung abzustützen.

Andrerseits wird, besonders bei großen Transformatoren, der Kernquerschnitt durch feinere Abstufung der Blechpaketbreite (Abb. 151c)

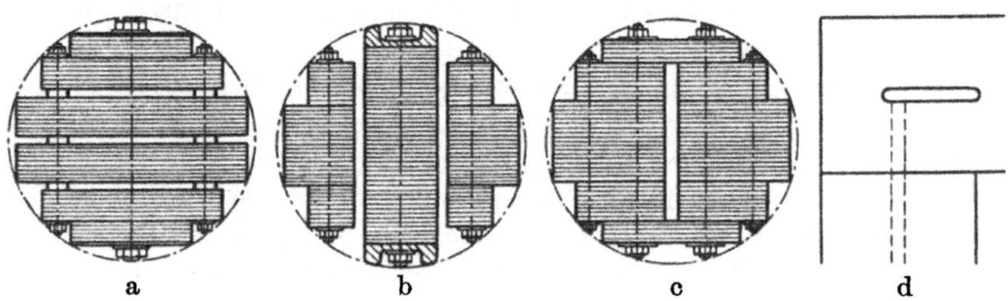

Abb. 152a bis d. Ausbildung der Kühlkanäle.

noch besser der kreisförmigen Spulenöffnung angepaßt als bei der Kreuzform nach Abb. 151a.

Bei größeren Kernquerschnitten werden **Kühlkanäle** im Innern des Eisenkerns angeordnet. Technisch am einfachsten ist die Anordnung der Kanäle parallel zur Blechebene (Abb. 152a). Nach Abschn. J 3b sind aber Kühlkanäle senkrecht zur Blechebene bedeutend wirksamer, weil dabei die Wärme von den hohen Kanten der Bleche abgeführt wird, die Wärme also nicht in der Richtung quer zu den Blechen, in welcher die Wärmeleitfähigkeit sehr klein ist, abfließen muß. Kernquerschnitte mit solchen Kühlkanälen sind beispielsweise in 152b u. c dargestellt. Durch einzelne hervorstehende Bleche kann die Oberfläche des Kühlkanals noch vergrößert werden.

Das Kühlmittel muß natürlich zu diesen Ölkanälen freien Zu- und Abfluß haben. Entsprechende Kühlkanäle sind deshalb auch im Joch auszubilden. Bei Kühlkanälen im Kern, die von allen Seiten von Eisen umschlossen sind, wie z. B. in Abb. 152c, müssen in den Blechen des Joches Aussparungen gebildet werden (Abb. 152d), die den Zu- und Abfluß des Kühlmittels ermöglichen.

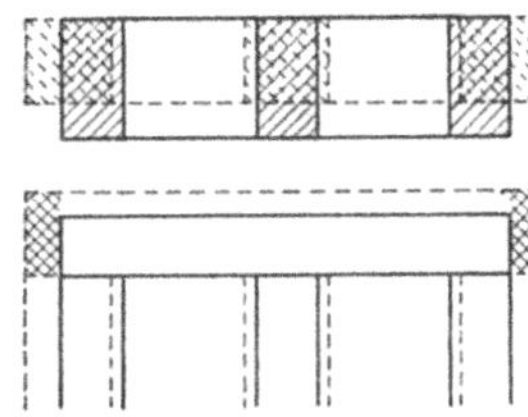

Abb. 153. Verringerung des Eisenvolumens bei rechteckigem Kernquerschnitt.

Rechteckige Spulen und Kernquerschnitte werden bei Kerntransformatoren in jüngster Zeit seltener verwendet, besonders bei großen Transformatoren, aus Gründen, die wir im Abschn. B 4b erörtert haben. Bei rechteckigen Spulen wird auch die mittlere Windungslänge bei demselben Querschnitt der Spulenöffnung vergrößert. Deshalb soll, wenn man rechteckige Kernquerschnitte überhaupt anwendet, das Verhältnis der Seiten des Querschnitts nicht größer als 2 sein. Die Vorteile des rechteckigen Kernquerschnitts sind die Verringerung des Jochgewichts und der Jochhöhe sowie die gleichmäßigere Verteilung der Induktion über den Eisenquerschnitt in der Nähe der Stoßstellen. Dabei müssen die kurzen Querschnittseiten des Kerns in der Längsrichtung der Joche liegen. In Abb. 153 sind Joche und Kerne bei quadratischem Kernquerschnitt

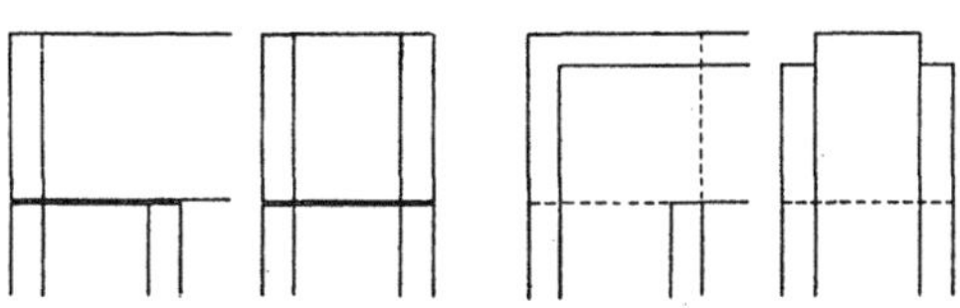

a b

Abb. 154a u. b. Formen der Joche; a) stumpfe, b) verzapfte Stoßstellen.

Abb. 155. Manteltransformator mit Kühlkanal.

gestrichelt angedeutet und die voll ausgezogenen Linien des Transformators mit rechteckigem Kernquerschnitt darüber gezeichnet. Die kreuzweise schraffierten Jochteile werden dabei gespart.

Zwischen der annähernd kreisförmigen und der rechteckigen Form des Kernquerschnitts liegt der annähernd ellipsenförmige Querschnitt, wie er z. B. von der AEG bei einem Transformator für 75000 kVA Leistung ausgeführt ist [L 105, S. 54].

Die Jochquerschnitte werden bei stumpfen Stoßstellen gewöhnlich rechteckig gewählt, auch wenn der Kernquerschnitt kreuzförmig ist (Abb. 154a), wobei die Länge der einzelnen Jochbleche der Querschnittsform der Kerne angepaßt werden kann. Bei verzapften Stoßstellen kommt auch die in Abb. 154b angegebene Querschnittsform der Joche in Frage.

Manteltransformatoren erhalten wohl immer rechteckigen Kernquerschnitt, so daß die Schichthöhe größer ist als die Kernbreite. Hierbei ergibt sich eine verhältnismäßig große Oberfläche der hohen Kanten der Bleche, die für die Kühlung des Transformators günstig ist. Bei größeren Kernquerschnitten wird noch ein Kühlkanal in der Mitte des Kerns angeordnet, der sich durch einfache Zerlegung des Eisenkörpers in zwei einander gleiche einfenstrige Teile ergibt (Abb. 155).

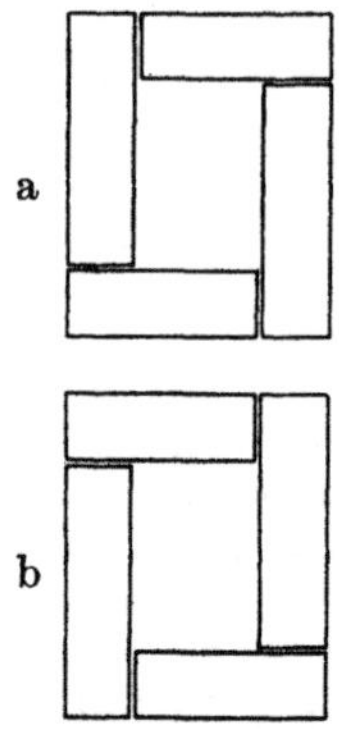

Abb. 156.

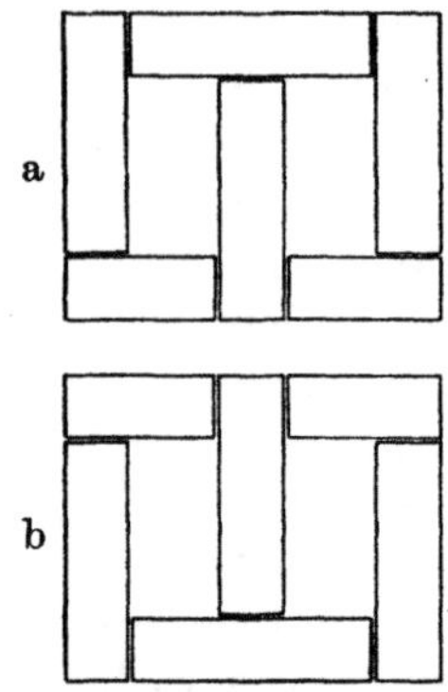

Abb. 157.

Abb. 156 u. 157. Blechschichtung zweier übereinander liegender Lagen (a u. b). Abb. 156 für Einphasen-, Abb. 157 für Dreiphasen-Transformatoren.

c. Schichtung der Bleche. Im Abschn. A 1 haben wir gesehen, daß zur Verringerung des Magnetisierungsstromes bei Transformatoren kleinerer und mittlerer Leistung die Bleche von Kern und Joch nicht stumpf aneinander gesetzt, sondern nach Abb. 2a miteinander verzapft werden, so daß sie sich an den Stoßstellen überlappen. Transformatoren mit verzapften Stoßstellen neigen auch weniger zum Brummen.

In Abb. 156 und 157 sind zwei in der Schichtung aufeinander folgende Blechlagen (*a* und *b*) für einphasige (Abb. 156) und dreiphasige (Abb. 157) Kerntransformatoren dargestellt. Aus solchen Blechlagen, die abwechselnd aufeinanderfolgen, setzt sich der Eisenkörper zusammen, so daß an der Stoßstelle Überlappung der Bleche auftritt.

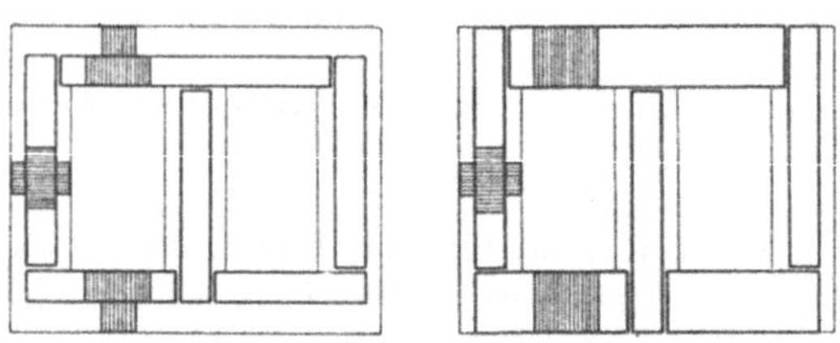

a b

Abb. 158a u. b. Blechschichtung; a) mit T-förmigem, b) mit rechteckigem Jochquerschnitt.

Unabhängig von der Form des Kernquerschnitts ist die dem Fenster des Eisenkörpers zugewendete Jochseite immer gleich der gesamten Kernbreite. Wenn der Kern kreuzförmigen Querschnitt hat, so erhalten die Joche entweder T-förmige Querschnitte (Abb. 158a) oder bei verstärkten Jochquerschnitten auch rechteckige Querschnitte (Abb. 158b). Je eine Blechschicht mit den schmalen Kernblechen ist in Abb. 158a u. b durch starke Linien hervorgehoben.

Vor dem Aufbringen der Wicklung wird der Eisenkörper mit Hilfe einer besonderen Vorrichtung mit Anschlägen und Paßbolzen fertig zusammengebaut und zusammengepreßt (vgl. Abb. 161a). Die Spannbolzen und Preßplatten, die die obern Jochbleche miteinander verbinden und zusammenpressen, werden dann mit den obern Jochblechen entfernt, und die Wicklung wird mit den Isolierzwischenlagen auf die Kerne geschoben (Abb. 181a u. b, vgl. auch Abbildung 89b, Bd. I). Schließlich werden die oberen Jochbleche wieder eingeschichtet (Abb. 159). Bei größerer Jochhöhe (über etwa 400 mm) und großen Schichtbreiten, entsprechend einer Leistung von etwa 10000 kVA, lassen sich die obern Jochbleche nur mit großer Mühe zwischen die Kernbleche einschieben. Um das Schichten zu erleichtern, werden die Kern- und Jochbleche zuweilen so gestanzt, daß sie sich nur über eine kleine Fläche überlappen, etwa wie es in Abb. 160 für zwei aufeinanderfolgende Blechlagen a und b angegeben ist.

Abb. 159. Einschichten der Jochbleche, Garbe-Lahmeyer.

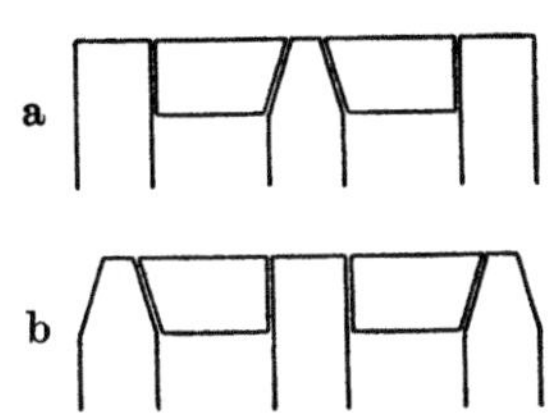

Abb. 160. Ausführung zur Erleichterung des Einschichtens der Jochbleche.

Um das Einschichten der obern Jochbleche zu erleichtern und gleichzeitig Kühlkanäle zwischen den hohen Kanten der Bleche zu schaffen, führen die SSW den Eisenkörper in der durch Abb. 161a u. b erläuterten Form aus [L 100]. Der Eisenkörper besteht aus drei einfachen Rahmen, zwei kleinen und einem großen (Abb. 161a), die jeder für sich durch Einschichten der Kern- und Jochbleche, wie bei einem Einphasen-Transformator, hergestellt werden. Die kleinen Rahmen werden dann in den großen Rahmen gesetzt und gegeneinander durch Leisten aus Isolierstoff getrennt. Auch hier werden nach Fertigstellung des Eisenkörpers die obern Jochbleche ausgeschichtet (Abb. 161b), um die Wicklung aufzubringen, und dann wieder eingeschichtet. Bei sehr großen Transformatoren wird der Eisenkörper aus sechs oder noch mehr einzelnen Rahmen zusammengesetzt.

Der nach Abb. 161a u. b hergestellte Aufbau des magnetischen Kreises weicht von der üblichen Form des dreiphasigen Kerntransfor-

a

b

Abb. 161a u. b. Unterteilung des Eisenkörpers (SSW); a) getrennt zusammengeschichtete Rahmen, b) zusammengebaute Rahmen, obere Jochbleche entfernt.

mators etwas ab. Die im Abschn. A 4 behandelte Berechnung des Magnetisierungsstromes läßt sich deshalb nicht ohne weiteres auf diesen Eisenkreis übertragen.

Einphasige Manteltransformatoren können in ähnlicher Weise verzapft werden wie dreiphasige Kerntransformatoren nach Abb. 157. Dreiphasige Manteltransformatoren werden gewöhnlich mit stumpfen Stoßfugen ausgeführt.

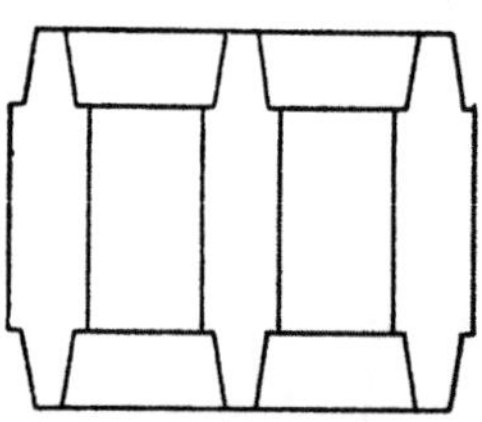

Abb. 162. Stumpfe Stoßstellen, Bergmann E.-W.

Bei sehr großen Transformatoren und meistens auch bei Transformatoren, deren Kernquerschnitt mehr der Kreisform angepaßt ist als der kreuzförmige (vgl. Abb. 151c), werden Kerne und Joche unter Zwischenschaltung einer Isolierschicht (Abschn. A 1a) aus Hartpapier oder Mikanit stumpf aufeinander gesetzt. Gewöhnlich werden die Kerne durch ein unteres und ein oberes Joch abgedeckt (vgl. Abb. 3a u. b). Die Lage zwischen Kernen und Jochen kann dabei durch eingesetzte Zapfen aus Isolierstoff, durch übergreifende Preßplatten oder durch Spannbolzen, die innerhalb der Spulenöffnung angeordnet sind (vgl. Abb. 168), gesichert werden. Eine andere Anordnung, die von den Bergmann Elektrizitätswerken bei ihren großen Transformatoren ausgeführt wird, zeigt Abb. 162.

Um zusätzliche Verluste, die bei Überbrückung der Papierisolierung zwischen den Blechen durch den beim Stanzen entstehenden

Grat auftreten können, zu verhindern, werden die gestanzten Bleche vor dem Schichten sorgfältig entgratet, geglättet und geschliffen. Um ganz sicher eine Überbrückung der Isolierung an den Blechrändern zu verhindern, werden die Bleche nicht wie sonst üblich einseitig mit Papier beklebt, sondern es werden besonders angefertigte Papierlagen zwischen die Bleche gelegt, die an den Kanten und Lochrändern der Bleche überstehen, so daß eine metallische Berührung benachbarter Bleche und damit die Gefahr eines Eisenbrandes vermieden wird. Bei größeren Querschnitten des Blechpakets werden zu demselben Zweck noch stärkere Papierzwischenlagen eingefügt, die den Querschnitt so unterteilen, daß in einer um einen Querschnittsteil gelegten Windung eine EMK von höchstens einigen Volt induziert werden würde.

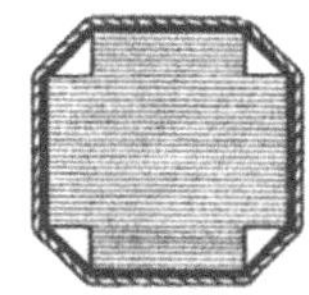

Abb. 163. Zusammenpressen durch Schnurbandage.

d. Die Preßvorrichtungen. Die Einrichtungen zum Zusammenpressen der Bleche und der Joche mit den Kernen müssen so ausgebildet werden, daß keine zusätzlichen Verluste auftreten. Am sichersten wird dies erreicht, wenn die Preßvorrichtungen keine metallischen Teile enthalten.

Bei kleinen Transformatoren unter etwa 10 kVA Leistung können die Bleche des Kerns durch Umwickeln des Kerns mit einer kräftigen

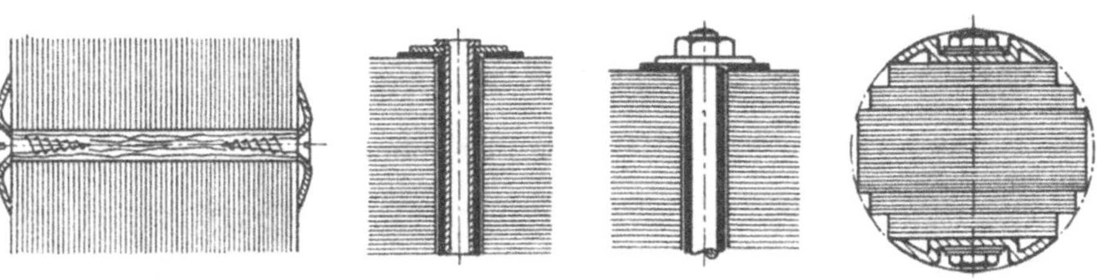

a b c d

Abb. 164a bis d. Einrichtungen zum Zusammenpressen; a) durch Holzdorne, b) durch Nieten, c) u. d) durch Schrauben.

Rebschnur oder mit Gurtband zusammengepreßt werden. Der Kern wird mit einer Hilfsvorrichtung fest zusammengepreßt, die einen Teil des Kerns freiläßt, um den die Rebschnur gewickelt und verschnürt wird (Abb. 163). Durch Verschieben der Preßvorrichtung werden dann weitere Schnurbandagen aufgebracht, bis der Kern auf seiner ganzen freien Fläche zusammengeschnürt ist. Um die Schnur oder das Band vor den scharfen Blechkanten zu schützen, ist der Kern vor dem Zusammenschnüren mit Papier zu umwickeln.

Eine andere Preßvorrichtung für die Kerne, die zusätzliche Verluste, abgesehen von denen durch Vergrößerung der Kerninduktion in den gelochten Teilen, vermeidet, ist in Abb. 164a dargestellt. Die gelochten Bleche werden zunächst mit Paßbolzen und Schrauben fest zusammengepreßt. Nacheinander wird dann immer je ein Preßbolzen entfernt, ein gut passender Holzdorn in das Loch getrieben und in die Enden des Holzdorns werden Holzschrauben mit Unterlegscheiben eingeschraubt. Die Holzschrauben treiben die Enden des Holzdorns auseinander und pressen sie dadurch so fest gegen die rauhe Oberfläche des Loches im Blechpaket, daß der Kern unter genügend hohem Druck zusammengehalten wird. Nach Angabe des Sachsenwerks werden Holzbolzen für Transformatoren bis zu etwa 200 kVA verwendet.

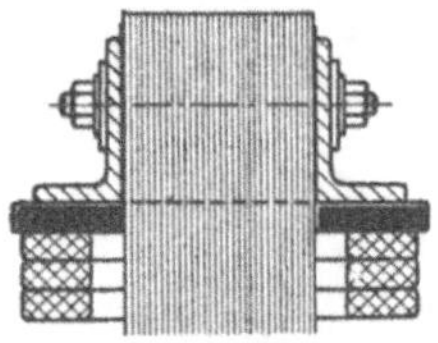

Abb. 165. Preßvorrichtung für Joch und Wicklung.

Bei größerm Kernquerschnitt müssen die Bleche durch Nieten (Abb. 164b) oder besser durch Schrauben (Abb. 164c u. d) zu-

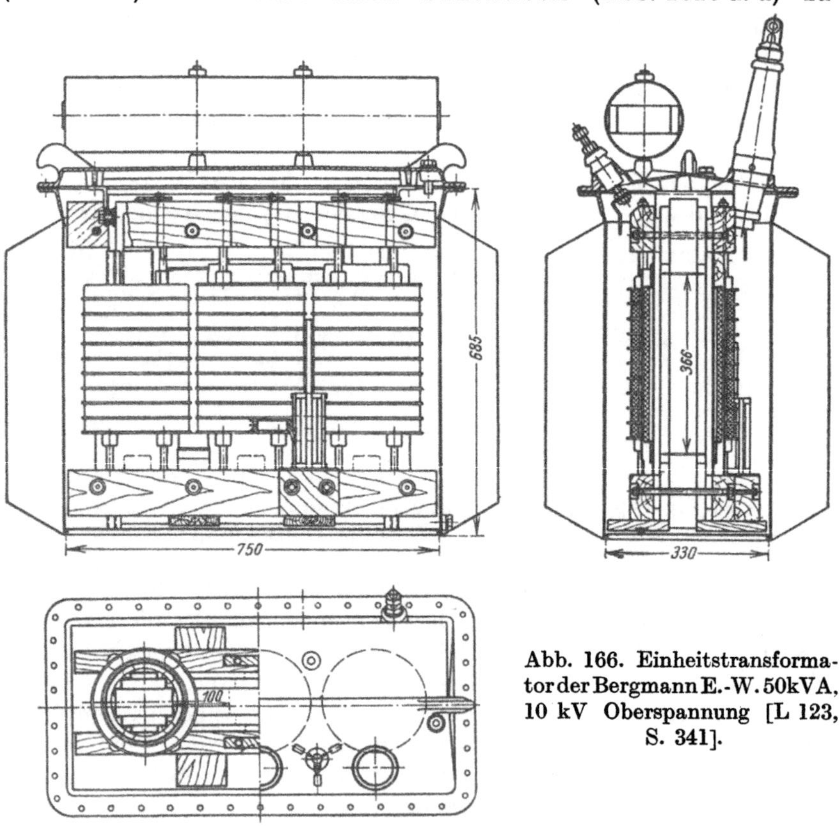

Abb. 166. Einheitstransformator der Bergmann E.-W. 50kVA, 10 kV Oberspannung [L 123, S. 341].

sammengepreßt werden. Die zusätzlichen Verluste im Bolzen sind dabei gewöhnlich sehr klein, wenn das Loch im Blechpaket reichlich größer als der Durchmesser des Bolzens ist. Die Bolzen und ihre Köpfe oder Muttern müssen sicher gegen die Bleche und die Preßplatten durch Hartpapierrohre und -scheiben von 1 bis 2 mm Stärke elektrisch isoliert werden, damit die Bolzen mit den Blechen oder Preßplatten keine Kurzschlußwindungen bilden können (Abb. 164b u. c). Die Muttern müssen gesichert werden.

Die Preßplatten werden zweckmäßig aus unmagnetischem Metall hergestellt, besonders die Teile, die in der Nähe der Stoßfugen liegen. Bei magnetischen Preßplatten (Gußeisen oder Stahlguß) werden sie in der Längsrichtung unterteilt (Abb. 161a u. b und 168), d. h. es werden Luftspalte in die Preßplatten eingefügt, die größere magnetische Beanspruchungen in diesen Platten verhindern und die Wirbelstromwärme darin unterdrücken. Bei kleinen Kernquerschnitten fallen gewöhnlich die Preßplatten weg, an ihrer Stelle werden Endbleche von etwa 1 mm Stärke verwendet, die auch für die Endbleche der abgestuften Blechpakete (wie in Abbildungen 152a u. c) anzuordnen sind, um starkes Ausfedern der Blechenden zu verhindern. Bei großen Kernquerschnitten werden mehrere Reihen von Preßbolzen angeordnet (Abb. 167) oder nur eine Reihe mit sehr kräftigen Bolzen, deren Muttern dann in die ebenfalls sehr kräftig ausgebildete Preßplatte versenkt werden (Abb. 164d). Bei der einreihigen Bolzenanordnung kann der Bolzenschluß weniger gefährlich werden als bei der mehrreihigen.

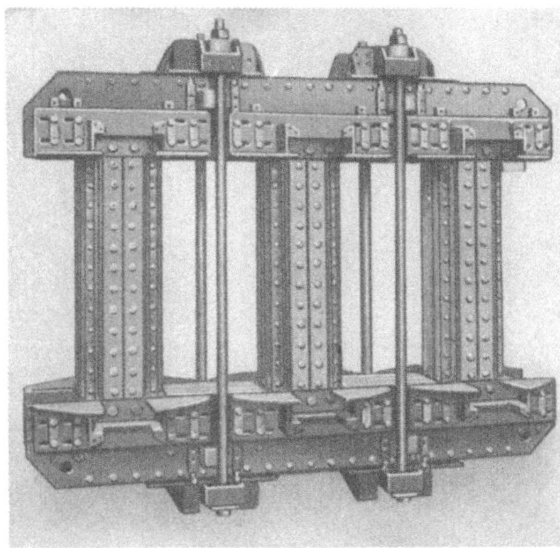

Abb. 167. Preßvorrichtung mit außerhalb der Wicklung liegenden Preßbolzen für einen Transformator (7000 kVA) mit stumpfen Stoßstellen. AEG.

Die Pressung der Bleche beträgt bei Kerntransformatoren gewöhnlich 5 bis 8 kg/cm². Starke Pressung verringert das Brummen des Transformators, das um so mehr zu befürchten ist, je größer die Kerninduktion ist. Eine besonders hohe Pressung verlangt der Kern des Manteltransformators zur Vergrößerung der Durchbiegungsfestigkeit, wenn seine Bleche, wie es in der Regel der Fall ist, waagrecht liegen (Abb. 155 und 169). Aus diesem Grunde erhält der Manteltransformator auch verhältnismäßig kurze Kerne.

Die Jochbleche werden bei Trockentransformatoren und Öltransformatoren größerer Leistung durch Schrauben mit Winkel-, U- oder anderem Profileisen als Endplatten zusammengepreßt (Abb. 165). Diese dienen oft zugleich zum Abstützen der Wicklung. Um möglichst zu verhindern, daß ein Teil des Jochflusses durch die Preßschienen tritt, werden diese durch starke Papierzwischenlagen von den äußern Jochflächen getrennt. Die Preßbolzen müssen ebenso wie bei dem Kern sicher gegen die Bleche und Preßschienen isoliert werden.

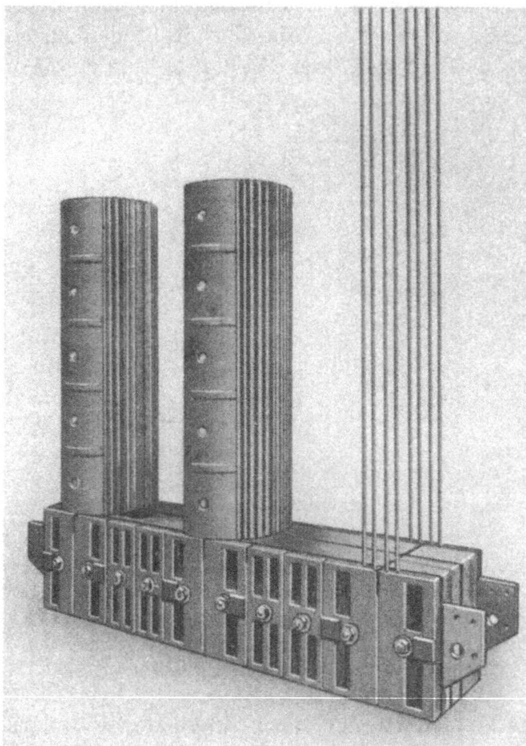

Abb. 168. Preßvorrichtung mit innerhalb der Wicklung liegenden Preßbolzen (Transformatorleistung 10000 kVA). AEG.

Bei Öltransformatoren kleiner und mittlerer Leistung mit verzapften Kern- und Jochblechen werden als Preßplatten für die Joche heute fast ausnahmslos starke Holzplatten verwendet (Abb. 166, 188 und 189), in die die Köpfe oder Muttern der Preßbolzen eingelassen werden. Die Preßplatten können dabei keine Kurzschlußwindungen mit den Bolzen bilden, es werden zusätzliche Verluste in der Preßvorrichtung am sichersten vermieden und an den Holzplatten können sehr einfach die Schalt- und Verbindungsleitungen befestigt werden (Abb. 166, 188 und 189). Die erschwerte Wärmeabgabe der von den Holzplatten bedeckten Flächen des Joches fällt nicht sehr ins Gewicht, da es sich nur um die für die Wärmeabgabe weniger wirksamen Seitenflächen der Joche handelt. Um die Seitenflächen der Joche trotzdem als wärmeabgebende Flächen auszunützen, können in die der Jochseite zugewendete Seite der Holzplatte Rillen eingefräst werden, die als Kühlkanäle dienen.

Wenn die Joche stumpf auf die Kerne aufgesetzt werden, müssen sie mit den Kernen noch besonders verspannt werden. In Abb. 167

[L 105] dienen dazu die quer über die Joche gelegten U-Eisen mit den senkrechten Spannbolzen. Die seitlich angebrachten Flanschen dienen zur Abstützung der Wicklung.

Die außen liegenden Preßbolzen müssen der Wicklung ausweichen, also außerhalb der Wicklung zwischen den Kernen angeordnet werden. Die Joche können sich dabei durchbiegen und den festen und magnetisch einwandfreien Zusammenbau des Eisenkörpers stören. Man ist deshalb bei großen Transformatoren dazu übergegangen, die Preßbolzen in dem von den Spulen der Wicklung umschlossenen Raum unterzubringen, entweder zwischen die Kühlkanäle des Kerns oder zwischen Joch und Preßplatte. Abb. 168 zeigt die Anordnung der Preßbolzen für den letzten Fall [L 105]. Um möglichst wenig Raum zu beanspruchen und die Wirbelstromverluste in mäßigen Grenzen zu halten, werden mehrere dünne Bolzen aus unmagnetischem Stahl verwendet.

Abb. 169. Preßvorrichtung eines dreiphasigen Mantel-Transformators für 7500 kVA, 50 kV Oberspannung. SSW.

Eine besonders kräftige Verspannung durch U-Eisen verlangt der Manteltransformator. Abb. 169 zeigt hierfür ein Beispiel des dreiphasigen Transformators. Die freiliegenden hellen Flächen sind die hohen Kanten der Bleche des Eisenkörpers. Die drei Felder, in die sie durch die U-Eisen geteilt werden, entsprechen etwa der Fenster- und Wicklungsbreite in Richtung des liegenden Kerns. Auf vier kräftigen U-Eisen, deren Verschraubung an den senkrechten U-Eisen im untern Teil der Abb. 169 zu erkennen ist, ruht der Kern mit den Jochen.

2. Die Wicklung.

a. Die Scheibenspulen. Mehrlagige Scheibenspulen, wie sie bei der Scheibenwicklung und, wie wir noch sehen werden, gewöhnlich auch für die Oberspannungswicklung der Zylinderwicklung Verwendung finden, werden fast immer in folgender Weise ausgeführt.

Die Spule besteht aus zwei Halbspulen, von denen eine jede für sich auf der Drehbank gewickelt wird, beide in entgegengesetztem

Sinne, so daß die Leiter der beiden Halbspulen so aufeinanderfolgen, wie es die gestrichelten mäanderförmigen Linienzüge in dem Spulenseitenquerschnitt der Abb. 170 andeuten. Die beiden Halbspulen werden, durch eine oder mehrere Papierzwischenlagen getrennt, aufeinandergelegt, die am innern Umfang liegenden Spulenenden miteinander verlötet und dann diese volle Spule an mehreren Stellen des Umfangs mit Papier isoliert und umbandelt. Die Enden der so gebildeten Spulen liegen am äußern Umfang, so daß die einzelnen Spulen bequem geschaltet werden können und die Verbindungsstellen nicht stören (Abb. 191).

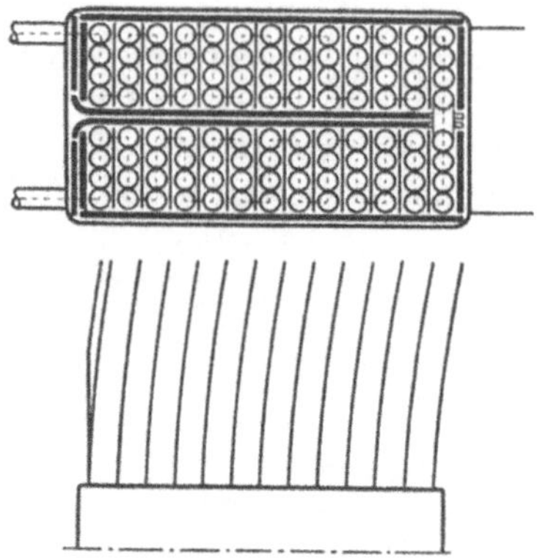

Abb. 170. Scheibenspule bestehend aus zwei Halbspulen mit mehreren Windungen in jeder Lage.

Zwischen die einzelnen Lagen wird gewöhnlich noch ein Papierstreifen von etwa 0,1 mm Stärke eingewickelt. Die Spannung, die zwischen den beiden Halbspulen auftritt, wächst von der innern bis zur äußern Lage und ist hier fast gleich der Spulenspannung. Für diese Spannung muß die Papierisolierung zwischen den beiden Halbspulen mit Sicherheit bemessen werden. Um einen genügend langen Kriechweg zu schaffen, läßt man die Papierscheiben über den Spulenrand hinausragen. Dort wo die Spule umbandelt wird, wird der Raum mit Papier ausgefüllt oder die Isolierscheiben werden umgebogen.

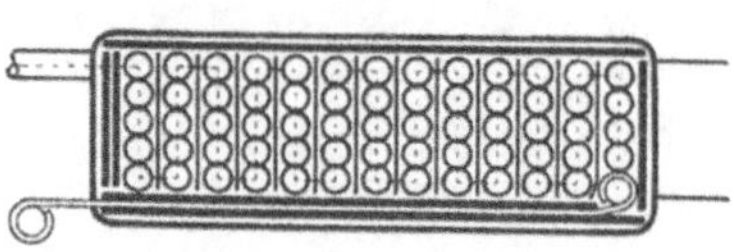

Abb. 171. Selbständige Halbspule mit mehreren Windungen in jeder Lage.

Bei der Scheibenwicklung werden die Endspulen, wie wir im Abschn. B 1 gesehen haben, zweckmäßig als Halbspulen ausgeführt. Abb. 171 stellt den Querschnitt einer solchen **selbständigen Halbspule** dar. Das innere Ende der Spule muß herausgeführt werden, zweckmäßig in Form eines flachen Kupferbandes, das um das innere Ende der Spule gebogen und mit ihm verlötet wird. Das herausgeführte Wicklungsende muß sorgfältig gegen die Spulenleiter, die es kreuzt, isoliert werden. Um die Dicke dieser Isolierung und der der herausgeführten Leitung nimmt die selbständige Halbspule mehr Raum in der Höhe ein als die Halbspule einer vollen Spule. Dieser Vorteil der vollen Spule nach Abb. 170 und ihre einfachere Herstellung begründen ihre weitgehende Verwendung.

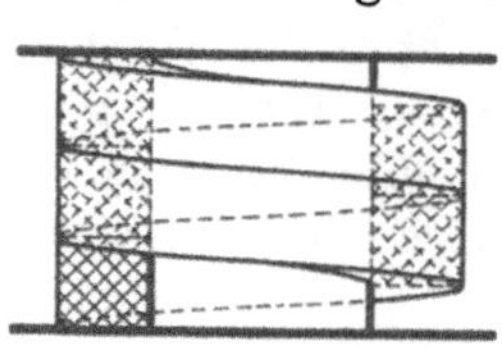

Abb. 172. Spulenhöhe bei zwei Windungen in einer Lage.

Aber auch bei der vollen Spule nach Abb. 170, wie überhaupt bei jeder Spule mit mehreren Windungen in einer Lage, geht beim Übergang von der einen zur andern Lage immer etwas Raum verloren, so daß für eine Spule mit n nebeneinander liegenden Windungen der Raum für $n + 1$ Windungen vorzusehen ist. Dies wird durch Abb. 172 veranschaulicht. Die erste Lage mit $n = 2$ Windungen ist darin in der Ansicht dargestellt und die Querschnitte des Leiters sind gestrichelt schraffiert.

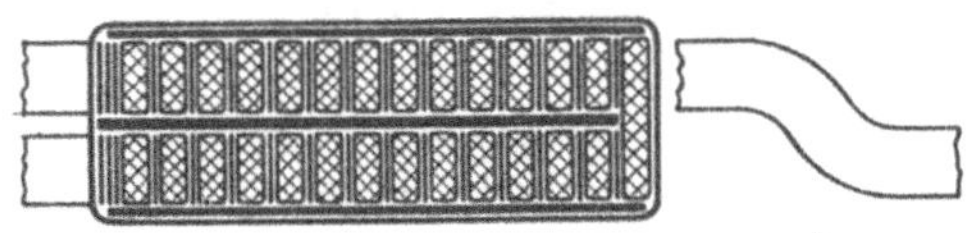

Abb. 173a u. b. Scheibenspule bestehend aus 2 Halbspulen mit einer Windung in jeder Lage; b) Verbindungsstelle der Halbspulen.

Eine bessere Ausnutzung des Wickelraums ergibt sich bei Wicklungen mit größeren Leiterquerschnitten, wenn jede Halbspule nur mit einer Windung in jeder Lage ausgeführt wird. Abb. 173a zeigt den Querschnitt durch eine solche volle Spule. Die beiden Halbspulen können hierbei getrennt hergestellt und miteinander elektrisch verbunden werden. Man kann aber auch die Verbindungsstellen vermeiden, wenn der Leiter in der Mitte seiner Länge nach Abb. 173b gekröpft und jede Halbspule von der Kröpfungsstelle des Leiters aus gewickelt wird, wozu gewöhnlich besondere Hilfsmaschinen dienen. Die Spule nach Abb. 173a wird häufig aus blankem Kupfer mit eingelegtem Papier ausgeführt, so daß ein Teil der blanken Kupferoberfläche mit dem Kühlmittel unmittelbar in Berührung kommt.

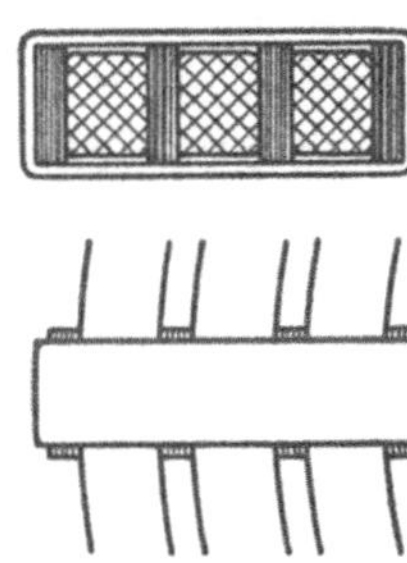
Abb. 174. Druckfreie Spule mit Beilagen aus Hartpapier.

Zwischen den Halbspulen einer vollen Spule können natürlich ebenfalls Kühlkanäle angeordnet werden (vgl. Abb. 52).

Um die Leiterisolation beim Zusammenpressen der Wicklung vor hohem Druck zu schützen, erhalten die Spulen zuweilen Beilagen aus Hartpapier (Abb. 174) und statt der Umbandelung eine Umpressung aus Papier. Die Beilagen innerhalb der Spule schaffen zugleich Kühlkanäle im Spuleninnern; Umpressung und Beilagen bilden die Distanzstücke für die Kühlkanäle. Solche Distanzstücke können auch beim Umbandeln der Spule mit eingewickelt werden.

Für Spannungen von 6000 Volt und darüber müssen bei Trockentransformatoren die Zwischenräume der Spulen vollkommen mit Isolierstoff, Kompoundmasse, ausgefüllt werden, um die Ionisierung der Luft und Glimmerscheinungen, die bei kleinem Krümmungsradius des Leiterquerschnitts zu befürchten sind, zu verhindern. Die Spulen werden im Vakuum getrocknet und dann unter Druck mit

Kompoundmasse gefüllt. Bei Öltransformatoren ist es nicht zu empfehlen, die Spulen mit Lack oder Kompoundmasse zu tränken, weil die imprägnierten Stoffe im Laufe der Zeit vom Öl zersetzt werden und es verunreinigen und verschlammen. Dagegen wird der Draht oft beim Wickeln durch Bakelit oder ein anderes ölfestes Bindemittel gezogen, damit die Spule nach dem Trocknen einen festen mechanischen Zusammenhalt hat.

Für die Leiterisolierung wird heute im Transformatorbau Papier gegenüber Baumwolle bevorzugt, und zwar auch bei Runddrähten.

Abb. 175. Kühlkanäle für Scheibenwicklung, gebildet durch gerillte Hartholzleisten. SSW.

Bei Transformatoren für 6000 Volt Oberspannung und darüber werden die Eingangswindungen, etwa 10% der Gesamtwindungen, für volle Nennspannung gegeneinander isoliert; bei Spulen mit mehreren Windungen in jeder Lage kann man sich erfahrungsgemäß mit einer solchen Verstärkung der Isolierung zwischen den einzelnen Lagen begnügen (vgl. Abschn. C 2c).

In den meisten Fällen erhält die Oberspannungswicklung zwei Anzapfungen, so daß die Übersetzung des Transformators um $\pm 4\%$ geändert werden kann (vgl. Abschn. b). Diese Anzapfungen werden zweckmäßig nicht innerhalb einer Halbspule angeschlossen, sondern es werden die Spulen zwischen den Anzapfstellen nach Möglichkeit so ausgebildet, daß nur die Enden einer vollen Spule oder einer Halbspule herausgeführt zu werden brauchen.

b. Aufbau der Wicklung. Bei Scheibenwicklung setzt sich die Wicklung aus solchen Einzelspulen zusammen, wie wir sie in Abb. 170, 171, 173a und 174 dargestellt haben. Oberspannungs- und Unterspannungsspulen wechseln ab. An den Enden werden Halbspulen verwendet, und zwar gewöhnlich der Unterspannungswicklung, damit der Abstand der Oberspannungswicklung vom Joch möglichst groß ist. Zwischen den Spulen werden bei mittleren und größeren Transformatoren Kühlkanäle angeordnet. Abb. 175 zeigt die Ausführung eines solchen Kühlkanals bei einem Mantel-Öltransformator der SSW [L 114]. Auf einer Preßspanscheibe, die etwa die Form der Fläche der Scheibenspule hat, sind Leisten aus Hartholz mit eingefrästen Rillen befestigt, durch die das Öl fließen kann.

In den meisten Fällen werden die Transformatoren als Kerntransformatoren mit gewöhnlicher Zylinderwicklung ausgeführt. Die Unterspannungswicklung ist dann entweder eine einfache einlagige oder mehrlagige Wicklung. Die einlagige Wicklung wird wegen ihrer größeren mechanischen Festigkeit und des geringen Unterschiedes zwischen Höchsttemperatur und Oberflächentemperatur bevorzugt. Bei größeren Stromstärken wird die Zylinderwicklung auch mehrgängig ausgeführt, und es werden die einzelnen Gänge der Wicklung parallel geschaltet. Bei der Besprechung des Aufbaus dieser Wicklung werden wir den heute fast ausschließlich gebauten Öltransformator zugrunde legen. Der Aufbau des Trockentransformators ist im wesentlichen derselbe und unterscheidet sich vom Öltransformator hauptsächlich durch die Breite der Kühlkanäle.

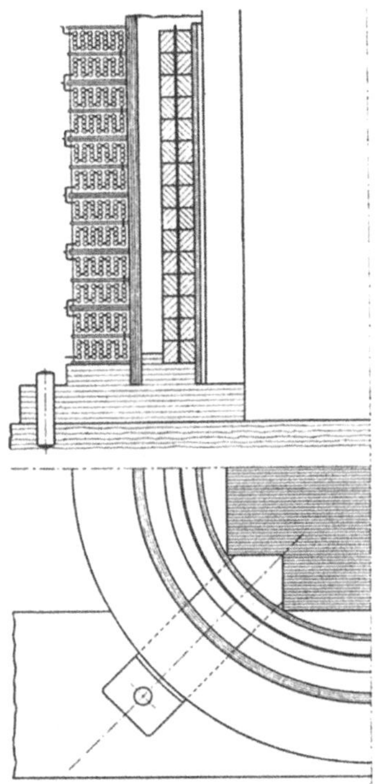

Abb. 176. Aufbau der Wicklung eines Transformators kleiner oder mittlerer Leistung.

Für Transformatoren kleiner und mittlerer Leistung, wie z. B. Einheitstransformatoren (DIN VDE 2600), wird die Unterspannungswicklung zweckmäßig zweilagig ausgeführt, damit durch Umschaltung der Unterspannungswicklung die beiden genormten Unterspannungen 231 Volt und 400 Volt erreichbar sind. Ist bei Zickzackschaltung der Unterspannungswicklung mit den beiden Lagen der Zylinderspule als Wicklungsabteilungen die Unterspannung bei Leerlauf 400 Volt, so erhält man bei Parallelschaltung der Wicklungsabteilungen eines Kerns und Sternschaltung die Leerlaufspannung 231 Volt, dieselbe Oberspannungswicklung und Oberspannung vorausgesetzt.

Die Unterspannungswicklung wird gewöhnlich auf einen Hartpapierzylinder, der zur Verbilligung auch durch Preßspan ersetzt wird, von etwa 2 mm Stärke gewickelt (Abb. 176). Die größte Spannung zwischen den beiden Lagen tritt bei den Einheitstransformatoren mit Zickzackschaltung auf und beträgt $400/\sqrt{3} = 231$ Volt. Einige Zehntel mm Papierisolierung würden für diese Spannung elektrisch ausreichen. Aus mechanischen Gründen wird aber die Isolierzwischenlage stärker gewählt, etwa 1 mm. Um den Unterschied zwischen Höchsttemperatur und Oberflächentemperatur zu verringern, kann der innere Papierzylinder wegfallen. Auf sichere Abisolierung der Stellen des Eisenkörpers, die in der Nähe der innern Spulenwand liegen (Abb. 177), ist dann besonders sorgfältig zu achten.

Zwischen Unter- und Oberspannungswicklung ist ein Hartpapierzylinder und mindestens ein Kühlkanal anzuordnen. Auf dem Papierzylinder liegt bei kleinen Transformatoren die Oberspannungswicklung (vgl. Abb. 176). Bei größern Transformatoren wird auch zwischen Oberspannungswicklung und Papierzylinder noch ein Kühlkanal angeordnet.

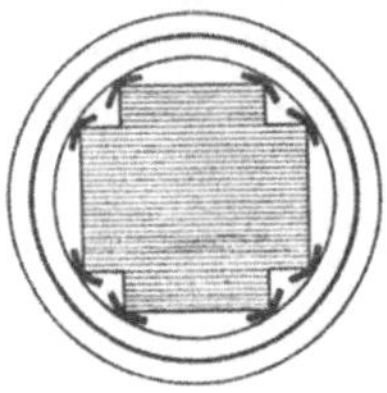

Abb. 177. Isolierung zwischen Wicklung und Eisenkern.

Die **Oberspannungswicklung** wird gewöhnlich auch bei Zylinderwicklungen in mehrere Spulen unterteilt, die wie die im Abschn. a beschriebenen Scheibenspulen ausgeführt werden. Bei kleinern Transformatoren werden die Spulen auch gleich auf den Isolierzylinder gewickelt. Die Zahl der vollen Spulen richtet sich nach der Höhe der Oberspannung. Die Spannung jeder vollen Spule soll möglichst 1000 Volt nicht überschreiten, weil bei höheren Spannungen die gegenseitige Isolierung der beiden Hälften der vollen Spule schwierig betriebssicher auszuführen ist. Auch zwischen benachbarten vollen Spulen muß ein genügend langer Kriechweg vorhanden sein. Bei Spulen, die unmittelbar am Isolierzylinder anliegen (wie in Abb. 176), empfiehlt es sich, zu diesem Zwecke eine besondere Papierlage am innern Umfange jeder Spule einzuwickeln (vgl. Abb. 170).

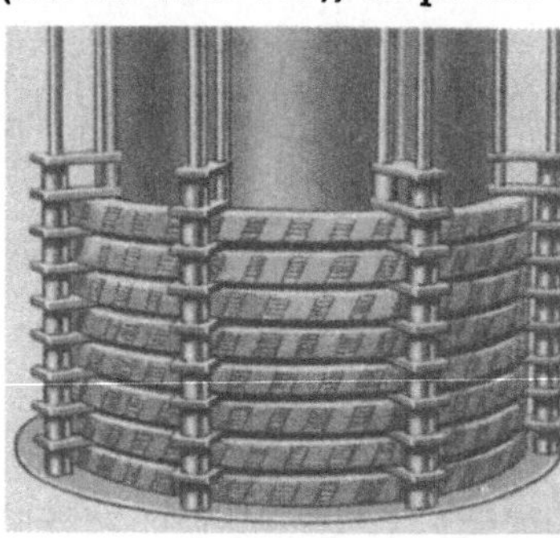

Abb. 178. Druckfreie Abstützung der Oberspannungswicklung. Veraltete Ausführung der AEG.

Spulen und Isolierzylinder müssen in ihrer gegenseitigen Lage durch besondere Einrichtungen zusammengehalten werden, wobei für genügend lange **Kriechwege** zwischen der Oberspannungswicklung und der Unterspannungswicklung und Eisen zu sorgen ist. Abb. 176 stellt ein Beispiel für die Ausführung solcher Einrichtungen dar. Als Isolierstoff wird gut getrocknetes, in Transformatoröl imprägniertes Rotbuchenholz [L 115] oder Hartpapier verwendet. Zuweilen werden die Abstände der Unterspannungswicklung von den Jochen kleiner bemessen als die der Oberspannungswicklung, um den Wicklungsraum besser auszunutzen. Diese Ausführungsform bringt jedoch größere Gefahren bei Kurzschlüssen mit sich (vgl. Abschn. B 4 b).

Um beim **Zusammenpressen** der Spulen die Isolierung der Wicklung vom Druck möglichst zu entlasten, werden, wie wir im Abschn. a gesehen haben, Hartpapierstücke in die Spule eingewickelt (Abb. 174). Eine andere Ausführung, die demselben Zweck dient, zeigt Abb. 178.

Die am Umfang der Oberspannungsspule gleichmäßig verteilten Zwischenlagen aus Hartpapier werden durch Hartpapierrohre gehalten. Die Drahtisolierung wird durch Hartpapierringe, die auf die Hartpapierrohre geschoben sind, vor hohem Druck geschützt. Abb. 178 ist auch ein Beispiel für die Anordnung der Spulen mit einem Kühlkanal zwischen Oberspannungswicklung und Papierzylinder.

Die Preßvorrichtung für die Wicklung wird bei größeren Transformatoren zuweilen elastisch ausgeführt, damit sich beim Schwinden der Isolierung die Wicklung selbsttätig nachspannt. Abb. 191 läßt die Federn über dem obern Preßrahmen erkennen. Diese selbsttätige Nachspannungsvorrichtung ist dann besonders notwendig, wenn keine Vorrichtungen getroffen sind, um die Isolierung der Spulen von dem Druck zu entlasten.

In der Regel werden Verteilungstransformatoren mit **Anzapfungen** an der Oberspannungswicklung ausgeführt, um außer der Nennübersetzung noch Übersetzungen einstellen zu können, die um $\pm 4\%$ von der Nennübersetzung abweichen. Diese Einrichtung ist notwendig, um die Transformatoren an verschiedenen Stellen des Netzes, in denen die Spannung, je nach der Entfernung von der Unterstation, um $\pm 4\%$ von der Nennspannung abweicht, verwenden zu können. Bei kleinen Transformatoren mit Sternschaltung der Oberspannungswicklung werden die Anzapfungen oft in den Nullpunkt gelegt (Abb. 179a), bei großen Transformatoren in die Mitte der Wicklung (Abb. 179b) oder an zwei auf die Wicklungshöhe verteilte Stellen, um die Unsymmetrie der Wicklung, die beim Abschalten von Windungen auftritt, möglichst unschädlich zu machen. Beim Schließen des Schalters *1* in Abb. 179a erhält man die kleinste Windungszahl und beim Schließen des Schalters *2* oder *3* die mittlere oder die größte Windungszahl der Oberspannungswicklung. Bei Anzapfungen in der Mitte der Wicklung ist für jeden Strang ein Schalter nach Abb. 179b anzuordnen. Je zwei Kontakte sind immer geschlossen. In der eingezeichneten Stellung des Schalters hat die Wicklung die kleinste Windungszahl; durch Verschieben des Gleitkontaktes nach oben lassen sich die andern Windungszahlen einstellen. Konstruktiv bilden die Schalter der drei Wicklungsstränge meistens eine Einheit und befinden sich innerhalb des Ölkessels, entweder zwischen Transformator und Deckel (Abb. 188) oder seitlich neben der Wicklung (Abb. 166 unten, zwischen dem 2. und 3. Schenkel). Sie

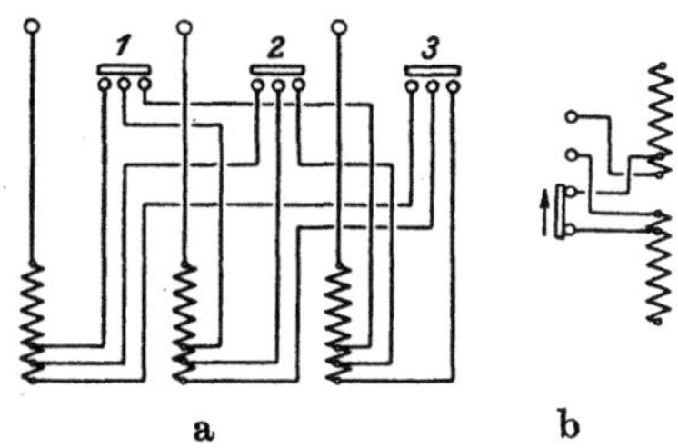

Abb. 179a u. b. Wicklungsanzapfung zur Einstellung von drei Spannungsstufen; a) im Sternpunkt, b) in der Mitte der Wicklung.

lassen sich vom Deckel aus betätigen, werden aber gewöhnlich nur für stromloses Schalten gebaut (vgl. auch Abschn. F).

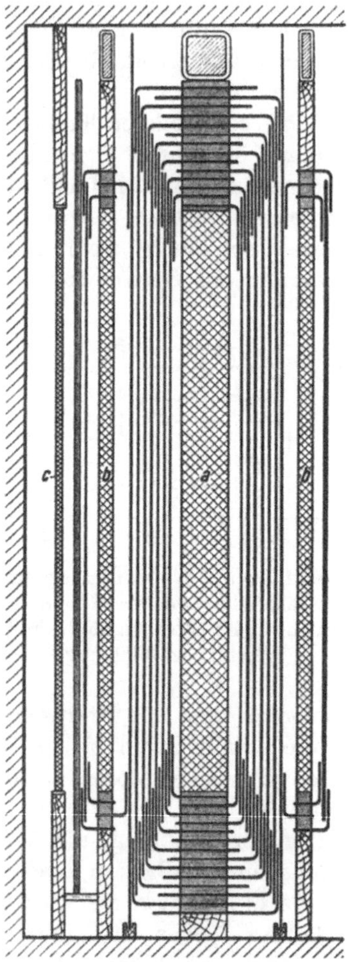

Abb. 180. Isolierung der Wicklung für den Transformator in Abb. 181a u. b; Wicklung *a* für 220, *b* für 110, c (Dreieckwicklung) für 10 kV.

c. Sonderausführungen. Auch bei Großtransformatoren, die gewöhnlich für sehr hohe Spannung (zur Zeit etwa 220 kV) gebaut werden, wird die Zylinderwicklung bevorzugt. Neben der einfach-konzentrischen Wicklung wird auch die doppelkonzentrische und bei Transformatoren mit mehr als zwei Wicklungen die mehrfach konzentrische Wicklung ausgeführt, wobei die Oberspannungswicklung zwischen den Unterspannungswicklungen angeordnet wird. Der Transformator mit doppelkonzentrischer Wicklung kann wegen der kleineren Streuung mit niedrigerer Bauhöhe ausgeführt werden.

Bei hohen Spannungen ist der Schaffung möglichst langer Kriechwege, wo sich diese nicht ganz vermeiden lassen, besondere Sorgfalt zuzuwenden. Abb. 180 zeigt die Isolierung der Wicklungen gegeneinander und gegen den Eisenkörper eines fünfschenkligen Transformators der SSW für 60000 kVA Leistung mit drei Wicklungen für 220 kV, 110 kV und 10 kV [L 111]. Die Oberspannungswicklung für 220 kV ist durch mehrere Hartpapierzylinder mit übergreifenden Winkelringen aus Hartpapier gegen die andern Wicklungen und den Eisenkörper geschützt. Abb. 181a u. b zeigt den Aufbau des Eisenkörpers und läßt die einzelnen Wicklungen und die Isolierzylinder erkennen. Für den Eisenkern ist der im Abschn. 1c (Abbildung 161a u. b) beschriebene Aufbau gewählt. Abb. 182 zeigt Einzelspulen des Transformators.

Um bei Zylinderspulen, wie sie für die Oberspannungswicklung verwendet werden, die Lötstellen zwischen den einzelnen Spulen zu vermeiden, führt z. B. die AEG bei Großtransformatoren die sogenannte gestürzte Wicklung aus [L 101]. Die erste Scheibenspule wird in der üblichen Weise von innen nach außen gewickelt und fortlaufend auch

a

b

Abb. 181a u. b. Spulen eines fünfschenkligen Transformators für 60000 kVA der SSW. Drei Wicklungen für 220, 110, und 10 kV.

die zweite Spule, wie es in Abb. 183a dargestellt ist. Hierauf werden die Windungen der zweiten Spule gelockert und die einzelnen Windungen dieser Spule so umgeschichtet, daß sich die Reihenfolge der Leiter umkehrt. Es sind dann nur noch die einzelnen Windungen auszurichten, um die übliche Form (Abb. 183b) einer Scheibenspule zu erhalten. Das Ende der zweiten Spule liegt dann innen, und es können die folgenden Spulen ohne Löt- oder Schweißstellen in der beschriebenen Weise weitergewickelt werden.

Abb. 182. Einzelspulen des Transformators in Abb. 181a u. b.

Bei Wicklungen für große Ströme, also bei großen Leiterquerschnitten (Transformatoren für elektrolytische Öfen), darf zur Vermeidung großer zusätzlicher Stromwärme (Abschnitt B 3a) bei Zylinderwicklung die radial, bei Scheibenwicklung die axial zum Kern liegende Querschnittsseite des Leiters nicht zu groß bemessen werden, während die zusätzliche Stromwärme von der andern Querschnittsseite in der Regel praktisch unabhängig ist. Spulen mit einer einzigen Windung müssen also bei Zylinderwicklung die Form eines Blechzylinders, bei Scheibenwicklung die eines ebenen ausgeschnittenen Bleches haben.

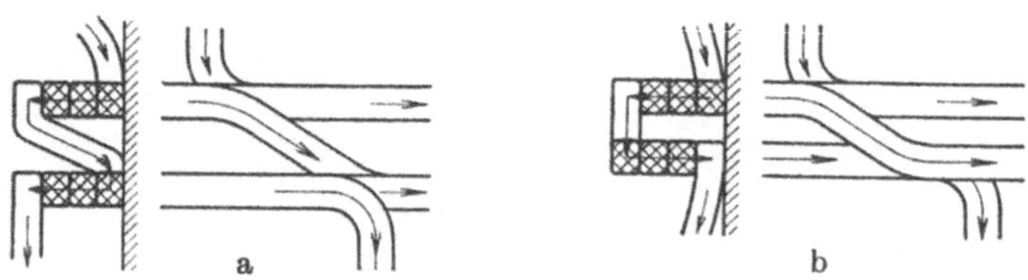

Abb. 183a u. b. Ausführung einer „gestürzten“ Wicklung der AEG; a) vor, b) nach dem Umschichten einer Spule.

Wenn bei Wicklungen für große Ströme die einfachen Zylinderspulen der Unterspannungswicklung so große radiale Leiterabmessungen erhalten würden, daß die zusätzliche Stromwärme durch Stromverdrängung sich bemerkbar macht, muß die Wicklung in radialer Richtung unterteilt und in der Mitte verschränkt werden. Abb. 184 stellt eine solche Verschränkungsstelle bei drei parallel geschalteten Leitern dar.

Ein weiteres Beispiel für eine Verschränkung parallel geschalteter Leiter, bei der die Stromverdrängung unterdrückt wird, ist die durch Abb. 185 erläuterte sogenannte Wendelwicklung der AEG, bei der die Wicklung in Spulen unterteilt ist, ähnlich wie bei der Scheibenwicklung. Die gestrichelten Leitlinien deuten die Aufeinanderfolge der Leiter an. Es sind vier Leiter parallel geschaltet. Dementsprechend ergeben sich fünf Unterabteilungen, wenn zwei davon als Unterabteilung halber Höhe ausgebildet werden.

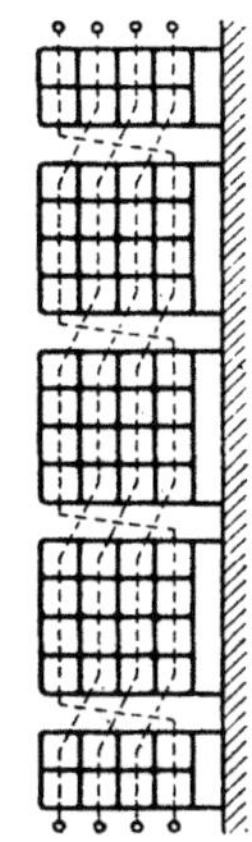

Abb. 185. „Wendelwicklung" der AEG.

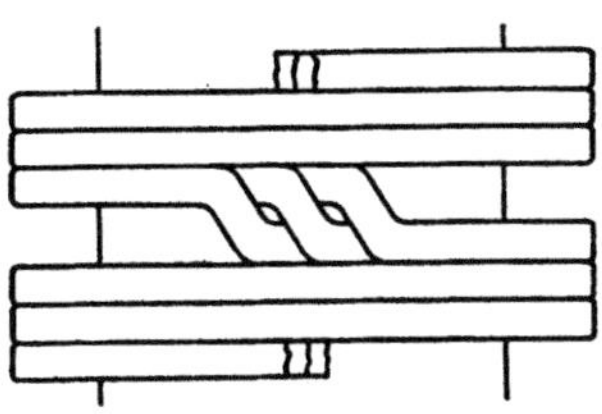

Abb. 184. Verschränkungsstelle einer Wicklung mit drei parallel geschalteten Leitern.

3. Zusammenbau und Zubehörteile.

a. Gestell und Zusammenbau mit dem Ölkessel. Das Gestell des Transformators besteht hauptsächlich aus den Konstruktionsteilen zum Zusammenpressen der Eisenbleche und der Wicklung. Solche Gestelle haben wir schon in den Abb. 167 und 169 als Beispiele kennengelernt. Als Zubehörteile kommen beim Trockentransformator nur noch die Klemmen und erforderlichenfalls besonders ausgebildete Füße in Frage. Da Trockentransformatoren nur für kleine Leistung (unter etwa 10 kVA) und Spannung (unter etwa 3000 Volt) billiger als Öltransformatoren sind und heute, von ganz kleinen Transformatoren abgesehen, nur noch selten ausgeführt werden, beschränken wir uns hier darauf, das in Abb. 186 dargestellte Ausführungsbeispiel eines Transformators der AEG zu bringen.

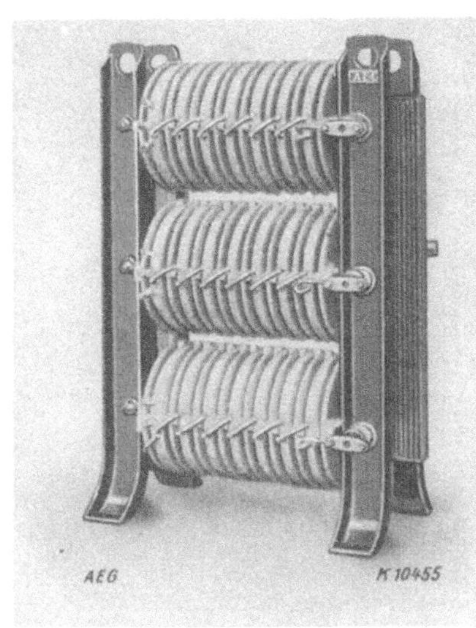

Abb. 186. Trockentransformator der AEG.

Bei Öltransformatoren muß das Gestell mit dem Deckel des Ölkessels fest verschraubt werden (Abb. 188, 189, 191), weil am Deckel die Durchführungsisolatoren befestigt sind, mit denen die Wicklungsenden verbunden sind. Der Kessel soll aber den Transformator nicht tragen. Dieser muß deshalb auf dem Boden des Ölkessels aufsitzen (Abb. 166) und die Höhe der Unterlage, die bei Transformatoren kleiner und mittlerer Leistung gewöhnlich aus Holz besteht, so bemessen werden, daß der Deckel auf dem obern Flansch des Ölkessels gerade aufsitzt. Sehr einfach kann dies geschehen, wenn der Transformator durch Bolzen am Deckel befestigt ist, deren Muttern einstellbar sind. In Abb. 187 wird die obere Mutter *o* zunächst bis auf den Deckel geschraubt, der Transformator mit dieser Einstellung aus dem Ölkessel herausgehoben und dann erst die untere Mutter *u* festgezogen. Um eine einwandfreie Dichtung zu erreichen, wird die obere Mutter als Überwurfmutter ausgebildet (Abb. 188 und 189) oder mit dem Deckel verschweißt.

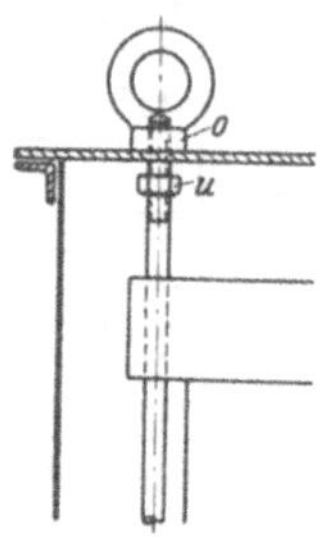

Abb. 187. Verschraubung des Transformators mit dem Deckel.

Breite Fußplatten, die sich der Kesselwand anpassen (Abb. 166, 188, 189, 191), oder besondere Führungsschienen am Kesselboden sorgen für gleiche Abstände zwischen den Wicklungen und der Kesselwand.

Zur Befestigung eines Tragseils am Transformator sind entweder am Deckel Nasen angebracht (Abb. 166, 190) oder es sind die Muttern (*o* in Abb. 187), die zur Befestigung des Deckels am Gestell dienen, als Tragösen ausgebildet. Bei großen Transformatoren werden besondere Einrichtungen zur Befestigung des Tragseils getroffen. In Abb. 192 dienen die unteren Nasen an den Seitenwänden des Kessels zur Befestigung an Spezial-Wagengestellen zum Transport mit der Eisenbahn, sie ermöglichen aber auch die Befestigung von Tragseilen.

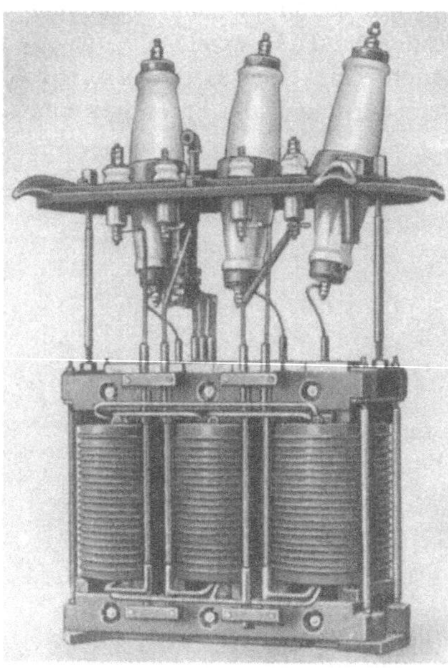

Abb. 188. Öltransformator (30 kVA, 15 kV) mit Deckel. SW, veraltete Ausführung.

Zur Erleichterung des Transports werden die Transformatoren auf einen fahrbaren Rahmen gesetzt (Abb. 190, 192, 195, 197).

b. Der Ölkessel. Die Ölkessel werden als glatte und als Wellblech- (Abb. 190) und Röhrenkessel (Abbildung 195) ausgeführt; der Mantel wird mit dem Boden und dem Flansch, an dem der Deckel befestigt wird, verschweißt.

Glatte Kessel kommen für kleine Transformatoren (bis etwa 20 kVA) und für Transformatoren mit künstlicher Kühlung in Frage.

Die Blechstärke ist so zu bemessen, daß sie dem Öldruck standhält. Sie ist der 1,5. Potenz der Ölhöhe proportional [L 112, S. 512] und beträgt bei einer Kesselhöhe von 1 m etwa 3 mm. Höhere Kessel werden deshalb durch besondere Eisenkonstruktionen im Innern oder außerhalb des Kessels verstärkt (Abb. 192). Die Bleche des Bodens werden etwas stärker als die des Mantels bemessen.

Abb. 189. Öltransformator (100 kVA, 6 kV) mit Deckel. SW, neue Ausführung. *a* Tasche für Thermometer, *b* Ölkontrollschraube, *c* Befestigungsschraube für Oberspannungsdurchführung, *d* Öleinfüllschraube.

Wellblechkessel sind wesentlich widerstandsfähiger gegen den Öldruck. Nach Vidmar [L 112, S. 518] erhält man für die erforderliche Blechstärke d von Wellblechkesseln mit rechteckigem Wellenprofil (Abb. 203b)

$$d \approx \frac{H^3}{0{,}045\,h\left(1+\dfrac{2h}{3t}\right)}\ \text{mm}, \qquad (192)$$

worin H die Kesselhöhe in m, h und t die Abmessungen des rechteckigen Wellenprofils in mm bedeuten (vgl. Abb. 203b). Die Gleichung gilt für Wellen, bei denen die Blechdicke d gegenüber h und t vernachlässigt werden darf. Bei einem Wellenprofil von beispielsweise $h = 100$ und $t = 40$ mm erhält man nach Gl. (192) für einen 2 m hohen Kessel eine Blechdicke von etwa 0,7 mm.

Wellblechkessel mit abgerundeten Wellen (Abb. 203a) sind weniger widerstandsfähig. Hierfür ist die Blechdicke fast doppelt so groß zu bemessen als Gl. (192) angibt.

Abb. 190. Transformator der Abb. 189, in den Kessel eingebaut.

Die Wellblechkessel werden gewöhnlich so ausgeführt, daß die Wellen am Boden und in der Nähe des Deckels in die glatte Kesselwand übergehen (Abb. 166 und 190), mit der sie verschweißt werden.

Abb. 191. Öltransformator (5000 kVA, 30 kV) mit fünf Spannungsstufen, SW. Zusammenpressung der Wicklung durch Rahmen mit Federn.

Der Deckel wird unter Zwischenschaltung einer Dichtung aus Papier, Preßkork, Gummi oder auch Bleidraht mit den Flanschen des Kessels verschraubt.

Öltransformatoren erhalten heute fast immer ein besonderes Ausdehnungsgefäß, den sog. Ölkonservator, der bei Transformatoren mittlerer Leistung unmittelbar auf dem Deckel angebracht wird (Abb. 190), bei großen Transformatoren aber seitlich (Abb. 195 u. 197) oder ganz getrennt vom Transformator (Abbildung 198 und 201) angeordnet wird, weil der Raum über dem Deckel nicht mehr ausreichen würde. Das Ausdehnungsgefäß ist durch ein Rohr, das einige cm über dem Boden des Ausdehnungsgefäßes mündet, mit dem Kessel verbunden und so bemessen, daß der Transformatorkessel auch in kaltem Zustand vollständig mit Öl gefüllt ist. Dadurch wird erreicht, daß nur die verhältnismäßig kleine Öloberfläche des Ausdehnungsgefäßes mit der Luft in Berührung kommen kann und die Temperatur des Öls im Ausdehnungsgefäß wesentlich niedriger ist als die im oberen Teil des Transformatorkessels. Die Gefahr der Oxydation des Öls wird dadurch vermindert und Kondensation von Schwitzwasser innen am Deckel des Transformators unmöglich gemacht. Schwitzwasser im Ausdehnungsgefäß kann sich am Boden ablagern und durch Lösen einer Schraube im Boden des Gefäßes entfernt werden. Der jeweilige Ölstand ist an einem Ölstandrohr zu erkennen. Durch ein Sicherheitsventil können etwa auftretende Öldämpfe entweichen.

Zur Verhinderung der Oxydation des Öls im Transformatorkessel und der Explosionsgefahr bei Überschlägen wird bei amerikanischen Ausführungen auch eine Stickstoff-Gasschicht zwischen Transformatordeckel und Öl eingeschaltet [L 116].

c. Das Transformatoröl. Das in Transformatoren verwendete Öl ist raffiniertes Erdöl (Mineralöl), das indifferent gegen Metalle und Isolierstoffe ist und eine große Isolierfestigkeit besitzt.

Über die an das Öl gestellten Anforderungen und die Prüfungen geben die Vorschriften für Transformatoren- und Schalteröle des VDE [L 146] Aufschluß. Wir beschränken uns hier darauf, einige der wichtigsten Sätze dieser Vorschriften wiederzugeben.

Die elektrische Festigkeit des dem im Betrieb befindlichen Transformator oder Apparat entnommenen Öls soll, gemessen nach den Prüfvorschriften, im Mittel 80 kV/cm nicht unterschreiten. Ist die elektrische Festigkeit geringer, so muß das Öl gereinigt bzw. erneuert werden. Die elektrische Festigkeit des gekochten oder zum Einfüllen vorbereiteten Öls soll 125 kV/cm nicht unterschreiten.

Ergibt das Erhitzen des Öls im Reagenzglase auf rd. 150° C das Vorhandensein von Wasser durch knackendes Geräusch, so erübrigt sich die Untersuchung der elektrischen Festigkeit; das Öl muß getrocknet werden.

d. Klemmen und Durchführungen. Die Durchführungen für die Klemmen werden aus Porzellan, seltener aus Hartpapier hergestellt [L 141]. Klemmen und Durchführungen sind für Spannungen bis 45 kV genormt (DIN VDE 8104 bis 8108). Die Durchführungen werden entweder unmittelbar in den Deckel oder in besondere Flanschen eingekittet, die am Deckel verschraubt und abgedichtet werden.

In jüngster Zeit ist man dazu übergegangen, die Ölkessel niedriger zu bauen (vgl. Abb. 188 u. 189). Ermöglicht wird dies bei selbstkühlenden Transformatoren durch Verwendung von Wellblechkesseln auch bei kleineren Leistungen und durch Wellblechkessel größerer Wellentiefe, Seitenkühler usw., durch Anordnung von Ausgleichsgefäßen, durch Verlegen des Anzapfschalters, der früher unterhalb des Deckels angebracht war (Abb. 188), seitlich zwischen die Wicklungen (Abb. 166) und schließlich durch entsprechende Ausbildung der Durchführungen. Nach Abb. 189 werden die Zuleitungen von der Oberspannungswicklung mit Isolierrohren aus Hartpapier im Hohlraum des Porzellankörpers hochgeführt, der entsprechend der Lage des Ausgleichsgefäßes etwa bis zur Hälfte mit Öl gefüllt ist (vgl. Abb. 189 und 190). Eine ähnliche Bauweise findet man bei großen Hochspannungstransformatoren (Abb. 192). Bei großen Transformatoren finden auch

Isolatoren Verwendung, die eine Ölfüllung haben, welche mit dem Öl des Transformators nicht in Verbindung steht. Um Raum für das Ausgleichsgefäß zu gewinnen, wenn dieses oberhalb des Deckels angebracht wird (Abb. 166 u. 190), oder um bei sehr hohen Spannungen den gegenseitigen Abstand der Hochspannungsklemmen außerhalb des Ölkessels zu vergrößern (Abb. 192), werden die Durchführungen schräg gestellt.

Bei sehr großen Strömen müssen Hin- und Rückleitung dicht nebeneinanderliegend durch eine gemeinsame Öffnung des eisernen Deckels geführt werden, um Verluste im Deckel zu vermeiden.

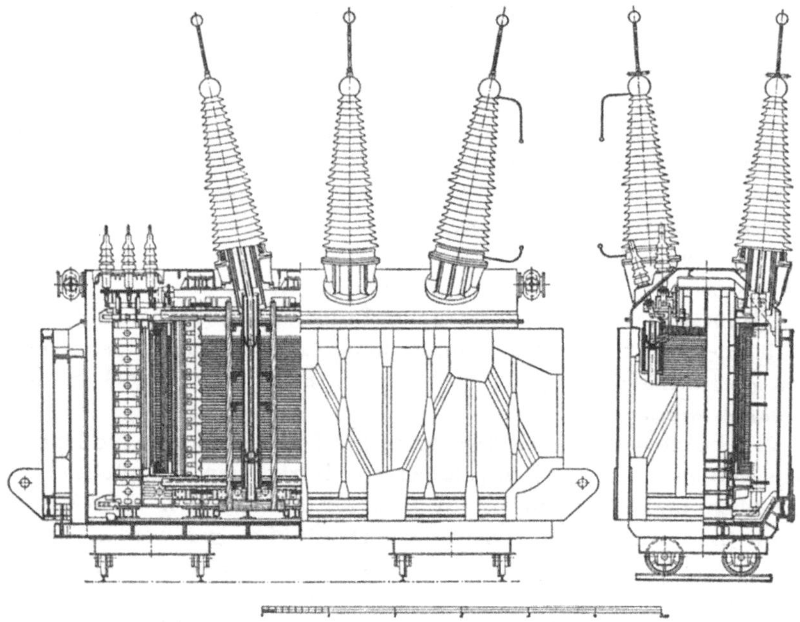

Abb. 192. Fünfschenkliger Transformator der AEG, 40000 kVA, 110 kV und 220 kV.

e. Schutzeinrichtungen. Ganz kurz wollen wir noch auf die Einrichtungen hinweisen, die zum Schutz des Transformators vor Zerstörung dienen.

Gegen Überströme werden kleine Transformatoren durch Schmelzsicherungen, größere durch Ölschalter mit Relaisauslösung gesichert. Diese Einrichtungen bilden aber keinen Schutz gegen örtliche Erwärmung im Innern des Transformators, die z. B. durch Überschläge oder Windungsschluß hervorgerufen werden.

Es ist deshalb der sog. Differentialschutz ausgebildet worden, eine Schaltung von Stromwandlern in Verbindung mit Strom- und Leistungsrelais, die eine Unsymmetrie des Transformators und erhöhte Eisenverluste anzeigen [L 117].

Weitgehende Verbreitung hat in jüngster Zeit die nach seinem Erfinder als Buchholzschutz bezeichnete Schutzeinrichtung gefunden. Jede Störung im Transformator, sei es ein Überschlag, die Entstehung eines Lichtbogens durch Unterbrechung einer Verbindungsstelle, Körper- oder Windungsschluß usw. ist mit mehr oder weniger heftiger Gas- oder Dampfentwicklung verbunden. Diese, die meisten Störungen begleitende Gasentwicklung wird zur Betätigung eines Relais verwendet, das die Gefahr meldet und den gefährdeten Transformator vom Netz abschaltet. Zur Erläuterung des Gedankens diene Abbildung 193. In einem Topf, der zum Einbau in das Verbindungsrohr zwischen Transformator und Ausdehnungsgefäß zwei Anschlußflanschen besitzt, ist ein Schwimmer S drehbar angeordnet. Der Topf ist unter dem Druck des Öls im Ausdehnungsgefäß bei ordnungsmäßigem Betrieb vollständig mit Öl gefüllt, so daß der Schwimmer an dem oberen Deckel des Topfes anliegt. Sobald sich nun bei einer Störung im Transformator Gas entwickelt, sammelt sich dieses im oberen Teil des Topfes an. Der Schwimmer S sinkt und schließt den Kontakt K im Stromkreis des Relais. Wir begnügen uns hier damit, diesen Grundgedanken anzugeben. Für die weitere Ausbildung des Buchholzschutzes verweisen wir auf die einschlägigen Veröffentlichungen [L 118 u. 119]. In Abb. 195 ist links oben der in die Rohrleitung zwischen Transformator und Ausdehnungsgefäß eingebaute Buchholzschutz zu erkennen.

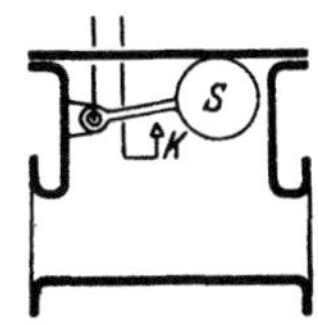

Abb. 193. Buchholzschutz.

Zum Schutze des Transformators werden auch Wärmerelais verwendet, die an verschiedenen Stellen des Transformators eingebaut sind und unzulässig hohe Temperaturen sofort melden. Sie bestehen gewöhnlich aus einem Streifen aus Bi-Metall, der bei hoher Erwärmung einen Kontakt im Relaisstromkreis schließt [L 120].

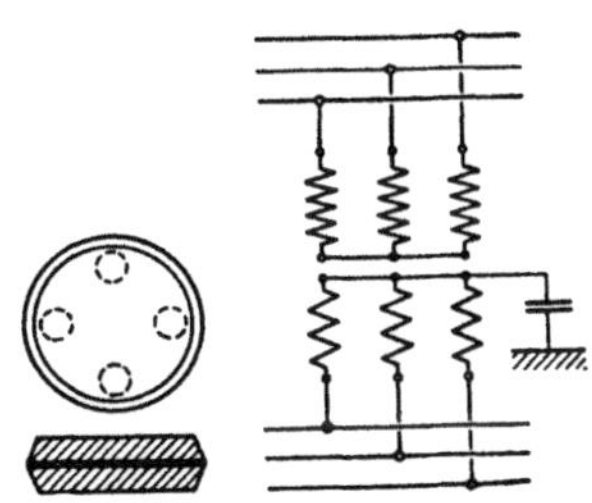

Abb. 194 a u. b. Sicherung (a) zum Schutz der Niederspannungswicklung gegen Hochspannung und ihre Schaltung (b).

Wenn die Oberspannungswicklung Hochspannung und die Unterspannungswicklung Niederspannung führt, sind schließlich auch Schutzeinrichtungen erforderlich, um einen Übertritt der Hochspannung auf die Unterspannungswicklung möglichst unschädlich zu machen [L 121]. Eine solche Sicherung besonders einfacher Art ist in Abb. 194 a dargestellt. Zwischen zwei Metallscheiben liegt eine mehrfach durchlöcherte Glimmerscheibe, deren Dicke so bemessen ist, daß bei der im Niederspannungsnetz auftretenden Betriebsspannung noch kein Überschlag zwischen den Metallscheiben erfolgt. Die beiden Metallscheiben werden nach Abb. 194b zwischen Unterspannungswicklung und Erde geschaltet. Tritt zwischen Unterspannungswicklung und Erde eine wesentlich höhere Spannung als die betriebsmäßige Unterspannung auf, so wird die dünne Luftschicht zwischen den Metallscheiben der Sicherung durchschlagen und durch Schmelzperlen überbrückt, wodurch die Unterspannungswicklung geerdet und damit der Schalter der Oberspannungsseite ausgelöst wird. Die Sicherung in Abb. 194a wird in einen Gewindesockel, ähnlich der Fassung einer Schmelzsicherung, eingeschraubt.

Abb. 195. Einphasen-Öltransformator für Elektroöfen (300 kVA, 6500 V ± 325 V und 2 × 40 V) mit Röhrenkessel und angebautem Buchholzschutz SW.

J. Kühlung und Erwärmung.

1. Kühlarten.

a. Trockentransformatoren. Trockentransformatoren werden verhältnismäßig selten ausgeführt, für Leistungen bis höchstens 300 kVA und Spannungen bis höchstens 10000 V, weil sie weniger betriebssicher hergestellt werden können als Öltransformatoren und für höhere Spannungen größere Abstände zwischen den Wicklungen untereinander und zwischen den Wicklungen und den nicht spannungführenden Teilen verlangen. Schon für Leistungen über 10 kVA soll der Öltransformator wirtschaftlicher sein. Eine besondere Kühlung braucht bei den kleinen Leistungen, für die man Trockentransformatoren gewöhnlich baut, nicht angewendet zu werden; die natürliche Luftströmung genügt für die Abführung der im Transformator entwickelten Wärme. Um die Abkühlungsoberfläche zu vergrößern, werden zuweilen zwischen die Spulen dünne Kupferbleche gelegt, die über die Spulen hinausragen [L 112, S. 474]. Nur in den seltenen Fällen, daß Trockentransformatoren für größere Leistung gebaut werden, wird der Transformator durch einen besonderen Lüfter gekühlt. Die Anordnung wird dabei ähnlich gewählt wie bei Öltransformatoren mit besonderem Lüfter, wie sie in Abb. 201 angegeben ist.

In der Regel werden die Transformatoren heute als Öltransformatoren ausgeführt, d. h. der Transformator wird in einen mit Öl gefüllten Kessel eingebaut, der durch Vermittlung des Öls die im Transformator

Abb. 196. Transformator (75000 kVA, 100, 60 und 15 kV) mit Seitenkühlern der AEG.

entwickelte Wärme an die umgebende Luft abführt. Die hierbei angewandten Kühlarten werden in den folgenden Abschnitten beschrieben.

b. Selbstkühlung bei Öltransformatoren. Die Selbstkühlung, d. h. die Abführung der Wärme ohne künstliche Kühlung hat den Vorteil der geringen Wartung und wird deshalb in den Fällen, für die sie ausreicht, gern bevorzugt. Bei kleinen Transformatoren, bis etwa 20 kVA, genügt die glatte Oberfläche des Ölkessels, um die Wärme abzuführen. Für größere Leistungen wird der Mantel des Transformatorkessels aus Wellblech hergestellt, um die wärmeabgebende Oberfläche zu vergrößern, oder es findet ein Röhrenkessel Anwendung. Einfache Wellblechkessel werden bis etwa 6000 kVA, Röhrenkessel bis etwa 20000 kVA Transformatorleistung ausgeführt. Das Lichtbild eines Transformators mit Wellblechkessel hatten wir schon in Abb. 190 gebracht, Abb. 195 zeigt einen Röhrenkessel. Die Röhren werden heute in die glatte Kesselwand eingeschweißt, früher wurden sie auch eingewalzt. Ihr Innenraum steht mit dem Kesselraum in Verbindung, so daß das in den

Abb. 197. Transformator (10000 kVA, 50 kV u. 10 kV) der SSW mit zwei durch Absperrschieber abtrennbaren Kühltaschen; für Aufstellung im Freien.

Röhren abgekühlte Öl nach unten sinkt und im Kessel wieder aufsteigt. Die erforderliche Ölmenge soll bei Röhrenkesseln geringer sein als bei Wellblechkesseln. Die Röhren werden je nach der Leistung des Transformators in zwei bis fünf Reihen angeordnet.

Die Selbstkühlung läßt sich bei glatten und Wellblechkesseln wesentlich verbessern, wenn das Öl durch eine besondere Pumpe im oberen Teil des Transformators angesaugt und im unteren Teil wieder eingepreßt wird. Hierbei ergibt sich eine gleichmäßigere Verteilung der Temperatur über die Oberfläche des Transformators (vgl. Abb. 202).

Für noch größere Transformatoren verwendet man bei Selbstkühlung Seitenkühler (Abb. 196), sogenannte Taschen oder Radiatoren, die aus Wellblech oder einer größeren Zahl von Röhren bestehen und ähnlich wie bei Röhrenkesseln oben und unten mit dem Ölkessel in Verbindung stehen. Bei sehr großen Transformatoren werden die Seitenkühler mit Schrauben angeflanscht, so daß sie zur Erleichterung oder Ermöglichung des Transports durch die Eisenbahn abgeschraubt und getrennt versandt werden können. In dem unten am Kessel befindlichen Flansch ist dann ein Absperrschieber eingebaut (Abb. 197), damit der Transformator mit so viel Öl versandt werden kann, daß die Wicklung nicht mit der Luft in Berührung kommt.

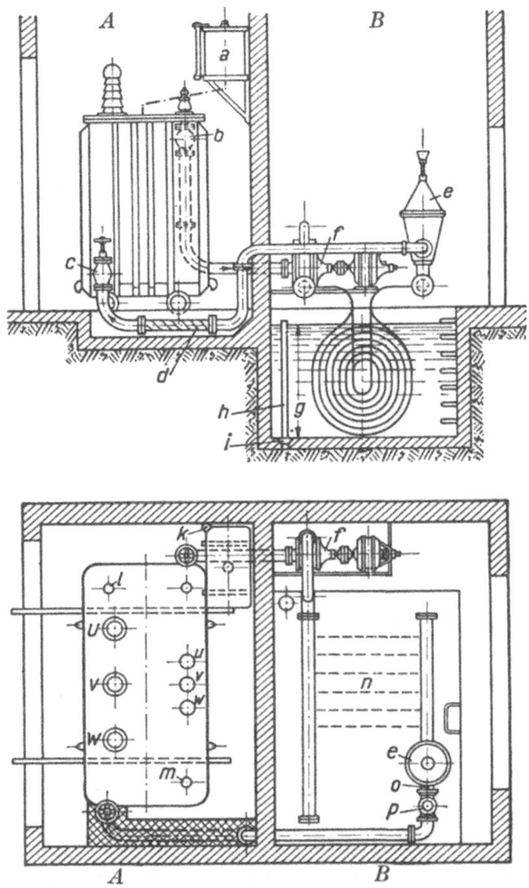

Abb. 198. Rücklaufkühlung (SSW); *a* Ausgleichsgefäß, *b* Ölaustritts-, *c* Öleintrittsventil, *d* elastisches Rohrstück, *e* Luftabscheider, *f* Ölpumpe, *g* Kühlwasserstand, *h* Überlaufrohr, *i* Wasserablaß, *k* Ölstandsanzeiger, *l* Ölfüllschraube, *m* Tauchrohr, *n* Kühlschlangen, *o* Thermometer, *p* Meldeeinrichtung.

c. Künstliche Kühlung. Für ganz große Transformatoren, und wenn der Raumbedarf eines Transformators mit Seitenkühlung unerwünscht groß ist, wird künstliche Kühlung angewendet. Künstliche Kühlung kann auch bei Transformatoren mittlerer Leistung notwendig werden, wenn die Transformatoren in engen Kammern aufgestellt sind. Als Kühlmittel kommen hauptsächlich Wasser und Luft in Frage.

Eine früher vielverbreitete Ausführung der Wasserkühlung besteht in einer oberhalb des Transformators im Öl liegenden Rohrschlange, die vom Kühlwasser durchflossen wird. Bei amerikanischen Ausführungen wird die Kühlschlange auch an der Kesselwand im Innern des Kessels angeordnet. Das zur Verwendung kommende Kühlwasser muß sehr rein und frei von Senkstoffen sein, weil eine Ablagerung dieser Stoffe im Rohr die Wärmeabgabe erschwert und unter Umständen sogar das Rohr verstopfen kann. Ein Vorteil dieser Kühlvorrichtung ist die Möglichkeit, die Kühlschlange an die Wasserleitung anzuschließen, so daß eine besondere Pumpe entbehrt werden kann. In diesem Falle herrscht jedoch in der Kühlschlange Überdruck und beim Undichtwerden des Kühlers tritt Wasser in den Ölkessel. Diese Gefahr besteht dagegen nicht, wenn das Wasser durch eine Pumpe aus der Kühlschlange abgesaugt wird. Die Kühlschlange wird aus Hartblei oder Kupfer hergestellt. Hartblei hat den Vorteil, daß es gegenüber chemischen Einflüssen des Kühlwassers unempfindlich ist.

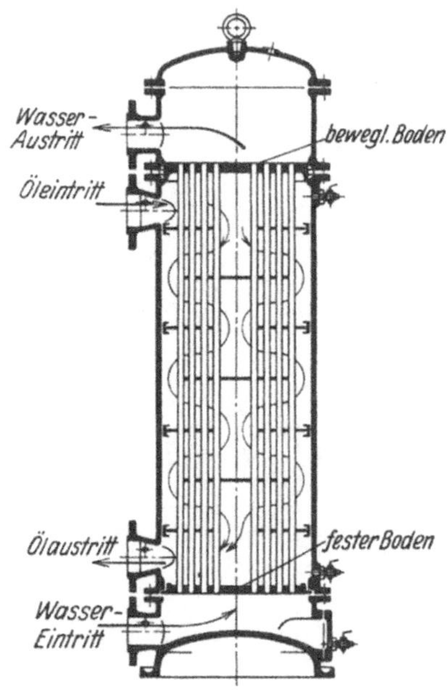

Abb. 199. Gegenstrom-Wasserkühler, Bauart Zimmermann [L 127].

Heute bevorzugt man in Deutschland gewöhnlich eine **Rücklaufkühlung**, bei der das erwärmte Öl durch eine Rohrschlange gepreßt wird, die das Kühlwasser umspült. In Abb. 198 ist diese Kühleinrichtung mit den zugehörigen Hilfsapparaten dargestellt. Der in die Rohrleitung eingebaute Luftabscheider soll die etwa durch die Pumpe in das Öl gelangende Luft wieder entfernen; er ist möglichst nahe am Eintrittsstutzen anzubringen. Die Anordnung der Kühlschlange außerhalb des Transformators hat den Vorteil, daß die Höhe des Transformators und damit auch der Ölbedarf geringer werden, als wenn die Kühlschlange im Innern des Transformators untergebracht wird.

Bei sehr großen Transformatoren werden statt der Kühlschlange besondere **Röhrenkühler** verwendet, die bedeutend geringeren Raum als die Kühlschlange beanspruchen, und bei denen das durchfließende Kühlmittel (Wasser oder Luft) besser ausgenutzt werden kann.

Abb. 199 stellt einen Gegenstrom-Wasserkühler Bauart Zimmermann, Ludwigshafen, dar [L 127]. Das Kühlwasser tritt unten in den Kühler ein, durchfließt ein Röhrensystem und tritt oben aus, während das Öl im entgegengesetzten Sinne fließt.

Entsprechende Rücklaufkühler sind auch für Preßluft als Kühlmittel ausgebildet. Abb. 200 zeigt einen Groß-Oberflächenkühler der AEG [L 123]. An den vom Öl durchflossenen Röhren dieser Kühler ist eine große Zahl von Kühlrippen angebracht, gegen die der Luftstrom gepreßt wird.

Transformatoren mit Wellblechkesseln werden auch in der Anordnung nach Abb. 201 belüftet. Um den Wellblechkessel ist ein Blechmantel zur Führung der Kühlluft angeordnet, die längs der Rippen durch den zwischen Mantel und Kessel verbleibenden Raum gepreßt wird.

Eine andere Belüftung bei gewöhnlichen Wellblechkesseln besteht in der Anordnung von Düsen, die am Umfang des Kessels in etwa

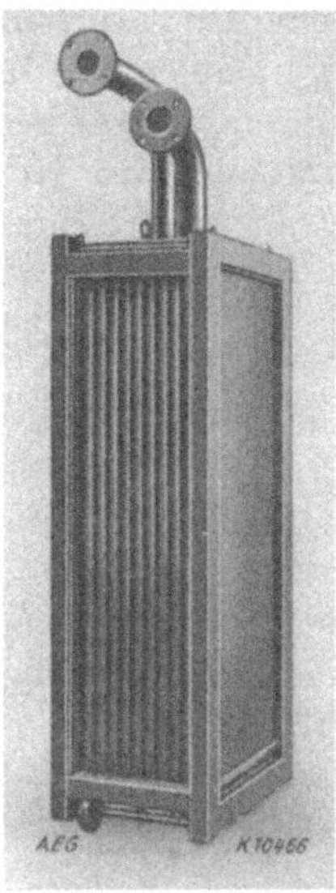

Abb. 200. Groß-Oberflächenkühler d. AEG.

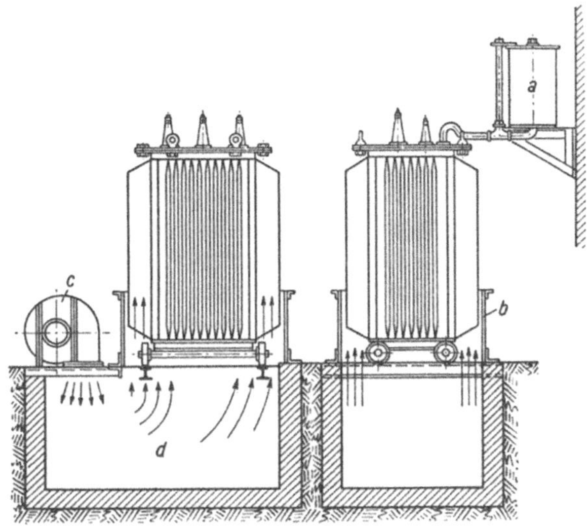

Abb. 201. Zusätzliche Luftkühlung (SSW). *a* Ausgleichsgefäß, *b* Lüftungsmantel, *c* Lüfter, *d* Windgrube.

$^1/_3$ der gesamten Höhe des Kessels angeordnet werden und die Luft längs der Kesselwand nach oben blasen [L 123].

Schließlich werden Transformatoren, deren Kessel mit Seitenkühlern ausgestattet sind, auch durch mehrere besondere Lüfter angeblasen [L 126 u. 127]. Diese künstliche Belüftung ist für große Transformatoren bestimmt, während die beiden zuletzt beschriebenen Kühleinrichtungen gewöhnlich nur für Transformatoren mittlerer Größe in Frage kommen.

Sehr oft wird das Anblasen des Kessels nur als Zusatzbelüftung verwendet, so daß der Transformator bei mäßiger Belastung selbstkühlend ist. Die Lüfter werden dann erst zugeschaltet, wenn die Erwärmung einen gewissen Grenzwert erreicht. Man kann etwa mit einer Erhöhung der Dauerleistung von 30 bis 50% rechnen, wenn der Transformator angeblasen wird.

2. Die Wärmeabgabe an das Kühlmittel.

a. Abgabe an die umgebende Luft. Die Wärmeabgabe des Transformators an die umgebende Luft erfolgt durch Strahlung und durch Leitung und Konvektion. Wir haben die Wärmeabgabe im Abschn. II O 1, Bd. I, ausführlich behandelt, so daß wir uns hier darauf beschränken können, die für den Transformator maßgebenden Wärmeabgabezahlen anzugeben.

Die Wärmeabgabezahl h_S für Strahlung ist nach Abschn. II O 1a, Bd. I, im wesentlichen von der Raumtemperatur und der Übertemperatur der Oberfläche des Transformators abhängig (vgl. Zahlentafel 15, S. 314, Bd. I), und zwar wächst sie mit beiden. Für eine mittlere Übertemperatur der Oberfläche von 40° C bei einer Raumtemperatur von 20° C oder einer mittleren Übertemperatur von 50° C bei einer Raumtemperatur von 15° C ist die Wärmeabgabezahl für Strahlung

$$h_S \approx 6 \text{ Watt/°C m}^2. \tag{193a}$$

Mit dieser Wärmeabgabezahl können wir gewöhnlich rechnen; für genauere Untersuchungen muß die Wärmeabgabezahl nach Abschn. II O 1a, Bd. I, ermittelt werden. Um die gesamte sekundlich vom Transformator ausgestrahlte Wärmemenge zu erhalten, müssen wir die Wärmeabgabezahl noch mit dem Produkt aus der mittleren Übertemperatur ϑ der Oberfläche und der strahlenden Oberfläche des Transformators multiplizieren. Als strahlende Oberfläche ist nur die in den freien Raum strahlende Oberfläche O_S zu rechnen, während alle Teile der Oberfläche, die sich gegenseitig bestrahlen, außer acht bleiben müssen.

Die Wärmeabgabezahl h_K für Leitung und Konvektion haben wir im Abschn. II O 1b, Bd. I, bei gekapselten Maschinen und kleineren Transformatoren zu $h_K \approx 8$ Watt/°C m² gefunden. Für größere Transformatoren ist sie etwas kleiner, so daß wir etwa setzen können

$$h_K \approx 7 \text{ bis } 8 \text{ Watt/°C m}^2. \tag{193b}$$

Für die Wärmeabgabe durch Leitung und Konvektion ist die wirkliche Oberfläche O_K des Transformators maßgebend.

Im stationären Betrieb ist die im Transformator mit Selbstkühlung entwickelte Wärme gleich der durch die Oberfläche des Transformators abgegebenen Wärme, die sekundlich abgegebene Wärme also gleich den gesamten Verlusten Q des Transformators. Es gilt somit für Selbstkühlung

$$Q = (h_S O_S + h_K O_K)\vartheta \tag{194a}$$

oder

$$Q \approx (6 O_S + 7 O_K)\vartheta \text{ Watt}, \tag{194b}$$

worin O_S und O_K in m² und ϑ in °C einzusetzen sind.

Nach Gl. (194a oder b) können wir für einen Transformator mit gegebenen Verlusten und Oberflächen die mittlere Oberflächen-Übertemperatur ϑ des Transformators ermitteln. Maßgebend ist aber nach den RET (vgl. Abschn. G 3a) hauptsächlich die Wicklungstemperatur.

Bei Trockentransformatoren können wir diese nach Abschn. II O 2b, Bd. I, aus der Oberflächentemperatur berechnen (vgl. auch Abschn. 3). Für eine angenäherte Berechnung wird man den Unterschied zwischen der aus der Widerstandszunahme ermittelten mittleren Wicklungstemperatur und der Oberflächentemperatur schätzen, etwa zu 15° C, so daß die Erwärmung der Wicklung auf

$$\vartheta_W \approx \vartheta + 15\,°\mathrm{C} \tag{195}$$

geschätzt werden kann. Bei Ermittlung der Oberflächen O_S und O_K ist zu beachten, daß die Oberflächen der Kühlkanäle keinen Beitrag zu O_S liefern, aber erfahrungsgemäß vollwertig in O_K einzusetzen sind, wenn sie senkrecht angeordnet sind, und wenn ihre Breite mindestens 15 mm beträgt. Bei schmäleren Kühlkanälen oder wenn die Lüftung behindert ist, z. B. bei waagrecht liegenden Kühlkanälen, besonders wenn diese an einer Seite geschlossen sind, ist die Wärmeabgabezahl für die Kühlkanäle kleiner als 7 bis 8 Watt/°C m² und muß auf Grund von Erfahrungen geschätzt werden.

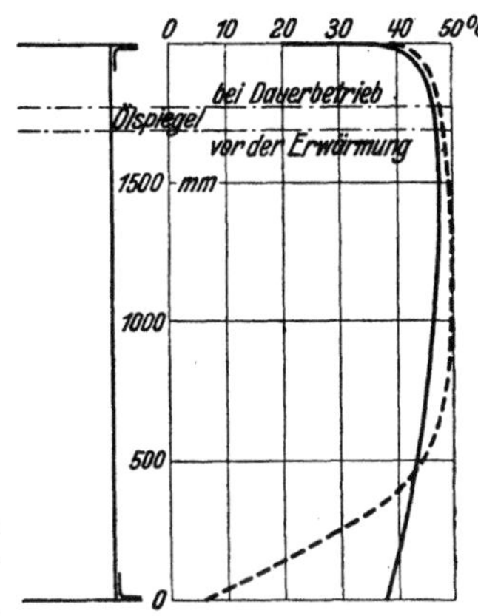

Abb. 202. Kessel-Übertemperatur mit (——) und ohne (- - -) künstlichen Ölumlauf.

Für den Öltransformator werden wir die Berechnung der Wicklungstemperatur im Abschn. 3 behandeln. Für eine angenäherte Berechnung können wir aber auch hier den Unterschied zwischen der Wicklungs- und der Oberflächentemperatur des Ölkessels schätzen. Dabei müssen wir zwei Fälle unterscheiden, nämlich den gewöhnlichen Fall, daß das Öl im Transformator nicht künstlich bewegt wird, und den Fall, daß es durch eine besondere Pumpe in Umlauf gebracht wird, wie es z. B. bei der Kühlungsanordnung nach Abb. 198 der Fall ist. Im letzten Fall wird nämlich der Temperaturunterschied zwischen Wicklung und Kesseloberfläche merklich verringert. Außerdem ändert sich die Verteilung der Oberflächentemperatur.

Abb. 202 zeigt den Einfluß des künstlichen Ölumlaufs auf die Verteilung der Kessel-Übertemperatur längs der Höhe des Kessels. Die Kurven wurden an einem Transformator für 370 kVA im Dauerbetrieb gewonnen. Die voll ausgezogene Kurve gilt für künstlichen Ölumlauf, während die gestrichelte Kurve die Temperaturverteilung nach Abstellen der Ölpumpe beim Erreichen des stationären Zustandes angibt. Von dem äußern Rand des Transformatordeckels fällt die Übertemperatur von etwa 36° C nach der Mitte des Deckels zu schnell auf 20° C ab.

Nach § 42 der RET 1930 ist eine Erwärmung der Wicklung von 70° C zulässig. Der Unterschied zwischen der Wicklungstemperatur und der mittleren Oberflächentemperatur des Ölkessels beträgt nun bei Transformatoren ohne Ölzirkulation etwa 30° C, bei solchen mit künstlicher Ölzirkulation etwa 22° C. Die mittlere Erwärmung ϑ des Kessels darf also bei Transformatoren ohne künstlichen Ölumlauf etwa 40° C und bei solchen mit künstlichem Ölumlauf etwa 48° C betragen. Mit diesen Werten für ϑ erhalten wir die Unterlagen zur Bemessung des Ölkessels:

$$6 O_S + 7 O_K \approx \frac{Q}{\vartheta} \frac{\text{Watt}}{{}^\circ\text{C}}. \tag{196}$$

Beim g l a t t e n K e s s e l ist $O_S = O_K = O$, und es wird die erforderliche Oberfläche des Ölkessels

$$O \approx \frac{Q}{13\vartheta} \text{m}^2. \tag{197}$$

Es ist noch die Frage zu erörtern, welche Oberfläche des Ölkessels für O einzusetzen ist. Die durch den Boden des Transformators abgeführte Wärme ist erfahrungsgemäß sehr gering, beim Transformator ohne künstlichen Ölumlauf schon wegen der geringen Übertemperatur, dagegen beteiligt sich der Deckel schon merklich an der Wärmeabgabe, besonders wenn der Transformator einen Ölkonservator hat, wobei das Öl den Deckel berührt. Zu berücksichtigen ist dabei allerdings, daß die wärmeabgebende Oberfläche des Deckels durch die Isolatoren häufig merklich verkleinert wird. Der Sicherheit wegen rechnet man als Oberfläche O in allen Fällen nur den Mantel, während die Oberflächen des Deckels und des Bodens gewöhnlich vernachlässigt werden.

b. Der Wellblech- und Röhrenkessel. Eine besondere Behandlung verlangt der Wellblech- und Röhrenkessel. Hier ist die strahlende Oberfläche O_S wesentlich kleiner als die für Wärmeabgabe durch Leitung und Konvektion maßgebende wirkliche Oberfläche O_K. Die Oberfläche O_S kann in praktischen Fällen etwa gleich der Umhüllungsoberfläche gesetzt werden, entsprechend dem Umfang, wie er sich durch eine um den Kessel gelegte Schnur ergibt. Andrerseits ist bei der Berechnung der Wärmeabgabe durch Leitung und Konvektion zu beachten, daß bei sehr tiefen Wellen, wie sie bei den heutigen Transformatorkesseln bevorzugt werden, oder eng nebeneinanderliegenden Rohren, die natürliche Luftbewegung durch die Reibung etwas behindert wird. Die Wärmeabgabezahl h_K wird dadurch kleiner als 7 Watt/°C m².

In den letzten Jahren hat man die früher übliche Form der Wellen, wie sie Abb. 203a zeigt, zum Teil verlassen und sie, besonders bei großen Leistungen, durch die in Abb. 203b dargestellte Mäanderform ersetzt mit Wellenhöhen bis zu $h = 400$ mm. Hierbei wird die Breite b der Luftkanäle gewöhnlich größer bemessen als die Breite a der Ölkanäle. Die natürliche Bewegung des Öls wird nämlich erfahrungsgemäß bei schmalen Kanälen (bis zu etwa 6 mm herunter) nicht merklich beeinflußt, während die Luftkanäle mindestens 20 mm betragen sollen, um noch genügend wirksam zu sein. Nachrechnungen an fünf ausgeführten Transformatoren mit Tiefwellen-Blechkesseln und h zwischen 100 und 400 mm, b zwischen 28 und 67 mm und $t - b$ zwischen 5 und 28 mm [L 130] haben ergeben, daß die Wärmeabgabezahl h_K für Leitung und Konvektion zu etwa 7 Watt/°C m² eingesetzt werden darf. Etwa dieselbe Abgabezahl dürfte wohl auch für Röhrenkessel gelten (vgl. auch [L 131]). Zur angenäherten Bemessung des Wellblech- und Röhrenkessels erhalten wir also auch hier die Gleichung

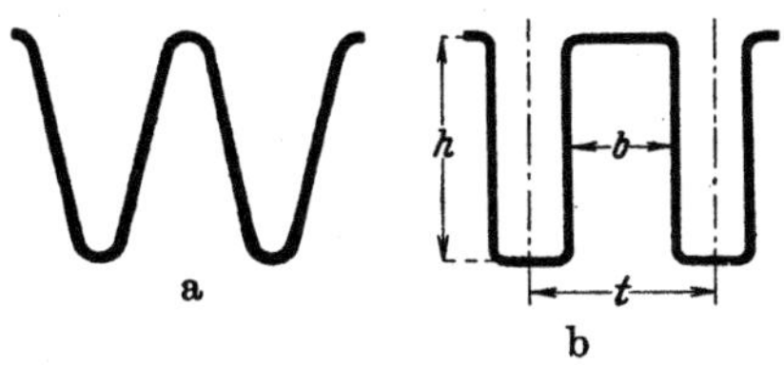

Abb. 203a u. b. Wellblechprofile.

$$6 O_S + 7 O_K \approx \frac{Q}{\vartheta} \frac{\text{Watt}}{{}^\circ\text{C}}. \qquad (196)$$

Darin sind, um es nochmals zusammenzufassen, O_S die maßgebende strahlende Oberfläche in m², d. h. die Fläche des Umhüllungsmantels um den Wellblech- oder Röhrenkessel, O_K die für die Abgabe durch Leitung und Konvektion maßgebende Oberfläche in m², d. i. die wirkliche Wellen- bzw. Rohr- und Kesselmantel-Oberfläche, und Q die Verluste des Transformators. ϑ ist die mittlere Übertemperatur der Kesseloberfläche, die bei Transformatoren ohne künstlichen Ölumlauf zu etwa 40° C, bei solchen mit künstlichem Ölumlauf zu etwa 48° C einzusetzen ist, um die nach § 42 der RET 1930 zulässige Wicklungstemperatur von 70° C nicht zu überschreiten. Bei Kesseln mit Seitenkühlern ist die strahlende Manteloberfläche nur mit dem Umhüllungsumfang des Ölkessels mit Seitenkühlern zu berechnen, während zur Berechnung der Oberfläche O_K die gesamte Oberfläche des Kessels und der Seitenkühler (ausschließlich Boden und Deckel) einzusetzen ist.

c. Die künstliche Kühlung. Bei der Anordnung der Kühlschlange im Ölkessel handelt es sich um einen Kanal von ungefähr bekannter Oberflächentemperatur, durch den das Kühlmittel (Wasser) fließt. Die Berechnung der Wärmeabgabe für diesen Fall ist ausführlich im Abschnitt II O 1d, Bd. I, behandelt, wonach die genaue Berechnung der maßgebenden Größen und die Bemessung der Rohrschlange erfolgen kann. Da die Wärmeabgabe mit zunehmender Länge der Rohrleitung sinkt, werden oft mehrere Rohre parallel geschaltet.

Gewöhnlich rechnet man mit einem Verhältnis zwischen dem in der Minute abströmenden Wasser und den durch die Kühlschlange abgeführten Verlusten von etwa 1,5 l/min kW. Dieser Kühlmenge entspricht nach Gl. (460a), Bd. I, eine Erwärmung des Wassers von 9,6° C. Das Verhältnis zwischen innerer Oberfläche der Kühlschlange und den durch die Kühlschlange abgeführten Verlusten ist etwa 0,5 m²/kW. Bei einer lichten Rohrweite von 3 cm und 3 mm Wandstärke erhält man dabei mit $h_K = 80$ Watt/°C m² (vgl. Abschn. 3d) eine mittlere Temperaturdifferenz zwischen Öl und Kühlschlange von 20,8° C. Dieser Temperatursprung kann noch verringert werden, wenn die Kühlrohre außen Rippen erhalten, die die Rohrschlangenoberfläche im Öl vergrößern.

Wenn die Kühlschlange nach Abb. 198 vom Öl durchflossen wird, kann die Wärmeabgabezahl für die innere Fläche des Kühlrohrs, je nach der Geschwindigkeit des Öls in der Kühlschlange, wesentlich größer als 80 Watt/°C m² sein, wodurch der Temperatursprung zwischen Öl und Kühlschlange verringert wird. Da für die Kühlung nach Abb. 198 gewöhnlich Flußwasser verwendet wird, das in reichlicher Menge zur Verfügung steht, kann durch Vergrößerung der Kühlwassergeschwindigkeit auch der Temperatursprung zwischen Rohr und Wasser verringert werden. Unter sonst gleichen Verhältnissen ist nach Gl. (456) und (467b), Bd. I, die Wärmeabgabe an Wasser mindestens 3mal so groß wie an Öl. Nach Karthäuser [L 128] liegt bei künstlicher Kühlung die Wärmeabgabezahl für Öl (h_{KO}) etwa zwischen 350 und 600 Watt/°C m², diejenige für Wasser ($h_{K\mathrm{W}}$) zwischen 1100 und 4500 Watt/°C m² [vgl. auch L 137, S. 97]. Die Wärmeabgabe kann aber durch Schlamm und Algenbildung wesentlich verringert werden; so wird z. B. bei einer im Wasserkanal ruhenden Kühlschlange für die resultierende Wärmeabgabezahl von Öl über Rohr zum Wasser im Durchschnitt

$$h_K = \frac{h_{KO}\, h_{K\mathrm{W}}}{h_{KO} + h_{K\mathrm{W}}} \approx 60 \text{ Watt/°C m}^2 \qquad (198)$$

von Karthäuser angegeben. Durch den künstlichen Ölumlauf wird das Öl im Kessel gewöhnlich etwa 4 bis 5mal in der Stunde umgesetzt.

Eine genauere Berechnung der Kühlvorrichtung ist bei Röhrenkühlern mit einfachen Rohrsystemen möglich. Die Unterlagen und Gleichungen zur Berechnung der Kühler sind im Abschn. II O 1c u. d, Bd. I, ausführlich behandelt. Die Kühler sind sowohl für Wasserkühlung als auch für Preßluftkühlung bei den Großfirmen genormt. So setzen sich beispielsweise die Preßluftkühler der SSW aus einzelnen Elementen zusammen, deren Grundfläche 1,5 × 0,27 m² und deren Höhe

1,5 m beträgt, von denen jedes in der Lage ist, 32 kW Verluste abzuführen. Die Öltemperatur liegt dabei etwa 40° C über der Temperatur der zuströmenden Luft. Dieselbe Wärmeabgabe je Raumeinheit weisen auch die von der AEG gebauten Kühler auf.

Schwieriger zu berechnen sind die Kühleinrichtungen, bei denen durch Düsen die Luft längs der Wellen des Kessels nach oben geblasen oder durch den Raum zwischen einem Führungsmantel und den Wellen des Kessels gepreßt wird (Abb. 201). Hier ist man hauptsächlich auf Erfahrung angewiesen. Bei der zuletzt erwähnten Anordnung rechnet man mit einer Kühlluftmenge von etwa 4 bis 5 m³/min kW.

3. Temperaturverteilung im Innern des Transformators.

a. Überblick. Die Temperaturverteilung im Innern des Transformators läßt sich nur bei gewissen vereinfachenden Annahmen berechnen, wobei man sich hauptsächlich auf die Erfahrung stützen muß. Diese Berechnung hat deshalb im wesentlichen die Bedeutung einer Kontrolle, ob keine besonders großen Temperaturunterschiede im Innern des Transformators auftreten. Bei Trockentransformatoren handelt es sich nur um die Bestimmung der Temperaturverteilung im Eisen und in der Wicklung, während beim Öltransformator noch die Temperaturverteilung im Öl und an der Kesseloberfläche hinzukommt.

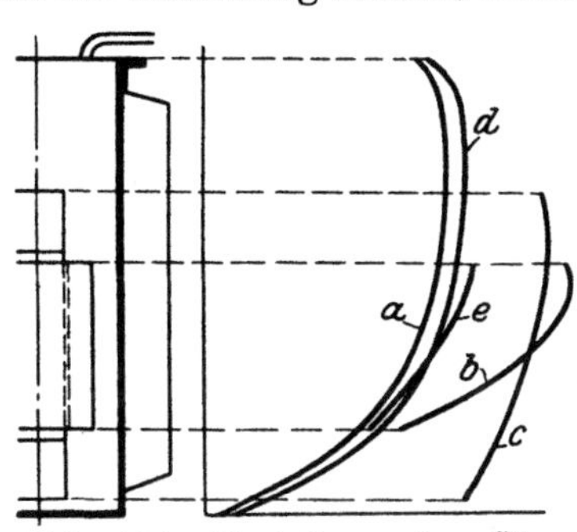

Abb. 204. Verteilung der Übertemperaturen beim Öltransformator mit Ausgleichsgefäß. *a* Kesselwand, *b* Wicklungsoberfläche, *c* Kernoberfläche, *d* Öl außerhalb der Wicklung, *e* Öl im Wicklungskanal. Nach Küchler [L 132].

Die Temperaturverteilung längs der äußern Kesselwand haben wir im Abschnitt 2a Abb. 202 schon besprochen, wobei wir einen wesentlichen Unterschied zwischen natürlichem und künstlichem Ölumlauf festgestellt hatten. Wir ergänzen diese Angaben noch durch die für einen bestimmten Fall in Abb. 204 angegebene Temperaturverteilung in einem Transformator mit Selbstkühlung und Ausdehnungsgefäß [L 132], bei dem das Öl den ganzen Kessel ausfüllt. Wenn auch die Übertemperaturen, besonders des Eisens und der Wicklung, von Fall zu Fall verschieden sein werden, so gibt Abb. 204 doch die wesentliche Verteilung der Temperatur im Öl und an den Oberflächen von Transformator und Kessel wieder. Im besondern erkennen wir, daß die mittlere Öltemperatur im Wicklungskanal etwa dieselbe ist wie außerhalb der Wicklung. Erfahrungsgemäß soll dies immer der Fall sein, wenn die Breite der Kühlkanäle mindestens 5 mm beträgt [L 132].

Auf Grund der Erfahrung können wir nun etwa die in Zahlentafel 6 angegebenen mittleren Temperaturdifferenzen bei einem Öltransformator mit reichlichen Kühlkanälen in der Wicklung zugrunde legen, die eine Wicklungserwärmung, gemessen aus der Widerstandszunahme, von 70° C voraussetzen.

Zahlentafel 6. Durchschnittliche Temperaturdifferenzen beim Öltransformator.

Temperaturdifferenz zwischen	Natürlicher Ölumlauf	Künstlicher Ölumlauf
mittlerer Wicklungstemperatur und Oberflächentemperatur der Wicklung (ϑ'_{Wa}). . .	8° C	8° C
Oberflächentemperatur der Wicklung und Öl (ϑ_i)	19° C	12° C
Öl und Kastenwand	3° C	2° C
Kastenwand und Umgebungsluft (ϑ)	40° C	48° C
mittlere Erwärmung der Wicklung (ϑ_W) . . .	70° C	70° C

Bei künstlichem Ölumlauf wird die Wärmeabgabe an das Öl vergrößert, so daß der Temperaturunterschied zwischen Öl und den Oberflächen im Innern des Transformators geringer ist als bei natürlichem Ölumlauf und für die Oberfläche des Kessels eine größere Erwärmung zugelassen werden darf. Der Temperaturunterschied zwischen Öl und den Oberflächen im Innern des Transformators hängt natürlich von dem Grade der künstlich hervorgerufenen Ölbewegung ab.

Die Angaben in Zahlentafel 6 sind geschätzte Durchschnittswerte. Bei sehr breiten Spulen mit Runddrähten kann ϑ'_{Wa} (1. Zeile in Zahlentafel 6) wesentlich größer als 8° C sein, während bei einlagigen Spulen, deren Seiten mindestens auf einer Seite der Kühlfläche blank sind, ϑ'_{Wa} fast Null ist. Der Temperaturverlust in der Kastenwand darf verschwindend klein angenommen werden. Die Temperaturunterschiede zwischen Kastenwand und Umgebungsluft einerseits und Öl andrerseits verhalten sich etwa umgekehrt wie die entsprechenden Wärmeübergangszahlen (vgl. Abschn. 2a u. 3d).

b. Temperaturverteilung im Eisen. Zur Berechnung der Temperaturverteilung im Eisen müssen wir beachten, daß die Wärmeleitfähigkeit quer zu den Blechen wesentlich geringer ist als innerhalb der Blechebene. In der Blechebene ist sie bei 0,35 mm dickem Blech fast hundertmal so groß als senkrecht dazu. Wir dürfen deshalb bei unsern Berechnungen annehmen, daß jedes Einzelblech an allen Stellen die gleiche Temperatur hat. Da ferner die Eisenkerne immer durch die Joche geschlossen sind, wird in der Längsrichtung keine Wärme abgeführt. Wir können also so rechnen, als ob wir es mit einem unendlich langen Blechpaket zu tun hätten, bei dem nur die Mantelfläche Wärme abgibt. Mit diesen Annahmen hatten wir bereits im

Abschn. II O 2c, Bd. I, die Temperaturverteilung im Blechpaket senkrecht zur Blechebene berechnet. Für den Unterschied $\vartheta'_{\max}$ zwischen Höchsttemperatur und Randtemperatur hatten wir nach Gl. (485), Bd. I,

$$\vartheta'_{\max} = \frac{q\Delta^2}{8k} \tag{199}$$

erhalten, worin q der Überschuß der in der Zeiteinheit und der Volumeneinheit des Blechpakets entwickelten Wärme über die durch die hohen Kanten des Blechpakets abgegebene Wärme ist, Δ die Breite des Blechpakets quer zu den Blechen und k die Wärmeleitfähigkeit quer zu den Blechen ist. Für gewöhnliches Blech von 0,5 mm Dicke hatten wir diese Gleichung schon im ersten Band ausgewertet. Hier wollen wir das bei Transformatoren meistens verwendete hochlegierte Blech von 0,35 mm Dicke zugrunde legen.

Die in der Volumeneinheit des Blechpakets entwickelte Wärme ist

$$q' = k_E s V 10^{-3} \frac{\text{Watt}}{\text{cm}^3}, \tag{200a}$$

worin k_E das Verhältnis zwischen reiner Eisenbreite und wirklicher Breite (einschließlich Papier- und Luftzwischenlagen), s die Dichte des Eisens in g/cm³ und V die Verlustziffer in Watt/kg ist. Für 0,5 mm dicke Bleche hatten wir k_E gleich 0,9 gesetzt, für 0,35 mm dicke Bleche kann $k_E = 0{,}86$ angenommen werden. Mit der Verlustziffer $V_{10} = 1{,}35$ Watt/kg bei 10000 Gauß und der Dichte $s = 7{,}6$ g/cm³ für hochlegiertes Blech erhalten wir dann bei einer Kerninduktion B in Gauß

$$q' = 8{,}8 \left(\frac{B}{10000}\right)^2 10^{-3}\ \text{Watt/cm}^3. \tag{200b}$$

Von der im Blechpaket entwickelten Wärme wird ein Teil durch die hohen Kanten der Bleche abgeführt; er ist bei der Höhe L des Blechpakets

$$Q_1 = 2 k_E \Delta L h_K (\vartheta_a + \vartheta'_W), \tag{201a}$$

worin h_K die Wärmeabgabezahl, ϑ_a die mittlere Übertemperatur der Seitenflächen des Blechpakets gegenüber der mittleren Öltemperatur und nach Abschn. II O 2c, Bd. I (vgl. Abb. 300 mit $\vartheta_a = \vartheta_i$),

$$\vartheta'_W = \frac{2}{3}\vartheta'_{\max} \tag{201b}$$

der Unterschied zwischen der mittleren Temperatur des Blechpakets und der Randtemperatur ist. Durch die Seitenflächen von der Breite b fließt die Wärme

$$Q_2 = 2 b L h_K \vartheta_a \tag{201c}$$

ab. Damit erhalten wir

$$q = \frac{Q_2}{Q_1 + Q_2} q' = \frac{1}{1 + k_E \dfrac{\Delta}{b}\left(1 + \dfrac{\vartheta'_W}{\vartheta_a}\right)} q'. \tag{201}$$

Nehmen wir für das Eisen dieselbe Übertemperatur wie für die Wicklung an, so ist bei natürlichem Ölumlauf nach Zahlentafel 6 $\vartheta'_W \approx 8°$ C und $\vartheta_a \approx 19°$ C. Setzen wir noch $\frac{\Delta}{b} = 1$, also quadratischen Querschnitt des Blechpakets voraus, so wird

$$q = 0{,}45\,q' = 3{,}95\left(\frac{B}{10\,000}\right)^2 10^{-3}\ \text{Watt/cm}^3. \tag{202a}$$

Die Wärmeleitfähigkeit quer zu den Blechen ist nach Zahlentafel 16, S. 332, Bd. I, bei 0,5 mm dickem Blech etwa 0,01 Watt/°C cm; bei 0,35 mm starkem Blech erhalten wir also, entsprechend dem kleineren Wert von k_E, bei unendlich großer Leitfähigkeit des Eisens

$$k = \frac{1 - 0{,}90}{1 - 0{,}86}\,0{,}01 = 0{,}00713\ \text{Watt/°C cm}. \tag{202b}$$

Mit diesen Annahmen ergibt sich nach Gl. (199)

$$\vartheta'_{\max} = \frac{3{,}95 \cdot 10^{-3}}{8 \cdot 0{,}00713}\left(\frac{B}{10\,000}\right)^2 \Delta^2 = 0{,}0692\left(\frac{B}{10\,000}\right)^2 \Delta^2. \tag{202}$$

Wenn die mittlere Übertemperatur $\vartheta'_W = \frac{2}{3}\,\vartheta'_{\max}$ etwa 8° C erreichen darf, darf die Breite des Blechpakets mit quadratischem Querschnitt bei der Durchschnitts-Induktion $B = 13\,000$ Gauß

$$\Delta = \frac{1}{1{,}3}\sqrt{\frac{12}{0{,}0692}} \approx 10\ \text{cm} \tag{203}$$

betragen. Größere Blechpaketbreiten sind natürlich beim kreuzförmigen und einem sich noch besser dem Kreis anpassenden Querschnitt zulässig. Besondere Kühlkanäle im Blechpaket werden also in der Regel erst bei Blechbreiten über 10 cm nötig sein.

Bei dieser Untersuchung hatten wir ein frei im Öl oder in der Luft befindliches Blechpaket vorausgesetzt. Für die Joche trifft das zu, wenn ihre Seitenflächen nicht durch isolierende Preßplatten (Holz) bedeckt sind. In andern Fällen kommen von den Seitenflächen für die Wärmeabgabe nur die Kühlkanäle in Frage. Wenn solche nicht vorhanden sind, muß die Wärme im wesentlichen durch die hohen Kanten der Jochbleche abgeführt werden, deren Oberfläche zur Verbesserung der Kühlung durch herausstehende Einzelbleche vergrößert werden kann.

Bei senkrechtem Kern verhält sich der Kühlkanal zwischen Wicklung und Eisen erfahrungsgemäß im wesentlichen ebenso wie beim freien Kern, wenn die Breite des Kühlkanals bei Luftkühlung mindestens 15 mm, bei Ölkühlung mindestens 5 mm beträgt.

Bei waagrecht liegenden Kernen, wie sie bei Trockentransformatoren (Abb. 186) vorkommen, ist die Abführung der Wärme durch den von der Wicklung bedeckten Teil des Kerns unterbunden, und die Wärme der Kerne muß hauptsächlich nach den Jochen geleitet werden, von wo sie an die Umgebung abgeführt wird.

In jedem Falle findet ein Wärmeaustausch zwischen Eisenkern und Joch sowie zwischen Eisenkern und Wicklung statt. Dieser Austausch kann in der Regel, von dem zuletzt erwähnten Fall abgesehen, bei überschlägigen Rechnungen außer acht gelassen werden, so daß man die Joche und Kerne getrennt behandelt, ebenso wie die Kerne und die Wicklung.

c. Die Temperaturverteilung in der Wicklung. Zur Berechnung der Temperaturverteilung in der Wicklung müssen wir verschiedene Fälle betrachten.

1. Fall. Die Längsflächen der Spulen werden von dem Kühlmittel allseitig umspült wie z. B. bei Scheibenspulen mit waagrechten Kernen (Abb. 205a), bei Zylinderwicklungen ohne anliegenden Isolierzylinder (Abb. 205b) oder mit Isolierzylindern in den Mitten der Wicklungen (Abb. 205c), die nur zur Versteifung und Lagerung der Wicklung dienen.

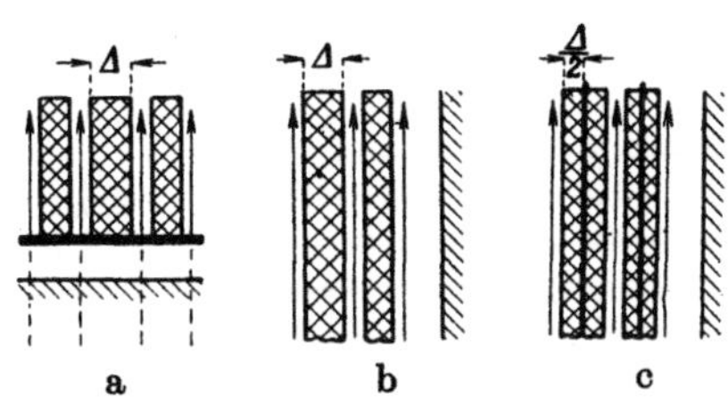

Abb. 205a bis c. Kühlkanäle, bei denen das Kühlmittel die Längsflächen der Spulen allseitig umspült.

In diesem Falle gilt dieselbe Gl. (199) wie für das Blechpaket. q ist hier die in der Raum- und Zeiteinheit entwickelte Wärme, Δ die Dicke der Spule ohne Isolierumhüllung, bei Abb. 205c ausschließlich des Isolierzylinders, und k die mittlere Wärmeleitfähigkeit im Spulenseitenquerschnitt.

Es ist

$$q = \varepsilon G^2 \varrho \text{ Watt/cm}^3, \tag{204}$$

worin ε der Ausnutzungsfaktor des Spulenseitenquerschnitts (Gesamtquerschnitt des Wicklungsmetalls zu Spulenseitenquerschnitt ohne Isolierumhüllung), G die Stromdichte im Wicklungsmetall in Amp/mm² und ϱ der spez. Widerstand des Wicklungsmetalls in Ω mm²/m ist.

Zur Berechnung von k dürfen wir annehmen, daß die Leitfähigkeit des Wicklungsmetalls unendlich groß ist. Für isolierte rechteckige Leiter (Abb. 206a) erhalten wir dann

$$k \approx \frac{h}{h'} \frac{b'}{b' - b} k_J, \tag{205a}$$

worin k_J die Wärmeleitfähigkeit des Isolierstoffes, h und h' die Höhen senkrecht zur Wärmeströmung und b und b' die Breiten (in der Richtung der Wärmeströmung) des blanken und isolierten Leiters bezeichnen. Für Runddrähte (Abb. 206b) können wir nach Abschn. II O 2b, Bd. I,

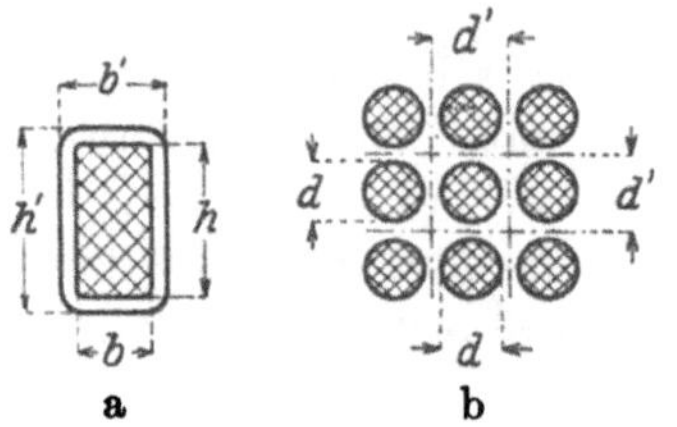

Abb. 206a u. b. Zur Berechnung der mittleren Wärmeleitfähigkeit.

$$k = \iota k_J \tag{205b}$$

schreiben. ι ist abhängig von dem Verhältnis d/d' zwischen blankem und isoliertem Durchmesser und ist unter der Voraussetzung, daß alle Zwischenräume mit Isolierstoff (Lack, Compoundmasse oder Öl) ausgefüllt sind, in Abb. 206c dargestellt.

Für Runddrähte mit $\varepsilon = 0{,}6$, $d/d' = 0{,}87$ und $k_J = 0{,}02$ Watt/°C cm (Lack oder ölgetränkte Spulen) ergibt sich nach Abschn. II O 2b, Bd. I, der Unterschied zwischen Höchsttemperatur und Randtemperatur für betriebswarmes Kupfer zu etwa

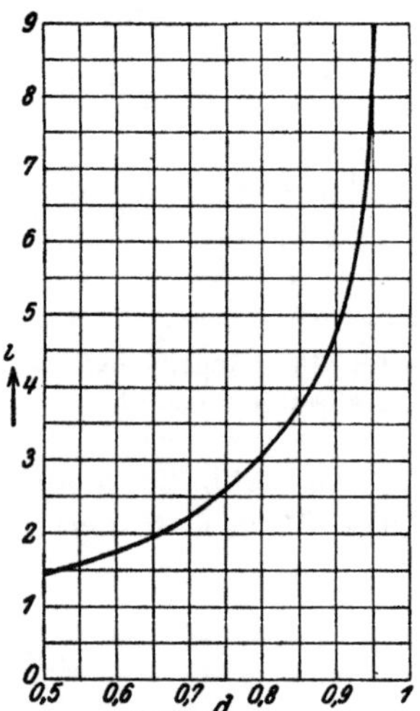

Abb. 206c. Verhältnis der mittleren Wärmeleitfähigkeit zu der des Isolierstoffs.

$$\vartheta'_{\max} = \frac{q\Delta^2}{8k} \approx \frac{3}{16}(G\Delta)^2 \ {}^\circ\mathrm{C}, \tag{206a}$$

worin G in Amp/mm² und Δ in cm einzusetzen ist, oder die mittlere, aus der Widerstandszunahme bestimmbare Erwärmung über der innern Randtemperatur der Wicklung

$$\vartheta'_W = \frac{2}{3}\vartheta'_{\max} = \frac{1}{8}(G\Delta)^2 \ {}^\circ\mathrm{C}. \tag{206b}$$

Mit $\vartheta'_W = 8$ °C (vgl. Zahlentafel 6) erhalten wir für die zulässige Breite der Spule mit Runddrähten etwa

$$\Delta = \frac{8}{G}\,\mathrm{cm}. \tag{206}$$

Bei der angenommenen zulässigen Wicklungserwärmung gegenüber dem innern Rand darf also die Dicke der Spule mit Runddrähten bei 2 Amp/mm² Stromdichte etwa 4 cm betragen, sie ist umgekehrt proportional der Stromdichte und ergibt sich beispielsweise zu 3 cm bei $G = 2{,}66$ Amp/mm².

Wenn die Spule am ganzen Umfang mit Isolierband umwickelt ist, wie z. B. bei Trockentransformatoren, tritt noch ein **Temperaturverlust** in dieser **Spulenhülle** von

$$\vartheta_\delta = \frac{Q\delta}{Fk} \approx \frac{q\Delta\delta}{2k} \ {}^\circ\mathrm{C} \tag{207}$$

auf, worin Q die in der Spule sekundlich entwickelte Wärme in Watt, q die in der Raum- und Zeiteinheit entwickelte Wärme in Watt/cm³,

$\varDelta$ die Dicke der Spule, δ die der Isolierhülle, beide in cm, F die wärmeabgebende Oberfläche der Spule in cm² und k die Wärmeleitfähigkeit des Isolierstoffes in Watt/°C cm ist.

Nehmen wir beispielsweise den Ausnutzungsfaktor des Spulenseitenquerschnitts zu $\varepsilon = 0{,}6$, die Stromdichte zu 2 Amp/mm² und den spezif. Widerstand des warmen Kupfers zu $\varrho = 0{,}02\,\Omega$ mm²/m an, so ist

$$q = 0{,}6 \cdot 4 \cdot 0{,}02 = 0{,}048 \text{ Watt/cm}^3. \qquad (208\text{a})$$

Setzen wir ferner die Dicke der Spule $\varDelta = 2$ cm, die der Isolierhülle $\delta = 0{,}1$ cm und die Leitfähigkeit für in Lack getränkte Baumwolle $k = 0{,}0027$ Watt/°C cm (vgl. Zahlentafel 16, S. 332, Bd. I), so wird

$$\vartheta_\delta = \frac{0{,}048 \cdot 2 \cdot 0{,}1}{2 \cdot 0{,}0027} = 1{,}78\ {}^\circ\text{C}. \qquad (208)$$

Bei Trockentransformatoren ist zu berücksichtigen, daß durch Luftschichten zwischen der Spule und der Isolierhülle der Temperaturverlust wesentlich größer sein kann, weil die Wärmeleitfähigkeit der Luftschicht nur etwa ein Zehntel von der in getränkter Baumwolle ist. Bei Öltransformatoren macht sich der Einfluß dünner Ölschichten weniger bemerkbar, weil die Leitfähigkeit des Öls nicht wesentlich kleiner ist als die von in Öl getränkter Baumwolle (Zahlentafel 16, S. 332, Bd. I).

2. Fall. Die Wicklung liegt bei Transformatoren mit Zylinderwicklung auf der einen Seite an einem Isolierzylinder an. In diesem Fall ist die Oberflächentemperatur der Spule an der Seite, wo der Isolierzylinder liegt, größer als an der andern Seite. Wir haben diesen Fall schon grundsätzlich im Abschn. II O 2b, Bd. I, behandelt, und zwar in der Verallgemeinerung, daß sowohl der äußere als auch der innere Umfang der Wicklung von einer Isolierschicht umgeben ist (Abb. 207). Wir haben gefunden, daß der Höchstwert der Übertemperatur der Wicklung gegenüber dem umgebenden Kühlmittel

$$\vartheta_{\max} = \frac{\vartheta_{i1} + \vartheta_{i2}}{2} + \frac{(\vartheta_{i2} - \vartheta_{i1})^2}{2q\varDelta^2}\,k + \frac{q\varDelta^2}{8k}, \qquad (209\text{a})$$

die aus der Widerstandszunahme der Wicklung bestimmbare mittlere Wicklungserwärmung

$$\vartheta_W = \frac{\vartheta_{i1} + \vartheta_{i2}}{2} + \frac{q\varDelta^2}{12k} \qquad (209\text{b})$$

beträgt, worin ϑ_{i1} und ϑ_{i2} (vgl. Abb. 207) die Übertemperaturen an den Spulenseiten innerhalb der besondern Isolierhüllen der Spule gegenüber dem umgebenden Kühlmittel sind. Die Stelle der Spule, an der der Höchstwert $\vartheta_{\max}$ auftritt (vgl. Abb. 208), von der also die in der

Spule entwickelte Wärme nach beiden Seiten abfließt, ergab sich, von der Mittellinie des Spulenseitenquerschnitts aus gerechnet, zu

$$x_0 = \frac{\vartheta_{i2} - \vartheta_{i1}}{q\Delta} k. \tag{209c}$$

Wir haben nur noch die Übertemperaturen ϑ_{i1} und ϑ_{i2} gegenüber dem Kühlmittel zu bestimmen. Bezeichnen wir mit O_1 bzw. O_2 die wärmeabgebenden Flächen der die Spulenseiten 1 und 2 bedeckenden Isolierschicht, mit Q_1 und Q_2 die Teile der gesamten in der Spule sekundlich entwickelten Wärme Q, die nach den Seiten 1 und 2 in der Zeiteinheit fließen, und schließlich mit h_{K1} und h_{K2} die entsprechenden Wärmeabgabezahlen, so erhalten wir die Übertemperaturen an den äußern Rändern der beiden Isolierschichten zu

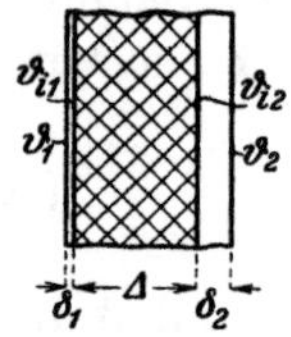

Abb. 207. Spule mit anliegenden Isolierzylindern.

$$\vartheta_1 = \frac{Q_1}{O_1 h_{K1}}, \quad \vartheta_2 = \frac{Q_2}{O_2 h_{K2}}. \tag{210a u. b}$$

Die Temperaturverluste in den Isolierschichten von der Dicke δ_1 und δ_2 sind

$$\vartheta_{\delta 1} = \frac{Q_1 \delta_1}{O_1 k_1}, \quad \vartheta_{\delta 2} = \frac{Q_2 \delta_2}{O_2 k_2}, \tag{210c u. d}$$

worin k_1 und k_2 die Wärmeleitfähigkeiten der Isolierschichten bedeuten. Damit erhalten wir

$$\vartheta_{i1} = \vartheta_1 + \vartheta_{\delta 1} = \left(\frac{1}{h_{K1}} + \frac{\delta_1}{k_1}\right) \frac{Q_1}{O_1}, \tag{210e}$$

$$\vartheta_{i2} = \vartheta_2 + \vartheta_{\delta 2} = \left(\frac{1}{h_{K2}} + \frac{\delta_2}{k_2}\right) \frac{Q_2}{O_2}. \tag{210f}$$

Da die Oberflächen O_1 und O_2 nicht erheblich voneinander verschieden sind, so ist, wenn man noch annimmt, daß keine besonderen Isolierkörper die wärmeabgebenden Oberflächen abdecken,

$$\frac{Q}{O_1} \approx \frac{Q}{O_2} = q\Delta. \tag{211}$$

Dann wird

$$Q_1 = \left(\frac{\Delta}{2} + x_0\right) \frac{Q}{\Delta} = \left(\frac{1}{2} + \frac{\vartheta_{i2} - \vartheta_{i1}}{q\Delta^2} k\right) Q \tag{211a}$$

und

$$Q_2 = \left(\frac{\Delta}{2} - x_0\right) \frac{Q}{\Delta} = \left(\frac{1}{2} - \frac{\vartheta_{i2} - \vartheta_{i1}}{q\Delta^2} k\right) Q. \tag{211b}$$

Führen wir diese Werte von Q_1 und Q_2 in die Gl. (210e u. f) ein und lösen sie nach ϑ_{i1} und ϑ_{i2} auf, so erhalten wir mit den Abkürzungen

$$r_1 = \frac{1}{h_{K1}} + \frac{\delta_1}{k_1}, \qquad r_2 = \frac{1}{h_{K2}} + \frac{\delta_2}{k_2}, \qquad \text{(212a u. b)}$$

$$\vartheta_{i1} = \frac{\Delta + 2r_2 k}{\Delta + (r_1 + r_2)k} \frac{\Delta q}{2} r_1, \qquad \text{(212c)}$$

$$\vartheta_{i2} = \frac{\Delta + 2r_1 k}{\Delta + (r_1 + r_2)k} \frac{\Delta q}{2} r_2. \qquad \text{(212d)}$$

Als Beispiel betrachten wir eine Oberspannungswicklung mit der radialen Breite $\Delta = 4$ cm, die ohne radiale Kühlkanäle auf einen Zylinder aus Hartpapier von $\delta_2 = 0{,}4$ cm aufsitzt und am äußern Umfang keine besondere Isolierhülle trägt ($\delta_1 = 0$). Die Wicklung sei aus Runddrähten hergestellt mit einem Ausnutzungsfaktor des Spulenseitenquerschnitts von $\varepsilon = 0{,}6$, entsprechend $d'/d = 0{,}87$. Damit ist für in Öl getränkte Spulen nach Abb. 206c $\iota \approx 4$, also mit $k_J \approx 0{,}002$ Watt/°C cm $k \approx 0{,}008$ Watt/°C cm. Nehmen wir eine Stromdichte $G = 2$ Amp/mm² an, so ist mit $\varrho \approx 0{,}02\ \Omega$mm²/m für warmes Kupfer nach Gl. (204) $q = 0{,}048$ Watt/cm³.

Für die Leitfähigkeit von Hartpapier können wir nach Zahlentafel 16, S. 332, Bd. I, $k_2 \approx 0{,}0063$ Watt/°C cm setzen. Es handele sich um einen Öltransformator, dann ist nach Abschn. d $h_{K1} \approx h_{K2} = h_K = 80 \cdot 10^{-4}$ Watt/°C cm². Wir erhalten nach Gl. (212a u. b) $r_1 = 125$ °C cm²/Watt, $r_2 = 189$ °C cm²/Watt und damit nach Gl. (212c u. d) $\vartheta_{i1} = 13$ °C, $\vartheta_{i2} = 16{,}8$ °C, nach Gl. (209a u. b) $\vartheta_{\max} = 27$ °C, $\vartheta_W = 22{,}9$ °C. Der Höchstwert $\vartheta_{\max}$ tritt bei $x_0 = 0{,}157$ cm auf.

Es wird ferner nach Gl. (211a u. b) $Q_1 = 0{,}539\,Q$, $Q_2 = 0{,}461\,Q$ und nach Gl. (210a u. b) $\vartheta_1 = \vartheta_{i1} = 13$ °C, $\vartheta_2 = 11$ °C. In Abb. 208 ist die Temperaturverteilung über der radialen Abmessung des Spulenseitenquerschnitts dargestellt.

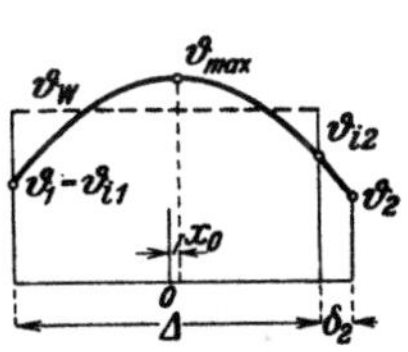

Abb. 208. Temperaturverteilung für ein Beispiel mit $\delta_1 = 0$ (vgl. Abb. 207).

Andere Fälle. Wenn bei Scheibenspulen, aus denen sich die Wicklung zusammensetzt, die Kerne senkrecht stehen, liegen die Kühlkanäle an den Spulenseiten waagrecht (Abb. 209a). Erfahrungsgemäß [L 112, S. 324, u. L 134] sollen auch waagrechte Kühlkanäle voll wirksam sein, sofern sie bei Luft mindestens 15, bei Öl mindestens 5 mm breit sind. Die Überlegung läßt eine

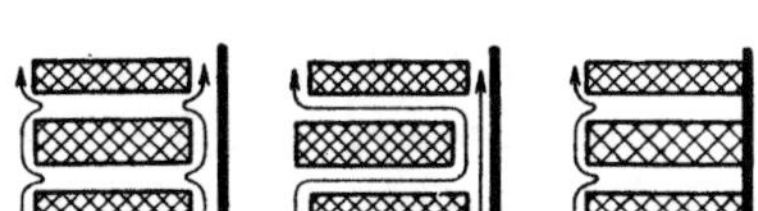

Abb. 209a bis c. Spulen mit waagrechten Kühlkanälen.

solche Wirksamkeit nicht erwarten, der Kühlmittelstrom wird im wesentlichen den in Abb. 209a angedeuteten Verlauf nehmen [L 133]. Vielleicht ermöglicht die unvermeidliche Ungenauigkeit im Aufbau der Spulen einen Kühlstrom durch den waagrechten Kühlkanal, wie es in Abb. 209b angedeutet ist.

Wesentlich ungünstiger ist jedenfalls der in Abb. 209c dargestellte Fall, bei dem die waagrecht liegenden Scheibenspulen im innern Teil ohne Zwischenraum an dem Isolierzylinder anliegen. Hier ist kein wirksamer Strom des Kühlmittels in den waagrechten Schlitzen zu erwarten. Es darf deshalb hier auch nicht die volle Oberfläche eingesetzt werden.

Schließlich kann man auch, wenn das Kühlmittel alle Seiten der Spulen umspült, den Einfluß der Wärmeabgabe der schmalen Spulenseiten berücksichtigen. Wir haben diesen Fall schon im Abschn. II O 2b, Bd. I, behandelt und begnügen uns hier damit, auf diesen Abschnitt hinzuweisen [vgl. auch L 134].

d. Die Wärmeabgabezahl für Öl. Eine kurze Erörterung müssen wir noch der Wärmeabgabe der Oberflächen des Transformators an Öl widmen.

Für die Wärmeabgabezahl einer Oberfläche an 50° C warmes Öl (gemessen an der Stelle, wo das Öl zuströmt) haben wir im Abschnitt II O 1b, Bd. I, die Gleichung

$$h_K = 40{,}3 \sqrt[4]{\frac{\vartheta}{L}} \text{ Watt/°C m}^2 \qquad (213\text{a})$$

abgeleitet, worin ϑ die Erwärmung der Oberfläche gegenüber dem zuströmenden Öl in °C und L die Höhe der Oberfläche in m ist, an der das Öl vorbeiströmt. Die Gleichung gilt für eine Zähigkeit des Öls $\eta = 2{,}44 \cdot 10^{-3}$ kg/sec m. Da die Zähigkeit des Öls stark von der Ölsorte und der Temperatur des Öls abhängt, wollen wir die Wärmeabgabezahl hier noch besonders für eine beliebige Zähigkeit des Öls anschreiben. Es ist

$$h_K = 9 \sqrt[4]{\frac{\vartheta}{L\eta}} \text{ Watt/°C m}^2, \qquad (213\text{b})$$

worin η in kg/sec m einzusetzen ist.

Für Öl, dessen Zähigkeit als Funktion der Öltemperatur in Abb. 283, Bd. I, angegeben ist, erhält man mit $L = 0{,}5$ m für verschiedene Übertemperaturen ϑ die in den ersten vier Zeilen der Zahlentafel 7 eingeschriebenen Wärmeabgabezahlen. Darunter sind die Abgabezahlen eingetragen, die erfahrungsgemäß nach Küchler [L 132] gelten. Die letzten beiden Zeilen geben die Wärmeabgabezahlen nach Vidmar [L 112, S. 320] an, die vorletzte für die den ersten vier Zeilen zugrunde liegende Höhe von $L = 0{,}5$ m, die letzte für $L = 0{,}15$ m, mit welcher

Durchschnittshöhe Vidmar rechnet. Schließlich finden wir in einem Aufsatz von Ghisler [L 134], daß die AEG mit einer Wärmeabgabezahl von 90 Watt/°C m² rechnet.

Bachmann [L 135] hat die L. Lorenzsche Formel [Gl. (451), Bd. I], die den Gl. (213a u. b) zugrunde liegt, experimentell nachgeprüft, wobei sich Unterschiede zwischen Rechnung und Versuch von etwa ±40% ergaben. Die Vidmarschen Werte für die Übergangszahl müssen wir daher wohl als zu klein bezeichnen. Im Durchschnitt können wir für die Wärmeabgabezahl an Öl etwa

$$h_K \approx 80 \text{ Watt/}^\circ\text{C m}^2 \tag{213}$$

setzen, wobei wir die Strahlung ganz vernachlässigen.

Bei Ermittlung der wärmeabgebenden Oberfläche sind natürlich die von festen Isolierstoffen, wie z. B. Hartpapierzwischenlagen, bedeckten Teile auszuscheiden. Flächen, die senkrechte Ölkanäle von mindestens 5 mm Breite begrenzen, kann man gewöhnlich als vollwertige Abkühlungsoberflächen rechnen.

Zahlentafel 7. Wärmeübergangszahlen in Watt/°C m² für Öl.

	Öl-temperatur in °C	Temperaturdifferenz ϑ zwischen Oberfläche und Öl in °C			
		5	10	20	30
Nach Gl. (213b)	30	64	76	90	100
mit	40	68	81	96	106
$L = 0{,}5$ m	50	71	85	101	112
	60	75	89	105	116
Nach Küchler	—	57	68	80	89
Nach Vidmar					
$L = 0{,}5$ m	—	7,1	14	28	42
$L = 0{,}15$ m	—	9,4	19	38	57

K. Beanspruchung und Wahl der Isolierung.

In diesem Abschnitt wollen wir einen Überblick über die wichtigsten elektrischen Eigenschaften der im Transformatorbau verwendeten Isolierstoffe bringen, die Berechnung der elektrischen Beanspruchungen zeigen und schließlich die Bemessung der Isolierwege angeben. Da es sich hier um ein Sondergebiet der Elektrotechnik, nämlich die elektrische Festigkeitslehre, handelt, müssen wir hinsichtlich der Grundlagen auf die hierüber vorliegenden Sonderwerke verweisen.

1. Die wichtigsten Eigenschaften der Isolierstoffe.

a. Dielektrizitätskonstanten. Bei den im Transformatorbau verwendeten Isolierstoffen schwankt die Dielektrizitätskonstante in weiten

Grenzen; sie ist von der Herstellung und der Vorbehandlung (z. B. Art der Trocknung) abhängig. Für die wichtigsten Stoffe ist sie in runden Zahlen in Zahlentafel 8 angegeben.

Zahlentafel 8. Durchschnittswerte der Dielektrizitätskonstanten, bezogen auf das Vakuum.

Luft	1
Transformatoröl	2 bis 2,5
Getrockneter ölgetränkter Preßspan	4,5 bis 5,5
Pertinax-Platten und -Rohre (Meirowsky & Co.)	4 bis 4,5
Manila-Papier	etwa 2
Mikanit	etwa 5
Porzellan	etwa 5

b. Durchschlagfestigkeit der Luft. Als Durchschlagfestigkeit bezeichnet man die elektrische Feldstärke, bei der der Durchbruch des Isolierstoffes erfolgt. Maßgebend für die Durchschlagfestigkeit von

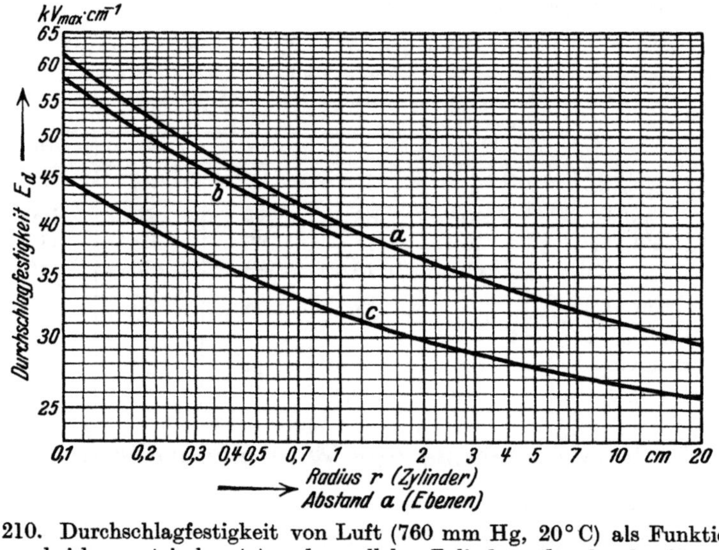

Abb. 210. Durchschlagfestigkeit von Luft (760 mm Hg, 20° C) als Funktion des Radius r bei konzentrischen (a) und parallelen Zylindern (b) oder des Abstandes a bei Ebenen (c). Nach Schwaiger [L 113, S. 134].

Gasen ist nicht der Effektivwert, sondern der Scheitelwert der elektrischen Feldstärke. Die Durchschlagfestigkeit ist hauptsächlich von der Elektrodenform und bei parallelen Platten von dem Abstand der Elektroden abhängig. In Abb. 210 ist die Durchschlagfestigkeit für die drei wichtigsten Fälle, konzentrische Zylinder (a), parallele Zylinder (b) und parallele Platten (c) als Funktion des Radius desjenigen Zylinders (bei konzentrischen Zylindern des innern), an dem die größte Feldstärke auftritt, bzw. als Funktion des Abstandes a der Platten dargestellt. Um den Effektivwert der Durchbruchfeldstärke bei sinusförmiger Kurvenform zu erhalten, sind die Werte der Abb. 210 durch 1,414 zu dividieren. Die Kurven gelten für einen Barometerstand von 760 mm Quecksilbersäule und eine Temperatur von 20° C. Für andere Luftdrucke und Temperaturen können die Kurvenwerte proportional der relativen Luftdichte

$$s = \frac{b}{760} \frac{293}{273 + t} \tag{214}$$

innerhalb der Grenzen $0{,}9 \leqq s \leqq 1{,}1$ umgerechnet werden. In dieser Gleichung ist b der Barometerstand in mm Quecksilbersäule und t die Temperatur in °C. Die Kurve b gilt auch für gekreuzte Zylinder [L 141, S. 28]. Für Zylinder parallel zur Ebene gilt angenähert die Kurve a für konzentrische Zylinder, d. h. die Durchschlagfestigkeit ist praktisch unabhängig vom Abstand der Elektroden [L 141, S. 29].

c. Durchschlagfestigkeit von Transformatoröl. Die Durchschlagfestigkeit von Transformatoröl sinkt mit dem Wassergehalt des Öls sehr schnell. Deshalb muß das Öl sorgfältig entfeuchtet werden. Auch die Durchschlagfestigkeit des Öls ist von der Elektrodenform und dem Abstand der Elektroden abhängig, sie wächst mit abnehmendem Krümmungsradius und abnehmendem Elektrodenabstand. Allgemeingültige Kurven lassen sich darüber nicht angeben; der Einfluß des Wassergehaltes des Öls scheint unter den praktisch in Frage kommenden Verhältnissen größer zu sein als der Einfluß der Elektrodenform. Als Durchschnittswert kann für gut entfeuchtete Transformatoröle mindestens 100 kV/cm (Effektivwert) gesetzt werden. Maßgebend ist hier jedoch nicht der Effektivwert der Feldstärke allein; auch Kurvenform und Frequenz haben einen Einfluß. Nach den Vorschriften des VDE [L 146, S. 28] soll die Durchschlagfestigkeit des gekochten oder zum Einfüllen vorbereiteten Öles 125 kV/cm und des dem im Betriebe befindlichen Transformator entnommenen Öles 80 kV/cm nicht unterschreiten.

d. Durchschlagfestigkeit einiger fester Stoffe. Bei den festen Isolierstoffen ist die Durchschlagfestigkeit von dem Effektivwert der Feldstärke abhängig. Es besteht außerdem eine starke Abhängigkeit von der Zeitdauer der Beanspruchung, der Temperatur und der Stärke des Isolierstoffes. Genaue Angaben über die Durchschlagfestigkeit der Isolierstoffe des Transformators lassen sich nicht machen. Untere Grenzwerte für Preßspan und Hartpapier können wir den Leitsätzen des VDE für die Prüfung von Tafelpreßspan (VDE 464), Hartpapierrohren (VDE 509) und Hartpapierplatten (VDE 510) entnehmen. Diese Werte sind in den Zahlentafeln 9 und 10 zusammengestellt. Für obere Grenzwerte von Hartpapier können etwa die in Zahlentafel 11 enthaltenen Angaben nach einer Druckschrift der Firma Meirowsky & Co.

dienen. Diese Werte gelten für Platten, quer zu den Schichten in Öl; parallel zu den Schichten beträgt die Durchschlagfestigkeit nur $^1/_{10}$ dieser Werte. Für Hartpapierrohre ist die Durchschlagfestigkeit etwa 0,75 von der für Platten.

Zahlentafel 9. Mindestwerte der Durchschlagfestigkeit in kV/cm von Tafelpreßspan nach VDE 464 bei einer Prüfdauer von etwa 5 sec nach allmälicher Steigerung der Prüfspannung.

Dicke in mm	Preßspan getrocknet	Preßspan in Öl von 75° C	Edelpreßspan getrocknet
0,2 bis 0,5	90 bis 100	450 bis 460	115 bis 132
0,6 „ 0,8	100	434 „ 400	133 „ 125
1	100	370	130
2	80	280	115

Zahlentafel 10. Mindestwerte der Durchschlagfestigkeit in kV/cm von Hartpapier nach VDE 509 und 510 bei einer Prüfdauer von 5 min.

Dicke in mm	Rohre in Öl 20° C	Rohre in Öl 90° C	Platten in Öl 20° C	Platten in Öl 90° C
1	150	120	230	115
2	125	100	210	105
3	100	80	183	92

Zahlentafel 11. Durchschnittswerte der Durchschlagfestigkeit in kV/cm für Pertinaxplatten der Firma Meirowsky & Co, quer zu den Schichten in Öl.

Parallel zu den Schichten etwa das 0,1-fache; für Rohre etwa das 0,75-fache.

Dicke in mm	Prüfdauer 1 min 20° C	Prüfdauer 1 min 90° C	Prüfdauer 30 min 20° C	Prüfdauer 30 min 90° C	Zulässige Dauerbeanspruchung
3	217	133	130	80	20 kV/cm
5	180	120	110	70	
10	150	95	85	56	
15	120	80	70	45	

Als Durchschnittswerte für die Durchschlagfestigkeit von Mikanit und Porzellan finden wir in der Literatur etwa 250 kV/cm.

Wesentlich höhere Werte der Durchschlagfestigkeit ergeben sich für Kondensatorpapier von 0,03 bis 0,1 mm Stärke, wie es auch zur Isolierung von Drähten verwendet wird. Nach Stäger [L 144, S. 169] soll die Durchschlagfestigkeit solchen Papiers bei einer Prüfdauer von 1 min 1000 bis 2500 kV/cm betragen. Eine Drahtisolierung mit drei Lagen Papier, bei einer Durchmesserzunahme durch die Isolierung von

0,22 mm, hält unter Öl eine Isolationsprobe mit etwa 20 kV zwischen benachbarten Leitern während einer Minute aus.

2. Die elektrische Beanspruchung.

a. Die Durchschlagspannung. Die Stärke der Isolierung der Wicklungen gegeneinander und der Wicklung gegen Eisen richtet sich hauptsächlich nach der Prüfspannung, die durch § 47, Tafel VII der RET 1930 vorgeschrieben ist. Bei der Wicklungsprobe (vgl. Abschn. G 4a) bildet die zu prüfende Wicklung die eine, alle andern Wicklungen und das Eisen zusammen die andere Elektrode.

Für die Spannung U_d zwischen zwei Elektroden, die sog. Durchschlagspannung, bei der der Durchschlag des Isolierstoffes auftritt, können wir nach Schwaiger [L 141] bei einem homogenen Isolierstoff

$$U_d = \eta \delta E_d \tag{215}$$

setzen. Darin bedeuten E_d die Durchschlagfestigkeit und δ den kleinsten Abstand der Oberflächen der Elektroden. η ist der Ausnutzungsfaktor der Anordnung, der bei homogenem Feld gleich 1, in allen andern Fällen aber kleiner als 1 ist. Wir werden diesen Ausnutzungsfaktor für die grundsätzlichen Elektrodenformen, die für Transformatoren in Frage kommen, in den folgenden Abschnitten angeben, wobei wir die Randwirkung zunächst außer acht lassen und die Oberflächen der Wicklungen durch glatte Oberflächen ersetzen. Mit diesen Voraussetzungen würde bei der Scheibenwicklung der Faktor η für die Prüfung der Oberspannungswicklung gegen die Unterspannungswicklung gleich 1 sein, wenn wir den Einfluß der Eisennähe auf das elektrische Feld außer acht ließen.

b. Die grundsätzlichen Elektrodenformen. Bei der Spannungsprüfung zwischen Unter- und Oberspannungswicklung haben wir für Zylinderwicklungen den Fall zweier konzentrischer Zylinder (Abb. 211a). Die Feldstärke auf dem Kreisumfang vom Radius r, wobei $r_1 \leqq r \leqq r_1 + \delta$, ist

$$E_r = \frac{U}{r \ln \frac{r_1 + \delta}{r_1}}, \tag{216a}$$

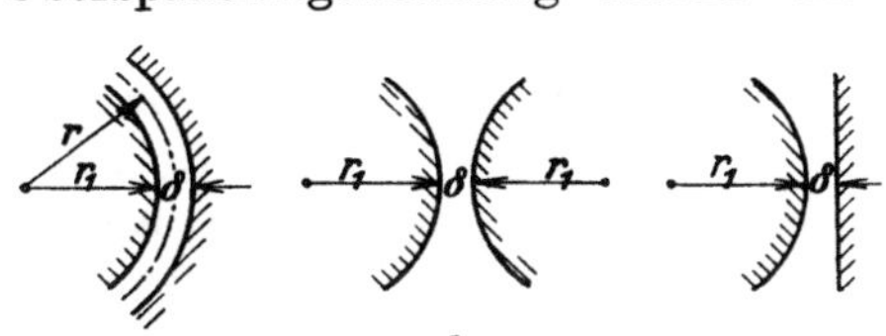

Abb. 211a bis c. Grundsätzliche Elektrodenformen.

wenn U die Spannung zwischen den beiden Zylindern ist. Die größte Feldstärke tritt also am äußern Umfang des innern Zylinders ($r = r_1$) auf. Damit ergibt sich die Durchschlagspannung zu

$$U_d = E_d r_1 \ln \frac{r_1 + \delta}{r_1} \tag{216b}$$

oder mit Gl. (215) der Ausnutzungsfaktor

$$\eta = \frac{r_1}{\delta} \ln\left(1 + \frac{\delta}{r_1}\right). \tag{216}$$

Die Kurve a in Abb. 212 stellt η als Funktion von δ/r_1 dar. In praktischen Fällen ist δ/r_1 selten größer als 0,2. Wir können dann setzen

$$\ln\left(1 + \frac{\delta}{r_1}\right) = \frac{\delta}{r_1} - \frac{1}{2}\left(\frac{\delta}{r_1}\right)^2 + \frac{1}{3}\left(\frac{\delta}{r_1}\right)^3 - + \cdots \approx \frac{\delta}{r_1}\left(1 - \frac{1}{2}\frac{\delta}{r_1}\right) \tag{217a}$$

und erhalten

$$\eta \approx 1 - \frac{1}{2}\frac{\delta}{r_1}. \tag{217}$$

Die äußern Oberflächen der Oberspannungswicklungen zweier Kerne bilden zwei parallele nebeneinander liegende Zylinder mit gleichen Radien r_1 (Abb. 211b). In diesem Fall ergibt sich für die Feldstärke kein so einfacher Ausdruck wie für konzentrische Zylinder. Wir schreiben deshalb den Ausdruck [L 141, Gl. (86)] hier nicht an. Die Kurve b in Abb. 212 zeigt die Abhängigkeit des Ausnutzungsfaktors von dem Verhältnis δ/r_1.

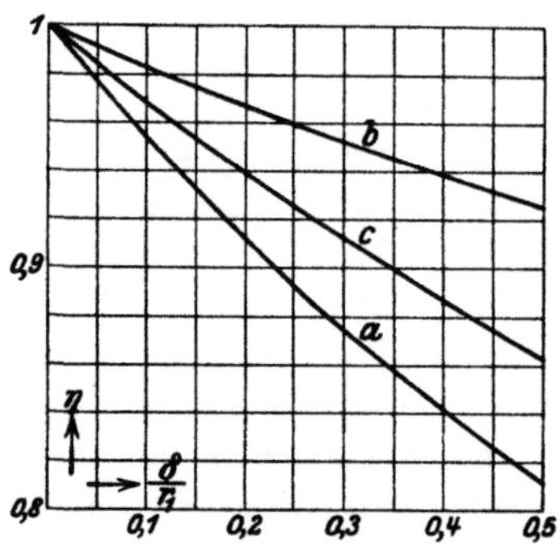

Abb. 212. Ausnutzungsfaktor η bei den Elektrodenformen in Abb. 211a bis c.

Schließlich hat noch der in Abb. 211c dargestellte Fall, Zylinder parallel zur Ebene, praktische Bedeutung, wobei der Zylinder der Oberspannungswicklung, die Ebene einer glatten Kesselwand entspricht. Hier haben wir dieselbe Verteilung der Feldstärke wie bei der Anordnung in Abb. 211b, wenn in Abb. 211c der Abstand halb so groß ist wie in Abb. 211b. Für diesen Fall stellt die Kurve c in Abb. 212 den Ausnutzungsfaktor η als Funktion des Verhältnisses δ/r_1 dar.

Aus Abb. 212 erkennen wir, daß für die praktisch in Frage kommenden Verhältnisse δ/r_1 der grundsätzlichen Elektrodenformen η nicht wesentlich von der Einheit abweicht.

c. Einfluß der Randwirkung. Die Oberflächen der im Abschn. b angenommenen Elektroden sind im allgemeinen nicht glatt, sondern durch die Leiter, aus denen sich die Wicklung zusammensetzt, oder durch die Wellen bei einem Wellblechkessel mehr oder weniger uneben. Durch diese praktisch vorkommenden Unebenheiten wird der Ausnutzungsfaktor der Anordnung etwas verschlechtert. Der Einfluß läßt sich in jedem Fall an Hand von Feldbildern angenähert ermitteln.

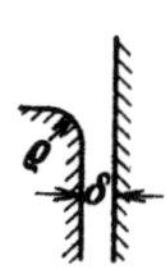

Abb. 213. Abgerundete Elektrode.

Viel mehr macht sich der Einfluß der Feldverteilung an den Rändern der Wicklungen und der Konstruktionsteile bemerkbar. Mit

Hilfe der konformen Abbildung hat Dreyfus [L 148] unter gewissen Voraussetzungen den Einfluß des Krümmungsradius bei der in Abb. 213 dargestellten Anordnung auf den Ausnutzungsfaktor η untersucht. In Abb. 214 ist dieser Faktor als Funktion des Verhältnisses δ/ϱ dargestellt. Andere Randformen, wie sie bei praktischer Ausführung vorkommen, sind bei Dreyfus ebenfalls behandelt.

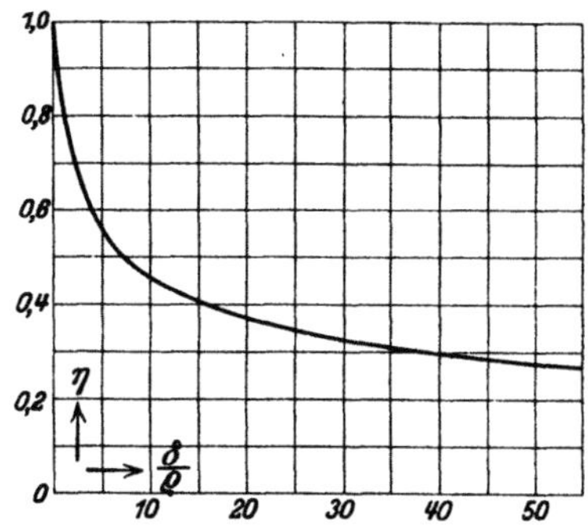

Abb. 214. Ausnutzungsfaktor für die Elektroden in Abb. 213.

Besondere Beachtung verdienen die mehr oder weniger scharfen Kanten an den Konstruktionsteilen. Die Feldstärke wird an diesen Stellen sehr groß. Die Erfahrung zeigt, daß dann auch die Durchschlagfestigkeit an diesen Stellen mit abnehmendem Krümmungsradius so schnell ansteigt, daß die Gefahr des Durchschlags gemildert wird. Trotzdem empfiehlt es sich, bei hohen Spannungen die scharfen Kanten möglichst zu vermeiden oder abzuschirmen.

3. Zusammengesetzte Isolierstoffe.

a. Der Raum zwischen den Wicklungen. In der Regel besteht die Isolierung aus mindestens zwei in Reihe geschalteten Stoffen mit verschiedenen Dielektrizitätskonstanten ε, beispielsweise aus Luft und Papier oder Öl und Papier. Die wichtigste Anordnung bei Zylinderwicklung ist in Abb. 215 dargestellt.

Denken wir uns an der Grenzwand der beiden Isolierstoffe 1 und 2 eine Metallschicht, so können wir für die Kapazität der beiden so gebildeten Kondensatoren

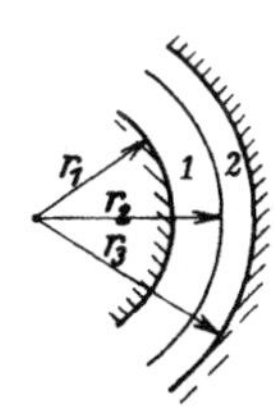
Abb. 215. Zylinderwicklung mit den Isolierstoffen *1* und *2*.

$$K_1 = \frac{\varepsilon_1 l}{2 \ln \frac{r_2}{r_1}} \quad \text{und} \quad K_2 = \frac{\varepsilon_2 l}{2 \ln \frac{r_3}{r_2}} \qquad (218\,\text{a u. b})$$

schreiben, wenn ε_1 und ε_2 die Dielektrizitätskonstanten der beiden Isolierstoffe bezeichnen und l die axiale Länge der Zylinderwicklung ist. Die gesamte Spannung U zwischen den beiden Wicklungen wird durch die gedachte Metallschicht in die beiden Spannungen

$$U_1 = U \frac{K_2}{K_1 + K_2} = \frac{\varepsilon_2 \ln \frac{r_2}{r_1}}{\varepsilon_1 \ln \frac{r_3}{r_2} + \varepsilon_2 \ln \frac{r_2}{r_1}} U \qquad (219\,\text{a})$$

und

$$U_2 = U \frac{K_1}{K_1 + K_2} = \frac{\varepsilon_1 \ln \frac{r_3}{r_2}}{\varepsilon_1 \ln \frac{r_3}{r_2} + \varepsilon_2 \ln \frac{r_2}{r_1}} U \tag{219b}$$

aufgeteilt. Die größte elektrische Beanspruchung tritt im Isolierstoff 1 am Umfang mit dem Radius r_1, im Isolierstoff 2 am Umfang mit dem Radius r_2 auf. Diese Beanspruchungen betragen

$$E_1 = \frac{U_1}{r_1 \ln \frac{r_2}{r_1}} = \frac{\varepsilon_2}{r_1} \frac{U}{\varepsilon_1 \ln \frac{r_3}{r_2} + \varepsilon_2 \ln \frac{r_2}{r_1}} \tag{220a}$$

und

$$E_2 = \frac{U_2}{r_2 \ln \frac{r_3}{r_2}} = \frac{\varepsilon_1}{r_2} \frac{U}{\varepsilon_1 \ln \frac{r_3}{r_2} + \varepsilon_2 \ln \frac{r_2}{r_1}}. \tag{220b}$$

Die relative Dielektrizitätskonstante ist für Luft gleich 1 und liegt für Öl etwa zwischen 2 und 2,5, für Pertinaxrohre zwischen 4 und 5. Da das Verhältnis r_2/r_1 fast in allen praktischen Fällen kleiner als 1,2 ist, so wird der flüssige oder gasförmige Isolierstoff elektrisch immer stärker beansprucht als der feste Isolierzylinder, mit dem er in Reihe geschaltet ist, gleichgültig ob der feste Isolierzylinder den Raum 1 oder 2 ausfüllt.

Zuweilen liegt der feste Isolierzylinder nicht an einer Wicklung an, sondern wird von beiden Seiten von Luft oder Öl umspült. In diesem Fall ergeben sich die größten Feldstärken am innern Rand des Luft- oder Ölraums und am innern Rand des Papierzylinders. Sie sind den innern Radien umgekehrt proportional und der Dielektrizitätskonstanten des andern Isolierstoffs proportional.

b. Bemessung der Isolierung. Wegen der Kleinheit der Dicke der Isolierschicht ist das Verhältnis der Radien des äußern und des innern Umfangs der Isolierschicht in der Regel nur wenig von 1 verschieden. Setzen wir r_1, r_2 und r_3 gleich ∞ und bezeichnen mit δ_1 die Dicke der inneren Isolierschicht 1 und mit δ_2 die der äußern 2 in Abb. 215, so gehen die Gl. (220a u. b) mit Gl. (217a) über in

$$E_1 = \frac{\varepsilon_2}{\varepsilon_1 \delta_2 + \varepsilon_2 \delta_1} U, \qquad E_2 = \frac{\varepsilon_1}{\varepsilon_1 \delta_2 + \varepsilon_2 \delta_1} U. \tag{221 a u. b}$$

Nehmen wir an, daß der Isolierstoff 1 der gasförmige oder flüssige (Zeiger o), der Isolierstoff 2 der feste (Zeiger f) ist und setzen zur Abkürzung

$$\varepsilon = \frac{\varepsilon_2}{\varepsilon_1} = \frac{\varepsilon_f}{\varepsilon_o} \tag{222}$$

und für U die Prüfspannung U_P, so lauten die Gl. (221 a u. b)

$$E_o = \frac{\varepsilon}{\delta_f + \varepsilon\,\delta_o} U_P , \qquad E_f = \frac{1}{\delta_f + \varepsilon\,\delta_o} U_P . \qquad (222\,\text{a u. b})$$

Nach diesen vereinfachten Gleichungen, die für die meisten praktischen Fälle genügend genau sind, können wir die Isolierung zwischen den beiden Wicklungen bemessen. Die Feldstärke im Isolierstoff mit der kleineren Dielektrizitätskonstante ist also immer größer als die im andern Isolierstoff. Der für die Isolierung hauptsächlich in Frage kommende feste Isolierstoff, Hartpapier oder Preßspan, hat gewöhnlich eine größere Dielektrizitätskonstante als Öl oder Luft. Das Verhältnis ε der Dielektrizitätskonstanten von Pertinax und Öl ist etwa 1,5 bis 2. Das Öl wird also elektrisch etwa 1,5- bis 2mal so stark beansprucht als der Papierzylinder.

Nehmen wir nun die gesamte Breite der Isolierschicht zwischen den Wicklungen

$$\delta = \delta_o + \delta_f \qquad (223\,\text{a})$$

als gegeben an, so erhalten wir

$$\frac{E_o}{U_P}\,\delta = \frac{\varepsilon}{\varepsilon - (\varepsilon - 1)\dfrac{\delta_f}{\delta}} , \qquad \frac{E_f}{U_P}\,\delta = \frac{1}{\varepsilon - (\varepsilon - 1)\dfrac{\delta_f}{\delta}} . \qquad (223\,\text{b u. c})$$

In Abb. 216 ist $\frac{E_o}{U_P}\,\delta$ für verschiedene Werte von $\varepsilon = \frac{\varepsilon_f}{\varepsilon_o}$ als Funktion des Verhältnisses δ_f/δ aufgetragen. Die Feldstärke E_f im festen Isolierstoff ist nach Gl. (223 b u. c) der im Öl proportional. Die Kurven lassen erkennen, daß bei Ungleichheit der Dielektrizitätskonstanten und vorgeschriebener gesamter Dicke δ der Isolierschicht zwischen den Wicklungen die Isolierung des Stoffes mit der größeren Dielektrizitätskonstanten (hier Hartpapier) so dünn wie möglich zu bemessen ist, also lediglich mit Rücksicht auf mechanische Festigkeit oder Herstellung.

Setzen wir diese kleinste zulässige Stärke des Isolierzylinders als gegeben voraus und beachten Gl. (223 a), so läßt sich Gl. (223 b) überführen in

$$\frac{E_o}{U_P}\,\delta_f = \frac{\varepsilon}{\varepsilon\dfrac{\delta_o}{\delta_f} + 1} . \qquad (224)$$

$\frac{E_o}{U_P}\,\delta_f$ ist in Abb. 217 aufgetragen und zeigt, wie bei konstantem δ_f mit wachsendem δ_o/δ_f die elektrische Beanspruchung E_o im Öl abnimmt. Ihr proportional ist nach Gl. (223 b u. c) die Beanspruchung E_f im Papierzylinder.

Lösen wir Gl. (223b) nach δ auf, so erhalten wir

$$\delta = \frac{U_P}{E_o} + \frac{\varepsilon - 1}{\varepsilon}\,\delta_f \tag{225}$$

und können hieraus bei angenommener Dicke δ_f des Isolierzylinders den Gesamtabstand δ zwischen den Wicklungen berechnen.

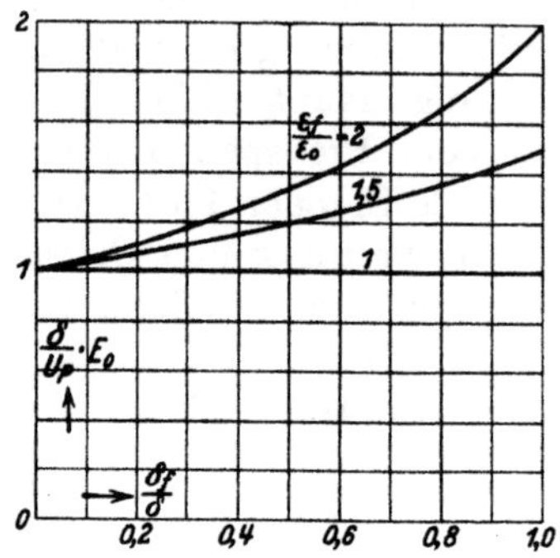

Abb. 216.

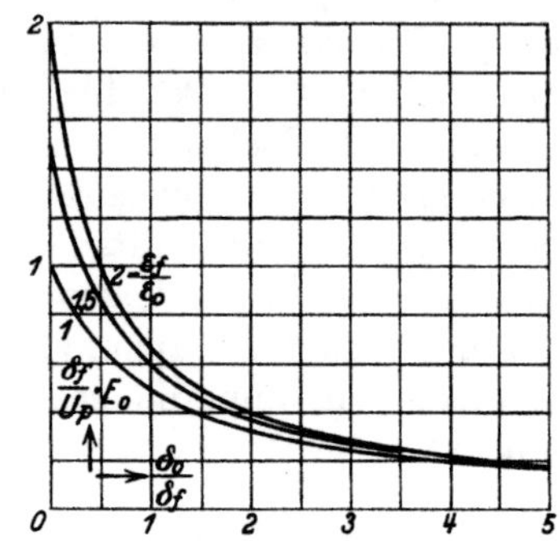

Abb. 217.

Abb. 216 u. 217. Elektrische Beanspruchung E_o in der Ölschicht für verschiedene Verhältnisse $\varepsilon_f/\varepsilon_o$ der Dielektrizitätskonstanten.

Abb. 216 $\delta = \delta_o + \delta_f = \text{const}$, δ_f veränderlich. Abb. 217 $\delta_f = \text{const}$, δ_o veränderlich; δ_o = Dicke der Ölschicht, δ_f = Dicke des festen Isolierstoffs.

In dieser Gleichung ist für E_o die zulässige größte elektrische Feldstärke in Öl einzusetzen. Bezeichnet E_{do} die Durchschlagfestigkeit des Öls, η_o den Ausnutzungsfaktor und σ_o den Sicherheitsgrad, so ist zu setzen

$$E_o = \frac{\eta_o}{\sigma_o} E_{do}\,. \tag{226}$$

c. Praktische Bemessung der Isolierwege. Wir beschränken uns in diesem Abschnitt auf den Öltransformator, weil der Trockentransformator heute nur noch für kleine Leistungen und Spannungen ausgeführt wird und unsere Überlegungen auf den Trockentransformator leicht übertragen werden können.

Gl. (225) in Verbindung mit Gl. (226) ist der Ausgangspunkt für die Bemessung der Isolierung zwischen Unter- und Oberspannungswicklung. Setzen wir für die Durchschlagfestigkeit von Öl $E_{do} = 80$ kV/cm (Abschn. 1c), für den Ausnutzungsfaktor $\eta_o = 0{,}85$ und für den Sicherheitsgrad $\sigma_o = 1{,}4$, so erhalten wir für die zulässige Beanspruchung des Öls nach Gl. (226)

$$E_o = \frac{0{,}85}{1{,}4}\,80 = 48{,}5\,\text{kV/cm}\,. \tag{227}$$

Damit können wir nach Gl. (225) den Abstand δ zwischen Unter- und Oberspannungswicklung berechnen, wenn wir δ_f annehmen und das Verhältnis ε zwischen den Dielektrizitätskonstanten des festen Isolierzylinders und des Öls gegeben ist.

Wir haben im Abschn. b gezeigt, daß die Dicke des festen Isolierzylinders so klein zu bemessen ist, wie es mit Rücksicht auf mechanische Festigkeit noch zulässig ist. Dabei war jedoch vorausgesetzt, daß das Öl vollkommen homogen sei und keine Verunreinigungen enthält. Durch solche Verunreinigungen kann die Feldverteilung, die bei homogenem Öl vorhanden ist, gestört werden. Die Verunreinigungen haben gewöhnlich eine höhere Dielektrizitätskonstante als das Öl; sie wandern

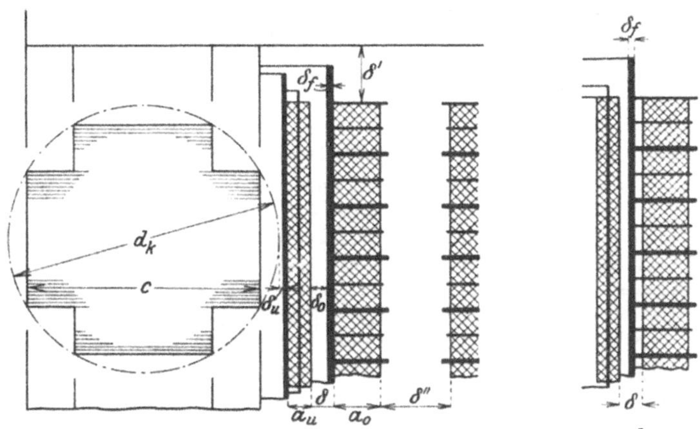

Abb. 218a u. b. Bezeichnung der Abmessungen bei Zylinderwicklung; a) mit am Isolierzylinder anliegender Oberspannungswicklung, b) mit Kühlkanal zwischen Isolierzylinder und Oberspannungswicklung.

an die Stellen größter Feldstärke und bilden dort mehr oder weniger gut leitende Brücken. Zur Unterbrechung dieser Brücken dient der feste Isolierstoff zwischen den Elektroden. Nehmen wir den ungünstigsten Fall an, daß die Brücken vollkommen leitend sind und nur eine einzige Ölschicht vorhanden ist (vgl. Abb. 218a), so müßte der feste Isolierstoff bei der Wicklungsprobe die volle Prüfspannung, im Betriebe die an den betreffenden Stellen herrschende Spannung aushalten, die in der Regel aber wesentlich kleiner ist als die verkettete Nenn-Oberspannung. Mit Rücksicht auf etwa vorhandene Verunreinigungen im Öl empfiehlt es sich daher, die Wandstärke des Isolierzylinders nicht zu klein zu bemessen.

Damit die Brücken der Verunreinigungen des Öls möglichst wenig zur Geltung kommen, können mehrere Ölschichten angeordnet werden. So erhält man bei einem einzigen festen Isolierzylinder zwei Ölschichten, wenn man den Isolierzylinder nicht unmittelbar an der Oberspannungswicklung anliegen läßt (Abb. 218a), sondern ihn etwa in der Mitte der beiden Wicklungen anordnet, wie es in Abb. 218b dargestellt ist. Bei Höchstspannungs-Transformatoren werden zu demselben Zweck mehrere feste konzentrische Isolierzylinder angeordnet (vgl. Abb. 180).

In den Zahlentafeln 12 und 13 sind für die Oberspannungen, die für Einheitstransformatoren in Frage kommen, die Bemessung der Isolierschichten zwischen den Wicklungen und die dabei auftretenden elektrischen Beanspruchungen nach zwei verschiedenen Gesichtspunkten zusammengestellt. In Zahlentafel 12 ist die Dicke des Isolierzylinders möglichst klein bemessen; in Zahlentafel 13 ist sie so bemessen, daß bei einer leitenden Überbrückung der Ölschicht die Beanspruchung des festen Isolierstoffes bei der Wicklungsprobe der Oberspannungswicklung etwa 100 kV/cm beträgt. Die Beanspruchungen ergeben sich nach Gl. (222a und b).

Zahlentafel 12. Auftretende Feldstärken bei verhältnismäßig kleinen Dicken δ_f des festen Isolierzylinders.

Einheiten kV und cm.

U_N	U_P	δ_f	δ	δ_0	E_0	E_f	E_f'	E_0''	E_f''	δ/U_N
6	25	0,2	0,6	0,4	50,0	25,0	125 (30)	83,2	41,6	0,100
10	32,5	0,2	0,8	0,6	46,4	23,2	162 (50)	81,2	40,6	0,080
15	41,3	0,3	1,0	0,7	48,6	24,3	137 (50)	82,6	41,3	0,067
20	50	0,3	1,2	0,9	47,5	23,8	167 (67)	83,4	41,7	0,060

Zahlentafel 13. Auftretende Feldstärken, wenn δ_f so bemessen, daß bei leitender Überbrückung der Ölschicht die Feldstärke E_f' im festen Isolierzylinder etwa 100 kV/cm ist.

Einheiten: kV und cm.

U_N	U_P	δ_f	δ	δ_0	E_0	E_f	E_f'	δ/U_N
6	25	0,25	0,6	0,35	52,5	26,3	100 (24,0)	0,100
10	32,5	0,3	0,8	0,5	50,0	25,0	108 (33,4)	0,080
15	41,3	0,4	1,1	0,7	45,9	23,0	103 (37,5)	0,073
20	50	0,5	1,3	0,8	47,5	23,8	100 (40,0)	0,065

In diesen Tafeln bedeuten U_N die Nennspannung der Oberspannungswicklung, U_P die Prüfspannung nach Tafel VII der RET 1930. Mit den eingetragenen Dicken δ_f des festen Isolierzylinders ergibt sich nach Gl. (225) mit $E_0 = 48{,}5$ kV/cm [nach Gl. (226) und (227)] und $\varepsilon = \varepsilon_f/\varepsilon_0 = 2$ die gesamte Stärke δ der Isolierschicht zwischen den Wicklungen, die auf ein glattes Maß abgerundet ist. E_0 und E_f in Zahlentafel 12 und 13 sind die mit den abgerundeten Werten von

δ und δ_o berechneten Feldstärken im Öl und im festen Isolierstoff bei der Wicklungsprobe. E_f' ist die Beanspruchung des festen Isolierstoffes, wenn die Ölschicht durch Verunreinigungen leitend überbrückt ist; die eingeklammerten Werte gelten für die Wicklungsprobe mit Nennspannung U_N. Die Werte E_f' liegen bei den Werten δ_f der Zahlentafel 12 so hoch, daß ein Durchschlag des festen Isolierstoffes bei der Wicklungsprobe wahrscheinlich ist, während in Zahlentafel 13 die Werte δ_f so angenommen wurden, daß der feste Isolierstoff mit etwa 100 kV/cm beansprucht wird, dem er wahrscheinlich bei der kurzen Prüfdauer noch gewachsen ist. E_o'' und E_f'' sind schließlich die Feldstärken im Öl und im festen Isolierstoff, wenn dieser in der Mitte der Wicklungen angeordnet ist (Abb. 218b) und nur eine der beiden so gebildeten Ölschichten leitend überbrückt ist.

Je nach dem Grade der gewünschten Sicherheit wird die Isolierung zwischen den beiden Wicklungen etwa nach Zahlentafel 12 oder 13 zu bemessen sein, wenn man nicht aus Gründen der Kühlung oder zur Erreichung einer genügend großen relativen Nenn-Kurzschlußspannung größere Werte für δ_o annehmen will.

In den Zahlentafeln 12 und 13 ist in der letzten Spalte noch der auf die Nenn-Oberspannung bezogene Abstand δ zwischen Unter- und Oberspannungswicklung angegeben. Diese Werte ändern sich nach Gl. (225) nicht mehr wesentlich mit größeren Nenn-Oberspannungen als 20 kV; man kann für $U_N \geqq 20$ kV etwa annehmen

$$0{,}06\,\frac{\text{cm}}{\text{kV}} \lessapprox \frac{\delta}{U_N} \lessapprox 0{,}07\,\frac{\text{cm}}{\text{kV}}. \tag{228}$$

Für den Abstand δ' (Abb. 218a) zwischen Oberspannungswicklung und Joch oder einer etwa vorhandenen und mit dem Joch leitend verbundenen metallenen Preßplatte kann man mit Rücksicht auf die mehr oder weniger scharfen Kanten der Joche und die notwendigen Kriechwege etwa setzen

$$2 \lessapprox \frac{\delta'}{\delta} \lessapprox 2{,}5, \tag{229}$$

für den Abstand δ'' (Abb. 218a) zwischen den Oberspannungswicklungen auf verschiedenen Kernen und auch für die kleinsten Abstände der Oberspannungswicklung von der Kesselwand kann man etwa setzen

$$\delta'' \gtrapprox 2{,}5\,\delta. \tag{230}$$

In der letzten Gleichung für die Abstände δ'' ist angenommen, daß keine festen Isolierstoffe zwischen den Oberspannungswicklungen und zwischen Oberspannungswicklung und Kesselwand liegen, und es sind Ungenauigkeiten in den radialen Abmessungen bei Herstellung der Oberspannungswicklung und in den Abständen von der Kesselwand, die beim Einbau des Transformator auftreten können, berücksichtigt. Wenn Isolierwände eingebaut sind, können die Abstände δ'' bis auf etwa $1{,}5\,\delta$ verringert werden.

Die Angaben über δ' und δ'' [Gl. (229) und (230)] setzen voraus, daß δ nur mit Rücksicht auf elektrische Festigkeit bemessen ist [etwa nach Gl. (228)]. Ist der Abstand δ mit Rücksicht auf die Nenn-Kurzschlußspannung und auf genügend breite Kühlkanäle vergrößert, so haben die Gl. (229) und (230) keine Gültigkeit mehr.

Wegen der übrigen Bemessung der Isolierung sei auf Abschn. H 2 verwiesen.

L. Entwurf.

1. Hauptabmessungen.

a. Querschnitt des Eisenkerns. Im Abschn. B 1d hatten wir für den relativen Blindspannungsverlust bei Nennstrom die Gleichung

$$\varepsilon_b = \frac{N_s^1}{f\Phi^2}\Lambda' \tag{231}$$

abgeleitet [Gl. (86)], worin die Leistung N_s^1 eines bewickelten Kernes in Watt, der Kernfluß Φ in Maxwell, die Frequenz f in Hz und Λ' in cm einzusetzen sind. Die Größe Λ' ist dem für die Berechnung der Streuinduktivität maßgebenden ideellen Leitwert des Streuflusses proportional und durch Gl. (86a) für Scheibenwicklung, durch Gl. (86b) für Zylinderwicklung gegeben.

Lösen wir Gl. (231) nach Φ auf und dividieren durch die Kerninduktion B_K in Gauß, so erhalten wir den Querschnitt des Eisenkerns zu

$$q_K = \frac{\Phi}{B_K} = C\sqrt{\frac{N_s^1}{f}}\ \text{cm}^2, \tag{232}$$

worin zur Abkürzung

$$C = \frac{1}{B_K}\sqrt{\frac{\Lambda'}{\varepsilon_b}} \tag{232a}$$

gesetzt ist.

Zu dem Faktor C in Gl. (232) können wir auch auf folgendem Wege gelangen. Die Leistung eines Kerns ist

$$N_s^1 = E_1 J_1 = \sqrt{2}\,\pi f \Phi w_1 J_1 = \sqrt{2}\,\pi f \Phi^2 \frac{w_1 J_1}{\Phi}. \tag{233}$$

Daraus erhalten wir

$$q_K = \frac{\Phi}{B_K} = C\sqrt{\frac{N_s^1}{f}}, \tag{234}$$

worin

$$C = \frac{1}{\sqrt[4]{2}\sqrt{\pi}\,B_K}\sqrt{\frac{\Phi}{w_1 J_1}} = \frac{0{,}474}{B_K}\sqrt{\frac{\Phi}{w_1 J_1}} \tag{234a}$$

ist. Bei denselben elektromagnetischen Beanspruchungen ist $\Phi/w_1 J_1$ dem Verhältnis von Eisenkernquerschnitt zu gesamtem Querschnitt des Wicklungsmetalls der Primärwicklung eines Kerns proportional.

Der Faktor C schwankt bei ausgeführten günstig entworfenen Transformatoren nur innerhalb enger Grenzen. Bei geometrisch ähnlich gebauten Transformatoren mit derselben Kerninduktion und derselben Frequenz wäre C nach Gl. (232a) und Gl. (272b) u. (273d) konstant, und bei demselben Transformator, derselben Induktion, aber verschiedener Frequenz ist C ebenfalls konstant, weil die Leistung dann proportional der Frequenz ist. Wir können zur Bestimmung des Kernquerschnitts von vornherein C abschätzen, unabhängig von der Wicklungsart, der Frequenz und der Leistung N_s^1 eines bewickelten Kerns. Um den Einfluß der Bauart des Transformators auf den Kernquerschnitt zum Ausdruck zu bringen, ersetzen wir in Gl. (232) die Leistung N_s^1 durch die gesamte Nennleistung N_s des Transformators, die gleich dem Produkt aus der Zahl der bewickelten Kerne und der Leistung N_s^1 ist. Wir erhalten dann für

einphasige Manteltransformatoren $$q_K = C\sqrt{\frac{N_s}{f}}, \tag{235a}$$

einphasige Kerntransformatoren $$q_K = C\sqrt{\frac{N_s}{2f}} = \frac{C}{\sqrt{2}}\sqrt{\frac{N_s}{f}}, \tag{235b}$$

dreiphasige Mantel- oder Kerntransformatoren

$$q_K = C\sqrt{\frac{N_s}{3f}} = \frac{C}{\sqrt{3}}\sqrt{\frac{N_s}{f}}. \tag{235c}$$

Bei derselben Leistung und Frequenz verhalten sich hiernach die Kernquerschnitte von einphasigen Mantel-, einphasigen Kern- und dreiphasigen Mantel- oder Kern-Transformatoren wie

$$1 : 0{,}707 : 0{,}578. \tag{235}$$

Im übrigen ändert sich der Kernquerschnitt proportional mit der Quadratwurzel aus der Leistung und umgekehrt proportional mit der Quadratwurzel aus der Frequenz.

In der Größe des Faktors C kommt zum Ausdruck, ob der Transformator schlank oder gedrungen gebaut ist. Kleine Werte von C ergeben kleine Eisenquerschnitte und damit schlankere Transformatoren, größere Werte von C gedrungenere Transformatoren. Um den Wert des Faktors C zu ermitteln, können wir ihn aus den Angaben ausgeführter Transformatoren nach den Gl. (235a bis c) berechnen. Dabei zeigt sich, daß neuere Transformatoren kleinere Werte für C haben als ältere Transformatoren, was auf die Herstellung und Verwendung von Blechen mit kleinerer Verlustziffer zurückzuführen ist.

Zur Berechnung des Faktors C für ältere Transformatoren bieten die zahlreichen Ausführungsbeispiele, die in dem Buch von Arnold „Die Transformatoren" [L 151] enthalten sind, eine gute Grundlage. Es handelt sich hierbei um einphasige Kern- und dreiphasige Kern- und Manteltransformatoren, von Leistungen zwischen den Grenzen 21 und 5500 kVA und Frequenzen von 15 bis 50 Hz. Als Durchschnittswert erhält man $C \approx 8\ \mathrm{cm}^2\ \mathrm{Joule}^{-\frac{1}{4}}$. Für die meisten dieser Transformatoren liegt C zwischen 7,5 und 8,5 $\mathrm{cm}^2\ \mathrm{Joule}^{-\frac{1}{4}}$; nur bei wenigen Transformatoren streut der Wert für C bis 5,9 nach unten und 10,6 nach oben.

Für neuere Transformatoren ergibt sich der günstigste Entwurf für Werte von C, die etwa zwischen den Grenzen

$$4\ \mathrm{cm}^2\ \mathrm{Joule}^{-\frac{1}{4}} \lessapprox C \lessapprox 6\ \mathrm{cm}^2\ \mathrm{Joule}^{-\frac{1}{4}} \tag{236}$$

liegen, wobei für Einheitstransformatoren die größeren Werte in der Regel für kleinere Transformatoren gelten. Bei sehr großen Transformatoren wird C häufig größer gewählt, bis zu etwa $C = 8\ \mathrm{cm}^2\ \mathrm{Joule}^{-\frac{1}{4}}$, um mit Rücksicht auf den Transport durch die Eisenbahn eine kleinere Bauhöhe zu erhalten (vgl. Abb. 227). Mit wachsender Verlustziffer der Bleche wächst auch C.

b. Die Längenabmessungen. Gewöhnlich sind die Leerlaufverluste des Transformators vorgeschrieben, wie z. B. bei den Einheitstransformatoren, oder wir können sie wenigstens, je nach dem Zweck des Transformators (vgl. Abschn. 3d), abschätzen. Die Eisenverluste Q_E sind im wesentlichen (vgl. Abschn. G 2b) gleich der Differenz aus den Leerlaufverlusten und den zusätzlichen Verlusten, die bei richtig entworfenen Transformatoren nur einen kleinen Bruchteil der Leerlaufverluste ausmachen.

Aus den Eisenverlusten Q_E und dem Kernquerschnitt können wir die gesamte Länge der Eisenwege berechnen, wenn die Kerninduktion B_K angenommen wird. Ist der Jochquerschnitt gleich dem Kernquerschnitt, so erhalten wir die gesamte Länge von Kernen und Jochen (bei Manteltransformatoren die halbe gesamte Länge der Joche) zu

$$L_E' = \frac{Q_E 10^3}{s\, V_{10} \left(\frac{B_K}{10000}\right)^2 q_K}\ \mathrm{cm}\,, \tag{237}$$

wenn wir Q_E in Watt, die Verlustziffer V_{10} in Watt/kg, die Kerninduktion B_K in Gauß, den Kernquerschnitt q_K in cm^2 und die Dichte s („spez. Gewicht") des Eisens in $\mathrm{g/cm}^3$ einsetzen.

Wir müssen nun die gesamte Länge L_E auf die einzelnen Teile des magnetischen Kreises aufteilen. Führen wir dabei das Verhältnis von Jochlänge zu Kernhöhe

$$j = \frac{L_J}{L_K} \tag{238}$$

ein, so erhalten wir für einphasige Kerntransformatoren (vgl. Abb. 3a)

$$L_K = \frac{L_E}{2(1+j)}, \tag{238a}$$

für einphasige Manteltransformatoren (vgl. Abb. 3b)

$$L_K = \frac{L_E}{2+j} \tag{238a'}$$

und für unsymmetrische dreiphasige Kerntransformatoren (vgl. Abb. 19)

$$L_K = \frac{L_E}{3+2j}. \tag{238b}$$

Für unsymmetrische dreiphasige Kerntransformatoren liegt das Verhältnis j etwa zwischen 1 und 1,8, für Einheitstransformatoren etwa bei 1,25.

Bei Jochverstärkung (vgl. Abschn. A 8b) mit

$$\frac{q_J}{q_K} = \beta \tag{239}$$

sind für die Kerntransformatoren die Eisenverluste der Kerne

$$Q_{EK} = m' L_K s V_{10} \left(\frac{B_K}{10\,000}\right)^2 q_K \, 10^{-3} \text{ Watt}, \tag{240a}$$

die der Joche

$$Q_{EJ} = 2 L_J s V_{10} \left(\frac{B_K}{10\,000}\right)^2 \frac{q_K}{\beta} \, 10^{-3} \text{ Watt}, \tag{240b}$$

und die Summe dieser Verluste muß gleich den vorgeschriebenen Eisenverlusten sein,

$$Q_E = Q_{EK} + Q_{EJ} = \left(m' L_K + \frac{2 L_J}{\beta}\right) s V_{10} \left(\frac{B_K}{10\,000}\right)^2 q_K \, 10^{-3} \text{ Watt}. \tag{240}$$

Daraus erhalten wir mit L_E nach Gl. (237) für einphasige Kerntransformatoren ($m' = 2$, vgl. Abb. 3a)

$$L_K = \frac{L_E}{2\left(1 + \frac{j}{\beta}\right)} \tag{241a}$$

und für unsymmetrische dreiphasige Kerntransformatoren ($m' = 3$, vgl. Abb. 19)

$$L_K = \frac{L_E}{3 + \frac{2j}{\beta}}. \tag{241b}$$

Über den Einfluß der Jochverstärkung auf den Magnetisierungsstrom und die Eisenverluste sei auf Abschn. A 8b verwiesen.

2. Verhältnis der Stromdichten in Ober- und Unterspannungswicklung.

Die Frage nach dem günstigsten Verhältnis der Stromdichten von Ober- und Unterspannungswicklung ist allgemein sehr schwer zu beantworten. Wir wollen deshalb einige Sonderfälle näher betrachten, bei denen wir zunächst keine Rücksicht auf die Erwärmung der Wicklungen nehmen. In allen diesen Fällen setzen wir voraus, daß der magnetische Kreis des Transformators gegeben sei. Die Ergebnisse der Untersuchungen in den Abschn. a und b werden wir erst im Abschn. c besprechen.

a. Scheibenwicklung. Bei der Scheibenwicklung dürfen wir annehmen, daß die Spulen der Unterspannungs- und der Oberspannungswicklung dieselbe radiale Abmessung b haben (vgl. Abb. 219). Es sind dann die mittleren Windungslängen der beiden Wicklungen einander gleich

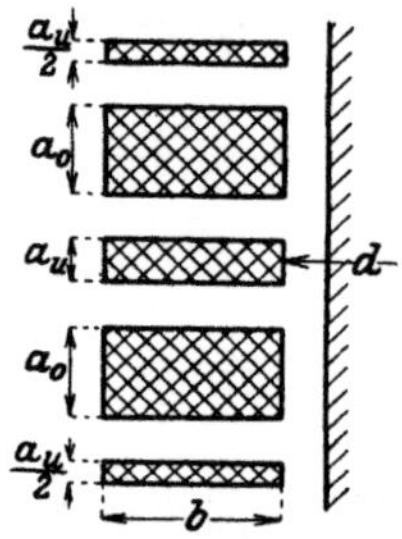

Abb. 219. Abmessungen bei Scheibenwicklung.

$$U_{mu} = U_{mo} = U_m\,. \tag{242}$$

Für die gesamte Höhe $qa = q(a_u + a_o)$ der Scheibenspulen eines Kerns wollen wir zunächst keine Voraussetzungen machen, also annehmen, daß der Raum im Fenster des Transformators für ein vorgeschriebenes Volumen des Wicklungsmetalls oder für die vorgeschriebenen Verluste in der Wicklung ausreicht.

Bezeichnen wir bei Nennleistung mit Θ_u und Θ_o die Durchflutungen der Wicklungen eines Kerns, und mit G_u und G_o die Stromdichten, so ist das gesamte Volumen des Wicklungsmetalls eines Kerns

$$V = V_u + V_o = U_m\left(\frac{\Theta_u}{G_u} + \frac{\Theta_o}{G_o}\right). \tag{242a}$$

Für die gesamten Wicklungsverluste eines Kerns können wir schreiben

$$Q_K = Q_u + Q_o = U_m\left(\frac{\varrho_u}{\Theta_u/G_u}\Theta_u^2 + \frac{\varrho_o}{\Theta_o/G_o}\Theta_0^2\right) = U_m(\varrho_u\,\Theta_u G_u + \varrho_o\,\Theta_o G_o)\,, \tag{242b}$$

worin ϱ_u und ϱ_o die spezifischen Widerstände der Wicklungsmetalle der Unterspannungs- und der Oberspannungswicklung bezeichnen.

In diesen beiden Gleichungen sind die einzigen Veränderlichen G_u und G_o. Betrachten wir beispielsweise die Wicklungsverluste als gegeben, so können wir mit Hilfe der Gl. (242b) die Stromdichte G_o in Gl. (242a) eliminieren. Das Volumen V des Wicklungsmetalls ist dann nur noch von der einzigen Veränderlichen G_u abhängig. Differenzieren wir Gl. (242a) nach G_u und setzen den Differentialquotienten gleich Null, so können wir die Stromdichte G_u berechnen, bei der das gesamte Volumen des Wicklungsmetalls ein Minimum wird. Nach

Gl. (242b) erhalten wir dann die zugehörige Stromdichte G_o in der Oberspannungswicklung. Wir wollen die Zwischenrechnung hier nicht wiedergeben, sondern gleich das Ergebnis für das Verhältnis der Stromdichten anschreiben:

$$\frac{G_o}{G_u} = \sqrt{\frac{\varrho_u}{\varrho_o}}. \tag{243 a}$$

Zu demselben Ergebnis gelangen wir auch, wenn bei konstantem Volumen V des Wicklungsmetalls die Wicklungsverluste Q ein Minimum werden sollen.

Mit diesem Verhältnis der Stromdichten ergibt sich nach Gl. (242b) das Verhältnis der Verluste in den beiden Wicklungen zu

$$\frac{Q_o}{Q_u} = \frac{\Theta_o}{\Theta_u}\sqrt{\frac{\varrho_o}{\varrho_u}} \tag{243 b}$$

und nach Gl. (242a) das Verhältnis zwischen den Volumina der Wicklungsmetalle der beiden Wicklungen ebenfalls zu

$$\frac{V_o}{V_u} = \frac{\Theta_o}{\Theta_u}\sqrt{\frac{\varrho_o}{\varrho_u}}. \tag{243 c}$$

In praktischen Fällen ist aber oft die Fenstergröße gegeben, und man will den Raum des Fensters für die Wicklung so gut wie möglich ausnutzen. Mit Rücksicht auf die Zwischenräume zur Isolierung der Spulen gegeneinander und die Kühlkanäle zwischen den Spulen ist dann nicht nur die Radialabmessung b, sondern auch die gesamte Höhe

$$a = a_u + a_o \tag{244 a}$$

einer der q Gruppen der Scheibenspulen vorgeschrieben. In diesem Falle ist das Volumen des Wicklungsmetalls sowie die Wicklungsverluste von der Ausnutzung der Spulenseitenquerschnitte, d. h. von dem Verhältnis des gesamten Metallquerschnitts zum Spulenseitenquerschnitt der Unter- und Oberspannungswicklung abhängig. Unter diesen Umständen hat die Bestimmung des Minimums für das Volumen des Wicklungsmetalls keinen Sinn.

Dagegen können wir ohne Rücksicht auf das gesamte Volumen des Wicklungsmetalls die Abmessungen a_u und a_o unter Einhaltung der Bedingung (244a) so bestimmen, daß die Wicklungsverluste am kleinsten werden. Um hierbei die Isolierung im Innern der Spulenseitenquerschnitte einfach berücksichtigen zu können, setzen wir rechteckige Leiterquerschnitte voraus und gegebene Windungszahlen, entsprechend einer gegebenen Induktion im Eisenkern. Wir nehmen an, daß die Zahl der Lagen und Windungen in jeder Lage für jede der beiden Wicklungen dieselbe bleibt. Das Verhältnis f_{bu} bzw. f_{bo} zwischen gesamter radialer Abmessung des Wicklungsmetalls und der Spulen-abmessung b (Abb. 219) ist dann für jede der beiden Wicklungen unabhängig von a_u bzw. a_o, und für die entsprechenden Verhältnisse in axialer Richtung können wir schreiben

$$f_{au} = \frac{a_u - i_u}{a_u} \quad \text{und} \quad f_{ao} = \frac{a_o - i_o}{a_o}, \tag{244 b u. c}$$

worin i_u und i_o die unveränderlichen Beträge der Isolierung in axialer Richtung der Spulen bedeuten.

Die Wicklungsverluste für ein Spulenpaar sind

$$\left.\begin{aligned} Q_K^1 &= \frac{\pi(d+b)}{b}\left[\varrho_u \frac{\Theta_u^2}{f_{bu} f_{au} a_u} + \varrho_o \frac{\Theta_o^2}{f_{bo} f_{ao} a_o}\right] \\ &= \frac{\pi(d+b)}{b}\left[\frac{\varrho_u \Theta_u^2}{f_{bu}(a_u - i_u)} + \frac{\varrho_o \Theta_o^2}{f_{bo}(a - a_u - i_o)}\right], \end{aligned}\right\} \tag{244}$$

worin als einzige Veränderliche nur noch a_u vorkommt. Wir können in bekannter Weise a_u für kleinste Verluste Q_K^1 berechnen und erhalten a_o nach Gl. (244a). Das Verhältnis der Stromdichten

$$\frac{G_o}{G_u} = \frac{\Theta_o}{\Theta_u} \frac{f_{bu} b f_{au} a_u}{f_{bo} b f_{ao} a_o} = \frac{\Theta_o f_{bu}}{\Theta_u f_{bo}} \frac{a_u - i_u}{a_o - i_o} \tag{245}$$

wird mit den Werten für a_u und a_o

$$\frac{G_o}{G_u} = \sqrt{\frac{f_{bu}}{f_{bo}} \frac{\varrho_u}{\varrho_o}}, \tag{245a}$$

das Verhältnis der Wicklungsverluste [vgl. Gl. (242b)]

$$\frac{Q_o}{Q_u} = \frac{\varrho_o \Theta_o G_o}{\varrho_u \Theta_u G_u} = \frac{\Theta_o}{\Theta_u} \sqrt{\frac{f_{bu}}{f_{bo}} \frac{\varrho_o}{\varrho_u}} \tag{245b}$$

und das Verhältnis der Volumina der Wicklungsmetalle [vgl. Gl. (242a)]

$$\frac{V_o}{V_u} = \frac{\Theta_o}{\Theta_u} \frac{G_u}{G_o} = \frac{\Theta_o}{\Theta_u} \sqrt{\frac{f_{bo}}{f_{bu}} \frac{\varrho_o}{\varrho_u}}. \tag{245c}$$

b. Zylinderwicklung. Bei der Zylinderwicklung sind die mittleren Windungslängen der beiden Wicklungen verschieden und ändern sich mit der Breite a_u und a_o der Wicklung. Vernachlässigen wir zunächst die Änderung der mittleren Windungslängen mit der Änderung von a_u und a_o, setzen also $U_{mu} = \text{const}$ und $U_{mo} = \text{const}$, und berechnen wie bei der Scheibenwicklung im ersten Teil des Abschnitts a das Verhältnis der Stromdichten, für das bei gegebenen gesamten Wicklungsverlusten das Volumen des Wicklungsmetalls oder bei gegebenem Volumen des Wicklungsmetalls die Wicklungsverluste ein Minimum werden, so erhalten wir wie bei der Scheibenwicklung [Gl. (243a)]

$$\frac{G_o}{G_u} = \sqrt{\frac{\varrho_u}{\varrho_o}}. \tag{246a}$$

Das Verhältnis der Wicklungsverluste und das der Volumina der Wicklungsmetalle wird in diesem Falle

$$\frac{Q_o}{Q_u} = \frac{V_o}{V_u} = \frac{U_{mo}}{U_{mu}} \frac{\Theta_o}{\Theta_u} \sqrt{\frac{\varrho_o}{\varrho_u}}. \tag{246b}$$

Um zu untersuchen, wie das Verhältnis der Stromdichten unter Berücksichtigung der Änderung der mittleren Windungslängen zu wählen ist, wenn der Raum des Fensters für die Wicklung gegeben ist und so gut wie möglich ausgenutzt wird, setzen wir wie im zweiten Teil des Abschn. a der Einfachheit wegen rechteckige Leiterquerschnitte voraus und nehmen die Zahl der Lagen und Windungen in jeder Lage für jede der beiden Wicklungen als gegeben an. Da wir auch den magnetischen Kreis als gegeben voraussetzen, liegt die axiale Höhe b der Spule fest (Abb. 220). Mit der Annahme, daß die Windungszahl in jeder Lage und die Stärke der Leiterisolierung dieselben bleiben sollen, sind die Verhältnisse f_{bu} und f_{bo} von gesamter Höhe des Wicklungsmetalls und Spulenhöhe der beiden Wicklungen konstant. Wir müssen ferner annehmen, daß der innere Durchmesser d der Unterspannungswicklung und der äußere D der Oberspannungswicklung vorgeschrieben, also konstant sind, ebenso der Abstand δ zwischen Ober- und Unterspannungswicklung. Mit diesen Annahmen gelten auch hier die Gl. (244a bis c), worin i_u und i_o die konstanten Isolierbeträge der beiden Wicklungen in radialer Richtung (a_u bzw. a_o) bezeichnen.

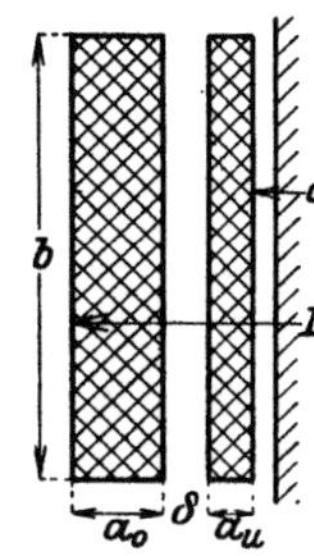

Abb. 220. Abmessungen bei Zylinderwicklung.

Auch hier hat mit den gemachten Annahmen eine solche Ermittlung von a_u und a_o, daß das Volumen des Wicklungsmetalls ohne Rücksicht auf die Wicklungsverluste ein Minimum wird, keinen Sinn. Wir müssen uns deshalb darauf beschränken, die Wicklung für kleinste Verluste zu entwerfen.

Die Stromwärme in den Wicklungen ist bei der Zylinderwicklung

$$Q_K = \varrho_u \frac{\pi (d + a_u)\, \Theta_u^2}{f_{bu} b\, f_{au} a_u} + \varrho_o \frac{\pi (D - a_o)\, \Theta_o^2}{f_{bo} b\, f_{ao} a_o} \tag{247a}$$

oder mit Gl. (244a bis c)

$$Q_K = \frac{\pi \varrho_u \Theta_u^2}{f_{bu} b} \frac{d + a_u}{a_u - i_u} + \frac{\pi \varrho_o \Theta_o^2}{f_{bo} b} \frac{D - a + a_u}{a - a_u - i_o}. \tag{247}$$

Die Berechnung von a_u und a_o für kleinste Wicklungsverluste Q_K ergibt mit Gl (245) für das Verhältnis der Stromdichten

$$\frac{G_o}{G_u} = \sqrt{\frac{f_{bu} \varrho_u}{f_{bo} \varrho_o} \frac{d + i_u}{D - i_o}} \approx \sqrt{\frac{f_{bu} \varrho_u}{f_{bo} \varrho_o} \frac{d}{D}}. \tag{248a}$$

Für das Verhältnis der Wicklungsverluste in den beiden Wicklungen erhalten wir [vgl. Gl. (242b)]

$$\frac{Q_o}{Q_u} = \frac{U_{mo}}{U_{mu}} \frac{\Theta_o}{\Theta_u} \sqrt{\frac{f_{bu}}{f_{bo}} \frac{\varrho_o}{\varrho_u} \frac{d + i_u}{D - i_o}} \tag{248b}$$

und für das Verhältnis der Volumina der Wicklungsmetalle [vgl. Gl. (242a)]

$$\frac{V_o}{V_u} = \frac{U_{mo}}{U_{mu}} \frac{\Theta_o}{\Theta_u} \sqrt{\frac{f_{bo}}{f_{bu}} \frac{\varrho_o}{\varrho_u} \frac{D - i_o}{d + i_u}}. \tag{248a}$$

Wenn bei der Doppel-Zylinderwicklung die Stromdichten in den beiden Abteilungen der Unterspannungswicklung (vgl. Abb. 57a) gleich groß sind, so verschwindet der Einfluß der mittleren Windungslängen, und es gelten dieselben Gleichungen wie für die Scheibenwicklung.

c. Zusammenfassung und Folgerungen. Nehmen wir bei der Scheibenwicklung keine Rücksicht auf vollständige Ausnutzung des Fensters, so ergeben sich bei vorgeschriebenen Verlusten das kleinste Volumen des Wicklungsmetalls oder bei vorgeschriebenem Volumen des Wicklungsmetalls die kleinsten Wicklungsverluste, wenn sich nach Gl. (243a) die Stromdichten umgekehrt wie die Quadratwurzeln der spezifischen Widerstände der beiden Wicklungsmetalle verhalten. Die zusätzlichen Verluste der Wicklungen durch Stromverdrängung können wir dadurch berücksichtigen, daß wir die spezifischen Widerstände noch mit den entsprechenden Widerstandsverhältnissen k_u und k_o (vgl. Abschn. B 3a) multiplizieren. In der Regel ist $\varrho_u \approx \varrho_o$; dann müssen die Stromdichten in den beiden Wicklungen ungefähr gleich groß sein.

Bei Gleichheit der spezifischen Widerstände verhalten sich nach Gl. (243b u. c) die Wicklungsverluste und die Volumina der Wicklungsmetalle wie die Durchflutungen der beiden Wicklungen. Für die gewöhnliche Schaltung der Unterspannungswicklung (keine Zickzackschaltung) ist dieses Verhältnis wegen des Magnetisierungsstromes etwas größer als 1, kann aber praktisch gleich 1 gesetzt werden. Für Zickzackschaltung ist nach Abschn. B 2b die Durchflutung der Sekundärwicklung, die in praktischen Fällen immer die Unterspannungswicklung ist, bei Vernachlässigung des Magnetisierungsstromes das $2/\sqrt{3}$-fache der Primärdurchflutung. Es ist also bei Zickzackschaltung und Gleichheit der Stromdichten

$$\frac{Q_o}{Q_u} = \frac{V_o}{V_u} \approx \frac{\sqrt{3}}{2}. \tag{249}$$

Gewöhnlich wird aber derselbe Transformator sowohl für gewöhnliche als auch für Zickzackschaltung (vgl. Abschn. H 2b) verwendet. Die Bedingung nach Gl. (243a) kann dann nur für eine der beiden Schaltungen erfüllt werden. Wird sie für die gewöhnliche Schaltung erfüllt, so ist bei Zickzackschaltung, $\varrho_u \approx \varrho_o$ vorausgesetzt, die Stromdichte in der Unterspannungswicklung $2/\sqrt{3} = 1{,}16$mal so groß wie in der Oberspannungswicklung. Wird dagegen Gl. (243a) für die Zickzackschaltung erfüllt, so ist bei der gewöhnlichen Schaltung die Stromdichte in der Oberspannungswicklung etwa 1,16mal so groß wie in der Unterspannungswicklung.

In dem praktisch wichtigen Falle, daß das Fenster des Transformators möglichst gut ausgefüllt ist, die Spulenabmessungen b und a $(= a_u + a_o)$ also gegeben sind, werden die gesamten Wicklungsverluste am kleinsten, wenn sich nach Gl. (245a) die Stromdichten in den beiden Wicklungen umgekehrt wie die Quadratwurzeln aus den Produkten des spezifischen Widerstandes und des Ausnutzungsfaktors des Wicklungsmetalls in radialer Richtung der Spulenseitenquerschnitte verhalten. Gewöhnlich ist der Ausnutzungsfaktor f_{bo} der Oberspannungswicklung kleiner als der der Unterspannungswicklung f_{bu}. Bei Gleichheit der spezifischen Widerstände ist dann die Stromdichte in der Oberspannungswicklung im Verhältnis $\sqrt{f_{bu}}/\sqrt{f_{bo}}$ größer zu bemessen. Ist beispielsweise $f_{bu} = 1{,}5 f_{bo}$, so ist $G_o/G_u \approx 1{,}23$ zu wählen, um die kleinsten Wicklungsverluste zu erhalten.

Ohne Rücksicht auf Erwärmung wird also bei Scheibenwicklung die Stromdichte in der Oberspannungswicklung zweckmäßig etwas größer bemessen als in der Unterspannungswicklung, und zwar etwa im Verhältnis $\sqrt{f_{bu}}/\sqrt{f_{bo}}$, das von Fall zu Fall leicht bestimmt oder geschätzt werden kann. Dieses Verhältnis ist nach Gl. (245b) bei Gleichheit der spezifischen Widerstände noch mit dem Verhältnis der Durchflutungen Θ_o/Θ_u zu multiplizieren, um das Verhältnis der dabei auftretenden Verluste der beiden Wicklungen zu erhalten.

Nehmen wir bei der Zylinderwicklung keine Rücksicht auf die Ausnutzung des Fensters, so sind nach Gl. (246a) mit Rücksicht auf kleinste Wicklungsverluste oder kleinstes Volumen des Wicklungsmetalls die Stromdichten in beiden Wicklungen ungefähr gleich groß zu wählen, nur ungefähr gleich groß, weil wir bei Ableitung der Gl. (246a) die Veränderlichkeit der mittleren Windungslängen vernachlässigt haben. Das Verhältnis der Wicklungsverluste und das der Volumina der Wicklungsmetalle ist dann bei Gleichheit der spezifischen Widerstände und der Durchflutungen der beiden Wicklungen gleich dem Verhältnis der mittleren Windungslängen.

Wenn das Fenster des Transformators dagegen möglichst gut ausgenutzt werden soll, ist das günstigste Verhältnis der Stromdichten durch Gl. (248a) gegeben. Unter sonst gleichen Verhältnissen wie bei der Scheibenwicklung ist das Verhältnis G_o/G_u ungefähr im Verhältnis der Quadratwurzeln des innern und des äußern Durchmessers der

Wicklung kleiner als bei der Scheibenwicklung. Die Einflüsse der Ausnutzungsfaktoren der Wicklungsmetalle in Richtung der Höhe b und der Durchmesser heben sich hier teilweise auf, so daß bei der Zylinderwicklung die Stromdichten der beiden Wicklungen ungefähr gleich groß gewählt werden sollten. Den genauen Einfluß der maßgebenden Größen auf das Verhältnis der Stromdichten läßt Abb. 221 erkennen, in der dieses Verhältnis bei verschiedenen Parametern $\frac{f_{bu}\,\varrho_u}{f_{bo}\,\varrho_o}$ als Funktionen von $\frac{D-i_o}{d+i_u} \approx \frac{D}{d}$ aufgetragen ist. In dieser Abbildung ist auch das Verhältnis der Verluste (Q_o/Q_u) und das der Volumina der Wicklungsmetalle (V_o/V_u) der beiden Wicklungen für den Sonderfall eingezeichnet, daß $\varrho_o = \varrho_u$, $\Theta_o = \Theta_u$ ist, wobei das Verhältnis $\frac{U_{mo}}{U_{mu}} = \frac{D-i_o}{d+i_u}$ gesetzt ist, während es in Wirklichkeit etwas kleiner ist.

Abb. 221. Günstigstes Verhältnis (G_o/G_u) der Stromdichten bei Zylinderwicklung und die dabei auftretenden Verhältnisse Q_o/Q_u u. V_o/V_u.

In diesem Zusammenhang sei auch schon auf Abb. 230 hingewiesen, die den Einfluß des Verhältnisses der Stromdichten auf das Kupfergewicht der Wicklung bei konstanten Wicklungsverlusten an einem Beispiel zeigt.

Bei diesen Betrachtungen über das günstigste Verhältnis der Stromdichten und Verluste der beiden Wicklungen haben wir keine Rücksicht auf die Erwärmung genommen. Sie setzen also voraus, daß die Kühlkanäle für beide Wicklungen so bemessen sind, daß die Wärme ohne unzulässige Erwärmung der Wicklungen abgeführt werden kann (vgl. Abschn. J 3c). Ist dies nicht der Fall, so muß die Stromdichte der schlechter gekühlten Wicklung entsprechend verkleinert werden. Dieser Fall kann beispielsweise bei kleinen Transformatoren eintreten, wenn die Unterspannungswicklung unmittelbar ohne Kühlkanal auf den Kern und die Oberspannungswicklung ohne Kühlkanal auf die Unterspannungswicklung gewickelt ist. Hier muß die Wärme von der Unterspannungswicklung zum großen Teil über die Oberspannungswicklung nach außen abfließen, so daß die Stromdichte in der Unterspannungswicklung wesentlich kleiner bemessen werden muß als in der Oberspannungswicklung. In den meisten praktischen Fällen sind aber die Kühlkanäle so angeordnet, daß das Verhältnis der Stromdichten ohne Rücksicht auf die Erwärmung bemessen werden darf.

Schließlich kann die Wahl des Verhältnisses der Stromdichten auch noch durch die Kosten der Wicklung beeinflußt werden. Sehr dünne Drähte der Oberspannungswicklung sind teurer als stärkere Drähte (vgl. Abschn. 4b), sehr dicke Leiter der Unterspannungswicklung verlangen etwas mehr Arbeitslohn als dünnere Leiter. Mit Rücksicht auf die Kosten der Wicklung kann deshalb unter Umständen ein etwas kleineres Verhältnis der Stromdichten von Ober- und Unterspannungswicklung zweckmäßiger erscheinen, als es die Forderung nach kleinsten Wicklungsverlusten verlangt (vgl. auch [L 158]).

d. Die Leiterquerschnitte von Unter- und Oberspannungswicklung. In diesem Zusammenhang wollen wir noch die Leiterquerschnitte q_u und q_o von Unter- und Oberspannungswicklung bei vorgeschriebenen gesamten Wicklungsverlusten

$$Q_K = Q_o + Q_u \tag{250a}$$

berechnen. Für das Verhältnis der Wicklungsverluste in Ober- und Unterspannungswicklung können wir schreiben

$$\frac{Q_o}{Q_u} = \frac{\varrho_o U_{mo} w_o J_o^2 q_u}{\varrho_u U_{mu} w_u J_u^2 q_o} = \frac{\varrho_o}{\varrho_u} \frac{U_{mo}}{U_{mu}} \frac{G_o}{G_u} \frac{\Theta_o}{\Theta_u}. \tag{250b}$$

Berechnen wir aus diesen Gleichungen Q_o und Q_u, so erhalten wir

$$Q_o = \frac{\varrho_o U_{mo} G_o \Theta_o}{\varrho_u U_{mu} G_u \Theta_u + \varrho_o U_{mo} G_o \Theta_o} \cdot Q_K \tag{251a}$$

und

$$Q_u = \frac{\varrho_u U_{mu} G_u \Theta_u}{\varrho_u U_{mu} G_u \Theta_u + \varrho_o U_{mo} G_o \Theta_o} \cdot Q_K. \tag{251b}$$

Mit diesen Werten der Wicklungsverluste ergeben sich die Leiterquerschnitte

$$q_o = \frac{m' \varrho_o w_o U_{mo} J_o^2}{Q_o} = \frac{m' \varrho_o w_o J_o^2}{Q_K} \left(\frac{\varrho_u}{\varrho_o} \frac{G_u}{G_o} \frac{\Theta_u}{\Theta_o} U_{mu} + U_{mo} \right) \tag{252a}$$

und

$$q_u = \frac{m' \varrho_u w_u U_{mu} J_u^2}{Q_u} = \frac{m' \varrho_u w_u J_u^2}{Q_K} \left(U_{mu} + \frac{\varrho_o}{\varrho_u} \frac{G_o}{G_u} \frac{\Theta_o}{\Theta_u} U_{mo} \right). \tag{252b}$$

Bei gegebenen Verhältnissen ϱ_o/ϱ_u und Θ_o/Θ_u können wir das günstigste Verhältnis G_o/G_u nach den Abschnitten a bis c annehmen. Die mittleren Windungslängen der Unter- und Oberspannungswicklung lassen sich für einen gegebenen magnetischen Kreis leicht abschätzen; da das Verhältnis $\frac{\varrho_o}{\varrho_u} \frac{G_o}{G_u} \frac{\Theta_o}{\Theta_u}$ in der Regel nicht wesentlich von 1 abweicht, kommt es weniger auf die genaue Schätzung der Einzelwerte U_{mu} und U_{mo} als auf ihre Summe an. Mit diesen Schätzungen erhalten wir die Leiterquerschnitte der Wicklung, so daß die gesamten Wicklungsverluste Q_K ungefähr eingehalten werden. U_{mu} und U_{mo} lassen sich dann genauer ermitteln und damit die genaueren Werte von q_o und q_u nach Gl. (252a u. b) berechnen.

Gewöhnlich ist $\varrho_o \approx \varrho_u$ und bei Zylinderwicklung nach Abschn. b und c $G_o \approx G_u$. Für gewöhnliche Schaltung (keine Zickzackschaltung) der Unterspannungswicklung ist dann mit $\Theta_o \approx \Theta_u$

$$q_o \approx \frac{m' \varrho_o w_o J_o^2}{Q_K} (U_{mu} + U_{mo}), \tag{253a}$$

$$q_u \approx \frac{m' \varrho_u w_u J_u^2}{Q_K} (U_{mu} + U_{mo}), \tag{253b}$$

für Zickzackschaltung mit $\Theta_o/\Theta_u \approx 0{,}87$

$$q_o \approx \frac{m' \varrho_o w_o J_o^2}{Q_K} (1{,}16\, U_{mu} + U_{mo}), \tag{254a}$$

$$q_u \approx \frac{m' \varrho_u w_u J_u^2}{Q_K} (U_{mu} + 0{,}87\, U_{mo}). \tag{254b}$$

Die Einheitstransformatoren (DIN VDE 2600) werden mit derselben Unterspannungswicklung sowohl für A_2-Schaltung (gewöhnliche Schaltung) mit 230 Volt, als auch für C_3-Schaltung (Zickzackschaltung) mit 400 Volt verwendet. Jede der Gl. (253) und (254) läßt sich dann nicht mehr erfüllen. Es empfiehlt sich in diesem Falle, die Stromdichte in der Unterspannungswicklung bei A_2-Schaltung etwas kleiner, bei C_3-Schaltung etwas größer zu wählen, als dem günstigsten Verhältnis der Stromdichten entspricht. Bezeichnen wir die Verluste in der Unterspannungswicklung bei A_2-Schaltung mit Q_u, so sind sie bei C_3-Schaltung $\frac{4}{3} Q_u$. Der Mittelwert ist

$$Q_{um} = \tfrac{7}{6} Q_u. \tag{255a}$$

Schreiben wir für die entsprechende fiktive Stromdichte G_{um}, so ist die Stromdichte in der Unterspannungswicklung bei A_2-Schaltung

$$G_u = \sqrt{\tfrac{6}{7}}\, G_{um} = 0{,}93\, G_{um}. \tag{255b}$$

Diesen Wert für G_u haben wir in Gl. (252a u. b) einzusetzen. Mit der Annahme $\Theta_o \approx \Theta_u$ und $G_o \approx G_{um}$ erhalten wir dann für den Entwurf in A_2-Schaltung

$$q_o \approx \frac{m' \varrho_o w_o J_o^2}{Q_K} (0{,}93\, U_{mu} + U_{mo}), \tag{256a}$$

$$q_u \approx \frac{m' \varrho_u w_u J_u^2}{Q_K} (U_{mu} + 1{,}08\, U_{mo}). \tag{256b}$$

3. Verteilung der Verluste auf Eisen und Wicklung.

Nachdem wir uns über die zweckmäßigste Verteilung der gesamten Wicklungsverluste auf Unter- und Oberspannungswicklung unterrichtet haben, wollen wir noch untersuchen, wie die gesamten Verluste auf Wicklung und Eisen zweckmäßig aufzuteilen sind. Bei dieser Untersuchung müßten wir eigentlich die Bedingung stellen, daß die Kosten des Transformators ein Minimum werden, wenn Leistung und Wirkungsgrad gegeben sind. Weil die Lösung der Aufgabe mit diesen Bedingungen aber nur unter gewissen Annahmen möglich ist, die in der Praxis häufig wechseln, wollen wir die Aufgabe etwas anders formulieren.

a. Leistung, magnetischer Kreis und Wicklung gegeben. Wir nehmen zunächst an, daß die Leistung, der Eisenkörper und die Wicklung gegeben seien. Die Primärspannung soll so geändert werden, daß die gesamten Verluste bei derselben Leistung und Frequenz ein Minimum werden. Für einen vorliegenden Transformator läßt sich diese Untersuchung sehr leicht experimentell ausführen, indem die Verluste bei konstanter Leistung, aber veränderlicher Primärspannung gemessen werden. Bei dem Minimum der Verluste ergibt sich dann die günstigste Verteilung der Gesamtverluste auf Eisen und Wicklung. Hier werden wir den rechnerischen Weg einschlagen; dabei sollen konstante Größen mit C und verschiedenen Zeigern bezeichnet werden.

Für die Eisenverluste können wir bei gegebenem magnetischen Kreis schreiben [vgl. Gl. (198), Bd. I]

$$Q_E = C_1 B + C_2 B^2, \tag{257a}$$

worin B die veränderliche Kerninduktion ist. Die gesamten Wicklungsverluste Q_K können wir dem Quadrat der Stromdichte G_o in der Oberspannungswicklung proportional setzen, weil bei Vernachlässigung des kleinen Leerlaufstromes die Stromdichten der beiden Wicklungen in einem festen Verhältnis stehen. Wir schreiben deshalb

$$Q_K = C_3 G_o^2. \tag{257b}$$

Beachten wir, daß die Leistung des Transformators proportional dem Produkt aus Spannung und Strom, die Spannung proportional der Induktion und der Strom proportional der Stromdichte ist, so gilt

$$B G_o = C_4. \tag{257c}$$

Wir ersetzen in Gl. (257b) die Stromdichte nach Gl. (257c); es werden dann die gesamten Verluste

$$Q = Q_E + Q_K = (C_1 B + C_2 B^2) + \frac{C_3 C_4^2}{B^2}. \tag{257}$$

Differenzieren wir diese Gleichung nach B und setzen den Differentialquotienten gleich Null, so erhalten wir als Bedingung dafür, daß die gesamten Verluste ein Minimum werden,

$$\frac{C_3 C_4^2}{B^2} = \tfrac{1}{2} C_1 B + C_2 B^2. \tag{258}$$

Die linke Seite dieser Gleichung stellt die Wicklungsverluste Q_K dar; die rechte Seite würde gleich den Eisenverlusten sein, wenn der Faktor vor C_1 nicht $\frac{1}{2}$, sondern 1 wäre [vgl. Gl. (257a)]. Bei positivem C_1 müssen also die Wicklungsverluste etwas kleiner sein als die Eisenverluste, damit die Gesamtverluste ein Minimum werden.

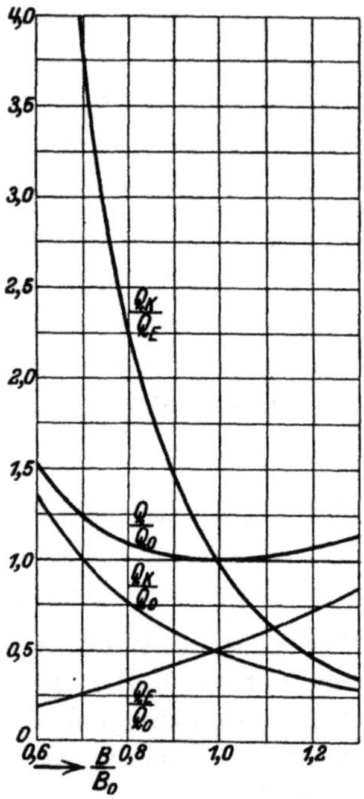

Abb. 222. Auf die kleinsten Gesamtverluste Q_0 bezogene Verluste und Q_K/Q_E als Funktion der auf B_0 (entsprechend Q_0) bezogenen Induktion bei konstantem Gewicht des Wicklungsmetalls.

Legen wir die Materialkonstanten für hochlegiertes Blech von 0,35 mm Dicke (Zahlentafel 4 auf Seite 157, Bd. I) zugrunde, so erhalten wir bei einer Kerninduktion von 10000 bis 14000 Gauß für die gesamten Verluste ein Minimum; wenn die Wicklungsverluste das 0,945- bis 0,957-fache der Eisenverluste betragen. Hätten wir die vereinfachte Gl. (212), Bd. I, für die spezifischen Eisenverluste zugrunde gelegt, also angenommen, daß die Eisenwärme proportional dem Quadrat der Induktion ist, so würden wir gefunden haben, daß die Verluste ein Minimum werden, wenn die Wicklungsverluste gleich den Eisenverlusten sind.

Den Einfluß des Verhältnisses von Wicklungs- und Eisenverlusten bei vorgeschriebener Leistung, gegebenem Eisenkörper und Gewicht des Wicklungsmetalls auf die Gesamtverluste wollen wir an einem Beispiel zeigen. Wir setzen dabei hochlegiertes Blech von 0,35 mm Stärke mit den Konstanten nach Zahlentafel 4, S. 157, Bd. I, voraus, nehmen an, daß der Jochquerschnitt gleich dem Kernquerschnitt ist, und wählen die Konstanten C_3 und C_4 so, daß das Minimum der Gesamtverluste bei einer Kerninduktion von $B = 14000$ Gauß auftritt. Beziehen wir dann die Verluste auf die kleinsten Gesamtverluste Q_0, die nach unserer Voraussetzung bei $B = B_0 = 14000$ Gauß auftreten sollen, so erhalten wir die in Abb. 222 dargestellten Kurven. Wir ersehen aus dieser Darstellung, wie die Gesamtverluste bei konstantem Gewicht des Wicklungsmetalls zunehmen, wenn die Kerninduktion von ihrem günstigsten Wert B_0 abweicht, und daß sich das Verhältnis Q_K/Q_E damit sehr stark ändert.

Setzen wir die Eisenverluste proportional dem Quadrat der Induktion, wie wir es gewöhnlich tun, so wird das Verhältnis zwischen Wicklungs- und Eisenverlusten

$$\frac{Q_K}{Q_E} = \left(\frac{B_0}{B}\right)^4 \tag{259a}$$

und das der Gesamtverluste zu den kleinsten Gesamtverlusten

$$\frac{Q}{Q_0} = \frac{1}{2}\left[\left(\frac{B}{B_0}\right)^2 + \left(\frac{B_0}{B}\right)^2\right]; \tag{259b}$$

beide sind dann also nur noch von dem Verhältnis B_0/B abhängig und unabhängig von B_0 selbst.

b. Gewicht des Wicklungsmetalls ein Minimum. Größere praktische Bedeutung hat die folgende Formulierung der Aufgabe. Der magnetische Kreis sei gegeben. Es soll die Wicklung für eine bestimmte Leistung, Spannung und Frequenz bei vorgeschriebenen Gesamtverlusten so entworfen werden, daß das Gewicht des Wicklungsmetalls ein Minimum wird. Wir bezeichnen wieder konstante Größen mit C und verschiedenen Zeigern.

Das Gewicht des Wicklungsmetalls können wir proportional dem Volumen $w_o U_{mo} q_o$ der Oberspannungswicklung setzen,

$$P_K = C_5 w_o U_{mo} q_o \,. \tag{260a}$$

Da die Spannung gegeben ist, ist die Windungszahl w_o nicht mehr konstant, sondern das Produkt

$$w_o B = C_6 \,. \tag{260b}$$

Bei konstanter Leistung und Spannung ist auch der Strom konstant, die Wicklungsverluste sind also proportional dem Widerstand der Oberspannungswicklung,

$$Q_K = C_7 \frac{w_o U_{mo}}{q_o} \,. \tag{260c}$$

Die Eisenverluste sind wieder durch Gl. (257a) gegeben. Damit erhalten wir die Wicklungsverluste auch zu

$$Q_K = Q - (C_1 B + C_2 B^2) \,, \tag{260d}$$

worin Q die vorgeschriebenen Gesamtverluste sind.

Aus Gl. (260c u. d) berechnen wir q_o und führen q_o und w_o nach Gl. (260b) in Gl. (260a) ein. Wir erhalten dann für das Gesamtgewicht des Wicklungsmetalls

$$P_K = C_8 \frac{U_{mo}^2}{[Q - (C_1 B + C_2 B^2)] B^2} \,. \tag{260}$$

In dieser Gleichung ist die mittlere Windungslänge U_{mo} nur wenig abhängig von der Induktion. Setzen wir U_{mo} konstant, so wird das Gesamtgewicht des Wicklungsmetalls ein Minimum, wenn der Nenner ein Maximum wird. Dies ist der Fall, wenn

$$Q = \tfrac{3}{2} C_1 B + 2 C_2 B^2 \,, \tag{261a}$$

oder mit Berücksichtigung von Gl. (260 d), wenn

$$Q_K = \tfrac{1}{2} C_1 B + C_2 B^2 \qquad (261)$$

ist. Die neue Formulierung der Aufgabe führt also zu demselben Ergebnis wie die im Abschn. a.

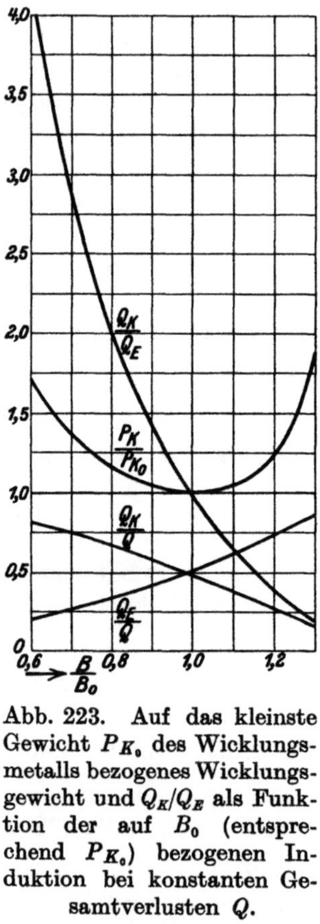

Abb. 223. Auf das kleinste Gewicht P_{K_0} des Wicklungsmetalls bezogenes Wicklungsgewicht und Q_K/Q_E als Funktion der auf B_0 (entsprechend P_{K_0}) bezogenen Induktion bei konstanten Gesamtverlusten Q.

In Abb. 223 sind die auf die konstanten Gesamtverluste Q bezogenen Eisen- und Wicklungsverluste, das Verhältnis zwischen Wicklungs- und Eisenverlusten und das Gewicht des Wicklungsmetalls, bezogen auf den kleinsten Wert P_{K_0}, als Funktion der auf den günstigsten Wert B_0 bezogenen Kerninduktion dargestellt. Die Kurven gelten unter denselben Voraussetzungen wie die in Abb. 222.

Bei gegebenem magnetischen Kreis und Gesamtverlusten ergibt sich also das kleinste Gewicht des Wicklungsmetalls, wenn Q_K/Q_E etwa 0,95 beträgt. Es genügt, wenn dies Verhältnis nur ungefähr eingehalten wird, $\pm 10\%$ Abweichung ergeben noch keine merkliche Zunahme des Gewichts des Wicklungsmetalls. Unser Ergebnis gilt aber nur unter der Voraussetzung, daß der Transformator mit konstanter Leistung belastet ist (vgl. Abschn. d).

Setzen wir die Eisenverluste proportional dem Quadrat der Kerninduktion, so wird

$$\frac{Q_K}{Q_E} = 2\left(\frac{B_0}{B}\right)^2 - 1 \qquad (262\,\mathrm{a})$$

und

$$\frac{P_K}{P_{K_0}} = \frac{1}{2\left(\frac{B_0}{B}\right)^2 - 1}\left(\frac{B_0}{B}\right)^4. \qquad (262\,\mathrm{b})$$

c. Größter Wirkungsgrad. Wir wollen schließlich noch untersuchen, bei welcher Leistung der Wirkungsgrad eines an konstanter Spannung liegenden Transformators ein Maximum wird. Für die Leistung schreiben wir

$$N = m' U_u J_u \cos\varphi_u\,. \qquad (263\,\mathrm{a})$$

Die Eisenverluste Q_E bleiben bei jeder Belastung praktisch konstant. Die Wicklungsverluste sind proportional dem Quadrat des Stromes. Unter der Annahme, daß die gesamten Wicklungsverluste das α-fache der der Unterspannungswicklung sind ($\alpha \approx 2$, wenn keine Zickzackschaltung), wird der Wirkungsgrad

$$\eta = \frac{m' U_u J_u \cos\varphi_u}{m' U_u J_u \cos\varphi_u + Q_E + \alpha m' J_u^2 R_u}. \qquad (263\text{b})$$

Dieser Ausdruck wird ein Maximum, wenn

$$1 + \frac{Q_E}{m' U_u J_u \cos\varphi_u} + \frac{\alpha m' J_u R_u}{m' U_u \cos\varphi_u} = \min. \qquad (263\text{c})$$

Das ist der Fall für $\alpha m' J_u^2 R_u = Q_E$, (263)

d. h. wenn die Wicklungsverluste gleich den Eisenverlusten sind.

d. Praktische Folgerungen. Welche praktische Folgerung haben wir nun aus den Untersuchungen in den Abschn. a bis c zu ziehen?

Wenn ein Transformator immer mit demselben Strom belastet wird, so ist bei gegebenem magnetischen Kreis und vorgeschriebenen Gesamtverlusten die Wicklung so zu entwerfen, daß bei hochlegiertem Blech von 0,35 mm Dicke mit den Materialkonstanten nach Zahlentafel 4, Bd. I, die Wicklungsverluste etwas kleiner sind als die Eisenverluste, etwa $0{,}95\,Q_E$. Das Maximum des Wirkungsgrades tritt dann bei einer um etwa 5% höheren Belastung auf.

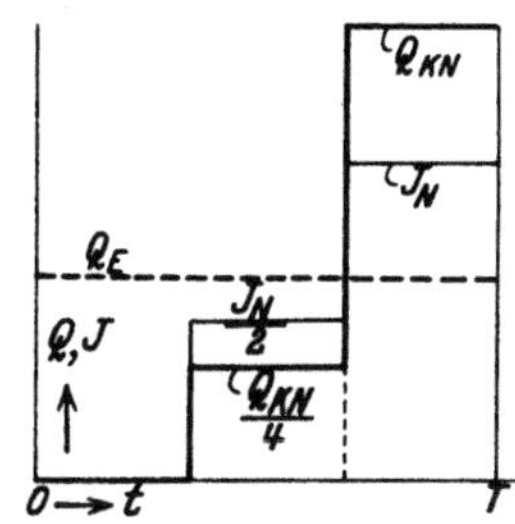

Abb. 224. Beispiel eines Belastungsdiagramms.

Wie liegen nun die Verhältnisse, wenn der Transformator nicht mit konstantem Strom belastet wird, wie z. B. bei Transformatoren für Beleuchtungszwecke, wo der Transformator oft für längere Zeit nur bei ganz geringer sekundärer Belastung arbeitet, zeitweise sogar leer läuft? Die unter der Annahme konstanter Belastung in den Abschn. a und b gefundene Bedingung für das Verhältnis zwischen Wicklungs- und Eisenverlusten muß dann für die zeitlichen Mittelwerte dieser Verluste während der ganzen Periode einer Betriebsdauer gelten, die sich über einen sehr großen Zeitraum erstrecken kann.

Setzen wir z. B. das in Abb. 224 durch die dünne Kurve dargestellte Stromdiagramm voraus, nach dem der Transformator während eines Drittels der Belastungsperiode leer läuft und während der andern beiden Drittel mit halbem bzw. vollem Sekundärstrom belastet ist. Die Wicklungsverluste Q_K sind dem Quadrat des Stromes proportional und werden durch die stark ausgezogene Kurve dargestellt. Der Flächeninhalt dieser Kurve sollte etwa das 0,95-fache der Fläche ergeben, die die gestrichelte Kurve der Leerlaufverluste Q_E mit der Abszissenachse einschließt, um bei gegebenem magnetischen Kreis und vorgeschriebener gesamter Verlustenergie mit dem geringsten Aufwand von Wicklungsmetall auszukommen.

Nehmen wir nun an, daß die Dauer der höchsten Belastung innerhalb einer Periode so groß ist, daß der Transformator für Dauerbetrieb mit dieser Belastung zu bemessen ist, die Nennleistung des Transformators also gleich dieser größten Leistung ist, so ist das Verhältnis Q_{KN}/Q_E zwischen Wicklungsverlusten bei Nennbetrieb und Eisenverlusten natürlich wesentlich größer als 0,95, in unserm Beispiel etwa 2,26.

Die Belastungskurve des Transformators ist nun im allgemeinen nicht bekannt, wenigstens nicht so genau, daß der Entwurf des Transformators darauf gegründet werden könnte. Auch wechselt die Belastungskurve bei Netztransformatoren mit dem Ausbau des Netzes und

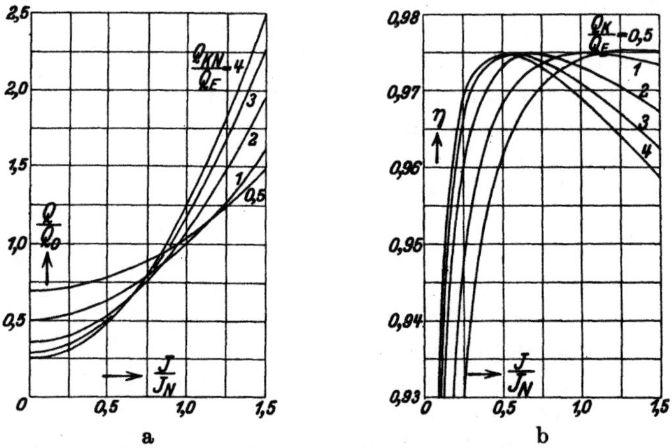

Abb. 225a u. b. Einfluß des Verhältnisses Q_{KN}/Q_E (Wicklungsverluste bei Nennleistung zu Eisenverlusten) auf die gesamten Verluste (a) und den Wirkungsgrad (b) als Funktion der Strombelastung.

mit mehr oder weniger willkürlichem Zu- und Abschalten von Transformatoren während des Betriebs. Deshalb werden die Transformatoren gewöhnlich für ein Durchschnittsverhältnis zwischen Wicklungs- und Eisenverlusten entworfen (etwa zwischen 1 und 4), das sich natürlich nach der Art des Betriebes richten muß.

Bei Einheitstransformatoren der Hauptreihe (DIN VDE 2600) schwankt dieses Verhältnis bei Oberspannungen für 5000 und 6000 Volt von 2,75 bei kleinster Leistung ohne Zickzackschaltung bis zu 3,8 bei größter Leistung mit Zickzackschaltung. Bei höherer Oberspannung ist es für die Einheitstransformatoren kleiner (1,65 bis 3,3 für 20000 Volt).

In Abb. 225a ist das Verhältnis Q/Q_0, das für Nennbetrieb bei verschiedenen Verhältnissen $Q_K/Q_E = Q_{KN}/Q_E$ der Abb. 222 entnommen werden kann, als Funktion des auf Nennstrom bezogenen Sekundärstromes dargestellt. Abb. 225b zeigt die entsprechende Abhängigkeit des Wirkungsgrades eines Transformators bei konstantem Leistungsfaktor, wenn beispielsweise bei Nennstrom und $Q_{KN} = Q_E$ der Wirkungsgrad 97,5% beträgt.

Wir erkennen aus Abb. 225a, daß zwar bei $Q_{KN}/Q_E > 0{,}95$ mit wachsendem Verhältnis Q_{KN}/Q_E die Gesamtverluste bei Nennbetrieb zunehmen, daß sie aber bei kleinen Belastungen um so schneller abnehmen, je größer Q_{KN}/Q_E ist. Abb. 225b läßt erkennen, daß bei $Q_{KN}/Q_E > 0{,}95$ mit wachsendem Q_{KN}/Q_E der Wirkungsgrad bei Nennbetrieb und etwas auch sein Höchstwert abnimmt, dafür aber bei kleinen Belastungen entsprechend größer ist. Daraus erkennt man deutlich den Vorteil eines größeren Verhältnisses Q_{KN}/Q_E als 0,95, wenn der Transformator häufig mit kleinerer Leistung als Nennleistung im Betriebe ist. Bei $Q_{KN}/Q_E < 0{,}95$ sinkt mit abnehmendem Q_{KN}/Q_E der Wirkungsgrad bei Nennbetrieb, während sein Höchstwert etwas wächst. Praktisch kommt dieser Fall nicht in Frage.

4. Der wirtschaftliche Entwurf.

a. Der wirtschaftlich günstigste Entwurf. Der wirtschaftlich günstigste Transformator müßte die Bedingung erfüllen, daß die Kosten für Verzinsung und Abschreibung der Anschaffungskosten und die laufenden Kosten für die Energieverluste so klein wie möglich sind. Wir wollen hier nur andeuten, wie diese Berechnung durchzuführen wäre, wobei wir den Transformator allein betrachten, auf die Kosten der zugehörigen Leitungsanlagen und Hilfsapparate und die darin auftretenden Verluste also keine Rücksicht nehmen.

Die laufenden Kosten für die Energieverluste hängen von den Tarifen des Elektrizitätswerkes ab, an das der Transformator angeschlossen werden soll. Hier wollen wir annehmen, daß der Tarif in drei Stufen gestaffelt ist, nämlich Spitzentarif, Mitteltarif und Nachttarif. Der Spitzentarif ist für die Zeiten der Spitzenbelastung des Elektrizitätswerkes, der Nachttarif für die Zeiten ganz schwacher Belastung und der Mitteltarif für die übrigen Zeiten maßgebend. Der Spitzentarif und der Mitteltarif sind nicht nur von der Tageszeit, sondern auch von der Jahreszeit abhängig, so daß wir unsere Betrachtungen über ein Jahr zu erstrecken haben.

Wir bezeichnen mit A, B und C die Energiekosten in M/kWJahr, nach dem Spitzen-, Mittel- und Nachttarif, mit a, b und c die Zeiten in Bruchteilen eines Jahres, während der der Transformator bei Geltung des Spitzen-, Mittel- und Nachttarifs im Betrieb ist, und mit α, β und γ den Mittelwert der Wicklungsverluste über die Zeiten a, b und c in Anteilen der Wicklungsverluste Q_{KN} bei Nennbetrieb. Es ist also beispielsweise für die Zeit im Jahre, während der der Spitzentarif gilt,

$$\alpha Q_{KN} = \frac{1}{a}\int_a Q_K\,dt\,. \qquad (264\text{a})$$

Die jährlichen Kosten für die Energieverluste betragen dann, wenn wir noch mit Q_E die Leerlaufverluste bezeichnen und Q_{KN} und Q_E in kW einführen,

$$K_S = (aA + bB + cC)\,Q_E + (\alpha a A + \beta b B + \gamma c C)\,Q_{KN}\,\text{Mark}. \qquad (264\,\text{b})$$

Bezeichnen wir ferner mit K_T den Anschaffungspreis des Transformators und mit DK_T die jährlichen Kosten für Verzinsung und Abschreibung des Anschaffungskapitals in Mark, so sollte

$$K = DK_T + K_S \qquad (264)$$

den kleinsten möglichen Wert annehmen.

Der Entwurf des Transformators läßt sich nach diesem Grundsatz in der Regel nicht ausführen, weil die genaue Belastung des Transformators (bestimmt durch die Größen a, b, c und α, β, γ) nicht bekannt ist. Wenn sie auch für das erste Betriebsjahr abgeschätzt werden kann, so ändert sie sich im Laufe der Jahre durch Erweiterung der Anlage oder durch Änderung der Bedürfnisse. Außerdem sind die Tarife für die Verlustenergie (bestimmt durch die Größen A, B, C), die für Wasserkraftanlagen anders als für Wärmekraftanlagen sind, häufig Änderungen unterworfen, und dasselbe gilt auch für den Kapitaldienst (Größe D).

Wir wollen deshalb den hier besprochenen wirtschaftlich günstigsten Entwurf nicht weiter verfolgen. In der Regel sind auch die Leerlauf- und Wicklungsverluste für einen zu entwerfenden Transformator vorgeschrieben, so daß keine freie Wahl für die Größe der Verluste mehr besteht. Bei Festsetzung dieser Verluste ist zu unterscheiden, ob die Kosten für die Energieverluste von dem Elektrizitätswerk oder dem Verbraucher bezahlt werden. Im letzten Falle sind sie wesentlich höher. Der Verbraucher wird also mehr Wert auf kleine Energieverluste legen müssen als das Elektrizitätswerk.

b. Der billigste Transformator. Größere praktische Bedeutung hat der Entwurf des billigsten Transformators bei vorgeschriebenen Eisen- und Wicklungsverlusten sowie relativer Nenn-Kurzschlußspannung.

Die Kosten setzen sich zusammen aus denen der Baustoffe, dem Arbeitslohn und den sonstigen Unkosten für Entwicklung des Transformators, Werkstattbetrieb, Verwaltung usw. Die Berechnung dieser Kosten setzt langjährige Erfahrung voraus und hängt sehr wesentlich von den Einrichtungen der herstellenden Werkstatt ab. Wir können uns hier mit dieser Aufgabe nicht befassen.

Für eine überschlägige Kostenberechnung nimmt man gewöhnlich an, daß die Isolierstoffe und der Arbeitslohn für die Herstellung der Wicklung dem Metallgewicht der Wicklung, und die übrigen Baustoffe und der Arbeitslohn für ihre Bearbeitung und ihren Zusammenbau dem Blech-gewicht des magnetischen Kreises proportional sind. Man schätzt die Herstellungskosten des Transformators zu

$$K = p_E P_E + p_K P_K \text{ Mark}, \tag{265a'}$$

worin P_E und P_K die Gewichte der Bleche des magnetischen Kreises und des Metalls der Wicklung sind (in kg) und p_E und p_K die Herstellungskosten bezogen auf 1 kg Eisen bzw. 1 kg Metallgewicht der Wicklung (in M/kg) bedeuten. Ein sehr großer Teil der Kosten des Transformators ist aber unabhängig von diesen Gewichten, so daß es genauer ist,

$$K = A + p_E P_E + p_K P_K \tag{265a}$$

zu setzen, worin A ein fester Betrag ist, der von der Bauart und der Größe des Transformators und von der Höhe der Wicklungsspannung abhängt.

p_E und p_K schwanken in weiten Grenzen, sie sind von den Einrichtungen und Arbeitsverfahren der herstellenden Werkstatt abhängig. Außerdem ist p_E für legiertes Blech größer als für gewöhnliches Blech, p_K wächst in der Regel mit der Wicklungsspannung, beide sinken mit wachsender Transformatorleistung. Für den Entwurf des billigsten Transformators kommt es nicht auf den genauen Wert der Kosten an, sondern es genügt zu diesem Zweck das Verhältnis p_K/p_E zu kennen, das leichter abzuschätzen ist als die Einzelwerte p_K und p_E. Für den billigsten Transformator muß sein

$$\frac{K}{p_E} = \frac{A}{p_E} + P_E + \frac{p_K}{p_E} P_K = \min \tag{265b}$$

oder auch

$$P_E + \frac{p_K}{p_E} P_K = \min, \tag{265}$$

da A/p_E für den zu entwerfenden Transformator konstant angenommen werden kann.

Zahlentafel 14. Preise der verschiedenen Bleche Ende 1931.

	0,35 mm stark		0,5 mm stark	
	Verlustziffer V_{10} in Watt/kg	Preis in M/kg	Verlustziffer V_{10} in Watt/kg	Preis in M/kg
ungebeizt	3,1	0,305	3,6	0,285
	2,8	0,325	3,0	0,305
	2,4	0,340	2,6	0,325
	2,1	0,360	2,3	0,345
einmal gebeizt	2,0	0,430	2,0	0,410
	1,85	0,475	1,85	0,535
	1,65	0,555	1,70	0,595
	1,45	0,615	1,50	0,680
	1,3	0,690		

Zur Ermittlung dieses Minimums müssen wir das Verhältnis p_K/p_E kennen. In Zahlentafel 14 sind die Preise der Bleche für elektrische Maschinen und Apparate zusammengestellt, wie sie von den deutschen Eisenhütten auf den Markt gebracht werden. Sie sind nach der Höhe der Verlustziffer V_{10} bei 10000 Gauß geordnet und gelten für Ende des Jahres 1931. Für eine Frequenz von 50 Hz werden gewöhnlich die hochlegierten Bleche von 0,35 und 0,5 mm Stärke verwendet, mit den Verlustziffern V_{10} gleich 1,3 und 1,5 Watt/kg, entsprechend den Preisen von 0,69 und 0,68 M/kg.

Die Preise für kupferne Runddrähte, die für die Oberspannungswicklung kleiner und mittlerer Transformatoren in Frage kommen, hängen sehr stark von dem Durchmesser des blanken Drahtes ab. Der Preis setzt sich zusammen aus dem reinen Kupferpreis und dem sogenannten Umarbeitungspreis, d. h. den Kosten für Ziehen des Drahtes und Umspinnung. In Abb. 226 ist der durchschnittliche auf das Gewicht des isolierten Drahtes bezogene Umarbeitungspreis für zweimal mit Baumwolle umsponnene Kupferdrähte als Funktion des blanken Drahtdurchmessers d aufgetragen; der jeweilige Unterschied zwischen isoliertem (d') und blankem Drahtdurchmesser ist angeschrieben. Bei größeren Drahtdurchmessern sinkt der Preis bis auf etwa 0,44 M/kg bei 5 mm blankem Drahtdurchmesser, wobei $d' - d$ bis auf 0,4 mm anwächst.

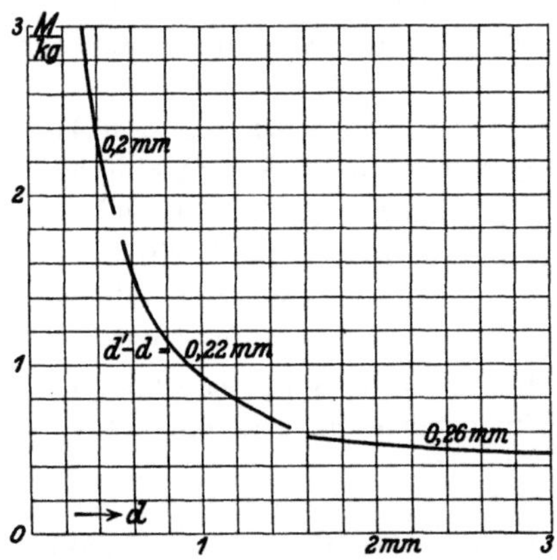

Abb. 226. Durchschnittlicher Umarbeitungspreis als Funktion der Drahtstärke d bei verschiedenen Dicken $d' - d$ der Isolierung.

Für Flachkupferdrähte mit den Abmessungen, wie sie etwa bei Einheitstransformatoren in Frage kommen, liegt der Umarbeitungspreis etwa zwischen 0,6 und 0,8 M/kg, die größeren Werte für kleinere Querschnitte.

Ungefähr dieselben Umarbeitungspreise können auch für papierumsponnene Drähte bei demselben Auftrag der Isolierung angenommen werden.

Zu dem Umarbeitungspreis ist der Kupferpreis nach der sogenannten „Delnotiz“ hinzuzuschlagen, der im Jahre 1931 etwa zwischen 0,6 und 1,0 M/kg schwankte.

Addieren wir zu dem Preis der Drähte für die Unter- und Oberspannungswicklung den Arbeitslohn für das Wickeln der Spulen und dividieren wir diese Summe durch das gesamte Kupfergewicht, so erhalten wir den in Gl. (265) einzusetzenden spezifischen Preis p_K der Wicklung. Addieren wir andererseits zu dem Preis der Bleche den Arbeitslohn für Stanzen und Zusammenbau des magnetischen Kreises, so gewinnen wir durch Division mit dem Gesamtgewicht der Bleche den spezifischen Preis p_E in Gl. (265). Das Verhältnis wird bei derselben Blechsorte um so größer sein, je dünner der Draht der Oberspannungswicklung ist. Aus den mir zur Verfügung stehenden Unterlagen schätze ich für Einheitstransformatoren mit Blechen von 0,35 mm Stärke und 1,3 Watt/kg oder 0,5 mm und 1,5 Watt/kg bei Drahtdurchmessern der Oberspannungswicklung

$$1\,\text{mm} \lessapprox d_o\colon \qquad \frac{p_K}{p_E} \approx 2 \text{ bis } 2{,}5\,. \tag{266a}$$

$$0{,}5\,\text{mm} \lessapprox d_o \lessapprox 1\,\text{mm}\colon \qquad \frac{p_K}{p_E} \approx 2{,}5 \text{ bis } 3\,. \tag{266b}$$

Für noch dünnere Drähte wächst das Verhältnis p_K/p_E bis über 3 hinaus.

Drahtdurchmesser von $d_o \approx 1$ mm und darüber ergeben sich etwa für die Einheitstransformatoren mit 75 und 100 kVA Leistung bis zu 20 kV, mit 50 kVA bis zu 15 kV, mit 30 kVA bis 10 kV und mit 20 kVA bis 5 kV.

Mit Drahtdurchmessern zwischen den Grenzen $0{,}5\,\text{mm} \lessapprox d_o \lessapprox 1\,\text{mm}$ läßt sich der 5 kVA-Transformator noch bis etwa 10 kV ausführen, alle übrigen bis 20 kV.

Genauere Werte für p_K/p_E lassen sich auf Grund der in der Werkstatt ermittelten Arbeitslöhne für Wickeln mit verschiedenen Drahtstärken und Stanzen und Zusammenbau des magnetischen Kreises gewinnen. Da in jedem Falle eine gewisse Unsicherheit in der Annahme von p_K/p_E besteht, hat es keinen Sinn, den Transformator für das genaue Minimum nach Gl. (265) zu entwerfen, sondern man wird sich darauf beschränken, nicht gar zu weit von dem nach Gl. (265) ermittelten Minimum entfernt zu bleiben (vgl. Abschn. 6).

c. Die elektromagnetischen Beanspruchungen. Die günstigsten magnetischen Beanspruchungen ergeben sich aus dem Entwurf des Transformators für möglichst kleine Kosten, wie wir es im Abschn. 6 zeigen werden. Der größte zulässige Wert der Induktion ist jedoch begrenzt bei kleinen Transformatoren durch den noch zulässigen relativen Magnetisierungsstrom, bei allen Transformatoren durch die Rücksicht auf die Oberwellen des Magnetisierungsstroms und das Brummen des Transformators. Die Kerninduktionen liegen bei Transformatoren für 50 Hz und hochlegiertes Blech gewöhnlich zwischen den Grenzen

$$10000\,\text{Gauß} \lessapprox B \lessapprox 14000\,\text{Gauß}, \tag{267}$$

die kleinen Werte für kleine Transformatoren mit großen relativen Eisenverlusten. Mit wachsender Verlustziffer des verwendeten Blechs sinkt die günstigste Induktion sehr schnell, wesentlich unter 10000 Gauß. Höhere Werte der Induktionen können bei Transformatoren für $16^2/_3$ Hz verwendet werden, wenn die Bleche besonders sorgfältig und mit hohem Druck zusammengepreßt werden, um das Brummen des Transformators zu unterdrücken. Die Größe des relativen Magnetisierungsstroms ist weniger zu befürchten, weil diese nach Gl. (63) proportional der Frequenz und den relativen Eisenverlusten ist, mit abnehmender Frequenz also sinkt. Meistens wird bei dieser niederen Frequenz gewöhnliches Dynamoblech verwendet. Die Kerninduktion kann hierbei bis zu etwa 17000 Gauß betragen. Der Transformator muß dann über einen Anlaßwiderstand an das Netz gelegt werden (vgl. Abschn. A 9b).

Die Stromdichte ist bei gegebenem magnetischen Kreis durch die vorgeschriebenen Eisen- und Wicklungsverluste fest bestimmt. In der Regel liegt sie bei Kupferwicklungen und Luftkühlung zwischen den Grenzen

$$1{,}2\ \mathrm{Amp/mm^2} \lessapprox G \lessapprox 2\ \mathrm{Amp/mm^2}, \tag{268a}$$

bei Öltransformatoren kleiner und mittlerer Leistung (bis etwa 100 kVA) zwischen

$$1{,}6\ \mathrm{Amp/mm^2} \lessapprox G \lessapprox 3\ \mathrm{Amp/mm^2}; \tag{268b}$$

für große Öltransformatoren mit künstlicher Kühlung kann die Stromdichte höher bemessen werden, bei Verwendung von blankem Kupfer bis zu etwa 4 Amp/mm² und sogar darüber.

Der Strombelag, bei Zylinderwicklung $A = \Theta_0/b$, liegt bei den Einheitstransformatoren der Hauptreihe etwa zwischen den Grenzen

$$80\ \mathrm{Amp/cm} \lessapprox A \lessapprox 260\ \mathrm{Amp/cm}, \tag{269}$$

wobei die unterste Grenze für den kleinsten (5 kVA), die obere für den größten (100 kVA) gilt [vgl. Gl. (270c)]. Mit wachsender Leistung wächst der Strombelag bei künstlicher Kühlung bis zu etwa 1000 Amp/cm.

Über Transformatoren mit Wicklungen aus andern Metallen als Kupfer siehe [L 160].

5. Beziehungen zwischen gewissen Größen des Transformators.

In diesem Abschnitt werden wir einige Beziehungen aufstellen, von denen die im Abschn. a den Einfluß einer linearen Vergrößerung sämtlicher Abmessungen des Transformators auf die wichtigsten Größen zeigen sollen, um abschätzen zu können, wie sich diese Größen mit der Leistung des Transformators ändern. Im Abschn. b werden wir dann eine Reihe von Gleichungen zusammenstellen, die den Einfluß gewisser Abänderungen des Transformators auf maßgebende Größen des Transformators darstellen. Von diesen Gleichungen werden wir bei der Berechnung des Transformators im Abschn. 6 Gebrauch machen.

a. Einfluß der linearen Vergrößerung des Transformators. Wir setzen hier immer dieselbe magnetische Beanspruchung im Eisen, dieselbe Stromdichte in den Wicklungen und dieselbe Frequenz voraus. Sämtliche Größen des Vergleichstransformators, auf die wir die Größen des abgeänderten Transformators beziehen, bezeichnen wir durch den Zeiger 0.

Bei n-facher Vergrößerung der linearen Abmessungen wächst der Kernquerschnitt mit n^2. Wir erhalten also den Fluß im Kern des abgeänderten Transformators zu

$$\Phi = n^2 \Phi_0. \tag{270a}$$

Ebenso wächst die gesamte Durchflutung bei Nennbetrieb,

$$\Theta_N = n^2 \Theta_{N0}. \tag{270b}$$

Der Strombelag ist proportional dem Verhältnis aus der Durchflutung und der axialen Wicklungshöhe, also

$$A = n A_0. \tag{270c}$$

Dem Produkt $\Phi \Theta_N$ ist die Leistung proportional; denn setzen wir beispielsweise dieselbe Windungszahl voraus, so ist die Spannung dem Fluß Φ proportional und der Strom der Durchflutung Θ_N. Wir erhalten also für die Leistung

$$N = n^4 N_0. \tag{270}$$

Die für die Magnetisierung erforderliche Durchflutung ist bei derselben Kerninduktion der Weglänge proportional,

$$\Theta_\mu = n \Theta_{\mu 0}. \tag{270d}$$

Die Eisenverluste Q_E und die Wicklungsverluste Q_K sind bei konstanter magnetischer bzw. elektrischer Beanspruchung dem Volumen proportional, also

$$Q_E = n^3 Q_{E0}, \quad Q_K = n^3 Q_{K0}. \tag{271 a u. b}$$

Für die Blindleistung des Streufeldes können wir schreiben

$$Q_b = \omega L_\sigma J_N^2 = \omega \Lambda \Theta_N^2, \tag{272a}$$

worin Λ der für die Streuinduktivität maßgebende ideelle Leitwert des Streuweges ist, der bei n-facher Vergrößerung der linearen Abmessungen

$$\Lambda = n \Lambda_0 \tag{272b}$$

ist. Hiermit und mit Gl. (272a) und (270b) wird

$$Q_b = n^5 Q_{b0}. \tag{271c}$$

Mit diesen Gleichungen wollen wir nun die wichtigsten relativen Größen des Transformators durch die Vergrößerungszahl n der linearen

Abmessungen und das Leistungsverhältnis N/N_0 ausdrücken. Wir erhalten den relativen Magnetisierungsstrom

$$\mu = \frac{\Theta_\mu}{\Theta_N} = \frac{1}{n} \cdot \mu_0 = \frac{\mu_0}{\sqrt[4]{\frac{N}{N_0}}}, \tag{273a}$$

die relativen Eisenverluste

$$v_E = \frac{Q_E}{N} = \frac{1}{n} \cdot v_{E0} = \frac{v_{E0}}{\sqrt[4]{\frac{N}{N_0}}} \tag{273b}$$

und die Wirkkomponente der relativen Nenn-Kurzschlußspannung

$$\varepsilon_w = \frac{Q_K}{N} = \frac{1}{n} \cdot \varepsilon_{w0} = \frac{\varepsilon_{w0}}{\sqrt[4]{\frac{N}{N_0}}}. \tag{273c}$$

Diese drei Größen ändern sich also umgekehrt proportional der linearen Vergrößerung des Transformators oder umgekehrt proportional der 4. Wurzel aus der Vergrößerung der Leistung. Da die relativen Eisenverluste dieselbe Gesetzmäßigkeit wie die relativen Kupferverluste [Gl. (271a u. b)] aufweisen, sinken die relativen Gesamtverluste mit Vergrößerung der linearen Abmessungen bzw. der Leistung ebenso wie die drei Größen in den Gl. (273a bis c).

Für die Blindkomponente der relativen Nenn-Kurzschlußspannung gilt dagegen

$$\varepsilon_b = \frac{Q_b}{N} = n \cdot \varepsilon_{b0} = \sqrt[4]{\frac{N}{N_0}} \cdot \varepsilon_{b0}, \tag{273d}$$

d. h. diese Komponente der Nenn-Kurzschlußspannung wächst proportional der linearen Vergrößerung des Transformators oder proportional der 4. Wurzel aus dem Verhältnis der Leistungen. Für das Verhältnis zwischen Wirk- und Blindkomponente der relativen Nenn-Kurzschlußspannung erhalten wir

$$\frac{\varepsilon_w}{\varepsilon_b} = \frac{1}{n^2} \frac{\varepsilon_{w0}}{\varepsilon_{b0}} = \sqrt{\frac{N_0}{N}} \frac{\varepsilon_{w0}}{\varepsilon_{b0}}. \tag{273e}$$

Es ist also umgekehrt proportional der 2. Wurzel aus den Leistungen.

Die hier abgeleitete Gesetzmäßigkeit setzt, wie wir nochmals hervorheben, gleiche magnetische Beanspruchungen im Eisen und gleiche Stromdichten in den Wicklungen voraus und vor allen Dingen auch n-fach vergrößerte Abstände zwischen Primär- und Sekundärwicklung. Diese Bedingungen, besonders die letzte, treffen in Wirklichkeit nicht genau zu, sie werden hauptsächlich durch die Kühlart, die Höhe der Spannung der Oberspannungswicklung und die etwa vorgeschriebene

Nenn-Kurzschlußspannung beeinflußt. Die hier aufgestellte Gesetzmäßigkeit kann deshalb in praktischen Fällen gestört werden.

b. Einfluß gewisser Abänderungen. Wir setzen voraus, daß ein Entwurf eines Transformators für gegebene Leistung, Spannung und Frequenz vorliegt, bei dem auch die leicht einzuhaltenden Vorschriften über die ebenfalls gegebenen Eisen- und Wicklungsverluste erfüllt sind (vgl. Abschn. 1b u. 2d), die Kurzschlußspannung aber noch von dem vorgeschriebenen Wert abweicht und das Fenster des Transformators entweder zu reichlich oder zu knapp ist. Wir untersuchen den Einfluß einer λ-fachen Vergrößerung (oder Verkleinerung) der Kernlängen und einer ι-fachen der Jochlängen

$$L'_K = \lambda L_K\,, \qquad L'_J = \iota L_J\,. \tag{274 a u. b}$$

Bei einem einphasigen (Abb. 3a) bzw. unsymmetrischen dreiphasigen Kerntransformator (Abb. 19) ist dann (vgl. Abschn. 1b)

$$\frac{L'_E}{L_E} = \frac{\lambda L_K + \iota L_J}{L_K + L_J} \quad \text{bzw.} \quad \frac{L'_E}{L_E} = \frac{3\lambda L_K + 2\iota L_J}{3L_K + 2L_J}\,. \tag{275 a u. b}$$

Mit Rücksicht auf die vorgeschriebenen Eisenverluste muß

$$B'^2 L'_E = B^2 L_E\,, \qquad \frac{B'}{B} = \sqrt{\frac{L_E}{L'_E}} \tag{276 a u. b}$$

sein, damit die Eisenverluste dieselben bleiben. Die Rücksicht auf die vorgeschriebene EMK verlangt

$$B'w' = Bw\,, \qquad \frac{w'}{w} = \sqrt{\frac{L'_E}{L_E}}\,, \tag{277 a u. b}$$

worin w bzw. w' die Windungszahl einer der beiden Wicklungen der Ober- oder Unterspannungswicklung ist. Mit Rücksicht auf konstante Leistung muß

$$B'w'q'G' = BwqG\,, \qquad q'G' = qG \tag{278 a u. b}$$

sein, worin q der Leiterquerschnitt einer der beiden Wicklungen und G die Stromdichte ist. Da auch die Wicklungsverluste bei dem ersten Entwurf schon der Vorschrift genügen, muß

$$U'_m w' q' G'^2 = U_m w q G^2 \quad \text{oder} \quad U'_m w' G' = U_m w G \tag{279 a u. b}$$

sein, worin U_m die mittlere Windungslänge von Ober- und Unterspannungswicklung ist. Daraus erhalten wir für die Verhältnisse der Stromdichten, der Leiterquerschnitte und der gesamten Querschnitte der Wicklungsmetalle

$$\frac{G'}{G} = \frac{U_m}{U'_m}\sqrt{\frac{L_E}{L'_E}}\,, \quad \frac{q'}{q} = \frac{U'_m}{U_m}\sqrt{\frac{L'_E}{L_E}} \approx \sqrt{\frac{L'_E}{L_E}}\,, \quad \frac{w'q'}{wq} = \frac{U'_m}{U_m}\frac{L'_E}{L_E}\,. \tag{279 c bis e}$$

Bezeichnen wir mit c (vgl. Abb. 218a) die Breite des Kerns in der Ebene, in der die Kernachsen liegen, also in Richtung der Jochlängen, so ist das Verhältnis der Fensterquerschnitte bei einphasigen bzw. dreiphasigen Kerntransformatoren

$$\frac{F'}{F} = \frac{L'_K(L'_J - 2c)}{L_K(L_J - 2c)} = \frac{\lambda(\iota L_J - 2c)}{L_J - 2c} \quad \text{bzw.} \quad \frac{F'}{F} = \frac{\lambda(\iota L_J - 3c)}{L_J - 3c}. \tag{280a u. b}$$

Bilden wir ferner das Verhältnis

$$\varphi = \frac{F'/w'q'}{F/wq} = \frac{U_m}{U'_m}\frac{L_E}{L'_E}\frac{\lambda(\iota L_J - 2c)}{L_J - 2c} \approx \frac{L_E}{L'_E}\frac{\lambda(\iota L_J - 2c)}{L_J - 2c} \tag{281a}$$

für Einphasen-Transformatoren und

$$\varphi = \frac{F'/w'q'}{F/wq} = \frac{U_m}{U'_m}\frac{L_E}{L'_E}\frac{\lambda(\iota L_J - 3c)}{L_J - 3c} \approx \frac{L_E}{L'_E}\frac{\lambda(\iota L_J - 3c)}{L_J - 3c} \tag{281b}$$

für Dreiphasen-Transformatoren, so gibt dieses an, in welchem Verhältnis der auf den gesamten Leiterquerschnitt des Wicklungsmetalls bezogene Fensterquerschnitt bei dem neuen, abgeänderten Entwurf größer (oder kleiner) ist als bei dem ersten Entwurf.

Schließlich erhalten wir für das Verhältnis der Streuspannungen, beispielsweise für Zylinderwicklung [vgl. Gl. (81)],

$$\sigma = \frac{\varepsilon'_b}{\varepsilon_b} = \left(\frac{w'}{w}\right)^2 \frac{U'_M}{U_M}\frac{3\delta + a'_u + a'_o}{3\delta + a_u + a_o}\frac{b}{b'}, \tag{282a}$$

worin a_u und a_o die Breiten der Unter- und Oberspannungswicklung, δ ihr gegenseitiger Abstand und b die Höhe der Spule ist. Es ist nun mit großer Annäherung

$$\frac{2wq}{(3\delta + a_u + a_o)\,b} \approx \frac{2w'q'}{(3\delta + a'_u + a'_o)\,b'}; \tag{282b}$$

setzen wir ferner

$$\frac{b'}{b} \approx \frac{L'_K}{L_K} = \lambda, \tag{282c}$$

so erhalten wir mit Gl. (277b) und (279e)

$$\sigma \approx \left(\frac{1}{\lambda}\frac{L'_E}{L_E}\right)^2 \frac{U'_m}{U_m}\frac{U'_M}{U_M} \tag{282'}$$

und in gröberer Annäherung auch

$$\sigma \approx \left(\frac{1}{\lambda}\frac{L'_E}{L_E}\right)^2. \tag{282}$$

Entsprechend unsrer Aufgabestellung gehen wir beim Entwurf eines Transformators folgendermaßen vor. Es seien Leistung, Spannung und Frequenz, die Eisenverluste Q_E, die Wicklungsverluste Q_{KN} und die relative Nenn-Kurzschlußspannung ε_{kN} vorgeschrieben. Mit der Annahme eines Kernquerschnitts nach Abschn. 1a, eines Verhältnisses L_J/L_K und einer Kerninduktion B entwerfen wir den magnetischen Kreis nach Abschn. 1b. Unter der Annahme eines angemessenen Verhältnisses G_o/G_u nach Abschn. 2 entwerfen wir die Wicklung ohne Rücksicht auf die Nenn-Kurzschlußspannung so, daß die gesamten Wicklungsverluste den vorgeschriebenen Wert annehmen (Abschn. 2d) und die Höhe des Fensters richtig ausgenutzt wird. Dabei ergibt sich im allgemeinen, daß die Fensterbreite entweder zu klein oder zu groß ist, d. h. der Abstand zwischen den Spulen verschiedener Kerne zu groß oder zu klein (unter Umständen sogar negativ) wird. Bezeichnen wir den Betrag, um den die Fensterbreite zu groß oder zu klein ist, mit Δ, so ist bei einphasigen bzw. dreiphasigen Transformatoren

$$\frac{L_J - 2c \pm \Delta}{L_J - 2c} \quad \text{bzw.} \quad \frac{L_J - 3c \pm 2\Delta}{L_J - 3c}$$

das Verhältnis des beim ersten Entwurf erforderlichen Fensterquerschnitts zum vorhandenen. Dieses Verhältnis gibt uns einen Anhalt, wie die Ausnutzung des Fensters geändert werden muß, damit die Wicklung im Fenster richtig untergebracht werden kann. Mit hinreichender Annäherung kann deshalb dieses Verhältnis für den neuen Entwurf, bei dem sich Fenster und Wicklungsquerschnitt ändern, als Wert für die Größe φ in Gl. (281a) bzw. (281b) zugrunde gelegt werden. Wir dürfen also setzen

$$\frac{L_J - 2c \pm \Delta}{L_J - 2c} \approx \varphi \quad \text{bzw.} \quad \frac{L_J - 3c \pm 2\Delta}{L_J - 3c} \approx \varphi\,. \qquad (283\,\text{a u. b})$$

Ebenso wird beim ersten Entwurf im allgemeinen ε_b von dem vorgeschriebenen Wert ε_{bN} abweichen. Es gibt uns also

$$\frac{\varepsilon_{bN}}{\varepsilon_b} = \sigma \qquad (284)$$

die notwendige Vergrößerung (oder Verkleinerung) des relativen Blindspannungsverlustes für den neuen Entwurf an. Mit diesen beiden Werten von φ und σ und der Beziehung in Gl. (275a bzw. b) können wir λ und ι aus Gl. (282) und (281a bzw. b) berechnen. Wir erhalten für Einphasen-Transformatoren

$$\lambda = \frac{\varphi\sqrt{\sigma}\,(L_J - 2c) + 2c}{\sqrt{\sigma}\,(L_K + L_J) - L_K}\,, \qquad \iota = \frac{\varphi\sqrt{\sigma}\,(L_J - 2c) + 2c}{L_J} \qquad (285\,\text{a u. b})$$

und für Dreiphasen-Transformatoren

$$\lambda = 2\,\frac{\varphi\sqrt{\sigma}\,(L_J - 3c) + 3c}{\sqrt{\sigma}\,(3L_K + 2L_J) - 3L_K}\,, \qquad \iota = \frac{\varphi\sqrt{\sigma}\,(L_J - 3c) + 3c}{L_J}\,. \qquad (286\,\text{a u. b})$$

Mit den Werten $L'_K = \lambda L_K$ und $L'_J = \iota L_J$ berechnen wir die Größen des neuen Entwurfs. Dabei ist die magnetische Beanspruchung des Eisenkerns durch Gl. (276b) und der Entwurf der Wicklungen durch die Gl. (277b) und (279d) gegeben. Dieser zweite Entwurf genügt gewöhnlich mit hinreichender Genauigkeit den vorgeschriebenen Bedingungen und nutzt die Fensterfläche möglichst vollkommen aus. Nur wenn der erste Entwurf ungewöhnlich ungünstig ist, wird eine nochmalige Näherungsrechnung in der hier beschriebenen Weise notwendig sein.

6. Gang der Berechnung.

a. Berechnungsbeispiel. Den Gang der Berechnung eines Transformators wollen wir an dem Beispiel eines Einheitstransformators für 100 kVA und 20 kV zeigen. Um den Einfluß von Abänderungen möglichst ungetrübt zum Ausdruck zu bringen, werden wir die Abmessungen des Eisens und Kupfers, sowie die Windungszahlen nicht auf glatte Werte abrunden, sondern sie so einsetzen, wie sie sich aus der Berechnung ergeben. Auch den sehr geringen Einfluß der Abrundung der Ecken bei den rechteckigen Leitern auf den Querschnitt werden wir außer acht lassen. Da es in diesem Abschnitt nur auf den Gang der Berechnung ankommt, werden wir die besondere Ausbildung der Endspulen mit verstärkter Isolierung (vgl. S. 202) und der Anzapfspulen, um außer der Nenn-Unterspannung noch zwei um $\pm 4\%$ von der Nennspannung abweichende Spannungen einstellen zu können (S. 205), nicht behandeln. Der hierfür erforderliche Raumbedarf soll in genügend großen Abständen δ' und δ'' (vgl. Abb. 218a) Berücksichtigung finden.

Nach dem DIN-Blatt VDE 2600 sollen die Leerlaufverluste 700 Watt, bei A_2-Schaltung die Wicklungsverluste 2,1% der Nennleistung und die relative Nenn-Kurzschlußspannung 3,8% der Nennspannung betragen. Die Wicklungsverluste sind bei Leerlauf zu vernachlässigen; der Transformator ist also zu entwerfen für

$$Q_E = 700\ \text{Watt} \quad \text{und} \quad Q_K = 1000 \cdot 2{,}1 = 2100\ \text{Watt}. \qquad (287\text{a u. b})$$

Aus der relativen Nenn-Kurzschlußspannung und den relativen Wicklungsverlusten, die gleich der Wirkkomponente der relativen Nenn-Kurzschlußspannung sind, erhalten wir die Blindkomponente der relativen Nenn-Kurzschlußspannung zu

$$\varepsilon_{bN} = \sqrt{\varepsilon_{KN}^2 - \varepsilon_{wN}^2} = \frac{1}{100}\sqrt{3{,}8^2 - 2{,}1^2} = 0{,}0317\,. \qquad (287\text{c})$$

Hauptabmessungen, magnetischer Kreis. Nach Gl. (235c) ergibt sich mit beispielsweise $C = 6\ \text{cm}^2\ \text{Joule}^{-\frac{1}{2}}$ [Gl. (236)] der Querschnitt des Eisenkerns zu

$$q_K = 6\sqrt{\frac{100\,000}{3 \cdot 50}} = 155\ \text{cm}^2\,. \qquad (288\text{a})$$

Wir nehmen hochlegiertes Blech von 0,35 mm Stärke mit einer Verlustziffer $V_{10} = 1{,}35$ Watt/kg und eine Kerninduktion $B_K = 12000$ Gauß an. Den zusätzlichen Eisenverlusten und den Verlusten im Ölkessel wollen wir durch eine um 20% vergrößerte Verlustziffer ungefähr Rechnung tragen. Wir setzen also

$$V_{10} = \varkappa = 1{,}2 \cdot 1{,}35 = 1{,}62 \text{ Watt/kg}. \qquad (288\text{b})$$

Damit erhalten wir nach Gl. (237) ($s = 7{,}6$ g/cm³) die gesamte Eisenlänge zu

$$L_E = 255 \text{ cm}. \qquad (288\text{c})$$

Setzen wir $j = L_J/L_K = 1{,}6$ (absichtlich zu hoch, um nicht bei der ersten Durchrechnung gleich ungefähr die richtigen Abmessungen zu erhalten) und gleiche Eisenquerschnitte in den Jochen und Kernen, so wird nach Gl. (238b)

$$L_K = 411 \text{ mm}, \qquad L_J = 659 \text{ mm}. \qquad (288\text{d u. e})$$

Wir nehmen Kreuzquerschnitt nach Abb. 151a an. Dabei ist das Verhältnis aus Eisenquerschnitt und Fläche des umschriebenen Kreises (S. 190) $f_E = 0{,}677$, und wir erhalten (vgl. Abb. 218a)

$$d_K = \sqrt{\frac{4 q_K}{\pi f_E}} = 171 \text{ mm}, \qquad c = 0{,}851\, d_K = 145{,}5 \text{ mm}. \qquad (288\text{f u. g})$$

Setzen wir $\delta_u = 4$ mm, so ist der innere Durchmesser der Unterspannungswicklung

$$d = 179 \text{ mm}. \qquad (288\text{h})$$

Den Abstand zwischen Unter- und Oberspannungswicklung setzen wir nach Zahlentafel 12 (S. 248) zu $\delta = 12$ mm ein. Für Unter- und Oberspannungswicklung nehmen wir dieselbe Höhe b an. Mit $\delta' = 2{,}5\,\delta = 30$ mm erhalten wir dann

$$b = L_K - 2\,\delta' = 351 \text{ mm}. \qquad (288\text{i})$$

Der Induktionsfluß im Kern ist

$$\Phi = q_K B_K = 186 \cdot 10^4 \text{ Maxwell}. \qquad (288\text{k})$$

Unterspannungswicklung. Die Windungszahl ist für A_2-Schaltung ($U_u = 231$ Volt)

$$w_u = \frac{U_u}{\sqrt{3} \cdot 4{,}44 f \Phi} = 32{,}3. \qquad (289\text{a})$$

Mit Rücksicht auf Zickzackschaltung (vgl. S. 203) müssen wir die Wicklung in zwei Lagen anordnen, die für A_2-Schaltung parallel geschaltet werden. Der Strom in der Unterspannungswicklung ist

$$J_u = \frac{100000}{\sqrt{3} \cdot 231} = 250 \text{ Amp}. \qquad (289\text{b})$$

Schätzen wir $a_u = 10$ mm, $a_o = 30$ mm, so werden die mittleren Windungslängen $U_{mu} = 0{,}594$ m, $U_{mo} = 0{,}796$ m. Den kleinsten Aufwand an Wicklungskupfer erhalten wir nach Abschn. 2c etwa bei Gleichheit der Stromdichten in Unter- und Oberspannungswicklung. Mit Rücksicht auf die Umschaltung von A_2- auf C_3-Schaltung (vgl. S. 203) ergibt sich dann nach Gl. (256b) mit $\varrho_u = 0{,}023\ \Omega$ mm²/m

$$2q_u = \frac{3 \cdot 0{,}023 \cdot 32{,}3 \cdot 250^2}{2100}(0{,}594 + 1{,}08 \cdot 0{,}796) = 96{,}4\ \text{mm}^2, \qquad (289\text{c})$$

der Querschnitt eines der beiden parallel geschalteten Leiter also zu 48,2 mm². Unter der Annahme, daß die Strombeläge der Unter- und Oberspannungswicklung bei Vernachlässigung des Magnetisierungsstromes einander gleich sind, erhalten wir für die axiale und die radiale Abmessung des isolierten und blanken Leiters bei 0,8 mm dicker doppelseitiger Isolierung

$$\left.\begin{aligned} b'_u &= \frac{b}{w_u} = 10{,}87\ \text{mm}, \qquad b_u = 10{,}07\ \text{mm}, \\ h_u &= \frac{q_u}{b_u} = 4{,}79\ \text{mm}, \qquad h'_u = 5{,}59\,. \end{aligned}\right\} \qquad (289\text{d bis g})$$

Nehmen wir zwischen den beiden Lagen eine Papierschicht von 1 mm an, so wird

$$a_u = 2 \cdot h'_u + 1 = 12{,}18\ \text{mm}. \qquad (289\text{h})$$

Oberspannungswicklung. Die Zahl der vollen Spulen wählen wir nach S. 204 zu $20000/\sqrt{3} \cdot 1000 = 11{,}6 \approx 12$. Nehmen wir die Dicke der Isolierscheiben zwischen den beiden Teilen einer vollen Spule zu 1 mm und zwischen je zwei vollen Spulen (vgl. Abb. 218a) zu 2 mm an, so beträgt die gesamte Dicke der Isolierscheiben $12 \cdot 1 + 11 \cdot 2 = 34$ mm. Rechnen wir noch insgesamt 10 mm für Umbandelung der Spulen, so steht für die Wicklung die gesamte Höhe

$$b' = b - 44 = 307\ \text{mm} \qquad (290\text{a})$$

zur Verfügung. Die Windungszahl für die Normalstufe ist

$$w_o = \frac{20000}{231} w_u = 2800. \qquad (290\text{b})$$

Eine Teilspule erhält also im Mittel (die Anzapfspulen und die Endspulen erhalten im allgemeinen andere Windungszahlen als die übrigen Spulen)

$$\frac{1{,}04 \cdot 2800}{24} = 121{,}3 \qquad (290\text{c})$$

Windungen. Der Strom in der Oberspannungswicklung (Leerlaufstrom vernachlässigt) ist

$$J_o = 2{,}89\ \text{Amp.} \qquad (290\text{d})$$

Damit erhalten wir nach Gl. (256a) ($\varrho_o = 0{,}023\ \Omega\ \mathrm{mm}^2/\mathrm{m}$) bei 0,22 mm dicker doppelseitiger Isolierung des runden Leiters

$$q_o = 1{,}035\ \mathrm{mm}^2, \quad d_o = 1{,}148\ \mathrm{mm}, \quad d_o' = 1{,}368\ \mathrm{mm}. \tag{290e bis g}$$

Die Windungszahl einer Lage ist im Durchschnitt (vgl. S. 201)

$$\frac{b'}{24 \cdot d_o'} - 1 = 9{,}35 - 1 = 8{,}35. \tag{290h}$$

Wir dürfen mit dieser Bruchzahl von Windungen rechnen, weil jede Spule aus einer größeren Zahl von Lagen besteht und ein Ausgleich auch bei den besonders zu behandelnden End- und Anzapfspulen erfolgen kann. Damit erhalten wir die

$$\text{Lagenzahl} = \frac{121{,}3}{8{,}35} = 14{,}54 \tag{290i}$$

und die Spulenbreite, wenn wir noch zwischen je zwei Lagen eine Papierisolierung von 0,1 mm anordnen, zu

$$a_o = 14{,}54 \cdot d_o' + 14 \cdot 0{,}1 = 21{,}27\ \mathrm{mm}. \tag{290k}$$

Kontrolle. Wir können jetzt die Wicklungsverluste nachrechnen. Bei der Unterspannungswicklung müssen wir die Stromverdrängung berücksichtigen. Die beiden parallel geschalteten Lagen verhalten sich im wesentlichen so wie ein Leiter von der Höhe $h = a_u - 0{,}8 = 11{,}38$ mm. Es ist nach Gl. (95a) $\alpha = 0{,}865\ \mathrm{cm}^{-1}$ und nach Gl. (95) $\xi = 0{,}983$. Damit wird nach Gl. (97a) ($m = 1$) $k_u = 1{,}083$. Die mittleren Windungslängen sind $U_{mu} = 0{,}602$ m, $U_{mo} = 0{,}780$ m und die Wicklungsverluste

$$Q_u = 942\ \text{Watt}, \quad Q_o = 1215\ \text{Watt}, \quad Q_K = 2157\ \text{Watt}, \tag{291a bis c}$$

also nur etwa 2,7 % größer als vorgeschrieben. Bei der praktischen Ausführung könnten wir diese Abweichung durch geringe Aufrundung der Leiterquerschnitte berücksichtigen.

Wir haben noch die Fensterbreite und die Blindkomponente der Nenn-Kurzschlußspannung nachzurechnen. Setzen wir (vgl. Abb. 218a) $\delta'' = 3 \cdot \delta = 36$ mm, so ist die für den Entwurf

erforderliche Fensterbreite

$$= d - c + 2\,(a_u + \delta + a_o) + \delta'' = 160{,}4\ \mathrm{mm}, \tag{291d}$$

während die

zur Verfügung stehende Fensterbreite

$$= \frac{L_J - 3c}{2} = 110{,}7\ \mathrm{mm} \tag{291e}$$

beträgt. Die Fensterfläche reicht also nicht aus, und es ist nach Gl. (283b)

$$\varphi \approx \frac{160{,}4}{110{,}7} = 1{,}44. \tag{291f}$$

Mit $a_1 \approx a_0$ und $a_2 \approx a_u$ [1]) wird nach Gl. (81a) die für den Streufluß maßgebende Umfangslänge

$$U_M \approx \frac{\pi}{1000}\left(179 + 12 + \frac{21{,}27 + 3 \cdot 12{,}18}{2}\right) = 0{,}689\,\text{m} \qquad (291\text{g})$$

und nach Gl. (86b) die dem Leitwert für den Streufluß proportionale Größe

$$\Lambda' \approx \frac{0{,}4 \cdot 68{,}9}{35{,}1}(1{,}2 + 1{,}115) \cdot 10^8 = 1{,}82 \cdot 10^8\,. \qquad (291\text{h})$$

Damit erhalten wir nach Gl. (86) die Blindkomponente der relativen Kurzschlußspannung bei Nennstrom

$$\varepsilon_b = \frac{100000}{3 \cdot 50 \cdot 186^2} \cdot 1{,}82 = 0{,}0350\,. \qquad (291\text{i})$$

Es ist also nach Gl. (284)

$$\sigma = \frac{\varepsilon_{bN}}{\varepsilon_b} = \frac{0{,}0317}{0{,}0350} = 0{,}906; \qquad \sqrt{\sigma} = 0{,}952\,. \qquad (291\text{k u. l})$$

Abänderung. Mit den Werten φ und σ erhalten wir nach Gl. (286a u. b) die Vergrößerungsfaktoren für die Kerne und Joche bei dem neuen Entwurf zu

$$\lambda = 2\,\frac{1{,}44 \cdot 0{,}952\,(659 - 436{,}5) + 436{,}5}{0{,}952\,(1233 + 1318) - 1233} = \frac{2 \cdot 741}{1186} = 1{,}245, \qquad (292\text{a})$$

$$\iota = \frac{741}{659} = 1{,}125\,. \qquad (292\text{b})$$

Es ist also

$$\left.\begin{aligned} L'_K = 1{,}245 \cdot 411 = 510\,\text{mm}, \quad L'_J &= 1{,}125 \cdot 659 = 742\,\text{mm},\\ L'_E &= 301{,}4\,\text{cm}; \end{aligned}\right\} \qquad (292\text{c bis e})$$

$$\sqrt{\frac{L'_E}{L_E}} = 1{,}087\,. \qquad (292\text{f})$$

Damit die Eisenverluste den vorgeschriebenen Wert behalten, muß nach Gl. (276b) beim neuen Entwurf die Kerninduktion

$$B_K = \frac{12\,000}{1{,}087} = 11050 \text{ Gauß} \qquad (292\text{g})$$

---

[1]) In Strenge müßten wir in die Gl. (81a) und (86b) für δ den Abstand zwischen dem Kupfer der Unter- und Oberspannungswicklung einsetzen, also $\delta = 1{,}2 + 0{,}04 + 0{,}011$ cm $= 1{,}251$ cm, und für a_1 und a_2 die Abmessungen zwischen den Kupferrändern der Ober- und Unterspannungswicklung, also $a_1 = a_o - 0{,}022$ cm $= 2{,}105$ cm und $a_2 = a_u - 0{,}08$ cm $= 1{,}138$ cm. Der Einfluß der Leiterisolierung auf Λ' ist aber so gering, daß wir $a_1 \approx a_o$, $a_2 \approx a_u$ setzen dürfen. Λ' ergibt sich dabei nur um 0,45% zu klein.

sein. Die zur Verfügung stehende Wicklungshöhe ist

$$b = 510 - 60 = 450 \text{ mm}. \tag{292h}$$

Unterspannungswicklung. Nach Gl. (277b) und (279d) ist

$$w_u = 1{,}087 \cdot 32{,}3 = 35{,}1, \qquad q_u = 1{,}087 \cdot 48{,}2 = 52{,}4 \text{ mm}^2, \tag{293a u. b}$$

also

$$\left.\begin{aligned} b'_u &= \frac{450}{35{,}1} = 12{,}82 \text{ mm}, & b_u &= 12{,}02 \text{ mm}, \\ h_u &= \frac{52{,}4}{12{,}02} = 4{,}36 \text{ mm}, & h'_u &= 5{,}16 \text{ mm}, \end{aligned}\right\} \tag{293c bis f}$$

$$a_u = 2 \cdot 5{,}16 + 1 = 11{,}32 \text{ mm}. \tag{293g}$$

Oberspannungswicklung. Die Windungszahl für die Normalstufe ist

$$w_o = \frac{20000}{231} w_u = 3040 \tag{294a}$$

und die mittlere Windungszahl einer Teilspule

$$\frac{1{,}04 \cdot 3040}{24} = 131{,}8. \tag{294b}$$

Nach Gl. (279d) ist

$$q_o = 1{,}125 \text{ mm}^2, \quad d_o = 1{,}198 \text{ mm}, \quad d'_o = 1{,}418 \text{ mm}, \tag{294c bis e}$$

ferner

$$b' = 450 - 44 = 406 \text{ mm}, \tag{294f}$$

die Windungszahl einer Lage

$$\frac{406}{24 \cdot 1{,}418} - 1 = 10{,}92, \tag{294g}$$

$$\text{Lagenzahl} = \frac{131{,}8}{10{,}92} = 12{,}07 \tag{294h}$$

und schließlich

$$a_o = 12 \cdot 1{,}418 + 12 \cdot 0{,}1 = 18{,}31 \text{ mm}. \tag{294i}$$

Kontrolle. Es ist bei dem neuen Entwurf

$$U_{mu} = 0{,}598 \text{ m}, \qquad U_{mo} = 0{,}766 \text{ m}, \qquad k_u = 1{,}063.$$

Damit ergeben sich die Wicklungsverluste

$$Q_u = 919 \text{ Watt}, \qquad Q_o = 1193 \text{ Watt}, \qquad Q_K = 2112 \text{ Watt},$$

also nur um 0,6% größer als der vorgeschriebene Wert.

Es ist ferner

erforderliche Fensterbreite $=33{,}5+2\,(11{,}32+12+18{,}31)+36=152{,}76$ mm,

$$\text{zur Verfügung stehende Fensterbreite} = \frac{742-436{,}5}{2} = 152{,}75\ \text{mm},$$

die Fensterbreite wird also genau so wie verlangt ausgenutzt.

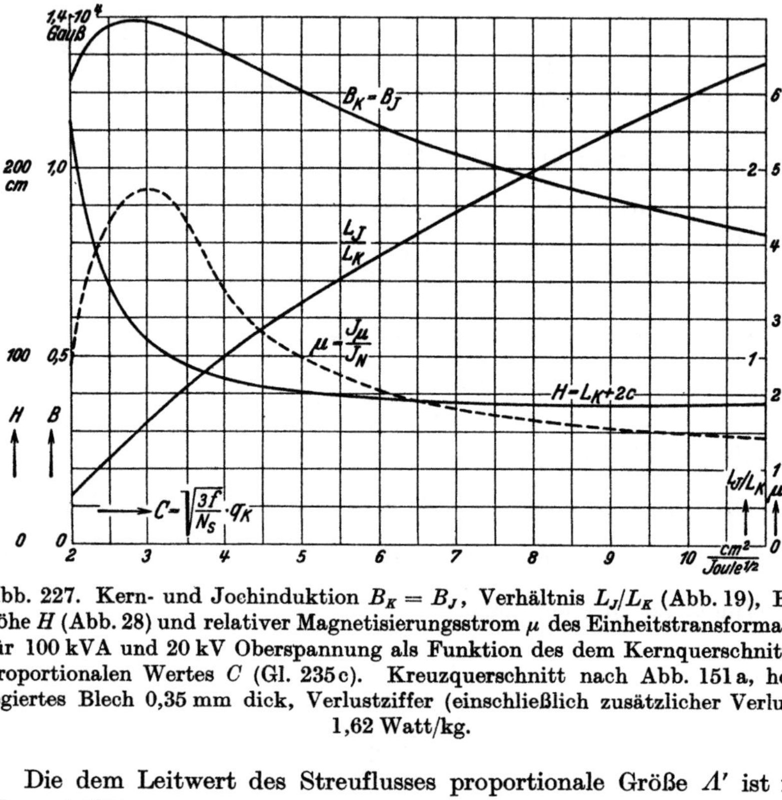

Abb. 227. Kern- und Jochinduktion $B_K = B_J$, Verhältnis L_J/L_K (Abb. 19), Bauhöhe H (Abb. 28) und relativer Magnetisierungsstrom μ des Einheitstransformators für 100 kVA und 20 kV Oberspannung als Funktion des dem Kernquerschnitt q_K proportionalen Wertes C (Gl. 235c). Kreuzquerschnitt nach Abb. 151a, hochlegiertes Blech 0,35 mm dick, Verlustziffer (einschließlich zusätzlicher Verluste) 1,62 Watt/kg.

Die dem Leitwert des Streuflusses proportionale Größe Λ' ist mit $U_M = 0{,}683$

$$\Lambda' = \frac{0{,}4\cdot 68{,}3}{45}\left(1{,}2 + \frac{2{,}963}{3}\right)10^8 = 1{,}329\cdot 10^8$$

und die Blindkomponente der relativen Kurzschlußspannung bei Nennstrom

$$\varepsilon_b = \frac{100\,000}{3\cdot 50\cdot 171{,}1^2}\,1{,}329 = 0{,}0303.$$

Das ist etwa 4% weniger als die Blindkomponente der vorgeschriebenen Nenn-Kurzschlußspannung [Gl. (287c)]. Die Nenn-Kurzschlußspannung selbst weicht noch etwas weniger von dem vorgeschriebenen Wert ab. Berücksichtigen wir, daß nach DIN VDE 2600 eine Toleranz von

-20% und $+10\%$ für die Nenn-Kurzschlußspannung zulässig ist, so erkennen wir, daß der Transformator auch hinsichtlich der Nenn-Kurzschlußspannung richtig entworfen ist.

Der Entwurf genügt also den vorgeschriebenen Bedingungen und kann noch durch Abrundung der Abmessungen auf glatte Maße ausgeglichen werden. Eine Nachrechnung des relativen Magnetisierungs-

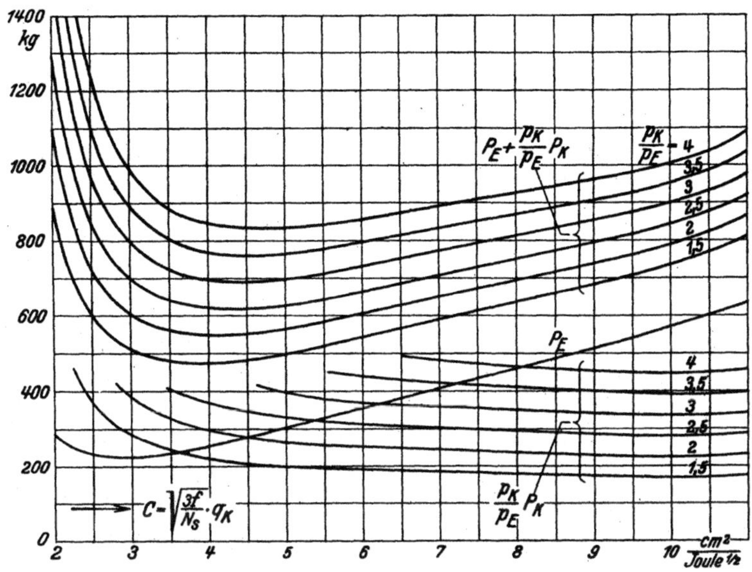

Abb. 228. Aktives Eisengewicht P_E, das mit verschiedenen Verhältnissen p_K/p_E multiplizierte Kupfergewicht P_K und die Summe $P_E + (p_K/p_E) P_K$ zur Ermittlung des Preisminimums nach Gl. (265) für denselben Einheitstransformator, für den die Kurven in Abb. 227 gelten.

stroms erübrigt sich, weil dieser bei der Induktion $B_K = 11050$ Gauß sehr klein ist (etwa 2% des Nennstroms).

b. Der billigste Transformator. Der neue Entwurf des Transformators ist, wenn wir von den zulässigen Toleranzen absehen, mit den gemachten Annahmen der einzig mögliche. Um festzustellen, ob es auch der billigste ist, sind mehrere Entwürfe mit verschiedenen Kernquerschnitten q_K [Annahme anderer Werte für C in (Gl. 235c)] auszuführen, und es ist das Preisminimum nach Gl. (265) zu ermitteln.

Das Ergebnis dieser Untersuchungen ist für den Einheitstransformator mit 100 kVA Leistung bei 20 kV Oberspannung in Abb. 227 und 228 durch Kurven dargestellt.

In Abb. 227 sind über C die Kerninduktion B_K, die gleich der Jochinduktion ist, das Verhältnis L_J/L_K, die gesamte Bauhöhe $H = L_K + 2c$

des Transformators und der relative Magnetisierungsstrom für die äußeren Kerne (bei Vernachlässigung der Luftspalte und Bolzenlöcher) aufgetragen. Abb. 228 stellt für denselben Einheitstransformator das Eisengewicht P_E und das mit verschiedenen Verhältnissen p_K/p_E multiplizierte Kupfergewicht P_K sowie die Summe $P_E + \frac{p_K}{p_E} P_K$ dar. Wir erkennen, daß sich die Lage des Preisminimums mit dem Verhältnis p_K/p_E nur wenig verschiebt; der billigste Transformator entspricht in unserem Beispiel einem C von etwa 4 bis 5 cm² Joule$^{-\frac{1}{2}}$.

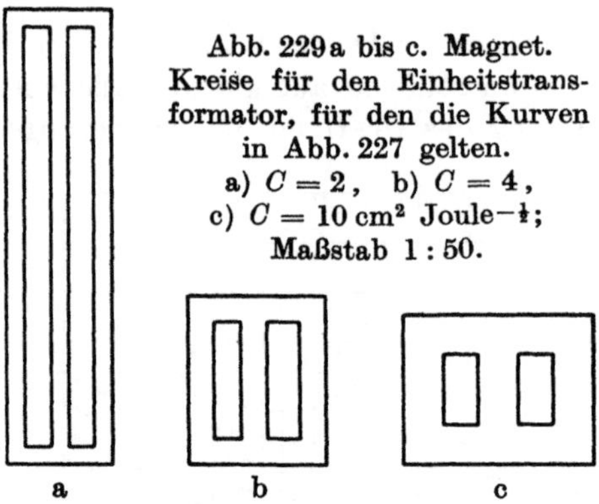

Abb. 229a bis c. Magnet. Kreise für den Einheitstransformator, für den die Kurven in Abb. 227 gelten. a) $C = 2$, b) $C = 4$, c) $C = 10$ cm² Joule$^{-\frac{1}{2}}$; Maßstab 1 : 50.

Um eine Vorstellung von der Form des Transformators bei den verschiedenen Werten von C zu erhalten, sind in Abb. 229a bis c die magnetischen Kreise für C gleich 2, 4 und 10 cm² Joule$^{-\frac{1}{2}}$ maßstäblich dargestellt. Zu beachten ist, daß sich die Fensterbreite mit dem Werte von C nur wenig ändert[1]), und daß die Bauhöhe des Transformators ein Minimum hat, das etwa bei $C = 9$ cm² Joule$^{-\frac{1}{2}}$ liegt; Kernquerschnitte, die größer sind als der dem Wert $C = 9$ entsprechende, vergrößern also wieder die Bauhöhe.

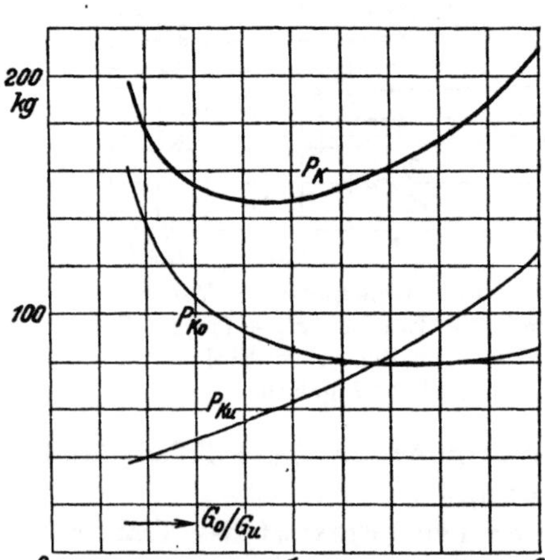

Abb. 230. Kupfergewicht der Unterspannungswicklung P_{Ku}, der Oberspannungswicklung P_{Ko} und gesamtes Kupfergewicht P_K für den Einheitstransformator 100 kVA, 20 kV ($C = 4$ cm² Joule$^{-\frac{1}{2}}$) als Funktion des Verhältnisses der Stromdichten bei A_2-Schaltung.

Bei Beurteilung des in Abb. 227 eingetragenen Magnetisierungsstromes ist zu berücksichtigen, daß bei seiner Berechnung die Luftspalte im magnetischen Kreis und die Schwächung der Eisenquerschnitte durch die Bolzenlöcher (vgl. hierüber Abschn. II B 2 b, Bd. II) vernachlässigt sind.

---

[1]) Die Änderung der Fensterbreite ist nur auf die Änderung des Verhältnisses von Kupferquerschnitt zum Spulenseitenquerschnitt zurückzuführen; wenn dieses Verhältnis konstant angenommen wird, ergibt sich nach B. Schwarz [L 166] auch eine konstante Fensterbreite.

In Wirklichkeit kann daher der Magnetisierungsstrom beträchtlich größer sein.

Schließlich ist für den Transformator mit $C = 4\,\mathrm{cm}^2\,\mathrm{Joule}^{-\frac{1}{4}}$ in Abb. 230 gezeigt, wie sich die Kupfergewichte von Ober- und Unterspannungswicklung und ihre Summe mit dem Verhältnis G_o/G_u der Stromdichten, das wir bei den übrigen Berechnungen zu etwa 1,08 angenommen hatten, ändert. Es ist dabei vorausgesetzt, daß die Unterspannungswicklung in zwei Lagen angeordnet ist, so wie wir es im Abschn. a angenommen haben. In diesen Kurven finden wir eine Bestätigung für die Richtigkeit des im Abschn. 2 gewonnenen Ergebnisses, wonach das Verhältnis der Stromdichten von Ober- und Unterspannung in der Regel nicht wesentlich größer als 1 gewählt werden sollte. Über das günstigste Verhältnis der Stromdichten bei Einheitstransformatoren sei noch auf [L 158] verwiesen.

Literaturverzeichnis.

Verzeichnis der Abkürzungen siehe S. 298.

Lfd. Nr.	Verfasser	Titel oder Inhalt	Zeitschrift oder Verlag	Abschnitt
1	Vidmar	Zusätzliche Magnetisierungsströme des dreiphas. Transformators	E. u. M. 1931, S. 61	
2	Knauer	Zusätzliche Magnetisierungsströme	E. u. M. 1931, S. 66	
3	Hueter	Über Oberwellen in Hochspannungsnetzen	El.-W. 1931, S. 185	
4	Boyajian	Oberwellenresonanz in Transformatoren	G. E. Rev. 1926, S. 175	
5	Boucherot u. Fallou	Spannungserhöhung durch Oberwellen in Magnetisierungsströmen	R. G. E. 1924, Bd. 15, S. 979	
6	Biermanns	Die Spannungskurve großer Hochspannungsnetze	E. T. Z. 1915, S. 609	
7	Stein	Oberwellen in den Magnetisierungsströmen von Drehstromtransformatoren	E. T. Z. 1930, S. 1061	
8	Ollendorf	Studien über das Jochfeld von Transformatoren	W. V. Siemens 1928, Bd. 7, H. 1, S. 33	
9	Lacey u. Stubbings	Transformatorverluste durch die 3. Welle	Electrician 1915, Bd. 75, S. 874	A
10	Stein	Flußverteilung u. zeitl. Verlauf d. Magnetisierungsströme in drei- und fünfschenkligen Transformatoren	E. T. Z. 1929, S. 1194	
11	Vidmar	Der fünfschenklige Eisenkern d. dreiphas. Großtransformators	A. f. E. 1931, Bd. 25, S. 359	
12	Bauch	Theorie des Drehstrom-Manteltransformators	W. V. Siemens 1921, Bd. 1, H. 2, S. 7	
13	Wahlig	Der Leerlaufstrom der Netztransformatoren	El.-W. 1930, S. 168	
14	Schwaiger	Über Einschaltvorgänge in kapazitätsfreien Stromkreisen	E. u. M. 1909, S. 633	
15	Linke	Über Schaltvorgänge bei elektr. Maschinen und Apparaten	A. f. E. 1912, Bd. 1, S. 16	
16	Rogowski	Einschaltstromstoß und Vorkontaktwiderstand beim Transformator	A. f. E. 1912, Bd. 1, S. 344	
17	Ollendorf	Überströme beim Einschalten von Transformatoren	A. f. E. 1930, Bd. 22, S. 349	

Lfd. Nr.	Verfasser	Titel oder Inhalt	Zeitschrift oder Verlag	Abschnitt
18	Bödefeld	Streuungsrechnung und Feldbild in der Elektrotechnik	E. T. Z. 1931, S. 763	B
19	Rogowski	Über das Streufeld und den Streuinduktionskoeffizienten eines Transformators	F.-Arb. 1905, H. 28	
20	Stein	Potentialtheoretische Untersuchungen über Magnetfelder in Transformatoren und über ihre Streuinduktivität	Z. f. angew. M. 1929, S. 23	
21	Papin	Induktive Spannungsverluste bei Transformatoren	R. G. E. 1925, Bd. 17, Nr. 20	
22	Kade	Kurzschlußspannung v. Transformatoren in Zickzackschaltung	E. T. Z. 1918, S. 513	
23	Nolen	Spannungsabfall in Transformatoren bei Zickzackschaltung	E. T. Z. 1920, S. 329	
23a	,,	Zickzackgeschaltete Wicklungen zur Verkleinerung schädlicher Erdströme	E. u. M. 1931, S. 457	
24	Langrehr	Verteilung von Einphasenlasten	AEG.-M. 1932, S. 67	
25	Heiles	Über zusätzliche Verluste in Transformatoren	V. D. E. Fachb. 1929, S. 71	
26	,,	Über zusätzliche Verluste in Transformatoren	Ersch. in E. T. Z. 1932	
27	Steidinger	Induktivität, Energie u. Stromkraft von Sammelschienen	A. f. E. 1909, Bd. 23, S. 153	
28	Biermanns	Überströme in Hochspannungsanlagen	Springer, Berlin 1926	
29	Müllner	Stromkräfte in Transformatorwicklungen	E. u. M. 1924, S. 679	
30	Hak	Mechanische Beanspruchungen in Reaktanzspulen	E. u. M. 1924, S. 17	
31	,,	Zur Berechnung von eisenlosen Drosselspulen und der zwischen koaxialen Spulen wirkenden Kräfte	E. T. Z. 1929, S. 193	
32	Clem	Mechanische Kräfte in Transformatoren	J. A. I. E. E. 1927, Bd. 46, S. 814	
33	Kübler	Das magnet. Gesamtfeld bei dreiphasigem Stoßkurzschluß von Drehstrommaschinen	E. T. Z. 1931, S. 628	
34	Grillet	Mechanische Deformation v. Transformatoren b. Netzkurzschlüssen	R. G. E. 1929, Bd. 26, S. 841	
35	Vidmar	Eine neue Stromkraftgefahr	A. f. E. 1928, Bd. 20, S. 180	
36	Rüdenberg	Elektrische Schaltvorgänge	Springer, Berlin 1923	C
37	Bunet	Die Transformatoren	Baillière et fils, Paris 1923	

Lfd. Nr.	Verfasser	Titel oder Inhalt	Zeitschrift oder Verlag	Abschnitt
38	K. W. Wagner	Das Eindringen einer elektromagn. Welle in eine Spule mit Windungskapazität	E. u. M. 1925, S. 89	
39	„	Beanspruchung und Schutzwirkung von Spulen bei schnellen Ausgleichsvorgängen	E. T. Z. 1926, S. 425	
40	„	Wanderwellen-Schwingungen in Transformatoren	A. f. E. 1918, Bd. 6, S. 301	
41	Böhm	Rechn. und experiment. Untersuchung d. Einwirkung von Wanderwellenschwingungen	A. f. E. 1917, Bd. 5, S. 383	
42	Rogowski	Spulen und Wanderwellen	A. f. E. 1918, Bd. 6, S. 265	
43	Blume u. Boyajian	Überspannungen in Transformatoren	Trans. A. I. E. E. 1919, Bd. 38, S. 577	
44	„	I. Conférance internationale des grands réseaux éléctriques	Paris 1927	
45	„	II. Conférance internationale des grands réseaux éléctriques	Paris 1929	C
46	Krug	Über die Umbildung einer Wanderwelle beim Auflaufen auf eine Transformatorwicklung	Bull. S. E. V. 1931, Bd. 22, S. 277	
47	Biermanns	Sprungwellen- u. Stoßprüfung von Transformatoren	Hochsp.-F., S. 173	
48	Flegler	Spule und Wanderwelle	A. f. E. 1931, Bd. 25, S. 35	
49	Bechtold	Das Verhalten von Prüftransformatoren hoher Eigenkapazität	A. f. E. 1930, Bd. 24, S. 833	
50	Hoduette	Überspannungen in Transformatorwicklungen	J. A. I. E. E. 1929, Bd. 48, S. 829	
51	Willheim	Gewitterfestigkeit des Drehstromtransformators	E. u. M. 1932, S. 16	
52	Imhof	Ein verbessertes Diagramm zur Bestimmung des Spannungsabfalls	A. f. E. 1918, Bd. 7, S. 121	
52a	Vidmar	Die dreiphasige Transformation in Amerika u. Europa	E. T. Z. 1931, S. 1481 u. 1531	
53	Felsenberg	Kerntransformator in Stern-Sternschaltung in Zusammenarbeit mit Petersenspule	AEG.-M. 1931, S. 89	
54	Barkhausen	Zur Theorie des Transformators	E. T. Z. 1931, S. 1463	D
55	Vidmar	Parallelbetrieb von Transformatoren	E. u. M. 1927, S. 457	
56	Aemmer	Parallelbetrieb von Transformatoren mit ungleicher Kurzschlußspannung	Bull. S. E. V. 1927, Bd. 18, S. 139	
57	v. Zelewski	Beitrag zur Frage des einwandfreien Parallellaufs von Transformatoren	E. T. Z. 1928, S. 485	

Lfd. Nr.	Verfasser	Titel oder Inhalt	Zeitschrift oder Verlag	Abschnitt
58	Wirz	Zur Frage des Parallelschaltproblemes v. Transformatoren	E. u. M. 1928, S. 393 u. 427	D
59	Baffrey-Wirz	Diskussion über Parallelbetrieb von Transformatoren	E. u. M. 1928, S. 919	D
60	v. Zelewski	Parallelbetrieb v. Transformat.	E. T. Z. 1929, S. 1797	D
61	Richter	Die Belastung von Transformatoren im Parallelbetrieb	E. u. M. 1931, S. 477	D
62	Höpp	Mehrwicklungs-Transformator	E. u. M. 1928, S. 692	E
63	Falk	Kurzschlußspannung in Transform. mit 3 Wicklungen	E. T. Z. 1928, S. 1209	E
64	,,	Kurzschlußspannung u. Spannungsabfall in Dreiwicklungs-Transformatoren	E. T. Z. 1929, S. 1231	E
65	Genkin	Theorie d. Transformators mit drei Wicklungen	R. G. E. 1929, Bd. 26, S.653	E
66	Küchler	Die Kurzschlußfestigkeit von Spar- und Zusatztransformatoren	E. T. Z. 1926, S. 440	E
67	Vidmar	Über einen neuen Zweiphasen-Dreiphasen-Transformator	E. u. M. 1911, S. 487	E
68	F. Stern	Zweiphasen-Dreiphasen-Strom	Helios Exp. 1911, S. 2199	E
69	Vidmar	Eigenartige Schaltungen von Transformatoren	E. T. Z. 1918, S 281	E
70	Sachs	Schaltung zur Umformung von Zwei- in Dreiphasenstrom	E. u. M. 1920, S. 105	E
71	Stokvis	Diagramm der Scottschen Schaltung	E. u. M. 1924, S. 705	E
72	Pistoye	Scottsche Schaltung u. ähnliche	R. G. E. 1929, Bd. 25, S. 19	E
73	Korisko	Spannungsabfälle des Zweiphasen-Dreiphasen-Transformators	E. u. M. 1930, S. 257	E
74	Kornfeld	Einphasentransformator in Dreieck- und V-Schaltung	E. u. M. 1922, S. 593	E
75	Vidmar	Zur Theorie der V-Schaltung	E. u. M. 1928, S. 1001	E
76	Reiche	Schubtransformator zur stufenlosen Spannungsreglung	E. T. Z. 1927, S. 651	E
77	Agres	Spannungsreglung mit Drehtransformatoren	J. I. E. E. 1931, Bd. 69, S. 1208	F
78	Erenyi	Parallelbetrieb von Drehtransformatoren	El.-W. 1928, S. 41	F
79	Richter	Die Steuerung der elektrischen Güterzuglokomotive EG 506	E. T. Z. 1913, S. 867	F
80	Groß	Über Ringnetze und die Beeinflussung ihrer Stromverteilung	E. u. M. 1931, S. 513	F
81	Bölte	Umkehrung des Regelsinns bei Regeltransformatoren	Hochsp.-F., S. 67	F
82	Palme	Vollastumschaltung für Transformatoranzapfungen	E. T. Z. 1927, S. 175	F

Lfd. Nr.	Verfasser	Titel oder Inhalt	Zeitschrift oder Verlag	Abschnitt
83	Palme	Zwei 60000-kVA-Transformatorgruppen mit Spannungsregelung	E. u. M. 1927, S. 282	F
84	„	Unter Vollast umschaltbare Transformatoren	E. u. M. 1929, S. 65	
85	Böckmann	Die Spannungsreglung in Hochspannungsnetzen	Bergmann-M. 1930, S. 118	
86	Kornfeld	Neue Anordnungen zur Veränderung der Übersetzung von Mehrphasentransformatoren unter Vollast	E. u. M. 1930, S. 674	
87	Müthlein	Regeleinrichtungen für Hochspannungs-Transformatoren zum Schalten unter Last	E. T. Z. 1930, S. 1046	
88	Grob	Spannungsregulierg. m. Transformat. u. unter Last schaltbaren Stufentransformatoren	Bull. S. E. V. 1931, S. 2	
89	Hayn u. Müller	Regeltransformatoren	SW.-M. 1931, S. 67	
90	V. D. E.	Regeln für die Bewertung u. Prüfung von Transformatoren	V. D. E.-Verlag, 1930	G
91	Grünewald	Messung hoher Gleich- und Wechselspannungen	Z. d. V. 1931, S. 1449	
92	Möllinger	Wirkungsweise der Motorzähler und der Meßwandler	Springer, Berlin 1925	
93	Laubinger	Prüfung der Schaltung von Transformatoren	E. T. Z. 1921, S. 1223	
94	Thompson u. Walmsly	Beiträge zur Transformatorprüfung	J. I. E. E. 1926, Bd. 64, S. 505	
95	Dahl	Messung der Einzelstreuungen von Transformatoren	E. T. Z. 1925, S. 1918	
96	Richter	Über zusätzliche Stromwärme	A. f. E. 1915, Bd. 3, S. 175	
97	V. D. E.	Regeln für Spannungsmessungen mit d. Kugelfunkenstrecke	Vorschriften des V. D. E.	
98	Heiles	Messung der Übersetzung von Drehstromtransformatoren	Ersch in E. T. Z. 1932	
99	Täuber-Gretler	Erwärmungsmessung während des Betriebes	Bull. S. E. V. 1932, S. 70	
100	—	Ein neuartiger Eisenkern für große Transformatoren	S.-Z. 1928, S. 289	H
101	G. Stern	Bau von Großtransformatoren	E. u. M. 1928, S. 685	
102	Orth	Der mechanische Aufbau der Bergmann-Transformatoren	Bergmann-M. 1929, S. 15	
103	A. C. Müller	Großtransformatoren	SW.-M. 1930, S. 51	
104	Thien	Die Eisenschlußsicherheit des Kernes u. die Kurzschlußsicherheit der Wicklung	E. u. M. 1925, S. 169	
105	Köchling	Konstruktionen im Transformatorbau	Hochsp.-F., S. 45	

Lfd. Nr.	Verfasser	Titel oder Inhalt	Zeitschrift oder Verlag	Abschnitt
106	Hundt	Isolation und Wicklungsaufbau der Großtransformatoren	Hochsp.-F., S. 25	H
107	Palme	Neuzeitliche amerikanische Großtransformatoren	E. T. Z. 1924, S. 1240	
108	Kübler	Skizze über Fragen des Transformatorbaues	Bull. S. E. V. 1930, S. 456	
109	Charley	Fortschritte im Bau großer Transformatoren	J. I. E. E. 1931, Bd. 69, S. 1189	
110	Bergmeister	Aufbau moderner Transformatoren	El.-W. 1921, S. 453	
111	—	Die ersten 220-kV-Transformatoren der SSW.	S.-Jahrb. 1930, S. 139	
112	Vidmar	Die Transformatoren	Springer, Berlin 1925	
113	v. Rziha u. Seidener	Starkstromtechnik I	W. Ernst & Sohn, Berlin 1930, 7. Aufl.	
114	Albrecht	Ofentransformatoren	S.-Z. 1926, S. 173 u. 227	
115	Rebhan	Die elektr. Festigkeit des ölimprägnierten Holzes	Bergmann-M. 1930, S. 109	
116	„	Stickstoff-Öl-Transformator	E. T. Z. 1923, S. 525	
117	Ahrberg u. Gaarz	Der Differentialschutz für Transformatoren	Helios 1927, S. 272	
118	Zipp	Buchholzschutz f. Transformat.	El.-W. 1927, Nr. 430/31	
119	v. Ratkovszky	Schutzeinrichtungen für Transformatoren	E. u. M. 1928, S. 729	
120	v. Wiarda u. Wilm	Neuzeitlicher Transformator-Schutz	E. T. Z. 1928, S. 88	
121	Miesner	Überspannungsschutzapparate in Niederspannungsanlagen	Helios 1931, S. 383	
122	Albrecht	Kühlmittel für Öltransformatoren	S.-Z. 1926, S. 354	J
123	Gewecke	Kühlung von Transformatoren	AEG.-M. 1928, S. 459	
124	Kitzing	Neue selbstkühlende Transformatoren kleiner und mittlerer Leistung	SW.-M. 1931, S. 29	
125	„	Kühlmittel für Öltransformatoren	S.-Z. 1931, S. 519	
126	Hill	Öltransformatoren mit Luftkühlung	E T. Z. 1928, S. 1085	
127	Kupper	Versuche mit natürlicher und forcierter Luftkühlung	BBC.-M. 1931, S. 333	
128	Karthäuser	Transformatoren-Ölkühlung	El.-W. 1928, S. 137	
129	Sieber u. Heiles	Lüftung von Transformatorkammern	E. T. Z. 1929, S. 1623	
130	Kehse	Beitrag z. Berechnung d. Erwärmung v. Transformatorenkesseln	E. T. Z. 1931, S. 1002	
131	Lapiné	Ölkessel für Transformatoren	E. u. M. 1925, S. 650	
132	Küchler	Vorausbestimmung d. stat. Erwärmung bei Transformatoren	E. T. Z. 1923, S. 54	

Lfd. Nr.	Verfasser	Titel oder Inhalt	Zeitschrift oder Verlag	Abschnitt
133	Steckler	Die Oberflächenbeanspruchung des Spulenkupfers von Öltransformatoren mit Scheibenwicklung durch die Wärme	E. u. M. 1929, S. 395	J
134	Ghisler	Beitrag zur Berechnung der stationären Erwärmung von Transformatorspulen	E. T. Z. 1930, S. 1580	
135	Bachmann	Die thermischen Grundlagen der Ölkühlung von Transformatoren	Diss. Dresden 1914	
136	Nolen	Temperaturverteilung in Öltransformatoren	E. T. Z. 1931, S. 1281	
137	ter Bosch	Die Wärmeübertragung	Springer, Berlin 1922	
138	Sieber	Zulässige Überlastung von ölgekühlten Transformatoren	E. T. Z. 1924, S. 769	
139	Salazin	Überlastung von Öltransformatoren mit Selbstkühlung	E. T. Z. 1930, S. 1317	
140	Montsinger	Belastung v. Transform. nach dem Grade ihrer Erwärmung	J. A. I. E. E. 1930, Bd. 49, S. 293	
141	Schwaiger	Elektrische Festigkeitslehre	Springer, Berlin 1925	K
142	Schering	Die Isolierstoffe der Elektrotechnik	Springer, Berlin 1924	
143	Retzow	Die Eigenschaften elektrotechnischer Isoliermaterialien in graphischer Darstellung	Springer, Berlin 1927	
144	Stäger	Elektrotechnische Isoliermaterialien	Wiss. Verlags-G. m. b. H., Stuttgart 1931	
145	Matthias	Isolierstoffe	V. D. E -Verlag 1930	
146	V. D. E.	Vorschriften für Transformatoren- u. Schalteröle	V. D. E.-Verlag	
147	Petersen	Fortschritte in der Hochspannungstechnik	E. T. Z. 1928, S. 1018	
148	Dreyfus	Über die Berechnung der Durchschlagsspannung zwischen kantigen Konstruktionsteilen unter Öl	A. f. E. 1924, Bd. 13, S. 123	
149	Crämer	Über die Beherrschung der Randfelder von Durchführungen und Transformatoren	Hochsp.-F., S. 235	
150	J. Müller	Isolierprobleme an Transformatoren für hohe Spannungen	E. u. M. 1919, S. 413	
151	Kehse	Die Isolation von Großtransformatoren hoher Spannung	E. T. Z. 1931, S. 1417	
152	Matthias	Die heutigen Probleme d. Hochspannungs-Kraftübertragung	E. T. Z. 1931, S. 1457	
153	Dessauer	Transformatoren mit gesteuerter Isolierbeanspruchung	E. T. Z. 1923, S. 1087	
154	Gauster	Über Hochspannungs-Prüftransformatoren	E. u. M. 1931, S. 809	

Lfd. Nr.	Verfasser	Titel oder Inhalt	Zeitschrift oder Verlag	Abschnitt
155	Arnold-La Cour	Die Transformatoren	Springer, Berlin 1910	
156	Bucher	Neue Formeln für die Hauptabmessungen eines Transf.	E. T. Z. 1929, S. 1287	
157	Faye-Hansen	Günstigste Verhältnisse zwischen den Stromdichten in den Transformatorwicklungen und über die Größe der Materialbeanspruchung	E. u. M. 1929, S. 545	
158	Richter	Das Verhältnis der Stromdichten bei Einheitstransformatoren	Ersch. in E. T. Z. 1932	
159	Darrieus	Wahl der Induktion und Stromdichte in Transformatoren	R. G. E. 1924, Bd. 16, S. 997	
160	Richter	Maschinen mit Wicklungen aus Aluminium	Fr. Vieweg & Sohn, 1916	
161	Bohle	Beitrag zur Berechnung von natürlich gekühlten Transf.	E. T. Z. 1927, S. 135	L
162	Metzler, Vidmar, Bohle, Andronescu	Berechnung von Transformatoren (Diskussion)	E. T. Z. 1925, S. 1171	
163	Vidmar	Zur Entwurfstheorie des Transformators	E. u. M. 1928, S. 349	
164	Mattanovich	Wie bestimmt der induktive Spannungsabfall die kleinstmöglichen Eisenverluste eines Transformators	E. u. M. 1930, S. 209	
165	Bihari u. Stein	Transformatorenberechnung mittels Nomogramms	E. T Z 1930, S 382	
166	B. Schwarz	Der wirtschaftliche Entwurf des Transformators	E. u. M. 1931, S. 873	
167	Metzler, Schwarz	Diskussion zu lfd. Nr. 166	E. u. M. 1932, S. 147	

Abkürzungen von Namen und Zeitschriften.

AEG.	= Allgemeine Elektrizitäts-Gesellschaft.
AEG.-M.	= AEG.-Mitteilungen.
A. f. E.	= Archiv für Elektrotechnik.
BBC.	= Brown, Boveri & Cie., A.-G.
BBC.-M.	= BBC.-Mitteilungen, Baden (Schweiz).
Bergmann	= Bergmann Elektrizitätswerke.
Bergmann-M.	= Bergmann-Mitteilungen.
Bull. S. E. V.	= Bulletin des Schweizerischen El. Vereins.
Diss.	= Dissertation.
El.-W.	= Elektrizitätswirtschaft.
E. u. M.	= Elektrotechnik und Maschinenbau.
E. T. Z.	= Elektrotechnische Zeitschrift.
F.-Arb.	= Mitteilungen über Forschungsarbeiten des Vereins deutscher Ingenieure.
G. E. Rev.	= General Electric Review.
Helios	= Fachzeitschrift für die Elektrotechnik.
Helios Exp.	= Export-Zeitschrift für die Elektrotechnik.
Hochsp.-F.	= Hochspannungsforschung und Hochspannungspraxis (Biermanns & Mayr, Springer 1931).
J. A. I. E. E.	= Journal of the American Institute of electrical Engineers.
J. I. E. E.	= Journal of the Institution of electrical Engineers, London.
[L. . . .]	= laufende Nummer des Literaturverzeichnisses.
R. E. T.	= Regeln für die Bewertung und Prüfung von Transformatoren, V. D. E.
R. G. E.	= Revue générale de l'Electricité.
S.-Jahrb.	= Siemens-Jahrbuch.
SSW.	= Siemens-Schuckertwerke, A.-G.
SW.	= Sachsenwerk, Licht- und Kraft A.-G.
SW.-M.	= Sachsenwerk-Mitteilungen.
S.-Z.	= Siemens-Zeitschrift.
Trans. A. I. E. E.	= Transactions of the American Institute of electrical Engineers.
V. D. E.	= Verband deutscher Elektrotechniker.
V. D. E.-Fachb.	= V. D. E.-Fachberichte.
W. V. Siemens	= Wissenschaftliche Veröffentlichungen des Siemens-Konzerns.
Z. d. V.	= Zeitschrift des Vereins deutscher Ingenieure.
Z. f. angew. M.	= Zeitschrift für angewandte Mathematik und Mechanik.

Bedeutung der verwendeten Formelzeichen[1]).

A = Strombelag (Effektivwert) [275, B 3b u. c, Gl. (98b)], A_0 = des Bezugstransformators (275).

A_ν = Amplitude der ν-ten Spannungswelle (C 2b).

A_1, A_2 = Integrationskonstante (81, 82).

A = Abkürzung [Gl. (146a)].

A = Energiekosten (L 4a). A = der vom Gewicht unabhängige Teil der Herstellungskosten (L 4b).

a = Betriebsdauer (L 4a).

a = Abmessung (A 2, A 5a, Abb. 8), Abstand (K 1b).

a = axiale Abmessung der Scheibenspule, radiale der Zylinderspule, a_1, a_2 = der Primär-, Sekundärwicklung (B, Abb. 50b, 52b, 55b, 56a, 66a, 67a), a_o, a_u = der Ober-, Unterspannungswicklung (L, Abb. 219, 220), a_o', a_u' = beim zweiten, abgeänderten Entwurf (L 5b), $a = a_u + a_o$ = von Ober- und Unterspannungswicklung zusammen.

a = fiktive „Nutbreite" (B 3a).

B, b = Induktion. B = Höchstwert, b = Augenblickswert. B = im Kern (A 1 bis 4, L 5b), B' = beim zweiten, abgeänderten Entwurf (L 5b). B = im Ölkessel (B 3b). B_1 = der Grundwelle (12), B_3 = der dritten Welle (14). B_0 = für kleinste Gesamtverluste (L 3). B_0 = im Luftraum zwischen Primär- und Sekundärwicklung (B 3b). B_a, B_i = in den äußern, innern Stegteilen (A 7). B_d, b_d = im Dauerzustand (A 9). B_J, b_J = im Joch, B_K, b_K = im Kern, B_{K_1} = Grundwelle (42). B_L, b_L = im Luftspalt (30, 4), b_{LJ} = zwischen Joch und Joch (4), b_{LK} = zwischen Joch und Kern (4). b_R = des remanenten Magnetismus (A 9).

B, b = Breite, lineare Abmessung, b = des Blechpakets in der Blechebene (J 3b). b = der Luftkanäle im Wellblechkessel (J 2c, Abb. 203b). B = des Wicklungsquerschnitts in Richtung der Streulinien (B 3a). b = der Leiter in Richtung der Streulinien (B 3a), in Richtung der Wärmeströmung (J 3c, Abb. 206a). b = der Spule in Richtung der Streulinien (Abb. 50b, 55b, 219, 220), b_1, b_2 = der Primär-, Sekundärwicklung (Abb. 74a u. b), b' = beim zweiten abgeänderten Entwurf (L 5b), b' = des abgeschalteten Wicklungsteils (B 3c u. d, Abb. 70a), b' = beim Entwurf für die Oberspannungswicklung zur Verfügung stehende (L 6a). b' = des isolierten Leiters in Richtung der Wärmeströmung (J 3c, Abb. 206a). b_u = des Leiters der Unterspannungswicklung in axialer Richtung, blank (L 6a), b_u' = isoliert (L 6a).

B, B_1, B_2 = Integrationskonstante (81, 82).

B = Abkürzung [Gl. (146b)].

B = Energiekosten (L 4a).

b = Betriebsdauer (L 4a).

b = Barometerstand (K 1b).

---

[1]) Hinweis auf Seitenzahl, Gleichung, Abbildung und Abschnitt in Klammern.

C, c = Konstante. C, $C_{II\,I}$, $C_{III\,II}$, $C_{I\,III}$ = Integrationskonstante (52, 24). C_1 bis C_8 = Konstante (L 3a u. b), C_I bis C_{VII} = Konstante [41, Gl. (55a, b)] C, C', C'' = in erster, zweiter, dritter Annäherung (42). C = Dimensionierungskonstante [L, Gl. (232a)]. c = Konstante des Leistungszeigers (173).

C = Abkürzung [Gl. (146c)], c = Abkürzung [Gl. (113a), Gl. (115a)].

C = Energiekosten (L 4a).

c = Betriebsdauer (L 4a).

c = Breite des Kerns in Richtung der Blechebene (L, Abb. 218a).

D, d = Durchmesser. D = äußerer der äußern Wicklung (Abb. 220), d = innerer der innern Wicklung (Abb. 219, 220). d = Leiterdurchmesser, blank, d' = isoliert (Abb. 206b), d_o = der Oberspannungswicklung, blank, d_o' = isoliert. d_K = des dem Kernquerschnitt umschriebenen Kreises (Abb. 218a).

D = Verhältnis zwischen den jährlichen Kosten für Verzinsung und Abschreibung und dem Anschaffungspreis (L 4a).

d = Abstand der Mittellinien der Joche voneinander (A 5a, Abb. 27).

d = Blechdicke des Ölkessels (211).

E, e = Elektromotorische Kraft. E = Effektivwert, vom Nutzfluß induziert (8), e = Augenblickswert (18). E_1 = der Primärwicklung eines Stranges, E_{1I}, E_{1II} = der Transformatoren I, II (117, D 3), E_{1N} = bei Nennbetrieb (179). E_2 = der Sekundärwicklung, E_2' = bezogen auf primäre Windungszahl (102). E_I, E_{II}, E_{III} = in den beiden Wicklungsabteilungen der Kerne I bis III bei Zickzackschaltung (69). E_N = bei Nennbetrieb (46), E_u, E_o = der Unter-, Oberspannungswicklung, E_Z = des Restteils der Wicklung des Spartransformators (Abb. 103). E_U, E_V, E_W = der Stränge der Oberspannungwicklung, E_u, E_v, E_w = der Unterspannungswicklung. E_{VU} = zwischen den Klemmen V und U (140). E_σ = des Streufeldes (64).

E = Elektrische Feldstärke, Durchschlagsfestigkeit. E_1, E_2 = größte Feldstärke zweier in Reihe geschalteter Isolierplatten 1, 2 (K 3), E_f, E_o = größte im festen, flüssigen Isolierstoff (K 3b), E_r = im Abstand r von Zylindermitte (K 2b). E_d = Durchschlagsfestigkeit (K 2a), E_{d_o} = des Öles (K 3b).

e = Abstand des Eisenkörpers vom Kesselboden (Abb. 28).

F, f = Verhältnis. F = der Effektivwerte des Netz- und des Strang-Magnetisierungsstromes bei Dreieckschaltung [Gl. (8)], F_I, F_{II} = für die äußern und den mittlern Kern beim unsymmetrischen Transformator (23). f_{ao}, f_{au} = zwischen gesamter Breite des Wicklungsmetalls und gesamter Spulenbreite für die Ober-, Unterspannungswicklung in Richtung der Abmessung a (L 2), f_{bo}, f_{bu} = in Richtung der Abmessung b (L 2). f_E = des reinen Eisenquerschnitts zur Fläche des umschriebenen Kreises (190).

F = Fensterquerschnitt (L 5b), F' = beim zweiten, abgeänderten Entwurf (L 5b).

F = wärmeabgebende Oberfläche der Spule (232).

f = Frequenz, f_ν = der ν-ten Welle (94).

G = Stromdichte (Effektivwert). G' = beim zweiten, abgeänderten Entwurf (L 5b). G_o, G_u = in der Ober-, Unterspannungswicklung, G_{um} = Mittelwert zwischen den Stromdichten bei A_2- und C_3-Schaltung (L 2d).

H, h = Magnetische Feldstärke. H = Höchstwert, h = Augenblickswert. H_a, H_i = im äußern, innern Steg (44), H_J, h_J = im Joch (9, 3),

H_K, h_K = im Kern (9, 3). H_L, h_L = im Luftspalt (9, 3), H_{La}, H_{Li} = im Luftspalt am äußern, innern Steg (44), H_{LJ} = zwischen Joch und Kern (9), h_{LJ}, h_{LK} = zwischen Joch und Joch, Joch und Kern (3).

H, h = Höhe. H = Abmessung des Wicklungsquerschnitts senkrecht zu den Streulinien (B 3a, Abb. 68 u. 69). H = Kesselhöhe (77, B 3b, 211, H 3b). H = Bauhöhe des Transformators (Abb. 28). h = Tiefe der Wellen des Wellblechkessels (Abb. 203b). h = Leiterabmessung senkrecht zu den Streulinien (Abb. 68 u. 69), senkrecht zur Wärmeströmung (Abb. 206a), h' = isoliert, h_u = der Unterspannungswicklung in radialer Richtung (L 6a), h'_u = isoliert (L 6a).

h = Wärmeabgabezahl (J 2 u. 3). h_K = für Leitung und Konvektion (222), h_{KO} = an Öl [Gl. (198)], h_{KW} = an Wasser [Gl. (198)], h_{K1}, h_{K2} = der Oberflächen 1, 2 (J 3c). h_S = für Strahlung (222).

J, i = Strom. J = Effektivwert, i = Augenblickswert. J_1 = Grundwelle (6). J_1 = der Wicklung 1 (E 1), J_1, i_1 = der Primärwicklung. J_{1w}, J_{1b} = Wirk-, Blindkomponente der Grundwelle (7). i_{1f} = freier bei Kurzschluß (81).

J_2 = der Wicklung 2 (E 1). J_2 = sekundärer Netzstrom [D 3, Gl. (135c)]. J_2, i_2 = der Sekundärwicklung, J'_2 = bezogen auf primäre Windungszahl (102), auf die Windungszahl der Wicklung 1 (E 1), i_{2f} = freier beim Kurzschluß (81). J_{2N} = Nennstrom des sekundären Netzes (112, D 3). $J_{2NI}, J_{2NII}, J_{2NIII}$ = sekundärer Nennstrom der Transformatoren I, II, III (D 3), J_{2I}, J_{2II} = Sekundärstrom der Transformatoren I, II (109, D 3). J_{2I0} = Ausgleichstrom in der Sekundärwicklung des Transformators I, verursacht durch die Leerlaufströme (109, D 3), $J_{2I\mu}$ = verursacht durch die Magnetisierungsströme (111, D 3), $J^w_{2I\mu}, J^b_{2I\mu}$ = Wirk-, Blindkomponente von $J_{2I\mu}$ (111); $J_{2I\ddot{u}}$ = verursacht durch die Verschiedenheit der Übersetzungen (109), $J^w_{2I\ddot{u}}, J^b_{2I\ddot{u}}$ = Wirk- und Blindkomponente von $J_{2I\ddot{u}}$ (111); $J_{2I\varepsilon}$ = Strom des Transformators I, verursacht durch die Belastung des Netzes (109), $J^w_{2I\varepsilon}, J^b_{2I\varepsilon}$ = Wirk- und Blindkomponente von $J_{2I\varepsilon}$ (111).

J_3, i_3 = dritte Welle (6, 18). i_3 = Strom in der Dreieckwicklung (15), J_3 = der Wicklung 3 (126, E 1), J'_3 = bezogen auf die Windungszahl der Wicklung 1 (E 1). J_5, i_5, J_7 = 5., 7. Welle (6, 18).

J_0 = Leerlaufstrom. J_0, i_0 = Strom im Nulleiter (21, Abb. 110, 111, 113). J_{0I}, J_{0II} = Leerlaufströme der Transformatoren I, II (109, D 3). $J_{0'}, J_{0u}$ = Ströme in den Wicklungsteilen 0—0′ (Abb. 110) und 0—u (Abb. 113).

i_I, i_{II}, i_{III} = Magnetisierungsströme in den Wicklungen der 3 Kerne (A 4b, A 6). J_I, J_{II} = Effektivwert in der Wicklung des (äußern) Kerns I, des (innern) Kerns II bei angeschlossenem Nulleiter (A 4a), $J'_I J'_{II}$ = bei Vernachlässigung der 3. Wellen (23, A 4a). $J_{I\max}, J_{II\max}$ = Höchstwerte bei angeschlossenem Nulleiter (A 4a). $J_{III}, J_{IIIII}, J_{IIII}, i_{III}, i_{IIIII}, i_{IIII}$ = Netzströme bei Dreieckschaltung (23, A 4a u. c), $J'_{III}, J'_{IIIII}, J'_{IIII}$ = bei Vernachlässigung der 3. Wellen (23). $J_{Io}, J_{IIo}, J_{IIIo}, i_{Io}, i_{IIo}, i_{IIIo}$ = Strangströme bei Sternschaltung **ohne** Nulleiter mit Dreieckwicklung (28, A 4c), $J'_{Io}, J'_{IIo}, J'_{IIIo}$ = bei Vernachlässigung der 3. Wellen (29, A 4c).

J_a, J_{ab}, J_b = in Wicklungsteilen (Abb. 111). J_b = Blindkomponente (7). J_d, i_d = Dauerstrom (A 9). J_f, i_f = freier Strom (A 9). J_i, i_i = im gemeinsamen Wicklungsteil (E 2), J_{ik} = bei Dauerkurzschluß [E 2c, Gl. (166c)]. J_k = in der Primärwicklung bei sekundärem Dauerkurzschluß (81), im gemeinsamen Teil bei kurzgeschlossenem Restteil [E 2c,

Gl. (166)]. i_{kr} = Stoßkurzschlußstrom (82, B 4a, B 4b). J_L = Strom, der den Fluß durch den Luftraum erregt (G 2c), J_{L1}, J_{L3} = Grundwelle, 3. Welle (G 2c). J_{max} = Höchstwert (8). J_N = Nennstrom. J_0 = Magnetisierungsstrom bei Sternschaltung ohne Nulleiter (13). J_o, i_o = der Oberspannungsseite (E 2, L 2d, L 6), J_{ok} = auf der Oberspannungsseite bei Dauerkurzschluß [E 2c, Gl. (166b)]. J_u, i_u = der Unterspannungsseite (E 2, L 2d, L 6), J_{uk} = auf der Unterspannungsseite bei Dauerkurzschluß [E 2c, Gl. (166a)]. J_U, J_V, J_W = auf der Drehstromseite, der Oberspannungswicklung (B 2, E 3), J_u, J_v, J_w = der Unterspannungswicklung (B 2). J_u, J_v = auf der Zweiphasenseite (E 3). J'_u, J'_v, J'_w, J''_u, J''_v, J''_w = Komponenten bei Zickzackschaltung (B 2c). J'_U, J'_V = Komponenten von J_U, J_V (140, E 3a). $J_{U0'}$, J_{uv} = in den Wicklungsteilen U—$0'$ (Abb. 110) und u—v (Abb. 113), $J_{V0'}$, J_{v0} = in den Wicklungsteilen V—$0'$ (Abb. 110) und v—0 (Abb. 113). J_v = Wirkstrom, herrührend von den Eisenverlusten (D 1). J_w = Wirkkomponente (7).

J_Δ = Netzstrom bei Dreieckschaltung (A 2a). J_μ = Magnetisierungsstrom (102, D 1), J'_μ, J''_μ = herrührend von den Eisenwegen, Luftspalten (A 8), $J_{\mu I}$, $J_{\mu II}$ = des Transformators I, II (110, D 3). J_ν = der ν-ten Welle (7), $J_{\nu w}$, $J_{\nu b}$ = Wirk-, Blindkomponente von J_ν (7).

i_o, i_u = Dicke der Isolierung in Richtung der Abmessungen a_o, a_u (L 2).

j = imaginäre Einheit $\sqrt{-1}$ (50).

j = Verhältnis von Jochlänge zu Kernlänge (L 1b).

K = Kapazität. K = resultierende für die ganze Kondensatorkette [C 2a, Gl. (117)]. K' = des sekundären Netzes, bezogen auf die primäre Windungszahl (20). K_{E1} = von Windung gegen Erde (C 2a), K_E = resultierende aller Windungen gegen Erde [C 2a u. b, Gl. (117b)]; K_{W1} = von Windung gegen Windung (C 2a), K_W = von Eingangs- gegen Endwindung [C 2a u. b, Gl. (117a)]. K_1, K_2 = der Kondensatoren 1, 2 (K 3a).

K = Kosten. K = gesamte für Energieverluste, Verzinsung und Abschreibung (L 4a). K = für Herstellung des Transformators (L 4b). K_T = für Anschaffung des Transformators (L 4a). K_S = jährliche durch Energieverluste (L 4a).

k = Widerstandsverhältnis (73). $k_\square$ = bei rechteckigem Leiterquerschnitt (74), $k_\circ$ = bei kreisförmigem (74). k_o, k_u = für Ober-, Unterspannungswicklung.

k = Wärmeleitfähigkeit. k = quer zu den Blechen (J 3b), mittlere im Spulenquerschnitt (J 3c). k_J = des Isolierstoffs (J 3c). k_1, k_2 = der Isolierschichten 1, 2 (J 3c).

k = Korrektionsfaktor zur Streuungsberechnung (B 1). k' = Korrektionsfaktor [B 4b, Gl. (113)]. k_m = Faktor zur Berücksichtigung der Rückwirkung der Wirbelströme (B 3b u. c).

k_E = Verhältnis der Blechdicke zur Dicke von Blech und Isolierschicht (4).

L = Induktivität. L_1 = gesamte der Primärwicklung (56). $L_{1\sigma}$ = der primären Streuung (56). L_2 = gesamte der Sekundärwicklung (56). $L_{2\sigma}$ = der sekundären Streuung (56), $L'_{2\sigma}$ = bezogen auf die primäre Windungszahl. L_σ = gesamte der Streuung, bezogen auf die primäre Windungszahl (56). L_σ = Streuinduktivität (C 2b). L_σ = der primären Streuung und des Primärnetzes (A 3b). L'_σ = nach dem Ersatzbild berechnet (58). L'_σ, L''_σ = entsprechend den beiden Komponenten der Feldenergie bei Zickzackschaltung (B 2c). L' = der sekundären Streuung und des Sekundärnetzes, bezogen auf die primäre Windungszahl (A 3b).

$L, l =$ Länge. $L_E =$ gesamte des Eisenwegs (A 1, L), $L'_E =$ beim abgeänderten Entwurf des Transformators (L 5b, L 6a). $L_J =$ des Joches (Abb. 3, 8, 19), $L'_J =$ beim abgeänderten Entwurf (L 5b). $L'_J =$ des Joches beim fünfschenkligen Transformator (Abb. 29). $L'_J =$ aller Jochteile zusammen (A 8). $L_K =$ des Kerns (Abb. 3, 8, 19, 39a), $L'_K =$ beim abgeänderten Entwurf (L 5b). $L_{St} =$ der Stege (A 7, Abb. 39a). $L =$ des Blechpakets (229). $L, l_1, l_2, l_3, l_4 =$ Längen (236, Abb. 74a u. b). $l =$ der die Joche ersetzenden Zylinder (Abb. 27). $l =$ axiale der Spulen (C 2a, Abb. 76a u. b). $l =$ des Drahtes der Primärwicklung (C 2b). $l =$ axiale der Zylinder (L 3a).

$M =$ gegenseitige Induktivität (B 1, B 4a).

$m =$ Strangzahl (D 1). $m' =$ Zahl der bewickelten Kerne (A 8, L). $m =$ Zahl der Leiter in der zu den Streulinien senkrechten Richtung (B 3a).

$N =$ Leistung (Scheinleistung). N_1, $N_2 =$ der Transformatoren 1. 2 (A 9c). $N_0 =$ des Bezugstransformators (L 5a). $N_k =$ Leistungsaufnahme bei Kurzschluß (G 2d). $N_s =$ Scheinleistung (131, L 1). N_s = Durchgangsleistung des Spartransformators (E 2). N_{s1}, N_{s2}, N_{s3} = der 3 Wicklungen (E 1). $N_s^1 =$ eines Stranges (B 1d, B 4b, L 1a). $N'_s =$ Eigenleistung des Spartransformators [E 2, Gl. (161b)], $N'_s =$ bei Schaltung für Spannungserniedrigung (E 2), $N''_s =$ bei Gegenschaltung [E 2, Gl. (162a)]. $N_{sI}, N_{sII} =$ des Transformators I, II bei gewöhnlicher Schaltung (E 3a), $N'_{sI}, N'_{sII} =$ bei Sparschaltung (E 3a).

$n =$ Zahl der Leiter in Richtung der Streulinien (B 3a), $n =$ der parallel arbeitenden Transformatoren (D 3i), $n =$ der nebeneinander liegenden Windungen einer Lage (201). $n =$ Verhältnis [C 2b, Gl. (121c)]. $n =$ Faktor der linearen Vergrößerung (L 5a).

$O =$ Oberfläche. $O =$ des glatten Kessels (224, J 2a). $O_K =$ wirkliche (222, J 2a), $O_S =$ strahlende (222, J 2a). $O_1, O_2 =$ der Seitenflächen 1, 2 der Wicklung (mit Isolierschichten) (234, J 3c).

$P =$ Kraft (B 4b). $P_\delta =$ axiale bei Scheibenwicklung (86). $P_\delta =$ gesamte radiale Umfangskraft bei Zylinderwicklung (85), $P_\delta^1 =$ je Längeneinheit des Umfangs (83), $P_{\delta\,kr} =$ größte beim Stoßkurzschluß (85). $P_b =$ in Richtung der Streulinien (86, 87), $P_{b1}, P_{b2} =$ auf Primär-, Sekundärwicklung (87). $P_l =$ axiale Kraft bei Zylinderwicklung (88).

$P =$ Gewicht, $P_E =$ des Eisenkörpers (271, L). $P_K =$ des Wicklungsmetalls (266, L), $P_{K0} =$ bei kleinsten Gesamtverlusten (266, L 3c). $P_{Ko}, P_{Ku} =$ der Ober-, Unterspannungswicklung (288, L 6b).

$p =$ Verhältnis der Kupfergewichte bei verschiedenen Schaltungen (E 3).

$p_E =$ Kosten des Eisenkörpers je kg (L 4b), $p_K =$ der Wicklung je kg des Wicklungsmetalls (L 4b).

$Q, q =$ Verluste. $Q =$ Gesamtverluste (J 2a). $Q =$ in der Spule (J 3c). $Q =$ zusätzliche im Kessel (B 3b u. c). $Q_0 =$ kleinste Gesamtverluste (L 3a). $Q_B =$ im Kesselboden (34, A 5b). $Q_E =$ Leerlaufverluste (L 4a). Q_E = Eisenverluste (A 8, L 1b, L 5a, L 6), $Q_{E0} =$ des Bezugstransformators (L 5a), $Q_{EK} =$ in den Kernen (L 1b), $Q_{EJ} =$ in den Jochen (L 1b), $Q_H =$ durch Hysterese (G 2a), $Q_{Hs} =$ bei sinusförmigem Feld (G 2a). $Q_K =$ gesamte Wicklungsverluste (L 2), $Q_{K0} =$ des Bezugstransformators (L 5a). $Q_K^1 =$ für ein Spulenpaar (L 2a). $Q_{KN} =$ bei Nennbetrieb (L 3d). $Q_M =$ im Kesselmantel (34, A 5b). $Q_o =$ in der Oberspannungswicklung (L 2). $Q_u =$ in der Unterspannungswicklung (L 2). $Q_{um} =$ der Unterspannungswicklung, mittlere zwischen A_2- und C_3-Schaltung (L 2d).

Q_z = durch Wirbelströme in den Leitern (B 3a). Q_1, Q_2 = die durch die Oberflächen 1, 2 abfließenden Verluste [J 3c, Gl. (211a u. b)]. Q_1 = der Teil, der durch die hohen Blechkanten abgeführt wird [J 3b, Gl. (201a)]. Q_2 = der Teil, der senkrecht zur Blechebene abgeführt wird [J 3b, Gl. (201c)]. q = gesamte Wärme je Raum- und Zeiteinheit in der Wicklung [J 3c, Gl. (204)]. q = Wärme je Raum und Zeiteinheit im Blechpaket, die senkrecht zur Blechebene abströmt [J 3b, Gl. (201)]. q' = gesamte Wärme je Raum- und Zeiteinheit im Blechpaket [J 3b, Gl. (200a)].

q = Querschnitt. q_E = reiner Eisenquerschnitt des Kerns (12), q_J = des Jochs, q_K = des Kerns, q_{St} = des Stegs (44). q = des Leiters (277, L 5b), q_o, q_u = der Ober-, Unterspannungswicklung (L 2d, L 6), q' = beim abgeänderten Entwurf (L 5b).

Q_b = Blindleistung des Streufeldes (L 5a), Q_{b0} = des Bezugs-Transformators (L 5a).

q = Zahl der vollen Primär- oder Sekundär-Scheibenspulen (58).

R, r = Wirkwiderstand. R = gesamter des Spannungsteilers (Abb. 133), r = Teilwiderstand (Abb. 133). R = gesamter, auf die primäre Windungszahl bezogen [Gl. (128b)]. R = gesamter, auf die sekundäre Windungszahl bezogen [D 3, Gl. (134a bis d)]. R = auf den gemeinsamen Wicklungsteil bezogen [E 2c, Gl. (164a)]. R_1, R_2 = Widerstände zur Strombegrenzung bei Schaltern (Abb. 125). R_1, R_2, R_3 = der drei Wicklungen (126, E 1), R'_2, R'_3 = auf die Windungszahl der Wicklung 1 bezogen (E 1). R_1 = der Primärwicklung (50), R_{1I}, R_{1II} = der Transformatoren I, II (D 3), R'_{1I}, R'_{1II} = bezogen auf die sekundäre Windungszahl (D 3). R_2 = der Sekundärwicklung (81), R_{2I}, R_{2II} = der Transformatoren I, II (D 3), R'_2 = bezogen auf die primäre Windungszahl (102). R_I, R_{II} = gesamter der Transformatoren I, II (D 3). R_a = des Restteils der Oberspannungswicklung (E 2c). R_g = Gleichwiderstand eines Strangs (74). R_i = des gemeinsamen Wicklungsteils (E 2c). R_k = kalter (177). R_{Sp} = des Spartransformators, bezogen auf die Unterspannungswicklung [E 2c, Gl. (164a)]. R_u = der Unterspannungswicklung (267). R_u, R_v, R_W = der Stränge u, v, W (140). R_w = warmer (177).

r, r_1 bis r_3 = Radius [A 5, Gl. (39a), K 2 u. 3]. r_1 bis r_4 = Längen (88, Abb. 74a u. b).

r_1, r_2 = Abkürzungen [J 3c, Gl. (212a u. b)].

s = Dichte („spezifisches Gewicht") (A 8, J 3b, L 1b). s = relative Luftdichte [K 1b, Gl. (214)].

s = Zahl der Spannungsstufen (F).

T = Zeitkonstante der gesamten Wicklung [B 4a, Gl. (104′)], T_1 = der Primärwicklung [A 9, Gl. (67b)]. t = Zeit (A 9, B 4a, C 2b, L 4a).

t = Teilung des Wellblechprofils (H 3b, J 2b, Abb. 203b).

t = Temperatur (G 3a). t_k = der kalten Wicklung (177), t_K = des Kühlmittels (176), t'_K = des einströmenden Kühlmittels (176), t_L = der Umgebungsluft (176).

U, u = Klemmenspannung. U = Effektivwert, u = Augenblickswert. U = Strangspannung (12), verkettete Spannung (24). U = Spannung der Windungen gegen Erde (C 2a). U = Differenz zwischen Ober- und Unterspannung (163). u_1 = sinusförmige primäre (18, Abb. 17a u. b, A 3b). U_1, U_2 = an den beiden Kondensatoren 1 und 2 (K 3a). U_1, U_2, U_3 der drei Wicklungen (E 1), U'_2, U'_3 = auf die Windungszahl der Wicklung 1 bezogen (E 1). U_1 = Primärspannung, U_{1N} = bei Nennbetrieb (179). U_2 = Sekundärspannung, U_2' = bezogen auf primäre Windungszahl, U_{2I0}, U_{2II0} = der Transformatoren *I*, *II* bei Leerlauf (117, D 3). u_3, u_5 = Spannungsverlust durch die dritte, fünfte Welle des Magnetisierungsstroms (A 3b). U_0 = zwischen dem Sternpunkt des Netzes und dem des Transformators (14, A 2b). U_0 = Höhe der Stirnspannung einer Wanderwelle (C 2), $U_{0\nu}$ = für die ν-te Eigenschwingungswelle (C 2b). U_{0W} = Spannung zwischen den Punkten 0 und *W* (140, E 3a). $U_{II\,I}$, $U_{III\,II}$, $U_{I\,III}$, $u_{II\,I}$, $u_{III\,II}$, $u_{I\,III}$ = verkettete Spannungen bei Sternschaltung (24). U_a = Spannung zwischen zwei Eingangswindungen (C 2a). U_d = Durchschlagspannung (K 2a u. b). u_d = Spannungsverteilung im Dauerzustand (C 2), u_f = der freien Schwingungen (C 2). U_k = Klemmenspannung bei sekundärem Kurzschluß (G 2d), U_{kN} = bei Nennstrom (173). U_N = Nennspannung. $u_{\max}$ = Höchstwert längs der Leitung (C 2b). U_o = Spannung der Oberspannungswicklung, U_o' = bezogen auf die Windungszahl der Unterspannungswicklung (E 2). U_o' = Oberspannung, fehlerhaft gemessen (163). U_{oI}, U_{oII} = Oberspannung des Transformators *I*, *II* (G 1a). U_P = Prüfspannung (K 3b). U_u = Spannung der Unterspannungswicklung, U_u' = fehlerhaft gemessen (163). U_{uI}, U_{uII} = des Transformators *I*, *II* (G 1a). U_U, U_V, U_W = der drei Stränge *U*, *V* und *W*. U_{VU}, U_{vy} = zwischen den Klemmen *V*—*U*, *v*—*y* (Abb. 108). $u_{w\max}$ = größte Windungsspannung (C 3). U_Z = Zusatzspannung (Abb. 103), U_Z' = bezogen auf die Windungszahl der Unterspannungswicklung (136, E 2). u_ν = Spannungswelle der ν-ten Eigenschwingung [C 2b, Gl. (121)].

U = Umfang. U_a = der Kesselwand (79, B 3c). U_J = des Joches (32). U_K = des Kessels mit Berücksichtigung der Wellen (76, B 3b). U_K = der Teil des Kesselumfangs, der ungefähr die Entfernung δ vom Kern hat (79, B 3c). U_m = mittlerer Umfang von Kesselwand und Eisenkern (79, B 3c). U_m = mittlere Windungslänge, U_m' = beim abgeänderten Entwurf (277), U_{mo}, U_{mu} = der Ober-, Unterspannungswicklung (L 2, L 6). U_M = mittlere Umfangslänge, maßgebend für den Streufluß (62, Gl. (81a)], U_M' = beim abgeänderten Entwurf (278).

$ü$ = Verhältnis der Windungszahlen, Übersetzung. $ü$ = Verhältnis w_o/w_u (162), $ü'$ = fehlerhaft gemessen (163). $ü_I$, $ü_{II}$ = des Transformators *I*, *II* [E 3a, Gl. (167a u. b)]. $ü_I$, $ü_{II}$, $ü_{III}$ = w_2/w_1 für die Transformatoren *I*, *II*, *III* [D 3, Gl. (133a u. b)]. $ü$, $ü^{II}$ bis $ü^{V}$ = Verhältnis der Übersetzungen [D 3, Gl. (137e), Gl. (145c)].

V, v = magnetische Spannung. V = Höchstwert, v = Augenblickswert. V_I, V_{II}, V_{III}, v_I, v_{II}, v_{III} = für die drei magnetischen Kreise des Dreiphasen-Transformators (A 4). v_I bis v_{VII} = in den einzelnen Teilen des magnetischen Kreises (Abb. 29, A 6). V_L, v_L = von Joch zu Joch durch den Luftraum (A 2b, A 4b, G 2c). V_{L1}, V_{L3} = Grundwelle, dritte Welle davon (A 5b). v_L = Durchflutung der Tertiärwicklung (A 4c).

V = Verlustziffer (A 8, J 3b, L). V_{10} = bei 10000 Gauß (L 1 b). V_W = Wirbelstromverluste in der Raumeinheit des Kesselblechs (76).

v_E = relative Eisenverluste. v_E = bezogen auf die innere Scheinleistung (46, A 8), v_{E1}, v_{E2} = Transformator 1, 2 (49). v_E = bezogen auf die äußere Scheinleistung [Gl. (273b), 276]. v_{E0} = des Bezugstransformators (276).

V = Volumen des Wicklungsmetalls (254, L 2), V_o, V_u = der Ober-, Unterspannungswicklung (254).

v = Spannungsänderung [D 1, Gl. (130) u. (130')].

W = magnetische Feldenergie (B). $W_{\max}'$ = Höchstwert des Streufeldes bei Zickzackschaltung, das vom Primärstrom und der mit ihm gleichgerichteten Komponente des Sekundärstromes herrührt, für einen Strang (71, B 2c), W' = Mittelwert für alle drei Stränge zusammen (71), W'' = dasselbe für die Komponenten des Sekundärstroms, die senkrecht zum Primärstrom stehen (72).

W_K = Wärmeabgabe an das einströmende Kühlmittel, W_L = an die Umgebungsluft (G 3a).

w = in Reihe geschaltete Windungszahl eines Strangs. w' = beim abgeänderten Entwurf (277). w_1, w_2 = der Primär-, Sekundärwicklung, $w_{1I}, w_{2I}, w_{1II}, w_{2II}$ = der Transformatoren I, II (D 3b). w_2' = fiktive bei Zickzackschaltung (70). w_o, w_u = der Ober-, Unterspannungswicklung (E 2, G 1, 2).

X = Blindwiderstand. X = gesamter der Streuung, auf die sekundäre Windungszahl bezogen (D 3), X_I, X_{II} = der Transformatoren I und II (108). X_1, X_2, X_3 = gesamter der Wicklungen 1, 2, 3 (E 1), X_{12}, X_{13}, X_{23} = der gegenseitigen Streuung zwischen den drei Wicklungen (E 1). X_{1I}, X_{1II} = der Primärstreuung der Transformatoren I, II (D 3), X_{1I}', X_{1II}' = bezogen auf die sekundäre Windungszahl (D 3). X_{2I}, X_{2II} = der Sekundärstreuung der Transformatoren I, II (D 3). $X_{1\sigma}$ = Streublindwiderstand der Primärwicklung (B 4, D 1, G 2d), $X_{2\sigma}$ = der Sekundärwicklung (A 4, D 1), $X_{2\sigma}'$ = bezogen auf die primäre Windungszahl. $X_{1\sigma 12}$ = der Wicklung 1 gegen Wicklung 2 [Gl. (152a)], $X_{2\sigma 12}'$ = der Wicklung 2 gegen Wicklung 1, bezogen auf Wicklung 1 [Gl. (152a)], $X_{\sigma 12}$ = gesamter zwischen Wicklung 1 und Wicklung 2 [128, E 1, Gl. (152 a)], $X_{\sigma 13}$ = zwischen Wicklung 1 und 3 [Gl. (152b)], $X_{\sigma 23}$ = zwischen Wicklung 2 und Wicklung 3, $X_{\sigma 23}'$ = bezogen auf Wicklung 1 [Gl. (152c)]. X_σ = gesamter Streublindwiderstand, bezogen auf primäre Windungszahl [58, Gl. (128c), B, D 1, G 2d], auf den gemeinsamen Wicklungsteil des Spartransformators bezogen [E 2c, Gl. (164b)]. X_σ' = zusätzlicher bei unsymmetrischer Wicklung [B 1c, Gl. (83a)], X_σ', X_σ'' = die beiden Komponenten bei Zickzackschaltung [B 2c, Gl. (90b)]. $X_{\sigma 1}, X_{\sigma 2}', X_{\sigma 3}'$ = Abkürzung beim Dreiwicklungs-Transformator [E 1, Gl. (153a bis c)]. $X_{\sigma Sp}$ = gesamter des Spartransformators, auf die Unterspannungswicklung bezogen [E 2c, Gl. (164b)], $X_{a\sigma}, X_{i\sigma}$ = des äußern, des gemeinsamen Wicklungsteils des Spartransformators (134, E 2c). $X_{u\sigma}, X_{v\sigma}, X_{W\sigma}$ = der Stränge u, v, W (140, E 3a).

x = Abszisse. x_0 = der Stelle mit der Höchsttemperatur von der Spulenmitte [J 3c, Gl. (209c)].

Z = Scheinwiderstand. Z_{1I}, Z_{2I} = primärer, sekundärer Verlustscheinwiderstand des Transformators I [D 3, Gl. (134g u. h)], Z_{1II}, Z_{2II} = des Transformators II, Z_I, Z_{II} = gesamter des Transformators I, II, bezogen auf die sekundäre Windungszahl [Gl. (134i)].

α = Winkel (Abb. 84b, Abb. 135b, Abb. 138b), α = Phasenwinkel (A 9), α = Ausschlag des Leistungsmessers (173).

α = Faktor zur Berechnung der reduzierten Leiterhöhe [B 3a, Gl. (95a)].

α = Verhältnis zwischen dem Teil des Streuflusses, der durch den Kessel geht, zum gesamten (B 3b). α = Verhältnis der gesamten Wicklungsverluste zu denen der Unterspannungswicklung (267).

α = Mittelwert der Wicklungsverluste während der Zeit a (L 4a).

α = Abkürzung [Gl. (118)].

α = Temperaturkoeffizient (G 3a).

β = Winkel (Abb. 85, 86 u. 87).
β = Verhältnis von Joch- zu Kernquerschnitt [A 8, Gl. (61a), L 1b].
β = Mittelwert der Wicklungsverluste während der Zeit b (L 4a).
γ = Faktor [Gl. (101a)].
γ = Mittelwert der Wicklungsverluste während der Zeit c (L 4a).
$\varDelta, \delta$ = Dicke, Breite, Abstand. $\varDelta$ = Dicke des Kesselblechs (A 5b, B 3b), $\varDelta$ = der Spulen ohne Isolierhüllen (J 3c, Abb. 207). $\varDelta$ = Breite des Blechpakets senkrecht zur Blechebene (J 3b), δ = eines Luftspalts im Hauptkraftlinienweg (2, A). δ = Abstand des Eisenkörpers vom glatten Ölkessel (Abb. 28, A 5b), δ = kleinster der Elektroden (Abb. 211 u. 213). δ = Dicke der Isolierhülle (233), δ_1, δ_2 = der Isolierhülle 1, 2 (Abb. 207, J 3c). δ = Breite des Luftspalts zwischen Ober- und Unterspannungswicklung (Abb. 50b u. 55b, B 1, B 4b, K 3c). δ_1, δ_2 = innerhalb der Primär-, Sekundärwicklung zur Kühlung (Abb. 56a u. b), δ_{12}, δ_{23} = zwischen den Wicklungen 1—2, 2—3 (E 1). δ' = Abstand der beiden Wicklungsabteilungen einer Wicklung (Abb. 52a, B 1a, Abb. 66a u. 67a, B 2c), δ' = zwischen unendlich schmalen Spulenseiten (Abb. 74a, b, B 4b), δ' = zwischen Oberspannungswicklung und Joch (Abb. 218a, K 3c), δ'' = zwischen den Oberspannungswicklungen benachbarter Kerne (Abb. 218a, K 3c). d_f = Breite der festen Isolierschicht (Abb. 218a, K 3b u. c), δ_o = der flüssigen Isolierschicht (Abb. 218a, K 3b u. c), $\delta = \delta_o + \delta_f$. δ_u = Abstand der innern Wicklung vom Eisenkern (Abb. 218a).
$\varDelta$ = Betrag, um den die Fensterbreite beim ersten Entwurf zu groß oder zu klein ist (279, L 5b).
δ = relativer Fehler bei der Ablesung der Instrumente (G 1a).
ε = relativer Spannungsverlust. ε_b = relativer Blindspannungsverlust bei Nennbetrieb, bezogen auf die EMK [Gl. (84), B 1d, L 1a], bezogen auf U_1 [Gl. (109a), B 4b], bezogen auf U_2' [Gl. (130b), D 1], bezogen auf U_0' [Gl. (164c), E 2c], ε_{b0} = des Bezugstransformators (L 5a), ε_{bN} = vorgeschriebener beim Einheitstransformator (L 5b, L 6a). ε_k = relative Nenn-Kurzschlußspannung, bezogen auf U_1 [Gl. (102), B 4a u. b, G 3b], bezogen auf U_2' [Gl. (130c), D 1], ε_{kN} = vorgeschriebene beim Einheitstransformator (L 5b, L 6a), $\varepsilon_{kI}, \varepsilon_{kII}, \varepsilon_{kIII}$ = des Transformators *I*, *II*, *III* [Gl. (137f u. g), D 3]. ε_w = relativer Wirkspannungsverlust, bezogen auf U_2' [Gl. (130a), D 1], ε_{w0} = vorgeschriebener beim Einheitstransformator (L 5b), $\varepsilon_{wI}, \varepsilon_{wII}$ = des Transformators *I*, *II* (114, D 3).
ε = Dielektrizitätskonstante. $\varepsilon_1, \varepsilon_2$ = der Isolierstoffe 1, 2 (Abb. 215, K 3a u. b), $\varepsilon_f, \varepsilon_o$ = des festen, flüssigen Isolierstoffs (K 3b u. c).
ε = Verhältniszahl. ε = Abkürzung [Gl. (115b), B 4b]. ε = Verhältnis der Dielektrizitätskonstante $\varepsilon_f/\varepsilon_o$ [Gl. (222), K 3b u. c], ε = des Querschnitts des Wicklungsmetalls zum Spulenseitenquerschnitt ohne Isolierumhüllung (231, J 3c), ε = der relativen Nenn-Kurzschlußspannung des Transformators *II* zu der des Transformators *I* [Gl. (137h), D 3, G 3b], ε_{II} bis ε_V = dasselbe für die Transformatoren *II* bis *V* [Gl. (145b), D 3i].
ε = Basis der natürlichen Logarithmen (A 9, B 4a).
ζ = Verhältnis [Gl. (137a), D 3].
η = Verhältnis zwischen gesamter Länge der Luftspalte zur gesamten Eisenlänge [Gl. (2), A], η = der sekundären Nennströme von Transformator *II* und *I* [Gl. (137d), D 3, G 3b], η_{II} bis η_{IV} = dasselbe für die Transformatoren *II* bis *IV* [Gl. (145a), D 3i]. η = Wirkungsgrad (L 3c).

η = Zähigkeit des Öles (J 3d).

η = Ausnutzungsfaktor der Elektrodenanordnung (241, K), η_o = unter Öl (K 3b).

Θ = Durchflutung (Effektivwert). Θ_1 = fiktive für die Grundwelle des Flusses durch den Luftraum (A 5b), Θ_3 = fiktive für die dritte Welle (A 5b). Θ_N = bei Nennbetrieb (L 5a), Θ_{N0} = des Bezugstransformators (L 5a). Θ_o, Θ_u = der Ober-, Unterspannungswicklung eines Kerns (L 2), Θ_U, Θ_V, Θ_W = der drei primären Stränge (B 2b), Θ_u, Θ_v, Θ_w = einer Wicklungsabteilung der drei sekundären Stränge bei Zickzackschaltung (B 2b u. c). Θ_μ = des Magnetisierungsstromes (L 5a), $\Theta_{\mu 0}$ = des Bezugstransformators (L 5a).

ϑ = Erwärmung, Übertemperatur, Temperaturdifferenz. ϑ = mittlere Übertemperatur zwischen Oberfläche bzw. Kastenwand und Umgebungsluft (J 2a, J 3a), ϑ_a = der Seitenflächen des Blechpakets und der mittleren Öltemperatur (J 3b), ϑ_i = der Wicklung innerhalb der Isolierumhüllung und der mittleren Temperatur des Kühlmittels (J 3a), ϑ_{i1}, ϑ_{i2} = für die Seiten 1, 2 der Spule (Abb. 207, J 3c), ϑ_1, ϑ_2 = dem äußern Rand der Isolierumhüllungen 1, 2 und dem Kühlmittel (Abb. 207, J 3c). ϑ_{max} = Temperaturdifferenz zwischen der höchsten Temperatur in der Wicklung und der des Kühlmittels [Abb. 208, Gl. (209a), 73c], ϑ'_{max} = in der Wicklung und am innern Rand der Isolierumhüllung [Gl. (206a), J 3c], ϑ'_{max} = im Blechpaket und der der Endbleche [Gl. (199), 73b], ϑ_W = zwischen der mittleren der Wicklung und der des Kühlmittels [Abb. 208, Gl. (209b), J 2a, J 3a u. c], ϑ'_W = des Blechpakets und der der Endbleche [Gl. (201b), J 3b], ϑ'_W = der Wicklung und der am innern Rand der Isolierumhüllung [Gl. (206b), J 3c], ϑ'_{Wa} = und der am äußern Rand der Isolierumhüllung (228, J 3a). ϑ_δ = Temperaturverlust in der Isolierhülle [Gl. (207), J 3c], $\vartheta_{\delta 1}$, $\vartheta_{\delta 2}$ = in der Isolierhülle 1, 2 [Gl. (210c u. d)].

ι = Verhältnis zwischen den Effektivwerten zweier Ströme. ι = der Magnetisierungsströme eines äußern und innern Kerns bei Sternschaltung mit Nulleiter [Gl. (16), A 4a], ι' = bei Vernachlässigung der dritten Welle [Gl. (18), A 4a]; ι_o = ohne Nulleiter mit Dreieckwicklung, ι_o = bei Vernachlässigung der 3. Welle (30, A 4c); ι_Δ = der Netzströme bei Dreieckschaltung [Gl. (20a), A 4a], ι'_Δ = bei Vernachlässigung der 3. Welle [Gl. (19), A 4a]. ι_μ = des zusätzlichen Belastungsstromes $J_{2I\mu}$ und des sekundären Nennstromes J_{2NI} (D 3, G 3b), ι_μ^w, ι_μ = Wirk- (d. h. in Phase mit dem sekundären Netzstrom), Blindkomponente von ι_μ [Gl. (138a), D 3], ι_a, ι_a^w, ι_a^b = dasselbe für J_{2Ia} [Gl. (138b), D 3], ι_ε, ι_ε^w, ι_ε^b = dasselbe für den Belastungsstrom $J_{2I\varepsilon}$ [Gl. (138c), D 3]. ι^b = zusätzlicher relativer Belastungsstrom des Transformators I, der gegen den Netzstrom um $\pi/2$ verschoben ist (121, D 3h).

ι = Verhältnis der Wärmeleitfähigkeit runder Kupferdrähte zu der der Leiterisolierung (Abb. 206c, J 3c). ι = Verhältnis der Jochlängen des abgeänderten und des ersten Entwurfs (L 5b, L 6a).

$\varkappa$ = Verlustziffer (V_{10}) bei 10000 Gauß mit Berücksichtigung der zusätzlichen Eisenverluste.

$\varkappa$ = Abkürzung [Gl. (78d) u. (81b), B 1].

Λ = magnetischer Leitwert. Λ = für den Fluß von Joch zu Joch durch den Luftraum (A 2, A 4, A 5, G 2c). Λ = für den Streufluß (L 5a), Λ_0 = des Bezugstransformators (L 5a). Λ' = dem Leitwert des Streuflusses proportionale Größe [Gl. (86a), B 1d, L 1a, L 6a]. λ = Leitwertszahl [Gl. (39), A 5].

λ = Verhältnis zwischen Gesamtlänge der Joche und Gesamtlänge der bewickelten Kerne [Gl. (59a), A 8]. λ = zwischen den Kernlängen des abgeänderten und des ersten Entwurfs (L 5b, L 6a). λ = Parameter (D 3d).

λ_ν = Wellenlänge der ν-ten Welle (C 2b).

$\mu = J_\mu/J_N$ = relativer Magnetisierungsstrom [Gl. (63), A 8], μ_0 = des Bezugstransformators (L 5a). μ_I, μ_{II} = des Transformators I, II (110, D 3).

μ = komplexe Kreisfrequenz [Gl. (67b), A 9]. $\mu_\nu = 2\pi/\lambda_\nu$ [Gl. (121a), C 2b].

ν = Ordnungszahl der Einzelwellen.

ξ = Reduzierte Leiterhöhe [Gl. (95), B 3a]. ξ_E = Formfaktor (170), ξ_{Es} = bei sinusförmiger Kurve (170).

Π_0 = Permeabilität des leeren Raumes und der Luft.

ϱ = spezifischer Widerstand. ϱ_o, ϱ_u = der Ober-, Unterspannungswicklung (L 2).

$\varrho, \varrho_A, \varrho_B$ = Dämpfungskonstante [Gl. (104), B 4a].

ϱ = Phasenwinkel im Dreieck des Spannungsverlusts [Gl. (131a), D 2].

ϱ = Abrundungsradius (Abb. 213, K 2c).

$\sigma = J_{\max}/J$ = Scheitelfaktor [Gl. (5), A]. σ' = fiktiver = Verhältnis des Höchstwerts des Stromes bei Stromschaltung mit Nulleiter zu Effektivwert ohne Nulleiter [Gl. (12) u. (14), A]. $\sigma_I, \sigma_{II}, \sigma_I', \sigma_{II}'$ = für den Magnetisierungsstrom des äußern, innern Kerns des unsymmetrischen Dreiphasen-Transformators (A 4a).

σ = Verhältnis zwischen der Streuspannung des abgeänderten zu der des ersten Entwurfs (L 5b, L 6). σ_0 = Sicherheitsgrad bei der Spannungsprobe [Gl. (226), K 3b].

τ = Raum (58).

Φ, φ = Fluß. Φ = Höchstwert, φ = Augenblickswert, φ', φ'' = beim Fünfschenkel-Transformator in zweiter, dritter Annäherung (Abb. 35, A 6b). Φ_1, φ_1 = Grundwelle (12, Abb. 17 a u. b, A 3b). Φ_3 = der dritten Welle (12). Φ_0 = des Bezugstransformators (L 5a). $\varphi_I, \varphi_{II}, \varphi_{III}$ = in den drei Kernen (24). φ_I bis φ_{VII} = in den einzelnen Teilen der magnetischen Kreise [Abb. 29, A 6, Gl. (56a u. b), A 7]. $\varphi_{III}, \varphi_{IIII}, \varphi_{IIII}$ = fiktiver, den verketteten Spannungen entsprechend (A 4b). Φ_d, φ_d = im Dauerzustand (A 9), φ_f = freier (A 9), φ_{kr} = größter möglicher (52, A 9). Φ_L, φ_L = durch den Luftraum von Joch zu Joch (Abb. 19, A, G 2c). φ_R = remanenter (A 9). Φ_S = Streufluß (B 3b).

φ = Phasenwinkel (A 9). φ = von J_2 nach U_1 (Abb. 88, D 3). $\varphi_1, \varphi_2, \varphi_3$ = der Ströme der drei Wicklungen nach U_1 (130, E 1). φ_1 = von Primärstrom nach Primärspannung, $\varphi_1' = \pi - \varphi_1$ (103). φ_2 = von Sekundärstrom nach Sekundärspannung (D 1), φ_{20} = für $U_2' = U_1$ (Abb. 84b, D 2a). φ_I, φ_{II} = bei der Leistungsmessung (Abb. 137b, G 2a). φ_k = bei Kurzschluß (Abb. 90, D 3, G 2d), $\varphi_{kI}, \varphi_{kII}$ = für Transformator I, II [Gl. (137i u. k), D 3]. φ_N = bei Nennbetrieb (G 3b). φ_u = auf der Unterspannungsseite (266).

$\varphi, \varphi_{13}, \varphi_{24}$ = Winkel (Abb. 74a u. b, B 4b).

φ = Verhältnis zwischen Fensterquerschnitt und Wickelraum des abgeänderten zu dem des ersten Entwurfs (L 5b, L 6a).

ψ_1, ψ_2 = primärer, sekundärer Spulenfluß (56).

ω = Kreisfrequenz, ω_ν = der ν-ten Welle (94).

Namen- und Sachverzeichnis.

GPSR Compliance

The European Union's (EU) General Product Safety Regulation (GPSR) is a set of rules that requires consumer products to be safe and our obligations to ensure this.

If you have any concerns about our products, you can contact us on ProductSafety@springernature.com

In case Publisher is established outside the EU, the EU authorized representative is:

Springer Nature Customer Service Center GmbH
Europaplatz 3
69115 Heidelberg, Germany

Batch number: 10577878

Printed by Printforce, the Netherlands

Chemometrics in Food Chemistry

Data Handling in Science and Technology
Volume 28

Chemometrics in Food Chemistry

Edited by

Federico Marini
Department of Chemistry,
University of Rome "La Sapienza",
Rome, Italy

ELSEVIER

AMSTERDAM • BOSTON • HEIDELBERG • LONDON • NEW YORK • OXFORD
PARIS • SAN DIEGO • SAN FRANCISCO • SYDNEY • TOKYO

Elsevier
The Boulevard, Langford Lane, Kidlington, Oxford, OX5 1GB, UK
Radarweg 29, PO Box 211, 1000 AE Amsterdam, The Netherlands

First edition 2013

British Library Cataloguing in Publication Data
A catalogue record for this book is available from the British Library

Library of Congress Cataloging-in-Publication Data
A catalog record for this book is available from the Library of Congress

ISBN: 978-0-444-59528-7
ISSN: 0922-3487

Contents

Contributors

Numbers in Parentheses indicate the pages on which the author's contributions begin.

José Manuel Amigo (265, 343), Department of Food Science, Quality and Technology, Faculty of Life Sciences, University of Copenhagen, Frederiksberg C, Denmark

Lucia Bertacchini (371), Department of Chemical and Geochemical Sciences, University of Modena and Reggio Emilia, Modena, Italy

Marta Bevilacqua (127, 171), Department of Chemistry, University of Rome "La Sapienza", Rome, Italy

Remo Bucci (171), Department of Chemistry, University of Rome "La Sapienza", Rome, Italy

Giorgio Capuani (411), Department of Chemistry, Sapienza University of Rome, Rome, Italy

Marina Cocchi (55, 371), Department of Chemical and Geochemical Sciences, University of Modena and Reggio Emilia, Modena, Italy

Michał Daszykowski (315), Department of Analytical Chemistry, Chemometric Research Group, Institute of Chemistry, The University of Silesia, Katowice, Poland

Maurizio Delfini (411), Department of Chemistry, Sapienza University of Rome, Rome, Italy

Caterina Durante (55, 371), Department of Chemical and Geochemical Sciences, University of Modena and Reggio Emilia, Modena, Italy

Søren Balling Engelsen (449), Department of Food Science, Quality & Technology, Faculty of Science, University of Copenhagen, Frederiksberg C, Denmark

Aoife Gowen (343), School of Biosystems Engineering, University College Dublin, Dublin 4, Ireland

Anna de Juan (235), Department of Analytical Chemistry, Universitat de Barcelona, Martí i Franquès, Barcelona, Spain

Riccardo Leardi (9), Department of Pharmacy, University of Genoa, Genoa, Italy

Mario Li Vigni (55, 371), Department of Chemical and Geochemical Sciences, University of Modena and Reggio Emilia, Modena, Italy

Andrea D. Magrì (171), Department of Chemistry, University of Rome "La Sapienza", Rome, Italy

Antonio L. Magrì (171), Department of Chemistry, University of Rome "La Sapienza", Rome, Italy

Andrea Marchetti (371), Department of Chemical and Geochemical Sciences, University of Modena and Reggio Emilia, Modena, Italy

Federico Marini (1, 127, 171, 265), Department of Chemistry, University of Rome "La Sapienza", Rome, Italy

Idoia Martí (343), Analytical and Organic Chemistry Department, Universitat Rovira i Virgili, Tarragona, Spain

Sílvia Mas (235), Department of Analytical Chemistry, Universitat de Barcelona, Martí i Franquès, Barcelona, Spain

Alfredo Miccheli (411), Department of Chemistry, Sapienza University of Rome, Rome, Italy

Riccardo Nescatelli (171), Department of Chemistry, University of Rome "La Sapienza", Rome, Italy

Morten Arendt Rasmussen (449), Department of Food Science, Quality & Technology, Faculty of Science, University of Copenhagen, Frederiksberg C, Denmark

Åsmund Rinnan (449), Department of Food Science, Quality & Technology, Faculty of Science, University of Copenhagen, Frederiksberg C, Denmark

Elisa Salvatore (371), Department of Chemical and Geochemical Sciences, University of Modena and Reggio Emilia, Modena, Italy

Francesco Savorani (449), Department of Food Science, Quality & Technology, Faculty of Science, University of Copenhagen, Frederiksberg C, Denmark

Simona Sighinolfi (371), Department of Chemical and Geochemical Sciences, University of Modena and Reggio Emilia, Modena, Italy

Michele Silvestri (371), Department of Chemical and Geochemical Sciences, University of Modena and Reggio Emilia, Modena, Italy

Ivana Stanimirova (315), Department of Analytical Chemistry, Chemometric Research Group, Institute of Chemistry, The University of Silesia, Katowice, Poland

Alberta Tomassini (411), Department of Chemistry, Sapienza University of Rome, Rome, Italy

Beata Walczak (315), Department of Analytical Chemistry, Chemometric Research Group, Institute of Chemistry, The University of Silesia, Katowice, Poland

Frank Westad (127), CAMO Software AS, Oslo, Norway

Preface

For many years, food was not considered an important or even decent scientific subject. "*Food belongs in the kitchen!*" Those days are over and for good reasons. Food still belongs in the kitchen, but at the same time food science is an extremely challenging, interesting and rewarding area of research.

Food is of a fundamental importance and covers complicated and cross-disciplinary aspects ranging from e.g. sensory perception, culture, nutrition, gastronomy, physics, chemistry and engineering.

- What is the impact of seasonal variations in the raw material?
- How will the long-term stability of cream cheese change when switching to another breed of cows?
- How to evaluate the complex changes in aroma occurring over the course of a fermentation?
- Is it possible to determine if an *unknown* toxic substance is present in a curry sauce?
- In which way will shelf-life be affected if the ultrafiltration conditions are modified?
- How can the Maillard reaction be controlled during cooking?
- Can we have more timely and more accurate characterization of whether production is running smoothly?

The above questions are difficult to answer without comprehensive and relevant information. Such information will almost invariably be multivariate in nature in order to comprehensively describe the complex underlying problems. Therefore, the need for advanced experimental planning and subsequent advanced data analysis is obvious. Chemometrics provides the necessary tools for digging into food-related problems. This book is a highly needed and relevant contribution to the food research area in this respect. The book provides an impressive, very detailed and illustrative *tour de force* through the chemometric landscape.

This book will prove useful to newcomers trying to understand the field of chemometrics, for the food researcher wanting to more actively use chemometric tools in practice and to teachers and students participating in chemometrics courses.

A recurring motto in our Department of Food Science has been

If you think rocket science is difficult—try food science

With this book, you can actually seriously start to unravel the deep and intricate mysteries in food science and I would like to sincerely thank Federico Marini and the many competent researchers for taking time to write this book. Enjoy!

Rasmus Bro
Frederiksberg, Denmark, May 2013

Chapter 1

Introduction

Federico Marini*
Department of Chemistry, University of Rome "La Sapienza", Rome, Italy
Corresponding author: federico.marini@uniroma1.it

Chapter Outline

1 ANOTHER BOOK ON THE WALL

Issues related to food science and authentication are of particular importance, not only for researchers but also for consumers and regulatory entities. The need to guarantee quality foodstuff—where the word "quality" encompasses many different meanings, including, for example, nutritional value, safety of use, absence of alteration and adulterations, genuineness, typicalness, and so on [1]—has led researchers to look for more and more effective tools to investigate and deal with food chemistry problems. As even the simplest food is a complex matrix, the way to investigate its chemistry cannot be other than multivariate [2]. Therefore, chemometrics is a necessary and powerful tool in the field of food analysis and control [3–5].

Indeed, since the very beginning, chemometrics has been dealing with different problems related to food quality [6–8]. Today, when considering food science in general and food analysis and control in particular, several problems can be listed in the resolution of which chemometrics can be of utmost importance and relevance. Traceability [9,10], that is, the possibility of verifying the animal/botanical, geographical and/or productive origin of a foodstuff, is, for instance, one of the issues where the use of chemometric techniques is not only recommended but essential [11]; indeed, till date, no specific chemical and/or physico-chemical markers have been identified that can be univocally linked to the origin of a foodstuff, and the only way of obtaining a reliable traceability is by application of multivariate classification to experimental fingerprinting results [12,13]. Another area where chemometrics is of particular importance is in building the bridge between consumer preferences, sensory

Data Handling in Science and Technology, Vol. 28. http://dx.doi.org/10.1016/B978-0-444-59528-7.00001-6

attributes and molecular profiling of food [14,15]; indeed, by identifying latent structures among the data tables, bilinear modelling techniques (such as PCA, MCR, PLS and its various evolutions) can provide an interpretable and reliable connection among these domains. Other problems that can be listed include process control and monitoring [16], the possibility of using RGB or hyperspectral imaging techniques to non-destructively check food quality [17,18], calibration of multidimensional or hyphenated instruments [19,20,21] and so on.

Despite these considerations, while a huge amount of the literature deals with the design of chemometric techniques and their application to different ambits of food science, a general monograph covering the main aspects of this topic as comprehensively as possible is lacking. This book aims to fill the gap, such that it can be used by both food chemists wanting to learn how chemometric techniques can help in many aspects of their work and chemometricians having to deal with food-related problems.

2 ORGANISATION OF THE BOOK

The twofold scope (and the corresponding prospective audience) of the book drives the way it is conceived and organised. Indeed, the monograph is organised in two parts: a first part (Chapters 2–8) covering the theory, and a second part (Chapters 9–12) presenting some selected applications of chemometrics to "hot topics" in food science. As it is hoped that this book will be read and used not just by "professional" chemometricians, all the topics, especially the ones in the theoretical part, are covered extensively, starting from a beginner level up to an intermediate or advanced one. In the same theoretical part, the description of the methods is accompanied by a wide variety of examples taken from food science to illustrate how the different techniques can be fruitfully applied to solve real-world food-related issues.

In particular, the first chapters of this book are suitable to be used as an introductory textbook on chemometrics or as a self-study guide, as they cover most of the principal aspects of the topic; the reader who is more interested in specific topics and/or applications can just pick the chapters that she/he prefers as each of the chapters is self-contained. As already anticipated, the first part of the book covers the theory of the main chemometric methods and each chapter is meant to be a tutorial on the specific topic. The aim of Chapter 2 is to review the rationale and strategies for the design of experiments, which constitute a fundamental step in the set-up of any kind of experimental procedure. The topics covered include screening and two-level factorial designs, multi-level designs for both qualitative and quantitative variables, and response surface methodologies. Chapter 3 presents an extensive description of the chemometric methods used for exploratory data analysis, with the attention specifically focused on principal component analysis (PCA) and data preprocessing methods. Additional topics covered include descriptive statistics and other projection methods such as multidimensional scaling and nonlinear mapping. Chapter 4 is devoted to calibration, from univariate to multivariate, and discusses extensively the strategies for model validation and interpretation. The topics covered include ordinary least squares, principal component regression, Partial least squares (PLS) regression, identification of outliers and variable selection. The aim of Chapter 5 is to provide the reader with a comprehensive description of chemometric pattern recognition tools. A distinction is provided between discriminant and modelling approaches and the most frequently used techniques (LDA, QDA, kNN, PLS-DA, SIMCA, UNEQ and density methods) are described in detail. Taken together, Chapters 2–5 cover the theory behind the most fundamental chemometric methods; on the other hand, Chapters 6–8 describe some advanced topics that have gained more and more importance during the last years. Chapter 6 is focused on multivariate curve resolution (MCR) for single data matrices and for multi-set configuration. Basic MCR theory is reviewed together with a detailed discussion of all the different scenarios in food control where this approach could be of importance. Chapter 7 presents an overview of the chemometric techniques used for the analysis of multi-way arrays, that is, the data arrays resulting from experiments in which a signal is recorded as a function of more than two sources of variation. The topics covered include methods for deconvolution/resolution (PARAFAC and PARAFAC2), data description (TUCKER) and calibration (N-PLS and multi-way covariate regression). Finally, Chapter 8 discusses robust methods, that is, methods that provide a reliable answer even when a relatively high percentage of anomalous observations are present. The topics covered include robust measures of location and scale, robust PCA and PLS, and robust classification methods.

The second part of the book—Chapters 9–12—presents some selected applications of chemometrics to different topics of interest in the field of food authentication and control. Chapter 9 deals with the application of chemometric methods to the analysis of hyperspectral images, that is, of those images where a complete spectrum is recorded at each of the pixels. After a description of the peculiar characteristics of images as data, a detailed discussion on the use of exploratory data analytical tools, calibration and classification methods is presented. The aim of Chapter 10 is to present an overview of the role of chemometrics in food traceability, starting from the characterisation of soils up to the classification and authentication of the final product. The discussion is accompanied by examples taken from the different ambits where chemometrics can be used for tracing and authenticating foodstuffs. Chapter 11 introduces NMR-based metabolomics as a potentially useful tool for food quality control. After a description of the bases of the metabolomics approach, examples of its application for authentication, identification of adulterations, control of the safety of use, and processing are presented and discussed. Finally, Chapter 12 introduces the concept of interval methods in chemometrics, both for data pretreatment and data analysis. The topics covered are the alignment of signals using iCoshift, and interval methods for exploration (iPCA), regression (iPLS) and classification (iPLS-DA, iECVA), and the important roles they play in the emerging discipline of foodomics.

Moreover, the book is multi-authored, collecting contributions from a selected number of well-known and active chemometric research groups across Europe, each covering one or more subjects where the group's expertise is recognised and appreciated. This interplay of high competences represents another added value to the proposed monograph.

REFERENCES

[1] Trienekens J, Zuurbier P. Quality and safety standards in the food industry, developments and challenges. Int J Prod Econ 2008;113:107–22.

[2] Gaonkar AG, editor. Characterization of food: emerging methods. Amsterdam, The Netherlands: Elsevier; 1995.

[3] Forina M, Lanteri S, Armanino C. Chemometrics in food chemistry. Topics Curr Chem 1987;141:91–143.

[4] Munck L, Nørgaard L, Engelsen SB, Bro R, Andersson CA. Chemometrics in food science—a demonstration of the feasibility of a highly exploratory, inductive evaluation strategy of fundamental scientific significance. Chemometr Intell Lab Syst 1998;44:31–60.

[5] Forina M, Casale M, Oliveri P. Application of chemometrics to food chemistry. In: Brown SD, Tauler R, Walczak B, editors. Comprehensive chemometrics, vol. 4. Oxford, UK: Elsevier; 2009. p. 75–128.

[6] Saxsberg BEH, Duewer DL, Booker JL, Kowalski BR. Pattern recognition and blind assay techniques applied to forensic separation of whiskies. Anal Chim Acta 1978;103:201–12.

[7] Kwan WO, Kowalski BR. Classification of wines by applying pattern recognition to chemical composition data. J Food Sci 1978;43:1320–3.

[8] Forina M, Armanino C. Eigenvector projection and simplified non-linear mapping of fatty acid content of Italian olive oils. Ann Chim 1982;72:127–41.

[9] Brereton P. Preface to the special issue "Food authenticity and traceability" Food Chem 2010;118:887.

[10] Guillou C. Foreword to the special issue "Food authenticity and traceability" Food Chem 2010;118:888–9.

[11] Available from: http://www.trace.eu.org, last accessed 22.03.2013.

[12] Reid LM, O'Donnell CP, Downey G. Recent technological advances for the determination of food authenticity. Trends Food Sci Technol 2006;17:344–53.

[13] Luykx DMAM, van Ruth SM. An overview of the analytical methods for determining the geographical origin of food products. Food Chem 2008;107:897–911.

[14] Naes T, Risvik E, editors. Multivariate analysis of data in sensory science. Amsterdam, The Netherlands: Elsevier; 1996.

[15] Naes T, Brockhoff PM, Tomic O. Statistics for sensory and consumer science. New York, NY: John Wiley and Sons; 2010.

[16] Bro R, van den Berg F, Thybo A, Andersen CM, Jørgensen BM, Andersen H. Multivariate data analysis as a tool in advanced quality monitoring in the food production chain. Trends Food Sci Technol 2002;13:235–44.

[17] Pereira AC, Reis MS, Saraiva PM. Quality control of food products using image analysis and multivariate statistical tools. Ind Eng Chem Res 2009;48:988–98.

[18] Gowen AA, O'Donnell CP, Cullen PJ, Downey G, Frias JM. Hyperspectral imaging—an emerging process analytical tool for food quality and safety control. Trends Food Sci Technol 2007;18:590–8.
[19] Amigo JM, Skov T, Bro R. ChroMATHography: solving chromatographic issues with mathematical models and intuitive graphics. Chem Rev 2010;110:4582–605.
[20] Pierce KM, Kehimkar B, Marney LC, Hoggard JC, Synovec RE. Review of chemometric analysis techniques for comprehensive two dimensional separations data. J Chromatogr A 2012;1255:3–11.
[21] de Juan A, Tauler R. Factor analysis of hyphenated chromatographic data—exploration, resolution and quantification of multicomponent systems. J Chromatogr A 2007;1158:184–95.

Part I

Theory

Chapter 2

Experimental Design

Riccardo Leardi[1]
Department of Pharmacy, University of Genoa, Genoa, Italy
[1]*Corresponding author: riclea@difar.unige.it*

Chapter Outline

1 INTRODUCTION

The first paper about experimental design was published by Fisher almost 80 years ago [1]. Unfortunately, this huge time span has not been sufficient to make this approach as common as it should be (better, it should be *the only* valid approach). The great majority of people still continue to study and 'optimize' their problems one variable at a time (OVAT). This can be very well found in many papers, with the titles of the subsections proudly remarking this: '3.1. Effect of pH', '3.2. Effect of temperature', '3.3. Effect of flow' and so on. The widespread ignorance of experimental design makes it possible to have papers like these published without any problem, in spite of the fact that the approach is completely wrong (they can be published simply because the referees reviewing them still believe that studying one variable at a time is the correct approach).

Instead, the "optimization" performed OVAT does not guarantee at all that the real optimum will be hit. This is because this approach would be valid only if the variables to be optimized were totally independent from each other, a condition that very seldom happens to be true.

By studying OVAT the interactions among variables will be totally missed.

Data Handling in Science and Technology, Vol. 28. http://dx.doi.org/10.1016/B978-0-444-59528-7.00002-8

What is an interaction? Let us try to explain this concept with some examples taken from everyday life.

If somebody asks you what is the best gear in which to ride a bike, your reply would surely be: 'It depends.'

'What is the best cooking time for a cake?' 'It depends'.
'What is the best waxing for your skis?' 'It depends'.
'What is the best setup for a racing car?' 'It depends'.

This means that you do not have 'the best' gear, but the best gear depends on the levels of the other factors involved, such as the slope of the road, the direction and the speed of the wind, the quality of the cyclist, how tired the cyclist is and the speed he wants to maintain.

Similarly, when baking a cake the best time depends on the temperature of the oven, the best waxing depends on the conditions of the weather and of the snow, the best setup for a racing car depends on the circuit and so on.

Every time your reply is 'it depends' it means that you intuitively recognize that the effect of the factor you are talking about is not independent of the levels of the other factors; this means that an interaction among those factors is relevant and that not taking it into account can give terrible results.

So, it is evident that the housewife knows very well that there is a strong interaction between cooking time and oven temperature, a cyclist knows very well that there is an interaction between the gear and the surrounding conditions and so on.

Of course, you will never hear a housewife using the word 'interaction', but her behaviour demonstrates clearly that she intuitively understands what an interaction is.

Could you imagine somebody looking for the best gear on a flat course (i.e. changing gear while keeping all the remaining variables constant) and then using it on any other course simply because the first set of experiments demonstrated that it was the best?

Well, chemists optimizing their procedures OVAT behave in the very same way!

Why do the very people who answer 'it depends' on a lot of questions about their everyday life never give the same answer when entering a lab and working as chemists?

Why, when looking for the best pH, do chemists usually behave like the foolish cyclist described earlier, changing the pH and keeping constant all the remaining variables instead of thinking that the 'best pH' may depend on the setting of the other variables?

While in the OVAT approach the only points about which something is known are the points where the experiments have been performed, the experimental design, by exploring in a systematic way the whole experimental domain, also allows to obtain a mathematical model by which the value of the response in the experimental domain can be predicted with a precision that, provided that the experimental variability is known, can be estimated even before performing the actual experiments of the design and that only depends on the arrangement of the points in space and on the postulated model (this will be explained in greater detail later on). This means going from a local knowledge to a global knowledge.

By comparing the information obtained by an OVAT approach with the information obtained by an experimental design we can say that:

- The experimental design takes into account the interactions among the variables, while the OVAT does not;
- The experimental design provides a global knowledge (in the whole experimental domain), while the OVAT gives a local knowledge (only where the experiments have been performed);
- In each point of the experimental domain, the quality of the information obtained by the experimental design is higher than the information obtained by the OVAT;
- The number of experiments required by an experimental design is smaller than the number of experiments performed with an OVAT approach.

Summarizing, it should be clear that:

- The quality of the results depends on the distribution of the experiments in the experimental domain;
- The optimal distribution of the experiments depends on the postulated model;
- Given the model, the experimental limitations and the budget available (=maximum number of experiments), the experimental design will detect the set of experiments resulting in the highest possible information.

People should also be aware that building the experimental matrix (i.e. deciding which experiments must be performed) is the easiest part of the whole process, and that in the very great majority of the cases it can be performed by hand, without any software.

What is difficult is rather the definition of the problem: Which are the factors to be studied? Which is the domain of interest? Which model? How many experiments?

To perform an experimental design, the following five steps must be considered:

1. Define the goal of the experiments. Though it can seem totally absurd, many people start doing experiments without being clear in their minds as to what the experiments are done for. This is a consequence of the general way of thinking, according to which once you have the results you can anyway extract information from them (and the more experiments have been performed, the better).
2. Detect all the factors that can have an effect. Particular attention must be given to the words 'all' and 'can'. This means that it is not correct to

consider a predefined number of factors (e.g. let us take into account only three factors), and saying that a factor 'can' have an effect is totally different from saying that we think that a factor has an effect. One of the most common errors is indeed that of performing what has been defined a 'sentimental screening', often based only on some personal feelings rather than on scientific facts.

3. Plan the experiments. Once the factors have been selected, their ranges have been defined and the model to be applied has been postulated, this step requires only a few minutes.
4. Perform the experiments. While in the classical way of thinking this is the most important part of the process, in the philosophy of experimental design doing the experiments is just something that cannot be avoided in order to get results that will be used to build the model.
5. Analyse the data obtained by the experiments. This step transforms data into information and is the logical conclusion of the whole process.

Very often one single experimental design does not lead to the solution of the problem. In those cases the information obtained at point 5 is used to reformulate the problem (removal of the non-significant variables, redefinition of the experimental domain, modification of the postulated model), after which one goes back to step 3.

As the possibility of having to perform more than one single experimental design must always be taken into account, it is wise not to invest more than 40% of the available budget in the first set of experiments.

2 FULL FACTORIAL DESIGN 2^K

The 2^k Factorial Designs are the simplest possible designs, requiring a number of experiments equal to 2^k, where k is the number of variables under study. In these designs each variable has two levels, coded as -1 and $+1$, and the variables can be either quantitative (e.g. temperature, pressure, amount of an ingredient) or qualitative (e.g. type of catalyst, type of apparatus, sequence of operations).

The experimental matrix for $k=3$ is reported in Table 1, and it can be seen that it is quite easy to build it also by hand. The matrix has eight rows (2^3, each row corresponding to an experiment) and three columns (each column corresponding to a variable); in the first column the -1 and $+1$ alternate at every row, in the second column they alternate every second row and in the third column they alternate every fourth row. The same procedure can be used to build any Factorial Design, whatever the number of variables.

From a geometrical point of view, as shown in Figure 1, a Factorial Design explores the corners of a cube (if the variables are more than three, it will be a hypercube; our mind will no more be able to visualize it, but from the mathematical point of view nothing will change).

Contrary to what happens in the OVAT approach, in which variable 1 is changed while variables 2 and 3 are kept constant, in the Factorial Design

TABLE 1 A 2^3 Factorial Design (Experimental Matrix)

Exp.	X_1	X_2	X_3
1	−1	−1	−1
2	1	−1	−1
3	−1	1	−1
4	1	1	−1
5	−1	−1	1
6	1	−1	1
7	−1	1	1
8	1	1	1

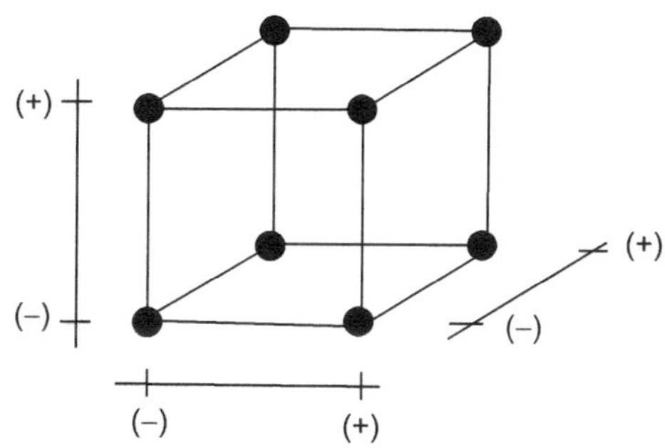

FIGURE 1 Geometrical representation of a 2^3 Factorial Design.

variable 1 is changed while variables 2 and 3 have different values (of course the same happens for all the variables).

This means that the Factorial Design is suitable for estimating the interactions between variables (i.e. the difference in changing variable 1 when variable 2 is at its higher level or at its lower level and so on).

The mathematical model is therefore the following:

$$Y = b_0 + b_1X_1 + b_2X_2 + b_3X_3 + b_{12}X_1X_2 + b_{13}X_1X_3 + b_{23}X_2X_3 + b_{123}X_1X_2X_3$$

As a consequence, with just eight experiments it is possible to estimate a constant term, the three linear terms, the three two-term interactions and the three-term interaction.

To illustrate the application of a Factorial Design the following example is reported [2].

A chemical company was producing a polymer, whose viscosity had to be $>46.0 \times 10^3$ mPa s. As a consequence of the variation of a raw material, they got a final product rather different from the 'original' product (being produced since several years), with a viscosity below the acceptable value. Of course, this was a very big problem for the company, as the product could not be sold anymore. The person in charge of the product started performing experiments OVAT, but after about 30 experiments he could not find any acceptable solution.

It was then decided to try with an experimental design.

At first, three potentially relevant variables were detected: they were the amounts of three reagents (let us call them *A*, *B* and *C*). The original formulation was 10 g of *A*, 4 g of *B* and 10 g of *C*.

Therefore, it was decided to keep this experimental setting as a starting point and to explore its surroundings. As the number of possible experiments was quite limited, it was decided to apply a 2^3 Factorial Design, requiring a total of eight experiments.

The next step was to define the levels of the variables and to write down the experimental plan.

As mentioned earlier, it had been decided to keep the original recipe as the centre point and to set the levels -1 and $+1$ of each variable symmetrically to the original value (9 and 11 for reagents *A* and *C*, 3.6 and 4.4 for reagent *B*), leading to the experimental plan reported in Table 2.

As it can be seen, while the experimental matrix contains the coded values (-1 and $+1$), the experimental plan reports the real values of the variables and therefore can be understood by anybody.

A very important point is that the experiments must be performed in random order, in order to avoid the bias related to possible systematic effects.

Let us suppose we are doing our experiments on a hot morning in July, starting at 8 a.m. and finishing at 2 p.m., following the standard order reported

TABLE 2 The Experimental Plan for the Polymer Factorial Design

Exp.	Reagent *A* (g)	Reagent *B* (g)	Reagent *C* (g)
1	9	3.6	9
2	11	3.6	9
3	9	4.4	9
4	11	4.4	9
5	9	3.6	11
6	11	3.6	11
7	9	4.4	11
8	11	4.4	11

in Table 2. Let us also suppose that, for some unknown and unsuspected reason, the outcome of our experiments increases with external temperature, while none of the variables under study has a significant effect. As a result, the responses of the eight experiments, instead of being the same (inside the experimental error), will regularly increase. We would therefore conclude, just looking at the results, that reagent *C* has a very relevant positive effect (the four best experiments are all the four experiments performed when it was at a higher level), reagent *B* has a moderate positive effect and reagent *A* has a smaller but constant positive effect. This happens because an uncontrolled and unsuspected systematic trend is confounded with the effect of the variables. Instead, if the experiments are performed in random order, the same systematic and uncontrolled variations (if any) will be 'spread' equally among all the variables under study.

After having performed the eight experiments and having recorded the responses (Table 3), it was immediately clear that in several cases the viscosity was much higher than the minimum acceptable value.

How is it possible not to have found those solutions in more than 30 previous experiments?

Before computing any coefficient, let us look at the results shown in Figure 2.

It can be clearly seen that all the experiments performed at a lower value of reagent *A* led to responses greater than the threshold value. It can therefore be said that by lowering the amount of *A* an increase of the response is obtained.

TABLE 3 Experimental Design, Experimental Plan and Responses of the Polymer Factorial Design

X_1	X_2	X_3	Reagent *A* (g)	Reagent *B* (g)	Reagent *C* (g)	Viscosity (mPa s) $\times 10^3$
−1	−1	−1	9	3.6	9	51.8
1	−1	−1	11	3.6	9	51.6
−1	1	−1	9	4.4	9	51.0
1	1	−1	11	4.4	9	42.4
−1	−1	1	9	3.6	11	50.2
1	−1	1	11	3.6	11	46.6
−1	1	1	9	4.4	11	52.0
1	1	1	11	4.4	11	50.0

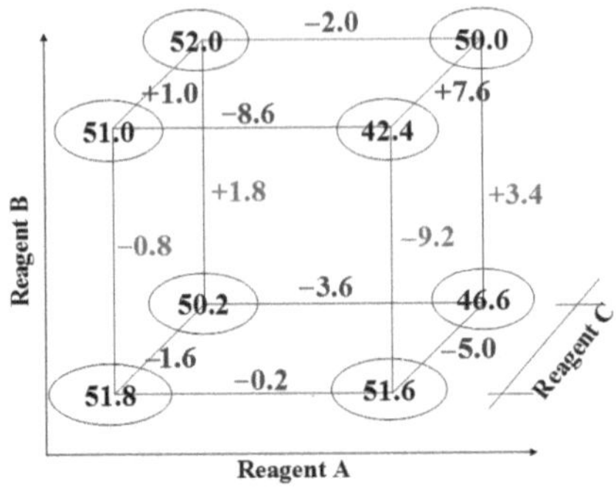

FIGURE 2 Spatial representation of the results of the polymer Factorial Design. (For colour version of this figure, the reader is referred to the online version of this chapter.)

TABLE 4 Model Matrix and Computation of the Coefficients of the Polymer Factorial Design

b_0	b_1	b_2	b_3	b_{12}	b_{13}	b_{23}	b_{123}	Y
1	−1	−1	−1	1	1	1	−1	51.8
1	1	−1	−1	−1	−1	1	1	51.6
1	−1	1	−1	−1	1	−1	1	51.0
1	1	1	−1	1	−1	−1	−1	42.4
1	−1	−1	1	1	−1	−1	1	50.2
1	1	−1	1	−1	1	−1	−1	46.6
1	−1	1	1	−1	−1	1	−1	52.0
1	1	1	1	1	1	1	1	50.0

In what concerns reagent B, it can be seen that its increase leads to a decrease of the response when reagent C is at a lower level and to an increase of the response when reagent C is at a higher level. This is a clear example of interaction between two variables. The same interaction is detected when taking into account reagent C. It can be seen that an increase of reagent C improves the response when reagent B is at a higher level, while a worsening occurs when reagent B is at a lower level.

It should be clear now that the experiments performed by following an experimental design are usually very few but highly informative, and therefore some information can be obtained just by looking at the data.

To compute the coefficients, we must go from the experimental matrix to the model matrix (Table 4). While the former has as many rows as experiments and as many columns as variables, the latter has as many rows as experiments and as many columns as coefficients and can be easily obtained in the following way: the first column (b_0) is a column of +1, the columns of the linear terms are the same as the experimental matrix, the columns of the interactions are obtained by a point-to-point product of the columns of the linear terms of the variables involved in the interaction (e.g. the column b_{12} of the interaction between variables 1 and 2 is obtained by multiplying point to point the column b_1 by the column b_2). If quadratic terms were also present, their columns would be obtained by computing the square of each element of the corresponding linear term.

Computing the coefficients is very simple (again, no software required!). For each of them, multiply point to point the column corresponding to the coefficient that has to be estimated by the column of the response, and then take the average of the results. For instance, for estimating b_1 (the linear term of X_1), just calculate $(-51.8+51.6-51.0+42.4-50.2+46.6-52.0+50.0)/8=-1.8$.

An interesting thing to notice is that, as every column of the model matrix has four −1 and four +1, every coefficient will be computed as half the difference between the average of the four experiments with positive sign and the average of the four experiments with negative sign. This means that each coefficient is computed with the same precision, and that this precision, being the difference of two averages of four values, is much better than that of an OVAT experiment, where the difference between two experiments (one performed at higher level and one performed at lower level) is usually computed. Once more, it can be seen how the experimental design can give much more information (the interaction terms) of much higher quality (higher precision of the coefficients).

The following model has been obtained:

$$Y=49.4-1.8X_1-0.6X_2+0.2X_3-0.8X_1X_2+0.4X_1X_3+1.9X_2X_3 \\ +1.2X_1X_2X_3$$

As eight coefficients have been estimated with eight experiments (and therefore no degrees of freedom are available) and as the experimental variability is not known, it is impossible to define a statistical significance of the coefficients. Anyway, the linear term of X_1 (reagent A) and the interaction X_2–X_3 (reagent B–reagent C) have absolute values larger than the other ones.

The negative coefficient of X_1 indicates that by increasing the amount of reagent A, a decrease of the viscosity is obtained, and therefore better results are obtained by reducing its amount. As X_1 is not involved in any relevant interaction, we can conclude that this effect is present whatever the values of the other two reagents.

In what concerns the interaction of reagent B–reagent C, it can only be interpreted by looking at the isoresponse plot shown in Figure 3. As we are plotting the response on the plane defined by two variables (think of a slice of the cube depicted in Figure 1), we must define the level of the third variable (reagent A) at which we want to represent the response (i.e. where to

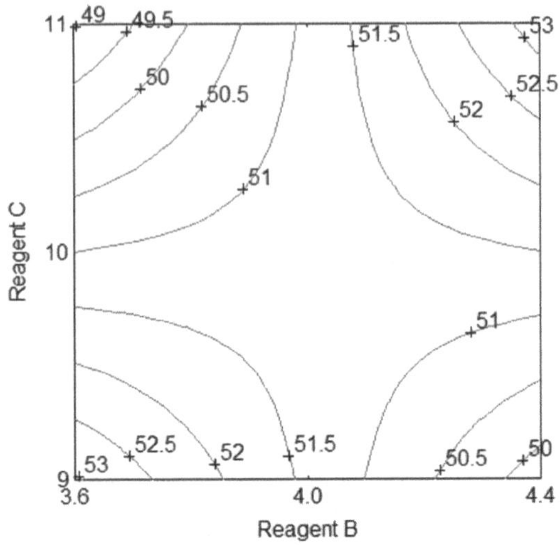

FIGURE 3 Isoresponse plot of the polymer Factorial Design. (For colour version of this figure, the reader is referred to the online version of this chapter.)

cut the slice). The clear effect of reagent *A* (the lower, the better) leads us to the choice of setting the value of X_1 at its lower level (−1, corresponding to 9 g).

The geometrical shape of a linear model without interactions is a plane (the isoresponse lines are parallel); if relevant interactions are present, it becomes a distorted plane (the isoresponse lines are not parallel). This is the case of the response surface on the plane of reagent *B*–reagent *C*. By looking at the plot, it can be seen that an increase of reagent *B* decreases viscosity when reagent *C* is at its lower level, while it has the opposite effect when reagent *C* is at its higher level. In the same way, an increase of reagent *C* decreases viscosity when reagent *B* is at its lower level, while it has the opposite effect when reagent *B* is at its higher level.

Looking at the plot, it can also be understood why the OVAT approach did not produce any good result. If you go to the centre point (corresponding to the original formulation) and change the amount of either reagent *B* or reagent *C* (but not both at the same time), you will realize that, whatever experiment you will do, nothing will change. Instead, owing to the strong interaction, you only have relevant variations when you change both variables at the same time.

Two combinations produce the same response: 3.6 g of reagent *B* and 9 g of reagent *C* and 4.4 g of reagent *B* and 11 g of reagent *C*. As a higher amount of reagents increases the speed of the reaction, and therefore the final throughput, the latter has been selected and therefore the best combination is 9 g of reagent *A*, 4.4 g of reagent *B* and 11 g of reagent *C*. All the experiments were performed at lab scale, and therefore this formulation had to be tested at the plant. When doing it, the results obtained in the lab were confirmed, with a viscosity in the range 50.0–52.0 × 10^3 mPa s, well over the acceptability value.

Happy but not totally satisfied, the person performing the experimental design tried one more experiment. The results of the experimental design showed that a decrease of reagent *A* was leading to better products, and that this variable was not involved in interactions with the other variables.

Of course, this behaviour was demonstrated only inside the experimental domain, but it could have been worthwhile to check if the effect was the same also outside it. The most logical development would have been to do a further experimental design centred on the new formulation, but she did not have enough time to do eight more experiments. So, she just tried to further reduce reagent *A*, and she tested the formulation with 7 g of reagent *A*, 4.4 g of reagent *B* and 11 g of reagent *C*. This experiment was a total success, as the product obtained at the plant had a viscosity in the range $55.0–60.0 \times 10^3$ mPa s, well above the acceptable value.

Of course, everybody in the company was very happy with the result—everybody except one person. Can you guess who? It was the expert in charge of the problem, who could not accept that somebody else could succeed with just nine experiments where he totally failed, in spite of having performed a huge number of experiments.

One more comment: the previous example is not an optimization.

Probably, if more experiments would have been performed with more experimental designs, even better results could have been obtained. Anyway, the immediate goal of the company was not to find the optimum, but rather to get out of an embarrassing situation and to find a commercially valid solution as fast as possible, and the Factorial Design, the simplest of all the experimental designs, allowed getting a substantial improvement with a very limited experimental effort.

The main problem with the previous design was that, as there were no degrees of freedom and no previous estimate of the experimental variable was available, it was not possible to determine which coefficients were statistically significant.

Furthermore, as in a 2^k Factorial Design each variable has two levels, only linear models (with interactions) can be estimated. In order to use them as predictive models they must be validated. To do that, an experiment (or, better, a set of experiments) is performed at the centre point. The experimental response is then compared with the predicted response (corresponding to the b_0 coefficient). If the two values are not significantly different, then the model is said to be validated and therefore it can be used to predict the outcome of the experiments in the whole experimental domain. It has to be well understood that validating a model does not mean demonstrating that it is true; instead, validating a model means that it has not been possible to demonstrate that it is false. It is a subtle, but very relevant difference (the same between being acquitted because it has been demonstrated that you are not guilty or being acquitted because it was not possible to demonstrate that you are guilty).

A group of crystallographers at NASA was interested in studying the effect of three variables (amount of precipitant, degree of supersaturation, amount of impurities) on the growth of the crystals of a protein [3]. The goal of the study was to obtain the largest possible crystal, and the measured response (to be minimized) was the logarithm of the average number of crystals obtained in different wells (the lower the number, the greater the crystals). As a high variability was expected, each experiment had been run in duplicate; this also allowed a better estimate of the experimental variance. In order to validate the model, a centre point had also been added. The total number of experiments was 18, much fewer than what they were used to doing. Table 5 shows the experimental design, the experimental plan and the responses.

TABLE 5 Experimental Design, Experimental Plan and Responses of the NASA Factorial Design

X_1	X_2	X_3	Precipitant % (w/v)	Supersaturation ln(c/s)	Impurity % (w/w)	Log(crystal number)
−1	−1	−1	3	2.4	0.00	1.16
−1	−1	−1	3	2.4	0.00	1.17
1	−1	−1	7	2.4	0.00	1.14
1	−1	−1	7	2.4	0.00	0.75
−1	1	−1	3	3.0	0.00	2.28
−1	1	−1	3	3.0	0.00	2.07
1	1	−1	7	3.0	0.00	1.66
1	1	−1	7	3.0	0.00	1.69
−1	−1	1	3	2.4	0.90	1.67
−1	−1	1	3	2.4	0.90	1.71
1	−1	1	7	2.4	0.90	1.36
1	−1	1	7	2.4	0.90	1.63
−1	1	1	3	3.0	0.90	2.16
−1	1	1	3	3.0	0.90	2.16
1	1	1	7	3.0	0.90	1.95
1	1	1	7	3.0	0.90	1.86
0	0	0	5	2.7	0.45	1.75
0	0	0	5	2.7	0.45	1.76

The resulting model was the following:

$$Y = 1.65 - 0.15X_1 + 0.33X_2 + 0.16X_3 - 0.04X_1X_2 + 0.03X_1X_3 - 0.11X_2X_3 + 0.03X_1X_2X_3$$

For each experiment two replicates were available, and therefore the experimental standard deviation could be computed as pooled standard deviation from the nine pairs of replicates. This value was 0.125, with nine degrees of freedom (one from each pair).

The model matrix for this design is reported in Table 6 (it has to be noticed that it has only 16 rows, because the two experiments at the centre point are only used for validation, and are not taken into account for computing the coefficients).

The model matrix is commonly denoted as **X**. By premultiplying it by its transposed and then doing the inverse of this product the dispersion matrix is obtained ($\mathbf{D} = (\mathbf{X}'\mathbf{X})^{-1}$). The dispersion matrix is a square matrix having as many rows and as many columns as coefficients in the model (eight in our

TABLE 6 Model Matrix of the NASA Factorial Design

b_0	b_1	b_2	b_3	b_{12}	b_{13}	b_{23}	b_{123}
1	−1	−1	−1	1	1	1	−1
1	−1	−1	−1	1	1	1	−1
1	1	−1	−1	−1	−1	1	1
1	1	−1	−1	−1	−1	1	1
1	−1	1	−1	−1	1	−1	1
1	−1	1	−1	−1	1	−1	1
1	1	1	−1	1	−1	−1	−1
1	1	1	−1	1	−1	−1	−1
1	−1	−1	1	1	−1	−1	1
1	−1	−1	1	1	−1	−1	1
1	1	−1	1	−1	1	−1	−1
1	1	−1	1	−1	1	−1	−1
1	−1	1	1	−1	−1	1	−1
1	−1	1	1	−1	−1	1	−1
1	1	1	1	1	1	1	1
1	1	1	1	1	1	1	1

TABLE 7 Dispersion Matrix of the NASA Factorial Design

	b_0	b_1	b_2	b_3	b_{12}	b_{13}	b_{23}	b_{123}
b_0	0.0625	0	0	0	0	0	0	0
b_1	0	0.0625	0	0	0	0	0	0
b_2	0	0	0.0625	0	0	0	0	0
B_3	0	0	0	0.0625	0	0	0	0
b_{12}	0	0	0	0	0.0625	0	0	0
b_{13}	0	0	0	0	0	0.0625	0	0
b_{23}	0	0	0	0	0	0	0.0625	0
b_{123}	0	0	0	0	0	0	0	0.0625

case, see Table 7). When multiplied by the experimental variance, the diagonal terms give the variance of the coefficients, while the extradiagonal terms give the covariance of the coefficients.

The fact that the dispersion matrix is diagonal means that there is no covariance among the coefficients, and therefore all of them can be computed independently from each other (it is an orthogonal design).

It can also be seen that all the elements of the diagonal are the same, meaning that all the coefficients are estimated with the same precision. This is not a surprise, because, as we have previously seen, the estimation of the coefficients of a Factorial Design is performed in the same way for all of them (it is always the average of the response vector multiplied point to point by the corresponding vector of the model matrix, having as many '+1' as '−1' terms). More in detail, their value is 0.0625, which is 1/16. Generally speaking, the 2^k Factorial Designs in which all the experimental points have the same number of replicates are orthogonal designs producing a diagonal dispersion matrix with the diagonal terms being equal to 1/(number of experiments). It is clear now how (and how much) performing replicates improves the quality of the design by decreasing the standard deviation (and therefore the confidence interval) of the coefficients. And once more it has to be noted that every calculation we have done till now does not require any software.

As previously said, the variance of the coefficients can be computed by multiplying the experimental variance by the terms on the diagonal of the dispersion matrix. In our case, the standard deviation of the coefficients will be $\text{sqrt}(0.125^2 * 0.0625) = 0.031$. As the experimental variance has been estimated with nine degrees of freedom, the corresponding values of t are 2.26, 3.25 and 4.78 for $p = 0.05$, 0.01 and 0.001, respectively. Therefore, the semi-amplitude of the confidence interval is 0.07, 0.10 and 0.15 for

$p=0.05$, 0.01 and 0.001. Each coefficient can now be given its significance level, and the model can be written accordingly:

$$Y=1.65-0.15X_1(^{**})+0.33X_2(^{***})+0.16X_3(^{***})-0.04X_1X_2+0.03X_1X_3 \\ -0.11X_2X_3(^{**})+0.03X_1X_2X_3$$

(the level of significance is indicated according to the usual convention: $^*p<0.05$, $^{**}p<0.01$, $^{***}p<0.001$).

The significant terms are therefore the three linear terms and the interaction X_2-X_3. X_1 is not involved in interactions, and therefore its linear term can be interpreted directly. As its coefficient is negative and the response has to be minimized, it can be said that it is better to work with a higher amount of precipitant. In what concerns X_2 and X_3, as their interaction is significant, it is not possible to interpret their effect just by taking into account their coefficients in the model. Instead, the isoresponse plot must be looked at (Figure 4). From this it can be seen that the best condition corresponds to no impurity and low supersaturation (agreeing with the fact that both variables have negative coefficients), but it is also clear that at lower supersaturation the effect of the impurity is quite relevant, while at higher supersaturation the impurity has no effect. The other way round, the effect of supersaturation is much higher when no impurity is present.

In order to validate the model it is required to compare the predicted response at the test point with the experimental value.

The predicted response is 1.65. The experimental values of the two replicates are 1.75 and 1.76, and therefore the average value is 1.76.

The experimental standard deviation (see above) is 0.125, with nine d.o.f. The semi-amplitude of the confidence interval of the mean is $t*s/(\text{sqrt}(n))$, where in our case $t_{0.05,9}$ is 2.26 and n is 2 (two replicates have been performed). It should be noted that the number of d.o.f. for t is related to how

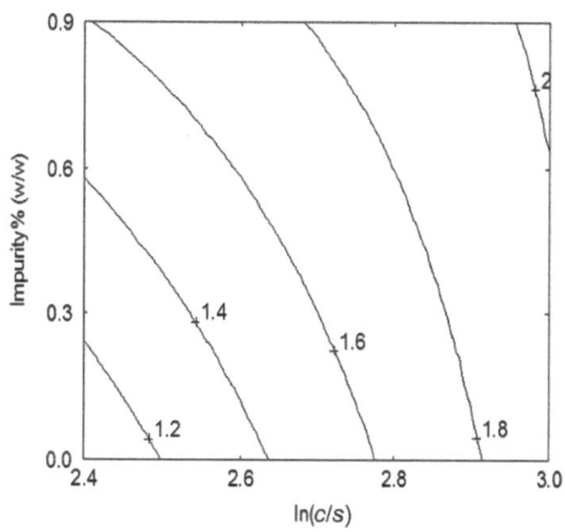

FIGURE 4 Isoresponse plot of the NASA Factorial Design.

the standard deviation has been estimated (in our case, it was the pooled standard deviation of nine pairs of replicates) and has nothing to do with the value of n. So, it is $2.26 * 0.125/1.41 = 0.20$.

The experimental value at the centre point is 1.76 ± 0.20, which is not significantly different from the predicted value (1.65); the model is validated and can be used in the whole experimental domain. Once more, this does not mean that the model is true; it simply means that the difference between the 'truth' and the model is not larger than the experimental variability and therefore we can use the model as a good approximation of the reality.

It is clear now that in the validation of a model the experimental variability plays a very important role, and that the higher the experimental variability, the easier it will be to validate a model. If the response has a very small variability (e.g. the elution time of a chromatographic peak), the confidence interval of the experimental test value will be very small, and therefore it will be more difficult for the model to be statistically validated. Though it can seem counterintuitive, the worse the quality of the response (in terms of experimental variability), the easier it will be for the model to be validated. Instead, if the experimental variability is small, the confidence interval of the experimental value will also be very small and then too very small differences between the experimental value and the predicted value will be statistically significant, meaning that the model will not be validated.

This is something that must be well understood. Having a non-statistically validated model does not mean that the same model cannot be useful. It can be that the difference between the predicted value and the experimental value is so small and totally negligible from a practical point of view that the model, in spite of being non-validated from a purely statistical point of view, can be used anyway.

3 PLACKETT–BURMAN DESIGNS

A company producing brake pads selected 11 variables as having a possible effect on the quality of the final product. As a first screening they were interested in sorting out which of these variables actually had an effect (or, better, to remove those variables that did not). Table 8 reports the selected variables and the levels under study. It is clear that an approach such as the Factorial Design previously described is totally inapplicable ($2^{11} = 2048$ experiments!). On the other hand, the Factorial Design allows estimating linear terms and all the interactions among variables, which is way too much compared to the goal we are interested in at this stage (just deciding which variables are important). Instead, a Plackett–Burman Design [4] only requires a number of experiments equal to the first multiple of 4 greater than the number of variables. So, in our case, it will be just 12 experiments!

In the examples of the previous section all the variables were quantitative, that is, all of them could assume every possible numerical value in the range

TABLE 8 The 11 Variables Studied in the Plackett–Burman Design

	Factor	Level −	Level +
1	Resin type	Slow	Fast
2	Press type	Old	New
3	Press time	Short	Long
4	Press pressure	Low	High
5	Press temperature	Low	High
6	Oven temperature	Low	High
7	Oven time	Short	Long
8	Scorching time	Short	Long
9	Scorching temperature	Low	High
10	Pressure at high temperature	Low	High
11	Pressure at low temperature	Low	High

of interest. Typical quantitative variables are time, temperature, pressure, amount of reagent, speed, flow and so on. From Table 8, it can be seen that some of them (e.g. resin type, press type) can be described by a label, not a number. These are qualitative variables, such as operator, type of column, type of reagent, origin of a raw material and so on. For these variables, though a 'numerical' label can be applied (e.g. operator 1, operator 2, operator 3, etc.) there is no correspondence at all with a real numerical value. So, if we say that the reaction time 2 h is midway between 1 and 3 h, we cannot obviously say that operator 2 is midway between operator 1 and operator 3.

In both the Factorial Design and the Plackett–Burman Design all the variables are studied at two levels. An interesting property is that these designs can be applied to both types of variables. In the case of quantitative variables the '−1' level is usually (but not always) assigned to the lower level and the '+1' to the higher level; in the case of qualitative variables the '−1' and '+1' levels are arbitrarily assigned.

Table 9 shows the experimental matrix for a Plackett–Burman Design with 11 variables and the response (compressibility, to be minimized). It can be seen that each column has 6 '−' and 6 '+', meaning that each variable will have one half of the experiments performed at the '−' level and one half of the experiments performed at the '+' level. Again, as in the Factorial Design, the effect of each variable will be easily computed by calculating the algebraic sum of the responses, each with the appropriate sign. This means that the effect of each variable will be derived from the comparison of the

TABLE 9 The Plackett–Burman Design for 11 Variables and the Associated Response

	X_1	X_2	X_3	X_4	X_5	X_6	X_7	X_8	X_9	X_{10}	X_{11}	Y
1	+	+	−	+	+	+	−	−	−	+	−	163
2	−	+	+	−	+	+	+	−	−	−	+	121
3	+	−	+	+	−	+	+	+	−	−	−	152
4	−	+	−	+	+	−	+	+	+	−	−	100
5	−	−	+	−	+	+	−	+	+	+	−	93
6	−	−	−	+	−	+	+	−	+	+	+	173
7	+	−	−	−	+	−	+	+	−	+	+	133
8	+	+	−	−	−	+	−	+	+	−	+	131
9	+	+	+	−	−	−	+	−	+	+	−	157
10	−	+	+	+	−	−	−	+	−	+	+	157
11	+	−	+	+	+	−	−	−	+	−	+	101
12	−	−	−	−	−	−	−	−	−	−	−	236

responses of the six experiments performed at the '+1' level and the responses of the six experiments performed at the '−1' level. Moreover in this case, the quality of the information is much greater than what can be obtained (with a comparable experimental effort) by following a univariate approach.

The model studied by a Plackett–Burman Design only takes into account the constant and the linear terms. So, in the case of 11 variables, 12 coefficients must be estimated. And this is the reason why 12 experiments are required.

When looking carefully at Table 9, it can be seen that the whole design can be generated starting from the first row. To build the second row, just take the last element of the first row and make it the first element of the second row. Then copy the remaining elements of the first row to the second row, shifted by one position to the right. Repeat the same operation till row 11. Now, if the same operation is repeated once more, the result would be the first row again. Instead, the twelfth (and last) row will be made up only by '−1' elements.

By using the same strategy, all the different Plackett–Burman matrices can be built. Table 10 shows the first rows for the experimental designs in the range of 8–24 experiments.

As only the constant and linear terms are estimated, the model matrix will be the same as the experimental matrix, with a column of '1' in front of it. The dispersion matrix originating from it is a diagonal matrix (and therefore

TABLE 10 First rows of Plackett–Burman Designs for 8–24 Experiments

$N=8$	+ − − + − + +
$N=12$	+ + − + + + − − − + −
$N=16$	+ + + + − + − + + − − + − − −
$N=20$	+ + − − + + + + − + − + − − − − + + −
$N=24$	+ + + + + − + − + + − − + + − − + − + − − − −

TABLE 11 Coefficients of the Plackett–Burman Design

	$b_0=143.1$
Resin type	$b_1=-3.6$
Press type	$b_2=-4.9$
Press time	$b_3=-12.9$
Press pressure	$b_4=-2.1$
Press temperature	$b_5=-24.6$
Oven temperature	$b_6=-4.2$
Oven time	$b_7=-3.8$
Scorching time	$b_8=-15.4$
Scorching temperature	$b_9=-17.2$
Pressure at high temperature	$b_{10}=+2.9$
Pressure at low temperature	$b_{11}=-7.1$

the Plackett–Burman Designs are orthogonal designs), with all the terms on the diagonal being $1/N$ ($N=$number of experiments).

Once more, no software is required, either for building the matrix or for computing the coefficients.

Table 11 shows the coefficients of the model. As no replicates were performed, no previous estimation of the experimental variability was performed and no degrees of freedom were available (12 experiments to estimate 12 coefficients), it was not possible to have a statistical estimation of the significance of the coefficients. An easy and visual way to sort out the 'relevant' variables is to do a scatter plot of the coefficients and look for those variables whose coefficients lie far away from the bulk of the coefficients, placed around zero. From Figure 5 it can be seen that four coefficients have particularly high absolute values: b_3, b_5, b_8 and b_9 (press time, press temperature,

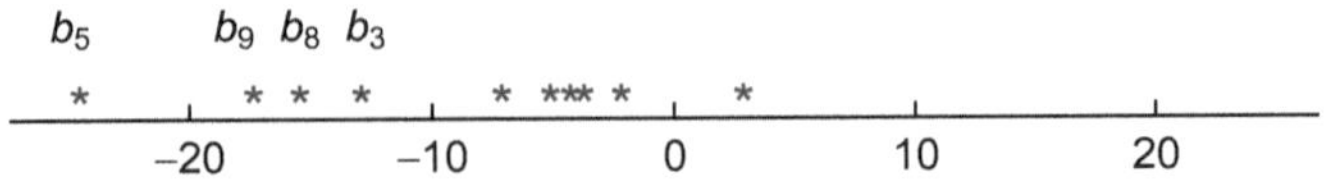

FIGURE 5 Plot of the coefficients of the Plackett–Burman Design. (For colour version of this figure, the reader is referred to the online version of this chapter.)

scorching time and scorching temperature). As their coefficients are negative and the response has to be minimized, one can conclude that for both steps of the process (press and scorching) longer times and higher temperatures improve the quality of the product. More detailed results can now be obtained by doing a new experimental design (e.g. a Factorial Design) with these four variables only, all of them having a range moved toward longer times and higher temperatures.

It can happen that the number of variables under study is smaller than the number of columns of the design (e.g. if we only have 10 variables, the experimental matrix will again have 12 rows and 11 columns). In that case the last column(s) will stay unassigned. We can anyway use it (them) by assigning 'dummy' variables, that is 'fictional' variables that of course will have no effect on the response (e.g. let us suppose that '-1' corresponds to 'watch on the left wrist' and '$+1$' to 'watch on the right wrist'). The coefficients related to the dummy variables will be small but not 0, given the experimental error, and their values can be used as a rough estimation of the threshold below which the coefficients are non-relevant.

To conclude this section, there are two very important remarks. It has to be remembered that

1. The goal of a screening design is to detect the relevant variables (or to remove the non-relevant ones);
2. A screening design does not take into account the interactions among variables.

Therefore:

1. If it is already known that a variable is relevant, this variable must not be studied by this type of design; furthermore, if the effect of one variable is much greater than the effects of the other ones, it can happen that this variable 'overkills' the others (in the end, the only difference that can be seen is the difference between the experiments with the 'important' variable at level '$+1$' and those with the 'important' variable at level '-1'.
2. If some variables are strongly suspected of having a significant interaction, these variables must not be studied by this type of design. It can happen that the linear effect of some of these variables is non-significant, and therefore a relevant variable will be discarded.

It has to be remarked that in order to take the correct decisions about which variables to include in the design a good knowledge of the problem under study is required.

4 CENTRAL COMPOSITE DESIGN

A company had to find the best operating conditions for a coal mill. Two variables were under study: the load of the mill (tons h^{-1}) and the position of the classifier (a curtain partially closing the mill).

From previous knowledge, it was known that both variables had a quadratic behaviour and therefore a model containing the quadratic terms was needed. For this reason it was not possible to use a Factorial Design, as, having each variable only at two levels, it is not suitable to estimate the quadratic terms.

It was then decided to use a Face-Centred Design [5], with the experimental matrix reported in Table 12.

As for the previous designs, in this case, building the experimental matrix is very simple. Having k variables, the first 2^k experiments are the same as for a Factorial Design. Then, the next 2^k experiments are obtained by keeping all the variables except one at their central level, and that other variable at the value of -1 or $+1$. Finally, the last n experiments (in our case it was just one) are performed with all the variables at their central value. It has to be noticed that by increasing the number of centre points (up to three) an improvement of the mathematical characteristics of the model can be obtained (mainly, a lower leverage and therefore a better prediction in the region around the centre); anyway, one should always evaluate if such an improvement justifies a higher experimental work.

Figure 6 shows a graphical representation of a Face-Centred Design on three variables. It can be seen that it spans a cubical domain and that it is

TABLE 12 Experimental Matrix, Experimental Plan and Responses of the Face-Centred Design

X_1	X_2	Load	Classifier	Y_1	Y_2
−1	−1	5	1	79.00	0.05
+1	−1	15	1	66.58	1.44
−1	+1	5	3	63.50	0.03
+1	+1	15	3	58.42	0.50
−1	0	5	2	80.75	0.01
+1	0	15	2	69.22	0.88
0	−1	10	1	73.25	0.40
0	+1	10	3	63.31	0.08
0	0	10	2	77.31	0.12

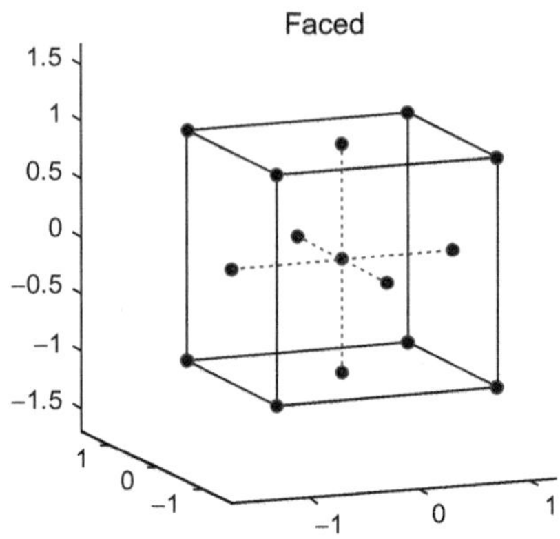

FIGURE 6 A graphical representation of a Face-Centred Design with three variables. (For colour version of this figure, the reader is referred to the online version of this chapter.)

composed of a Factorial Design (the points at the vertices of the cube) and a Star Design. The name 'Face-Centred' derives from the fact that the location of the star points corresponds to the centre of the faces of the cube.

More generally speaking, the Face Centred Design is a special case of a Central Composite Design, this name indicating the designs composed by a Factorial Design and a Star Design.

In the Circumscribed Central Composite Design the length of the 'arms' of the star is the square root of the number of variables. In that case, each variable has five levels (vs. the three levels of the Face-Centred Design), all the points are equidistant from the centre and the design spans a spherical domain (Figure 7).

The Central Composite Design allows to estimate the constant, the linear terms and the interactions between the variables and the quadratic terms according to the following model (usually, in case of more than two variables, the upper-level interactions are not taken into account):

$$Y = b_0 + b_1X_1 + b_2X_2 + b_{12}X_1X_2 + b_{11}X_1^2 + b_{22}X_2^2$$

After having decided the levels of the variables, the experimental plan reported in Table 12 was obtained. The position of the classifier is a continuous variable. In the experimental plan it has been coded as 1 (closed), 2 (open at 50%) and 3 (open), but it can take any value.

For each experiment, two responses were measured: the percentage of 'small' particles (with diameter <200 mesh) and the percentage of 'large' particles (with diameter >50 mesh) (see Table 12). The goal of the study was to find the operating conditions leading to a product of acceptable quality ($Y_1 > 70$ and $Y_2 < 1$).

By comparing this study with the previous ones, we can immediately detect that more than one response is studied, meaning that we must look at

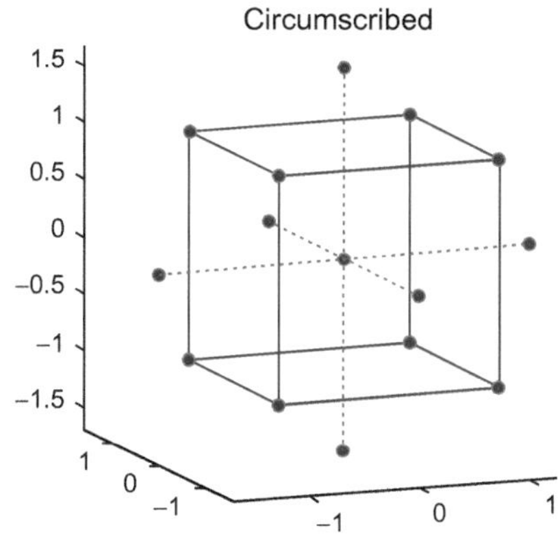

FIGURE 7 A graphical representation of a Circumscribed Central Composite Design with three variables. (For colour version of this figure, the reader is referred to the online version of this chapter.)

all of them at the same time, finding the best compromise. It should also be noted that, rather than looking for the 'best' conditions, we are interested in identifying the region of the experimental domain corresponding to a product of 'acceptable' quality; inside this region the most profitable setting will be selected (in our case, the one corresponding to the highest load).

The following models were obtained (to compute the coefficients any tool performing Multiple Linear Regression is required):

$$Y_1 = 76.90 - 4.84X_1(^{**}) - 5.60X_2(^{**}) + 1.84X_1X_2 - 1.71X_1{}^2 - 8.42X_2{}^2(^{**})$$

$$Y_2 = 0.15 + 0.45X_1(^{***}) - 0.21X_2(^{**}) - 0.23X_1X_2(^{**}) + 0.28X_1{}^2(^{**}) + 0.08X_2{}^2$$

As nine experiments were performed and six coefficients estimated, three degrees of freedom are available and therefore the significance of the coefficients can be estimated. An easier way to look at the coefficients and at their relative magnitude is the bar plot reported in Figure 8.

Figure 9 shows the isoresponse plots. For the first response (to be maximized) it can be seen that it decreases when the load increases. The linear term of X_2 suggests that the response decreases when the classifier is opened, but the highly significant quadratic term indicates that the behaviour is not linear, as confirmed by the response surface, from which it can easily be seen that the best results are obtained with the classifier in an intermediate position. Anyway, the response is not acceptable only when the classifier is almost completely open and when the classifier is totally closed and the load is at the highest level.

The second response (to be minimized) increases with the load (very strong linear term for X_1), but this increase is particularly fast at higher loads

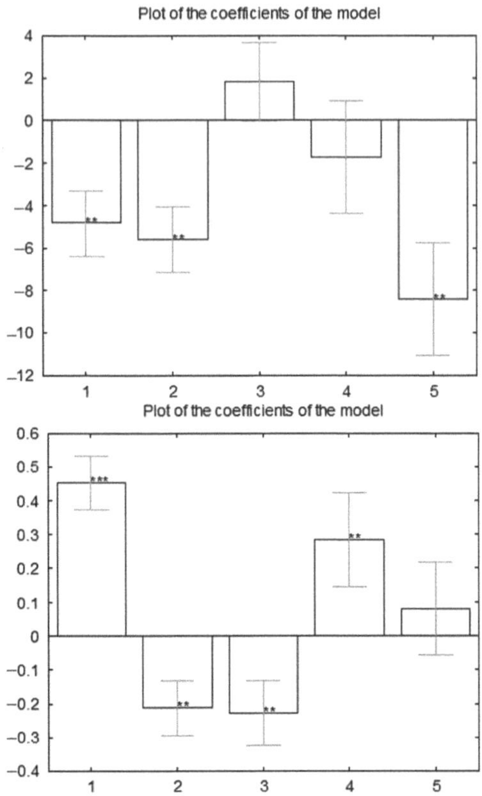

FIGURE 8 A graphical representation of the coefficients of the models of the two responses of the Face-Centred Design ($a:Y_1, b:Y_2$). The brackets correspond to the confidence intervals at $p=0.05$; the stars indicate the significance of the coefficient (*$p<0.05$, **$p<0.01$, ***$p<0.001$). (For colour version of this figure, the reader is referred to the online version of this chapter.)

(as a consequence of the significant quadratic term for X_1). The more the classifier is opened, the better this response is (significant linear term for X_2). The interaction between the two variables can be seen by the fact that at higher loads the effect of the classifier is higher than at lower loads and that when the classifier is closed the effect of the load is higher than when the classifier is totally open. The response surface also shows that the response is always acceptable, except for a very small region at higher load and classifier closed, which was unacceptable also for the first response. Therefore, the most profitable combination seems to be maximum load and classifier about 30% open.

This way of thinking would be correct if we would not have to cope with the experimental error. Indeed, the isoresponse curve at 70% connects all the points with a predicted response of 70%. But we also know that any prediction has a confidence interval, and when producing a product we must be

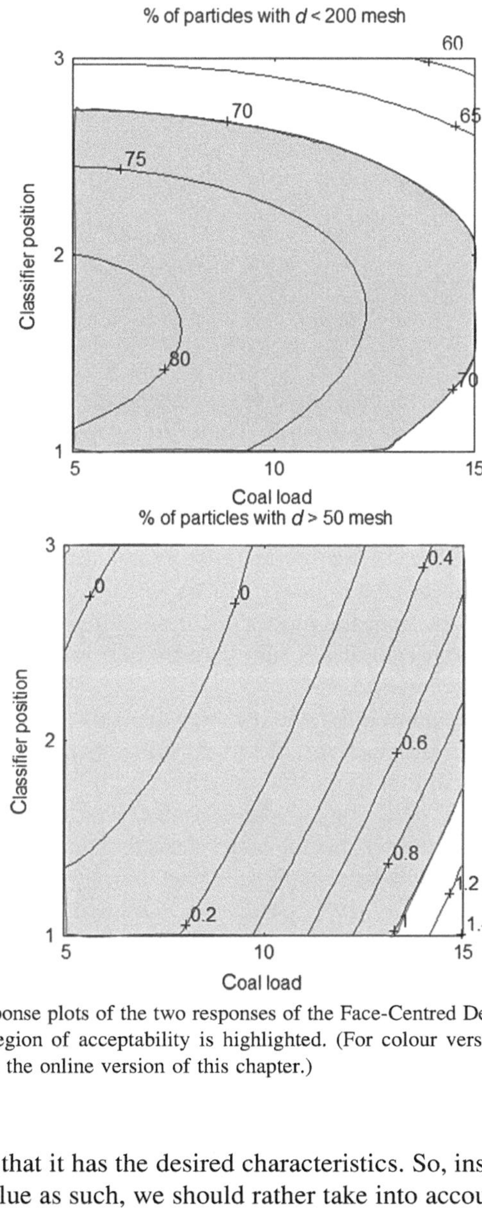

FIGURE 9 Isoresponse plots of the two responses of the Face-Centred Design $(a:Y_1, b:Y_2)$. For each of them the region of acceptability is highlighted. (For colour version of this figure, the reader is referred to the online version of this chapter.)

reasonably sure that it has the desired characteristics. So, instead of looking at the predicted value as such, we should rather take into account the lower limit of the confidence interval if the response must be maximized (or the upper limit if the response has to be minimized).

How to compute the confidence interval of the prediction?

Figure 10 shows the leverage plot of this experimental design. The leverage can be computed at every point of the experimental domain (it depends on the experimental matrix and on the postulated model), and its value,

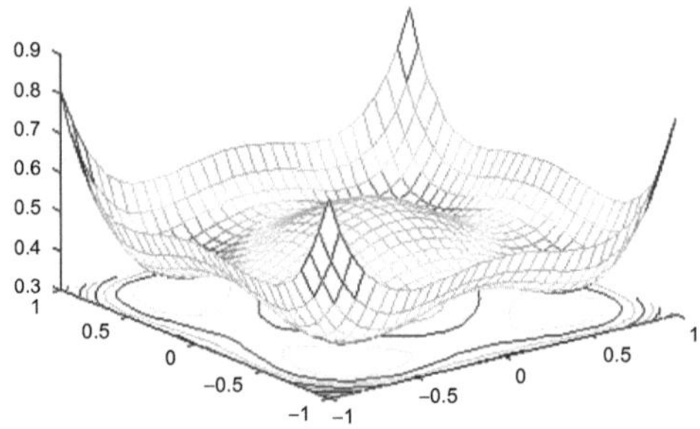

FIGURE 10 Leverage plot of the Face-Centred Design reported in Table 12. (For colour version of this figure, the reader is referred to the online version of this chapter.)

multiplied by the experimental variance, corresponds to the variance of the estimate of the response at that point. Therefore, a leverage of 1 means that the response can be predicted with the same precision of the actual experiment, while a leverage <1 means that the response can be predicted better than if one real experiment would be performed at the same point. As in the whole experimental domain the leverage is always much lower than 1, this means that the response at any point will be known with a better precision by using the prediction from the model obtained by the responses of the nine experiments of the experimental design than by performing an actual experiment under the same conditions.

Another important point is that the leverage depends only on the experimental design and not on the outcome of the experiments. This means that, as it can be computed before starting the experiments, it is possible to know in advance whether the precision of the estimate will be acceptable or not (of course, to have this knowledge the experimental variance should be known).

In this case we do not have replicates and therefore it is not possible to have a direct estimation of the experimental variance: anyway, as we have degrees of freedom, we can have an indirect estimation from the residuals of the regression, whose standard deviation is 1.18 for Y_1 and 0.06 for Y_2, both computed with three degrees of freedom. Therefore if we multiply the leverage of a point by 1.18^2 we have the variance of the prediction of Y_1 at that point. By calculating the square root we have the standard deviation of the prediction, and if we multiply it by 3.18 (the t value at $p=0.05$, with three degrees of freedom) we have the semi-amplitude of the 95% confidence interval at the same point.

The relatively higher leverage in the centre depends on the fact that no replicates have been performed at the centre point. By adding more replicates, this bump could be smaller: for instance, with three centre points (i.e. two more experiments) a very wide flat region could be obtained. Of course, when designing a set of experiments the best compromise between quality of information and experimental effort must be sought. Two more experiments could have improved our design, but would it have been worthwhile to perform them (i.e. what would have been the extra cost in terms of time and money)? This is a decision that only the people in charge of the specific problem can take.

Figure 11 shows the plots of the semi-amplitude of the 95% confidence interval for each of the two responses. These plots, derived from the leverage plot, are anyway much more easily interpretable as they give a direct idea of the uncertainty of the predicted value. So, we can immediately see that for the first response the uncertainty is between about ±2 and about ±3, while for the second response it is in the range of ±0.1 to ±0.2. It is very important to note that the confidence interval changes according to the position in the experimental domain, and that the shape of this surface depends on the distribution of the experiments in the experimental domain. Again, what is important is which experiments are performed, not how many.

For any point of the experimental domain both the predicted responses and their confidence intervals are known. This allows us to draw the plots reported in Figure 12. As expected, the regions in which it is 'safe' to work are a bit

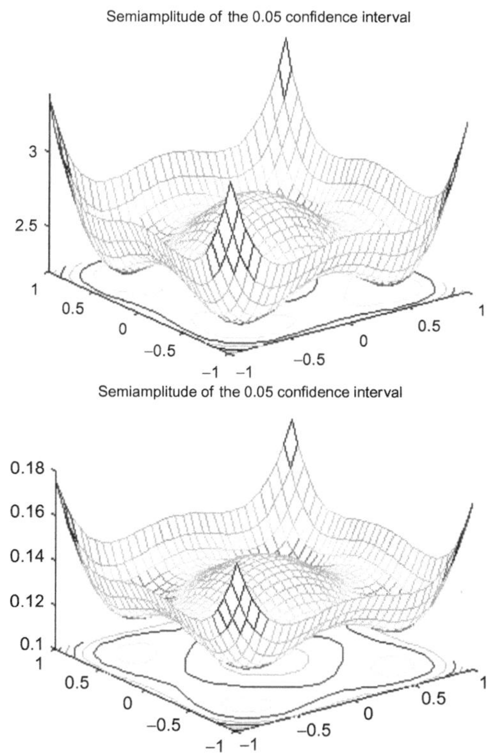

FIGURE 11 Semi-amplitude of the 95% confidence interval for the two responses of the Face-Centred Design ($a{:}Y_1, b{:}Y_2$). (For colour version of this figure, the reader is referred to the online version of this chapter.)

more reduced than when taking into account the predicted responses. Furthermore, there are two more comments that can be observed.

While the isoresponse curves are very nicely shaped ellipses, in this case the curves are not completely regular. This depends on the fact that, as shown in Figure 11, the size of the confidence interval is not the same at any point.

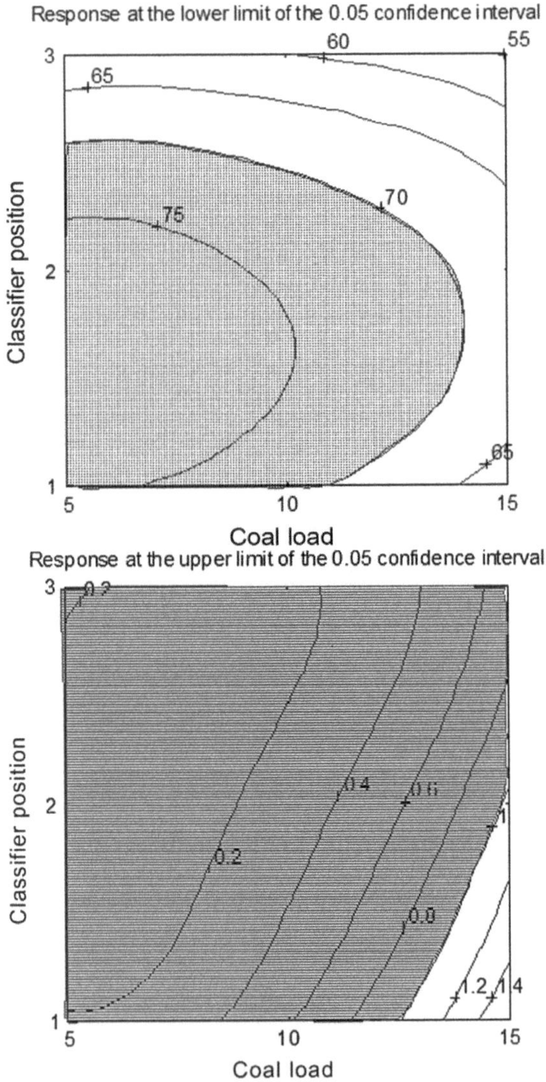

FIGURE 12 Isoresponse plots of the two responses of the Face-Centred Design, each at the limit of the confidence interval of interest ($a: Y_1, b: Y_2$). For each of them the region of acceptability is highlighted. (For colour version of this figure, the reader is referred to the online version of this chapter.)

When looking at the isoresponse curves of the second response (Figure 9), it can be seen that some part of the domain has a predicted response <0. Of course, this is total nonsense from the chemical point of view, as it would mean that a negative amount of large particles has been produced. Anyway, the predicted values of this region are not significantly different from 0. And indeed, when taking into account the upper limit of the confidence interval as shown in Figure 12, no points in the experimental domain have a value <0.

Figure 13, showing the overlapped plots of the confidence limits of interest, can be used to take the final decision. It can be seen that the region of acceptability of the first response is a subregion of that of the second response. If the maximum possible coal load is the main goal of the study, then a load of about 14 tons h^{-1} with the classifier in position 1.6 (30% open) will give a product having both the responses at acceptable levels. It can also be seen that by reducing the load a little the percentage of large particles will decrease quite fast. So, for instance, when working with a load of 12 tons h^{-1} and the classifier in position 2.4 (70% open), the percentage of large particles will decrease to no more than 0.4%, and therefore the quality of the product will be much higher.

Now, the question is: Is it worthwhile to produce 2 tons h^{-1} less in order to have such an increase in the product quality? Of course, nobody other than the person in charge of the plant can answer that.

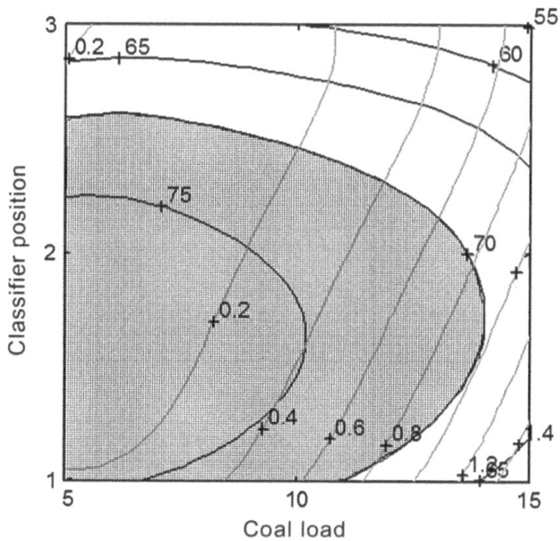

FIGURE 13 Overlapped isoresponse plot of the two responses of the Face-Centred Design, each at the limit of the confidence interval of interest. The region of joint acceptability is highlighted. (For colour version of this figure, the reader is referred to the online version of this chapter.)

This shows how experimental design provides very good tools to make it easier to understand the problem; anyway, the final decision must be taken on a practical basis.

5 DOEHLERT DESIGN

The Doehlert Design [6], like the Central Composite Design, allows estimating the coefficients of a model containing linear terms, interactions and quadratic terms. Table 13 reports the experimental matrix for two and three variables, and Figure 14 shows their graphical representation.

With k variables, the total number of experiments is k^2+k+n, where n is the number of replicates at the centre point.

Compared with the previous designs, the Doehlert Design has some interesting characteristics:

- The number of experiments is smaller than for a Central Composite Design ($6+n$ vs. $8+n$ for two variables, $12+n$ vs. $14+n$ for three variables, where n is the number of replicates at the centre point). This makes it particularly interesting when it is important to reduce as much as possible the number of experiments (e.g. when the experiments are expensive or time-consuming or when a limited amount of sample is available).

TABLE 13 Doehlert Design for Two Variables (Experiments 1–7) and Three Variables (Experiments 1–13)

Exp.	X_1	X_2	X_3
1	−0.5	0.866	0
2	−1	0	0
3	−0.5	−0.866	0
4	0.5	−0.866	0
5	1	0	0
6	0.5	0.866	0
7, etc.	0	0	0
8	0.5	0.289	0.816
9	−0.5	−0.289	−0.816
10	0.5	−0.289	−0.816
11	0	0.577	−0.816
12	−0.5	0.289	0.816
13	0	−0.577	0.816

Experiment 7 is the centre point and will be replicated n times.

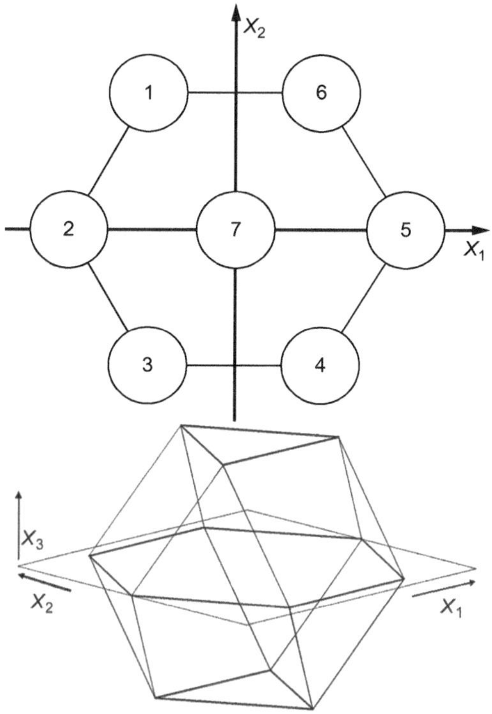

FIGURE 14 Graphical representation of a Doehlert Design for (A) two and (B) three variables. (For colour version of this figure, the reader is referred to the online version of this chapter.)

- The number of the levels is not the same for all the variables. With two variables the first one has five levels, while the second one has three levels. With three variables the number of levels is seven, five and three. This is very useful when for some variables it is not possible (or convenient) to have many levels.
- The levels are equally spaced, which is not the case in a circumscribed central composite design (except with four variables). This is very convenient from a practical point of view, because some variables can only be varied with discrete steps.
- It is possible to perform a new Doehlert Design sequentially to the first one, by making a small number of new experiments (three in the case of two variables) and incorporating some of the previous experiments. This is shown in Figure 15. Let us suppose that after the first design the experiment at [1, 0] is the best one and that we are interested in exploring its surroundings, by moving the experimental domain towards higher values of X_1. With all the experimental designs we have previously seen this would require the construction of a new experimental matrix in which no (or very few) previously performed experiments could be present. In our case, it is enough to add three new experiments (and to incorporate four previous ones) to get a new experimental matrix. The risk of such

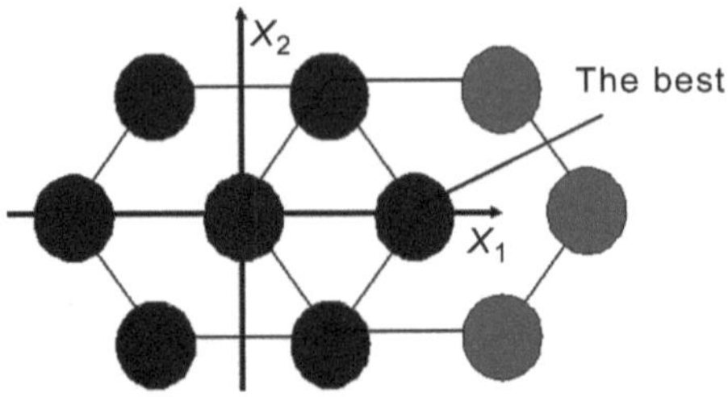

FIGURE 15 Sequentiality of a Doehlert Design with two variables. (For colour version of this figure, the reader is referred to the online version of this chapter.)

an operation is that something systematic could occur between the two blocks of experiments, thus biasing the results (do not forget that the experiments are not performed in a random order). To check the absence of the 'block effect' the replicate of the new centre point (the previous 'best') is therefore required, in such a way that the same experiment is performed in each of the two blocks. If the difference between the two replicates is not significant, then we can conclude that there is no block effect and that therefore all the experiments can really be treated together.

– It is possible to add a new variable after having performed a first experimental design. By looking at Table 13 and Figure 14, it can be seen that experiments 1–7 all have the third variable at level 0. These are the experiments for a Doehlert Design with two variables. If a third variable later comes into mind, it is possible to add experiments 8–13 (in this case one must also be careful with the block effect). Of course, in the first set of experiments the 'forgotten' variable should have been kept constant at a level that could be both increased and decreased.

6 D-OPTIMAL DESIGNS

A company wanted to study the effect of seven variables on the efficiency of a fluidized bed combustor. The variables and their levels are reported in Table 14. The postulated model is the following:

$$Y = b_0 + b_1X_1 + b_2X_2 + \cdots + b_6X_6 + b_7X_7 + b_{55}X_5^2 + b_{66}X_6^2 + b_{77}X_7^2$$

It can be seen that it takes into account the linear terms and only three quadratic terms (the choice of this specific model was made by the experts of the problem).

In all the designs previously reported similar terms were always considered as being a 'group', so that all of them or none of them were present (e.g. in the Factorial Design we had ALL the interactions and NO quadratic term, in the Plackett–Burman Design ONLY linear terms and in the Central Composite Design and the Doehlert Design ALL the interactions and ALL the quadratic terms). It is therefore clear that none of those designs can be used.

TABLE 14 The Variables Involved in D-Optimal Design and Their Levels

Factors	−1	0	+1
1—bed height (cm)	50		100
2—sand size (mm)	0.36		0.60
3—gate position	Low		High
4—probe position (cm)	0		25
5—air flow (kg h^{-1})	0	120	240
6—bed temperature (°C)	800	850	900
7—fluid speed (m s^{-1})	0.6	1.2	1.6

The number of coefficients in the model is 11 (1 constant + 7 linear terms + 3 quadratic terms), and therefore from a mathematical point of view the minimum number of experiments to perform in order to estimate them is 11. The number of possible combinations is 432 ($2^4 * 3^3$). It is therefore clear that the number of experiments to be performed is somewhere in between 11 and 432. But how many (and which ones) are enough to give information of acceptable quality?

As we already know, if $\mathbf{X}$ is the model matrix and $\mathbf{X}'$ its transposed, the matrix $\mathbf{X}'\mathbf{X}$ is the information matrix and its inverse $(\mathbf{X}'\mathbf{X})^{-1}$ is the dispersion matrix. They are square matrices, having as many rows and as many columns as the coefficients of the model. The values of the main diagonal of the dispersion matrix, multiplied by the experimental variance, correspond to the variances of the coefficients, while the extradiagonal values, multiplied by the experimental variance, correspond to the covariances among the coefficients.

It is therefore possible, for each experimental matrix, to make an a priori (i.e. before performing the experiments) evaluation of the precision of the coefficients. This means that, given two subsets of experiments, it is possible to know a priori which subset is better. This comparison can be performed by using several criteria, the most used of which is the determinant of the information matrix (to be maximized). The experimental design obtained by applying this criterion to select the 'best' submatrix is therefore known as D-Optimal Design. Therefore, given the number of experiments to be performed (n), the postulated model and the list of all the possible experiments (the candidate points), a software for the selection of the D-Optimal Design will find the subset of candidate points leading to the highest information (the subset leading to the $\mathbf{X}'\mathbf{X}$ matrix having the highest determinant).

The direct comparison of the determinant is possible only for matrices having the same number of experiments. It is obvious that the best subset with x experiments will always be better than the best subset with $x-1$ experiments (from a purely mathematical point of view, the best experimental design is the one made by an infinite number of experiments). To compare experimental matrices having a different number of experiments the normalized determinant is therefore used: $M=\det(\mathbf{X}'\mathbf{X})/n^p$, where $n=$number of experiments and $p=$number of parameters. It is easy to understand that the greater the number of experiments, the greater both the numerator and the denominator will be. So, the value of M will increase if the numerator increases more than the denominator; in plain words, M increases when by adding an experiment the quality of the information increases more than the experimental effort. Once more, it is clear how experimental design always looks for the best compromise between the quality of the information and the experimental effort required.

When looking for the best design a minimum and maximum number of experiments is predefined (in our case it could be 12 and 30). For each number of experiments the algorithm looks for the best subset according to the D-optimality criterion. The value of the determinant is then converted into the normalized determinant, and a plot like the one shown in Figure 16 is obtained.

Looking at the plot, it can be seen that M is not monotonic. For instance, the value of M at 19 experiments is lower than that at 18 experiments. This does not mean that the quality of the information obtained with 19 experiments is lower than that obtained with 18 experiments; instead it means that the quality of the

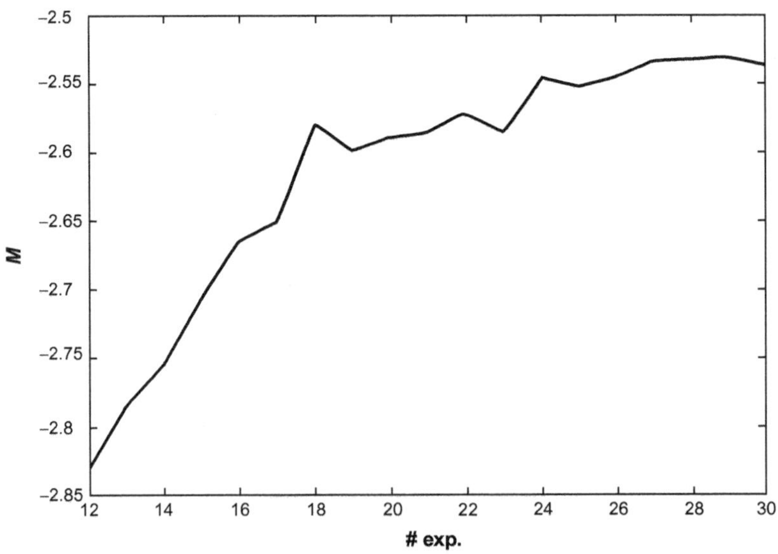

FIGURE 16 Normalized determinant versus number of experiments for the data of Table 14.

information obtained with 19 experiments is marginally higher than that with 18 experiments, and that it is not worthwhile to do an extra experiment to increase the determinant of the information matrix by so little. By observing the behaviour of the plot, the solutions at 18 and 24 experiments seem to be quite interesting. Now, it is up to the expert of the problem to decide what to do. One thing that must be very clear is that, given two solutions with n and $n+1$ experiments, the former is not always a subset of the latter. So, it would be wrong to say 'let us start with 18, then we will add 6 more to go to 24', because it is highly probable that the solution with 24 experiments will not contain the experiments of the solution with 18 experiments.

By the way, it is not strange that the suggested solutions are those with 18 and 24 experiments. As the variables have two or three levels, and as the designs originated according to the D-Optimal Design are as symmetrical as possible, the solution with 18 experiments will allow all the variables at two levels to have 9 experiments at each level and the variables at three levels to have 6 experiments at each level; for the solution with 24 experiments it will be 12 and 8 each.

D-Optimal Designs are also employed to 'repair' data matrices whose experiments had been previously performed without following adequate designs. In that case the algorithm selects among all the possible (not yet performed) experiments those that, added to the subset of already performed ones, increase at most the quality of the information. It is surprising when one realizes how much the addition of a few 'well-selected' experiments will improve the quality of a 'non-designed' data set.

7 QUALITATIVE VARIABLES AT MORE THAN TWO LEVELS

In the previous sections it has been shown that the qualitative variables can be studied by those designs in which each variable has two levels (Factorial Design and Plackett–Burman Design). In real applications very often qualitative variables have more than two levels, and therefore a different design must be applied.

Let us take a simple case, with two qualitative variables having three and four levels, respectively.

Table 15 shows the experimental matrix (the 12 possible combinations) and the corresponding model matrix.

The model matrix is built in the following way. The first column (b_0) is a column of '1', as always in the previous cases. In the second column (b_{1A}) there is a '1' when in the corresponding experiment the variable 1 is at level A and '0' elsewhere. In the third column (b_{1B}) there is a '1' when in the corresponding experiment the variable 1 is at level B and '0' elsewhere. Now one would expect a column for b_{1C}, with '1' when the variable 1 is at level C. Instead, this column is missing. This is quite obvious, because an experiment in which the variable 1 is at level C has been already univocally

TABLE 15 Experimental Matrix and Model Matrix for Two Qualitative Variables at Three and Four Levels

	X_1	X_2	b_0	b_{1A}	b_{1B}	b_{2a}	b_{2b}	b_{2c}
1	*A*	*a*	1	1	0	1	0	0
2	*B*	*a*	1	0	1	1	0	0
3	*C*	*a*	1	0	0	1	0	0
4	*A*	*b*	1	1	0	0	1	0
5	*B*	*b*	1	0	1	0	1	0
6	*C*	*b*	1	0	0	0	1	0
7	*A*	*c*	1	1	0	0	0	1
8	*B*	*c*	1	0	1	0	0	1
9	*C*	*c*	1	0	0	0	0	1
10	*A*	*d*	1	1	0	0	0	0
11	*B*	*d*	1	0	1	0	0	0
12	*C*	*d*	1	0	0	0	0	0

defined by having '0' in the two previous columns (if it is neither *A* nor *B*, then it is *C*). So, we can see that a qualitative variable having n levels requires $n-1$ coefficients. It is now obvious that for variable 2, having four levels, we have three coefficients.

The model is therefore the following:

$$Y = b_0 + b_{1A}X_{1A} + b_{1B}X_{1B} + b_{2a}X_{2a} + b_{2b}X_{2b} + b_{2c}X_{2c}$$

The interpretation of the coefficients is quite different from what we had previously seen.

In the former designs, b_0 corresponds to the response when all the variables are at their centre point ($Y = b_0$ when all the variables have level 0), and the value of the coefficients of the linear terms is one half of the effect of the corresponding variable (if $b_1 = 10$, then when $b_1 = -1$ the response is 10 units lower than the response when $b_1 = 0$, and when $b_1 = 1$ the response is 10 units higher than the response when $b_1 = 0$, and therefore the difference between when $b_1 = 1$ and $b_1 = -1$ is 20).

In this case instead $Y = b_0$ when all the terms in the model matrix are 0. By looking at Table 15 it can be seen that this happens when $X_1 = C$ and $X_2 = d$, that is when all the variables are at the 'implicit' level.

In the same way, it can be said that the coefficient b_{1a} corresponds to the difference in the response between the cases in which variable 1 has level *A* and the cases in which variable 1 has level *C*. Generally speaking, the coefficients related to a specific level of a variable correspond to the difference in the response between working at that specific level and working at the 'implicit' level.

The model previously reported does not contain any interaction term. For this type of variables the computation of the interactions is quite complex and goes beyond the scope of this chapter.

This example was very simple, and it was possible to perform all the combinations.

Usually the total number of combinations is extremely high, and therefore a D-Optimal Design is required in order to detect a suitable experimental matrix.

A company producing brake pads was interested to study the effect of seven qualitative variables, having 4, 2, 4, 4, 2, 2 and 2 levels each [7]. The total number of possible combinations is 1024 ($2^4 * 4^3$), while the number of coefficients in the model is 14. A D-Optimal Design detected the experimental matrix reported in Table 16, obtained by just 16 experiments.

TABLE 16 Experimental Design and Responses of the Brake Pad D-Optimal Design

Exp.	*A*	*B*	*C*	*D*	*E*	*F*	*G*	Response
1	1	1	1	1	1	1	1	54
2	1	1	2	2	1	2	2	39
3	1	2	3	3	2	1	1	35
4	1	2	4	4	2	2	2	44
5	2	2	1	2	2	2	1	14
6	2	2	2	1	2	1	2	21
7	2	1	3	4	1	2	1	49
8	2	1	4	3	1	1	2	55
9	3	2	1	3	1	2	2	80
10	3	2	2	4	1	1	1	79
11	3	1	3	1	2	2	2	16
12	3	1	4	2	2	1	1	6
13	4	1	1	4	2	1	2	10
14	4	1	2	3	2	2	1	0
15	4	2	3	2	1	2	2	100
16	4	2	4	1	1	1	1	82

Looking at the experimental matrix it can be seen that the design is highly symmetrical: all the factors at two levels have eight experiments for each level, while all the factors at four levels have four experiments for each level.

The resulting model is the following:

$$Y = 46 - 5_{A_1} - 13_{A_2} - 3_{A_3} - 28_{B_1}(^*) - 7_{C_1} - 12_{C_2} + 4_{C_3} - 3_{D_1} - 5_{D_2} - 3_{D_3} + 49_{E_1}(^*) + 2_{F_1} - 6_{G_1}$$

The two significant factors are therefore B and E. The coefficient -28 for B_1 means that when variable B has level 1 the response is 28 units lower than when the same variable has level 2 (the implicit one), while the coefficient $+49$ for E_1 means that when variable E has level 1 the response is 49 units higher than when the same variable has level 2 (the implicit one). As the response had to be maximized, the best conditions are obtained when variable B is at level 2 and variable E is at level 1.

Looking at the table, it can be seen that four experiments (numbers 9, 10, 15 and 16) have a much better response than the other ones. These experiments are the only four having variable B at level 2 and variable E at level 1 (it is important to always go back to the original results and check if the interpretation of the model fits with the real data).

In many real problems both quantitative and qualitative variables at more than two levels must be studied. In those cases 'mixed' models should be used. Let us suppose that we have two quantitative variables, of which we want to study the linear effects, the interaction and the quadratic effects and the effect of the operator estimated on three different technicians (A, B and C) and on three different instruments (D, E and F). Of course the last two variables are qualitative variables.

The model will be:

$$Y = b_0 + b_1X_1 + b_2X_2 + b_{3A}X_{3A} + b_{3B}X_{3B} + b_{4D}X_{4D} + b_{4E}X_{4E} + b_{12}X_1X_2 + b_{11}X_1^2 + b_{22}X_2^2$$

If the two quantitative variables have three levels, the number of possible experiments will be 81 (3^4), and it is obvious that the only way to get a good experimental design is the application of a D-Optimal Design.

The interpretation of the coefficients will be performed in the usual way for the quantitative and qualitative ones. The only difference is for b_0, whose value will correspond to the response at the centre values of the quantitative variables when the qualitative variables have their 'implicit' level (i.e. operator C and instrument F).

8 MIXTURE DESIGNS

A pharmaceutical company must find the best formulation for a tablet. The composition is the following: drug substance 4.0%, disintegrant 0.2%, lubricant A 4.0%, lubricant B 1.0% and ligands 90.8%.

Three possible ligands are available: monohydrated alfa-lactose (X_1), anhydrous beta-lactose (X_2) and modified rice starch (X_3). The goal is to find the best mixture of the three ligands in order to have the best compromise between breaking load, that is the maximum force a tablet can sustain without breaking (Y_1), and dissolution rate (Y_2), both to be maximized. In this case, it is logical to think that it would not be possible to optimize both responses at the same time, as higher breaking loads will correspond to lower dissolution rates (and vice versa).

As the amount of the other components is fixed and cannot be changed, one can consider only the relative amount of the ligands, taking then into account that the sum of the ligands is 90.8% of the total.

In the cases studied till now (experimental designs for independent variables) each variable could be set at any value inside its range, independently of the value taken by the other variables.

Instead, in a mixture we must cope with the implicit constraint that the sum of all the components must be 1 (or 100%). This means that the components of a mixture cannot be varied independently, as by varying the percentage of one component the percentages of the other components also will be changed [8].

Another relevant difference with the design for independent variables is that the object of the study in these problems is not the effect of the variation of the absolute quantity of the variables, but the effect of the variation of the ratios among the variables (a cocktail made by 10 mL of component *A*, 20 mL of component *B* and 25 mL of component *C* will be exactly the same as a cocktail made by 1 L of *A*, 2 L of *B* and 2.5 L of *C*).

As a consequence of that, it is not possible to apply the experimental designs previously studied to the problems of mixtures.

Figure 17 shows the graphical representation of a three-component mixture. It is an equilateral triangle, in which the vertices correspond to the pure components, the sides to the binary mixtures and the internal points to the ternary mixtures. In such a representation, there is a biunivocal correspondence between the plot and the composition, as to each composition corresponds one and only one point of the plot, and vice versa. The same holds for any number of components of a mixture, whose domain will be the regular figure having as many vertices as components, lying in the space having dimensionality equal to the number of components minus one (the equilateral triangle is the regular figure having three vertices in a two-dimensional space; the tetrahedron is the regular figure having four vertices in a three-dimensional space). For more than four components, we cannot visualize the whole domain as it lies in a space having more than three dimensions, but this is just a problem of our limited mind: from a mathematical point of view, the number of dimensions does not make any difference.

Table 17 reports the seven experiments that have been performed, together with the responses that have been obtained, measured on arbitrary units

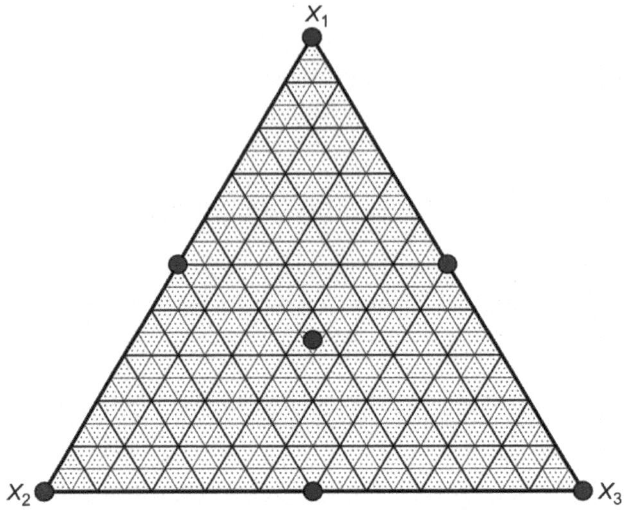

FIGURE 17 The representation of a three-component mixture, with the lines of the grid drawn at steps of 10% (dark solid lines), 5% (light solid lines) and 1% (dotted lines). The points of the seven experiments of the mixture design described in the text are reported. (For colour version of this figure, the reader is referred to the online version of this chapter.)

TABLE 17 The Experimental Design and the Responses of the Mixture Design

Exp.	X_1	X_2	X_3	Y_1	Y_2
1	1	0	0	31	44
2	0	1	0	113	26
3	0	0	1	38	52
4	0.50	0.50	0	42	41
5	0.50	0	0.50	39	67
6	0	0.50	0.50	70	30
7	0.33	0.33	0.33	60	55

(the experiments are also highlighted in Figure 17). By performing these experiments, the coefficients of the following model can be estimated:

$$Y = b_1X_1 + b_2X_2 + b_3X_3 + b_{12}X_1X_2 + b_{13}X_1X_3 + b_{23}X_2X_3 + b_{123}X_1X_2X_3$$

Comparing it with the model for independent variables, it can immediately be seen that the constant is not present. This appears quite logical if we think that the constant corresponds to the response when all the variables have level

0. In the case of the designs for independent variables, it has a practical meaning, as it corresponds to the response at the centre point. In the case of mixtures, as the sum of all the components must be 1, it is not possible to have a condition in which all the variables have level 0.

The model for the first response is

$$Y = 31\,X_1 + 113\,X_2 + 38\,X_3 - 120\,X_1X_2 + 18\,X_1X_3 - 22\,X_2X_3 + 370\,X_1X_2X_3$$

It may be noted that the coefficients of the linear terms correspond to the response obtained with the pure components.

The coefficients of the two-term interactions indicate the synergic effect of the two components. In the example described earlier, the experiment with pure X_1 gave a response of 31, while the experiment with pure X_2 gave a response of 113. If no synergic effect would be present, the mixture made by 0.5 X_1 and 0.5 X_2 would give a response of 72 (the average of 31 and 113). The response of this mixture is instead 42 (30 units less), meaning that a negative synergic effect is present. This can be found in the term X_1X_2, whose coefficient is -120. It can be seen that the magnitude of the synergic effects of the two-component mixtures is given by the coefficients divided by 4.

In the same way, the coefficient of the three-term interaction, divided by 27, corresponds to the magnitude of the synergic effect of the three components (this is the reason why the coefficients of the higher interactions are usually very large).

From the isoresponse plot shown in Figure 18 it can be seen that X_2 has the greatest effect on Y_1 (breaking load). To understand the effect of each variable one must follow how the response changes going from a composition without that component to the pure component (without changing the relative amounts of the other components). On the plot, start from the centre of the edge opposite to the component under study (i.e. a mixture made by the two remaining components, at 50% each) and go to the vertex representing the pure component. In the case of X_2, the response at the starting point (no X_2) is 39, and then it goes on increasing quite regularly up to 113 for pure X_2.

Doing the same for X_1, it can be seen that it has a negative effect: the response is 70 without it, and then regularly decreases down to 31 for pure X_1.

X_3 is the component with the lowest effect and, owing to the three-component interaction, it has a different behaviour: starting from 42 for the mixture made by 50% X_1 and 50% X_2, it goes down to 38 for pure X_3, but the addition of X_3 at first increases the response (up to 60 for the mixture made by 33.3% of each of the components), then decreases it.

The model for the second response is as follows:

$$Y = 44X_1 + 26X_2 + 52X_3 + 24X_1X_2 + 76X_1X_3 - 36X_2X_3 + 206X_1X_2X_3$$

By looking at the coefficients of the interactions we can understand that the strongest synergic effect is the positive synergy between X_1 and X_3.

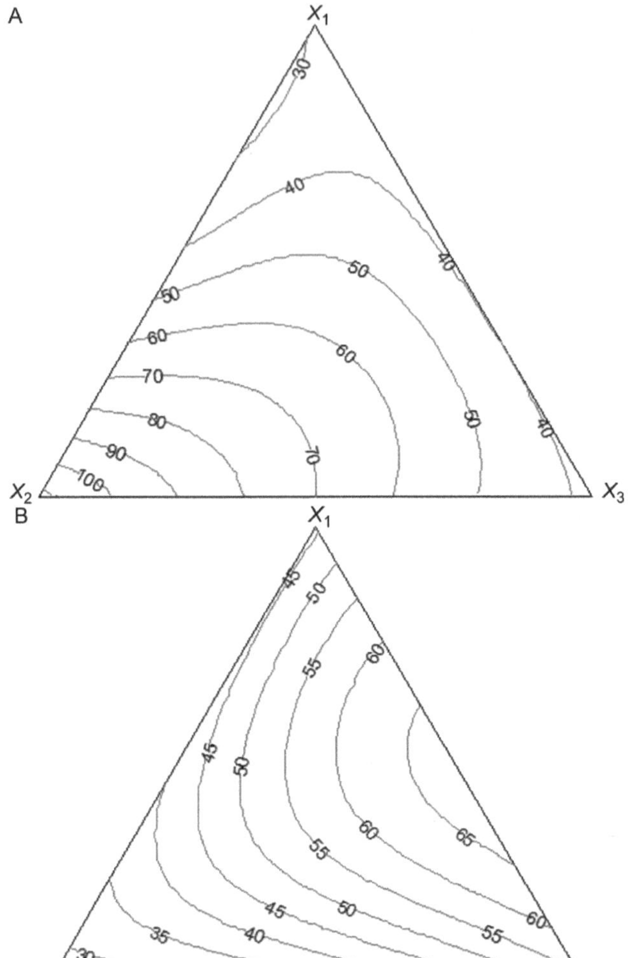

FIGURE 18 Isoresponse plots of the two responses of the mixture design (A) breaking load, (B) dissolution rate. (For colour version of this figure, the reader is referred to the online version of this chapter.)

By looking at the isoresponse plot of Figure 18 it can be seen that the highest response corresponds to the mixture made approximately by 50% X_1 and 50% X_3.

In addition, for this response X_2 is the component with the highest effect, as the response decreases from 67 (no X_2) to 26 (pure X_2). At the start, by adding X_1 the response increases from 30 up to more than 55 (at approximately 50% of X_1), then it decreases to 44 (pure X_1). X_3 is the component with the smallest effect, as the response goes from 41 (no X_3) up to about 50 (at approximately 20% of X_3), to stay almost constant till the pure X_3, having a response of 52.

In the experimental designs for independent variables we saw that the effect of the factors and the relative importance of the terms can be immediately understood by just looking at the model (the higher the coefficient, the more important the term).

Unfortunately, this is no more true in the mixture designs. For instance, in the case of the second response of the previous example, it is clear from the isoresponse surface that X_2 is by far the component with the most relevant effect, but its coefficient is the smallest one. This is because, as previously explained, the coefficients of the linear terms correspond to the responses with pure components, and therefore have nothing to do with the effects of the components. When considering the interactions, in order to give them a practical meaning, we must remember to divide them by 4 (in case of a two-term interaction) or 27 (for three-term interactions) or 256 (for four-term interactions).

As a consequence, the only way to understand the meaning of a model is to look at the isoresponse plots. This is easy in the case of three components (the domain is just a triangle), it becomes more complex but still possible in the case of four components (the domain is a tetrahedron, and we must take into account 'slices' obtained by cutting it with planes parallel to one of the faces, which means keeping one of the components constant) and it is extremely difficult with more than four components (with n components, in order to have a plane, we should cut the experimental domain with hyperplanes obtained by keeping constant $n-3$ components).

This is the reason why the number of components under study in a mixture design usually is not higher than four. In case of a more complex system, it is suggested to split the whole domain into two or more subdomains, each of them with an 'acceptable' number of components, and then to study each of them separately.

Of course, by doing so, one has to realize that the interactions among the components of the different subdomains cannot be studied, but this is the price to be paid in order to increase the comprehensibility of the whole system.

Back to our problem, the pharmaceutical company was looking for the best compromise, with a minimum acceptable value of 50 for both responses. As expected, and as shown by the response surfaces, the two responses have opposite behaviour, and when one of them is increased the other one is decreased.

Figure 19 shows the region of joint acceptability. As it is totally internal to the domain, only ternary mixtures can produce acceptable results. The producer can select the most convenient formulation on the basis of the responses but also taking into account the price of each of the components.

It must be noted that, apart from the pharmaceutical industry, mixture designs are extremely important in many fields, such as food products

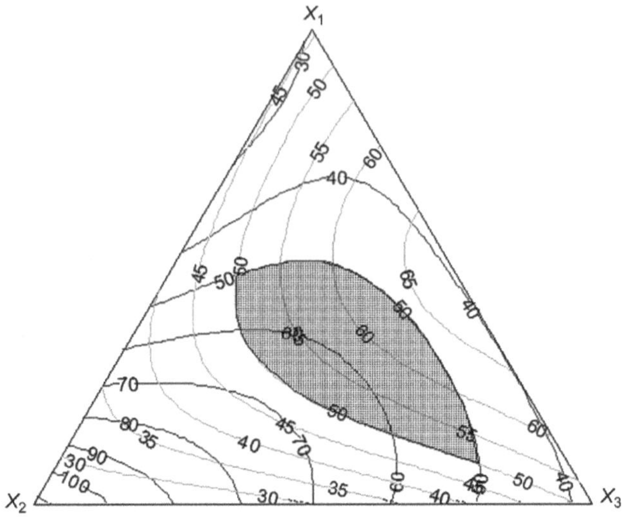

FIGURE 19 Overlapped isoresponse plot of the two responses of the mixture design. The region of joint acceptability is highlighted. (For colour version of this figure, the reader is referred to the online version of this chapter.)

(e.g. formulation of a new recipe), beverages (e.g. formulation of a blend), paintings (e.g. formulation of a painting), method optimization (e.g. optimal mobile phase for high-performance liquid chromatography).

In the previous example all the components of the mixture could vary from 0% to 100%. In the very great majority of the real cases, instead, each component has a well-defined range of variation. Just think of a cake. It is a mixture of several ingredients, but you could never think of a cake made 100% of milk!

Figure 20 shows a three-component mixture in which each component has an upper constraint ($X_1 \leq 0.6$, $X_2 \leq 0.7$, $X_3 \leq 0.5$). Each constraint (upper or lower) is graphically defined by a line at the corresponding value of the component and parallel to the side in which the same component is 0. The resulting experimental domain is a highly irregular hexagon, and therefore a D-Optimal Design is the only way to select the experimental points.

Things can be made even more complex with the introduction of relational constraints, such as $X_1 \leq 0.5X_2$, or $(X_1+X_2) \leq 0.8$, or $X_1 \leq (X_2+X_3)$.

9 CONCLUSIONS

The applications described in this chapter clearly show the superiority of experimental design compared with the 'classical' OVAT approach. In spite of the fact that its advantages are well known and well recognized since almost 80 years, experimental design is still applied only in a very small minority of the cases in which it could (and should) be used.

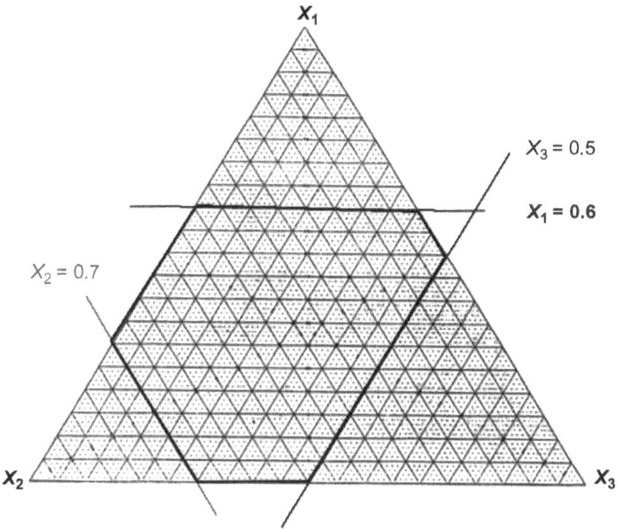

FIGURE 20 A three-component mixture with constraints. (For colour version of this figure, the reader is referred to the online version of this chapter.)

It is well recognized that the OVAT is not at all the correct way to perform an optimization or to study the effect of several variables; as it does not take into account the interactions among variables, it only gives a local knowledge of the phenomenon and often requires a much larger experimental effort.

REFERENCES

[1] Fisher RA. The design of experiments. New York: Haffner Press; 1935.

[2] Leardi R, Paganelli F, MacNamara K. In: Applications of experimental design to chemical and food industry. Joint ENBIS-DEINDE 2007 conference, Turin, 11–13 April 2007; 2007, Book of abstracts. p. 37.

[3] Burke MW, Leardi R, Judge RA, Pusey ML. Quantifying main trends in lysozyme nucleation: the effect of precipitant concentration, supersaturation and impurities. Crystal Growth Des 2001;4:333–7.

[4] Plackett RL, Burman JP. The design of optimum multifactorial experiments. Biometrika 1946;33(4):305–25.

[5] Box GEP, Hunter WG, Hunter JS. Statistics for experimenters: an introduction to design, data analysis, and model building. New York: John Wiley & Sons; 1978.

[6] Doehlert DH. Uniform shell designs. Appl Stat 1970;19:231–9.

[7] Drava G, Leardi R, Portesani A, Sales E. Application of chemometrics to the production of friction materials: analysis of previous data and search for new formulations. Chemomet Intell Lab Syst 1996;32:245–55.

[8] Cornell JA. Experiments with mixtures: designs, models and the analysis of mixture data, in series in probability and statistics. New York: John Wiley & Sons; 1991.

Chapter 3

Exploratory Data Analysis

Mario Li Vigni, Caterina Durante and Marina Cocchi[1]
Department of Chemical and Geochemical Sciences, University of Modena and Reggio Emilia, Modena, Italy
[1]Corresponding author: marina.cocchi@unimore.it

Chapter Outline

1 THE CONCEPT (LET YOUR DATA TALK)

In the food area, as in most research fields, the system complexity to be faced is increasing both in the way of producing food and in the consumer expectations evolved, together with the targets of regulatory authority and society needs and issues. Food production is connected to environmental, socio-economic challenges; food consumption with health, safety and nutritional attitudes. Among the emerging research areas there are the study and making of functional food, the use of nanotechnology, the assessment of food authenticity, including provenance and organic production, and the monitoring and improvement of the quality of food processing. From the point of view of food and food-processing characterization this implies that we need to extract information and obtain models capable of inferring the underlying relationships that link the compositional profile and the processing conditions to very general end properties of foodstuff, such as the healthiness, the consumer perception, the link to a territory and so on. Moreover, the implication of the production chain on food quality has also to be assessed.

In this respect, the research attitude cannot be purely 'deductive': theory-driven hypothesis could be not only inefficient but even difficult to formulate.

Data Handling in Science and Technology, Vol. 28. http://dx.doi.org/10.1016/B978-0-444-59528-7.00003-X

This is why and where researchers may benefit from new technological tools (analytical instrumentation, hardware and algorithms/software development) to come back to an 'inductive' data-driven attitude with a minimum of *a priori* hypothesis as a first efficient step to progress faster and further.

To this aim exploratory data analysis (EDA) is well suited. EDA is well known in statistics and sciences as that operative approach to data analysis aimed to improve understanding and accessibility of the results. Without forgetting the soundness of statistical models and hypothesis formulation, which is intrinsically connected to the concept of 'analysis' in its scientific meaning, the focus is moved to 'exploration', which, as a word, leads to more exotic thoughts and feelings, such as unravelling mysterious threads or discovering unknown worlds. As a matter of fact, EDA does relate to the process of revealing hidden and unknown information from data in such a form that the analyst obtains an immediate, direct and easy-to-understand representation of it. Visual graphs are a mandatory element of this approach, owing to the intrinsic ability of the human brain to get a more direct and trustworthy interpretation of similarities, differences, trends, clusters and correlations through a picture, rather than a series of numbers. As a matter of fact, our perception of reality is that we believe what we are able to see.

The other axiom of EDA is that the focus of attention is on the data, rather than the hypothesis. This means, figuratively, that it is not the analyst 'asking' questions to the data, as in an interrogation, instead the data are allowed to 'talk', giving evidence of their nature, the relationships which characterize them, the significance of the information which lies beneath what has been evaluated on them – or even the complete absence of any of this, if it is the case.

One of the milestone references for EDA is the comprehensive book by Tukey [1]. Tukey, in his work, aimed to create a data analysis framework where the visual examination of data sets, by means of statistically significant representations, plays the pivotal role to aid the analyst to formulate hypotheses that could be tested on new data sets. The stress on two concepts such as dynamic experimenting on data (e.g. evaluating the results on different subsets of a same data set, under different data-preprocessing conditions) and exhaustive visualization capabilities offers researchers the possibility to identify outliers, trends and patterns in data, upon which new theories and hypothesis can be built. Tukey's first view on EDA was based on robust and nonparametric statistical concepts such as the assessment of data by means of empirical distributions, hence the use of the so-called five-number summary of data (range extremes, median and quartiles), which led to one of his most known graphical tools for EDA, the box plot.

This approach well denotes the conceptual shift from confirmatory data analysis, where a hypothesis and a distribution are assumed on the data, and statistical significance is used to test the hypothesis on the basis of the data (where the less reliable the results, the more the data divert from the postulated distribution), to EDA, where the data are visualized in a distribution-free approach, and hypotheses arise from the observation, if any, of trends and clusters or correlations among them. In practice, the objectives of EDA aim to

- Highlight phenomena occurring in the observations so that hypotheses about the causes can be suggested, rather than 'forcing' hypotheses on the observations to explain phenomena known *a priori*. 'The combination of some data and an aching desire for an answer does not ensure that a reasonable answer can be extracted from a given body of data' [2].
- Provide a basis to assess the assumption for statistical inference, for example, by evaluating the best selection of statistical tools and techniques, or even new sampling strategies, for further investigations. 'Exploratory data analysis can never be the whole story, but nothing else can serve as the foundation stone as the first step' [1].

The tools and techniques of EDA are strongly based on the graphical approach mentioned so far. Data visualization is given by means of box plots, histograms and scatter plots, all distribution-free instruments which can be extremely useful to probe if the data follow a particular distribution.

At the beginning of its development, EDA represented a kind of Copernican revolution, in the sense that it put data and the information they bring, not the hypothesis and the information it seeks, at the centre of attention. However, using it in a framework where the common approach was to reduce problems into simpler forms that were solvable, usually by constraining the experimental domains to uni- or oligovariate models nowadays, shows huge limitations. When dealing with scientific fields such as chemistry, and in particular analytical chemistry, and food science, where instrumental analysis can provide at least thousands of variables for each sample, often in a fast way, data complexity has exponentially increased to the point that a multivariate approach (i.e. the evaluation of the simultaneous effect of all the variables which characterize a system on the relationships among its samples) is mandatory. The use of graphical instruments is limited to human ability to interpret two-dimensional (2D) and three-dimensional (3D) spaces, which is impossible to apply when variability is represented through, for example, an analytical signal. Correlation tables, albeit offering a direct view of which variables are related to each other, are often complex to read and interpret. Multivariate analysis methods, especially those based on latent variables projection, provide the best tool to combine the analysis of variable correlations and sample similarities/differences, the reduction of variable space to lower dimensions and the possibility of offering graphical outputs that are easy to read and interpret. Thus, the passage from EDA to exploratory multivariate data analysis (EMDA) is conceptually easier than the one from confirmatory data analysis to EDA, as it only represents a shift towards the use of methods which are based on a multivariate approach to data.

EMDA stays on the track opened by EDA, in order to grasp the data structure without imposing any model. It has to be stressed that when dealing with a multidimensional space, visualization requires either a projection step or a domain change, for example, from acquired variables to a similarity/dissimilarity space. Thus, if *a priori* hypotheses (imposed models) are avoided, most often some assumptions on data are adopted. This brings a diversity of complementary instruments that can be used, and we may say that EMDA is a road that several tools allow you to travel.

The aim of this chapter is to illustrate the most used and effective tools for the analysis of food-related data, so that the reader is offered some clues about which tool to choose and what is possible to get out of it.

2 DESCRIPTIVE STATISTICS

All those visualization tools which allow the exploration of uni- and oligo-variate data can be considered as instruments of descriptive statistics. Descriptive statistics is usually defined as a way to summarize/extract information out of one or a few variables: compared to inferential statistics, whose aim is to assess the validity of a hypothesis made on measured data, descriptive statistics is merely explorative. In particular, some salient facts can be extracted about a variable:

i. A measure of the central tendency, that is, the central position of a frequency distribution of a group of data. In other words, a number which is better suited to represent the value of the investigated samples with respect to the measured property. Typical statistics are mean, median and mode.
ii. A measure of spread, describing how spread out the measured values are around the central value. Typical statistics are range, quartiles and standard deviation.
iii. A measure of asymmetry (skewness) and peakedness (kourtosis) of the frequency distribution, that is, if the spread of data around the central value is symmetric in both left/right directions, and how sharp/flat is the distribution in the central position, respectively.

While useful, these statistics are only a summarization of data and do not offer a direct interpretation benefit when compared to a graphical representation of the data. The main graphical tools for descriptive statistics are frequency histograms, box-whisker graphs and scatter plots. These tools are useful to inspect the statistics reported earlier, the presence of outliers and multiple modes in the data (histograms), to highlight location and variation changes between different groups of data or among several variables (box-whisker), to reveal relationships or associations between two variables (scatter plots), as well as to highlight dependency with respect to some ordering criterion, such as run order, time, position, etc.

Albeit simple and in spite of the high degree of summarizing they carry with them, these tools can also be particularly useful prior to EMDA.

It may seem a paradox, but they are very effective to identify gross errors: for example, a huge difference between median and mean for a variable could be due to a misprinted number, or could suggest the need to transform variables (e.g. log transform) and help choosing the appropriate data pretreatment.

2.1 Frequency Histograms

To draw a histogram, the range of data is subdivided in a number of equally spaced bins. Thus, frequency histograms report on the horizontal axis the values of the measured variable and on the vertical axis the frequencies, that is, the number of measurements, which fall into each bin. The number of bins influences the efficacy of the representation, thus some attention must be given in their choice. Some common rules have been coded, among which the most used considers a number of bins k equal to the square root of the number of samples n, or equal to $1+\log_2(n)$. Theoretically derived rules are reviewed in Scott's book [3], and iterative methods have also been proposed [4]. In most cases, one of the two rules cited earlier is enough to obtain a nice representation of data distribution, but the choice of k becomes critical when n is huge, for example, if you want to represent a frequency histogram of pixels intensity of an image, where the number of 'samples' easily goes beyond several hundreds of thousands.

Figure 1 reports some examples of histograms which are quite common to find for discrete variables. Figure 1A shows what to expect when the variable has an almost normal distribution, that is a maximum frequency of occurrence for a given value (close to the average of the values) and decreasing frequencies for higher and lower values. Skewness of the distribution (Figure 1B) is indicated by a higher frequency of occurrence for values which are higher or lower than the most frequent one. Histograms can show the presence of clusters in the data according to a given value, as can be seen in Figure 1C: here it is possible to see two values of higher frequency, around which two almost normal distributions suggest the existence of two clusters. In addition, the presence of outliers (Figure 1D) can be highlighted. An outlier usually has a value way higher or lower than all the other samples, hence it will appear in the histogram as a bar both well separated from the main cluster of values and showing a low frequency of occurrence. As mentioned, histograms can also be used when the number of observations is high (on the other hand, they lose any exploratory meaning when used for data sets where the number of variables is very high and correlated, such as in instrumental signals), as shown in the last two parts of Figure 1. Here, the distribution of pixels of images is used. In particular, Figure 1E shows the zoomed view of pixel distribution for an image acquired on a product (in this case, a bread bun) which is considered a production target (i.e. the colour intensity and homogeneity of its surface are inside specification values for that product): it is possible to see that frequencies of occurrence are almost symmetrically distributed across the average value (data have been centred across the mean intensity value).

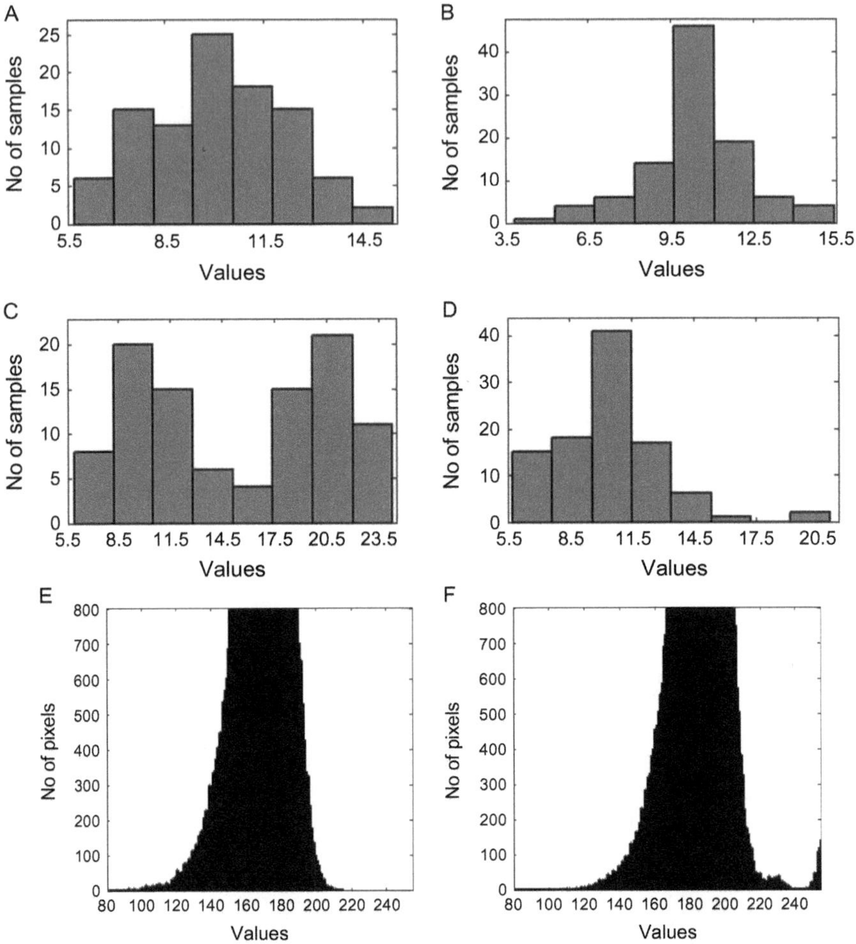

FIGURE 1 Examples of histograms. (A) Almost normal distribution of a discrete variable; (B) skewed distribution (higher values have a higher frequency of occurrence); (C) overlapping of two distributions centred across a different mean value (possibly indicating the presence of two clusters); (D) presence of outliers (low frequency of occurrence for high values); (E) pixel distribution of a reference image; and (F) pixel distribution of an image where defects are detected (defective pixels bring to the bump in the right tail of frequency distribution and to the frequency bars detected for values >240). In the pixel distribution cases, a zoom has been taken to highlight the differences.

A different shape is manifest in Figure 1F, where an image of a sample with surface defects (such as darker or paler colour, or the presence of spots and blisters) is considered. In this case, the pixel distribution is skewed towards positive values and lower frequency occurrence features appear, which are an index of phenomena which deviate from the bulk of the data, such as darker localized spots.

2.2 Box and Whisker Plots

Box and whisker plots (box plot in short) [5–7] are very useful to summarize the kind of information that in inferential statistics we seek by means of analysis of variance (ANOVA). Indeed, they allow a direct comparison of the distribution of several variables (on the order of tens, visualization becomes inefficient) in terms of both central location and variation. Thus, it is a quick way to estimate if a grouping factor has potentially a significant effect on the measured variables. Typical questions that can be answered are: Does the location differ between subgroups? Does the variation differ between subgroups? Are there any outliers?

The construction of a box plot requires calculating the median and the quartiles of a given variable for the samples: the lower quartile (LQ) is the 25th percentile and the upper quartile (UQ) is the 75th percentile. Then a box is drawn (hence the name) whose edges are the lower and upper quartiles: this box represents the middle 50% of the data and the difference between the upper and lower quartile is indicated as the inter quartile range (IQR). Generally, the median is represented by a line drawn inside the box, and in some representations the mean is also drawn as an asterisk, for example, to better evaluate the differences between central tendency descriptors. Then a line is drawn from the LQ to the minimum value and another line from the UQ to the maximum value and typically a symbol is drawn at these minimum and maximum points (whiskers). In most implementations, if a data point presents a value higher than $UQ + 1.5 * IQR$ or smaller than $LQ - 1.5 * IQR$, it is represented by a circle. This helps pointing out potential outliers (the circle may be drawn with a higher dimension if the LQ or UQ is exceeded by $3 * IQR$). A single box plot can be drawn for one set of samples with respect to one variable; alternatively, multiple box plots can be drawn together to compare several variables, groups in a single set of samples or multiple data sets. Box plots become difficult to draw and interpret in those cases where it is necessary to deal with continuous data, such as spectra or signals.

Figure 2 shows a box plot representation of each of the nine variables which characterize the GCbreadProcess data set (see Section 3.1.4 for more details on the data set), the concentration of chemical compounds determined in gas chromatography (GC) at six points of an industrial bread-making process, namely, S0, S2, S4, D, T and L. As it is possible to regroup data according to the sampling point, the representation is useful to obtain a screening evaluation of which variables show different distributions across the phases of the production process. For example, fumaric acid and malic acid have similar distributions and values for all six points (the 'box', that is the IQR, and the 'whiskers', that is the 95th and 5th percentile range, are almost overlapped for all the sampling points), thus they will be of little use to differentiate the process phases. On the contrary, fructose and glucose show a clear difference in both range and mean and median value (respectively, the star and the

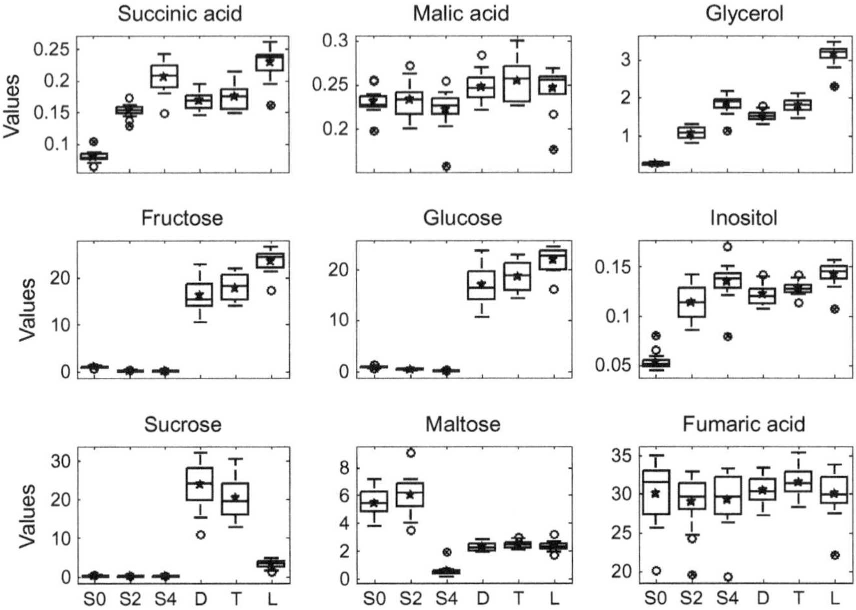

FIGURE 2 oxplot representation of the nine variables which characterize the GCbreadProcess data set (see text for details).

horizontal line inside the box) for points S0, S2 and S4 with respect to points D, T and L. The presence of potential outliers, that is points which fall beyond the 95th and 5th percentile limits, is indicated by circles (crossed circles are characterized by a 3 * IQR distance). This representation can be a starting point to decide which variables, or combination of more, are the best to differentiate the six points.

3 PROJECTION TECHNIQUES

EMDA pursues the same objectives illustrated for uni- and oligovariate EDA, namely giving a graphical representation of multivariate data highlighting the data patterns and the relationships among objects and variables with no *a priori* hypothesis formulation. The importance of this step and its relevance in food analysis is worth being stressed. In fact, the multivariate exploratory tools make it feasible to generate hypotheses from the data, notwithstanding how complex they are, opening to the researcher a way towards the formulation of new ideas. In other words, intuition is inspired by the synergy of data reduction and graphical display. In fact, by compressing the data to a few parameters, without losing information, it becomes possible to look at data, so that the researcher's mind can capture data variation in terms of grouping and patterns in the *natural way*.

It is indeed very different, with respect to the possibility of enhancing discovery, to operate simplification by reduction at the problem level or data level [8]. In the first case, prior knowledge is used to isolate or split the complex system into subsystems or steps, for example, in the case of food, to focus on the quantification of specific constituents or on the modelling of a simplified process, such as thermal degradation or ageing, at laboratory scale, discarding the food processing and the production chain. In the second case, prior knowledge is used, after data reduction by EMDA, to interpret the patterns which appear and validate possible conclusions which will guide to new hypothesis generation. In the first case, interactions among the reduced subsystems or steps are lost and, at most, the *a priori* hypothesized mechanistic behaviour may be confirmed or rejected; reformulation of the hypothesis will require *a priori* adoption of a different causal model. Differently, in the second case, the salient features of the system under investigation as a whole, including interactions, interconnections and peculiar behaviours, are learned from data by comparing conclusions induced by graphs to prior knowledge; it is then possible to validate the model and new hypotheses can be generated, so that an interactive cycle of multivariate experiments planning, multivariate systems characterization and multivariate data analysis is enabled.

Which food area would require explorative multivariate data analysis tools? We have seen in the introduction section that food science today embraces a wide multidisciplinary ambit, involving chemistry, biology/microbiology, genetics, medicine, agriculture, technology and environmental science, and also sensory and consumer analysis as well as economy.

Moreover, the investigation of the food production chain in an industrial context requires the assessment of not only the chemical/biological parameters but also the process parameters, irregularities, the influence of raw materials, etc. From an industrial perspective, the goal is not to produce a given product with constant technology and materials, which is impossible in practice, but rather to be able to control the specific, transient traits of production in order to ensure the same product quality.

Accordingly, the data used for food and food-processing characterization are changing [9–11] from traditional physical or chemical data, such as conductivity, thermal curves, moisture, acidity and concentrations of specific chemical substances, to fingerprinting data. Examples of this kind of data range from chromatograms or spectroscopic measurements, that is, complete spectra obtained by infrared (IR) [12–14], nuclear magnetic resonance (NMR) [15,16], mass spectrometry (MS), ultraviolet–visible (UV–vis) or fluorescence spectrophotometry, to landscapes obtained by any hyphenated combination of the previous techniques [17–21]; from signals obtained by means of sensor arrays such as electronic noses or tongues [22], microarrays and so on to imaging and hyperspectral imaging techniques [23–25].

The nature of this kind of data, the need to consider the many sources of variability due to the origin of raw materials, seasonality, agricultural practices and so on, together with the objective of studying the complex food processes as a whole, explain why EMDA is mandatory.

Multivariate screening tools are needed in order to model the underlying latent functional factors which determine what happens in the examined systems, and are the basis for an exploratory, inductive data strategy.

These tools have to accomplish two tasks:

i. Data reduction, that is, compression of all the information to a small set of parameters without introducing distortion of data structure (or at least keeping it to a minimum and maintaining control of the disturbance that has been introduced);
ii. Efficient graphical representation of the data.

By far the most effective techniques to achieve these objectives are based on projection techniques, that is methods to project the data from its *J*-variables/conditions space to lower dimensionality, that is, *A*-latent factors/components space. The commonly most used one is principal component analysis (PCA) and its extensions.

3.1 Principal Component Analysis

An exhaustive description of PCA historical and applicative perspectives, including a comparative discussion of PCA with respect to related methods, has been given by Joliffe [26] and Jackson [27]; other basic references are the dedicated chapters in Massart's book [28] and *Comprehensive Chemometrics* [29], and a more didactical view, with reference to the R-project code environment may be found in Varmuza [30] and Wehrens [31]. A description of PCA strictly oriented to spectroscopic data may be found in the *Handbook of NIR Spectroscopy* [32], Beebe [33] and in Davies' column in *Spectroscopy Europe* [34,35]; other salient references are Wold *et al.* [36] and Smilde *et al.* [37].

Here, PCA will be presented as a basic multivariate explorative tool with emphasis on the data representation and interpretation aiming at giving practical guidelines for usage in this specific context; the reader is referred to the literature cited earlier for more details.

PCA is a bilinear decomposition/projection technique capable of condensing large amounts of data into few parameters, called principal components (PCs) or latent variables/factors, which capture the levels, differences and similarities among the samples and variables constituting the modelled data. This task is achieved by a linear transformation under the constraints of preserving data variance and imposing orthogonality of the latent variables.

The underlying assumption is that the studied systems are 'indirectly observable' in the sense that the relevant phenomena which are responsible for the data variation/patterns are hidden and not directly measurable/observable. This explains the term latent variables. Once uncovered, latent variables (PCs) may be represented by scatter plots in a Euclidean plane.

An almost unique feature of PCA and strictly related projection techniques is that it allows a simultaneous and interrelated view of both samples and variables spaces, as it will be shown in detail in the following section.

For clarity of presentation, the PCA subject will be articulated in subsections: definition and derivation of PCs, including main algorithms; preprocessing issues; PCA in food data analysis practice.

3.1.1 Definition and Derivation of PCA

PCA decomposes the data matrix as follows:

$$\mathbf{X}_{(I,J)} = \mathbf{T}_A \cdot \mathbf{V}_A{}^{\mathrm{T}} + \mathbf{E}_{(I,J)} \tag{1}$$

where A is the number of components, underlying structures or 'chemical' (effective) rank of the matrix; the score vectors, $\mathbf{T}=[\mathbf{t}_1,\mathbf{t}_2,\ldots,\mathbf{t}_A]$, give the coordinates of samples in the PC space, hence score scatter plots allow the inspection of sample similarity/dissimilarity, and the loadings vectors, $\mathbf{V}=[\mathbf{v}_1,\mathbf{v}_2,\ldots,\mathbf{v}_A]$, represent the weight with which each original variable contributes to the PCs, so that the correlation structure among the variables may be inspected through loading scatter plots. $\mathbf{E}$ is the residual, or noise or error matrix, the part of the data which was not explained by the model; it has the same dimensions as $\mathbf{X}$ and it is often used as a diagnostic tool for the identification of outlying samples and/or variables.

From a geometrical point of view, PCA is an orthogonal projection (a linear mapping) of $\mathbf{X}$ in the coordinate system spanned by the loading vectors $\mathbf{V}$. Figure 3A reports an example of a set of samples characterized by two variables $\mathbf{x}_1$ and $\mathbf{x}_2$, projected on the straight lines defined by the loading vector $\mathbf{v}_1$ and $\mathbf{v}_2$. For each of the I samples, a score vector $\mathbf{t}_i$ is obtained containing the scores for the sample (i.e. the coordinates on the PC axes).

Considering the projection of these samples on the PC space (Figure 3B), it emerges that the two categories (black circle and grey squares, respectively) are well separated on the first PC, while the second PC describes mainly non-systematic variability; thus one component ($A=1$) is sufficient to retain information on this set of data.

Thus, PCA operates a reduction of dimensions from the number of variables J in $\mathbf{X}$ to A underlying virtual variables describing the structured part of data. Hence, a representation of the scores by means of 2D or 3D scatter plots allows an immediate visualization of where the samples are placed in the PC space, and makes the detection of sample groupings or trends easier (Figure 4A–C). The loadings represent the weight of each of the original variables in determining the direction of each of the PCs or, which is the same as PCs are defined as the maximum variance directions, which of the original variables varies the most for the samples with different score values on each of the components. A 2D or 3D plot of the loadings can be read as follow: variables that present loadings, which are equal or have close values, result correlated (anti-correlated if the signs

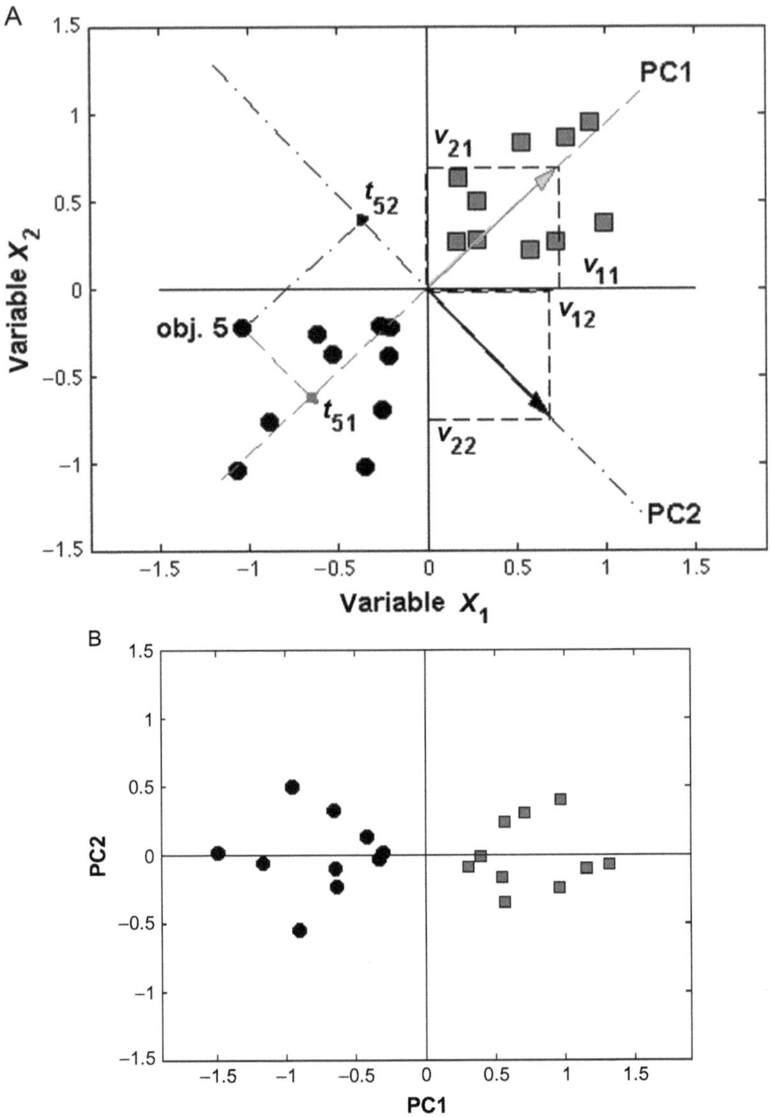

FIGURE 3 Geometry of PCA. A simulated example with 20 samples characterized by two variables. (A) The samples are plotted in the space of the original variables x_1 and x_2. The blue (grey, dashed) and red (black, dot–dashed) lines represent the directions of PC1 and PC2 axes, respectively. The coordinates of the blue (grey) arrow are v_{11} and v_{21}, the loading values of variables x_1 and x_2 on the first PC, respectively. The coordinates of the red (black) arrow are the v_{12} and v_{22}, the loading values of variable x_1 and x_2 on the second PC, respectively. The scores values are the orthogonal projection of the sample coordinates on the PC axes, as an example the scores of sample 5 are shown: t_{51} (PC1 score) and t_{52} (PC2 score). (B) The 20 samples represented in PC space: PC1 versus PC2. (For interpretation of the references to colour in this figure legend, the reader is referred to the online version of this chapter.)

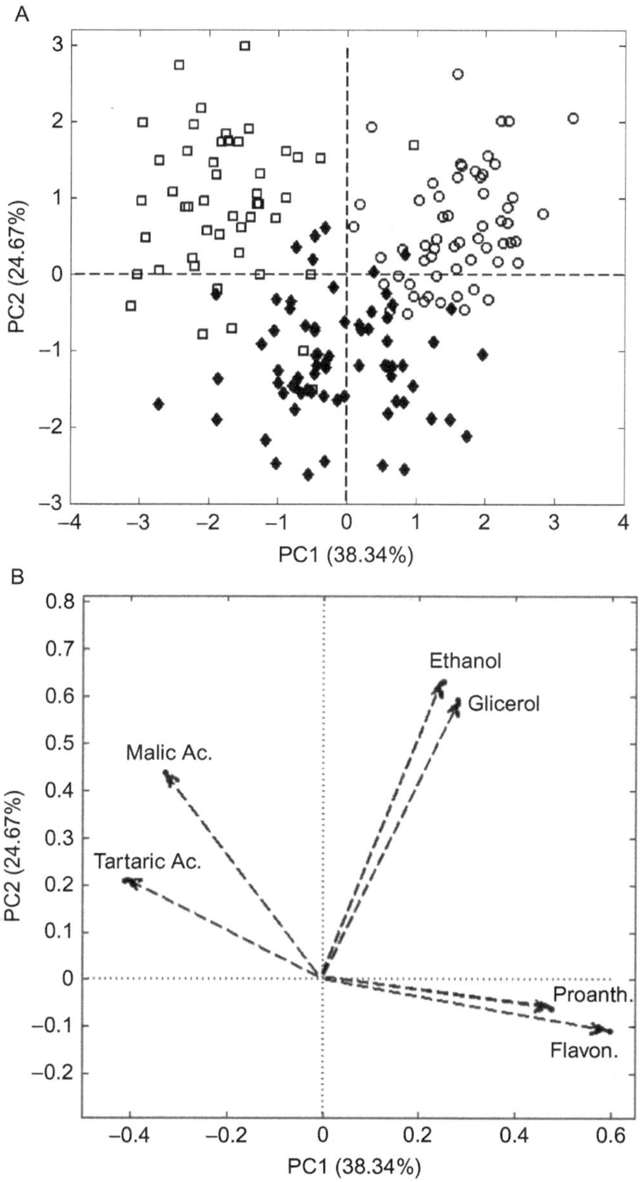

FIGURE 4—Cont'd

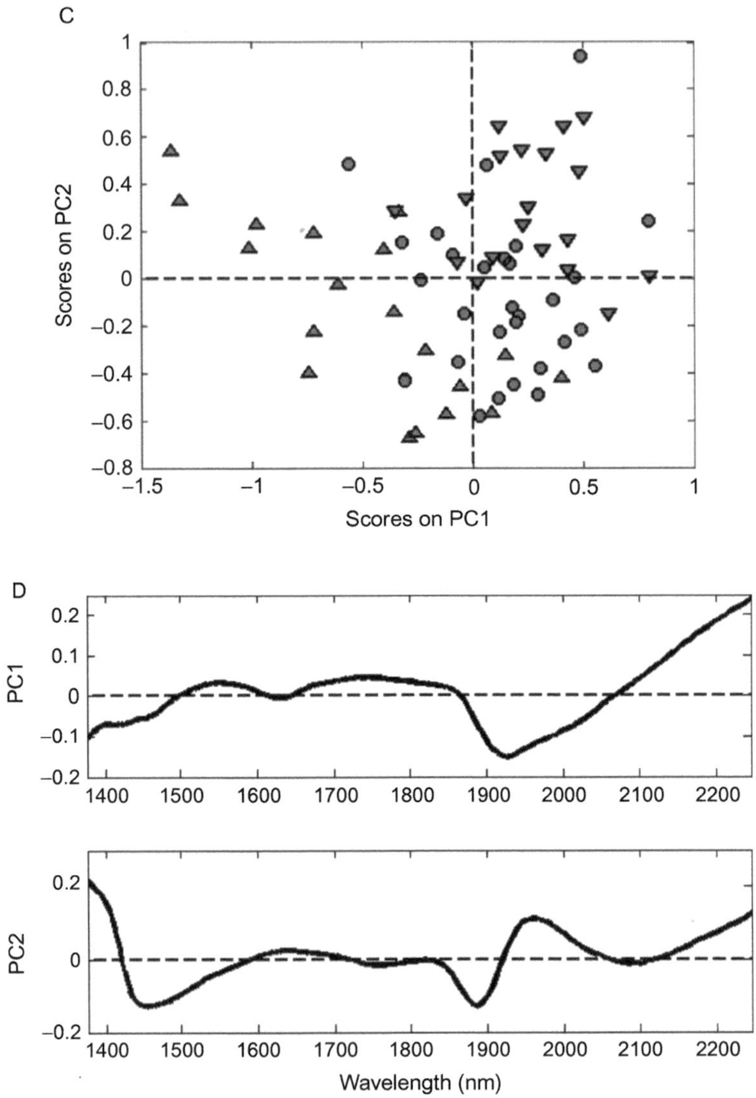

FIGURE 4 Examples of PCA. PCA of concentrations of six chemical compounds determined in samples of wine from three different cultivars. (A) PC1 versus PC2 scores plot (cultivar E: squares; cultivar B: circles; cultivar G: black diamonds). (B) PC1 versus PC2 loadings plot. PCA of NIR signals acquired at different leavening times of dough bread obtained from several flour mixtures. (C) PC1 versus PC2 scores plot. Upward triangles: beginning of the leavening (0–10 min); circles: middle time (10–40 min); downward triangles: end of the leavening (40–60 min). A slight trend with leavening time can be observed from negative to positive values of PC1 and towards positive values for PC2 at the end of leavening. (D) Loadings on PC1 (top) and loadings on PC2 (bottom): the separate visualization helps interpreting which spectral region influences each component the most.

are opposite); an example is illustrated in Figure 4B. When dealing with instrumental signals it is usually impossible to visualize the loadings with scatter plots, and more information can be obtained by analyzing them component-wise, as shown in Figure 4D and E. In this way it is possible to obtain a profile which can be directly compared to the original signal, so that regions which are more important for that PC (higher absolute values of the loadings) can be individuated.

A loading plot can be discussed together with the corresponding score plot, that is, drawn for the same couple of PCs, or directly represented in the same figure, which is then named a biplot (the mathematics of a biplot, i.e. how to render coherent, in the same coordinate space, the scale of score and loading values will be discussed following the mathematical formulation of PCA). In this way, it is easier to explain the groupings or trends one may notice in the PC space in terms of the original variables, as shown in Figure 5A. Although the biplot representation for spectral data is hard to visualize, it is possible to highlight some spectral regions which are responsible for the separation of the process steps, as reported in Figure 5B (small crosses).

From an algebraic point of view, PCA can be formulated as a mathematical maximization problem with constraints. We have seen that PCs are a linear combination of the original variables:

$$\mathbf{t}_a = \mathbf{X} \cdot \mathbf{v}_a \tag{2}$$

where $\mathbf{v}_a$, the loadings vectors, are subjected to ${\mathbf{v}_a}^{\mathrm{T}}\mathbf{v}_a = 1$ (normalization), ${\mathbf{v}_a}^{\mathrm{T}}\mathbf{v}_b = 0$ (orthogonalization) and maximization of var($\mathbf{t}_a$); hence the expression to be maximized, for $a = 1 \ldots J$ is

$$(\mathbf{X}\mathbf{v}_a)^{\mathrm{T}}(\mathbf{X}\mathbf{v}_a) = {\mathbf{v}_a}^{\mathrm{T}}\mathbf{X}^{\mathrm{T}}\mathbf{X}\mathbf{v}_a = {\mathbf{v}_a}^{\mathrm{T}}\mathrm{cov}(\mathbf{X})\mathbf{v}_a \tag{3}$$

where 'cov' stands for covariance (assuming $\mathbf{X}$ has been column mean centred) and the solution can be formulated as an eigenvectors/eigenvalues problem, for each value of a:

$$\mathrm{cov}(\mathbf{X})\mathbf{v}_a = \boldsymbol{\lambda}_a\mathbf{v}_a \tag{4}$$

This means that the unknown values for the loadings correspond to the eigenvectors of the $\mathbf{X}$ covariance matrix and $\boldsymbol{\lambda}$ are the corresponding eigenvalues.

In other words, PCs calculation brings us to the diagonalization of the covariance matrix of $\mathbf{X}$, when $\mathbf{X}$ is column mean centred; in the case that $\mathbf{X}$ has been autoscaled (for autoscaling procedure, see Section 3.1.3), it brings us to the diagonalization of the $\mathbf{X}$'s correlation matrix.

As a consequence, PCs are sort in decreasing variance order and considering the algebraic property of the conservation of the trace, that is, for any non-singular square matrix, $\mathbf{B}$, given its diagonal $\mathbf{D}$, it holds: trace($\mathbf{B}$) = trace($\mathbf{D}$), the sum of the eigenvalues equals the total variance of the $\mathbf{X}$ matrix:

$$\sum\nolimits_a \lambda_a = \mathrm{var}(\mathbf{X}) \tag{5}$$

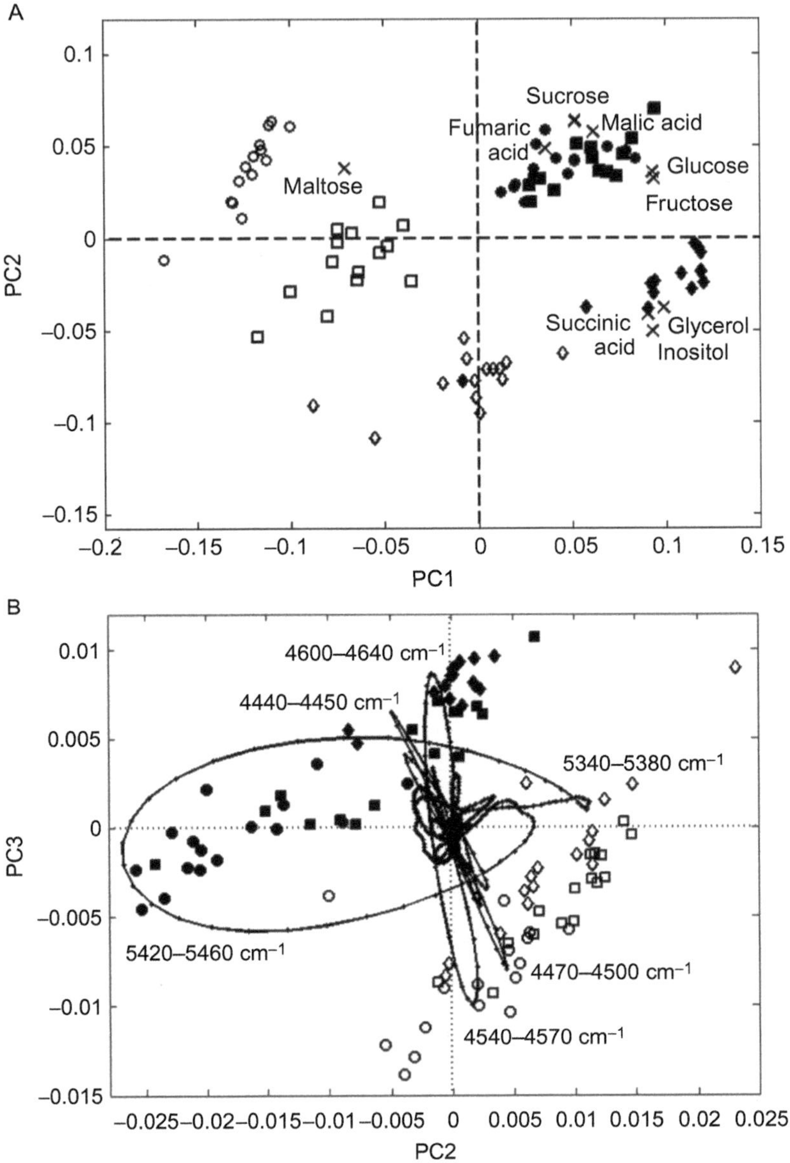

FIGURE 5 Examples of biplot representation. (A) GCbreadProcess data set. The biplot representation of PC1 versus PC2 allows assessing which chemical compounds (loadings, crosses) are more present in each of the six process steps monitored, visualized as classes for the scores according to the following coding: empty circles, S0; empty squares, S2; empty diamonds, S4; filled circles, D; filled squares, T; filled diamonds, L. In particular, all compounds, except for maltose, are more present in the second phase (filled symbols), and, in both phases, the content of sucrose, glucose and fructose decreases moving from S0 to S4 and D to L, respectively, while succinic acid, glycerol and inositol increase. (B) NIRbreadProcess data set. Scores have been represented according to the same code as in (A). Loadings correspond to each of the 1336 wavelengths recorded in the NIR signal (small points).

In the case that $\mathbf{X}$ has been autoscaled and is full rank, the eigenvalues sum up to the number of variables J.

Adopting this derivation, the loadings can be obtained by any method for eigenvectors/eigenvalues calculation. Then, score vectors are obtained from

$$\mathbf{T}=\mathbf{X}\cdot\mathbf{V}^{\mathrm{T}} \tag{6}$$

The main algorithms used for eigenvectors/eigenvalues computation differ in two aspects: the matrix to work on, either $\mathbf{X}^{\mathrm{T}}\mathbf{X}$ (eigenvalue decomposition (EVD) and the POWER method) or $\mathbf{X}$ (singular value decomposition (SVD) and non-linear iterative partial least squares (NIPALS)). However SVD may work as well on $\mathbf{X}^{\mathrm{T}}\mathbf{X}$ (giving the same results as eigenvalue decomposition). Another difference is whether PCs are obtained simultaneously (EVD and SVD) or sequentially (POWER and NIPALS): for details and comparison of efficiency see Wu *et al.* [38]. In all the cases for which rows dimension I is much smaller than columns dimension J, one can operate on $\mathbf{X}\mathbf{X}^{\mathrm{T}}$ instead (EVD, POWER, SVD), and on $\mathbf{X}^{\mathrm{T}}$ (NIPALS).

The two most widely used algorithms, NIPALS [39,40] and SVD [41,42], are schematically depicted in Figure 6, where the equivalence of loadings, eigenvalues and scores is also illustrated.

The main advantage of using NIPALS is in it being sequential, so that, especially when J is much larger than I (fat data matrices, such as with spectroscopic or chromatographic data), it can be stopped after a few components are derived. Indeed, in EDA two to four PCs are often what is needed, and generally an automatic stopping criterion can be implemented in NIPALS such as a desired percentage of explained variance or the reaching of a monotonous trend in eigenvalues versus the number of components plot. A disadvantage, however, may be that convergence is not always ensured.

We have mentioned in the previous section that reporting scores and loadings values in the same graph, namely a biplot [26,37,43–45], is very useful to discuss sample trends as a function of variable importance and their synergy in determining them. Biplots are based on SVD:

NIPALS

1. $\mathbf{t}_{start} = \mathbf{x}_j \quad j:\ \mathbf{x}_j \in \mathbf{X}_c \wedge \mathrm{var}(\mathbf{x}_j) = \max(var(\mathbf{X}_c))$
2. $\mathbf{b} = \mathbf{X}_c^T \cdot \mathbf{t}_{\mathrm{start}}$
3. $\mathbf{b} = \mathbf{b}/\|\mathbf{b}\|$
4. $\mathbf{t}_{upd} = \mathbf{X}_c \cdot \mathbf{b}$
5. $\Delta t = (\mathbf{t}_{\mathrm{start}} - \mathbf{t}_{\mathrm{upd}})^{\mathrm{T}} \cdot (\mathbf{t}_{\mathrm{start}} - \mathbf{t}_{\mathrm{upd}})$
   convergence check: IF $\{\Delta t \le \varepsilon\}$: GO TO: 6.
   ELSE: $\mathbf{t}_{\mathrm{start}} = \mathbf{t}_{\mathrm{upd}}$ GO TO: 2.
6. $\mathbf{t} = \mathbf{t}_{\mathrm{upd}} / \|\mathbf{t}_{\mathrm{upd}}\|$
7. $\mathbf{X}_{\mathrm{res}} = \mathbf{X}_C - \mathbf{t} \cdot \mathbf{b}^T$
8. store: $\mathbf{t}$ as $\mathbf{t}_1$ in $\mathbf{T} \wedge \mathbf{b}$ as $\mathbf{v}_1$ in $\mathbf{V}$
   $\mathbf{X}_c = \mathbf{X}_{\mathrm{res}}$ GO TO: 2. and compute next component

Data	$\mathbf{X}(I,J)$
Centered Data	$\mathbf{X}_c = \mathbf{X} - \mathbf{1}\cdot\bar{\mathbf{x}}_{1,J}$
Covariance Matrix	$\mathrm{cov}(\mathbf{X}) = \mathbf{X}_c^{\mathrm{T}}\cdot\mathbf{X}_c$

Eigenvalues decomposition

$$cov(\mathbf{X})\cdot\mathbf{V} = \mathbf{\Lambda}\cdot\mathbf{V}$$
$$\mathbf{T} = \mathbf{X}_c\cdot\mathbf{V}$$

Singular value decomposition

$$\mathbf{X}_c = \mathbf{U}\cdot\mathbf{S}\cdot\mathbf{V}^{\mathrm{T}}$$
$$\mathbf{S} = \mathbf{\Lambda}^2 \qquad \mathbf{T} = \mathbf{U}\cdot\mathbf{S}$$

FIGURE 6 PCA derivation according to different algorithms.

$$\mathbf{X} = \mathbf{U} \cdot \mathbf{S} \cdot \mathbf{V}^{\mathrm{T}} \tag{7}$$

$\mathbf{U}(I \times A)$ and $\mathbf{V}(J \times A)$ are orthonormal and $\mathbf{S}(A \times A)$ is a diagonal matrix with elements equal to ${\lambda_a}^{1/2}$, where λ_a are the eigenvalues collected in the diagonal matrix $\mathbf{\Lambda}$, $\mathbf{V}$ is the loadings matrix and the product $\mathbf{U} \cdot \mathbf{S}$ gives the scores. We can rewrite Equation (7) as

$$\mathbf{X} = \left(\mathbf{U} \cdot \mathbf{\Lambda}^{1/4}\right) \cdot \left(\mathbf{\Lambda}^{1/4} \cdot \mathbf{V}^{\mathrm{T}}\right) \tag{8}$$

We have in this way weighted 'scores' and 'loadings' equally by the eigenvalues making the lengths of objects and variables vectors in the biplot approximately equal, thus, in a biplot, for the corresponding components, $\mathbf{T}^* = (\mathbf{U} \cdot \mathbf{\Lambda}^{1/4})$ and $\mathbf{V}^* = (\mathbf{\Lambda}^{1/4} \cdot \mathbf{V}^{\mathrm{T}})$ are plotted simultaneously. A further option is to take into account the difference in dimensionality between rows and columns, and use a normalizing factor, for example, $(I/J)^{1/4}$ and $(J/I)^{1/4}$ factors for $\mathbf{T}^*$ and $\mathbf{V}^*$, respectively [44].

This, also called symmetric scaling, is not the only adopted choice in biplot representation; alternatives are obtained considering the general expression, with α varying between 0 and 1:

$$\mathbf{X} = \left(\mathbf{U} \cdot \mathbf{\Lambda}^{\alpha/2}\right) \cdot \left(\mathbf{\Lambda}^{(1-\alpha)/2} \cdot \mathbf{V}^{\mathrm{T}}\right) \tag{9}$$

The symmetric scaling just described corresponds to $\alpha = 0.5$. For a detailed discussion on the implication of the different choices see Refs. [26,27,37,44]. The most common alternatives are $\alpha = 0$, in which case the plot gives Euclidean distance among variables and Mahalanobis distance among objects; and $\alpha = 1$, in which case the plot gives Euclidean distance among objects and Mahalanobis distance among variables.

3.1.2 *Extracting Information from the PCA Model*

A PCA model is determined once the number of PCs to be retained has been fixed. The maximum number of PCs that can be calculated corresponds to the mathematical rank of the data matrix (if data are not significantly correlated, the rank is min(I, J), otherwise it can be lower), but the interest is generally in recovering the 'chemical' rank, that is, the number of underlying phenomena, latent variables sufficient to describe the problem/system at hand.

When, as illustrated here, PCA is used as an EMDA tool, as the purpose is graphical representation/inspection of data, the matter of choosing an appropriate number of PCs, at first sight, does not seem so relevant. This is true, and not true, at the same time. True because it is always possible to calculate all components up to the rank and identify the most significant PCs by sequential graphical inspection of score plots. Not true because the residual $\mathbf{E}$ (the errors part or the not systematic variation in data) does constitute a relevant part of what we also want to know about our data, such as outliers, noise content. More generally, we may see

PCA decomposition not only as 'data structure' + 'noise' but as 'pertinent information' + 'other structured variation' + 'noise'. Thus, establishing the number of components corresponding to 'pertinent information', and hence establishing a PCA model, is useful. It has to be stressed that by retaining all components no data reduction is operated (except for the compression from J to the mathematical rank) and noise is not estimated; only an orthogonal rotation of the variables space is accomplished.

Several criteria and rules of thumb have been formulated [26,28,46] to answer the question: How many PCs? In EMDA, criteria based on statistical inference, that is, on formal tests of hypothesis, should be avoided as we do not want to assume, in the model estimation phase, our PCs to follow a specific distribution. In this context, more intuitive criteria, albeit not formal, but simple and working in practice, are preferable, especially graphics-based criteria, such as sequential exploration of scores plots and/or inspection of residuals plots; plots of eigenvalues (scree plots [47]) or cumulative variance versus number of components. Different consideration holds when PCA is used to generate data models that are further used, for example, for regression, classification tasks or process monitoring [48,49] (Section 3.1.5), where PCA model validation, for example, by cross-validation, in terms of performance on the assessment of future samples has to be taken into account.

By exploring scores plots for subsequent components, the number of PCs can be evaluated on the basis of data structure description and one can stop when no further salient information about sample patterns is gathered (Figure 7). Residual plots allow checking if some systematic variation is left in the unmodelled part of the data; in general, residuals should be normally distributed around zero with no specific trends (Figure 7, bottom third from left). The reasoning behind the use of scree or cumulative variance plots is that components describing systematic variation will both account for a larger portion of data variance and are not likely to account for an equal amount of variance each. Instead, components describing unsystematic variability, 'noise', reflect a situation of equivalent captured variance in almost all directions in the space of the original variables, that is, the situation of randomly or uniformly distributed data. Thus a change from steep to shallow slope in the line connecting the points reported in a scree graph can be considered to correspond to an optimal number of components. In Figure 8, for the same data set shown in Figure 7 the scree plot, reporting both eigenvalue and log(eigenvalues), the cumulative variance and the eigenvalue ratio plot are compared; the suggested number of components is 2 (classical scree) or 3 (scree variant) and 4 for cumulative variance. Two PCs, considering that now data have been centred, are sufficient to extract category-related information.

Another simple rule is retaining a number of components corresponding to a given percentage of accounted variance, for example, 80–90%. In this case, the kind of data and the type of pretreatment (Section 3.1.3) have to be taken into account: typically, if the data matrix is not centred, the first component

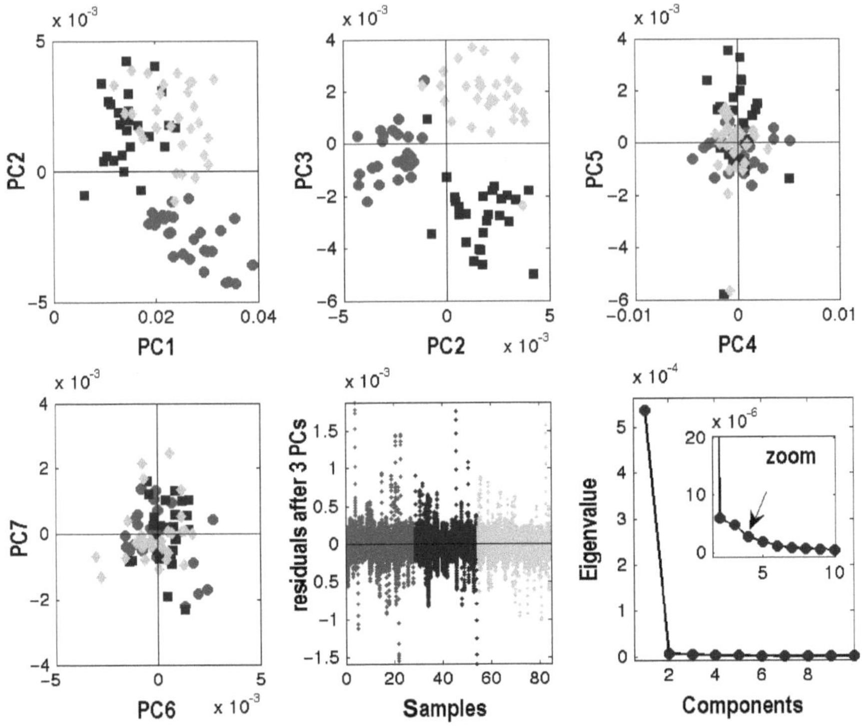

FIGURE 7 The analysed data set consists of three categories of animal feed characterized by NIR spectroscopy. Data are first derivative spectra but are not centred. Scores plots for subsequent components top and first left bottom. PC1 accounts for 95.6% of data variance and describes just the distance from the origin (i.e. it resembles the average spectrum), PC2 (1%) and PC3 (0.9%) show the structure, distinguishing the three categories. PC4 describes some peculiar samples. Further PCs show almost uniform distribution. Residuals versus samples number, coloured according to category (bottom: second from left). Scree plot (bottom left) suggesting 3–4 PCs. (For colour version of this figure, the reader is referred to the online version of this chapter.)

will account for a very large percentage of data variance and will correspond to the average variable profile. Moreover, especially with some kind of spectral data, like near-infrared (NIR) signals, the interesting chemical variability may represent a very low portion with respect to other sources of physical variability: in these cases, if the sources of non-relevant variability have not been removed by pretreatment, patterns will emerge in the last PCs instead of the first few.

Other rules are based on numerical evaluation of the eigenvalues: it is assumed that in the case of perfect independence among variables, the PC will be the same as the original variables (PCA represents an invariant rotation of axes) and will account for unitary variance in case of autoscaled data, thus a PC with an eigenvalue less than 1 contains less information of one original variable and could be discarded (this rule sometimes is also taken as eigenvalues

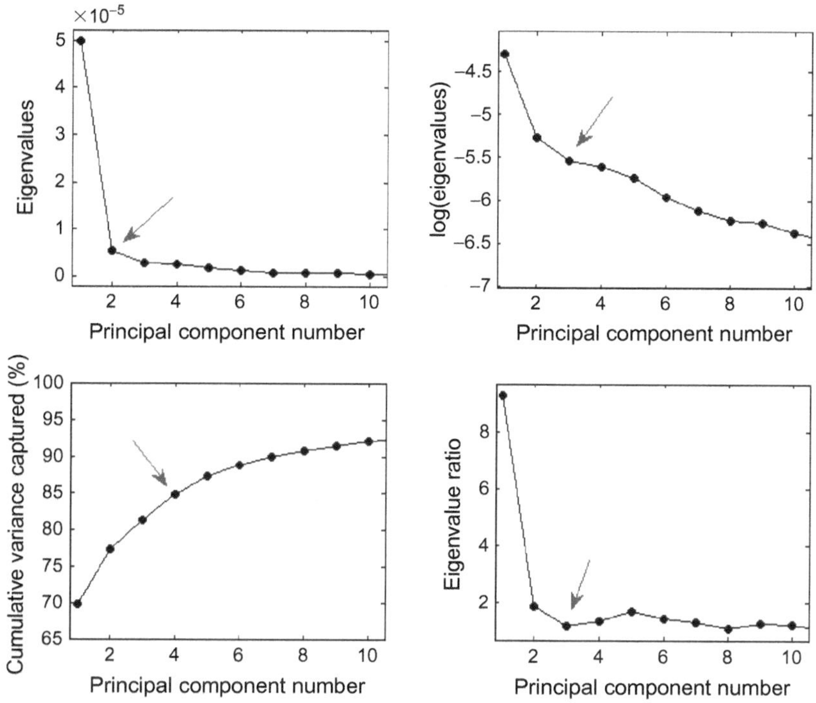

FIGURE 8 Same set of data as in Figure 7 but PCA has been computed on centred data. Top left: scree plot, taking 2 PCs seems appropriate. Top right: logarithm of the eigenvalues versus PC number, the trend is smoothed and suggests taking 3 PCs. Bottom left: plot of cumulative variance versus PC number, a plateau is reached with 4 PCs (85% variance explained). Bottom right: ratio of eigenvalues, starting from eigenvalue PC1/eigenvalue PC2; suggestion is to stop at 3 PCs, as the ratio of 3 PCs/4 PCs is very small compared to the previous ones. (For colour version of this figure, the reader is referred to the online version of this chapter.)

less than 2). This rule has also been extended to not autoscaled data considering that PC accounting for a percentage variance less than $100 * (V_{tot}/J)$, where V_{tot} is the total variance of the data set, can be discarded.

It may be argued that these criteria are subjective and it may be difficult for the user to take a decision. However, it should be remembered that EDA is always a subjective exercise composed of several steps: a chemometric tool may be wrong or right for a given purpose/set of data, but it will never be the only one that can be applied, thus the user will have the honour, and the burden, of experimenting different ones. The same holds true for the number of PCs to be retained: while it is mandatory to be aware of the consequences, in terms of how (which feature of) a data set will be modelled as a consequence of that choice, the choice itself is a responsibility the user has to take.

Once a PCA model is obtained, information may be retrieved from eigenvalues (explained variance, redundancy), scores (on samples, systems, conditions, e.g. time, ageing, etc., depending on what is reported on data table rows), loadings (on variables, signal regions depending on the kind of data), biplot (reciprocal behaviour and trends in samples/variables) and residuals matrix **E** (anomalous/unmodelled samples and variables, model diagnostic). Figure 9 offers a schematic view and a reference summary.

Furthermore, in the specific case in which the PCA score plot reveals the absence of grouping and clusters, that is, the data set being analyzed is composed of samples of the same nature which represent the same system or population, it may be assumed that the calculated PCA model represents a homogeneous set of samples, a specific category, and such a question can be formulated: How fit is a sample (in the actual data set or a future one) to this model?

To get an answer it is useful to calculate two distances: the distance of a given sample from the PCA model hyper plane and from the centre of the

PCA summary

1. Model
   - % Explained *X-Variance:* closeness between principal component space and original data space.
2. Objects (samples, systems)
   - Scores scatter plots $\boldsymbol{t}_1$ vs. $\boldsymbol{t}_2$ etc.: position of objects in the new components (PCs)—space, grouping, trends.
   - Scores line plots $\boldsymbol{t}_1$, $\boldsymbol{t}_2$ vs. number of sample: e.g. if sample have a temporal order allows exploring trajectories.
   - Leverage (diag[$\mathbf{T}_A(\mathbf{T}_A{}^{\mathrm{T}}\mathbf{T}_A)^{-1}\,\mathbf{T}^{\mathrm{T}}{}_A$]): how influential is a variable compared to the rest of the data set
3. Residuals (check for outliers, unmodeled data structure)
   - Plots of PC_{A+1} vs. PC_{A+2} etc.: how much structure/information remains after A-LV. Colour by categories or other additional information (dates, batches,..)
   - Residuals plots: $\mathbf{e}_{ij}$ vs. $\boldsymbol{x}$'s values, vs. order of samples aquisition, etc.. Check randomness, omoschedasticity, non-linearity.
   - T^2 vs. Q plot: influential samples and outliers
   - T^{2}- contribution Q-contribution plot: influence of variable on extreme samples
4. **Variables**
   - Loadings scatter plots v_1 vs. v_2 etc.: role of original variables in determining the new PC's space. Trends, correlation among X variables.
   - Leverage (diag[$\mathbf{V}_A(\mathbf{V}_A{}^{\mathrm{T}}\mathbf{V}_A)^{-1}\,\mathbf{V}^{\mathrm{T}}{}_A$]): how influential is a variable compared to the rest of the data set
5. **Variables/objects**
   - Biplots t_1 & v_1 vs. t_2 & v_2: simultaneous description of samples and variables reciprocal influence.

FIGURE 9 Summary of PCA outputs.

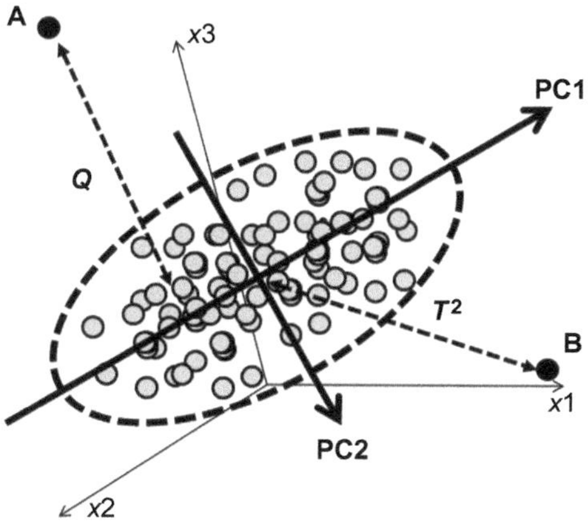

FIGURE 10 Graphical representation of the PCs space for a two-component model on a three-variable data set.

model (Figure 10). The sum of squared residuals for each sample, here named Q (other commonly encountered names are SPE, DModX), is a measure of the distance of a sample from the PCA model (i.e. the higher Q is, the lower the fit of the model). Q is the sum of squares of each row (sample) of $\mathbf{E}$; that is, for the ith sample in $\mathbf{X}$, $\mathbf{x}_i$:

$$Q_i = \mathbf{e}_i \cdot \mathbf{e}_i^{\mathrm{T}} \tag{10}$$

where $\mathbf{e}_i$ is the ith row of $\mathbf{E}$. Q values indicate how well each sample conforms to the PCA model, that is, it is a measure of the difference, or *residual*, between a sample and its projection into the A PCs retained in the model (the distance of point A, Figure 10, from the PC's plane).

The squared elements of a single row of the, I by J, $\mathbf{E}$ matrix, $\mathbf{e}_i^2$, represent the Q contributions for a given sample, which is an indication of how much each variable contributes to the overall Q for the sample, and is particularly useful in identifying the variables which contribute most to a given sample's sum-squared residual error. To retain information about the sign of the deviation for a given variable, in some of the most common softwares it is possible to find some implementations, such as sign($\mathbf{e}_i$)$*\mathbf{e}_i^2$, or simply $\mathbf{e}_i$, instead of $\mathbf{e}_i^2$ representing the Q contribution plot.

The sum of normalized squared scores, T^2, known as Hotelling's T^2 statistic [50], is a measure of the variation in each sample within the PCA model (the distance of point B, Figure 10, from the centre of the PC's plane). T^2 is defined as

$$T_i^2 = \mathbf{t}_i \lambda^{-1} \mathbf{t}_i^{\mathrm{T}} \tag{11}$$

where $\mathbf{t}_i$ refers to the ith row of $\mathbf{T}$, the scores matrix from the PCA model, and λ is a diagonal matrix containing the eigenvalues (λ_1 through λ_A) corresponding to the A eigenvectors (PCs) retained in the model. T^2 contributions describe how individual variables contribute to the distance of Hotelling's T^2 value for a given sample. The contributions to T_i^2 for the ith sample, $\mathbf{t}_{\mathrm{con},i}$, is a vector calculated from

$$\mathbf{t}_{\mathrm{con},i} = \mathbf{t}_i \lambda^{-1/2} \mathbf{P}^{\mathrm{T}} \tag{12}$$

and can be considered a scaled version of the data within the PCA model to equalize the variance captured by each PC.

Assuming a normal distribution of the scores (which may be reasonable in this specific case, as PCs are derived for a single category and PCs are in general more normally distributed than original variables), two statistics can be associated to the two distances: Q statistics [51,52] and Hotelling's T^2 statistics [50]; for a discussion and further details on these statistics and their application the reader is referred to Chapter 4, Sections 5 and 6 [53–55].

From an explorative point of view, the T^2 versus Q plot (Figure 11) allows the inspection of peculiar samples. When the confidence limits, calculated according to the respective statistics, are added, the plot is split into four regions:

I. The model space (bottom left) where normally behaving samples belong;

II. The region of extreme samples (bottom right), which show an extreme behaviour because they respect the variable correlation structure captured by the PCA model but get high values in scores space. These samples, whose T^2 values are high, are also said to have high leverage because they pull the PC axes towards them;

III. The region far from model samples (top left): these samples, whose Q values are high, look 'well behaving' once projected on model space, because they share some features with the modelled category, but are not well modelled because part of their variation is not accounted for by the model (e.g. a sample which has the same composition as the modelled category but contains a chemical compound which is not present in the other ones);

IV. The outliers region (top right), where all the anomalous, extreme and not modelled samples belong, having both T^2 and Q high values.

Moreover, by means of contribution plots [56] it is possible to come back to the original variables and their contribution to each distance, thus understanding why the samples behave differently or extremely with respect to the others. The use of confidence limits [57], additionally, can help in the identification of which contribution is statistically significant: often, considerations on the highest absolute value are not sufficient to highlight contributions for variables which have a wide variability range and also for not extreme samples, as can be seen in Figure 11.

3.1.3 Data Pretreatment

Explorative data analysis aims at looking at/into data. It is a common experience that things may be seen from different angles and perspectives, and

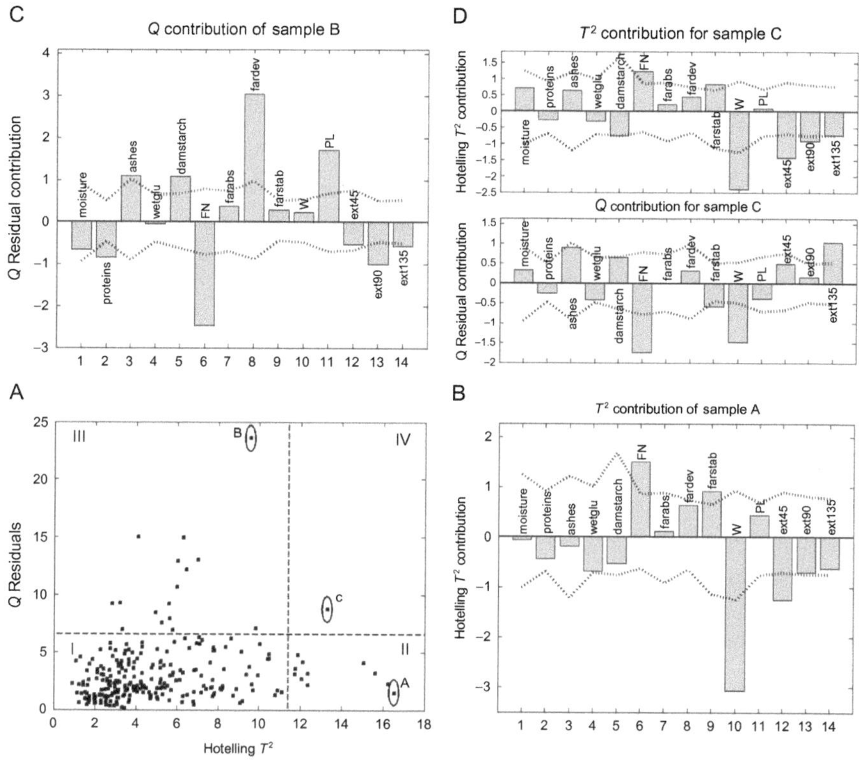

FIGURE 11 Representation of T^2 versus Q values for the samples in the PCA model of Flour-Rheo Data set and contribution plots to the distances for some illustrative samples. Confidence limits (dotted black lines) are computed at 95%; for contribution plots they are based on the 5th to 95th percentile range of values for samples in region I. (A) The T^2 versus Q plot: the four regions of the graph (I–IV) are described in the text. (B) Contribution to T^2 distance for sample A in region II: the sample presents an extreme value for parameters W and ext45 (lower value than the mean of the model), FN and farstab (higher value). (C) Contribution to Q distance for sample B in region III: correlation structure is not respected for several parameters, for example, FN, fardev and PL. (D) Contribution to T^2 and Q distances for sample C in region IV: the sample presents extreme values for several properties (e.g. W, FN and ext45) and correlation structure is not respected mostly by FN, W and ext135.

resolution changes depending on the distance from which things are observed, illumination and so on. The way to introduce different perspectives and resolution in looking at data is to apply data pretreatments or preprocessing. In this respect, EMDA offers different views depending on which data set has been given as input, raw or processed according to the type of processing, and by comparing these different views it also becomes possible to assess the effects the applied pretreatment has introduced. Thus EMDA results, while depending on data pretreatment, also provide a diagnostic tool to orient pretreatment choice.

Here, the subject will not be entirely covered, but the main data pretreatment tools will be illustrated following the two general cases, considering the data table is organized as samples/objects in the rows and variables in the columns, rows and columns pretreatments.

3.1.3.1 Column Pretreatment

These pretreatments include data centring and scaling.

Data centring across columns consists of subtracting a constant term, also called offset, for all samples (rows) from each variable:

$$\overline{x_j} = \sum_i x_{ij}/I \tag{13}$$

From a geometric point of view this operation corresponds to setting the centre of the coordinates system (both variables and PCs spaces) equal to zero. From a practical point of view this means to look at data from the inside of the data, not from a distance; this is illustrated in Figure 12 where the scatter plot of the first two PCs is shown before and after columns centring the data. Or, in other words, if we considered the variables average as a rough summary of our samples data, centring may help focusing on the 'differences' discarding what is a common pattern. Columns mean centring keeps the distances among samples in variable/PCs space unchanged.

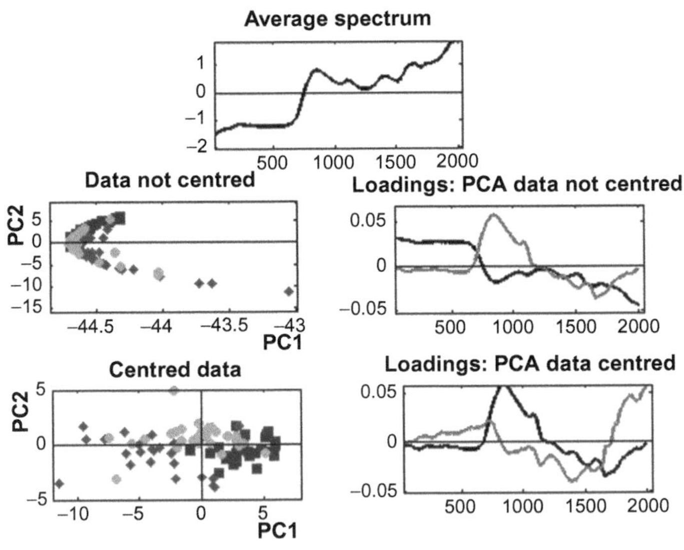

FIGURE 12 The analysed data set consists of three categories of animal feed characterized by NIR spectroscopy. Spectra are SNV preprocessed. The first PC loadings of not centred data (middle right, black line) closely resemble the average spectrum (top). The PC1 versus PC2 scores plot (middle left) shows the distance from the 0,0 point. The first PC loadings of centred data (bottom left, black line) are like the PC2 loadings (middle left, grey line) of not centred data. (For colour version of this figure, the reader is referred to the online version of this chapter.)

Thus, centring may be generally useful, in situations where the previously mentioned considerations hold true. When centring is appropriate, data rank is generally reduced. Also, centring may increase the efficiency of some algorithms for PCA estimation, such as NIPALS or POWER method.

Of course, centring is not a sensible choice when it is meaningful to consider the distance of the objects from the zero origin, or we are interested to obtain models under non-negativity constraints, for example, because 'chemically' interpretable scores values in terms of chemical concentrations are needed.

Mathematically speaking, centring may be seen as projecting the data onto a space where the common offset represented by the column average is removed [58]. Fitting a PCA model to centred data can be seen as a two-step procedure: first, the average is removed; and second, the model is fitted and model parameters, for example, loadings and scores, are estimated. This may have some drawbacks in specific situations, for example, when dealing with incomplete data with missing elements. In this case, removing averages and then fitting a model is non-optimal and may alter the data structure, producing wrong results, as wrong data dimensionality estimation.

In food data analysis practice, one aspect has to be taken into consideration: the samples often belong to different conditions, such as same food sampled by different producers or at different locations and/or at different times (seasons, years) and so on. In these cases, different views/information are obtained by simply column centring or centring separately each 'block' of samples, even if the resulting column averages are zero in both cases. An example is given in Figure 13, where samples are casks of balsamic vinegar at different ageing (the time order, from the youngest to the oldest, is indicated by symbols: black asterisk, light blue cross, magenta triangle, green diamond, red square, blue circle, respectively) belonging to three different producers (C, M and S) characterized by organic sugars and acid content [59]. It can be seen how columns centring by subtracting the overall column average obscures the trends inside each series of casks: anchoring the variation to the overall average, the inter-producers differences are highlighted (Figure 13, top right). By subtracting the average for each series separately, the ageing trend within each series is better depicted (Figure 13, bottom left), which reflects typical features, such as the starting age of the series, the extent of yearly topping up and so on. Moreover, the PC1 versus PC2 scores plot now shows a distinction by cask ageing instead of by producer.

PCA seeks directions of maximum variance and variance depends on the measurement scale of the variables, thus it is important to focus our attention on the kind of variables we have measured to characterize our data: Are the scales comparable? Are we interested in allowing each variable the same chance to contribute to the PCA model? Which is the noise level?

Scaling will cope with these issues. Columns scaling means to apply a weight to each variable:

$$\mathbf{X}_{\text{scaled}} = \mathbf{X} \cdot \mathbf{W} \tag{14}$$

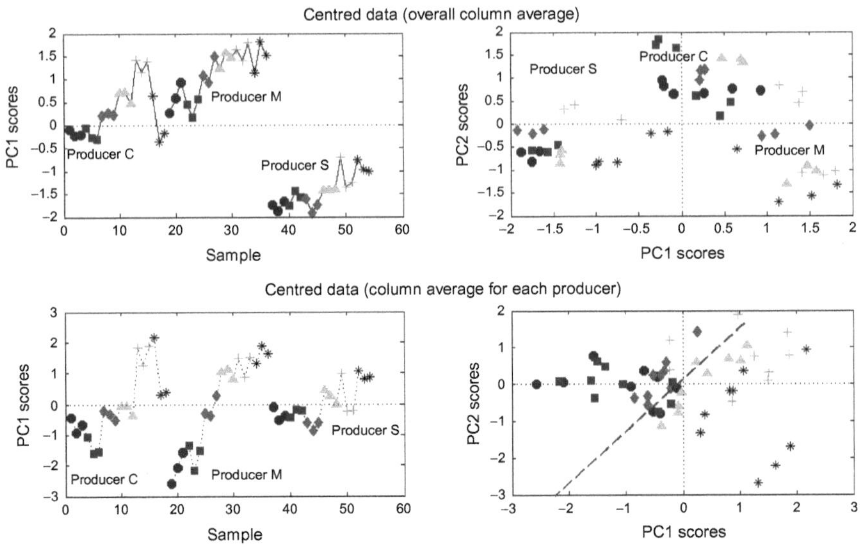

FIGURE 13 Scores plot of PCA of balsamic vinegar at different ageing corresponding to two different centring procedures. Top plots: overall average removed; bottom plots: series average removed. The different coloured symbols indicate ageing of each cask (three replicates for each one): the time order, from youngest to oldest, corresponds to the following symbols: black asterisks, light blue cross, magenta triangles, green diamonds, red squares, blue circle). Letters indicate the three different producers: C, M and S. The dashed oblique line in the bottom right figure highlights a possible separation by cask ageing of three oldest (above the line) from the three youngest (below the line). (For interpretation of the references to colour in this figure legend, the reader is referred to the online version of this chapter.)

The weights matrix **W** is a diagonal matrix of dimension $J \times J$ whose diagonal elements are weights to be applied to each column. The main purpose of scaling is to change the importance attached to different parts of the data in fitting the model. Thus, in general, scaling may be seen as a way to introduce our knowledge about the nature of the variables, their relevance to our data description and so on. The choice of the type of weight to apply depends on the specific data set and our aims. Three main objectives are pursued by scaling: (1) to adjust scale differences; (2) to take into account noise level; and (3) to consider in the same data set variables differing in size and/or kind, for example, punctual and spectral variables altogether.

Case 1. The first case arises because a PCA model is based on describing data variance: as a consequence, the variables showing large variation are implicitly important, that is, more important than the others. The point is, why do those variables have a bigger variability? In case the variation is solely due to a matter of scale (units of measure) or if it reflects the different amount of compounds (the presence of major and minor constituents albeit all potentially interesting to describe/differentiate the studied samples), it is fair to scale variables. On the contrary, if the variation is only due to noise (which has to be estimated by replicate measures, unless the uncertainty associated with the specific method of measurement of the given variable is known by previous experimentation), the result of scaling enhances unimportant variables, thus leading to a poorer model. In order to adjust for scale differences, it is common to use as variables weights (scaling factors) a measure of the data dispersion, such as:

- The inverse of the standard deviation (scaling to unit standard deviation or unit variance);
- Pareto scaling [60] (uses the inverse of the square root of the standard deviation, has an effect, that is, somehow intermediate between using raw variables and scaling, in the sense that large variance variables are less down-weighted);
- Range scaling [61] (uses the inverse of variable range as weight, thus resulting more sensitive to outliers, a problem which can be avoided by using robust range estimators);
- Va.st. (variable stability) scaling [62] (it consists of down-weighting those variables that are the least stable and focusing on stable variables, using the standard deviation and the so-called coefficient of variation as scaling factor).

Case 2. In this case, scaling may be used to account for non-constant noise level (error variance), and the applied weight corresponds to the inverse of residual variance of each variable (it seems similar to unit variance scaling but instead of the standard deviation of the variable, the residuals standard deviation, as assessed by replicates, is used), down-weighting variables whose uncertainty is higher.

Case 3. In this case, subjective weights are given to variables. The most common case is the one in which it is necessary to consider subsets of variables of different nature, for instance concentration variables together with spectral variables, such as NMR fingerprint. Because the number of spectral variables is very high, and each one contributes to data variance, the model will focus on explaining only the spectral variables. To solve this issue, the spectral variables can be block-scaled [62] so that their total variation is set equal to the total variation of the metal content variables: in this way both blocks of data are given an equal chance of influencing data variance. The weights to accomplish block-scaling are defined as

$$w_{jB} = \sqrt{\frac{\mathrm{SS_{TOT}}}{\mathrm{SS_{BLOCK}} \cdot n_{\mathrm{BLOCK}}}} \tag{15}$$

where w_{jB} is the weight to be assigned to each variable in a given block, B; $\mathrm{SS_{TOT}}$ is the total sum of squares (alternatively, variance can be used) over all J's variables, $\mathrm{SS_{BLOCK}}$ is the sum of squares over the J's variables belonging to the given block and n_{BLOCK} is the number of variables inside the block.

Most often, block-scaling is coupled with scaling to unit variance, meaning that each variable is weighted by its inverse standard deviation, but a correction term taking into account the number of variables in each block is also included; that is, the weight to be applied to each variable is

$$w_{jB} = \left[J/\left(\sigma_{jB} \cdot n_{\mathrm{BLOCK}}\right)\right]^{1/2} \tag{16}$$

Block scaling is also useful in the case where the variables are of the same nature, for example, chromatographic or spectral signals, but their variation reflects the presence of peaks/bands that account for constituents present at different concentration, such as main/secondary metabolites, metals/trace metals and so on. In this case, the blocks are defined as signal regions, not necessarily contiguous, each including peaks of similar variation together with some baseline regions (in order to avoid up-weighting of noise) as shown in Figure 14.

Scaling is most often coupled with centring; autoscaling, for instance, refers to columns centring plus dividing by columns standard deviation. The distance among samples is not preserved by scaling: Figure 15 shows how PCA scores and loadings are affected by data scaling (data set: FlourRheoData, see Section 3.1.4 for more information on it).

3.1.3.2 Row Pretreatment

In this section pretreatments applied in the rows direction are discussed; this is also called data preprocessing and most applications concern data signals, in particular spectra. Here, we will refer mainly to the preprocessing of NIR

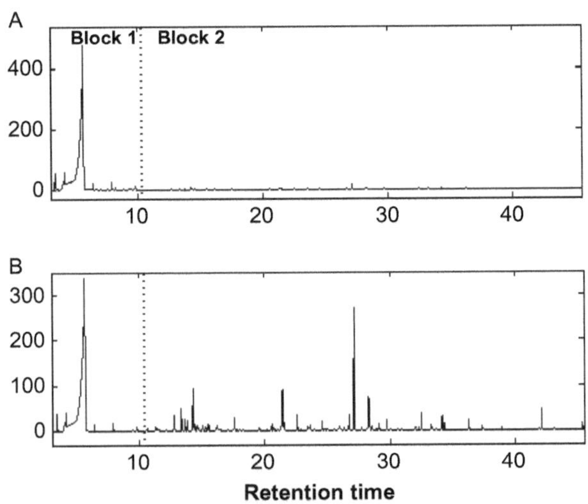

FIGURE 14 GC-FID chromatograms of vinegar samples (A) before and (B) after block-scaling; two blocks were defined and are indicated by numbers and separated by vertical lines.

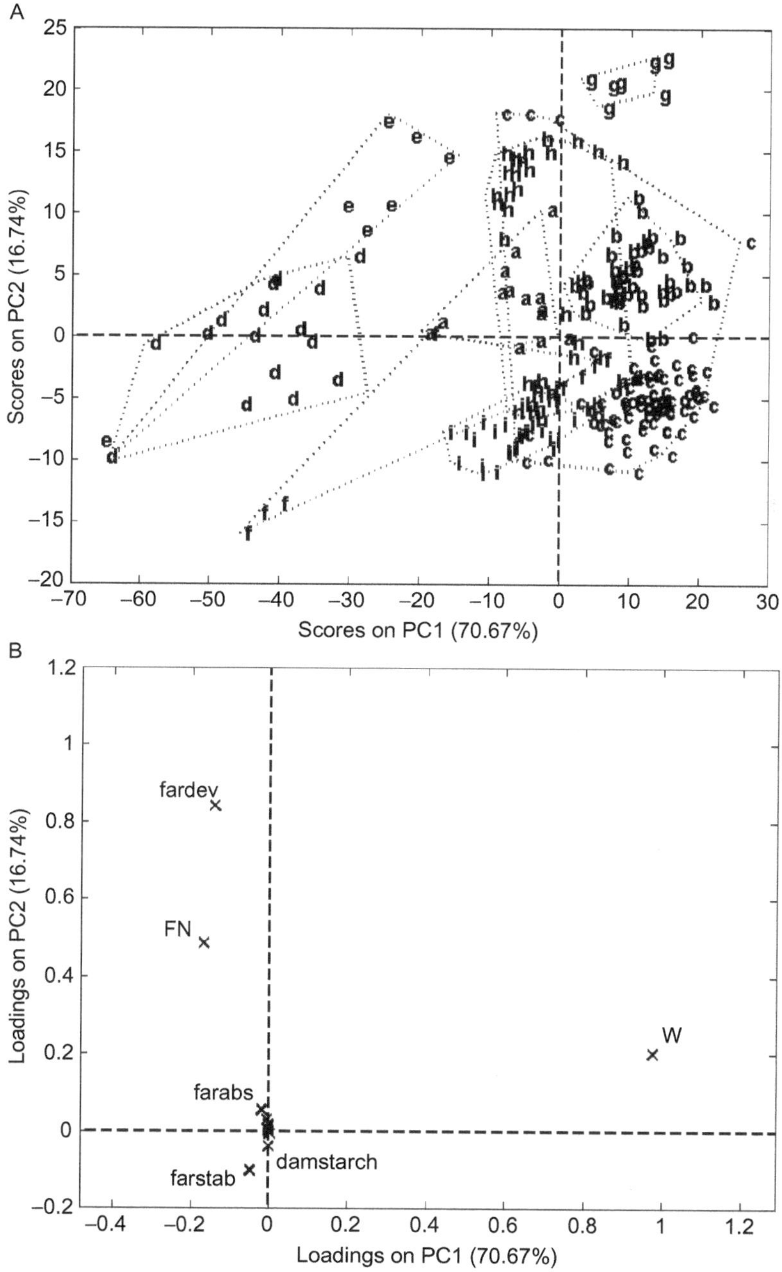

FIGURE 15—Cont'd

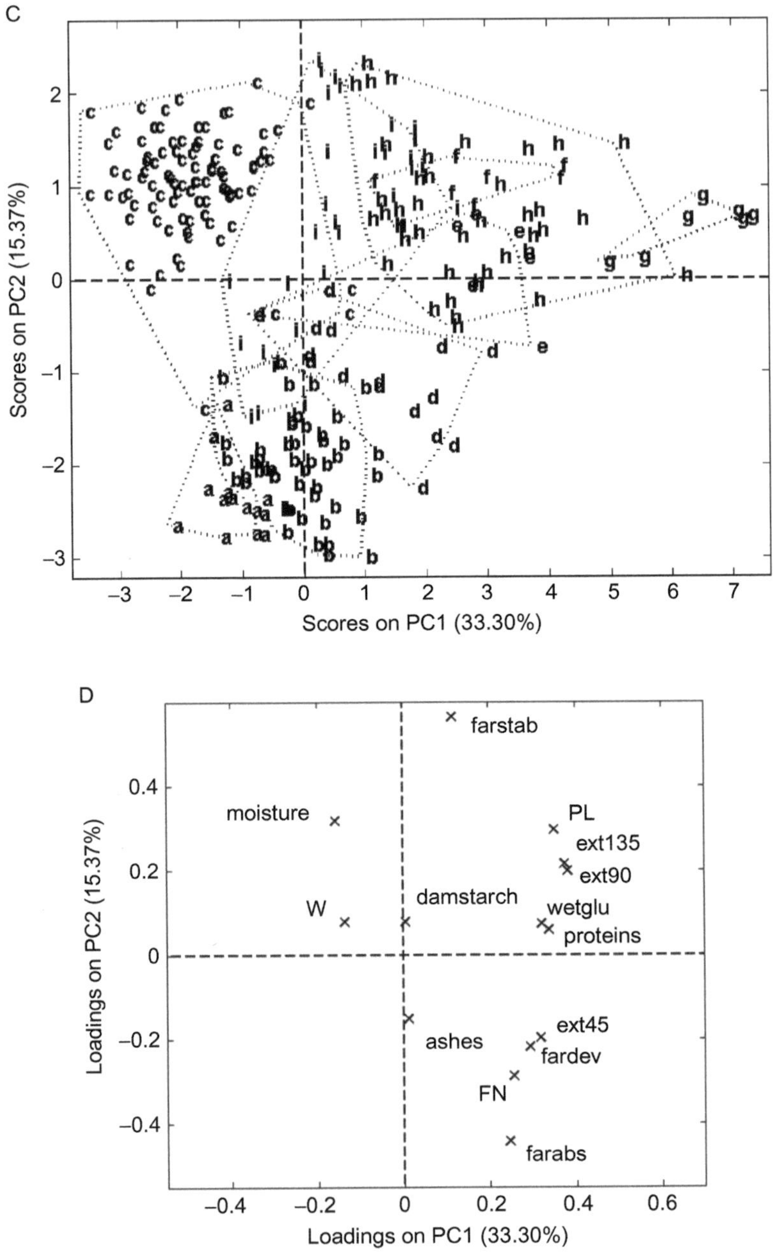

FIGURE 15 Example of the effect of data scaling on data set FlourRheoData: (A) scores for PC1 versus PC2 and (B) loadings for PC1 versus PC2 for the mean centred data; (C) scores for PC1 versus PC2 and (D) loadings for PC1 versus PC2 for the autoscaled data.

spectra, given the high relevance this technique has acquired in food analysis; however, the concepts are generally applicable.

Signal preprocessing is applied to correct/remove the contribution of undesired phenomena ranging from stochastic measurement noise to various sources of systematic errors: non-linear instrument responses, shift problems and interfering effects of undesired chemical and physical variations. These operations are also known as de-noising, smoothing, background and baseline corrections, normalization (transforming to a scale of relative intensity), alignment (removing horizontal shift), and correction for scatter in NIR. Moreover, transforming the signal, for example, by derivative operations, can implicitly accomplish normalization, baseline removal and partial band deconvolution. As far as removing horizontal shift is concerned, which is a frequent issue arising in chromatography, in NMR signals, as well as in time series data, several algorithms [63–67] which can aid to remove misalignments have been proposed.

A general distinction in preprocessing methods may be in terms of filtering methods, which transform measured data mathematically into a presumably 'better' version of the same data, leaving out some undesired types of variation, and model-based methods, where the 'better' version is obtained based on a more explicit mathematical model in such a way that the information filtered out is not lost, as statistical estimates of the mathematical parameters involved in the filtering are also obtained.

Among the most used filtering methods for de-noising/smoothing, that is, removing uninformative high-frequency variation, there are moving average and polynomial Savitsky–Golay filtering [68], which works on the assumptions that the signal is smooth compared to noise (sum of monotonic functions); noise is mainly uncorrelated and will be eliminated by mild methods. Alternatively high-frequency contributions may be removed in frequency (Fourier transform) or wavelet (wavelet transform) domain. Some examples are given in Figure 16.

The need to normalize signals, which consists in passing from the measurement scale to a relative one, may arise for different reasons in different contexts. The normalization issue is relevant for signals where peak intensity/area is proportional to concentration and it is not possible to use exactly the same amount of matter for each sample, for example, in high-resolution magic angle spinning-NMR signals where semi-solid samples are used. Other examples are those situations in which the intensity of the signal is affected by physical or chemical variability different from the one we are interested to model, such as water content, temperature, and particle size in NIR, which may be due to the acquisition condition being different from sample to sample. Normalization avoids that these differences in concentration overwhelm the variability due to actual differences in the samples. Signals could be normalized to unit length, unit area, maximum intensity, or according to a reference, intense, well-resolved peak, which is present in all samples and whose

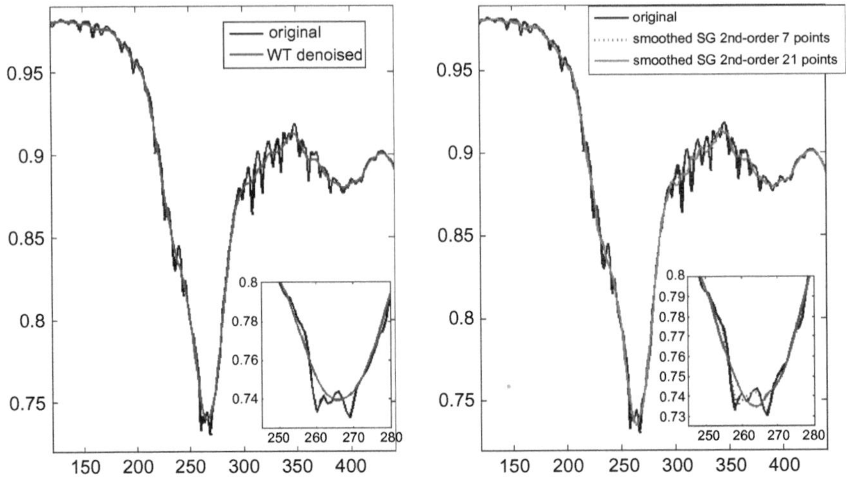

FIGURE 16 An example of a noisy band in a medium-IR spectrum of a balsamic vinegar sample. Left plot: black line corresponds to original signal; grey line the same signal de-noised by a db1 wavelet filter at level 3 (all detail coefficients from level 1 to 3 were set to zero, only approximations at level 3 were reconstructed). Right plot: black line corresponds to original signal; blue dashed line to the same signal after smoothing with an SG filter, 7-point window, second-order polynomial; grey line to smoothing with an SG filter, 21-point window, second-order polynomial. (For interpretation of the references to colour in this figure legend, the reader is referred to the online version of this chapter.)

variation is uninteresting (as it will get the unit value for all samples, thus remaining constant over the series of samples considered).

In cases where a constant offset (vertical shift) is present, it is common to perform row autoscaling, that is, centring and scaling to unit variance along time points and wavelength direction and so on (depending on the kind of signal). For NIR signals, this operation is better known as standard normal variate (SNV). This preprocessing, to some extent, implicitly accomplishes normalization too.

In the presence of a linear or curvilinear offset, the detrend method can be used. Detrending consists of fitting a polynomial of a given order to the entire signal range. As this algorithm fits the polynomial to all points, baseline and signal, it tends to work only when the largest source of variability in each sample is baseline/background interference, as in NIR signals; this means that it may remove variations which are interesting to model whenever the variation of interest is a reasonably significant portion of the overall variance.

When the polynomial is fitted to signal points, which are manually selected, that can be attributed only to baseline (background), then baseline (background) removal is achieved and the drawbacks of detrending are overcome. A variant for baseline correction is to do adopt a weighted least squares automatic procedure (asymmetric least squares [63]). This is an automatic approach to determine which points most likely belong to baseline only, by iteratively fitting a polynomial to each signal and determining which signal points are clearly above the 'fitted baseline' and which fall below. Then the points below are assumed to be more significant in fitting the baseline and get higher weights in the next iteration of fit. The baseline is usually approximated by low-order polynomial, but a specific baseline reference (background profile) can also be supplied.

A different approach, based on the assumption that the baseline/background is a low-frequency contribution, is to filter out this low frequency, for example, by using the wavelet transform [69] with a wide wavelet filter and removing approximation coefficients at a low scale. In Figure 17 a comparison of the same signals of different baseline correction methods is reported.

Computation of signal derivatives (also referred to as derivative spectra) allows the removal of constant (first derivative) and linear (second derivatives) offsets from the signal data [70,71]. Derivatives return the slope of a line at any given point: thus the first derivative of a signal shows a maximum where the signal has a maximum slope and crosses zero where the signal has a peak, which renders spectral interpretation more difficult; the second derivative accounts for the rate of slope change in the original signal and has negative peaks corresponding to peaks in the original signal, which allows them to be better interpreted. Drawbacks of derivatives are that scale is decreased and when, as in general, they are computed as differences, noise is increased, so they are often preceded by smoothing. Moreover, derivatives implicitly accomplish band deconvolution and, in general, tend to be far more amenable to use before multivariate analysis of NIR spectra.

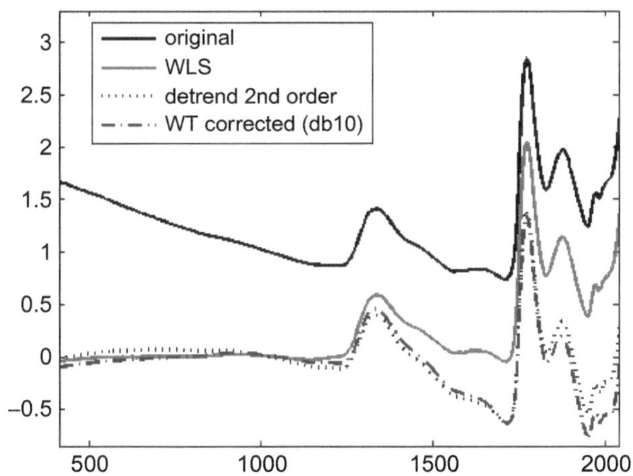

FIGURE 17 An example of baseline/background removal. In case of WT the approximations at level 9 obtained by a db10 wavelet filter have been removed.

Model-based preprocessing methods [72] assume a mathematical model to account for the different contributions to a signal, which can be expressed in the general form:

$$\mathbf{x} = b\mathbf{x}_{\text{ref}} + t\mathbf{P}^{\text{T}} + \varepsilon \tag{17}$$

where $\mathbf{x}_{\text{ref}}$ is a reference signal which represents at best the sought unknown 'true' signal ($\mathbf{x}_{\text{true}}$) that has to be recovered, and $\mathbf{P}$ contains terms modelling different phenomena: $\mathbf{P} = [\mathbf{P}_{\text{Phys}}, \mathbf{P}_{\text{chem\_irr}}, \mathbf{P}_{\text{chem\_i}}]$, such as physical variability ($\mathbf{P}_{\text{Phys}}$) due, for example, to light scattering (NIR), or thermal conditions; variability due to chemical effects but not relevant to the goals of data analysis ($\mathbf{P}_{\text{chem\_irr}}$), for example, compositional/structural changes due to seasonal variability not important for variety discrimination or water content and so on; and informative chemical variability ($\mathbf{P}_{\text{chem\_i}}$), for example, due to changes in concentrations of the analytes to be determined, in general variability which represents interesting information about samples to be captured/modelled by data analysis. In other words, it is assumed that each signal profile (chromatographic signals, absorbance spectra, etc.) for a set of related samples may be approximated as physical/chemical modifications of a 'true' signal.

The simplest method which corresponds to these terms is multiplicative scatter correction (MSC). In this case, it is assumed that chemical variation is small compared to physical variation (i.e. variation introducing a constant (additive)/proportional (multiplicative) baseline effect) and thus the true 'signal' may be replaced by a constant reference signal, usually the mean (or median) spectrum, $\mathbf{m}$ (it may also be a specific spectrum of the data set). The previous equation becomes

$$\mathbf{x} = b\mathbf{m} + a + \varepsilon \tag{18}$$

Solving by least squares, the multiplicative, b, and additive, a, parameters can be estimated and the signal profile corrected to

$$\mathbf{x}_{\text{corr}} = (\mathbf{x} - a)/b \tag{19}$$

This is a very strong simplification because it assumes that chemical variations, for example, analyte and possible interferant concentrations, have little effect on the observed spectra. However, it often works with NIR spectra, where the chemically relevant induced changes mostly manifest as 'shoulders' on a very strong background profile. A situation where MSC (as well as SNV for analogous reasons) does not work [72,73] is shown in Figure 18. A possible solution could be to apply MSC only on a given portion of the signal known to have constant chemical variation, for example, where an interferant at constant concentration is present, and/or belonging only to baseline (absence of chemical variation), as shown in Figure 18.

It has to be noted that, in the cases shown, derivative spectra would have solved the problem (see Figure 19).

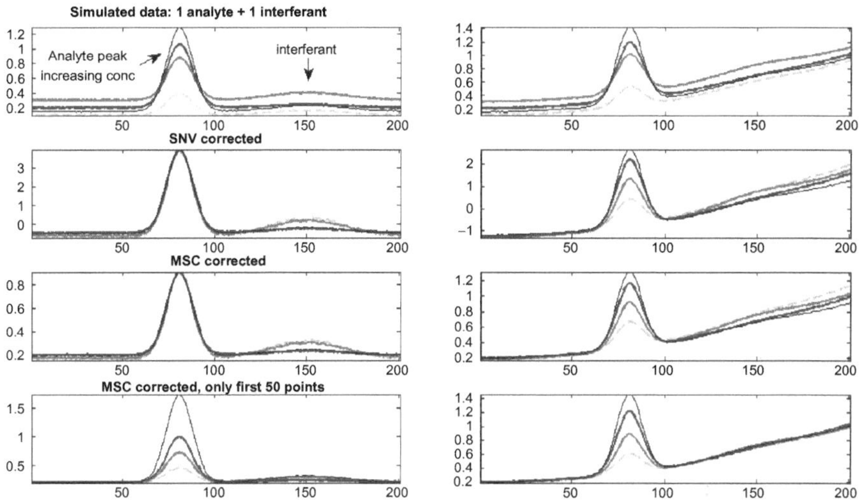

FIGURE 18 Simulated data with two peaks: one analyte of interest at increasing concentration and one interferant of varying intensity. Left subplots: vertical shift and white noise present, background absent. Right subplots: vertical shift, noise and background present. (For colour version of this figure, the reader is referred to the online version of this chapter.)

Going back to the general formulation of model-based preprocessing, the model can be extended (the method in this case is called extended multiplicative scatter correction (EMSC) [74]) to include other physical variations, for example, non-linear terms (not only proportional/multiplicative) with respect to wavelengths:

$$\mathbf{x} = b\mathbf{m} + a + c\boldsymbol{\lambda} + d\boldsymbol{\lambda}^2 + \cdots + \varepsilon \tag{20}$$

where $\boldsymbol{\lambda}$ is the abscissa vector and higher-order terms in $\boldsymbol{\lambda}$ may as well be considered.

Finally, to cope with situations which differ from the case where the assumption is made of very small effects of 'chemical' variation on spectra, the $\mathbf{P}_{\text{chem\_i}}$ terms may be introduced in the EMSC model. This can be done as an example by considering the signal profile of the pure analyte:

$$\mathbf{x} = b\mathbf{m} + t\left[\mathbf{P}_{\text{phys}}\mathbf{P}_{\text{chem\_i}}\right]^{\mathrm{T}} + \varepsilon = b\mathbf{m} + a + c\boldsymbol{\lambda} + d\boldsymbol{\lambda}^2 + h\mathbf{x}_{\text{pure}} + \varepsilon \tag{21}$$

In this case the a, b, c and d parameters estimated by linear fitting are not confused with the chemical variation because this is considered in the $h\ \mathbf{x}_{\text{pure}}$ term; hence we can correct for physical unwanted variation by

$$\mathbf{x}_{\text{corr}} = \left(\mathbf{x} - a - c\boldsymbol{\lambda} - d\boldsymbol{\lambda}^2\right)/b \tag{22}$$

In Figure 20, an example is shown where this approach has been applied; however, because the interferant concentration is not constant, in order to

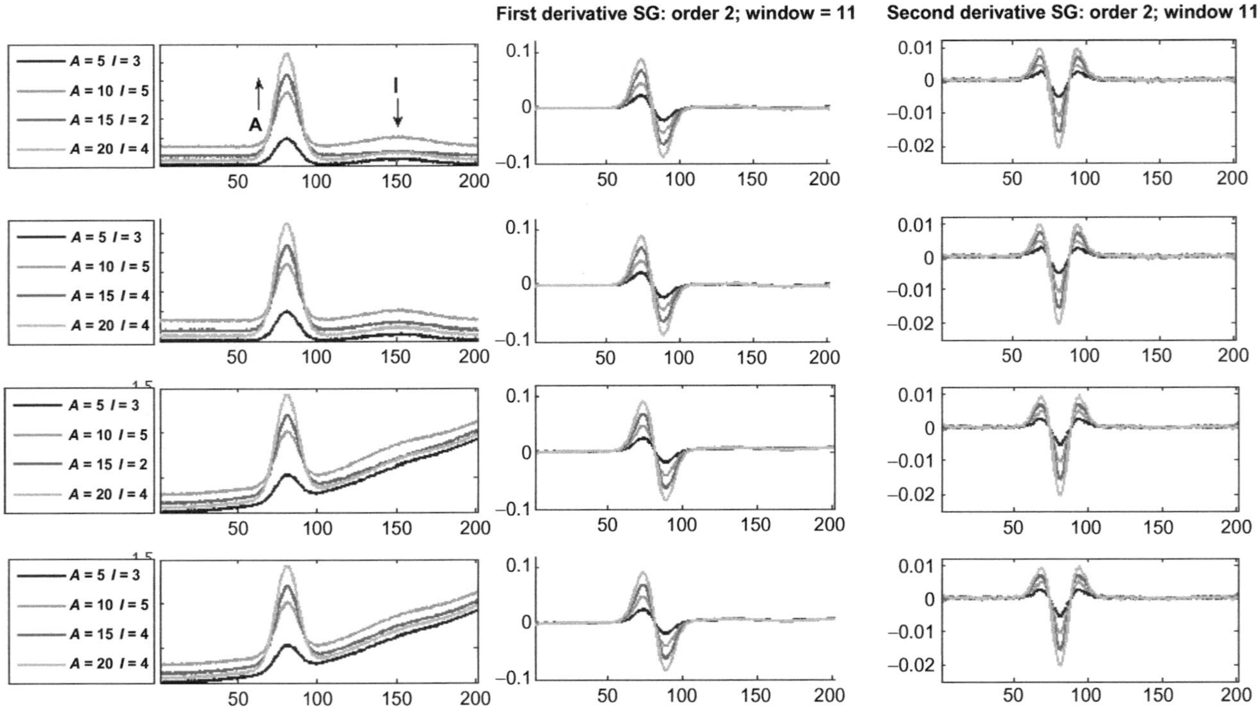

FIGURE 19 Simulated data with two peaks and one analyte of interest (A) at increasing concentration and one interferant (I) of varying intensity, concentrations are reported on the legend. Left: raw signals. Middle: first derivative spectra. Right: second derivative spectra. (For colour version of this figure, the reader is referred to the online version of this chapter.)

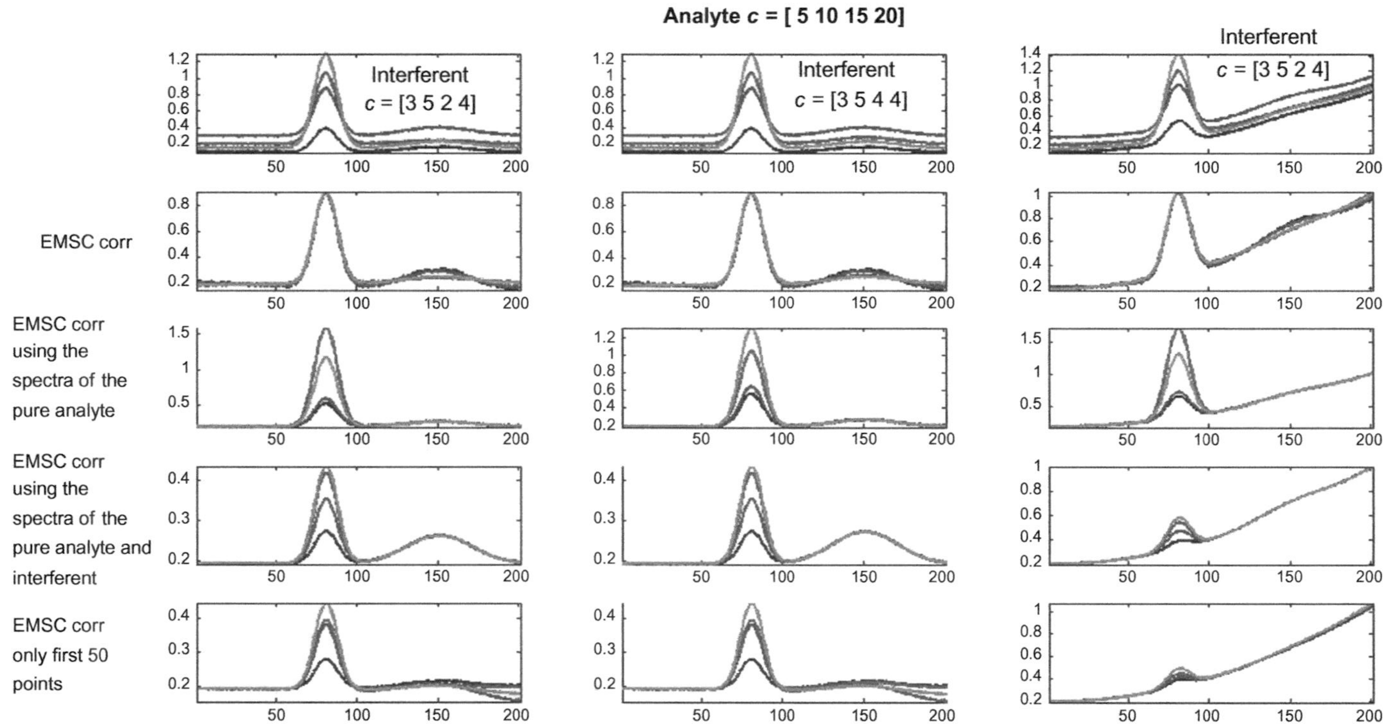

FIGURE 20 Simulated data with two peaks and one analyte of interest at increasing concentration and one interferant of varying intensity, concentrations are reported on the legend. The subplots in each column refer to a different series of raw signals, while on the rows the different subplots refer to EMSC applied with different terms, as reported on the left of each series. (For colour version of this figure, the reader is referred to the online version of this chapter.)

have a suitable correction the interferant pure spectrum information has also been considered in the EMSC model.

When $\mathbf{P}_{chem\_irr}$ is known, for example, by taking a difference spectra of two samples known to belong to different batches, years, producers and so on, we can take this term into account in the model and correct for it; in other terms, EMSC can be seen like a generalized linear model.

To illustrate the effects of the different preprocessing described until here on explorative PCA models, the data described in Section 3.1.4, namely NIR-BreadProcess, has been used.

The results are shown in Figure 21, which shows the effect of signal preprocessing on the average spectra (Figure 21A) for each leavening step and on the variance inside each step (Figure 21B), and in Figure 22, where the trends as captured by PCA computed on the different preprocessed data, followed by column mean centring (Figure 22), are shown. For each set, PC2 versus PC3 score plots are reported because these two components describe variability linked to the different leavening step, while for all preprocessing the first component is still describing overall variability not relevant for the leavening step separation. The bottom right sub-plot reports a score plot of the PCA on the concentration of some organic compounds involved in the leavening process determined by GC on the same samples. It is interesting to note that the preprocessing which best matches this trend is the second derivative.

In the more general case, when the preprocessed signals are not to be used for explorative purposes only, but for modelling tasks (classification, multivariate calibration) as well, the $\mathbf{P}_{chem\_irr}$, can also be estimated by multivariate modelling. For instance, a PCA model can be built with samples measured in those different conditions that we know *a priori* which may introduce unwanted variability (batches, seasonality, acidity of the media, humidity content, etc.); then the loadings of the few PCs where this variability is modelled can be used as $\mathbf{P}_{chem\_irr}$.

Other model-based preprocessing methods, which are more demanding from the computational and validation point of view, are, for example, orthogonal signal correction and orthogonal partial least squares [75]. When preprocessing it is not sufficient to distinguish relevant information from uninformative sources of variation, it is becoming common to employ variable selection techniques which may reveal to be a very useful tool, especially for multivariate calibration problems [76–78].

3.1.4 PCA in Practice: Exploring Food Data

As EMDA is a data-driven method, and according to the main target of this book which aims to showcase the potentialities of an application-oriented discipline like chemometrics in a challenging world such as food analysis, in this section PCA will be shown ‘in action’ on data sets obtained from real cases of food analysis, both at laboratory and plant scale.

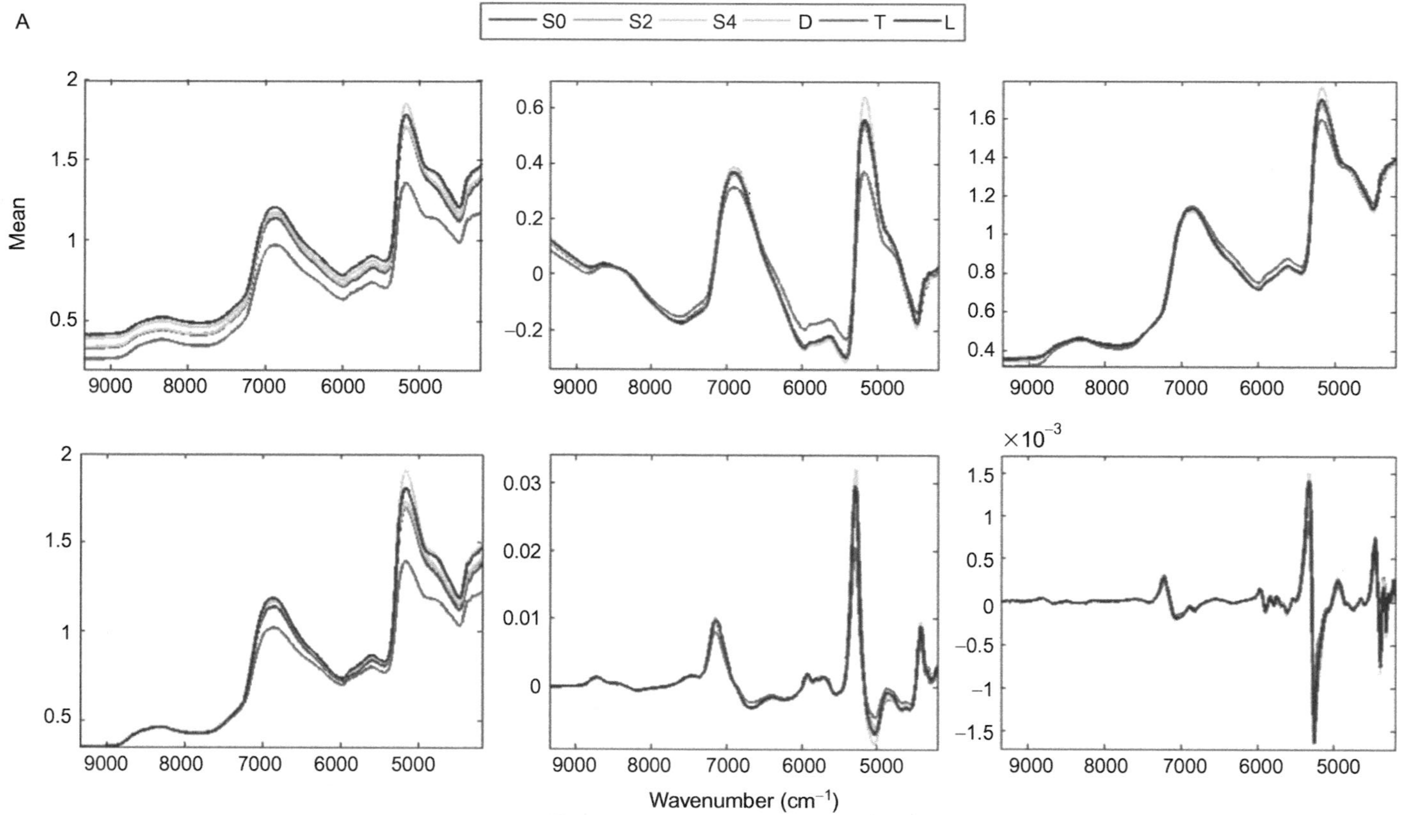

FIGURE 21—Cont'd

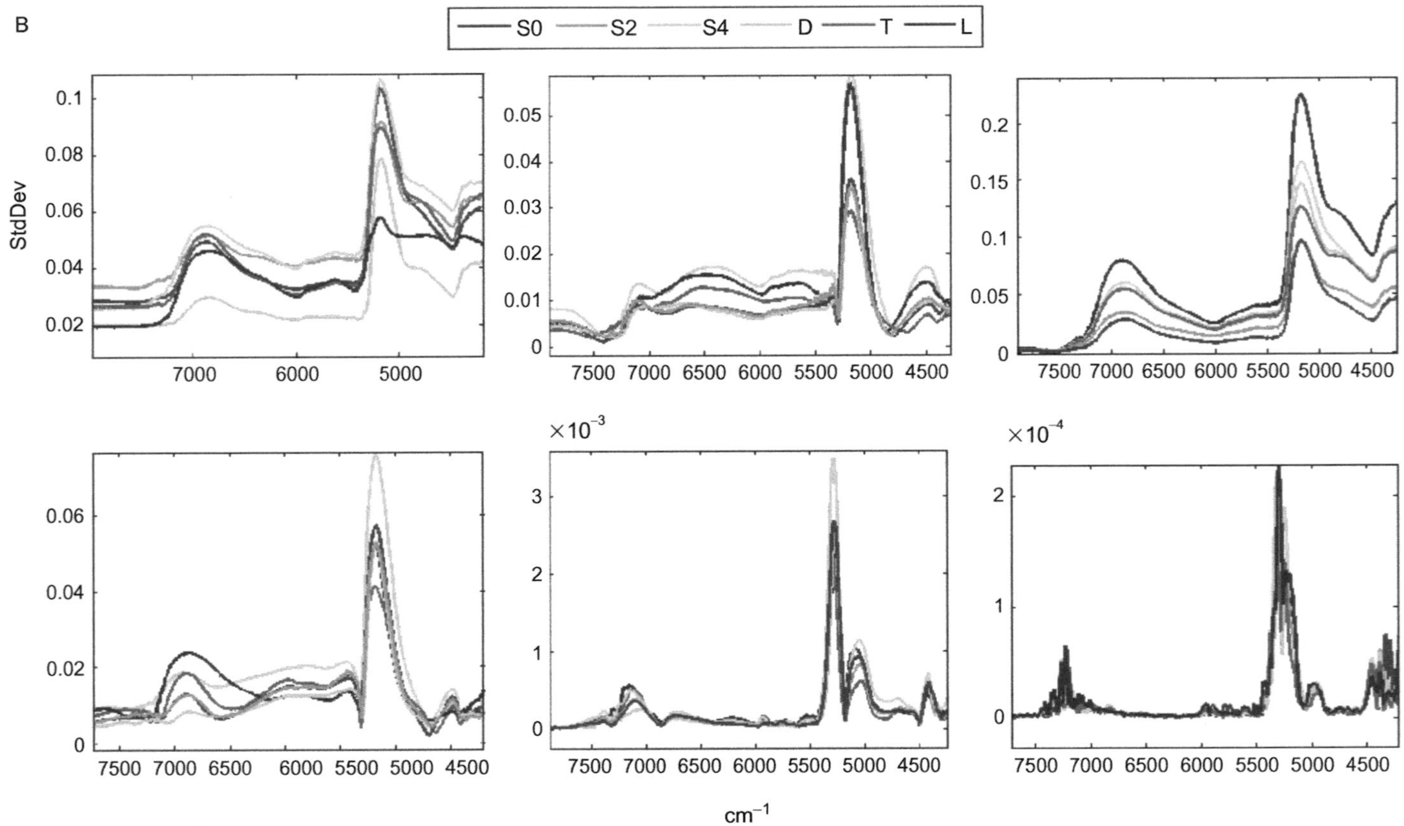

FIGURE 21 Effect of different spectral pretreatments on the data set NIRbreadProcess on signal profiles (A) and on signal variance (B). The pretreatments applied are in the following order: none (top left), the mean signal for each leavening point (see legend) is reported; detrend (top middle); MSC (top right); MSC only first 400 signal points (bottom left); first derivative (bottom middle) and second derivative (bottom right). (For colour version of this figure, the reader is referred to the online version of this chapter.)

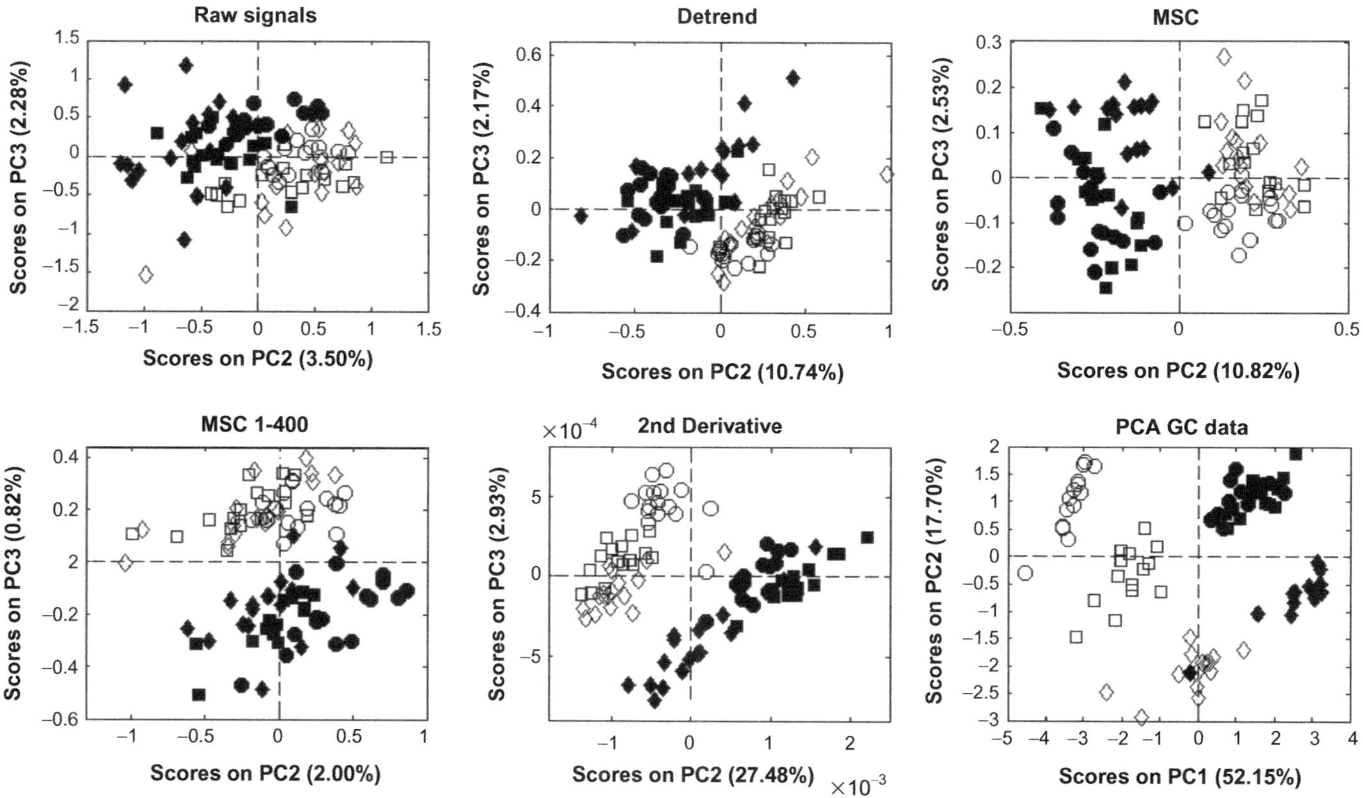

FIGURE 22 Effect of different spectral pretreatments on data set NIRbreadProcess on data grouping as revealed by PC2 versus PC3 scatter plots. See text for a description of the meaning of each representation. The six process steps monitored are coded as follows: empty circles, S0; empty squares, S2; empty diamonds, S4; filled circles, D; filled squares, T; filled diamonds, L.

The FlourRheo data set consists of 269 samples of wheat flour employed in an industrial bread-making production, for which 14 variables related to flour rheology have been measured. This data set represents the database over 3 years (2007–2009) of incoming raw material (flour) delivered at an industrial bakery and is well suited as an example of a problem which is shared by most areas of the food industry, namely raw materials variability. Flour, for example, suffers a high degree of seasonal influence on its rheological properties, which also vary on the basis of wheat varieties and formulation: therefore, it is important to act in an explorative way to understand which are the relationships among variables that characterize a flour batch, so that it is possible to foretell which actions are to be taken on the production process in order to maintain the quality of the final product (e.g. bread) inside its target values [14,79].

The exploratory PCA (data have been autoscaled) clearly shows (Figure 23) the differences in terms of rheological properties of the flour deliveries considered in that period on the basis of wheat variety, mixture type and seasonal effect (symbols legend is reported in Figure 23C). The score plot of PC1 versus PC2 (Figure 23A) shows a differentiation of wheat flour deliveries mainly in terms of the presence of the different pure wheat varieties: samples obtained from a mixing of pure foreign wheat varieties (that is groups a and b, made of a mixture of WFor1 and WFor2) are located at negative values of PC2 and at values of PC1 negative or close to zero, together with mixtures belonging to group d, which is mainly composed of the aforementioned foreign wheat varieties (together with 30% of Italian wheat WIta1), whereas mixtures containing a higher percentage of Italian wheat varieties (WIta1 and WIta2) are located at positive values of PC2. Considering loadings (Figure 23B), it is possible to say that foreign wheat varieties have globally lower values in terms of some rheological parameters connected to flour ability to maintain optimal properties for longer leavening (PL value, ext135 and ext90) and mixing times (farstab), while reaching higher development (fardev) and showing a higher starch degradation (FN), which results in a higher contribution of sugars for yeast activity. In addition, the positioning at negative values of PC1 indicates a higher *W* value (that is a global index of resistance for the gluten network to gas retention in the leavening phase) for the foreign varieties. On the contrary, Italian wheat varieties show an opposite behaviour and appear generally richer in protein content; moreover, WIta1 (group f) appears different from WIta2 (group g), the latter being located at higher PC1 values. As most of the properties have a positive contribution in terms of loadings on PC1, this indicates that WIta2 presents higher values than WIta1, especially in terms of extensibility parameters (ext45, ext90 and ext135) and protein content, while having lower moisture content and W value. The mixture effect results are quite clear considering the disposition of groups of samples which have a different foreign versus Italian wheat variety ratio. Groups d, e and h move from 70:30 to 20:80 and 30:70, and are progressively positioned at more positive values of PC2 and

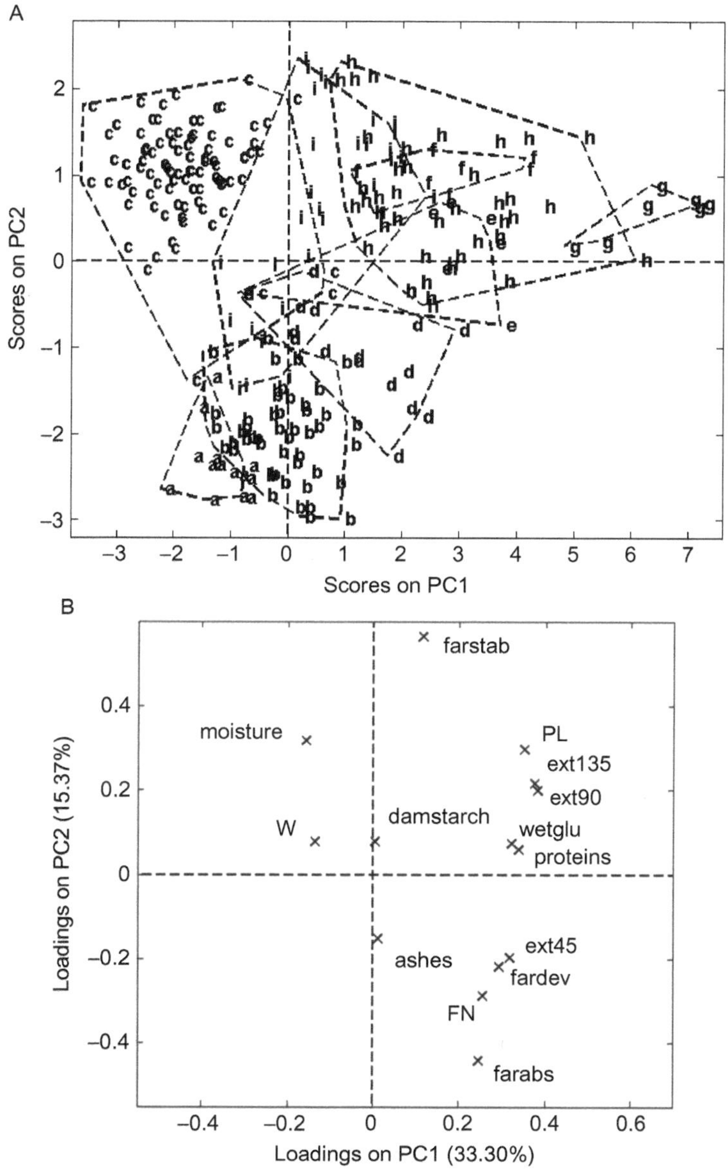

FIGURE 23—Cont'd

C

Symbol	Year	Mixture composition
a	2007	70% WFor1 + 30% WFor2
b	2007	60% WFor1 + 40% WFor2
c	2008	75% WIta1 + 25% WFor1
d	2008	40% WFor2 + 30% WFor1 + 30% WIta1
e	2008	20% WFor1 + 80% WIta1
f	2008	100% WIta1
g	2008	100% WIta2
h	2008	70% WIta1 + 30% WFor2
i	2009	70% WIta1 + 30% WFor2

FIGURE 23 Principal component analysis of the data set FlourRheo. (A) Scores plot and (B) loadings plot of PC1 versus PC2. The letters identify the mixtures reported in (C). (For colour version of this figure, the reader is referred to the online version of this chapter.)

PC1, moving from the area of foreign mixtures (quadrant III–IV) to the one of pure Italian varieties (quadrant I). Some peculiar behaviours appear when considering, for instance, group c: this group is characterized by a particular homogeneity in terms of inter-delivery variability when compared to other groups, and is positioned in quadrant II. Its mixture composition, having a foreign versus Italian wheat variety ratio of 25:75, does not differ much from the one of groups h and i, which is 30:70, which show a higher variability. In this case, a wheat variety effect might be present, as the foreign variety differs, but there can also be a significant seasonal effect. Group c belongs to the beginning of year 2008, while h and i were delivered between the end of 2008 and the beginning of 2009; this means that the Italian wheat variety also, which is the same, comes from two different harvests, which could have undergone different weather and growing conditions, thus developing different rheological properties. A seasonal effect may be seen also for groups a and b, which are very close to each other and homogeneous in terms of variability, both belonging to the year 2007. All these exploratory considerations can be the basis for a more detailed evaluation of similarities/differences of new flour deliveries with the ones present in the historical database, and for studies on the functional relationship of flour formulation on wheat flour rheological performance, thus leading to other steps of food analysis.

The NIRbreadProcess and GCbreadProcess concern 14 doughs from an industrial bread-making production sampled at six different points of the industrial process (S0, S2 and S4: beginning, middle and final point of the first leavening phase; D, T: beginning of the second leavening phase and L:

end of the second leavening phase). In the first data set, the NIR spectrum was recorded in the 4350–9500 cm^{-1} region; in the second data set, the concentration of nine acids, sugars and other compounds related to dough leavening (succinic acid, malic acid, glycerol, fructose, inositol, sucrose, maltose, fumaric acid) was determined by means of GC [80].

In this context, the explorative analysis phase is crucial to check if the analytical techniques are able to collect information on the process. Figure 24A shows, as a biplot, that GC (data have been autoscaled prior to analysis) is able to capture information on sample composition which is, first of all, able to clearly differentiate the first leavening phase (negative values on PC1) from the second leavening phase (positive values on PC1), and that is indicative of the progression of dough leavening, as the trends from positive to negative values of PC2 suggest. This is connected to a general change, in terms of variables, from higher concentrations of sugars at the beginning of each leavening phase towards a higher concentration of some leavening products and the consumption of sugars at the final leavening points. As another technique was considered, that is NIR spectroscopy, it is also possible to compare the results obtained with both of them. As reported in Figure 24B, the PCA on the NIRbreadProcess data set (preprocessing: Savitsky–Golay second derivative, with second-order polynomial smoothing, and mean centring) indicates that the NIR signal can bear information, albeit in different components (in this case, PC2 and PC3), similar to the GC quantification of chemicals present in the leavening phase. Loadings (Figure 24C) illustrate which infrared vibrations are mainly involved in the samples distribution in the PC's space. The samples located at positive values of PC2, corresponding to most of the samples of the second leavening phase, are characterized by higher values for the spectral variables around 5200 cm^{-1}, several vibrational modes are absorbed in this region, such as the asymmetric NH stretching of the CONH2 group, the second overtone of the C=O stretching (in CO2R), the first stretching and the second bending overtones of water OH and the combination bands of starch OH. On the other hand, the PC3 loadings are mostly inherent to the NIR region below 4500 cm^{-1}, where contributing combination modes are found, for example, of CH and CC stretching and of CH and CH2 bending, which can be found in different constituents of flour, such as starch, lipids and proteins.

The rather broad nature of NIR signal can be accounted for by the fact that PC1, the main source of variability, is due to other effects connected to the production process which are not discussed here.

The exploratory analysis of these two data sets offers at least two different points for further analyses:

1. The NIRbreadProcess data set is shown as being a good representative of a process-monitoring approach in the food industry, where online analysers are employed on the production line.

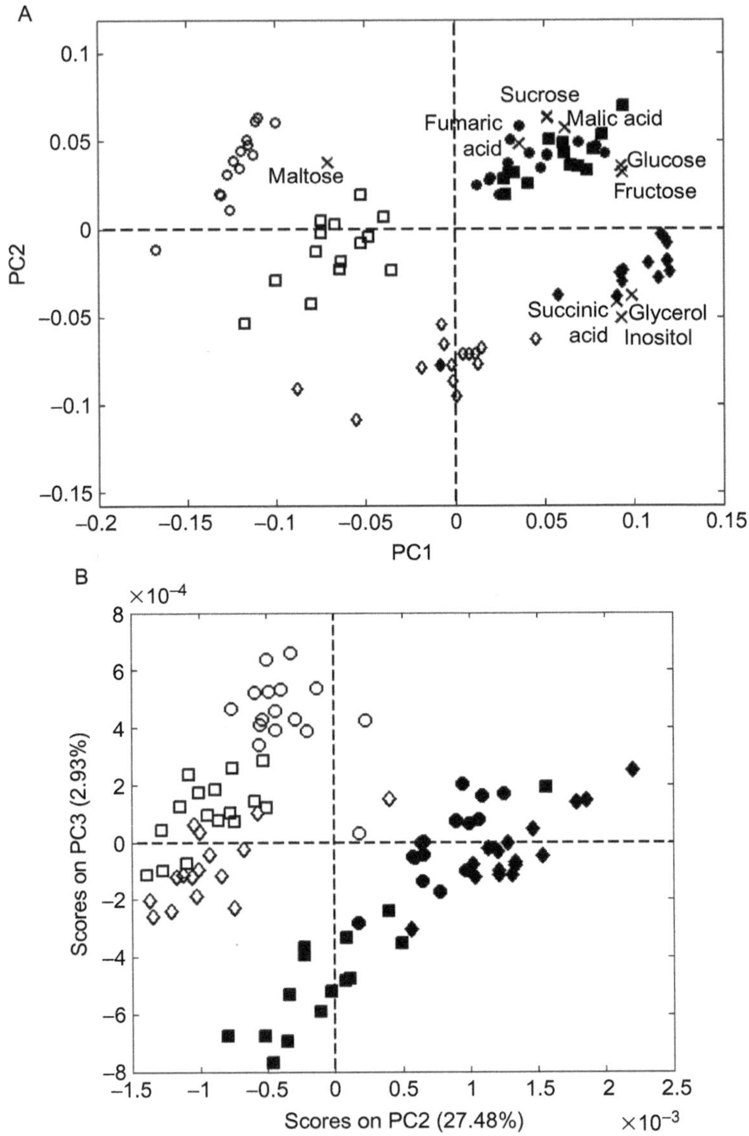

FIGURE 24—Cont'd

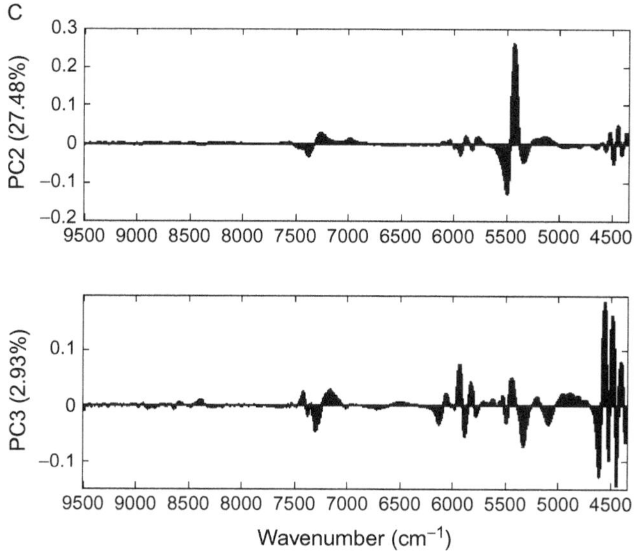

FIGURE 24 Principal component analysis of data sets. (A) GCbreadProcess: biplot of PC1 versus PC2, (B) NIRbreadProcess: scores plot of PC2 versus PC3 and (C) NIRbreadProcess: loadings plot of PC2 and PC3. The six process steps monitored are coded as follows: empty circles, S0; empty squares, S2; empty diamonds, S4; filled circles, D; filled squares, T; filled diamonds, L.

2. The fact that the two techniques offer similar views of the same process, that is the leavening progression, is a start for a feasibility study of indirect calibration models of properties of interest, that is the concentration of leavening products in dough from the NIR spectrum, thus obtaining important information on the process in a matter of seconds (the acquisition of the NIR signal) instead of more than 1 h (the GC run).

Finally, an example should be provided about a class of methods, which have also explorative purposes, which will be discussed with more detail and theoretical depth in Chapter 7, that is multiway analysis methods [81]. These methods, among which parallel factor analysis (PARAFAC) will be shown here in action compared to PCA, are to some extent referred to as the conceptual (and mathematical) extension of PCA to arrays of order higher than two. They show their potentiality when the variability of a data set is related to different sources, or conditions, at which a full set of properties for each sample is measured [17–21]. An example, quite common in the food science analysis, is the excitation–emission fluorescence landscape, where, for each sample, an emission spectrum is recorded at each wavelength of the excitation signal.

The NIRdoughRising data set contains the Near Infrared Spectrum, in the 1376–2245 nm region, recorded at seven leavening times (at the beginning and every 10 min up to a 60-min rising phase) for doughs obtained from ten wheat flour mixtures characterized by a different formulation of four wheat varieties. As it is important to gain knowledge on the effect of wheat flour formulation on its rheological properties and on its performance in the leavening phase, this kind of experiment is useful in order to plan the best mixture to be used in an industrial production [82,83].

To analyze such a data set in an explorative way, one can chose from two approaches: to consider a two-way data set arranged as in Figure 25.a1, where time progression for each sample is 'unfolded' in different rows and NIR signal (preprocessed with smoothing and SNV) represents the source of variability; or in Figure 25.b1, where a three-way array is composed, having samples in Mode 1, NIR spectra in Mode 2 and leavening times in Mode 3. The 'unfolded' data matrix has been pretreated by centring separately each sample mixture with respect to its mean leavening time (see Section 3.1.3.1 for some remarks on this procedure), which corresponds to mean centring across Mode 3, the three-way array. PCA shows on PC1 scores (Figure 25.a2) that most flour samples have a similar trend from negative to positive values of PC1 (points are ordered according to leavening time), and that two main groups can be present, one which has higher variability (e.g. S4–S8) and another one with less variability with time (e.g. S2, S3 and S9). It is important to note that PCA confounds the variability between and within flour mixtures, considering them altogether. The advantage of using a PARAFAC model lies in the fact that these two sources of variability are explored separately and belong to Mode 1 and Mode 3, respectively. This allows obtaining clearer information on similarities and differences among samples, from Mode 1 scores plot (Figure 25.b2), where now two clusters appear and sample S4 is highlighted as peculiar, and from Mode 3 loadings plot (Figure 25.b3), which shows that a trend of evolution of the NIR spectrum with time exists. Mode 2 loadings (Figure 25.b4) and PCA loadings (Figure 25.a3) are quite similar, thus showing that the same information is captured by both approaches, but the visualization is particularly different.

3.1.5 Using PCs and PCA Models Beyond Data Exploration

In this chapter PCA is discussed as an EMDA tool; however, as discussed in several other chapters of this book PCA can be part of a modelling task, for example, in class modelling (SIMCA) or multivariate calibration principal component regression (PCR) or in building reference normal operating condition models in multivariate statistical process control. PCA derivation does not differ in these contexts until assessing the right model dimensionality, that is, the number of significant PCs (chemical rank), became critical. Thus the choice of the number of PCs to be retained has to rely on validation, by using methods such as cross-validation, permutation tests and bootstrapping [58,84,85].

In these contexts, it is also assumed that with PCA a set of similar samples representative of a given category is modelled; hence, we also aim at

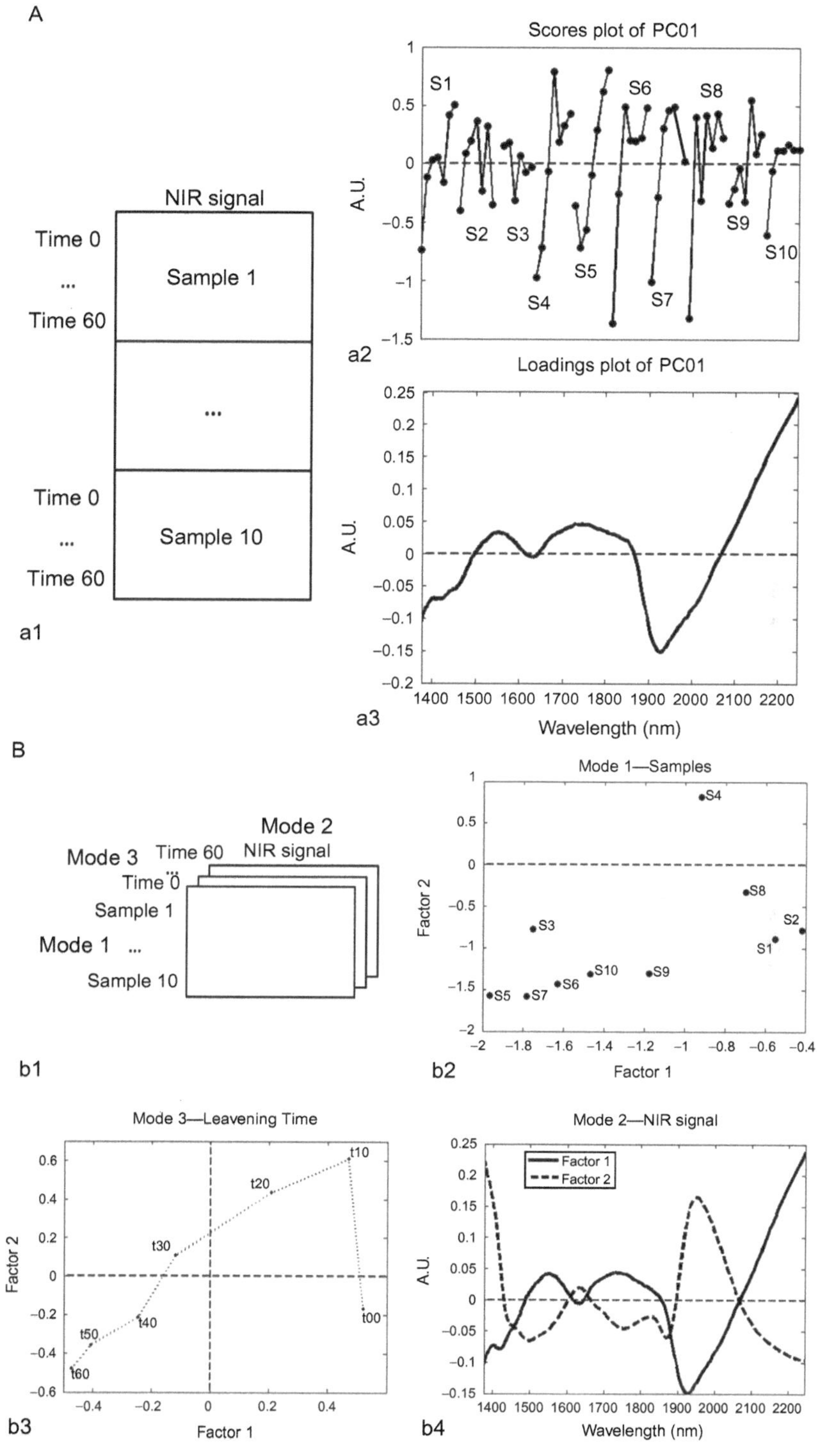

FIGURE 25 Analysis of the data set NIRdoughRising. (A) Unfolded matrix (for PCA): (a1) data set scheme; (a2) scores of PC1; (a3) loadings of PC1. (B) Three-way array (for PARAFAC): (b1) data set scheme; (b2) loadings of F1 versus F2 for Mode 1; (b3) loadings of F1 versus F2 for Mode 3; (b4) loadings of F1 and F2 for Mode 2.

estimating 'population' parameters in PCA space, such as statistics for T^2 and Q and their respective confidence intervals. A discussion of inference in PCA may be found in Refs. [26,53,86].

3.1.6 Other Derivations of PCA

We have described PCA as a method to project/compress measurements collected in a J-dimensional space to an A-dimensional hyperplane ($A<J$) with the useful property of retaining salient samples/variables patterns unaltered in the reduced space.

However, only when the measurement errors are independent and follow a normal distribution (homoschedastic noise), PCA estimation of this subspace is optimal in a maximum likelihood sense [87]. On the contrary, if measurement error variances are non-uniform (heteroschedastic noise) and also not independent, the PCA projection may represent the samples incorrectly or non-optimally. Non-uniform measurement errors in a data set may arise from error sources inherent to a given type of instrumentation or experimental setting, for example, variations in noise across measurement channels in spectrophotometers, or due to the presence of missing information.

An effective visualization of clusters within the scores plots may be hindered by objects dominated by noisy measurements that are projected in such a way as to obscure the separation of object classes. To overcome this issue, a different derivation of PCA has been proposed, [87–90] namely maximum likelihood principal components analysis (MLPCA). Basically, it is a generalization of PCA to non-ideal error structures which, given reasonably accurate characterization of measurement noise, can improve the projections of the points into scores space. It does this by performing a separation of noise variance from other sources of variance in the data and by using maximum likelihood projection instead of orthogonal projection as standard PCA. The projections for the noisy measurements in PCA and MLPCA differ because PCA ignores noise direction and all projections are orthogonal, while MLPCA best projection geometrically corresponds to the point of nearest intersection of the measurement error ellipsoid with the subspace. MLPCA projection for a sample i is formulated as

$$\hat{\mathbf{x}_i} = \mathbf{t}_i\mathbf{V}^{\mathrm{T}} = \mathbf{x}_i{\sum}_i^{-1}\mathbf{V}_A\left(\mathbf{V}_A{}^{\mathrm{T}}{\sum}_i^{-1}\mathbf{V}_A\right)^{-1}\mathbf{V}^{\mathrm{T}}{}_A \tag{23}$$

where $\mathbf{V}$ is the loading, $\mathbf{t}_i$ the sample score, A the number of components and $\boldsymbol{\Sigma}_i$ the error covariance matrix that is needed to project a sample. As in PCA, scores and loadings are orthonormal, and SVD decomposition method may be used, but the solution is not nested, that is, a model with two components cannot be obtained taking the first two PCs from a three-component model. Moreover, the minimization depends not only on the measurements but also on its associated error structure. The most common approaches to estimate measurement error covariance matrices generally fall into one of the following: experimental replication, theoretical modelling, or empirical modelling. By experimental replication a submatrix of replicates is obtained from which the error covariance can be estimated.

In Section 3.1.2 the capability of PCA to help identify multivariate outliers has been described as an advantage in the EMDA context; the other side of the medal is that PCA is sensitive to outliers: indeed, PCA direction is most influenced by outliers. In fact, outliers artificially increase the variance in an otherwise uninformative direction, and will drive the first PC in that direction. This constitutes a problem if we want to use the PCA model as a reduced informative view of our data, as we will end up with a distorted or non-optimal view of our samples relations (in fact, not only will the first PCs direction point to outliers but given the orthogonality constraint, the direction of subsequent PCs will also be influenced, i.e. distorted by the maximum variance direction that will represent the samples in the absence of outliers).

A solution in this case is to use robust models and robust statistics (such as median as measure of location and median of absolute deviation around the median as measure of spread) in estimating PCA parameters. The aim is to construct models and estimates clearly describing the majority of the data. Moreover, construction of robust models allows a proper identification of outlying observations. A review illustrating the basis of robust techniques in data analysis and chemometrics can be found in reference [91].

There are essentially two approaches for robust PCA: the first is based on PCA on a robust covariance matrix, which is rather straightforward as the PCs are the eigenvectors of the covariance matrix. Different robust estimators of covariance matrix may be adopted (MVT [92], MVE and MCD [93]) but the decomposition algorithm is the same. The second approach is based on projection pursuit (PP), by using a projection aimed at maximizing a robust measure of scale, that is, in a PP algorithm, the direction with maximum robust variance of the projected data is pursued; here different search algorithms are proposed.

A better visualization of data structure is demonstrated in robust PCA as shown in Figure 26.

The scores plots refer to PCA (robust PCA on the left side of the figure and classic PCA on the right side) of a set of extra virgin olive oil of Greek provenience whose volatile fraction has been characterized by headspace GC-MS. In both cases, data have been mean-centred before PCA. The outlying sample no. 15 strongly influences both PC1 and PC2 directions (Figure 26, top right), resulting in the fact that these PCs almost only describe the variability due to this sample. In the Q/T^2 plot, Figure 26, bottom right, sample no. 15 is seen as extreme in PC space (outside the Hotelling-T^2 limit) but not distant from the model (inside the Q-statistic limit), because the PC model is driven to describe this sample. By using a robust approach sample 15 is recognized as an outlier, outside the Q-statistic limit (Figure 26, bottom left), but PC1

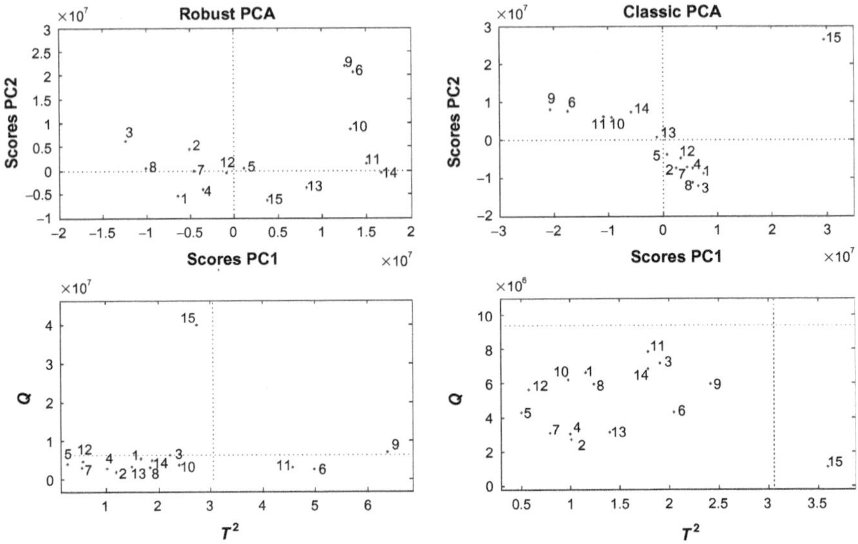

FIGURE 26 Comparison of classical and robust PCA results. Scores and T^2/Q plots for a data set of extravirgin olive oil from Greece measured by headspace GC–MS. Left top: PC1 versus PC2 scores plot by Robust PCA; right top: PC1 versus PC2 scores plot by classic PCA; left bottom: T^2/Q plot for Robust PCA, dashed lines correspond to confidence limits at 95% for Hotelling-T^2 and Q statistics, respectively; right bottom: T^2/Q plot for classic PCA, dashed lines correspond to confidence limits at 95% for Hotelling-T^2 and Q statistics, respectively.

and PC2 directions are not influenced by this sample as seen in the corresponding robust PCA scores plot (Figure 26, top left).

Robust PCA is not so often used in EMDA; however, there are several freely available packages to do this, such as *robustbase* [94] and *rrcov* [95] in the R environment, TOMCAT from Walczaks' group [96] and LIBRA toolbox in MATLAB [97].

3.2 Other Projection Techniques

As one of the most relevant features of EMDA is its possibility of visualizing data sets in a graphical form which is easy to understand by the human brain for further reasoning, many methods that aim at finding low-dimensional representations of high-dimensional data sets have found applications in this context, PCA being perhaps the most commonly applied in many scientific fields, food analysis *in primis*. As described earlier, PCA's target is in finding a projection of data to a lower-dimensional space, which *maximizes the explained variance*. However, other methods can be easily introduced by considering a different criterion instead of the one of maximum variance. In the following sections, the most known will be briefly presented, together with examples and comparisons of the visualization results on some data sets.

3.2.1 Projection Pursuit and Independent Component Analysis

The concept behind the PP approach was developed by Friedman and Tukey in 1974 and it is based on the identification of the most 'interesting' projection of data according to the highest degree of deviance from the normal distribution [98,99]. Independent component analysis (ICA) [100–102] is strictly connected to PP, as it considers as a criterion the maximum statistical independence of the estimated components. This can be obtained through a wide (and still debated) number of possible definitions of independence, among which the maximization of non-Gaussianity is probably the most commonly employed. The non-Gaussianity-based algorithms, such as fastICA [102,103], are based on the central limit theorem and operate by maximizing a quantity called 'negentropy' $\Delta S(x)$, that is the difference of the entropy of a normally distributed random variable $S(x_G)$ and the entropy of the variable under consideration $S(x)$, which can be defined as

$$S(x) = -\int f(x) \log f(x) \mathrm{d}x \tag{24}$$

The most important aspect of this approach is that ICs are not as affected by high variability normally distributed variables as PCs are, thus making it possible to distinguish directions of differentiation for data where relevant information is hidden in small, non-normal differences. This means that IC scatter plots can highlight sample clustering or trends different than PCA, and that PCA visualization of object differences can be still present in a IC scatter plot, although in different components. The ICA method, being strictly related to the blind source separation methodology [104,105], is widely used in the signals and communication fields, working on the assumption that the data matrix can be resolved into a set of 'base' mutually statistically independent source signals and a 'mixing' matrix which contains the proportions by which the base signals are overlapped to obtain each original signal. The method finds some (albeit not very common) applications in food science [106–108], and presents some differences and potential advantages with respect to PCA, especially when related to the deconvolution of instrumental signals (finding independent sources, rather than orthogonal loadings as in PCA, reduces the number of mathematical artefacts on the signal) [105]. One significant issue is to find out which factors are significant and which are not, thus the individuation of validation procedures, which can be complicated by the fact that two consecutive models may differ in the order and signs of similarly indexed ICs [109,110].

Figure 27 shows the scatter plots of PC1 versus PC2 for a PCA model (Figure 27A) of the GCbreadProcess data set (preprocess: autoscale) and of IC1 versus IC3 for a PP–ICA model (preprocess: autoscale) (Figure 27B), and a comparison of both. The information, that is the differentiation of the six points of the process in five clusters (points D and T being overlapped),

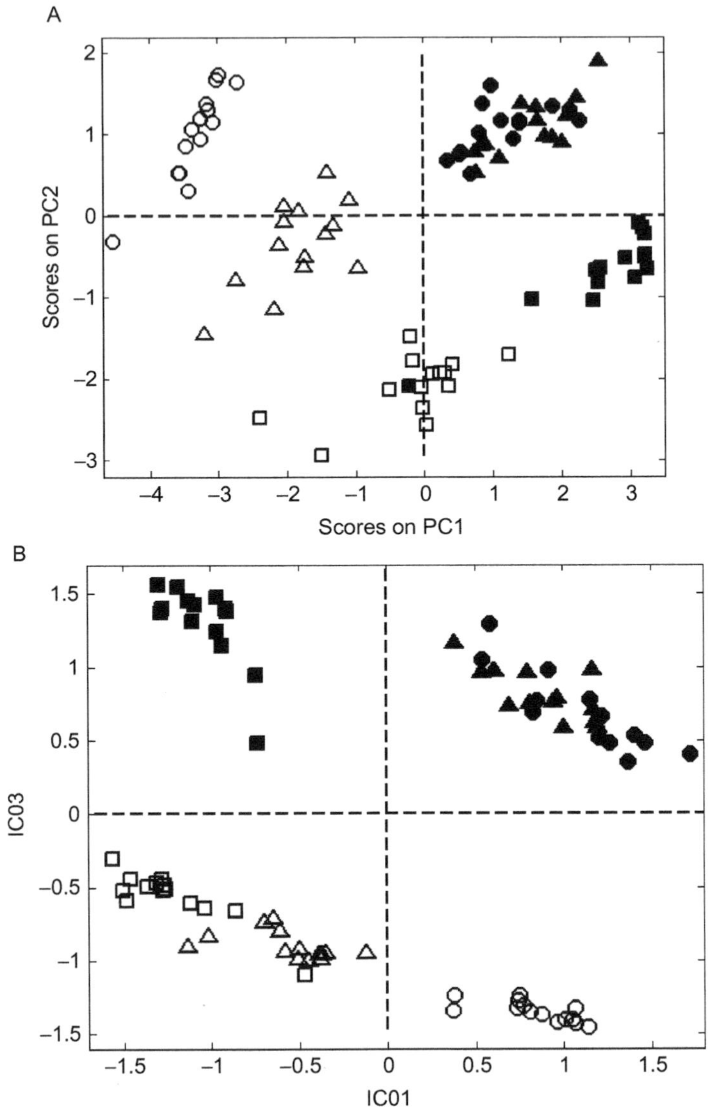

FIGURE 27 Comparison of (A) principal component analysis and (B) projection pursuit–independent component analysis for the GCbreadProcess data set. The six bread-making phases are coded thus: empty symbols: circle S0, triangle S2, square S4; full symbols: circles D, triangles T, squares L.

is perhaps clearer in PP–ICA, where one component, IC1, indicates the difference between the beginning (positive values, points S0, D and T) and the end of leavening (negative values, points S2, S4 and L), while the other, IC3, distinguishes the first leavening (negative values, points S0, S2 and S4) from the second one (positive values, points D, T and L).

3.2.2 *Multidimensional Scaling and Principal Coordinate Analysis*

The methods discussed so far are based on the projection of a full set of data to a new space of lower dimensionality, that is samples which have been characterized by a given number of variables. In some circumstances, however, only item–item similarities/dissimilarities matrixes are available or preferable, thus the explorative evaluation of data must be conducted with a different approach. Multidimensional scaling (MDS) methods [111–114] work on item–item similarity matrixes by assigning to each of the items a location in an N-dimensional space, usually with N small enough so that 2D and 3D visualization of data disposition is possible. The goal is to reconstruct a low-dimensional map of samples that leads to the best approximation of the same similarity matrix as the original data. Depending on the kind of input matrix and the criterion used to define which approximation is the best, different MDS algorithms and approaches are possible.

Metrical MDS operates on an input matrix of dissimilarities, or distances, between pairs of samples, giving as a result a matrix of coordinates whose configuration minimizes a loss function. This method presents an optimization phase, which can be performed with a variety of loss functions to be considered, and other possible variations of the methods concern the input distance matrix, which can be calculated according to different weights and criteria. When the Euclidean distance is considered, the classical MDS, also known as the principal coordinates analysis, consists in performing a PCA on the double-centred distance matrix and then rotating the solution so that the stress criterion S is minimized:

$$S = \sum_{k<i} (d_{ik} - e_{ik})^2 \tag{25}$$

where e_{ik} corresponds to the input distances and d_{ik} are the distances between objects x_i and x_k in the projection space. The results of the principal coordinates analysis of the Euclidean distances of samples are substantially analogous to those of PCA of the original data set. The comparison is shown in Figure 28, where the PCA of FlourRheo data set (see Section 3.1.4 for more information on the data) has very similar results to the principal coordinates analysis of the distance matrix for the same samples according to the Euclidean distance (Figure 28B).

When a non-parametric, monotonic relationship is searched between the distance matrix and the distance between objects in the projection space, non-metric MDS is introduced. Usually the approaches differ in the stress criterion which is chosen to be minimized, and no analytical solution is available, so that other methods must be considered, such as an iterative, gradient descent optimization in Sammon's mapping, repeating the mapping several times starting from different sets and with different parameters to avoid local

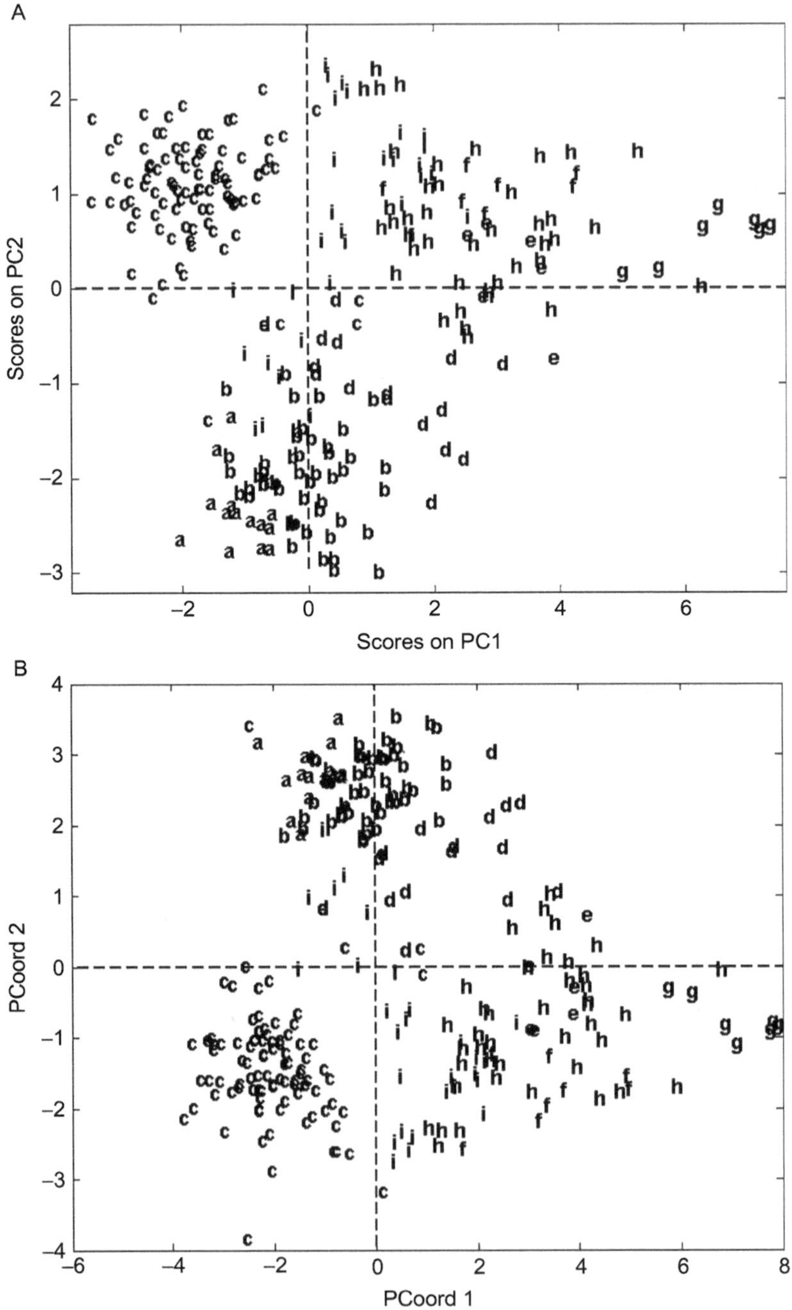

FIGURE 28 Comparison of (A) principal component analysis and (B) classical multidimensional scaling–principal coordinate analysis for the FlourRheo data set. See Figure 23 for the legend.

optima, or an alternation of search for a good configuration in low-dimensional space, and an appropriate non-monotonic transformation to the original space, as in Kruskal–Wallis mapping.

The use of MDS in food science is not particularly common, and it is especially used in biological studies, psychic–economic studies on food perception and sales, and sensory analysis [115–118]. In all those situations which belong more to analytical food science it is very rare to see this method applied, perhaps because of the fact that, in such a field, it is quite hard to reason in terms of distances among samples rather than variables, the interest being more focused both on the visualization of sample similarities and dissimilarities, and on the interpretation of which variables are responsible. When the full distance matrix (or the similarity/dissimilarity one) is used, the variable influence is lost, which causes a drawback both in terms of interpretation and in terms of lack of a mapping operator to use on new objects in order to project them into the lower-dimensional point configuration.

3.2.3 A Non-Linear Approach: Self-Organizing Kohonen's Maps

Most of the methods discussed so far are based on a projection to latent variables which is obtained as a linear combination of the original ones according to a given criterion, or on the description of the relationships between samples by means of distances which work in a metric space. However, it is possible to come across real cases in which the dissimilarities among samples are caused by clusters characterized by different densities and distributions, and/or non-linear patterns, that is situations in which a linear, Gaussian-based model shows its limits. In these cases it is possible to consider non-linear approaches, such as the aforementioned modifications of MDS, or artificial neural network algorithms. The latter family will be discussed in more detail elsewhere in this book, together with a more detailed coverage of one of these methods, self-organizing maps (SOMs), which presents many analogies in terms of data reduction and visualization when compared to the other techniques such as PCA and fits well in an EMDA context.

SOMs are a type of artificial neural network first introduced by Teuvo Kohonen, thus often referred to as Kohonen maps [119–121]. Without entering too much into detail, as it goes beyond the scope of the present Chapter, SOMs are based on an unsupervised learning method to train the network in order to obtain a low-dimensional (typically 2D) representation of the input space of the samples. After the training phase, where the map is built using input 'examples', the network can be used in a mapping perspective, automatically classifying new input samples. An SOM is made up of a number of components, called nodes (or neurons), which are each associated to a weight vector of the same dimensions of the data variables, and disposed in the map space according to a geometry which characterizes the network, the most common arrangements for a 2D map being a hexagonal or rectangular grid. The mapping from a higher dimensional input to a lower dimensional network is done by finding the node with the smallest distance (according to the chosen metric) between the weight vector and the sample vector; in other words, each node represents an 'archetype' sample, to which all the training samples are compared. The most similar node (the 'winning unit') is then rotated towards the object by replacing the weight vector it carries with an average of the old values and the ones of the sample, weighted by a learning rate α, which decreases as the training iterations progress. In addition, all the other nodes in the neighbourhood of the winning unit are updated as long as that node changes, which results in the fact that, at the end of training, the neighbouring units are generally more similar than units far away.

Figure 29 shows the comparison of the results of PCA and SOM on the FlourRheo data set. As far as the SOM is concerned, the map was obtained with the R package *som* [122]. The network was an 8×8 rectangular grid, and the autoscaled data were treated for 500 iterations, under an initial learning rate $\alpha = 0.1$. As one may note, PCA scores (Figure 29A) show that clusters exist, but are characterized by different densities (i.e. internal group variability) rather than actual separation on the basis of one or more linear combination of flour properties (which concur in composing the PCs), thus the separation is quite difficult to obtain. On the contrary, the self-assembling map produces an almost perfect separation of the objects on the nodes of the net, as shown in Figure 29.b1. Interpretability is granted by the weights, reported in Figure 29.b2, whose importance for each node, and hence for the separation in each class, is indicated on a grey scale (the lighter, the more positive in sign; the darker, the more negative in sign).

4 CLUSTERING TECHNIQUES

Cluster analysis methods represent a family of EMDA tools alternative or complementary to the projection to latent variables tool discussed so far. The main target of cluster analysis is to find groups within a given data set, based on the principle for which similar objects are represented by close points in the space of the variables which describe them. The possible methods differ either in how groups are defined or in the algorithm used to create the groups. Generally speaking, group definition is based on within-group measures (e.g. high similarity between observations) or alternatively on between-group measures (e.g. maximum distance between objects), while clustering algorithms are based on different ways to define proximity, either similarities or dissimilarities. The most intuitive way to define the similarity level of samples (the concept of dissimilarity is complementary, that is its value increases the more the objects are different, while similarity increases the more the objects are similar) is based on the conversion of the $N \times M$ data

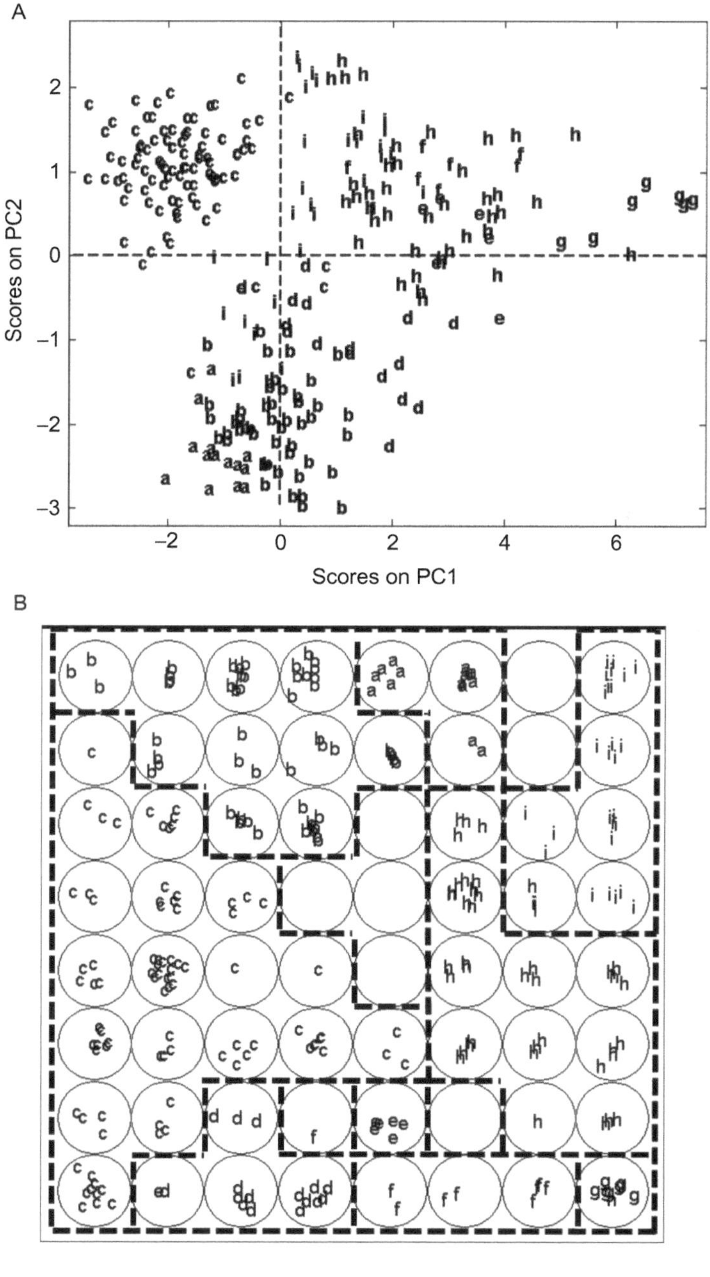

FIGURE 29—Cont'd

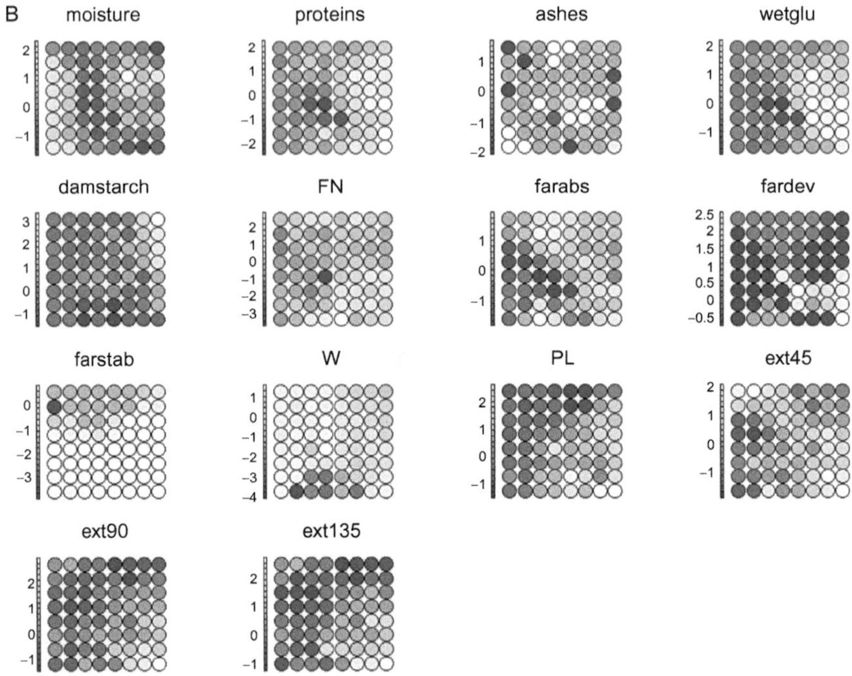

FIGURE 29 Comparison of (A) principal component analysis and (B) self-organizing Kohonen's map for the FlourRheo data set. See Figure 23 for the legend. (b1) Distribution of the samples of the data set on the different nodes of the map. Dashed lines encompass neighbour nodes, where samples of the same category are grouped; and (b2) weight profiles for each of the variables on the different nodes. (For colour version of this figure, the reader is referred to the online version of this chapter.)

matrix in an $N \times N$ matrix of distances **D** obtained by defining a metric, such as the Euclidean distance:

$$d_{ij} = \sqrt{\sum_{m=1}^{M} \left(x_{im} - x_{jm}\right)^2} \tag{26}$$

where the sum is extended over the M variables which characterize each pair of objects i and j. It is clear that $d_{ij}=0$ when $i=j$, and $d_{ij}>0$ when $i \neq j$, which leads to the definition of a similarity matrix **S**, whose elements are

$$s_{ij} = 1 - \frac{d_{ij}}{d_{\max}} \tag{27}$$

Similarity ranges in the interval [0, 1] and assumes higher values the more similar the two objects i and j are. Of course, several different distance measurements can be implemented to evaluate similarity among objects, and also different similarity criteria can be established in the algorithm. Moreover, in many cases, it can be interesting to cluster variables together, instead of samples. In this case, a common technique to relate variables can be the use of their correlation coefficient as a proximity index on which to base one of the clustering methods which can be used for objects, which will be briefly described in this section.

As far as clustering algorithms are concerned, the wide choice of methods is related to the fact that clusters themselves can have very different characteristics in terms of shape, dimension and density, and each different cluster analysis approach is more oriented towards detecting a particular type of cluster rather than others, for example they work better when objects form round, dense clusters, rather than having elongated, overlapping distributions. However, although model-based clustering is possible, it goes beyond the exploratory purpose, as it requires quite a lot of *a priori* knowledge on the system: the best approach is then evaluating the outcome of methods suitable for different situations, and obtaining from their results information on the kind and degree of clustering which is present in the data.

As said earlier in this chapter, grouping of objects can be explored in different ways; to start with, let us consider visual inspection of scatter plots. When the number of variables, hence scatter plots, to consider grows over three, cluster analysis methods can offer a simplification advantage as well as projection to latent variables methods do. Moreover, projection methods can also benefit from cluster analysis methods, as it is possible to operate on the new, lower-dimensional data set, for example, on the score values of a PCA, with a clustering method, in order to further enhance the grouping of objects. This is particularly useful when the number of retained components is quite high, thus requiring the use of several scores scatter plots. Using cluster analysis on the scores themselves allows obtaining a direct inspection of clusters in only one graph: however, as in the more general case, no information can be obtained about which variables (here, PCs) are responsible for the formation of clusters.

Clustering algorithms can be divided into two main families [123,124]: partitioning and hierarchical methods. Partitioning [125] aims to segment a large data set of heterogeneous objects into k clusters, where k is either known *a priori* or hypothesized in an explorative way (k-clustering) or 'discovered' by the algorithm in an iterative way. A method representative of this family is MacQueen's k-means [126,127]. On the contrary, hierarchical clustering operates on a nested decomposition at various levels of similarity/dissimilarity, working either according to a bottom-up or top-down approach. The bottom-up approach leads to agglomerative clustering methods [128,129], which begin with each data as a distinct cluster and progress by merging clusters on the basis of their similarity, up to a stopping criterion (such as a threshold in similarity, or even the fact that all objects have been finally linked). Some representative methods of this family are single linkage, average linkage and complete linkage [130,131]. The top-down approach is at the basis of divisive clustering methods, where, in the beginning, all data are in a single cluster and are continuously separated until the stopping criterion is reached. Each method aims to define clusters, whose position in the M-dimensional space is defined by a centroid, the vector of the means of the variables computed over the elements which belong to the cluster. The instrument which is used to visualize the clustering result is called a dendrogram, which reports in a graphic way the degree of similarity at which each object and cluster is linked.

One of the most intuitive ways to describe how cluster analysis works in practice is by referring to the agglomerative hierarchical cluster analysis (HCA) method. Beside the common preliminary steps already discussed, that is definition of the metric (Euclidean, Mahalanobis, Manhattan distance, etc.) and calculation of the distance matrix and the corresponding similarity matrix, the analysis continues according to a recursive procedure such as

1. The two most similar objects are identified (i.e. those which have the highest similarity degree)
2. The two objects found at point 1 are linked in a cluster
3. A calculation of the similarity index of the new cluster versus all the other objects is performed. The similarity index calculation criterion differs according to the chosen clustering method, but the operation has the common result of substituting in the similarity matrix the rows and columns related to the two objects which have just been linked with a new row and column that report the similarity index of the new cluster with all the remaining objects.

The procedure is repeated by moving to the next pair of most similar objects: it is important to note whether in the beginning the comparison is done between objects, whereas in the following steps it is done by comparing clusters, according to one of the several similarity criteria which can be considered. For example, the centroid linkage criterion consists in substituting the objects which form the new cluster with the centroid of the cluster, so that the updated similarity matrix contains the distances between the centroids of the new clusters. The result of the procedure is represented as a dendrogram, as reported in Figure 30. Here, the objects are reported on the y-axis, while on the x-axis the similarity or the distance is reported. The lines which depart from each object are connected according to the degree of similarity at which the linkage between objects or clusters happens, so that it is possible to visualize in a fast way which level of similarity intercourses among the samples. In this example, the GCbreadProcess data set has been considered (preprocess: autoscale) in an agglomerative HCA with the centroid linkage criterion. It is possible to observe, when compared to other analyses of the same data set (e.g. boxplot, Figure 2, or PCA, Figure 24), that the subdivision in clusters is already present, as well as the common similarity of process phases D

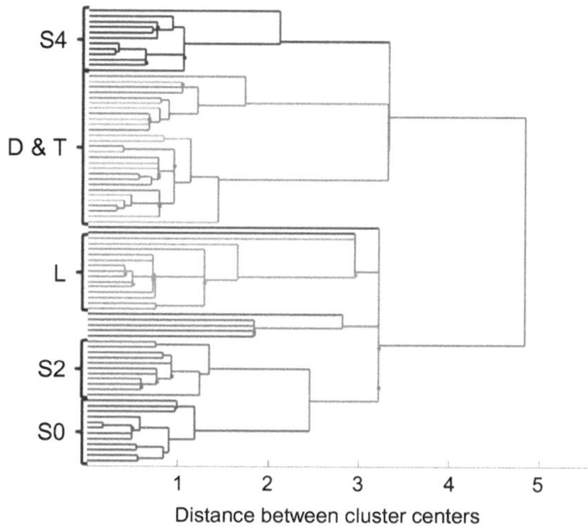

FIGURE 30 HCA of the GCbreadProcess data set: representation of the dendrogram. (For colour version of this figure, the reader is referred to the online version of this chapter.)

and T. In this case, HCA represents a fast check on the presence of clusters, and possibly outliers (it is manifest that some samples connect to the main classes at higher distances, although belonging to that given process phase). However, information on variable influence is lost, which means that this graph should be analysed, for instance, together with a boxplot, to understand which variables are responsible for the separation into clusters, although it might not be able to explore the relationships among them, as it would be possible in PCA.

5 REMARKS

In this chapter, we have tried to offer a view, and recommendations for use, of the available tools to look at data, however complex and burdened by unsystematic variability they can be. Food data analysis is rich of real challenges, in this context, as we have shown with real application data. The focus has been twofold: furnishing a guide tour through data exploration and furnishing salient references to deepen the knowledge of specific aspects and less-known/applied techniques.

Explorative data analysis and especially EMDA offers an integrated set of methods to furnish us computer-aided 'eyes' to have a global perception of the high-dimensional world, and to do what we, as researchers, appreciate better: unravel relations, understand/connect patterns, formulate hypothesis and progress further. In other words, they offer us the possibility of handling systems complexity beyond reductionism.

REFERENCES

[1] Tukey JW. Exploratory data analysis. Lebanon, IN, USA: Addison-Wesley; 1977.
[2] Tukey JW. Sunset salvo. Am Stat 1986;40:72–6.
[3] Scott D. Multivariate density estimation: theory, practice, and visualization. New York: John Wiley and Sons; 1992.
[4] Shimazaki H, Shinomoto S. A method for selecting the bin size of a time histogram. Neural Comput 2007;19:1503–27.
[5] Chambers J, Cleveland W, Kleiner B, Tukey P. Graphical methods for data analysis. Boston: Wadsworth; 1983.
[6] Massart DL, Smeyers-Verbeke J, Capron X, Schlesier K. Visual presentation of data by means of box plots. LC–GC Europe 2005;18:215–8.
[7] McGill R, Tukey JW, Larsen WA. Variations of box plots. Am Stat 1978;32:12–6.
[8] Munck L, Nørgaard L, Engelsen SB, Bro R, Andersson CA. Chemometrics in food science—a demonstration of the feasibility of a highly exploratory, inductive evaluation strategy of fundamental scientific significance. Chemometr Intell Lab 1998;44:31–60.
[9] Perrota N, Trelea IC, Baudrita C, Trystram G, Bourgine P. Modelling and analysis of complex food systems: state of the art and new trends. Trends Food Sci Technol 2011;22:304–14.
[10] Gonzalvez A, Armenta S, De la Guardia M. Trace-element composition and stable-isotope ratio for discrimination of foods with protected designation of origin. Trends Anal Chem 2009;28:1295–311.
[11] Reid LM, O'Donnell CP, Downey G. Recent technological advances for the determination of food authenticity. Trends Food Sci Technol 2006;17:344–53.
[12] Cozzolino D. Recent trends on the use of infrared spectroscopy to trace and authenticate natural and agricultural food products. Appl Spectrosc Rev 2012;47:518–30.
[13] Bevilacqua M, Bucci R, Magrì AD, Magrì AL, Marini F. Tracing the origin of extra virgin olive oils by infrared spectroscopy and chemometrics: a case study. Anal Chim Acta 2012;717:39–51.
[14] Li Vigni M, Durante C, Foca G, Marchetti A, Ulrici A, Cocchi M. Near infrared spectroscopy and multivariate analysis methods for monitoring flour performance in an industrial bread-making process. Anal Chim Acta 2009;642:69–76.
[15] Belton P, Capozzi F. Special issue: magnetic resonance in food: dealing with complex systems. Magn Reson Chem 2001;49:S1–S134.
[16] Ritota M, Marini F, Sequi P, Valentini M. Metabolomic characterization of Italian sweet pepper (*Capsicum annum* L.) by means of HRMAS-NMR spectroscopy and multivariate analysis. J Agric Food Chem 2010;58:9675–84.
[17] Callejón RM, Amigo JM, Pairo E, Garmón S, Ocaña JA, Morales ML. Classification of sherry vinegars by combining multidimensional fluorescence, PARAFAC and different classification approaches. Talanta 2012;88:456–62.
[18] Christensen J, Nørgaard L, Bro R, Engelsen SB. Multivariate autofluorescence of intact food systems. Chem Rev 2006;106:1979–94.
[19] Cordella CBY, Tekye T, Rutledge DN, Leardi R. A multiway chemometric and kinetic study for evaluating the thermal stability of edible oils by ^{1}H NMR analysis: comparison of methods. Talanta 2012;88:358–68.
[20] Cocchi M, Durante C, Grandi M, Manzini D, Marchetti A. Three-way principal component analysis of the volatile fraction by HS-SPME/GC of aceto balsamico tradizionale of Modena. Talanta 2008;74:547–54.

[21] Pereira AC, Reis MS, Saraiva PM, Marques JC. Madeira wine ageing prediction based on different analytical techniques: UV–vis, GC–MS, HPLC-DAD. Chemometr Intell Lab 2011;105:43–55.
[22] Baldwin EA, Bai J, Plotto A, Dea S. Electronic noses and tongues: applications for the food and pharmaceutical industries. Sensors 2011;11:4744–66.
[23] Pereira AC, Reis MS, Saraiva PM. Quality control of food products using image analysis and multivariate statistical tools. Ind Eng Chem Res 2009;48:988–98.
[24] Montalbán JM, De Juan A, Ferrer A. Multivariate image analysis: a review with applications. Chemometr Intell Lab 2011;107:1–23.
[25] Elmasry G, Kamruzzaman M, Sun DW, Allen P. Principles and applications of hyperspectral imaging in quality evaluation of agro-food products: a review. Crit Rev Food Sci Nutr 2012;52:999–1023.
[26] Joliffe IT. Principal component analysis. 2nd ed. New York: Spinger-Verlag; 2002.
[27] Jackson JE. A user's guide to principal components. New York: John Wiley and Sons; 1991.
[28] Massart DL. Handbook of chemometrics and qualimetrics: part A. In: Massart DL, Vandeginste BGM, Buydens LMC, De Jong S, Lewi PJ, Smeyers-Verbeke J, editors. Data handling in science and technology series, part A, vol. 20. Amsterdam: Elsevier; 1998. p. 519–56 [chapter 17].
[29] Esbensen KH, Geladi P. Principal component analysis: concept, geometrical interpretation, mathematical background, algorithms, history, practice. In: Brown SD, Tauler R, Walczak B, editors. Comprehensive chemometrics: chemical and biochemical data analysis, vol. 2. Amsterdam: Elsevier Ltd.; 2009. p. 211–27 [chapter 2.13].
[30] Varmuza K, Filzmoser P. Introduction to multivariate statistics analysis in chemometrics. Boca Raton, FL: CRC Press Taylor & Francis Group; 2009.
[31] Wehrens R. Chemometrics with R: multivariate data analysis in the natural sciences and life sciences. Heidelberg, Dordrecht, London, New York: Springer; 2011.
[32] Burns DA, Ciurzak EW, editors. Handbook of near infrared analysis. New York: CRC Press Taylor & Francio Group; 2008. p. 151–88.
[33] Beebe KR, Pell RJ. Seasholtz, chemometrics: a practical guide. New York: John Wiley and Sons; 1998.
[34] Davies AMC, Fearn T. Back to basics: the principles of principal component analysis. Spectrosc Eur 2004;16:20–3.
[35] Davies AMC. Back to basics: application of principal component analysis. Spectrosc Eur 2005;17:30–1.
[36] Wold S, Esbensen KH, Geladi P. Principal component analysis. Chemometr Intell Lab 1987;2:37–52.
[37] Smilde A, Bro R, Geladi P. Models for two-way one-block data analysis: component models. In: Smilde A, Bro R, Geladi P, editors. Multi-way analysis with applications, multiway analysis in the chemical sciences. Chirchester: John Wiley & Sons; 2004. p. 35–45.
[38] Wu W, Massart DL, De Jong S. The kernel PCA algorithms for wide data. Part I: theory and algorithms. Chemometr Intell Lab 1997;36:165–72.
[39] Wold H. Soft modelling by latent variables: the non-linear iterative partial least squares (NIPALS) approach. In: Gani J, editor. Perspectives in probability and statistics. Sheffield, England: Applied Probability Trust; 1975.
[40] Wold H. Nonlinear estimation by iterative least square procedures. In: David FN, editor. Research papers in statistics, festschrift for J. Neyman. New York: Wiley; 1966. p. 411–44.
[41] Eckart C, Young G. The approximation of one matrix by another of lower rank. Psychometrika 1936;1:211–8.

[42] Golub GH, Reinsch C. Singular value decomposition and least squares solutions. Numer Math 1970;14:403–20.
[43] Gabriel KR. The biplot graphic display with application to principal component analysis. Biometrika 1971;58:453–67.
[44] Krooneberg PM. Applied multiway data analysis. Hoboken, NJ: John Wiley & Sons Inc.; 2008.
[45] Geladi P, Manley M, Lestander T. Scatter plotting in multivariate data analysis. J Chemometr 2003;17:503–11.
[46] Mardia K, Kent J, Bibby J. Multivariate analysis. In: Mardia K, Kent J, Bibby J, editors. Probability and mathematical statistics series. New York: Academic Press; 1979.
[47] Cattel RB. The scree test for the number of factors. Multivar Behav Res 1996;1:245–76.
[48] Bro R, Kjeldahl K, Smilde AK, Kiers HAL. Cross-validation of component models: a critical look at current methods. Anal Bioanal Chem 2008;390:1241–51.
[49] Camacho J, Ferrer A. Cross-validation in PCA models with the element-wise k-fold (ekf) algorithm: theoretical aspects. J Chemometr 2012;26:361–73.
[50] Hotelling H. Multivariate quality control. In: Eisenhart C, Hastay M, Wallis WA, editors. Techniques of statistical analysis. New York: MacGraw-Hill; 1947. p. 111–84.
[51] Jackson JE, Mudholkar GS. Control procedures for residuale associated with principal component analysis. Technometrics 1979;21:341–9.
[52] Tracy ND, Young JC, Mason RL. Multivariate control charts for individual observations. J Qual Technol 1992;24:88–95.
[53] Ferrer A. Multivariate statistical process control based on principal component analysis (MSPC-PCA): some reflections and a case study in an autobody assembly process. Qual Eng 2007;19:311–25.
[54] Nomikos P, MacGregor JF. Multivariate SPC charts for monitoring batch processes. Technometrics 1995;37:41–59.
[55] Kourti T, MacGregor JF. Multivariate SPC methods for process and product monitoring. J Qual Technol 1996;28:409–28.
[56] Westerhuis JA, Gurden SP, Smilde AK. Generalized contribution plots in multivariate statistical process monitoring. Chemometr Intell Lab 2000;51:95–114.
[57] Conlin AK, Martin EB, Morris AJ. Confidence limits for contribution plots. J Chemometr 2000;14:725–36.
[58] Bro R, Smilde AK. Centering and scaling in component analysis. J Chemometr 2003;17:16–33.
[59] Cocchi M, Durante C, Grandi M, Lambertini P, Manzini D, Marchetti A. Simultaneous determination of sugars and organic acids in aged vinegars and chemometric data analysis. Talanta 2006;69:1166–75.
[60] Eriksson L, Johansson E, Kettaneh-Wold N, Wold S. Scaling. In: Eriksson L, Johansson E, Kettaneh-Wold S, editors. Introduction to multi- and megavariate data analysis using projection methods (PCA & PLS). Umea: Umetrics; 1999. p. 213–25.
[61] Smilde AK, van der Werf MJ, Bijlsma S, van der Werff-van der Vat B, Jellema RH. Fusion of mass spectrometry-based metabolomics data. Anal Chem 2005;77:6729–36.
[62] Keun HC, Ebbels TMD, Antti H, Bollard ME, Beckonert O, Holmes E, et al. Improved analysis of multivariate data by variable stability scaling: application to NMR-based metabolic profiling. Anal Chim Acta 2003;490:265–76.
[63] Wold S, Johansson E, Cocchi M. PLS: partial least squares projections to latent structures. In: Kubinyi Hugo, editor. 3D QSAR in drug design: theory, methods and applications. Leiden: ESCOM Science Publishers; 1983. p. 523–50.

[64] Eilers PHC. Parametric time warping. Anal Chem 2004;76:404–11.
[65] Forshed J, Schuppe-Koistinen I, Jacobsson SP. Peak alignment of NMR signals by means of a genetic algorithm. Anal Chim Acta 2003;487:189–99.
[66] Savorani F, Tomasi G, Engelseni SB. COSHIFT, a versatile tool for the rapid alignment of 1D NMR spectra. J Magn Reson 2010;202:190–202.
[67] Tomasi G, Savorani F, Engelsenicoshift SB. An effective tool for the alignment of chromatographic data. J Chromatogr A 2011;1218:7832–40.
[68] Savitzky A, Golay MJE. Smoothing and differentiation of data by simplified least squares procedures. Anal Chem 1964;36:1267.
[69] Van Den Bogaert B. Finding frequencies in signals: the Fourier transform & when frequencies change in time: towards the wavelet transform. In: Walczak B, editor. Wavelet in chemistry. Amsterdam: Elsevier Science B.V.; 2000. p. 33–56.
[70] Davies AMC. Back to basics: spectral pre-treatments—derivatives. Spectrosc Eur 2007;19:32–3.
[71] Rinnan A, Van Der Berg F, Engelsen SB. Review of the most common pre-processing techniques for near-infrared spectra. Trends Anal Chem 2009;10:1201–22.
[72] Kohler A, Zimonja M, Segtnan V, Martens H. Standard normal variate, multiplicative signal correction and extended multiplicative signal correction preprocessing in biospectroscopy. In: Brown SD, Tauler R, Walczak B, editors. Comprehensive chemometrics: chemical and biochemical data analysis. vol. 2. Amsterdam: Elsevier Ltd.; 2009. p. 211–27 [chapter 2.09].
[73] Davies AMC. Something has happened to my data: potential problems with standard normal variate and multiplicative scatter correction pre-treatments. Spectrosc Eur 2009;21:16–9.
[74] Afseth NK, Kohler A. Extended multiplicative signal correction in vibrational spectroscopy, a tutorial. Chemometr Intell Lab 2012;117:92–9.
[75] Bylesjo M, Rantalainen M. Model based preprocessing and background elimination: OSC, OPLS, and O2PLS. In: Brown SD, Tauler R, Walczak B, editors. Comprehensive chemometrics: chemical and biochemical data analysis. vol. 2. Amsterdam: Elsevier Ltd.; 2009. p. 129–37 [chapter 2.08].
[76] Norgaard L, Saudland A, Wagner J, Nielsen JP, Munck L, Engelsen SB. Interval partial least-squares regression (iPLS): a comparative chemometric study with an example from near-infrared spectroscopy. Appl Spectrosc 2000;54:413–9.
[77] Xiaobo Z, Jiewen Z, Povey MJW, Holmes M, Hanpin M. Variables selection methods in near-infrared spectroscopy. Anal Chim Acta 2010;667:14–32.
[78] Niazi A, Leardi R. Genetic algorithms in chemometrics. J Chemometr 2012;26:345–51.
[79] Li Vigni M, Baschieri C, Foca G, Marchetti A, Ulrici A, Cocchi M. Monitoring flour performance in bread making. In: Preedy VR, Watson RR, Patel VB, editors. Flour and breads and their fortification in health and disease prevention. London: Academic Press, Elsevier; 2011. p. 15–25.
[80] Li Vigni M. Wheat flour and industrial bread-making: a multivariate approach to quality and process monitoring. Doctoral thesis, University of Modena and Reggio Emilia, Italy; 2010. p. 102–11.
[81] Smilde A, Bro R, Geladi P. Multi-way analysis with applications. Multiway analysis in the chemical sciences. Chirchester: John Wiley & Sons, Ltd.; 2004.
[82] Li Vigni M, Durante C, Foca G, Ulrici A, Møller Jespersen BP, Bro R, et al. Wheat flour formulation by mixture design and multivariate study of its technological properties. J Chemometr 2010;24:523–33.
[83] Li Vigni M, Cocchi M. Near infrared spectroscopy and multivariate analysis to evaluate wheat flour doughs leavening and bread properties. Anal Chim Acta 2013;764:17–23.

[84] Efron B. Nonparametric estimates of standard error: the jackknife, the bootstrap and other methods. Biometrika 1981;68:589–99.

[85] Lunneborg CE. Data analysis by resampling. USA: Duxbury Press; 2000.

[86] Ferrer A. Statistical control of measures and processes. In: Brown SD, Tauler R, Walczak B, editors. Comprehensive chemometrics: chemical and biochemical data analysis. Amsterdam: Elsevier Ltd.; 2009.

[87] Wentzell PD. Other topics in soft-modeling: maximum likelihood-based soft-modeling methods. In: Brown SD, Tauler R, Walczak B, editors. Comprehensive chemometrics: chemical and biochemical data analysis. Amsterdam: Elsevier Ltd.; 2009.

[88] Wentzell PD, Hou S. Exploratory data analysis with noisy measurements. J Chemometr 2012;26:264–81.

[89] Wentzell PD, Andrews DT, Hamilton DC, Faber K, Kowalski BR. Maximum likelihood principal component analysis. J Chemometr 1997;11:339–66.

[90] Wentzell PD, Lohnes MT. Maximum likelihood principal component analysis with correlated measurement errors: theoretical and practical considerations. Chemometr Intell Lab 1999;45:65–85.

[91] Daszykowski M, Kaczmarek K, Vander Heyden Y, Walczak B. Robust statistics in data analysis—a review basic concepts. Chemometr Intell Lab 2007;85:203–19.

[92] Devlin JS, Gnanadesikan R, Kettering JR. Robust estimation of dispersion matrix and principal components. J Am Stat Assoc 1981;76:354–62.

[93] Rousseeuw PJ, Leroy AM. Robust regression and outlier detection. New York: John Wiley & Sons Inc.; 1987.

[94] Rousseeuw P, Croux C, Todorov V, Ruckstuhl A, Salibian-Barrera M, Verbeke T, et al. (2012). Robustbase: Basic Robust Statistics. R package version 0.9-7.

[95] Todorov V, Filzmoser P. An object-oriented framework for robust multivariate analysis. J Stat Softw 2009;32:1–47.

[96] Daszykowski M, Serneels S, Kaczmarek K, Van Espen P, Croux C, Walczak B. TOMCAT: a MATLAB toolbox for multivariate calibration techniques. Chemometr Intell Lab 2007;85:269–77.

[97] Verboven S, Hubert M. LIBRA: a MATLAB library for robust analysis. Chemometr Intell Lab 2005;75:127–36.

[98] Friedman JH, Tukey JW. A projection pursuit algorithm for exploratory data analysis. IEEE Trans Comput 1974;C-23:881–90.

[99] Jones MC, Sibson R. What is projection pursuit? J Roy Stat Soc Ser A (Gen) 1987;150:1–37.

[100] Comon P. Independent component analysis: a new concept? Signal Process 1994;36:287–314.

[101] Lee TW. Independent component analysis: theory and applications. Boston, MA: Kluwer Academic Publishers; 1998.

[102] Hyvärinen A, Karhunen J, Oja E. Independent component analysis. New York: Wiley; 2001.

[103] Hyvärinen A, Oja E. Independent component analysis: algorithms and application. Neural Netw 2000;13:411–30.

[104] Comon P, Jutten C. Handbook of blind source separation, independent component analysis and applications. Oxford, UK: Academic Press; 2010.

[105] Bugli C, Lambert P. Comparison between principal component analysis and independent component analysis in electroencephalograms modelling. Biometrical J 2006;48:1–16.

[106] Aguilera T, Lozano J, Paredes JA, Alvarez FJ, Suarez JI. Electronic nose based on independent component analysis combined with partial least squares and artificial neural networks for wine prediction. Sensors 2012;12:8055–72.
[107] Ammari F, Cordella CBY, Boughanmi N, Rutledge DN. Independent components analysis applied to 3D-front-face fluorescence spectra of edible oils to study the antioxidant effect of *Nigella sativa* L. extract on the thermal stability of heated oils. Chemometr Intell Lab 2012;113:32–42.
[108] Westad F. Independent component analysis and regression applied on sensory data. J Chemometr 2005;19:171–9.
[109] Bouveresse DJR, Moya-González A, Ammari F, Rutledge DN. Two novel methods for the determination of the number of components in independent components analysis models. Chemometr Intell Lab 2012;112:24–32.
[110] Westad F, Kermit M. Cross validation and uncertainty estimates in independent component analysis. Anal Chim Acta 2003;490:341–54.
[111] Cox TF, Cox MAA. Multidimensional scaling. Boca Raton: Chapman and Hall; 2001.
[112] Borg I, Groenen PJF. Modern multidimensional scaling. 2nd ed. New York: Springer; 2005.
[113] Sammon JW. A nonlinear mapping for data structure analysis. IEEE Trans Comput 1969;18:401–9.
[114] Kruskal JB, Wish M. Multidimensional scaling. Beverly Hills, CA: Sage Publications; 1978.
[115] Gunden C, Thomas T. Assessing consumer attitudes towards fresh fruit and vegetable attributes. J Food Agric Environ 2012;10:85–8.
[116] Ballester J, Patris B, Symoneaux R, Valentin D. Conceptual vs. perceptual wine spaces: does expertise matter? Food Qual Prefer 2008;19:267–76.
[117] Lee SJ, Noble AC. Use of partial least squares regression and multidimensional scaling on aroma models of California Chardonnay wines. Am J Enol Viticult 2006;57:363–70.
[118] Taguchi Y, Oono Y. Relational patterns of gene expression via non-metric multidimensional scaling analysis. Bioinformatics 2005;21:730–40.
[119] Kohonen T. Self-organized formation of topologically correct feature maps. Biol Cybern 1982;43:59–69.
[120] Kohonen T. Self-organizing maps. 3rd ed. Berlin Heidelberg: Springer; 2001.
[121] Príncipe JC, Miikkulainen R, editors. Advances in self-organizing maps. Springer: Berlin; 2009.
[122] Yan J. Package 'som', version 0.3-5; 15 February 2012. http://cran.r-project.org/web/packages/som/.
[123] Todeschini R. Introduzione alla chemiometria. Napoli: EdiSES; 1998.
[124] Lee I, Yang J. Common clustering algorithms. In: Brown SD, Tauler R, Walczak B, editors. Comprehensive chemometrics: chemical and biochemical data analysis. vol. 2. Amsterdam: Elsevier Ltd.; 2009. p. 211–27 [chapter 2.27].
[125] Berry MJA, Linoff GS. Data mining techniques for marketing, sales and customer support. New York: John Wiley & Sons; 1997.
[126] MacQueen J. Some methods for classification and analysis of multivariate observations. In: Le Cam L, Neyman J, editors. 5th Berkeley symposium on mathematical statistics and probability. vol. 1. Berkeley: University of California Press; 1967. p. 281–97.
[127] Huang Z. Extensions to the k-means algorithm for clustering large data sets with categorical values. Data Min Knowl Disc 1998;2:2283–304.

[128] Lance GN, Williams WT. A general theory of classificatory sorting strategies: II. Clustering systems. Comput J 1967;10:271–7.
[129] Gower JC. A comparison of some methods of cluster analysis. Biometrics 1967;23:623–8.
[130] Sneath PHA. The application of computers to taxonomy. J Gen Microbiol 1957;17:201–26.
[131] Ward J. Hierarchical grouping to optimize an objective function. J Am Stat Assoc 1963;58:236–44.

Chapter 4

Regression

Frank Westad*[,1], Marta Bevilacqua[†] and Federico Marini[†]
*CAMO Software AS, Oslo, Norway
†Department of Chemistry, University of Rome "La Sapienza", Rome, Italy
[1]Corresponding author: frank.westad@online.no

Chapter Outline

1 INTRODUCTION

Regression is an approach for relating two or more *sets of variables* to each other [1,2]. It corresponds to modelling one (or several) **Y**-variables on the basis of a well-chosen set of relevant **X**-variables, where **X** in general consists

Data Handling in Science and Technology, Vol. 28. http://dx.doi.org/10.1016/B978-0-444-59528-7.00004-1

of more than one variable. Regression methods have played an important role as a tool in analyzing food samples of various kinds. One may say that the development of multivariate calibration as a concept originated from applications in food and agriculture. Before we go into this in more detail some comments on the basic method of linear regression will be presented. The term 'regression' originated according to an anecdote from a statistician investigating the relationship between the height of fathers and their sons [3,4]. To his astonishment he found that the sons were in general not higher than their fathers, thereof the word *regression*. In a regression context one defines the variable to be modelled as the dependent variable or **Y**-variable and the predictor variables as independent variables or **X**-variables. It should also be mentioned that there is in the traditional linear regression an assumption that there is no error in the **X**-variables.

Today it is quite common that food samples are characterized by many variables from instruments such as spectrometers and hyphenated techniques such as GC–MS, LC–MS and LC–UV. However, the history of regression stems from the times that one had (many) more objects than variables because multi-channel instruments were not available in the early days and the basic assumption of having more objects than variables was fulfilled. With the development of, for example, NIR instruments with many filters multiple linear regression (MLR) became a valuable method for building calibration models for subsequently predicting various constituents in food samples or one may say food quality in general. These filters were carefully selected to represent information related to chemical groups such as C–H, O–H, N–H and the variables described to a large extent unique information about the constituents of interest. Later grating instruments with 100s of variables generated data where many variables (wavelengths) described the samples in similar ways. Then it was recognized that one had to either perform variable selection and apply MLR or use regression methods based on latent variables, also called components or factors. The details of various regression methods will be presented in Section 3.

Before we present multivariate calibration [2], we should linger for a few minutes on correlation and causality. While correlation is a statistical concept for linear relationships it is not telling anything about cause and effect [5,6]. Causality concerns the *interpretation* of deterministic relationships and the underlying reason why variables are correlated. Many people think of cause and effect when they use the term correlation. One must use the application-specific knowledge to interpret correlation in terms of cause and effect. For example, there is a high correlation between the number of tourists and mosquitoes in Northern Norway, but it does not mean that bringing more mosquitoes to the region will give more tourists as it is the weather conditions that are the causal factors. Although this example is evident to everyone, it is not always so easy to interpret empirical data with a high number of correlated variables. When this is said, the use of indirect correlations as predictors in regression models is far from uncommon, but if these correlations are not inherent for the samples in the actual application, the predictions cannot be trusted. Many of the instrumental methods measure indirectly the property of interest. For example, the wavelengths (or wavenumbers if you are a true spectroscopist) in spectroscopic instruments are indirectly measuring the chemical information in the sample and this can be related to, for example, moisture or fat content in the sample.

2 MULTIVARIATE CALIBRATION

The ideal situation in a regression context is that the change in the **X**-variable(s) is 100% related to the change in the **Y**-variable. This requires selectivity in the instrumental measurement. As known to most people in food chemistry, chromatography is a technique that separates chemical compounds on the basis of chemical structure or molecular size. Thus, the intensity of one specific peak can in some cases give directly the concentration of a chemical substance if a calibration model has been established for known peak intensities and concentration and this correlation is close to 1.0. In many cases, it is the simultaneous contribution from several different variables that enables a multivariate modelling of the property. One example from food chemistry is in sensory and consumer science where a number of chemical variables and sensory attributes together describe how the consumers rate the products in terms of liking or preference. The overall preference will in general depend on texture, colour and taste and these underlying sensory perceptions may again be divided into individual variables such as acidic taste, floral taste and sting taste. This can mathematically be described as:

$$\mathbf{X} = \mathbf{C}\mathbf{S}^{\mathrm{T}} \tag{1}$$

where $\mathbf{X}$ (N, K) is a data table for a number of N objects and K variables, $\mathbf{C}$ is a table of concentrations for a number of constituents (N, J) for the same objects and $\mathbf{S}$ are the pure signals of the constituents. Then if the pure signals in $\mathbf{S}$ are known, the concentrations of new unknown samples can be estimated according to Classical Least Squares:

$$\hat{\mathbf{C}} = \mathbf{X}\mathbf{S}/\mathbf{S}^{\mathrm{T}}\mathbf{S} \tag{2}$$

However, as food samples often are complex in terms of composition and subject to variation due to season, location, texture, etc., there is often unknown or uncontrolled variance in $\mathbf{X}$ so that the model can be represented more generally as:

$$\mathbf{X} = \mathbf{C}\mathbf{S}^{\mathrm{T}} + \mathbf{E} \tag{3}$$

where $\mathbf{E}$ represents the error term in the model. The sources of the variance in $\mathbf{E}$ can be random noise, instrumental errors or any structured variance that is interfering with the pure signal that enables the prediction of $\mathbf{C}$ for unknown samples.

At the more conceptual level, Equation (3) can be presented as:

Observations = Data structure + Noise

The recognition that the ideal situation in Equation (1) is not fulfilled because **E** is unknown leads to the concept of multivariate calibration where concentration **C** (now with the notation **Y**) is modelled as:

$$\mathbf{Y} = \mathbf{XB} + \mathbf{E}_Y \tag{4}$$

where **B** is the matrix of regression coefficients. One important aspect of multivariate calibration is that one can model one phenomenon (constituent) in the presence of other phenomena without knowing what the other phenomena are as long as the objects selected for calibration span the variance for these unknown phenomena similar to future objects. This means that the variables in **X** do not need to be selective in establishing a model with sufficient prediction ability. Figure 1 depicts this for the simplest case where two chemical compounds generate spectral signatures for a number of wavelengths. According to Beer's law, the absorbance is a linear function of the absorptivity of the compound times the pathlength times the concentration.

Assume now that the objective is to make a model for the concentration of '*a*' using the wavelength with the highest intensity, λ_a. As long as the concentration of '*b*' does not change, a model can be established where the additional signal for '*b*' at λ_a can be compensated as a generic offset if one measures the absorbance for concentrations 0, 2, 4, ... of '*a*'. However, in the case that '*b*' changes in concentration, the total signal λ_a has an unknown component and '*b*' can be regarded as an interferent. On the other hand, if the calibration model was based on various mixes of '*a*' and '*b*' according to an experimental design the so-called unmixing of the system can be done by including λ_b as an additional **X**-variable. This is in the situation where the system is linear and

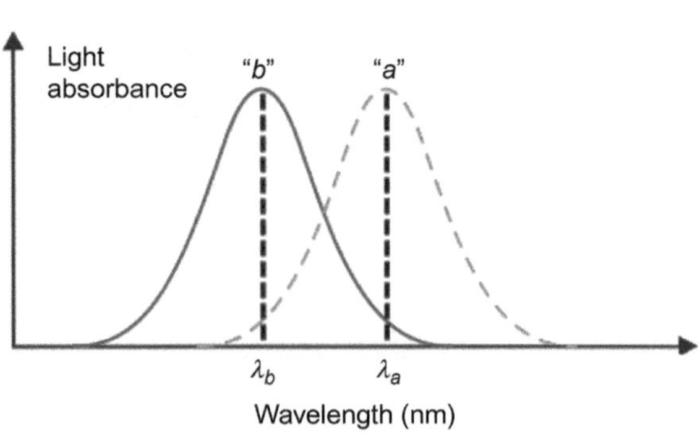

FIGURE 1 Example of overlapping peaks.

there are no other interfering sources of variation. Note that we do not need to know what '*b*' is and this extends to the general situation with many unknown sources of variation. Nevertheless, as scientists, we strive for selectivity and the simplest regression model when this is possible. By selecting a subset of variables and the appropriate pretreatment of the data to account for physical or instrumental effects, one may achieve the objective of a model with a single selective variable [7] or latent variable.

So far this chapter has mostly concerned applications with a specific objective to predict quality or properties with instrumental data. However, regression also plays an important role in relating two or more data tables (blocks of variables) in establishing relationships between the variables and to assess if these relationships are quantitatively good enough to conclude given the specific application and objective. In traditional analytical chemistry, one would require a correlation of, say 0.99 for a model to be used in practice whereas in industrial applications or sensory and consumer science one cannot expect such strong relationships. This does not mean that the findings and conclusions are not something that can be of operational importance for product development or quality control. However, one must beware the paradox in statistics that with enough objects the correlation between two variables will always be significant at the 5% level. More about model interpretation, validation, error measures and diagnostics will be found in the following sections.

3 THEORY

Regression models aim at finding a functional relationship between two or more blocks of variables; in the simplest case, when only two blocks are present, regression models operate by approximating the values in one block (called the responses or dependent variables, and indicated by the matrix **Y**) using an opportune mathematical function applied to the variables of the other block (called independent variables or predictors and collected into the matrix **X**) [2]. In this respect, it must be stressed that, even if the two-block is the most common configuration, many problems in food chemistry are formulated in a way that calls for a multi-block structure.

In more formal terms, regression looks for an approximation of the responses given the predictors, **X**, which fits the data best according to some predetermined criterion, usually a least squares loss function:

$$\mathbf{Y} = f(\mathbf{X}) + \mathbf{E} = \hat{\mathbf{Y}} + \mathbf{E} \tag{5}$$

where f indicates a general mathematical relationship and **E** is the matrix collecting the residuals, that is, the differences between the 'true' **Y**-values and those predicted by the model. Although in principle any kind of function can be used for modelling, most of the methods that are normally used in chemometrics assume a linear dependence between the **Y** and the **X**, so that the model becomes:

$$f(\mathbf{X}) = \mathbf{XB} \tag{6}$$

B being a matrix of proportionality constants termed regression coefficients. These are the kind of models that will be discussed in detail in the present chapter, starting from the simplest case, that is, the case when there is only one **X**- and one **Y**-variable, and continuing with the most commonly used multivariate linear models. More complicated non-linear models will be only briefly described in a devoted paragraph.

3.1 Univariate Linear Regression: Introducing the Least Squares Concept

To introduce some key concepts related to the construction of regression models, at first the simplest case where a single response has to be predicted based on the measurement of a single independent variable will be summarily recalled. This case occurs frequently in chemistry and, in particular, in analytical chemistry, where the concentration of an analyte must be quantified based on the measurement of a univariate physical property or of an individual instrumental signal (e.g. absorbance at λ_{max} in Beer's law or diffusion limit current in Ilkovič equation). In mathematical terms, one wants to predict the value of the response on the *i*th sample $\hat{y}_i$, based on the measurement of the single dependent variable on the same object x_i. Using the same notation as in Equation (5), the univariate regression model can be stated as:

$$y_i = f(x_i) + e_i = \hat{y}_i + e_i \tag{7}$$

where, for each object, the predicted response value $\hat{y}_i = f(x_i)$ represents an approximation of the true value y_i, the difference between the two being the residual e_i. In Equation (7), a general functional relation $f(x)$ was used; however, it was already stated that the most common mathematical form of the regression models is a linear dependence. Therefore, under the assumption of a linear relationship between the dependent and the independent variables, Equation (7) transforms into:

$$y_i = \hat{y}_i + e_i = b_1 x_i + b_0 + e_i \tag{8}$$

where b_1 is the slope and b_0 is the intercept of the model. Accordingly, building a proper regression model coincides with finding the optimal values of the model parameters b_1 and b_0, which univocally define the mathematical relation. Unfortunately, in chemistry there are only a very limited number of cases where the values of the model parameters can be inferred only from first principles (for instance, in analytical chemistry, this holds only for the so-called absolute quantitative methods); in all the remaining cases, the estimation is data-driven: both the x and the y are measured on a set of samples and the optimal values of the model parameters are chosen as the ones that lead to the best results on these x-/y-pairs according to a predefined criterion (supervised modelling). In this context, the criterion that is normally used is the so-called least squares criterion [8,9], which is based on a sum of squared errors loss function. In particular, the concept behind approximating the functional relation between x and y via a least squares model is to look for the value of the parameters that allows to fit the data with the minimum possible error [10]:

$$\min_{b_0,b_1}\sum_{i=1}^{r} e_i^2 = \min_{b_0,b_1}\sum_{i=1}^{r}\left(y_i-\hat{y}_i\right)^2 = \min_{b_0,b_1}\sum_{i=1}^{r}\left(y_i-b_1x_i-b_0\right)^2 \tag{9}$$

where r being the number of x-/y- pairs used to build the model (*training set*) and the rest of the symbols being the same as in Equation (7). As the optimal value of the parameters is the one that minimizes the sum of squares of the model residuals, as described in Equation (8), the approach is called least squares fitting. In the univariate case, solution of the problem can be easily found by differentiating Equation (9) with respect to b_0 and b_1 and setting the corresponding derivatives equal to zero:

$$\begin{cases} \dfrac{\partial\sum_{i=1}^{r}(y_i-b_1x_i-b_0)^2}{\partial b_1}=0 \Rightarrow \sum_{i=1}^{r}-2x_i(y_i-b_1x_i-b_0)=0 \\[2ex] \dfrac{\partial\sum_{i=1}^{r}(y_i-b_1x_i-b_0)^2}{\partial b_0}=0 \Rightarrow \sum_{i=1}^{r}-2(y_i-b_1x_i-b_0)=0 \end{cases} \tag{10}$$

Substituting one row into the other and solving for the parameters leads to the well-known univariate least squares formulas:

$$\begin{cases} b_1=\dfrac{r\sum_{i=1}^{r}x_iy_i-\sum_{i=1}^{r}x_i\sum_{i=1}^{r}y_i\sum_{i=1}^{r}y_i}{r\sum_{i=1}^{r}x_i^2-\sum_{i=1}^{r}x_i\sum_{i=1}^{r}x_i}=\dfrac{\overline{xy}-\overline{x}\cdot\overline{y}}{\overline{x^2}-\overline{x}^2} \\[3ex] b_0=\dfrac{\sum_{i=1}^{r}y_i-b_1\sum_{i=1}^{r}x_i}{r}=\overline{y}-b_1\overline{x} \end{cases} \tag{11}$$

where the horizontal bars indicate average values over the training samples. By inspecting the results in the pair of Equation (10), it is possible to observe that the value of the slope b_1, which appears to be optimal in the least square sense, is given by the ratio of the covariance of x and y and the variance of x. On the other hand, the second relation indicates that the straight line corresponding to the model is forced to pass through the centroid $(\overline{x}, \overline{y})$.

3.2 Multivariate Generalization of the Ordinary Least Squares Approach

The theory illustrated in Section 3.1 for the univariate case can be easily generalized to the situation when more than one predictor is measured on the objects, so that each object is described by a vector of numbers rather than a single scalar [1,2,11]. For instance, if p independent variables are used to describe each object, the jth object will be characterized by the row vector of measurements $\mathbf{x}_j$:

$$\mathbf{x}_j = \begin{bmatrix} x_{j1} & x_{j2} & \cdots & x_{jp} \end{bmatrix} \tag{12}$$

Accordingly, when r training pairs are analyzed, the values of the independent variables (**X**-block) are arranged into the $r \times p$ matrix **X**:

$$\mathbf{X} = \begin{pmatrix} x_{11} & \cdots & x_{1p} \\ \vdots & \ddots & \vdots \\ x_{r1} & \cdots & x_{rp} \end{pmatrix} \tag{13}$$

If the dependent variable to be predicted is univariate, the mathematical relation that is sought is of the form:

$$y_j = b_1 x_{j1} + b_2 x_{j2} + \cdots + b_p x_{jp} + b_0 + e_j = \hat{y}_j + e_j \tag{14}$$

where, consistently with the notation already used in Equation (7) and following, $\hat{y}_j$ is the response for the jth sample approximated by the model and e_j is the corresponding residual. Comparison of Equation (14) with Equation (8) evidences that the only difference in model definition between the univariate and the multivariate case is that more linear coefficients are needed, as many as the number of added variables; however, apart from this, the multivariate model is completely analogous to the univariate one. Accordingly, by measuring an opportune number of x-/y-pairs, it is possible to estimate the optimal values of the model parameters b_i in Equation (14) by a least squares approach, just as explained in Section 3.1 for the univariate case:

$$\begin{aligned} \min_{b_k, k=0,\ldots,p} \sum_{i=1}^{r} e_i^2 &= \min_{b_k, k=0,\ldots,p} \sum_{i=1}^{r} \left(y_i - \hat{y}_i\right)^2 \\ &= \min_{b_k, k=0,\ldots p} \sum_{i=1}^{r} \left(y_i - b_1 x_{i1} - b_2 x_{i2} - \cdots - b_p x_{ip} - b_0\right)^2 \end{aligned} \tag{15}$$

Solution of this problem can be better described using matrix notation: by collecting all the regression coefficients in the regression vector $\mathbf{b}_{\text{aug}}$

$$\mathbf{b}_{\text{aug}} = \begin{bmatrix} b_1 & b_2 & \cdots & b_p & b_0 \end{bmatrix} \tag{16}$$

the model in Equation (14) can be rewritten as:

$$\mathbf{y} = \hat{\mathbf{y}} + \mathbf{e} = \mathbf{X}_{\text{aug}} \mathbf{b}_{\text{aug}} + \mathbf{e} \tag{17}$$

where $\mathbf{y}$, $\hat{\mathbf{y}}$ and $\mathbf{e}$ are the vectors collecting the 'true' and the predicted values of the response and the residuals for the training samples, respectively [1,11] In Equations (16) and (17), the subscript aug indicates that the vector of regression coefficients is augmented to include also the intercept term b_0: correspondingly, also the independent matrix $\mathbf{X}$ has to be augmented by including a column of ones:

$$\mathbf{X}_{\text{aug}} = [\mathbf{X} \;\; \mathbf{1}_r] = \begin{bmatrix} x_{11} & \cdots & x_{1p} & 1 \\ \vdots & \ddots & \vdots & \vdots \\ x_{r1} & \cdots & x_{rp} & 1 \end{bmatrix} \tag{18}$$

However, for many practical applications, data are at least mean centred (see Chapter 3), that is, an offset term is subtracted from both the $\mathbf{X}$- and $\mathbf{y}$-blocks: from a regression standpoint, centring leads to model without intercept, so that Equation (17) becomes:

$$\mathbf{y} = \hat{\mathbf{y}} + \mathbf{e} = \mathbf{X}\mathbf{b} + \mathbf{e} \tag{19}$$

where the regression vector $\mathbf{b}$ is the same as in Equation (16), apart from the term b_0, which is lacking. Consequently, in the remainder of the chapter, unless explicitly stated, mean centring of both blocks will be assumed and models will be described starting from Equation (19).

In particular, it is possible to demonstrate that the vector of regression coefficients, which satisfies the least squares criterion in Equation (15), that is, the solution of the so-called MLR problem [1,2,11], is given by:

$$\mathbf{b}_{\text{MLR}} = \mathbf{X}^{+}\mathbf{y} = \left(\mathbf{X}^{\mathrm{T}}\mathbf{X}\right)^{-1}\mathbf{X}^{\mathrm{T}}\mathbf{y} \tag{20}$$

where the symbol + indicates Moore–Penrose pseudo-inverse [12,13].

When more than one dependent variable has to be modelled, an individual least squares criterion like the one in Equation (15) can be written for each of the responses, which are then modelled independently on one another. In matrix form, the problem can be stated as follows. By arranging the different responses as columns of the dependent matrix $\mathbf{Y}$, the regression problem for multivariate $\mathbf{Y}$-block can be formulated as:

$$\mathbf{Y} = \hat{\mathbf{Y}} + \mathbf{E} = \mathbf{X}\mathbf{B} + \mathbf{E} \tag{21}$$

where the jth column of the matrix $\mathbf{B}$ contains the regression coefficients for the prediction of the jth response while the matrices $\hat{\mathbf{Y}}$ and $\mathbf{E}$ correspond to the predictions and the residuals, respectively. Analogously to the single-y case, the least squares solution can be obtained by left-multiplying the dependent matrix by the pseudo-inverse of $\mathbf{X}$ according to:

$$\mathbf{B}_{\text{MLR}} = \mathbf{X}^{+}\mathbf{Y} = \left(\mathbf{X}^{\mathrm{T}}\mathbf{X}\right)^{-1}\mathbf{X}^{\mathrm{T}}\mathbf{Y} \tag{22}$$

Both in the case of univariate or multivariate $\mathbf{Y}$, the regression coefficients univocally define the mathematical relation between the dependent and the independent variables, so that if the vector $\mathbf{x}_{new}$ is measured on a new sample, the corresponding values of the response(s) can be predicted using the formula:

$$\begin{aligned} \hat{y}_{new} &= \mathbf{x}_{new}\mathbf{b} \quad (\text{single } y) \\ \hat{\mathbf{y}}_{new} &= \mathbf{x}_{new}\mathbf{B} \quad (\text{multiple } y) \end{aligned} \tag{23}$$

Being the natural multivariate extension of the classical univariate least squares calibration, MLR is relatively simple and straightforward. However, the mathematical structure of the model can severely limit the possibility of its practical application to many real cases, where a large number of variables are measured on a relatively small number of samples. Indeed, as shown in Equations (20) and (22), estimation of the optimal value of the regression coefficients relies on the inversion of the matrix $\mathbf{X}^T\mathbf{X}$, and for many experimental data this inverse doesn't exist or it is ill-conditioned. In particular, the conditions that have to be satisfied in order for $(\mathbf{X}^T\mathbf{X})^{-1}$ to be estimated in a reliable way are that the columns of $\mathbf{X}$ are linearly independent (meaning that the predictors are uncorrelated) and that the number of training samples r is greater than the number of independent variables p. From a practical standpoint, the latter condition could be, at least in principle, met by increasing the objects-to-predictors' ratio either by measuring more samples or by variable selection. However, the former is rarely satisfied, especially when signals coming from modern instrumentations are involved, as the variables are quite often correlated by nature or by sampling. The direct consequence of the matrix $\mathbf{X}$ being ill-conditioned is that the predictions are not stable and are characterized by high variance, since the solution is mostly affected by the noise part of the data [2].

To deal with these drawbacks, different methods have been proposed in the literature, most of them based on the concept of bilinear modelling, already introduced in Chapter 3, in the framework of principal component analysis. Indeed, when the description of the data set using the experimentally measured variables is substituted by a more parsimonious one, relying on the concept of latent variables, then it is often possible to capture the essential structure of the data with a very limited number of descriptors, which are usually orthogonal. It is then evident that these two characteristics (low number of mutually orthogonal predictors) allow overcoming all the limitations described above and make multivariate calibration applicable to a wider host of real-world problems. In this framework, the most commonly used latent variable-based methods are principal component regression (PCR), partial least squares (PLS) regression and principal covariate regression (PCovR), which will be described in the following sections.

3.3 Principal Component Regression

As the name suggests, PCR [2,14] is based on the use of principal component analysis (PCA [15,16], see Chapter 3) to produce a parsimonious description of the independent matrix $\mathbf{X}$. Indeed, as projection of the samples onto the first

PCs constitutes the best low-dimensional approximation of the original data matrix, it was quite obvious to think of using the PCA scores as predictors in MLR to overcome the limitations of the method when dealing with ill-conditioned experimental matrices. Therefore, PCR modelling is a two-step process involving at first the calculation of the PCA decomposition of the predictor block and successively the build-up of the MLR model on the scores [14].

In mathematical terms, the independent matrix **X** is described by the bilinear model:

$$\mathbf{X} = \mathbf{T}\mathbf{P}^{\mathrm{T}} + \mathbf{E}_X \tag{24}$$

where **T** and **P** are the scores and loadings matrices, respectively, while $\mathbf{E}_X$ is the array collecting the **X**-residuals of the model, that is, the part of the variability of the predictor block not explained by the PCA model. Based on this decomposition, the PCR methods operated by building an MLR model on the scores computed in the PCA step. Accordingly, Equation (21) becomes:

$$\mathbf{Y} = \hat{\mathbf{Y}} + \mathbf{E}_Y = \mathbf{T}\mathbf{C} + \mathbf{E}_Y \tag{25}$$

where the subscript Y was added to the **Y**-residual matrix to differentiate it from that of the **X**-block, and **C** is the matrix of regression coefficients for the MLR model relating the dependent variables **Y** to the PC scores of the independent block **T**. Analogously to what is already described in Equation (22), the matrix **C** can be computed as:

$$\mathbf{C} = \mathbf{T}^{+}\mathbf{Y} = \left(\mathbf{T}^{\mathrm{T}}\mathbf{T}\right)^{-1}\mathbf{T}^{\mathrm{T}}\mathbf{Y} \tag{26}$$

As evident from Equation (25), the regression coefficient matrix **C** relates the dependent matrix **Y** to the **X**-scores **T**. However, for the sake of an easier interpretation of the results, it could be more straightforward to express the regression relationship directly in terms of the original variables, as:

$$\hat{\mathbf{Y}} = \mathbf{X}\mathbf{B}_{\mathrm{PCR}} \tag{27}$$

where the subscript clarifies that even if the form of the mathematical relationship would be the same as in Equation (21), the resulting set of regression coefficients would be, in general, different. In particular, $\mathbf{B}_{\mathrm{PCR}}$ can be easily calculated by combining Equations (24) and (25), as:

$$\mathbf{B}_{\mathrm{PCR}} = \mathbf{P}\mathbf{C} \tag{28}$$

Then, it is possible to predict the values of the responses on new samples in a way that is completely identical to what is already described in Equation (23), the only exception being that the set of regression coefficients would be the one computed by PCR, instead of MLR, that is, by Equation (28).

With respect to MLR, as PCR involves a projection step, where the data are represented on a low-dimensional latent variable space, there is the need of deciding what the complexity of this space should be or, in other terms, how many principal components are needed. In general, there is a trade-off in selecting the optimal number of components: including too few factors could lead to models not able to fit **X** well and to predict **Y** accurately, whereas the use of too many components can result in overfitting **Y** and **X**, and, as a consequence, in unreliable and unstable predictions on new samples. Therefore, the choice of model complexity is normally accomplished through some sort of validation procedure (see Section 5), in which the optimal number of principal components is selected as the one leading to the lowest prediction error on validation estimates.

One possible drawback of PCR modelling is that it relies on using the principal components as predictors for the responses, but principal components do not necessarily correlate with **Y**. Indeed, the main characteristics of PCA is to extract features that capture as much as possible of the variation in **X**; however, in cases where many sources of uninformative variation and/or a high level of noise are present, they can be poorly related to the **Y** (and, hence, not predictive). To overcome these problems, some authors suggested selecting only the latent variables, correlating maximally with the responses [17]. Anyway, the most common way of dealing with such kind of limitation is to use a different criterion to project the data set on a low-dimensional space, which explicitly takes into account the need to obtain predictive components when operating the bilinear decomposition. Examples of such methods are PLS regression and PCovR.

3.4 PLS Regression

PCR method is a two-step process, in which the projection stage is separated and independent from the regression one. As discussed in Section 3.3, this can lead to the drawback that the components that are extracted in the decomposition step, based only on the information about the **X**-matrix, can be poorly predictive for the **Y**-block. Starting from these considerations, another method was proposed, PLS regression [2,18,19], in which information in **Y** is actively used also for the definition of the latent variable space. Indeed, PLS looks for components which compromise between explaining the variation in the **X**-block and predicting the responses in **Y**. This corresponds to a bilinear model, which can be summarized mathematically as:

$$\begin{aligned} \mathbf{X} &= \mathbf{T}\mathbf{P}^{\mathrm{T}} + \mathbf{E}_X \\ \mathbf{Y} &= \hat{\mathbf{Y}} + \mathbf{E}_Y = \mathbf{T}\mathbf{V} + \mathbf{E}_Y \end{aligned} \tag{29}$$

is formally identical to the one reported in Equations (24) and (25) for PCR, although the calculated components and the model coefficients are not the same, as the two projections are governed by different criteria. In particular, as it was already mentioned, the PLS scores **T** are defined in a way to be relevant both for interpretation and prediction, where the translation of this concept to a mathematical formulation is accomplished through the statistical concept of covariance. Indeed, since it takes into account not only the correlation between two variables, but also the amount of variation in each, covariance represents a perfect measure of interrelation to be used to formulate the criterion for the definition of the PLS latent variables, criterion that is stated component-wise as it is very difficult to translate it to a global loss function. Accordingly, PLS is a sequential algorithm: the PLS latent variables are computed so that the first PLS component is the direction of maximum covariance with the dependent variables, the second PLS component is orthogonal to the first and has maximal residual covariance, and so on. Based on these assumptions, in the following subsections, the theory of the PLS algorithm in the case of single or multiple **Y**-variables will be presented.

3.4.1 PLS Algorithm for a Single-y Variable

At first, the PLS method will be described for the case when a single response $\mathbf{y}$ is to be modelled. According to the criterion described above, calculation of the first PLS latent vector corresponds to identifying a direction in the multivariate space, defined by the unit weight vector $\mathbf{w}_1$, in a way that the scores along that direction $\mathbf{t}_1$ have maximum covariance with $\mathbf{y}$:

$$\max_{w_1}\left[\mathrm{cov}(\mathbf{t}_1,\mathbf{y})\right] = \max_{w_1}\left(\mathbf{t}_1^{\mathrm{T}}\mathbf{y}\right) \tag{30}$$

where

$$\mathbf{t}_1 = \mathbf{X}\mathbf{w}_1 \tag{31}$$

and

$$\|\mathbf{w}_1\|^2 = 1 \tag{32}$$

PLS assumes that regression between the dependent and independent blocks occurs at the scores level so that the next step of the algorithm is to find the coefficient c_1 relating $\mathbf{t}_1$ to $\mathbf{y}$:

$$c_1 = \frac{\mathbf{y}^{\mathrm{T}}\mathbf{t}_1}{\mathbf{t}_1^{T}\mathbf{t}_1} \tag{33}$$

Once the first component is computed on the basis of the Equations (30)–(33), a deflation step is necessary, to eliminate from both **X** and **y** the portion of variation already accounted for. Since the weights $\mathbf{w}_1$ describe the covariance between the **X**- and **Y**-blocks, the deflation step relies, for the matrix **X**, on the computation of a second set of coefficients, **p**, which resembles the PCA loadings and is calculated as:

$$\mathbf{p}_1 = \frac{\mathbf{X}^{\mathrm{T}}\mathbf{t}_1}{\mathbf{t}_1^{\mathrm{T}}\mathbf{t}_1} \tag{34}$$

The loadings $\mathbf{p}_1$, together with the corresponding scores, are then used to deflate the independent matrix according to:

$$\mathbf{E}_{X,1} = \mathbf{X} - \mathbf{t}_1\mathbf{p}_1^{\mathrm{T}} \tag{35}$$

where the matrix $\mathbf{E}_1$ contains the residual variation in $\mathbf{X}$ after subtraction of the contribution of the first PLS factor. Analogously, also the dependent variable could be deflated:

$$\mathbf{e}_{Y,1} = \mathbf{y} - c_1\mathbf{t}_1 \tag{36}$$

but in the univariate case this is not mandatory, since Equation (35) is enough to make the independent block orthogonal to the part of $\mathbf{Y}$-variation already explained. After the deflation step, it is possible to calculate the second PLS component solving a least squares problem, which is the same as the one reported in Equations (30)–(32), the only exception being that $\mathbf{X}$ and, in case, $\mathbf{y}$ are substituted by their deflated versions $\mathbf{E}_{X,1}$ and $\mathbf{e}_{Y,1}$. This leads to the calculation of a second set of scores and weights $\mathbf{t}_1$ and $\mathbf{w}_1$, and of a second regression coefficient for c_2. Then a new set of $\mathbf{X}$-loadings is computed, to operate a further deflation:

$$\begin{aligned}\mathbf{E}_{X,2} &= \mathbf{E}_{X,1} - \mathbf{t}_2\mathbf{p}_2^{\mathrm{T}}\\ \mathbf{e}_{Y,2} &= \mathbf{e}_{Y,1} - c_2\mathbf{t}_2\end{aligned} \tag{37}$$

and the process continues until the desired number of components is extracted. In this respect, similarly to what already discussed in the case of PCR, the optimal complexity of the model is normally estimated by some sort of validation procedure, as the one leading to the minimum prediction error. Once the desired number of PLS components F is extracted, by collecting the scores in the matrix $\mathbf{T}$:

$$\mathbf{T} = [\mathbf{t}_1 \;\; \mathbf{t}_1 \;\; \cdots \;\; \mathbf{t}_F] \tag{38}$$

the weights in the matrix $\mathbf{W}$:

$$\mathbf{W} = [\mathbf{w}_1 \;\; \mathbf{w}_1 \;\; \mathrm{L} \;\; \mathbf{w}_\mathbf{F}] \tag{39}$$

and the $\mathbf{X}$-loadings in the matrix $\mathbf{P}$:

$$\mathbf{P} = [\mathbf{p}_1 \;\; \mathbf{p}_1 \;\; \cdots \;\; \mathbf{p}_F] \tag{40}$$

it is possible to formulate a mathematical relation that allows obtaining $\mathbf{T}$ directly from $\mathbf{X}$ taking into account the deflation steps as:

$$\mathbf{T} = \mathbf{XR} \tag{41}$$

In particular, it can be demonstrated [2] that the coefficient matrix $\mathbf{R}$ can be obtained from the loadings and the weight matrices according to:

$$\mathbf{R} = \mathbf{W}(\mathbf{P}^{\mathrm{T}}\mathbf{W})^{-1} \tag{42}$$

Since the value of the response can be predicted from the PLS scores as:

$$\mathbf{y} = \hat{\mathbf{y}} + \mathbf{e}_Y = \mathbf{Tc} + \mathbf{e}_Y \tag{43}$$

where the column vector $\mathbf{c}$ collects the coefficients in Equation (33)

$$\mathbf{c} = \begin{bmatrix} c_1 & c_1 & \cdots & c_F \end{bmatrix}^{\mathrm{T}} \tag{44}$$

it is possible to express the linear model in terms of the original predictors by combining Equations (41)–(43):

$$\hat{\mathbf{y}} = \mathbf{Tc} = \mathbf{XRc} = \mathbf{XW}(\mathbf{P}^T\mathbf{W})^{-1}\mathbf{c} = \mathbf{Xb}_{\mathrm{PLS}} \tag{45}$$

Here, the vector $\mathbf{b}_{\mathrm{PLS}}$ contains the regression coefficients for the single-y PLS model expressed in terms of the original variables and it is defined as:

$$\mathbf{b}_{\mathrm{PLS}} = \mathbf{W}(\mathbf{P}^{\mathrm{T}}\mathbf{W})^{-1}\mathbf{c} \tag{46}$$

Analogously to what was already described in Equation (19) for MLR, this set of coefficients allows to predict the values of the response on new samples $\hat{y}_{\mathrm{new}}$ given the vector of measured predictors $\mathbf{x}_{\mathrm{new}}$, according to:

$$\hat{y}_{\mathrm{new}} = \mathbf{x}_{\mathrm{new}}\mathbf{b}_{\mathrm{PLS}} \tag{47}$$

3.4.2 PLS Algorithm for Multiple Responses (PLS2)

As discussed in the previous paragraphs, one of the main characteristics of PLS is that the dependent variable(s) $\mathbf{Y}$ influence the data compression of the independent matrix $\mathbf{X}$. Accordingly, when more than one response is to be modelled, the PLS algorithm described in Section 3.4.1 has to be slightly modified to take into account the requirement that the PLS factors should be optimal for the simultaneous prediction of all the dependent variables. Mathematically, this is accomplished through the introduction of a decomposition step also for the block of responses $\mathbf{Y}$, which is compressed into a set of scores $\mathbf{U}$, so that this second set of scores has, component-wise, the maximal covariance with the corresponding scores of the $\mathbf{X}$-block $\mathbf{T}$. Consequently, the criterion in Equation (30) is modified to:

$$\max_{w_1,q_1}[\mathrm{cov}(\mathbf{t}_1,\mathbf{u}_1)] = \max_{w_1,q_1}(\mathbf{t}_1^{\mathrm{T}}\mathbf{u}_1) \tag{48}$$

where the $\mathbf{X}$-scores $\mathbf{t}_1$ are calculated as in Equation (31), while $\mathbf{u}_1$ is defined by:

$$\mathbf{u}_1 = \mathbf{Y}\mathbf{q}_1/\mathbf{q}_1^{\mathrm{T}}\mathbf{q}_1 \tag{49}$$

$\mathbf{q}_1$ being the $\mathbf{Y}$-loadings vector for the first PLS component. As in the single-y case, $\mathbf{w}$ is assumed to be normalized. Since in the multiple-y case also the dependent block is decomposed into scores and loadings, the inner relation, which represents the core of the PLS model, is formulated as a regression model relating the **X**- and the **Y**-scores component-wise:

$$\mathbf{u}_1 = c_1 \mathbf{t}_1 \tag{50}$$

c_1 being the regression coefficient for the first inner relation, which can be calculated as:

$$c_1 = \frac{\mathbf{t}_1^{\mathrm{T}} \mathbf{u}_1}{\mathbf{t}_1^{\mathrm{T}} \mathbf{t}_1} \tag{51}$$

As in the single-y case, the PLS algorithm is sequential, so that, once the first latent variable is extracted, it is necessary to deflate both the **X**- and **Y**-blocks to proceed with the calculation of the second component. Accordingly, it is necessary to compute the **X**-loadings $\mathbf{p}_1$, as already described in Equation (34), to obtain the residual matrix $\mathbf{E}_{X,1}$ as:

$$\mathbf{E}_{X,1} = \mathbf{X} - \mathbf{t}_1 \mathbf{p}_1^{\mathrm{T}} \tag{52}$$

while deflation of **Y** to obtain the matrix $\mathbf{E}_{Y,1}$ is accomplished by subtraction of the corresponding scores/loadings dyad:

$$\mathbf{E}_{Y,1} = \mathbf{Y} - \mathbf{u}_1 \mathbf{q}_1^{\mathrm{T}} \tag{53}$$

Then, extraction of the second PLS component is carried out by repeating all the steps in Equations (48)–(51) with **X** and **Y** being substituted by their deflated versions. Once the second PLS factor also is computed a further deflation step takes place and new residual matrices are created, so that the process continues until the desired number of component F is calculated. In this respect, while the Equations (38)–(42), summarizing the model for the **X**-block, remain the same also in the multiple-y case, the formulas accounting for the description and the prediction of the responses are different. Indeed, gathering all the **Y**-loadings into the matrix **Q**

$$\mathbf{Q} = [q_1 \;\; q_1 \;\; \cdots \;\; q_1] \tag{54}$$

the predictive part of the model can be written as:

$$\mathbf{Y} = \hat{\mathbf{Y}} + \mathbf{E}_Y = \mathbf{U}\mathbf{Q}^{\mathrm{T}} + \mathbf{E}_Y = \mathbf{T}\mathbf{C}\mathbf{Q}^{\mathrm{T}} + \mathbf{E}_Y \tag{55}$$

where **C** is a $F \times F$ diagonal matrix having as elements the coefficients of the inner relations:

$$\mathbf{C} = \begin{pmatrix} c_1 & & 0 \\ & \ddots & \\ 0 & & c_F \end{pmatrix} \tag{56}$$

Also in the case where the response is multivariate, it is possible to combine the PLS equations so as to express the regression model in terms of the original variables and not only in term of the scores. Indeed, by substituting Equation (48) into (55), one obtains:

$$\hat{\mathbf{Y}} = \mathbf{TCQ}^{\mathrm{T}} = \mathbf{XW}(\mathbf{P}^{\mathrm{T}}\mathbf{W})^{-1}\mathbf{CQ}^{\mathrm{T}} = \mathbf{XB}_{\mathrm{PLS}} \tag{57}$$

where the matrix $\mathbf{B}_{\mathrm{PLS}}$ collects the regression coefficients of the PLS model expressed in terms of the original variables and can be calculated as:

$$\mathbf{B}_{\mathrm{PLS}} = \mathbf{W}(\mathbf{P}^{\mathrm{T}}\mathbf{W})^{-1}\mathbf{CQ}^{\mathrm{T}} \tag{58}$$

It must be stressed that, differently than in the case of MLR and PCR, in building the PLS model for multiple responses, the correlation structure of the dependent block is explicitly taken into account and actively used: while MLR (and, as a consequence PCR, which is nothing more than MLR on PCA scores) assumes that the responses are independent, so that the same results would be obtained by modelling each dependent variable individually or the **Y**-block as a whole, PLS relies on the identification of a common latent structure between the responses, which is supposed to be covariant with the component space of the predictor block.

3.5 Principal Covariate Regression

In Section 3.4, PLS regression was introduced as a method whose aim is to build a component model that at the same time allows describing well the variation in **X** and predicting accurately the responses in **Y**. In particular, in PLS this concept translates to formulating F loss functions, one for each component, in terms of covariance between the scores: this corresponds to maximizing at the same time the correlation between the **X**- and **Y**-blocks and the variance of $\mathbf{Xw}$ and $\mathbf{Yq}$, so that the amount of **X**- and **Y**-variations explained is not taken explicitly into account. Starting from these considerations, in 1993 de Jong and Kiers [20] introduced PCovR as a component regression method based on the simultaneous minimization of a weighted sum of both the **X**- and **Y**-residuals. More in detail, the method looks for a low-dimensional subspace of **X**, which is spanned by a set of components **T**, which explain as much as possible of the variation in both **X** and **Y**. Since the variation in the two blocks is decomposed as:

$$\mathbf{X} = \hat{\mathbf{X}} + \mathbf{E}_X = \mathbf{TP}_X^{\mathrm{T}} + \mathbf{E}_X \tag{59}$$

and

$$\mathbf{Y} = \hat{\mathbf{Y}} + \mathbf{E}_Y = \mathbf{TP}_Y^{\mathrm{T}} + \mathbf{E}_Y \tag{60}$$

where $\mathbf{P}_X$ and $\mathbf{P}_Y$ are the **X**- and **Y**-loadings, respectively, while $\mathbf{E}_X$ and $\mathbf{E}_Y$ are the residual matrices for the independent and the dependent block, the method operates by finding the projection:

$$\mathbf{T} = \mathbf{XW} \tag{61}$$

where the weight matrix **W** is found by solving the following least squares equation:

$$\min_W \left[\alpha\|\mathbf{E}_X\|^2 + (1-\alpha)\|\mathbf{E}_Y\|^2\right] = \min_W \left[\alpha\left\|\mathbf{X}-\hat{\mathbf{X}}\right\|^2 + (1-\alpha)\left\|\mathbf{Y}-\hat{\mathbf{Y}}\right\|^2\right]$$
$$= \min_W \left[\alpha\|\mathbf{X}-\mathbf{TP}_X^{\mathrm{T}}\|^2 + (1-\alpha)\|\mathbf{Y}-\mathbf{TP}_Y^{\mathrm{T}}\|^2\right]$$
$$= \min_W \left[\alpha\|\mathbf{X}-\mathbf{XWP}_X^{\mathrm{T}}\|^2 + (1-\alpha)\|\mathbf{Y}-\mathbf{XWP}_Y^{\mathrm{T}}\|^2\right] \tag{62}$$

The parameter α in Equation (62) modulates the relative amount given to the **X**- and **Y**-variations in the definition of the projection: if $\alpha=1$ the decomposition is entirely governed by the **X**-block so that PCR is obtained; on the other hand, when $\alpha=0$ the least squares criterion is the same as in MLR. In this framework, PLS can be considered as equivalent to a situation in which $\alpha\approx0.5$ [20].

4 VALIDATION

In this subchapter, we shall elaborate on the important issue of model validation [21]. A general statement one can make about the purpose of validation is that its objective is to evaluate the performance of a multivariate model, be this related to modelling and interpretation, discrimination or prediction. In this chapter on regression methods, we are mostly concerned about validation in terms of prediction performance. Nevertheless, validation plays also an important role in classification to avoid training the model to perfection on training samples at the cost of poorer ability to classify new samples.

When this is said there exists in food chemistry a strong awareness of the importance of validation, and the necessity of validating models for unknown samples is often highlighted. One reason is that many of the regression models are in (daily) use to predict quality of various food products and reference measurements are often taken routinely as to check the performance. It is fair to say that more 'soft' sciences are not put to the test similarly to applications in food chemistry and analytical chemistry in general. As validation has been the topic in many publications this chapter is more of a discussion of the principle rather than presenting specific applications.

One may distinguish between data-driven (internal) and hypothesis-driven (external) validation. The latter is more related to confirming known structure in the system under observation such as to find the true signals of chemical compounds. Methods such as Multivariate Curve Resolution (MCR) [22], Independent Component Analysis (ICA) [23] and PARAFAC [24] (for higher order data) may give estimates of the true signals in a chemical system. Another aspect is if an empirical model based on multi-channel techniques like spectroscopy highlights the known chemical groups as known a priori from the basic theory or existing literature. This is again related to interpretation, and a good rule is 'no prediction without interpretation, no interpretation without evaluating prediction ability'. We will focus on the data-driven validation from here and onwards.

Validation in regression is essential in order to make sure that the model will work in the future for new, similar data sets, and indeed do this in a quantitative way. This can be viewed as prediction error estimation.

Validation is often also used in order to find the optimal dimensionality of a multivariate model, that is, to avoid either overfitting or underfitting or incorrect interpretation [25]. This is not restricted to regression but is also important for exploratory analysis and methods such as PCA [26].

4.1 Test-set Validation

When the objective is to establish a calibration model for predicting quantities such as concentration, the most conservative validation is to test the model on a representative independent test-set of sufficient size. This has been discussed in detail in Ref. [27].

Then it may be debated given the specific application what is meant by such a test-set; should it allow for extrapolation of the calibration space?; Is the assumption that the model shall be robust towards change in sample matrix, raw materials, chemical reagents, etc.? These sources of variation that are in principle unknown for future objects can be to some extent quantified by several approaches.

Though the objective is to have enough objects to put a reasonable amount aside as a test-set, this is not always possible due, for example, to the cost of samples or reference testing. The best alternative to an independent test-set for validation is to apply cross-validation.

4.2 Cross-Validation

With cross-validation [28], the same objects are used both for model estimation and testing. A few objects are left out from the calibration data set and the model is calibrated on the remaining objects. Then the values for the left-out objects are predicted and the prediction residuals are computed. The process is repeated with another subset of the calibration set, and so on until every object has been left out once; then all prediction residuals are combined to compute the validation residual variance and root mean square error in prediction (RMSEP). It is of utmost importance that the user is aware of which level of cross-validation one wants to validate. For example, if one physical sample is measured three times, and the objective is to establish a model across samples, the three replicates must be held out in the same cross-validation segment. If the objective is to validate the repeated measurement, keep out one replicate for all samples and generate three cross-validation segments. The calibration variance is always the same; it is the validation variance that is the important figure of merit (and the root mean square error (RMSE) in cross-validation, RMSECV, for regression models).

In Ref. [29], the authors make a general comment that for sample sets >50 test-set validation is preferred, whereas cross-validation is best for small to medium data sets. Given a specific stratification of the objects in the data, the level of validation in cross-validation should reflect the objective, that is, is the model to be used for other batches of raw materials.

Various schemes for cross-validation may be employed given the level of validation:

1. Full cross-validation also known as leave-one-out leaves out only one object at a time. If the number of objects is less than 20 this may be a viable option.
2. Segmented cross-validation. There are theoretical and practical results indicating that, for example, 10 random segments give a good estimate of the prediction error. Or phrased in more layman terms: If the model changes considerably when 10% of the objects is taken out it means the model is not stable. However, it is *only* in the case where there is no stratification of the samples based on the underlying sampling strategy or the origin of the samples that a random segment CV is justified.
3. Systematic segmented cross-validation leaves out a whole group of objects at a time. A typical example is when there are replicated measurements of one physical sample. Depending on the objective one may either take out all replicates for each physical sample or replicate *n* for all objects.
4. Validating across categorical information about the objects. This enables the user to validate across the model and evaluate the robustness across season, raw material supplier, location, operator, etc.

The main purpose of establishing a model may not in itself be for predicting or classifying new objects but to understand the inherent structure in the system under observation. In chemometrics, this relates to so-called latent variables that may convey the basic chemical or biological phenomena. The interpretation of such models is highly dependent on the number of latent variables, and therefore it is vital to assess the correct dimensionality of the model, that is, in more mathematical terms the model *rank*. It is important to distinguish between numerical rank, statistical rank and the application-specific rank. Note that even though a representative test-set is present it is nevertheless important to find the correct model rank in the calibration model for predicting the test-set.

Both test-set validation and cross-validation can be applied to any regression model made by either MLR, PCR, PLS or other methods. These validation methods are equally applicable to augmented regression models like non-linear regression and neural networks, for example, and are perhaps even more important for methods that involve estimates of many parameters as these imply even greater risks of overfitting.

5 DIAGNOSTICS AND ERROR MEASURES

Once a regression model has been computed, it is important to evaluate its quality and this is normally accomplished through the calculation and examination of different kinds of diagnostics and error measures. Indeed, since there are different aspects contributing to the quality of a model, such as its statistical reliability, its generalizability, the appropriateness of its assumptions, the choice of a proper complexity and so on, there are as many diagnostic tools, which have been proposed in the literature for the purpose. In particular, as some of these aspects have already been covered, here attention will be focused on the so-called residual and influence analysis [30,31], that is, to those diagnostic measures that rely on the examination of the unmodelled variability in the two blocks and on the identification of observations whose inclusion or exclusion result in substantial changes in the fitted model (coefficients, fitted values).

5.1 Diagnostics

5.1.1 Residual Analysis

All the models described in this chapter operate by fitting a portion of the variation in the **X**- and **Y**-blocks and can be summarized as:

$$\begin{aligned} \mathbf{X} &= \hat{\mathbf{X}} + \mathbf{E}_X \\ \mathbf{Y} &= \hat{\mathbf{Y}} + \mathbf{E}_Y \end{aligned} \qquad (63)$$

where the aim of the modelling phase is normally to find estimates that fit as well as possible the corresponding block matrices. However, inspection of the residual matrices $\mathbf{E}_X$ and $\mathbf{E}_Y$ can provide useful information about the model quality. In this respect, residuals can be investigated at different levels, and different information can be obtained depending on the level considered. Indeed, residual analysis can be carried out for the detection of outliers, for the identification of systematic variation, which was not accounted for by the model (especially when variables are homogeneous, such as in a spectrum or a chromatogram), for the detection of drifts or trends in the data, or in general to define a distance to the model. From a practical standpoint, each of these tasks is better accomplished by adopting a proper representation of the information contained in the residuals. In this framework, the first way of looking at the residuals is to consider the distribution of $e_{X,ij}$ and $e_{Y,ij}$, which are the elements of the matrices $\mathbf{E}_X$ and $\mathbf{E}_Y$, respectively. Indeed, many models assume random Gaussian noise or, in general, symmetrically distributed residuals. Therefore, plotting the residuals or verifying whether the distributional assumptions are met (e.g., by means of normality tests) can provide a good diagnostics of the model. As an example, in Figure 2A the distribution of the **X**-residuals for a situation where no anomalies are present is shown: the histogram shows almost perfect symmetry and assumes a Gaussian-like shape, as expected. On the other hand, the distribution of the **X**-residuals

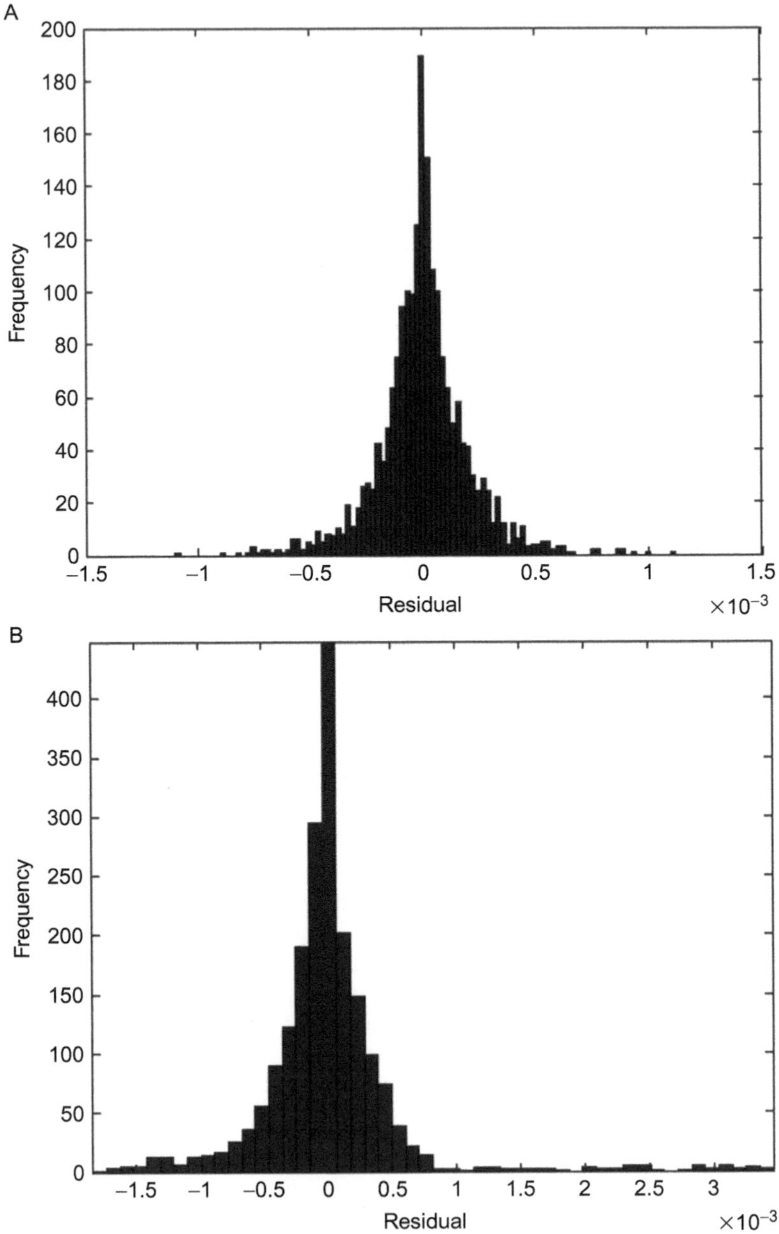

FIGURE 2 Model diagnostics: histogram showing the distribution of **X**-residuals. (A) Data set where no outliers are present; (B) data set containing anomalous observations. (For colour version of this figure, the reader is referred to the online version of this chapter.)

for a case where outlying observations are present in the data set is reported in Figure 2B. It is evident from the Figure that the histogram is no longer symmetric and that there is an increased probability associated to high values of the residuals, indicating that some anomalies are present in the data.

A second set of diagnostic measures can then be inspected when considering that the residual matrices $\mathbf{E}_X$ and $\mathbf{E}_Y$ have the same dimensions as the fitted matrices $\hat{\mathbf{X}}$ and $\hat{\mathbf{Y}}$ and therefore it is possible to extract rows and columns to investigate the residual variances associated to one particular sample or variable compared to the rest. To this purpose, it is customary to summarize the variation in one direction or the other by calculating the sum of squares of the vectors corresponding to the individual samples (or variables). In particular, the sum of squares residuals of the ith sample can be expressed, for the $\mathbf{X}$- and $\mathbf{Y}$-blocks, as:

$$\begin{aligned} e_{X,i}^2 &= \left\|\mathbf{e}_{X,i}\right\|^2 = \sum_{j=1}^{v} e_{X,ij}^2 \\ e_{Y,i}^2 &= \left\|\mathbf{e}_{Y,i}\right\|^2 = \sum_{k=1}^{r} e_{Y,ik}^2 \end{aligned} \tag{64}$$

where v is the number of predictors, r is the number of responses, $\mathbf{e}_{X,i}$ and $\mathbf{e}_{Y,i}$, are the ith rows of the matrices $\mathbf{E}_X$ and $\mathbf{E}_Y$, respectively, while $e_{X,ij}$ and $e_{Y,ik}$ are the corresponding elements. When plotting the values of the sum of squared residuals for the samples, different situations can occur, the most frequent of which are reported in Figure 3. In particular, Figure 3A shows a random distribution of the summed squared residuals for the different samples, as expected when no outlying observations occur. On the other hand, the situation in which two samples are anomalous with respect to the others is plotted in Figure 3B; in particular, these two samples are characterized by containing an additional interferent, which is not present in the rest of the objects and this, in turn, results in a significantly higher value of the residuals. In such a case, it is possible to look for the variables, which are most responsible for the observed outlyingness, by inspecting the corresponding contribution plots, as already described in Chapter 3. Lastly, the situation where there is a trend along the objects, which is not captured by the model, is depicted in Figure 3C.

Besides plotting the sum of squares for each sample, sometimes it can be more useful also to plot, object-wise, the whole vector of residuals, in order to evidence the presence of unmodelled systematic structure (especially when the variables are homogeneous), or to identify blocking effects. Indeed, when there are sources of systematic variation that are not explained by the model, the residuals for that particular sample are not anymore randomly distributed and present a structured shape. As an example, it is possible to consider the case where the UV spectrum of a solution is used to predict the concentration of an analyte in the presence of a possible interferent. Figure 4A shows the residual vector for 20 samples in which only the analyte and the known interferent are present: as expected, for each object, the residuals are randomly

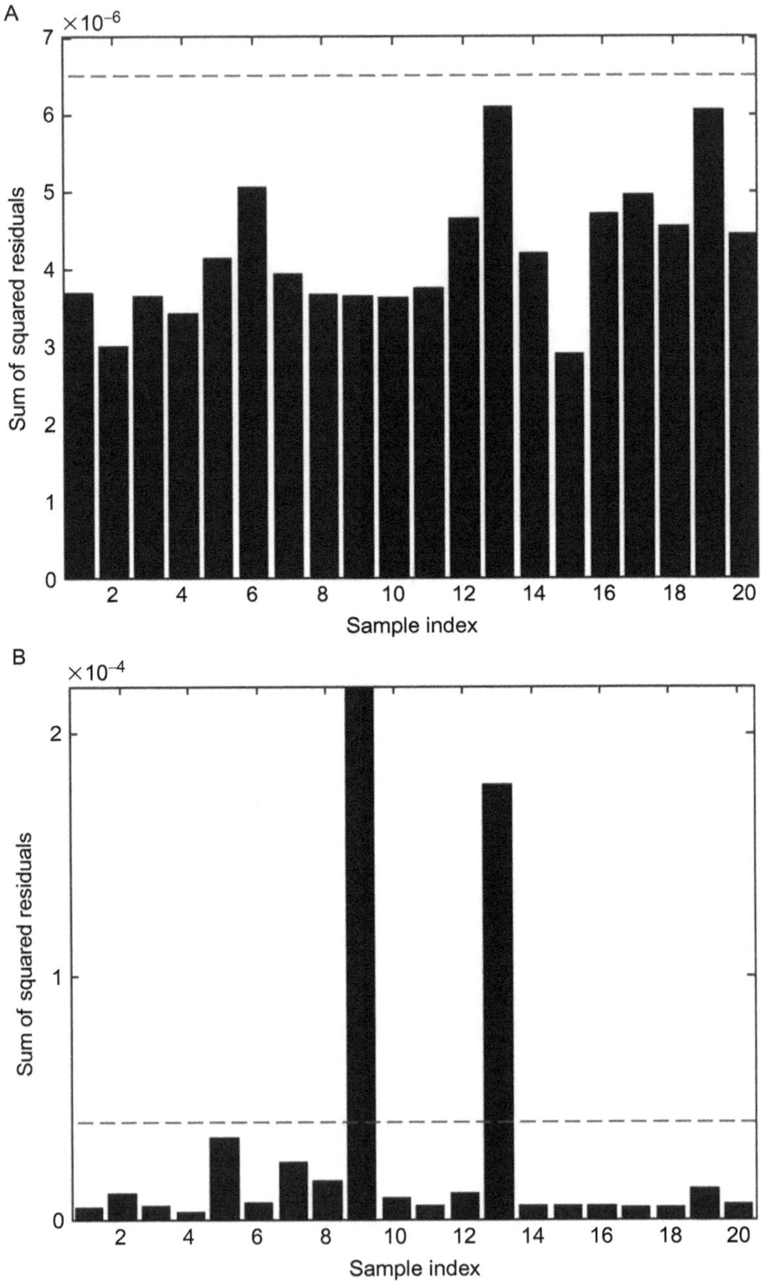
A
×10⁻⁶
7
6
5
4
3
2
1
0
Sum of squared residuals
2 4 6 8 10 12 14 16 18 20
Sample index
B
×10⁻⁴
2
1
0
Sum of squared residuals
2 4 6 8 10 12 14 16 18 20
Sample index

C

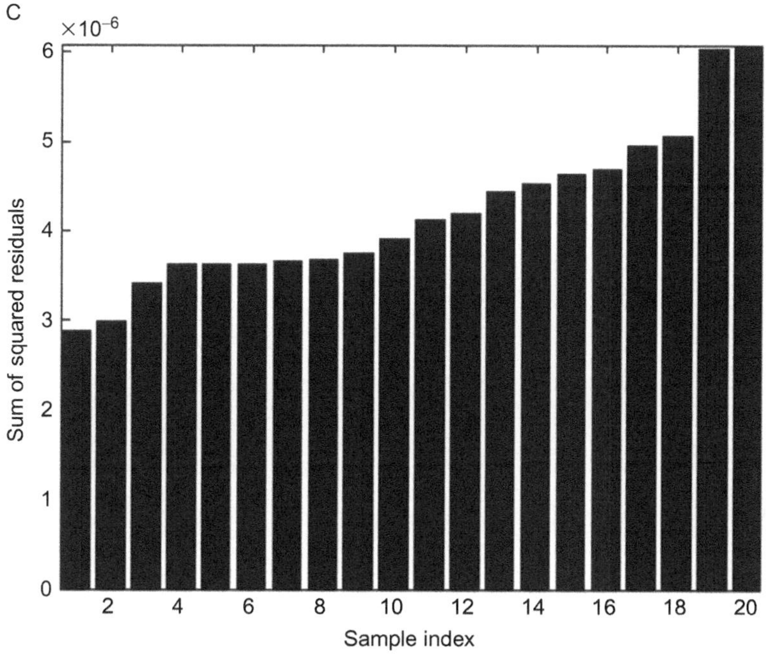

FIGURE 3 Model diagnostics: distribution of the sum of squared residuals along samples. (A) Data set where no outliers are present; (B) data set containing two outlying samples; (C) data set showing a trend along objects not captured by the model. (For colour version of this figure, the reader is referred to the online version of this chapter.)

distributed around zero and no structured variation left can be observed in the plot; these are the vectors that were used to compute the values in Figure 3A. On the other hand, in the case where 2 of the 20 samples contain a second interferent, which was not present in the training set and hence whose variability was not modelled, then the corresponding residual vector contains structured variation (see Figure 4B). In particular, a peak-like structure appears in the region corresponding to the absorption band of the second interferent; this is the data set used to calculate the plot in Figure 3B.

Analogously, the sum of squared residuals for the individual predictors or response variables can be obtained by summing over the analyzed samples, according to:

$$
\begin{aligned}
e_{X,j}^2 &= \left\|\mathbf{e}_{X,j}\right\|^2 = \sum_{i=1}^{m} e_{X,ij}^2 \\
e_{Y,k}^2 &= \left\|\mathbf{e}_{Y,k}\right\|^2 = \sum_{i=1}^{m} e_{Y,ik}^2
\end{aligned}
\tag{65}
$$

where m is the number of samples, $\mathbf{e}_{X,j}$ and $\mathbf{e}_{Y,k}$, are the jth column of $\mathbf{E}_X$ and the kth column of $\mathbf{E}_Y$, respectively, while $e_{X,ij}$ and $e_{Y,ik}$ have the same meaning as in Equation (64).

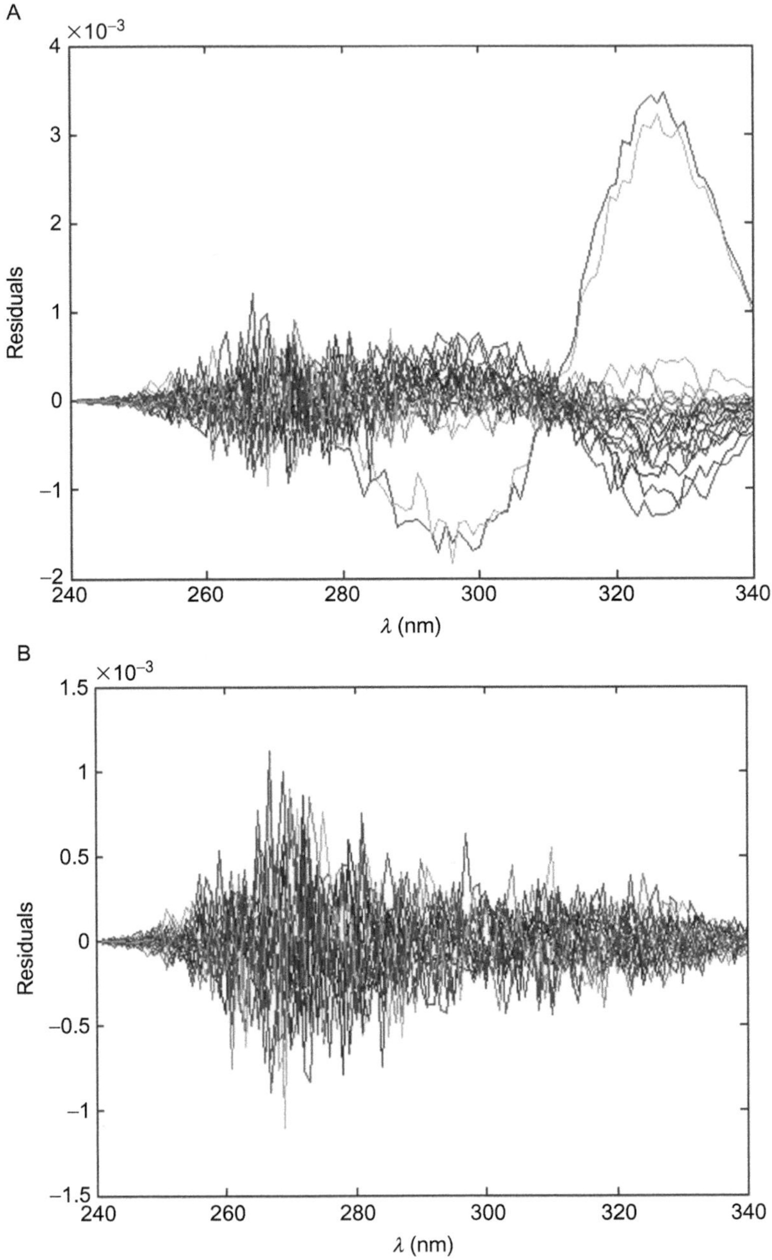

FIGURE 4 Model diagnostics: 'spectral-like' plot of the **X**-residuals. (A) No systematic variation observed (same data as in Figure 3A); (B) two samples showing residual structured variation (same data as in Figure 3B). (For colour version of this figure, the reader is referred to the online version of this chapter.)

5.1.2 Influence Analysis

As the name suggests, influence analysis is a collection of diagnostics aimed at identifying how influential samples (or variables) are in the definition of a model. Indeed, since a model should capture as much as possible the overall relationship between the dependent and the independent blocks, it is not desirable that it is driven by one or a few samples (or variables) only. In this respect, when the model is governed by a single sample (or only a very few), this can be ascribed to the object being an outlier or to bad sampling (as only a limited portion of the variability has been captured). Accordingly, influence diagnostics have been proposed in the literature, especially as far as regression in concerned, in order to assess to what extent individual samples or variables drive the models that are calculated.

Among the various influence measures proposed, here attention will be focused mainly on leverage, which is the most commonly used. When considering a regression problem formulated as in Equation (19), the leverage for the training samples is collected in the vector **h**, defined as:

$$\mathbf{h} = \mathrm{diag}\left[\mathbf{X}\left(\mathbf{X}^{\mathrm{T}}\mathbf{X}\right)^{-1}\mathbf{X}^{\mathrm{T}}\right] \tag{66}$$

where each element h_i is bound to vary between 0 and 1 (or between $1/m$ and 1, m being the number of training objects, if the data are not column-centred). To understand the role of the leverage as a diagnostic tool for influence, one should consider that, in the case of MLR, the predicted value of the response can be expressed as:

$$\hat{\mathbf{y}} = \mathbf{X}\left(\mathbf{X}^{\mathrm{T}}\mathbf{X}\right)^{-1}\mathbf{X}^{\mathrm{T}}\mathbf{y} \tag{67}$$

Analyzing Equation (64), it is possible to understand how the two extreme situations depicted above ($h_i = 0$ and $h_i = 1$) affect the corresponding model. In particular, it was demonstrated that if the leverage for the ith sample h_i is zero, the whole ith rows and columns of the matrix $\mathbf{X}(\mathbf{X}^{\mathrm{T}}\mathbf{X})^{-1}\mathbf{X}^{\mathrm{T}}$ are zero as well: accordingly, corresponding response y_i is not used at all to compute the regression model and, therefore, sample i is not influential. On the other hand, if h_i is one, again this means that the other elements in the ith rows and columns are zero: in this case, the prediction of the ith calibration sample relies only on the reference value for the same sample, which appears to be highly influential. It is then clear that leverage is a good measure to determine how influential a sample is in the definition of the calibration model. Born as a diagnostic for ordinary least squares (OLS) regression, the concept of leverage has then extended also to component models, where it can be used to assess the influence of both samples and variables. In the former case, a vector of sample leverages $\mathbf{h}_T$ can be computed by applying Equation (66) to the scores:

$$\mathbf{h}_T = \mathrm{diag}\left[\mathbf{T}\left(\mathbf{T}^{\mathrm{T}}\mathbf{T}\right)^{-1}\mathbf{T}^{\mathrm{T}}\right] \tag{68}$$

Here the score matrix for the **X**-block **T** was considered, but, in the case of PLS regression, leverages can also be computed from the scores of the **Y**-block. On the other hand, to evaluate the influence of individual variables, leverages can also be computed based on the loadings matrices, according to the equation:

$$\mathbf{h}_P = \mathrm{diag}\left[\mathbf{P}\left(\mathbf{P}^{\mathrm{T}}\mathbf{P}\right)^{-1}\mathbf{P}^{\mathrm{T}}\right] \tag{69}$$

where also in this case, the formula refers to the **X**-block but can be easily generalized, to be applied to the **Y-**variables as well. Since the leverage can be interpreted as a squared Mahalanobis distance [32] to the centre of the component space, objects or variables characterized by a high leverage represent samples or predictors, which are farther than the remaining ones and, as a consequence, which affect the model to a higher extent. These objects are suspect outliers and need particular attention. It is also mentioned that the Hotelling's T^2 statistic [33] is the same as the Mahalanobis distance and the relationship between leverage and Hotelling's T^2 is given by [31]:

$$\mathrm{Hotelling's}\, T^2 = (N-1)\left(h_i - \frac{1}{N}\right) \tag{70}$$

The combined plot of Leverage and residuals is known as an influence plot and is described under Section 6.

5.2 Error Measures

The simplest and most efficient measure of the uncertainty on future predictions is the RMSE. This value (one for each response) is a measure of the average uncertainty that can be expected when predicting **Y**-values for new samples, expressed in the same units as the **Y**-variable. The results of future predictions can then be presented as 'predicted values $\pm 2 \times$ RMSEP'.

This measure is valid provided that the new samples are similar to the ones used for calibration, otherwise, the prediction error might be much higher. For an MLR calibration model, the RMSE from calibration is expressed by:

$$\mathrm{RMSEC} = \sqrt{\frac{\sum_{i=1}^{N}\left(y_i - \hat{y}_1\right)^2}{N - \mathrm{df}}} \tag{71}$$

where N is the number of objects and df is the number of variables + 1. For test-set validation for any regression method the formula for RMSEP is:

$$\mathrm{RMSEP} = \sqrt{\frac{\sum_{i=1}^{N}\left(y_i - \hat{y}_1\right)^2}{N}} \tag{72}$$

For cross-validation the formula is as for test-set validation but should formally be reported as RMSECV. Validation residual, explained variances and RMSEP are also computed in exactly the same way as calibration variances, except that prediction residuals are used instead of calibration residuals.

Plots of RMSE as a function of number of factors (for latent variable methods) are also used to find the optimum number of model components. When validation residual variance is minimal, RMSEP also is, and the model with an optimal number of components will have the lowest expected prediction error.

RMSEP can and should be compared with the precision of the reference method. It is of utmost importance to have an estimate of this precision to evaluate to what extent the model has a sufficiently good predictive ability given the actual application. Usually one cannot expect RMSEP to be lower than twice the precision. The RMSEP is a sum of the sampling error, measurement error, model error, and reference method error.

An alternative error measure is the PRESS (predicted residual sums of squares):

$$\text{PRESS} = \sum_{i=1}^{N} \left(y_i - \hat{y}_1\right)^2 \tag{73}$$

As PRESS is reported as a square number it does not directly relate to the values (or range) of the response variable y.

Figure 5 shows a typical plot of RMSE as a function of the number of factors from a latent variable regression model.

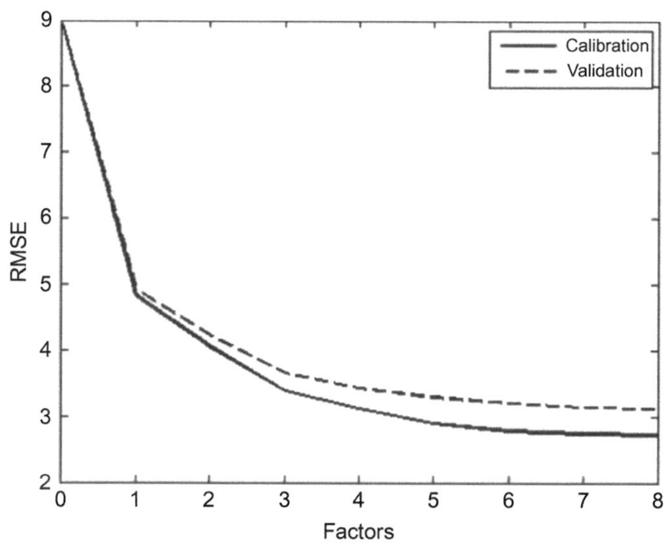

FIGURE 5 RMSE, calibration (solid) and validation (dashed). (For colour version of this figure, the reader is referred to the online version of this chapter.)

Bias. The bias is the average value of the difference between the reference and predicted values.

$$\mathrm{BIAS} = \frac{\sum_{i=1}^{N} (y_i - \hat{y}_1)^2}{N} \tag{74}$$

Standard Error of Prediction Standard error of prediction (SEP) is the standard deviation of the prediction residuals.

$$\mathrm{SEP} = \sqrt{\frac{\sum_{i=1}^{N} (y_i - \hat{y}_1 - \mathrm{Bias})^2}{N-1}} \tag{75}$$

RPDRPD is the ratio of the standard deviation for the response variable (Y) and the RMSE. There exist some *ad hoc* rules regarding how RPD relates to a 'good', 'fair' or 'bad' model.

$$\mathrm{RPD} = \frac{s_y}{\mathrm{SEP}} \tag{76}$$

0–2.3 very poor
2.4–3.0 poor
3.1–4.9 fair
5.0–6.4 good
6.5–8.0 very good
8.1+ excellent

However, one must beware that RPD depends on the range used for **Y** and, for example, so-called local regression models based on a sub-range of **Y** due to non-linearity in the data cannot directly be compared to a global model. In this respect RMSE is a more generic error measure. Similarly, this is why R^2 does not necessarily give a good indication about a model's prediction ability.

The least squares effect also needs to be taken into consideration when discussing the range of **Y**. For all regression methods with least squares as the objective one will always over-predict the low values and under-predict the high values for **Y**. Thus, if one expects that many future samples will lie far from the mean of the model one can 'correct' the model to give a bias of 0 and slope of 1. This will now not give the least squares solution but avoid over- and under-prediction.

Estimates of the Uncertainty of Predicted Values For univariate regression, the uncertainty of prediction ($s_{\hat{y}}$) may be estimated from:

$$s_{\hat{y}} = s_y \sqrt{1 + \frac{1}{N} + \frac{(x - \bar{x})^2}{S_x^2}} \tag{77}$$

where s_y is the estimated error in y from the calibration and S_x^2 is the variance of the x-variable. Similar formulae exist for PLSR although the expressions are more *ad hoc* since the degrees of freedom in PLSR cannot be derived directly and instead of s the validated y-residual error is used [34–36]. Yet another approach is the error-in-variable (EIV) model [35,37].

6 MODEL INTERPRETATION

Although the topics Validation, Diagnostics & Error measures and Interpretation have their own subchapters they are all tied together in many respects. Interpretation of results from regression methods depends on the model structure: the methods based on latent variables offer more plots. As described earlier, a multivariate model has a structured part (information) and residuals and one may separate the two types of model results at this conceptual level.

6.1 Interpretation of the Structured Part

6.1.1 Regression Coefficients

Regardless of the type of regression, the model can be represented in terms of regression coefficients (**B**). The ideal situation would be if the individual elements in the regression vector were directly interpretable as to give the true model in the system. This is, however, only the case if the x-variables are orthogonal as in a factorial design [38]. When some of the x-variables are correlated, one runs into a situation of indeterminacy due to collinearity. As described above for the latent variable methods, they handle collinearity from a numerical point of view but not necessarily from an interpretational point of view. Let a model for Body weight be a function of two x-variables: Height and Shoesize. In the case of MLR, the model will use all the variance in **X** and the coefficient for Shoesize may be negative although there clearly is a positive correlation between Shoesize and Body weight. In this case, the underlying dimensionality is *one* and the regression vector from PLS regression will in this case reflect the true relationships between **X** and **y** in the first factor. However, in chemistry where, for example, the true signals of individual fatty acids in an oil sample are highly correlated, one cannot expect the underlying chemistry to be revealed in an orthogonal factor space. Nevertheless, with latent variable models and a correct assessment of the dimensionality of the model from proper model validation, the regression vector may give valuable information about the underlying chemistry.

Assume that in a system there is one response variable (y) of interest and other sources of systematic variance (e.g. other constituents) that give rise to signals in **X**. Under noise-free conditions, the regression vector estimated by PLS is, up to normalization, the net analyte signal. This vector is defined as the part of the response y_0 of the substance y that is orthogonal to the response vectors of all other constituents. In case of unstructured noise, PLS computes a final regression vector that is not in general purely proportional to the net analyte signal vector, but has the important property of being optimal under a mean squared error of prediction criterion [39].

6.1.2 X-Score

The typical score plot as a 2D scatter plot is a 'map' of the objects where similarity between objects and groups of objects can be interpreted. For PCR the scores are computed from PCA on the **X**-data.

For PLSR, the scores are estimated from **X** and the loading weights as shown above and are thus based on the covariance between **X** and **Y**; it means they capture the part of the structure in **X** that is most predictive for **Y**.

6.1.3 X-Loadings

Assume the model $\mathbf{X}=\mathbf{T}\mathbf{P}^{\mathrm{T}}+\mathbf{E}$; then the loadings reflect the importance of all x-variables for each component/factor.

For spectral data, a plot of the loadings as a line plot may indicate if the factor carries information: if the vector looks like random numbers, it is probably not to be included as structure.

As the loadings in PCR are normally scaled to unit variance, there can be no *ad hoc* rule set if a loading value above a certain value is important. As an alternative, one may plot the correlation loadings, which are simply the correlation between the original variables and the score vectors. For PLSR, the loadings do not exactly have length = 1.0 but correlation loadings are still valuable for interpretation about how the variance in **X** is modelled from the scores.

6.1.4 Y-Loadings

The **Y**-loadings express the importance of the individual **Y**-variables for the factors 1:F. Equation (55) depicts how **Y** is decomposed in the **U**-scores and **Y**-loadings; $\mathbf{Y}=\mathbf{U}\mathbf{Q}^{\mathrm{T}}+\mathbf{E}_Y$.

In the version of the PLSR algorithm where the vectors $\mathbf{w}_f$ are scaled to unity, the inner relation coefficients are 1.0 and thus $\mathbf{Y}=\mathbf{T}\mathbf{Q}^{\mathrm{T}}+\mathbf{E}_Y$.

6.1.5 Loading Weights

Loading weights are specific to PLSR (they have no equivalent in PCR) and express how the information in each x-variable relates to the variation in **Y** summarized by the **U**-scores. They are called loading weights because they also express, in the PLSR algorithm, how the **T**-scores are to be computed from the **X**-matrix to obtain an orthogonal decomposition. The loading weights are normalized to 1.0 in the algorithm above. Variables with large loading weight values are important for the prediction of **Y**.

X-Loadings and **Y**-Loadings or Loading weights and **Y**-Loadings are often shown together in 2D plots and interpreted similarly to loadings from PCA. The scores and loadings may also be visualized together in a *biplot* [40] but there is no 'truth' when it comes to scaling of the axes in a biplot and one should be a bit cautious in the interpretation regarding the relative position of the objects and variables [41].

6.2 Plots Used to Detect Outliers

As described in Section 5, the latent variable methods provide outputs of residuals for **X** and **Y** as measures of the distance from the objects to the model. These residuals can be portrayed in many ways to detect outliers or trends. Some of the most used plots are predicted versus reference values for **Y** and the object residuals as normal probability plot or as **Q**- or **F**-residuals with critical limits. It is important to show both the *calibration* and *validation* residuals. It must be pointed out, however, that interpretation must be done based on the background information about the objects and patterns in the various plots. Automatic removal of 'outliers' is not encouraged.

Plots of leverage or Hotellings' T^2 (Chapter 3 and Section 5) are useful for detecting samples that are far from the centre within the space described by the model. The Hotelling's T^2 statistics critical limit is based on an F-test [33] whereas the critical limit for Leverage is based on one *ad hoc* rule [2].

6.2.1 *Predicted Versus Reference Plot*

The predicted versus reference plot should show a straight line relationship between predicted and reference values, ideally with a slope of 1 and a correlation close to 1.

6.2.2 *RMSE or Explained Variance for the Y-Variables*

The main purpose with this plot is to decide on the optimal number of factors in the model. Examples are shown in Figures 5 (above) and 6.

6.2.3 *Residual Plots*

The residuals from regression models can be plotted per object, for individual variables per object or per variable. A critical limit for the residuals per object may be estimated based on **F**- or **Q**-residual statistics and used as a cut-off value. One other alternative is to plot residuals against the value of the y-variable to check that the residuals are not depending on the value of **Y** (Figure 7).

6.2.4 *Plot of Leverage or Hotellings' T2*

The objects can be shown in this plot with the estimated critical limit and can be used to identify outliers or detect situations where a process is operating outside normal conditions (Figure 8).

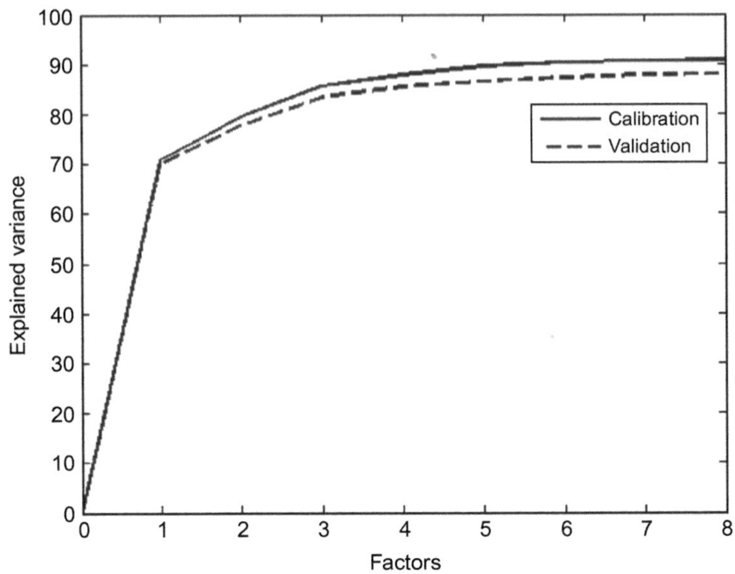

FIGURE 6 Explained variance for one *y*-variable, calibration (solid), and validation (dashed). (For colour version of this figure, the reader is referred to the online version of this chapter.)

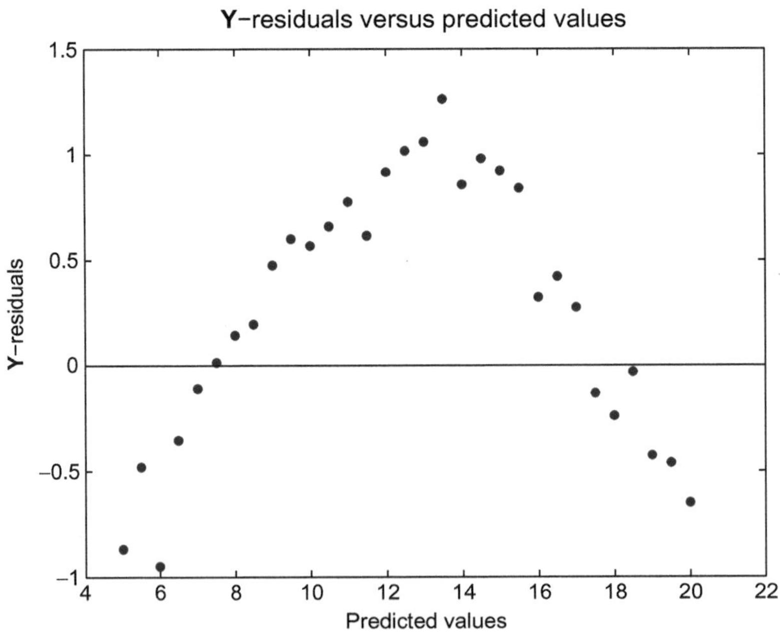

FIGURE 7 Residual plot depicting a strong non-linear behaviour. (For colour version of this figure, the reader is referred to the online version of this chapter.)

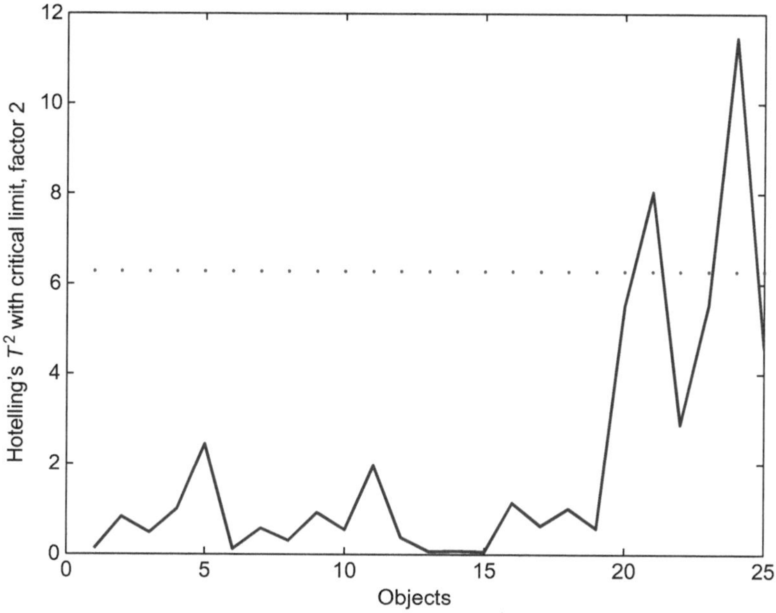

FIGURE 8 Hotelling's T^2 plot with critical limit. (For colour version of this figure, the reader is referred to the online version of this chapter.)

6.2.5 *Influence Plot*

This plot shows the distance from the objects to the model centre as Leverage or Hotelling's T^2 on the abscissa and the **Q**-residual **X**-variance or **F**-residuals on the ordinate.

It is mostly used for detecting outliers of different kinds; samples with large residuals and influential samples. Samples with high residual variance, that is, lying to the top of the plot, are likely outliers.

Samples with high leverage, that is, lying to the right of the plot, are influential. This means that they attract the model so that it describes them better. Influential samples are not necessarily dangerous, if they have the same pattern for the variables as the more 'average' samples.

A sample with both high residual variance and high leverage is a 'dangerous outlier': it is not well described by a model that correctly describes most samples, and it distorts the model so as to be better described, which means that the model then focuses on the difference between that particular sample and the others, instead of describing more general features common to all samples (Figure 9).

7 VARIABLE SELECTION

In Section 3, the possibility of not using all the measured predictors to build a calibration model was introduced in the framework of MLR as a possible way

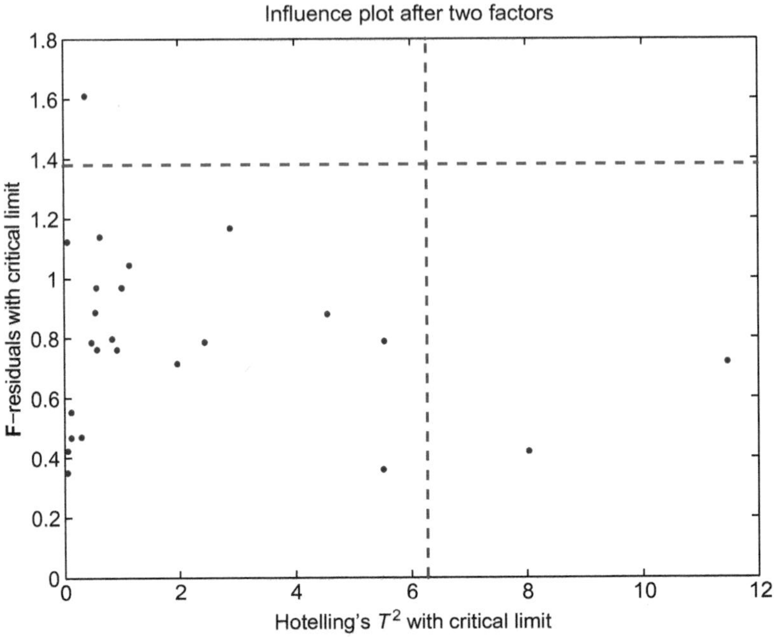

FIGURE 9 Influence plot with critical limits. (For colour version of this figure, the reader is referred to the online version of this chapter.)

to deal with the ill-conditioning arising from the independent matrix containing more variables than objects or strong collinearity among variables. However, even when using latent variable-based methods, which can handle data sets where the number of variables is much larger than the number of objects, one can still profit from reducing the number of predictors, through the introduction of a variable selection step [42]. Indeed, variable selection can lead to an improvement of the predictions of the model, can allow a better interpretation of the results and, in some situations, can help reducing the measurement costs. Based on these considerations, it is not surprising that different strategies have been proposed during the years to select a reduced set of predictors for building a regression model, so that the nature of the problem at hand and the characteristics of the data set to be analyzed should be taken into account when deciding which approach to use. However, independently of the approach followed, there are some issues that should always be taken into account when operating variable selection as they are rather general and common to all methods. In particular, one potential drawback that should always be considered is that variable selection can result in models that have a higher tendency of overfitting; the larger the ratio of variables to objects is, the higher the probability of overfitting and the more combinations of predictors are tested by the method. Additionally, the larger the initial number of measured variables is, the higher the probability of chance correlations with the responses. Accordingly, whenever adopting a variable selection strategy, particular care has to be put in conducting a proper validation of the procedure and, in particular, of the subset of predictors chosen, in order to reduce to a minimum the risk of overfitting. Another drawback, which is common to all the variable selection strategies, is their sensitivity to outlying measurements: due to their being highly influent measurements, outliers can drive selection towards specific subsets of predictors which are not optimal for explaining the relations characterizing the bulk of the data.

As a further general guideline, one must consider that the variable selection method should be chosen to reflect the kind of signal it is applied to: for instance, if the procedure is applied to a homogeneous signal, like a spectrum or a chromatogram, where neighbouring variables are very likely to convey similar information and to be highly correlated, it would be reasonable to go for a method that allows selecting intervals or regions rather than single variables independently. In this respect, particular care should also be taken when addressing preprocessing, as some data pretreatments can give different results if applied before or after the variable selection step.

When considering calibration problems, as already anticipated, many different strategies for variable selection have been proposed in the literature and a very good discussion of the topic can be found in Ref. [42]. Here, the most common approaches will be briefly presented and discussed, following the schematization and classification proposed in the same review.

7.1 Using Model Parameter and Diagnostics

Whenever it is possible to build a valid model using all the measured predictors, inspection of the model parameters can help identifying potentially relevant or, on the contrary, likely irrelevant variables. Indeed, if a model works reasonably well, its parameters should reflect meaningful sources of variation: accordingly, evaluation of the regression coefficients and, in bilinear methods, of the loadings can provide useful information about the variables to be selected in order to obtain a good model. On the other hand, variables associated to loadings or regression coefficients that are close to zero or regions of the signal that correspond to noisy parameters, where a smooth variation should be expected, are very likely to be non-meaningful.

7.2 Model-Based Variable Importance

Model parameters can also be used to compute indices, which reflect the relative importance of the predictors in the definition of the model itself. In particular, two indices, the variable importance in projection (VIP) [43] and the selectivity ratio (SR) [44] are often used in the ambit of latent variable-based calibration. VIP is a measure of how much the individual variables contribute to the definition of both the **X**- and the **Y**-spaces in PLS-modelling.

Mathematically, it can be defined either by considering one response at a time or by taking into account the whole **Y** matrix. In the former case, the VIP score of the jth independent variable for the prediction of the kth response, VIP_{jk}, is given by:

$$\mathrm{VIP}_{jk} = \sqrt{\frac{\sum_{f=1}^{F} w_{jf}^2 \left\| \hat{\mathbf{y}}_k^f \right\|^2 v}{\left\| \hat{\mathbf{y}}_k \right\|^2 F}} \tag{78}$$

where v is the number of predictors, F is the number of latent variables in the model, w_{jf} is the weight of the jth predictor in the definition of the fth PLS component and $\hat{\mathbf{y}}_k$ and $\hat{\mathbf{y}}_k^f$ are the predicted values of the kth response and the contribution to the same prediction from the fth LV, respectively:

$$\begin{aligned} \hat{\mathbf{y}}_k^f &= c_f q_{fk} \mathbf{t}_f \\ \hat{\mathbf{y}}_k &= \sum_{f=1}^{F} c_f q_{fk} \mathbf{t}_f \end{aligned} \tag{79}$$

On the other hand, when the VIP score is calculated considering the whole response matrix (here it will be called VIP_j), Equation (78) is modified to take into account the sum of squares of the complete predicted **Y**, instead of its columns:

$$\mathrm{VIP}_{jk} = \sqrt{\frac{\sum_{f=1}^{F} w_{jf}^2 \left\| \hat{\mathbf{Y}}^f \right\|^2 v}{\left\| \hat{\mathbf{Y}} \right\|^2 F}} \tag{80}$$

where the matrices $\hat{\mathbf{Y}}^f$ and $\hat{\mathbf{Y}}$ are given, respectively, by:

$$\begin{aligned} \hat{\mathbf{Y}}^f &= c_f \mathbf{t}_f \mathbf{q}_f^{\mathrm{T}} \\ \hat{\mathbf{Y}} &= \mathbf{TCQ}^{\mathrm{T}} \end{aligned} \tag{81}$$

As evident from their mathematical definition, reported in Equations (78) and (80), by including at the same time the components of the weight matrix and the sum of squares of the predictions, VIP scores give an indication of both the relevance of a variable in explaining the variation in the **X**-space and its correlation with the responses. Usually, since the mean of the squared VIP scores over the variables is 1, this value is taken as a threshold for significance: predictors having a VIP larger than 1 are considered to contribute relevantly to the model, while the remaining ones are marked as non-meaningful. However, the number of variables in the model will affect the average VIP and thus the distribution around the threshold 1.0.

Another measure of variable importance, which can be computed based on the model calculated using all predictors, is the so-called SR, that is defined as the ratio between the portion of the total variance of the predictors explained by the bilinear model and its corresponding residual variance:

$$\mathrm{SR}_j = \frac{\sum_{i=1}^{m} \hat{x}_{ij}^2}{\sum_{i=1}^{m} e_{ij}^2} \tag{82}$$

As for VIP scores, the higher the value of the SR, the more relevant the corresponding predictor is considered to be; however, there is no agreed way to define a cut-off value for SR, so that its choice is often left to the user (common values are 3 or 5).

When using VIP or SR, one of the advantages is that, being defined for individual variables, it is possible to plot them in signal-like fashion, allowing the use of visual inspection for an easier identification of the relevant predictors (see Figure 10).

7.3 iPLS

When the dependent variables are homogeneous and are defined as a function of a continuous parameter, such as in spectra or chromatograms, due to the high correlation among neighbouring predictors, it would be more meaningful to select groups of variables rather than a single one, at a time. One way of doing so, in the context of latent variable-based methods is to use the so-called interval approach [45]. Since a full chapter of this book is devoted to interval methods (Chapter 12), the reader may refer to the same chapter to find a detailed coverage of the topic.

7.4 Genetic Algorithms

From a mathematical standpoint, variable selection can also be seen as an optimization problem, which can be formulated as 'find the subset of predictors that lead to the best results in terms of some fitness criterion defined by the user'. Accordingly, evolutionary algorithms that represent powerful tools for solving multivariate optimization problems, are often used also to operate variable selection, especially in the framework of calibration and classification. Among the different evolutionary algorithms available, Genetic Algorithms (GA) are by far the ones that are most commonly employed. A thorough description of the use of GA for variable selection in regression problems can be found in Ref. [46]; here just a brief description of the procedure will be given.

The main idea behind the use of GA in numerical optimization is the mathematical translation of the biological concept of the 'survival of the

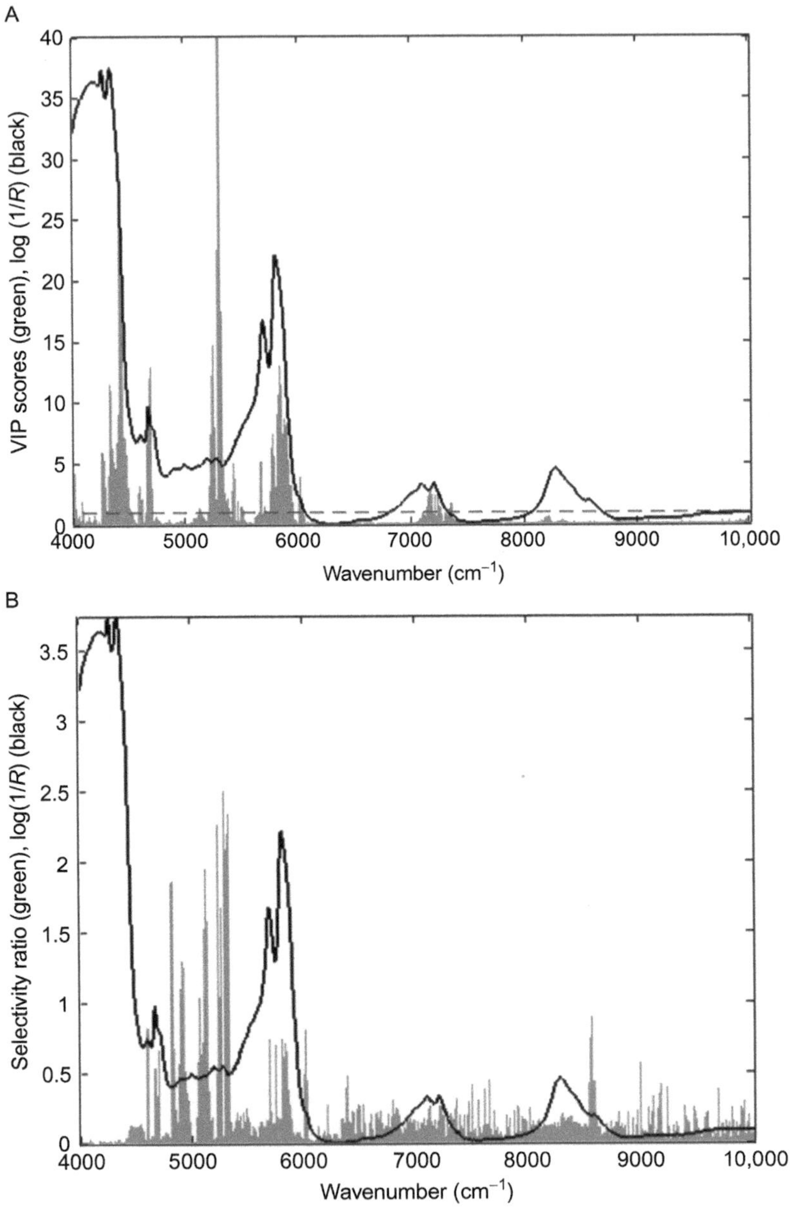

FIGURE 10 Variable selection: signal-like representation of variable importance in projection (A) or selectivity ratio (B), allowing to identify the portions of the profile most relevant for the definition of the model. (For colour version of this figure, the reader is referred to the online version of this chapter.)

fittest': starting from an initial population of candidate solutions called chromosomes, offspring are produced by means of two genetic operators (mutation and cross-over), so that the fittest a solution is, the highest its probability of being selected for the generation of an offspring at the next iteration. One potential drawback connected to the use of GA for variable selection is that the method can be particularly prone to overfitting, especially if the initial number of variables is high. To overcome this problem, [47] suggested to couple GA selection with a preliminary reduction of the number of predictors by backward interval PLS. One way to display the importance of the individual variables is to show the frequency of how often the variables were selected among the individual runs.

7.5 Re-sampling Methods: Bootstrap, Jackknifing and Cross-Validation

Re-sampling methods are widely used to estimate parameters and/or their uncertainty in a model [28,48]. The simplest case is the estimation of the mean of a population. In a multivariate context, re-sampling methods are applied to estimate the parameters and their uncertainty with two objectives: (a) To estimate the dimensionality of the model in terms of latent variables and (b) to estimate the uncertainty of individual variables to find the relevant ones (out of many).

The main difference between Jackknifing and bootstrapping is that bootstrapping is re-sampling with replacement, thus in, for example, a bootstrap sample of size 100 one particular sample may appear in this list more than once. There is also a distinction between conditional and unconditional bootstrapping. The conditional approach combines the signal part and the residual from the model $y = Xb + f$ to generate new samples. In the multivariate context, it may be difficult to decide on the dimensionality of the data *a priori* so the bootstrap on the original data is more frequently used.

The original Jackknifing procedure used the mean of the sub-models as the reference in estimating the variance whereas in cross-validation the model on all object is used as the reference. The difference between the two approaches is according to Enron [49] of order 1/(number of objects). Intuitively it is more relevant to use the model on all objects as the reference in our opinion. Cross-validation gives in general slightly higher uncertainty estimates around the parameters than bootstrapping and the estimates reflect if the validation was done across, for example, replicate, sample, raw materials, year or production site as mentioned in Section 7.4.2.

A recent comparison of re-sampling techniques to determine the optimal number of components in PLS regression was reported in Ref. [50].

As mentioned in the section on validation it is of paramount importance that the re-sampling is done according to the stratification of the objects given the level of validation (across, replicate, sampling site, instruments, etc.) In this respect the bootstrap does not enable the correct procedure for estimating uncertainty. This is also valid for Section 7.6.

7.6 Cross Model Validation

Cross model validation is based on the simple idea of performing a cross-validation of the *overall* procedure including possible variable selection, preprocessing, etc. [51,52]. For example, in a typical calibration situation, variable selection may be based on selecting the set of variables that provides the lowest cross-validation error, for instance selected through a genetic algorithm. Even for completely irrelevant data, it is clear that this can lead to overly optimistic results when there are only few samples, because some set of variables can accidentally provide better results than others. In CMV, the same approach can be used but now in addition to the variable selection an 'outer' cross-validation is performed. For example, one sample is left out, variable selection is performed on the reminder and the selected variables tested on the left-out sample. Upon leaving out all samples, an indication of the actual error is obtained from this CMV and now the actual variable selection is performed on the whole dataset. As can be seen, the resulting selected variables will not differ, but now a much more realistic estimate of the error is provided. The re-sampling methods applied in latent variable regression have the advantage that the importance of one variable is not affected by adding or removing other variables.

REFERENCES

[1] Draper NR, Smith H. Applied regression analysis. 3rd ed. New York, NY: Wiley-Interscience; 1998.
[2] Martens H, Naes T. Multivariate calibration. New York, NY: John Wiley & Sons; 1991.
[3] Galton F. Kinship and correlation (reprinted 1989). Stat Sci 1989;4:80–6.
[4] Galton F. Typical laws of heredity. Nature 1877;15:492–5, 512–514, 532–533.
[5] Yule GU. On the interpretation of correlation between indices or ratios. J R Stat Soc A Stat 1910;73:644–7.
[6] Pearson K. The life, Letters and Labours of Francis Galton, vol. IIIA. Cambridge, UK: Cambridge University Press; 1930, p. 1.
[7] Martens H, Pram Nielsen J, Balling Engelsen S. Light scattering and light absorbance separated by extended multiplicative signal correction. Application to near-infrared transmission analysis of powder mixtures. Anal Chem 2003;75:394–404.
[8] Legendre AM. Sur la Méthode des moindres quarrés. In: Nouvelles méthodes pour la determination des orbites des comètes. Paris, France: Firmin Didot; 1805. p. 72–80.
[9] Gauss CF. Theoria combinationis observationum erroribus minimis obnoxiae. Göttingen, Germany: Henrich Dieterich; 1823.
[10] Sharaf MA, Illman DL, Kowalski BR. Chemometrics. New York, NY: John Wiley & Sons; 1986.
[11] Krzanowski WJ. Principles of multivariate analysis: a user's perspective. New York, NY: Oxford University Press; 2000.

[12] Moore EH. On the reciprocal of the general algebraic matrix. Bull Am Math Soc 1920;26:394–5.

[13] Penrose R. A generalized inverse for matrices. Proc Cambridge Philos Soc 1955;51:406–13.

[14] Jolliffe IT. A note on the use of principal components in regression. J R Stat Soc C Appl Stat 1982;31:300–3.

[15] Jolliffe IT. Principal component analysis. 2nd ed. New York, NY: Springer; 2002.

[16] Jackson JE. A user's guide to principal components. Hoboken, NJ: John Wiley & Sons; 2003.

[17] Mason RL, Gunst RF. Selecting principal components in regression. Stat Probabil Lett 1985;3:299–301.

[18] Wold S, Martens H, Wold H. The multivariate calibration problem in chemistry solved by the PLS methods, In: Ruhe A, Kågstrøm B, editors. Matrix pencils: proceedings of a conference held at Pite Havsbad, Sweden, March 22–24, 1982. Heidelberg, Germany: Springer Verlag; 1983. p. 286–93.

[19] Geladi P, Kowalski BR. Partial least squares regression: a tutorial. Anal Chim Acta 1986;185:1–17.

[20] de Jong S, Kiers HAL. Principal covariates regression. Part I. Theory. Chemometr Intell Lab Syst 1992;14:155–64.

[21] Harshman RA. "How can I know if it's real?" A catalogue of diagnostics for use with three-mode factor analysis and multidimensional scaling. In: Low HG, Snyder Jr CW, Hattie J, McDonald RP, editors. Research methods for multi-mode data analysis. New York, NY: Praeger; 1984. p. 566–91.

[22] Tauler R. Multivariate curve resolution applied to second order data. Chemometr Intell Lab Syst 1995;30:133–46.

[23] Westad F, Kermit M. Independent component analysis. In: Brown SD, Tauler R, Walczak B, editors. Comprehensive chemometrics, vol. 2. Oxford, UK: Elsevier; 2009. p. 227–48.

[24] Bro R. PARAFAC: tutorial and applications. Chemometr Intell Lab Syst 1997;38:149–71.

[25] Bro R, Kjeldahl K, Smilde AK, Kiers HAL. Cross-validation of component models: a critical look at current methods. Anal Bioanal Chem 2008;390:1241–51.

[26] Wold S. Cross-validatory estimation of the number of components in factor and principal component analysis. Technometrics 1978;20:397–405.

[27] Esbensen KH, Geladi P. Principles of proper validation: use and abuse of re-sampling for validation. J Chemometr 2010;24:168–87.

[28] Stone M. Cross-validatory choice and assessment of statistical predictions. J R Stat Soc B Stat 1974;36:111–47.

[29] Kos G, Lohniger H, Krska R. Validation of chemometric models for the determination of deoxinilvalenol on maize by mid-infrared spectroscopy. Mycotoxin Res 2003;19:149–53.

[30] Cook RD, Weisberg S. Residual and influence in regression. New York, NY: Chapman and Hall; 1982.

[31] Rousseeuw PJ, van Zomeren BC. Unmasking multivariate outliers and leverage points. J Am Stat Assoc 1990;85:633–9.

[32] De Maesschalck R, Jouan-Rimbaud D, Massart DL. The Mahalanobis distance. Chemometr Intell Lab Syst 2000;50:1–18.

[33] Hotelling H. The generalization of Student's ratio. Ann Math Stat 1931;2:360–78.

[34] Olivieri A, Faber NM, Ferré J, Bouqué R, Kalivas JH, Mark H. Guidelines for calibration in analytical chemistry. Part 3. Uncertainty estimation of figures of merit for multivariate calibration. Pure Appl Chem 2006;78:633–61.

[35] Faber NM, Kowalski BR. Propagation of measurement errors for the validation of predictions obtained by principal component regression and partial least squares. J Chemometr 1997;11:181–238.

[36] Faber NM, Song XH, Hopke PK. Prediction intervals for partial least squares regression. Trends Anal Chem 2003;22:330–4.
[37] Golub G, Van Loan C. An analysis of the total least squares problem. SIAM J Num Anal 1980;17:883–93.
[38] Seasholtz MB, Kowalski BR. Qualitative information for multivariate calibration models. Appl Spectrosc 1990;44:1337–48.
[39] Nadler B, Coifman RR. Partial least squares, Beer's law and the net analyte signal: statistical modeling and analysis. J Chemometr 2005;19:45–54.
[40] Gower J. A general theory of biplots. In: Krzanowski WJ, editor. Recent advances in descriptive multivariate statistics. Royal Statistical Society Lecture Notes, vol. 2. Oxford, UK: Oxford University Press; 1995. p. 283–303.
[41] Kjeldahl K, Bro R. Some common misunderstandings in chemometrics. J Chemometr 2010;24:558–64.
[42] Andersen CM, Bro R. Variable selection on regression—a tutorial. J Chemometr 2010;24:728–37.
[43] Wold S, Johansson E, Cocchi M. PLS: partial least squares projections to latent structures. In: Kubinyi H, editor. 3D QSAR in drug design: theory, methods and applications. Leiden, The Netherlands: ESCOM Science Publishers; 1993. p. 523–50.
[44] Rajalahti T, Arnenberg R, Berven FS, Myhr KM, Ulvik RJ, Kvalheim O. Biomarker discovery in mass spectral profiles by means of selectivity ratio plot. Chemometr Intell Lab Syst 2009;95:35–48.
[45] Nørgaard L, Saudland A, Wagner J, Nielsen JP, Munck L, Engelsen SB. Interval partial least-squares regression (iPLS): a comparative chemometric study with an example from near-infrared spectroscopy. Appl Spectrosc 2000;54:413–9.
[46] Leardi R. Genetic algorithm—PLS as tool for wavelength selection in spectral data sets. In: Leardi R, editor. Nature-inspired methods in chemometrics: genetic algorithms and artificial neural networks. Amsterdam, The Netherlands: Elsevier; 2003. p. 169–96.
[47] Leardi R, Nørgaard L. Sequential application of backward interval partial least squares and genetic algorithms for the selections of relevant spectral regions. J Chemometr 2004;18:486–97.
[48] Efron B. The Jackknife, the bootstrap, and other resampling plans, In: CBMS-NSF regional conference series in applied mathematics. Philadelphia, PA: Society for Industrial and Applied Mathematics; 1982.
[49] Efron B. Bootstrap methods: another look at the Jackknife. Ann Stat 1979;7:1–26.
[50] Xu L, Xu QS, Yang M, Zhang HZ, Cai CB, Jiang JH, et al. On estimating model complexity and prediction errors in multivariate calibration: generalized resampling by random sample weighting (RSW). J Chemometr 2011;25:51–8.
[51] Andersen E, Dyrstad K, Westad F, Martens H. Reducing over-optimism in variable selection by cross-model validation. Chemometr Intell Lab Syst 2006;84:69–74.
[52] Westad F, Afseth NK, Bro R. Finding relevant spectral regions between spectroscopic techniques by use of cross-model validation and partial least squares regression. Anal Chim Acta 2007;595:323–7.

Chapter 5

Classification and Class-Modelling

Marta Bevilacqua, Remo Bucci, Andrea D. Magrì, Antonio L. Magrì, Riccardo Nescatelli and Federico Marini[1]
Department of Chemistry, University of Rome "La Sapienza", Rome, Italy
[1]*Corresponding author: fmmonet@hotmail.com; federico.marini@uniroma1.it*

Chapter Outline

1 INTRODUCTION

When dealing with food quality or food authentication issues, several problems arise involving the prediction of one or more qualitative properties of a set of samples, or the verification of whether a product meets well-specified requirements (and/or standards) or not. For instance, the traceability of a foodstuff implies the need of having accurate methods to authenticate the origin of the product, both in terms of geographical and botanical/animal provenance, and the way it was manufactured. On the other hand, when assessing the safety of use and the potential health hazards of a product, one may be interested in checking the presence or absence of contaminants, for example

Data Handling in Science and Technology, Vol. 28. http://dx.doi.org/10.1016/B978-0-444-59528-7.00005-3

mycotoxins or bacteria. In the context of food technology, it is important to predict whether a new product will be accepted by the consumers or not, based on its composition and/or sensory characteristics. More generally, commercialization requires the verification that a foodstuff complies with a set of production specifications, and many more examples could be listed [1,2].

From the standpoint of chemometric modelling, all these problems fall into the domain of pattern recognition or, more specifically, classification. Indeed, *classifying* means, in a general sense, to assign an individual (sample) to one or more categories based on a set of measurements used to describe or characterize the object itself. From a geometrical standpoint, this corresponds to identifying regions in the hyperspace of the variables corresponding to the different classes [3]. In this framework, the term class or category indicates a collection of objects sharing similar characteristics and it is fundamental to stress that the definition of these characteristics is problem-dependent, so that the same set of samples can be grouped in different ways, according to the final scope of the modelling. For instance, when analysing a set of beers, one could be interested in assessing the geographical origin of the samples, so that the categories would be defined as, for example, Denmark, The Netherlands, Belgium or Germany. However, if attention is focused on other properties of the samples, such as their beer style, a different grouping can be introduced for the same set of products, the classes, in this case, being, for example, 'ale', 'porter', 'stout', 'lager' or 'lambic'. It is fundamental to stress that, different than in the case of unsupervised pattern recognition, where one looks for clusters or groups in the data, which are not known beforehand, in classification, categories are defined *a priori*, and the information on class-belonging of a set of samples is actively used in building the mathematical model. Indeed, once the categories to be modelled are clearly defined, the core issue of classification techniques is to use the data measured (or calculated) on the training objects, that is on a set of observations the 'true' category of which is known, to build a mathematical–statistical criterion to assign the unknown samples to the available groups [4]. There are many ways this criterion, which is also called *classification rule*, can be defined and it is exactly the choice of which criterion to use that constitutes the basis of the differentiation among the various classification methods proposed in the literature [5].

1.1 Classification of Classification Methods

Following what was stated in the previous paragraph, classification methods, as any other set of objects, can be classified in different ways, depending on which of their properties one is more interested in. Accordingly, in this section, the main distinctions that are often made among classification methods will be presented and described, with a more detailed explanation and formal treatment of the individual algorithms in the following paragraphs.

A first fundamental differentiation can be made between those methods which are focused on discriminating among different categories and those which are rather directed towards modelling classes [6]: in the former case, one speaks of discriminant classification, while in the latter, of class-modelling. In particular, the classification rules resulting from discriminant techniques are built concentrating on the differences between samples coming from different classes and result in hypersurfaces (multidimensional surfaces), dividing the variable space in as many regions as the number of available categories. For instance, if in the data set there are only samples from three categories, the whole hyperspace of the variables is divided into the same number of regions, so that if the coordinates of a sample are such that it falls in the region labelled as 'class 1' it is assigned to that class and so on (Figure 1A). Therefore, when a discriminant approach to classification is used, an object is always predicted as belonging to one of the available classes: accordingly, in the previous example, an unknown sample will be classified belonging to class 1, class 2 or class 3.

On the other hand, class-modelling methods are focused on capturing the similarities among samples from the same category rather than the differences among the classes. From an algorithmic point of view, this is reflected by the fact that every category is modelled individually, irrespectively of the others. Geometrically, this corresponds to identifying a volume in the multidimensional space enclosing the class, so that if a sample falls within that volume it is accepted by the particular category, while if it falls outside, it is rejected by that class model (Figure 1B). As categories are modelled separately, even cases involving just one class can be analysed; on the other hand, when more than one category is present different outcomes can occur: indeed, a sample can be accepted by only one category model (and in this case it is assigned to that category), be refused by all the category models (and hence it is considered as an outlier for all the models—this can be, for instance, the case of a sample coming from another category that wasn't modelled) or be accepted by more than one class model (and in this case the sample is said to be 'confused'). In the latter case, classification is still possible as in the case of discriminant methods, by assigning the sample to the class to which it is more similar.

A second distinction among the different classification methods proposed in the literature concentrates on the mathematical form of the functional relationship representing the classification rules in terms of the measured variables (or, alternatively, on the geometrical shape of the decision boundaries in the multidimensional space). In this framework, the main differentiation is made between linear and non-linear methods, even if the latter can be sometimes further subdivided according to the kind of non-linearity they implement (e.g. quadratic, polynomial, etc.). In linear methods, the classification rules result in decision boundaries, which are linear functions of the original variables (i.e. which correspond to linear surfaces in the hyperspace spanned by the variables: a line in two dimensions, a plane in three

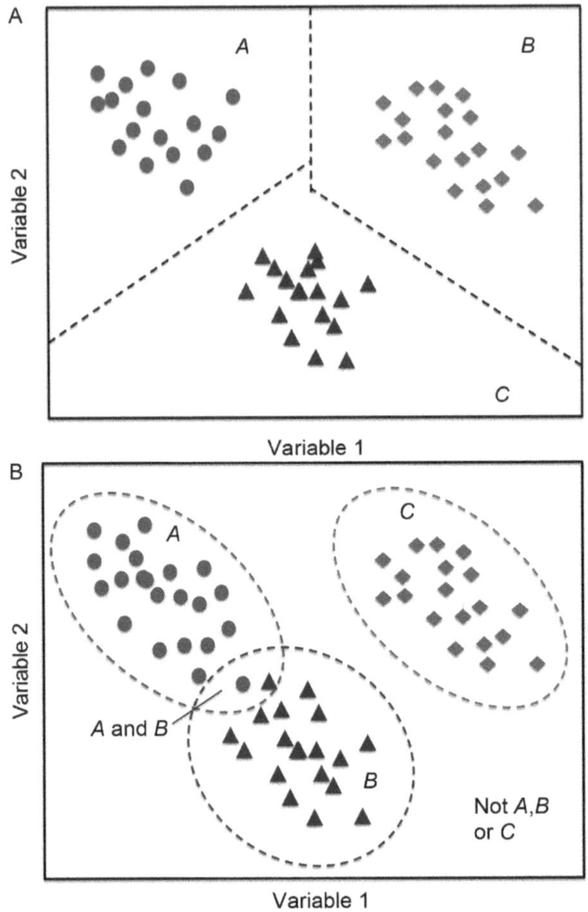

FIGURE 1 Illustration of the differences between the approaches to classification, (A) discriminant and (B) modelling, in the case of a problem involving three classes in a two-dimensional space. (A) Discriminant approach partitions all the available space into three non-overlapping regions corresponding to the different categories so that a sample is univocally assigned. (B) Class-modelling defines boundaries for the different categories individually, so that regions where a sample is accepted by more than one category or by none can occur. (For colour version of this figure, the reader is referred to the online version of this chapter.)

dimensions and a hyperplane in more than three dimensions). On the other hand, the classification rules computed by non-linear methods result in more complex hypersurfaces separating the regions corresponding to the different categories in the multidimensional space of the variables: for instance, in the case of quadratic methods, the decision boundaries can be hyperellipsoids, hyperparaboloids or hyperspheres (Figure 2).

Lastly, it is possible to further differentiate classification methods, based on whether they explicitly assume a probability distribution of the data

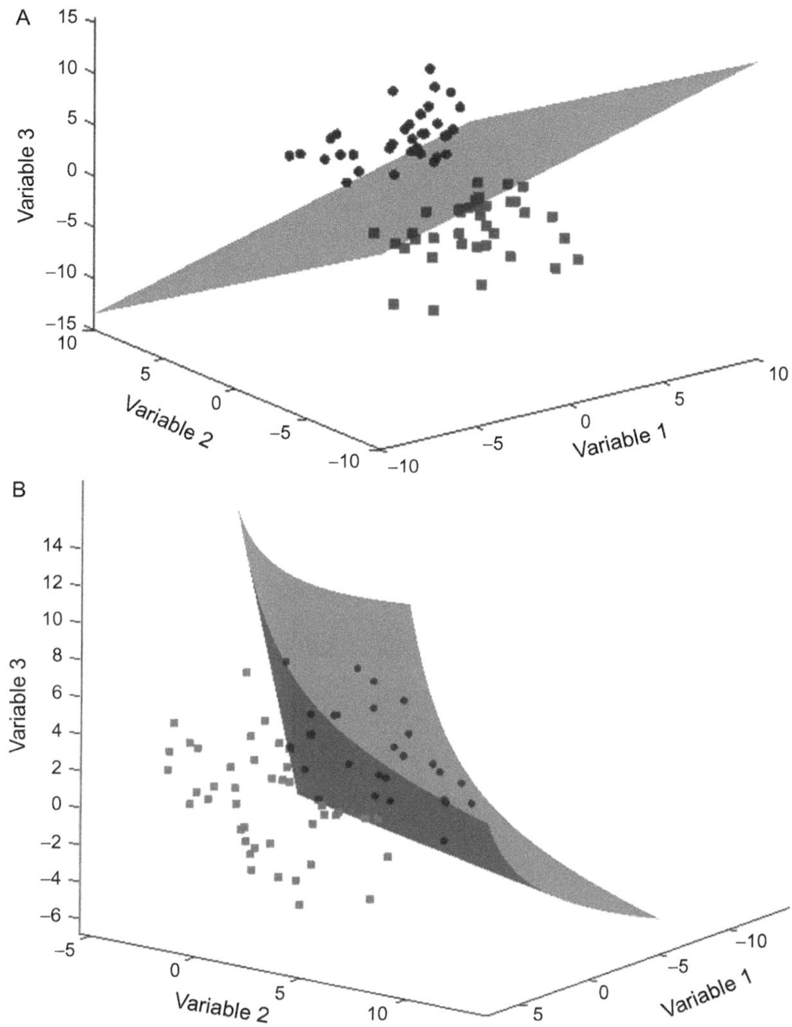

FIGURE 2 Examples of (A) linear and (B) non-linear classification problems. (For colour version of this figure, the reader is referred to the online version of this chapter.)

or not. In the former case, one speaks of parametric methods, as the definition of the classification rules directly translated to the estimation of the parameters of the assumed probability distribution. For instance, if the data from the different categories are supposed to be normally distributed in the multivariate space (as in the case of linear or quadratic discriminant analysis (QDA), see Section 2.1), it is only necessary to estimate the centroids of the different classes and the variance–covariance matrices (the parameters of the multivariate Gaussian) to build the classification rules. Conversely, when no explicit assumptions are made on the distribution followed by the data, the corresponding methods are called non-parametric.

2 DISCRIMINANT CLASSIFICATION METHODS

As already stated in Section 1.1, discriminant classification methods result in decision rules which partition the hyperspace of the variables in as many disjointed regions as the number of categories defined by the training objects. From a statistical standpoint, the boundaries separating the different classes in the multidimensional space are defined on the basis of a criterion called Bayes' rule, which states that 'a sample should be assigned to the class to which it has the maximum probability to belong'. Accordingly, discriminant classification can be thought of as a two-stage process involving at first the estimation of the probabilities that a sample belongs to each of the categories represented in the training set, and successively the assignment of a sample to the class corresponding to the highest value of the computed probability. As the latter stage is the same, irrespective of the chosen technique, what differentiates the available classification methods is the way they estimate the probabilities of class belonging. In particular, the probability involved is the so-called **posterior** probability $p(g|\mathbf{x}_i)$, that is the probability that the ith sample belongs to the gth category, given that a particular vector of experimental data ($\mathbf{x}_i$) has been measured on it. Mathematically, this probability can be estimated by means of the Bayes' theorem, according to

$$p(g|\mathbf{x}_i) \propto p(\mathbf{x}_i|g)p_0(g) \tag{1}$$

where $p(\mathbf{x}_i|g)$ is the probability of observing a vector of measurements $\mathbf{x}_i$ for a sample truly belonging to class g (**likelihood**), $p_0(g)$ is the *a priori*, that is before any measurement is collected, probability that a sample belongs to class g (**prior**) and the proportionality sign indicates that a normalization coefficient is needed, in order for the probabilities to sum up to 1 [7]. As already stated, discriminant classification methods differ in the assumptions they make and, consequently, in the way they estimate the values of this probability. Some methods explicitly (e.g. linear and QDA or other parametric methods) or implicitly (non-parametric techniques) assume a particular probability distribution for the likelihood term in Equation (1); others, like artificial neural networks, directly provide a non-parametric estimation of the posterior probability. Finally, there can be cases such as k-nearest neighbours, where, even if a probabilistic framework is implicitly assumed, it is not used to define the classification rules.

It should be pointed out that, given the specific method, Bayes' rule corresponds to classification rules which minimize a loss function defined as the overall classification error rate, E_C:

$$E_C = \frac{\sum_{i=1}^{G} e_i}{N} \tag{2}$$

where e_i is the number of training samples from the ith category wrongly classified by the model (i.e. predicted as belonging to another class), and G and N are the number of classes and the total number of samples in the training set, respectively. Such a loss function implies that the consequences of all the possible wrong classifications are equally costly: for instance, if one is interested in verifying the origin of a wine sample, this would mean that predicting that a French bottle comes from Italy is equally undesirable as classifying an Italian bottle as French. However, there can be cases where the cost of misclassification is not symmetric and there can be even significantly different consequences in wrongly predicting the category a sample belongs to. For example, deciding that a food is contaminated by toxins, when it is safe, represents a less dangerous threat to people's health than assessing that a food is safe when it is, instead, contaminated. In such cases, Bayes' rule can be opportunely modified to take into account the asymmetry in the classification problem.

Given this general framework, in the following subsections the main discriminant classification techniques will be described in detail.

2.1 Linear and QDA

Linear discriminant analysis (LDA), originally proposed by Fisher in 1936 [8], is the oldest and most studied supervised pattern recognition method. As the name suggests, it is a linear technique, that is the decision boundaries separating the classes in the multidimensional space of the variables are linear surfaces (hyperplanes). From a probabilistic standpoint, it is a parametric method, as its underlying hypothesis is that, for each category, the data follow a multivariate normal distribution. This means that the likelihood in Equation (2), for each class, is defined as

$$p(\mathbf{x}_i|g) = \frac{1}{(2\pi)^{\frac{m}{2}}|\mathbf{S}_g|} e^{-\frac{1}{2}(\mathbf{x}_i - \overline{\mathbf{x}}_g)^{\mathrm{T}}\mathbf{S}_g^{-1}(\mathbf{x}_i - \overline{\mathbf{x}}_g)} \tag{3}$$

where $\overline{\mathbf{x}}_g$ and $\mathbf{S}_g$ are the centroid and the variance/covariance matrix for class g, respectively, and m is the number of variables. In the case of LDA, a further assumption is made that the dispersion of the observations is the same for all the classes or, in other terms, that the variance/covariance matrices of the different categories are equal:

$$\mathbf{S}_i = \mathbf{S}_j = \mathbf{S} \tag{4}$$

In particular, the pooled variance/covariance matrix $\mathbf{S}$, common to all the categories, is defined as the weighted average of the individual matrices $\mathbf{S}_g$:

$$\mathbf{S} = \frac{\sum_{g=1}^{G}(n_g - 1)\mathbf{S}_g}{N - G} \tag{5}$$

where G is the number of classes, n_g and $\mathbf{S}_g$ are the number of training samples and the variance/covariance matrix from class g, respectively, and N is the total number of training samples. Based on these assumptions, the probability that a sample belongs to a particular class, for instance class g, can be written as

$$p(g|\mathbf{x}_i) = \frac{c_g p_0(g)}{(2\pi)^{\frac{m}{2}}|\mathbf{S}|} e^{-\frac{1}{2}(\mathbf{x}_i - \bar{\mathbf{x}}_g)^{\mathrm{T}} \mathbf{S}^{-1} (\mathbf{x}_i - \bar{\mathbf{x}}_g)} \quad (6)$$

where c_g is a normalization factor, introduced in order to satisfy the mathematical rules for a probability definition (i.e. the sum of the probabilities that a sample belong to each class is unitary), and all other terms have the same meaning as in Equations (1) and (3). For the sake of better understanding this, the case where only two categories are present will be discussed first, and successively the results will be generalized to the situation where multiple classes are involved.

2.1.1 LDA for Two Classes

Let us consider having only two classes, labelled for the sake of simplicity 'A' and 'B', and training samples n_A and n_B from the two categories. The situation is illustrated in the case where only two variables are measured, in Figure 3.

The aim of LDA is to find the optimal linear surface in the multidimensional space (the best straight line in two dimensions, when considering the example described in Figure 3) to separate the region corresponding to class

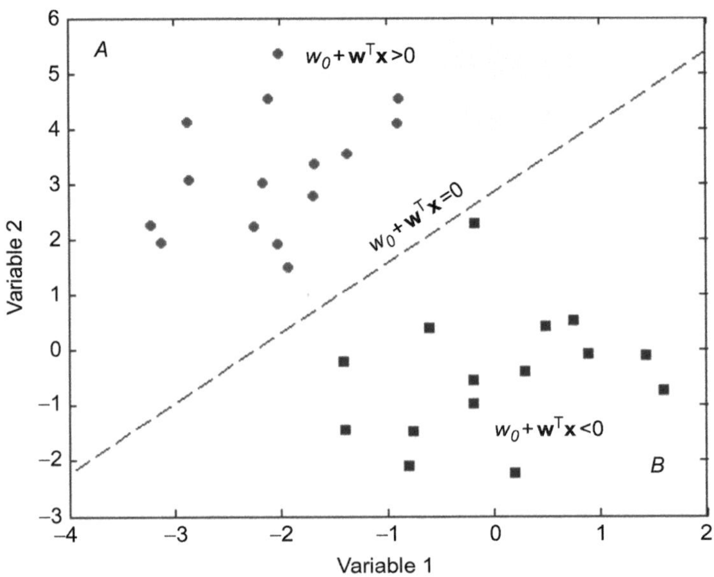

FIGURE 3 Example of LDA in the case where only two classes are present and the space is bi-dimensional. (For colour version of this figure, the reader is referred to the online version of this chapter.)

A from the region associated to class B. According to what is prescribed by Bayes' rule, the region of space corresponding to class A will include all the points having coordinates $\mathbf{x}_j$ resulting in

$$p(A|\mathbf{x}_j) > p(B|\mathbf{x}_j) \tag{7}$$

That is for all those points the probability of belonging to class A will be higher than the probability of belonging to class B. The reverse is true for the region corresponding to class B, which will include the points having coordinates $\mathbf{x}_i$, satisfying:

$$p(B|\mathbf{x}_i) > p(A|\mathbf{x}_i) \tag{8}$$

As a consequence, the decision boundary will correspond to the hypersurface along which the probability of belonging to class A and class B is equal:

$$p(A|\mathbf{x}) = p(B|\mathbf{x}) \tag{9}$$

Substituting the expression for the probabilities of class belonging (Equation 6) into Equation (9), one obtains

$$\frac{c_A p_0(A)}{(2\pi)^{\frac{m}{2}}|\mathbf{S}|} e^{-\frac{1}{2}(\mathbf{x}-\overline{\mathbf{x}}_A)^{\mathrm{T}}\mathbf{S}^{-1}(\mathbf{x}-\overline{\mathbf{x}}_A)} = \frac{c_B p_0(B)}{(2\pi)^{\frac{m}{2}}|\mathbf{S}|} e^{-\frac{1}{2}(\mathbf{x}-\overline{\mathbf{x}}_B)^{\mathrm{T}}\mathbf{S}^{-1}(\mathbf{x}-\overline{\mathbf{x}}_B)} \tag{10}$$

which is the equality defining the decision boundary for LDA in the case of two classes. However, the classification rule described in Equation (10) is difficult to be interpreted as it is, but it becomes more easily understandable when one computes the natural logarithm of both sides. Indeed, after taking the logarithm of the probabilities, the equation defining the LDA decision boundary for the two-classes problem transforms into

$$\begin{aligned} &\ln(c_A p_0(A)) - \frac{1}{2}\mathbf{x}^{\mathrm{T}}\mathbf{S}^{-1}\mathbf{x} + \overline{\mathbf{x}}_A^{\mathrm{T}}\mathbf{S}^{-1}\mathbf{x} - \frac{1}{2}\overline{\mathbf{x}}_A^{\mathrm{T}}\mathbf{S}^{-1}\overline{\mathbf{x}}_A \\ &= \ln(c_B p_0(B)) - \frac{1}{2}\mathbf{x}^{\mathrm{T}}\mathbf{S}^{-1}\mathbf{x} + \overline{\mathbf{x}}_B^{\mathrm{T}}\mathbf{S}^{-1}\mathbf{x} - \frac{1}{2}\overline{\mathbf{x}}_B^{\mathrm{T}}\mathbf{S}^{-1}\overline{\mathbf{x}}_B \end{aligned} \tag{11}$$

Equation (11) can be further rearranged to:

$$\ln\left(\frac{c_A p_0(A)}{c_B p_0(B)}\right) - \frac{1}{2}(\overline{\mathbf{x}}_A - \overline{\mathbf{x}}_B)^{\mathrm{T}}\mathbf{S}^{-1}(\overline{\mathbf{x}}_A - \overline{\mathbf{x}}_B) + (\overline{\mathbf{x}}_A - \overline{\mathbf{x}}_B)^{\mathrm{T}}\mathbf{S}^{-1}\mathbf{x} = 0 \tag{12}$$

where the first two terms are constants which represent an offset and the third one is a linear combination of the variables. Therefore, by defining

$$\begin{aligned} w_0 &= \ln\left(\frac{c_A p_0(A)}{c_B p_0(B)}\right) - \frac{1}{2}(\overline{\mathbf{x}}_A - \overline{\mathbf{x}}_B)^{\mathrm{T}}\mathbf{S}^{-1}(\overline{\mathbf{x}}_A - \overline{\mathbf{x}}_B) \\ \mathbf{w}^{\mathrm{T}} &= (\overline{\mathbf{x}}_A - \overline{\mathbf{x}}_B)^{\mathrm{T}}\mathbf{S}^{-1} \end{aligned} \tag{13}$$

Equation (12) can be written as

$$w_0 + \mathbf{w}^{\mathrm{T}}\mathbf{x} = 0 \tag{14}$$

which is the equation of a linear surface. When only two variables are measured, as in the example in Figure 3, Equation (14) defines a straight line dividing the two-dimensional (2D) space into two regions. In particular, according to the way w_0 and $\mathbf{w}$ were defined in Equation (13), the portion of space above the line representing the decision boundary (characterized by $w_0 + \mathbf{w}^{\mathrm{T}}\mathbf{x} > 0$) will correspond to class A, while the region below the decision boundary ($w_0 + \mathbf{w}^{\mathrm{T}}\mathbf{x} < 0$) will be assigned to class B. Analogous considerations can be made for the multidimensional case, the only exception being that Equation (14) will define a hyperplane instead of a straight line. Further inspection of the left-hand side of Equation (14) evidences that it represents a linear combination of the variables defining a latent vector, just as in the case of PCA [9–11] or partial least squares (PLS) regression [12]. Indeed, LDA can be thought also as a feature reduction method, that is as a way of determining a lower-dimensional space with desired properties onto which to project the high-dimensional data. However, while PCA selects directions which retain the maximum portion of the original variance, LDA identifies directions which maximize the separation between the given classes. If only two categories are present, as is the case discussed in this subsection, there can be just a single direction in space providing the maximum separation between the classes, and it is the one identified by

$$C = w_0 + \mathbf{w}^{\mathrm{T}}\mathbf{x} \tag{15}$$

The term C in Equation (15) represents the coordinate (score) of a point defined by the vector $\mathbf{x}$ in the original multidimensional space along this new latent direction, which is called a *canonical variate* (or, in some texts, a *discriminant function*). Accordingly, the LDA classification rule in the case of two classes can be easily stated in terms of the scores along the single canonical variate:

$$\begin{aligned} &\text{if } C > 0 \text{ assign to class } A \\ &\text{if } C < 0 \text{ assign to class } B \end{aligned} \tag{16}$$

The classification rule described in Equation (16) is graphically exemplified in Figure 4, where the data reported in Figure 3 are projected onto the single canonical variate corresponding to the direction of maximum separation between the two classes. In the same figure, the classification threshold ($C = 0$) is also shown.

2.1.2 LDA for Multiple Classes

The theory illustrated in the previous subsection can be easily generalized to the case where more than two classes are present [7,13]. In particular, multiclass LDA assumes that the variable space can be partitioned in G disjointed

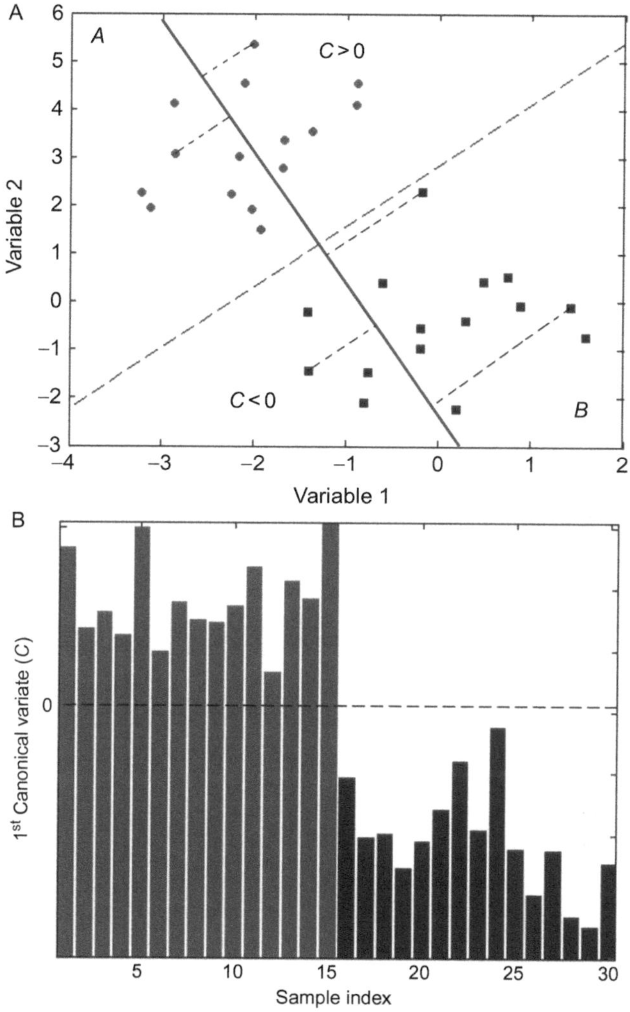

FIGURE 4 (A) Projection of the data of the example in Figure 3 onto the single canonical variate that can be computed for two-classes problems (C). (B) Bar plot representation of the scores of the samples from the two classes onto the canonical variate; dashed line indicates the classification threshold ($C=0$): all samples above the line are classified as A while the others as B. (For colour version of this figure, the reader is referred to the online version of this chapter.)

regions (G being the number of categories), defined in a way that in each of them the probability that a sample belongs to one of the given classes is higher than the probability that it belongs to any of the others. For instance, the region of the hyperspace corresponding to class I will be identified by the condition

$$p(I|\mathbf{x}) > p(J|\mathbf{x}) \quad \forall J = 1 \cdots G, j \neq i \tag{17}$$

As more than two categories are present, in this case more than one hypersurface is needed to partition the hyperspace of the variables into the G regions associated with the given categories. As a result, a set of decision boundaries is defined between pairs of classes, as for those surfaces the probability of the sample to belong to either one or the other category is equal:

$$p(I|\mathbf{x}) = p(J|\mathbf{x}) \tag{18}$$

Accordingly, following the same considerations which led to Equations (12)–(14), it is possible to show that the decision boundaries between pairs of categories, say I and J, in the multi-class case correspond to linear surfaces (hyperplanes) defined by the equations

$$\ln\left(\frac{c_I p_0(I)}{c_J p_0(J)}\right) - \frac{1}{2}(\overline{\mathbf{x}}_I - \overline{\mathbf{x}}_J)^{\mathrm{T}}\mathbf{S}^{-1}(\overline{\mathbf{x}}_I - \overline{\mathbf{x}}_J) + (\overline{\mathbf{x}}_I - \overline{\mathbf{x}}_J)^{\mathrm{T}}\mathbf{S}^{-1}\mathbf{x} = 0 \quad \forall I,J = 1\cdots G, J \neq I \tag{19}$$

In particular, if the problem involves G classes, there will be $G(G-1)/2$ hyperplanes separating all possible pairs of categories. The outcome of LDA in the case of multiple (four) classes is illustrated in Figure 5; for the sake of simplicity, only two variables are considered.

It is shown in the figure that the presence of samples from four categories (A, B, C and D) in the training set results in the variable space being partitioned in four regions, by four straight lines (linear surfaces in two dimensions), defined as in Equation (19). Indeed, due to the distribution of

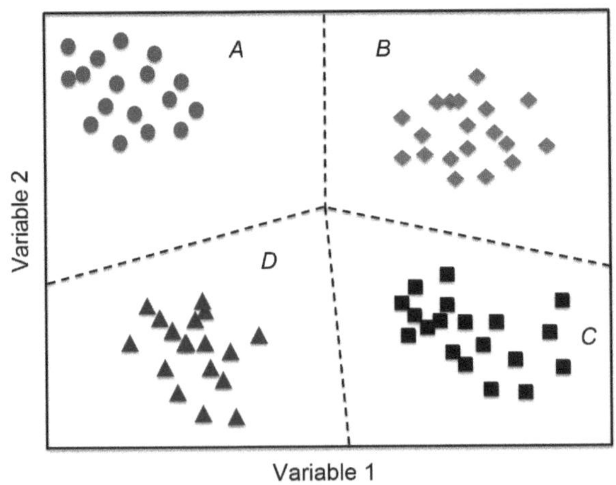

FIGURE 5 Graphical representation of the results of LDA classification in the case where four categories are present in the data set. (For colour version of this figure, the reader is referred to the online version of this chapter.)

samples in the different classes, the two surfaces separating class A from class C and class B from class D degenerate to a single point (the point where all the straight lines meet).

Analogously to what was discussed for the two-classes case, LDA can also be used with multiple categories and interpreted as a feature reduction technique, even if the definition of the canonical variates is not as straightforward. To illustrate the way canonical variates are computed in the multi-class case, let us start by examining Equations (13) and (15). In the case of two classes, the single canonical variate, that is the latent variable in the multivariate space providing maximum separation between the categories, is defined as the direction along which the centroids of the two classes are as distant as possible while the clusters are highly dense or tight. In more rigorous statistical terms, it is the direction which maximizes the ratio of the between-class variance (the distance between the centroids) to the within-class variance (the dispersion of the samples within the categories). This definition can be generalized to the multi-class case [14], introducing the matrix $\mathbf{S}_b$, which represents the between-group variance–covariance matrix, when more than two categories are present:

$$\mathbf{S}_b = \frac{1}{G}\sum_{g=1}^{G}\left(\overline{\mathbf{x}}_g - \overline{\mathbf{x}}\right)\left(\overline{\mathbf{x}}_g - \overline{\mathbf{x}}\right)^{\mathrm{T}} \tag{20}$$

where $\overline{\mathbf{x}}_g$ and $\overline{\mathbf{x}}$ represent the mean vector of class g and of the whole data set, respectively. Then, it is possible to show that the latent variables spanning the low-dimensional space of maximum class separation (the canonical variates) are the directions $\mathbf{w}_i$, identified by the largest eigenvectors λ_i of $\mathbf{S}^{-1}\mathbf{S}_b$, that is by the vectors satisfying

$$\mathbf{S}^{-1}\mathbf{S}_b\mathbf{w}_i = \lambda_i\mathbf{w}_i \tag{21}$$

As the rank of $\mathbf{S}_b$ can be at most $G-1$, as evident from Equation (20), this represents the maximum number of canonical variates which can be computed, consistently with what was already discussed in the case of two classes, where only a single latent variable can be extracted. It must be stressed here that, whatever the number of categories involved, LDA requires inversion of the pooled (within-groups) covariance matrix $\mathbf{S}$: in order for this matrix to be invertible, the total number of training samples should be at least equal to the number of variables, otherwise its determinant is zero and no inverse exists. There are authors who indicate an even larger ratio of the number of samples to the number of variables ($\sim$3) to obtain a meaningful solution. Therefore, these conditions pose a strict limitation to the kind of problems where LDA can be applied, or suggest the need of some form of variable selection/feature reduction prior to the classification analysis.

2.1.3 LDA in Practice

To illustrate the use of LDA for food authentication, an example involving the classification of honey samples according to their floral origin will be used [15]. In particular, the data set comprises the results of 15 determinations—pH; free, lactone, and total acidity; diastase; water content; specific conductivity; dextrose, fructose and DP2; colour; specific rotation; hydroxymethylfurfural (HMF) content; and $\delta^{13}X/^{12}C$ (on the whole sample and on the proteic fraction only)—on 73 honey samples from 6 different botanical origins: chestnut (13), eucalyptus (12), heather (12), honeydew (11), sulla (12) and wildflower (13). Twelve of the available 73 samples of known origin (2 per class) are left out of the training set to be used as external test samples to validate the model, which is then built on the remaining 61. As the number of training samples is significantly larger (more than four times) than the number of variables, no preliminary feature selection is needed. However, for the sake of better visualization of the results, canonical variates are computed according to what is defined in Equation (21), in order to be able to graphically evaluate the outcomes of the classification modelling on a low-dimensional space. In particular, as there are 6 groups, at most 5 canonical variates can be extracted; anyway, the first two latent variables are enough to show the separation among the classes, as evident from Figure 6.

The 61 training samples are then used to compute the parameters of the probability functions according to Equation (6) and the decision boundaries between the classes as described in Equation (18). When projected onto the first two canonical variates, the linear decision surfaces have the form of straight lines dividing the space into 6 disjoint regions corresponding to the different categories. Looking at Figure 6, it is possible to observe that all the training samples (plotted as filled symbols) fall into the portions of space corresponding to the respective category, and that the classes appear to be well separated. When the model is used to predict the class belonging of the test samples (empty symbols), no classification error is made, as each of the honeys left out as validation samples falls into the region associated with its true origin.

2.1.4 Quadratic Discriminant Analysis [7,13,16]

As stated earlier, one of the underlying assumptions of LDA is that the variance/covariance matrices for the different categories are equally, or better, homogeneous (Equation 4). If this condition is met, then it is possible to combine the individual matrices into a pooled one (Equation 5), which, once substituted in the equation for the computation of the posterior probability of class belonging (Equation 6), results in classification rules corresponding to linear decision boundaries. However, in order for the variance/covariance matrices of different classes to be homogeneous, the hyperellipsoids corresponding to a given confidence level (when assuming a multivariate

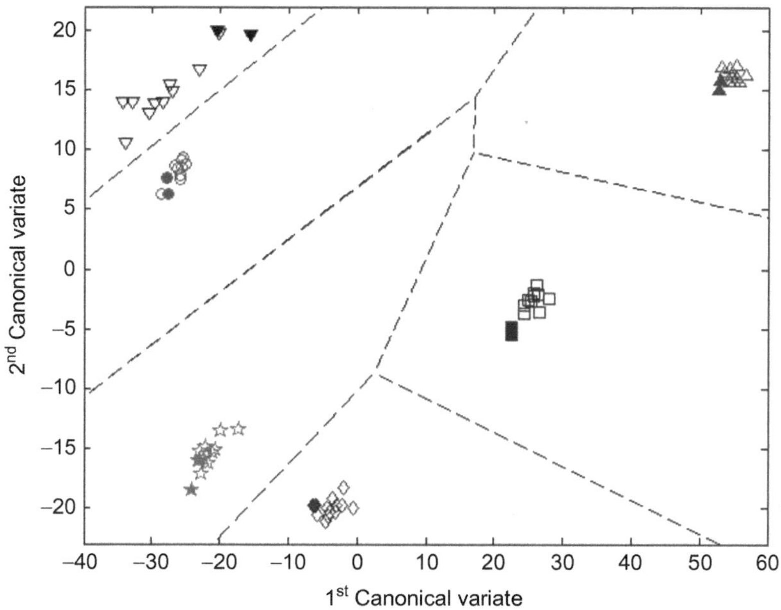

FIGURE 6 Classification of honey samples using LDA: projection of the training (empty symbols) and test (filled symbols) samples onto the first two canonical variates and classification boundaries between the categories. Legend: red circle, honeydew; blue square, eucalyptus; green diamond, chestnut; brown triange, sulla; pink asterisk, heather; ∇, wildflower. (For interpretation of the references to colour in this figure legend, the reader is referred to the online version of this chapter.)

Gaussian distribution, the iso-probability surfaces are hyperellipsoids) need to include an equal volume (variance) and have the same orientation in space (covariance). If this is not the case, as in the examples shown in Figure 7, the variance/covariance matrices of the individual categories can't be pooled as in Equation (5).

Then, a category-specific variance/covariance matrix is used to compute the probability of class belonging under the hypothesis of multivariate normal likelihood:

$$p(g|\mathbf{x}_i) = \frac{c_g p_0(g)}{(2\pi)^{\frac{m}{2}}|\mathbf{S}_g|} e^{-\frac{1}{2}(\mathbf{x}_i - \bar{\mathbf{x}}_g)^{\mathrm{T}} \mathbf{S}_g^{-1} (\mathbf{x}_i - \bar{\mathbf{x}}_g)} \tag{22}$$

where the variables and the symbols have the same meaning as in Equations (1) and (3). This probability is then used to build the classification rules and the corresponding decision boundaries between the categories, in a way that is completely analogous to what has already been described for LDA. In particular, the decision boundary between the classes *I* and *J* in the cases of QDA is defined as the surface along which the probabilities that a sample

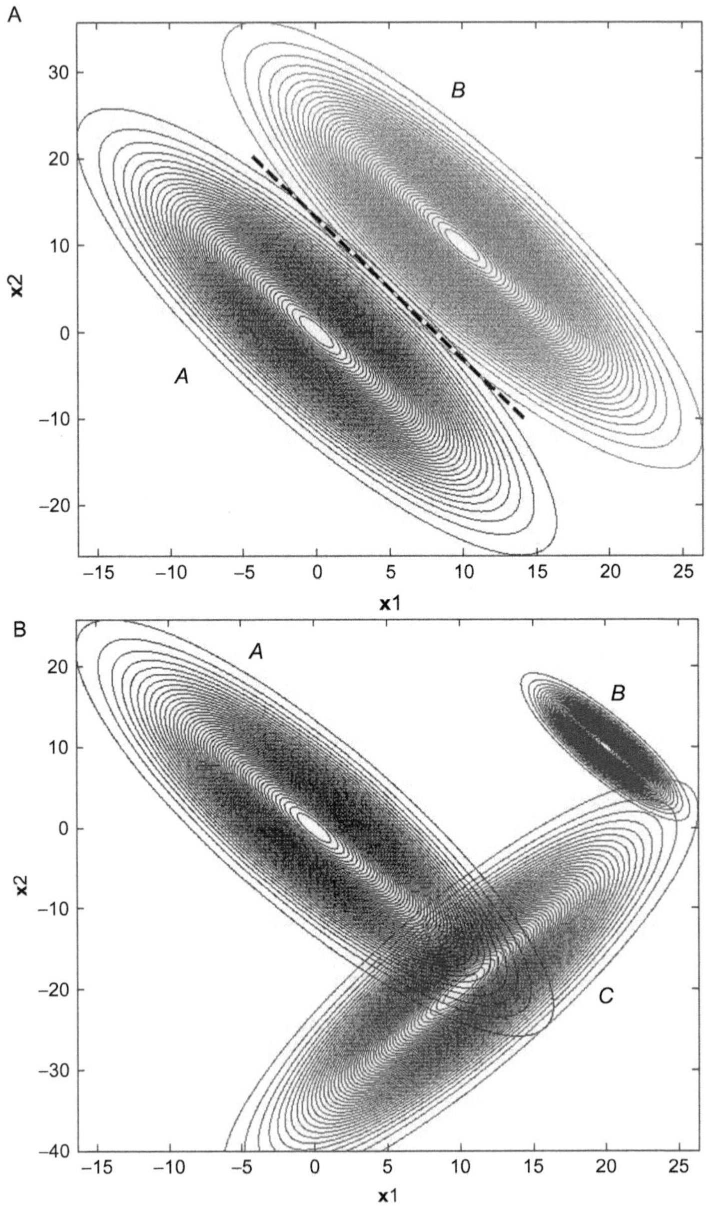

FIGURE 7 Example of bi-variate Gaussian distributions in the case of (A) equal and (B) unequal covariance matrices. When the covariance matrices are (a) equal, the boundary between the categories is linear. Panel (B) shows situations where the covariance matrices differ in size (*A* and *B*), in orientation (*A* and *C*), or in both (*B* and *C*). (For colour version of this figure, the reader is referred to the online version of this chapter.)

belongs to either one or the other class, calculated as in Equation (22), are equal. Therefore, by substituting Equation (22) into Equation (18) and taking the natural logarithm of both sides, one obtains

$$\begin{aligned}\ln(c_I p_0(I)) - \frac{1}{2}\mathbf{x}^{\mathrm{T}}\mathbf{S}_I^{-1}\mathbf{x} + \overline{\mathbf{x}}_I^{\mathrm{T}}\mathbf{S}_I^{-1}\mathbf{x} - \frac{1}{2}\overline{\mathbf{x}}_I^{\mathrm{T}}\mathbf{S}_I^{-1}\overline{\mathbf{x}}_I \\ = \ln(c_J p_0(J)) - \frac{1}{2}\mathbf{x}^{\mathrm{T}}\mathbf{S}_J^{-1}\mathbf{x} + \overline{\mathbf{x}}_J^{T}\mathbf{S}_J^{-1}\mathbf{x} - \frac{1}{2}\overline{\mathbf{x}}_J^{\mathrm{T}}\mathbf{S}_J^{-1}\overline{\mathbf{x}}_J\end{aligned} \tag{23}$$

which can be further rearranged to

$$\begin{aligned}-\frac{1}{2}\mathbf{x}^{\mathrm{T}}\left(\mathbf{S}_I^{-1} - \mathbf{S}_J^{-1}\right)\mathbf{x} + \left(\overline{\mathbf{x}}_I^{\mathrm{T}}\mathbf{S}_I^{-1} - \overline{\mathbf{x}}_J^{\mathrm{T}}\mathbf{S}_J^{-1}\right)\mathbf{x} - \frac{1}{2}\overline{\mathbf{x}}_I^{\mathrm{T}}\mathbf{S}_I^{-1}\overline{\mathbf{x}}_I + \frac{1}{2}\overline{\mathbf{x}}_J^{\mathrm{T}}\mathbf{S}_J^{-1}\overline{\mathbf{x}}_J \\ + \ln\left(\frac{c_I p_0(I)}{c_J p_0(J)}\right) = 0\end{aligned} \tag{24}$$

It is obvious from Equation (24) that relaxing the assumption on the homogeneity of the variance/covariance matrices of the different categories introduces the quadratic term $\mathbf{x}^{\mathrm{T}}(\mathbf{S}_I^{-1} - \mathbf{S}_J^{-1})\mathbf{x}$ in the equation defining the decision boundary between two arbitrary classes I and J. Accordingly, the hypersurfaces separating the regions corresponding to the different categories in the multidimensional space are hyperquadrics (hyperspheres, hyperparaboloids, hyperellipsoids etc.), thus explaining the name QDA. As the computation of the QDA solution involves the inversion of the variance/covariance matrix of the individual classes, the requirements of the method in terms of ratio between the number of samples and the number of variables are even more stringent than for LDA. Indeed, in this case it is suggested that the number of samples in each class is at least 2.5/3 times higher than the number of measured variables.

2.1.5 QDA in Practice

To illustrate the use of QDA and its advantages when there is unequal dispersion among the categories, an example involving the discrimination of Italian wines will be used [17]. The data set includes 90 wine samples from 3 controlled denominations of origin—Terrano (34), Nero d'Avola (25) and Rosso di Montalcino (31)—on which 35 chemical parameters were determined: alcohol grade (%v/v), total acidity (expressed as g/L of tartaric acid), SO_2 (mg/L), Cu (mg/L), Zn (mg/L), Pb (ppb), total polyphenols (mg/L), gallic acid (mg/L), protocatechic acid (mg/L), tyrosol (mg/L), vanillic acid (mg/L), syringic acid (mg/L), caffeic acid (mg/L), ferulic acid (mg/L), *p*-coumaric acid (mg/L), procyanidin B_1 (mg/L), procyanidin B_2 (mg/L), (+)-catechin (mg/L), (−)-epicatechin (mg/L), ethylgallate (mg/L), rutin (mg/L), isoquercetin (mg/L), isoramnetin-3-*O*-glucoside (mg/L), kaempferol-3-*O*-glucoside (mg/L), myricetin (mg/L), quercetin (mg/L), kaempferol (mg/L), isoramnetin (mg/L), ramnetin (mg/L), *trans*-resveratrol (mg/L), *cis*-resveratrol (mg/L), *trans*-piceid (mg/L), *cis*-piceid (mg/L), proline (mg/L) and total antocyans (mg/L). As the number of samples per category is smaller than the number of measured variables, feature reduction was performed by calculating the two possible canonical variates and using the sample scores on these latent variables as coordinates for the wines. To validate the classification model, 12 of the available 90 samples of known origin were left aside as the external test set. To highlight the differences between LDA and QDA, both in terms of classification abilities and in terms of the classification boundaries between the categories, models were calculated using the two methods and the outcomes were compared. Figure 8 shows the results of applying (a) LDA and (b) QDA to the training and test wine samples.

By comparing Figure 8A and B, the first issue that can be easily visualized is how the decision boundaries change, for the same set of training data, in passing from LDA to QDA. This difference becomes more and more marked the more diverse the variance/covariance matrices of the various groups are. In the example provided, one can see how the within-class dispersion of the three categories differs both in terms of orientation and volume. When considering the classification outcomes, it is possible to see from Figure 8 that the use of QDA allows to correctly predict the origin of all training and test samples, whereas, if LDA is employed, 2 Nero d'Avola (1 from the training and 1 from the test set) and 1 Terrano (test set) samples are wrongly classified.

2.2 Extended Canonical Variates Analysis

As discussed in Section 2.1, LDA and QDA are based on full-rank nonsingular data, that is on matrices where the number of samples is larger than the number of variables and where the variables themselves have as low a correlation as possible. However, many instrumental methods, which are normally used for the assessment of food quality, produce high dimensional data, in which the number of variables largely exceeds the number of analysed samples and the extent of correlation between the signals is rather high. As a consequence, LDA and QDA can be rarely applied to process these matrices, not even as a feature reduction tool. One way of coping with this limitation is to use principal component analysis (PCA; see Chapter 3, Section 3.1), which is able to deal with multi-collinear data, as a preliminary feature reduction technique and then perform classical discriminant analysis on the scores calculated by PCA. However, as the principal components are extracted to capture as much as possible of the original variance, they might not necessarily be relevant for discrimination, especially when many sources of variation are present in the data. Based on all these considerations, Nørgaard *et al.* proposed a way to extend the possibility of calculating the canonical variates, that is the directions in space providing maximum separation among the classes, even to the case of multi-collinear data or when the number of samples is

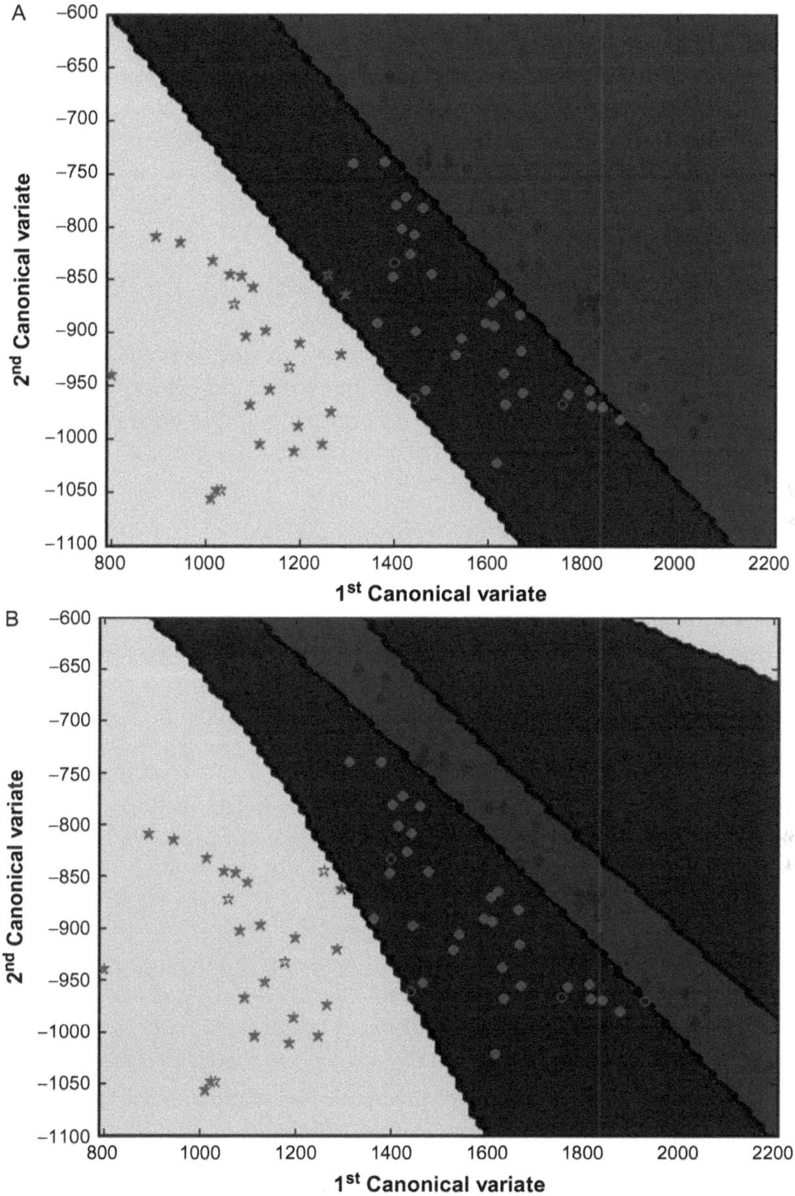

FIGURE 8 Classification of wine samples from three Italian CDOs: comparison between the results of using (A) LDA or (B) QDA. Legend: green circle, Terrano; blue diamond, Rosso di Montalcino; red asterisk, Nero d'Avola. Filled and empty symbols indicate training and test set, respectively. (For interpretation of the references to colour in this figure legend, the reader is referred to the online version of this chapter.)

lower than the number of variables. For this reason the method is called extended canonical variates analysis (ECVA) [18].

The core of ECVA is that reformulating the eigenvector problem in Equation (21) as a regression problem, it is possible to use PLS (See Chapter 4, Section 3.4) to deal with the possibility of ill-conditioned matrices. In the remainder of this paragraph, the theory behind ECVA will be briefly described first for the two-classes case and then for the multiple classes case, and an example of application will be provided.

2.2.1 ECVA for Two Classes

The calculation of the single canonical variate for the two-classes case was introduced in a rather intuitive manner in Equation (15). However, to be consistent with the multi-class situation, it is possible to demonstrate that calculation of the canonical variate for the two-classes case can be formulated as an eigenvalue problem, according to

$$(\bar{\mathbf{x}}_A - \bar{\mathbf{x}}_B)(\bar{\mathbf{x}}_A - \bar{\mathbf{x}}_B)^{\mathrm{T}}\mathbf{w} = \lambda\mathbf{S}\mathbf{w} \tag{25}$$

where $\bar{\mathbf{x}}_A$ and $\bar{\mathbf{x}}_B$ are column vectors representing the centroids of the two categories A and B, respectively, while $\mathbf{S}$ is the pooled within-groups variance/covariance matrix defined in Equation (5). As $(\bar{\mathbf{x}}_A - \bar{\mathbf{x}}_B)^{\mathrm{T}}\mathbf{w}$ is a scalar, which can be defined as h, Equation (25) can be rewritten as

$$(\bar{\mathbf{x}}_A - \bar{\mathbf{x}}_B) = \frac{\lambda}{h}\mathbf{S}\mathbf{w} \tag{26}$$

As the values of λ and h don't affect the direction of $\mathbf{w}$ but only its magnitude, it is possible to reformulate Equation (26) as

$$(\bar{\mathbf{x}}_A - \bar{\mathbf{x}}_B) = \mathbf{S}\mathbf{w} \tag{27}$$

By substituting the following relationships

$$\begin{aligned} \mathbf{y} &= (\bar{\mathbf{x}}_A - \bar{\mathbf{x}}_B) \\ \mathbf{R} &= \mathbf{S} \\ \mathbf{b} &= \mathbf{w} \end{aligned} \tag{28}$$

in Equation (27), the eigenvalue problem for the calculation of the canonical variate can be transformed in a regression problem:

$$\mathbf{y} = \mathbf{R}\mathbf{b} \tag{29}$$

Then, the calculation of the coefficients $\mathbf{w}$ of the linear transformation defining the single canonical variate for the case of two classes can be turned into the estimation of the regression coefficients for problems where the independent matrix is ill-conditioned. In particular, ECVA uses PLS to calculate the solution of the regression problem described in Equation (29), even if in principle other methods could also be used. Once the vector $\mathbf{w}$ is computed, the coordinates (scores) of the samples along the canonical variate (which is named 'extended canonical variate' or ECV), $\mathbf{t}_{ECV}$, are obtained by multiplication of the original data matrix $\mathbf{X}$, usually after mean centring:

$$\mathbf{t}_{ECV} = \mathbf{X}\mathbf{w} \tag{30}$$

Classification is then carried out by applying LDA (or QDA) on these scores.

2.2.2 ECVA for More Than Two Classes

When more than two classes are involved, it is possible to compute up to $G-1$ canonical variates, G being the number of categories in the training set. In particular, these canonical variates represent the eigenvectors of the problem stated in Equation (21), which can be reformulated as

$$\mathbf{S}_b\mathbf{w}_i = \lambda_i\mathbf{S}\mathbf{w}_i \tag{31}$$

Analogously to what was described in the two-classes situation, by defining opportune substitutions, Equation (31) can be reformulated as a regression problem. To this purpose, a multivariate $\mathbf{Y}$ is defined as a matrix having dimensions equal to number of variables × number of classes and whose columns are the differences $(\overline{\mathbf{x}}_k - \overline{\mathbf{x}})$, $\overline{\mathbf{x}}_k$ and $\overline{\mathbf{x}}$ being the centroid of class k and the overall mean vector, respectively. Accordingly, the eigenvalue problem in Equation (31) can be transformed into the regression problem:

$$\mathbf{Y} = \mathbf{R}\mathbf{B} \tag{32}$$

where the within-groups variance/covariance matrix $\mathbf{S}$ represents the independent matrix $\mathbf{R}$ and the canonical variates $\mathbf{w}_i$ are the column of the matrix of the regression coefficients $\mathbf{B}$. As the matrix $\mathbf{Y}$ has as many columns as the number of classes G, only the $G-1$ columns of $\mathbf{B}$ corresponding to the largest eigenvalues λ_i, defined as

$$\lambda_i = \frac{\mathbf{w}_i^{\mathrm{T}}\mathbf{S}_b\mathbf{w}_i}{\mathbf{w}_i^{\mathrm{T}}\mathbf{S}\mathbf{w}_i} \tag{33}$$

will correspond to meaningful extended canonical variates and will be incorporated in the weight matrix $\mathbf{W}$:

$$\mathbf{W} = \left[\mathbf{w}_1\mathbf{w}_2\cdots\mathbf{w}_{G-1}\right] \tag{34}$$

The scores of the samples along the $G-1$ extended canonical variates ($\mathbf{T}_{ECV}$) can then be computed by multiplying the original data matrix $\mathbf{X}$, usually mean-centred, by the weights $\mathbf{W}$:

$$\mathbf{T}_{ECV} = \mathbf{X}\mathbf{W} \tag{35}$$

Then, classification is accomplished by applying LDA (or QDA) to the matrix of ECVA scores, $\mathbf{T}_{ECV}$.

2.2.3 ECVA in Practice

The functioning of ECVA will be illustrated by means of a data set about the quality control of table wines from different origins [19]. In particular, the data set is made up of the total ion current (TIC) chromatograms of 70 wine samples from 4 different geographical origins (Argentina, Australia, Chile and South Africa). Due to the small number of samples in one of the categories, however, a single class, South America, is created in this example, by merging samples from Argentina and Chile; therefore the total number of categories considered is three. As each sample is described by a full gas chromatogram (GC) (2450 variables corresponding to the mass spectrometry (MS) TIC recorded at each retention time; see Figure 9), the dimensionality of the problem is such that LDA can't be directly applied, while ECVA can. For the sake of this example, the data set was then divided into a training set made up of 46 samples (20 from South America, 13 from Australia and 13 from South Africa) and a test set including 24 wines (10 from South America, 7 from Australia and 7 from South Africa).

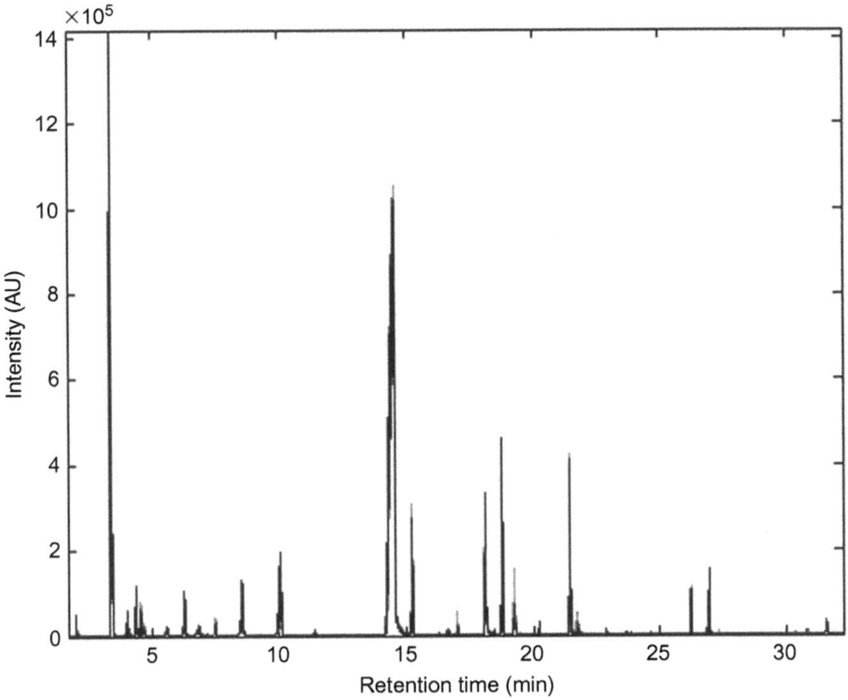

FIGURE 9 Graphical representation of the data set used in the ECVA example: TIC GC–MS chromatograms of wine samples from three different geographical origins (South America, Australia and South Africa). (For colour version of this figure, the reader is referred to the online version of this chapter.)

As the problem involves three categories, at most two extended canonical variates can be computed, so that the data can be projected onto a two-dimensional feature space, spanned by the ECVs. To calculate the weight matrix **W**—which is 2450×2 (number of variables $\times$ number of extended canonical variates)—PLS regression is used for the estimation of the regression coefficients of the so-called inner relationship, that is Equation (32). In this framework, the use of the PLS algorithm implies the selection of the optimal complexity of the regression model, that is to say the choice of how the optimal number of latent variables to use in the estimation of **B** (See Chapter 4, Section 3.4). To this purpose, a cross-validation procedure is generally used. In particular, the training data are split into a certain number of segments F and, for each of the cancellation groups, ECV weights are computed on the remaining F-1 segments including, in turn, an increasing number of latent variables in the inner PLS relation. Then, LDA models built on the scores of the ECVs, computed on the basis of PLS models of different complexity, are used to predict the class belonging of the samples in the segment left out and the classification error is recorded as a function of the number of latent variables (LVs). The procedure is repeated until each segment has been left out once and a plot like the one in Figure 10 is obtained.

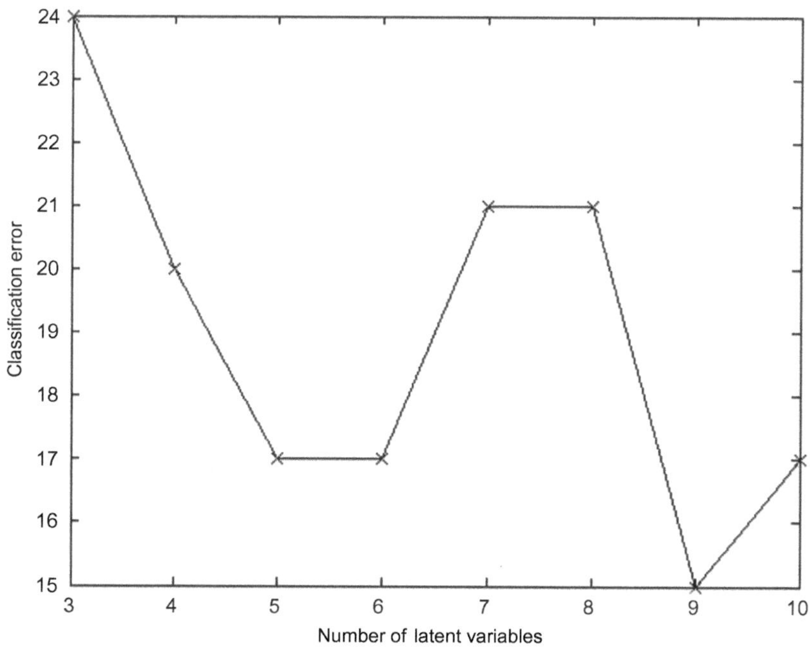

FIGURE 10 ECVA analysis: evaluation of the number of PLS components to be used in the inner regression model based on the minimum classification error in cross-validation.

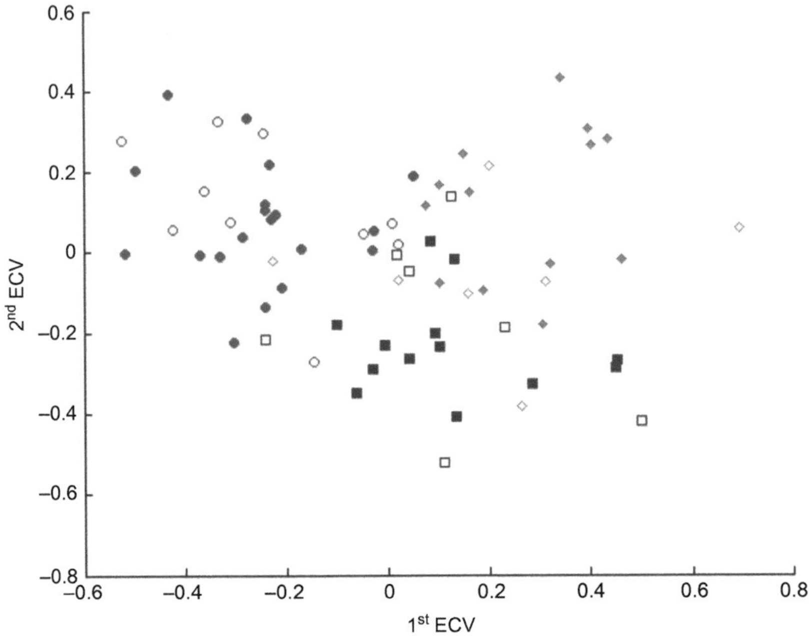

FIGURE 11 ECVA analysis: projection of the wine samples onto the two ECVs computed by the model. Legend: red circle, South America; blue square, Australia; green diamond, South Africa. (For interpretation of the references to colour in this figure legend, the reader is referred to the online version of this chapter.)

It can be seen from the figure that the minimum classification error in cross-validation is obtained when 9 LVs are chosen to calculate the inner PLS regression model in Equation (32); therefore, 9 LVs are chosen as the optimal complexity to compute the ECVs. A representation of the training data onto the space spanned by the two canonical variates calculated based on the optimal complexity PLS model is reported in Figure 11 (filled symbols).

It can be seen from the figure that the projection of the training data onto the two extended canonical variates provides a rather good, even if not perfect, separation among the classes. Indeed, when LDA is used to build a classification model on this feature-reduced data set (i.e. on the dataset where all the samples are described only by their coordinates along the two ECVs), 40 of the total 46 samples are correctly classified. Of the 6 misclassified samples, 1 comes from South America, 3 from Australia and 2 from South Africa. Interpretation of the ECVA solution in terms of the identification of the original variables which are contributing the most, that is which convey the discriminant information, can be carried out by examining the values of the columns of the weight matrix **W**, which represent the coefficients of the linear transformation defining the ECVs. In particular, the higher the absolute value of the coefficient w_{ij} (the ith row, jth column element of the matrix **W**), the larger the contribution of the *i*th variable to the definition of the *j*th ECV is. As far as the present example is concerned, the values of the weights governing the projection onto the two ECVs are reported in Figure 12, superimposed to the mean chromatographic profile recorded on the samples.

The first observation that can be made when looking at Figure 12 is that all the chromatographic peaks contribute significantly to the definition of the ECVA projection, as all the weights associated with the corresponding retention time windows have relatively large values. To further interpret the results in terms of differences among the signals from the different classes, the weights plot in Figure 12 should be examined together with the ECV scores plot in Figure 11. Here, just as an example, the contribution of the two peaks in the retention time window magnified in the inset of Figure 12 will be discussed. The two peaks contribute significantly both to ECV1 and ECV2. In particular, the contribution of the first peak (between 18.7 and 19 min) to the two ECVs is different in sign (positive to the first and negative to the second), meaning that the content of the corresponding analyte is higher for samples having a higher value of ECV1 and a lower value of ECV2. On the other hand, the second peak (between 19.1 and 19.5 min) has positive weights for both canonical variates: therefore, the content of the corresponding analyte will be higher for samples having higher ECV scores on both components. By comparing these considerations with the plot in Figure 11, it is possible to affirm that the South African samples (having high ECV1 and low ECV2 scores) are characterized by a higher content of the analyte corresponding to the first peak, while Australian samples (falling in the uppermost right portion of the plot) are richer in the compound corresponding to the second peak.

When unknown samples have to be classified, they are first projected onto the space spanned by the ECVs (multiplying the matrix containing the original data $\mathbf{X}_{unknown}$ times the weight matrix $\mathbf{W}$ computed on the training objects). Then, prediction of their class belonging is made on the basis of the LDA model calculated on the training set: depending on the position of a sample in the ECV space, it will be assigned to one class or another. In the present example, the projection of the test set samples onto the ECV space is reported in Figure 11 (empty symbols). It can be seen from the figure that most of the validation samples fall in the region corresponding to their true class, even if there are still some wines which are wrongly predicted (3 from South America, 4 from Australia and 2 from South Africa).

2.3 Partial Least Squares Discriminant Analysis

In Section 2.2, ECVA was described as a way of overcoming the limitations, which make LDA (and even more QDA) unsuitable for analysing matrices where the number of variables exceeds the number of available training samples and/or when collinearity is present due to correlation between the variables themselves. In particular, as already discussed, the key point allowing

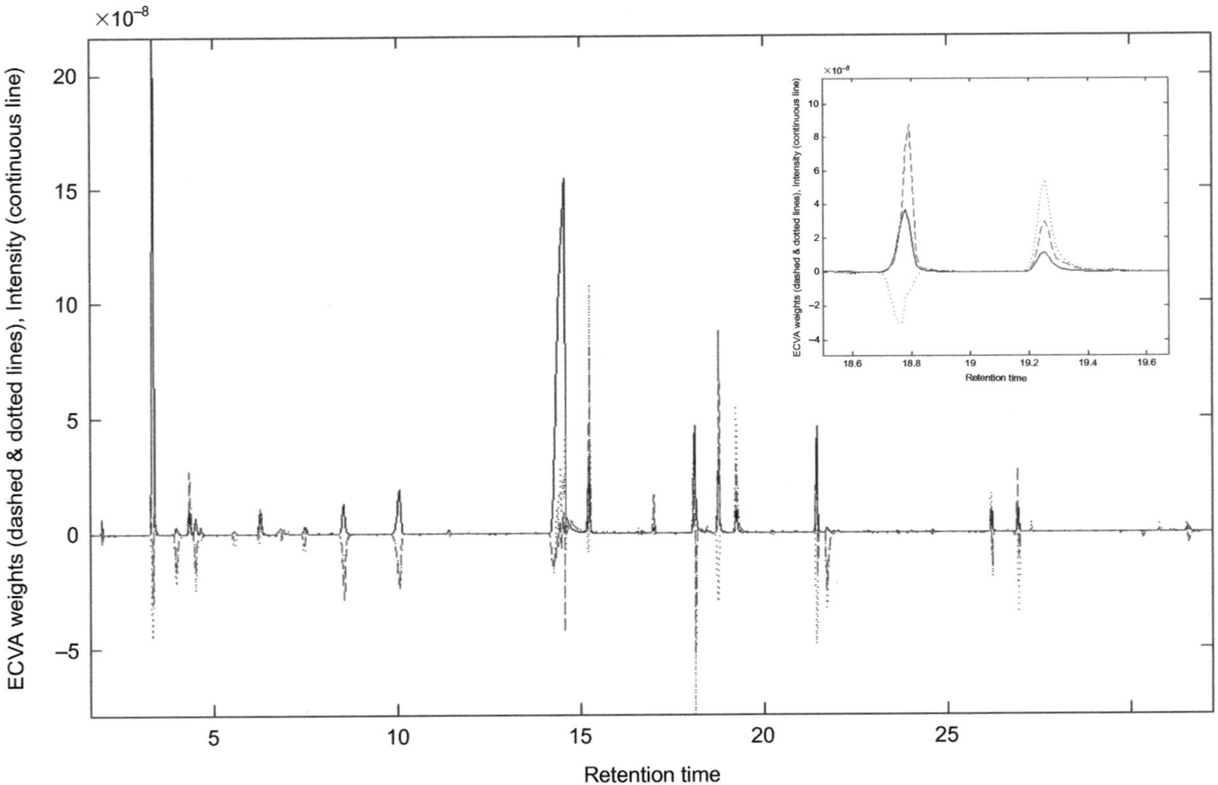

FIGURE 12 Representation of the weight vectors for the 1st (dashed line) and 2nd (dotted line) ECVs, superimposed to the mean TIC chromatogram of the training samples (continuous line). (Inset) Detail of the retention time window (18.5–19.7 min) extensively discussed in the text. (For colour version of this figure, the reader is referred to the online version of this chapter.)

ECVA to cope with ill-conditioned matrices is the reformulation of the eigenvalue Equation (21) as a regression problem, so that the PLS algorithm can be used to compute its solution. In this framework, another way of overcoming the same limitations is to use the PLS algorithm directly to compute the classification model, and not only to estimate in a stable way some model parameters [20–22]. To do so, as the PLS algorithm was originally introduced to build calibration models, it is necessary to reformulate the classification problem in terms of a regression equation. The way this transformation is accomplished is through the introduction of a dummy dependent matrix **Y**, which codifies for class belonging of the samples. Indeed, the dependent matrix **Y** has as many columns as the number of given classes and as many rows as the number of training objects. For each sample in the training set, the information about its class belonging is coded using a binary representation: the corresponding row of the dependent matrix **Y** has all entries equal to zero, except for the column corresponding to the category the sample belongs to, whose element is set equal to 1. For instance, if the problem involves four classes and the *i*th training sample belongs to class 1, the *i*th row of the dependent matrix **Y**, here labelled $\mathbf{y}_i$, will be coded as

$$\mathbf{y}_i = [1 \;\; 0 \;\; 0 \;\; 0] \tag{36}$$

Analogously, if sample *j* comes from class 3, the corresponding row of the dependent matrix **Y**, $\mathbf{y}_j$, will be

$$\mathbf{y}_j = [0 \;\; 0 \;\; 1 \;\; 0] \tag{37}$$

and so on.

By using this binary coding of class membership, it is possible to transform the classification problem into a regression problem, where a function relating the multivariate **X**, containing the variables measured (or computed) on the samples, to the dummy matrix **Y**, defined as described previously and illustrated in Equations (36) and (37), is sought:

$$\mathbf{Y} = f(\mathbf{X}) \tag{38}$$

If a linear functional relation is assumed in Equation (38):

$$\mathbf{Y} = \mathbf{XB} \tag{39}$$

B being a matrix of regression coefficients, the PLS approach (see Chapter 4) can be used to calculate the model even in the cases where the matrix **X** is ill-conditioned (presence of collinearity or low samples/variables ratio). The corresponding classification method is then called partial least squares-discriminant analysis (PLS-DA).

In detail, in PLS-DA the information about class belonging of training samples is employed to build the binary-coded dummy matrix **Y**, based on which the regression model in Equation (39) is computed, through the use of the PLS algorithm. Very schematically, as the method is described in detail in Chapter 4, PLS regression assumes that both the independent matrix $\mathbf{X}$ and the dependent matrix $\mathbf{Y}$ can be projected onto a low-dimensional factor space and that a linear relation exists between the scores of the two blocks. Mathematically, the dependent and independent matrices are decomposed into scores and loadings according to

$$\begin{aligned}\mathbf{X} &= \mathbf{TP}^{\mathrm{T}} + \mathbf{E}_X \\ \mathbf{Y} &= \mathbf{UQ}^{\mathrm{T}} + \mathbf{E}_Y\end{aligned} \tag{40}$$

where $\mathbf{T}$ and $\mathbf{U}$ are the X- and Y-score matrices, $\mathbf{P}$ and $\mathbf{Q}$ are the X- and Y-loadings matrices, and $\mathbf{E}_X$ and $\mathbf{E}_Y$ are the X- and Y-residuals, respectively. Moreover, a linear dependence between the X- and Y-scores is assumed (inner relation):

$$\mathbf{U} = \mathbf{TC} \tag{41}$$

where $\mathbf{C}$ is a diagonal matrix of coefficients. Based on the relationships described in Equations (40) and (41), it is then possible to compute the matrix of regression coefficients $\mathbf{B}$, which allows predicting the values of the dependent matrix $\hat{\mathbf{Y}}_{new}$ for unknown samples, on which the independent variables $\mathbf{X}_{new}$ have been measured:

$$\hat{\mathbf{Y}}_{new} = \mathbf{X}_{new}\mathbf{B} \tag{42}$$

It is important to stress that while the dummy matrix $\mathbf{Y}$ for the training samples is binary coded, the corresponding predicted values $\hat{Y}$ and any prediction made on unknown samples $\hat{\mathbf{Y}}_{new}$ will contain real numbers. For instance, if four classes are involved in the classification problem, just as in the example described in Equations (36) and (37), when applied to a generic unknown sample, the model in Equation (42) would result in a four-dimensional (4D) predicted real-valued $\mathbf{y}$ vector that could take values of, for example, $[0.01 \quad -0.04 \quad 0.87 \quad 0.06]$. Classification of the sample is then accomplished by assigning it to the category corresponding to the component of the predicted response vector having the highest value (in this example, the third one).

2.3.1 PLS-DA in Practice

To illustrate the use of PLS-DA, a data set taken from a paper on the use of high-performance liquid chromatography-charged aerosol detector (HPLC-CAD) and chemometrics for the discrimination of oil samples is used [23]. In particular, the data set is made up of the HPLC chromatographic profiles of the triglyceridic fraction of 115 oil samples (71 olive oils of different categories and 44 other edible vegetable oils), recorded at 4001 retention times. A graphical representation of the considered data set can be observed in Figure 13.

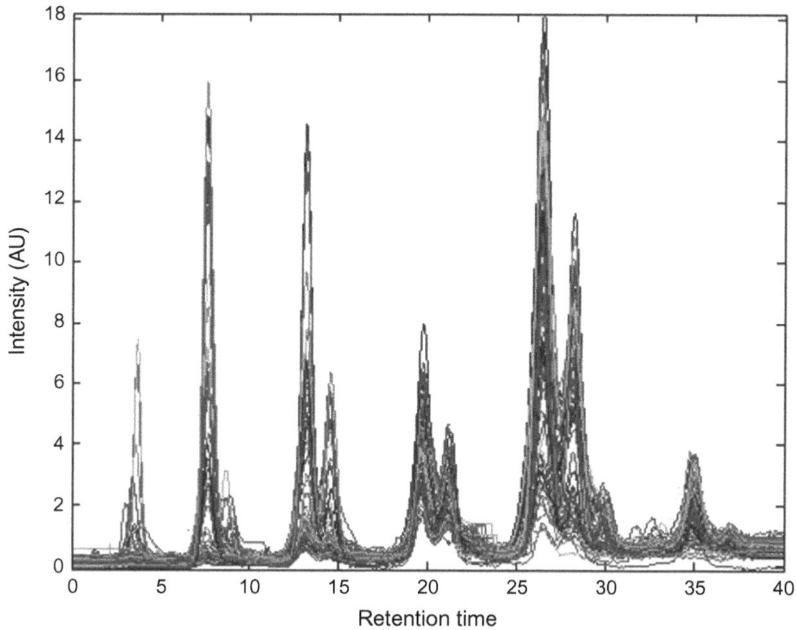

FIGURE 13 Graphical representation of the data set used in PLS-DA and SIMCA examples: HPLC-CAD chromatograms recorded on oil samples from olive and other different vegetable origins. (For colour version of this figure, the reader is referred to the online version of this chapter.)

For the validation of the models, 25 samples (15 olive and 10 from other vegetable origins) have been left out as a test set; the remaining 90 samples (56 olive and 34 other vegetables) have been used as the training set. The training set samples have then been used to build a PLS-DA classification model to discriminate olive oil samples from other edible oils of different vegetable origin; therefore, only two categories are involved in the problem. As PLS is a component-based technique (see Chapter 4), even when it is used for classification, in the model building phase, it is necessary to estimate the optimal complexity in terms of the number of latent variables leading to the best results. Usually, this choice is made based on some sort of internal or external validation procedure: in the present example, the optimal number of latent variable has been chosen as the one resulting in the minimum classification error (defined as in Equation 2) as evaluated by a fivefold cross-validation procedure, and was found to be 3 latent variables. Projection of the samples onto the space spanned by these three latent variables, which is displayed in Figure 14 both for the training and test sets, can then provide a graphical idea of the separation of the classes in the multivariate space.

It is evident from Figure 14 that the two classes are very well separated in space and therefore that a good discrimination between olive and other vegetable oil samples can be obtained. As discussed in the previous section and

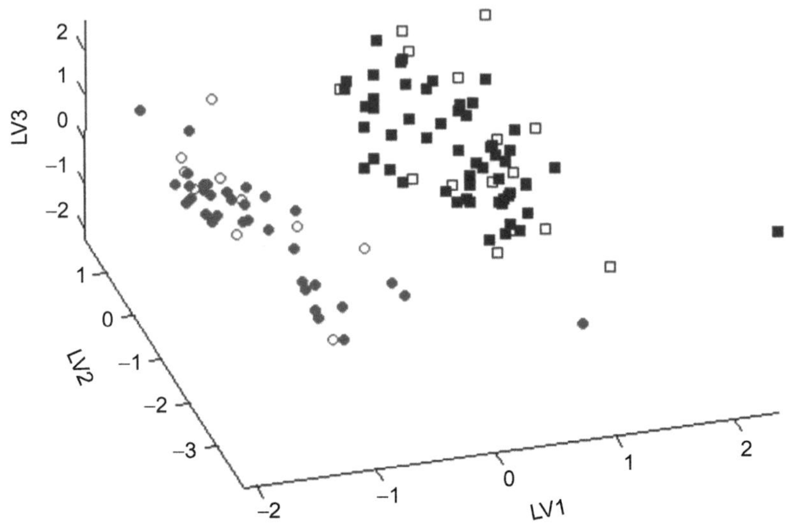

FIGURE 14 PLS-DA analysis: projection of the training (filled symbols) and test (empty symbols) set samples onto the space spanned by the first three latent vectors. Legend: blue square, olive oil; red circle, other vegetable oils. (For colour version of this figure, the reader is referred to the online version of this chapter.)

described in Equation (40), classification of the training and test samples is made on the basis of the values of the predicted **y** vector calculated for each object: the sample is assigned to the category corresponding to the component of the predicted **y** vector having the highest value. However, when the problem involves only two categories, due to the inherent symmetry of the formulation, the model can be built considering for each sample, instead of a two-dimensional (2D) vector, only a single binary-coded y component. In particular, in the present example, the dependent matrix **Y** was substituted by a column vector **y** (whose length is equal to the number of training objects), having 1 in the rows corresponding to olive oil samples and 0 elsewhere (other vegetable origin). In such a case, the classification rule becomes the following: a sample is assigned to the category of olive oils if the value of the predicted y is higher than 0.5; otherwise it is attributed to other vegetable origins. Based on this consideration, the values of the predicted y for the training and test samples are reported in Figure 15.

In can be seen in the figure that the good separation which was observed in the scores plot (Figure 14) is reflected in an almost perfect classification ability of the model, both for the training and for the test samples. Indeed, all the olive oils fall above the dashed line ($y=0.5$) representing the classification threshold and, hence, are correctly predicted as belonging to their true category. On the other hand, as far as the other vegetable oils are concerned, only one training sample (the one lying closest to the olive oils cluster in Figure 14) is misclassified, the other objects being correctly predicted.

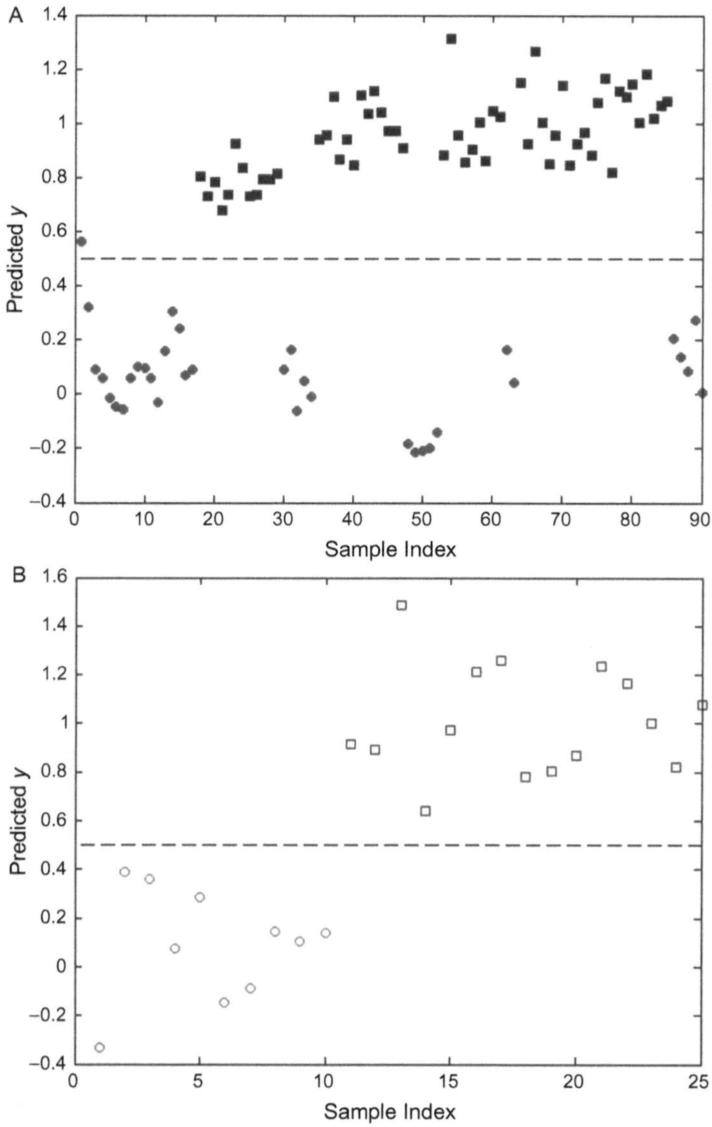

FIGURE 15 PLS-DA analysis: Classification of samples is based on the value of the predicted *y* components. In this figure, values of predicted *y* for the (A) training and (B) test samples for the oil example are reported. Dashed line indicates the classification threshold. (For colour version of this figure, the reader is referred to the online version of this chapter.)

Once the model is computed, there are many ways described in the literature to interpret the results in terms of identifying the variables which are most significant for the discrimination. Here, two of the most commonly used methods of estimating the contribution of the individual variables to the model in the PLS framework will be presented, namely inspection of the variable importance in projection (VIP) scores and of the regression coefficients. In particular, VIP [24] is an index which has been specifically introduced to expresses whether a predictor is significant in the definition of the F latent vectors model for the prediction of a particular response. From a mathematical standpoint, the VIP score of variable j is defined as

$$\mathrm{VIP}_j = \sqrt{N_{vars}\frac{\sum_{k=1}^{F}\left(c_k^2\mathbf{t}_k^{\mathrm{T}}\mathbf{t}_k\right)\left(w_{jk}/\|\mathbf{w}_k\|\right)^2}{\sum_{k=1}^{F}\left(c_k^2\mathbf{t}_k^{\mathrm{T}}\mathbf{t}_k\right)}} \tag{43}$$

where $\mathbf{t}_k$ is the vector of sample scores along the kth latent variable, c_k is the coefficient of the kth PLS inner relationship, N_{vars} is the number of experimental variables and w_{jk} and $\mathbf{w}_k$ are the weight of the jth variable for the kth LV and the weight vector for the kth LV, respectively. The advantage of using VIP scores to estimate the contribution of the original variables to the PLS model is that it can be demonstrated that the average of squared VIP scores equals 1: therefore, 'greater than one rule' is generally used as a criterion to identify the most significant variables. In Figure 16, the values of the VIP scores for the 4001 variables composing the chromatographic

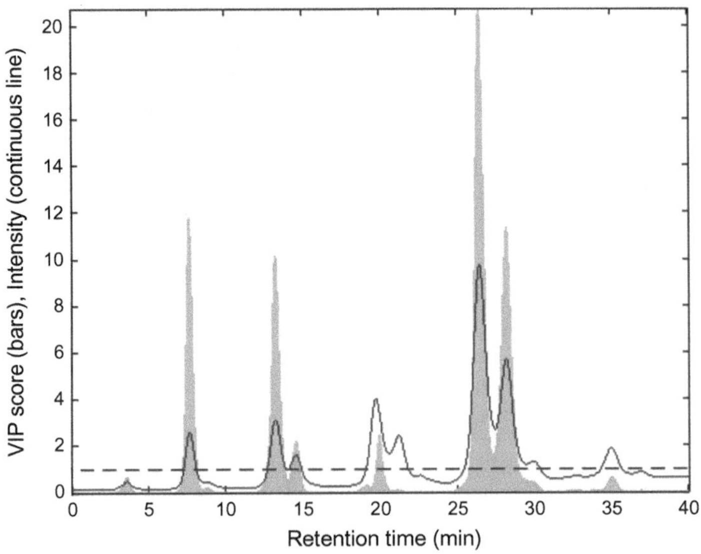

FIGURE 16 PLS-DA analysis of oil samples: VIP scores (bars) for the optimal model superimposed to the average chromatogram of training samples (continuous line). The dashed horizontal line corresponds to the value of 1, which is normally considered the threshold for significance. (For colour version of this figure, the reader is referred to the online version of this chapter.)

profile used to characterize the oil samples in the example described in this section are plotted, together with the mean signal recorded for the training set.

It can be observed that the most significant signals correspond to meaningful portions of the chromatogram and that the regions contributing the most to the model are the two peaks between 25 and 30 min and the one at about 7 min. Additionally, three other peaks (the two between 12 and 15 min and the one at around 20 min) contribute still significantly, even if to a lesser extent.

Interpretation of the results can be further improved by inspection of the regression coefficients of the PLS model which, if opportunely examined, can indicate whether the values of the different variables measured for samples coming from a specified category are higher or lower than those recorded on samples from all the other classes.

Indeed, as evident from Equation (39), the regression coefficients are the linear weights associated with the independent variables for the prediction of the different components of **Y**, so that the larger their value, the bigger the contribution of the corresponding predictor to the specific Y-component will be. In particular, the gth column of **B** contains the coefficients of the X-variables for the prediction of the gth component of **Y**. However, it must be stressed that there are several factors which can make the interpretation of the regression coefficients not so straightforward. First of all, it has to be taken into account that the magnitude of the elements of **B** matches the units of both the independent and the dependent variables; therefore, when interpreting the regression coefficients, one must always keep in mind the scaling of **X**. Indeed, the absolute value of the regression coefficient associated with a variable can be higher than the others just because the variable takes very small values and hence needs a higher weight to be consistent with the scale of y, and not because its contribution is really significant. In this respect, interpretation becomes more straightforward when a scaling is adopted, which makes all the variables of the X-block vary in the same numerical interval (e.g. range-scaling or autoscaling): indeed, in this case, the regression vector may reflect the relative importance of the individual variables and not only a compensation effect for the different variable ranges. Another reason why care should be taken when inspecting the regression coefficients is that, especially with instrumental fingerprints, the presence of overlapping signals may significantly affect the shape of the regression vector, disturbing interpretation [25]. For instance, when PLS is used for calibration, if the signal of an interferent is overlapping (non-orthogonal) with the analyte pure spectrum, the regression vector no longer looks like the pure spectrum because negative parts and shifts in position of peak maximum are introduced. Analogously, in classification, if there are spurious sources of variation, which affect portions of the signals where the discriminant information is also present, then it is not unlikely to obtain a correctly estimated negative regression coefficient for a variable, which is positively correlated to the response, or vice versa [26].

In the example described in this section, because, as discussed previously, the information about class belonging can be coded in a vector (instead of a matrix), the regression matrix **B** contains only one column, made up of the regression coefficients relating the independent variables **X** to this single **y**. Inspection of the values of the regression vector, plotted in Figure 17, can further help interpreting the PLS-DA classification model.

In particular, as the category of olive oil was coded as 1 while other vegetable oils as 0, in the absence of interfering sources of variation, a positive value of the regression coefficient would mean that the variable is higher in olive oil samples than in the other oils. On the other hand, if a variable has a negative value of the regression coefficient, its content in the olive oil samples will be lower than in the other oils. If these considerations are used to interpret the results in Figure 17, it is possible to affirm (taking into account only the portions of the signal identified as meaningful based on VIP scores) that olive oils are characterized by a higher content in the triglycerides corresponding to the peaks eluting at 7 and 28 min and in a lower content in the compounds eluting at 13, 14, 20 and 27 min. Additionally, the presence of both positive and negative values of the coefficients for the two bands at 7 and 27 min suggests that there can be other sources of variation in those portions of the chromatogram.

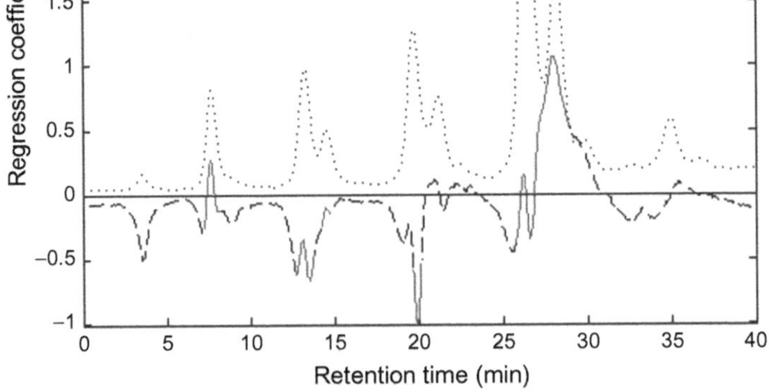

FIGURE 17 PLS-DA analysis of oil samples: graphical representation of the regression coefficients of the PLS model superimposed on the average chromatogram of the training samples (dotted line). Continuous lines indicate the portions of the regression vector corresponding to variables having VIP > 1, while the dashed lines correspond to the ones having VIP < 1. (For colour version of this figure, the reader is referred to the online version of this chapter.)

2.4 *k* Nearest Neighbours

In the context of discriminant classification, one of the oldest and simplest approaches is the so-called nearest neighbour method [26], which is a distance-based non-parametric procedure. Indeed, in order to classify an unknown sample u, its distance to all the observations in the training set, d_{ui} with $i = 1 \cdots N_{training}$, is computed and it is assigned to the category its closest object belongs to. For instance, in the example in Figure 18A, the unknown object, represented by the symbol $\times$ is assigned to class 1 as its closest training object belongs to that category.

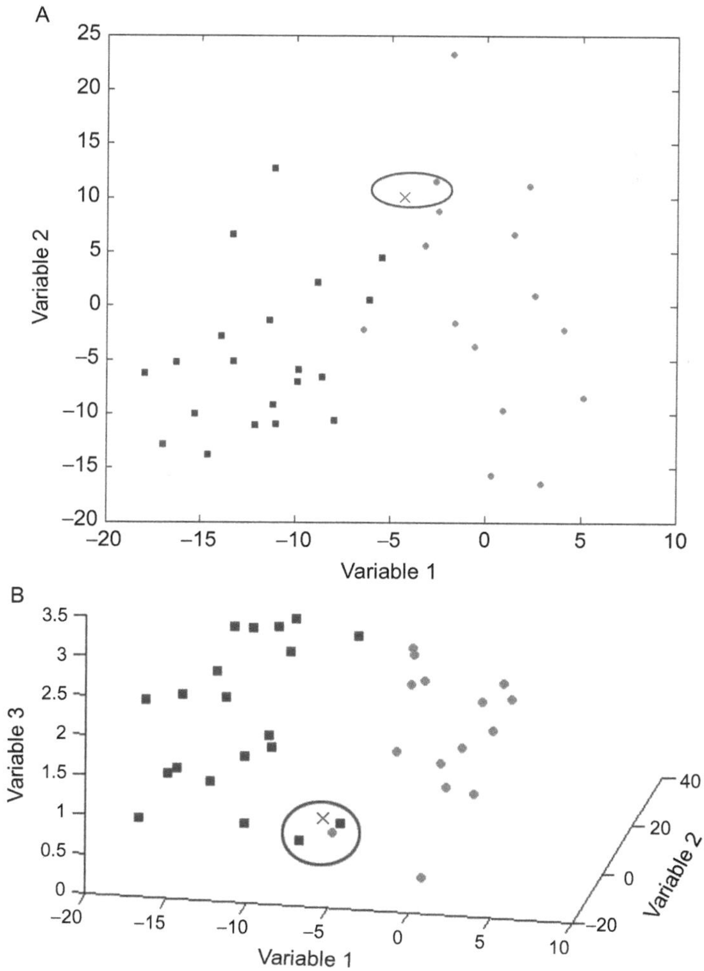

FIGURE 18 kNN classification: example of application of the method when (A) $k=1$ or (B) $k=3$. (For colour version of this figure, the reader is referred to the online version of this chapter.)

In general, to measure the closeness between pairs of samples, Euclidean distance is employed, which is defined as

$$d_{ui} = \sqrt{(\mathbf{x}_u - \mathbf{x}_i)^{\mathrm{T}}(\mathbf{x}_u - \mathbf{x}_i)} \quad (44)$$

where $\mathbf{x}_u$ and $\mathbf{x}_i$ are the row vectors representing the coordinates of samples u and i in the multidimensional space; however, any kind of distance measure can in principle be used. When not only a single sample, but k training objects are selected for the prediction of the category an unknown observation belongs to, then one speaks of k nearest neighbours method (kNN) [27,28]. In this case, a majority vote strategy is adopted for classification [29]: the unknown is assigned to the class to which the majority of its k closest training samples belong. For instance, in the example shown in Figure 18B, if k is set equal to 3, the unknown observation, labelled ×, would be assigned to class 2, as 2 of its nearest training objects belong to that category, while only one comes from class 1. In this framework, it is evident that a key role is played by the choice of k, that is of the number of nearest neighbours to be used to define the classification rule. Indeed, the value assumed by k implicitly governs the shape and the smoothness of the decision boundaries separating the classes. Operationally, the optimal value of k is normally found by means of some validation procedure, for example cross-validation, as the number of nearest neighbours leading to the minimum classification error. Anyway, it has been reported in the literature that in general small values of k (3 or 5) have to be favoured. Despite its mathematical simplicity, the method has been shown to work well in many real cases and sometimes it even outperforms more complex techniques [30]. On the other hand, the method doesn't work well in cases where there is a marked unbalance in the numerosity of the categories. In such situations, the classification of unknown individuals can be driven, by the different density of samples, towards the category with the larger membership: indeed, in the regions where there is overlap between the classes, the category with the highest number of objects will be the most represented. To overcome this limitation, an alternative voting criterion has been proposed in the literature to deal with class unbalancedness. In particular, suppose there are two classes A and B, and that a significantly higher number of training samples come from the former, this alternative voting rule can be expressed as 'classify an unknown sample to the larger class A if at least R out of its k nearest neighbours come from it, otherwise assign it to the smaller class B'. An example of this could be: 'assign the unknown sample to class A if 8 of its 9 nearest neighbours come from that category, otherwise classify it as B'. In this case, not only the value of k, but also the value of R, has to be chosen on the basis of some sort of optimization procedure (e.g. cross-validation).

In its basic and most commonly used implementation, the information obtainable by kNN is only the classification of unknown samples, that is the label of the categories the objects are assigned to. However, it is possible to modify the algorithm in a way that it can be transformed into a probabilistic technique and placed in the Bayesian framework, described by Equation (1). In particular, it is possible to estimate the likelihood term, that is the probability of observing the experimental vector $\mathbf{x}_u$ if the unknown belongs to a particular category, using the procedure proposed by Loftsgaarden and Queesenberry [28,31]. In particular, to compute the likelihood of an unknown sample u (positioned in $\mathbf{x}_u$) with respect to class g, its distance to all the training objects coming from that category is calculated and the k_g closest samples from that group are selected. Then, the distance of the unknown to its k_g nearest neighbour from class g is used as the radius r_g of a hypersphere, centred in $\mathbf{x}_u$ whose volume is inversely proportional to the likelihood. In mathematical terms, the likelihood in Equation (1), in the case of probabilistic kNN, is defined as

$$p(\mathbf{x}_u|g) = \frac{k_g - 1}{nV(g,\mathbf{x}_u)} \tag{45}$$

where n is the number of samples and $V(g, \mathbf{x}_u)$ is the volume of the hypersphere of radius r_g centred in $\mathbf{x}_u$, which, if Euclidean distance is used, can be calculated as

$$V(g,\mathbf{x}_u) = 2\pi^{\frac{n_v}{2}} \frac{r_g^{n_v}}{n_v \Gamma\left(\frac{n_v}{2}\right)} \tag{46}$$

n_v being the number of variables and Γ indicating the Gamma function.

2.4.1 *k*NN in Practice

To illustrate how kNN works, the wine data set already used in the case of QDA will be used [17]. In particular, in this example, data from all the 7 wine controlled denominations of origin (CDO) (Nero d'Avola, Terrano, Rosso di Montalcino, Solopaca, Sagrantino, Pinerolese and Montepulciano d'Abruzzo) will be used. In particular, the 180 wine samples have been split into 150 training and 30 external validation objects. To select the optimal value of the parameter k, a cross-validation procedure involving 10 cancellation groups was adopted, so that the final number of nearest neighbours was selected as the one leading to the minimum classification error (Figure 19).

Based on the results reported in Figure 19, k was set equal to 1 (nearest neighbour classifier), and the final model was used to predict the class belonging of the 30 samples in the test set. When the nearest neighbour model was applied to the validation set, 27 out of the 30 test objects were correctly predicted, the 3 errors all corresponding to misclassified Montepulciano d'Abruzzo wines (2 predicted as Nero d'Avola and 1 as Solopaca).

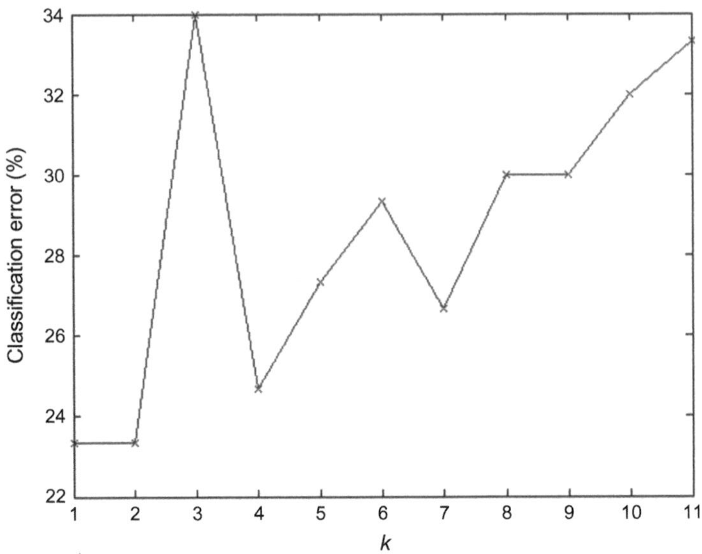

FIGURE 19 Representation of classification error in cross-validation as a function of the number of nearest neighbours, for the selection of the optimal value of k. (For colour version of this figure, the reader is referred to the online version of this chapter.)

2.5 Density-Based Methods (Potential Functions)

Density methods [29,32–34], as the name suggests, try to explicitly model the probability density function of observing an experimental vector of measurement $\mathbf{x}$, for a sample belonging to class g, that is to say what, in Equation (1), was called the likelihood of the sample for that category. The peculiarity of these methods is that the shape of the probability density function is not postulated *a priori*, but it is defined by the superposition of individual contribution from all the training objects belonging to the class. In particular, the contribution of each training object to the overall probability density function is expressed in the form of a potential field, so that the methods are also called potential function methods. To understand how the method works, the procedure of calculating the density (likelihood) for class g will be illustrated. Let us assume that there are n_g training objects available for category g, and that each of these samples is characterized by a vector of measurements $\mathbf{x}_{g,i} i=1\cdots n_g$. A potential is then defined around each training point, which has the characteristics of decreasing with increasing distance to the object, so that its maximum value corresponds to the position of the sample itself:

$$p_{g,i}(\mathbf{x})=f\left(\left\|\mathbf{x}-\mathbf{x}_{g,i}\right\|\right) \tag{47}$$

where $p_{g,i}(\mathbf{x})$ is the value of the potential induced by the ith training sample from class g in the position $\mathbf{x}$, and $\|\mathbf{x}-\mathbf{x}_{g,i}\|$ is the distance between $\mathbf{x}$

and $\mathbf{x}_{g,i}$. In principle, there are many functions which can be used to express the potential in Equation (47) [6], but the most commonly used are the triangular [35,36] or the Gaussian functions [34–37]. The triangular potential is defined as

$$p_{g,i}(\mathbf{x}) = \begin{cases} 0 & \text{if} \left\| \mathbf{x} - \mathbf{x}_{g,i} \right\| > d_{\max} \\ \dfrac{d_{\max} - \left\| \mathbf{x} - \mathbf{x}_{g,i} \right\|}{d_{\max}^2} & \text{if} \left\| \mathbf{x} - \mathbf{x}_{g,i} \right\| \leq d_{\max} \end{cases} \quad (48)$$

where $d_{\max}$ is the width of the function. On the other hand, the Gaussian potential is expressed as

$$p_{g,i}(\mathbf{x}) = \frac{1}{(2\pi)^{\frac{m}{2}} \left| \mathbf{S}_g \right|} e^{-\frac{1}{2}\left(\mathbf{x} - \mathbf{x}_{g,i}\right)^{\mathrm{T}} \mathbf{S}_g^{-1} \left(\mathbf{x} - \mathbf{x}_{g,i}\right)} \quad (49)$$

where m is the number of variables. For the sake of simplicity, in the framework of density methods, the matrix $\mathbf{S}_g$ doesn't take into account correlated variables and hence it is a diagonal matrix. It must be stressed that even if the functional form of the potential resembles a multivariate normal distribution, the matrix $\mathbf{S}_g$ is not the true variance/covariance matrix for the class, but it is a matrix of adjustable parameters which govern the smoothness of the cumulative density. In general, it is possible to express the matrix $\mathbf{S}_g$ in terms of a single adjustable parameter c_g, by defining:

$$\mathbf{S}_g = c_g^2 \begin{pmatrix} s_{g1}^2 & \cdots & 0 & \cdots & 0 \\ \vdots & \ddots & \vdots & & \vdots \\ 0 & \cdots & s_{gk}^2 & \cdots & 0 \\ \vdots & & \vdots & \ddots & \vdots \\ 0 & \cdots & 0 & \cdots & s_{gm}^2 \end{pmatrix} \quad (50)$$

where the generic term s_{gk}^2 on the diagonal is the variance for the kth variable estimated on the samples of class g. Once the shape of the individual potential function is chosen, the overall density function (likelihood) is defined as the cumulative potential $P_g(\mathbf{x})$ obtained by adding the values of the individual functions at each position $\mathbf{x}$ in the multivariate space (and normalizing by the number of samples in the category):

$$p(\mathbf{x}|g) = P_g(\mathbf{x}) = \frac{\sum_{i=1}^{n_g} p_{g,i}(\mathbf{x})}{n_g} \quad (51)$$

As an example, Figure 20 shows individual potentials (both when triangular and Gaussian functions are adopted) and the cumulative density calculated in the one-dimensional (1D) case (for the sake of an easier visualization, the normalization by the number of training objects was omitted).

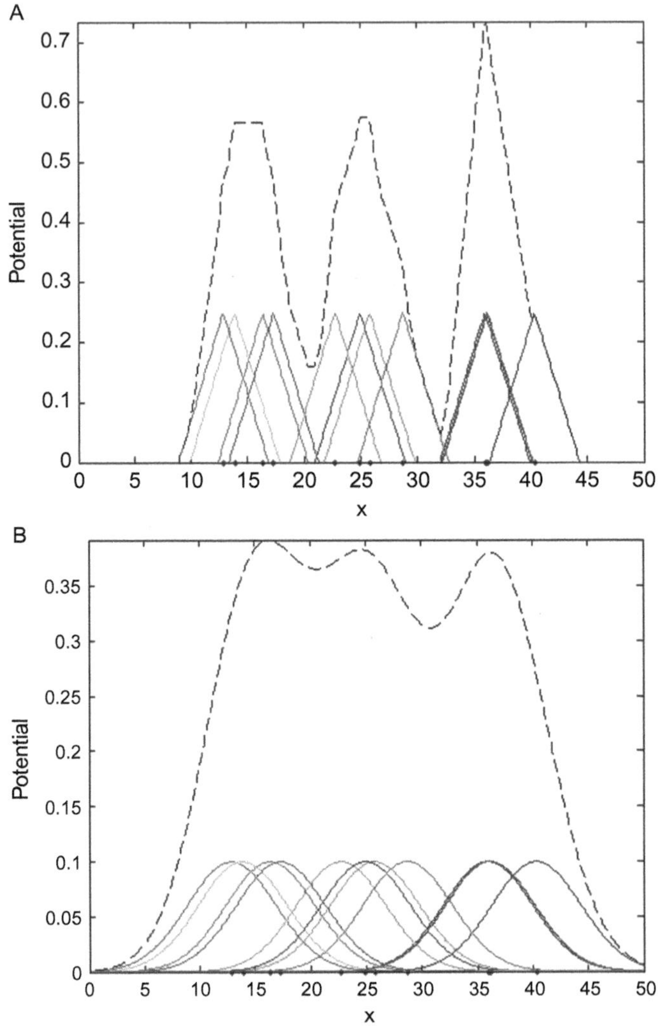

FIGURE 20 Density-based methods: individual and cumulative potentials in the univariate case when (A) triangular or (B) Gaussian functions are used. (For colour version of this figure, the reader is referred to the online version of this chapter.)

As already stated, density methods are designed to be used in the framework of probability theory and, in particular, of the Bayes' theorem described in Equation (1). Therefore, classification of unknown objects is carried out on the basis of the posterior probabilities that a sample belongs to the different categories. Accordingly, by combining Equations (51) and (1) and making the normalization factor in Equation (1) explicit, the posterior probability

$p(g|\mathbf{x}_u)$ that a sample, characterized by the measurement vector $\mathbf{x}_u$, belongs to class g takes the form:

$$p(g|\mathbf{x}_u) = \frac{P_g(\mathbf{x}_u)p_0(g)}{\sum_{l=1}^{G} P_g(\mathbf{x}_u)p_0(g)} \tag{52}$$

where, consistently with the notation used throughout the chapter, G is the total number of categories and $p_0(g)$ is the prior for the class. Then, samples are assigned to the class corresponding to the highest value of the posterior probabilities. For instance, in the 1D example reported in Figure 21, the classification of two unknown objects u_1 and u_2 is shown in the situation where two categories A and B are involved.

Under the assumption that the prior probabilities are equal, the cumulative potentials for the two categories at each value of $\mathbf{x}$, reported in Figure 21A, are proportional to the posterior probabilities associated to the same coordinate, which, in their normalized version, are plotted in Figure 21B. Object u_1 is characterized by the measurement $\mathbf{x}_{u_1} = 19.7$: as in that position the cumulative potential of class A and, consequently, the posterior probability for that category are higher than the corresponding values for class B, the sample is assigned to class A. On the other hand, object u_1 is associated to the signal $\mathbf{x}_{u_1} = 27.7$: as, in that position, the highest values of cumulative potential and posterior probability correspond to class B, the sample is predicted to belong to that category.

When using the density-based method, one critical issue which can significantly affect the performances of the technique is the choice of the smoothing parameter, that is of the width of the potential function (d_{max} in 5.48 or c_g in 5.50). Indeed, when too small a value is chosen for this parameter, it can happen that many of the potentials associated with the samples of a given class don't overlap with one another, resulting in very low values of posterior probability for positions in space where an object from that class is very likely to fall. On the other hand, a rather high value of the smoothing parameter leads to very flat and diffuse potentials, so that discrimination between the categories can become more difficult. This aspect is exemplified in Figure 22, where the effect of different values of the smoothing parameter in the case of Gaussian potential functions in two dimensions for a classification problem involving two categories is displayed.

When the smoothing parameter is set to a low value ($c_g=0.5$, Figure 22A and B), the cumulative distribution for both classes (in particular for class A) has values very close to zero in regions of the 2D space surrounded by training samples: for instance, if the vector $\mathbf{x}_u$ is measured on an unknown sample (see Figure 22B), the probability that it belongs to class A is practically zero, even if the object lies in the middle of the samples from that category. On the other hand, when a higher smoothing parameter is chosen ($c_g=4$, Figure 22C

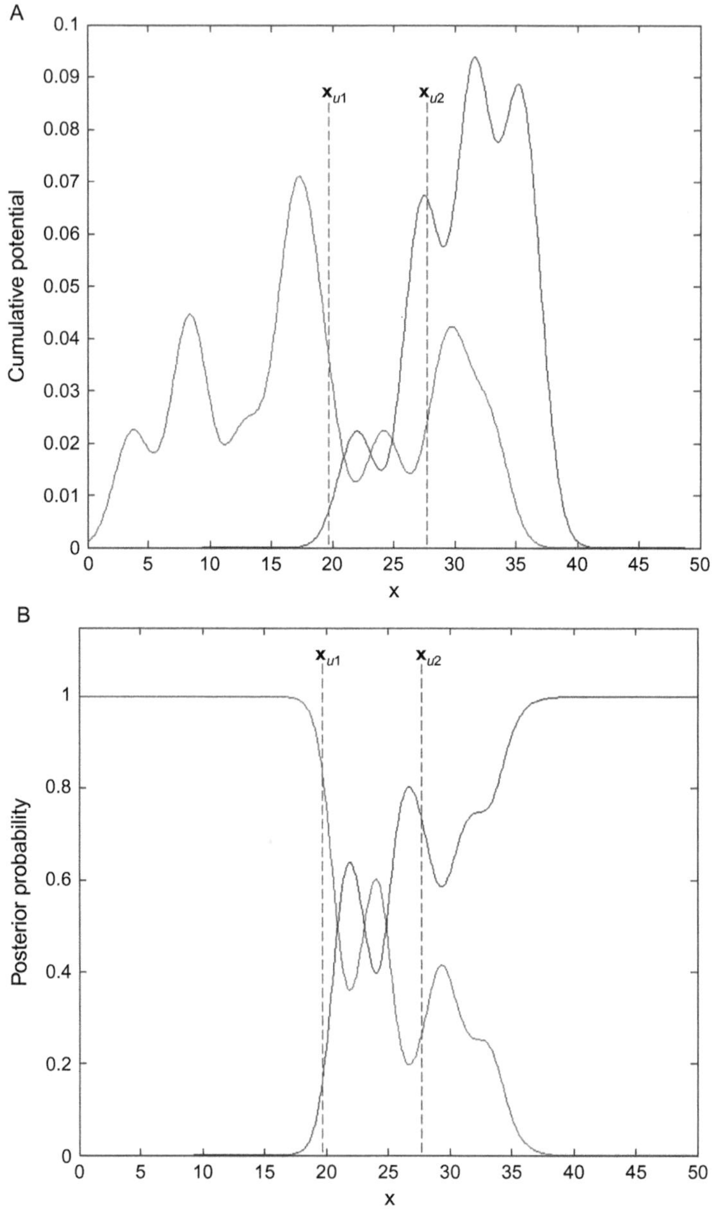

FIGURE 21 Example of application of the potential function method for the discrimination of two classes in the univariate case: graphical representation of (A) the cumulative potential and of (B) the posterior probability of class belonging for the two categories as a function of the value of the independent variable x. (For colour version of this figure, the reader is referred to the online version of this chapter.)

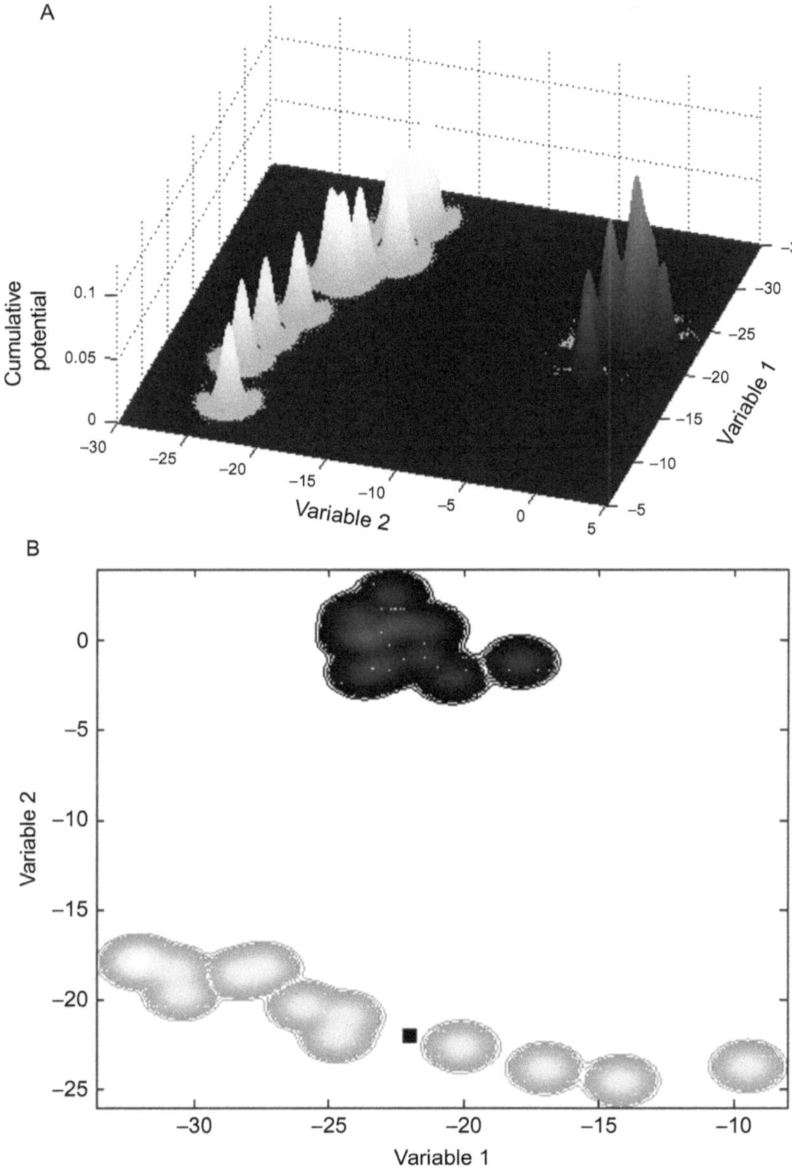

FIGURE 22—Cont'd

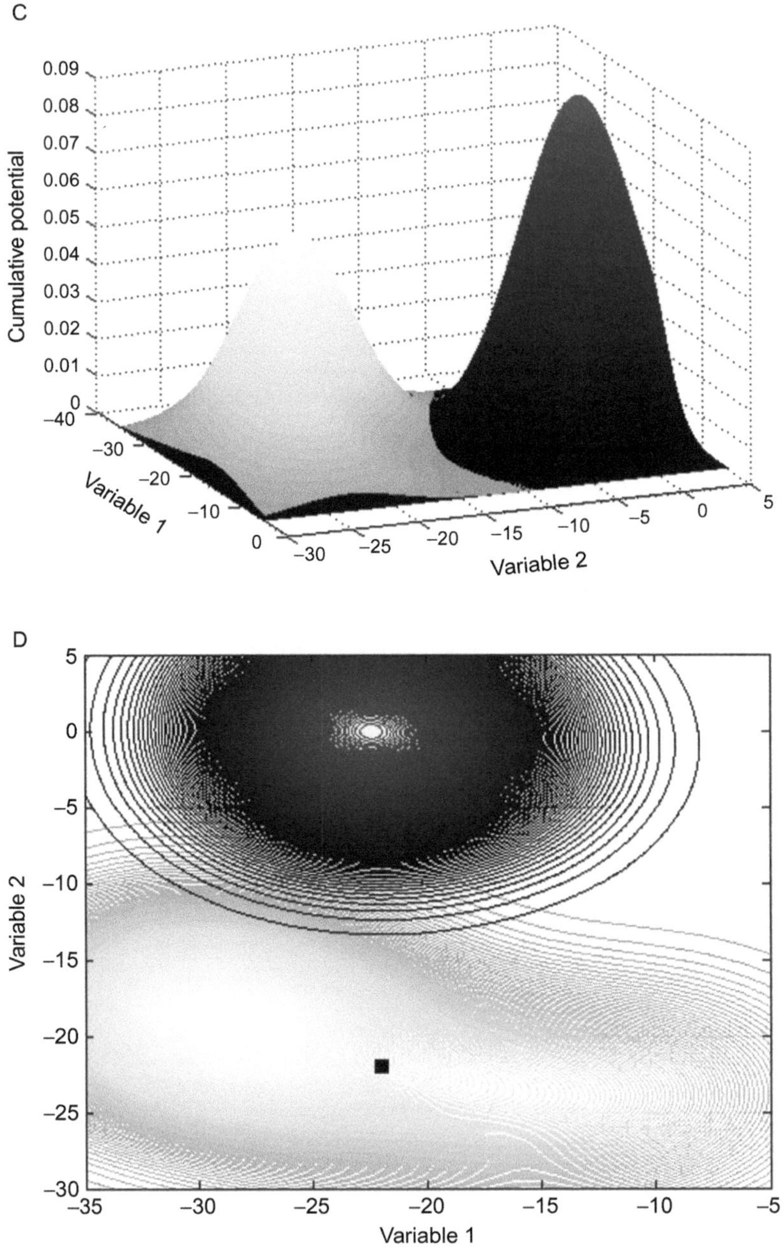

FIGURE 22 Density-based methods: illustration of the effect of the smoothing parameter on the shape of the cumulative potential in the bi-dimensional case (3D surface and contour plots). When a too low value (A and B) is used, the distributions can present very low (almost zero) potential values in regions of space where otherwise it would be likely to find samples for the corresponding category (such as the point indicated by the black square). On the contrary, when a too high value is selected (c and d), it can be difficult to differentiate among the categories. (For colour version of this figure, the reader is referred to the online version of this chapter.)

and d), the distributions for the two classes are more diffuse: in this case, the unknown sample $\mathbf{x}_u$ would have a high probability for class A, but the densities for two categories overlap to a high extent, even if the classes are rather well separated. Based on these considerations, the optimal value of the smoothing parameter is normally chosen through an optimization procedure (e.g. by jackknife maximum likelihood method) [34,37,38].

2.6 Other Discriminant Classification Methods

The classification methods illustrated in the previous subsection are only a part, although relevant, of the methods proposed in the literature for discriminant classification. Indeed, to cope with the different degrees of complexity that real-world classification problems involve (various degrees of class separability, requiring a corresponding level of nonlinearity in the model; statistical assumption which may not always hold; insufficient number of observations to estimate the model parameters; and so on). As a complete description of all the discriminant techniques goes beyond the scope of the present text, the reader is referred to specific literature covering these other methods in more detail [39–42].

3 CLASS-MODELLING METHODS

Following the division described in Section 1.1, a second family of classification methods, which operate according to a different approach with respect to the discriminant ones discussed in the previous paragraphs, will be presented here. These methods are usually grouped under the name of class-modelling techniques, as they mainly focus on modelling the peculiar characteristics of the individual categories rather than on what makes one class different from the others. In this respect, class-modelling methods are very similar to (and, in some cases, practically coincident with) outlier detection techniques: indeed, they usually operate by defining a model of what the normal variation (in terms of measured quantities) for samples belonging to the category should be, and then they check whether the signal registered for an unknown sample falls within the identified normal range of variation or not. In the remainder of the section, the three main class-modelling methods presented in the chemometric literature—soft independent modelling of class analogies (SIMCA), unequal class-modelling (UNEQ) and a modelling version of the density-based technique described in Section 2.5—will be described.

3.1 Soft Independent Modelling of Class Analogies

Historically, SIMCA [43,44], proposed by Wold *et al.* in 1976, was the first class-modelling method introduced in the literature. Its key assumption is that the main systematic variability characterizing the samples from a category can be captured by a principal component model (see Chapter 4) of opportune dimensionality, built on training samples from that class. In detail, defining

$\mathbf{X}_A$ the matrix containing the experimental data collected on the samples from class A, SIMCA assumes that the relevant information about the similarity among individuals coming from that category can be captured by a C-component PCA model, according to

$$\mathbf{X}_A = \mathbf{T}_A \mathbf{P}_A^{\mathrm{T}} + \mathbf{E}_A \tag{53}$$

where $\mathbf{T}_A$ and $\mathbf{P}_A$ are the matrices containing the first C scores and loadings of class A data, respectively, and $\mathbf{E}_A$ is the array collecting the residuals, that is the unmodelled variation in $\mathbf{X}_A$. Once the PCA decomposition is computed, the results are used to define the class model according to some sort of outlier detection criterion. In particular, in the original implementation of SIMCA, only the information about the residuals is used to check whether a sample belongs to the class or not. This information is encoded in the form of a standard deviation, $s_{0,A}$, according to

$$s_{0,A} = \sqrt{\frac{\sum_{i=1}^{n_A} \sum_{j=1}^{v} e_{ij,A}^2}{(v-C)(n_A - C - 1)}} \tag{54}$$

where v and n_A are the number of variables and of training samples from class A, respectively, C is the number of components in the PC model and $e_{ij,A}$ is the ith row and jth column element of the residual matrix $\mathbf{E}_A$. In this approach, the residual standard deviation for the category (here labelled $s_{0,A}$) represents an indication of the typical variation of the data collected on individuals belonging to the class from its category model. In other words, it can be considered as a measure of the extent to which, on average, samples truly coming from the class are distant from their model representation. Indeed, it is exactly this concept of distance to the model that constitutes the basis to check the degree of outlyingness of unknown samples and, consequently, whether it is accepted or not by the category. In particular, to check whether an unknown sample, characterized by the row vector of measurements $\mathbf{x}_{new}$, is accepted by the model of class A or not, at first it is projected on the PC space defined in Equation (53):

$$\mathbf{t}_{new,A} = \mathbf{x}_{new} \mathbf{P}_A \tag{55}$$

where $\mathbf{t}_{new,A}$ is the row vector containing the scores of the unknown onto the C principal components representing the model of the category. Then, the model representation of the unknown sample $\hat{\mathbf{x}}_{new,A}$ is obtained by back-projecting the scores onto the original variable space:

$$\hat{\mathbf{x}}_{new,A} = \mathbf{t}_{new,A} \mathbf{P}_A^{\mathrm{T}} \tag{56}$$

Accordingly, it is possible to calculate the vector of residuals for the sample with respect to its class A principal component representation, $\mathbf{e}_{new,A}$, as the difference between $\mathbf{x}_{new}$ and $\hat{\mathbf{x}}_{new,A}$:

$$\mathbf{e}_{new,A} = \mathbf{x}_{new} - \hat{\mathbf{x}}_{new,A} \tag{57}$$

This vector of residuals is used to define the distance of the unknown sample to the model, which, in the original implementation of SIMCA, is expressed under the form of a standard deviation, $s_{new,A}$, according to

$$s_{new,A} = \sqrt{\frac{\mathbf{e}_{new,A}\mathbf{e}_{new,A}^{\mathrm{T}}}{(v-C)}} = \sqrt{\frac{\sum_{j=1}^{v} e_{newj,A}^2}{(v-C)}} \tag{58}$$

where $e_{newj,A}$ is the jth element of the residual vector $\mathbf{e}_{new,A}$. In this framework, to check whether the sample distance to the model is comparable or too large to be considered within the normal variability of the class investigated, an F test is carried out to compare $s_{new,A}$ with $s_{0,A}$. In particular, the 95th percentile of the F distribution of the opportune numbers of degrees of freedom ($v-C$ and n_A-C-1 for the numerator and the denominator, respectively) $F_{0.95,v-C,n_A-C-1}$ is used to define a threshold for the values of the distance of unknown samples to the model of class A, $s_{crit,A}$:

$$s_{crit,A} = \sqrt{F_{0.95,v-C,n_A-C-1}}s_{0,A} \tag{59}$$

Accordingly, if the distance of a sample to the model of category A, $s_{new,A}$, is lower than the threshold distance for that category $s_{crit,A}$, then it is accepted by the class, otherwise it is rejected. If more than one class is present in the training set, the same procedure is repeated for each category, so that eventually it is possible to verify whether a sample is accepted by only one category, by more than one or by none of the available classes. As already pointed out, this is one of the main differences between the discriminant and the modelling classification approaches. The direct consequence of this diversity is that other figures of merit are in general used to characterize the performances of the method, namely sensitivity and specificity. Sensitivity is the percentage of samples truly coming from the class, which are correctly accepted by the model of the category; on the other hand, specificity is the percentage of samples coming from other classes, which are correctly rejected by the model of the category.

These same concepts hold also for all the other SIMCA implementations, which have been proposed in the literature during the years. In particular, it was Wold himself who modified the original version of the algorithm to take into account the fact that a sample can be an outlier with respect to a PC model not only because it has a high residual (orthogonal distance), but also if it lies far from the other objects when projected onto the PC space (score distance) [44], as exemplified in Figure 23.

Accordingly, he introduced an augmented distance to the model as

$$d_{k,A} = \sqrt{OD_{k,A}^2 + SD_{k,A}^2} \tag{60}$$

where $d_{k,A}$ is the total (augmented) distance of the kth sample to the model of class A, and $OD_{k,A}$ and $SD_{k,A}$ are its orthogonal and score distances to that

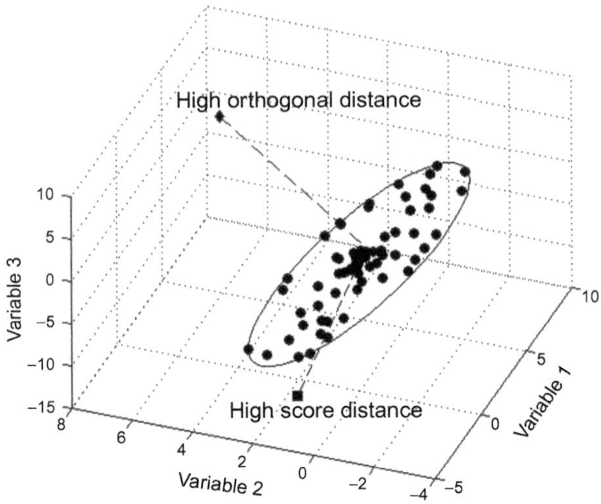

FIGURE 23 SIMCA: graphical illustration of the concepts of orthogonal and score distances.

model, respectively. Consistently with the original implementation, the orthogonal distance $OD_{k,A}$ in Equation (60) is defined as the sample standard deviation of the residuals in Equation (58):

$$OD_{k,A} = \sqrt{\frac{\sum_{j=1}^{v} e_{kj,A}^2}{(v-C)}} \tag{61}$$

On the other hand, the score distance $SD_{k,A}$ is calculated as:

$$SD_{k,A}^2 = \sum_{c=1}^{C} \phi_{c,A}^2 \left(t_{kc,A} - \vartheta_{c\,\mathrm{lim},A}\right)^2 \tag{62}$$

where $t_{kc,A}$ is the score of the kth sample on the cth principal component for the model of class A, $\vartheta_{c\,\mathrm{lim},A}$ is the threshold value for the scores along the cth component in the model of class A, and $\phi_{c,A}$ is a factor introduced to make $OD_{k,A}$ and $SD_{k,A}$ comparable. In this framework, the limits $\vartheta_{c\,\mathrm{lim},A}$ are defined as the maximum ($\vartheta_{c\,\mathrm{min},A}$) or minimum ($\vartheta_{c\,\mathrm{min},A}$) score value along the particular component for the training samples of the specific category (here class A):

$$\vartheta_{c\,\mathrm{lim},A} \begin{cases} \vartheta_{c\,\mathrm{max},A} = \max(t_{i_A c}) \\ \vartheta_{c\,\mathrm{min},A} = \min(t_{i_A c}) \end{cases} \tag{63}$$

where $t_{i_A c}$ is the score of the ith training sample from class A along the cth principal component in the model of class A. Definition of the limits according to Equation (63) implies that if the sample score falls within those values, that is if

$$\begin{aligned} &t_{kc} < \vartheta_{c\,\mathrm{max},A} \text{ and} \\ &t_{kc} > \vartheta_{c\,\mathrm{min},A} \end{aligned} \tag{64}$$

then the corresponding contribution to the score distance $(t_{kc,A} - \vartheta_{c_{\lim},A})$ is zero. Sometimes, to increase the sensitivity of the class model, the region of acceptance in the score space is widened by adding an opportune multiple of the standard deviation of the scores:

$$\vartheta_{c_{\lim},A} \begin{cases} \vartheta_{c_{\max},A} = \max(t_{i_A c}) + h \cdot s_{t_{i_A c}} \\ \vartheta_{c_{\min},A} = \min(t_{i_A c}) - h \cdot s_{t_{i_A c}} \end{cases} \tag{65}$$

where $s_{t_{i_A c}}$ is the standard deviation of the scores of training samples from class A along the cth principal component in the model of class A and h is a proportionality factor which is usually equal to 1 or 2. On the other hand, as already described, a term $\phi_{c,A}$ is introduced in Equation (62) so that orthogonal and score distances give a comparable contribution to the total distance to the model; accordingly, it is usually defined as

$$\phi_{c,A} = \frac{OD_{k,A}}{s_{t_{i_A c}}} \tag{66}$$

where the symbols have the meaning discussed earlier.

In addition, in the case of augmented distance to the model defined according to Equations (60)–(62), an F test is used to check whether a sample is accepted by the model of a category or not, by comparing the value of $d_{k,A}$ with the residual standard deviation of the class $s_{0,A}$. Therefore, a threshold value for the distance to the model $d_{crit,A}$ is set in a way that is completely identical to what is already reported in Equation (59):

$$d_{crit,A} = \sqrt{F_{0.95,v-C,n_A-C-1}}\, s_{0,A} \tag{67}$$

Accordingly, if the distance of an unknown sample to the model of class A, $d_{k,A}$, is below the threshold for that category, it will be accepted by the class, otherwise it will be rejected.

Over the years, further modifications of this augmented version of the original SIMCA have been proposed [45–53], for instance by taking into account the Mahalanobis distance in the PC space as a measure of the scores distance [47]:

$$SD_{k,A} = \sqrt{\mathbf{t}_{k,A}^T \mathbf{\Lambda}_A^{-1} \mathbf{t}_{k,A}} \tag{68}$$

where $\mathbf{t}_{k,A}$ is the column vector collecting the scores of the kth samples onto the significant PCs of the model for category A and $\mathbf{\Lambda}_A$ is a diagonal matrix having as elements the eigenvalues of the C principal components, that is the squares of the standard deviations $s_{t_{i_A c}}$ defined earlier. Besides, some authors suggested considering cross-validated scores and residuals on training samples from the category to calculate the threshold values to be used to determine acceptance or rejection by the class model.

Together with all these implementations and modifications of the original SIMCA algorithm, in which, whatever is the way of defining the score and orthogonal distances, acceptance is based on the comparison of the distance of a sample to the model with the residual standard deviation of the category within the framework of an F test, an alternative version of the method exists, where the degree of outlyingness of an individual is assessed by means of a procedure borrowed from multivariate statistical process control (MSPC) [54]. The main difference between the alternative approach and the original one is that, by taking advantage of the orthogonality of $OD_{k,A}$ and $SD_{k,A}$, the former accounts for the possibility that the probability distribution of the two distances is not the same. In particular, after the PC model in Equation (53) is computed, the acceptance criterion in MSPC-based SIMCA is defined in the following way. To measure the distance of a sample in the score space a statistical variable called T^2, which represents the square of the Mahalanobis distance in Equation (68), is introduced:

$$T_{k,A}^2 = \mathbf{t}_{k,A}^T \mathbf{\Lambda}_A^{-1} \mathbf{t}_{k,A} \tag{69}$$

where $T_{k,A}^2$ is the T^2 value for the kth sample with respect to the model of class A. On the other hand, the sum of squared residuals, labelled Q, is used to define the orthogonal distance:

$$Q_{k,A} = \sum\nolimits_{j=1}^{v} e_{kj,A}^2 \tag{70}$$

where $Q_{k,A}$ is the Q value for the kth sample with respect to the model of class A and the other symbols have the same meaning as in Equation (61). Then, a separate threshold value is computed for T^2 and Q based on the 95th percentiles of their corresponding distributions. In particular, the threshold value for the T^2 statistics can be calculated by considering that the variable follows an F distribution of opportune numbers of degrees of freedom:

$$T_{0.95,A}^2 = F_{0.95,C,n_A-C} \frac{C\left(n_A^2 - 1\right)}{n_A\left(n_a - C\right)} \tag{71}$$

where $T_{0.95,A}^2$ is the critical limit of T^2 for class A, $F_{0.95,C,n_A-C}$ the 95th percentile of the F distribution corresponding to C and $n_A - C$ degrees of freedom, respectively, and the other terms have the same meaning as in the rest of the paragraph. As far as Q is concerned, its threshold value is normally calculated using the approximation of Jackson and Mudholkar [55]:

$$Q_{0.95,A} = \theta_{1,A}\left[1 - \frac{\theta_{2,A} h_{0,A}\left(1 - h_{0,A}\right)}{\theta_{1,A}^2} + \frac{z_{0.95}\left(2\theta_{2,A} h_{0,A}^2\right)^{\frac{1}{2}}}{\theta_{1,A}}\right]^{\frac{1}{h_{0,A}}} \tag{72}$$

with

$$h_{0,A} = 1 - 2\theta_{1,A}\theta_{3,A}/3\theta_{2,A}^2 \tag{73}$$

and

$$\theta_{k,A} = \sum_{l=C+1}^{\mathrm{rank}(\mathbf{X}_A)} \lambda_{l,A}^{k} \tag{74}$$

where $Q_{0.95,A}$ is the critical limit of Q for class A, $z_{0.95}$ is the 95th percentile of the standardized normal distribution, $\lambda_{l,A}$ is the eigenvalue of the lth principal component computed for class A and the sum in Equation (74) is computed over all the components not included in the definition of the category model. Once the critical limits for the two statistics are computed, the distance of a sample to the model of the category is expressed in terms of the so-called reduced variables according to

$$d_{k,A} = \sqrt{\left(T^2_{red_{k,A}}\right)^2 + \left(Q_{red_{k,A}}\right)^2} = \sqrt{\left(\frac{T^2_{k,A}}{T^2_{0.95,A}}\right)^2 + \left(\frac{Q_{k,A}}{Q_{0.95,A}}\right)^2} \tag{75}$$

where $d_{k,A}$ is the distance of sample k from the model of class A, while $T^2_{red_{k,A}}$ and $Q_{red_{k,A}}$ are its reduced T^2 and Q, respectively, that is the values of T^2 and Q for sample k when it is projected onto the model of class A, normalized by their corresponding critical limits for the category. Then, on the basis of the normalization chosen to define the distance to the model in Equation (75) based on the reduced variables, a threshold of $\sqrt{2}$ is set to decide for acceptance or rejection by the class model. Accordingly, if $d_{k,A}$ is $\leq \sqrt{2}$, sample k is accepted by the model of class A, otherwise it is rejected.

3.1.1 SIMCA in Practice

To illustrate with a practical example the way SIMCA works, the same data set used to show the characteristics of PLS-DA (see Section 2.3.1) will be analysed [23]; in particular, the MSPC-based approach will be adopted here. As already stressed, differently than what happens with discriminant classification methods, class-modelling techniques investigate one category at a time. Therefore, in the context of the present example, at first, due to its higher commercial relevance, the category of olive oils is modelled. To this purpose, the training samples coming from the class of olive oils are used to build a principal component model of the category, according to Equation (53). In particular, the optimal complexity of the model, that is the number of principal components to be used to describe the class variability, is chosen on the basis of a cross-validation procedure. In the present example, the geometric average between sensitivity and specificity in cross-validation was selected as an optimality criterion, so that the number of components was chosen as the one corresponding to the highest value of this figure of merit (Figure 24).

According to the plot reported in Figure 24, showing the cross-validated sensitivity, specificity and their geometrical average for the model of the

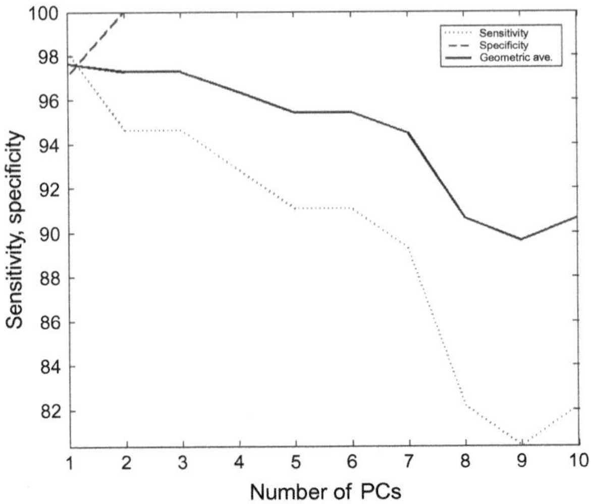

FIGURE 24 SIMCA of oil samples: plot of sensitivity, specificity and their geometrical average as a function of the number of principal components for the selection of the optimal complexity of the model of class 'olive oils'. (For colour version of this figure, the reader is referred to the online version of this chapter.)

category of olive oils, as a function of the number of principal components in the model, one latent variable seems to be the optimal complexity. Then, samples are projected onto the 1PC model of olive oils and the values of T^2 and Q are computed, both for the training and the test samples, to check whether they are accepted by the model or not. The results are reported in Figure 25, where the projection of the training and test samples from both categories (olive oils and other vegetable oils) onto the space spanned by the reduced T^2 and Q is shown, together with the acceptance threshold defined by $d_{k,olive} \leq \sqrt{2}$.

In Figure 24, all points lying below the dashed line correspond to samples which are accepted by the model of the category of olive oils, while all those which fall above are rejected. By looking at the plot, one can observe that practically all the training samples from olive oils, with the exception of one individual, are correctly accepted by the model, resulting in 98.21% sensitivity. Analogously, as far as the other vegetable oil samples are concerned, only one is wrongly accepted by the model of the olive oil category, corresponding to 97.06% specificity. When the model is applied to the test set, similar results are obtained: only an olive oil sample is wrongly rejected by the class model, while all the other vegetable oils are correctly recognized as not belonging to the class (93.33% sensitivity and 100% specificity). If the scope is only to verify whether an oil sample was produced from olives or not, there is no need to model the other category as well, and the information provided by the model of the class of olive oils is sufficient. On the other hand, if the other class is also modelled, each sample can then be accepted by a single class (be it olive oils or other vegetable oils), by both or by none.

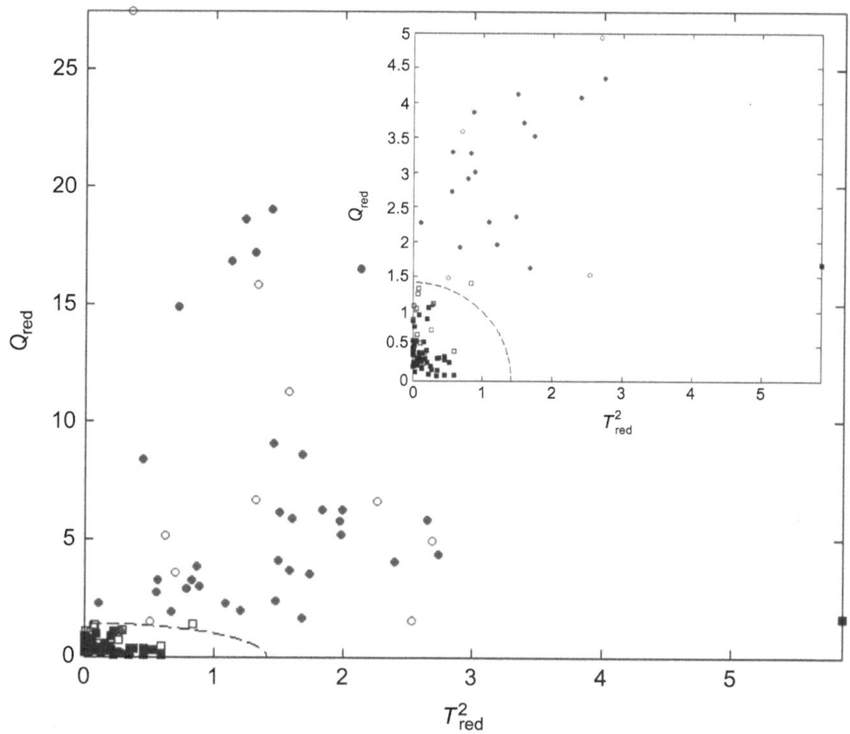

FIGURE 25 SIMCA of oil samples: representation of the model of class 'olive oils' in the form of a T^2 versus Q plot. The dashed line defines the threshold for acceptance. Legend: blue square, olive oil; red circle, other vegetable oils; filled and empty symbols indicate training and test set respectively. (Inset) Detail of the region of the graph close to the acceptance/rejection boundary. (For colour version of this figure, the reader is referred to the online version of this chapter.)

This information can be easily visualized in the form of a Coomans plot [56], a graph where the two axes represent the distance of the samples to each of two class models. Accordingly, the horizontal and vertical lines corresponding to the threshold distances ($\sqrt{2}$ in the case of MSPC-based approach) will cut the plot into four different regions: the uppermost left and the lowermost right will correspond to unambiguous acceptance by a single category model, the lowermost left to acceptance by both classes while the uppermost right to rejection by both category models (Figure 26).

By looking at the Coomans plot for the classification problem discussed in this example, shown in Figure 26, one can observe that there are some samples (one training and one test individual for each category) which, as they fall in the lower leftmost part of the graph, are accepted by both class models (confused samples). On the other hand, there are also some samples (mainly from the category of other vegetable origins) which are rejected by the models of both classes. Additionally, the diagonal line in the plot indicates that, when

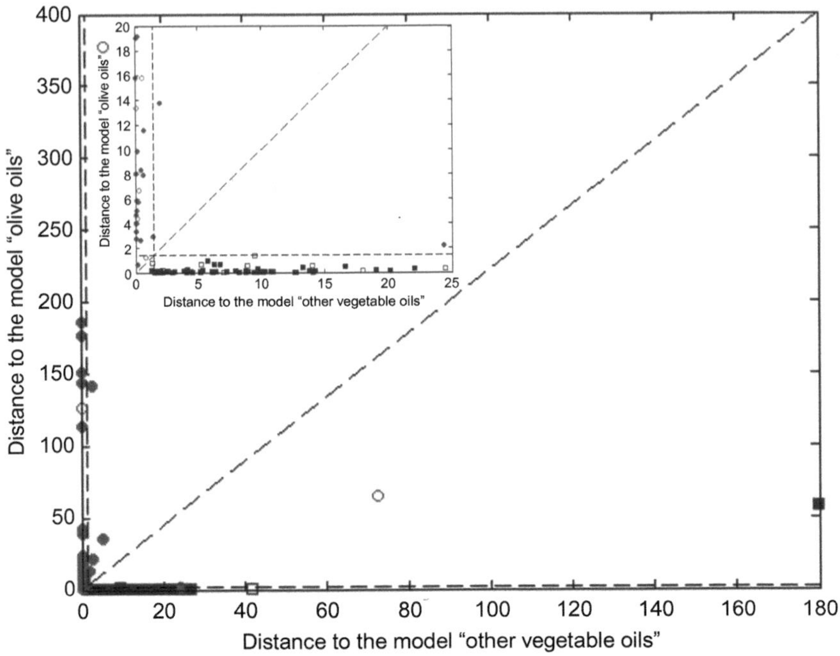

FIGURE 26 SIMCA of oil samples: Coomans plot. (Inset) Detail of the portion of the plot corresponding to low values of distance to the model. (For colour version of this figure, the reader is referred to the online version of this chapter.)

more than one category is modelled, there is still the possibility of using class-modelling techniques as discriminant classifiers. Indeed, if discriminant classification is sought, a sample can be univocally assigned to the category it is less distant to: in the example reported in Figure 26, all the samples lying above the diagonal, for which the distance to the model of olive oils is higher than that to the model of other origins, will be classified as other vegetable oil samples. Conversely, all the samples below the diagonal, which are closer to the olive oils model, will be assigned to that category.

3.2 Unequal Class-Modelling

UNEQ [57] can be considered the modelling analogue of QDA, with which it shares assumptions and drawbacks. Indeed, UNEQ assumes that the experimental data of samples coming from a given category follow a multivariate Gaussian distribution, with class-specific variance/covariance matrix, just as described in Equation (3). In particular, Equation (3) represents a way of calculating the probability of observing a vector of measurements **x** from a sample coming from a particular class, there labelled as g. A direct consequence of the mathematical form of Equation (3) is that the iso-probability surfaces, that is the surfaces in the multidimensional space corresponding to equal values of the probability described by the distribution equation, are hyperellipsoids, characterized by satisfying

$$d_{M,g}^2(\mathbf{x}) = (\mathbf{x} - \bar{\mathbf{x}}_g)^T \mathbf{S}_g^{-1} (\mathbf{x} - \bar{\mathbf{x}}_g) = \text{const.} \tag{76}$$

where $d_{M,g}$ defines the Mahalanobis distance to the centroid of class g. Accordingly, the higher the value of the Mahalanobis distance, the larger the volume enclosed by the corresponding iso-probability hypersurface will be (see Figure 27).

In this framework, UNEQ decides on sample acceptance or rejection by setting a threshold to the Mahalanobis distance, which then acts as a distance to the model: the critical limit of $d_{M,g}$ is then chosen as the distance value corresponding to a hyperellipsoid enclosing 95% of the likelihood for that class. As the squared Mahalanobis distance is T^2 distributed, its threshold value corresponding to 95% probability can be obtained in analogy with Equation (71):

$$d_{M,0.95,g}^2 = T_{0.95,g}^2 = F_{0.95,v,n_g-v} \frac{v\left(n_g^2 - 1\right)}{n_g\left(n_g - v\right)} \tag{77}$$

where $d_{M,0.95,g}^2$ is the critical value of the squared Mahalanobis distance for class g, n_g is the number of samples in class g, v is the number of measured variables and $F_{0.95,v,n_g-v}$ is the 95th percentile of the F distribution having v and $n_g - v$ degrees of freedom.

As UNEQ relies on the same assumptions as QDA, it also suffers from the same drawbacks: it needs a high samples to variables ratio for each category that has to be modelled (it is recommended to have at least 3) and cannot work with highly correlated variables. To overcome these problems, often some sort of latent variable representation, for example by PCA or (E)CVA, is used to compress the data prior to UNEQ analysis.

3.3 Potential Functions as Class-Modelling Methods

The density-based methods described in Section 2.5 operate by estimating in a non-parametric way the likelihoods for the different classes, that is the probabilities of observing a given vector of measurements $\mathbf{x}$ from individuals belonging to the gth category. Accordingly, by opportunely defining, just as in the case of UNEQ, the cumulative potential value resulting in an iso-surface enclosing a well-specified amount of the probability volume (e.g. 95%) for the category, it is possible to use density-based methods as a class-modelling tool. In this respect, two approaches have been proposed in the literature, one based on the estimation of the sample percentile of the distribution and the other making use of the concept of equivalent determinant.

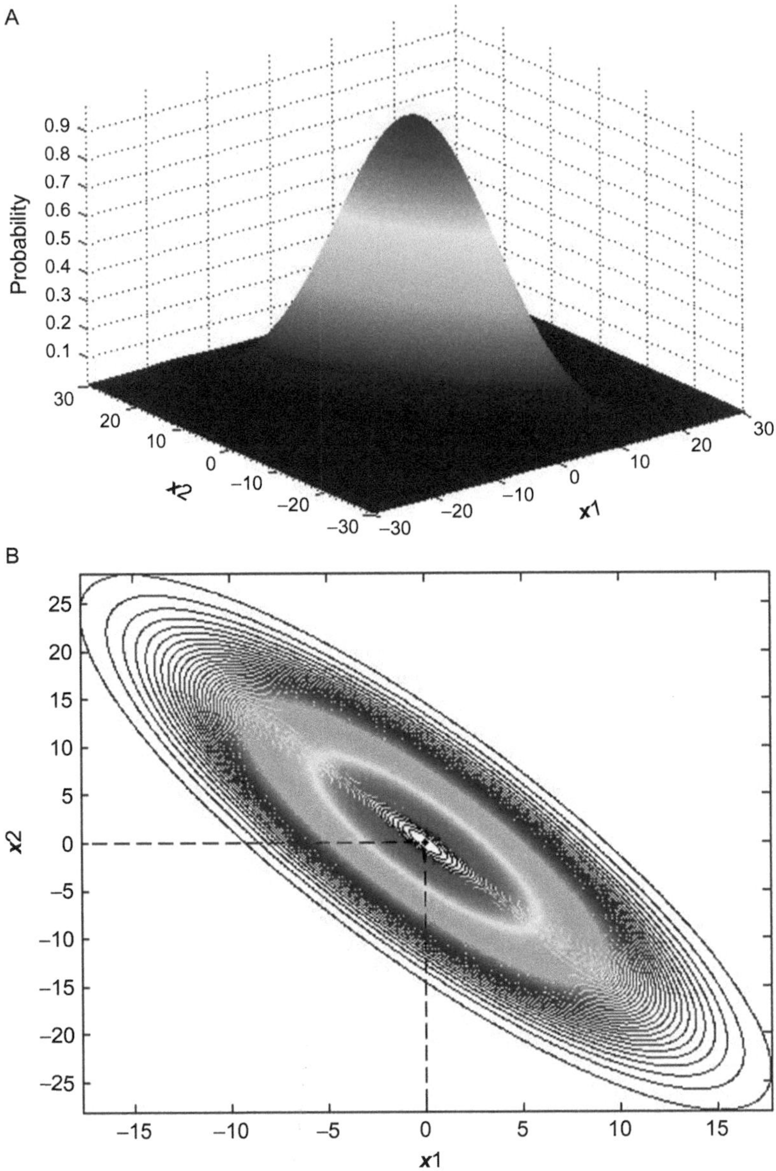

FIGURE 27 Graphical representation of (A) a Gaussian distribution in two dimensions and (B) its corresponding iso-probability surfaces which correspond to ellipses of increasing Mahalanobis distance from the centroid (black square). (For colour version of this figure, the reader is referred to the online version of this chapter.)

3.3.1 Method Based on the Sample Percentile

The first approach proposed to define the acceptance threshold when potential function methods are used as a class-modelling technique is based on the estimation of the percentiles of the probability distributions by calculating the densities for training set samples [58]. In particular, if the model of a given class, for instance class A, has to be computed, the cumulative potential for that category is expressed, according to Equation (51), by

$$p(\mathbf{x}|A)=P_A(\mathbf{x})=\frac{\sum_{i=1}^{n_A} p_{A,i}(\mathbf{x})}{n_A} \tag{78}$$

where $P_A(\mathbf{x})$ is the cumulative potential induced by the training samples of class A in the position $\mathbf{x}$, which in statistical terms corresponds to the likelihood for class A in $\mathbf{x}$, $p(\mathbf{x}|A)$, $p_{A,i}(\mathbf{x})$ is the individual potential of the ith training sample from class A in $\mathbf{x}$ and n_A is the number of training samples for the category. Accordingly, the values of density for all training set objects are computed:

$$P_A(\mathbf{x}_i) \quad i=1\cdots n_A \tag{79}$$

and the corresponding values are sorted in descending order.

Then, the critical value of the density at the π% confidence level, $P_{\pi,A}(\mathbf{x})$, is defined as

$$P_{\pi,A}(\mathbf{x})=P_A(\mathbf{x}_j)+(q-j)\left[P_A(\mathbf{x}_{j+1})-P_A(\mathbf{x}_j)\right] \tag{80}$$

where the training sample indexing corresponds to sorted objects (i.e. $\mathbf{x}_1$ and $\mathbf{x}_{n_A}$ are the individuals having the highest and lowest values of the potential, respectively), and

$$q=\frac{\pi n_A}{100} \quad j=\mathrm{int}(q) \tag{81}$$

indicates the integral part. As an example, if there are 35 training samples in class A and the critical limit of the density is defined as the one which corresponds to 95% confidence level, that is to the iso-surface enclosing 95% of the probability volume, then:

$$q=\frac{95\times 35}{100}=33.25 \quad j=\mathrm{int}(33.25)=33 \tag{82}$$

Accordingly, Equation (80) becomes

$$P_{95\%,A}(\mathbf{x})=P_A(\mathbf{x}_{33})+(33.25-33)[P_A(\mathbf{x}_{34})-P_A(\mathbf{x}_{33})] \tag{83}$$

where $P_A(\mathbf{x}_{33})$ and $P_A(\mathbf{x}_{34})$ are values of the cumulative potential for the 33th and 34th training samples of class A, after sorting (see Figure 28). The same procedure can be implemented by sorting the potential values in ascending order and considering the

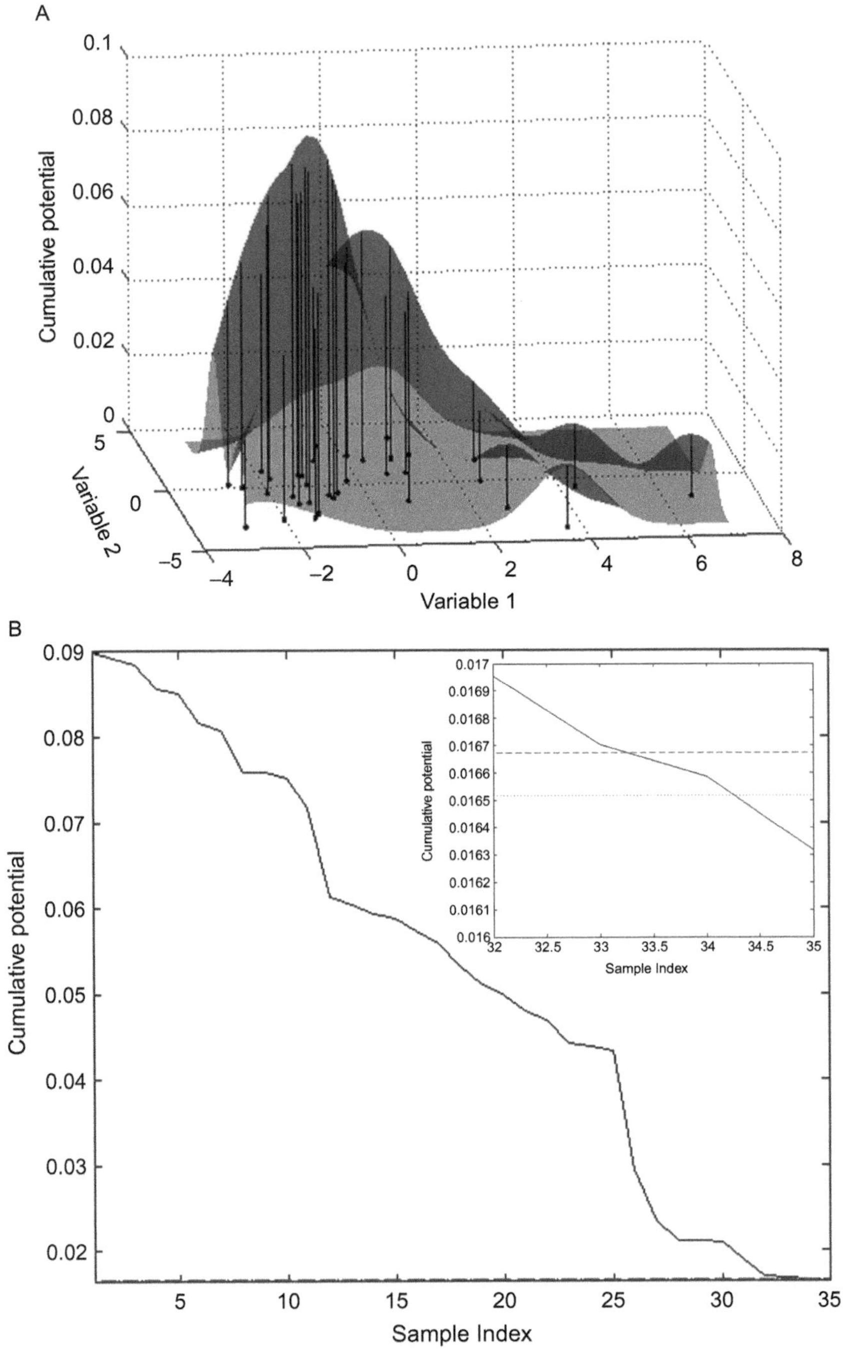

FIGURE 28 Density-based class modelling: (A) Cumulative potential for a class calculated based on 35 training samples (indicated as dots) in the bi-dimensional case. (B) Illustration of the method of sample percentile: representation of the values of sample potentials sorted in descending order. The dashed and dotted lines correspond to the cut-off values obtained using Equations (83) and (89), respectively (see inset). (For colour version of this figure, the reader is referred to the online version of this chapter.)

$$\alpha = 100 - \pi \tag{84}$$

percentile of the distribution.

In this case, the critical value of the cumulative potential is defined as

$$P_{\alpha,A}(\mathbf{x}) = P_A(\mathbf{x}_k) + (u-k)[P_A(\mathbf{x}_{k+1}) - P_A(\mathbf{x}_k)] \tag{85}$$

where the training sample indexing corresponds to sorted objects (i.e. $\mathbf{x}_1$ and $\mathbf{x}_{n_A}$ are the individuals having the lowest and the highest value of the potential, respectively), and

$$u = \frac{\alpha n_A}{100} \quad k = \mathrm{int}(u) \tag{86}$$

Using the same data as before, as

$$\alpha = 100 - \pi = 100 - 95 = 5 \tag{87}$$

one would have

$$u = \frac{5 \times 35}{100} = 1.75 \quad k = \mathrm{int}(1.75) = 1 \tag{88}$$

and, consequently,

$$P_{5\%,A}(\mathbf{x}) = P_A(\mathbf{x}_1) + (1.75 - 1)[P_A(\mathbf{x}_2) - P_A(\mathbf{x}_1)] \tag{89}$$

where $P_A(\mathbf{x}_1)$ and $P_A(\mathbf{x}_2)$ are values of the cumulative potential for the 1st and 2nd training samples of class A, after sorting in ascending order. As, in the present example, samples 1 and 2 when sorting in ascending order is performed correspond to samples 34 and 35 when descending order is considered, the results in Equations (83) and (89) can be summarized as

$$\begin{aligned} P_{95\%,A}(\mathbf{x}) &= 0.25 P_A(\mathbf{x}_{34}) + 0.75 P_A(\mathbf{x}_{33}) \\ P_{5\%,A}(\mathbf{x}) &= 0.25 P_A(\mathbf{x}_{35}) + 0.75 P_A(\mathbf{x}_{34}) \end{aligned} \tag{90}$$

It is evident from Equation (90) that $P_{95\%,A}(\mathbf{x}) < P_{5\%,A}(\mathbf{x})$, so using π one obtains less sensitive but more specific models, while the converse occurs by using α. On the other hand, when the number of samples is high, the two values converge to the same one.

3.3.2 Method Based on the Equivalent Determinant

The second approach for estimating the critical limits of the cumulative potential to be used for class modelling was proposed by Forina *et al.* and is based on the concept of equivalent determinant [59,60]. By the term equivalent determinant, the authors indicate the determinant of the variance/covariance matrix of the multivariate normal distribution having the same value of the mean probability density as the one estimated by the density-based method. Without entering in the details of the procedure, it is possible to demonstrate that, for a multivariate Gaussian distribution in v variables, the mean value of the probability density function is

$$\int_{-\infty}^{\infty} f_A^2(\mathbf{x})\mathrm{d}\mathbf{x} = \frac{1}{2^v \pi^{\frac{v}{2}} \left|\mathbf{S}_{eq,A}\right|^{\frac{1}{2}}} \tag{91}$$

where $f_A(\mathbf{x})$ is the equivalent multivariate normal probability density function for class A and $\mathbf{S}_{eq,A}$ is the corresponding variance/covariance matrix. When the likelihood for the category is defined according to Equation (78), the corresponding mean value can be approximated by

$$\overline{P}_A(\mathbf{x}) = \int_{-\infty}^{\infty} P_A^2(\mathbf{x})\mathrm{d}\mathbf{x} \approx \frac{\sum_{i=1}^{n_A} P_A(\mathbf{x}_i)}{n_A} \tag{92}$$

that is by the mean of the values of the density calculated at each training point. As the definition of equivalent determinant implies equating Equation (91) to Equation (92), a way of estimating $\mathbf{S}_{eq}$ is obtained:

$$\left|\mathbf{S}_{eq,A}\right|^{\frac{1}{2}} = \frac{1}{2^v \pi^{\frac{v}{2}} \frac{\sum_{i=1}^{n_A} P_A(\mathbf{x}_i)}{n_A}} \tag{93}$$

Accordingly, as the equivalent Gaussian distribution can be written as

$$f_A(\mathbf{x}) = \frac{1}{(2\pi)^{\frac{v}{2}} \left|\mathbf{S}_{eq,A}\right|^{\frac{1}{2}}} \mathrm{e}^{-\frac{1}{2} d_{Meq,A}^2(\mathbf{x})} \tag{94}$$

it is possible to define the equivalent Mahalanobis distance for class A, $d_{Meq,A}(\mathbf{x})$, by substituting the value of the density $f_A(\mathbf{x})$ with the corresponding cumulative potential $P_A(\mathbf{x})$ and rearranging:

$$\begin{aligned} d_{Meq,A}^2(\mathbf{x}) &= -2\ln(P_A(\mathbf{x})) - v\ln(2\pi) - \ln\left(\left|\mathbf{S}_{eq,A}\right|\right) \\ &= -2\ln(P_A(\mathbf{x})) - v\ln 2 + 2\ln\left(\frac{\sum_{i=1}^{n_A} P_A(\mathbf{x}_i)}{n_A}\right) \end{aligned} \tag{95}$$

This equivalent Mahalanobis distance is then used to express the distance of a sample to the model of a particular category (here of class A), so that, in the equivalent determinant approach, the corresponding critical limit is computed by selecting the opportune percentile of the T^2 distribution, just as in the case of UNEQ (see Equation 77). It must be stressed that, due to the differences in shape between the cumulative potential and the equivalent Gaussian distribution, negative values for $d_{Meq,A}^2(\mathbf{x})$ can be obtained; in such cases, the distance to the model is set to zero.

4 CONCLUSIONS

Classification methods play an important role in the assessment of food quality and can be used to tackle different kinds of authentication problems. In this chapter, a survey of the principal classification methods proposed in the chemometric literature was presented, particularly stressing the differences between those aimed at discrimination and those focused on modelling the individual categories.

REFERENCES

[1] Forina M, Casale M, Oliveri P. Application of chemometrics to food chemistry. In: Brown SD, Tauler R, Walczak B, editors. Comprehensive Chemometrics, vol. 4. Oxford: Elsevier; 2009. p. 75.
[2] Cozzolino D, Cynkar WU, Shah N, Dambergs RG, Smith PA. A brief introduction to multivariate methods in grape and wine analysis. Int J Wine Res 2009;1:123.
[3] Marini F. Classification methods in chemometrics. Curr Anal Chem 2010;6:72.
[4] Kowalski BR, Bender CF. Pattern recognition: a powerful approach to interpreting chemical data. J Am Chem Soc 1972;94:5632.
[5] Vandeginste BGM, Massart DL, Buydens LMC, De Jong S, Lewi PJ, Smeyers-Verbeke J. Supervised pattern recognition. In: Handbook of chemometrics and qualimetrics: part B. Amsterdam: Elsevier; 1998. p. 207.
[6] Albano C, Dunn III W, Edlund U, Johansson E, Nordén B, Sjöström M, et al. Four levels of pattern recognition. Anal Chim Acta 1978;103:429.
[7] Duda RO, Hart PE, Stork DG. Pattern classification. 2nd ed. New York: John Wiley & Sons; 2001.
[8] Fisher RA. The use of multiple measurements in taxonomic problems. Ann Eugen 1936;7:179.
[9] Pearson K. On lines and planes of closest fit to systems of points in space. Philos Mag 1901;2:559.
[10] Wold S, Esbensen K, Geladi P. Principal component analysis. Chemometr Intell Lab Syst 1987;2:37.
[11] Jolliffe IT. Principal component analysis. 2nd ed. New York: Springer; 2002.
[12] Wold S, Martens H, Wold H. The multivariate calibration problem in chemistry solved by the PLS method. In: Ruhe A, Kågström B, editors. Proc. conf. matrix pencils. Heidelberg, Germania: Springer Verlag; 1983. p. 286, Lecture Notes in Mathematics.
[13] McLachlan GJ. Discriminant analysis and statistical pattern recognition. New York: Wiley; 1992.
[14] Rao CR. The utilisation of multiple measurements in problems of biological classification. J R Statist Soc B 1948;10:159.
[15] Marini F, Magrì AL, Balestrieri F, Fabretti F, Marini D. Supervised pattern recognition applied to the discrimination of the floral origin of six types of Italian honey samples. Anal Chim Acta 2004;515:117.
[16] Brown GW. Discriminant functions. Ann Math Statist 1947;18:514.
[17] Marini F, Bucci R, Magrì AL, Magrì AD. Authentication of Italian CDO wines by class-modeling techniques. Chemometr Intell Lab Syst 2006;84:164.

[18] Nørgaard L, Bro R, Westad F, Engelsen SB. A modification of canonical variates analysis to handle highly collinear multivariate data. J Chemometr 2006;20:425.
[19] Skov T, Ballabio D, Bro R. Multiblock variance partitioning. A new approach for comparing variation in multiple data blocks, Anal Chim Acta 2008;615:18–29. http://www.models.kvl.dk/Wine_GCMS_FTIR.
[20] Barker M, Rayens W. Partial least squares for discrimination. J Chemometr 2003;17:166.
[21] Nocairi H, Qannari EM, Vigneau E, Bertrand D. Discrimination on latent components with respect to patterns Application to multicollinear data. Comput Stat Data Anal 2005;48:139.
[22] Indahl UG, Martens H, Naes T. From dummy regression to prior probabilities in PLS-DA. J Chemometr 2007;21:529.
[23] de la Mata-Espinosa P, Bosque-Sendra JM, Bro R, Cuadros-Rodríguez L. Discriminating olive and non-olive oils using HPLC-CAD and chemometrics. Anal Bioanal Chem 2011;399:2083.
[24] Wold S, Johansson E, Cocchi M. PLS: partial least squares projections to latent structures. In: Kubinyi H, editor. 3D QSAR in drug design: theory methods and applications. Leiden, The Netherlands: Escom Science Publishers; 1993. p. 523.
[25] Seasholtz MB, Kowalski BR. Qualitative information from multivariate calibration models. Appl Spectrosc 1990;44:1337.
[26] Kjeldahl K, Bro R. Some common misunderstandings in chemometrics. J Chemometr 2010;24:558.
[27] Cover TM, Hart PE. Nearest neighbor pattern classification. IEEE Trans Inf Theory 1967;13:21. Coomans D, Massart DL. Alternative *k*-nearest neighbour rules in supervised pattern recognition. Part 1. *k*-Nearest neighbour classification by using alternative voting rules. Anal Chim Acta 1982;136:15.
[28] Coomans D, Massart DL. Alternative *k*-nearest neighbour rules in supervised pattern recognition. Part 2. Probabilistic classification on the basis of the *k*-NN method modified for direct density estimation. Anal Chim Acta 1982;138:153.
[29] Fix E, Hodges JL. Discriminatory analysis. USAF School of Aviation Medicine. Randolph Field, TX, project 21-49-004, contract AF41 (148)-31, Rep. 4, February 1951, and Rep. 11, August 1952.
[30] Collantes ER, Duta R, Welsh WJ, Zielinski WL, Brower J. Reprocessing of HPLC trace impurity patterns by wavelet packets for pharmaceutical finger printing using artificial neural networks. Anal Chem 1997;69:1392.
[31] Loftsgaarden DO, Queesenberry CP. A nonparametric estimate of a multivariate density function. Ann Math Stat 1965;36:1049.
[32] Hermans J, Habbema JDF. Manual for the ALLOC-discriminant analysis programs. Department of Medical Statistics, University of Leiden; 1976.
[33] Coomans D, Broeckaert I. Potential pattern recognition in chemical and medical decision making. Letchworth: Research Studies Press; 1986.
[34] Coomans D, Massart DL, Broeckaert I, Tassin A. Potential methods in pattern recognition part 1. Classification aspects of the supervised method ALLOC. Anal Chim Acta 1981; 133:215.
[35] Victor N. Medical diagnosis with nonparametric allocation rules. Metamedicine 1980;1:85.
[36] Victor N. Alternativen zum klassischen histogramm. Meth Inform Med 1978;17:120.
[37] Rioux P, Nakache JP. Discriminant analysis: methods and program. Comp Prog Biomed 1979;10:43.
[38] Meisel WS. Computer-oriented approaches to pattern recognition. New York: Academic Press; 1972.

[39] Brereton RG, Lloyd GR. Support vector machines for classification and regression. Analyst 2010;135:230.
[40] Zerzucha P, Daszykowski M, Walczak B. Dissimilarity partial least squares applied to non-linear modeling problems. Chemometr Intell Lab Syst 2012;110:156.
[41] Breiman L, Friedman J, Olshen RA, Stone CJ. Classification and regression trees. Boca Raton, FL: Chapman & Hall CRC; 1984.
[42] Marini F. Artificial neural networks in foodstuff analyses: trends and perspectives. A review. Anal Chim Acta 2009;635:121.
[43] Wold S. Pattern recognition by means of disjoint principal components models. Pattern Recogn 1976;8:127.
[44] Wold S, Sjostrom M. SIMCA: a method for analyzing chemical data in terms of similarity and analogy. In: Kowalski B, editor. Chemometrics: theory and application. ACS Symposium Series, vol. 52. Washington DC: American Chemical Society; 1977. p. 243.
[45] Branden KV, Hubert M. Robust classification in high dimensions based on the SIMCA method. Chemometr Intell Lab Syst 2005;79:10.
[46] Louwerse DJ, Smilde AK. Multivariate statistical process control of batch processes based on three-way models. Chem Eng Sci 2000;55:1225.
[47] Maesschalck RD, Caldolfi A, Massart DL, Heuerding S. Decision criteria for soft independent modelling of class analogy applied to NIR. Chemometr Intell Lab Syst 1999;47:65.
[48] Wold S, Sjostrom M. Letter to the editor—comments on a recent evaluation of the SIMCA method. J Chemometr 1987;1:243.
[49] Albano C, Blomqvist G, Coomans D, Dunn III WJ, Edlund U, Eliasson B, et al. Pattern recognition by means of disjoint principal components models: SIMCA philosophy and methods, In: Proceedings of the symposium on applied statistics, Copenhagen, Jan. 22; 1981.
[50] Kvalheim OM, Oygard K, Grahl-Nielsen O. SIMCA multivariate data analysis of blue mussel components in environ-mental pollution studies. Anal Chim Acta 1983;150:145.
[51] Gemperline PJ, Webber LD, Cox FO. Raw materials testing using soft independent modeling of class analogy analysis of near-infrared reflectance spectra. Anal Chem 1989;61:138.
[52] Daszykowski M, Kaczmarek K, Stanimirova I, Vander Heyden Y, Walczak B. Robust SIMCA-bounding influence of outliers. Chemometr Intell Lab Syst 2007;87:95.
[53] Pomerantsev AL. Acceptance areas for multivariate classification derived by projection methods. J Chemometr 2008;22:601.
[54] Nomikos P, MacGregor JF. Multivariate SPC charts for monitoring batch processes. Technometrics 1995;37:41.
[55] Jackson JE, Mudholkar GS. Control procedures for residuals associated with principal component analysis. Technometrics 1979;21:341.
[56] Coomans D, Broeckaert I, Derde MP, Tassin A, Massart DL, Wold S. Use of a microcomputer for the definition of multivariate confidence regions in medical diagnosis based on clinical laboratory profiles. Comput Biomed Res 1984;17:1.
[57] Derde MP, Massart DL. UNEQ: a disjoint modelling technique for pattern recognition based on normal distribution. Anal Chim Acta 1986;184:33.
[58] Derde MP, Kaufman L, Massart DL. A non-parametric class-modelling technique. J Chemometr 1989;3:375.
[59] Forina M, Armanino C, Leardi R, Drava G. A class-modelling technique based on potential functions. J Chemometr 1991;5:435.
[60] Forina M, Oliveri P, Lanteri S, Casale M. Class-modeling techniques, classic and new, for old and new problems. Chemometr Intell Lab Syst 2008;93:132.

Chapter 6

Multivariate Curve Resolution Methods for Food Chemistry

Anna de Juan[1] and Sílvia Mas
Department of Analytical Chemistry, Universitat de Barcelona, Martí i Franquès, Barcelona, Spain
[1]*Corresponding author: anna.dejuan@ub.edu*

Chapter Outline

1 INTRODUCTION

In food chemistry, composition is the key issue. Composition relates to many relevant aspects, such as

a. Identification purposes. Presence of compounds of added value, markers of origin or quality, contaminants or harmful substances.
b. Quantification of compounds. Related to qualities of nutritional value, response to regulations, . . .
c. Fingerprinting. Knowledge of target and unknown compounds. Extremely relevant for authentication purposes, explanation of metabolic or other responses to stress in the growth, contamination, adulteration, . . .
d. Product transformation. Food products can also evolve as a function of time or by the action of external agents like light, heat, . . . which may produce a transformation of the original compounds and, as a consequence, of the characteristics of the product.

All these problems require the identification and often the quantification of target and/or unknown compounds in the food sample. This requires the use of powerful analytical techniques that can provide quantitative and structural

Data Handling in Science and Technology, Vol. 28. http://dx.doi.org/10.1016/B978-0-444-59528-7.00006-5

information on the samples analysed. Such techniques are frequently based on spectroscopic measurements or hyphenated techniques, where a multivariate response is acquired. Handling this kind of measurements requires chemometrics. Besides, a problem that must not be overlooked is the complexity of the food samples, which contain many unknown compounds together with the analytes of interest.

As a consequence, most of the raw measurements performed on food samples imply a complex instrumental response, formed by the contributions of many different substances. Such a mixed multicomponent problem is the natural field for multivariate curve resolution (MCR) methods, the goal of which is unmixing a complex raw measurement into the basic qualitative and quantitative responses linked to each one of the compounds in the sample analysed.

2 MCR: THE BASICS

MCR methods are conceived to solve the general problem of mixture analysis, that is, to unravel the individual contributions of the compounds in a sample from the sole knowledge of a global and mixed measured signal. The basic scenario for MCR methods starts with a measured mixed signal structured as a data table, such as that coming from the analysis of a sample by a hyphenated chromatographic technique, for example high-performance liquid chromatography with diode array detection (HPLC–DAD), where the rows contain the spectra collected at the different elution times and the columns contain the chromatograms related to each wavelength (see Figure 1).

The natural model of this spectroscopic measurement is the Beer–Lambert law, which, when referred to a single data table or matrix, can be described by the expression

$$\mathbf{D} = \mathbf{C}\mathbf{S}^{\mathrm{T}} + \mathbf{E} \tag{1}$$

where **D** is the raw HPLC–DAD chromatogram, **C** the matrix of elution profiles of the sample compounds and $\mathbf{S}^{\mathrm{T}}$ the matrix of their related pure spectra.

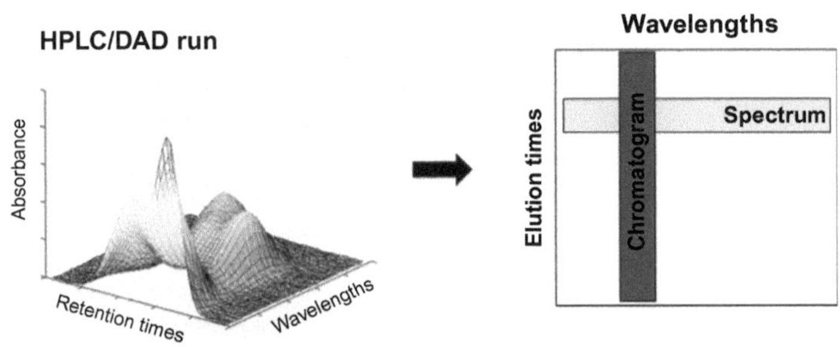

FIGURE 1 Two-dimensional landscape obtained from an HPLC–DAD run and the related data matrix. (For colour version of this figure, the reader is referred to the online version of this chapter.)

E is the matrix of residuals or experimental error. In general, **D** designates the raw experimental data and $\mathbf{S}^T$ and **C** contain the qualitative and quantitative profiles of the pure compounds in the sample, respectively. Equation (1) is the real bilinear model of the measurement and also the underlying model of MCR methods.

Thus, the goal of all MCR methods is decomposing the raw mixed signal in **D** into the individual contributions of each compound in the sample, expressed through the model $\mathbf{CS}^T$, where these two matrices contain few chemically meaningful profiles with the specific information related to each particular compound. There are many kinds of MCR algorithms and, when referred to the analysis of a single data table, iterative and non-iterative methods is the main distinction. Non-iterative methods, pass from **D** to the $\mathbf{CS}^T$ model in a single calculation step and usually rely on the active use of mathematical properties of the data table. In this sense, local rank information is the most used and helps to know how many/which compounds overlap in the different zones of the raw data set **D** [1–4]. Iterative methods, which optimize in a recursive way **C** and/or $\mathbf{S}^T$ matrices, opt mainly for the use of the so-called natural constraints [5,6]. These constraints are defined according to general chemical properties of the concentration profiles (in **C**) or instrumental responses (in $\mathbf{S}^T$) of the measurement analysed. Examples of this kind of constraints can be non-negativity, since concentration values and many instrumental responses have positive values, or unimodality, which forces the presence of a single maximum in a profile, applicable to elution profiles in chromatography and to some instrumental responses, such as voltammetric peaks. Constraints act by modifying/correcting the profiles to fulfil a certain condition during the iterative optimization and they can be applied in an optional way, with more or less flexibility depending on the MCR algorithm used (see Figure 2).

MCR methods were created to solve the mixture analysis problem in samples where the composition was unknown, that is, the identity of the chemical compounds. Therefore, they are well applicable to the analysis of food samples, where almost always target compounds are analysed in the presence of unknown interferences. The analysis of a single chromatographic run, for example HPLC–mass spectrometry (HPLC–MS), can solve coelution problems and provide pure MS spectra, which can help to identify the expected and unexpected compounds in the sample. However, very often, being able to work with a single data table or matrix is not sufficient to handle all the information coming from the study of a food sample. To stay in the chromatographic context, the analysis of a sample can be performed with a chromatographic system that has a diode array detection (DAD) and an MS detector connected in tandem (see Figure 3A). Or, the analytical determination of one or several analytes in a sample passes through the injection of a series of standards and the sample of interest (see Figure 3B). In both cases, the outcome of the study of the food sample yields several data tables that

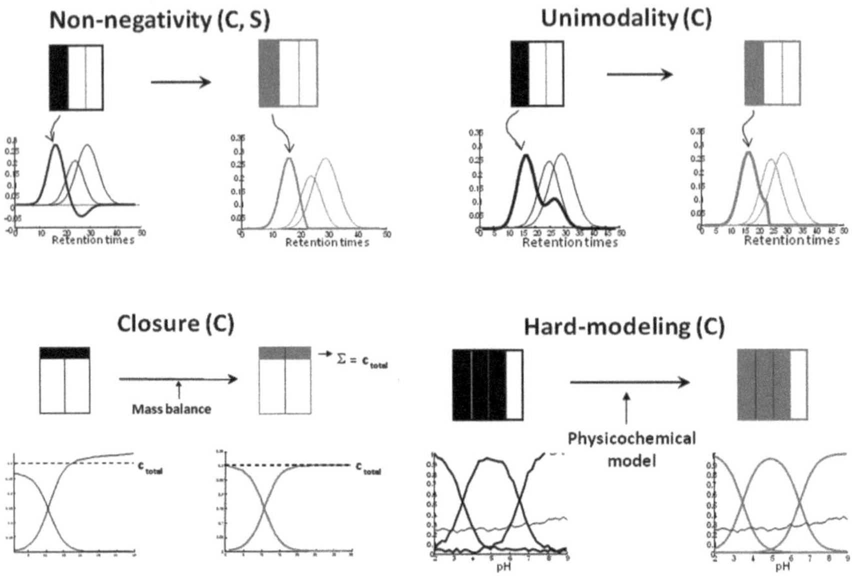

FIGURE 2 Common constraints used in MCR–ALS. (For colour version of this figure, the reader is referred to the online version of this chapter.)

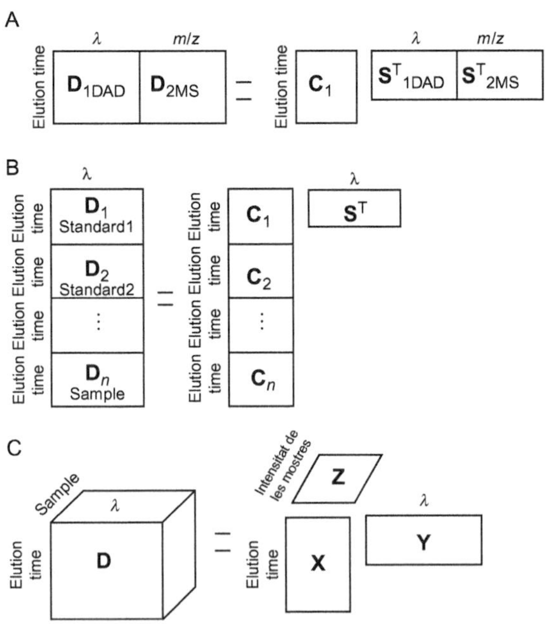

FIGURE 3 Scheme of MCR models: (A) bilinear model for a row-wise augmented matrix, (B) bilinear model for a column-wise augmented matrix and (C) trilinear model for a cube.

should be analysed together to provide a correct insight to the problem. Within the field of chemometrics and MCR, there are two strategies to analyse simultaneously several data tables: multiset and multiway analysis.

Multiset analysis is the denomination used when data tables are appended so that the final analysed structure is an enlarged (or augmented) data matrix. To do so, data tables can be appended one besides the other and/or one under the other. In these arrangements, only one direction of the data tables needs to be common. A row-wise augmented matrix (Figure 3A) or a column-wise augmented matrix (Figure 3B) is obtained when the common direction is the concentration or the spectra, respectively. Row- and column-wise augmented matrices can also be built. Multiset structures are extremely flexible, as their data tables can have different sizes and different chemical meaning. Thus, the augmented mode can contain different kinds of information (e.g. different detection techniques in Figure 3A) or different profile size and behaviour. (Total elution time and elution patterns in the different chromatographic runs do not need to be identical. Run-to-run peak shifts or broadenings and elution reversals can exist in the structure shown in Figure 3B.) The flexibility of multiset analysis lies on the fact that the bilinear model still holds and the profiles in the extended mode can be completely different among $\mathbf{S}^{\mathbf{T}}$ or **C** blocks (see Figure 3A and B, respectively). The most known and widespread multiset resolution algorithm is the iterative method MCR–alternating least squares (MCR–ALS) [6–9].

Multiway analysis applies to the family of techniques, which work with data tables arranged to form a cube or a hypercube (see Figure 3C). Because of the cube structure, the size and the chemical meaning of the directions of the data tables analysed together should be identical, for example a series of chromatographic runs would need to have the same elution time axis and use the same detection technique and spectral range. However, this is not the only limitation. Many multiway methods perform a data decomposition following a trilinear model (see Figure 3C), in which a single set of profiles should describe the behaviour of the three directions in all data tables of the cube. In a chromatographic context, this would mean that the pure spectra and the elution pattern of each particular compound should be identical among all analysed runs. While this is a condition easy to fulfil for the pure response (spectrum) of a compound, peak shifting/broadening or peak elution reversals are very common among different chromatographic runs. This is the reason why a lot of preprocessing (elution time synchronization, peak alignment/warping, etc.) is often needed to obtain reliable results with these methods [10–15]. The problem of using many multiway methods in an analytical context is due to the assumed underlying trilinear model. While this is the natural model in some analytical measurements, for example in two-dimensional (2D) excitation/emission (EEM) fluorescence data [16], it is most often not the case and adequate preprocessing or using more flexible options, such as multiset analysis, is the option in these latter instances.

Among all multivariate resolution methods, MCR–ALS is one of the most widely applied, since it can adapt to single or multiset data analysis and can implement and actively use information about the chemical systems under study. Actually, many of the applications described in the following sections would not be viable if simpler algorithms or algorithms requiring more rigid data architecture would be used. This is the reason why this algorithm will be described in detail.

MCR–ALS is an iterative resolution method that works following the next steps:

1. Determination of the number of components in the data set. Can be known beforehand or estimated by other methods, such as singular value decomposition (SVD) [17].
2. Construction of non-random initial estimates of matrix $\mathbf{C}$ or $\mathbf{S}^T$. Local rank analysis methods, such as evolving factor analysis (EFA) [1,2], or methods based on the selection of pure variables, such as simple-to-use-interactive self-modelling mixture analysis (SIMPLISMA) [18,19], can be used for this purpose.
3. ALS calculation of $\mathbf{C}$ and $\mathbf{S}^T$ under constraints.
4. Checking whether convergence is achieved, that is, whether the bilinear model $\mathbf{CS}^T$ reproduces correctly the raw data $\mathbf{D}$. Otherwise, go for a new iterative cycle in step 3.

The introduction of constraints is the key step of this method. They can be applied optionally, with a variable degree of tolerance and in a very flexible way, that is, variations in the application of constraints can be encountered among components, between matrices $\mathbf{C}$ and $\mathbf{S}^T$ and among submatrices of $\mathbf{C}$ and $\mathbf{S}^T$ when a multiset is analysed. Natural constraints and mathematical constraints are easily accommodated into the MCR–ALS algorithm. Natural constraints are the already mentioned non-negativity and unimodality, together with others more related to process analysis, such as closure (i.e. mass balance) or hard-modelling (i.e. introduction of mechanistic models to give shape to process profiles) (see Figure 2) [6,8]. A useful natural constraint in column(C)-wise augmented multiset structures is the so-called correspondence of species, which allows using actively the information of presence/absence of certain identified compounds in the different $\mathbf{C}_i$ submatrices of the multiset [7,8]. The main mathematical constraints relate to local rank information [7,8] and to model structure, for example trilinearity, in multiset arrangements [8,20]. The diversity and flexible application of constraints has promoted the use of MCR–ALS to solve many different kinds of problems and data sets.

The following sections will describe a variety of scenarios in food analysis where the application of MCR methods can be useful. Three main problem typologies have been identified and treated, namely the qualitative and quantitative analysis of compounds in food samples, the use of fingerprinting information for classification, authentication and other purposes, and the analysis of food processes.

3 MCR APPLIED TO QUALITATIVE AND QUANTITATIVE ANALYSIS OF COMPOUNDS IN FOOD SAMPLES

Food products are complex samples and often both the identity of the compounds present, for example in the case of potential adulteration or lack of knowledge about the sample, and the amount of certain target compounds, to assess the quality of a product or to check the compliance of food regulations, should be known. Table 1 gives many examples in which different MCR techniques have been applied to diverse food analysis problems in which quantitative and qualitative analysis of the food compounds was required.

MCR provides straightforward information on the identity of the compounds in a sample through the pure responses contained in the $\mathbf{S}^T$ matrix. These resolved profiles are particularly useful when they come from an instrumental technique with highly specific structural information, such as MS, or some spectroscopic techniques, such as Raman or Fourier transform infrared (FTIR). In these cases, the resolved profiles can be directly interpreted or matched with libraries of spectra. This is a common practice in the qualitative analysis of food products, the composition of which is relevant to understand final sensory properties, such as essential oils, spices or wines [21–25]. In general, the qualitative analysis of a food sample through the study of the resolved profiles in the $\mathbf{S}^T$ matrix will always provide a deeper knowledge of the composition and the related nutritional or sensory properties of the sample or will inform on problems that could be linked to the contamination or adulteration by unexpected substances.

Quite likely, the most common demand in the study of a food product is the determination of certain compounds of interest, which, again, can be related to relevant properties of the product, be subject to regulations or be additional substances that should be added in a controlled amount (e.g. colouring products, preservatives, etc.).

In the MCR framework, there are few cases in which the quantitative analysis is based on the acquisition of a single spectrum per sample, as is the case for classical first-order multivariate calibration methods, such as partial least squares (PLS), seen in other chapters of this book. There are some instances in which quantitation of compounds in a sample by MCR can be based on a single spectrum, that is, a row of the **D** matrix and the related row of the **C** matrix. Sometimes, this is feasible when the compounds to be determined provide a very high signal compared with the rest of the substances in the food sample, for example colouring additives in drinks determined by ultraviolet–visible (UV–vis) spectroscopy [26,27]. Recently, these examples have increased due to the incorporation of a new constraint in MCR, the so-called correlation constraint [27,46,47], which introduces an internal calibration step in the calculation of the elements of the concentration profiles in the matrix **C** related to the analytes to be quantified. This calibration step helps to obtain real concentration values and to separate in a more efficient way the information of the analytes to be quantified from that of the interferences.

TABLE 1 Multivariate Curve Resolution Methods Applied to Qualitative and Quantitative Analysis of Compounds in Food Samples

Problem	Analytical technique	Chemometric method	Reference
Determination of organic acids, sugars and alcohols in **red wine**	ATR–FTIR	MCR–ALS	[21]
Determination of the essential oil components of **Iranian cumin** and **caraway**	GC–MS	DS-MCR–ALS and OPR	[22]
Determination of volatiles **in lemon**	GC–MS	MCR–FMIN compare with MCR–ALS and HELP	[23]
Determination of volatile components in **Iranian rosemary essential oil**	GC–MS	MCR–ALS	[24]
Determination of essential oils from the **leaves** of two cultivars of **sweet potato**	GC–MS	HELP	[25]
Determination of artificial colours in **soft and isotonic beverages**	UV–vis spectroscopy	MCR–ALS	[26]
Determination of ascorbic acid in a **commercial powder orange juice**	UV–vis spectroscopy	MCR–ALS with correlation constraint and *comparison with U-PLS/RBL* and *BLLS/RBL*	[27]
Determination of sulfathiazole in **milk**	Fluorescence spectroscopy	PARAFAC	[28]
Determination of tetracyclines in **milk**	EEM	PARAFAC	[29]
Determination of malonaldehyde in **olive oil**	Four-way kinetic EEM (Hantzsch reaction)	PARAFAC with a nonlinear pseudounivariate regression	[30]
Determination of sulfathiazole in **honey**	EEM	PARAFAC	[31]
Determination of phenolic acids in **strawberry** (fast analysis)	HPLC–DAD	MCR–ALS	[32]
Determination of yellow and blue food colours in **absinthe spirits**	UV–vis spectroscopy	MCR–ALS (+*PLS*)	[33]

Determination of formaldehyde in **alcoholic beverages**	UV–vis spectroscopy	MCR–ALS and ICA	[34]
Determination of polyphenols in **olive oil** (fast analysis)	HPLC–DAD	MCR–ALS and PARAFAC2	[35]
Determination of four unsaturated fatty acids in **fish oil**	GC–MS	MCR–ALS (+*GRAM*)	[36]
Determination of artificial colours in **non-alcoholic beverages** (fast analysis)	HPLC–DAD	MCR–ALS (+*U-PLS/RBL*)	[37]
Determination of phenolic acids in **wheat bran**	CE	MCR–ALS	[38]
Determination of 2,4,6-trichloroanisole in **wine**	IMS	MCR–LASSO (+*PLS*)	[39]
Determination of butyl caproate and isomers in **GUJINGGONG liquor**	HPLC–DAD and GC–MS	NMF modified by smoothness, unimodality and sparseness. Comparison with HELP	[40]
Simultaneous determination of five synthetic **food colourants**	UV–vis Spectroscopy (chromogenic reaction)	ITTFA (+*PCR, PLS* and *PC-RBF-ANN*)	[41]
Determination of fatty acids in **fish oil**	2D GC–MS	HELP and WTTFA (+PCA)	[42]
Determination of non-steroidal anti-inflammatory drugs (NSAIDs) in **bovine milk**	GC–MS	PARAFAC	[43]
Determination of malachite green (MG) and its metabolite in **fish**	LC-MS/MS	PARAFAC	[44]
Determination of six sulfamides in **kidney**	HPLC–DAD	PARAFAC2	[45]

U-PLS/RBL, unfolded partial-least squares residual bilinearization; *BLLS/RBL*, bilinear least-squares/RBL; ATR, attenuated total reflection; GRAM, generalized rank annihilation method; CE, capillary electrophoresis; IMS, ion mobility spectrometry; DS-MCR–ALS, distance-selection-MCR–ALS; OPR, orthogonal projection resolution; HELP, heuristic evolving latent projections; NMF, non-negative matrix factorization; ITTFA, iterative target transform factor analysis; PC-RBF-ANN, principal component–radial basis function–artificial neural network; WTTFA, window target testing factor analysis; EEM, excitation and emission matrices; MCR–FMIN, multivariate curve resolution based on the minimization of an objective function.

However, most of the time, due to the complexity of the food samples and the need to minimize the sample treatment, that is, the chemical separation of the interferences from the compounds of interest, more powerful instrumental measurements, such as 2D spectroscopies, for example EEM fluorescence spectra, or hyphenated separation techniques, for example gas chromatography/MS (GC/MS), HPLC/DAD or HPLC/MS, are used. As mentioned in previous sections, obtaining a data table per sample is a much more natural scenario for the application of MCR techniques. In these instances, the typical strategy is to perform the simultaneous analysis of data tables related to standards of known concentration together with tables from unknown samples, in which the concentration(s) of the analyte(s) are determined. Either using multiset analysis or multiway analysis, these determinations benefit from the so-called second-order advantage, which means that analytes can be determined in the presence of interferences, even if those are absent from the calibration samples [48]. The reason why this second-order advantage exists is that MCR techniques describe the information of the compounds in separate concentration profiles and spectra, that is, they make a 'mathematical' separation of the information related to all compounds in the analysed sample, analytes and interferences. Afterwards, only the information of the profiles related to the analytes is used for quantitation purposes.

The scale of the concentration profiles or concentration values furnished by MCR techniques is in arbitrary units. Therefore, calibration lines between the MCR concentration values and the reference concentration values in the calibration samples should be built to predict real concentrations in the samples of interest.

In the context of multiway resolution methods, the quantitative information (in arbitrary units) is stored in the **Z** matrix of the model, related to the sample mode (see Figure 3C). The 'concentration' values of the **Z** matrix are regressed against the reference values of the calibration samples to build the calibration lines. The most commonly found examples for quantitative analysis using multiway resolution methods involve the application of the parallel factor analysis (PARAFAC) method to EEM fluorescence data [28–31]. Indeed, when analytes are fluorescent, this kind of measurement is very interesting as it is very sensitive and many interferences present in the food sample may not have this property and, thus, will not contribute to the measured signal. This kind of approach has been successfully applied to the determination of highly fluorescent compounds, such as antibiotics or other drug residues, given to animals at some stage and that should be present in a very small amount in the final food products.

From a chemometric point of view, the EEM measurements hold the trilinear property, that is, the shape of the excitation and emission spectrum of a particular compound is invariant in all the samples analysed and, therefore, adapt optimally to the underlying PARAFAC model. The same cannot be said of the data coming from hyphenated separation techniques, where the elution mode (the elution peak) of a certain compound may suffer shifts/broadenings or, simply, shape changes among chromatographic runs. As mentioned earlier, although some multiway methods seem to cope with these differences, for example PARAFAC2, they should be very few in practice, that is, one should have very reproducible chromatographic systems [49], to avoid affecting the final results obtained. Else, a very complete preprocessing including peak alignment/warping methods on the raw data should be carried out before the multiway analysis [14,15]. This is the reason why it is generally recommended to use multiset analysis in these instances, since the elution mode, which is extended (see Figure 2B), can be completely different among chromatographic runs, that is, neither the total elution time nor the elution pattern must be identical among the standards and samples analysed.

In contrast to multiway methods, multiset MCR methods provide only two matrices: $\mathbf{S}^\mathbf{T}$, with the qualitative information of compounds, and **C**, which contains the concentration profiles. In a multiset, we have as many $\mathbf{C_i}$ submatrices in **C** as data tables (standards or samples) analysed. Profile shapes in each one of these $\mathbf{C_i}$ submatrices can be completely different. In each submatrix, information about the shape and scaling of the concentration profiles is found altogether. Figure 4 shows how to proceed to obtain the calibration lines and, hence, the quantitative information from the **C** matrix provided by multiset analysis. For a particular analyte, the MCR concentration values per each calibration sample are simply obtained by integrating the suitable concentration profile in its related $\mathbf{C_i}$ submatrix. These values are then regressed against the reference values of the calibration samples to build the calibration lines. In this way, a typical external calibration strategy would be carried out. A relevant note on quantitative analysis when using MCR–ALS for quantitative analysis is that the composition of the standards (whether formed by a single analyte or a mixture of them) can be actively used in the optimization of the resolved profiles through the application of the constraint of correspondence among species, which allows setting which compounds are present or absent in the related standards [6,9].

Although it has been mentioned that the second-order advantage allows quantifying analytes in the presence of interferences absent in the calibration samples, there may be other typical analytical problems linked to the different signal-to-concentration ratio of the analytes in the food samples and in the aqueous standards (solved by using the standard addition method), or to the instability of the overall chromatographic signal (solved by using an internal standard) that can affect the quality of the final quantitative results. In these cases, multiset analysis also allows accommodating these calibration strategies, either by building a multiset formed by samples analysed adding different amounts of analyte standards (for the standard addition method) or by building *a posteriori* the calibration line taking into account the ratio of the concentration of analyte and internal standard if needed [50] (see Figure 4).

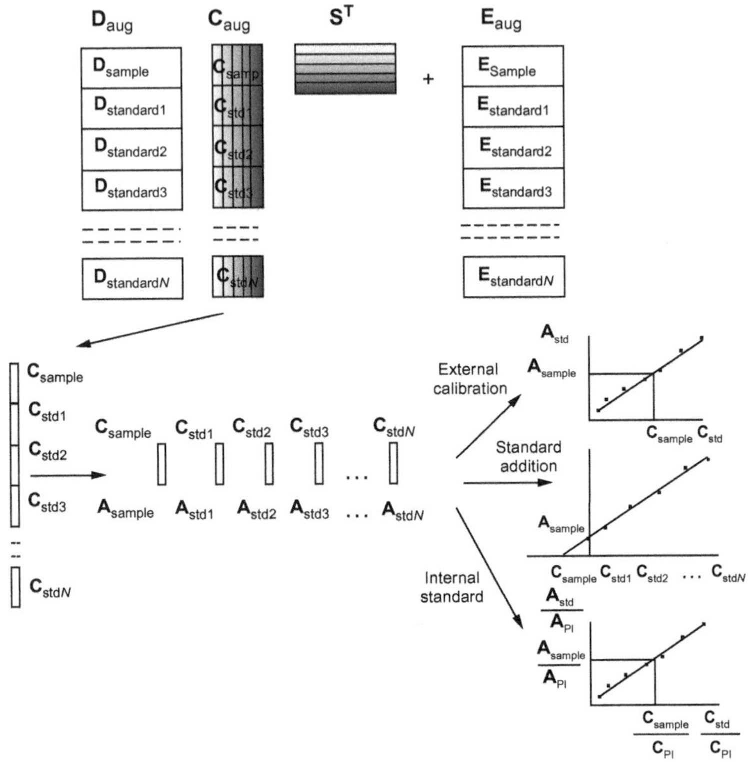

FIGURE 4 Graphical representation of external calibration, standard addition and internal standard strategies related to obtaining the quantitative information from the **C** matrix provided by multiset analysis.

Since both in quantitative analysis coming from the multiway method and in multiset analysis, the last step is the construction of univariate calibration lines, analogous figures of merit have been proposed that have been successfully used to provide results with suitable uncertainty [51] and to comply with regulatory issues [52].

The methods described earlier are an excellent tool to determine analytes of interest in the presence of samples as complex as food products, but another relevant aspect of analytical determinations is the application of these methods for routine analysis. In this respect, aspects such as the total analysis time are crucial. In the chromatographic analysis context, shortening the analysis time goes to the detriment of the chromatographic resolution among neighbouring peaks. As a consequence, classical integration methods cannot be used, since complete separation of the peaks is required. MCR methods help again in this scenario, since they provide by chemometric means the perfect peak resolution that is no longer obtained chromatographically. This is again a very suitable application for multiset analysis, since the quality of the resolution results can be improved by analysing simultaneously standards obtained in better resolution conditions (where the compounds of interest are very well defined) with sample runs carried out in a much shorter analysis time. Figure 5 shows a real example in which polyphenol compounds are determined in strawberry samples [32]. A long run of standards is analysed together with other sample runs where the total analysis time is almost 10 times shorter. Nevertheless, the peak resolution in these more difficult sample runs is perfectly achieved. This kind of strategy can only be applied if multiset analysis is used, since the elution mode among the chromatographic runs analysed simultaneously can be completely different. In general, multiset analysis allows for all possible combinations of mixtures of standards and samples, analysed in different chromatographic conditions if required.

4 MCR AND FOOD FINGERPRINTING

Fingerprinting enables the characterization of food products. The compositional profile (fingerprint) of foodstuffs is an indicator of quality, origin and authenticity and is closely related to the sensory and nutritional properties of these products. Variations of the fingerprint can indicate adulteration

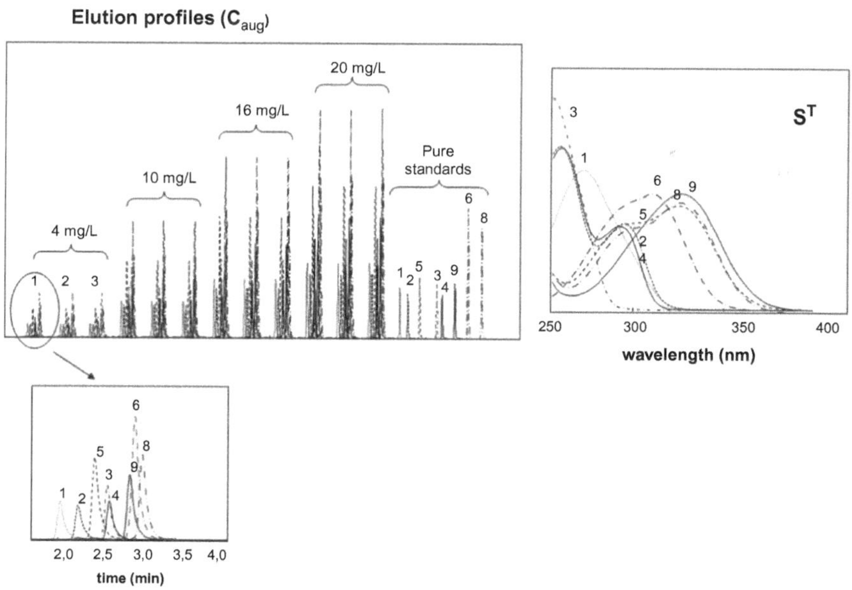

FIGURE 5 Example of MCR applied to qualitative and quantitative analysis of compounds in strawberry samples by means of fast liquid chromatography and MCR–ALS. The multiset is formed by four triplicate standard mixtures of the phenolic acids at different concentration levels. Eight chromatographic runs of pure standard samples were also used for optimal MCR-ALS resolution. Source: *Mas et al. [32]*. (For colour version of this figure, the reader is referred to the online version of this chapter.)

problems, reflect different food-processing methodologies or may indicate variations in the original food properties due to the action of light, temperature, storage problems or natural ageing processes.

Sometimes fingerprinting is interesting only for the sake of identifying and defining the relative amount of the compounds that characterize a certain food product. At other times, this compositional description is used to distinguish among quality levels in a certain product (e.g. virgin and pure olive oil [53]; age in balsamic vinegars [54]), to authenticate the origin of products (typically in wine, vinegar and oil studies [55–57]) or to find out whether differences in food processing can be noticed (e.g. conventional vs. probiotic yogurts [58] or simply assessment of the effect of different producers on the quality of a final product [54]). Detection of adulteration is one of the most interesting purposes of food fingerprinting and is often linked to oil products (olive vs. non-olive oils [59]) and to other foodstuffs [60]. Variations of food properties due to the action of light, storage conditions or food spoilage are also interpreted from the study of the changes in the food fingerprint [61–63].

In all the studies using food fingerprints, there is a twofold aim: solving the problem under study (i.e. adulteration, authentication, etc.) and identifying the compounds (food markers) most relevant to reach that goal. Food fingerprints are complex and contain many target compounds, traditionally identified as relevant to characterize certain food products (e.g. polyphenols in wine [55]), and additional substances, which, although not so well known, may be relevant to solve the problem under study. Again, the complexity of the sample and the need to characterize the compounds in the fingerprint from the global measured signal justify the use of MCR methods, devoted to solve the mixture analysis problem. Table 2 shows several examples where MCR applied to food fingerprints works with different kinds of measurements and is used to tackle different problems.

Food fingerprints can be based on instrumental responses, sensory properties or on the combination of the two. The simplest fingerprint is a response formed by an array of numbers (vector) per sample, for example spectroscopic measurements, such as Raman, infrared (IR), near-infrared (NIR) or fluorescence; nuclear magnetic resonance (NMR) or single chromatographic traces, acquired at a single wavelength or averaged from hyphenated techniques, such as the total ion chromatogram (TIC) in LC or GC/MS. Sensory properties can also be organized as an array of parameters per sample. There are examples where MCR has been applied to a single data table, with one vector per sample. In these instances, the samples analysed have few compounds providing a measurable signal, for example fluorescent compounds measured with one-dimensional (1D) emission spectra used to assess the quality of cod caviar paste stored under different conditions [61], or the system itself has few compounds, for example measurement of FTIR and Raman spectra of vodka, where the abundance of the four water/ethanol compounds could be related to vodka sensory properties [64]. There are also few works based on the use of a

TABLE 2 Multivariate Curve Resolution Methods and Food Fingerprints

Problem	Analytical technique	Chemometric method	Reference
Discrimination between **virgin olive** oils and **pure olive oils**	EEM	PARAFAC (+*U-PCA* and *PCA*)	[53]
Classification of **Aceto Balsamico Tradizionale di Modena** of different ageing and inspection of producers' similarity/dissimilarity	Sensory analysis and HS-MS	PARAFAC (+*PCA* and *LDA*)	[54]
Authentication of **three Lambrusco wine** varieties according to the content of phenolic and other analysed compounds	HPLC–DAD	MCR–ALS (+*PCA*)	[55]
Authentication of **wine** of different appellations or different ageing procedures	EEM	PARAFAC	[56]
Characterization and quantitation of the volatile components and investigation of the effect of geographical and climatic conditions on the volatile composition of **saffron of four Iranian regions**	GC–MS	MCR–FMIN and MCR–ALS	[57]
Discrimination between **commercial probiotic/conventional yogurts**	Sensory analysis	PARAFAC compare with PCA	[58]
Discrimination between **olive** and **non-olive oils**	HPLC–CAD	MCR–ALS (+*PCA* and *PLS-DA*)	[59]
Discrimination of **orange juice** from **grapefruit juice** in a context of fraud prevention	^{1}H NMR	ICA compared with PCA	[60]

Continued

TABLE 2 Multivariate Curve Resolution Methods and Food Fingerprints—Cont'd

Problem	Analytical technique	Chemometric method	Reference
Assessment of the quality attributes of **cod caviar paste** (fluorescent behaviour of cod caviar paste, stored under different conditions, in terms of light exposure and concentration of oxygen in the headspace)	Sensory analysis and HS-fluorescence spectroscopy	MCR–ALS	[61]
Metabolic profiling for food spoilage detection through the determination of application of *Salmonella typhimurium*-**contaminated pork**	GC–MS	MCR–ALS (+*PCA*)	[62]
Assesment of the 'structurability' parameter (ability to sequester water molecule) which provides the molecular basis of the differences in **vodka formulations**	FTIR, Raman and ^{1}H NMR	MCR–ALS	[64]
Fingerprint analysis of citrus **essential oils in citrus fruit**	GC–MS	MCR–ALS (+*PCA, KNN* and *CPANN*)	[65]
Study of the aroma profile of **apples** as a function of ripening degree	GC–MS	PARAFAC2 (+*PCA*)	[66]
Classification of **cherry vinegars** (to extract relevant chemical information about the vinegars as well as to classify and discriminate them considering the different ageing)	EEM	PARAFAC (+*PLS-DA* and *SVM*)	[67]
Study of **pesto sauce** appearance and of its relation to pigment concentration	Sensory analysis	PARAFAC (+*ANOVA* and *PCA*)	[68]

HS-fluorescence spectroscopy, head space-fluorescence spectroscopy; EMM, excitation and emission matrices; SVM, support vector machine; HS-MS, head-space mass spectrometry; HPLC–CAD, HPLC coupling to charged aerosol; MCR–FMIN, multivariate curve resolution based on the minimization of an objective; KNN, *k*-nearest neighbour; CPANN, counter-propagation artificial neural network.

single chromatographic trace per sample but, in these cases, one should be aware of the problem of peak alignment among chromatograms before the analysis and of the risk of incorrect peak matching, since the elution time is the only feature to identify the compounds present in the sample [59].

Food samples are, in general, very complex, and using more powerful instrumental measurements for fingerprinting, that is, a data table per sample, based typically on 2D fluorescence measurements or on hyphenated separation techniques, allows solving more diverse and difficult scenarios. This kind of data is particularly relevant when the definition of a certain characteristic of the food product, for example its origin, depends on the combination of the relative composition of many compounds. Again, it is important to remember that MCR applied to these data sets allows for the determination of expected (target/food marker) compounds and for the detection and identification of unknown substances, for example via resolved mass spectra, that often contribute in a significant manner to define the food fingerprint. As mentioned in previous sections, many multiway analysis examples (most of them using PARAFAC) work with 2D fluorescence data of food products because of the trilinear structure of these measurements or with sensory data, which lack a clear underlying model structure, whereas bilinear MCR multiset methods are more suitable to deal with hyphenated separation techniques, since neither problems of elution misalignment among chromatographic runs nor need of regular and synchronized chromatographic injections is required.

In the case of food fingerprint studies based on the use of hyphenated separation techniques and because of the large number of compounds involved in each sample, the fingerprint itself is usually obtained by analysing sequentially several multisets formed by analogous small elution windows of the different chromatograms until all the elution regions of interest have been covered [55,65,66]. In the case of using MS detection, the most frequent choice, the first outcome is the identification of the compounds present in the sample (target and unknowns) through the comparison of the resolved mass spectra by MCR with the available MS libraries. This gives a comprehensive description of the nature of the different samples and of the relevant food markers for the food problem under study.

The qualitative (structural) information of the food fingerprint (related to the $\mathbf{S}^T$ matrix) goes together with the quantitative information (derived from the profile areas in the **C** matrix in multiset analysis or from the **Z** matrix in multiway analysis). It is important to note that the quantitative information, that is, the relative amount of each compound in each of the samples analysed, has been obtained from the application of MCR methods to the multiset or multiway data analysed and by no means would have been derived from the raw measurement.

The quantitative compositional profile (fingerprint) obtained by the MCR techniques is the information used as starting point to solve all the problems mentioned at the beginning of the section (authentication, quality assessment, adulteration, etc.). Thus, many of the works in which MCR is applied use the derived quantitative fingerprint features, for example peak areas in chromatography, as input information for other methods dedicated to data exploration or classification. Thus, MCR features can be submitted to principal component analysis (PCA) or to clustering methods to detect sample clusters linked to food origin [55], groups related to different producers [54] or to distinguish good from adulterated or damaged products [60,62]. Discrimination or classification methods, such as linear discriminant analysis (LDA) or partial least squares discriminant analysis (PLS-DA), also use MCR features to solve many diverse problems. Classes that can be defined in this case are food origin, ageing degrees, adulterated versus good product, ... [54,59,67].

Figure 6 shows a scheme on how to use MCR-derived fingerprint information for a problem of authentication of wines. Salvatore et al. investigated wine samples from different Lambrusco varieties (Grasparossa, Salamino and Sorbara) [55]. There were some expected target compounds (polyphenols) in the samples together with unknown substances. The first step was an MCR analysis of a multiset formed by runs of polyphenol standards (to build calibration lines for these compounds, see previous section) and runs of the wine samples of the different origins. MCR produced as a result the pure spectra of

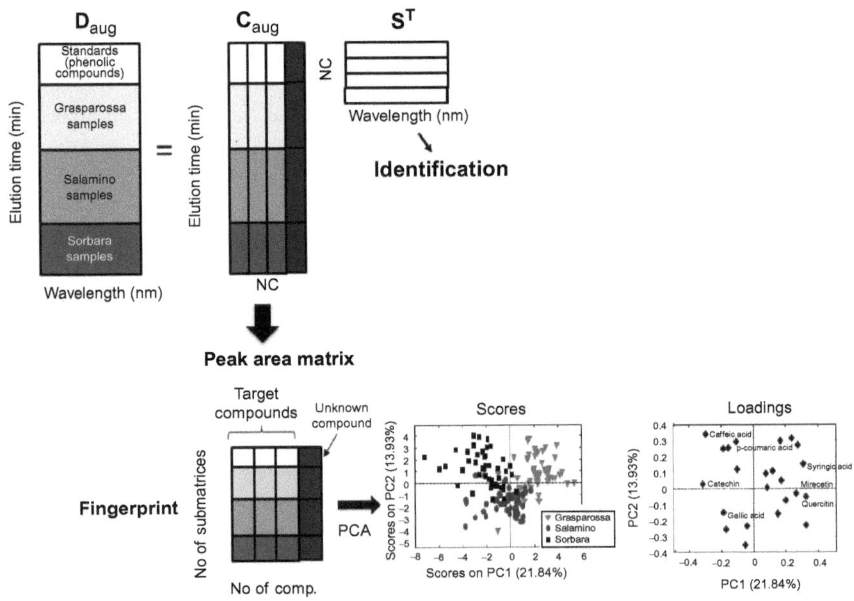

FIGURE 6 Example of MCR for fingerprinting in food analysis. (A) MCR bilinear model related to the multiset structure formed by HPLC–DAD runs of polyphenol standards and samples of three Lambrusco wine varieties. (B) PCA scores and loadings from the matrix of resolved peak areas obtained for all the compounds resolved by MCR–ALS (the target phenolic compounds and the coeluting unknown compounds). Source*: Salvatore et al. [55].* (For colour version of this figure, the reader is referred to the online version of this chapter.)

compounds in the wine for identification purposes, the real concentration of the target compounds (polyphenols) and allowed modelling the other unknown compounds. The food fingerprint for each wine sample was formed by the peak areas of the polyphenols and the other resolved compounds. The table of peak areas of all wine samples was submitted to PCA to see whether the three varieties of different origins could be differentiated from their fingerprint information. As a result, the different origins could be distinguished, but only using the MCR-derived peak areas for both target and unknown compounds.

5 MCR FOR FOOD PROCESSES

Food properties often change because of the action of external agents (typically exposure to light or temperature changes) or because a process is induced to transform the original material into a different product (e.g. fermentation, cooking). Knowing the identity and evolution of the products involved in a foodstuff process requires continuous monitoring of a signal and further interpretation. One of the natural areas of application of MCR is process analysis. Although most examples found in the literature are related to the study and interpretation of bio(chemical) or environmental processes [6,7], food processes can also be analysed in this way and this is an application that will surely grow in the coming years.

Typically, when MCR is applied to analyse a process, the initial information is a data table that contains a response (e.g. a spectrum) monitored as a function of the process variable (e.g. time, temperature, etc.). In this sense, recovering the basic MCR model $\mathbf{D}=\mathbf{C}\mathbf{S}^{\mathrm{T}}$, $\mathbf{D}$ will contain now the measurements acquired during the process, $\mathbf{S}^{\mathrm{T}}$ the pure spectra of the compounds involved in the process and $\mathbf{C}$ the process profiles, showing the evolution in the emergence and/or decay of compounds. In food analysis, the quantitative and qualitative description of the compounds in the process is relevant. The qualitative information identifies the products formed during the process, the nature of which is relevant as some kind of degradations may induce the formation of unhealthy products or, simply, of substances that deteriorate the natural sensory characteristics of a foodstuff. The quantitative information (process profiles) informs about how fast a process can be completed, how persistent some by-products are and in which conditions (e.g. temperature) some degradation products can start to form. Table 3 lists several examples in which MCR has been applied to interpret processes taking place in food products.

Contrarily to the examples in the determination of compounds in foodstuffs or in the use of food fingerprints, where several data tables are often used in a multiset or multiway mode, examples of food process analysis often involve the analysis of a single data table coming from the spectroscopic monitoring of the process of interest. The most used spectroscopic techniques are FTIR and Raman as they have a fine structure and provide rich features related to

TABLE 3 Multivariate Curve Resolution for Food Processes

Process	Sample	Analytical technique	Chemometric method	Results obtained	Reference
Stability of carotenoids in grape extracts	24 different grape varieties	HPLC–DAD	MCR–ALS	Information about the effects of adding triethylamine as preservative on the degradation of natural products	[63]
Thermal oxidation of oil	Jojoba oil	FT-MIR	MCR–ALS (+*PCA*)	Identification of chemical species produced or degraded during the thermal treatment (differentiation of various samples according to their origin and process, and differentiation of oxidative conditions applied on oils)	[69]
Lipid oxidative degradation of oil	Six vegetable oils	FTIR and FT-Raman spectroscopy	MCR–ALS (+*2D-CoS*)	Description of the spectral changes occurring during the oxidative degradation of the oils	[70]
Thermal ageing of oil	Seven edible oils (walnut, grapessed, soybean and sunflower oil)	FT-MIR	MCR–ALS (+*PCA*)	Temporal evolution of the different products during thermal ageing	[71]
Thermal stability of oil	Different edible oils	^{1}H NMR	Three- and four-way TUCKER3 (+*PCA*)	Information about the effects of temperature and heating time on chemical evolution in the samples	[72]

Exploratory study of sugar production	Sugar	Fluorescence spectroscopy	PARAFAC (+*MLR*)	Establishment of models to predict variations in the fluorescence data correlated to the variations in the quality of the sugar and to important process parameters	[73]
Effect of light exposure on butter	Butter	EEM	PARAFAC	Determination of the pure spectral components belonging to the photosensitizers and relationships with the sensory responses	[74]
Chemical changes of parma dry-curing process	Parma ham	Sensory data and fluorescence spectroscopy	PARAFAC	Discrimination between raw meat, salted meat and matured/aged ham, plus prediction of chemical, physical or sensory parameters in the dried ham	[75]
pH and UV radiation effect on kinetic degradation of anthocyanin mixtures	Anthocyanin pigments in *Hibiscus acetosella*	UV–vis spectroscopy	MCR–ALS	Resolution of pure spectra and kinetic evolution of the species present at different pH values and with or without UV radiation	[76]
Valorisation of onion wastes by transforming them into onion vinegar	Onions waste	NIR	MCR–ALS compare with PLS	Prediction of the compositional profiles of key species in alcoholic fermentations from onion juice (to ensure efficient ethanol yield)	[77]

Continued

TABLE 3 Multivariate Curve Resolution for Food Processes—Cont'd

Process	Sample	Analytical technique	Chemometric method	Results obtained	Reference
Heat degradation of oil (antioxidant effect of Nigella seed extract)	Sunflower oil	3D-FF fluorescence spectroscopy	ICA	Decomposition of the 3D-FF fluorescence spectra and the extraction of the signals of individual fluorophores which facilitate their interpretation (monitoring the antioxidant effect of Nigella extract during heat treatment)	[78]
Determination of acidity in oil	Plant oils	SIA–DAD	MCR–ALS	Resolution of the spectra and the concentration of the acidic and basic species present in a sample	[79]
Lipid oxidation and neoformed compounds during nuts and sesame seeds processing	Nuts and sesame seeds	EEM	PARAFAC (+*MLR* and *PLS*)	Information about the molecular changes occurring in these food products when exposed to heat treatment. Decomposition of fluorescent compounds present in nuts and in sesame seed samples	[80]
Stability of process during storage	Cheese	FF-fluorescence spectroscopy	PARAFAC	Fluorescence landscapes related to the storage condition	[81]

FT-MIR, Fourier transform mid-infrared spectroscopy; 2D-CoS, two-dimensional correlation spectroscopy; 3D-FF fluorescence spectroscopy, 3D-font-face fluorescence spectroscopy; ICA, independent component analysis; SIA, sequential injection analysis; EEM, excitation and emission matrices.

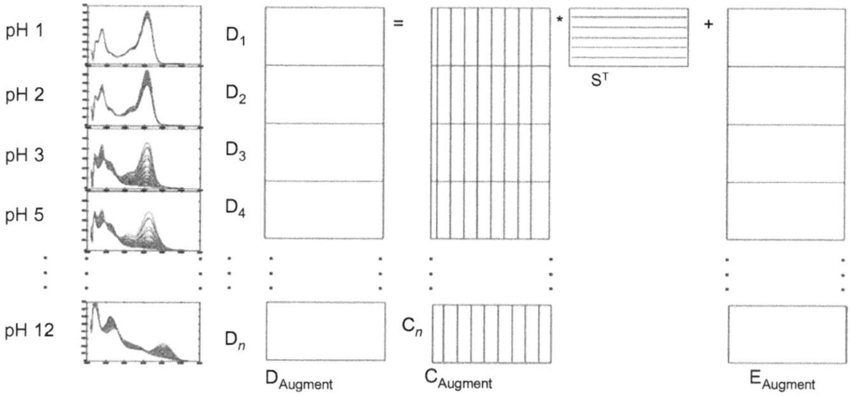

FIGURE 7 Example of MCR for food process analysis. Data matrix augmentation and bilinear decomposition using MCR–ALS to study the pH effect and UV radiation on kinetic degradation of anthocyanin pigment mixtures. Source*: Março et al. [76].*

organic compounds. NIR is sometimes used, but the pure spectra of similar compounds usually show a larger overlap. There are many examples linked to the study of oxidative processes in oil by FTIR and Raman because oxidation deteriorates the taste of this product [69,70]. Typical oxidation of oils may be induced by the action of light and temperature. Some of the studies performed aim at comparing the products formed and the resistance to oxidation of different kinds of edible oils [71], whereas others focus on finding temperatures (thermal oxidation) at which some undesirable compounds start to form. All this information should necessarily help in the proper use and storage of these products.

While single data set analysis is a common option in food-processing problems, multiset arrangements are also used to enhance the value of the information acquired, for example working simultaneously with data sets of different oils to help in the differentiation among the products formed during oxidation [70]. Multiset analysis also allows a more integral description of the process under study when several experiments performed in different experimental conditions are analysed simultaneously. This is the case shown in Figure 7, where the effect of light and pH on the degradation of anthocyanin pigments (markers for fruit ripening) is studied through the simultaneous analysis of several photodegradation experiments performed at different pH values. The complementary information coming from these different experiments provides an easier way to detect minor compounds in certain conditions and to understand the effect of the different factors on the process under study. Some examples along this line may be found in the field of multiway analysis, where ^1H NMR spectra were used to assess the effect of temperature and heating time in the degradation of different kinds of oils [72].

As in previous sections, there are examples of food process analysis in which the response monitored provides a full data table per sample. The most typical example is EEM fluorescence measurement, used to monitor oxidation or photodegradation processes or effects of different storage or food-processing conditions in the final products [73–75]. This can be done because many relevant food compounds (complex organic aromatic molecules) have this optical property, for example the amino acids monitored during sugar production [73], or photosensitizers like chlorophyll or some porphyrins present in butter [74]. In this case, the quantitative mode (**Z** matrix in multiway analysis) contains the information about the process evolution and the related EEM spectra as the identity of the compounds involved. It is interesting to note that, as in other applications seen in the food fingerprint section, all the quantitative information in the **Z** matrix can be used later on for different purposes, such as building calibration models relating the amount of fluorescent compounds to sensory properties [75]. EEM measurements are simple and, therefore, a good alternative for process monitoring.

Food processes, in general, are not extremely fast and one could also consider the use of hyphenated separation techniques for process monitoring. In this case, a chromatogram could be obtained from sample portions collected at each stage of the process. By multiset MCR analysis, the identity of the products involved could be distinguished and the process profiles could be derived by plotting the peak areas of the different compounds (obtained from the elution profiles in **C**) as a function of the process variable [6,7]. This alternative should be considered when many compounds are involved in the process and a single spectrum per sample or a measurement poor in features, such as fluorescence, cannot solve the problem [82]. It is also the most recommended option when the process evolution of many compounds is too similar [83]. An example of this kind is provided by Wehrens et al., who studied the effect of adding a preservative into grape extracts as a function of time by HPLC–DAD to assess carotenoid stability [63].

6 CONCLUSIONS

MCR is proven to be a very powerful tool for food analysis. The fact that this technique is devoted to analysing multicomponent systems matches optimally with the main aim of food studies, related to know the qualitative and quantitative composition of food. The plain results of MCR often provide the answer to the food problem, for instance, in analytical determinations or in process description, or may be a previous step to obtain fingerprint information that can be submitted to other chemometric tools for additional purposes, such as in authentication or classification problems.

MCR techniques are also adaptable to handle responses of varying complexity, from single spectra to data tables coming from EEM measurements or hyphenated separation techniques. When either the problem to solve or the measurement to handle becomes very complex, multiset and multiway strategies can be applied that can work simultaneously with many data tables coming from different samples or experiments. Although many examples of

MCR applied to food analysis can be already found, much progress may be expected in obtaining food fingerprints, for example by automating MCR procedures, or in the study of food processes, which may help to optimize the production of a manufactured product, or to find out the best conditions of storage and use of natural products by assessing the effects of external agents (light, temperature) in their composition and sensory properties.

REFERENCES

[1] Maeder M, Zuberbühler AD. The resolution of overlapping chromatographic peaks by evolving factor-analysis. Anal Chim Acta 1986;181:287–91.
[2] Maeder M. Evolving factor-analysis for the resolution of overlapping chromatographic peaks. Anal Chem 1987;59:527–30.
[3] Malinowski ER. Window factor-analysis—theoretical derivation and application to flow-injection analysis data. J Chemom 1992;6:29–40.
[4] Kvalheim OM, Liang Y-Z. Heuristic evolving latent projections—resolving 2-way multicomponent data.1. Selectivity, latent-projective graph, datascope, local rank, and unique resolution. Anal Chem 1992;64:936–46.
[5] de Juan A, Casassas E, Tauler R. Soft modeling of analytical data. Encyclopedia of analytical chemistry: instrumentation and applications. New York: Wiley; 2000.
[6] de Juan A, Rutan SC, Maeder M, Tauler R. MCR chapters. In: Brown S, Tauler R, Walczak B, editors. Comprehensive chemometrics, vol. 2. Amsterdam: Elsevier; 2009. p. 207–558.
[7] de Juan A, Tauler R. Multivariate curve resolution (MCR) from 2000: progress in concepts and applications. Crit Rev Anal Chem 2006;36:163–76.
[8] Tauler R, Smilde AK, Kowalski BR. Selectivity, local rank, three-way data analysis and ambiguity in multivariate curve resolution. J Chemom 1995;9:31–58.
[9] Tauler R. Multivariate curve resolution applied to second order data. Chemom Intell Lab Syst 1995;30:133–46.
[10] Tomasi G, Bro R. Multilinear models: iterative methods. In: Brown S, Tauler R, Walczak B, editors. Comprehensive chemometrics, vol. 2. Amsterdam: Elsevier; 2009. p. 412–51.
[11] Eilers PHC. Parametric time warping. Anal Chem 2004;76:404–11.
[12] Nielsen NPV, Carstensen JM, Smedsgaard J. Aligning of single and multiple wavelength chromatographic profiles for chemometric data analysis using correlation optimised warping. J Chromatogr A 1998;805:17–35.
[13] Pravdova V, Walczak B, Massart DL. A comparison of two algorithms for warping of analytical signals. Anal Chim Acta 2002;456:77–92.
[14] Skov T, Van den Berg F, Tomasi G, Bro R. Automated alignment of chromatographic data. J Chemom 2006;20:484–97.
[15] Tomasi G, van den Berg F, Andersson C. Correlation optimized warping and dynamic time warping as preprocessing methods for chromatographic data. J Chemom 2004;18:231–41.
[16] Christensen J, Nørgaard L, Bro R, Engelsen SB. Multivariate autofluorescence of intact food systems. Chem Rev 2006;106:1979–94.
[17] Golub GH, Reinsch C. Singular value decomposition and least squares solutions. Numer Math 1970;14:403–20.
[18] Windig W, Guilmet J. Interactive self-modeling mixture analysis. Anal Chem 1991;63:1425–32.

[19] Windig W, Markel S. Simple-to-use interactive self-modeling mixture analysis of ftir microscopy data. J Mol Struct 1993;292:161–70.
[20] Tauler R, Marques I, Cassassas E. Multivariate curve resolution applied to three-way trilinear data: study of a spectrofluorimetric acid-base titration of salicylic acid at three excitation wavelengths. J Chemom 1998;12:55–75.
[21] Edelmann A, Diewok J, Rodriguez Baena J, Lendl B. High-performance liquid chromatography with diamond ATR-FTIR detection for the determination of carbohydrates, alcohols and organic acids in red wine. Anal Bioanal Chem 2003;376:92–7.
[22] Jalali-Heravi M, Zekavat B, Sereshti H. Use of gas chromatography-mass spectrometry combined with resolution methods to characterize the essential oil components of Iranian cumin and caraway. J Chromatogr A 2007;1143:215–26.
[23] Jalali-Heravi M, Parastar H. Assessment of the co-elution problem in gas chromatography-mass spectrometry using non-linear optimization techniques. Chemom Intell Lab Syst 2010;101:1–13.
[24] Jalali-Heravi M, Sadat Moazeni R, Sereshti H. Analysis of Iranian rosemary essential oil: application of gas chromatography-mass spectrometry combined with chemometrics. J Chromatogr A 2011;1218:2569–76.
[25] Wang M, Xiong Y, Zeng M, Li H, Zhang T, Liang Y. GC-MS combined with chemometrics for analysis of the components of the essential oils of sweet potato leaves. Chromatographia 2010;71:891–7.
[26] Llamas NE, Garrido M, Di Nezio MS, Fernández Band BS. Second order advantage in the determination of amaranth, sunset yellow FCF and tartrazine by UV-vis and multivariate curve resolution-alternating least squares. Anal Chim Acta 2009;655:38–42.
[27] Goicoechea HC, Olivieri AC, Tauler R. Application of the correlation constrained multivariate curve resolution alternating least-squares method for analyte quantitation in the presence of unexpected interferences using first-order instrumental data. Analyst 2010;135:636–42.
[28] Morales R, Ortiz MC, Sarabia LA, Sánchez MS. D-optimal designs and N-way techniques to determine sulfathiazole in milk by molecular fluorescence spectroscopy. Anal Chim Acta 2011;707:38–46.
[29] Rodríguez N, Real BD, Ortiz MC, Sarabia LA, Herrero A. Usefulness of parallel factor analysis to handle the matrix effect in the fluorescence determination of tetracycline in whey milk. Anal Chim Acta 2009;632:42–51.
[30] García-Reiriz A, Damiani PC, Olivieri AC, Cañada-Cañada F, Muñoz de la Peña A. Nonlinear four-way kinetic-excitation-emission fluorescence data processed by a variant of parallel factor analysis and by a neural network model achieving the second-order advantage: malonaldehyde determination in olive oil samples. Anal Chem 2008;80:7248–56.
[31] Mahedero MC, Mora Díaz N, Munoz de la Peña A, Espinosa Mansilla A, González Gómez D, Bohoyo Gil D. Strategies for solving matrix effects in the analysis of sulfathiazole in honey samples using three-way photochemically induced fluorescence data. Talanta 2005;65:806–13.
[32] Mas S, Fonrodona G, Tauler R, Barbosa J. Determination of phenolic acids in strawberry samples by means of fast liquid chromatography and multivariate curve resolution methods. Talanta 2007;71:1455–63.
[33] Lachenmeier DW, Kessler W. Multivariate curve resolution of spectrophotometric data for the determination of artificial food colors. J Agric Food Chem 2008;56:5463–8.
[34] Jendral JA, Monakhova YB, Lachenmeier DW. Formaldehyde in Alcoholic Beverages: Large Chemical Survey Using Purpald Screening Followed by Chromotropic Acid Spectrophotometry with Multivariate Curve Resolution. Int J Anal Chem 2011;2011:1–11 Article ID 797604.

[35] Marini F, D'Aloise A, Bucci R, Buiarelli F, Magrì AL, Magrì AD. Fast analysis of 4 phenolic acids in olive oil by HPLC-DAD and chemometrics. Chemom Intell Lab Syst 2011;106:142–9.
[36] Vosough M, Salemi A. Second-order standard addition for deconvolution and quantification of fatty acids of fish oil using GC-MS. Talanta 2007;73:30–6.
[37] Culzoni MJ, Schenone AV, Llamas NE, Garrido M, Di Nezio MS, Fernández Band BS, et al. Fast chromatographic method for the determination of dyes in beverages by using high performance liquid chromatography-Diode array detection data and second order algorithms. J Chromatogr A 2009;1216:7063–70.
[38] Helmja K, Vaher M, Kaljurand M. Evaluation of the free radical scavenging capability of wheat extracts by capillary electrophoresis and multivariate curve resolution. Electrophoresis 2011;32:1094–100.
[39] Karpas Z, Guamán AV, Calvo D, Pardo A, Marco S. The potential of ion mobility spectrometry (IMS) for detection of 2,4,6-trichloroanisole (2,4,6-TCA) in wine. Talanta 2012;93: 200–5.
[40] Gao H-T, Li T-H, Chen K, Li W-G, Bi X. Overlapping spectra resolution using non-negative matrix factorization. Talanta 2005;66:65–73.
[41] Ni Y, Wang Y, Kokot S. Simultaneous kinetic spectrophotometric analysis of five synthetic food colorants with the aid of chemometrics. Talanta 2009;78:432–41.
[42] Jalali-Heravi M, Vosough M. Characterization and determination of fatty acids in fish oil using gas chromatography-mass spectrometry coupled with chemometric resolution techniques. J Chromatogr A 2004;1024:165–76.
[43] Arroyo D, Ortiz MC, Sarabia LA. Optimization of the derivatization reaction and the solid-phase microextraction conditions using a D-optimal design and three-way calibration in the determination of non-steroidal anti-inflammatory drugs in bovine milk by gas chromatography-mass spectrometry. J Chromatogr A 2011;1218:4487–97.
[44] Arroyo D, Ortiz MC, Sarabia LA, Palacios F. Advantages of PARAFAC calibration in the determination of malachite green and its metabolite in fish by liquid chromatography-tandem mass spectrometry. J Chromatogr A 2008;1187:1–10.
[45] García I, Ortiz MC, Sarabia L, Aldama JM. Validation of an analytical method to determine sulfamides in kidney by HPLC-DAD and PARAFAC2 with first-order derivative chromatograms. Anal Chim Acta 2007;587:222–34.
[46] Antunes MC, Simão JEJ, Duarte AC, Tauler R. Multivariate curve resolution of overlapping voltammetric peaks: quantitative analysis of binary and quaternary metal mixtures. Analyst 2002;127:809–17.
[47] Azzouz T, Tauler R. Application of multivariate curve resolution alternating least squares (MCR-ALS) to the quantitative analysis of pharmaceutical and agricultural samples. Talanta 2008;74:1201–10.
[48] Booksh K, Kowalski BR. Theory of analytical-chemistry. Anal Chem 1994;66:782A–791A.
[49] de Juan A, Tauler R. Comparison of three-way resolution methods for non-trilinear chemical data sets. J Chemom 2001;15:749–71.
[50] Peré-Trepat E, Lacorte S, Tauler R. Alternative calibration approaches for lc-ms quantitative determination of coeluted compounds in complex environmental mixtures using multivariate curve resolution. Anal Chim Acta 2007;595:228–37.
[51] Saurina J, Leal C, Compañó R, Granados M, Prat MD, Tauler R. Estimation of figures of merit using univariate statistics for quantitative second-order multivariate curve resolution. Anal Chim Acta 2001;432:241–51.

[52] Real BD, Ortiz MC, Sarabia LA. Develop of a multiway chemometric-based analytical method fulfilling regulatory identification criteria: application to GC-MS pesticide residue analysis. J Chromatogr B 2012;910:122–37.
[53] Guimet F, Ferré J, Boqué R, Rius FX. Application of unfold principal component analysis and parallel factor analysis to the exploratory analysis of olive oils by means of excitation-emission matrix fluorescence spectroscopy. Anal Chim Acta 2004;515:75–85.
[54] Cocchi M, Durante C, Marchetti A, Armanino C, Casale M. Characterization and discrimination of different aged 'Aceto Balsamico Tradizionale di Modena' products by head space mass spectrometry and chemometric. Anal Chim Acta 2007;589:96–104.
[55] Salvatore E, Cocchi M, Marchetti A, Marini F, de Juan A. Determination of phenolic compounds and authentication of PDO Lambrusco wines by HPLC-DAD and chemometric techniques. Anal Chim Acta 2013;761:34–45.
[56] Airado-Rodríguez D, Durán-Merás I, Galeano-Díaz T, Wold JP. Front-face fluorescence spectroscopy: a new tool for control in the wine industry. J Food Compos Anal 2011;24:257–64.
[57] Jalali-Heravi M, Parastar H, Ebrahimi-Najafabadi H. Self-modeling curve resolution techniques applied to comparative analysis of volatile components of Iranian saffron from different regions. Anal Chim Acta 2010;662:143–54.
[58] Cruz AG, Cadena RS, Faria JAF, Bolini HMA, Dantas C, Ferreira MMC, et al. PARAFAC: adjustment for modeling consumer study covering probiotic and conventional yogurt. Food Res Int 2012;45:211–5.
[59] de la Mata-Espinosa P, Bosque-Sendra JM, Bro R, Cuadros-Rodríguez L. Discriminating olive and non-olive oils using HPLC-CAD and chemometrics. Anal Bioanal Chem 2011;399:2083–92.
[60] Cuny M, Vigneau E, Le Gall G, Colquhoun I, Lees M, Rutledge DN. Fruit juice authentication by H-1 NMR spectroscopy in combination with different chemometrics tools. Anal Bioanal Chem 2008;390:419–27.
[61] Airado-Rodríguez D, Skaret J, Wold JP. Assessment of the quality attributes of cod caviar paste by means of front-face fluorescence spectroscopy. J Agric Food Chem 2010;58:5276–85.
[62] Xu Y, Cheung W, Winder CL, Goodacre R. VOC-based metabolic profiling for food spoilage detection with the application to detecting Salmonella typhimurium-contaminated pork. Anal Bioanal Chem 2010;397:2439–49.
[63] Wehrens R, Carvalho E, Masuero D, de Juan A, Martens S. High-throughput carotenoid profiling using multivariate curve resolution. Anal Bioanal Chem 2013; http://dx.doi.org/10.1007/s00216-012-6555-9.
[64] Hu N, Wu D, Cross K, Burikov S, Dolenko T, Patsaeva S, et al. Structurability: a collective measure of the structural differences in vodkas. J Agric Food Chem 2010;58:7394–401.
[65] Parastar H, Jalali-Heravi M, Sereshti H, Mani-Varnosfaderani A. Chromatographic fingerprint analysis of secondary metabolites in citrus fruits peels using gas chromatography-mass spectrometry combined with advanced chemometric methods. J Chromatogr A 2012;1251:176–87.
[66] Amigo JM, Popielarz MJ, Callejón RM, Morales ML, Troncoso AM, Petersen MA, et al. Comprehensive analysis of chromatographic data by using PARAFAC2 and principal components analysis. J Chromatogr A 2010;1217:4422–9.
[67] Callejón RM, Amigo JM, Pairo E, Garmón S, Ocaña JA, Morales ML. Classification of Sherry vinegars by combining multidimensional fluorescence, parafac and different classification approaches. Talanta 2012;88:456–62.

[68] Masino F, Foca G, Ulrici A, Arru L, Antonelli A. A chemometric study of pesto sauce appearance and of its relation to pigment concentration. J Sci Food Agric 2008;88:1335–43.
[69] Le Dréau Y, Dupuy N, Gaydou V, Joachim J, Kister J. Study of jojoba oil aging by FTIR. Anal Chim Acta 2009;642:163–70.
[70] Muik B, Lendl B, Molina-Diaz A, Valcarcel M, Ayora-Cañada MJ. Two-dimensional correlation spectroscopy and multivariate curve resolution for the study of lipid oxidation in edible oils monitored by FTIR and FT-Raman spectroscopy. Anal Chim Acta 2007;593:54–67.
[71] Le Dréau Y, Dupuy N, Artaud J, Ollivier D, Kister J. Infrared study of aging of edible oils by oxidative spectroscopic index and MCR-ALS chemometric method. Talanta 2009;77:1748–56.
[72] Cordella CBY, Tekye T, Rutledge DN, Leardi R. A multiway chemometric and kinetic study for evaluating the thermal stability of edible oils by H-1 NMR analysis: comparison of methods. Talanta 2012;88:358–68.
[73] Bro R. Exploratory study of sugar production using fluorescence spectroscopy and multiway analysis. Chemom Intell Lab Syst 1999;46:133–47.
[74] Wold JP, Bro R, Veberg A, Lundby F, Nilsen AN, Moan J. Active photosensitizers in butter detected by fluorescence spectroscopy and multivariate curve resolution. J Agric Food Chem 2006;54:10197–204.
[75] Møller JKS, Parolari G, Gabba L, Christensen J, Skibsted LH. Monitoring chemical changes of dry-cured parma ham during processing by surface autofluorescence spectroscopy. J Agric Food Chem 2003;51:1224–30.
[76] Março PH, Poppi RJ, Scarminio IS, Tauler R. Investigation of the pH effect and UV radiation on kinetic degradation of anthocyanin mixtures extracted from Hibiscus acetosella. Food Chem 2011;125:1020–7.
[77] González-Sáiz JM, Esteban-Díez I, Rodríguez-Tecedor S, Pizarro C. Valorization of onion waste and by-products: MCR-ALS applied to reveal the compositional profiles of alcoholic fermentations of onion juice monitored by near-infrared spectroscopy. Biotechnol Bioeng 2008;101:776–87.
[78] Ammari F, Jouan-Rimbaud-Bouveresse D, Boughanmi N, Rutledge DN. Study of the heat stability of sunflower oil enriched in natural antioxidants by different analytical techniques and front-face fluorescence spectroscopy combined with Independent Components Analysis. Talanta 2012;99:323–9.
[79] del Río V, Larrechi MS, Callao MP. Sequential injection titration method using second-order signals: determination of acidity in plant oils and biodiesel samples. Talanta 2010;81:1572–7.
[80] Yaacoub R, Saliba R, Nsouli B, Khalaf G, Rizkallah J, Birlouez-Aragon I. Rapid assessment of neoformed compounds in nuts and sesame seeds by front-face fluorescence. Food Chem 2009;115:304–12.
[81] Christensen J, Povlsen VT, Sørensen J. Application of fluorescence spectroscopy and chemometrics in the evaluation of processed cheese during storage. J Dairy Sci 2003;86:1101–7.
[82] Mas S, Carbó A, Lacorte S, de Juan A, Tauler R. Comprehensive description of the photodegradation of bromophenols using chromatographic monitoring and chemometric tools. Talanta 2011;83:1134–46.
[83] Mas S, Tauler R, de Juan A. Chromatographic and spectroscopic data fusion analysis for interpretation of photodegradation processes. J Chromatogr A 2011;1218:9260–8.

Chapter 7

Multiway Methods

José Manuel Amigo*[,1] and Federico Marini[†]
*Department of Food Science, Quality and Technology, Faculty of Life Sciences, University of Copenhagen, Frederiksberg C, Denmark
[†]Department of Chemistry, University of Rome "La Sapienza", Rome, Italy
[1]Corresponding author: jmar@life.ku.dk

Chapter Outline

Data Handling in Science and Technology, Vol. 28. http://dx.doi.org/10.1016/B978-0-444-59528-7.00007-7

1 INTRODUCTION: WHY MULTIWAY DATA ANALYSIS?

The development of modern instrumentation as well as the possibility of measuring signals as a function of more than one controlled source of variability have made less and less infrequent that the results of one chemical analysis of a sample take the form of a two-dimensional (or even higher-dimensional) data table [1]. One example of this is hyphenated chromatography, in which the detector records a signal (usually a current intensity) as a function of both an elution and a spectral dimension [2,3]. Another example is represented by excitation–emission fluorescence, in which the intensity of the light emitted by a sample is recorded as a function of both the excitation and the emission wavelengths [4]. On the other hand, a two-dimensional data table of results is obtained also, for example, in sensory analysis, when a product is judged by different assessors for several attributes [5]. In all these cases, when more than one sample is measured, a so-called three-way array of data (data cube) is obtained, as each signal is now a function of three different sources of variation (in the case of chromatography: the sample, the elution time and the wavelength, or m/z ratio), and higher-order arrays can be obtained when more complicated experimental setups, such as GC–GC–MS, are used.

From the data analytical standpoint, multiway arrays represent a particularly rich source of information, as they often contain a large degree of redundancy, because many signals are used to describe a single sample. Accordingly, specific mathematical and statistical tools have been developed over the years to take the maximum advantage from the analysis of these kinds of data: in this respect, multiway analysis is nothing else than the analysis of multiway data [6,7]. However, its main characteristic is that, due to the peculiarity of the data structures involved, it makes use of tools which are somewhat different from, even if in some cases related to, the standard methods used for the analysis of two-way data, such as the ones discussed in Chapters 3–5.

In this chapter, the main multiway methods used for data decomposition and for calibration will be briefly presented and described, together with some examples of their application. Here it must be stressed that while, for the sake of an easier presentation, the discussion will be mainly focused on three-way methods, generalization to higher-order arrays is straightforward.

2 NOMENCLATURE AND GENERAL NOTATION

Multiway data are a set of data for which the elements depend on three or more directions. Thus, the data with three directions can be geometrically arranged as shown in Figure 1. As for two-way matrices the terms rows and columns will be used in this chapter. Vectors in the third mode will be called tubes. A slab, layer or slice of the array will denote a sub-matrix of the three-way array with two dimensions. In our case, a slab will mostly refer to a single sample (Figure 1), so that one can define slabs in the other directions if necessary.

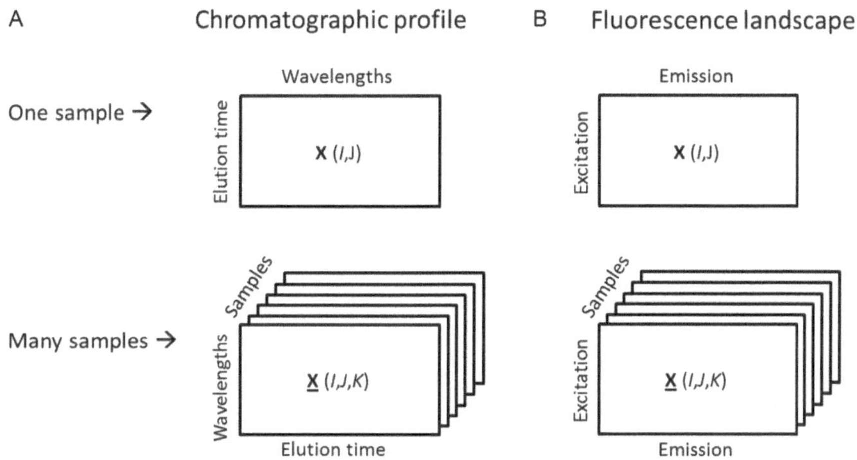

FIGURE 1 Example of the arrangement of the data by using two different techniques. The result is the same—a three-way array. Nevertheless, the structure of the array depends on the nature of the measurement technique.

$$\mathbf{A}=\begin{bmatrix}1 & 2 & 3\\ 4 & 5 & 6\end{bmatrix} \qquad \mathbf{B}=\begin{bmatrix}10 & 11 & 12\\ 13 & 14 & 15\end{bmatrix} \qquad \mathbf{C}=\begin{bmatrix}1 & 2\\ 3 & 4\\ 5 & 6\end{bmatrix}$$

$$\mathbf{A}_{I\times J}=\mathbf{A}_{I,J}=\mathbf{A}_{2\times 3} \qquad \mathbf{B}_{K\times L}=\mathbf{B}_{K,L}=\mathbf{B}_{2\times 3} \qquad \mathbf{C}_{M\times N}=\mathbf{C}_{M,N}=\mathbf{C}_{3\times 2}$$

$$\mathbf{A}(I,J)=\mathbf{A}(2,3) \qquad \mathbf{B}(K,L)=\mathbf{B}(2,3) \qquad \mathbf{C}(M,N)=\mathbf{C}(3,2)$$

FIGURE 2 Three matrices with their different nomenclatures.

In this chapter several equations will be shown explaining the main mathematical interpretation of three-way models. Scalars will be indicated with lowercase italics (e.g. x) and vectors with bold lowercase characters (e.g. $\mathbf{y}$). Ordinary two-way arrays (matrices) will be denoted with bold uppercase (e.g. $\mathbf{X}$), whereas higher-order arrays will be indicated with underscored bold uppercase (e.g. $\underline{\mathbf{X}}$). The ijkth element of a three-way array $\underline{\mathbf{X}}$ will be x_{ijk} where the indices run as follows: $i=1, \ldots, I$; $j=1, \ldots, J$; $k=1, \ldots, K$. Three-way arrays will often be denoted $\underline{\mathbf{X}}$ $(I\times J\times K)$ where I, J and K are the dimensions of each one of the modes of the array.

Three important operations with matrices should be also introduced here: Hadamard, Kronecker and Khatri-Rao products are basic operations that must be understood. To understand them, we will use the following matrices as examples (Figure 2).

The Hadamard product of two matrices ($\mathbf{A}\circ\mathbf{B}$) produces another matrix where each element ij is the product of the elements ij of the original matrices. The condition is that $\mathbf{A}$ and $\mathbf{B}$ matrices must have the same dimensions. For instance, in the given examples of Figure 2 the Hadamard product could be done between $\mathbf{A}$ and $\mathbf{B}$ or even $\mathbf{A}$ and $\mathbf{C}^{\mathrm{T}}$ (where the superindex T denotes the transpose of the matrix), but not between $\mathbf{A}$ and $\mathbf{C}$ (Figure 3). The Kronecker product

Hadamard product

$$\mathbf{D} = \mathbf{A} \circ \mathbf{B} = \begin{bmatrix} 1\times10 & 2\times11 & 3\times12 \\ 4\times13 & 5\times14 & 6\times15 \end{bmatrix} = \begin{bmatrix} 10 & 22 & 36 \\ 52 & 70 & 90 \end{bmatrix}$$

Kronecker product

$$\mathbf{E} = \mathbf{A} \otimes \mathbf{B} = \begin{bmatrix} a_{11}\mathbf{B} & \cdots & a_{1J}\mathbf{B} \\ \vdots & \ddots & \vdots \\ a_{I1}\mathbf{B} & \cdots & a_{IJ}\mathbf{B} \end{bmatrix} = \begin{bmatrix} 1\begin{bmatrix} 10 & 11 & 12 \\ 13 & 14 & 15 \end{bmatrix} & 2\begin{bmatrix} 10 & 11 & 12 \\ 13 & 14 & 15 \end{bmatrix} & 3\begin{bmatrix} 10 & 11 & 12 \\ 13 & 14 & 15 \end{bmatrix} \\ 4\begin{bmatrix} 10 & 11 & 12 \\ 13 & 14 & 15 \end{bmatrix} & 5\begin{bmatrix} 10 & 11 & 12 \\ 13 & 14 & 15 \end{bmatrix} & 6\begin{bmatrix} 10 & 11 & 12 \\ 13 & 14 & 15 \end{bmatrix} \end{bmatrix}$$

$$\mathbf{E} = \mathbf{A} \otimes \mathbf{B} = \begin{bmatrix} a_{11}\mathbf{B} & \cdots & a_{1J}\mathbf{B} \\ \vdots & \ddots & \vdots \\ a_{I1}\mathbf{B} & \cdots & a_{IJ}\mathbf{B} \end{bmatrix} = \begin{bmatrix} 10 & 11 & 12 & 20 & 22 & 24 & 30 & 33 & 36 \\ 13 & 14 & 15 & 26 & 28 & 30 & 39 & 42 & 45 \\ 40 & 44 & 48 & 50 & 55 & 60 & 60 & 66 & 72 \\ 52 & 56 & 60 & 65 & 70 & 75 & 78 & 84 & 90 \end{bmatrix}$$

$$\mathbf{F} = \mathbf{B} \otimes \mathbf{C} = \begin{bmatrix} 10 & 20 & 11 & 22 & 12 & 24 \\ 30 & 40 & 33 & 44 & 36 & 48 \\ 50 & 60 & 55 & 66 & 60 & 72 \\ 13 & 26 & 14 & 28 & 15 & 30 \\ 39 & 52 & 42 & 56 & 45 & 60 \\ 45 & 58 & 70 & 84 & 75 & 90 \end{bmatrix}$$

Khatri-Rao product

$$\mathbf{G} = \mathbf{A} \odot \mathbf{B} = [\,\mathbf{A}_1 \otimes \mathbf{B}_1 \,|\mathbf{A}_2 \otimes \mathbf{B}_2| \ldots |\mathbf{A}_J \otimes \mathbf{B}_J\,] = \left[\begin{bmatrix} 1 \\ 4 \end{bmatrix} \otimes \begin{bmatrix} 10 \\ 13 \end{bmatrix} \middle| \begin{bmatrix} 2 \\ 5 \end{bmatrix} \otimes \begin{bmatrix} 11 \\ 14 \end{bmatrix} \middle| \begin{bmatrix} 3 \\ 6 \end{bmatrix} \otimes \begin{bmatrix} 12 \\ 15 \end{bmatrix} \right]$$

$$\mathbf{G} = \mathbf{A} \odot \mathbf{B} = [\,\mathbf{A}_1 \otimes \mathbf{B}_1 \,|\mathbf{A}_2 \otimes \mathbf{B}_2| \ldots |\mathbf{A}_J \otimes \mathbf{B}_J\,] = \begin{bmatrix} 10 & 22 & 36 \\ 13 & 28 & 45 \\ 40 & 55 & 72 \\ 52 & 70 & 90 \end{bmatrix}$$

$$\mathbf{H} = \mathbf{C} \odot \mathbf{B}^{\mathrm{T}} = \begin{bmatrix} 10 & 26 \\ 11 & 28 \\ 12 & 30 \\ 30 & 52 \\ 33 & 56 \\ 36 & 60 \\ 50 & 78 \\ 55 & 84 \\ 60 & 90 \end{bmatrix}$$

FIGURE 3 Some examples of Hadamard, Kronecker and Khatri-Rao products of the matrices in Figure 2. (For colour version of this figure, the reader is referred to the online version of this chapter.)

of two matrices ($\mathbf{A} \otimes \mathbf{B}$) produces another matrix with the dimensions $IK \times JL$ as indicated in Figure 3. This is one of the most widespread and useful products, as the matrices do not need to have any dimension in common. One advantageous variation of the Kronecker product is the Khatri-Rao product, also known as the column-wise Kronecker product. Khatri-Rao assumes the partitions of the matrices are their columns. Therefore, both matrices must have the same number of columns (Figure 3).

As we will see further in this chapter, knowing the structure of the data plays a fundamental role when applying any multiway technique. For illustrating this, we will comment on the data collected from the two most popular instrumentations used in food sciences nowadays that are able to produce multiway data: Excitation–emission fluorescence spectroscopy (EEM) and hyphenated chromatographic systems (i.e. gas chromatography connected to mass spectrometry—GC–MS). The benefit and drawbacks of both techniques in the framework of food analysis will be discussed in successive chapters. Here we will just focus on the structure of the three-way array. Figure 1 shows the final three-way structure that is obtained when several samples are analysed by both EEM and hyphenated chromatography. However, the inner structure of this tensor varies due to the different nature of the measurement.

EEM is a function of two variables: excitation and emission. One sample measured by EEM can thus conveniently be presented as a matrix of fluorescence intensities as a function of excitation and emission wavelengths. The fluorescence landscape $\mathbf{X}(I,J)$ can therefore be described as a function of a concentration-dependent factor, α, and its excitation, $\mathbf{b}(F,\lambda_{\text{Em}})$, and emission, $\mathbf{c}(F,\lambda_{\text{Ex}})$, thus establishing the following linear relationship for each x_{ij} member of $\mathbf{X}$:

$$x_{ij} = \sum_{f=1}^{F} \alpha_{ijf} \times \mathbf{b}_{ijf}(\lambda_{\text{Em}}) \times \mathbf{c}_{ijf}(\lambda_{\text{Ex}}) \tag{1}$$

where F is the total number of fluorescent species present in the sample. Having F independent fluorophores with different concentrations, Equation (1) can easily be extended with an additional dimension referring to the samples. The structure of $\underline{\mathbf{X}}$ obtained for hyphenated chromatographic systems is similar to the one for EEM (Figure 1) [3]. In this case, the signal $\mathbf{X}(I,J)$ is proportional to the concentration α of each analyte, having a specific elution time $\mathbf{b}(\text{et})$ and a spectral signal $\mathbf{c}(\lambda)$ (if, for instance, the detector is a spectral detector) as indicated in Equation (2):

$$x_{ij} = \sum_{f=1}^{F} \alpha_{ijf} \times \mathbf{b}_{ijf}(\text{et}) \times \mathbf{c}_{ijf}(\lambda) \tag{2}$$

One can argue that the differences between Equations (1) and (2) are merely semantic (both equations look quite similar). Nevertheless, the chemistry behind each one is totally different, making the choice of the proper multiway method an essential step before the analysis. For instance, EEM data can be analysed by using parallel factor analysis (PARAFAC). Nevertheless, in most of the cases GC–MS data cannot be handled directly with PARAFAC without any pre-processing method prior to the analysis, making the use of PARAFAC2 necessary [8,9]. The suitability of each multiway technique depending of the kind of data will be discussed more closely in further sections of this chapter.

3 PARALLEL FACTOR ANALYSIS

PARAFAC is a decomposition method that can be conceptually compared to principal component analysis (PCA) for multiway data [10]. It was developed independently by Harshman [11] and Carroll and Chang under the name CANDECOMP [12]; and both were based on the principle of parallel proportional profiles suggested by Cattell [13].

We have chosen EEM to exemplify and visualize the working procedure of PARAFAC as they are becoming an essential binomial due to the characteristics of the EEM signal. EEM measurements are fast and, usually, do not require any previous step of sample preparation. The huge amount of information obtained for one single sample can be visualized as a fingerprint of the sample throughout its fluorophores. The structure of the data (two independent sets of variables—excitation and emission profiles—and one variable equally dependent on both spectral profiles—concentration profiles) makes EEM data fulfil the requirement of trilinearity (this concept will be explained later) if no uncontrolled effects/artefacts are present in the samples. Consequently, the combination of EEM and PARAFAC is becoming a popular tool for fast analysis of intact food [4,14], where many applications have already demonstrated this suitability (analysing and authenticating different food systems [14], differentiating the botanical origin of honey [15], monitoring the ripening of cheeses [16], classifying wines according to variety, typicality and age [17–19], monitoring the texture of meat emulsions [20], characterizing ice cream formulations [21] and ripening of *Cabernet Franc* grapes [22]).

3.1 The General PARAFAC Model

PARAFAC decomposes the data cube into three loading matrices, $\mathbf{A}(I,F)$, $\mathbf{B}(J,F)$ and $\mathbf{C}(K,F)$, each one corresponding to the modes/directions of the data cube with elements a_{if}, b_{jf} and c_{kf}, respectively. The model minimizes the sum of squares of the residuals, e_{ijk}, in Equation (3):

$$x_{ijk} = \sum_{f=1}^{F} a_{if} b_{jf} c_{kf} + e_{ijk} x_{ijk} = \sum_{f=1}^{F} a_{if} b_{jf} c_{kf} + e_{ijk} \quad (3)$$

where F denotes the number of factors. Figure 1 shows a graphical depiction of decomposition of $\underline{\mathbf{X}}$ considering two factors ($F=2$). The decomposition is

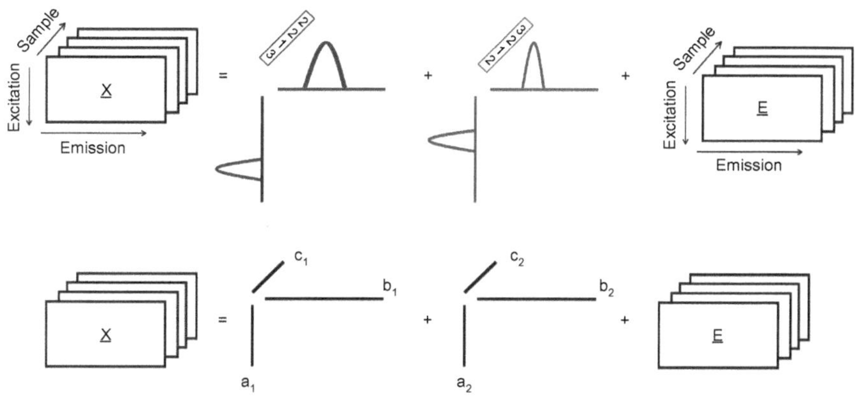

FIGURE 4 Graphical representation of a two-factor PARAFAC model of the data array $\underline{\mathbf{X}}$. The top part of the figure shows the chemical interpretation, whereas the bottom part shows the mathematical representation. (For colour version of this figure, the reader is referred to the online version of this chapter.)

made into triads or trilinear components. Instead of one score vector and one loading vector, each factor consists of three loading vectors (Figure 4).

Using the Khatri-Rao product the PARAFAC model can be formulated in terms of the unfolded array as in Equation (4):

$$\mathbf{X}^{(I\times JK)} = \mathbf{A}(\mathbf{C}\odot\mathbf{B})^{\mathrm{T}} + \mathbf{E}^{(I\times JK)} \tag{4}$$

3.2 PARAFAC Iterations. Convergence to the Solution. Alternating Least Squares

From the Equation 4, it can be assumed that PARAFAC is aimed to find the combination of **A**, **B** and **C** that best fits with $\mathbf{X}^{(I\times JK)}$ for the assigned number of factors. In other words, the aim is to minimize the difference between the reconstructed data (gathered from **A**, **B** and **C**) and the original data or, better said, to minimize the Euclidean norm (Equation 5):

$$\min_{\mathbf{A},\mathbf{B},\mathbf{C}} ||\mathbf{X} - \mathbf{A}(\mathbf{C}\odot\mathbf{B})^{\mathrm{T}}||_F^2 \tag{5}$$

Minimizing this difference, thus leaving the noise out, is a classical least squares problem that can be handled by different algorithms. One of the most popular ones in curve resolution is alternating least squares (ALS). The main benefit of ALS with respect to others is the simplicity of the involved substeps:

1. Initialize **B** and **C**.
2. $\mathbf{Z} = (\mathbf{C}\odot\mathbf{B})$

   $\mathbf{A} = \mathbf{X}^{(I\times JK)}\mathbf{Z}(\mathbf{Z}^{\mathrm{T}}\mathbf{Z})^{-1}$

3. $\mathbf{Z} = (\mathbf{C} \odot \mathbf{A})$
   $\mathbf{B} = \mathbf{X}^{(J \times IK)} \mathbf{Z} (\mathbf{Z}^{\mathrm{T}} \mathbf{Z})^{+}$
4. $\mathbf{Z} = (\mathbf{B} \odot \mathbf{A})$
   $\mathbf{C} = \mathbf{X}^{(K \times IJ)} \mathbf{Z} (\mathbf{Z}^{\mathrm{T}} \mathbf{Z})^{+}$
5. $||\mathbf{X} - \mathbf{A}(\mathbf{C} \odot \mathbf{B})^{\mathrm{T}}||_F^2 <$ critical value. If not, go to step 2 (6)

In these sub-steps the symbol $^{+}$ stands for the Moore–Penrose inverse. There are two main facts in these sub-steps. The first one is the need of initial estimations of **B** and **C**. Good starting values can help speed up the algorithm and help in assuring that the global minimum is found. In the literature, several possible kinds of initializations have been proposed [6,23–25]. The second main fact is the need of the establishment of an end point of iterations. That is, the point in which the obtained reconstructed data are most similar to the original ones. In most of the cases, a stopping criterion of 10^{-6} is enough to assure that the absolute minimum in the iterations has been reached. However, if the model parameters are very difficult to estimate, a lower criterion may be chosen.

3.3 Properties of PARAFAC Model

There are several properties of PARAFAC that make it an attractive technique from an analytical point of view. The first one is that, different from PCA, there is no need for requiring orthogonality in the computation of the factors to identify the model. This means that, under the proper constraints, PARAFAC loadings will resemble the real physico-chemical behaviour of the analytes involved in the variability of the signal. Further, if the data are approximately trilinear, the true underlying phenomena will be found if the right number of components is used and the signal-to-noise ratio is appropriate [6]. That is, taking as example the EEM data, the loading matrices **B** and **C** will recover the true underlying excitation and emission spectra of the involved fluorophores, respectively, while **A** will contain their relative concentration (relative abundance according to **B** and **C**). This property is especially appreciated in the interpretation of the obtained factors, where it becomes easier to assign sources of variability in PARAFAC loadings than, for example, in PCA loadings (Figure 5).

The possibility of modelling factors that are not directly related to the target and, consequently, not present in the calibration samples, is the so-called second-order advantage [6,26]. This advantage states that if the true concentrations of the analytes are known in one or more samples, the concentrations in the remaining samples can be estimated even in presence of uncalibrated species. This property is inherent of second-order instruments (see Brooks and Kowalski [27] for further information about the definition of the order

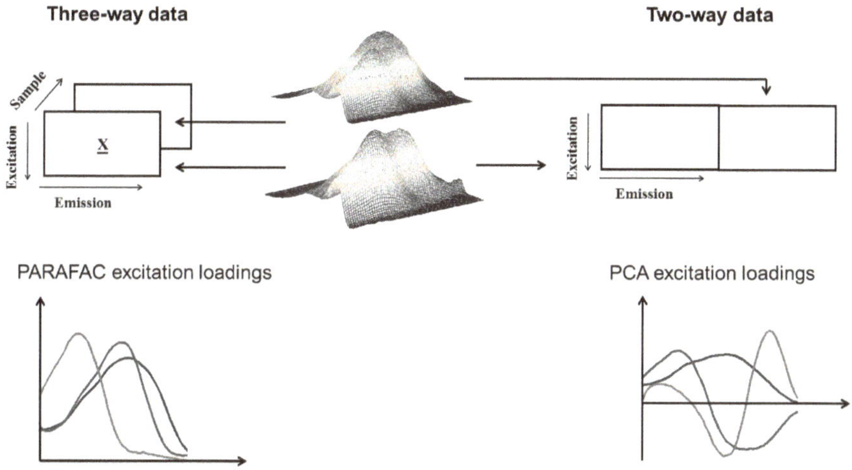

FIGURE 5 Two samples with different amounts of three fluorophores measured by EEM giving two landscapes/matrices of data shown in the top middle. The data can be arranged and decomposed as a three-way array (left) or as an unfolded two-way array (right). The excitation vectors obtained by PARAFAC are shown in the bottom left corner. In the bottom right corner the corresponding orthogonal PCA excitation loadings are shown. (For colour version of this figure, the reader is referred to the online version of this chapter.)

of the instruments) and is especially relevant in food science, where seasonal and species variation may lead to new uncalibrated interferents in future samples.

Another much appreciated property of PARAFAC is its uniqueness in the solution. In most circumstances the model is uniquely identified from the structure, and hence no post-processing is necessary as the model is *the* best model in the least squares sense.

PARAFAC concedes to the concept of trilinear data [14]. Trilinearity can be viewed as an extension of the bilinear relationship between a dependent variable and an independent one to a scenario with two independent variables and a dependent one. In this way, trilinearity could be seen as a natural extension of the Lambert Beer's law to second-order data. As an example for second-order data, EEM signal is characterized by a concentration that follows a linear relationship with both excitation and emission spectral profiles. Trilinearity assumes that the measured signal is the sum of the individual peaks of each analyte and that the profiles in each mode for the analytes are proportional in all the samples [14,28].

3.4 Model Validation. Selection of the Number of Factors

The features of uniqueness and trilinearity are closely related [10,11]. If the data are trilinear, the true underlying signal will be found if the right number of factors is estimated and the signal-to-noise ratio is appropriate [6,10]. Nevertheless, both concepts are inherently linked to one of the main issues of curve resolution methods: finding the proper number of factors.

In general, a factor must be understood as any effect that causes variations in the signal in a higher level than the signal-to-noise ratio expected from the device and/or the samples. This definition encompasses the signal of the analytes of interest, the signal of other analytes present in the sample and, what is more important (due to their difficulty of detection in some cases), the different artefacts that affect the signal. A typical example of the latter is the possibility of considering the baseline drift between samples in chromatography as an additional factor, as its effect is usually higher than the general signal-to-noise ratio.

Choosing the proper number of factors (i.e. the chemical rank of the data) is, probably, the most crucial (and complicated) step. Extracting too few factors (under-fitted model) is usually an easy problem to detect. The non-random distribution of the residuals and their values can give a good clue that the model should be modelled with more factors. On the contrary, extracting too many factors (overfitted model) does not only mean that noise is being increasingly modelled, but also that the true factors are being modelled by more (correlated) factors [10].

There are several dedicated methods proposed to estimate the correct number of factors for PARAFAC, the following being the most common: split-half analysis, combining core consistency [29] and percentage of explained variance, judging residuals and previous chemical knowledge of the data.

Split-half analysis [30,31] uses the intrinsic properties of PARAFAC and the samples, stating that the same **B** and **C** loadings should be found in different subsets of the data. The method is based on performing independent analysis to different subsets. Due to the uniqueness of the PARAFAC model, the same loadings will be obtained in the non-splitted models from models of any suitable subset of the data, if the correct number of components is chosen. The split-half approach may also sometimes be used for verifying whether non-trilinearities are present [6].

Another common method is to check the core consistency and explained variance of the model. The core consistency [6,29] estimates the appropriateness of the PARAFAC solution. It is based on the fact that the PARAFAC model can be posed as a restricted Tucker3 model (the Tucker3 model is introduced in Section 5), where the core array is fixed to be a superidentity array (superdiagonal array of ones). The core consistency diagnostic consists of first calculating the optimal unconstrained core array for a Tucker3 model where the loading matrices are the ones obtained by the PARAFAC model at hand, and then calculating the relative sum-of-squared difference between this core and the superdiagonal core of ones [4]. The closer the core consistency is to 100%, the better the Tucker3 core fits to the assumption of the model. If the core consistency is below zero, the PARAFAC model is inappropriate or the variation is purely random.

Core consistency tells you whether a model is appropriate or not. Nevertheless, it does not tell you if the model is the correct model. Assuming, for instance, a three-component PARAFAC model, one will find that a two-factor model has a high value of core consistency. The core consistency will show that all these models are valid in the sense that they do not overfit [6]. That is one of the main reasons why it is important to check other parameters simultaneously, like the explained variance of the model. The explained variance is the amount of variance explained for the assumed number of factors. It is calculated by taking into account the sum of the squares of the residuals (SS_E) and the sum of the squares of the elements in the original data (SS_X) [32], as follows:

$$R_X^2 = 1 - \frac{SS_E}{SS_X} = 1 - \frac{\left\| \underline{\mathrm{E}} \right\|^2}{\left\| \underline{\mathrm{X}} \right\|^2} \tag{7}$$

The explained variance and the core consistency are usually checked together. As a general rule, the explained variance will increase and the core consistency tends to decrease with the number of factors [4,33]. The fact that the explained variance increases with the number of factors is just a mathematical fact, as the more factors are added to the model, the more information will be explained. The point is to guess which information is real chemical behaviour and which one is just noise. The core consistency, instead, may decrease, for example, in a model with three factors, but increase again in a model with four factors. This is due to the nature of the signal and also to the signal-to-noise level, giving an account for possible unstable models. The main point is to find the proper agreement between both parameters. This will depend also on other parameters like randomness of the residuals, shape of the profiles and quality of the raw data (signal-to-noise ratio).

Other methods have been proposed in the bibliography for assessing the correct number of factors (see, for instance, Hoggard and Synovec [34], who evaluated the so-called degenerate solution that can be observed for PARAFAC models with too many factors).

3.5 Imposing Constraints to the Model

A constraint is a chemical or mathematical property that the profiles should fulfil [10]. For this criterion, the chemical structure of the data is taken into consideration in the selection of the proper constraints. The most common constraints are non-negativity and unimodality. Non-negativity forces the profiles to only contain non-zero values. This is especially useful for spectral and chromatographic profiles. Unimodality constraints can help to preserve the presence of only one peak in each profile extracted. Nevertheless, there are a number of constraints that can be used, mainly to improve the performance of the algorithm and to obtain more meaningful results [6]. Despite the PARAFAC model being unique, the model may not provide a completely satisfactory description of the data. By definition, a constrained model will fit the data poorer than an unconstrained one, but if the constrained model is more interpretable and realistic, this may justify the decrease in fit. That is the main reason why constraints must be applied in a sensible manner, by critically evaluating the model obtained afterwards.

Both validation methods and constraints must be handled with care. They are just mathematical interpretations of the model. Therefore, the results might be biased for a bad sampling, low signal-to-noise ratio and so on. Moreover, one of the most cumbersome issues is that guessing the proper number of factors or knowing the best constraints to apply is a task to be performed after running several PARAFAC models with different number of factors. Once the models have been calculated, the comparison of the parameters between the models with different factors must be done.

3.6 PARAFAC in Practice

The following example will show different features of how to choose the number of factors in PARAFAC models. We have chosen a data set comprised of different vinegars measured by EEM. The aim of the work was to classify different qualities in vinegars according to their age. Further information can be found in Callejon *et al.* [33]. Sherry vinegar is produced in *Jerez-Xérès-Sherry*, *Manzanilla de Sanlúcar* and *Vinagre de Jerez* Protected Designation of origin in south-western Spain. Its main features are a high acetic degree (legally at least 7°) and a special flavour, properties that rate the vinegar into three categories for Sherry vinegar according to their ageing time in oak wood barrels: *Vinagre de Jerez* (minimum of 6 months), *Reserva* (at least 2 years) and *Gran Reserva* (at least 10 years). These three qualities of vinegars have different prices in the market due to the fact that the longer the ageing, the better is the quality and the higher the cost of its production. This fact results in these products being subject to frequent frauds. Therefore, fast and reliable methods of classification are needed for speeding up the detection of possible frauds. Thus, it seems a perfect issue that can be solved by using EEM and PARAFAC.

3.6.1 Selection of the Best Model

Figure 6 shows the EEM landscape of several samples of vinegars from different classes. Vinegar is a fermentation product from wine. Therefore, its matrix is complex and can be formed by a wide range of fluorescent compounds, most of which are polyphenols, but also amino acids (e.g. tryptophan) and vitamins (e.g. vitamin A). Moreover, EEM fluorescence spectroscopy has been rarely applied in vinegar; hence, there is little information about its fluorescence profile.

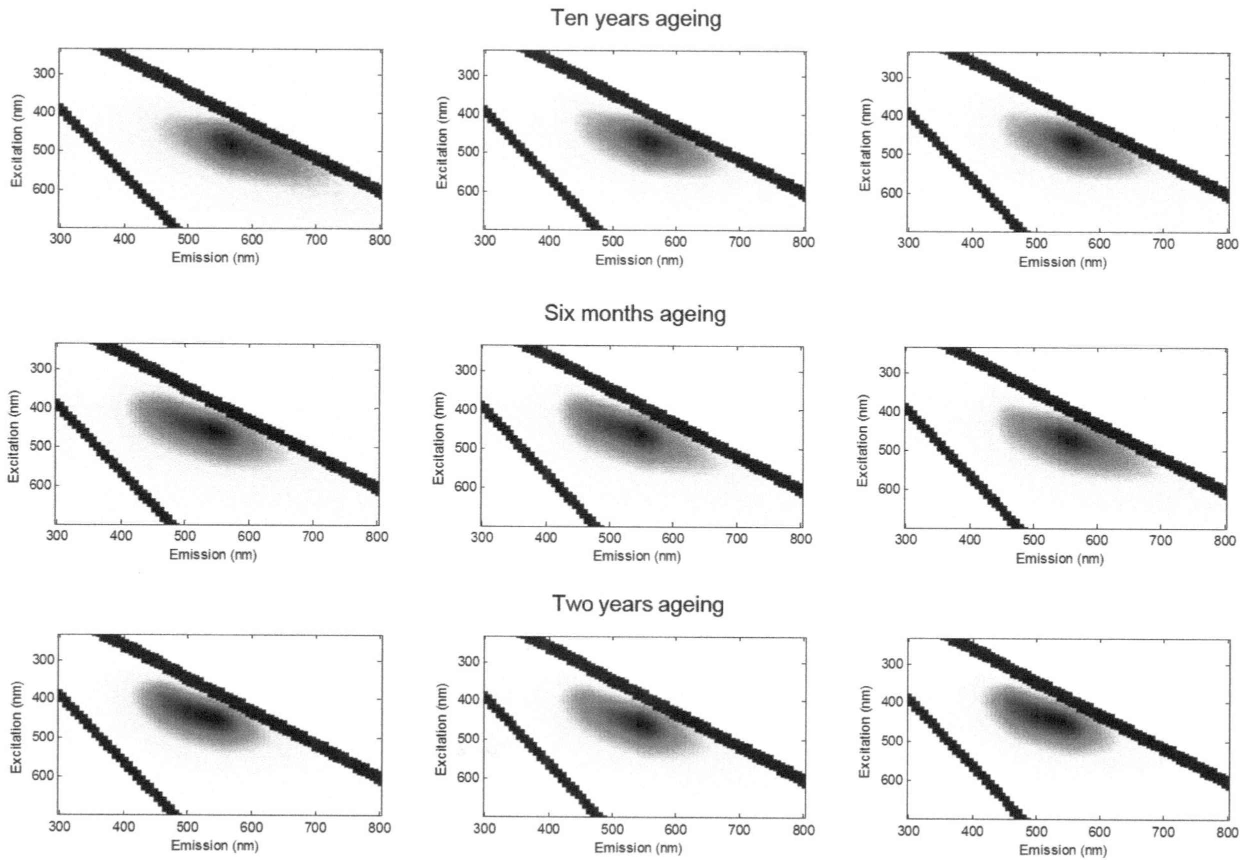

FIGURE 6 EEM landscape of several vinegars obtained from Ref. [33]. The black lines correspond to the first- and second-order Rayleigh scattering. (For colour version of this figure, the reader is referred to the online version of this chapter.)

EEM spectra rarely contain negative values. Therefore, it seems logical to apply the non-negativity constraint to both excitation and emission models. The first mode will be normalized (mean centre and scale) to highlight the differences between samples. For comparative reasons, we have calculated the models with and without constraints, and the results of explained variance and core consistency for the PARAFAC models with different numbers of factors are shown in Table 1.

Looking at the values of Table 1, it seems that the unconstrained model with four factors and the constrained model with five factors give a plausible solution. The answer to which one is the best model is in the shape of the obtained excitation and emission loadings, the residuals and the inner chemistry of the samples.

Some researchers suggest that the best model is the one with the higher number of factors and that still holds good parameters of fitting, explained variance and core consistency. As we can appreciate in Figure 7, the model with four factors and no constraints seems to be appropriate. Nevertheless, the shape of the residuals indicates that there is still some variability to be explained. That is why a model with five factors should be considered. The fact that the unconstrained model with five factors is apparently not robust (core consistency below zero) is an indication of the complexity of the signal. Nevertheless, by applying non-negativity to this model, a robust and plausible result is obtained. What is more important is the chemical explanation for the fluorophores obtained in the analysis. This explanation is given in the supplied references [33], allowing us the assessment of the five fluorophores with a robust PARAFAC model and a plausible chemical explanation for them.

TABLE 1 Explained Variance and Core Consistency for Different PARAFAC Models with and Without Non-Negativity Constraint and with Different Number of Factors. The values in bold indicate the core consistency and the explained values obtained for the best model

No. of factors	1	2	3	4	5	6	7
Unconstrained							
Core consistency (%)	100	100	73	50	<0	<0	<0
Explained variance (%)	60.6	89	94.8	97.6	99	99.6	100
Non-negativity							
Core consistency (%)	100	100	79	79	**67**	<0	<0
Explained variance (%)	60.6	88.8	94.5	97.3	**99.1**	99.4	99.9

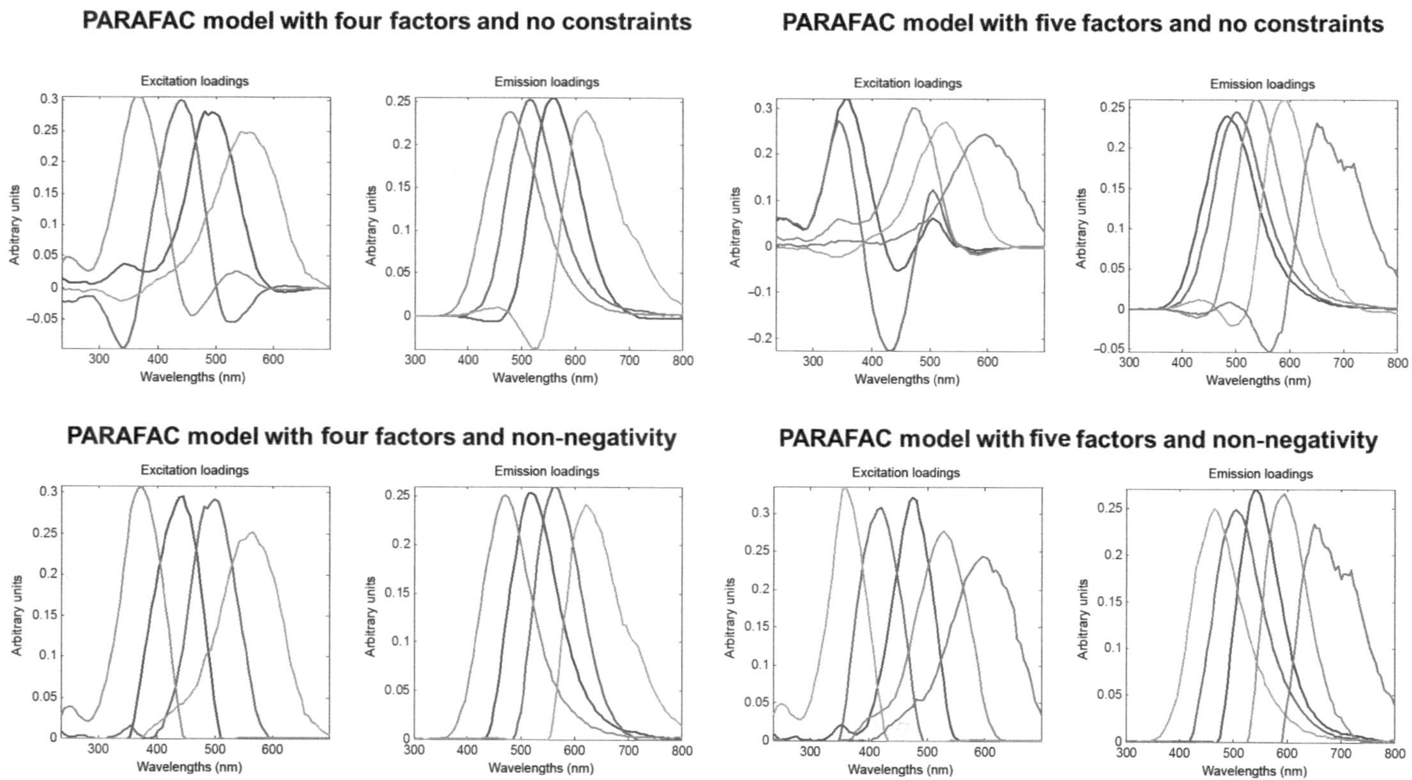

FIGURE 7 Excitation and emission spectral loadings obtained for PARAFAC models with different number of factors. Top: Models with no constraints. Bottom: Models with non-negativity constraints. (For colour version of this figure, the reader is referred to the online version of this chapter.)

3.6.2 *Classification of Vinegars*

Up to now we have only used the excitation and emission loadings obtained. Nevertheless, the relative concentration matrix also contains very interesting and useful information. Indeed, this information is the relative amount of each fluorophore. Thus, this can be used for further regression models (through a calibration line) or, as in our example, for classification purposes. The relationship between the relative concentrations of the first factor against the second is shown in Figure 8.

The first point to highlight from Figure 8 is that the relative concentrations obtained were significantly different for the different classes of vinegar. It is important to highlight that this mode was mean-centred and scaled. Therefore, it is normal to have negative values of relative concentrations. Nevertheless, this fact does not influence any conclusion or further calibration model, as they are relative values.

The second point is that this relative concentration allows the generation of further classification models (in this case both partial least squares (PLS)-discriminant analysis and support vector machines) [33]. All in all, not only was a comprehensive understanding of EEM fingerprint of vinegars obtained, but also robust and reliable classification models to fulfil the requirements of a fast, clean, robust and non-destructive (without any sample preparation) methodology for assessing the category of Sherry vinegars and detecting frauds.

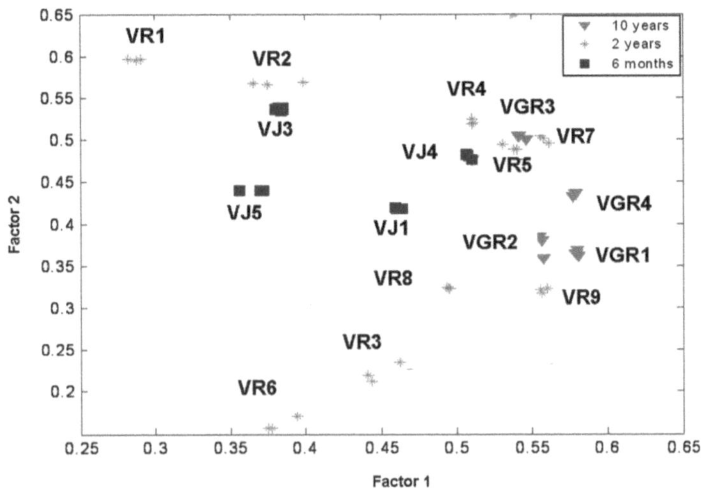

FIGURE 8 First-factor relative concentrations against second-factor relative concentrations obtained in a PARAFAC model with five factors and non-negativity constraint in the second and third modes. Partially extracted from Ref. [33]. (For colour version of this figure, the reader is referred to the online version of this chapter.)

4 PARALLEL FACTOR ANALYSIS 2

As mentioned earlier, one of the assumptions of trilinear data is that two of the loading matrices must be linearly independent. The case of EEM landscapes is, arguably, the clearest example where this condition is fulfilled. Another example could be with chromatography. The elution profile for one component should appear in the same place and with the same shape in all the samples and should only differ from one another in the intensity of the signal [35]. Unfortunately this is not very usual in chromatography. Peak shape changes occur when one of the elution mechanisms in the column are overloaded (e.g. peak tailing due to too high concentration of a specific analyte). Moreover, the elution time of the same peak may vary from sample to sample due to the experimental conditions. A typical example of this is depicted in Figure 9, where the picture on the left shows an ideal chromatographic situation (both analytes have the same elution time in the three samples) and the picture on the right shows a more realistic situation (the elution time for both analytes change from sample to sample. In these cases, the data collected will not fulfil the requirement of trilinearity; thus it will provide a suboptimal PARAFAC solution.

To handle these deviations from trilinearity, a less constrained version of PARAFAC can be applied. This model, called PARAFAC2 [8,9], allows the natural structure of the data to be present in the data, but handling the non-trilinearity of it.

Apart from several applications in some food-related fields (e.g. sensory analysis [36,37]), the main applications of PARAFAC2 have been dealing

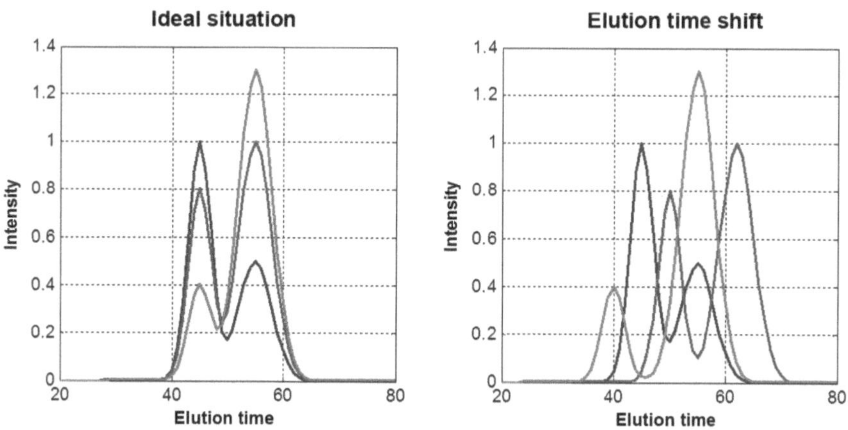

FIGURE 9 Three samples with two analytes co-eluting measured with any chromatographic technique. The ideal situation shows how the elution time for both analytes is the same between samples, whereas the picture on the right shows a more realistic situation where, due to the experimental conditions, there are elution time shifts between samples. (For colour version of this figure, the reader is referred to the online version of this chapter.)

with chromatographic data [2,3,38–44] (e.g. quantifying analytes in wines [2], classification of ripened apples [38], classification of olive oil [45], determination of dyes in chilli [46], characterization of St. John's wort [47], quantification of mixture of aflatoxins in pistachio nuts [48], etc.). Therefore, we will base the theoretical background and examples on chromatographic data. Nevertheless, all the features, benefits and drawbacks of PARAFC2 in chromatography can be extrapolated to any kind of three-way data.

4.1 PARAFAC2 General Model

PARAFAC2 [8,9] also decomposes three-way data arrays into two-way loading matrices as PARAFAC does. The main difference is that PARAFAC2 does not impose as strong restrictions on the data structure [6]. PARAFAC2 does not assume that the shape or length of the factors in one of the modes must be the same for each sample. The PARAFAC2 model allows every sample to have its own distinct set of profiles in one of the independent modes. Consider the chromatographic three-way structure (Figure 1) where the first, second and third modes represent the spectral channel, the elution time and the samples, respectively. Each sample (each slab of $\underline{\mathbf{X}}$) $\mathbf{X}_k$ $(I \times J)$ is modelled as indicated in Equation (8):

$$\mathbf{X}_k = \mathbf{A}\mathbf{D}_k(\mathbf{B}_k)^{\mathrm{T}} + \mathbf{E}_k, \quad k = 1, \ldots, K \tag{8}$$

where $\mathbf{X}_k(I \times J)$ represents the chromatographic run related to the kth sample. $\mathbf{A}(I \times F)$ holds the resolved mass spectra of the F analytes. $\mathbf{D}_k(F \times F)$ is a diagonal matrix that holds the kth row of the sample mode loading matrix $\mathbf{C}$. The matrix $\mathbf{B}_k(I \times F)$ ideally holds an estimate of the individual elution profiles for each F factor. The matrix $\mathbf{E}_k$ represents the residuals.

Even though PARAFAC2 allows the elution profiles to differ in shape in different samples, it still possesses uniqueness properties that are very similar to PARAFAC [49]. This means that PARAFAC2 can separate mixture data into the main contributions (concentrations, elution profiles and mass spectra) of the underlying analytes directly, as PARAFAC does. Nevertheless, the uniqueness property is achieved due to an important constraint: the cross-product of $\mathbf{B}_k$ has to be constant over all the samples (Equation 9). The implication of this cross-product constraint is that the elution profiles in different experiments may differ, for example, due to shifting, but should still be somewhat similar.

$$(\mathbf{B}_1)^{\mathrm{T}}(\mathbf{B}_1) = (\mathbf{B}_2)^{\mathrm{T}}(\mathbf{B}_2)\cdots = (\mathbf{B}_k)^{\mathrm{T}}(\mathbf{B}_k) \tag{9}$$

A graphical representation of PARAFAC2 model can be seen in Figure 10. In this figure, a representation of the outputs of a PARAFAC2 model in a data set with three samples and two factors is depicted. As it can be observed, for each factor, a vector for the spectral profile and for the relative concentrations is obtained. Nevertheless, a matrix containing the individual elution profiles for each sample is obtained.

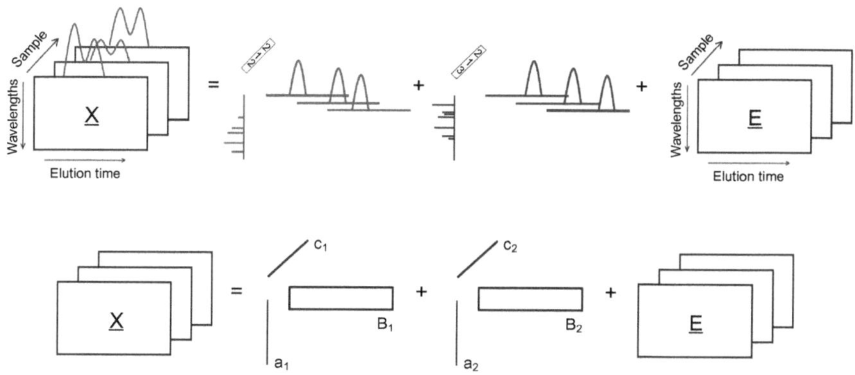

FIGURE 10 Graphical representation of a two-factor PARAFAC2 model of the data array $\underline{\mathbf{X}}$ containing three samples. The top part of the figure shows the chemical interpretation, whereas the bottom part shows the mathematical representation. (For colour version of this figure, the reader is referred to the online version of this chapter.)

4.2 Resemblances and Dissimilarities Between PARAFAC and PARAFAC2

PARAFAC2 has similar properties as the PARAFAC model (see Section 3). It also uses ALS for minimizing the same loss function and the results must be seen as a real physico-chemical interpretation of the data set. PARAFAC2 also holds uniqueness (and, consequently, second-order advantage), due to the main constraint in PARAFAC2 of the variable mode **B**. This constraint, though, impedes the application of other constraints (e.g. non-negativity) in **B**. Nevertheless, it is still possible to include constraints in the **A** and **C** mode and obtain good results, improving the results obtained by PARAFAC.

As an example of the latter, Figure 11 shows a comparison between the performance of PARAFAC and PARAFAC2 in a real GC–MS interval in a data set of wines [2]. The raw data (top part of the figure) have several problems typically found in chromatography: the baseline drifts between samples, low signal-to-noise ratio and the elution time shift between samples. There is only one analyte present in the samples. Therefore, a model with two factors (one factor modelling the analyte of interest and another one modelling the baseline influence) would be enough for PARAFAC and PARAFAC2. Both models were constrained to be non-negative in all the modes (except the variable mode **B** in PARAFAC2). In the pictures, the elution time modes were scaled with the relative concentration matrices **A** obtained for both models.

PARAFAC results (middle part of the figure) offered an underestimated solution, as the elution time profiles for both factors obtained for all the samples are the same, but multiplied times the relative concentration. If we compare them with the raw data, we observe drastic differences, especially for two

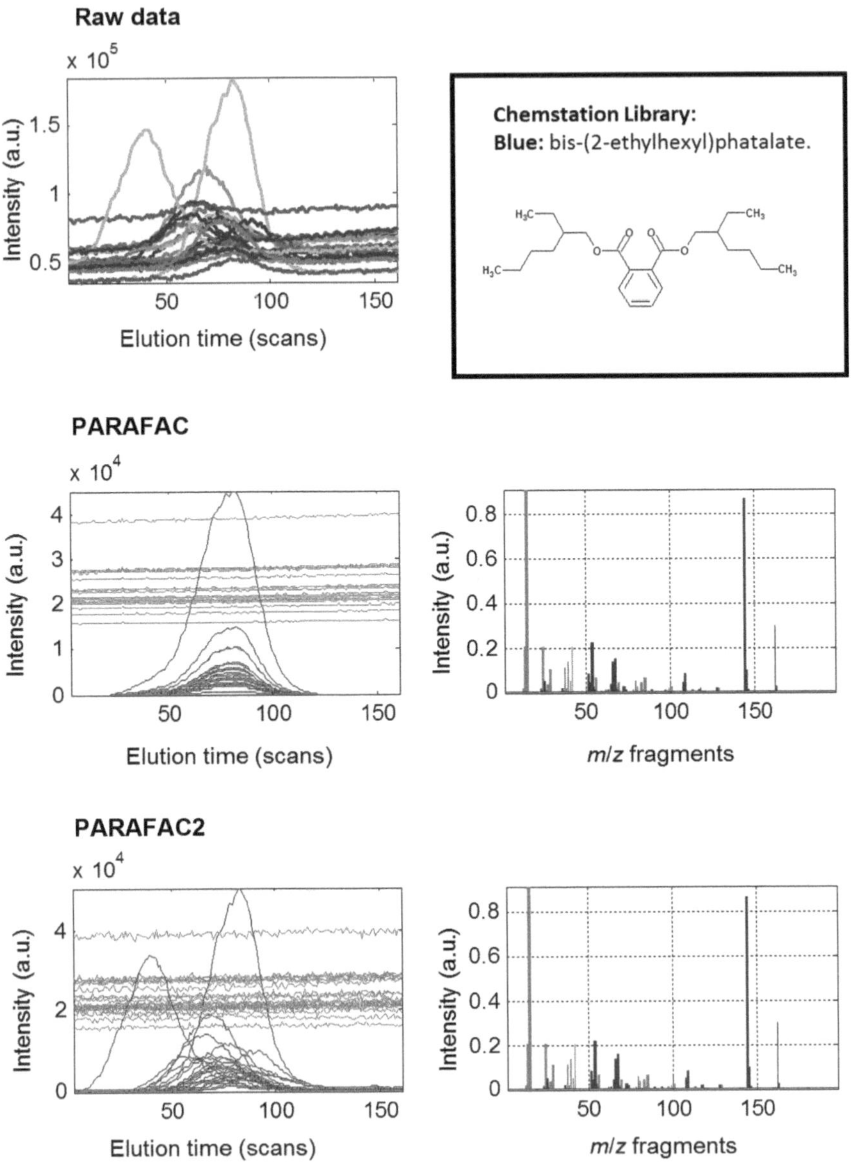

FIGURE 11 Comparison of PARAFAC and PARAFAC2 performance in a chromatographic interval. Further information about this data set can be found in Ref. [2]. (For colour version of this figure, the reader is referred to the online version of this chapter.)

of the samples whose elution times are clearly separated from the bulk (see Figure 11, Raw data). Despite this result, the mass spectrum obtained for the main factor (peak in Figure 11, PARAFAC) resembled the theoretical one (correlation coefficient of 89%). On the other side, we can observe how PARAFAC2 results (Figure 11, PARAFAC2) are closer to the real chromatographic profiles. Now, each sample is allowed to have its own elution profile, being the concentration profile not affected by the deviations from the trilinearity assumed by PARAFAC. Moreover, the spectral profile obtained for the main factor perfectly resembled the theoretical one (correlation coefficient higher than 95%)

One of the main drawbacks of PARAFAC2 models is that they are more difficult to validate. The only robust and reliable parameter that is totally valid is the explained variance [2,3,38]. Split-half analysis or similar techniques cannot be applied here, since the variable mode may differ from sample to sample, making the models of the subsets totally different for the variable mode. Moreover, it is still a matter of discussion if the core consistency could be a useful parameter here, since the inner model depends on the cross-product shown in Equation (9).

4.3 Application of PARAFAC2 in Food Research

All factor analysis methods can only be applied in local areas of the chromatographic profiles where the sources of variability (i.e. analytes and also physical variations like baseline drifts) do not exceed a determined number [2,3,38]. The main interest though, is the complete quantification and/or understanding-classification of the peaks appearing in a dataset. Nevertheless, once all the local PARAFAC2 models have been obtained, the scores of the samples can be used for quantification or classification purposes [2,3,38,42–48].

4.3.1 Application Example: Ripening of Apples

As an example, we will show how the application of PARAFAC2 can help to extract more chemical information from a chromatographic data set. For doing that, we will use the example recently published by Amigo *et al.* [38]. The main interest was the assessment of the proper ripening period for apples. One can argue that this assessment could have been done by just using the TIC profile and PCA. This is partially right. Nevertheless, by doing this, detailed chemical information will be totally lost. An example of the latter is shown in Figure 12. Here it can be appreciated that the intervals have different issues: baseline drift, elution time shifts and, specially, overlapping between different analytes.

In this case, PARAFAC2 clearly demonstrated that it is possible to fully understand the chemical behaviour of the intervals, as all the modelled factors were chemically identified by using external libraries (like Chemstation

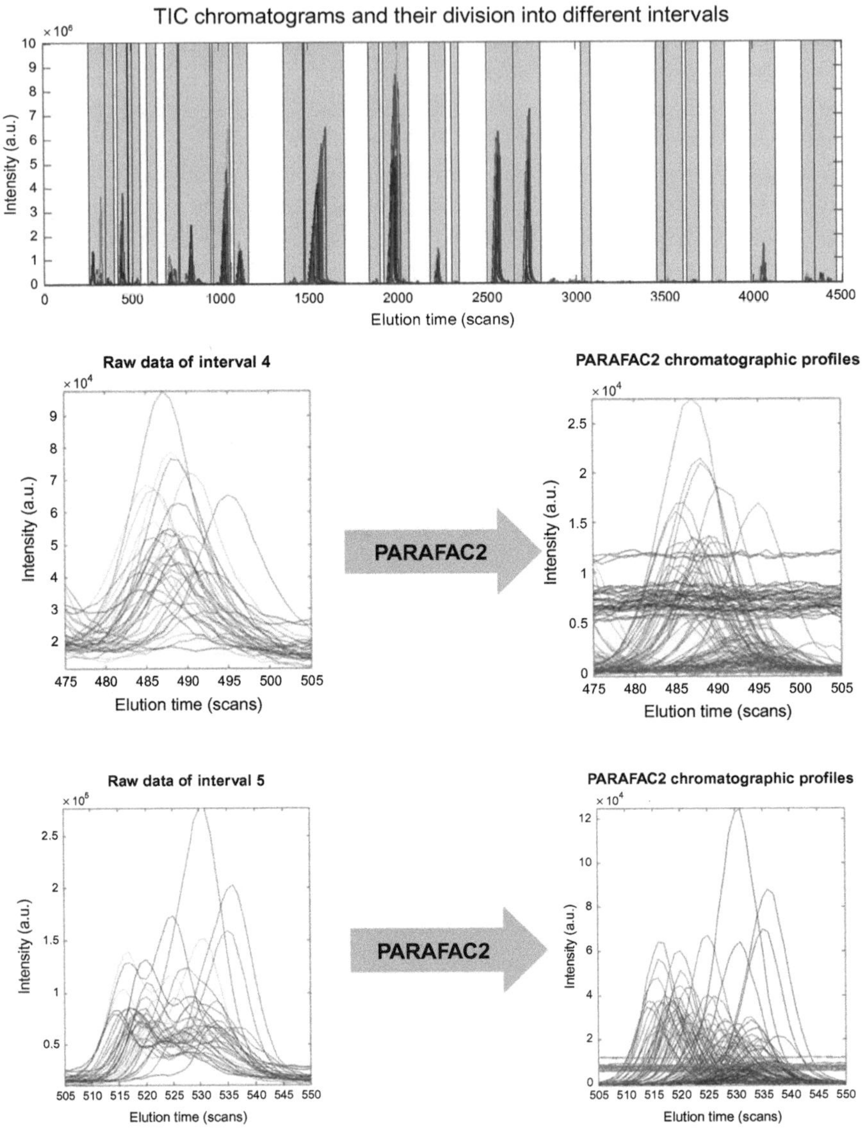

FIGURE 12 TIC chromatogram from GC–MS aroma profile of apples divided into intervals [38] with a detail in two of the intervals and the PARAFAC2 solution with four chemical components. (For colour version of this figure, the reader is referred to the online version of this chapter.)

library). Moreover, all the resolved peaks were used in further unsupervised classification models (PCA) to assess the major chemical reactions occurring during the ripening of the apples.

As a general rule, we can say that the combination of individual three-way methods in selected areas of the chromatographic profile and other classification/regression methods is a very useful strategy in chromatography to obtain rich information to define the addressed problem. In that sense, problems like co-elution, as well as retention time shifts and baseline drifts can be overcome by PARAFAC2.

5 TUCKER MODELS

Another very important class of models for decomposition of single-block multiway data arrays is represented by the so-called Tucker models [50,51], which were first introduced by Ledyard Tucker in the early 1960s [52,53]. The most important of these models is Tucker3, which will be described in detail in the remainder of this section, as Tucker2 can be considered as a specific case of it, while Tucker1 is just PCA on the matricized multiway array. One of the most important properties of the Tucker models is that, differently than what happens in the case of PARAFAC or PARAFAC2, they allow the possibility of interaction between the factors. Indeed, in PARAFAC, just as in traditional PCA, loading vectors are only combined component-wise: the data array is decomposed as the sum of rank-1 outer products of the loadings along the different modes corresponding to the same factor, so that $\mathbf{a}_1$ interacts only with $\mathbf{b}_1$ and $\mathbf{c}_1$, $\mathbf{a}_2$ with $\mathbf{b}_2$ and $\mathbf{c}_2$, and so on. In Tucker models, this assumption is released, so that all loading vectors for a mode can interact with all loadings for the other modes: for instance, $\mathbf{a}_1$ can also be combined with $\mathbf{b}_4$ and $\mathbf{c}_3$. A direct consequence of this property is that the number of factors along the different modes need not be equal.

5.1 Mathematical Formulation of the Tucker3 Model

As anticipated in the previous section, the Tucker3 model can be expressed as a weighted sum of outer products from all possible triads (or polyads for more than three modes) of components, stored as columns of the loading matrices $\mathbf{A}(I \times D)$, $\mathbf{B}(J \times E)$ and $\mathbf{C}(K \times F)$. As a different number of factors can be extracted for each mode,

$$D \neq E \neq F \tag{10}$$

In this framework, the relative contribution of each outer product term to the description of the array $\underline{\mathbf{X}}$ is expressed by means of a so-called *core array* $\underline{\mathbf{G}}$, which is a $(D \times E \times F)$ array whose *def*th element indicates the magnitude of the interaction among the *d*th column of $\mathbf{A}$, *e*th column of $\mathbf{B}$ and *f*th column of $\mathbf{C}$. From a mathematical standpoint, using the notation illustrated in Section 2, the Tucker3 model can be expressed as

$$\mathbf{X}^{(I \times JK)} = \mathbf{A}\mathbf{G}^{(D \times EF)}(\mathbf{C} \otimes \mathbf{B})^{\mathrm{T}} + \mathbf{E}^{(I \times JK)} \tag{11}$$

where $\mathbf{G}^{(D \times EF)}$ corresponds to the *core array* $\underline{\mathbf{G}}$ unfolded to a $D \times EF$ matrix, or in the algebraic form

$$x_{ijk} = \sum_{d=1}^{D} \sum_{e=1}^{E} \sum_{f=1}^{F} a_{id} b_{je} c_{kf} g_{def} \tag{12}$$

where a_{id}, b_{je} and c_{kf} are the *id*th element of **A**, *je*th element of **B**, and *kf*th element of **C**, respectively, while g_{def} is the *def*th element of $\underline{\mathbf{G}}$. A pictorial representation of the model is also provided in Figure 13.

Accordingly, the PARAFAC model can be seen as identical to a $(F \times F \times F)$ Tucker3 model where only the superdiagonal core elements g_{fff} are non-zero.

5.2 Properties of the Tucker3 Model

Contrarily to what happens with PARAFAC, Tucker3 models are not unique, as rotational freedom can exist. Indeed, if the model described in Equation (11) is replaced with another one where the loadings along one mode (let us say the first one, for the sake of simplicity) are transformed by multiplication by a square non-singular matrix **R**, and the core is counter-rotated by $\mathbf{R}^{-1}$, the same fit is obtained:

$$\mathbf{X} = \mathbf{A}\mathbf{R}\mathbf{R}^{-1}\mathbf{G}(\mathbf{C} \otimes \mathbf{B})^{\mathrm{T}} + \mathbf{E} = \mathbf{A}\mathbf{G}(\mathbf{C} \otimes \mathbf{B})^{\mathrm{T}} + \mathbf{E} \tag{13}$$

Due to this rotational ambiguity, it is customary to choose a solution in which the component matrices are orthonormal:

$$\begin{aligned} \mathbf{A}^{\mathrm{T}}\mathbf{A} &= \mathbf{I}_D \\ \mathbf{B}^{\mathrm{T}}\mathbf{B} &= \mathbf{I}_E \\ \mathbf{C}^{\mathrm{T}}\mathbf{C} &= \mathbf{I}_F \end{aligned} \tag{14}$$

$\mathbf{I}_D$, $\mathbf{I}_E$ and $\mathbf{I}_F$ being the identity matrices of dimensions D, E and F, respectively, as this significantly improves interpretability both of the loadings and of the core array [50,54]. Under these assumptions, it is possible to demonstrate that the sum of the squared elements of the core array corresponds to the amount of variation explained by the Tucker3 model. Indeed, if the Tucker3 approximation of the original data array is defined as $\hat{\underline{X}}$, then it can be shown that Equation (14) leads to

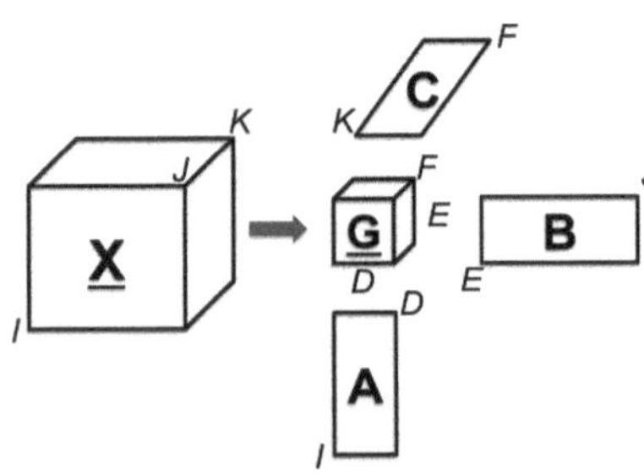

FIGURE 13 Graphical representation of the Tucker3 model. (For colour version of this figure, the reader is referred to the online version of this chapter.)

$$\|\underline{\mathbf{X}}\|^2 = \|\hat{\underline{\mathbf{X}}}\|^2 + \|\underline{\mathbf{E}}\|^2$$

$$\|\hat{\underline{\mathbf{X}}}\|^2 = \|\underline{\mathbf{G}}\|^2 = \sum_{d=1}^{D}\sum_{e=1}^{E}\sum_{f=1}^{F} g_{def}^2 \tag{15}$$

where variation is expressed in terms of sum of squares of the array elements [55]. Analogously, each squared core array element g_{def}^2 represents the amount of variation accounted for by the triad obtained from the combination of the dth column of **A**, the eth column of **B** and the fth column of **C**.

Even if the conditions described in Equation (15) provide a useful simplification of the Tucker3 solution, they are not enough to guarantee uniqueness; therefore, additional restrictions, for instance the maximum variance structure [56], which is described in Section 6, are needed if a unique estimate of the parameters is sought.

5.3 Other Tucker Models

As anticipated, even if Tucker3 is the most important one, it is not the only member of the family of Tucker models, which includes also Tucker2 and Tucker1. However, these other two models can be seen as extreme cases of the Tucker3 one, when only two or one mode, respectively, are reduced.

5.3.1 Tucker2 Model

Tucker3 models assume that, in decomposing the three-way array $\underline{\mathbf{X}}$, all the three modes are reduced, that is, that $D<I$, $E<J$ and $F<K$. However, there can be cases where only two of the three modes are compressed, while one is not reduced: these models are called Tucker2 models. Assuming that the mode which is not reduced is the first one, Tucker2 models decompose the data array according to

$$\mathbf{X}^{(I\times JK)} = \mathbf{G}^{(I\times EF)}(\mathbf{C}\otimes\mathbf{B})^{\mathrm{T}} \tag{16}$$

which formally corresponds to a Tucker3 model where the loading matrix **A** is the identity matrix of dimension I:

$$\mathbf{A} = \mathbf{I}_I \tag{17}$$

that is, where there is no change of basis along the mode. Then, as one mode is not reduced, the core array for the Tucker2 model is called an extended core.

5.3.2 Tucker1 Model

If only one of the modes is compressed to a reduced number of factors, the corresponding model is called a Tucker1 model. Mathematically, it corresponds to a Tucker3 solution where the two loading matrices for the modes which are not compressed are identical to identity matrices of opportune dimensionality:

$$\begin{aligned} \mathbf{B} &= \mathbf{I}_J \\ \mathbf{C} &= \mathbf{I}_K \end{aligned} \tag{18}$$

Then, incorporating **B** and **C** into the extended core array and rearranging the solution, the Tucker1 model can be defined as

$$\mathbf{X}^{(I \times JK)} = \mathbf{A}\mathbf{G}^{(D \times JK)} + \mathbf{E} \tag{19}$$

which corresponds to PCA on an opportunely unfolded version of $\underline{\mathbf{X}}$.

5.4 Some Considerations on the Core Array

As discussed in Section 3, the elements of the core array reflect the importance of the different factor combinations in the fitting of the original data array $\underline{\mathbf{X}}$. However, there can be another way of looking at the core array, by considering that it is a compressed representation of $\underline{\mathbf{X}}$ on the truncated bases spanned by the loadings. Accordingly, each term of the array $\underline{\mathbf{G}}$ is the coefficient associated to a particular basis and can be easily obtained by regressing the original data array onto the set of loadings. In this sense, as the core can be seen as projection of the data array onto these reduced bases, it is univocally defined by the calculated set of loadings:

$$\mathbf{G}^{(D \times EF)} = \left(\mathbf{A}^{\mathrm{T}}\mathbf{A}\right)^{-1}\mathbf{A}^{\mathrm{T}}\mathbf{X}^{(I \times JK)}\left[\left(\mathbf{C}^{\mathrm{T}}\mathbf{C}\right)^{-1}\mathbf{C}^{\mathrm{T}} \otimes \left(\mathbf{B}^{\mathrm{T}}\mathbf{B}\right)^{-1}\mathbf{B}^{\mathrm{T}}\right] \tag{20}$$

which, in the case of orthonormal matrices, reduces to

$$\mathbf{G}^{(D \times EF)} = \mathbf{A}^{\mathrm{T}}\mathbf{X}^{(I \times JK)}(\mathbf{C} \otimes \mathbf{B}) \tag{21}$$

Then the Tucker3 model produces the best subspace approximation of the data array $\underline{\mathbf{X}}$, meaning that data projection onto the subspaces spanned by **A**, **B** and **C** holds the largest possible amount of the original variation [57]. This property is particularly useful when compression of large data array is needed, so that, for example, calculation of any multiway model could be rather computationally intensive. Indeed, as the core array can be considered the best subspace approximation of $\underline{\mathbf{X}}$, one could think of introducing a preliminary Tucker3 step to compress the data to a more parsimonious three-way representation and then calculating the desired multiway model using the Tucker core instead of the original array $\underline{\mathbf{X}}$ [58,59]. Then, the solution in terms of the original variables is easily obtained by back-projecting the model computed on the core using the set of Tucker loadings. For instance, if one wants to compute a PARAFAC model on a very large data array, the use of preliminary Tucker3 compression would work as follows:

Preliminary compression by Tucker3:

$$\begin{aligned}
&\mathbf{X}^{(I\times JK)} = \mathbf{A}_{\text{Tuck}}\mathbf{G}^{(L\times LL)}(\mathbf{C}_{\text{Tuck}} \otimes \mathbf{B}_{\text{Tuck}})^{\text{T}} \\
&F-\text{factors PARAFAC modeling on the Tucker3 core:} \\
&\mathbf{G}^{(L\times LL)} = \mathbf{A}_G(\mathbf{C}_G \odot \mathbf{B}_G)^{\text{T}} \\
&\text{Back}-\text{projection to obtain PARAFAC solution interms of} \\
&\mathbf{A}_{PF} = \mathbf{A}_{\text{Tuck}}\mathbf{A}_G;\;\; \mathbf{B}_{PF} = \mathbf{B}_{\text{Tuck}}\mathbf{B}_G;\;\; \mathbf{C}_{PF} = \mathbf{C}_{\text{Tuck}}\mathbf{C}_G \\
&\mathbf{X} = \mathbf{A}_{PF}(\mathbf{C}_{PF} \odot \mathbf{B}_{PF})^{\text{T}}
\end{aligned} \tag{22}$$

where the subscripts Tuck, G and PF refer to loadings of the Tucker3 model calculated on the original array, of the PARAFAC model fitted to the core and of the PARAFAC model in terms of the original array, respectively. In this context, in order not to lose possibly relevant information during the compression process, it is important the number of Tucker components is enough to capture all the significant variation in the array and, in general, higher than the number of factors to be computed in the successive multiway model (e.g. in the example reported in the set of Equation (13), $L > F$).

5.5 Calculating a Tucker3 Model

In describing how to calculate the Tucker3 solution, attention will be focused only on the case where the loadings are assumed to be orthonormal, as it is the most commonly used [50]. The reader is then referred to more specific publications [54,58,59] if the discussion on how to compute more general solutions is sought. In particular, the Tucker3 solution in the case of orthonormal loading matrices is calculated iteratively by means of the following ALS procedure:

1. Initialize **B** and **C**
2. Calculate **A** as the first D left singular vectors of $\mathbf{X}^{(I\times JK)}(\mathbf{C}\otimes\mathbf{B})$
3. Calculate **B** as the first E left singular vectors of $\mathbf{X}^{(J\times IK)}(\mathbf{C}\otimes\mathbf{A})$
4. Calculate **C** as the first F left singular vectors of $\mathbf{X}^{(K\times IJ)}(\mathbf{B}\otimes\mathbf{A})$
5. Repeat steps 2–4 until convergence
6. $\mathbf{G}^{(D\times EF)} = \mathbf{A}^T\mathbf{X}^{(I\times JK)}(\mathbf{C}\otimes\mathbf{B})$ (23)

As convergence of the algorithm can be easily monitored by looking at the amount of the original variation fitted by the model, and this can be straightforwardly calculated using the core array as described in Equation (15), for practical reasons sometimes steps 5 and 6 are interchanged.

Once a Tucker3 solution is computed, rotational ambiguity is still present, as already discussed. Therefore, it is still possible to transform the solution so that it possesses a desired structure and, in particular, more easily interpretable loadings or a simpler core array, without losing in fit. What is normally done is, after convergence of the algorithm, to rotate the core array $\underline{\mathbf{G}}$ to what is called a maximal variance structure, meaning that most of the variation is concentrated to as few core elements as possible, the remaining ones assuming very low absolute values [56]. This clearly facilitates interpretation as only a limited number of factor combinations have to be considered.

5.6 Tucker3 in Practice

To illustrate how to conduct a Tucker3 analysis in practice, a data set taken from a sensory analysis application [5] will be used. In particular, the data set comes from a study where 9 different cheeses were characterized by a panel of 8 assessors in terms of 23 attributes according to quantitative descriptive analysis with fixed vocabulary profiling. The main aims of the study were to verify how the sensory properties are affected by the fat level, to evaluate the differences between carbohydrate-based and protein-based fat mimetics, and to check the effects of the addition of a cream aroma. To this purpose, each cheese was assessed in triplicate with the only exception of one which was measured six times, so that the resulting data hypercube has the following dimensions: 30 (observations) $\times$ 23 (attributes) $\times$ 8 (panelists). In the original study, PCA and PARAFAC were used to analyze this data set; however, here it will be used as a benchmark to illustrate how Tucker3 works in practice. To get rid of as much as possible of the unwanted sources of variability, the three-way array was centred along the first mode by subtracting the mean two-dimensional profiles across samples, prior to the Tucker3 analysis.

When performing a Tucker3 analysis, one of the most crucial steps is the determination of the optimal number of components along the three modes. If no prior knowledge of what the optimal dimensionality of the loading matrices is available, a preliminary suggestion can be obtained by performing a PCA on the data array matricised in different ways: on $\mathbf{X}^{I\times JK}$ to have an idea of the optimal number of factors in $\mathbf{A}$, on $\mathbf{X}^{J\times IK}$ for $\mathbf{B}$ and on $\mathbf{X}^{K\times IJ}$ for $\mathbf{C}$. In particular, the results of the preliminary PCA on the three unfolded versions of the cheese data array are reported in Figure 14, in terms of per cent variance explained by the different components.

Even if there is no direct correspondence between the number of significant principal components that can be extracted from the data array differently unfolded and the optimal number of Tucker3 factors, the inspection of the plots in Figure 14 would suggest the use of two components for the first and second mode and one component for the third. To check for the validity of this initial estimation and to investigate in a more consistent way what the proper complexity should be, Tucker3 models of increasing dimensionality—from (1,1,1) to (4,4,4)—were calculated and cross-validated using 14 cancellation groups. Indeed, a way of estimating the correct dimensionality is by plotting the per cent

A

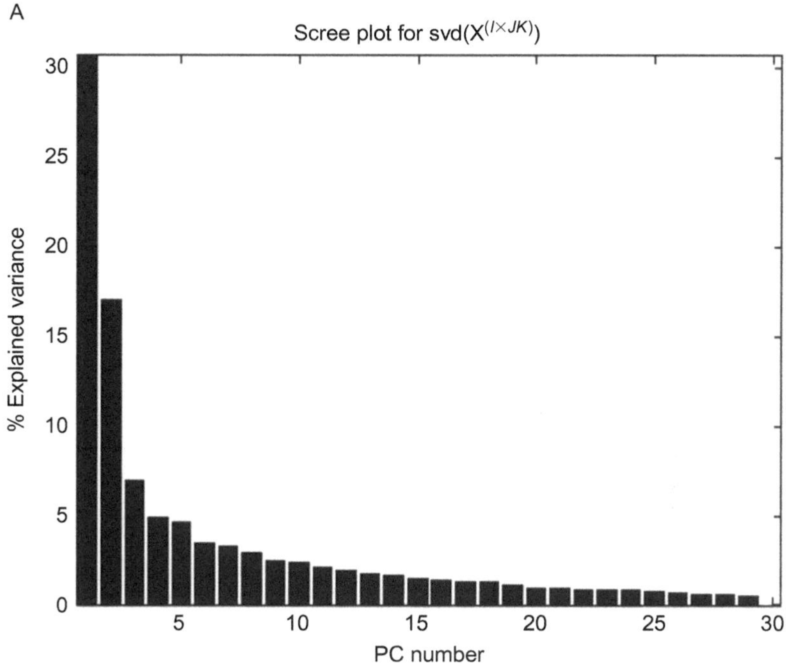

B

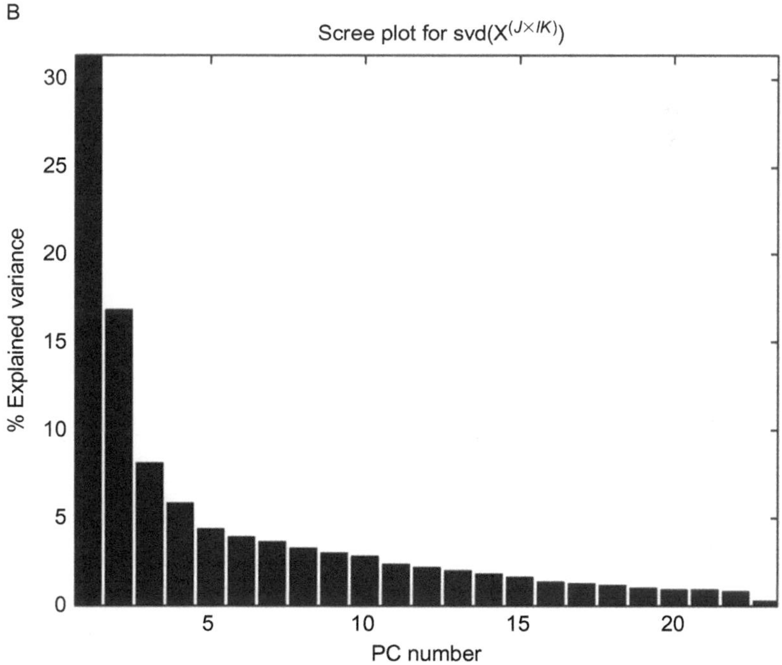

FIGURE 14—Cont'd

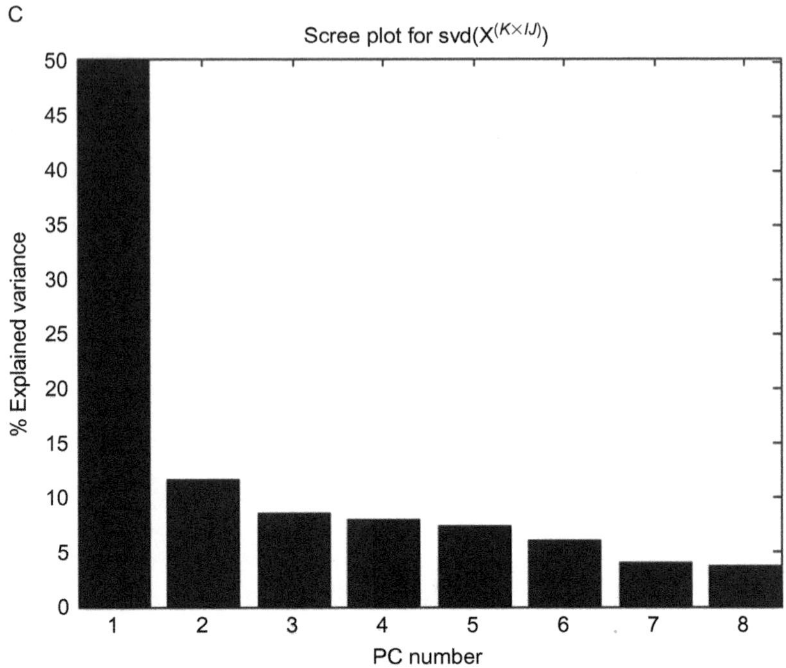

FIGURE 14 Cheese example. Plot of the per cent variance explained by the different components for the PCA on the data array differently unfolded: (A) $\mathbf{X}^{(I\times JK)}$, (B) $\mathbf{X}^{(J\times IK)}$ and (C) $\mathbf{X}^{(K\times IJ)}$. (For colour version of this figure, the reader is referred to the online version of this chapter.)

variance explained by the model as a function of some variable related to the model complexity. The results are reported in Figure 15.

In particular, here the total number of factors $D+E+F$ was used and, for a given complexity, only the best model was reported: for instance, there are three possible combinations leading to a total of four factors—(1,1,2), (1,2,1) and (2,1,1)—but, as the second one leads to the best results, it was the only one to be plotted, and the same considerations were made for the other combinations. Then, the model giving the last large increase in fitting both in the modelling and cross-validation stages was chosen: from the data in Figure 15, the optimal complexity seemed to be (2,2,1). This observation was confirmed by split-half analysis, while residuals and influence plots do not indicate the presence of outliers (not shown).

Interpretation of the results can then be made by inspecting the core array of the model and the loadings along the three modes, which are reported, respectively, in Table 2 and in Figure 17.

The analysis of the core array shows that two-factor combinations—(1,2,1) and (2,1,1)—explain more than 95% of the total variance accounted

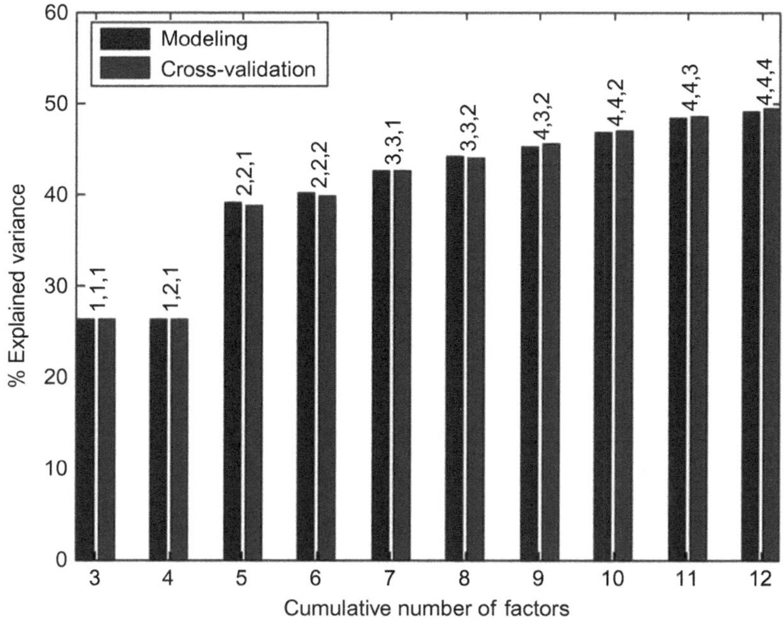

FIGURE 15 Cheese example. Selection of the optimal model complexity for the Tucker3 model: plot of the per cent variance explained by the different models tested in fitting and cross-validation as a function of the model complexity expressed as a sum of the number of factors across the modes. (For colour version of this figure, the reader is referred to the online version of this chapter.)

TABLE 2 Cheese Example: Tucker3 Core Array

Component	Value	Explained variance (%)	Cumulative variance (%)
(2,1,1)	60.49	65.92	65.92
(1,2,1)	42.49	32.52	98.44
(1,1,1)	−7.44	1.00	99.44
(2,2,2)	5.57	0.56	100

for by the model, so that they are the ones to be considered for interpretation. Moreover, as the loadings along the third mode are all negative and the core elements for the two more relevant factor combinations are positive, opposite signs between the first and second mode have to be combined. Inspection of the plot of the loadings along the first mode (i.e. the scores, Figure 16A) shows that for some products (e.g. D-CHO, C-CHO or P) replicates are quite close to one another, while for others they are more dispersed: this result was

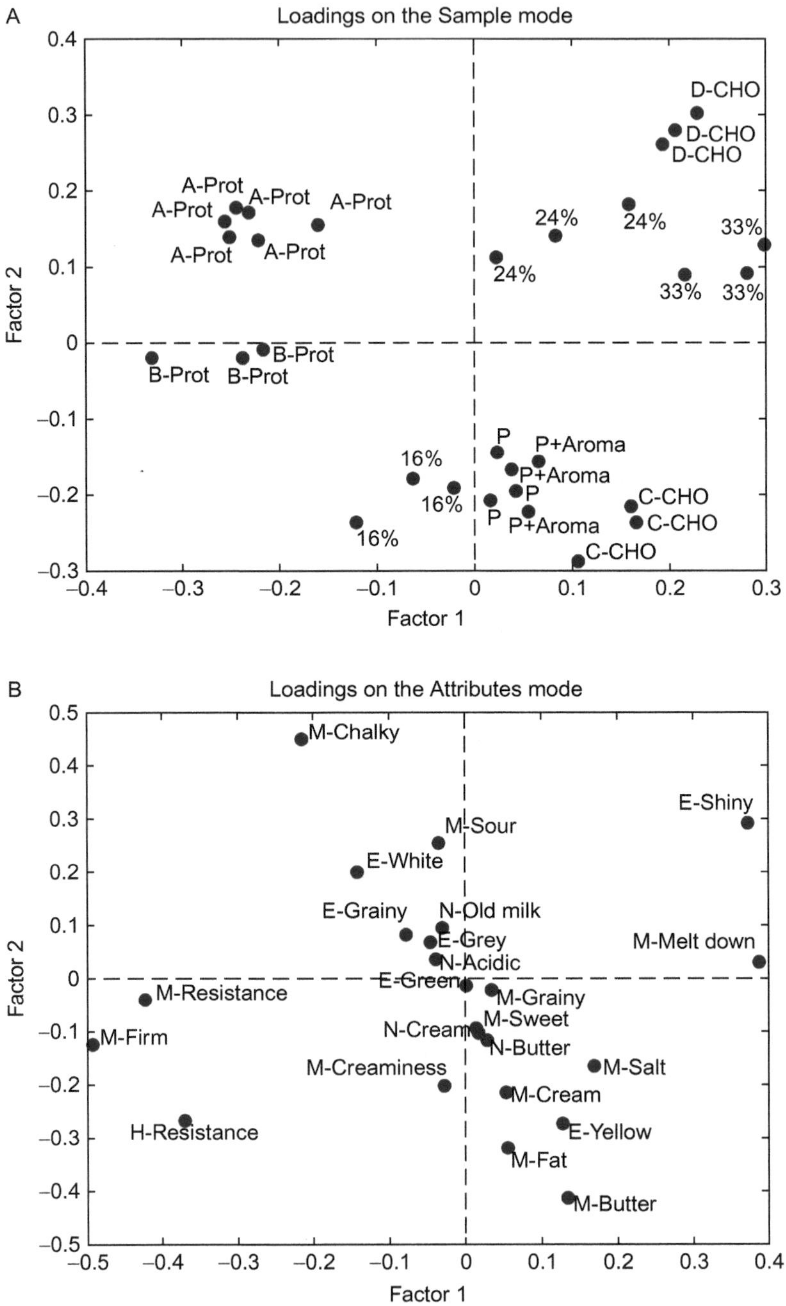

FIGURE 16—Cont'd

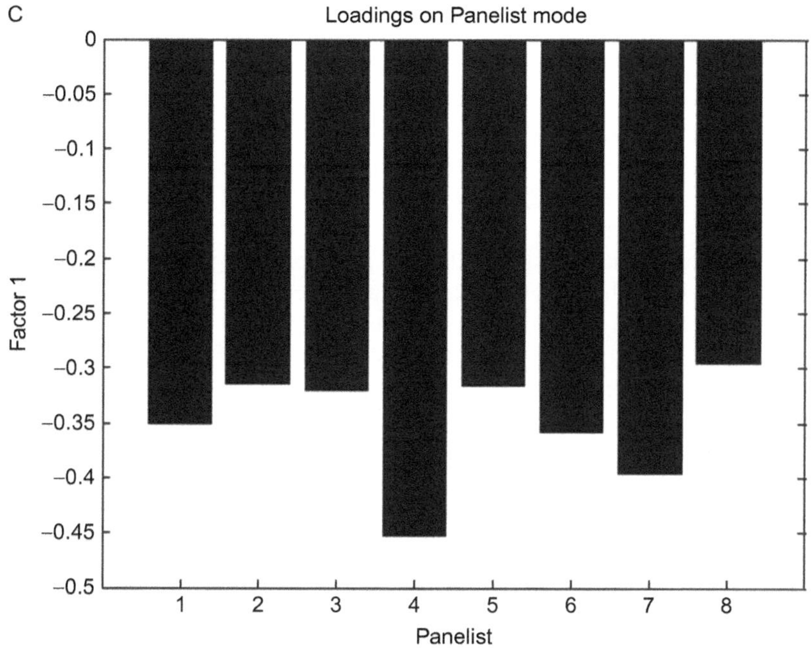

FIGURE 16 Cheese example. Loading plots for (A) the sample, (B) the attributes and (C) the assessor modes. Sample legend: 33% (standard full-fat cream cheese); 24% (medium fat-reduced cream cheese); 16% (maximum fat-reduced cream cheese); P (prototype cream cheese); P + Aroma (prototype cream cheese + butter aroma); A-Prot (commercial cream cheese A); B-Prot (commercial cream cheese B); C-CHO (commercial cream cheese C); D-CHO (commercial cream cheese D). Attribute legend: N-Cream (cream aroma, nose); N-Acidic (acidic aroma, nose); N-Butter (butter aroma, nose); N-Old milk (old milk aroma, nose); E-White (white, eye); E-Grey (grey, eye); E-Yellow (yellow, eye); E-Green (green, eye); E-Grainy (grainy, eye); E-Glossy (glossy, eye); H-Resistance (resistance, hand); M-Firm (firm, mouth); M-Meltdown (meltdown, mouth); M-Resistance (resistance, mouth); M-Creaminess (creaminess, mouth); M-Grainy (grainy, mouth); M-Chalky (chalky, mouth); M-Cream (cream flavour, mouth); M-Fat (fat flavour, mouth); M-Butter (butter flavour, mouth); M-Salt (salt, mouth); M-Sour (sour, mouth); M-Sweet (sweet, mouth). (For colour version of this figure, the reader is referred to the online version of this chapter.)

also found in the original paper, where it was ascribed to higher intrinsic variation of the latter. On the other hand, the plot of the loadings for the second mode (Figure 16B) indicates that the first component is somewhat related to the texture of the products, as variables which correspond to a firm texture (M-Firm, H-Resistance and M-Resistance) have the lowest loadings while attributes indicating soft products with a faster meltdown (M-Meltdown) are on the opposing side of the component. On the other hand, the second factor is mainly governed by the differences between sour taste (M-Sour) and chalky sensation (M-Chalky), which have the highest positive loadings, and the group of Fat-related flavour properties (M-Butter, M-Cream, M-Fat and M-Creaminess), which have the more negative loadings; these differences are also reflected in some visual attributes of the products (E-White and E-Grey vs. E-Yellow). Lastly, the loading plot for the third mode (the assessors) indicates a general consensus on the product ranking, as all the loadings have the same sign, but a difference in the 'intensity' of the response, suggesting that some panelists (those with the more negative loadings, i.e. nr. 4, 7 and to a lesser extent 6 and 1) use a larger part of the descriptive scale when judging the products.

To interpret the scatter observed in the score plot in terms of attributes, one must keep in mind the entries of the core array reported in Table 2: as already discussed the more significant combinations are the two where the second factor along the first mode combines with the first factor of the first mode and the first component on the first mode combines with the second component along the second mode. In both cases, opposite sign combinations should be considered. Therefore, cheeses with the highest score values on the second component (D-CHO and A-Prot, 24% and 33%) are characterized by the highest firmness and resistance, while decreasing the score value results in an increase in softness. Similar considerations can be made for the scores along the first component.

6 MULTIWAY REGRESSION

The models presented in the previous sections allow the decomposition of a single multiway data block to obtain a representation of the data in terms of low-dimensional loadings matrices. However, as already described in Chapter 4, many problems require finding the relations between two blocks of data and, in particular, the possibility of predicting the values of one block given the other, by definition of a suitable regression model. In this framework, most of the concepts already sketched for two-way regression modelling can be easily generalized to the multiway case, just by taking into account that a multilinear, instead of bilinear, decomposition of the different blocks needs to be computed. In this section, attention will be focused in particular on the multiway generalization of the PLS algorithm but a brief description of another method, namely multiway covariate regression, will also be presented.

6.1 Multilinear PLS (N-PLS)

Multilinear PLS represents the generalization of the PLS algorithm to cases where either the *X*- and/or the *Y*-blocks are multiway arrays [57,60]. Like the standard two-way PLS algorithm [61], N-PLS operates by decomposing the independent ($\underline{\mathbf{X}}$) and the dependent ($\underline{\mathbf{Y}}$) data so that the corresponding scores have pairwise maximal covariance. Accordingly, the N-PLS model is calculated by fitting at the same time a multilinear model for each of the two blocks and a regression model (inner relation) relating the corresponding scores. In mathematical terms, defining $\underline{\mathbf{X}}$ ($I \times J \times K$) and $\underline{\mathbf{Y}}$ ($I \times L \times M$), the independent and dependent arrays, respectively, the N-PLS model is made up of the following three relations:

$$\begin{aligned}\underline{\mathbf{X}}^{(I\times JK)} &= \mathbf{T}\left(\mathbf{W}^K \odot \mathbf{W}^J\right)^{\mathrm{T}} + \mathbf{E}_X \\ \underline{\mathbf{Y}}^{(I\times LM)} &= \mathbf{U}\left(\mathbf{Q}^M \odot \mathbf{Q}^L\right)^{\mathrm{T}} + \mathbf{E}_Y \\ \mathbf{U} &= \mathbf{TC}\end{aligned} \tag{24}$$

where, to be consistent with the standard PLS notation, the loadings along the first mode for the dependent and independent blocks (scores) have been indicated as **T** and **U**, respectively, while the letters **W** and **Q** have been used to indicate the PLS weights for $\underline{\mathbf{X}}$ and $\underline{\mathbf{Y}}$ (the superscripts refer to the mode along which the weights are computed); **C** is the matrix of regression coefficients for the inner relation. It is evident from Equation (24) that, apart from the introduction of a second set of weights for the additional mode, the N-PLS model is absolutely identical to the two-way case.

6.1.1 N-PLS Algorithm for a Single y (N-PLS1)

The N-PLS algorithm is a sequential algorithm, where one component is computed at a time. Indeed, it is very difficult to define a global loss function, while to state it component-wise is rather straightforward. In the single **y** case, that is when the dependent data block is a vector, for each component two sets of weight $\mathbf{w}^J$ and $\mathbf{w}^K$ are sought, so that the scores **t** obtained by least squares regression of $\underline{\mathbf{X}}$ onto the weights has maximal covariance with **y**. In more formal terms, by using the shortcut **w** for the Kronecker product of the weights of a given component along the second and third mode:

$$\mathbf{w} = \mathbf{w}^K \otimes \mathbf{w}^J \tag{25}$$

the PLS scores **t** are found according to

$$\max_{\mathbf{w}} \left(\mathrm{cov}(\mathbf{t},\mathbf{y}) \,|\, \mathbf{t} = \mathbf{X}^{(I\times JK)}\mathbf{w} \wedge \|\mathbf{w}\| = 1\right) \tag{26}$$

By defining the matrix **Z** as the inner product of $\underline{\mathbf{X}}$ and **y**:

$$z_{jk} = \sum_{i=1}^{I} y_i x_{ijk} \tag{27}$$

it is possible to demonstrate that the weights which satisfy the condition in Equation (26) are the first left and right singular vectors of **Z**:

$$svd(\mathbf{Z}) = \mathbf{w}^J \zeta \left(\mathbf{w}^K\right)^{\mathrm{T}} \tag{28}$$

ζ being the corresponding singular value. Based on these considerations, and keeping in mind that, as the algorithm is sequential, a deflation step is needed before the extraction of successive components, the N-PLS algorithm for the single y case is composed of the following steps:

1. Centre both $\underline{\mathbf{X}}$ and $\mathbf{y}$. Define $\underline{\mathbf{X}}^0=\underline{\mathbf{X}}$ and $\mathbf{y}^0=\mathbf{y}$, and let f (index of the component to be fitted) $=1$.
2. Calculate $\mathbf{Z}$ as defined in Equation (27).
3. Compute the weights along the second and third modes for the component, $\mathbf{w}_f^J$ and $\mathbf{w}_f^K$, as the first left and right singular vectors of $\mathbf{Z}$.
4. Calculate the scores for the component $\mathbf{t}_f$ as $\mathbf{t}_f=\mathbf{X}^{f-1}_{(I\times JK)}\mathbf{w}_f=\mathbf{X}^{f-1}_{(I\times JK)}(\mathbf{w}_f^K\otimes\mathbf{w}_f^J)$.
5. Add $\mathbf{t}_f$ to the score matrix $\mathbf{T}$: $\mathbf{T}=[\mathbf{t}_1\ \ \mathbf{t}_2\ \ \ldots\ \ \mathbf{t}_f]$.
6. Calculate the regression of the inner relation $\mathbf{c}_f=(\mathbf{T}^T\mathbf{T})^{-1}\mathbf{T}^{\mathrm{T}}\mathbf{y}^{f-1}$.
7. Deflate $\underline{\mathbf{X}}$ and $\mathbf{y}$ by replacing each sample with its residuals: $\mathbf{X}_i^f=\mathbf{X}_i^{f-1}-t_{if}\mathbf{w}_f^J(\mathbf{w}_f^K)^{\mathrm{T}}$ and $\mathbf{y}^f=\mathbf{y}^{f-1}-\mathbf{T}\mathbf{c}_f$.
8. Set $f=f+1$ and repeat steps 2–7, until the desired number of components is computed.

It is important to stress that in N-PLS the scores along the different components are not orthogonal, so that the calculation of the regression coefficients of the inner relations should be made by regressing the whole score matrix and not the individual score vectors onto $\mathbf{y}$, as described in step 6 of the algorithm. Moreover, similar to what happens in the case of the standard two-way PLS1 algorithm, for a given component the solution is not iterative.

When more than one dependent variable is present, two different approaches are possible: modelling each column of $\mathbf{Y}$ separately using the algorithm reported earlier or modelling all the columns simultaneously, analogously to what happens with the standard PLS2 algorithm. The latter approach, in particular, allows taking into account and profiting of the possible collinearities/correlations in the dependent block $\mathbf{Y}$. The algorithm for doing this is described in the following section.

6.1.2 N-PLS Algorithm for Multivariate Y (N-PLS2)

The N-PLS regression algorithm which considers the possibility of bilinear modelling of the $\mathbf{Y}$ block can be seen as a combination of the N-PLS1 algorithm described earlier and of the two-way PLS2 algorithm discussed in Chapter 4. Differently than in the single y case, it involves, for each component, an iterative procedure which is stopped when convergence in terms of score vectors is reached. In detail, the algorithm for N-PLS2 is the following:

1. Centre both $\underline{\mathbf{X}}$ and $\mathbf{Y}$. Define $\underline{\mathbf{X}}^0=\underline{\mathbf{X}}$ and $\mathbf{Y}^0=\mathbf{Y}$, and let f (index of the component to be fitted) $=1$.
2. Choose one column of $\mathbf{Y}^{f-1}$ to be the initial guess of $\mathbf{u}_f$.
3. Repeat the following steps until convergence criterion (usually $\frac{\|\mathbf{t}_f-\mathbf{t}_f^{\mathrm{old}}\|}{\|\mathbf{t}_f^{\mathrm{old}}\|}<10^{-6}$ is met):

a. Compute the matrix $\mathbf{Z}^f$ based on $\mathbf{X}^{f-1}$ and $\mathbf{u}_f$ according to $z_{jk}^f = \sum_{i=1}^{I} u_{if} x_{ijk}^{f-1}$.
b. Estimate $\mathbf{w}_f^J$ and $\mathbf{w}_f^K$ as the first left and right singular vectors of $\mathbf{Z}$.
c. Calculate the scores for the component $\mathbf{t}_f$ as $\mathbf{t}_f = \mathbf{X}_{(I \times JK)}^{f-1} \mathbf{w}_f = \mathbf{X}_{(I \times JK)}^{f-1} (\mathbf{w}_f^K \otimes \mathbf{w}_f^J)$.
d. Estimate the $\mathbf{Y}$ loadings for the component $\mathbf{q}_f$ according to $\mathbf{q}_f = \frac{(\mathbf{Y}^{f-1})^T \mathbf{t}_f}{\left\| (\mathbf{Y}^{f-1})^T \mathbf{t}_f \right\|}$.
e. Update the values of the $\mathbf{Y}$ scores for the component: $\mathbf{u}_f = \mathbf{Y}^{f-1} \mathbf{q}_f$.

4. Add $\mathbf{t}_f$ to the score matrix $\mathbf{T}$: $\mathbf{T} = [\mathbf{t}_1 \;\; \mathbf{t}_2 \;\; \dots \;\; \mathbf{t}_f]$.
5. Calculate the regression of the inner relation $\mathbf{c}_f = (\mathbf{T}^{\mathrm{T}}\mathbf{T})^{-1}\mathbf{T}^{\mathrm{T}}\mathbf{u}_f$.
6. Deflate $\underline{\mathbf{X}}$ and $\mathbf{Y}$ by replacing each sample with its residuals: $\mathbf{X}_i^f = \mathbf{X}_i^{f-1} - t_{if} \mathbf{w}_f^J (\mathbf{w}_f^K)^{\mathrm{T}}$ and $\mathbf{y}^f = \mathbf{y}^{f-1} - \mathbf{T}\mathbf{c}_f \mathbf{q}_f^{\mathrm{T}}$.
7. Set $f = f + 1$ and repeat steps 2–6, until the desired number of components is computed.

6.1.3 *Using the N-PLS Model to Make Predictions on New Samples*

As with all regression techniques, the final goal of N-PLS modelling is to make predictions on new samples, that is, to use the calibration model built on a set of training data to predict the values of the response(s) for unknown samples. As the N-PLS algorithms work component-wise, the more general way of calculating prediction on new samples is by sequentially extracting scores for the $\underline{\mathbf{X}}$-block, using them to predict the values of the $\mathbf{Y}$ scores by means of the inner relation and finally calculating the predicted responses from the predicted $\mathbf{U}$, through the $\mathbf{Y}$-weights. In mathematical terms, assuming that a new sample is described by the independent matrix $\mathbf{X}_{\mathrm{new}}$, the whole procedure works as follows:

1. Centre $\mathbf{X}_{new}$ using the mean profile computed on the training set. Set $\mathbf{X}_{\mathrm{new}}^0 = \mathbf{X}_{\mathrm{new}}$, $\mathbf{y}_{\mathrm{new}}^0 = [0 \;\; \dots \;\; 0]$ and $f = 1$.
2. Calculate the $\mathbf{X}_{\mathrm{new}}$-score for the fth component: $t_{\mathrm{new},f} = (\mathbf{w}_f^J)^{\mathrm{T}} \mathbf{X}_{\mathrm{new}} \mathbf{w}_f^K$.
3. Assemble the scores for the first f components into the score vector $\mathbf{t}_{\mathrm{new},f}$: $\mathbf{t}_{\mathrm{new},f} = [t_{\mathrm{new},1} \;\; \cdots \;\; t_{\mathrm{new},f}]$.
4. Calculate the predicted value of the $\mathbf{Y}$-score for the fth component using the inner relation: $u_{\mathrm{new},f} = \mathbf{t}_{\mathrm{new},f} \mathbf{c}_f$.
5. Update the predicted value of $\mathbf{Y}$ with the contribution of the fth component using the $\mathbf{Y}$ loadings $\mathbf{q}_f$: $\mathbf{Y}_{\mathrm{new}}^f = \mathbf{Y}_{\mathrm{new}}^{f-1} + u_{\mathrm{new},f} \mathbf{q}_f^{\mathrm{T}}$.
6. Set $f = f + 1$ and repeat steps 2–5, until the maximum number of components is reached.

This procedure is very effective, as it allows computing scores and residuals for the dependent and the independent blocks, which can be used for interpretation and/or for diagnostics, as in the two-way case (contribution plots, VIP scores, leverages, etc.). However, if one is interested in obtaining only the prediction of $\mathbf{Y}$ from $\underline{\mathbf{X}}$, it is possible to define a set of regression coefficient $\mathbf{b}_{\text{N-PLS}}$ ($\mathbf{B}_{\text{N-PLS}}$ in the case of multivariate $\mathbf{Y}$) which directly relate the two blocks [52,54]:

$$\begin{aligned}\mathbf{y} &= \mathbf{X}^{(I\times JK)}\mathbf{b}_{\text{N-PLS}}\\ \mathbf{Y} &= \mathbf{X}^{(I\times JK)}\mathbf{B}_{\text{N-PLS}}\end{aligned} \tag{29}$$

with

$$\begin{aligned}\mathbf{b}_{\text{N-PLS}} &= \mathbf{RC1}_F\\ \mathbf{B}_{\text{N-PLS}} &= \mathbf{RCQ}^{\text{T}}\end{aligned} \tag{30}$$

where F is the number of model components, $\mathbf{1}_F$ is an F-dimensional column vector of 1s, $\mathbf{C}$ is the square $F\times F$ matrix holding $\mathbf{c}_f$ as the first f elements of its fth column and zeros elsewhere, while $\mathbf{R}$ is the matrix which allows the computation of the scores for all components directly from the matricized $\mathbf{X}$:

$$\mathbf{T} = \mathbf{X}^{(I\times JK)}\mathbf{R} \tag{31}$$

In particular, it can be shown that

$$R = \left[\mathbf{w}_1 (I - \mathbf{w}_1\mathbf{w}_1^{\text{T}})\mathbf{w}_2 \quad \cdots \quad \prod_{f=1}^{F-1}\left(\mathbf{I} - \mathbf{w}_f\mathbf{w}_f^{\text{T}}\right)\mathbf{w}_F\right] \tag{32}$$

6.1.4 N-PLS in Practice

The use of N-PLS regression will be illustrated by means of an example borrowed from a study on the use of multiway methods for the control of sugar production, originally published by Bro [62]. In particular, in the study a thorough investigation of the fluorescence spectra of sugar solutions in water was carried out and successively the possibility of using the fluorescence landscapes to predict some quality parameters of the product was verified. Here, for the sake of practically exemplifying how N-PLS regression can be used to build calibration models when one or both blocks are multiway, attention will be focused only on the possibility of predicting ashes content in the sugar based on the fluorescence measurements.

The data set considered, which can be downloaded from the website of the Quality and Technology group of the University of Copenhagen (http://www.models.life.ku.dk/Sugar_Process/; last accessed on January 25, 2013), consists of the fluorescence EEM landscapes measured on 268 solutions of sugar in water. As the emission spectra were measured every 0.5 nm in the interval 275–560 nm (571 data points) and 7 excitation wavelengths were considered (230, 240, 255, 290, 305, 325 and 340 nm), the independent block is arranged in a hypercube of dimensions $268\times 571\times 7$. On the other hand, a single dependent variable is considered; therefore, **y** is a 268 × 1 vector. In order to have samples for the external validation of the model (see Chapter 4), the data set is split into a training set and a test set, containing 179 and 89 samples, respectively, using the Duplex algorithm [63].

The training set is used to build the N-PLS model, which will then be validated using the test set samples. When building the model, one of the first decisions to be taken is the optimal number of PLS factors to be included: here, the choice is made on the basis of the root-mean-square error (RMSE) in cross-validation (seven cancellation groups), which is reported in Figure 17 as a function of the number of components.

Inspection of the Figure 17 suggests that the optimal number of PLS components is 6: even if it is only a local minimum, the difference with respect to the global error minimum (which is reached with 10 factors) does not seem to justify the additional complexity. Moreover, with six components there is little difference between the values of the RMSE in modelling and in cross-validation, suggesting the absence of overfitting. Accordingly, the final N-PLS model is built using six factors, as suggested by cross-validation. This model results in an RMSE of 1.57 and a very low bias (0.02). Interpretation of the model can be made by inspecting the $\underline{\mathbf{X}}$-weights along the second and the third modes, which are shown in Figure 18.

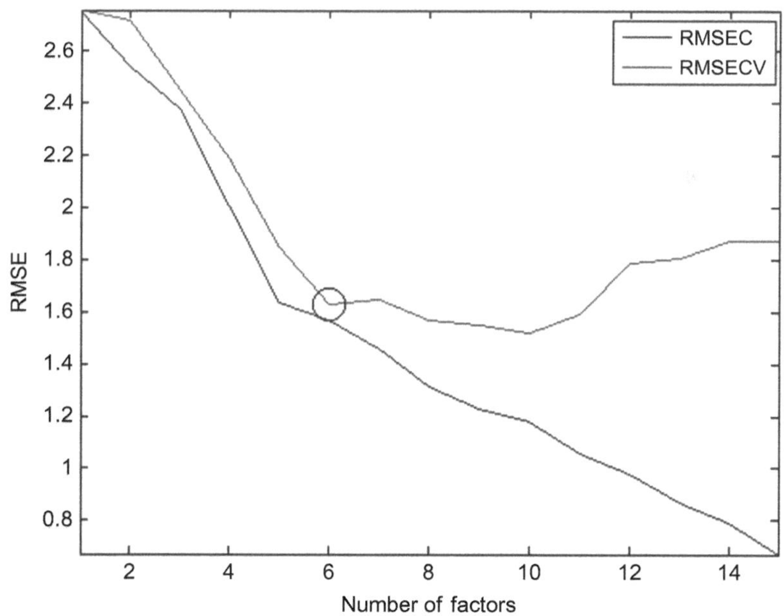

FIGURE 17 Sugar data set. Selection of the optimal number of N-PLS components: root mean square error in modelling (RMSEC) and in cross-validation (RMSECV) as a function of the number of factors. The black circle indicates the complexity of the final model (six components). (For colour version of this figure, the reader is referred to the online version of this chapter.)

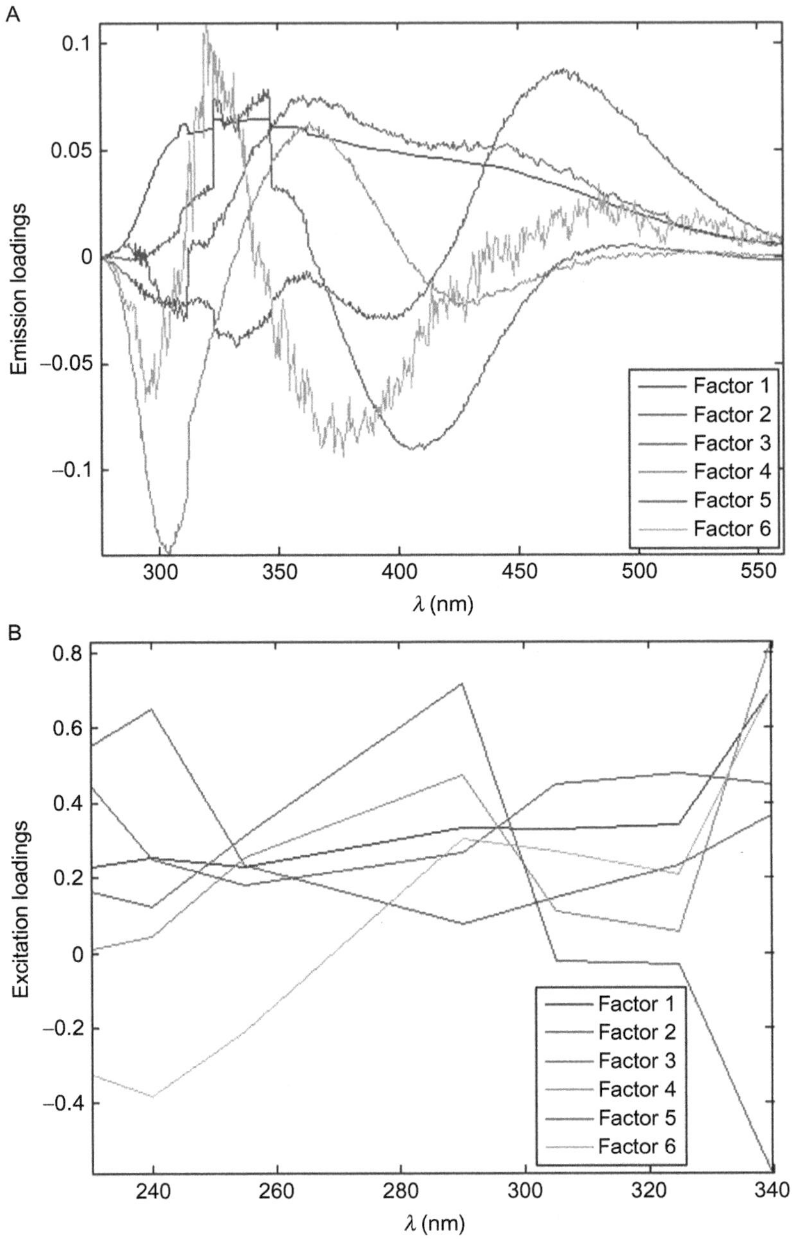

FIGURE 18 Sugar data set. (A) Emission and (B) excitation weights of the optimal N-PLS model (six components). (For colour version of this figure, the reader is referred to the online version of this chapter.)

The emission weights, in particular, present maxima and minima at wavelengths which correspond quite well with the position of the signals associated with the components identified by the PARAFAC analysis of the same data array. The same information can be visualized as landscapes, by plotting, for each factor, the product $\mathbf{w}_i^K \otimes \mathbf{w}_i^J$ refolded into a matrix (see Figure 19).

As stated in Section 6.1, similar to what happens in standard two-way PLS regression, it is possible to calculate a vector of regression coefficients relating directly the independent block to the prediction of the $\mathbf{y}$. Accordingly, further interpretation of the N-PLS model can be made by analysing the regression vector, which can also be refolded to a matrix and visualized as a landscape. In particular, the regression coefficients relating the fluorescence landscape measured on the sugar samples to the content of ashes are plotted in Figure 20.

To interpret the results reported in Figure 20, one should bear in mind the precautions which should always accompany the analysis of the regression coefficients, already described in Chapter 4 for multivariate calibration models. However, in general, it can be stated that the spectral regions corresponding to a positive value of the coefficients are positively correlated to the response, so that, if no interferent is present, one could state that an increase in ash content would result in an increase of the spectral intensity at those wavelengths; analogous considerations can be made for the negative ones.

Finally, to validate the results obtained on the training set, the model is applied to the external test set: the outcomes can be observed in Figure 21, where the predicted ash content is plotted as a function of the corresponding reference values.

As evident from Figure 21, the validation results are consistent with those obtained in the modelling phase, confirming the absence of overfitting. In particular, the root-mean-square error of prediction value of 1.95 and a bias of 0.33 indicate a very good generalization ability of the calibration based on N-PLS.

6.2 Multiway Covariate Regression

As stated in Section 6.1, multilinear PLS, as its two-way analogue, aims at finding components which, sequentially, maximize the product of the explained variance of the dependent block and the variance of the component itself. Therefore, if one looks at a factor representation which at the same time accounts for as much as possible of the information in the two blocks, it can happen that this condition is not completely fulfilled by the PLS criterion, which involves the maximization of the variance of $\mathbf{Xw}$, instead of the maximization of the amount of $\underline{\mathbf{X}}$ variance explained by the component model. Accordingly, with the aim of building a factor model whose components had the property of explaining both the variance of the independent and

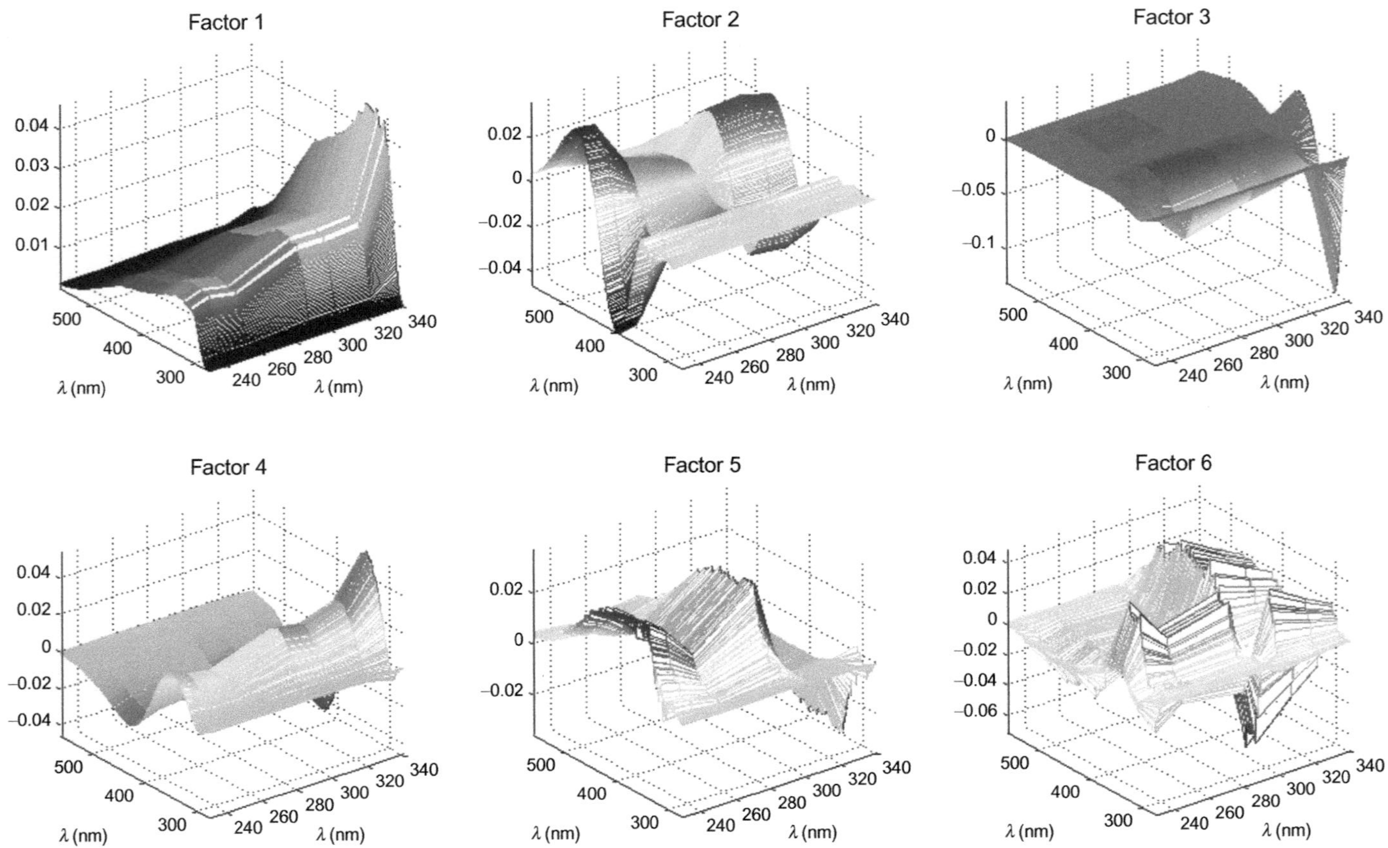

FIGURE 19 Sugar data set. N-PLS weights for the six factors plotted as landscapes. (For colour version of this figure, the reader is referred to the online version of this chapter.)

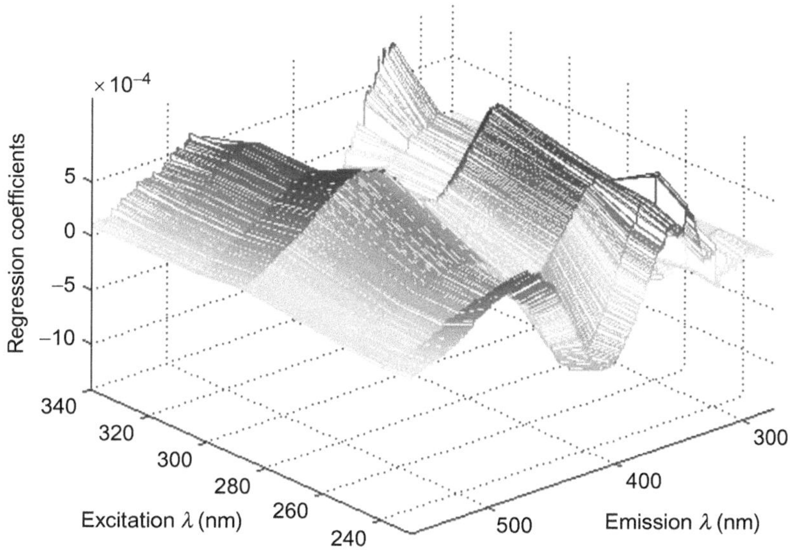

FIGURE 20 Sugar data set. Regression coefficients for the optimal N-PLS model plotted as landscapes. (For colour version of this figure, the reader is referred to the online version of this chapter.)

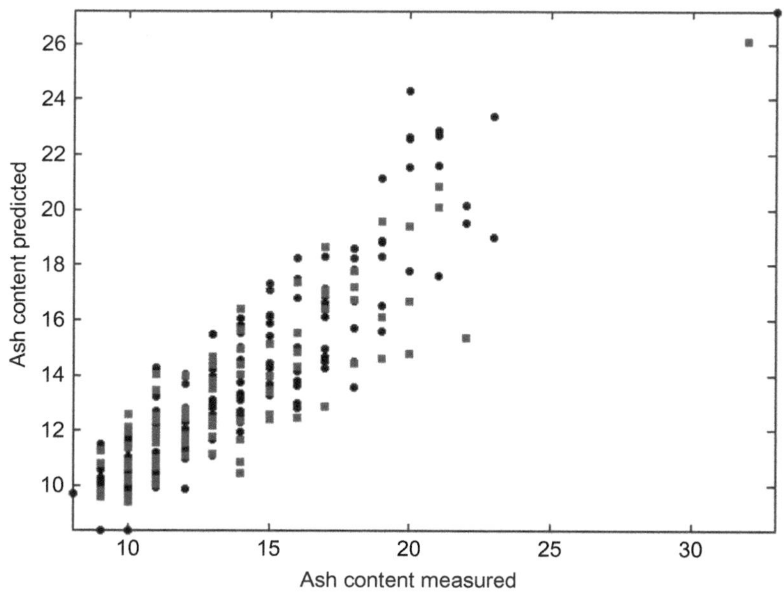

FIGURE 21 Sugar data set. Plot of predicted versus reference ash content values for the training (●) and test (■) samples. (For colour version of this figure, the reader is referred to the online version of this chapter.)

dependent data arrays, multiway covariate regression was proposed [64,65], as a generalization of two-way principal covariate regression [66]. Indeed, in multiway covariate regression, components are extracted to maximize a weighted sum of the variance explained along the two blocks, the relative importance of the two being regulated by the constant α. In particular, if a regression model relating the independent array $\underline{\mathbf{X}}$ $(I \times J \times K)$ to the dependent matrix $\mathbf{Y}(I \times L)$ is sought, then the multiway covariate regression approach can be stated as follows:

$$\begin{aligned} \mathbf{T} &= \mathbf{X}^{(I\times JK)}\mathbf{W} \\ \mathbf{X}^{(I\times JK)} &= \mathbf{T}\mathbf{P}_X^{(F\times JK)} + \mathbf{E}_X \\ \mathbf{Y} &= \mathbf{T}\mathbf{P}_Y + \mathbf{E}_Y \end{aligned} \tag{33}$$

where F is the number of model components and the weight matrix $\mathbf{W}$ chosen to satisfy the following least squares criterion:

$$\max_{\mathbf{W}} \left[\alpha R_X^2 + (1-\alpha)R_Y^2\right] \Leftrightarrow \max_{\mathbf{W}} \left[\alpha\left(1 - \frac{\|\mathbf{E}_X\|^2}{\|\mathbf{X}\|^2}\right) + (1-\alpha)\left(1 - \frac{\|\mathbf{E}_Y\|^2}{\|\mathbf{Y}\|^2}\right)\right] \tag{34}$$

As Equation (24) represents a global least squares criterion, with respect to the N-PLS algorithm, multiway covariate regression has the advantage of being a simultaneous model, that is, all the components are extracted at the same time. An additional advantage of multiway covariate regression with respect to N-PLS is that no limitations are posed to the kind of structure which can be used to decompose the dependent and independent blocks, so that the set of loadings $\mathbf{P}_X$ and $\mathbf{P}_Y$ in Equation (33) can be calculated, for example, by assuming a PARAFAC model or one of the possible Tucker models:

PARAFAC decomposition of the $\underline{\mathbf{X}}$ block:

$$\mathbf{P}_X^{\mathrm{T}} = (\mathbf{C} \odot \mathbf{B})^{\mathrm{T}}$$

Tucker3 decomposition of the $\underline{\mathbf{X}}$ block:

$$\mathbf{P}_X^{\mathrm{T}} = \mathbf{G}(\mathbf{C} \otimes \mathbf{B})^{\mathrm{T}} \tag{35}$$

7 FUTURE PERSPECTIVES

This chapter has highlighted the main features of three-way methods and their straightforward extension to multiway methods. The description has been based on both algorithmic and practical frameworks. The practical examples have been focused on food analysis to strengthen the importance of multiway methods in as complicated a matrix as food. With this, there is still room for several remarks that deserve attention. So far, the main use of three-way methods is in academia and research. From our perspective, a huge effort must be put in to transfer this knowledge to instrument vendors and industry, in order to offer a fast and robust answer to either sample quantitation or process monitoring.

Many processes need to be monitored by using robust and rapid methodologies capable of giving a response in real time. This need encompasses several characteristics:

- The measurement must be done in the raw/process sample without the need of any chemical treatment (e.g. multiway fluorescence).
- The models must be able to give a fast response to take a fast decision.

Fermentation processes, for instance, are clear examples in which the combination of EEM with PARAFAC gives a perfect framework for a real-time and fast decision set-up [32,67–69].

Several attempts have been made for the automation of multiway models. Currently, there are two algorithms to make the whole decomposition of fluorescence more automatic. Engelen *et al.* [70] proposed a method which can remove scatter and potential outliers from the data, as long as the correct number of factors is selected. A further step is the method proposed by Bro and Vidal [24], which is capable of handling scatter, removing noisy wavelengths, removing outliers and estimating the correct number of factors for PARAFAC models.

The number of samples needed to obtain robust models must also be considered when discussing low-rank issues. However, due to the second-order property of multiway models it is possible to extract the unique contribution from the analytes having only few samples compared to ordinary two-way multivariate models [71].

REFERENCES

[1] Esbensen K, Wold S, Geladi P. Relationships between higher-order data array configurations and problem formulations in multivariate data analysis. J Chemometr 1988;3:33.

[2] Amigo JM, Skov T, Coello J, Maspoch S, Bro R. Solving GC-MS problems with PARAFAC2. Trends Anal Chem 2008;27:714–25.

[3] Amigo JM, Skov T, Bro R. ChroMATHography: solving chromatographic issues with mathematical models and intuitive graphics. Chem Rev 2010;110:4582–605.

[4] Andersen CM, Bro R. Practical aspects of PARAFAC modeling of fluorescence excitation-emission data. J Chemometr 2003;17:200–15.

[5] Bro R, Qannari EM, Kiers HAL, Naes T, Frost MB. Multi-way models for sensory profiling data. J Chemometr 2008;22:36–45.

[6] Bro R. Multi-way analysis in the food industry: models, algorithms, and applications; 1998. PhD Thesis monograph: Universiteit van Amsterdam.

[7] Smilde AK, Bro R, Geladi P. Multi-way analysis. 2004 ed. Chichester: Wiley & Sons; 2004.

[8] Bro R, Andersson CA, Kiers HAL. PARAFAC2—part II. Modeling chromatographic data with retention time shifts. J Chemometr 1999;13:295–309.

[9] Kiers HAL, Ten Berge JMF, Bro R. PARAFAC2—part I. A direct fitting algorithm for the PARAFAC2 model. J Chemometr 1999;13:275–94.

[10] Bro R. PARAFAC. Tutorial and applications. Chemometr Intell Lab Syst 1997;38:149–71.
[11] Harshman RA. Foundations of the PARAFAC procedure: model and conditions for an 'explanatory' multi-mode factor analysis. UCLA Working Papers Phonetics 1970;16:1.
[12] Carrol JD, Chang J. Analysis of individual differences in multidimensional scaling via an N-way generalization of "Eckart-Young" decomposition. Psychometrika 1970;35:283.
[13] Cattell RB. "Parallel proportional profiles" and other principles for determining the choice of factors by rotation. Psychometrika 1944;9:267.
[14] Christensen J, Norgaard L, Bro R, Engelsen SB. Multivariate autofluorescence of intact food systems. Chem Rev 2006;106:1979–94.
[15] Ruoff K, Karoui R, Dufour E, Luginbuhl W, Bosset JO, Bogdanov S, et al. Authentication of the botanical origin of honey by front-face fluorescence spectroscopy. A preliminary study. J Agric Food Chem 2005;53:1343–7.
[16] Karoui R, Dufour E, De Baerdemaeker J. Monitoring the molecular changes by front face fluorescence spectroscopy throughout ripening of a semi-hard cheese. Food Chem 2007;104:409–20.
[17] Airado-Rodriguez D, Galeano-Diaz T, Duran-Meras I, Wold JP. Usefulness of fluorescence excitation-emission matrices in combination with PARAFAC, as fingerprints of red wines. J Agric Food Chem 2009;57:1711–20.
[18] Airado-Rodriguez D, Duran-Meras I, Galeano-Diaz T, Wold JP. Front-face fluorescence spectroscopy: a new tool for control in the wine industry. J Food Compos Anal 2011;24:257–64.
[19] Dufour E, Letort A, Laguet A, Lebecque A, Serra JN. Investigation of variety, typicality and vintage of French and German wines using front-face fluorescence spectroscopy. Anal Chim Acta 2006;563:292–9.
[20] Allais I, Viaud C, Pierre A, Dufour E. A rapid method based on front-face fluorescence spectroscopy for the monitoring of the texture of meat emulsions and frankfurter. Meat Sci 2004;67:219–29.
[21] Granger C, Da Costa JP, Toutain J, Barey P, Cansell M. Mapping of ice cream formulation using front-face fluorescence spectroscopy. Int Dairy J 2006;16:489–97.
[22] Le Moigne M, Dufour E, Bertrand D, Maury C, Seraphin D, Jourjon F. Front face fluorescence spectroscopy and visible spectroscopy coupled with chemometrics have the potential to characterise ripening of Cabernet Franc grapes. Anal Chim Acta 2008;621:8–18.
[23] Andersson CA, Bro R. The N-way toolbox for MATLAB. Chemometr Intell Lab Syst 2000;52:1–4.
[24] Bro R, Vidal M. EEMizer: automated modeling of fluorescence EEM data. Chemometr Intell Lab Syst 2011;106:86–92.
[25] Bro R, Harshman RA, Sidiropoulos ND, Lundy ME. Modeling multi-way data with linearly dependent loadings. J Chemometr 2009;23:324–40.
[26] Rinnan A, Riu J, Bro R. Multi-way prediction in the presence of uncalibrated interferents. J Chemometr 2007;21:76–87.
[27] Booksh KS, Kowalski BR. Theory of analytical-chemistry. Anal Chem 1994;66: A782–A791.
[28] de Juan A, Tauler R. Comparison of three-way resolution methods for non-trilinear chemical data sets. J Chemometr 2001;15:749–72.
[29] Bro R, Kiers HAL. A new efficient method for determining the number of components in PARAFAC models. J Chemometr 2003;17:274–87.
[30] Harshman RA, Lundy ME. The PARAFAC model for three-way factor analysis and multidimensional scaling. In: Law HG, Snyder Jr CW, Hattie J, McDonald RP, editors. Research methods for multimode data analysis. New York: Praeger; 1984. p. 122–215.

[31] Harshman RA, Lundy ME. Data preprocessing and the extended PARAFAC model. In: Law HG, Snyder Jr CW, Hattie J, McDonald RP, editors. Research methods for multimode data analysis. New York: Praeger; 1984. p. 216–84.
[32] Surribas A, Amigo JM, Coello J, Montesinos JL, Valero F, Maspoch S. Parallel factor analysis combined with PLS regression applied to the on-line monitoring of Pichia pastoris cultures. Anal Bioanal Chem 2006;385:1281–8.
[33] Callejon RM, Amigo JM, Pairo E, Garmon S, Ocana JA, Morales ML. Classification of Sherry vinegars by combining multidimensional fluorescence, parafac and different classification approaches. Talanta 2012;88:456–62.
[34] Hoggard JC, Synovec RE. Parallel factor analysis (PARAFAC) of target analytes in GC x GC-TOFMS data: automated selection of a model with an appropriate number of factors. Anal Chem 2007;79:1611–9.
[35] Ortiz MC, Sarabia L. Quantitative determination in chromatographic analysis based on n-way calibration strategies. J Chromatogr A 2007;1158:94–110.
[36] Ovejero-Lopez I, Bro R, Bredie WLP. Univariate and multivariate modelling of flavour release in chewing gum using time-intensity: a comparison of data analytical methods. Food Qual Prefer 2005;16:327–43.
[37] Reinbach HC, Meinert L, Ballabio D, Aaslyng MD, Bredie WLP, Olsen K, et al. Interactions between oral burn, meat flavor and texture in chili spiced pork patties evaluated by time-intensity. Food Qual Prefer 2007;18:909–19.
[38] Amigo JM, Popielarz MJ, Callejon RM, Morales ML, Troncoso AM, Petersen MA, et al. Comprehensive analysis of chromatographic data by using PARAFAC2 and principal components analysis. J Chromatogr A 2010;1217:4422–9.
[39] Khakimov B, Amigo JM, Bak S, Engelsen SB. Plant metabolomics: resolution and quantification of elusive peaks in liquid chromatography-mass spectrometry profiles of complex plant extracts using multi-way decomposition methods. J Chromatogr A 2012;1266:84–94.
[40] Gomez V, Callao MP. Analytical applications of second-order calibration methods. Anal Chim Acta 2008;627:169–83.
[41] Bro R. Review on multiway analysis in chemistry—2000-2005. Crit Rev Anal Chem 2006;36:279–93.
[42] Garcia I, Sarabia L, Ortiz MC, Aldama JM. Three-way models and detection capability of a gas chromatography-mass spectrometry method for the determination of clenbuterol in several biological matrices: the 2002/657/EC European Decision. Anal Chim Acta 2004;515: 55–63.
[43] Morales R, Ortiz MC, Sarabia LA. Optimization of headspace experimental factors to determine chlorophenols in water by means of headspace solid-phase microextraction and gas chromatography coupled with mass spectrometry and parallel factor analysis. Anal Chim Acta 2012;754:20–30.
[44] Morales R, Ortiz MC, Sarabia LA. Usefulness of a PARAFAC decomposition in the fiber selection procedure to determine chlorophenols by means SPME-GC-MS. Anal Bioanal Chem 2012;403:1095–107.
[45] Bosque-Sendra JM, Cuadros-Rodriguez L, Ruiz-Samblas C, de la Mata AP. Combining chromatography and chemometrics for the characterization and authentication of fats and oils from triacylglycerol compositional data—a review. Anal Chim Acta 2012;724:1–11.
[46] Zhang Y, Wu HL, Xia AL, Han QJ, Cui H, Yu RQ. Interference-free determination of Sudan dyes in chilli foods using second-order calibration algorithms coupled with HPLC-DAD. Talanta 2007;72:926–31.

[47] Schmidt B, Jaroszewski JW, Bro R, Witt M, Staerk D. Combining PARAFAC analysis of HPLC-PDA profiles and structural characterization using HPLC-PDA-SPE-NMR-MS experiments: commercial preparations of St. John's wort. Anal Chem 2008;80:1978–87.
[48] Vosough M, Salemi A. Exploiting second-order advantage using PARAFAC2 for fast HPLC-DAD quantification of mixture of aflatoxins in pistachio nuts. Food Chem 2012;127:827–33.
[49] tenBerge JMF, Kiers HAL. Some uniqueness results for PARAFAC2. Psychometrika 1996;61:123–32.
[50] Kroonenberg PM, Deleeuw J. Principal component analysis of 3-mode data by means of alternating least-squares algorithms. Psychometrika 1980;45:69–97.
[51] Kroonenberg PM. Three-mode principal component analysis. Theory and applications. Leiden, The Netherlands: DSWO Press; 1983.
[52] Tucker LR. Some mathematical notes on 3-mode factor analysis. Psychometrika 1966;31:279.
[53] Tucker LR. Implications of factor analysis of three-way matrices for measurement of change. In: Harris CW, editor. Problems in measuring change. Madison, Wisconsin: University of Wisconsin Press; 1963. p. 122–37.
[54] Kroonenberg PM, Ten Berge JMF, Brouwer P, Kiers HAL. Gram-Schmidt versus Bauer-Rutishauser in alternating least-squares algorithms for three mode principal component analysis. Comput Stat Q 1989;2:81.
[55] Kroonenberg PM. Three-mode principal component analysis: illustrated with an example from attachment theory. In: Law HG, Synder Jr CW, Hattie J, McDonald RP, editors. Research methods for multimode data analysis. New York, NY: Praeger; 1984 p. 64.
[56] Andersson CA, Henrion R. A general algorithm for obtaining simple structure of core arrays in N-way PCA with application to fluorometric data. Comput Stat Data Anal 1999;31:255–78.
[57] Bro R, Smilde AK, de Jong S. On the difference between low-rank and subspace approximation: improved model for multi-linear PLS regression. Chemometr Intell Lab Syst 2001;58:3–13.
[58] Andersson CA, Bro R. Improving the speed of multi-way algorithms: Part I. Tucker3. Chemometr Intell Lab Syst 1998;42:93–103.
[59] Bro R, Andersson CA. Improving the speed of multiway algorithms. Part II. Compression. Chemometr Intell Lab Syst 1998;42:105–13.
[60] Bro R. Multiway calibration. Multilinear PLS. J Chemometr 1996;10:47–61.
[61] Wold S, Martens H, Wold JP. The multivariate calibration problem in chemistry solved by the PLS method. In: Ruhe A, Kagstrom B, editors. Proc. conf. matrix pencils. Lecture notes in mathematics. Heidelberg, Germany: Springer Verlag; 1983.
[62] Bro R. Exploratory study of sugar production using fluorescence spectroscopy and multiway analysis. Chemometr Intell Lab Syst 1999;46:133–47.
[63] Snee RD. Validation of regression-models—methods and examples. Technometrics 1977;19:415–28.
[64] Smilde AK, Kiers HAL. Multiway covariates regression models. J Chemometr 1999;13:31–48.
[65] Smilde AK, Westerhuis JA, Boque R. Multiway multiblock component and covariates regression models. J Chemometr 2000;14:301–31.
[66] Dejong S, Kiers HAL. Principal covariates regression. 1. Theory. Chemometr Intell Lab Syst 1992;14:155–64.

[67] Mortensen PP, Bro R. Real-time monitoring and chemical profiling of a cultivation process. Chemometr Intell Lab Syst 2006;84:106–13.
[68] Lillhonga T, Geladi P. Three-way analysis of a designed compost experiment using near-infrared spectroscopy and laboratory measurements. J Chemometr 2011;25:193–200.
[69] Amigo JM, Surribas A, Coello J, Montesinos JL, Maspoch S, Valero F. On-line parallel factor analysis. A step forward in the monitoring of bioprocesses in real time. Chemometr Intell Lab Syst 2008;92:44–52.
[70] Engelen S, Moller SF, Hubert M. Automatically identifying scatter in fluorescence data using robust techniques. Chemometr Intell Lab Syst 2007;86:35–51.
[71] Bro R. Multivariate calibration—what is in chemometrics for the analytical chemist? Anal Chim Acta 2003;500:185–94.

Chapter 8

Robust Methods in Analysis of Multivariate Food Chemistry Data

Ivana Stanimirova, Michał Daszykowski and Beata Walczak[1]
Department of Analytical Chemistry, Chemometric Research Group, Institute of Chemistry, The University of Silesia, Katowice, Poland
[1]*Corresponding author: beata.walczak@us.edu.pl*

Chapter Outline

Data Handling in Science and Technology, Vol. 28. http://dx.doi.org/10.1016/B978-0-444-59528-7.00008-9

1 INTRODUCTION

Over the past several years, food has received a great deal of attention from consumers and different local and international authorities. It has become the subject of detailed analyses focused on such aspects as nutritional values, composition of certain elements, determination of antioxidant capacity, identification of geographical origin, detection of possible food adulteration and counterfeiting of labels, quality control, safety, type of process used for food production and type of feed administered. Possible variations in the optimal process conditions have a direct impact on the chemical composition of food and may influence its quality. Therefore, maintaining constant conditions during food production in order to obtain virtually the same product on a grade-to-grade and year-to-year basis is a very important and challenging task. Some food products receive certain labels that help a demanding consumer to distinguish them from the others. A label is a symbol of quality and high standard. Compared to regular products, the production cost of labelled food products is considerably higher and they are often the subject of possible mislabelling and/or adulteration. Counterfeiting of labels can be traced at a chemical level by detailed analysis of the chemical composition of food samples. Every food product is a complex mixture formed by many chemical constituents including inorganic and organic compounds that are the result of chemical reactions characteristic of a given food production process. Some of the chemical components are present in high concentrations and some in trace concentrations. These make the chemical composition of a particular food product a unique combination of constituents and may help in verifying its geographical origin, authenticity, assess quality and safety, etc. A chemical approach to inferring the properties of food products is based on modelling qualitative and/or quantitative data. Advanced sampling schemes followed by chemical analysis using modern instrumental techniques are adopted to collect representative data.

Collected chemical data are multivariate in nature. Numerous quantitative variables like concentrations of certain components and/or different types of analytical signals (near-infrared spectra, chromatograms and fluorescence spectra) are usually used to describe each food sample. Next, classic modelling tools such as principal components analysis (PCA), calibration models and classification/discriminant models based on latent variables are frequently applied for data analysis. Different potential problems may arise during the analysis depending on the quality and homogeneity of data. One serious issue is the presence of so-called outliers in the data. Outliers are food samples that have considerably different compositions in comparison with the majority of samples. Those differences may be a result of either a measurement error that occurred at a certain step of the analytical procedure or an improper way of reporting the final result. From a statistical point of view, outliers are those samples that do not follow the distribution represented by the majority of samples. Even though their appearance is usually associated with unwanted or wrong consequences of the analytical procedure, this may not always be the case. Some food samples are labelled as outliers because of their very unique properties like a remarkably high antioxidant capacity with respect to the remaining ones. No matter what the specific reason for the outlying character of some samples is, this is an important indication for either potential food improvement or for further studying of the factors that positively influence the composition of food. Furthermore, detection of outlying samples in the online course of the production process draws attention to possible product quality failure, which stimulates a modification of process parameters.

Another potential difficulty in the analysis is associated with the processing of incomplete data that contain outliers. Data elements may be missing because some measurements were not recorded due to an insufficient amount of the sample, sensor failure or human error. The problem then is that the presence of outlying samples does not allow for an adequate replacement of missing elements in the data, while the presence of missing elements disturbs the identification of outliers. A possible solution to this problem is to perform a combined algorithmic procedure, which allows for fitting a robust chemometric model while filling in the missing information in the data. To date, several such approaches have been proposed in the literature.

This chapter is designed to introduce the most basic concepts and definitions used in robust statistics and to describe some robust methods that have gained popularity in recent years. The rapid development of robust multivariate statistics has been driven by the fact that classic data-modelling techniques based on the least squares cost function fail when processing real experimental data containing outliers. The analysis of real experimental data is always a challenging task, but modelling incomplete data sets with possible outliers requires new methods. Even though the term 'robust' is used in different meanings in the other literature emphasizing, for example, the stability of the results obtained from a given analytical procedure or a model that is insensitive against new sources of variation (e.g. ingredients used in the process of production purchased from a vendor other than the usual one), this term will be used exclusively throughout the text of this chapter to indicate that a certain approach is insensitive to the presence of outliers in the data.

2 BASIC CONCEPTS IN ROBUST STATISTICS

One of the basic concepts in robust statistics that was introduced by Hampel [1] is the so-called breakdown point of an estimator. As the name suggests, this is the fraction of outliers that makes an estimator break, that is an estimator provides estimates that are arbitrarily small or large. Let us consider two important classic estimators: (i) a sample mean describing the location of data distribution and (ii) a sample standard deviation characterizing the distribution scale. Both classic estimators are non-robust with a breakdown point of 0%.

This means that the presence of one extreme value in a set of quantitative data influences the performances of the sample mean and standard deviation to a great extent and changes their results considerably. It is said that in the presence of a single outlier the sample mean and standard deviation are no longer good estimators of data location and scale. On the other hand, the breakdown point for their robust counterparts, for example median and median absolute deviation (MAD), respectively, is the highest possible, 50%. Robust estimators should also have as high efficiency as possible. Efficiency of an estimator is a measure of its performance. It is evaluated by comparing estimates obtained from a classic estimator and its robust counterpart for clean data, for example data without outliers. Evaluation of the influence function of an estimator is another important concept to assess the performance of a robust estimator. This function reveals how a given estimator works under the increasing influence of outlying samples. A smooth influence function is characteristic for the optimal performance of estimators. A few influence functions are presented in Figure 1.

An additional property of estimators that is highly valued is equivariance. An estimator is said to be equivariant when a systematic change in the data

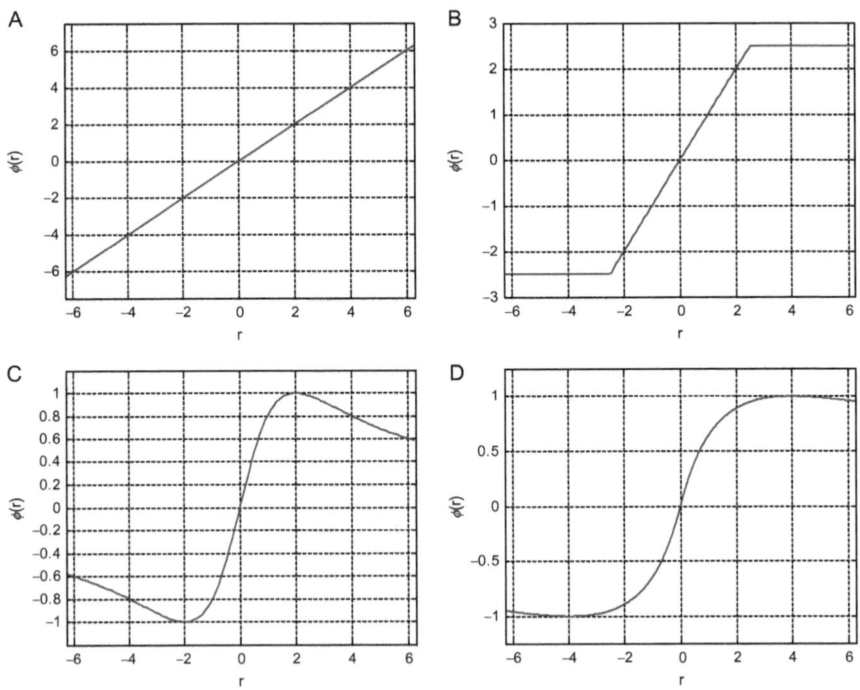

FIGURE 1 Examples of different influence functions: (A) an unbounded influence function of the least squares estimator and bounded influence functions of (B) Huber, (C) Cauchy and (D) 'fair'. (For colour version of this figure, the reader is referred to the online version of this chapter.)

causes an analogical impact on the estimator [2]. In general, estimators of location, scale and regression possess equivariance properties. Specifically, affine equivariant estimators are the most desired. They are independent of affine linear data transformations such as rotation, scaling and translation. Any affine transformation preserves the distances among samples. Regression and affine equivariance are the properties that are discussed for regression estimators. A regression estimator is regression equivariant when an additional linear dependence results in an appropriate modification of the regression coefficients. Regression estimators belonging to the family of scale-equivariant estimators are independent of the measurement scale. Affine equivariance of the regression estimator is the property that is the most difficult to fulfil.

In summary, the required key properties of a robust estimator are:

- the largest possible breakdown point,
- the highest possible efficiency,
- a smooth influence function, and
- equivariance property (specifically affine equivariance property when necessary).

2.1 Classic and Robust Estimators of Data Location and Scale

In order to estimate the location and scatter of a distribution, the sample mean and standard deviation are used. The sample mean, μ, is defined as the average of m measured values, x_i:

$$\mu = \frac{1}{m}\sum_{i=1}^{m} x_i \tag{1}$$

The sample standard deviation, σ, and the variance, σ^2, of a random variable describe data scatter (or scale):

$$\sigma(\mathbf{x}) = \sqrt{\frac{1}{(m-1)}\sum_{i=1}^{m}(x_i - \mu(\mathbf{x}))^2} \tag{2}$$

$$\sigma^2(\mathbf{x}) = \frac{1}{(m-1)}\sum_{i=1}^{m}(x_i - \mu(\mathbf{x}))^2 \tag{3}$$

As was mentioned earlier, the estimator of a sample mean is not robust and has a breakdown point of 0%. As the sample mean is used in calculating the sample standard deviation, sample variance and other estimators such as kurtosis and skewness are also not robust. Sample median is the most popular among several different robust estimators of location. Depending on the number of elements in a variable (odd or even), a sample median is calculated according to two schemes. When a variable contains an odd number of elements, the sample median corresponds to the middle element selected from

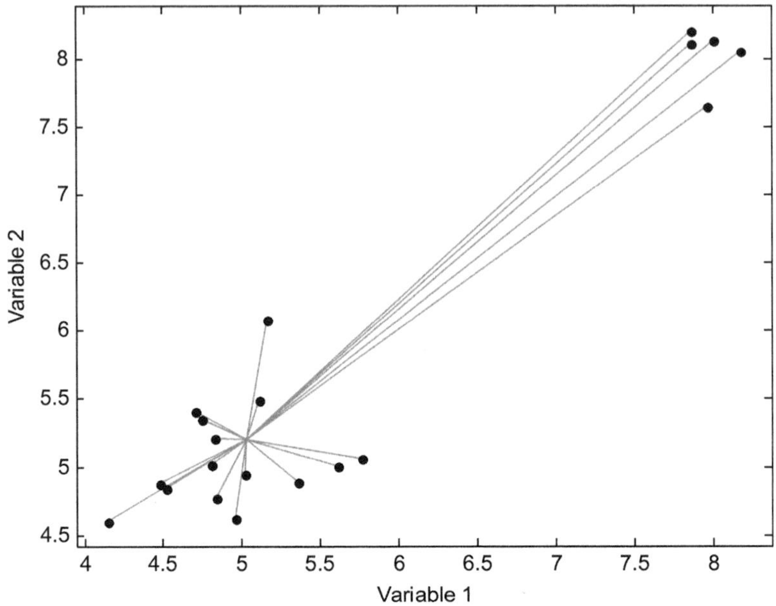

FIGURE 2 The L1-median centre—principle of construction.

the sorted elements, while the sample median is the average of the two elements at the closest positions to the half-length of the variable when a variable consists of an even number of sorted elements.

The L1-median, also known as the 'spatial' median, is a generalization of the standard median. It is a highly robust multivariate estimator of data location with a breakdown point of 50%. The L1-median estimator is equivalent to the classic median for a univariate case. Specifically, the L1-median centre of the data is the point $\boldsymbol{\mu}_{L1}$ in the multivariate data space that minimizes the sum of Euclidean distances between this point and all of the data points [3] (see Figure 2).

This can be expressed in the following way:

$$\min_{\mu_{L1}} \sum_{i=1}^{n} \|\mathbf{x}_i - \boldsymbol{\mu}_{L1}\| \tag{4}$$

In this equation, the symbol $\|\bullet\|$ denotes the L1-norm.

The robust L1-median centre of the data is found using an iterative procedure [4], the steps of which are described as:

1. Initialize the L1-median using the coordinate-wise median as the first estimate and specify convergence limit d
2. Perform data centring using the interim estimate of the L1-median, $\boldsymbol{\mu}_{L1}$

3. Calculate the weights for the samples in the data defined as

$$w_i = \frac{\mathbf{x}_i}{\|\mathbf{x}_i\|} \tag{5}$$

4. Find a new estimate of the data centre as

$$\hat{\mathbf{c}} = \frac{\mathrm{diag}(\mathbf{w})\cdot\mathbf{X}}{\sum_{i=1}^{m} w_i} \tag{6}$$

5. Verify the convergence limit, d

$$d = \sum_{j=1}^{n} \left|\boldsymbol{\mu}_{\mathrm{L1}j} - \hat{\mathbf{c}}_j\right| \tag{7}$$

6. Find new estimates of the robust L1-median as

$$\boldsymbol{\mu}_{\mathrm{L1}} = \boldsymbol{\mu}_{\mathrm{L1}} + \hat{\mathbf{c}} \tag{8}$$

7. Return to step 2 while the convergence criterion is not fulfilled.

The median of absolute deviation around the median, often called median absolute deviation (MAD) (σ_{MAD}) [5], seems to be the best-known robust scale estimator. It is defined as:

$$\sigma_{\mathrm{MAD}} = g\cdot\mathrm{median}_i\cdot\left|x_i - \mathrm{median}_j\left(x_j\right)\right| \tag{9}$$

where g is a constant factor equal to 1.4826 that improves the efficiency of the MAD estimator for normally distributed data. Similar to the median estimator, the σ_{MAD} estimator offers a breakdown point of 50%, but its efficiency is relatively low in comparison with the so-called Sn and Qn scale estimators [6,7]. The improved efficiency of the Sn and Qn scale estimators (σ_{Sn} and σ_{Qn}) is obtained by the analysis of pair-wise differences between variable elements, that is the distances

$$\sigma_{\mathrm{Sn}} = g\cdot\mathrm{median}_i\left\{\mathrm{median}_j\left|x_i - x_j\right|\right\} \tag{10}$$

$$\sigma_{\mathrm{Qn}} = g\cdot\left\{\left|x_i - x_j \quad i<j\right|\right\}_{(k)} \tag{11}$$

where g is a constant factor (for σ_{Sn}, $g = 1.1926$, and for σ_{Qn}, $g = 2.2219$) and $k = \binom{h}{2} \approx \binom{m}{2}/4$, where $h = [m/2] + 1$.

Defined in this way, the σ_{Sn} and σ_{Qn} estimators are highly robust with the maximum possible breakdown points of 50%. A comparison of the three non-parametric scale estimators σ_{MAD}, σ_{Sn} and σ_{Qn} indicates that the σ_{Qn} estimator has the highest efficiency at Gaussian distribution, about 82% (efficiencies of the MAD and Sn estimators are equal to ~37% and ~58%, respectively) [6].

2.2 Robust Estimates of Covariance and Multivariate Location and Scatter

Sample covariance reflecting the covariance structure of the data is defined as follows:

$$\mathbf{C} = \frac{1}{(m-1)} \cdot \left(\mathbf{X} - \mathbf{1}^{\mathrm{T}}\mu(\mathbf{X})\right)^{\mathrm{T}} \cdot \left(\mathbf{X} - \mathbf{1}^{\mathrm{T}}\mu(\mathbf{X})\right) \tag{12}$$

Matrix **C** is the so-called variance/covariance matrix with diagonal elements being the variances of the data variables and non-diagonal elements being the covariances between the *i*th and the *j*th data variables. The covariance of two uncorrelated variables (orthogonal or linearly independent) is equal to zero. Similar to the other classic estimators, sample covariance is also sensitive to the presence of outliers in the data. Figure 3 illustrates the strong influence of a single outlying sample upon the estimate of data covariance. The two tolerance covariance ellipses (a classic variant, red and a robust variant, blue) are built for a level of confidence of 97.5%.

Several robust estimators of sample covariance like multivariate trimming (MVT) [8], minimum volume ellipsoid (MVE), minimum covariance determinant (MCD) [2], S-estimators [2] and MM-estimators [9] exist. A comprehensive overview of different estimators of location and scatter can be found in [10]. Application of the MCD estimator can be found frequently in the

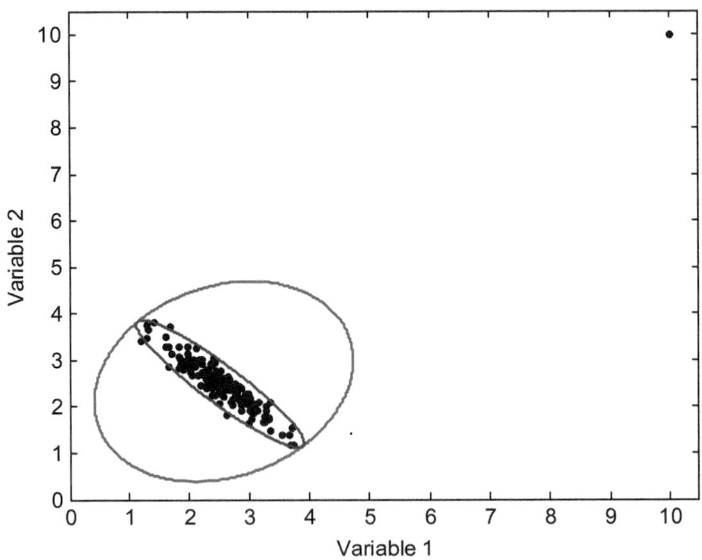

FIGURE 3 Two covariance tolerance ellipses (a classic variant, red line, and a robust variant, blue line) at a level of confidence of 97.5%. (For interpretation of the references to colour in this figure legend, the reader is referred to the online version of this chapter.)

literature. With MCD, a covariance matrix with the smallest determinant based on a subset of data samples is constructed. The subset of p samples is found iteratively using the efficient FAST-MCD algorithm proposed in [11]. The steps of this algorithm can be summarized in the following way:

Five hundred times:

1. Select p samples randomly (use a default value for p as $0.5\cdot(m+n+1)$, where m is the number of all of the samples in the data and n is the number of variables in the data).
2. Calculate the mean and covariance for a subset of p samples and use these estimates to calculate the Mahalanobis distances (MDs) for m samples [12].
3. Identify p samples out of m with the smallest MDs and calculate the data mean and covariance for them. Re-estimate the MDs for all of m samples using the estimates for mean and covariance (perform this step twice).
4. Store 10 subsets of samples with the smallest determinant of the covariance matrix.
5. After 500 iterations, perform step 3 for the best subset as long as the convergence criterion is not fulfilled.
6. Compute the MDs and identify outliers using the 'clean' subset of samples.

3 ROBUST MODELLING OF DATA VARIANCE

Principal component analysis (PCA) is frequently the method of choice to compress and visualize the structure of multivariate data [13]. The original experimental data are compressed by representing the total data variance using only a few new variables, called principal components (PCs). These PCs, which are orthogonal to each other, are ranked in a descending order of the variance they model. This means that with PCA, samples are projected onto an optimal direction in the multivariate data space explaining the largest possible variance. As mentioned earlier, the variance of a projection is not robust and the presence of outliers in the data will affect the construction of PCs. A direct way to obtain robust principal components (RPCs) is to replace the classic variance estimator with its robust counterpart.

In general, there are three types of approaches to obtain RPCs. The first group of methods is focused on the construction of a robust covariance matrix that is a straightforward approach as the PCs are the eigenvectors of the covariance matrix. Replacing the classic covariance matrix with its robust variant makes PCA robust. The various methods based on the robust variant of the covariance matrix differ in the construction of the covariance estimator and its robust properties as an estimator more than in the type of decomposition algorithm. The first attempts to make the PCA approach robust by exploring this concept are thanks to Maronna [14] and Cambell [15]. These robust PCA methods demonstrated a successful performance for data sets containing a relatively small number of outliers. Unfortunately, robust properties of PCA based on the early developed estimators of location deteriorate with increasing data dimensionality due to the relatively low breakdown point of covariance estimators. Therefore, additional robust estimators of data covariance, for example MCD, have been suggested to improve its robustness.

The second group of robust PCA approaches is based on the projection pursuit (PP) [16] idea to search for such projections of the data that most expose outliers. In fact, all of the projection techniques, including PCA, can be viewed as PP methods. It has been demonstrated by Daszykowski [17] that other different projection methods can be obtained depending on the objective function optimized in the course of PP. For instance, a PCA solution is obtained as a PP using the variance as an objective function; an independent component analysis [18] solution is found as a PP maximizing a measure of non-Gaussianity (e.g. kurtosis) and, eventually, a robust PCA solution is obtained as a PP maximizing a robust measure of scale. The first robust PCA approach based on the PP idea was developed by Li and Chen [19] and further explored by Ammann [20], Xie *et al.* [21], Hove *et al.* [22] and Hubert *et al.* [23]. Croux *et al.* introduced a variant of robust PCA [24,25] using an optimization of the robust estimator of scale as a PP index. The kurtosis projection index to uncover outliers was proposed by Peña *et al.* [26].

The third group of robust approaches to PCA combines the PP idea with the construction of robust covariance. An example of such a hybrid method is robust principal component analysis (ROBPCA) proposed by Hubert *et al.* [27].

To illustrate the effect of outliers upon construction of PCs, let us consider a simulated data set containing 151 samples and a single outlier in a two-dimensional space. Data set has a relatively high correlation structure. Figure 4 illustrates the first two PCs obtained from classic PCA (black dashed lines) and its robust variant (red solid lines). In the case of classic PCs, even a single outlier has a strong influence on the PCA directions, whereas the magnitude of the potential impact depends on the location of outliers in the data space. As seen in Figure 4, the outlier influences the construction of the first PC to such an extent that the variation described by PC1 does not model the variance represented by data majority. On the other hand, robust PC1 explains information represented by data majority, diminishing the influence of the outlier.

3.1 Spherical Principal Component Analysis

Spherical PCA (sPCA), introduced by Locantore *et al.* [28], is a relatively simple and appealing robust PCA approach. Its robust properties are obtained by weighing data samples with weights defined as the inverses of their distances from the robust centre of the data, for example the L1-median estimator. Such a weighing scheme can be regarded as a projection step in which data samples are projected onto a sphere with a unit radius from the centre defined by the L1-median estimator (see Figure 5). Then, a classic PCA decomposition is performed on the weighted data samples, $\mathbf{X}^{w}$, in order to obtain the loading vectors.

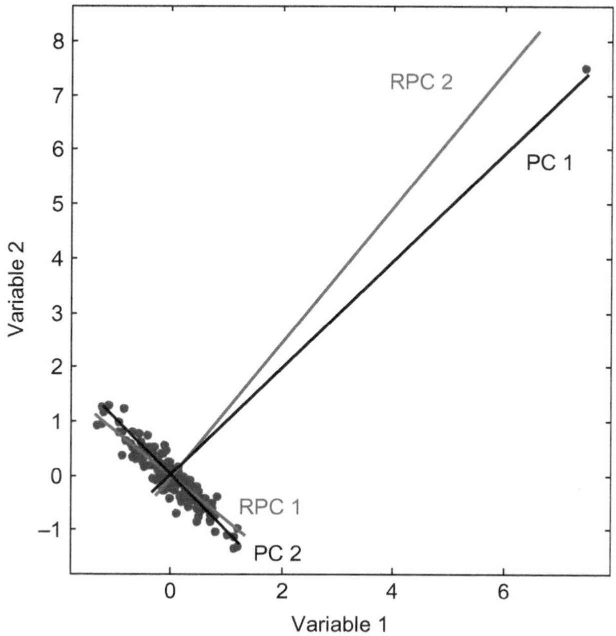

FIGURE 4 Classic (black dashed lines) and robust (red solid lines) PCs for a simulated two-dimensional data set containing 151 samples. (For interpretation of the references to colour in this figure legend, the reader is referred to the online version of this chapter.)

The robust scores, $\mathbf{T}^{w}$, are found as projections of the centred original data onto the loading vectors. The main steps of the sPCA algorithm can be summarized as follows:

1. Centre the original data, $\mathbf{X}(m,n)$, using the L1-median estimator.
2. Calculate weights for all samples as

$$w_i = \frac{1}{\sum_{j=1}^{n} \left(x_{ij}\right)^2} \tag{13}$$

3. Perform PCA on the weighted samples:

$$\mathbf{X}^{w} = \text{diag}(\mathbf{w}) \cdot \mathbf{X} \tag{14}$$

$$\mathbf{X}^{w} = \mathbf{T}^{w}\mathbf{P}^{wT} \tag{15}$$

where 'diag' is an operator that turns the vector of weights, **w**, into a diagonal matrix, the diagonal elements of which are the weights.

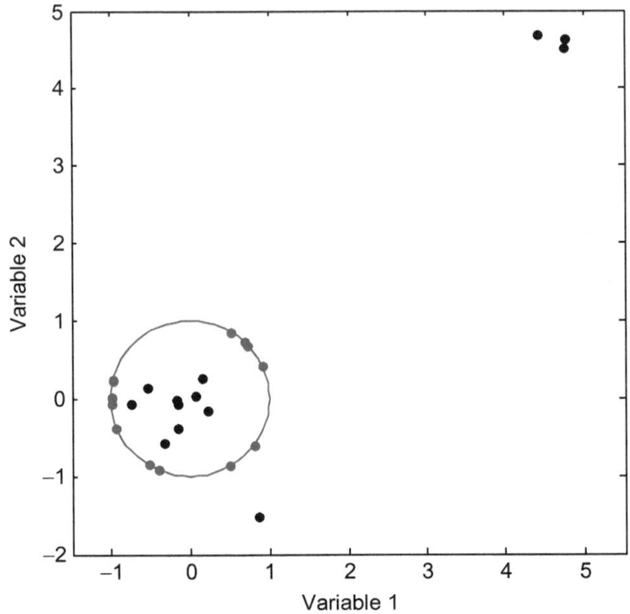

FIGURE 5 Projection of a simulated two-dimensional data set containing 13 samples onto a sphere of unit radius when the centre is at L1-median (red bullets are the samples projected). (For interpretation of the references to colour in this figure legend, the reader is referred to the online version of this chapter.)

4. Use the loading vectors of $\mathbf{P}^{\mathrm{w}}$ to obtain robust score vectors:

$$\mathbf{T}^{\mathrm{r}} = \mathbf{X}\mathbf{P}^{\mathrm{wr}} \tag{16}$$

Another variant of spherical PCA that accounts for various scales of data parameters is the so-called elliptical principal component analysis (ePCA). In contrast to spherical PCA, in the ePCA algorithm the data samples are projected onto a hyperellipse. The radii of the hyperellipse are the scales of parameters expressed by the robust Qn scale estimator.

3.2 Robust PCA Using PP with the Qn Scale

The concept of PP is often acknowledged and is widely used to construct RPCs. A number of examples of such proposals can be found in the literature [19–21,24,29,30]. The key idea is to find directions in the data space that maximize a suitable projection index. Searching for such directions using a computationally efficient projection index is a major challenge. Li and Chen [19] applied the M estimator of scale, whereas Xie *et al.* [21], as well as Galpin and Hawkins [30], proposed optimizing the L1-norm of the data variance as a robust measure of data spread. Identification of the optimal directions in the data space requires an effective search approach. Thus, either a relatively

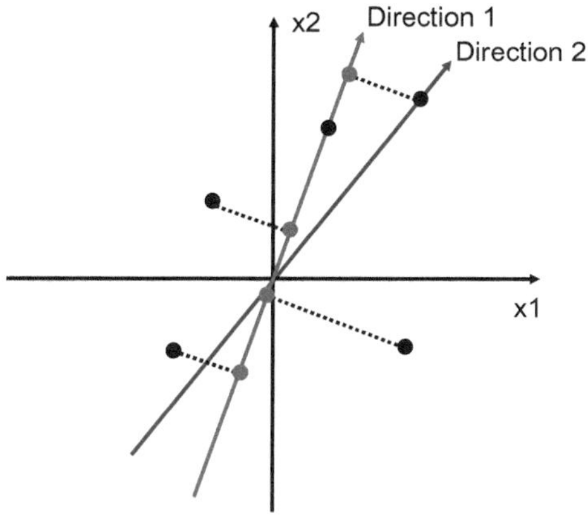

FIGURE 6 An example of two directions constructed using the Croux and Ruiz-Gazen algorithm. Black dots are data samples, while red dots represent their orthogonal projections onto the first direction (red solid line). The blue solid line is the second possible direction. (For interpretation of the references to colour in this figure legend, the reader is referred to the online version of this chapter.)

simple type of search or optimization scheme is highly valued. For instance, Xie *et al.* [21] adopted an optimization scheme based on the generalized simulated annealing.

A simple search approach to identify RPCs has been proposed by Croux and Ruiz-Gazen [24]. At each step of the algorithm, all possible directions (defined by data samples) that maximize a robust scale (scored using the Qn estimator) are examined. This idea is illustrated in Figure 6, where data samples are displayed with black dots and their orthogonal projections onto the first direction (red solid line) are shown with red dots.

Once the first RPC is obtained, the new PCs are searched in the space of residuals. A potential shortcoming of this method is that the number of possible directions is limited by the number of samples in the data and this may lead to a suboptimal solution and consequently to a low efficiency of the method. This problem especially becomes apparent when a data set has a small number of samples. A possible solution is to introduce additional random directions [31], which increase the efficiency of the method. Apart from this, the robust PCA method of Croux and Ruiz-Gazen is relatively simple, has a relatively good efficiency, a maximum breakdown point and a smooth and bounded influence function and offers the possibility of the rapid construction of the first f PCs. The main steps of the Croux and Ruiz-Gazen algorithm can be summarized as follows:

1. Construct a set of potential directions, **P**, as normalized rows of $\mathbf{X}(m,n)$

$$\mathbf{p}_i = \mathbf{x}_i / \|\mathbf{x}_i\| \tag{17}$$

where ||. . .|| is the Euclidean norm of vector $\mathbf{x}_i$ ($i = 1, 2, \ldots, m$)

2. Project the data onto the directions to obtain a set of m projections, $\mathbf{T}$, as:

$$\mathbf{T} = \mathbf{XP} \tag{18}$$

3. Calculate a projection index PI for every projection (every column of $\mathbf{T}$)
4. Select such a direction that has a maximum value of the projection index (e.g. the Qn scale):

$$\arg\max_i \mathrm{PI}(\mathbf{t}_i) \tag{19}$$

5. Remove the information explained by the projection $\mathbf{t}$:

$$\mathbf{X} = \mathbf{X} - \mathbf{tp}^{\mathrm{T}} \tag{20}$$

6. Repeat steps 1–5 while the assumed number of latent factors is not constructed.

3.3 ROBPCA: A Robust Variant of PCA

The ROBPCA method [27] as a hybrid procedure combines the principles of PP and of the robust estimation of data location and covariance in a low-dimensional space. First, a classic PCA is used to reduce data dimensionality and to facilitate the construction of RPCs. Similar to the Croux and Ruiz-Gazen algorithm, the directions in ROBPCA pass through individual data samples and data origin. The so-called outlyingness measure is used to describe each direction and to identify the fraction of samples assumed to be clean. Then, the estimates of a robust covariance based on the MCD estimator are obtained. Finally, RPCs are found directly by means of classic PCA performed on the robust covariance. Specifically, the score values are obtained from PCA by projecting all of the data samples onto the space spanned by the finite number of robust loading vectors.

The four algorithmic steps of the ROBPCA method can be presented as follows:

1. Compress the original data set by means of PCA.
2. Compute the outlyingness measure for the ith sample.
3. Select u samples characterized by the smallest outlyingness measure, for example define the so-called initial H-subset (H_0). The choice of u determines the robustness of the method and its efficiency (the default value is set to 75% of the total number of samples in the data).
4. Project the data onto the subspace of the first f eigenvectors obtained from the covariance matrix for the samples of the H-subset.
5. Estimate the robust data centre and covariance in the subspace of the first f eigenvectors and apply the re-weighted MCD estimator to the projected data.

4 CLASSIC AND ROBUST CALIBRATION

In the majority of quantitative problems, as most in food chemistry are, calibration models are constructed for a large number of parameters, for example near-infrared (NIR), fluorescence spectra or chromatographic profiles. Such parameters are highly correlated and their effective modelling requires the use of latent variables. Partial least squares (PLS) regression is one of the most popular multivariate modelling techniques that can deal with the multicollinearity problem. The classic PLS model can be presented mathematically as:

$$\mathbf{X} = \mathbf{T}\mathbf{P}^{\mathrm{T}} + \mathbf{E} \tag{21}$$

$$\mathbf{y} = \mathbf{T}\mathbf{q} + \mathbf{r} = \mathbf{X}\mathbf{b} + \mathbf{r} \tag{22}$$

In these equations, **X** is the original centred data matrix with *m* rows and *n* columns, **q** holds the *f* regression coefficients associated with *f* PLS factors, **T**. The residual matrix **E** represents the differences between the observed and predicted **X**, while **r** holds the differences between the observed and predicted **y**. The regression coefficients, **b**, are obtained according to the equation:

$$\mathbf{b} = \mathbf{W}\left(\mathbf{P}^{\mathrm{T}}\mathbf{W}\right)^{-1}\mathbf{q} \tag{23}$$

in which **W** is the matrix of loadings maximizing the covariance criterion, and **P** is the product of **X** and **T**.

The optimal number of PLS factors is usually found using a cross-validation (CV) procedure [32]. The CV scheme allows model error to be estimated. There are several variants of this procedure among which are leave-one-out, leave-more-out or Monte Carlo CV [33].

As mentioned earlier, the classic PLS regression estimator has a breakdown point of 0%, indicating a failure in providing reasonable regression coefficient estimates when data contain outliers. To date, several attempts have been made to obtain a robust PLS regression. They differ in the way they handle the outliers, the level of robustness achieved and the computational complexity of the algorithm. Some early proposals of robust PLS are considered to be semi-robust because not all of the algorithmic steps are performed in a robust way [34,35]. As a consequence, these PLS variants show a low performance when modelling data with multivariate outliers.

One of the first concepts to increase the robustness of robust PLS was introduced by Gil and Romera [35]. They used robust covariance and cross-covariance between **X** and the dependent variable, **y**, adopting the Stahel–Donoho estimator of data scatter with Huber's weighing function [36] for this purpose. Another attempt was made by Cummins and Andrews [37]. They introduced an iterative approach based on down-weighting the influence of samples that have large residuals from the constructed PLS model. The sample weights are modified iteratively during the construction of the PLS model.

A variety of weight functions can be used to improve the robust properties of the method. However, a sufficient level of robustness can only be achieved when outliers are present in **y**.

Regardless of the type of the robust PLS method applied, selection of an optimal number of factors requires special attention. A CV scheme with a direct estimate of model errors leads to incorrect conclusions when the modelled data contain outliers. Therefore, to solve this problem, a CV procedure with some kind of residual trimming is adopted (e.g. Monte Carlo CV with trimming [38] or robust error estimates [39]), as the residuals of the outlying samples from a robust model are very large and mainly influence the error estimates. Partial robust M-regression (PRM), robust variants of SIMPLS and spatial sign preprocessing as the robust PLS methods that have been acknowledged for their robust properties will be presented here.

4.1 Partial Robust M-Regression

PRM [38] is an iterative robust approach that uses an improved weighting scheme as a safeguard against the potential presence of outliers in both the **X** and **y** spaces. Two types of weights, the so-called leverage and residual weights, are used actively during the construction of the model in order to diminish the influence of outliers upon the calibration model. The leverage weight, denoted as w_i^x, is computed assuming a certain number of factors and a selected weighting function (Φ, e.g. 'fair' function) as:

$$w_i^x = \Phi\left(\frac{\|\mathbf{t}_i - \mu_{\mathrm{L1}}(\mathbf{T})\|}{\mathrm{median}_i\|\mathbf{t}_i - \mu_{\mathrm{L1}}(\mathbf{T})\|}, c\right) \tag{24}$$

and

$$\Phi(z,g) = \frac{1}{\left(1 + \left|\frac{z}{g}\right|\right)^2} \tag{25}$$

where ||. . .|| is the Euclidean norm, $\mathbf{t}_i$ are f PLS scores for the ith sample, 'median' is the median estimate, μ_{L1} is the L1-median and g is the tuning constant which is usually equal to 4 in the majority of applications [38].

The residual weight of the ith sample, w_i^r, is defined as:

$$w_i^r = \Phi\left(\frac{r_i}{\sigma}, g\right) \tag{26}$$

where r_i is the ith residual (e.g. the squared difference between the observed and predicted response value for the ith sample using a model with f factors), and σ is the robust estimator of scale (e.g. the MAD estimator).

The leverage and residual weights are combined in one global sample weight as follows:

$$w_i = \sqrt{w_i^x w_i^r} \tag{27}$$

In the course of the iterative procedure, global weights are updated while the algorithm's convergence criterion is not fulfilled. The convergence criterion is defined as the difference between the norms of the regression coefficients obtained in two consecutive steps. The PRM algorithm can be presented as:

1. Initialize the global weights, w_i.
2. Weight rows of **X** using weights w_i and construct the classic PLS model.
3. Recalculate the global weights based on the interim model.
4. Perform steps 2 and 3 while the convergence of the algorithm is not obtained.

An example of the application of this robust PLS approach is presented in [40]. The robust calibration model was carried out in order to enhance predictions of the total antioxidant capacity of green tea extracts based on chromatographic fingerprints.

4.2 RSIMPLS and RSIMCD: Robust Variants of SIMPLS

RSIMPLS and RSIMCD are two robust PLS variants that offer the highest possible breakdown point [41]. Their robust properties are obtained by using the robust counterparts of covariance and cross-covariance. With both algorithms, first, the robust scores are found using ROBPCA and are used to obtain the robust cross-covariance matrix. Then, the regression step is performed adopting the reweighed regression for RSIMPLS or the MCD-based regression for RSIMCD.

4.3 Spatial Sign Preprocessing and Robust PLS

Spatial sign preprocessing is a relatively simple data transformation that facilitates the construction of robust PLS [42]. Similar to elliptical PCA, data are projected onto a sphere of unit radius and a centre coinciding with the robust data centre. The transformed data are then modelled using a classic approach to PLS.

Following the concept of spatial sign preprocessing, a covariance matrix can be obtained as:

$$\hat{\Sigma} = \frac{1}{m-1}\sum_{i=1}^{m} \mathrm{sgn}\left(\mathbf{x}_i - \boldsymbol{\mu}_{\mathrm{L1}(\mathbf{X})}\right)\mathrm{sng}\left(\mathbf{x}_i - \boldsymbol{\mu}_{\mathrm{L1}(\mathbf{X})}\right)^{\mathrm{T}} \tag{28}$$

where 'sgn' denotes the sign function for which:

$$\mathrm{sgn}(\mathbf{x}_i) = \begin{cases} \mathbf{x}_i/\|\mathbf{x}_i\| & \text{if}\,\mathbf{x}_i \neq 0 \\ 0 & \text{if}\,\mathbf{x}_i = 0 \end{cases} \tag{29}$$

The centring operation required to calculate sample covariance must be robust and thus the L1-median is considered to be a robust estimator of data location. As illustrated by Hubert and Vanden Branden [41], the robust PLS derived on the basis of the spatial sign preprocessing offers a moderate level of robustness in comparison with PRM and RSIMPLS. Nonetheless, the method is an attractive alternative to the other robust PLS variants, especially for modelling data sets that contain a limited number of outliers, because of its simplicity and high computational efficiency.

4.4 Identification of Outlying Samples Using a Robust Model

In general, four types of outlying samples (see Figure 7) can be distinguished according to their potential influence upon the construction of a model and the Mahalanobis and residual distances of the samples are considered simultaneously for this purpose. The MD indicates how far the sample is from the data centre in model space, while the residual distance of a sample is a measure of a model's lack-of-fit.

The following are the four categories of samples:

- *Regular objects* are those that have no influence on the construction of a model and they are found close to the data centre (the model's residuals for these samples are small).

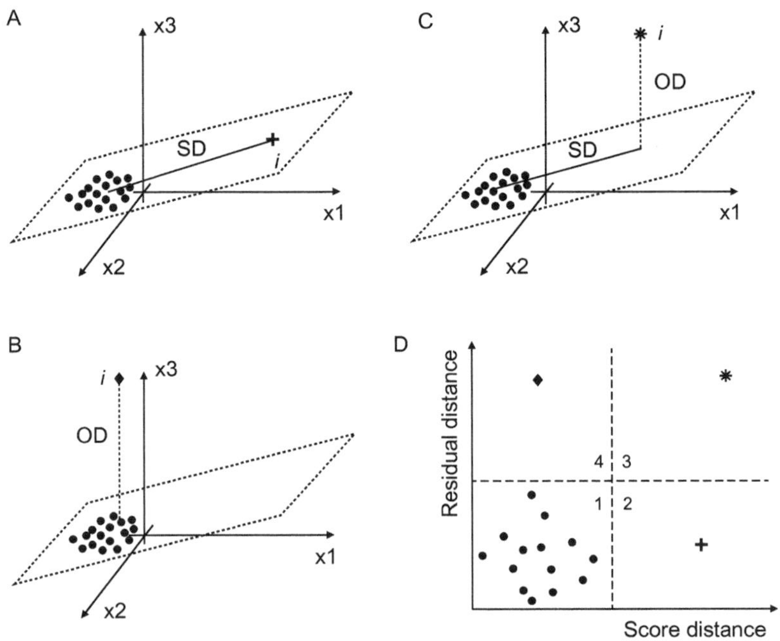

FIGURE 7 Types of data objects with respect to their location in the space of a robust model and their residuals from a robust model: (A) regular objects (●), (B) good leverage object (✚), (C) bad leverage object (✳) and orthogonal outlier (◆), and (D) distance–distance plot with score versus orthogonal distances of objects.

- *Good leverage samples* are those that are found far away from the majority of the data, but have small residuals from a model.
- *Orthogonal outliers* are those samples with large residuals from a model, but are located close to the majority of the data in the model space.
- *Bad leverage samples* are distant from the majority of the data in the model space and are characterized by large residuals from a model.

5 DISCRIMINATION AND CLASSIFICATION

Discriminant and classification techniques are designed to derive logic rules that facilitate the assignment of samples to *a priori* known groups (e.g. certain geographical origin, quality grade, etc.). Discriminant techniques derive the so-called hard assignment rules and partition the space of parameters into a number of mutually exclusive regions. As a consequence, a sample is always recognized as one of the *a priori* defined groups. Discrimination of authentic from non-authentic samples or adulterated from non-adulterated samples is a typical two-class discriminant problem that is frequently met in food chemistry. On the other hand, the construction of soft classification models may be more suitable in certain applications. The ‘soft’ assignment of samples into groups is more flexible because a sample can be assigned to one group, more than one group or none of the groups. This limits the possibility of a false recognition of samples as members of the existing groups in a situation where they actually do not belong to any group that is defined in the construction of the model. A typical classification problem is to train a model in order to recognize samples from three different locations in Europe and to recognize a new sample collected outside of Europe as unknown. In contrast, a discriminant model built for the same data will recognize a new sample collected outside of Europe as one collected in one of the three locations in Europe.

5.1 Classic and Robust Discrimination

Linear discriminant analysis (LDA) is a discriminant approach that attempts to model differences among samples assigned to certain groups. The aim of the method is to maximize the ratio of the between-group variance and the within-group variance. When the value of this ratio is at its maximum, then the samples within each group have the smallest possible scatter and the groups are separated from one another the most. Once the LDA assumption of equal group covariances for a two-class discriminant problem is fulfilled, one tries to maximize the expression:

$$S = \frac{\mathbf{p}\mathbf{C}_b\mathbf{p}^T}{\mathbf{p}\mathbf{C}_w\mathbf{p}^T} \tag{30}$$

where $\mathbf{C}_b$ and $\mathbf{C}_w$ are between- and within-group covariance matrices, respectively, and $\mathbf{p}$ is the direction in multivariate data space that separates the two groups of samples the best. At this point, it is important to emphasize that **p** is the eigenvector obtained from the PCA decomposition of matrix $\mathbf{C}_w^{-1}\mathbf{C}_b$. The two-class discriminant problem can be generalized for a multi-class problem.

LDA is based on classic estimators of location and covariance, and that is why the method is sensitive to outlying samples decreasing the LDA performance with an increase in the number of incorrectly assigned samples. A relatively simple solution to overcome the LDA lack of robustness is to use robust estimators of data location and covariance instead of their classic counterparts. This can be done using different types of robust estimators and concepts to derive a robust pooled covariance. Different possible schemes to make LDA robust are presented in [43–45].

5.2 Classic and Robust Classification

Soft Independent Modelling of Class Analogies (SIMCA), among different classification methods, is probably the best-known class-modelling approach method [46]. With SIMCA, a PCA model is built for each group of samples using the optimal number of PCs and a confidence region of that group is constructed. The classification rules are constructed for each group using the corresponding score and residual distances. The score distance is computed in the PCA space as the distance between the *i*th sample and the centre of a group. The residual distance of the *i*th sample from a given group reflects the portion of information not explained by the PCA model. By limiting the range of the score and orthogonal distances (ODs, using certain threshold values) it is possible to distinguish samples that belong to a given group. A sample characterized by long distances (exceeding the cut-off values) can be considered to be an outlier from the group being modelled. Several proposals to define the cut-off values for score and ODs are described in the literature, for example [47,48].

The results of the SIMCA classification are sensitive to the presence of outliers. As mentioned earlier, outliers strongly influence the PCA model as well as the estimates of score and ODs. A simple and effective option to derive a robust SIMCA method is to replace the classic score and ODs of classic PCA with their robust variants obtained from the robust PCA model. Two robust SIMCA approaches using this concept have been introduced [49,50]. They differ in the robust PCA method used to calculate the score and ODs.

An example of robust classification is presented in [51]. A robust SIMCA model aimed at detecting types of feeding regimes was constructed for a set of NIR spectra of liver samples.

6 DEALING WITH MISSING ELEMENTS IN DATA CONTAINING OUTLIERS

Some elements in the experimental data set that is collected can be missing. Possible reasons for this to happen include measurements not being recorded due to the malfunctioning of the analytical technique, the high cost of a particular analysis or an unexpected change in experimental or other conditions due to which a certain measurement is not performed. From a statistical point of view, there are three categories of missing elements: missing completely at random (MCAR), for which the mechanism of missingness is independent of all variables; missing at random (MAR), for which the mechanism of missingness is dependent on the fully observed variables; and missing not at random (MNR), for which the mechanism of missingness is dependent on the incompletely observed variables [52,53]. The elements that are MNR, the so-called censored elements, have values that are either below or above a certain threshold. MCAR and left-censored elements (elements below a given threshold) often appear in data obtained from a chemical analysis of food samples. Classic chemometric methods cannot handle data with missing elements and, therefore, they are usually replaced by the respective column means, zeros or their expected values (the averages of the corresponding column and row means). In general, replacing the missing elements with constant values is not recommended, because this action destroys the correlation structure of the data. Several methods for dealing with elements MCAR have been described in the literature. One of the most popular methods for dealing with elements MCAR is the self-consistent expectation maximisation (EM) approach first proposed by Dempster *et al.* [54]. Other algorithms that use a kind of weighting scheme have also been applied successfully. No matter which particular scheme of dealing with elements MCAR is adopted, all of these algorithms predict the missing elements so that they have residuals equal to zeros, for example they fit a given constructed model perfectly. In other words, their sums of squared residuals are zeros. In contrast, handling left-censored data requires assuming that an upper border defined by either a detection limit or a quantitation limit exists in order to fit any model to those elements. A further complication to data analysis occurs when outliers and missing elements are simultaneously present in the data. Then, the outliers disturb the process of filling in the missing information, while the missing elements do not allow an adequate robust model to be constructed. The first attempt to solve this problem for the MCAR elements in multivariate regression was made by Smolinski *et al.* [55], who proposed the use of the EM approach for dealing with MCAR elements and a robust approach based on the evolution program for the outlier identification. A more straightforward approach is to implement a robust model within the steps of the EM algorithm, which allows for the detection of outlying objects while refilling the missing elements. A general framework for such an algorithm can be presented as follows:

1. Initialize the missing elements either by their expected values or the respective column means.
2. Estimate the parameters of the robust model.

3. Replace the missing values with their predicted values according to the interim model.
4. Perform steps 2 and 3 while the convergence criterion of the algorithm is not fulfilled, for example while the squared differences in the predicted values for the missing elements in two consecutive iterations is not smaller than 10^{-8}.

Following this general scheme, several robust models for handling data with elements MCAR and a comparison with their classic counterparts have been presented in the literature. Stanimirova *et al.* [56] proposed the implementation of sPCA within the steps of the EM approach, while Serneels and Verdonck [57] investigated the performance of different algorithms for robust PCA that are included in the EM framework. They also constructed a robust principal component regression (RPCR) model [58] that can handle missing elements. Robust calibration and robust classification models based on PRM [59] and robust SIMCA algorithms [60] were also proposed by Stanimirova *et al.* Even though the methodology for dealing with data containing outliers and elements MCAR works successfully, it is not suitable for censored elements. Handling outliers and censored elements in multivariate data is still an ongoing problem.

7 FURTHER READING AND SOFTWARE

The literature dealing with robust statistics is very broad. Over the past several years a number of book chapters, tutorials and review papers have been published, for example [61–69]. Even though robust techniques seem to be very popular in different fields of science, their applications in food chemistry are relatively scarce.

Different toolboxes that include robust methods have been developed. For instance, libraries developed under MATLAB such as the Library for Robust Analysis (LIBRA) toolbox [70], TOMCAT (a toolbox that includes robust multivariate calibration techniques) [71], libraries with robust methods developed under the R language [72,73] as well as stand-alone programs, FAST-MCD and FAST-LTS [74]. More information about some other robust implementations can also be found in [75].

NOTATIONS AND ABBREVIATIONS

$\mu(\mathbf{x})$	mean (average) of variable **x**
$\sigma(\mathbf{x})$	standard deviation of variable **x**
$\sigma^2(\mathbf{x})$	variance of variable **x**
$\boldsymbol{\mu}_{\mathrm{L1}}(\mathbf{X})$	robust multivariate median (L1-median) of data matrix **X**
$\boldsymbol{\sigma}_{\mathrm{MAD}}(\mathbf{x})$	robust standard deviation of variable **x** based on the median of absolute deviation scale

$\mu_{MCD}(\mathbf{x})$	robust mean of variable **x** based on the MCD estimator of location and scale
$\sigma_{MCD}(\mathbf{x})$	robust standard deviation of variable **x** based on the MCD estimator of location and scale
$\sigma_{Qn}(\mathbf{x})$	robust standard deviation of variable **x** based on the Qn scale
$\sigma_{Sn}(\mathbf{x})$	robust standard deviation of variable **x** based on the Sn scale
$\mathbf{1}^T$	a column vector of 1s
C	a covariance matrix of **X**
ePCA	elliptical principal component analysis
MAD	median of absolute deviation around the median
MCD	minimum covariance determinant
MD	Mahalanobis distance
median(**X**)	coordinate-wise median of data matrix **X**
MVE	minimum volume ellipsoid
MVT	multivariate trimming
OD	orthogonal distance
PCA	principal component analysis
PCs	principal components
PLS	partial least squares
PP	projection pursuit
PRM	partial robust M-regression
ROBPCA	a version of robust principal component analysis
RPCs	robust principal components
sPCA	spherical principal component analysis
X	a data matrix with *m* observations (samples) and *n* variables (measured parameters)
$\mathbf{X}_c$	a column-wise centred data matrix
$\mathbf{x}_i$	the *i*th object of the data matrix (a row vector)

REFERENCES

[1] Hampel FR. A general qualitative definition of robustness. Ann Math Stat 1971;42:1887–96.

[2] Rousseeuw PJ, Leroy AM. Robust regression and outlier detection. New York: John Wiley & Sons, Inc.; 1987.

[3] Hossjer O, Croux C. Generalizing univariate signed rank statistics for testing and estimating a multivariate location parameter. Non-param Stat 1995;4:293–308.

[4] Fritz H, Filzmoser P, Croux C. A comparison of algorithms for the multivariate L1-median. Comput Stat 2012;27:393–410.

[5] Hampel FR. The influence curve and its role in robust estimation. J Am Stat Assoc 1974;69:383–93.

[6] Rousseeuw PJ, Croux C. Alternatives to Median Absolute Deviation. J Am Stat Assoc 1993;88:1273–83.

[7] Croux C, Rousseeuw PJ. Time-efficient algorithms for two highly robust estimators of scale. In: Doge Y, Whittaker J, editors. Computational Statistics, vol. 1. Heidelberg: Physica-Verlag; 1992. p. 411–28.

[8] Devlin JS, Gnanadesikan R, Kettering JR. Robust estimation of dispersion matrix and principal components. J Am Stat Assoc 1981;76:354–62.
[9] Tatsuoka KS, Tyler DE. On the uniqueness of S-functionals and M-functionals under nonelliptical distributions. Ann Stat 2000;28:1219–43.
[10] Hubert M, Rousseeuw PJ, Van Aelst S. High breakdown robust multivariate methods. Stat Sci 2008;23:92–119.
[11] Rousseeuw PJ, Van Driessen K. A fast algorithm for minimum covariance determinant estimator. Technometrics 1999;41:212–23.
[12] De Maesschalck R, Jouan-Rimbaud D, Massart DL. The Mahalanobis distance. Chemometr Intell Lab Syst 2000;50:1–18.
[13] Wold S, Esbensen K, Geladi P. Principal component analysis. Chemometr Intell Lab Syst 1987;2:37–52.
[14] Maronna RA. Robust M-estimators of multivariate scatter and location. Ann Stat 1976;4:51–67.
[15] Campbell NA. Robust procedures in multivariate analysis I: robust covariance estimation. Appl Stat 1980;29:231–7.
[16] Huber PJ. Projection pursuit. Ann Stat 1985;13:435–75.
[17] Daszykowski M. From Projection Pursuit to other unsupervised chemometric techniques. J Chemometr 2007;21:270–9.
[18] Hyvärinen A, Karhunen J, Oja E. Independent component analysis. New York: John Wiley & Sons, Inc.; 2001.
[19] Li GY, Chen ZL. Projection-pursuit approach to robust dispersion matrix and principal components: primary theory and Monte Carlo. J Am Stat Assoc 1985;80:759–66.
[20] Ammann LP. Robust singular value decompositions: a new approach to projection pursuit. J Am Stat Assoc 1994;88:505–14.
[21] Xie YL, Wang JH, Liang Y-Z, Sun LX, Song XH, Yu RQ. Robust principal component analysis by projection pursuit. J Chemometr 1993;7:527–41.
[22] Hove H, Liang Y-Z, Kvalheim OM. Trimmed objects projections: a nonparametric robust latent-structure decomposition method. Chemometr Intell Lab Syst 1995;27:33–40.
[23] Hubert M, Rousseeuw PJ, Verboven S. A fast method for robust principal components with application to chemometrics. Chemometr Intell Lab Syst 2002;60:101–11.
[24] Croux C, Ruiz-Gazen A. A fast algorithm for robust principal components based on projection pursuit, In: COMPSTAT: proceedings in computational statistics. Heidelberg: Physica-Verlag; 1996. p. 211–7.
[25] Croux C, Ruiz-Gazen A. High breakdown estimators for principal components: the projection-pursuit approach revisited. J Multivar Anal 2005;95:206–26.
[26] Peña D, Prieto FJ. Multivariate outlier detection and robust covariance estimation. Technometrics 2001;41:286–300.
[27] Hubert M, Rousseeuw PJ, Vanden Branden K. ROBPCA: a new approach to robust principal component analysis. Technometrics 2005;47:64–79.
[28] Locantore N, Marron JS, Simpson DG, Tripoli N, Zhang JT, Cohen KL. Robust principal components for functional data. Test 1999;8:1–28.
[29] Ruymgaart FH. A robust principal analysis. J Multivar Anal 1981;11:485–97.
[30] Galpin JS, Hawkins DM. Methods of L1 estimation of a covariance matrix. Comput Stat Data Anal 1987;5:305–19.
[31] Croux C, Filzmoser P, Oliveira MR. Algorithms for Projection-Pursuit robust principal component analysis. Chemometr Intell Lab Syst 2007;87:218–25.

[32] Naes T, Isaksson T, Fearn T, Davies T. Multivariate calibration and classification. Chichester, UK: NIR Publications; 2002.
[33] Xu Q-S, Liang Y-Z. Monte Carlo cross validation. Chemometr Intell Lab Syst 2001;56:1–11.
[34] Wakeling IN, Macfie HJH. A robust PLS procedure. J Chemometr 1992;6:189–98.
[35] Gil JA, Romera R. On robust partial least squares (PLS) methods. J Chemometr 1998;12:365–78.
[36] Huber PJ. Robust statistics. New York: John Wiley & Sons; 1981.
[37] Cummins DJ, Andrews CW. Iteratively reweighted partial least squares: a performance analysis by Monte Carlo simulation. J Chemometr 1995;9:489–507.
[38] Serneels S, Croux C, Filzmoser P, et al. Partial Robust M-regression. Chemometr Intell Lab Syst 2005;79:55–64.
[39] Engelen S, Hubert M. Fast model selection for robust calibration. Anal Chim Acta 2005;544:219–28.
[40] Daszykowski M, Vander Heyden Y, Walczak B. Robust partial least squares model for prediction of green tea antioxidant capacity from chromatograms. J Chromatogr A 2007;1176:12–8.
[41] Hubert M, Vanden Branden K. Robust methods for partial least squares regression. J Chemometr 2003;17:537–49.
[42] Serneels S, De Nolf E, Van Espen PJ. Spatial sign preprocessing: a simple way to im-part moderate robustness to multivariate estimators. J Chem Inf Model 2006;3:1402–9.
[43] Hubert M, Van Driessen K. Fast and robust discriminant analysis. Comput Stat Data Anal 2004;45:301–20.
[44] Hawkins DM, McLachlan GJ. High-breakdown linear discriminant analysis. J Am Stat Assoc 1997;92:136–43.
[45] He X, Fung WK. High breakdown estimation for multiple populations with applications to discriminant analysis. J Multivar Anal 2000;72:151–62.
[46] Wold S. Pattern recognition by means of disjoint principal components models. Patt Recogn 1976;8:127–39.
[47] De Maesschalck R, Candolfi A, Massart DL, Heuerding S. Decision criteria for soft independent modelling of class analogy applied to near infrared data. Chemometr Intell Lab Syst 1999;47:65–77.
[48] Pomerantsev AL. Acceptance areas for multivariate classification derived by projection methods. J Chemometr 2008;22:601–9.
[49] Vanden Branden K, Hubert M. Robust classification in high dimensions based on the SIMCA method. Chemometr Intell Lab Syst 2005;79:10–21.
[50] Daszykowski M, Kaczmarek K, Stanimirova I, Vander Heyden Y, Walczak B. Robust SIMCA—bounding influence of outliers. Chemometr Intell Lab Syst 2007;87:121–9.
[51] Daszykowski M, Orzel J, Wrobel MS, Czarnik-Matusewicz H, Walczak B. Improvement of classification using robust soft classification rules for near-infrared reflectance spectral data. Chemometr Intell Lab Syst 2011;109:86–93.
[52] Rubin DB. Inference and missing data. Biometrika 1976;63:581–92.
[53] Helsel D. Nondetects and data analysis. Statistics for censored environmental data. New York: John Wiley; 2005.
[54] Dempster AP, Laird NM, Rubin DB. Maximum likelihood for incomplete data via the EM algorithm. J R Stat Soc B 1977;39:1–38.
[55] Smolinski A, Walczak B, Einax JW. Exploratory analysis of data sets with missing elements and outliers. Chemosphere 2002;49:233–45.

[56] Stanimirova I, Daszykowski M, Walczak B. Dealing with missing values and outliers in principal component analysis. Talanta 2007;72:172–8.
[57] Serneels S, Verdonck T. Principal component analysis for data containing outliers and missing elements. Comput Stat Data An 2008;52:1712–27.
[58] Serneels S, Verdonck T. Principal component regression for data containing outliers and missing elements. Comput Stat Data An 2009;53:3855–63.
[59] Stanimirova I, Serneels S, Van Espen PJ, Walczak B. How to construct a multiple regression model for data with missing elements and outlying objects. Anal Chim Acta 2007;581:324–32.
[60] Stanimirova I, Walczak B. Classification of data with missing elements and outliers. Talanta 2008;76:602–9.
[61] Møller SF, Von Frese J, Bro R. Robust methods for multivariate data analysis. J Chemometr 2005;10:549–63.
[62] Daszykowski M, Kaczmarek K, Vander Heyden Y, Walczak B. Robust statistics in data analysis—a review: basic concepts. Chemometr Intell Lab Syst 2007;85:203–19.
[63] Rousseeuw PJ, Debruyne M, Engelen S, Hubert M. Robustness and outlier detection in chemometrics. Crit Rev Anal Chem 2006;36:221–42.
[64] Morgenthaler S. A survey of robust statistics. Stat Methods Appl 2007;15:271–93.
[65] Hubert M. Robust calibration. In: Gemperline P, editor. Practical guide to chemometrics. Boca Raton: CRC Press; 2006. p. 167–215.
[66] Hubert M. Robust calibration. In: Brown S, Tauler R, Walczak B, editors. Comprehensive chemometrics. Amsterdam: Elsevier; 2009. p. 315–43.
[67] Gijbels I, Hubert M. Robust and nonparametric statistical methods. In: Brown S, Tauler R, Walczak B, editors. Comprehensive chemometrics. Amsterdam: Elsevier; 2009. p. 189–211.
[68] Filzmoser P, Serneels S, Maronna R, Van Espen PJ. Robust multivariate methods in chemometrics. In: Brown S, Tauler R, Walczak B, editors. Comprehensive chemometrics. Amsterdam: Elsevier; 2009. p. 681–722.
[69] Filzmoser P, Todorov V. Review of robust multivariate statistical methods in high dimension. Anal Chim Acta 2011;705:2–14.
[70] Verboven S, Hubert M. LIBRA: a MATLAB library for robust analysis. Chemometr Intell Lab Syst 2005;75:127–36.
[71] Daszykowski M, Serneels S, Kaczmarek K, Van Espen P, Croux C, Walczak B. TOMCAT: a MATLAB toolbox for multivariate calibration techniques. Chemometr Intell Lab Syst 2007;85:269–77.
[72] http://cran.r-project.org.
[73] Varmuza K, Filzmoser P. Introduction to multivariate statistical analysis in chemometrics. Boca Raton, FL: CRC Press; 2009.
[74] http://www.agoras.ua.ac.be/.
[75] http://www.statistik.tuwien.ac.at/rsr/software/software.html.

Part II

Applications

Chapter 9

Hyperspectral Imaging and Chemometrics: A Perfect Combination for the Analysis of Food Structure, Composition and Quality

José Manuel Amigo*[,1], Idoia Martí[†] and Aoife Gowen[‡]

*Department of Food Science, Quality and Technology, Faculty of Life Sciences, University of Copenhagen, Frederiksberg C, Denmark

[†]Analytical and Organic Chemistry Department, Universitat Rovira i Virgili, Tarragona, Spain

[‡]School of Biosystems Engineering, University College Dublin, Dublin 4, Ireland

[1]Corresponding author: jmar@life.ku.dk

Chapter Outline

Data Handling in Science and Technology, Vol. 28. http://dx.doi.org/10.1016/B978-0-444-59528-7.00009-0

1 INTRODUCTION

1.1 Quality Assessment

Defining quality in food production is, arguably, one of the most widespread and complicated issues to solve when new products are released in the market. In short, food quality can be defined as the characteristics of food that are between certain limits of acceptance in every step of manufacturing, from the raw materials to the acceptance of consumers (Figure 1). This makes the definition of quality even more cumbersome, since each product will have its own requirements of quality in every step of the production chain. For instance, equally important are external factors (e.g. gloss, colour, packaging conditions), sensory parameters (e.g. texture, flavour), certificates of origin, process variables (e.g. grain size, ageing, fermentation parameters) and product traceability in the final quality definition. Therefore, quality assessment of the final product depends directly on the assessment of quality at every step of the food processing chain.

Quality control at every step of the manufacturing chain must be adapted to the needs of a growing market where products must be manufactured in a fast and robust manner. The concept of global quality control by assessing quality at every step of the production chain was introduced by the U.S. Food and Drug Administration (FDA), which launched the process analytical technology (PAT) initiative to transform approaches to quality assurance in every step of the process [1]. This initiative encourages the implementation of three basic ideas [2]:

1. Real-time process analyzers and control tools.
2. New multivariate tools for experimental design and data analysis.
3. Utilization of (1) and (2) for continuous improvement and knowledge of the process.

Decisions must be taken in a real-time framework to ensure product quality, safety, authenticity, and compliance with labelling [3]. Traditional analytical methods involving techniques such as high performance liquid chromatography (HPLC) are expensive, time-consuming, do not offer a real-time feedback

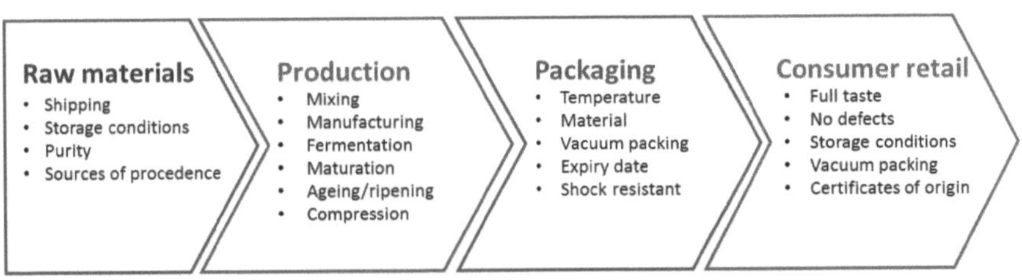

FIGURE 1 General scheme and examples of controlling variables in a food processing chain. (For colour version of this figure, the reader is referred to the online version of this chapter.)

about the evolution of the processes, and typically require destruction of the sample. However, these techniques usually offer a comprehensive understanding of the physicochemical parameters affecting a particular process. An example of this is the process of apple ripening, which can be studied by Gas chromatography–mass spectrometry (GC–MS) to obtain a complete view of the evolution of the constituents during the ripening process [4]. However, using this technique it is not possible to give a fast and reliable response about the adequacy of the apple for the market. This problem can be solved with the implementation of sensors that do not measure specific constituents of the apples, but relate ripening to an easy-to-measure property like colour [5]. By doing this, a fast and real-time response can be given about the point at which an apple is adequate for the market.

The framework of total quality control in a fast and reliable manner has driven the application of machine vision devices within the food industry in recent years. Digital colour systems (e.g. Red–Green–Blue (RGB) systems) now find widespread use in food quality control for the detection, for instance, of surface defects and grading operations [6]. Nevertheless, the information that can be obtained from a colour camera is limited to the vision range of the three colour channels. To overcome this problem, multichannel imaging and, especially, hyperspectral imaging systems have been adapted to laboratory or line production scale to gather a huge amount of spectral information of one surface in a relative short time.

1.2 The Role of Hyperspectral Image in Food Quality Assessment

Hyperspectral imaging extends the capability of traditional imaging techniques by obtaining spatial images of a sample at a series of (>100) contiguous wavelengths. Thus, each pixel of a hyperspectral image can be interpreted as a spectrum (Figure 2). This technique has recently emerged as a process analytical tool for food quality assessment, offering an immense amount of spectral and spatial information from a sample. The attractiveness of attaining both spatial and spectral information from an object (Figure 2) is that it provides reliable and accurate information at different stages of the food processing chain. Proof of the latter is confirmed by the wide range of applications found in the literature [3,7–13].

1.3 The Need for Chemometrics

The main difference of a hyperspectral image with respect to other imaging techniques is that for each pixel, a whole spectrum is obtained. The resulting large quantity of data is not exempt of issues, as pointed out by Amigo in the framework of pharmaceutical preparations [14]. The main issue is extracting useful and meaningful information from the raw images. Chemometrics is

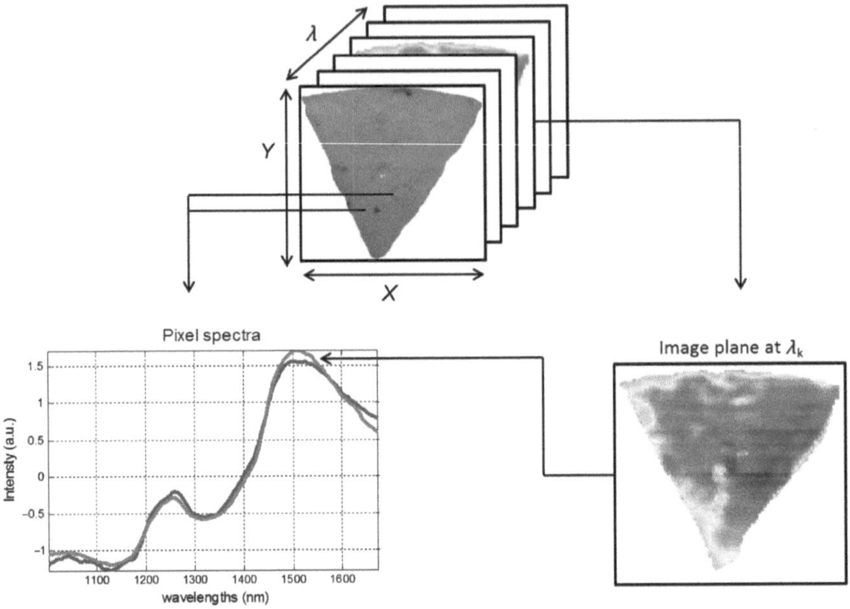

FIGURE 2 Schematic representation of a near infrared (NIR) hyperspectral image of cheese showing the relationship between spectral (λ) and spatial (*X–Y*) dimension. (For colour version of this figure, the reader is referred to the online version of this chapter.)

an appealing tool for this task because it allows us to: reduce the dimensionality of the data; retain essential spectral information and classify or quantify important areas of a scene [3,15]. Chemometric methods can be grouped according to the information desired from their application, as follows [2,3,15]:

- *Qualitative/exploratory analysis*: for example principal component analysis (PCA), fixed size image window–evolving factor analysis (FSIW–EFA).
- *Supervised and unsupervised classification*: for example PCA, K-means and fuzzy clustering, linear discriminant analysis (LDA), partial least squares-discriminant analysis (PLS-DA), fisher discriminant analysis (FDA), artificial neural networks (ANN).
- *Resolution and quantization*: for example multivariate curve resolution (MCR), partial least squares regression (PLSR), ANN for regression, multi-linear regression (MLR), and classical least squares (CLS).

There have been many applications of chemometrics and HSI to foodstuffs for different purposes. They can be divided into four main groups: Fruits and vegetables, meat, dairy products, and grains. In each group the needs are different, as can be appreciated in Table 1. For instance, the main applications in fruits, vegetables and meat are to find external defects/properties; whereas sorting is one of the main applications in grains. Table 1 shows a comprehensive view of the main applications in the four groups mentioned.

TABLE 1 Main Applications of HIS and Chemometrics in Foodstuff

Sample	Application	Analytical technique	Chemometrics technique	Reference
Apples	Detection of bruises	Vis–NIR HSI	PCA, ANN, MLR	[16]
	Detection of bitter pit defects	NIR HSI	PLS	[16]
	Prediction of the firmness and soluble solids content	Vis–NIR HSI	ANN, MLR	[17,18]
	Detection of chilling injury	Vis–NIR HSI	ANN	[17]
	Detection of physical properties	Vis–NIR HSI	PCA	[19]
	Detection of defects on the surface	UV–vis–NIR HSI	ANN	[20]
	Quantization of starch distribution	Vis–NIR HSI	PLS	[21,22]
	Quantization of starch content	NIR HSI	PLS-DA	[23]
	Ripening	Vis–NIR HSI	PLS-DA	[5]
	Quantization of sugar content	NIR HSI	PLS	[22]
Cucumbers	Detection of chilling injury	Vis–NIR HSI	PCA, FLD (k-NN)	[24,25]
	Detection of internal defects	Vis–NIR HSI	PLS-DA	[26]
	Detection of defects on the surface	Vis–NIR HSI	PCA	[27]
Citruses	Detection of skin defects	RGB and NIR HSI, fluorescence imaging	LDA	[28]
	Detection of rottenness caused by bacteria	Vis–NIR HSI	LDA	[29]
	Detection of bruises	Vis–NIR HSI	PCA	[30]

Continued

TABLE 1 Main Applications of HIS and Chemometrics in Foodstuff—Cont'd

Sample	Application	Analytical technique	Chemometrics technique	Reference
Strawberries	Estimation of physical and chemical properties	Vis–NIR HSI	PLS	[31]
	Prediction of the firmness	Vis–NIR HSI	MLR	[32]
	Detection of bruises	Vis–NIR HSI	ANN	[33]
Cherries	Discrimination between cherries with and without pits	Vis–NIR HSI	ANN	[34]
	Detection of pits	Vis–NIR HSI	PCA, ANN	
Mushrooms	Detection of bruises	Vis–NIR HSI	PCA	[35]
	Enzymatic browning	Vis–NIR HSI	PLS	[36]
	Early detection of freeze damage	Vis–NIR HSI	LDA	[37]
	Identify water matrix co-ordinates	NIR HSI	PLS	[38]
Peaches	Quantization of sugar content	NIR HSI	PLS	[39]
Pears	Detection of bruises	NIR HSI	MLC, EDC, MDC, SAM	[40]
Grapes	Quantization of anthocyanin	Vis–NIR HSI	Adaptive boosting, PLS	[41]
	Detection of canker lesions	Vis–NIR HSI	SID	[42]
Sample	Application	Analytical technique	Chemometrics technique	
Beef	Prediction of tenderness	Vis–NIR HSI	MLR, CDA, PLS	[43,44]
	Detection of bacterial spoilage	Vis–NIR HSI	MLR	[45]

Pork	Prediction of the quality grade	Vis–NIR HSI	ANN	[46,47]
	Detection of bacterial spoilage	Vis–NIR HSI	SVM	[45]
Chicken	Detection of skin tumours on chicken carcasses	Fluorescence HSI	FCM, ANN, SVM, PCA, DWT, KDA	[48–50]
	Detection of faecal contaminants	Vis–NIR HSI	PCA	[51–54]
Fish	Detection of parasites and blood spots on the surface	Vis–NIR HSI	PLS-DA, SIMCA	[55,56]
	Monitoring moisture distribution in dried salted fish	NIR HSI	PLS	[57]
	Prediction of water and fat content	NIR HSI	PLS	[58–60]
Sample	Application	Analytical technique	Chemometrics technique	
Cheese	Quantization of sugar, citric acid and salycilic acid in different cheeses	NIR HSI	PLS	[61,62]
	Classification of cheeses according to protein, fat and carbohydrate content	NIR HSI		
Grain	Classification and identification of grain specific classes	SWNIR HSI, NIR HSI and Vis–NIR HSI	PCA, PLS, LDA, ANN	[63–65]
	Prediction of chemical composition	NIR HSI	PLS	[66]
	Classification of grains according to hardness	Vis–NIR hyperspectral imaging	PCA, PLS-DA	[67]
	Detection of bacterial spoilage	Fluorescence HSI, NIR HSI	LDA, QDA, MDC	[64,68]

1.4 Objective of the Book Chapter

In this book chapter, we will not review the main applications of HSI and chemometrics for food quality assessment since this has already been extensively covered in several reviews [3,10] and the main applications have been highlighted in Table 1. Instead, we will present a range of case studies showing the application and feasibility of the main chemometric techniques applied to different foodstuffs. Our objectives are to provide the reader with a detailed overview of how to apply the main chemometric techniques to HSI data, along with a critical discussion on their respective advantages and potential pitfalls. Although it is not possible to include examples for the myriad chemometric techniques available for data analysis, we aim to provide the reader with a selection that is useful and describe data analysis strategies that are transferable to other techniques. We will highlight the importance of unsupervised and supervised chemometric methods by giving full examples of the application of PCA, PLS-DA, and LDA in different situations as well as the use of PLS for quantitation purposes.

2 STRUCTURE OF A HYPERSPECTRAL IMAGE

There are three basic approaches for obtaining hyperspectral imaging data. Two configurations that imply the displacement of the sample (point and line scan settings, also known as whisker-broom and push-broom configurations), based on a step-and-acquire measuring mode, obtaining one single spectrum (point scan) or a line of spectra (line scan) of the surface in each movement; and the so-called plane scan system, which does not involve any moving part of the sample. Instead, light reflected from the whole surface of the sample is passed through specific filters (Figure 3).

The final result of the measurements with any of the three devices is a three-dimensional data structure or a hyperspectral data cube ('hypercube'). This structure can also be visualized as a three-dimensional array $\underline{\mathbf{D}}$ of dimensions $(X \times Y \times \lambda)$ in which each pixel (x–y coordinate) is a spectrum of λ wavelengths (z-value) (Figures 2 and 3). There are differences in the quality of the collected data and the usefulness of each of the configurations must be considered beforehand [3,14]. For instance, when a more detailed structure is demanded, point scan configurations can be advised. However, the acquisition time of the full image in point scan mode is usually large (~1 h or more), so this method does not allow the real-time measurements required in process lines. In this case, line-scan or plane scan configurations can be recommended. In order to achieve high-quality hyperspectral imaging data, it is necessary to optimise the illumination system and acquisition parameters, such as integration time. In addition, each image must be calibrated. Detailed discussion of these issues is out of the scope of this book chapter, but can be found elsewhere [69,70].

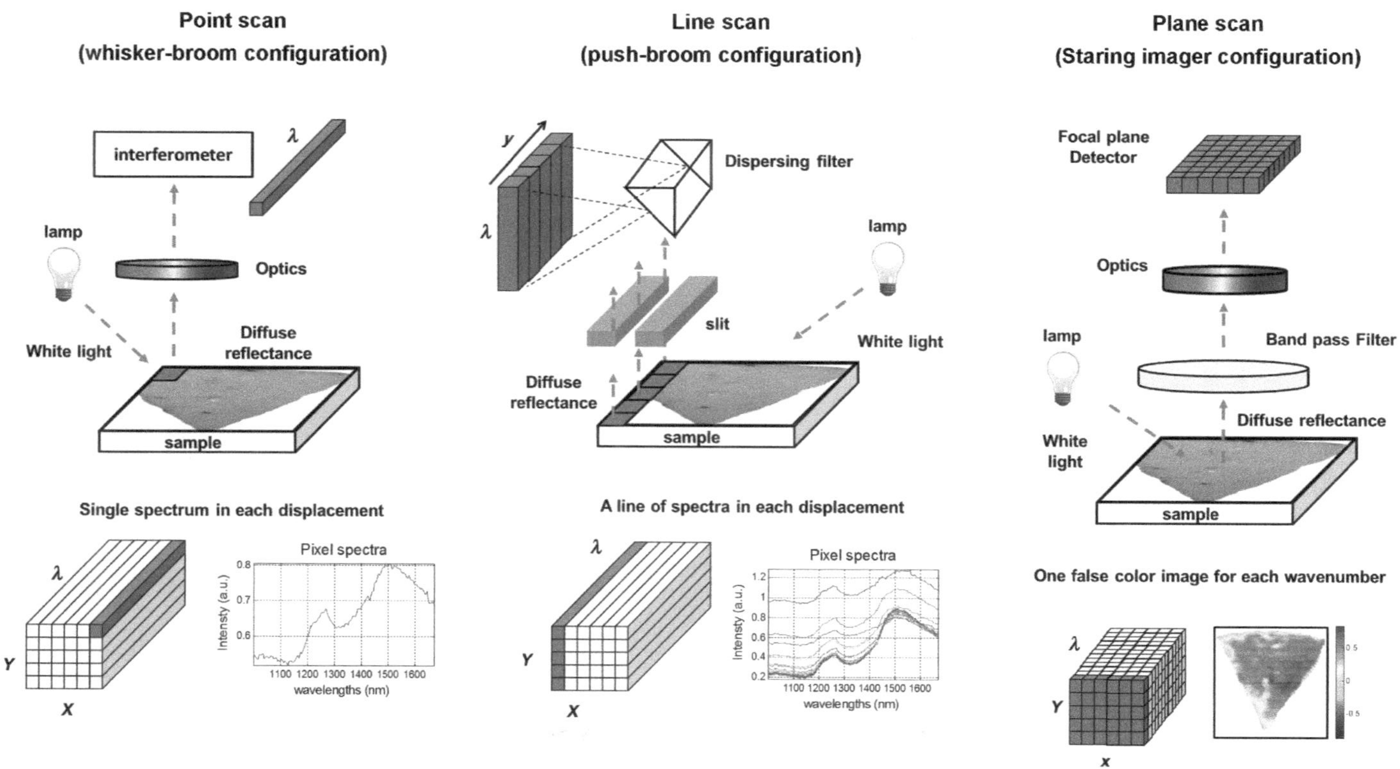

FIGURE 3 Schematic representation of the three common configurations in hyperspectral imaging devices and structure of the final data cube of dimensions ($X \times Y \times \lambda$). *Slightly modified from [14] with permission of Springer.* (For colour version of this figure, the reader is referred to the online version of this chapter.)

3 HYPERSPECTRAL ANALYSIS AND CHEMOMETRICS: PRACTICAL EXAMPLES

3.1 Overview of HSI Data Analysis

The final target of hyperspectral analysis is to correlate some feature of the individual objects in an image with some properties of interest. To achieve this target, multivariate data analysis is the key.

There are two main steps required in the analysis of hypercubes (Figure 4):

1. *Hypercube pre-processing*: Spatial and/or spectral pre-processing is mandatory to eliminate undesirable artefacts in the image (e.g. dead pixels, spiked wavelengths or undesired areas of the image) that can distort further multivariate models [71].
2. *Hypercube processing*: This stage is directly linked to the target pursued and refers to the application of multivariate models to the pre-processed hypercubes [2,14,15,71].

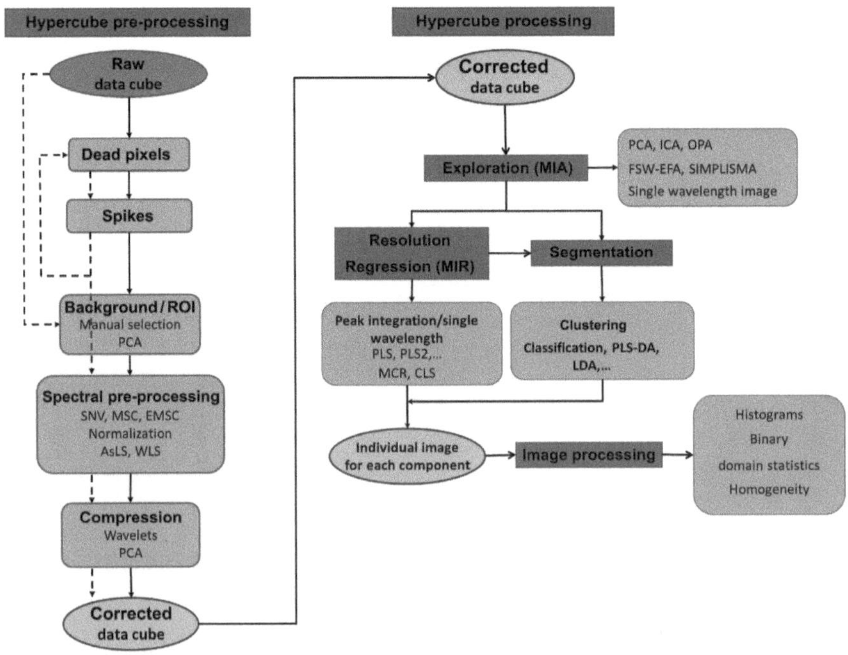

FIGURE 4 Comprehensive flow-chart of the analysis of hypercubes. *Partially extracted and modified from [14,15,71]*. (For colour version of this figure, the reader is referred to the online version of this chapter.)

3.2 Pre-processing Methods

The target of spatial and spectral pre-processing is to avoid the influence of undesirable phenomena affecting the measurement, like areas of the scanned surface without interest (e.g. background), light scattering and shadows, particle size effects or detector artefacts. The main steps to prepare the hypercube for further data analysis can be summarized as follow [14]:

- *Image compression*: Hyperspectral images are usually composed of thousands or even millions of data points (e.g. one hyperspectral image of 256×256 pixels operating at 150 wavebands contains more than 9 million data points). This amount of information requires much storage space, large transmission bandwidths, and long transmission times. Therefore, the compression of the image is sometimes very advantageous to retain only the needed information. Methods used to this respect are PCA, multivariate curve resolution (MCR), wavelets, or spatial binning. Also, the selection of informative wavelengths, directly linked to the property pursued may help for reducing the dimensionality of the data or even to promote faster identification of objects. As an example of this, Figure 5 shows in the columns how different wavelengths give different information about a simple commercial cookie.
- *Region of interest (ROI) selection*: The geometry of the samples in the acquisition of the images plays an essential role in the selection of an ROI. Hyperspectral techniques usually acquire square images. If the sample does not cover all the scanned area, the area left outside the sample ('image background') must be eliminated, since this area is usually composed by highly noisy spectra. As an example, Figure 5 shows the images at discrete wavelengths of one cookie. It can be observed that the background has a dark blue colour, denoting that this part of the image has been kept out of the analysis.
- *Dead pixels and spiked points/wavelengths*: Dead pixels are usually caused by anomalies in the detectors. Several methods have been proposed to detect and interpolate them, most of them reviewed by Vidal *et al.* [71]. They may be present as missing or zero values; and they can be one single pixel, entire lines of pixels, discrete wavelengths, or the whole spectral signal. Here we will not focus in talking about their detection and elimination, encouraging the readers to check the supplied references [71]. Nevertheless, it is important to highlight that these anomalies must be handled before the application of any other multivariate method, since they may easily distort further models.
- *Spectral pre-processing*: In the field of hyperspectral imaging, the most common practice is the adaptation of well-known pre-processing techniques of classical spectroscopy for spectral pre-processing [14,72]. Thus, de-noising, normalization, and derivatives are common practices for

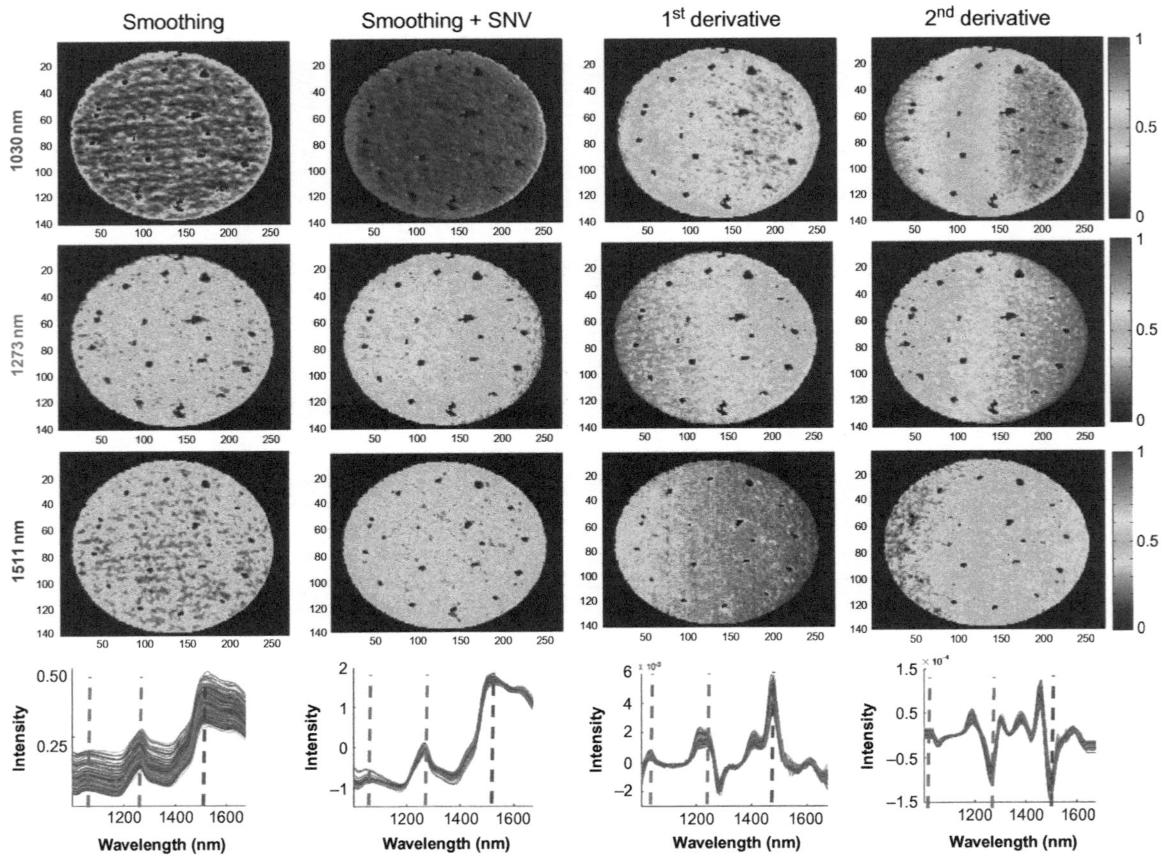

FIGURE 5 Different spectral pre-processing methods and their influence in a commercial cookie. (For colour version of this figure, the reader is referred to the online version of this chapter.)

suppressing scattering effects and undesirable spectral variability. Figure 5 shows the different information that can be highlighted when different pre-processing techniques are applied. For instance, at 1273 nm, smoothing basically eliminates the spectral noise, not correcting the scattering effect that is typical in NIR radiation. The effect of the scattering can be denoted at wavelengths 1273 and 1511 nm, where some effects of the roughness of the cookie can be observed. Once removing the scattering with, for instance standard normal variate (SNV), or after highlighting spectral features, with derivatives, other kinds of information can be extracted, such as an interesting profile in the second derivative mainly due to the lighting of the camera. As we will see in further sections, this lighting effect can be strongly minimized by using PCA. Thus, more chemical information can be obtained. Thus the application of the proper pre-processing methods helps to reduce spectral and spatial artefacts. Nevertheless, some pre-processing tools decrease the spatial resolution (e.g. binning techniques) or the spectral resolution (choosing the incorrect window size in the application of derivatives [72]). Therefore, the pre-processing step must be handled with care considering the spectral and the spatial variability, and, of course, the target pursued with the analysis.

3.3 Unsupervised Techniques to Explore the Image: PCA

PCA applied to HSI is, arguably, one of the most useful and widespread exploratory techniques within the framework of Food Science (see Table 1 for applications). Its ability to extract the main sources of variability and qualitatively study distribution of elements on a single image makes PCA a versatile and essential tool before applying any other multivariate model. PCA gives information about the main compounds (chemical compounds and physical artefacts) and their distribution in the measured surface.

The adaptation of the bilinear PCA model to hypercubes comes with a previous step of unfolding as indicated in Figure 6. Here, we can see that our dummy hyperspectral cube, denoted as $\underline{\mathbf{D}}(X,Y,\lambda)$ contains two main contributions (red and blue) with the peculiarity that the centre of the hypercube is a pixel containing both components. After unfolding (and thereby, obtaining the unfolded matrix $\mathbf{D}(X*Y,\lambda)$), PCA can be applied, decomposing the matrix into a score $\mathbf{T}(X*Y,F)$ and a loading $\mathbf{P}^{\mathrm{T}}(F,Y)$ matrix, depending on the number of principal components (PCs), **F**, with $\mathbf{E}(X*Y,\lambda)$ being the matrix containing the residuals.

The scores contain the concentration variability of the pixels, whereas the loadings contain the spectral variability. After application of PCA, the next step is the re-folding of the scores to obtain the so-called score images. In the case depicted in Figure 6, the two score images will contain the individual contribution for each component of the original hypercube, allowing the spatial visualization of the distribution of the components.

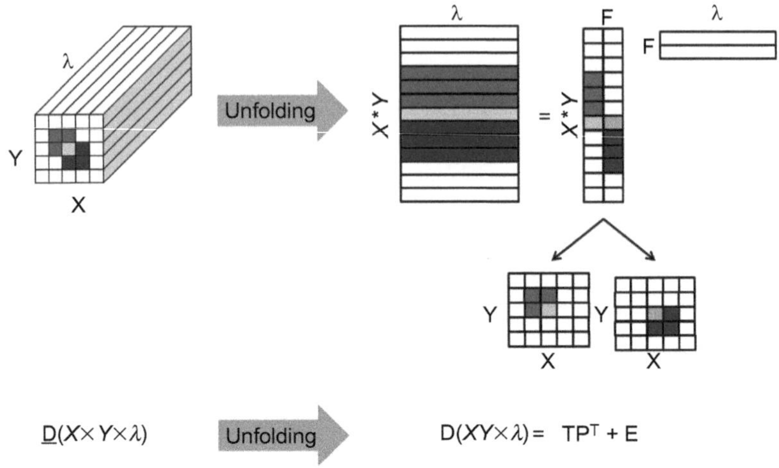

FIGURE 6 Schematic representation of the adaptation and application of PCA to hypercubes. The figure shows a PCA model with two PCs, red and blue, having a pixel that is the mixture of both components. (For interpretation of the references to colour in this figure legend, the reader is referred to the online version of this chapter.)

One of the main drawbacks of PCA is that the spatial information is not taken into consideration when modelling. This has generated the adaptation of the general PCA method to methods more focussed on considering the spatial information gathered, by incorporating the spatial information in the analysis. For instance, methods like FSIW–EFA or enhancing contrast methods try to explore the analyzed surface merging surface and spectral information [73].

Despite the loss of the spatial information, PCA continues being a main tool in overviewing the main sources of variance in the hypercubes in both individual and set of samples. In individual samples, the target is the visualization of different elements within the surface; whereas the analysis of several samples together involves both the variance of the individual surfaces and also the variance between different samples. Two examples are shown herein: the first example shows the possibilities of finding water, fat, and protein sources in cheese. The image was acquired using a non-commercial NIR line mapping system from Foss (Foss A/S, Denmark) from which 16 spectra were collected in each acquisition from a linear detector array.

The second example classifies different types of almonds by using the information from their surfaces. The NIR image was acquired using a Sapphire Matrix NIR focal plane imaging system (Spectral Dimensions now Malvern Instruments Ltd, Malvern, Worcestershire, UK). The system comprised an NIR sensitive stirring-cooled InSb Focal Plane Array detector, four quartz-halogen lamps, which provided the illumination, and 2″ polarization filters. The 81920 pixels (320 × 256 array) of the camera can be directed at fields of view varying from square millimetres to square inches.

3.3.1 Application 1: Detecting Water in Cheese in an Individual Sample

The PCA model of the cheese NIR picture of Figures 2 and 3 is depicted in Figure 7. The first three PCs explained more than 95% of the variance. As we can see in the figure, each one of the score maps is related to a different feature of the surface, since the colours of the maps relate to different parts of the cheese in the different PCs. Therefore, now the important step is to relate those changes with physico-chemical features of the sample. For doing that, the assignment of the main bands of the corresponding loading vectors must be done.

NIR spectroscopy is characterized by broad bands. Therefore, no strong assumptions must be done in the assignment of one PC to a particular component if there is no clear evidence of this. Nevertheless, following some of the typical wavebands indicated in references [74] it is possible to see that the first PC is mainly influenced by the water of the surface mainly located in the centre of the cheese, due to the nature of it. The second PC is highlighting the fat content in the edges of the surface and the third PC is more difficult to assign, being a combination of effects between fat and water.

This is an example of how PCA can highlight different features in the measured surfaces. As it was pointed out in Table 1 this is extremely useful in the detection of bruises, damages, contaminants, etc.

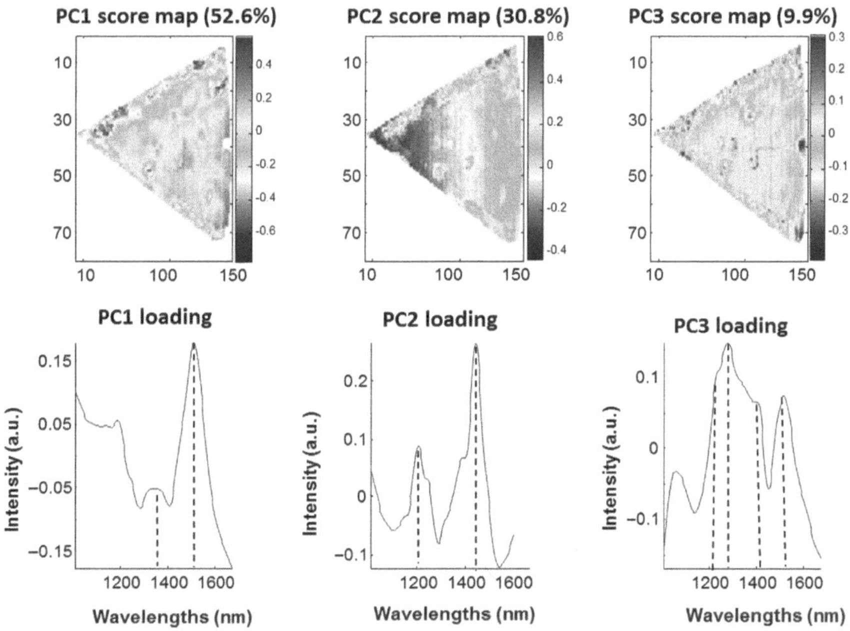

FIGURE 7 PCA model of a slice of cheese. The score maps obtained for the first three PCs are depicted in the upper part; whereas the corresponding loadings are depicted in the bottom part. (For colour version of this figure, the reader is referred to the online version of this chapter.)

3.3.2 Application 2: Unsupervised Classification of Almonds in a Set of Samples

Another of the main applications of PCA, as mentioned before, is for general study of the variability in many samples at the same time. With this, not only variability in the surface of the individual sample can be studied, but also the variability between different samples. An example of this is depicted in Figure 8, where the hypercube of an image of eight almonds was analyzed by PCA. In the figure, the first row of almonds contains only sweet almonds; whereas the second row contains bitter almonds.

The data were previously pre-processed (smoothing with a window size of seven wavebands), SNV and mean centred. A PCA model with two PCs explained more than 95% of the variance, denoting the huge information contained in both. The score surfaces denoted a slight difference between sweet and bitter almonds. This difference can be checked with the loadings obtained of each PC. Nevertheless, the most informative plot is the projection of the PC1 versus PC2 scores, where the separation between the sweet and the bitter almonds is evident. This separation is given by a combination of PC1 and PC2. The great advantage of this is that now, the score surface obtained for PC2 can be directly related to this separation and, together with the loading for PC2, it can be possible to guess the chemical reason for this separation.

As we will see in Section 3.4, this information can be used to construct further classification models and be able to discriminate between sweet and bitter almonds in a more robust manner. Nevertheless, PCA already gave us enough information to build more complex models.

3.4 Supervised Techniques for Classification of Features

Classification of features in hyperspectral imaging data is usually achieved by applying a classification method (e.g. LDA or PLS-DA) to a subset of spectral data from the hyperspectral image. Various methods exist to create calibration and validation datasets, which involve selecting spectra from a single or set of hyperspectral images. However, many supervised methods involve some work on the user's behalf, typically in selecting ROIs from imaging data that describe a particular object or material. The spectra contained in the ROIs are typically assigned a categorical variable according to their class membership. Spectra from a selection of ROIs can then be pooled in a two-dimensional matrix upon which a classification model is built. This model can then be applied to the individual spectra contained in the hyperspectral image to create a classification map. The extent of different features on the map can then be evaluated by counting the pixels in each class.

The general steps followed in the development and application of classification models with hyperspectral imaging data are shown in Figure 9.

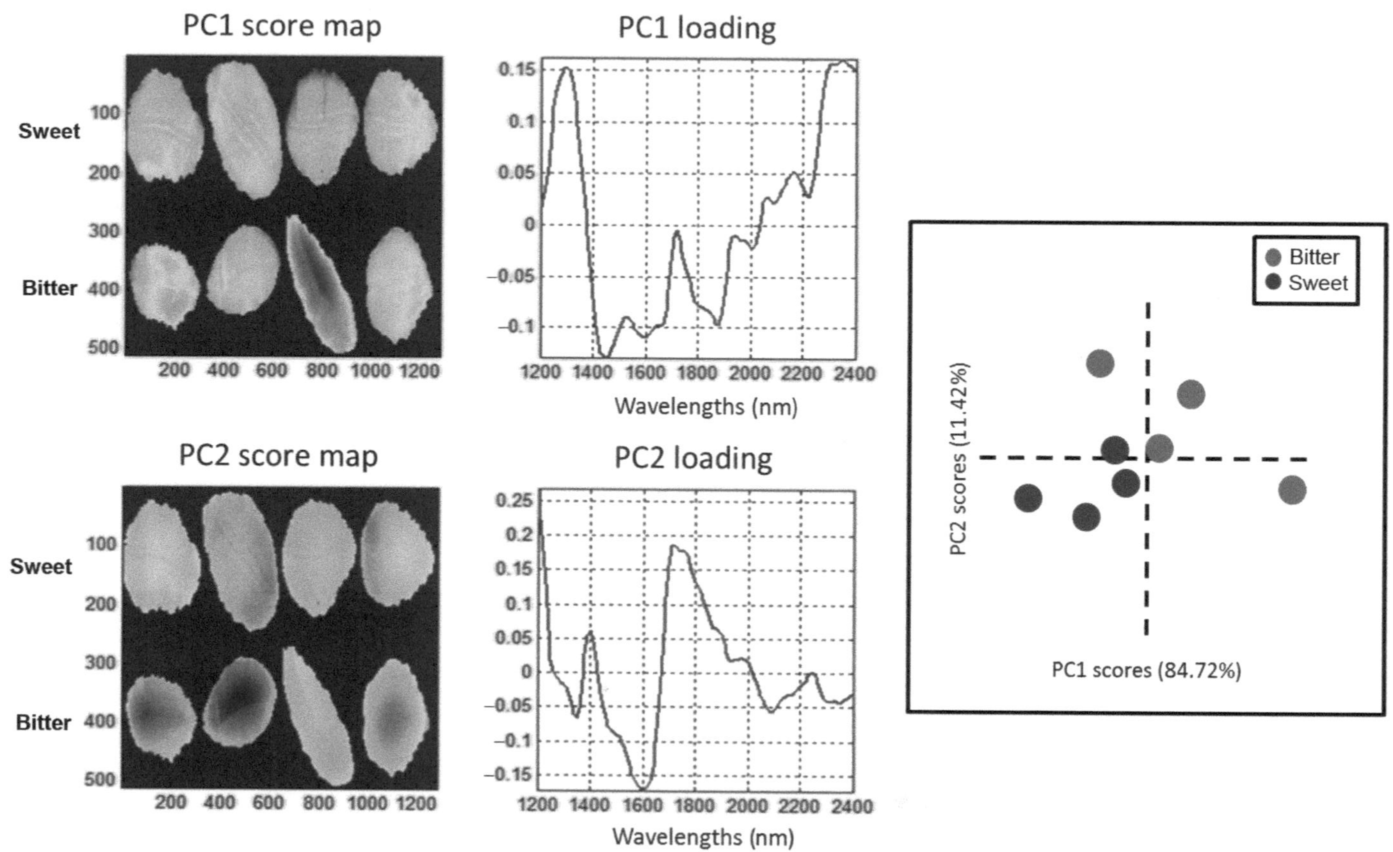

FIGURE 8 Unsupervised classification of almonds by using PCA. The scores surfaces and the corresponding loadings are depicted in the left-most part; whereas the right-most part of the figure denotes the PC1 vs. PC2 plot of the mean spectrum for each almond. The colours of the score images are individually scaled in such a way that blue denotes intensity 0; whereas red denotes the maximum intensity 1. (For interpretation of the references to colour in this figure legend, the reader is referred to the online version of this chapter.)

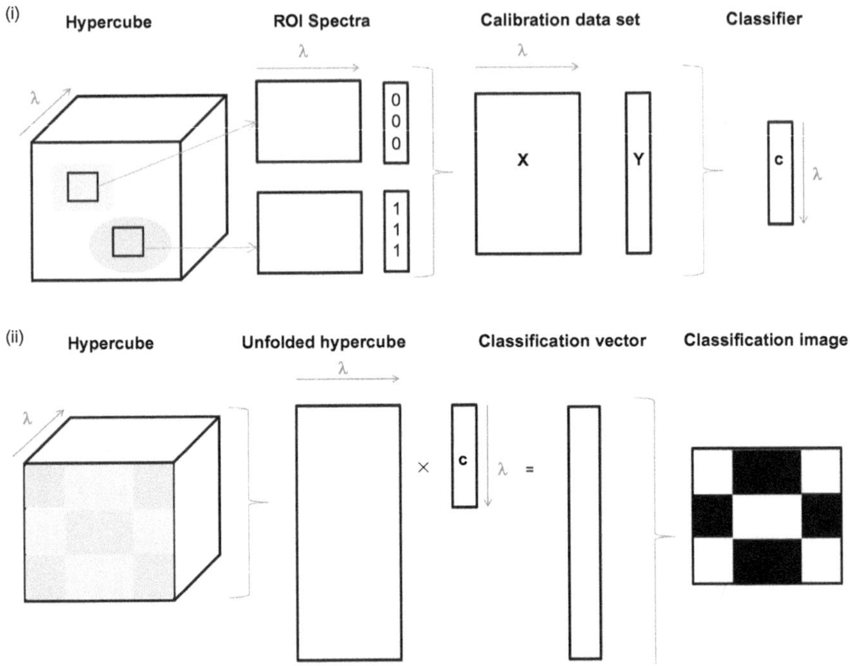

FIGURE 9 *General scheme for* application of classification modelling to hyperspectral images ('hypercubes'). (i) selection of region of interest (ROI) spectra from sample images and construction of classifier (c), (ii) application of classifier to hypercube, resulting in classification image. (For colour version of this figure, the reader is referred to the online version of this chapter.)

For brevity, the schematic shows two ROIs selected from a single image. However, in practice it is preferable to construct calibration datasets from multiple hyperspectral images, in order to span a greater variance.

3.4.1 Application: Detection of Contamination on Cheese Using LDA and PLS-DA

In this example, a slice of cheese with plastic contamination was imaged using the NIR HSI system described in [75]. An RGB image of the cheese and contamination is shown in Figure 10. The region imaged by the NIR HSI system is delineated by a red rectangle. A region of interest of approximately 80 pixels was selected from each object (i.e. plastic or cheese) for classification modelling. Plastic spectra were assigned a categorical variable of 1, while cheese spectra were assigned a value of 0. The mean spectrum of each object is also shown in Figure 10, top right. It is clear that the spectral profile of the contaminant is very different to that of the cheese sample, indicating that this will not be a difficult classification problem.

Fishers LDA finds an optimal linear projection that maximizes the between class variance while minimizing the within class variance. This is done by calculating Fishers linear discriminant. The original data are projected according to this transformation and classified according to their distance to each class (i.e. assigned to the class that they are closest to). Euclidean distance is typically used to measure the distance to class mean. In Figure 10 (lower section), the results of applying Fishers LDA to the cheese/plastic dataset are shown. The LDA classifier works perfectly for discriminating between these two objects, due to the significant spectral

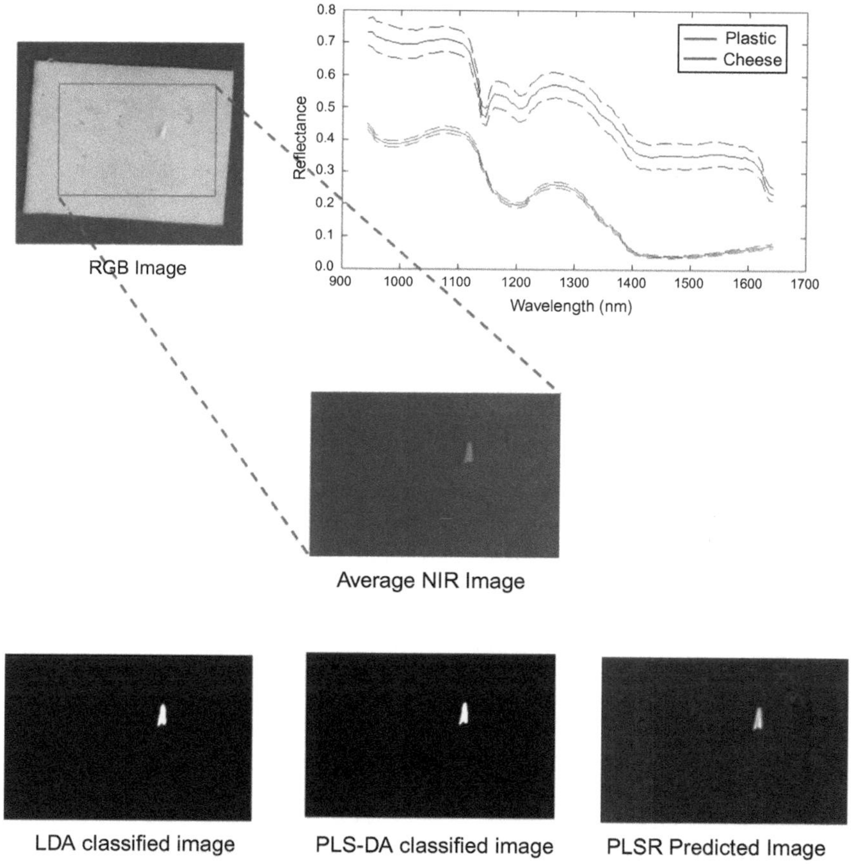

FIGURE 10 Upper: RGB image of cheese sample with plastic contaminant. Average ± standard deviation of ROI spectra for cheese and plastic are shown on the up right hand side of the upper portion of the figure. Middle: Average NIR hyperspectral image of the cheese/plastic dataset. Lower: results of building LDA and PLS-DA classifiers and applying it to the hypercube are shown. All of the pixels corresponding to the plastic contaminant are predicted as belonging to class '1' and all of the pixels corresponding to the cheese are predicted as belonging to class '0'. Also, the result of applying PLSR is shown, by applying a threshold of 0.5. (For colour version of this figure, the reader is referred to the online version of this chapter.)

differences between them. Also shown in this figure is the mean NIR HSI image, from which the plastic is clearly identifiable as distinct from the cheese background. This is mainly due to differences in reflected light intensity from each object (the plastic reflects almost twice the amount of light that the cheese does, as can be seen in the spectra shown in Figure 10). The advantage of applying LDA in this case is that the classifier is based on the spectral profile of each class, rather than average light intensity, which could vary due to extraneous factors, such as sample height and morphology.

Application of PLS-DA differs somewhat to criterion based methods such as LDA. In this case, a PLS regression model is built to predict the categorical variable (0 and 1 in our case). The predicted values vary around 0 and 1. In order to turn this regression model into a discriminant model, it is necessary to choose a threshold, so that any predicted values above the threshold would be classified as belonging to class 1 (plastic) and all predicted values below the threshold would be classified as belonging to class 0 (cheese). It is common to apply a threshold value of 0.5 when the class values are in the [0,1] range and the number of spectra in each class is equal. However, when the number of spectra in each class is not the same, an alternate threshold may be required. This is usually selected by trial and error.

Application of the PLSR model to hypercube data results in a predicted image of spatially varying intensity for each class. However, thresholding this image so that all pixel values above 0.5 were classified as plastic and all pixel values less than 0.5 were classified as black results in a classification image identical to the LDA classification image (Figure 10).

In the example given here, the sample spectra were sufficiently different to allow classification by a relatively simple linear model (LDA). However, this type of modelling may not be successful if the sample spectra were more similar to each other. In addition, LDA does not perform well if the distribution of the data is non-normal. PLS-DA works slightly better in this situation, but generally kernel methods (e.g. Support Vector Machines) are necessary if the dataset is substantially nonlinear.

3.5 Regression Modelling for Obtaining Quantitative Information from Hyperspectral Images

Construction of regression models from hyperspectral imaging data differs from standard spectroscopic model development, where each spectrum (X_i) has a corresponding measured variable (y_i). Hyperspectral images typically contain thousands of spectra corresponding to the same measured variable. The standard approach to overcome this problem is to calculate a spectrum representing the sample. Commonly a mean or median spectrum is calculated from the spatial region of the sample that has been imaged. The mean spectra representing each sample in the calibration set are then pooled to form a matrix (**X**) and a regression method (e.g. PLSR) is applied to this matrix to predict the corresponding measured (**Y**) values. Cross validation is usually applied for selection of model parameters (e.g. number of latent variables to include in a PLSR model). The resultant regression vector (**b**) can be applied to the unfolded original hyperspectral image, providing predictive values for each pixel in the image. Re-folding this image results in a prediction image. The steps involved in this process are summarized in Figure 11 and exemplified in the following section.

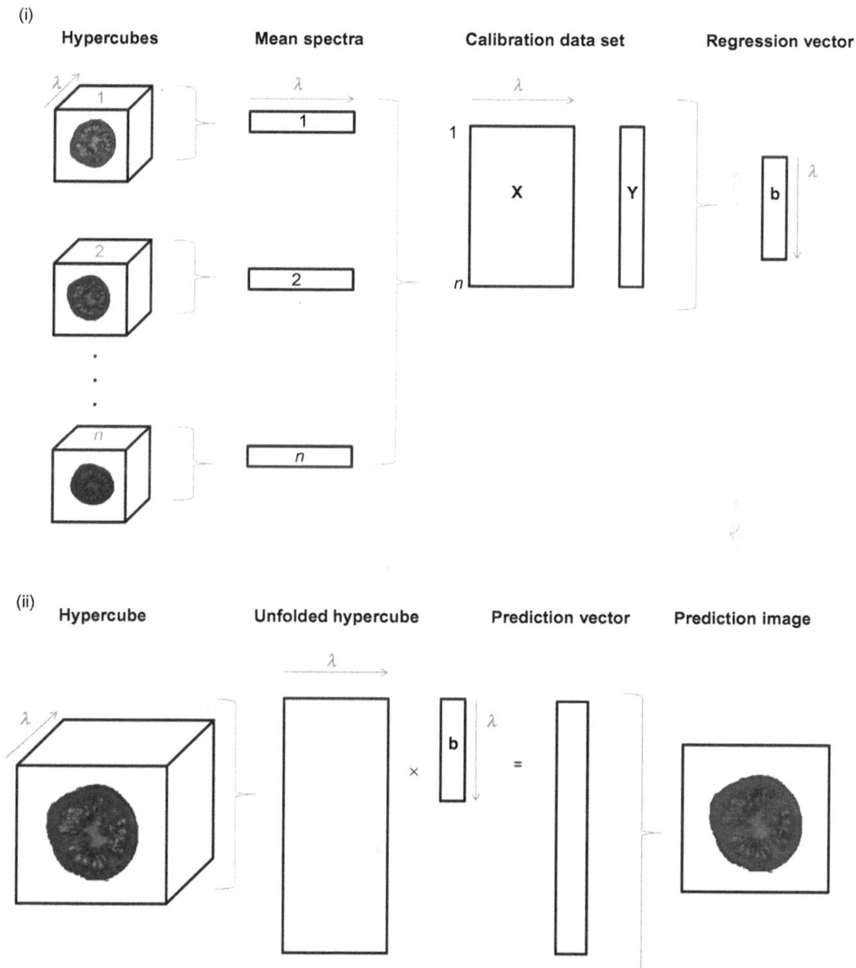

FIGURE 11 Application of regression modelling to hyperspectral images ('hypercubes'). (i) selection of mean spectra from sample images and construction of regression vector (**b**), (ii) application of regression model to hypercube, resulting in prediction image. (For colour version of this figure, the reader is referred to the online version of this chapter.)

3.5.1 Application: PLS Regression for Evaluating Hydration of Chickpeas During Soaking

This dataset consisted of chickpeas (*Cicer arietinum L.*), hydrated to different moisture contents by immersion in tap water at 40 ± 1 °C. Ten chickpeas were removed from the water after the following soaking times: 30 min, 1, 2, 3, 4, 5, 6 h. Their surface was lightly dried using tissue paper and the samples were allowed to equilibrate with room temperature for 20 min. Each chickpea was subsequently sectioned along its central axis, and the inner surface of the chickpea was imaged using NIR hyperspectral imaging equipment described in [75]. The goal of this study was to use hyperspectral imaging to evaluate the internal distribution of moisture content in chickpeas at various stages during the process of soaking in water. Towards this aim, partial least squares regression models were constructed with the mean spectra of each chickpea, to predict moisture content.

On consideration of the prediction of moisture content over the chickpea surface (Figure 12) it is possible to appreciate the advantage of NIR hyperspectral imaging over conventional point spectroscopy. In the case where moisture content is low (during the first 2 h of soaking), the distribution of moisture content is not constant in the chickpea core. It is lowest at the centre of the chickpea because sufficient moisture has not yet reached this area at this early stage of the soaking process. As soaking proceeds, the distribution of water becomes more homogenous until 4–5 h soaking. These findings agree with previous research that measured the texture of chickpeas during the soaking process [76]. In that study, differences in texture were minimal after 4 h soaking at 40 °C.

4 FINAL REMARKS

In the last few years, we experienced how the hyperspectral systems have been adapted from the remote sensing field to more dedicated applications

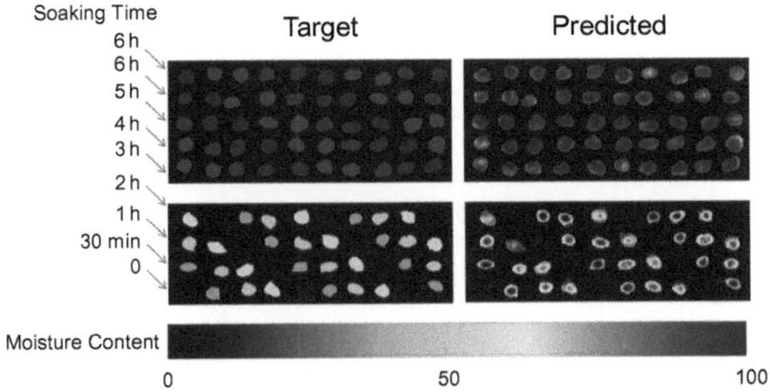

FIGURE 12 Prediction images for moisture content in chickpeas during soaking. Target moisture contents are shown on left hand side and predicted moisture content is shown on the right hand side. Samples were arranged in a diagonal lattice according to soaking time, as shown in the target images. (For colour version of this figure, the reader is referred to the online version of this chapter.)

in the laboratories or in the field, generating new devices and more interest in its application. This has been done thanks to the need of food scientist for fast, reliable and non-destructive analysis of food products. Even, the latest generation of HIS instrumentation enables acquisition of higher spectral and spatial resolution imagery thanks to the development of new and faster sensors.

We have also seen that hyperspectral imaging is inherently linked to multivariate data analysis. We count hundreds of algorithms that can be implemented/adapted to solve any question in HSI, and, the more important, powerful, and robust algorithms are continuously being improved in their adaptation to HIS requirements.

Throughout this book chapter, we have shown how hyperpspectral devices and chemometric methods have been successfully implemented in many different areas of food sciences: From finding and detecting features in the surface of the samples, establishing classification models able to be installed in production lines for shortening purposes to quantification of features in the surface. Nevertheless, the binomial of HSI and chemometrics applied to food science is still, to some extent, in the growing phase . The application of more and more sophisticated algorithms to larger and larger image datasets in shorter time places a heavy demand on computer engines [11]. Much work remains to carefully construct software with intelligent implementations of algorithms to make proper use of this power.

ACRONYMS

ANN	artificial neural networks—Unsupervised or supervised classification and quantization.
AsLS	assymetric least squares—Spectral baseline correction
CDA	canonical discriminant analysis—Unsupervised pattern recognition
CLS	classical least squares—Quantization
DWT	discrete wavelet transformation—Spectral and/or spatial compression
EDC	Euclidean distance classification—Unsupervised classification
EMSC	extended multiplicative scatter correction—Spectral pre-processing (scattering minimization)
FCM	Fuzzy C-means—Unsupervised/supervised classification
FDA	food and drugs administration
FSIW–EFA	fixed size image window–evolving factor analysis—Surface screening for number of components
GC–MS	gas chromatography–mass spectrometry
HPLC	high performance liquid chromatography
HSI	hyperspectral imaging or hyperspectral image
ICA	independent component analysis—Unsupervised pattern recognition—Unsupervised classification

k-NN	k-nearest neighbour—Unsupervised classification
KDA	Kernel discriminant analysis—Unsupervised classification
LDA	linear discriminant analysis—Supervised classification
MCR	multivariate curve resolution—Curve resolution method
MDC	Mahalanobis distance classification—Unsupervised classification
MIA	multivariate image analysis—Unsupervised pattern recognition
MLC	maximum likelihood classification—Unsupervised classification
MLR	multilinear regression—Quantization
MSC	multiplicative scatter correction—Spectral pre-processing (scattering minimization)
NIR	near infrared
OPA	orthogonal projection approach—Unsupervised pattern recognition
PAT	process analytical technologies
PCA	principal component analysis—Unsupervised pattern recognition
PLS/PLSR/ PLS2	partial least squares regression—Quantization
PLS-DA	partial least squares-discriminant analysis—Supervised classification
QDA	quadratic discriminant analysis—Supervised classification
RGB	red–green–blue colour space
SAM	spectral angle mapping—Unsupervised classification
SID	spectral information divergence—Unsupervised classification
SIMCA	soft independent modelling of class analogy—Supervised classification
SIMPLISMA	simple-to-use interactive self-modelling mixture analysis—Curve resolution method
SNV	standard normal variate—Spectral pre-processing (scattering minimization)
SVM/SVMR	support vectors machine–regression—Unsupervised pattern recognition, supervised classification, quantization
WLS	weighted least squares—Spectral baseline correction

REFERENCES

[1] Food, Drug Administration (FDA) . Guidance for industry. PAT—a framework for innovative pharmaceutical development, manufacturing, and quality assurance, 2004; http://www.fda.gov/downloads/Drugs/Guidances/ucm070305.pdf.

[2] Gowen AA, Amigo JM. Applications of spectroscopy and chemical imaging in pharmaceutics. In: Popp J, Tuchin VV, Chiou A, Heinemann SH, editors. Handbook of biophotonics, volume 3: photonics in pharmaceutics, bioanalysis and environmental research. Berlin: Wiley; 2012.

[3] Gowen AA, O'Donnell CP, Cullen PJ, Downey G, Frias JM. Hyperspectral imaging—an emerging process analytical tool for food quality and safety control. Trends Food Sci Technol 2007;18:590–8.

[4] Amigo JM, Popielarz MJ, Callejon RM, Morales ML, Troncoso AM, Petersen MA, et al. Comprehensive analysis of chromatographic data by using PARAFAC2 and principal components analysis. J Chromatogr A 2010;1217:4422–9.

[5] Garrido-Novell C, Pérez-Marin D, Amigo JM, Fernández-Novales J, Guerrero JE, Garrido-Varo A. Grading and color evolution of apples using RGB and hyperspectral imaging vision cameras. J Food Eng 2012;113:281–8.

[6] Yu HL, MacGregor JF. Multivariate image analysis and regression for prediction of coating content and distribution in the production of snack foods. Chemomet Intell Lab 2003;67:125–44.

[7] Lorente D, Aleixos N, Gomez-Sanchis J, Cubero S, Garcia-Navarrete OL, Blasco J. Recent advances and applications of hyperspectral imaging for fruit and vegetable quality assessment. Food Bioprocess Technol 2012;5:1121–42.

[8] Elmasry G, Kamruzzaman M, Sun DW, Allen P. Principles and applications of hyperspectral imaging in quality evaluation of agro-food products: a review. Crit Rev Food Sci Nutr 2012;52:999–1023.

[9] Feng YZ, Sun DW. Application of hyperspectral imaging in food safety inspection and control: a review. Crit Rev Food Sci Nutr 2012;52:1039–58.

[10] Gowen A, Gaston E, Burger J. Hyperspectral imaging in process analytical technology for the food industry. Springer; 2012.

[11] Burger J, Gowen A. Classification and prediction methods. In: Park B, editor. Hyperspectral imaging technology in food and agriculture. New York: Springer; 2012.

[12] Gowen A, O'Donnell CP, O'Callaghan D, Burger J. Analytical methods: hyperspectral imaging for dairy products in encyclopedia of dairy science. In: Fuquay JW, editor. Encyclopedia of dairy science. Massachusetts: Elsevier; 2011.

[13] Gowen A, Taghizadeh M, O'Donnell CP. Using hyperspectral imaging for quality evaluation of mushrooms. In: Da-Wen Sun, editor. Hyperspectral imaging for food quality analysis and control. Amsterdam: Elsevier; 2010.

[14] Amigo JM. Practical issues of hyperspectral imaging analysis of solid dosage forms. Anal Bioanal Chem 2010;398:93–109.

[15] Amigo JM, Cruz J, Bautista M, Maspoch S, Coello J, Blanco M. Study of pharmaceutical samples by NIR chemical-image and multivariate analysis. Trac Trend Anal Chem 2008;27:696–713.

[16] Nicolai BM, Lotze E, Peirs A, Scheerlinck N, Theron KI. Non-destructive measurement of bitter pit in apple fruit using NIR hyperspectral imaging. Postharvest Biol Technol 2006;40:1–6.

[17] Elmasry G, Wang N, Vigneault C. Detecting chilling injury in Red Delicious apple using hyperspectral imaging and neural networks. Postharvest Biol Technol 2009;52:1–8.

[18] Noh HK, Lu RF. Hyperspectral laser-induced fluorescence imaging for assessing apple fruit quality. Postharvest Biol Technol 2007;43:193–201.

[19] Mehl PM, Chen YR, Kim MS, Chan DE. Development of hyperspectral imaging technique for the detection of apple surface defects and contaminations. J Food Eng 2004;61:67–81.

[20] Ariana D, Guyer DE, Shrestha B. Integrating multispectral reflectance and fluorescence imaging for defect detection on apples. Comput Electron Agr 2006;50:148–61.

[21] Peirs A, Scheerlinck N, De Baerdemaeker J, Nicolai BM. Starch index determination of apple fruit by means of a hyperspectral near infrared reflectance imaging system. J Near Infrared Spec 2003;11:379–89.

[22] Zhao JW, Vittayapadung S, Chen QS, Chaitep S, Chuaviroj R. Nondestructive measurement of sugar content of apple using hyperspectral imaging technique. Maejo Int J Sci Technol 2009;3:130–42.

[23] Menesatti P, Zanella A, D'Andrea S, Costa C, Paglia G, Pallottino F. Supervised multivariate analysis of hyper-spectral NIR images to evaluate the starch index of apples. Food Bioprocess Technol 2009;2:308–14.

[24] Cheng X, Chen YR, Tao Y, Wang CY, Kim MS, Lefcourt AM. A novel integrated PCA and FLD method on hyperspectral image feature extraction for cucumber chllling damage inspection. Trans ASAE 2004;47:1313–20.

[25] Liu Y, Chen YR, Wang CY, Chan DE, Kim MS. Development of hyperspectral imaging technique for the detection of chilling injury in cucumbers; Spectral and image analysis. Appl Eng Agric 2006;22:101–11.

[26] Ariana DP, Lu RF, Guyer DE. Near-infrared hyperspectral. Reflectance imaging for detection of bruises on pickling cucumbers. Comput Electron Agr 2006;53:60–70.

[27] Ariana DP, Lu RF. Evaluation of internal defect and surface color of whole pickles using hyperspectral imaging. J Food Eng 2010;96:583–90.

[28] Blasco J, Aleixos N, Gomez J, Molto E. Citrus sorting by identification of the most common defects using multispectral computer vision. J Food Eng 2007;83:384–93.

[29] Gomez-Sanchis J, Gomez-Chova L, Aleixos N, Camps-Valls G, Montesinos-Herrero C, Molto E, et al. Hyperspectral system for early detection of rottenness caused by Penicillium digitatum in mandarins. J Food Eng 2008;89:80–6.

[30] Li JB, Rao XQ, Ying YB. Detection of common defects on oranges using hyperspectral reflectance imaging. Comput Electron Agr 2011;78:38–48.

[31] Elmasry G, Wang N, ElSayed A, Ngadi M. Hyperspectral imaging for nondestructive determination of some quality attributes for strawberry. J Food Eng 2007;81:98–107.

[32] Lu RF, Peng YK. Hyperspectral scattering for assessing peach fruit firmness. Biosyst Eng 2006;93:161–71.

[33] Nagata M, Tallada JG, kobayashi T. Bruise detection using NIR hyperspectral imaging for strawberry (Fragaria x ananassa Duch.). Environ Control Biol 2006;44:133–42.

[34] Qin J, Lu R. Detection of pits in tart cherries by hyperspectral transmission imaging. Trans ASAE 2005;48:1963–70.

[35] Gowen AA, O'Donnell CP, Taghizadeh M, Cullen PJ, Frias JM, Downey G. Hyperspectral imaging combined with principal component analysis for bruise damage detection on white mushrooms (Agaricus bisporus). J Chemometr 2008;22:259–67.

[36] Taghizadeh M, Gowen AA, O'Donnell CP. Comparison of hyperspectral imaging with conventional RGB imaging for quality evaluation of Agaricus bisporus mushrooms. Biosyst Eng 2011;108:191–4.

[37] Gowen AA, Taghizadeh M, O'Donnell CP. Identification of mushrooms subjected to freeze damage using hyperspectral imaging. J Food Eng 2009;93:7–12.

[38] Gowen AA, Tsenkova R, Esquerre C, Downey G, O'Donnell CP. Use of near infrared hyperspectral imaging to identify water matrix co-ordinates in mushrooms (Agaricus bisporus) subjected to mechanical vibration. J Near Infrared Spec 2009;17:363–71.

[39] Guo F, Cao Q, Nagata M, Tallada JG. Nir hyperspectral imaging measurement of sugar content in peach using PLS regression. J Shanghai Jiao Tong Univ (Sci) 2007;12:597–601.

[40] Zhao JW, Ouyang Q, Chen QS, Wang JH. Detection of bruise on pear by hyperspectral imaging sensor with different classification algorithms. Sensor Lett 2010;8:570–6.

[41] Fernandes AM, Oliveira P, Moura JP, Oliveira AA, Falco V, Correia MJ, et al. Determination of anthocyanin concentration in whole grape skins using hyperspectral imaging and adaptive boosting neural networks. J Food Eng 2011;105:216–26.

[42] Qin JW, Burks TF, Ritenour MA, Bonn WG. Detection of citrus canker using hyperspectral reflectance imaging with spectral information divergence. J Food Eng 2009;93:183–91.

[43] Cluff K, Naganathan GK, Subbiah J, Lu R, Calkins CR, Samal A. Optical scattering in beef steak to predict tenderness using hyperspectral imaging in the VIS-NIR region. Sens Instrum Food Qual 2008;2:189–96.

[44] Naganathan GK, Grimes LM, Subbiah J, Calkins CR, Samal A, Meyer GE. Visible/near-infrared hyperspectral imaging for beef tenderness prediction. Comput Electron Agr 2008;64:225–33.

[45] Peng YK, Zhang J, Wang W, Li YY, Wu JH, Huang H, et al. Potential prediction of the microbial spoilage of beef using spatially resolved hyperspectral scattering profiles. J Food Eng 2011;102:163–9.

[46] Qiao J, Ngadi MO, Wang N, Gariepy C, Prasher SO. Pork quality and marbling level assessment using a hyperspectral imaging system. J Food Eng 2007;83:10–6.

[47] Qiao J, Wang N, Ngadi MO, Gunenc A, Monroy M, Gariepy C, et al. Prediction of drip-loss, pH, and color for pork using a hyperspectral imaging technique. Meat Sci 2007;76:1–8.

[48] Kim I, Xu CZ, Kim MS. Poultry skin tumor detection in hyperspectral images using radial basis probabilistic neural network. In: Advances in neural networks—ISNN 2006, Pt 3, Proceedings, vol. 3973. 2006. p. 770–6.

[49] Kim I, Kim MS, Chen YR, Kong SG. Detection of skin tumors on chicken carcasses using hyperspectral fluorescence imaging. Trans ASAE 2004;47:1785–92.

[50] Xu C, Kim I, Kim MS. Poultry skin tumor detection in hyperspectral reflectance images by combining classifiers; Image analysis and recognition, lecture note in computer science. In: Image analysis and recognition, 4th International Conference, ICIAR 2007. Montreal: Springer; 2007. p. 1289–96.

[51] Park B, Lawrence KC, Windham WR, Buhr RJ. Hyperspectral imaging for detecting fecal and ingesta contaminants on poultry carcasses. Trans ASAE 2002;45:2017–26.

[52] Park B, Lawrence KC, Windham WR, Smith DP. Performance of hyperspectral imaging system for poultry surface fecal contaminant detection. J Food Eng 2006;75:340–8.

[53] Heitschmidt GW, Park B, Lawrence KC, Windham WR, Smith DP. Improved hyperspectral imaging system for fecal detection on poultry carcasses. Trans ASABE 2007;50:1427–32.

[54] Lawrence KC, Windham WR, Park B, Smith DP, Poole GH. Comparison between visible/NIR spectroscopy and hyperspectral imaging for detecting surface contaminants on poultry carcases. Proc SPIE 2004;5271:35–42.

[55] Heia K, Sivertsen AH, Stormo SK, Elvevoll E, Wold JP, Nilsen H. Detection of nematodes in cod (Gadus morhua) fillets by imaging spectroscopy. J Food Sci 2007;72:E11–E15.

[56] Wold JP, Westad F, Heia K. Detection of parasites in cod fillets by using SIMCA classification in multispectral images in the visible and NIR region. Appl Spectrosc 2001;55: 1025–34.

[57] Wold JP, Johansen IR, Haugholt KH, Tschudi J, Thielemann J, Segtnan VH, et al. Non-contact transflectance near infrared imaging for representative on-line sampling of dried salted coalfish (bacalao). J Near Infrared Spec 2006;14:59–66.

[58] Elmasry G, Wold JP. High-speed assessment of fat and water content distribution in fish fillets using online imaging spectroscopy. J Agric Food Chem 2008;56:7672–7.

[59] Segtnan VH, Hoy M, Sorheim O, Kohler A, Lundby F, Wold JP, et al. Noncontact salt and fat distributional analysis in salted and smoked salmon fillets using X-ray computed tomography and NIR interactance imaging. J Agric Food Chem 2009;57:1705–10.

[60] Segtnan VH, Hoy M, Lundby F, Narum B, Wold JP. Fat distribution analysis in salmon fillets using non-contact near infrared interactance imaging: a sampling and calibration strategy. J Near Infrared Spec 2009;17:247–53.

[61] Burger J, Geladi P. Hyperspectral NIR image regression part II: dataset preprocessing diagnostics. J Chemometr 2006;20:106–19.

[62] Burger J, Geladi P. Hyperspectral NIR imaging for calibration and prediction: a comparison between image and spectrometer data for studying organic and biological samples. Analyst 2006;131:1152–60.

[63] Mahesh S, Manickavasagan A, Jayas DS, Paliwal J, White NDG. Feasibility of near-infrared hyperspectral imaging to differentiate Canadian wheat classes. Biosyst Eng 2008;101:50–7.

[64] Singh CB, Jayas DS, Paliwal J, White NDG. Detection of insect-damaged wheat kernels using near-infrared hyperspectral imaging. J Stored Prod Res 2009;45:151–8.

[65] Wallaysa C, Missottenb B, De Baerdemaekera J, Saeysa W. Hyperspectral waveband selection for on-line measurement of grain cleanness. Biosyst Eng 2009;104:7.

[66] Weinstock BA, Janni J, Hagen L, Wright S. Prediction of oil and oleic acid concentrations in individual corn (Zea mays L.) kernels using near-infrared reflectance hyperspectral imaging and multivariate analysis. Appl Spectrosc 2006;60:9–16.

[67] Williams P, Geladi P, Fox G, Manley M. Maize kernel hardness classification by near infrared (NIR) hyperspectral imaging and multivariate data analysis. Anal Chim Acta 2009;653:121–30.

[68] Singh CB, Jayas DS, Paliwal J, White NDG. Detection of midge-damaged wheat kernels using short-wave near-infrared hyperspectral and digital colour imaging. Biosyst Eng 2010;105:380–7.

[69] Geladi P, Burger J, Lestander T. Hyperspectral imaging: calibration problems and solutions. Chemometr Intell Lab 2004;72:209–17.

[70] Boldrini B, Kessler W, Rebnera K, Kessler R. Hyperspectral imaging: a review of best practice, performance and pitfalls for inline and online applications. J Near Infrared Spec 2012;20:438–508.

[71] Vidal M, Amigo JM. Pre-processing of hyperspectral images. Essential steps before image analysis. Chemometr Intell Lab 2012;117:138–48.

[72] Rinnan A, van den Berg F, Engelsen SB. Review of the most common pre-processing techniques for near-infrared spectra. Trac Trend Anal Chem 2009;28:1201–22.

[73] de Juan A, Maeder M, Hancewicz T, Tauler R. Local rank analysis for exploratory spectroscopic image analysis. Fixed size image window-evolving factor analysis. Chemometr Intell Lab 2005;77:64–74.

[74] Sasic S, Ozaki Y. Band assignment of near-infrared spectra of milk by use of partial least-squares regression. Appl Spectrosc 2000;54:1327–38.

[75] Esquerre C, Gowen A, Burger J, Downey G, O'Donnell CP. Suppressing sample morphology effects in near infrared spectral imaging using chemometric data pre-treatments. Chemometr Intel Lab 2012;117:129–37.

[76] Gowen A, Abu-Ghannam N, Frias J, Oliveira J. Modelling the water absorption process in chickpeas (Cicer arietinum L.)—the effect of blanching pre-treatment on water intake and texture kinetics. J Food Eng 2007;78:810–9.

Chapter 10

The Impact of Chemometrics on Food Traceability

Lucia Bertacchini, Marina Cocchi, Mario Li Vigni, Andrea Marchetti, Elisa Salvatore, Simona Sighinolfi, Michele Silvestri and Caterina Durante[1]

Department of Chemical and Geochemical Sciences, University of Modena and Reggio Emilia, Modena, Italy

[1]*Corresponding author: caterina.durante@unimore.it*

Chapter Outline

Data Handling in Science and Technology, Vol. 28. http://dx.doi.org/10.1016/B978-0-444-59528-7.00010-7

1 INTRODUCTION

We are what we eat and . . . we probably prefer to eat what we know. . .

In the last decades, mankind has become totally aware about the importance of food quality for different reasons [1]. According to ISO 9000:2005, quality is defined as the degree to which a set of inherent characteristics fulfils the requirements [2]. Broadly speaking, quality could be referred as the gap between how good food is and how better it could be. To consumers, quality might be considered the most important ingredient in food.

Food *authentication* verifies how much a food is in accordance with its label description and law [3] and it could be considered a further guarantee for the quality and safety of a foodstuff. In European Union (EU), the production and the commercialisation of food are rightly protected and regulated by several rules [4–9] always according to quality and healthy criteria, as it is better explained in the following sessions.

Unfortunately, the various food scares and inappropriate risk management practises that occurred around the world, such as the Minamata disease, wine adulteration with methanol, dioxin in meat, bovine spongiform encephalopathy (BSE), avian influenza, etc., have highlighted the need to have as clear as possible declared information about the used raw materials, origin, and processing of food. In recent years, EU has focused its efforts to support legal regulations [4–9] with scientific studies aimed at developing markers and analytical techniques to assess the geographical origin of foodstuff [10]. The main EU goals are directed to assure an honest marketing competitiveness and augment consumers' confidence by promoting and recognising the food bio-diversities and typicality through their well-established geographical origin. Moreover, it has also been stressed that highlighting the origin of food also represents an enhancement of the reputation of the product itself.

Nowadays, the synergistic use of instrumental analytical techniques and chemometrics represents the best way to obtain trustworthy results in the development of authenticity and traceability models [11–26].

Someone could ask: why chemometrics? Today, there are different reasons that lead the researchers to use chemometrics. First of all, authenticity and traceability issues are multivariate; in fact, they cover many different aspects including the chemical and physical characterisation, the adulteration, the discrimination, the control of production process, and mislabelling.

In order to face these aspects, different analytical strategies, mainly based on instrumental techniques such as HPLC/MS, GLC/MS, UV–vis, NMR, NIR, ICP/MS, etc., are employed [11–27]. They yield to produce prodigious volumes of analytical data. Unfortunately, not always, lot of data allow obtaining useful information. Thus, the versatility, flexibility, and immediacy of chemometrics techniques may help in reducing the complexity of data. Generally, chemometrics tools help to extract useful information, which in turn, improves the interpretation and the presentation of the results.

In the first part of this chapter, a briefly description of European regulations (*Authenticity and Traceability: The European Union Point of View*) and traceability and authenticity markers (*Authenticity and Traceability: A Scientific Point of View*) is reported. The second part is split into two sections: namely *Food Traceability* and *Food Authenticity applications*, where the main features and advantages of some chemometrics approaches are presented.

This chapter deals with the potentialities of chemometrics tools in resolving some real problems related to food traceability and authenticity. Since each chemometrics technique is widely explained in the previous chapters of the present book, only the application aspects are discussed in the present treatise. Particular attention will be paid only to the use of some exploratory, classification, and discrimination techniques. Moreover, all instrumental details are outside the aim of this chapter and will not be presented here.

1.1 Authenticity and Traceability: The European Union Point of View

Quality has been used, over the past years, mainly to describe subjective attributes such as beauty, goodness, expensiveness, freshness, etc. Probably, the first *quality guru* was Joseph M. Juran who published his first quality-related article in 1935 [28]. In the manuscript, the author defined "*quality*" as the "meeting or exceeding customer expectations". Some years later, quality was defined, according to ISO 9000:2000 [2]. The European Union (EU) has introduced many regulations to guarantee and protect the quality of foodstuffs (EC 2081/1992, EC 2082/1992, EC 510/2006, EC 1898/2006, EC 628/2008, EC 178/2002). The EU aim is not to limit innovation or to homogenise food products available on the European market but mainly to: (i) set fundamental norms of safety both on communitarian and international contexts; (ii) develop and implement quality excellence and, at the same time (iii) guarantee a high degree of food safety maintaining the peculiarities, tradition, of each food production.

One of the first European Union Protected Schemes came into force in 1992 (EC No 2081/92, 1992) and laid down a labelling system for the protection of food names on a geographical basis. In particular, the protected designation of origin (PDO) and the protected geographical indication (PGI) were introduced as quality markers in order to mainly protect traditional food. According to PDO denomination, a product must be obtained, processed, and prepared in a defined geographical area. It means that the quality or characteristics of the product are essentially linked to that area and to the skilfulness of producers (*savoir faire*). As *per* PGI, a food must be produced, processed, or prepared in a geographical area. Thus, the characteristics, quality, or reputation of food are attributable to that area. Afterwards, the Regulation EC 2082/1993 introduced two new brands (traditional speciality guaranteed (TSG) and certificate of specific character) for specific character of agricultural products with the aim to protect the traditional recipes.

The efforts of the EU in the safety and quality context can also be seen in the publication of many reports such as *From the farm to the fork* [29] and in the adoption of the *White paper on the food safety* [30] or the *Green paper* [31]. In this case, the Commission sets out the general principles on which the European food safety policy should be based with the aim to achieve the highest possible level of health protection for consumers.

However, a further assurance of quality and safety of food is also linked to its geographical origin. Aware of this fact, with EC 178/2002, the EU introduced the concept of traceability in the food chain and instituted the European Food Safety Authority (EFSA).

According to EC 178/2002, traceability is the ability to trace and follow the history of food by means of recorded objective identification procedures, starting from every level of the agro-food chain. The traceability of food along the food production is an essential element in ensuring safety and high quality of food.

Finally, the EU continues to be always open with respect to these issues by also funding research projects on the topics of the geographical traceability and development of innovative analytical approaches for food authenticity within several European framework programs.

1.2 Authenticity and Traceability: A Scientific Point of View

The better way to assess the "quality" of food is eating it. Unfortunately, this is not always possible and the final response is subjective.

In the last decades, the interest of different researchers towards the use of analytical methodologies supporting the authenticity and traceability of food is ever-increasing. In particular, chemometrics tools combined with different analytical techniques are widely used to verify the authenticity of food. In the past two decades, a large number of contributions including numerous review articles and books dealing with quality and authenticity control have been published [11–26].

Several analytical strategies relying on instrumental techniques have been employed to deal with authenticity purposes. Briefly, these methods can be categorised into two types depending on their operating principle [16,27], namely: (i) physical–chemical techniques, such as spectroscopy, spectrometry, chromatography, pyrolysis, electronic nose, etc. and (ii) molecular biological approaches, such as DNA-based methods. A recent study [27] shows that among the analytical methods, employed for obtaining an elemental fingerprint of the investigated food matrix, inductively coupled plasma (ICP)-based techniques are widely used (63% of cases) followed by atomic spectrometry (30%) and instrumental neutron-activation analysis (5%). Furthermore, it has been shown that the determination of stable-isotope ratio furnished good results as discriminator descriptor for different foodstuffs. In this case, isotope ratio mass spectrometry has been used in 61% of cases followed by nuclear magnetic resonance (36%) and X-ray fluorescence spectrometry (3%) [27].

Chromatographic and spectroscopic techniques are within the most important tools used in food authentication. In particular, gas chromatography (GC) and liquid chromatography (LC) are widely used for the determination of both polar and non-polar compounds (volatile compounds in the case of GLC and organic acids, amino acids, polyphenols, etc., for LC). Almost all the infrared spectroscopic techniques, near infrared (NIR) spectroscopy and mid-infrared (MIR) spectroscopy, are cheap, rapid, and non-destructive. All of them are frequently used in combination with chemometrics.

DNA-based methods are also very important because the identification of species is often vital for scientific reasons as well as for mankind purposes, such as food allergy, cultural reasons, or simply for personal preference [16].

As far as the choice of a chemometrics technique to be used is concerned, it strongly depends on the aim of the investigation. In the authentication context, the most general applications [16–21] are: (i) characterisation of foodstuffs, (ii) discrimination or classification into one or several categories, (iii) monitoring and controlling of production processes, and (iv) identification of product adulteration, dilution, and contamination. Wine is, by far, the food matrix for which chemometrics has been frequently called upon followed by cheese, olive oil, honey, meat, and so on [27].

On the other hand, the problem of food authenticity is strictly tied with the production chain traceability or, in the more complex case, with the geographical traceability of the product and/or its raw material. Unfortunately, tracing and/or tracking procedures, although they monitor the mass flow of incoming and outgoing materials, are often limited since they are not referred to objective data but mostly based on "declarations" only supported by paper documents. Hence, it is of utmost importance and relevance to develop analytical tools able to "certify" the provenience of food in order to accomplish food control and quality valorisation.

As regards the development of a geographical traceability models, it is worth noting that their robustness is also strictly related to the reality in which the food lies. In fact, typical products, with protection indication labels and characteristic of extensive geographical areas, require models developed on "large scale", which take into account analytical parameters (indicators) and a systematic knowledge of the investigated foodstuffs as well as of their territory of origin (*mapping*). Food, for which the disciplinary regulations involve "more restricted" areas and/or productions linked to the brand of the producers, requires the development of more detailed traceability models characterised by a less uncertainty level of the investigated indicators. In both the cases, the use of chemometrics techniques results imperative.

Generally speaking, the used analytical parameters, namely traceability indicators, can be distinguished into *primary or direct* and *secondary or in-direct* [11]. *Primary indicators*, that is elemental composition, radiogenic isotope ratio, and stable-isotope ratio can be directly linked to the same determinations in soil samples or referred to particular geographical area. On the other hand, *secondary indicators*, that is variables related to food composition/making procedure, can be regarded as foodstuff fingerprint. These variables may allow discrimination from food products of different geographic origin but cannot be directly linked to the production zone.

Actually in traceability studies, there are mainly three different analytical approaches that are adopted in order to link the food commodities to the territory of provenance. In the first one, measurements of traceability indicators are carried out on a representative number of food samples and a possible relationship with their geographical origin is found by using multivariate models. These models are based on the existence of a calibration set, "training samples", where the geographical origin and the authenticity is somehow guaranteed, while geographical, geological, and climatic reference information are taken from paper documentations [20,32–35]. In the second approach, the primary indicators are directly measured both on the investigated food as well as in some reference samples of their soils of origin [36–38]. In this case, no-systematic selection/sampling of investigated soils is used. In the third approach, a representative soil sampling is considered as well taking into account climate, geographical, and geological features referred to extended macro-areas (i.e. $100 \div 200\ km^2$) [10]. The choice of one approach over another mainly depends on the aims of the research and on the posed question too. In any case, it is of utmost importance to build models that take into account the cause/effect relationship between the monitored variables.

Therefore, in the majority of the cases, robust models can be produced by the aid of chemometrics tools that operate, in a dynamic bidirectional process, with the instrumental analytical techniques.

Far away from typing the word end to this argument, in the present chapter some applicative examples are presented and discussed.

2 FOOD TRACEABILITY APPLICATIONS

2.1 Chemometrics Approaches for Soil Sampling Planning in Traceability Studies

2.1.1 Introduction

A suitable planning of sampling is the first and always crucial issue in scientific investigations. In particular, when dealing with development of geographical traceability models for PDO food, representativeness of sampling is certainly an imperative in order to obtain robust models and establish a food-territory link.

Before starting any sampling, several parameters should be set, that is the number of samples, the sampling sites, the frequency of sampling, the procedures, and so on, always according to the aim of the study. For instance, when the goal is to relate food to soil, it is of utmost importance to obtain an *a priori* knowledge about the different geological features of the territory, since some direct traceability indicators, such as radiogenic isotope signature and trace element composition, are also influenced by the soil characteristics. Furthermore, the productivity related to the investigated area should be considered as well, in order to correctly weigh the sampling. In other words, combined use of productivity and geological information should give a clear and complete description of investigated area, important for obtaining trustworthy results. Unfortunately, the involved variables are very often numerous and characterised by different nature. Thus, it brings out the need to use analytical tools able to simultaneously take into account all of them for achieving a correct sampling.

As far as soil sampling is concerned, conventional strategies suggest a scheme, regular and circular grids, systematic and non-systematic patterns, unaligned random sampling [39], etc., for collecting samples usually within limited areas. Other approaches, mainly based on multivariate techniques, are able to consider different characteristics of investigated area, such as production area, density, and so on [40,41].

In this work, multivariate characterisation of soils, that is principal component analysis (PCA) for the evaluation of the soils characterisation data (geological features, winegrowing coverage, grape varieties, and yearly productions), and experimental design (onion design) applied on the resulting PCA latent variables (LVs), were synergistically used. In particular, a sub-set of representative soil samples was selected for setting up traceability models of two PDO oenological products coming from Modena district, namely *Lambrusco* wines and *Aceto Balsamico Tradizionale di Modena* (ABTM). Their stringent production regulations [42,43] allow the grape cultivation and the productive steps only within the district, whose area is estimated in 2700 km^2, of which 90 km^2 are grape-cultivated.

In this case, the investigated area is quite extended and cannot be considered geologically homogeneous. Furthermore, a punctual sampling and examination is not feasible, considering the total number of samples to be analysed.

Finally, a reduced sub-set of sites was considered to investigate variability of chemical features of soils sampled among different farms, within the same farm and as function of sampling depth. The aim is to establish the proper number of samples to be collected for each farm and the depths to investigate. This goal was achieved by the combined use of X-ray powder diffraction technique, which produces a fingerprint related to the composition and morphological structure of the soil and chemometrics [26].

2.1.2 Selection of Representative Soil Samples

The representative sampling sites were chosen among all farms (around 4600) enrolled in Wine-Vine Register of the Modena district. Information about the total extension of the farms, their relative area in each municipality, and all the cultivated grape varieties were considered. In particular, the productivity-related variables were firstly used to obtain an *a priori* screening of the farms. The farms with none of the grape varieties listed in the production regulations of ABTM or *Lambrusco* wines are discarded. The four widest producers for each municipality and the others differing at least for one grape variety were always taken into account.

The application of these criteria led to the identification of 705 farms, 466 located in the alluvial plane zone (**A**) and 239 in the Apennines margin (**B**).

Afterwards, the spatial coordinates *X* and *Y* (referred to a UTM ED 1950 system) and geo-morphological, paedological, and lithological data were considered and codified in order to be used for the sampling sites selection, as extensively described in previous studies [44] and summarised in Table 1.

The data was arranged in two different bi-dimensional matrices of 466×45 and 239×44 (soils × variables) dimensions, for samples belonging to area **A** and **B** respectively, since the information obtained for the two areas was different.

Given the multivariate nature of the investigated system, PCA was applied to each autoscaled matrix and suitable models were chosen taking into account the explained variance (R^2), the eigenvalues as well as the information held in the loadings.

TABLE 1 Summary of All the Variables Used for the Selection of the Representative Farms for the Two Investigated Areas

Area A	Area B
Productivity variables 2 farm areas (numerical) 11 grape varieties (binary code)	*Productivity variables* 2 farm areas (numerical) 11 grape varieties (binary code)
Spatial coordinates 2 geographical coordinates (numerical)	*Spatial coordinates* 2 geographical coordinates (numerical)
Geo-morphological variables 1 parameter defining 6 classes (binary code)	*Geo-morphological variables* 1 parameter defining 13 classes (binary code)
Paedological variables 6 parameters defining 15 classes (binary code) Slope (numerical) Texture (numerical) O_2 availability (numerical) Alkalinity (numerical) Ca content (numerical)	*Paedological variables* 1 parameter defining 16 classes (binary code)
Lithological variables 1 parameter defining 4 classes (binary code)	

Eleven and seven principal components (PCs) were used for building models for **A** (49.82% of total data variance) and **B** (45.51% of total data variance) matrices, respectively.

The obtained score values were used for the selection of samples by means of experimental design techniques, in order to achieve the maximum coverage and uniformity. In particular, a linear D-optimal Onion design [45] was chosen since the experimental domain is quite extended and not-regular. Moreover, the design, splitting the initial space into a number of concentric subsets ("shells" or "layers"), allows to optimise the space division (using G-efficiency criterion) and the sampling selection (by means of linear D-optimal model). The G-efficiency criterion [46] compares the performance of D-optimal designs with different number of design runs, where each design has been computed according to D-optimality (maximisation of the determinant of the information matrix referring to the candidate set).

Seventy and thirty producer fields (from which soils will be sampled) were set as initial request for **A** and **B** matrices, respectively; a linear model was fit and the G-efficiency criterion was used to select the best samples set.

Five- and three-layer onion designs were performed for **A** and **B** matrices, respectively and a careful layer filling was planned in order to achieve the best coverage of the space.

Since the samples located further from the centre of the PC space could be considered more peculiar with respect to the others, it was decided to choose as much samples as possible for the outer layers, taking into account the G-efficiency as well. Figure 1 reports the proposed number of samples for each layer, the corresponding G-efficiency, and the final number of samples selected used for filling layer samples, for **A** and **B** matrices, respectively.

The selected sampling sites are highlighted within the score plots of the first three PCs for **A** and **B** areas in Figures 2 and 3, respectively.

Finally, all the selected fields were reported on paedological map of Modena district, using their *X* and *Y* coordinates and they resulted to be uniformly distributed for both the in-plane and hill regions (figure not reported).

2.1.3 Evaluation of Soils Variability

To evaluate the soil variability and establish the suitable sampling conditions, attention was focused on four farms representative of the Modena district; three of these (A, B, and D) are located in the in-plain region, while the other one (C) in the hill area. Three sampling sites for A and D and five for B and C were chosen and soil samples were collected at five different depths, starting from 10 up to 60 cm ($a=10$–20 cm, $b=20$–30 cm, $c=30$–40 cm, $d=40$–50 cm, $e=50$–60 cm), giving a total number of 80 samples (16 sampling points $\times$ 5 depths).

All the samples were analysed by means of X-ray diffraction (XRD) of powder and the collected diffractograms consist of 5200 data point covering the region from 5° to 92° 2θ.

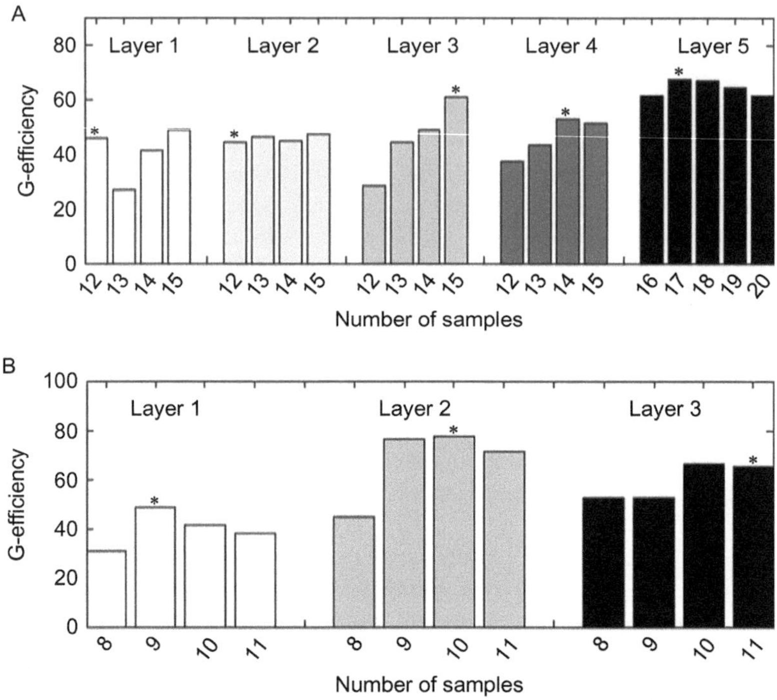

FIGURE 1 Plots of G-efficiency values as function of the different number of samples used in each layer, for (A) **A** and (B) **B** matrices. The stars (*) indicate the number of samples chosen for each layer.

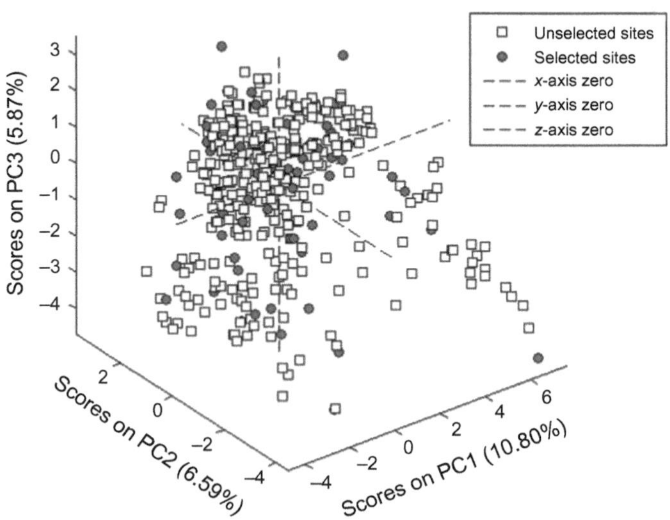

FIGURE 2 Scores plot, PC1 versus PC2 versus PC3, of **A** (in plane) matrix. Grey circles represent the 70 sites, selected by means of D-optimal Onion Design.

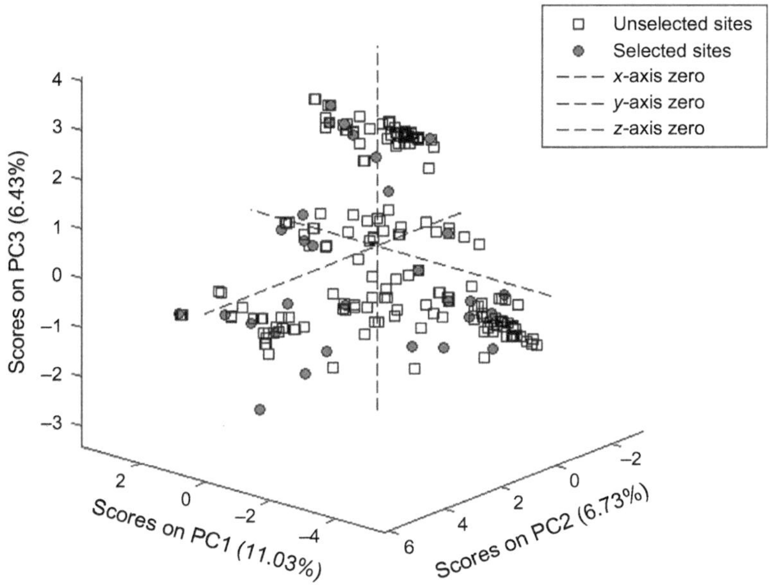

FIGURE 3 Scores plot, PC1 versus PC2 versus PC3, of **B** (hill) matrix. Grey circles represent the 30 sites, selected by means of D-optimal Onion Design.

Due to the complexity of the signals, some pre-processing treatments were needed before data analysis.

At first, an in-house routine, based on the wavelet transform [47,48] and developed in Matlab, was used to reduce noise and correct baseline trend. In fact, instrumental noise can be considered as a high-frequency contribution, while the background as a low frequency one. Thus, each signal was decomposed by using the discrete wavelet transform (DWT) at decomposition level 10 with a daubechies 5 wavelet filter. The approximation coefficients of the 10th level were set to zero, since they account for baseline trend; while a thresholding of detail coefficients for all the levels was applied using a global threshold value obtained by a wavelet coefficients selection rule (Birgé-Massar penalisation method [49]) on the basis of the standard deviation of first decomposition level detail coefficients [50]. Then, the XRD spectra were reconstructed applying inverse wavelet transform (IDWT).

Moreover, alignment resulted to be necessary in order to obtain an accurate comparison between XRD signals. In fact, shifts of the peaks were also noticed in replicated signals of the same samples and could be due to the not-perfectly-reproducible handmade loading of sample into the measuring cell and to the instrumental drift.

The alignment procedure was performed using the icoshift algorithm [51]; after a preliminary alignment of the whole spectrum (icoshift procedure), an interval alignment (intervals chosen in order to obtain the best alignment) was carried out using one dataset signal as alignment target. The target was selected among the spectra that the program suggested to be as more similar as possible to the medium signal.

Finally, a blockscaling procedure [52], called "block-adjusted non-scaled data", was used to allow peaks with minor intensity to contribute to the model without altering the relative scale of variables belonging to the same block.

The data were finally arranged in a 80×5200 matrix and analysed by means of PCA, in order to understand the relationships among samples and investigate the presence of trends or clusters. A 2 PCs model, with 78.26% of explained variance, was chosen.

Looking at the scores plot (Figure 4), it is possible to see in-plain samples (producers A, B, and D) well separated from hill samples (producer C) on the second PC and grouped in three clusters on the base of the field of origin. These clusters are quite compact as regards B and D samples, while A samples present a slightly greater scatter.

On the other hand, hill samples differentiate along the first PC; in particular, samples coming from holes 1 and 3, all sampling depths, are located at negative values of PC1, while all the samples from holes 4 and 5 are at positive values of PC1. Soil samples coming from sampling point 2 are divided in an upper part (*a* and *b* depths) at positive values of PC1 and a lower one (*c*, *d*, and *e* depths) at negative values. This variability is highlighted along PC1, which explains most of the variance; thus, hill samples result to be characterised by a great complexity and heterogeneity, in agreement with texture analysis of soils.

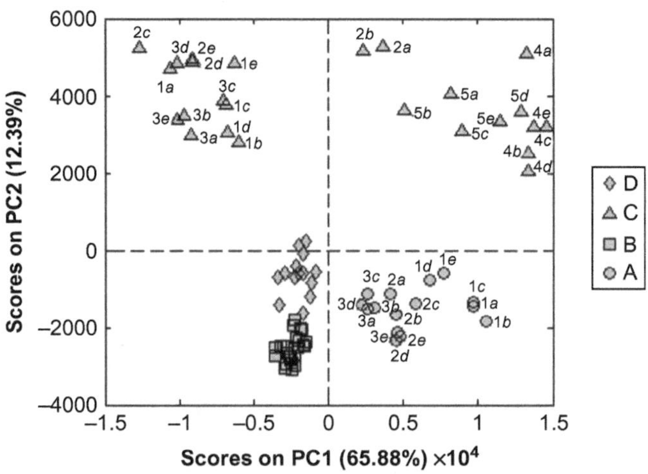

FIGURE 4 Scores plot, PC1 versus PC2, for the collected diffractograms. Symbols indicate different producers A, B, C, and D. Labels identify the sampling points (numbers from 1 to 3 or from 1 to 5) and depths (letters from *a* to *e*).

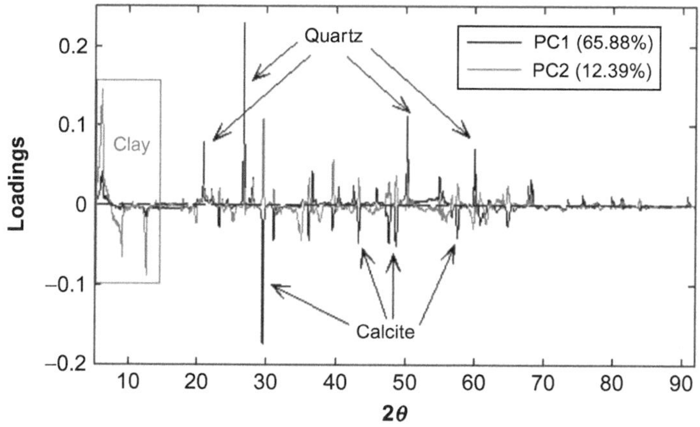

FIGURE 5 PC1 (black) and PC2 (grey) loadings plot versus 2θ.

Observing the loadings plot (Figure 5) and considering a preliminary identification of diffraction peaks, it is possible to identify the phases that mainly influence the discrimination among different samples. The intra site variability of hill samples, shown on PC1, is mainly due to a different presence of quartz and calcite; while the distinction among hill and in-plain samples, highlighted on PC2, is probably caused by a different clay composition of the soils.

2.1.4 Summary

In this study, a suitable approach based on chemometrics techniques was proposed for the selection of soil-sampling sites in a context of geographical traceability of food. In particular, D-Optimal Onion design was chosen since it is widely used for mapping and planning purposes and it allows to achieve the maximum coverage and uniformity of selected samples in the whole domain. An efficient mapping of inspected geographical area was obtained ensuring coverage of farms characterised by main production of investigated food and insisting on soils with different geological features.

Once the sampling sites were identified, XRD analysis coupled with chemometrics techniques were used and allowed to investigate the soil complexity and assess the proper number and type of samples to be collected for the extensive sampling of the investigated area. In particular, this study allowed observing the distinction between hill and in-plain samples.

For soil-sampling plan, it is of utmost importance to take into account the complexity of hill samples, which present lot of variability as regard not only the different sampling points but sometimes also in the sampling depths. In fact, the hill region is characterised by mixture of soils with different origin and composition. On the other hand, in-plain soils result to be more homogeneous, in particular as regards the sampling depth.

On the strength of these results, only upper and lower fractions seem to be sufficient to describe in-plain soils, thus reducing the total number of samples to be further analysed.

2.2 Geographical Traceability of Raw Materials for PDO and PGI Oenological Products

2.2.1 Introduction

ABTM and *Aceto Balsamico di Modena* (ABM) are two of the most well-known and appreciated Italian foods.

In 2000, ABTM received the PDO certification for its typical production and the well-defined geographic area of production [43]. Briefly, it is obtained by acetic and alcoholic fermentation of cooked musts of selected grapes coming from restricted areas of Emilia Romagna indicated in the ABTM regulation. It ages at least 12 years in a series of casks of different woods and capacity. In order to compensate both annual spilling, that is for marketing, and natural evaporation occurring during the summer, a certain amount of vinegar is transferred from one cask to the next starting from the cask containing the oldest product by the so-called *topping up procedure*. Besides ageing, the marketing of the product requires the approval from a Panel of Master Tasters, educated by a competent authority.

ABM received the PGI certification in 2009 [53]. Its raw materials are mainly concentrated or cooked musts, wine vinegar, and caramel and its production is regulated by the respective regulation.

In this study, the possibility to develop analytical models able to discriminate vinegar raw materials, namely concentrated or cooked musts, coming from Emilia Romagna was investigated.

In fact, the geographical provenance of musts is important in the case of ABTM, and could be an added value for the production of ABM.

For these purposes, 67 concentrated musts coming from grape juices of several geographical areas were investigated. Table 2 reports some information about their geographical origin and grape varieties.

Each sample was analysed by means of NIR spectroscopy and attenuated total reflectance mid-infrared (ATR-MIR) spectroscopy. In particular, NIR and MIR spectra were collected in the spectral regions from 10000 to 4150 cm^{-1} (with a resolution of 4 cm^{-1}) and from 4000 to 600 cm^{-1} (with a resolution of 4 cm^{-1}), respectively. These techniques are very common in food and raw materials characterisation, since they are fast, non-destructive, low cost, and do not require a preliminary sample preparation [54,55]. Moreover, multivariate data analysis is extensively and fruitfully applied on NIR and MIR signals with the aim to extract and visualise relevant information [56,57].

When dealing with spectral data, a deeper understanding of the signals is necessary, since relevant information is often mixed with many uninformative

TABLE 2 Scheme of Available Concentrated Must Samples Listed on the Basis of Their Geographical Origin and Variety

	Concentrated musts			
Geographic origin	*White*	*Red*	*Extra-red*	*Rosé*
Emilia Romagna	17	15		14
Apulia	3	5		1
Argentina	3			
Spain		7	2	
Total	67			

sources of variation that may affect part or the whole signal domain. In this context, NIR and MIR spectra were pre-processed, in order to remove the variability sources due to both the physical nature of sample and environmental-experimental conditions of the measurement. In particular, a second derivative transform (Savitzky–Golay [58]) was applied to NIR signals in order to reduce parallel shifts and slope changes of the baseline. The raw and pre-processed NIR spectra are reported in Figure 6A and B, respectively.

A 2° order polynomial Savitzky–Golay smoothing followed by standard normal variate [59] was applied to MIR spectra to reduce baseline shift and instrumental noise (Figure 7).

2.2.2 *Classification Models Based on NIR Spectroscopy*

A one class SIMCA model was evaluated in order to distinguish Emilia Romagna concentrated musts from the other ones. Emilia Romagna samples were split in training (31 samples) and test (15 samples) sets. Furthermore, test set includes samples coming from Apulia, Argentina, and Spain (21 samples) in order to evaluate the specificity of SIMCA model.

Table 3 reports the number of chosen LVs, explained variance of SIMCA model together with sensitivity (percentage of the objects belonging to the modelled class rightly accepted by the model) and specificity (percentage of the objects belonging to the other classes rightly rejected by the model) values for both training and test sets.

As far as training set is concerned, the reported values highlight an optimal sensitivity of the model, since all samples coming from Emilia Romagna are correctly classified. On the other side, sensitivity of test set is not sufficient since only the 53% of Emilia Romagna samples are well classified.

In order to improve the classification ability of the model, variables selection step was performed.

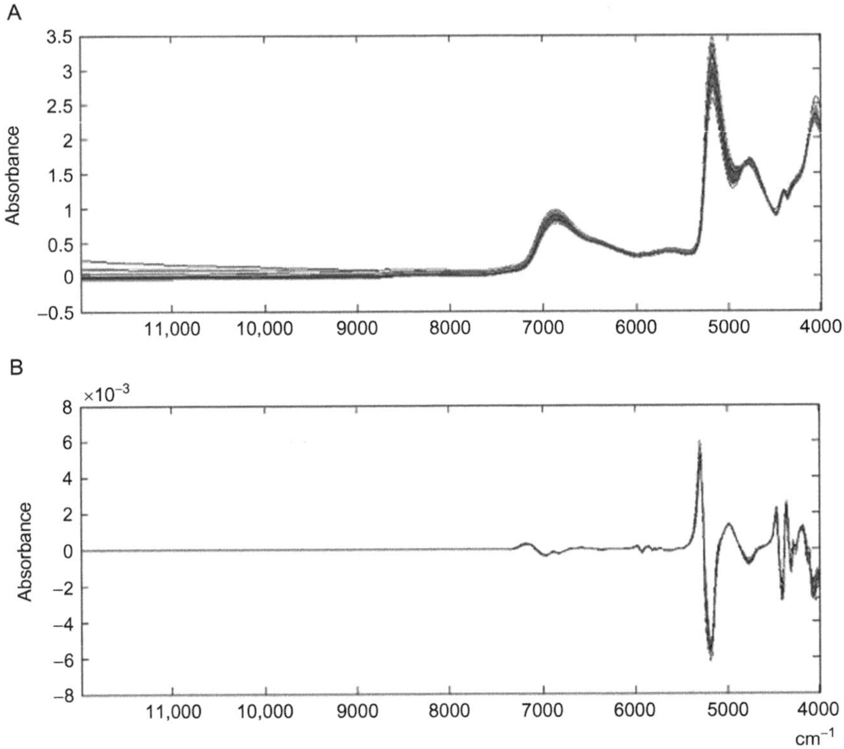

FIGURE 6 Concentrated musts NIR spectra (A) before and (B) after pre-processing by second derivate tool.

The selection of variables could separate relevant information from *unwanted* variability and at the same time allows data compression, that is more parsimonious models, simplification or improvement of model interpretation, and so on. Although many approaches can be used for features selection, in this work, a wavelet-based supervised feature selection/classification algorithm, WPTER [12], was applied. The best performing model was obtained using a daubechies 10 wavelet, a maximum decomposition level equal to 10, between-class/within-class variance ratio criterion for the thresholding operation and the percentage of selected coefficients equal to 2%. Six wavelet coefficients were selected, belonging to the 4th, 5th, 6th, 8th, and 9th levels of decomposition.

Few spectral regions were selected (figure not shown), around 12000–8800 cm^{-1} range, probably selected for background/baseline correction, 8700–7890 and 7600–6260 cm^{-1}, where CH and OH overtones are present, respectively.

The performance of SIMCA model built on WPTER selected region, are reported in Table 4. With respect to SIMCA results, before feature selection,

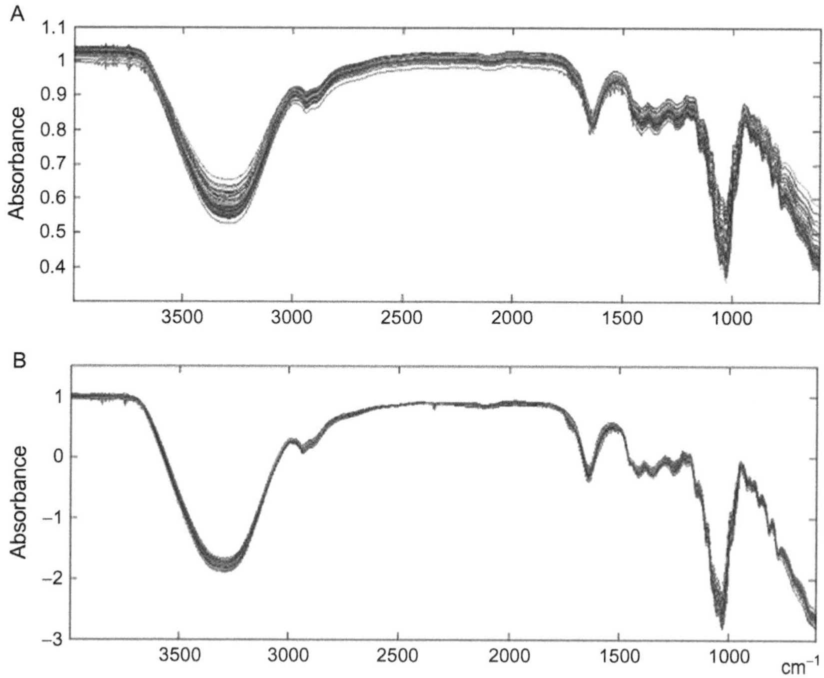

FIGURE 7 (A) Raw and (B) pre-processed ATM-MIR spectra.

TABLE 3 SIMCA Model Sensitivity and Specificity Values for Both Training and Test Sets for Emilia Romagna Class, Based on NIR Signals

Class	LVs	Explained variance (%)		Sensitivity (%)	Specificity (%)
Emilia Romagna	10	99.76	Training set	100	–
			Test set	53	62

it is possible to note that both sensitivity and specificity calculated on test set are significantly improved.

NIR spectra were also analysed by means of PLS-DA analysis. In this case, extra Emilia Romagna samples (class 2) were also split in training (15 samples) and test (6 samples) set due to the characteristics of PLS-DA algorithm.

Table 5 lists the sensitivity and specificity values for both training and test sets of Emilia Romagna class. PLS-DA model shows good classification

TABLE 4 SIMCA Model Sensitivity and Specificity Values for Both Training and Test Sets for Emilia Romagna Class After WPTER Variable Selection, Based on NIR Signals

Class	LVs	Explained variance (%)		Sensitivity (%)	Specificity (%)
Emilia Romagna			Training set	100	–
			Test set	71	72

TABLE 5 PLS-DA Model Sensitivity and Specificity Values for Both Training and Test Sets for Emilia Romagna Class, Based on NIR Signals

Class	LVs	Explained variance (%)		Sensitivity (%)	Specificity (%)
Emilia Romagna	10	99.52	Training set	93	93
			Test set	60	71

ability on training set, while the sensitivity toward the test set still remains unsatisfactory. Nevertheless, PLS-DA model seems to perform better than SIMCA, in particular, as regard specificity.

2.2.3 Classification Models Based on MIR Spectroscopy

One class SIMCA model of Emilia Romagna was built using the same training and test sets of the previous NIR data analysis.

Specificity and sensitivity of model are reported in Table 6.

Sensitivity and specificity of MIR-based SIMCA model are slightly better than those obtained from NIR signals and the results still improve by application of PLS-DA analysis (Table 7)

2.2.4 Summary

The synergistic use of chemometrics, MIR and NIR spectroscopy, has been proved to be a valid tool for geographical traceability discrimination of concentrated musts. In particular, the two used classification methods, that is SIMCA, PLS-DA, provide slightly different results and Table 8 shows a

TABLE 6 SIMCA Model Sensitivity and Specificity Values for Both Training and Test Sets for Emilia Romagna Class, Based on MIR Signals

Class	LVs	Explained variance (%)		Sensitivity (%)	Specificity (%)
Emilia Romagna	8	99.49	Training set	100	–
			Test set	70	72

TABLE 7 PLS-DA Model Sensitivity and Specificity Values for Both Training and Test Sets for Emilia Romagna Class, based on MIR Signals

Class	LVs	Explained variance (%)		Sensitivity (%)	Specificity (%)
Emilia Romagna	4	93.63	Training set	90	75
			Test set	94	89

TABLE 8 Summary of All Sensitivity and Specificity Results Obtained by the Application of Classification Models on MIR and NIR Spectra of the Emilia Romagna Class

One class model				
Emilia Romagna	MIR data	SIMCA	PLS-DA	
	Sensitivity %	100 (71)	90 (94)	
	Specificity %	70	75 (89)	
	NIR data	SIMCA	PLS-DA	WPTER-SIMCA
	Sensitivity %	100 (53)	93 (60)	100 (71)
	Specificity %	62	92 (71)	72

Values within brackets are relative to test set.

summary, in terms of sensitivity and specificity before and after features selection with WPTER algorithm, for Emilia Romagna class models.

The different results between SIMCA and PLS-DA, are probably related to presence of high variability spectra regions common to all samples, independently from their different geographic origins. In this case, since SIMCA builds disjoint class models, this information leads to low specificity, while PLS-DA, being a discriminant technique, gives to this common regions low weights in the PLS regression model.

3 FOOD AUTHENTICITY APPLICATIONS

3.1 Study of Grape Juice Heating Process in a Context of Quality Control of Food

3.1.1 Introduction

Cooked grape must is the starting raw material for the production of ABTM, according to its production European Regulation [43]. It is obtained by heating grape juice in uncovered pans with direct fire. During this process, different chemical reactions can occur, mainly involving grape sugars such as glucose and fructose. Sugars show a complex chemical reactivity dependent from temperature of reaction, pH as well as the presence of oxidant and reducing agents. In particular, the heating of monosaccharides, in weak acidic media, leads to a multistep process with elimination of water and formation of furanic derivatives. In this work, multivariate data analysis techniques are used to extract useful information on critical steps of heating process in order to obtain cooked musts characterised by a low content of furfurals. Although the presence of furfurals in cooked must confers peculiar organoleptic characteristics, it might represent a negative aspect for a safety point of view. In fact, EFSA established an acceptable daily intake, ADI, equals to 0.5 mg/kg of body weight for furfural [60,61].

In this study, nine cooking processes of grape juices coming from three different wine cellars were monitored. Must samples were regularly taken during the whole heating process, from the raw materials to the final product, thereafter named reduced cooked must.

Table 9 summarises some information on musts sampled for each cooking process (labelled from C1 to C9) of different wine cellar producers (kept anonymous, simply labelled as A, B, and C). More details about the conduction of the heating process are reported in literature [62]. The total number of collected samples was 122.

For all samples, eleven parameters were monitored, namely, temperature (T), refractive index (n_D), density (d), total acidity (AcT), water content (H_2O), 5-(hydroxymethyl) furfural (5-HMF), furfural (Furf), glucose (Glu), fructose (Fru), tartaric (Tar), and malic (Mal) acid concentrations referred to "dry" matter.

Furfural and 5-HMF were measured and considered as quality indicators. In particular, fructose and glucose undergo degradation phenomena involving furfurals formation, tartaric, and malic acids are the main organic acids in grape; finally, the loss of water has to be monitored since it represents a

TABLE 9 **Summary of Available Samples for Each Monitored Cooking Process. Samples are Arranged in Time Order**

Producer	A				B	C			
Cooking process	*C1*	*C2*	*C3*	*C4*	*C5*	*C6*	*C7*	*C8*	*C9*
Time interval of sampling (hours of heating)	Time 0 (same grape juice)				Time 0	Time 0 (same grape juice)		Time 0 (same grape juice)	
	2	2	2	2	1	2	–	2	2
	4	4	4	4	2	4	4	4	4
	6	6	6	6	3	6	6	6	6
	8	8	8	8	4	1st refilling (sampling from small pan, labelled R1)		Refilling (sampling from two small pans, labelled R1 and R2)	
	During the night no staff was at work in order to collect samples				5				
					6	6,5	6,5		
	20	20	20	20	7	8	8		
	–	Refilling			8	8,75	8,75		
	22	–	22	–	9	2nd refilling (sampling from small pan, labelled R2)		6,75	6,75
	23	23	23	23	10			8	–
	24	–	24	–	11	9	9	10	10
	26	26	26	26	12	10	10	12	12
	28	–	28	–	13	12	12	14	14
	30	30	30	30	14	13,5	13,5	During the night no staff was at work in order to collect samples	
	32	–	32	–	15	3rd refilling (sampling from small pan, labelled R3)			
	35	35	35	35	16				
	38	–	38	–	18	14	14		
	41	41	41	41	19	Night shift			
	43	43	43	43	20	22	22	22	22
No. of samples	17	12	17	12	20	16	15	12	11

critical step for furfurals formation. Refractive index, density, and totally acidity, were measured in order to characterise the bulk of the system as well.

Sugar and acids content were determined with gas chromatographic technique (GC-FID, Varian 3400 GC provided with a flame ionisation detector). The analytical procedure was described in detail in literature [62,63]. Quantification was performed by means of the internal standard method and the calculation of response factor, by repeated injection of multiple standard solutions. Associated uncertainty and recovery of the method were calculated [62] too.

The determination of furfurals species was carried out by means of liquid chromatography (HPLC-DAD, Beckman system Gold apparatus, equipped with a single piston pump, injection valve, 20 mL sample loop and diode array detector). The analytical procedure was widely described in detail in previous work [62].

PCA and parallel factor (PARAFAC) analysis were used to investigate the role of different technological parameters/cooking strategies adopted by different producers on the quality of final cooked musts.

3.1.2 PCA Results

As regards samples, looking at the list in Table 9 (122 samples), it seems that some samples, such as grape juices and must samples used for refilling, are common within some different cooking processes of the same producer. Hence, in the data set used for PCA, these common samples are repeated, due to the type of scaling adopted, obtaining a total of 132 samples. In particular, the different available variables for each process were separately arranged in a bi-dimensional matrix (samples × variables). Each subset of data was separately mean centred. After that, the mean-centred data matrices were assembled into a unique one (132 rows × 11 columns) and successively autoscaled. In this way, it was possible to highlight the evolving trend inside each heating process, maintaining “unchanged” the differences among the various cooking processes. A three-PCs model was chosen taking into account the explained variance ($R^2 = 87.18\%$) and the eigenvalues versus number of components (SCREE plot not reported).

Figure 8 reports the scores plot of the first PC and highlights the variability inside each cooking process as function of the heating time.

In particular, C2, C3, and C4 processes, with heating for over 40 h, show PC1 scores varying of about 15 units, while the other ones (under 20 h of heating) covered almost 4 units interval. Furthermore, PC1 orders samples according to number of hours of heating, assigning negative values to grape juices as well as intermediate cooked musts, and positive values to rather cooked musts and final products. The trends observed for C6 ÷ C9 processes are less regular, probably due to refilling operation with partially cooked musts. Moreover, must samples used for the refilling procedures in the processes performed by producer C (i.e. R1, in cooking processes C6 and C7;

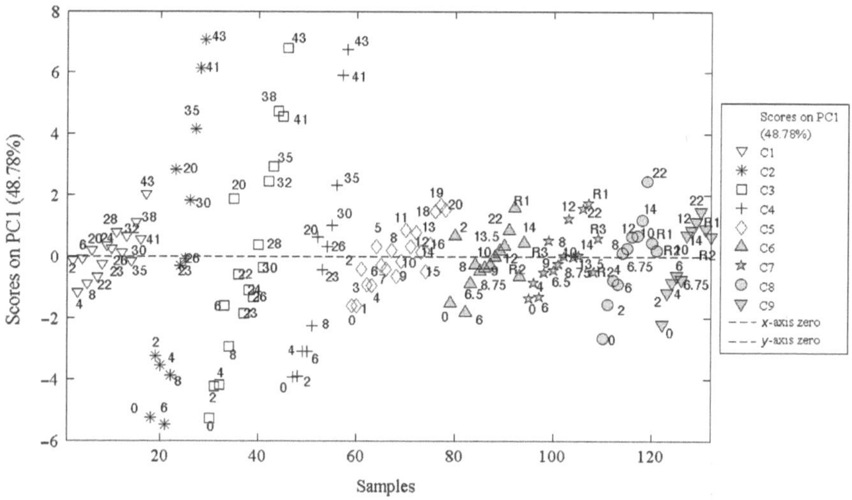

FIGURE 8 PC1 scores versus samples. Samples are labelled according to their heating time. Refilling samples used for C6÷C9 processes are labelled as R1, R2, and R3 according to Table 9.

R1 and R2 in cooking processes C8 and C9) have PC1 score values higher than the samples taken just before refilling. This could be explained considering the different capacity and technology of pans used in must cooking process with respect to the small pans where must samples used for refilling were heated. Finally, PC1 highlights a strange trend of C1 process, which, although the total heating time was around 43 h, seems more similar to C6÷C9 processes. It was shown that this process had some problems with heating apparatus of the pan.

By analysing PC1 loadings, Figure 9, it is possible to obtain information about the variables responsible for the trend shown in Figure 8.

In particular, it emerges that all variables, except the water content ($H_2O\%$), present positive values. By the synergistic analysis of both the figures, it is possible to note that the more cooked samples of C2÷C4 processes are mainly discriminated from the other cooked musts for their lower water content and higher n_D, d, Total Acidity values and chemical components contents (*vice versa* for juices and intermediate samples).

The second and third PC scores plot (figure not shown) mainly highlights the peculiar behaviour of some samples inside each heating process.

3.1.3 PARAFAC Analysis Results

Taking into account the trilinear structure of the data (Figure 10), characterised by three distinct sources of systematic variability, that is cooking time, monitored variables, and different cooking processes, PARAFAC analysis

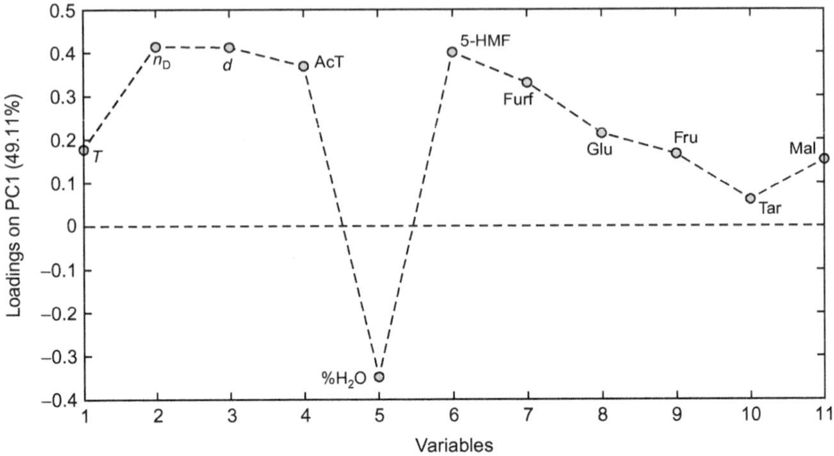

FIGURE 9 PC1 loadings versus variables measured for the samples of the different heating processes.

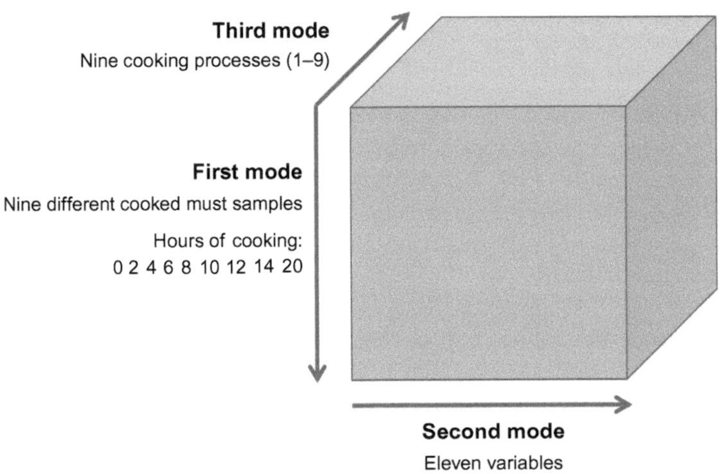

FIGURE 10 Graphical representation of data array analysed with PARAFAC.

was carried out as data display tool in order to highlight cooking processes similarity/ dissimilarity and the evolution of the different parameters during the cooking process.

In order to monitor processes, only the cooking times (hours) reported in Figure 10 were considered. For C6 ÷ C9, the final products were considered as cooked 20 h. Hence, the data were arranged in a three-dimensional array, with samples cooked at different hours in the first mode, the monitored variables in the second mode, and the cooking processes in the third one, obtaining a three-dimensional array of $9 \times 11 \times 9$ dimensions. Samples used for the refilling are not considered in this analysis.

Before PARAFAC analysis, the data array was centred across the first mode (cooking processes), in order to remove the offsets, and scaled to unit variance within the second mode.

A two-factors PARAFAC model showed a reasonable compromise of acceptable residual sum of squares, number of iterations, core consistency, and reproducibility of the replicate PARAFAC runs.

The scores plot of the first two factors (F1 vs. F2) for the first mode (Figure 11A), shows the evolution over the time of cooking process. In particular, the first factor distinguishes the first phase of cooking process (samples heated for 0–8 h with negative score values) from the other ones (positive score values).

Furthermore, reduced cooked musts, that is samples cooked at 20 h, are clearly different from the others. The second factor, F2, mainly highlights the difference between the crude juice and other samples.

Loadings plot of the first two factors for the second mode (Figure 11B), that is variables mode, highlights the different trends of chemical-physical parameters: water content decreases with the evolution of the cooking process (it lies in the same region of crude juice in Figure 11A), while all the other compositional parameters, including furfurals, increase (they are in same area corresponding to final product in Figure 11A). Temperature is not influent in F1, and has the highest F2 value.

Finally, the loadings plot of the first two factors for the third mode (Figure 11C), that is cooking processes mode, mainly discriminates the processes according to their producers. The second factor, F2, mainly distinguishes C3 from the other ones.

For a synergistic combination of all the three loading plots, it emerges that the conduction of C3 and C2 processes with higher temperature (around 90 °C) allows achieving cooked must with high concentration of chemical compounds, including furfurals compounds. Thus, it emerges that drastic conditions (high temperature values and extended time of cooking) strongly raise furfurals formation. In fact, sugar dehydration reaction occurs in a more pronounced and, in worse cases, uncontrolled way, if the loss of water takes place in presence of high sugar content and acid conditions.

3.1.4 Summary

In this study, it emerges how the use of explorative analysis, as PCA and PARAFAC, can really improve the visualisation of the data and the interpretation of results, even in presence of variables of different nature.

This work is very important in an authenticity context, since it represents a first attempt to give to producers useful knowledge about the used heating process. This could allow obtaining products in full compliance with not only the traditional procedure but also with quality and safety assurance.

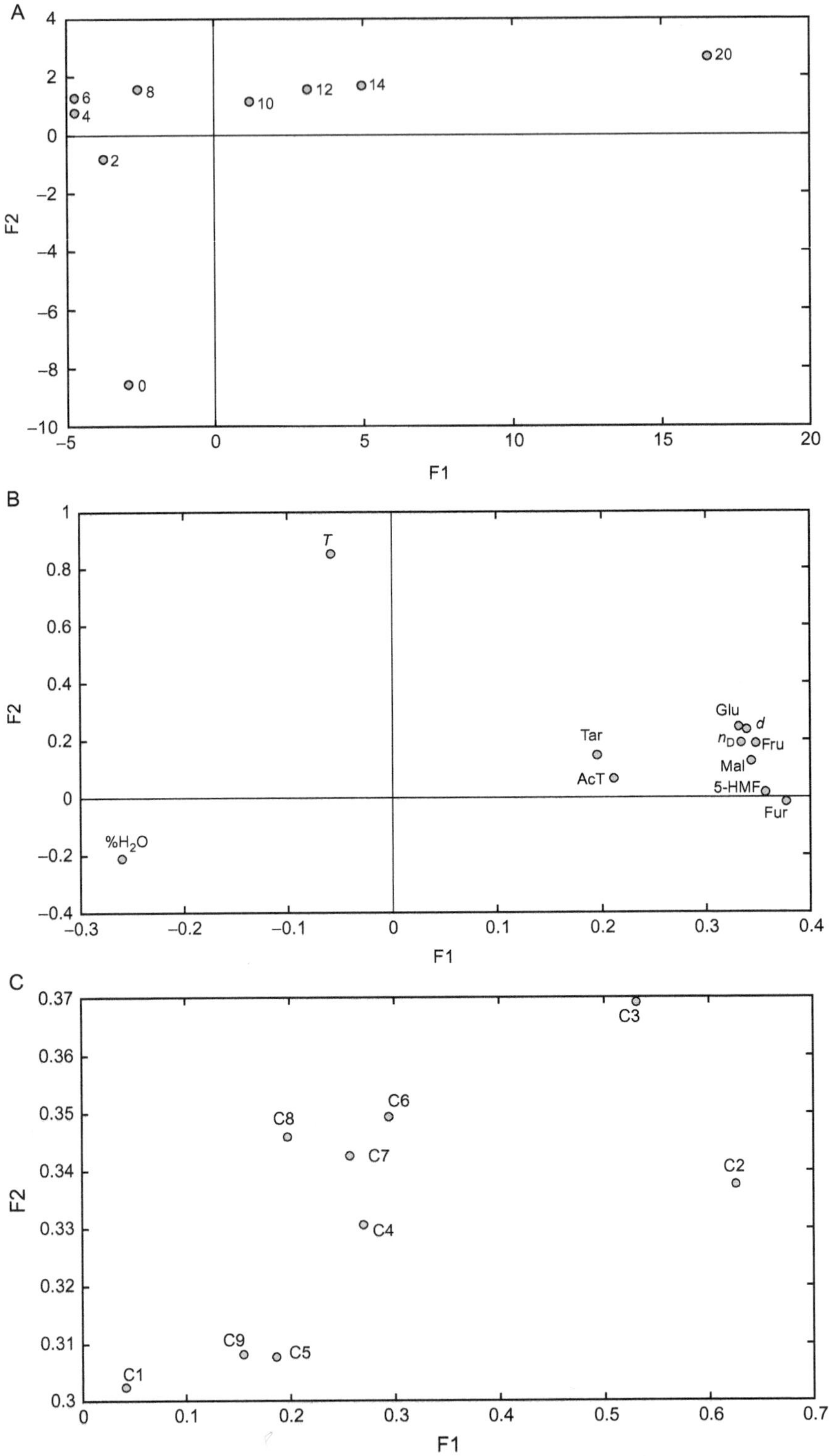

FIGURE 11 F1 versus F2 loadings plot for (A) the first mode (cooked juice samples), labels correspond to the number of heating hours, (B) the second mode (variables) and (C) the third mode (heating processes), different processes are labelled from C1 to C9.

3.2 Study of Sensory and Compositional Profiles During the Ageing Process of ABTM

3.2.1 Introduction

This application investigated the possibility to develop a regression model in order to correlate the volatile fraction of different-aged ABTM samples with sensory attributes [64]. In particular, the goal of the work is twofold: (a) following the variation of both compositional and sensory variables with ageing and (b) finding possible ageing markers.

To get an overall view of the product and the ageing process, different-aged samples were analysed and many sources of variability such as different cask series, organic composition (i.e. volatile fraction), sensorial attributes, and the judgment of several panellists were taken into account.

In particular, Partial Least Square Regression (PLS) and multi-way method, such as N-PLS, were applied to study the relationships between the volatile fractions, sampled and characterised by using head space solid phase micro extraction (HS-SPME)/GC techniques, and the sensory attributes obtained by expert panellists [65,66].

The possibility to correctly predict the sensorial attributes on the basis of the GC signals is relevant for authentication tasks. "Aroma" is one of the properties of this product mainly transformed during the ageing phase, due to microbial and chemical reactions. Thus, experimental data could be used to support the panel test evaluation, since the volatile organic compounds, which concur to the olfactory characteristics of ABTM, have a fundamental importance in the sensorial evaluation of the product.

Thirty-six ABTM samples were investigated, sampling six different series of casks coming from six different producers (each series comprising six casks of different capacity), Table 10.

TABLE 10 Capacities of Wooden Casks and Starting Years of Each Series

	Casks capacity (litre)						
Series of casks	*#6*	*#5*	*#4*	*#3*	*#2*	*#1*	Starting year
A	50	40	32	30	27	18	1975
B	50	35	35	30	25	20	1985
C	60	50	40	30	25	20	1990
D	30	24	20	16	13	10	1976
E	40	32	25	22	20	14	1978
F	70	50	40	30	20	20	1993

An expert panel consisting of eight panellists was used for the sensorial evaluation of all the samples, determining sixteen variables, namely four *visual*, five *smell/aroma*, six *texture*, and one called *final sensation*.

The visual attributes are *density* (despite the name, it is linked to consistency/viscosity), *colour intensity*, and *clearness* (established by looking at the transparency of the product through a candle light).

Smell/aroma comprising four attributes namely, *frankness* defined as the absence of interferences in the perception of the flavour; *refinement*, which evaluates the presence of balsamic flavours, *intensity/persistency* related to noise perception of intensity and persistency of the balsamic flavours and *acidity*.

The five texture attributes are *fullness*, which indicates how rich the sensation is perceived in the mouth, similar to "*corpo*" for wine; *intensity* of the taste; *texture* which is the quality of the perceived taste; *harmony*, which evaluates the equilibrium between the acid and sweet tastes and *taste acidity*.

Final sensation represents a sort of overall perception of the sample received by the panellist.

Finally, for each class of attributes, the three partial averages were taken into account as well.

The score attributed to each product is based on a total of 400 points distributed as follows: 15% to the visual attributes; 30% to the aroma attributes; 45% to the texture attributes and 40 points are reserved for *final sensation*. The visual scores range from 1 to 20 points, aroma from 1 to 30, texture from 1 to 36, and final sensation from 1 to 40. A detailed description of the evaluation method and panellists training has been reported in literature [65].

Afterwards, the ABTM volatile fraction was sampled by using an SPME fibre [67] and analysed by gas chromatography with flame ionisation detector (GC-FID), as reported in a previous work [64]. The chromatograms were acquired at constant sampling rate of 2.5 Hz, for a total time of 63 min (9451 points). A fibre blank was registered at the beginning of every session of experiments. The overall repeatability was evaluated by analysing a control sample (vinegar sample) during each day of session.

3.2.2 Unfold-PLS Results

As far as X-block is concerned, the data were organised in a bi-dimensional matrix by taking the ABTM samples coming from the six producers on rows and the GC signals on columns, obtaining an X-matrix of 36×9451 dimensions. The data were mean centred.

The sensorial data were organised in a bi-dimensional matrix (Y-matrix) too, with the 36 samples on rows and the average scores of the 8 judges for each of the 16 sensory attributes on columns, obtaining a 36×16 matrix dimension. The data were mean centred, since all the sensorial attributes have a similar range of variability.

The number of significant PLS LVs was chosen by considering two approaches: first, the commonly used leave one out cross validation (LOO) procedure [68] and the second called leave one producer out (LOP). In this latter approach, a producer at time was left out from the model and considered as test set. The procedure was done six times, obtaining six different root mean square errors in prediction (RMSEP-LOP).

PLS model, considering all the producers, was built with 5 LVs on the basis of the minimum RMSECV-LOO (9.23) as well as of the *Y* explained variance in fit (89.21%) and in cross validation (64.33%). Considering the overall RMSEP-LOP values, obtained separately for each producer as function of the sensory attributes (Figure 12), it is possible to obtain information about the prediction capability of the model. In particular, visual parameters (Figure 12A) show low error values but a lower variability (i.e. standard deviation) as well.

On the contrary, aroma (Figure 12B) and texture parameters (Figure 12C) are better modelled since in general their associated RMSEP-LOP values are below the corresponding standard deviation. In particular, aroma values present a lower error range than texture ones. This is quite consistent with the nature of **X** data, since the ABTM volatile fraction is analysed.

From a synergistic analysis of all figures, the results highlight a good prediction for the 2nd and 5th producers; furthermore, their absence seems to decrease the robustness of the model increasing the RMSEP-LOO values.

Going on the plot of PLS regression coefficients, it is possible to obtain information about the chromatographic regions, which mainly contribute to the regression model performance. For the sake of clarity, only the plot of the PLS regression coefficients relative to the average of the *aroma* attributes was reported (Figure 13).

From this plot, it emerges that the model mainly keeps information from ethanol (Rt: 5.1 min), ethyl acetate (Rt: 9.8 min), acetic acid (Rt: 11.1) and furfurals (Rt: 21.2 min) compounds. From all the other parameters, almost the same chromatographic regions are important as well.

3.2.3 N-PLS Results

As far as the N-PLS case is concerned, the chromatographic data were firstly compressed by using PCA. In particular, data were organised in a matrix of 36 (6 producers $\times$ 6 casks) $\times$ 9451 dimensions and then compressed by singular value decomposition to 30 components, with 30 equal to the rank of matricised data. This reduction merely represents a computational shortcut to speed up calculations. The 30 derived score vectors were used instead of the original GC signals and data were rearranged into a 3-way matrix with producers in the first mode, PC-scores in the second mode, and cask samples in the third one, yielding a $6 \times 30 \times 6$ $\underline{\mathbf{X}}$ array.

The choice of defining the producers as mode 1 is motivated by the applicability of the model. In fact, in the future, it is feasible to think to monitor/predict new producers.

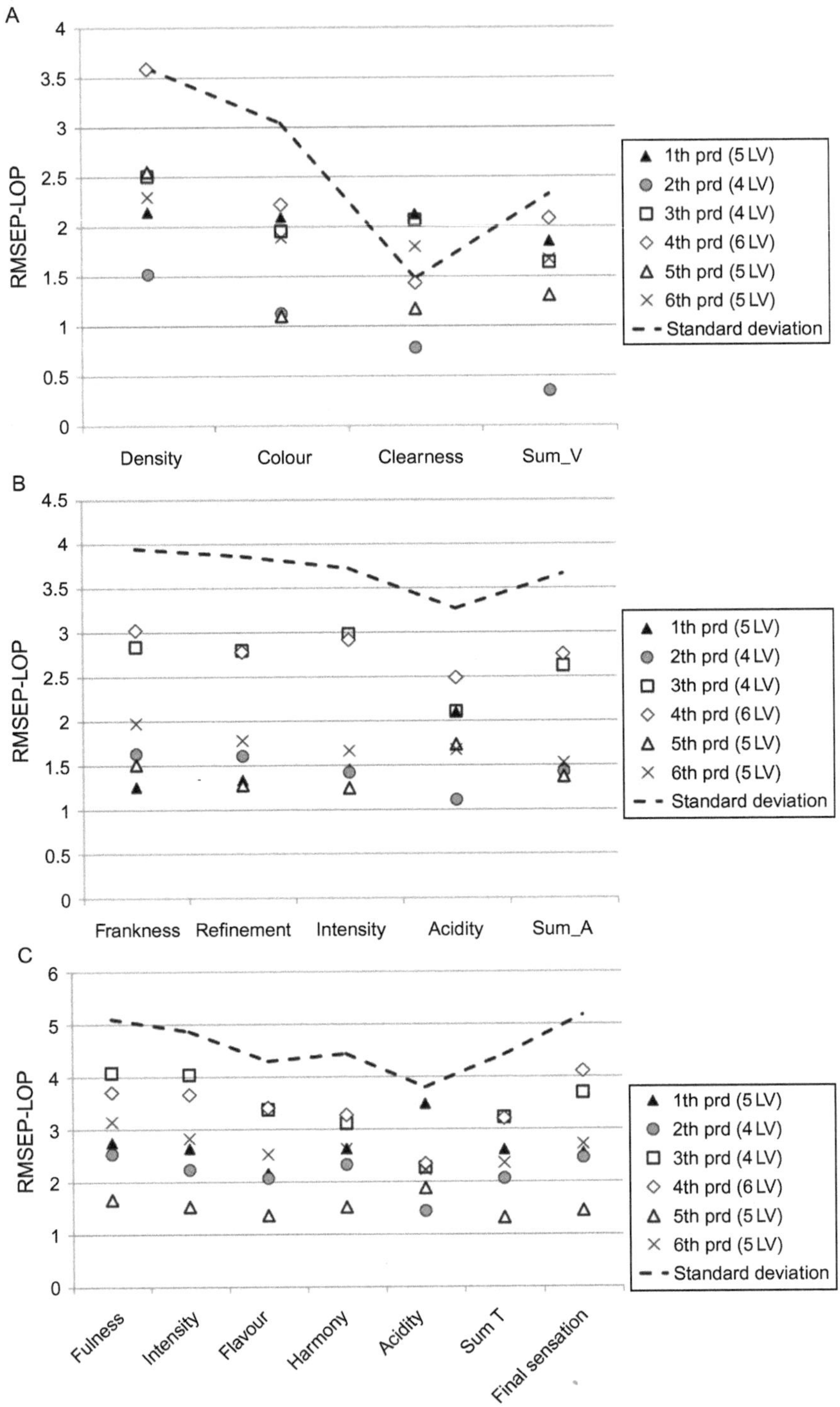

FIGURE 12 Root mean squares errors leave one producer out (RMSEP-LOP) values, obtained separately for each producer as function of (A) visual, (B) aroma, and (C) texture attributes.

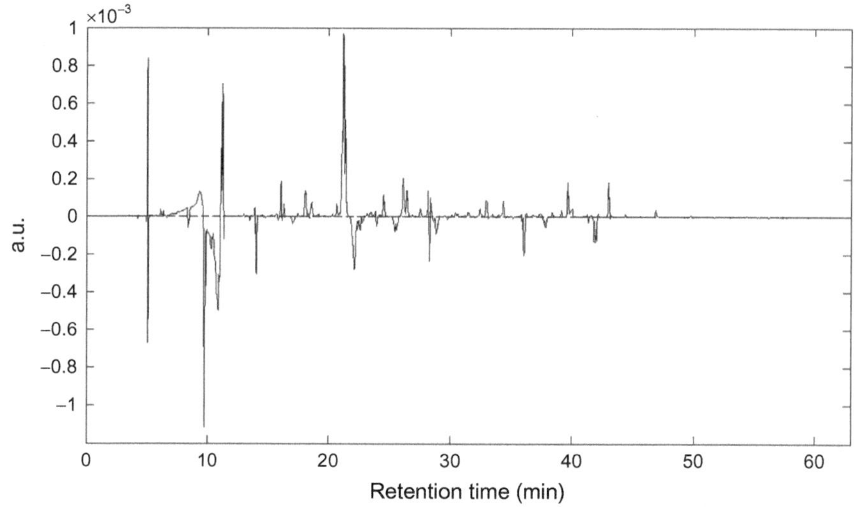

FIGURE 13 PLS regression coefficients relative to the average of the *aroma* attributes.

As regards Y data set, the average of the eight judges' assessment for each sensorial attribute was considered. Thus, the data were arranged in a 3-way array with producers in the first mode, sensorial attributes in the second one and casks in the third one, obtaining a $6 \times 16 \times 6$ $\underline{\mathbf{Y}}$ array.

Both $\underline{\mathbf{X}}$ and $\underline{\mathbf{Y}}$ arrays were centred across the first mode, in analogy with the two-way case.

Also in this case, root mean square errors in leave one out cross validation (RMSECV-LOO) and in leave one producer out (RMSEP-LOP) validations were investigated.

The presence of some individual samples and/or variables, mainly influential for a given model, was evaluated through the calculation of Leverage [69]. Finally, the residual structure of $\underline{\mathbf{Y}}$-array was analysed by inspecting the sum of squares of residuals (SSres) plot for each Y-mode.

The model was built with one LVs ($\underline{\mathbf{Y}}$ explained variance in cross validation, LOO, 84.38%). Analogously to the unfold-PLS case, the robustness and the predictive capability of the model were tested by leaving one producer out (RMSEP-LOP) procedure. In all the six cases, the models built with one LV gave the best results in terms of lowest root mean squares cross-validation error. Considering the RMSEP-LOP values for each sensory parameter for the different models (data not reported), they have the same trend of the respective unfolding analysis with numerical values smaller than the previous one.

In order to get an overview of the variables, which mainly influence the prediction ability of the regression model, the loading matrix, corresponding to the second mode, was considered, back-transforming it into the original domain by multiplying it with the variable loading matrix of PCA decompression. In this way, it was possible to represent the loadings plot for GC-variable mode as function of the retention time. The same volatile compounds of the PLS case resulted to be relevant for predicting the sensorial parameters.

Leverage values for mode 1 and 3, ha and hc, and respective residual sum of squares (SSres), Figure 14, allow to gain combined information about the vinegar samples and/or producers which are well modelled (small SSres) and at the same time yield a unique contribution (high ha or hc).

In particular, from Figure 14A and C, 3rd, 4th, and 5th producers have the largest ha and small residuals, and hence contribute positively to the model, while the 3rd producer is influential but not well fitted. As far as the sample mode is concerned, Figure 14B and D, the youngest samples (number 6) is the most influential but it is not well fitted (high residuals values). On the other side, older samples (numbers 1 and 2) are not so influential in modelling the sensorial data but they are well fitted.

3.2.4 Summary

Both unfolded and three-dimensional regression models gave satisfactory predictions of almost all the sensorial parameters, which characterised the quality of ABTM samples. In particular, the aromatic parameters are better modelled, probably due to nature of the employed analytical data, that is volatile organic compounds.

Furthermore, both models highlighted a main contribution on the prediction ability given by chemical compounds characteristic of the fermentation and the bio-oxidation processes that take place in the younger casks (samples 5 and 6), such as ethanol, ethyl acetate, and acetic acid, on the other hand by compounds that are produced during the must cooking procedure (furfural).

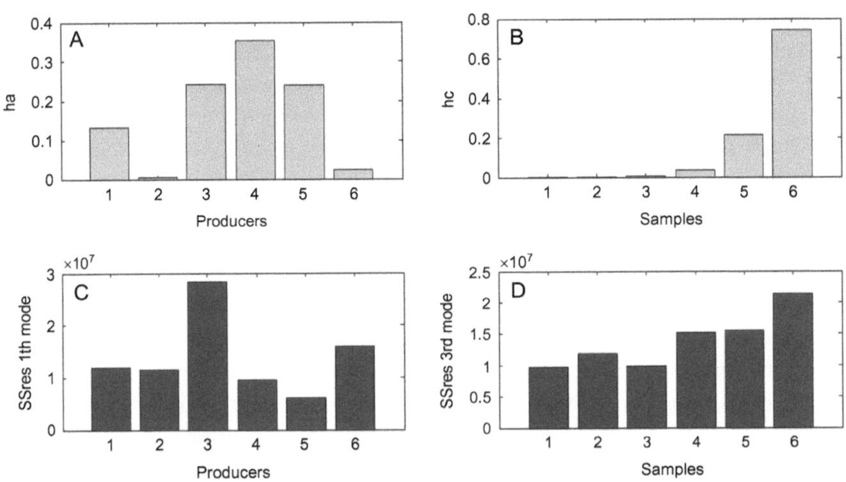

FIGURE 14 Leverage values for (A) first and (B) third mode, ha and hc, respectively. Residual sum of squares (SSres) for (C) first and (D) third mode.

The relative efficiency of both unfold-PLS and N-PLS has been compared in order to understand how the nature of data, that is the different source of variability could influence the performance of a model. The use of N-PLS model led to a more parsimonious (1 LV) model and showed, in general, lower root mean square error in cross validation (RMSECV) values and a higher value of explained variance in prediction.

Notwithstanding, it has to be remarked that both methods allow a straightforward interpretation of the whole data set and about interrelations between sensorial and chemical parameters.

3.3 Characterisation and Classification of Ligurian Extra Virgin Olive Oil

3.3.1 Introduction

Extra virgin olive oil (EVOO) belongs to the superior olive oil category and it is solely obtained from fruit of olive tree, *Olea Europera*, by mechanical means.

Although the production of olive oil is concentrated in the Mediterranean countries area, the cultivation of olive trees is spreading in other many countries. The increasing consumption of EVOO is related to its peculiar properties, like seasoning of food as well as to its healthy benefits. Nevertheless, as result of agricultural traditions, local extraction, and blending practises, EVOO may be quite different in taste and quality depending on its geographical origin with consequent differences in price within the same category. In the context of developing an analytical methodology able to assess the quality and authenticity of EVOO samples [20,70–72], this study was focused on the characterisation of the whole aroma fraction and on the development of analytical tools able to distinguish EVOO samples coming from "Riviera Ligure-Riviera dei fiori" (Northern of Italy) [73] from other Mediterranean ones. Liguria EVOO, in which cultivar "Taggiasca" prevails, was designed with PDO certification and represents one of the most highly esteemed and valuable European EVOO, since it is characterised by delicate, sweet, slightly pungent, and green aroma. In particular, aroma is one of the most important parameters in the estimation of the quality of an EVOO sample, hence a great number of researches has been done to evaluate inter and intra relationships between the sensory notes and the concentration of the organic compounds.

In this framework, the analysis of the volatile fraction was performed using HS-SPME [67] coupled with GC–MS system for the extraction and chromatographic separation and the identification of volatile organic compounds. The obtained GC–MS signals (Total Ion Current) were processed by SIMCA analysis.

EVOO samples with certified geographical origin, object of this study, were obtained from Consortium. They belong to different olive cultivars and come from different geographical areas, namely Liguria (Northern of Italy), Apulia (Southern of Italy), Greece, Tunisia, and Spain. Since the main commercial interest is to distinguish Liguria EVOOs from the rest of olive oils, the data set was split in two classes, Liguria and Not Liguria oils. SIMCA analysis was applied in order to build a classification model able to rightly classify the samples belonging to a category and correctly to reject the other ones. Furthermore, as second step, the data set was divided in three classes too, namely Liguria, Apulia, and Foreign samples.

3.3.2 EVOO Samples

Seventy-two EVOO samples, produced from olives of different cultivars and harvested in 2003, were analysed by means of HS-SPME/GC–MS technique. They came from five different Mediterranean countries. In particular, 22 samples were from Apulia (mainly Ogliarola and Coratina cultivars), 21 from Liguria (mainly Taggiasca cultivar), 12 from Greece (Koroneika and Athinoia cultivars), 10 from Spain (Arbequina cultivar), and 7 samples from Tunisia (Chemlali cultivar).

The instrumental signals were arranged in bi-dimensional matrix with as many rows as samples (72) and as many columns as GC-points (1680) recorded during data acquisition (retention time, Rt: 72 min).

Before data analysis, the first 4.5 min and the last 7 ones of the signals were cut because there were no peaks at all, giving a GC vector of 1404 points for each sample.

In Figure 15, the average of the EVOO chromatograms for each of the five different geographical proveniences was reported.

In general, extracted volatile fraction includes a large number of hydrocarbons, aldehydes, alcohols, ketones, esters, and other minor compounds. It is possible to observe that the average Liguria signal reports the lowest intensities of the different chromatographic peaks, followed by the Spanish one, perfectly in agreement with their much more delicate, sweet, and slightly astringent flavour with respect to the other ones. In particular, the chromatographic peaks, which seem to characterise the volatile fraction of Liguria olive oil, are trans-2-hexenal (Rt: 34–34.5 min), and hexanal (Rt: 28–29 min), both C6 linear unsaturated aldehydes characteristics of high quality virgin olive oils.

As far as classification analysis is concerned, firstly, the 72 samples were split into two categories, Liguria and Not Liguria samples, aiming to find a predictive classification rule to discriminate Liguria samples. Then, the samples were divided into three categories: Liguria, Apulia, and Foreign (Greece, Spain and Tunisia) for investigating which category could mainly "overlap" with the Liguria one.

The different data sets were separately and randomly split into training (for building a calibration model) and test sets (for validating it) as schematised in Table 11.

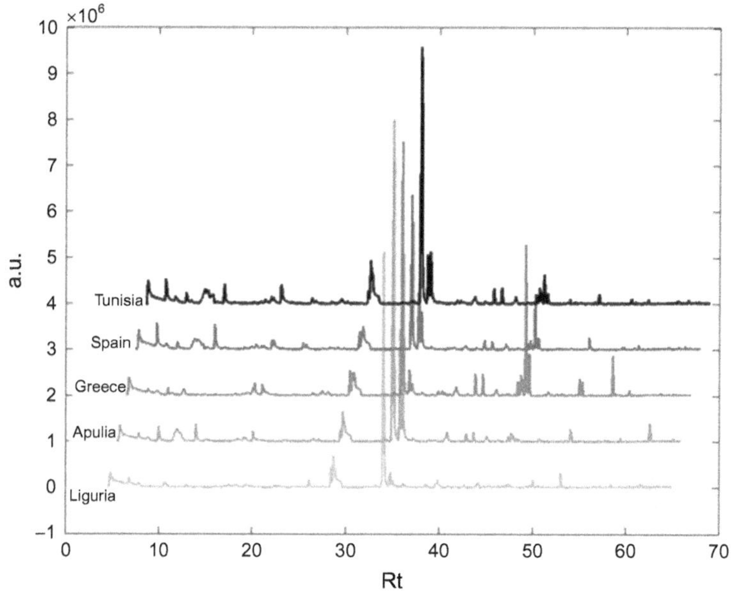

FIGURE 15 GC profiles corresponding to the volatile fraction of Liguria (Northern of Italy), Apulia (Southern of Italy), Greece, Spain, and Tunisia classes, obtained by separately averaging all the signals belonging to the each class.

TABLE 11 Training and Test Set Subdivision for Each Class Data Set

Class	Training set	Test set
Liguria	12	9
Apulia	12	10
Greece	8	4
Spain	5	5
Tunisia	4	3
Total	41	31

The data matrices were separately mean centred and a model was built for each class (Liguria and Not Liguria and Liguria, Apulia, Foreign). The number of PCs was chosen according to the best compromise among the minimum RMSECV, sensibility, and specificity of each model.

As the first step, SIMCA was used to perform the classification among Liguria and Not Liguria classes. Twelve PCs were chosen for Not Liguria class model, while three PCs for the Liguria one. The SIMCA results reported

TABLE 12 The Best SIMCA Models Performance for Both the Classification Steps

Class	No. of PCs	Explained variance	RMSECV	Sensibility (training)	Sensibility (test)	Specificity
One class model						
Liguria	3	96.81%	3.93 10^6	100	100	100
Not Liguria	12	98.12%	5.32 10^6	83	68	43
Three classes model						
Liguria	3	96.81%	3.93 10^6	100	100	100
Apulia	3	88.27%	5.24 10^6	100	100	83
Foreign	7	95.60%	3.96 10^6	100	83	91

in Table 12 highlight an excellent sensibility, meaning a right classification of both training and test sets, as well as an excellent specificity for Liguria samples.

As concern Not Liguria class, almost all training set (except three samples) is well modelled. However, considering the test set samples, the sensibility of the model fairly decreases (68%). Eight Liguria samples fall inside the confidence limits of the model giving a very low specificity value (43%).

Afterwards, in the second step, as previously explained, samples were divided in three categories, Liguria, Apulia, and Foreign (Greece, Spain and Tunisia). Internal and external cross validation were done following the same procedure of the previous case (random group and test set samples). Three PCs were retained for both Liguria and Apulia classes, while seven PCs gave the best results for the Foreign model. As far as Liguria class model is concerned, the results were unchanged with respect to the previous case. Indeed, all the training and test samples were in the confidence limits of the model (sensibility of 100%) and all the external samples, belonging to Apulia and Foreign classes, were rightly rejected (specificity of 100%). Furthermore, an improvement was evident in the performance of Apulia and Foreign classes, as well. In particular, Apulia class model was totally able to model both training and test set, showing a sensibility of 100%. Six foreign samples and no Liguria ones fall inside the Apulia model confidence limits, giving a relatively high specificity (83%).

Finally, as regards Foreign class, all the training set was inside the confidence limits and only two samples, belonging to test set, were outside (sensibility: 83%). At the same time, the model became more specific with respect to the previous step, since only four Liguria samples were not rejected by Foreign class model (specificity: 91%).

3.3.3 Summary

The aim to discriminate Liguria class from the other ones was successfully accomplished, showing that the use of HS-SPME/GC–MS technique coupled with chemometrics analysis can be an useful tool for the solution of such challenging classification problem in the control of food quality research.

REFERENCES

[1] Van Rijswjik W, Frewer LJ, Menozzi D, Faioli G. Consumer perception of traceability: a cross-national comparison of the associated benefits. Food Qual Prefer 2008;19: 452–64.

[2] ISO9000:2000 and ISO9000:2005, Quality management systems. Available from: www.iso.org.

[3] Dennis J. Recent developments in food authentication. Analyst 1998;123:151–6.

[4] EC 2081/1992. Regulation (EC) no 2081/92 of 14 July 1992.

[5] EC 2082/1992. Regulation (EC) no 2082/92 of 14 July 1992.

[6] EC 178/2002. Regulation (EC) no 178/2002 of 28 January 2002.

[7] EC 510/2006. Regulation (EC) no 510/2006 of 20 March 2006.

[8] EC 1898/2006. Regulation (EC) no 1898/2006 of 14 December 2006.

[9] EC 628/2008. Regulation (EC) no 628/2008 of 2 July 2008.

[10] TRACE: "Tracing Food Commodities in Europe", No FP6-2003-FOOD-2-A 006942 (2005–2009).

[11] Lees M, editor. Food authenticity and traceability. Cambridge, UK: Woodhead Publishing Ltd.; 2003.

[12] Cocchi M, Durante C, Foca G, Manzini D, Marchetti A, Ulrici A. Application of wavelet based algorithm on HS-SPME/GC signals for the classification of balsamic vinegars. Chemom Intell Lab 2004;71:129–40.

[13] Kelly SD, Heaton K, Hoogewerff J. Tracing the geographical origin of food: the application of multi-element and multi-isotope analysis. Trends Food Sci Technol 2005;16:555–67.

[14] Capron X, Smeyers-Verbeke J, Massart DL. Multivariate determination of the geographical origin of wines from different countries. Food Chem 2007;101:1585–97.

[15] Cocchi M, Durante C, Marchetti A, Armanino C, Casale M. Characterization and discrimination of different aged 'Aceto Balsamico Tradizionale di Modena' products by head space mass spectrometry and chemometrics. Anal Chim Acta 2007;589:96–104.

[16] Da-Wen Sun, editor. Modern techniques for food authentication. Academic Press; 2008.

[17] Cajka T, Hajslova J, Pudil F, Riddellova K. Traceability of honey origin based on volatiles pattern processing by artificial neural networks. J Chromatogr A 2009;1216: 1458–62.

[18] Gonzalvez A, Armenta S, de la Guardia M. Trace-element composition and stable-isotope ratio for discrimination of foods with Protected Designation of Origin. Trends Anal Chem 2009;28:1295–311.

[19] Woodcock T, Downey G, O'Donnell CP. Near infrared spectral fingerprinting for confirmation of claimed PDO provenance of honey. Food Chem 2009;114:742–6.

[20] Mannina L, Marini F, Gobbino M, Sobolev AP, Capitani D. NMR and chemometrics in tracing European olive oils: the case study of Ligurian samples. Talanta 2010;80:2141–8.

[21] Mattarucchi E, Stocchero M, Moreno-Rojas JM, Giordano G, Reniero F, Guillou C. Authentication of Trappist Beers by LC-MS fingerprints and multivariate data analysis. J Agr Food Chem 2010;58:12089–95.

[22] Schellenberg A, Chmielus S, Schlicht C, Camin F, Perini M, et al. Multi-element stable isotope ratios (H, C, N, S) of honey from different European regions. Food Chem 2010;121:770–7.

[23] Asfaha DG, Quètel CR, Thomas F, Horacek M, Wimmer B, et al. Combining isotopic signatures of n(^{87}Sr)/n(^{86}Sr) and light stable elements (C, N, O, S) with multi-elemental profiling for the authentication of provenance of European cereal samples. J Cereal Sci 2011;53:170–7.

[24] Di Paola-Naranjo RD, Baroni MV, Podio NS, Rubinstein HR, Fabani MP, et al. Fingerprints for main varieties of Argentinean wines: terroir differentiation by inorganic, organic, and stable isotopic analyses coupled to chemometrics. J Agr Food Chem 2011;59:7854–65.

[25] Oliveri P, Downey G. Multivariate class modeling for the verification of food-authenticity claims. Trends Anal Chem 2012;35:74–86.

[26] Bertacchini L, Durante C, Marchetti A, Sighinolfi S, Silvestri M, Cocchi M. Use of X-ray diffraction technique and chemometrics to aid soil sampling strategies in traceability studies. Talanta 2012;98:178–84.

[27] Peres B, Barlet N, Loiseau G, Montet D. Review of the current methods of analytical traceability allowing determination of the origin of foodstuffs. Food Control 2007;18:228–35.

[28] Juran JM. 'Inspectors' errors in quality control in mechanical engineering, originally presented at American Society of Mechanical Engineers (ASME) conference.

[29] http://europa.eu/pol/food/index_it.htm.

[30] http://ec.europa.eu/dgs/health_consumer/library/pub/pub06_en.pdf.

[31] http://europa.eu/documentation/official-docs/green-papers/index_en.htm.

[32] Camin F, Bontempo L, Heinrich K, Horacek M, Kelly S, Schlicht C, et al. Multi-element (H, C, N, S) stable isotope characteristics of lamb meat from different European regions. Anal Bioanal Chem 2007;389:309–20.

[33] Cajkaa T, Riddellovaa K, Klimankovaa E, Cernaa M, Pudila F, Hajslova J. Traceability of olive oil based on volatiles pattern and multivariate analysis. Food Chem 2010;121:282–9.

[34] Grošelj N, van der Veer G, Tušar M, Vračko M, Novič M. Verification of the geological origin of bottled mineral water using artificial neural networks. Food Chem 2010;118:941–7.

[35] Stanimirova I, Üstün B, Cajka T, Riddelova K, Hajslova J, Buydens LMC, et al. Tracing the geographical origin of honeys based on volatile compounds profiles assessment using pattern recognition techniques. Food Chem 2010;118:171–6.

[36] Marisa C, Almeida R, Vasconcelos MTSD. Multi-element composition of wines and their precursors including provenance soil and their potentialities as fingerprints of wine origin. J Agric Food Chem 2003;51:4788–98.

[37] Swoboda S, Brunner M, Boulyga SF, Galler P, Horacek M, Prohaska T. Identification of Marchfeld asparagus using Sr isotope ratio measurements by MC-ICP-MS. Anal Bioanal Chem 2008;390:487–94.

[38] Brunner M, Katona R, Stefànka Z, Prohaska T. Determination of the geographical origin of processed spice using multielement and isotopic pattern on the example of Szegedi paprika. Eur Food Res Technol 2010;231:623–34.

[39] Margesin R, Schinner F. Manual for soil analysis: monitoring and assessing soil bioremediation. 1st ed. Heidelberg, Germany: Springer; 2005.

[40] Food Authentication by Chemical Profiling. Trace booklet.

[41] Schlesier K, Fauhl-Hassek C, Forina M, Cotea V, Kocsi E, Schoula R, et al. Characterization and determination of the geographical origin of wines. Part I: overview. Eur Food Res Technol 2009;230:1–13.

[42] Production Regulation for "Lambrusco" Wines. Decree of July, 27th 2009, published on the Italian Official Journal no 187–188, August 2009.

[43] ABTM Production Regulation, EC 813/2000. Regulation (EC) no 813/2000 of 17 April 2000.
[44] Totaro S, Coratza P, Durante C, Foca G, Li Vigni M, Marchetti A, et al. Soil sampling planning in traceability studies by means of Experimental Design approaches. Chemometrics and Intelligent Laboratory Systems 2013;124:14–20.
[45] Eriksson L, Johansson E, Kettaneh-Wold N, Wikström C, Wold S. Design of experiments—principles and applications. 3rd ed. Umeå, Sweden: Umetrics Academy; 2008.
[46] Sarabia LA, Ortiz MC. Brown S, Tauler R, Walczak B, editors. Comprehensive chemometrics, chemical and biochemical data, vol. 1. Elsevier; 2009. p. 426, Chapter 1.13.
[47] Walczak B, editor. Wavelet in chemistry. Amsterdam, NL: Elsevier; 2000.
[48] Coifman RR, Meyer Y, Wickerhauser MV. In: Meyer Y, Roques S, editors. Progress in Wavelet analysis and applications. France: Editions Frontieres; 1993.
[49] Birgè L, Massart P, Pollard D, Torgersen E, Yang G, editors. Festschrift for Lucien Lecam: Research papers in Probability and Statistics. New York: Springer-Verlag; 1997. p. 55–87.
[50] Misiti M, Misiti Y, Oppenheim G, Poggi JM. Wavelet Toolbox^{TM} 4 user's guide. Natick, MA: The MathWorks, Inc.; 2010.
[51] Savorani F, Tomasi G, Engelsen SB. icoshift: a versatile tool for the rapid alignment of 1D NMR spectra. J Magn Reson 2010;202:190–202.
[52] Wold S, Johansson E, Cocchi M. In: Kubinyi H, editor. 3D QSAR in drug design: theory, methods and applications. Leiden: ESCOM Science Publishers; 1993.
[53] ABM Production Regulation, EC 583/2009. Regulation (EC) no 583/2009 of 3 July 2009.
[54] Williams P, Norris K. Near-Infrared technology in the agricultural and food industries. In: 2nd ed. St. Paul, MN: American Association of Cereal Chemists, Inc; 2001.
[55] McGill CA, Nordon A, Littlejohn D. Comparison of in-line NIR, Raman and UV-visible spectrometries, and at-line NMR spectrometry for the monitoring of an esterification reaction. Analyst 2002;127:287–92.
[56] Blanco B, Villarroja I. NIR spectroscopy: a rapid response analytical tool. Trends Anal Chem 2002;21:240–50.
[57] Cheli F, Battaglia D, Pinotti L, Baldi A. State of the art in feedstuff analysis: a technique-oriented perspective. J Agric Food Chem 2012;60(38):9529–42.
[58] Savitzky A, Golay MJE. Smoothing and differentiation of data by simplified least squares procedures. Anal Chem 1964;36:1627–39.
[59] Barnes RJ, Dhanoa MS, Lister SJ. Standard normal variate transformation and de-trending of near-infrared diffuse reflectance spectra. Appl Spectrosc 1989;43:772–7.
[60] Commission Regulation (EC) No 1565/2000 of 18 July 2000. Furfuryl and furan derivatives with and without additional side-chain substituents and heteroatoms from chemical group 14. EFSA J 2005;215:1–73, Adopted on 27 April 2005.
[61] Commission Regulation (EC), question EFSA-Q-2003-236. Furfural and furfural diethylacetal. EFSA J 2004;67:1–27.
[62] Cocchi M, Consonni R, Durante C, Grandi M, Manzini S, Marchetti A, et al. Changes in the chimica composition of reduced cooked musts during the heating process. J Agric Food Chem 2008;56:6397–407.
[63] Cocchi M, Lambertini P, Manzini D, Marchetti A, Ulrici A. Determination of carboxylic acids in vinegars and in Aceto Balsamico Tradizionale di Modena by HPLC and GC methods. J Agric Food Chem 2002;50:5255–61.
[64] Durante C, Cocchi M, Grandi M, Marchetti A, Bro R. Application of N-PLS to gas chromatographic and sensory data of traditional balsamic vinegars of Modena. Chemometr Intell Lab 2006;83:54–65.

[65] Cocchi M, Bro R, Durante C, Manzini D, Marchetti A, Saccani F, et al. Analysis of sensory data of Aceto Balsamico Tradizionale di Modena (ABTM) of different ageing by application of PARAFAC models. Food Qual Prefer 2006;17:419–28.

[66] National Rule from 'Giunta Camerale'. DOC. no 162, 02/12/2002, list of master testers of ABTM.

[67] Pawliszyn J. Solid phase microextraction: theory and practice. New York: Wiley-VCH; 1997.

[68] Wold S. Cross-validatory estimation of the number of components in factor and principal components models. Technometrics 1978;20:397–405.

[69] Smilde A, Bro R, Geladi P. Multi-way analysis, application in the chemical sciences. Chichester, UK: John Wiley & Sons, Ltd; 2004. p. 171–3.

[70] Agiomyrgianaki A, Petrakis PV, Dais P. Influence of harvest year, cultivar and geographical origin on Greek extra virgin olive oils composition: a study by NMR spectroscopy and biometric analysis. Food Chem 2012;135(4):2561–8.

[71] Bevilacqua M, Bucci R, Magri AD, Marini F. Tracing the origin of extra virgin olive oils by infrared spectroscopy and chemometrics: a case study. Anal Chim Acta 2012;717:39–51.

[72] Casale M, Casolino C, Oliveri P, Forina M. The potential of coupling information using three analytical techniques for identifying the geographical origin of Liguria extra virgin olive oil. Food Chem 2010;118:163–70.

[73] EC 123/1997. Regulation (EC) no 123/97 of 23 January 1997.

Chapter 11

NMR-Based Metabolomics in Food Quality Control

Alberta Tomassini, Giorgio Capuani, Maurizio Delfini and Alfredo Miccheli*
Department of Chemistry, Sapienza University of Rome, Rome, Italy
Corresponding author: alfredo.miccheli@uniroma1.it

Chapter Outline

1 INTRODUCTION

Metabolomics has been defined as the identification and quantification of all metabolites in a biological system. This approach has emerged as an important tool in many different fields such as human disease, drug discovery, and finally plant physiology. Over the past few years, metabolomics has also emerged as a tool of increasing interest of food and nutrition scientists [1]. Metabolomics gives the opportunity to gain deeper insights into a food to obtain a better definition of the biochemical composition and to evaluate the quality, the processing, and the safety of raw materials and final products. Traditionally, food component analysis is focused on identifying and classifying food constituents into very broad categories such as carbohydrates, proteins, fats, fibre, vitamins, trace elements, solids, and/or ash. Otherwise a metabolomic analysis, through a detailed characterization of foods and

Data Handling in Science and Technology, Vol. 28. http://dx.doi.org/10.1016/B978-0-444-59528-7.00011-9

beverages into their biochemical constituents, offers to food chemists the opportunity not only to understand what gives to foods and beverages their aroma, taste, texture, or colour, but also to evaluate the nutritional properties and their impact on human health.

The analytical tools employed in metabolomic analysis are techniques that allow obtaining a high throughput of data, the two most employed being mass spectrometry (MS) or nuclear magnetic resonance (NMR) spectroscopy. By applying multivariate analysis to NMR spectroscopy or MS data, it is possible to interpret the wide range of data and to provide comprehensive information about biochemical constituents of a biological system [2,3]. The field of food analysis metabolomics, together with transcriptomics and proteomics, is involved in "Foodomics", that is defined "as a new discipline that studies the food and nutrition domains through the application of advanced omics technologies to improve consumer's well-being, health, and confidence" [4,5]. Consequently, the control of quality, the safety of food, and the monitoring of the food processing by metabolomics techniques acquire a greater importance both in the field of manufacturing output and the well-being of the consumers. Although still at their beginning, metabolomics-based strategies are already being applied to food processing and quality control, as well as plant breeding for improved crop varieties and in the development of novel foodstuffs. The importance of this technology has also recently been recognized by the EU Research division, which funds many multi-national projects like, for example, METAPHOR (metabolomics for Plants, Health and OutReach) 2007–2012 [6]. Successful development of this approach requires the collaboration between a multitude of disciplines, such as analytical chemistry and spectroscopy, food chemistry, plant biology, nutrition, computational science, bioinformatics, and statistics. Overall, it requires the management of different databases, acquired in standard conditions, and the application of appropriate models for the classification, the acceptability of quality, and the compliance with food regulations: this represents the actual challenge for the chemometricians in metabolomics of foods.

In this chapter, we report the NMR-based metabolomic approach in food analysis and display its more instructive applications in quality control in order to illustrate the set of problems related to peculiar data source, the potentiality, and the development features of main interest for chemometricians in this field. Therefore, to overview the different MS-based strategies applied to food analysis, we address the reader to the most recent comprehensive reviews [5,7].

2 METHODOLOGY

Foodstuff can be considered as complex mixtures containing a wide range of metabolites having different concentrations and chemical properties. The biochemical components of a foodstuff can already be present in the crude products, or arise from the storage conditions and processing, or be added for preservation or peculiar nutritional purposes.

In this context, NMR spectroscopy has shown some important advantages in respect to the other analytical techniques, which can be summarized by ease of quantification, straightforward metabolite identification, and ability to determine unexpected metabolites [8]. Indeed, NMR analysis of a sample allows the simultaneous detection of low molecular weight metabolites present in a solution at a concentration beyond 10^{-6} M.

However, the sensitivity of NMR spectroscopy is the main limitation in its application in food analysis, when compared to MS techniques. The presence of toxins or pesticides in a foodstuff cannot be investigated by NMR spectroscopy, even if the increasing developments of NMR hardware are greatly improving its sensitivity. In spite of this, NMR spectroscopy turns out to be one of the most suitable techniques for food quality control and assurance, mainly because of its reproducibility and of its ability to analyse a foodstuff sample without or with minimal chemical treatment.

Due to these characteristics, the possibility to build databases of NMR-based metabolic profiles of foodstuffs, in order to assess their quality, is becoming more and more actual [9]. However, when we apply multivariate analysis to our data fields or wish to compare databases obtained by NMR spectroscopy by other researchers, it is very important to consider the source of extrinsic variability originated by the employed experimental conditions, in terms of sample preparation, NMR acquisition parameters, signal-to-noise ratio, NMR spectral pre-treatment, NMR data pre-processing, as well as the strategy for NMR-based metabolomics (for an exhaustive introduction to the reported critical concepts see the manual by Axelson [10]).

2.1 NMR Sample Preparation

The numbers forming the data fields handled by chemometricians are entities embedding the whole history of the experimental protocol performed from the raw material to the data obtained by spectroscopy: therefore it is of utmost importance that each step of the experimental protocol is well understood, in order to have the correct idea of what the degrees of confidence and the uncertainties associated with that number are.

In the case of NMR spectroscopy, the more sensitive steps of the protocols can be roughly located in the extraction methods, the choice of the appropriate NMR parameters and the post-processing of the obtained spectra (that is the first step of data pre-processing).

The preparation of samples to be analysed by high-resolution NMR spectroscopy must accomplish two main goals: yielding homogeneous samples (mainly homogeneous solutions in liquid phase), avoiding as much as possible the presence of high- and medium-molecular weight metabolites. Indeed, the presence of different phases in the sample—either two or more separated phases or particulate—interferes with the homogeneity of the magnetic field resulting in broader NMR signals, with a loss of both resolution and reproducibility, while relatively high molecular weight molecules would appear as broad signals in the spectra superimposed to the relatively narrow resonances from the low molecular weight molecules: this would affect the quantification of the latter in an unreproducible way, introducing a further source of uncertainty, and therefore large molecules should be removed as much as possible at this stage, or they will need to be managed at a later stage by applying NMR acquisition or post-processing techniques that can have a more detrimental effect on the remaining signals.

Most of the foodstuffs that will be tested by QC analyses originate from living systems, which undergo time evolution by their nature. This is a factor that should be taken into account for the samples to be actually representative: apart of all the issues related to the gathering of raw materials (like times and conditions of harvest or collection, storage, transport, and processing) that are upstream to the laboratory, the metabolites content of the food must be kept as steady as possible by blocking the biological reactions that are still occurring, that is, by quenching the enzymatic activity.

Generally, in liquid food, for instance fruit juice or tomato paste, the enzymes are inactivated by exposition to high temperature through manufacturing processes for sterilization (e.g. pasteurization or UHT). Consequently, these foodstuffs can be analysed without any metabolic quenching. The other way round, solid or fresh liquid foods require different steps of sample handling in order to achieve a liquid sample containing the soluble components of the foodstuff (Figure 1).

Quenching can be performed by low temperature (liquid nitrogen bath, blast chilling) or by solvent addition: some of these steps are also preparatory to the following procedures—indeed, after liquid nitrogen bath the sample is suitable for powdering, while solvent addition can be both a quenching and an extraction step.

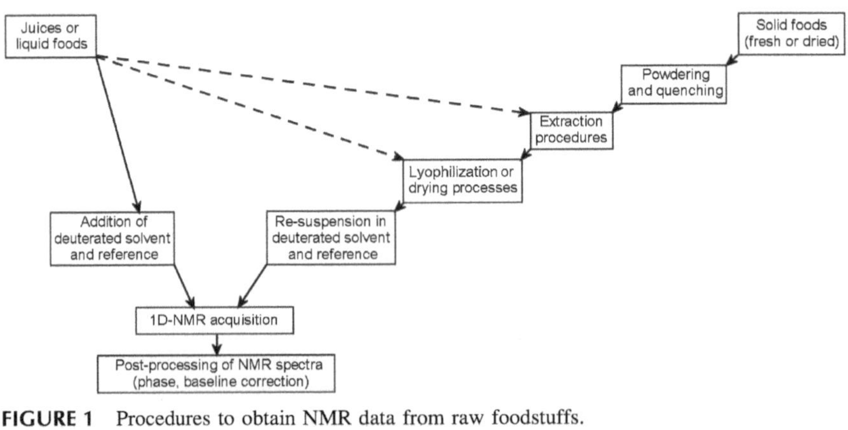

FIGURE 1 Procedures to obtain NMR data from raw foodstuffs.

Currently, there is not any univocal procedure used as a standard: different procedures of extraction have been used depending on the characteristic of foodstuffs (for a comprehensive list of the extraction procedures used for food NMR analysis, we address the reader to a recent review of Mannina *et al.* [8]).

In the case of liquid foodstuffs, like fruit juices [9], or olive oils [11], or vinegars [12], the samples can be analysed without any further treatment or, at most, by procedures involving either to concentrate diluted samples (wine, for example) [13] or to dilute by adding suitable solvents for viscous liquid foodstuffs, like in the case of honey [14].

Sometimes it is worth to perform lyophilization or extraction procedures on liquid foods too, not only to yield more homogeneous solutions or to remove higher molecular weight metabolites as stated above, but also to have a strict control on concentrations: as a matter of fact, liquid foods can be regarded generally as solutions (or suspensions) whose concentration depend on a number of factors that are out of the examiner's control; furthermore, the presence of the intrinsic solvent (water in almost any case) is often an issue for ^{1}H 1D high-resolution NMR spectroscopy, that is by far the most common applied NMR technique, and its removal is generally a positive factor in the design of the experimental protocol. The choice of the eventual extraction procedure should be undertaken by considering the nature of the sample and the effects that extraction will have on it. For example, the co-presence of fatty and hydrosoluble metabolites could suggest a multisolvent extraction procedure, like chloroform/methanol/water, which gives rise to two distinct hydrophilic and lipophilic phases and, in turn, two separate samples that will be dried and redissolved in different solvents (typically deuterated water and deuterated chloroform, respectively) [15]. The use of aggressive chemical reactants as extraction agents might lead to the degradation of some metabolite, and the extraction conditions must be carefully controlled to avoid the underestimation of that metabolite and the overestimation—or the unpredicted presence—of its degradation products.

2.2 NMR Acquisition and Processing Parameters

As we stated earlier in this chapter, data yielded by any analytical technique depends on the experimental protocol and the characteristics of the specific detection method employed. NMR spectroscopy is a multiparametric technique, and the choice of the experimental set-up is critical to assure the accuracy, reliability, and representativeness of data.

NMR spectra are constituted by a series of resonance signals, each of them originated by the magnetically equivalent nuclei that undergo to the NMR experiment (i.e. hydrogen nuclei for ^{1}H NMR spectroscopy). Their position in the spectrum (chemical shift) is peculiar of the chemical group to which the nucleus is bound and of its chemical environment (chemical neighbourhood—both directly linked and spatially displaced, stereochemistry), their intensities

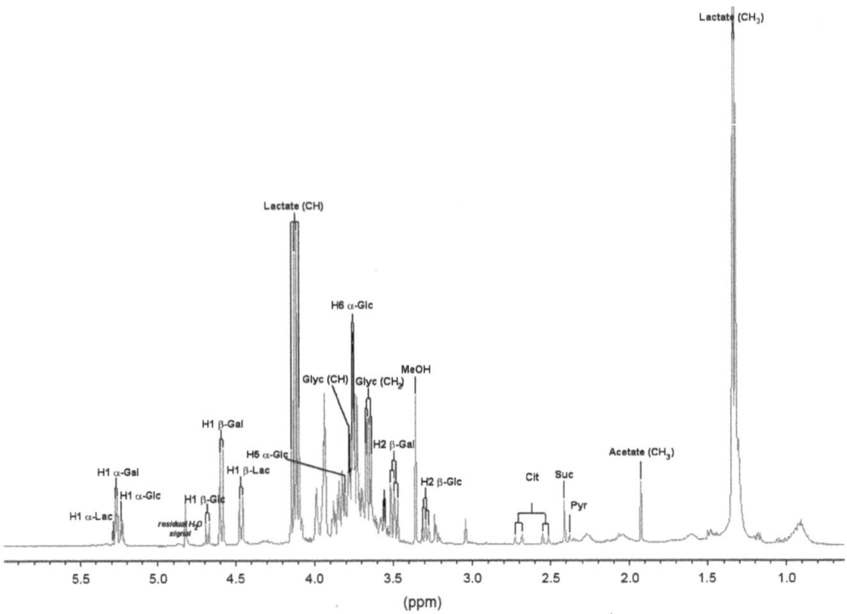

FIGURE 2 NMR spectrum (0.5–6.0 ppm region) of the aqueous extract of mozzarella cheese: signals relative to the most relevant metabolites are tagged. (For colour version of this figure, the reader is referred to the online version of this chapter.)

(areas) are proportional to the concentration of the chemical group, and thence of the molecule. Since any metabolite is composed of more than one chemical group having hydrogen atoms, it comes out that each metabolite is represented by more than one NMR signal—indeed, it usually gives rise to an even more complicated pattern due to spin coupling. The ^{1}H 1D NMR of a mixture (Figure 2), like the solution derived from foodstuffs is, produces therefore an overcrowded ensemble of resonance signals, that is a snapshot of all the metabolites contained therein: it is often described as its fingerprint. Such a situation has some disadvantages and some advantages: many NMR peaks from very similar groups bound to different chemical species can be partially or totally overlapped, and thence difficult to be detected, assigned to a specific metabolite and measured; on the other hand, this redundancy can be helpful because each molecule has its own spectral pattern and can be recognized on this basis, and its quantification can be performed anyway by measuring a non-overlapped signal even if the remaining are entangled in intricate regions. Assignment of the overlapping signals can be made much easier by performing 2D NMR experiments that develop the 1D spectrum complexity into a second dimension.

It is straightforward that any possible experimental factor influencing the intensity of the signals must be carefully avoided or minimized, while the physicochemical environment of the specimens must be kept as much constant as possible to ensure the reproducibility of chemical shifts throughout the whole experimental set.

Signal intensities can be affected by either intrinsic sample-related issues, like very broad signals spanning a wide spectral range due to the presence of macromolecules or a huge signal covering some part of the spectrum due to a very high ratio of concentrations between the solvent and the metabolites to be measured; or the choice of inappropriate spectral conditions (e.g. saturation of all or some signal due to short relaxation delays or inadequate solvent suppression parameters); or inadequate spectrum post-processing (e.g. phase and baseline correction). Each of these issues can be addressed by applying a correct experimental protocol: in the case of ^{1}H NMR spectroscopy, solvent signal can be greatly reduced by drying the sample and re-suspending it in deuterated solvents, or by using solvent suppression sequences; signals from macromolecules can be managed removing most of the high- or medium-molecular weight molecules by microfiltration or extraction procedures, or else by using NMR sequences that are able to minimize signals from heavy, slow-moving molecules, like spin-echo-based techniques.

The stability of chemical shifts along the experimental set is another crucial issue, since some signals are more prone to change their position within the spectrum than others: for instance, in ^{1}H NMR spectroscopy, the signals from polar groups can move upon the influence of charged ions, whose concentration determines the entity of the shift.

Depending on the different polarity of the compounds presents in an extract from plants or vegetables, the dried samples yielded by a solid foodstuff extract can be re-suspended in solvent mixtures, at different v/v ratios depending on the sample characteristic (commonly deuterated water and methanol). This can result in slight chemical shift differences of the resonances arising from the same metabolite among different samples originated from the same foodstuff, making them difficult to be compared. Another important step in the NMR sample preparation, which influences the chemical shifts of signals, is the final value of pH of the liquid sample, either reconstituted from dried extracts or already in liquid state. Therefore, it is important to control the pH of the samples.

As it can be seen, the experimental procedure can have qualitative and quantitative influences on the comparability among data obtained by NMR spectroscopy. In any case, each step of the laboratory protocol implies some losses and introduces a degree of uncertainty associated to the data that will be obtained: preliminary experiments should always be planned to acquire the necessary knowledge of the system under analysis and of the experimental pitfalls that come with it, and finally to define a scheme that is the best compromise.

Post-processing of NMR spectra is a multistage procedure basically comprising Fourier transform, phase correction, and baseline correction. Each of these steps can be done automatically but, since they can greatly influence the following quantification of the NMR signals, they should never be applied uncritically. In particular, the results of the application of phase and baseline correction to a series of spectra should be at least inspected and, in case, corrected by the operator. Phase correction follows from the phase uncertainty given by the Fourier transform algorithm, and a bad correction can lead to frequency-dependent, that is, chemical shift-dependent, errors. Baseline correction is maybe even more critical, since it directly affects the absolute values of the NMR signal integral (area). The very basic, mandatory baseline correction is DC drift correction (baseline zeroing), but many more algorithms are available (polynomial interpolation, fid reconstruction, linear prediction) to cope with the specific baseline patterns associated to the spectra [16–18].

A standardization of the experimental protocols to obtain standard sample is desirable in order to compare database acquired in different laboratories. In this context, several initiatives, carried out by the Standard Metabolic Reporting Structures group, were focused to produce draft policy documents covering all aspects of a metabolomic study that are recommended for recording, from the raw biological sample, the analysis of material from that sample, and chemometric and statistical approaches to retrieve information from the sample data [19–21].

The use of 1D NMR spectroscopy as a high-throughput analytical technique for metabolomic studies has been very enhanced by the introduction of automated procedures: autosamplers allow to handle more than a hundred samples per day with no human attendance, while auto-tuning and auto-shimming routines assure an average good quality of the spectra, although the best performance of the spectrometer is not reached unless each step of the analysis is optimized by the operator. If this is the case, anyway, it is worth noting that the optimal spectral features, like signal-to-noise ratio and resolution, must be achieved for every single spectrum in order to have comparable data: the homogeneity of those spectral features is a priority since they affect the signal quantification, and should be pursued rather than having some perfect spectra and some average ones.

2.3 Targeted Analysis and Pattern Recognition

Quantification is the passage that transforms a set of NMR spectra into a data matrix. This task can be performed following two complementary routes (Figure 3): either by resolving the signal forest assigning each (or most) of them to the proper metabolite—this implies that we *a priori* assume to know which molecule can be present in the mixture—and measuring the intensities of the specific peaks of interest (targeted analysis) or by processing the spectra "as they are" regardless to any other consideration and relying on the correlation structures embedded in the ^{1}H 1D spectrum due to its intrinsic redundancy (pattern recognition).

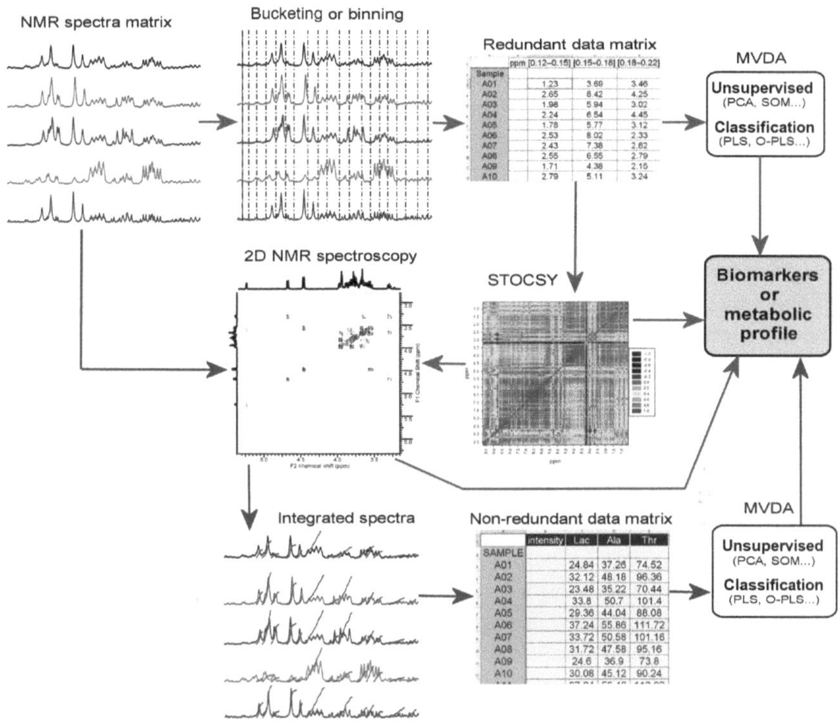

FIGURE 3 Strategy for NMR-based metabolomic analysis: pattern recognition (red route) and targeted analysis (blue route). (For interpretation of the references to colour in this figure legend, the reader is referred to the online version of this chapter.)

This latter strategy is performed on the whole set of spectra at once and requires a series of automatic, or semi-automatic steps that can include peak alignment [22,23] and then discretization by subdividing the spectral range in small fractions (bucketing or binning). The first, more obvious binning procedure divided the spectra in regular intervals of equal size: this can lead to unreliable results if peaks are not perfectly aligned and do not have similar linewidths in each spectrum. More sophisticated algorithms have been developed [24,25] to address this issue and are included in the most popular NMR analysis software packages. The result is a data matrix that embeds all the information included in the spectra, but whose variables (spectral intervals) do not have a direct metabolic meaning: multivariate data analysis is then applied for variable reduction to unravel the structural and metabolic relationships subtended by the spectra.

Both targeted analysis and pattern recognition method require the assignment of the resonance signals to their source metabolites in work flow (Figure 3). This procedure needs the operator's skill, which can be based on a large set of 2D NMR techniques (bidimensional homonuclear spectroscopy like correlation spectroscopy and total correlation spectroscopy experiments or bidimensional heteronuclear spectroscopy like heteronuclear single quantum coherence or heteronuclear multiple bond correlation), on a number of either publicly available [26–28] or proprietary databases, on reference spectra, and on literature data. Some effort has been done to automate this process [29,30]. One more available tool is given by Statistical Total Correlation Spectroscopy [31]: variables from the unsupervised matrix are correlated pairwise and the correlation coefficients are arranged in a correlation matrix. The strongest correlations are due to signals belonging to the same molecules.

The variable of the data matrix yielded by supervised analysis are the real concentrations of the detected metabolites, and the application of multivariate methods can directly lead to the understanding of the metabolic system under study.

Both the "targeted analysis" and pattern recognition method contribute to provide the metabolic profiles of the foodstuff and to detect the biomarkers that characterize the biological processes occurring in it (for detailed methodological reviews, see Refs. [32,33]).

Pre-processing of data matrices from NMR spectra for multivariate analysis should be applied by keeping in mind the peculiar characteristics of their origin. Centring and scaling allow to equalize the importance of all the considered metabolites, and this is important since many of them are intermediates of the metabolic pathways, their concentrations are regulated by enzymatic patterns and are therefore generally low in respect of the dominant signals from end products. On the other hand, NMR data are always positive quantities and centring introduces a factitious threshold that should be taken into account in some cases, while scaling can overestimate the variations of small signals because of stochastic fluctuations: in this respect, Pareto scaling can represent a good compromise. After these steps, multivariate techniques are applied for detection—in an unsupervised way to pick out intrinsic correlations in the data field and/or the presence of outliers (commonly by PCA, as first) or else supervised against known external variables (like with PLS, OPLS, MCA) or for classification (PLS, SIMCA, multiway analysis [34–36]).

3 NMR-BASE METABOLOMICS APPLICATIONS

3.1 Food Quality Control

The term "quality control" (QC) in foods can indicate different concepts at two different levels of complexity. In a broader sense of acceptation, QC may signify the adherence to the ever stricter standards controlling the food chain promulgated by official authority as, for example, the European Union. In this regard, food safety control represents the major challenge and pertains principally to finished products. The EU integrated approach to food safety aims to assure a high level of food safety, animal health, animal welfare, and plant health within the European Union through coherent "From Farm to Fork" measures and adequate monitoring, tracing the different stages of the food chain system and examines the practices and procedures that ensure the safety of our food. As a consequence, the QC at these levels is mainly represented by the detection of toxic/harmful or adulteration substances, either voluntarily or not, present in the finished product or formed during the preparation process.

Otherwise, the intra-factory QC may also concern a control of the starting raw materials and the stability of products during processing, ideally leading to a "golden standard" that can differ from factory to factory.

Foods can be grossly divided into vegetable- or animal-derived products. They are characterized by an intrinsic complexity and heterogeneity of the matrix that is reflected in the presence of several classes of metabolites with different chemical properties and wide concentration ranges, which must be preserved as much as possible during the analysis. In this respect, NMR-based metabolomics is more suitable for the application on liquid products (i.e. juices, beverages, etc.) where the samples are practically ready for the analysis requiring a dilution step at most. On the contrary, solid foodstuffs have to be extracted to obtain a liquid representative sample.

The complexity of the chemical analysis is well described when, for example, we have to assess the quality of plant-derived raw materials or products. In fact, natural products are characterized by a wide range of metabolite composition linked to factors like structural variation in plant organs, different cultivars, and/or species, geographic origin, growing sites and seasons, agronomic treatments, developmental stages, climatic differences in production sites, and many more. The same complexity can be found for animal-derived products, either liquid (i.e. milk) or solid (i.e. meat, cheese), where the metabolite composition reflects species difference, of course, but also different livestock farming and feeding.

However, it must be underlined that an agreement on "omics"-derived food standards is presently still lacking and needs, as a first step, the standardization of experimental designs, technical protocols, and results presentation for a comparative analysis and toward the preparation of common databases.

Furthermore, when evaluating metabolomics data, it should be advisable to consider that statistically significant differences between different foods do not necessarily imply better or worse quality or altered nutritional values, representing biologically meaningful effects. For example, one can find large differences in metabolite levels but in minor food constituents or statistically significant differences due to relatively small differences in metabolite levels.

Strict standardization protocols will be a prerequisite when considering the relative new world of "nutraceuticals" and "functional foods" that, from a legal point of view, fall in a grey area between the food and the drug categories. The term "nutraceutical" has been defined as "a food or parts of food that provide medical or health benefits, including the prevention and/or treatment of disease". In a broader acceptation, the nutraceuticals include food supplements, food ingredients, fortified foods that are subjected to strict ever-changing regulations particularly when health claims are involved [37]. Here the quality and safety control, besides the efficacy one, is of paramount importance and prefigures the identification of bioactive components, their quantification, and their stability in complex mixtures as for any plant-derived food. Furthermore, in the substantiation of health claims by the European Union, two key considerations are specified, namely "the extent to which the food/constituent is defined and characterized, and the extent to which the claim is defined and is a beneficial physiological effect" (Regulation (EC) No. 1924/2006 of the European Parliament and of the Council of December 20, 2006 on nutrition and health claims made on foods) [38].

From an historical point of view, the first studies that applied a metabolomic approach mainly regarded the discrimination of botanical species, cultivars, and clones. Since then, several papers appeared in the literature both on raw materials (e.g. grape, tomato, lettuce, melon, etc.) and on finished or semi-finished products (juices, oils, cheeses, wines, beers, etc.). It is out of the scope of this chapter to discuss all the single evidences that can be found well reported in many recent reviews [1,4,5,7,8,39].

Here, two studies will be reported as an exemplification of the potentiality of the metabolomic-based approach in food analysis; the first one is discussed because it led to a patented method (Bruker JuiceScreener^{TM} for SGF Profiling^{TM}) for juice authentication, and the second one because it showed the potentiality to discriminate different cultivars of the same botanical species (kiwi fruits) and to follow the whole ripening process through metabolic fingerprinting.

SGF Profiling^{TM} represents an NMR-based screening method for the quality control of fruit juices [9,40]. Through this system where sample transfer, measurement, data analysis, and reporting are fully automated, a huge spectral reference database from more than 6000 samples of 50 different types of fruit juices from more than 50 countries has been built. Then the data has been analysed through both a targeted and non-targeted approach. Through the first approach the identification and quantification of single compounds for each type of fruit juice were provided. The fruit juice industry has established a Code of Practice in Europe, which contains concentration ranges of several indicative compounds for different types of juices. SGF profiling compares the values found by NMR and indicates if a concentration is within the range defined by the Code of Practice. Furthermore, NMR allows additional information to be collected for new indicative compounds not listed in the Code of Practice. In fact, any deviation in the spectral profile could imply quality problems and/or adulteration like, for example, the addition of sugars or citric acid to the juices or the usage of unripe fruits.

An exhaustive statistical analysis was applied to the same data in the untargeted approach. First of all, the amount of data of the spectra was reduced via bucketing, and a series of statistical tests and classification/discrimination steps were done leading to the differentiation of 20 types of fruits (namely apple, orange/mandarin, sour cherry, pineapple, black currant, passion fruit, lemon, grapefruit, banana, peach, raspberry, strawberry, pear, apricot, mango, guava, carrot, elderberry, pomegranate, and grape). The applied statistical method was a combination of PCA and discrimination analysis, and the accuracy was checked via cross-validation and Monte Carlo analyses.

This type of classification could allow the detection of frauds as, for example, the dilution of orange juices with the cheaper mandarin ones that is difficult to be discovered with conventional analysis. On the contrary, the proposed NMR-based method can detect mandarin juice at a level of 10% or more and therefore is suggested as a valuable pre-screening method prior to DNA- or other conventional analyses. Furthermore, more specialized models could distinguish between direct juice and juice from concentrate and could detect the origin of the fruit. As an example, the results for estimation of origin for a particular orange juice sample are showed in Figure 4. In this case, the possible sources of orange juices included Spain, Greece, Brazil, Belize/Mexico/Costa Rica, Cuba, and USA. A 3D projection of the discrimination model space represents the ellipsoids of probability for each source, and the sample of interest is marked by a star. Similarity factors were calculated in the complete discrimination space and provided the probabilities for the estimation of source. It has to be underlined again that the success in the applicability of these type of approaches is strictly linked to the collection of a huge reference dataset; the fact that the majority of samples in the presented study were from orange and apple juices has allowed the separation of these juices in additional subgroups related to their geographical origin and their production from direct or

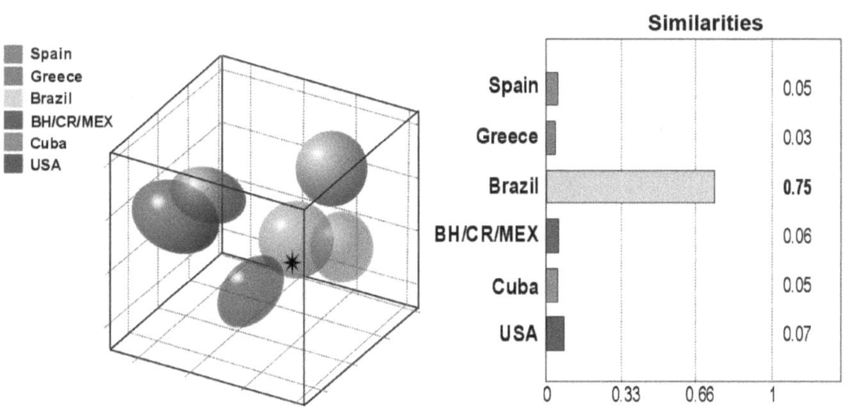

FIGURE 4 Estimation of the exact variety of origin of an orange juice. The left plot shows a 3D projection of the model space with the ellipsoids of possible groups. The star symbolizes the actual sample. *Modified from Ref. [9].* (For colour version of this figure, the reader is referred to the online version of this chapter.)

concentrated semi-finished material. It has been calculated that at least 30–40 samples of each subclass are needed to start building models for more rare juice types [9,40].

In the second type of approach, the metabolic profiling of aqueous extracts of one cultivar (Hayward) of kiwifruits (*Actinidia deliciosa*) was used to investigate the kiwifruit composition at different harvesting times over a 7-month period [41]. The qualitative and quantitative analyses of metabolites in kiwifruits are very important for commercial success as flavour, fragrance, and healthful properties are obviously linked to the fruit chemical composition. In particular, the balance between soluble sugars and non-volatile organic acids influence the flavour of the fruit flesh, while the different sugars are responsible of different sweetness levels and organic acids give a different perception of the acidity. Furthermore, the industries that extract specific compounds from the fruit heavily rely on the knowledge of nutritional profile of the fruits. The biochemical composition of fruits determines the shelf life too. In fact, a fruit harvested too early has a low level of carbohydrates, whereas a fruit harvested too late may be subjected to mould, with a resulting reduced shelf life.

The NMR analysis clearly showed the presence of some metabolites, although in different concentrations, during the whole growth period while other metabolites were characteristic of particular months. A data matrix was built from the intensities of each selected NMR signal where samples were represented by a row and each NMR signal was represented by a column. The harvesting months were added as the "external" variable, against which the multivariate regression was performed. ^{1}H resonances from 29 metabolites always present during the investigated period were selected and the obtained PLS model was validated through a full cross-validation test procedure. The significance of the correlation between the original variables and the PLS models was assessed by the uncertainty test. Two LVs account for 95% of the variability within the data. A clear grouping of the samples according to the harvesting month was shown with early samples (June, July, and August) separated mainly along LV2, while the later samples appeared separated mainly along LV1. The findings suggested August as the key month for the kiwifruit development, showed by a drastic change in the metabolic trend.

Then two further PLS analyses were singly performed on the early (collected in June, July, and August) and late (collected in September, October, November, and December) data in order to investigate in more detail the growth and the ripening processes. In these analyses, the metabolites present only in the first or in the last harvesting period were also taken in account. In the first PLS, the first two LVs account for the 97% of the variability within the data. In the second PLS, the first two LVs account for the 96% of the variability within the data. A detailed definition of the processes occurring during the fruit growth was obtained from the PLS analysis over the early stage where, while LV1 fully confirmed the findings from the previous analysis on the whole time set, LV2 also involved metabolites present only in the early period like, for example, those involved in the shikimic acid pathway. In a following paper, three *Actinidia* varieties characterized by different developmental times were investigated [42]. Beside the Hayward cultivar, Zespri™ Gold kiwifruits and a crossbreed from different species of *A. deliciosa* (CI.GI.) were used.

Zespri fruits are usually fully mature about 1 month earlier than Hayward fruits, whereas the developmental time of CI.GI. fruit is intermediate between Zespri and Hayward.

In Figure 5, the means and standard deviations of the PCA scores at each stage of development relative to the first two principal components obtained on the whole data matrix of the common metabolites are shown. The earlier ripening of the Zespri variety was observable by the evolution of the scores along PC1 that always preceded their Hayward and CI.GI. counterparts. These last two varieties were characterized by metabolic profiles substantially coupled along the first as well as the second latent variables, in agreement with the common origin of CI.GI. and Hayward that are both varieties of *A. deliciosa.* In this study, the stage of kiwifruit development and kiwifruit cultivar was used as external variables along which the multivariate regression was performed through PLS2, an extension of the standard partial least-squares (PLS)

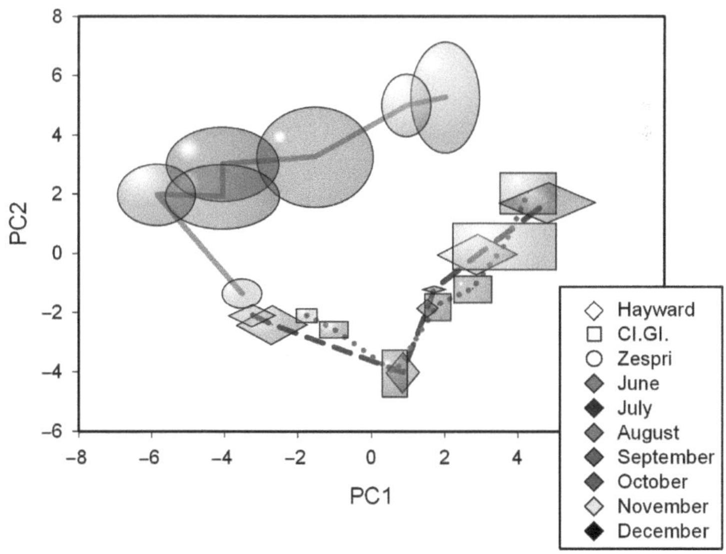

FIGURE 5 Scores from PCA on the metabolites common to Zespri, CI.GI., and Hayward kiwifruits (modified from Ref. [42]). Data are expressed as means and standard deviations of the scores for each cultivar and month: the centre of each ellipsoid represents the mean values, the widths of the ellipsoid axes are the standard deviations along PC1 and PC2. (For colour version of this figure, the reader is referred to the online version of this chapter.)

analysis. This analysis gives a single set of scores, a single set of loadings, and separate sets of correlation coefficients for each external variables. Again, the effect of the developmental stage was visible as a trend along LV1 with the samples collected from June to August grouped according to the harvesting time along LV1 and LV2, in agreement with the results reported in the case of Hayward kiwifruits.

In the following chapters, some application examples on quality control issues in geographical origin discrimination, safety, and adulteration are discussed. However, the proposed division in subchapters is somehow artificial. In fact, if a food can be characterized depending on its geographical origin through the acquisition of a collection of metabolic profiles, it follows that this food can obtain an authentication. By fixing a range of acceptable natural variations through, for example, different year crops, one can readily be warned about adulterations that will be revealed as outliers in my statistical cloud. If such a process would be applied in the future starting from raw materials to the finished products and further to the food shelf life, a real "From farm to fork" quality control will be obtained.

3.2 Quality Control: Geographical Origin and Authentication

Several metabolomics studies have been focused on quality control and geographical origins of wines reflecting the commercial interest in the exclusive use of particular brands and vinegars leading to a novel debut of a genuine "wine science". Protected Denomination of Origin (PDO) and Protect Geographical Indication (PGI) are legal terms recognized by the European Union to protect high-quality foods.

In this regard, metabolomics can provide valuable information ranging from chemical composition, production area, climate influences, and grape varieties to processing and vintage contribution to the overall quality (for a comprehensive review, see Ref. [39]). The NMR analysis of wines represents a good paradigm of problems to be faced. Wine samples are usually analysed as such, with just the addition of buffered solutions, or after lyophilization: the first used to minimize changes in NMR chemical shifts induced by variation in pH, the second used to avoid the overlapping of metabolites with the ethanol peak. However, volatile metabolites are lost during lyophilization, or multiple solvent suppression sequences have to be used to get rid of the ethanol peak in buffered samples.

Geographical dependences of wines in samples from Italy, France, Australia, California, and Korea have been reported, and the application of NMR-based multivariate statistical analysis has successfully allowed the association of wine metabolites with wine quality not only on the basis of geography, but also depending on climate, soil, sun exposition, or rainfalls ("terroir" effect) [13,43–46].

In a study of Son *et al.*, pattern recognition methods applied to ^{1}H NMR spectra were used to investigate the influence of different regions in relation to metabolic differences in grape pulp, skin, and seeds and in wines from South Korea [13]. The large dominance of sugar resonances in ^{1}H NMR spectra of pulp and skin extracts prevented the development of PLS-DA models with high predictability; after the exclusion of the involved regions the Q^2 value increased to 0.84 resulting in a significant separation. Then, PLS-DA models were applied to ^{1}H NMR spectra data sets of wines aged for 3 and 6 months, leading to a good region-dependent separation. Interestingly, the authors could correlate the metabolic clustering of grapes in relation to microclimate parameters (sun exposure, high/low rainfalls) showing different levels of sugar, proline, malate, citrate, alanine, threonine, and trigonelline in grapes. Similar environmental effects were also observed in the complementary wines, suggesting that the proposed approach can be used to determine appropriate harvest times for grapes according to individual circumstances.

A metabolomic approach was also shown as a very useful one in the field of beer characterization, allowing a classification on the basis of different raw materials (malt), beer types, brewing sites, or even production times of the same brewery [47–49]. Beer is obtained from malted grains, hops, and yeast through a fermentation process; other components (fruits, herbs, and spices) can then be added to produce a particular blend. Different fermentation processes distinguish the two principal types, namely ales and lagers, and alcohol-free beers are produced too.

In an exhaustive study of Lachenmeier *et al.*, metabolic fingerprinting and PCA allowed the classification of beers in relation to types and origin; furthermore, beers made from barley or wheat malt could be distinguished as well as brewing sites [48].

As observed with NMR analysis of wine, sugar and organic acids signals showed small 0.002–0.003 or 0.06 ppm shifts, respectively, due to pH sensitivity of the aliphatic region, in particular. This problem causes a decreased ability of the multivariate analysis to classify the data and was overcome through buffering all the samples. A bucket table was then generated as an input for PCA, scaling to total intensity was applied and the number of principal components needed was determined applying a cross-validation technique. By plotting the data defined by the two or three largest PCs, it was possible to highlight the similarities and differences among the spectra of 80 beers. The plot of the first two PCs in Figure 6 (95.5% of total variability expressed) displays a large group of 76 samples with 4 outliers; the bucket 4.20–4.24 ppm was identified as the cause of clusterization in the four samples and was ascribed to lactic acid. A microbiological analysis revealed anomalous numbers of beer-spoilage lactic acid bacteria in these samples that, furthermore, originated from home breweries. Thus, the metabolomics analysis could discriminate beer origin in terms of different breweries and, more

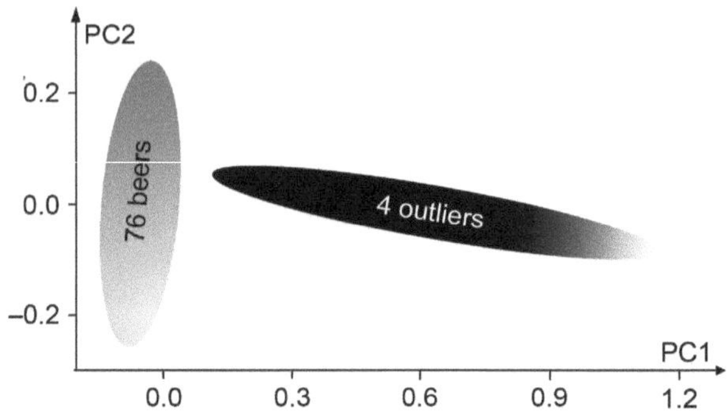

FIGURE 6 Scores grouping of the PCA from beer samples (0.4–9 ppm region of NMR spectra). *Modified from Ref. [48].* (For colour version of this figure, the reader is referred to the online version of this chapter.)

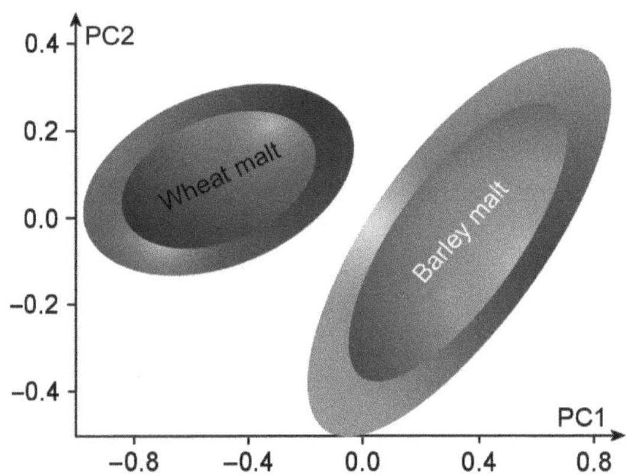

FIGURE 7 Scores grouping of the PCA from barley and wheat beer samples for the aromatic region (6.7–7.6 ppm) of the NMR spectra. *Modified from Ref. [48].* (For colour version of this figure, the reader is referred to the online version of this chapter.)

important, could evidence deficiencies in hygiene during processing, probably due to the recontamination after wort boiling. Interestingly, if the beers from the same brewery are tagged in the scatter plot, the corresponding points were close together. The possible causes of this clustering were ascribed to differences in raw materials, namely the particular water used, the origin of malt, the strain of the yeast [48].

By performing PCA on buckets from specific NMR aromatic regions (7.6–6.7 ppm; no bucket exclusion; 0.01 ppm range), a differentiation between barley and wheat malt types was observed (Figure 7). Wheat beers cluster in a region of negative PC1, whereas the beers made with barley malt (Pilsener, Export, and Alt beers) give scores of positive PC1 or PC1 around zero. Interestingly, this PCA model could be used to verify the compliance with German beer purity laws that prescribe the declaration of the malt type [48].

In the German beer legislation, the beer categories also depend on quality parameters as the original gravity, the ethanol, and lactic acid contents. The authors correlated the NMR spectra with results from other analytical data for calculating these parameters by using the PLS analysis. The PLS regression model used two data tables where the X corresponded to the bucket table calculated from NMR spectra, and the Y contained extra information on the sample (extra variables).

For example, in order to determine original gravity, the bucket table of the entire NMR range (10.0–0.3 ppm), including ethanol, was correlated to the wet chemical analysis. The PLS model, verified through cross-validation, showed an excellent correlation ($R^2 = 0.998$) between the standard laboratory values and the NMR prediction. A very good correlation was observed for ethanol and lactic acid contents ($R^2 = 0.985$ and 0.954, respectively) showing that the proposed approach is suitable as a fast and cost-efficient screening procedure since quantitative determination of essential compounds through NMR spectroscopy as well as chemometric classification are simultaneously possible.

As underlined above, some problems can arise when a metabolomics approach is applied to solid samples that need an extraction step before NMR analysis (see above). This is the case for tea analysis starting from leaves extracts. Teas can be grossly divided in three types on the basis of the fermentation process, namely green (unfermented), oolong (semi-fermented), and black teas (fermented), and their quality is assessed through appearance, flavour, and aroma. As the quality, and then the price, of teas depends on the judgment of professional tasters, there is a growing interest in a quality assessment based on chemical measurement considering, in particular, the health-related properties claimed, especially of green teas.

In this regard, a relatively recent but exhaustive work of Le Gall *et al.* can represent a good example of the problems to be faced [50]. A very comprehensive database of 168 green teas originating from different countries (145 from China, 7 from Japan, 6 from Indonesia, 5 from India, 3 from Vietnam, 2 from Bangladesh) were collected to study if the teas can be discriminated according to the country of origin by chemometric analysis of their ^{1}H NMR spectra. When analysing NMR data by PCA, it appeared that the pattern of covariance was seriously affected by some problem in that it described an "arabesque" style figure in both PC1/PC2 and PC2/PC3 score plots. The problem was due to a shift in some individual peaks (i.e. caffeine) from sample to sample depending on the association of caffeine molecules both with each other and with polyphenols in the used relatively polar solvents. Therefore an in-house Matlab macroprogram was written based on the principles of partial linear fit to allow the local alignment of the peaks within the data matrix. The improvement in the PCA was significant and showed the need of the preparation of NMR data and the importance of peak alignment before chemometric analysis, in order to obtain reliable results in particular situations and, above all, evidences again the need of an international scientific agreement toward the issuing of standardized protocols in the field of NMR sample preparation and data analysis.

Notwithstanding the applied correction, and although a clustering of the scores of non-Chinese teas was observable in the PC1/PC2 plot (41% of explained variance), the Chinese tea scores were scattered evenly within the plot with no further obvious clustering according to the country of origin, probably due to the small number of samples: this fact underlines the need to balance the amplitude of the samples in metabolomics studies.

For this reason, in the same work, a hierarchical cluster analysis was applied to a geographically balanced set of teas (10 Chinese and 23 non-Chinese). An agglomerative clustering procedure based on standardized Euclidean distances and the nearest neighbour (single-link) method was used, with the PC scores of the samples as the inputs for the cluster analysis. An improved effect is achieved by using more than 3 PCs, as suggested by the figures for cumulative variance. A number of samples remained clustered regardless the number of PCs used. The outputs (dendrograms) differed from each other highlighting the influence of the geographical origin on green tea classes [50].

In this study, both PCA and cluster analysis indicated that the green teas could only partially be classified according to their country of origin, because other factors, namely the genetic strain, climate, altitude of growth, type of soil, use of fertilizer, or even tea leaves processing, can influence the chemical composition, simultaneously affecting the multivariate analysis results. Again, this underlines the need to carefully plan the experimental data field in metabolomic studies, beside the amplitude and balance of the sample size.

In a similar study, non-targeted ^{1}H NMR-based metabolomics and a pattern recognition technique has been applied for the quality prediction of Japanese green tea [51]. Fifty-three green tea samples from dried leaves were ranked in high and low quality upon the judgment of professional tea tasters before analysis. The PCA score plots showed clustering of green tea samples related to the high and low qualities in the second and third PCs only when considering a middle-frequency region of the ^{1}H NMR spectra. Ignoring the overlapped sugar peaks, the loading plots from caffeine, theanine, and catechins contributed most to the cluster separation; these same compounds corresponded to the major taste-related metabolites that are usually used to evaluate the quality of tea. Furthermore, a good quality model to be employed to evaluate unknown tea samples was obtained when the tea quality ranking was used as a dependent variable in a PLS regression model ($R^2 = 0.987$; $Q^2 = 0.671$).

The metabolomics approach is also suitable to investigate micro-geographical variations as shown in a recent study of Ohno *et al.* [52]. In this study, black tea leaves cultivated in four regions with different elevations in Sri Lanka were harvested and aqueous solutions of tea, extracted from the dried tea leaves with boiling water for 4 min, were used for 1D and 2D

NMR analyses. Each ^{1}H NMR spectrum was subdivided into regions having an equal bin size of 0.04 ppm over a chemical shift range of 0.5–9.0 ppm and, excluding the region around the water signal, each spectral bin was integrated. The PLS-DA modelling indicated a 42% of variance contribution rate and 29% predictability in the multidimensional space for LV1 ($R_x^2=0.42$, $R_y^2=0.33$, and $Q^2=0.29$). On the other hand, LV2 gave a low contribution rate of 14% ($R_x^2=0.14$). The results suggested that the spectra collected from the highest cultivation site (>1800 m) were separated from the other ones and likely reflected differences in chemical composition. Potential components separated by difference of elevation were subsequently identified using *S*-plots, which were represented with covariance (p) against correlation (p_{corr}). The separation between the highest and three other cultivation sites by LV1 in the PLS-DA score plot was mainly attributable to two compounds, TF (theaflavin) and TFG (theaflavin 3,3′-digallate), and the separation among the lower cultivation sites by LV2 was due to three compounds, TRG (thearubigin 3,3′-digallate), caffeine, and theanine. Interestingly, these differences could be ascribed to microclimatic geographical differences. In fact, although the fermentation process in each factory was almost identical, some elevation-linked factors, such as oxygen levels, humidity, and temperature, might affect the fermentation condition, resulting in differentiation of the composition in black tea. In manufacturing at very high altitude, the insufficient oxidation process may result in the formation of TF and TFG, which are formed from polymerization of catechins at this stage, concomitantly with the low amount of TRG. On the contrary, higher levels of TRG that result from the enzyme-catalysed oxidation of catechin via the formation of TF or TFG, characterized the lower altitude teas [52].

Variations of theanine, isoleucine, leucine, valine, alanine, threonine, glutamine, quinic acid, glucose, epicatechin, epigallocatechin, epigallocatechin-3-gallate, and caffeine levels were responsible for the discriminations of green teas cultivated in three different growing areas of South Korea [53]. The results were correlated with climatic conditions like high/low temperature, long/short sun exposure time, and high/low rainfall and, interestingly, demonstrated a differently stimulated synthesis of theine and caffeine during the spring season. It should be underlined that, although some sample models between two different areas were overlapped in the PCA, all samples were clearly separated in the OPLS-DA model indicating that uncorrelated variation in *X* variables (metabolites) to *Y* variables (growing areas) could be removed, resulting in maximum separation in the OPLS-DA model.

Many studies have demonstrated how NMR-based metabolomics constitutes a powerful tool for the geographical characterization of olive oils on Mediterranean, national, and regional scales (for an exhaustive review, refer to Ref. [54]). These studies will be applied to comply to an important act of legislation, the PDO [55] that allows the identification of some Mediterranean extra-virgin olive oils with the names of the geographical areas where they are produced, assuring, in the meanwhile, a high-quality product. In this regard ^{1}H NMR spectroscopy data, analysed through PLS-DA and SIMCA modelling, could confirm the declared geographical origin of oil in samples from Liguria (Italy) chosen as a case study among 896 samples from the Mediterranean area (other Italian regions, Spain, Greece, France, and Turkey) during three harvesting years [56]. In order to build a model able to discriminate the Ligurian from all other oils (global model), samples from all harvesting years were included in the analysis to represent the maximum variability, and samples used as training or test set were randomly chosen. The balanced training set and the test set were built using 140 Ligurian and 132 non-Ligurian, and all the other samples (624) not included in the training set, respectively. A very good classification accuracy (>85%) was obtained in both sets through PLS-DA, corresponding to 15 and 18 Ligurian samples being misclassified in modelling and cross-validation, respectively, with comparable values when this model was used to predict the test samples (prediction accuracy). When the data were analysed by the SIMCA class-modelling technique, a 84.3% sensitivity (118 of 140 Ligurian samples accepted by the model) and a 70.6% specificity (92 of the 132 samples from the other regions rejected by the model of Liguria) were obtained.

A good discrimination of virgin oils from various Mediterranean areas in terms of national, regional, and PDO levels was also obtained by Alonso-Salces *et al.* [57] through ^{1}H NMR fingerprinting, isotopic ratios from ^{13}C and ^{2}H data, combined with PCA, LDA, PLS-DA, and Probabilistic Neural Networks with this last showing the best results.

Interestingly, a metabolomics approach was able to discriminate the geographical origin also directly by using a semi-finished product ready for reprocessing as the starting material [58]. In the study of Consonni *et al.*, triple concentrated tomato paste samples coming from Italy and China were analysed by ^{1}H NMR spectroscopy and a significant discrimination was obtained by combining NMR data from buckets and PCA and OPLS-DA. A clear sample separation was already present by using the unsupervised PCA model. Chinese samples were characterized by much higher levels of citrate (bucket 2.43 and 2.47 ppm) than in Italian ones, while Italian samples appeared to be strongly characterized by the glucose and fructose content (buckets 3.75, 3.67, 3.59, 3.35, 3.27, and 3.15 ppm). However, a geographical discrimination based only on citrate content could be misleading, as this compound can be added for pH correction and to avoid bacteria growth.

Therefore, a new training and test sets were extracted by excluding citrate buckets from the original data set: the new model revealed more buckets responsible for sample discrimination, in particular, those assigned to aspartate and glutamine characterized the Chinese samples, while Italian samples were still characterized by higher levels of both glucose and fructose.

Since the study was done considering samples from a single harvesting year, in a following work the influence of different production years as well as different production stages (double–triple concentrated tomato paste) were investigated [59]. A sample differentiation, independent from both the concentration of samples (double- or triple-) and the tomato production year, was demonstrated by applying the bidirectional orthogonal projection to latent structures-discriminant analysis (O2PLS-DA). This technique is well suited for noisy and correlated variables and has been adopted to obtain robust classification models, having a clear interpretation of the systematic variation useful to characterize each class. The results evidenced that the sample variation related to the production year was negligible and dwelled mostly in the orthogonal space of the geographical discrimination model [59].

The preceding examples focused on plant-derived foods because still scarce information is available on animal-derived ones, with the exception of dairy products. In this field, a recent study of Jung *et al.* [60] aimed at assessing the geographical origin of beef obtained from four countries (Australia, Korea, New Zealand, and the United States) by using ^{1}H NMR spectroscopy, followed by multivariate analysis techniques. Up to now the determination of the geographical origin of beef has been mainly studied either using stable isotope ratio analyses [61] or an NMR-based metabolomic approach by HR-MAS solid state NMR spectroscopy [62]. Beef dried samples were extracted in methanol/chloroform and the polar phase was used for the analysis. The NMR spectra were phased, baseline corrected, aligned, and the spectral regions were divided into 0.01 ppm buckets after removal of the regions corresponding to the solvent signal. All imported data were Pareto scaled for multivariate analysis. A PCA model able to distinguish beef samples from different origins was established using seven components and an OPLS model was established using three predictive and one orthogonal component ($R_x^2=0.609$, $R_y^2=0.848$, and $Q^2=0.757$). The OPLS-DA score plots provided a paired comparison between origin countries and showed clear separation according to the first component. Some metabolites, namely succinate and various amino acids (isoleucine, leucine, methionine, tyrosine, and valine), were suggested as potentially markers to distinguish between various raw beef samples. However, the authors themselves underlined the need to be cautious in the establishment of reliable biomarkers as, for example, succinate is largely used as a substitute for salt in foods and, therefore, external factors such as feed type should be carefully considered. Furthermore, the metabolite profile of raw beef can be correlated with other environmental parameters beside its geographical origin like breed, feeding regimen, production system and even age, and weight at slaughter are factors that can influence the biochemical composition.

3.3 Quality Control, Adulteration, and Safety

Countless are the reports regarding food adulterations as many are the different kinds of compounds added to realize an economic advantage in the food market. However, such adulterations can be grossly divided into intentional ones (the addition of beetle sugars or ethylene glycol to increase the ethanol content and the body in wines, respectively, the dilution with cheaper grapefruit or with pulp wash in juices, the addition of seed or ester oils in extra-virgin olive oils, among the others) or into unintentional ones. In this latter case, the contribution of the NMR-based metabolomics approach could represent a first choice approach to catch unintended adulterations allowing the simultaneous evaluation of hundreds of compounds without an *a priori* selection of the involved molecular class. It is worthwhile to underlie again how the already discussed assignment of geographical origin can be considered as an adulteration QC particularly when laws protecting national brands are provided.

A few selected examples will be discussed, starting from the work of Charlton *et al.* [63] where commercial carbonated soft drinks were intentionally contaminated with different amounts of paraquat, *p*-cresol, and glyphosate with the aim of verifying the usefulness of the methodology itself and establishing detection limits for forensic applications. A database of the spectra of uncontaminated samples was built to describe the normal range of product variation and contaminated samples were tested against this database through SIMCA modelling (8 PCs; 99.8% of total variance). Furthermore, this approach was applied both to the full spectral data set and to a reduced set of frequencies identified by the application of a variable selection approach. Both paraquat and glyphosate spiked samples could be successfully separated from the unadulterated samples using the first two principal components (strong outliers), while *p*-cresol spiked beverages were identified only when the PCs number were largely increased. As the discrimination was obtained only at very high concentrations (>10 mM), a variable selection algorithm was used to detect regions of the spectrum containing peaks that are characteristic of contamination, resulting in lowered detection limits (0.075, 0.2, and 0.06 mM for *p*-cresol, paraquat, and glyphosate, respectively). The authors suggested that a larger database covering different production sites and sample ages could lead to a more accurate database avoiding false positive results due to natural fluctuations in product composition.

An intentional adulteration has also been examined in honeys as the addition of sugar syrups is becoming an increasing type of falsification due to the scarcity of production. In the study of Bertelli *et al.* [64], 63 authentic honeys of different botanical origin and 63 intentionally adulterated samples, obtained adding 10%, 20%, and 40% of seven commercial syrups, were analysed. This represents a challenging falsification procedure to be detected as the raw material (honeys) and the added compounds (sugar syrups) are very similar in composition. Another strong point to be underlined is the very simple and quick preparation step of the samples that were only weighted and diluted in methyl sulfoxide-d_6. In this case, due to their high complexity, ^{1}H NMR spectra were not integrated but pre-processed through phasing and alignment and used as a direct data source by considering the intensity (quote) of each data point: this can be thought as an extreme form of binning, where each bin comprises a single data point. The resulting matrix had 16K spectroscopic variables, 126 samples.

Then, the spectroscopic regions devoid of signals were deleted to reduce the number of data points. Factor analysis and general discriminant analysis were applied to the data set, and a leave-one-out method was used as a cross-validation procedure. 73.1% and 24.9% of total variance were explained by the first and second canonical functions, respectively, with the signals related to glucose, maltose, fructose, and sucrose representing the correlated variables. The model was able to correctly classify all of the authentic honeys, and all of the adulterated honeys were correctly misclassified. Furthermore, the method was so accurate to classify correctly the adulterated honeys in accordance with the syrup addition levels, with a prediction capacity of 90.5%.

The issues due to a similar chemical composition also represented a challenge in the adulteration of orange juices with pulp wash investigated by Le Gall *et al.* [65]. Pulp wash is obtained by washing the separated pulp with water and its "in-line" or "off-line" addition is forbidden at least in the European Union. Furthermore, citric acid, amino acids, or sugars can be added to mimic the chemical composition of the authentic orange juices. This particularly hard problem was handled by acquiring a very large database of the two "pure" products (263 pure orange juices samples; 50 pulp washes samples; 16 different country origins; 25 varieties; 7 years harvestings; hand squeezed or concentrated). To minimize the natural variation and in order to highlight the differences due to the pulp-wash addition, a stepwise LDA procedure was applied to the NMR spectra. In fact, in the classical LDA procedure the first PCs may account for the majority of variance, but the obtained information may not be sufficiently relevant to distinguish this kind of adulteration. On the contrary, in the stepwise LDA, the chosen first PC picked out by the model is the one with the highest classification rate and the other PCs are progressively added regardless of the proportion of variance associated with them. A six-PC model correctly classified the samples with 13/208 and 8/105 wrongly assigned samples in the training and validation sets, respectively. 84/88 authentic samples and 13/17 pulp washes were correctly predicted. Interestingly, the analysis of the loadings suggested a compound not previously recognized, namely dimethylproline, as a marker of pulp-wash adulteration of orange juices.

Another practice, that does not produce negative effects on health but is considered as a food adulteration, is represented by the blending of wines with a wine very rich in anthocyanins ("Rossissimo") or by adding anthocyanins extracted by black rice, in order to naturally increase the colour of red wines. However, the study by Ferrari *et al.* [66] deserves to be mentioned here because it not only compared two different techniques (Fourier transform near-infrared and ^{1}H NMR spectroscopies), but also applied a series of multivariate classification methods. In particular, PLS-DA was used as classification method, then a variable selection/classification methods were applied, that is, iPLS-DA (interval version of PLS-DA) and WILMA-D (a novel algorithm based on the fast wavelet transform). The chemometric analysis was applied to aligned spectra intervals of the aromatic region that include the chemical shifts of phenolic compounds, in particular, the aglycone moiety of anthocyanins. Six iPLS-DA models were calculated (obtained on 20, 50, 80 variables intervals with forward or backward procedures), the best one reaching the 100% of efficiency although the prediction on the test set was surprisingly poorer than that obtained without any selection of variables. On the contrary, a classification efficiency greater than 95% in validation was obtained through WILMA-D modelling giving the most satisfactory results in authors' opinion.

NMR fingerprinting and multivariate analysis techniques have been also applied for the identification, discrimination, and quality analysis of herbal-derived nutraceuticals, products that were found to be counterfeited, causing ever-increasing concerns about their safety. The term "nutraceutical" was originally defined by Defelice in 1995 as "A food or parts of food that provide medical or health benefits, including the prevention and/or treatment of disease" [67]. As an example, Zaho *et al.* [68] assessed the chemical composition and quality of 4 *Hoodia* species and 10 *Hoodia* products sold in the market as herbal weight-loss supplements by NMR fingerprinting analysis, obtaining characteristic spectral signals. Then, the "spectral-feature-signatures" of two species, *H. gordonii* and *H. parviflora*, that represent the authentic and contaminating species, respectively, were subjected to OPLS-DA. While the NMR spectra from the two species presented a close similarity in the glycosides region, a different "spectral-feature-signature" was observed in sugar regions. When this differentiation was analysed by OPLS-DA, a model showing a clear separation between the two species along the predictive component dimension was obtained ($R_y^2=0.984$ and $Q_y^2=0.980$) with significant variables corresponding to sucrose and glucose that had higher values in *H. gordonii*. Having acquired the "spectral-feature-signature" from *H. gordonii* as a reference, the authors investigated ten commercial *Hoodia* products, sold on the market and claimed to consist solely of 100% pure *H. gordonii*. Six products showed significantly different spectral features and could be easily sorted as counterfeits according to their NMR fingerprints.

High-throughput sample screening techniques have been also applied to investigate their applicability in the control of illicit growth-promoting hormones to cattle. Up to now, the monitoring of illegal practices uses relatively simple and rapid techniques (i.e. immunoassays, chromatography, etc.) to identify potential adulterated samples, and subsequent confirmatory testing based on hyphenated gas chromatography or liquid chromatography (LC)-based MS analysis. However, both the drug types and the administration manners are continuously changing. In this regard, Graham *et al.* [69] have recently tested a metabolomic approach investigating plasma samples of beef cattle intentionally treated with dexamethasone, prednisolone, and oestradiol. Two alternative NMR methodologies of plasma sample analysis were investigated, the first one requiring an extraction step and second one using ^{1}H Carr–Purcell–Meiboom–Gill (CPMG) pulse sequences without sample pre-treatment. From an OPLS-DA analysis, a good separation of the four animal groups (control and three different treatments) was obtained for both extracted and non-extracted samples, with LC1 explaining 11% and 17.6%, LC2 explaining 8.2% and 10.6%, LC3 explaining 68.5% and 5% of the variation, and a R^2 of 0.78 and 0.93, and Q^2 0.33 and 0.66, respectively. It was evident that the information obtained from the extracted samples provided a poorer clustering in comparison with the CPMG sequence data. However, cleaner NMR spectra can be obtained from the extracted samples, also requiring less processing times and allowing the identification of a wider range of metabolites. Interestingly, the metabolites altered in oestrogen-treated animals were quite different from those observed in dexamethasone and prednisone-treated ones, these last two being both corticosteroids and showing similar high and low levels of selected metabolites in respect to control animals.

3.4 Quality Control and Processing

In the field of food processing, the fermentation represents one of the most important steps considering the large number of fermented foods produced all over the world. Time-dependent metabolic changes during fermentation and/or ageing have been subjected to NMR analysis in wines, beers, vinegars, cheeses, and soy sauces [43,47,49,70–79], so only few selected studies will be presented here, each facing some particular problem.

One of these is the dominance of some compounds (e.g. ethanol, acetic acids) in the NMR spectra from fermented foods. In this regard, as we already stated, selective excitation is a useful tool to remove strong signals, thus allowing the detection of minor components. In a recent study, Koda *et al.* [76] obtained F2-selective TOCSY spectra of the peptide region of three rice wines types from Japan, China, and Korea. Rice wines are fermented alcohol beverages, in which brewing process rice starch is converted to glucose by a grain (e.g., rice, wheat) cultivated with mould (e.g., *Aspergillus oryzae*), and glucose is converted to ethanol by yeast. The combination of the obtained spectra with an unsupervised PCA provided a good model of classification of the different rice wines and was also capable to discriminate the type of grain used as the raw starting material (Figure 8). The authors suggested that the presented approach could be applied to other foodstuffs in order to obtain new "fingerprint" for quality control and food authentication.

A step by step metabolomic analysis of the fermentation process was investigated by Choi *et al.* [75] on a traditional Korean food, Cheonggukjang, that is the product of the fermentation of boiled soybeans with rice straw, and which is claimed to have antioxidative and antimicrobial bioactivities.

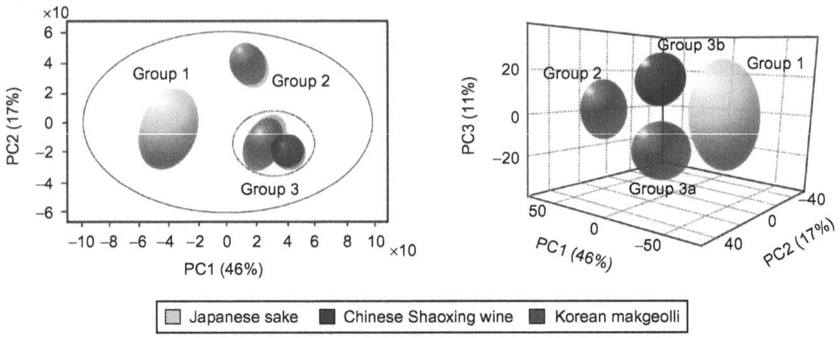

FIGURE 8 Grouping of PCA scores derived from the F2-selective TOCSY spectra of rice wines for PC1–PC2 (left) and PC1–PC2–PC3 (right). *Modified from Ref. [76].* (For colour version of this figure, the reader is referred to the online version of this chapter.)

The first two principal components (PC1 and PC2) from PCA of the ^{1}H NMR spectra of the aqueous fraction allowed discrimination of Cheonggukjang extracts obtained at 0, 5, 10, 20, and 40 h after the start of the fermentation process and account for 98.5% of the total variation. Isoleucine/leucine, lactate, acetic acid, citric acid, choline, fructose, glucose, and sucrose were the main metabolites that contributed to discrimination of the different samples. Furthermore, because the claimed bioactivities of Cheonggukjang might vary according to the period of fermentation, the proposed approach could be used to determine the optimal period of fermentation in relation to different applications.

The metabolomic characterization of soy sauces presented in the paper of Ko *et al.* [78] deserves a particular attention because it compared both traditional and commercial, boiled and unboiled products up to 12 years of ageing, discussing the results also on the basis of the fermentative microflora composition. Indeed, the manufacturing processes differ for the production of Japanese soy sauce and that of traditional Korean soy sauce. The microflora involved in the fermentation varies between Japanese and Korean soy sauces too; therefore different kind and levels of metabolites produced from the enzymatic degradation of source material during fermentation or ageing can be expected. Commercial Korean and traditional Korean soy sauces aged for 1 year were selected for the investigation because they differ for high and low ethanol levels, respectively. The NMR spectra were either normalized to total spectra area or by dividing each spectrum by the median spectrum, and each normalization was carried out in the absence and presence of ethanol peaks. The results by PCA showed that the division by median spectrum was a better normalization method in metabolomic studies, particularly when dealing with samples that produce an abnormal spectral peak with a large area or high intensity in their NMR spectrum, like ethanol in the commercial soy sauces.

Unboiled soy sauces were clearly differentiated from boiled ones by PCA score plots with high statistical values of R_x^2 (0.85) and Q^2 (0.77).

Interestingly, scattered clusters of unboiled samples were evidenced in the score plots. This intravariation was related to the large number of microflora and suggested that unpasteurized samples could be of less verifiable quality.

Finally, metabolite levels varied as the ageing period increased; in particular, the traditional Korean soy sauces were clearly still undergoing ageing or fermentation until 12 years with a decrease in carbohydrate content and an increase in other metabolites. Among the discriminating metabolites, formate, betaine, glycine, glucose, and oligosaccharides have been suggested as markers for soy sauces that were aged or fermented for a prolonged period, being the main metabolites related to osmoprotection and growth/maintenance characteristics of the halophilic microflora involved in ageing or fermentation of soy sauce.

A similar approach has been applied in the study of Wu *et al.* [74] on a Chinese liquor typically obtained from cereals by complex fermentation processes using natural mixed culture starters (i.e. "Daqu") followed by distillation. Several types of Daqu can be distinguished, such as light-flavour, strong-flavour, and sauce flavour Daqu that differ in the formulation of ingredients and, particularly, in the incubation conditions during their processing, leading to different microflora compositions and formations of metabolites and reaction products. In this work, a different problem was dealt, namely the reliability and accuracy of the non-targeted analysis in relation to the extraction procedure of the samples. To validate the method, the disruption of microbial cells with or without glass beads, the possible effect of enzyme modifications during the extraction step, and the need of ultrafiltration for the removal of macromolecules were investigated and a standardized method was chosen. The PCA result verified that the standardized procedure was reproducible and reliable. The discussion of all the results is outside the scope of this chapter; just as an example, acetate was found as a biomarker of light-flavour Daqu by PCA, in agreement with the fact that ethylacetate is the representative aroma compound in this type of Daqu and was ascribed to its production by microorganisms. As ethyl lactate was present at high levels but lactate was not detected, the authors suggested that this compound is produced during the alcoholic fermentation stage, later in the process of liquor making.

A more accurate statistical approach has been applied in a similar study on the ageing process of traditional balsamic vinegar of Modena (Italy) [73]. Seventy two samples were divided into young (<12 years), old (>12 and <25 years), and very old (>25 years) subgroups. A partitioning into three classes was already obtained by applying unsupervised PCA on the bucketed spectra with centring pre-treatment; the separation was essentially due to the bucket corresponding to the signal of acetate, whose level decreased during ageing as expected. However, the separation in subgroups was still present after removal of the acetate bucket, and the second PCA model seemed to provide a better model as no samples of known age behaved as outliers upon re-projection (83.40% of total variance explained). Then, the X-matrix was divided in two blocks, A and B, the first containing strong signal intensities (region from 1.5 to 5.1 ppm) and the second weak signal intensities (region from 5.1 to 10 ppm). PCA on block A and gave a model with eight components selected by cross-validation ($R^2=0.99$ and $Q^2=0.90$) with the first two PCs explaining the 98.1% of the total variance and PCA on block B resulted in a five components model ($R^2=0.94$ and $Q^2=0.76$) with the first two principal components explaining the 75.7% of the total variance. Thus, a clear differentiation among young, old, and extra old samples was obtained from either block. The authors remarked that the discrimination in both blocks was due to the application of a hierarchical approach and that, otherwise, the block B resulted irrelevant for vinegar characterization. The two sets of score vectors obtained by applying PCA on each block (13 orthogonal variables) were subjected to PLS-DA or Naïve Bayes classification. To prove the accuracy of the representation on both training and test sets, the robust classification model built by PLS-DA with the two classes approach was compared with three classes Naïve Bayes classifier and the models were also compared on the basis of the predictions obtained for the "unknown" vinegar samples, showing more than 80% agreement among them.

Another work deserves a brief discussion because it addressed a practical request of the industry, namely the evaluation of proprietary products in terms of different sites and times of production of the same brand [49]. The authors showed that ^{1}H NMR spectroscopy in tandem with PCA can be a promising method, offering not only a full characterization of the products in term of composition, but also representing a direct, short-term monitoring of the samples. The method was tested in the evaluation of the same type of beer (lager) originating from three different brewing sites in three different countries, and produced on different dates. The NMR spectra were divided in three spectral regions (aliphatic, aromatic, and sugar containing signals) and the different data sets were subjected to PCA. The aliphatic region could distinguish the production sites, and while two sites showed a good reproducibility in time, in one site lactic and pyruvic acid contents resulted altered, probably reflecting yeast quality and/or yeast generation number. Linear dextrins from the sugar region predominated in one site and branched dextrins in the other two while a series of compounds distinguished all the production sites. These evidences were correlated with differences in the malting stage of processing and to the degradation of amino acids, respectively. It is evident that the information achievable by the metabolomic approach is of great value for the industry to monitor and control the product process, although the correlation with quality and/or nutritional aspects is still lacking.

A time-course global analysis was also applied by Son *et al.* [79] during alcoholic fermentation and ageing in must and wine. Interestingly, the obtained data were correlated with three different used yeast strains giving information on the fermentative performances of these strains. Furthermore, a series of pattern recognition methods (PCA, PLS-DA, and OPLS-DA) were employed and their potentiality was compared. For example, the statistics for differentiating musts during fermentation (day-to-day comparison) gave high goodness of fit and predictability (R^2 values from 0.77 to 0.96 and Q^2 values from 0.69 to 0.92). However, the R^2 values decreased to 0.66 and the Q^2 to 0.38 in the analysis at days 2 and 3, indicating larger metabolic changes at later fermentation times in respect to those at earlier times. OPLS-DA resulted as the best analytical approach in this case showing how the levels of 2,3-butanediol, succinate, and glycerol, simultaneously detected by NMR spectroscopy, can be representative of the different fermentation speeds and activities of the three yeast strains used.

This last study highlights the possibility to integrate the global analysis of metabolites (metabolomics) with other "omics" data to build comprehensive system biology networks, especially where genomics and proteomics data are affordable to be obtained as in the field of fermentation processes that utilize simple microorganisms. The same approach can be equally valuable in other industrial processes, as will be discussed in the following paragraphs for coffee and meat.

Different degrees of coffee beans roasting have been metabolically characterized through ^{1}H and ^{13}C NMR spectroscopy, detailed signal assignment, and multivariate data analysis [77]. Compounds variations during the roasting processes have already been reported using both compound-targeted techniques as chromatography and MS [80] and untargeted NMR spectroscopy on instant [81] or espresso coffee [82]. On the contrary, in this study, ^{13}C NMR spectra were subjected to the multivariate analysis, instead of the more commonly used ^{1}H NMR ones: this different approach was chosen to minimize the effect of chemical shifts of caffeine and chlorogenic acids linked to the production of caffeine–chlorogenate complexes during the roasting process. Noticeably, chlorogenic acids were degraded during the process while caffeine was relatively thermally stable as inferred by ^{1}H NMR data. The PCA indicated that some compounds, namely sucrose, chlorogenic acids, quinic acids, and polysaccharides could serve as chemical markers during coffee bean roasting [77].

Finally, a different method has been recently proposed for the rapid detection of irradiated meat in official control of food [83]. The method differs from the preceding ones both for the used NMR spectroscopic technique (^{1}H NMR lipid profiling) and for the applied multivariate statistical analysis, stepwise linear discriminant analysis and artificial neural networks (ANNs). Irradiation is a process used to improve the safety of the product, simultaneously extending its shelf life by inactivating pathogenic bacteria. However, this process could affect the nutritional quality of the product itself. In this regard, a protocol to differentiate between irradiated and non-irradiated food containing fat has been adopted by the European Committee for Standardisation as EN 1785 in 2001. The used technique, although representing a targeted approach, envisages several time-consuming steps, namely lipid extraction, absorption chromatography, and detection by gas chromatography coupled to MS, allowing the analysis of a few samples at a time. ^{1}H NMR spectra from muscle lipids fraction of 72 beef samples (29 non-irradiated and 17, 18, and 8 irradiated at 2.5, 4.5, and 8 kGy, respectively) were acquired. Hundred percent of the beef samples were classified correctly into irradiated or non-irradiated groups, respectively, even in cross-validation and 88.9% of the beef samples were correctly classified according to their irradiation dose. Similar to the classification ability of LDA, 100% recognition and prediction ability were obtained by ANNs. Thus, the proposed metabolomic approach is suitable to be recognized by regulatory official organisms if a greater number of samples and different meat species will be used to standardize the methodology and acquire large databases.

A last, worth mentioning, application of a metabolomic approach is represented by the efforts to provide an objective "measure" of quality where quality ranking is based on subject evaluations as, for example, when professional tasters are enrolled to evaluate taste quality. In a study of Tarachiwin *et al.* [51], untargeted ^{1}H NMR-based metabolomics has been applied for the quality evaluation of Japanese green tea. ^{1}H NMR spectra were acquired from green tea quality ranked by a professional taster panel. This ranking was used as a dependent variable in the PLS regression model that showed a R^2 of 0.987 and a Q^2 of 0.671. Then, by applying the orthogonal signal correction (OSC) approach, which is reducing the number of variables from the spectra matrix by removing those linearly unrelated (orthogonal), an improved regression was obtained in which Q^2 increased from 0.671 to 0.982. OSC is normally used to remove the uncorrelated variables or orthogonal to Y from X using the non-linear iterative partial least-squares algorithm [84,85]. This approach will cope also with moderate amounts of missing data. The residual data from this orthogonal model are obscured by the variation in the data set. Furthermore, a combination between OSC and wavelet transform named OSCW, which tended to compress and de-noise complicated signals was applied [86]. In conclusion, all of the presented multivariate calibrations could be used to predict the quality of green tea with a very good fitting and excellent predictability, although the best quality predictive model with highest prediction accuracy was obtained from the PLS-OSCW regression. This kind of approach could be beneficial for the industry as, besides being instrumentally based, it could save the time-consuming and expensive method based on taster panels.

For the sake of completeness, we must cite another similar work aiming to investigate the relationship between the NMR metabolite profile and the sensory profile of sour cherry juices from different cultivars and clones. A sensory analysis was carried out as a quantitative descriptive analysis and PCA was applied to the obtained data, showing a discrimination in two groups along PC1, explaining 63% of the variation. A clustering in two groups was also obtained when PCA was applied to the NMR data although with very poor predictive ability. A PLS-DA model related to these two groups had a high predictive ability, with *X* variables described 82.0% of the variation in the *Y*-matrix and were closely related to the genetic background of the cherry clones. In terms of metabolites, malic acid alone or the ratio between the glucose and malic acid contents were important determinants of the perception of sourness and sweetness. However, the limited number of samples evaluated by the sensory panel reduced the validity of the models and made it difficult to generalize the findings [87].

REFERENCES

[1] Wishart DS. Metabolomics: applications to food science and nutrition research. Trends Food Sci Technol 2008;19:482–93.

[2] Nicholson JK, Lindon JC, Holmes E. 'Metabonomics': understanding the metabolic responses of living systems to pathophysiological stimuli via multivariate statistical analysis of biological NMR spectroscopic data. Xenobiotica 1999;29:1181–9.

[3] Lindon JC, Holmes E, Nicholson JK. Pattern recognition methods and applications in biomedical magnetic resonance. Prog NMR Spectrosc 2001;39:1–40.

[4] Cifuentes A. Food analysis and foodomics. J Chromatogr A 2009;1216:7109–10.

[5] Herrero M, Simo C, Garcıa-Canas V, Ibanez E, Cifuentes A. Foodomics: MS-based strategies in modern food science and nutrition. Mass Spectrom Rev 2012;31:49–69.

[6] Hall RD Food metabolomics: META-PHOR. A new European research initiative. Agro-FOOD industry hi-tech. January/February 2007, Anno 18—No. 1; 2007.

[7] Ellis DI, Brewster VL, Dunn WB, Allwood JW, Golovanov AP, Goodacre R. Fingerprinting food: current technologies for the detection of food adulteration and contamination. Chem Soc Rev 2012;41:5706–27.

[8] Mannina L, Sobolev AP, Viel S. Liquid state ^{1}H high field NMR in food analysis. Prog NMR Spectrosc 2012;66:1–39.

[9] Spraul M, Schutz B, Humpfer E, Mortter M, Schafer H, Koswig S, et al. Mixture analysis by NMR as applied to fruit juice quality control. Magn Reson Chem 2009;47:S130–S137.

[10] Axelson DE. Data pre-processing for chemometric and metabonomic analysis; MRi_Consulting. Kingston: Ontario; 2010.

[11] Sacchi R, Addeo F, Paolillo L. ^{1}H and ^{13}C NMR of virgin olive oil. An overview. Magn Reson Chem 1997;35:S133–S145.

[12] Caligiani A, Acquotti D, Palla G, Bocchi V. Identification and quantification of the main organic components of vinegars by high resolution ^{1}H NMR spectroscopy. Anal Chim Acta 2007;585:110–9.

[13] Son HS, Hwang GS, Kim KM, Ahn HJ, Park WM, Van Den Berg F, et al. Metabolomic studies on geographical grapes and their wines using ^{1}H NMR analysis coupled with multivariate statistics. J Agric Food Chem 2009;57:1481–90.

[14] Sandusky P, Raftery D. Use of selective TOCSY NMR experiments for quantifying minor components in complex mixtures: application to the metabonomics of amino acids in honey. Anal Chem 2005;77:2455–63.

[15] Manetti C, Bianchetti C, Bizzarri M, Casciani L, Castro C, D'Ascenzo G, et al. NMR-based metabonomic study of transgenic maize. Phytochemistry 2004;65:3187–98.

[16] Gan F, Ruan GH, Mo JY. Baseline correction by improved iterative polynomial fitting with automatic threshold. Chemometr Intell Lab Syst 2006;82:59–65.

[17] Chang D, Banack CD, Shah SL. Robust baseline correction algorithm for signal dense NMR spectra. J Magn Reson 2007;187:288–92.

[18] Xi Y, Rocke DM. Baseline correction for NMR spectroscopic metabolomics data analysis. BMC Bioinformatics 2008;9:324.
[19] van der Werf MJ, Takors R, Smedsgaard J, Nielsen J, Ferenci T, Portais JC, et al. Standard reporting requirements for biological samples in metabolomics experiments: microbial and in vitro biology experiments. Metabolomics 2007;3:189–94.
[20] Fiehn O, Sumner LW, Rhee SY, Ward J, Dickerson J, Lange BM, et al. Minimum reporting standards for plant biology context information in metabolomic studies. Metabolomics 2007;3:195–201.
[21] Goodacre R, Broadhurst D, Smilde AK, Kristal BS, Baker JD, Beger R, et al. Proposed minimum reporting standards for data analysis in metabolomics. Metabolomics 2007;3:231–41.
[22] Savorani F, Tomasi G, Engelsen SB. icoshift: a versatile tool for the rapid alignment of 1D NMR spectra. J Magn Reson 2010;202:190–202.
[23] Vu TN, Valkenborg D, Smets K, Verwaest KA, Dommisse R, Lemière F, et al. An integrated workflow for robust alignment and simplified quantitative analysis of NMR spectrometry data. BMC Bioinformatics 2011;12:405.
[24] De Meyer T, Sinnaeve D, Van Gasse B, Tsiporkova E, Rietzschel ER, De Buyzere ML, et al. NMR-based characterization of metabolic alterations in hypertension using an adaptive, intelligent binning algorithm. Anal Chem 2008;80:3783–90.
[25] Anderson PE, Mahle DA, Doom TE, Reo NV, DelRaso NJ, Raymer ML. Dynamic adaptive binning: an improved quantification technique for NMR spectroscopic data. Metabolomics 2010;7:179–90.
[26] Human Metabolome Data Base. www.Hmdb.ca.
[27] Cui Q, Lewis IA, Hegeman AD, Anderson ME, Li J, Schulte CF, et al. Metabolite identification via the Madison Metabolomics Consortium Database. Nat Biotechnol 2008;26:162.
[28] NMRShiftDb. http://nmrshiftdb.nmr.uni-koeln.de/.
[29] Weljie AM, Newton J, Mercier P, Carlson E, Slupsky CM. Targeted profiling: quantitative analysis of ^{1}H NMR metabolomics data. Anal Chem 2006;78:4430–42.
[30] Xia J, Bjorndahl TC, Tang P, Wishart DS. MetaboMiner—semi-automated identification of metabolites from 2D NMR spectra of complex biofluids. BMC Bioinformatics 2008;9:507.
[31] Holmes E, Cloarec O, Nicholson JK. Probing latent biomarker signatures and in vivo pathway activity in experimental disease states via statistical total correlation spectroscopy (STOCSY) of biofluids: application to HgCl2 toxicity. J Proteome Res 2006;5:1313–20.
[32] Ross A, Schlotterbeck G, Dieterle F, Senn H. Chapter 3: NMR spectroscopy techniques for application to metabonomics. In: Lindon J, Nicholson J, Holmes E, editors. Handbook of metabonomics and metabolomics. The Netherlands: Elsevier; 2007. p. 55–112.
[33] Smolinska A, Blanchet L, Buydens LMC, Wijmenga SS. NMR and pattern recognition methods in metabolomics: from data acquisition to biomarker discovery. Anal Chim Acta 2012;750:82–97.
[34] Bro R. Multi-way analysis in the food industry. Models, algorithms, and applications. PhD thesis. University of Amsterdam, Netherlands; 1998.
[35] Bro R, van den Berg F, Thybo A, Andersen CM, Jørgensen BM, Andersen H. Multivariate data analysis as a tool in advanced quality monitoring in the food production chain. Trend Food Sci Technol 2002;13:235–44.
[36] Liland KH. Multivariate methods in metabolomics—from pre-processing to dimension reduction and statistical analysis. Trend Anal Chem 2011;30:827–41.
[37] Gulati OP, Berry Ottaway P. Legislation relating to nutraceuticals in the European Union with a particular focus on botanical-sourced products. Toxicology 2006;221:75–87.

[38] Flynn A. Scientific substantiation of health claims in the EU. Proc Nutr Soc 2012;71:120–6.
[39] Hong S-Y. NMR-based metabolomics in wine science. Magn Res Chem 2011;49:S13–S21.
[40] Spraul M, Schutz B, Rinke P, Koswig S, Humpfer E, Schafer H, et al. NMR-based multiparametric quality control of fruit juices: SGF profiling. Nutrients 2009;1:148–55.
[41] Capitani D, Mannina L, Proietti N, Sobolev AP, Tomassini A, Miccheli A, et al. Monitoring of metabolic profiling and water status of Hayward kiwifruits by nuclear magnetic resonance. Talanta 2010;82:1826–38.
[42] Capitani D, Mannina L, Proietti N, Sobolev AP, Tomassini A, Miccheli A, et al. Metabolic profiling and outer pericarp water state in Zespri, CI.GI, and Hayward kiwifruits. J Agric Food Chem 2013;61:1727–40.
[43] Son H-S, Kim KM, Van der Berg F, Hwang G-S, Park W-M, Lee C-H, et al. ^{1}H nuclear magnetic resonance-based metabolomic characterization of wine by grape varieties and production areas. J Agric Food Chem 2008;56:8007–16.
[44] Viggiani L, Castiglione Morelli A. Characterization of wines by nuclear magnetic resonance: a work study on wines from the Basilicata region in Italy. J Agric Food Chem 2008;56:8273–9.
[45] Imparato G, Di Paolo E, Braca A, Lamanna R. Nuclear magnetic resonance profiling of wine blends. J Agric Food Chem 2011;59:4429–34.
[46] Papotti G, Bertelli D, Graziosi R, Silvestri M, Bertacchini L, Durante C, et al. One- and two-dimensional NMR spectroscopy or the characterization of protected designation of origin Lambrusco wines of Modena. J Agric Food Chem 2013;61(8):1741–6.
[47] Duarte IF, Barros A, Almeida C, Spraul M, Gil AM. Multivariate analysis of NMR and FTIR data as a potential tool for the quality control of beer. J Agric Food Chem 2004;52:1031–8.
[48] Lachenmeier DW, Frank W, Humpfer E, Schafer H, Keller S, Mortter M, et al. Quality control of beer using high-resolution nuclear magnetic resonance spectroscopy and multivariate analysis. Eur Food Res Technol 2005;220:215–21.
[49] Almeida C, Duarte IF, Barros A, Rodrigues J, Spraul M, Gil AM. Composition of beer by ^{1}H NMR spectroscopy: effects of brewing sites and date of production. J Agric Food Chem 2006;54:700–6.
[50] Le Gall G, Colqhuoun IJ, Defernez M. Metabolic profiling using ^{1}H NMR spectroscopy for quality assessment of green tea, *Camelia sinensis* (L.). J Agric Food Chem 2004;52:692–700.
[51] Tarachiwin L, Ute K, Kobayashi A, Fukusaki E. ^{1}H NMR based metabolic profiling in the evaluation of Japanese green tea quality. J Agric Food Chem 2007;55:9330–6.
[52] Ohno A, Oka K, Sakuma C, Okuda H, Fukuhara K. Characterization of tea cultivated at four different altitudes using ^{1}H NMR analysis coupled with multivariate statistics. J Agric Food Chem 2011;59:5181–7.
[53] Lee J-E, Lee B-J, Chung J-O, Hwang J-A, Lee S-J, Lee C-H, et al. Geographical and climatic dependencies of green tea (Camelia sinensis) metabolites: a ^{1}H NMR-based metabolomic study. J Agric Food Chem 2010;58:10582–9.
[54] Mannina L, Sobolev AP. High resolution NMR characterization of olive oils in terms of quality, authenticity and geographical origin. Magn Res Chem 2011;49:S3–S11.
[55] Council Regulation (EEC) No. 2081/92 on the protection of geographical indications and designations of origin for agricultural products and foodstuffs. Off J Eur Union 1992;208:1–15.

[56] Mannina L, Marini F, Gobbino M, Sobolev AP, Capitani D. NMR and chemometrics in tracing European olive oils: the case study of Ligurian samples. Talanta 2010;80:2141–8.

[57] Alonso-Salces RM, Moreno-Rojas JM, Holland MV, Reniero F, Guillou C, Heberger K. Virgin olive oil authentication by multivariate analyses of ^{1}H NMR fingerprints and δ^{13}C and δ^{2}H data. J Agric Food Chem 2010;58:5586–96.

[58] Consonni R, Cagliani LR, Stocchero M, Porretta S. Triple concentrated tomato paste: discrimination between Italian and Chinese products. J Agric Food Chem 2009;57:4506–13.

[59] Consonni R, Cagliani LR, Stocchero M, Porretta S. Evaluation of the production year in Italian and Chinese tomato paste for geographical determination using O2PLS models. J Agric Food Chem 2010;58:7520–5.

[60] Jung Y, Lee J, Kwon J, Lee K-S, Ryu DH, Hwang G-S. Discrimination of the geographical origin of beef by ^{1}H NMR-based metabolomics. J Agric Food Chem 2010;58:10458–66.

[61] Bong YS, Shin WJ, Lee AR, Kim YS, Kim K, Lee KS. Tracing the geographical origin of beefs being circulated in Korean markets based on stable isotopes. Rapid Commun Mass Spectrom 2010;24:155–9.

[62] Shintu L, Caldarelli S, Franke BM. Pre-selection of potential molecular markers for the geographic origin of dried beef by HR-MAS NMR spectroscopy. Meat Sci 2007;76:700–7.

[63] Charlton AJ, Robb P, Donarski JA, Godward J. Non-targeted detection of chemical contamination in carbonated soft drinks using NMR spectroscopy, variable selection and chemometrics. Anal Chim Acta 2008;618:196–203.

[64] Bertelli D, Lolli M, Capotti G, Bortolotti L, Serra G, Plessi M. Detection of honey adulteration by sugar syrups using one-dimensional and two-dimensional high-resolution nuclear magnetic resonance. J Agric Food Chem 2010;58:8495–501.

[65] Le Gall G, Puaud M, Colquhoun IJ. Discrimination between orange juice and pulp wash by ^{1}H nuclear magnetic resonance spectroscopy: identification of marker compounds. J Agric Food Chem 2001;49:580–8.

[66] Ferrari E, Foca G, Vignali M, Tassi L, Ulrici A. Adulteration of the anthocyanin content of red wines: perspectives for authentication by Fourier transform-near infrared and ^{1}H NMR spectroscopies. Anal Chim Acta 2011;701:139–51.

[67] Defelice SL. The nutraceutical revolution, its impact on food industry research and development. Trends Food Sci Technol 1995;6:59–61.

[68] Zhao J, Avula B, Joshi VC, Techen N, Wang Y-H, Smillie TJ, et al. NMR fingerprinting for analysis of Hoodia species and Hoodia dietary products. Planta Med 2011;77:851–7.

[69] Graham SF, Ruiz-Aracama A, Lommen A, Canonizzo FT, Biolatti B, Elliott CT, et al. Use of NMR metabolomic plasma profiling methodologies to identify illicit growth-promoting administrations. Anal Bioanal Chem 2012;403:573–82.

[70] Son H-S, Hwang G-S, Kim KM, Kim E-H, van der Berg F, Park W-M, et al. ^{1}H NMR-based metabolomic approach for understanding the fermentation behaviors of wine yeast strains. Anal Chem 2009;81:1137–45.

[71] Lee J-E, Hwang G-S, van der Berg F, Lee C-H, Hong Y-S. Evidence of vintage effects on grape wines using ^{1}H NMR-based metabolomic study. Anal Chim Acta 2009;648:71–6.

[72] Consonni R, Cagliani LR. Ripening and geographical characterization of Parmigiano Reggiano cheese by ^{1}H NMR spectroscopy. Talanta 2008;76:200–5.

[73] Consonni R, Cagliani LR, Benevelli F, Spraul M, Humpfer E, Stocchero M. NMR and chemometric methods: a powerful combination for characterization of Balsamic and Traditional Balsamic Vinegar of Modena. Anal Chim Acta 2008;611:31–40.

[74] Wu X-H, Zheng X-W, Han B-Z, Vervoort J, Nout MJR. Characterization of Chinese liquor starter, "Daqu", by flavor type with ^{1}H NMR-based nontargeted analysis. J Agric Food Chem 2009;57:11354–9.

[75] Choi H-K, Yoon J-H, Kim Y-S, Kwon DY. Metabolomic profiling of Cheonggukjang during fermentation by ^{1}H NMR spectrometry and principal components analysis. Process Biochem 2007;42:263–6.

[76] Koda M, Furihata K, Wei F, Miyakawa T, Tanokura M. NMR-based metabolic profiling of rice wines by F2-selective total correlation spectra. J Agric Food Chem 2012;60:4818–25.

[77] Wei F, Furihata K, Koda M, Hu F, Miyakawa T, Tanokura M. Roasting process of coffee beans as studied by nuclear magnetic resonance: time course of changes in composition. J Agric Food Chem 2012;60:1005–12.

[78] Ko B-K, Ahn H-J, van der Berg F, Lee C-H, Hong Y-S. Metabolomic insight into soy sauce through ^{1}H NMR spectroscopy. J Agric Food Chem 2009;57:6862–70.

[79] Son H-S, Hwang G-S, Kim KM, Ahn H-J, Park W-M, van der Berg F, et al. Metabolomic studies on geographical grapes and their wines using ^{1}H NMR analysis coupled with multivariate statistics. J Agric Food Chem 2009;57:1481–90.

[80] Nunes FM, Coimbra MA. Chemical characterization of the high-molecular-weight material extracted with hot water from green and roasted robusta coffees as affected by the degree of roast. J Agric Food Chem 2002;50:7046–52.

[81] Charlton AJ, Farrington WHH, Brereton P. Application of ^{1}H NMR and multivariate statistics for screening complex mixtures: quality control and authenticity of instant coffee. J Agric Food Chem 2002;50:3098–103.

[82] Bosco M, Toffanin R, de Palo D, Zatti L, Segre A. High resolution ^{1}H NMR investigation of coffee. J Sci Food Agric 1999;79:869–78.

[83] Zanardi E, Caligiani A, Padovani E, Mariani M, Ghiaini S, Palla G, et al. Detection of irradiated beef by nuclear magnetic resonance lipid profiling combined with chemometric techniques. Meat Sci 2013;93:171–7.

[84] Eriksson L, Johansson E, Kettaneh-Wold N, Wold S. In: Multi and mega variate data analysis principles and applications. Umeå, Sweden: Umetrics AB; 2001. p. 229–50.

[85] Eriksson L, Trygg J, Johansson E, Bro R, Wold S. Orthogonal signal correction, wavelet analysis, and multivariate calibration of complicated process fluorescence data. Anal Chim Acta 2000;420:181–95.

[86] Barclay VJ, Bonner RF, Hamilton IP. Application of wavelet transform to experimental spectra: smoothing, denoising, and data set compression. Anal Chem 1997;69:78–90.

[87] Clausen MR, Pedersen BH, Bertram HC, Kidmose U. Quality of sour cherry juice of different clones and cultivars (Prunus cerasus L.) determined by a combined sensory and NMR spectroscopic approach. J Agric Food Chem 2011;59:12124–30.

Chapter 12

Interval-Based Chemometric Methods in NMR Foodomics

Francesco Savorani[1], Morten Arendt Rasmussen, Åsmund Rinnan and Søren Balling Engelsen
Department of Food Science, Quality & Technology, Faculty of Science, University of Copenhagen, Frederiksberg C, Denmark
[1]Corresponding author: frsa@life.ku.dk

Chapter Outline

1 INTRODUCTION

Nutritional metabolomics [1,2] and foodomics [3,4] are new research areas that use the powerful "omics" technologies to explore food and nutrition systems. In foodomics studies mass spectrometry (MS) techniques are considered most important due to their extremely high sensitivity and selectivity, but also nuclear magnetic resonance (NMR) spectroscopy has gained much attention primarily due to its robust and inherent quantitative nature. These methods share the ability to record more than 10,000 variables in a snapshot from a

Data Handling in Science and Technology, Vol. 28. http://dx.doi.org/10.1016/B978-0-444-59528-7.00012-0

complex biological sample and the trend is strongly in favour of even more variables. Foodomics studies are often designed to investigate well-defined scientific questions. The problem under investigation can, for example, be: what causes one diet to be healthier than another where the health beneficial effect is known but the mechanism, due to, for example, metabolites produced, might not be. When analyzing data from such studies, it is clear what the target is: to find the differences in the metabolite profiles that can be related to the experimental design (i.e. the presence or absence of a bioactive compound). Even though this question is simple, the complexity and size of metabolomics data in foodomics, with thousands of metabolites and considering the biological variation of individuals, makes the data exploration non-trivial. Chemometric tools are powerful in exploring multivariate data sets using only a minimum of *a priori* assumptions. This can either be done with (targeted) or without (un-targeted) *a priori* knowledge about the experimental design. One of the advantages of metabolomics data is that many metabolites are measured simultaneously for each sample. However, the large number of metabolites (variables) often combined with relatively few samples being analyzed in a study, makes the use of robust and efficient chemometric methods of paramount importance for avoiding false (and non-biological) interpretations/conclusions simply due to too many (noisy) metabolites/variables giving spurious correlations.

This chapter deals with the exploration of data from NMR foodomics studies (mainly metabolomics data) and how these data can be handled in an efficient manner using interval chemometric methods in order to exploit new and hidden information content. In this context, intervals are subdivisions of the spectra into smaller and more coherent spectral regions. As it will be illustrated, they might be divided into a few spectral regions or many spectral regions and they might be of equal size or different sizes as well as contiguous or detached throughout the whole investigated spectral area.

1.1 The Interval Approach

As previously mentioned, the interval chemometric methods are generic and can with advantage be employed to all types of mega-variate spectroscopic and chromatographic data techniques. However, in this chapter we will focus on proton nuclear magnetic resonance (^{1}H NMR) data to demonstrate the utility of interval chemometric methods. The characteristics and complexity of ^{1}H NMR spectra make them a good target for demonstrating the utilities that interval-based methods provide. The first reports on the application of chemometrics to NMR date back to 1983 [5], but it was when NMR first was used as a high-throughput metabolomics platform in the early 1990s that it became common practice to apply chemometric data analysis to high-resolution NMR signals of complex biological matrices. In fact, the strong synergy between chemometrics and NMR data became a part of the definition of metabonomics: *'Metabonomics': understanding the metabolic responses of living systems to pathophysiological stimuli via multivariate statistical analysis of biological NMR spectroscopic data* [6]. Since then the use of chemometric analysis of NMR data has become well established. However, albeit the nature of the NMR data cry for differentiated treatment in the different spectral regions, it took a while before interval regression methods such as interval partial least squares (PLS) [7] was introduced to NMR and the first application was made to the determination of quality parameters in table wines [8].

In the following, we discuss the rationale of applying interval chemometrics to ^{1}H NMR metabolomic data with focus on the following five spectral arguments that all points towards the use of these methods:

1. Different data/spectral regions are often different in chemical quality content
2. Different data/spectral regions may exhibit different dynamics and scale
3. Different data/spectral regions may exhibit different amounts of signals (density)
4. Different data/spectral regions may exhibit differences in horizontal alignments
5. Different data/spectral regions may exhibit differences in baseline noise

1.1.1 Spectral Arguments: Differences Between NMR Spectral Regions

1.1.1.1 Differences in Chemical Quality Content

Already in the early days ^{1}H NMR spectra were split into regions roughly grouping the NMR signals according to the nature of the molecules to which they can be ascribed. This has been elegantly demonstrated by Duarte *et al.* in an NMR study of beer [9]. Following the same principle, Figure 1 shows an example of a proton NMR spectrum of grape juice that has been divided into

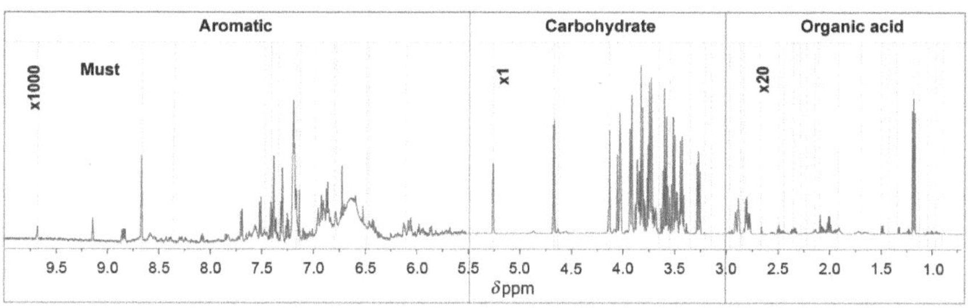

FIGURE 1 An example of a ^{1}H NMR spectrum of grape must [10]. The three different regions are plotted using different enhancement factors (1000× for the aromatic region, 1× for the carbohydrate region, and 20× for the organic acid region). (For colour version of this figure, the reader is referred to the online version of this chapter.)

three logical spectral areas: (i) the upfield aromatic region between 9.0 and 6.0 ppm which contains, among others, all aromatic protons; (ii) the crowded midfield region between 6.0 and 3.0 ppm, in which all the non-alcoholic protons of the sugars contribute with signals of different multiplicity; (iii) the low field region between 3.0 and 0.0 ppm in which signals from the small organic acids as well as from many amino acids and fats can be found.

To a general extent, the spectral regions in which a series of NMR spectra is vertically divided, are based on the functional groups of the molecules whose protons contribute the most in that region. Sometimes these boundaries are defining very neat separations because a class of protons (as for example the ones arising from aromatic rings) can only be present in that region, but in many cases these regions are populated also by signals of protons that belong to another class of molecules or contain signals of the molecules of the adjacent regions. This is why such boundaries are not perfectly defined in terms of chemical shift values and their range can vary considerably from study to study and from user to user. Obviously, different food systems will have different contributions in the three proton windows (due to chemical composition) but as it can be observed from Figure 1, the signals in the three regions vary significantly in quality therefore it makes good sense to analyze them individually.

> Interval methods can help solving this problem by selection of spectral regions in which signals of molecules of the same chemical class are mostly represented.

1.1.1.2 Differences in Absolute Intensity

Since different classes of molecules are naturally present in different abundance in the diverse foodstuff that can be analyzed using NMR, also the intensity of their related NMR signals can be of great difference, making one region much more dominant with respect to the weight it would have in a multivariate exploratory data analysis such as, for instance, a principal component analysis (PCA) of the entire spectral area. In NMR spectroscopy, this difference can be of several orders of magnitude, which is why figures in NMR literature are manually scaled in different regions by a multiplicative factor that is normally decided by the user and based on his experience. An example of this is given in Figure 1 in which the three different regions are plotted using different enhancement factors. As the figure shows, the aromatic region has to be scaled by a factor of 1000 in order to have approximately the same axis intensity. This clearly demonstrates how different the contributions of the diverse kind of protons can be in a ^{1}H NMR spectrum.

> Interval methods can solve this problem by selection of spectral regions with comparable intensity profile.

1.1.1.3 Differences in Peak Density

It is not only the absolute intensity of the signals that makes the spectral regions diverse but, very often, also the signal density in the different spectral regions. This will of course depend on the nature of the analyzed samples and therefore a visual inspection of the raw data is always necessary. High density spectral regions imply many metabolite signals, which often in turn will give high rank complex models. Moreover, peak density plays an important role when performing automated spectral normalization to total area. There is a risk of over-scaling sparsely populated regions as well as under-scaling densely populated regions.

Interval methods can solve this problem by selection of spectral regions with comparable spectral densities.

1.1.1.4 Differences in Horizontal Shift

Undesired horizontal shift of signals is a widespread phenomenon in foodomics data. In NMR, horizontal shifts are caused by minor fluctuations in temperature, pH, and the external magnetic field between samples [11], which in turn may create difficulties for the subsequent data analysis and interpretation. These physicochemical factors can influence the horizontal position (chemical shift) of certain protons in sensitive molecules. However, different molecules react differently and to a different extent to these factors making the whole picture even more complicated. Especially for pH differences among samples, the signals of protons sensitive to the actual pH value can drastically change their position and, when the different spectra of an NMR data set are plotted superimposed, it becomes evident that peaks corresponding to the same molecule are horizontally shifted as clearly shown in Figure 2.

This fact not only entails that it becomes much more difficult to properly assign the signals to its actual molecule, but clearly the bi-linearity of the data set is partly lost; identical chemical information is located in different

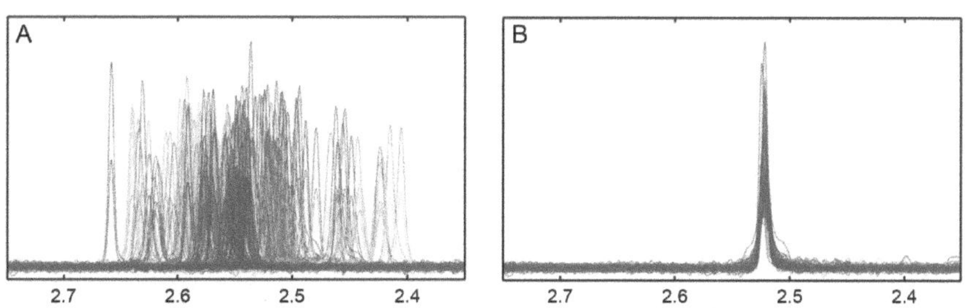

FIGURE 2 Succinate NMR pH sensitive signal before (A) and after (B) the alignment of a set of superimposed spectra of different samples. The significant shift caused by small pH differences makes it very difficult to properly model and assign the peak without proper alignment. (For colour version of this figure, the reader is referred to the online version of this chapter.)

positions along the ppm scale for the different samples. As an example, severe misalignments of signals in the organic acid region is very common because of their obvious pH dependency especially when very close to their isoelectric point, while the carbohydrate region is usually not affected at all or minimally affected. In order to solve this problem, a number of different peak (signal) alignment methods have recently been developed starting from the simplest approach that performs a left/right shift of the entire spectra in order to match a common target and achieve the best overall alignment [12]. However, rigid alignment of the whole spectrum will not solve the problem as it is necessary to use a method capable of shifting each area of the spectrum differently.

Interval methods can solve this problem by selection of spectral regions with similar shift problems.

1.1.1.5 Differences in Baseline Noise

The informative part of the NMR spectrum, for example, the signals, is not the only one that can vary in the different spectral regions, but this applies also to the contribution given by the baseline and the noise, which represent the remaining part of a spectrum. While baseline-separated signals can be a tremendous analytical advantage, the baseline itself can possess a significant challenge to the multivariate modelling. In an NMR spectrum, it is common that approximately half of the variables belong to the baseline and, as such, thousands of variables with random noise give a high risk for spurious correlations—for example, noisy and/or empty spectral regions are found to be discriminant or having the best regression performances. Moreover, baseline can be perfectly flat in one region whereas in another, one can be intensively affected by the presence of underlying phenomena, such as for example the consequences of non-perfect water suppression or the presence of broad NMR signal ascribable to large proteins [13].

Interval methods can solve this problem by dividing the spectra up into intervals with less baseline regions and making the effect of baseline deviation marginal.

1.1.2 Data Mining (Modelling) Arguments

Besides from the above-mentioned different spectral regional characteristics, there exists a related number of data mining (modelling) arguments that advocate for the use of the interval-based methods when seeking for improved models and the following ones will be presented and discussed:

1. Interval models use fewer variables
2. Interval models contain fewer interferences
3. Interval methods lead to more parsimonious models
4. Interval methods lead to enhanced model performances and interpretability

1.1.2.1 Fewer Variables

When measuring NMR spectra of biological samples the majority of the acquired spectral variables do not contain relevant information about the question under study. The use of interval methods leads to a smaller amount of variables used for building the chemometric models. This drastically improves the modelling efficacy and strongly reduces the chance of spurious correlations.

1.1.2.2 Fewer Interferences

Full spectrum models normally contain a large number of metabolites that vary independently. When a latent variable (LV) approach is applied to full spectra, the rank will be high because the system contains a large number of interferences. When an interval approach is utilized, the models are calculated in smaller regions of the spectrum, which contain fewer variables (see above), but perhaps more importantly contain fewer interferences. This is one of the major reasons why interval models often provide improved performance for classification and prediction models.

1.1.2.3 More Parsimonious Models

The use of interval models thus provides fewer interferences, which in the LV approach implies fewer LVs and thus more parsimonious models. In fact, it is frequently observed that interval models are at the same time simpler (fewer LVs used) and perform better than the global models. Parsimonious models are also supported by the fact that the problem of having different signal intensities is circumvented because each interval is processed separately by the successive chemometric method utilized. Despite that normalization among sample spectra (row-wise normalization) may still be required, the vertical scaling among variables (column-wise scaling) is intrinsically made unnecessary.

1.1.2.4 Improved Model Performances and Interpretability

The ultimate target of any metabolomic study normally goes beyond the establishment of well-performing chemometric models aimed at yielding good results in terms of discrimination power or regression performances. Being able to predict a new sample's features using a previously built model in a robust and precise way certainly remains a very valuable and practical outcome of many foodomics (or more in general any metabolomic) studies, but ultimately it is the chemistry and the biology that lies behind that is the most vital information to be extracted and understood [2].

The aim of foodomics studies is thus not only to establish the classification, discriminative or regression power of a chemometric model, but also to understand which signals and underlying metabolites that are responsible for the bioactivity. Interval-based methods help chemical/biological interpretation by finding spectral regions that are responsible of the good prediction of a response variable or a classifier. A major advantage of the interval chemometrics methods is the graphical diagnostics that they provide, which will be demonstrated in the case studies presented in the following. By comparison to the global model the best-performing intervals are easily identified and the interpretation of the chemometric models becomes clearly more accessible, moving a step forward in the direction of thorough understanding of a chemical and/or biological phenomenon.

2 INTERVAL-BASED METHODS

To a general extent, any interval chemometric method is defined by the situation in which a data set is split into vertical intervals (variable wise) of equal or mutable size and in which each interval is independently processed using a common chemometric tool. In the case of multivariate data analysis, a model is calculated for each interval. The model performances of each interval are then compared to each other and to the ones of the global model. This entails that several models have to be calculated and validated, and, depending on the number and the size of the established intervals, this will require an additional layer of calculation effort and time. One main outcome of these *i*-chemometric methods are plots that summarize the performance values of each model in a convenient and graphical intuitive way that allows evaluating and pointing out the most interesting regions at a glance.

Although the above statement defines the concept of *i*-chemometric methods, many important aspects remain to be clarified in order to better understand what an interval-based approach consists of and what its implications are.

2.1 Differences Between Interval Approach and Binning (Bucketing)

Binning (or bucketing) can be considered to be the ancestor of the interval-based methods, but while the two methods share some features they represent a different approach to data processing.

Binning consists of a usually drastic data reduction, in terms of number of variables retained, performed by summarizing the content of a spectral window into a single number that can in turn be represented by the sum of all intensities of that window or their average value [14]. Traditionally, bins are defined having equal size that, for proton NMR, ranges between 0.10 and 0.50 ppm [15–17]. Thus, the whole data set is chopped into a number of equally spaced spectral intervals covering the same number of original variables and then converted into a single representative number. For each interval, only a single value is therefore retained, with the advantage of a significant reduction of the involved variables and therefore the risk of spurious

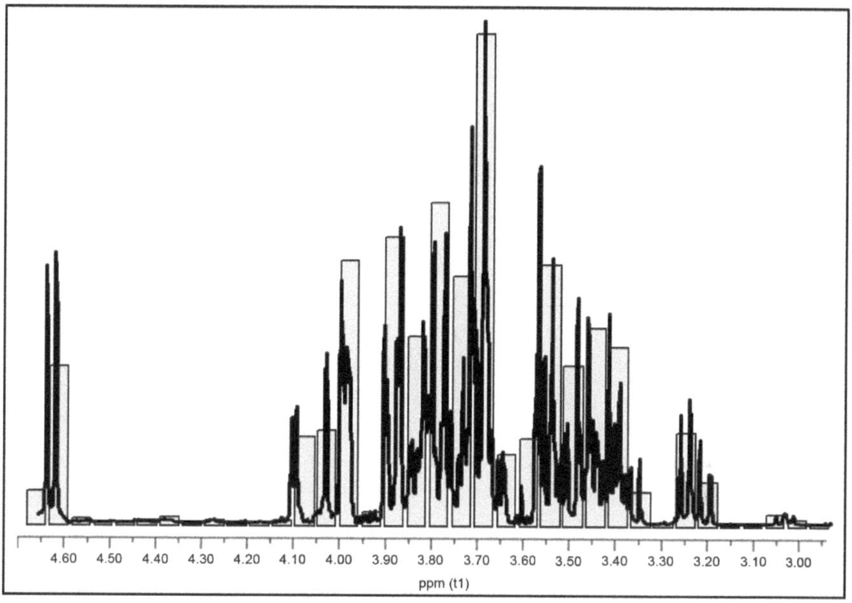

FIGURE 3 An example of how an NMR spectrum is represented when binned into equally sized bins (0.04 ppm).

correlations for the successive multivariate data analysis but, on the other hand, this also entails a dramatic loss of spectral resolution with the consequent removal of potentially important spectral features.

Figure 3 shows how the binning process works on a NMR spectrum. The underlying spectral features are divided into intervals of the same size represented by the grey bars and their intensity represents the single value those spectral windows are converted into. From Figure 3, it becomes evident how the equally sized bins can contain only part of a peak or more than one peak or fractions of different peaks. As only one value is kept, only the most intense peaks will be represented. This can be improved adopting a more advanced version of the binning approach also called "intelligent binning" [12] in which the intervals that constitute the set of bins are not anymore equally sized but they are defined in a way that single NMR signals, or small groups of entire peaks, are included. In this way, any unwanted splitting of signals is avoided.

Mainly because of the increased computational power of modern computers, data reduction is nowadays seldom required; data analysis is performed at the highest spectral resolution. Thus binning has become obsolete, but its interval approach has constituted the foundations of interval-based methods. Data sets are still split into intervals, but these smaller spectral regions are then kept as they are and singularly processed or analyzed by multivariate methods as subsets of the original one.

An important difference between binning models and interval chemometric models is that chemometric analysis, when performed on a binned data set, only provides one model using the reduced set of variables. Conversely, interval methods work on all intervals which each have kept in its original dimensionality. The outcome is therefore a set of interval chemometric models whose performances are compared and illustrated.

2.2 Different Ways of Defining Intervals

Definition of intervals is a key step for any *i*-chemometric approach. It is easy to realize that a blind way of defining intervals (divide spectrum into *i* adjacent intervals of equal size) can affect the quality of an interval approach and how an intelligent interval splitting could be more convenient. For *i*-chemometric methods, the simplest and most generic approach is to split a data set into a number of adjacent intervals of equal size but already in this simple approach there is one parameter to be decided (or optimized), that is, the number of intervals. The beauty of *i*-chemometrics is that the result, within a reasonable limit, is not very sensitive to this parameter. However, as previously mentioned, intervals do not need to be either adjacent or equal sized, which opens up for an insurmountable optimization problem in defining intervals. On the other hand, the pragmatic side is to simply define interval sizes to match the spectral features they are going to represent. This task can be manually/interactively performed or it can be automated using algorithms that allow an accurate splitting of the data set typically in baseline-separated intervals of different size. However, the success of the automated interval splitting will depend on the nature of the data set (i.e. application specific). Finally, the intervals can be tailored using *a priori* knowledge of the spectral features. In proton NMR, it can, for example, be the different regions that contain primarily the aliphatic, carbohydrate, anomeric and aromatic protons, and taking another example from infrared spectroscopy, the different regions that contain O—H, N—H, C—H and C=O stretching vibrations. Furthermore, as chemical signals might overlap there is no hindrance of using overlapping adjacent intervals that add to the complexity of selecting intervals. Finally, it should perhaps be mentioned that as opposed to using the entire spectrum as one interval, few or even one spectral variable can be considered as an interval for chemometric modelling. However, the use of smaller intervals is not necessarily better primarily because the first order advantage (covariance) is progressively lost when modelling fewer and fewer (or one as the extreme) spectral variables.

2.3 Combinations of Intervals for Model's Performance Improvement

Instead of focusing on single intervals, they can also be combined in groups, and a natural question arises: how would a combination of different intervals perform compared to the performances of the isolated intervals? Often a biological system is best modelled by different sources of information, such that *several* intervals are more optimal in, for example, prediction of a certain outcome. It is, however, not trivial to choose the best-performing combination of intervals. Imagine for example spectra divided into 50 intervals. The total number of possible models combining from 0 to 50 intervals is $2^{50} > 10^{15}$. Even with state-of-the-art computational power it is unrealistic to examine all these combinations. Moreover, if it was possible to screen all combinations and find the best-performing model in say a cross-validation context, it can be shown that this exhaustive search strategy will over-fit the data. As a consequence of these two facts, rigorous methods for selecting a subset of intervals have been proposed. These are the classical forward selection and backward elimination and more sophisticated and computational demanding methods based on evolutionary theory (e.g. genetic algorithms) [18].

2.3.1 Forward Selection

The primary target of most interval chemometric approaches is to identify which of the single-defined intervals perform the best. In the forward selection approach, this interval is retained and new models are calculated including this best interval and one additional interval, one at a time. The additional interval, which together with the best improves the performance the most (classification or prediction), is then selected. The whole procedure is analogous to the forward single variable selection approach [7]. If a better performing model can be obtained, the same process is repeated once again retaining the two selected intervals and adding a third one, one at a time, until all remaining intervals have been used. The process is then iteratively repeated until no better model can be obtained. The result of this procedure is a series of intervals that represent the best multivariate combination of spectral region when seeking for a specific data performance. However, it should be emphasized that the combination found may not be the absolute best one since the first selected interval, even though it is the best from a single interval model point of view, may not be the ideal one when intervals (and therefore spectral features) are combined in a more sophisticated way. This paradoxically implies that potentially other combination of intervals could be as good as or even better than the selected one. However, when the data set is consistent and the validation method used is appropriate and robust the same intervals are frequently selected to determine the best combination for building the best possible model.

2.3.2 Backward Elimination

The backward interval elimination mode acts similar to the forward one, but from an opposite starting point. In this case the global model (*I* intervals) is used as a basis and then intervals are eliminated, one at a time. As for forward selection, the performances of all $I-1$ combinations are compared and the first excluded interval is the one that when left out gives the best-performing model. In the following iterations, subsequent intervals are removed one at a time and new models are calculated and compared. For each iteration, another interval is eliminated and the process is repeated until no further improvement of the model can be made by subtracting additional intervals [19]. Since exclusion of intervals is not necessarily a sequential process, genetic algorithms may improve the optimal selection of remaining intervals. In contrast to the additive forward approach, the backward approach being subtractive tends to keep the multivariate structure of the NMR data set and it is less influenced by the selection of the initial removed interval. However, the backward approach is likely to keep more intervals in the models and thus become more complex.

Ideally, forward and backward interval selection should converge and choose the same intervals, but because of the intrinsic indeterminacy of the two methods this is rarely the case. However, it is common that the most relevant intervals are selected by both the methods, also the ones that are not selected in common should be further investigated to interpret their chemical or biological significance with respect to the sought information.

A bootstrap approach represents a good way for consolidating any kind of variable selection method [20] and this is also valid for both forward and backward selection methods.

2.4 Comparison Between Interval Models and Global Model Performances

When an interval-based method is used for modelling a spectral data set, the performances of each interval can be reported and summarized into an illustrative plot that also includes as a reference the performances of the global model. The way the performances are evaluated may be different according to the intervals-based chemometric method used. For regression models, the root mean square error of cross validation (RMSECV) or the root mean square error of prediction (RMSEP) are normally adopted and can be superimposed as model performance bars (RMSECV/RMSEP) according to spectral interval. In Figure 9, the results of an *i*PLS model are presented using this so-called *i*PLS plot. As it can be seen, each interval oversees a spectral region that is plotted as the average of all spectra, and it is represented by a bar whose height is equal to the RMSECV value of the model calculated for that interval. Since the RMSECV values depend on the number of LVs chosen for building the different models, these numbers are also reported at the foot of each interval. The user can choose to let the algorithm find the optimum number of LVs or the user can impose a fixed number to be used for the models of every interval. In addition, also the performance of the global model is reported as a dashed horizontal line placed at the height corresponding to the RMSECV value. The number of LVs used is also shown at the right end of this line. From the plot in Figure 9, it immediately becomes evident that some intervals perform better than the global model since they have a lower RMSECV using the same or a lower number of LVs. These intervals normally hold the most relevant chemical information with respect to the sought regression criterion. This plot is independent of the chemometric technique used in the interval. However, the performance measure may be different (i.e. misclassification rate for PLS-discriminant analysis (PLS-DA) or explained variance for PCA).

When performing classifications, the RMSECV (*i*PLS-DA) or the number of misclassifications after validation (*i*ECVA) is normally reported as the height of the interval bars. Once again the lower the bar the better the model, and if this value is lower than what can be obtained for the global model, the specific interval(s) hold the relevant information. Figures 12 and 14 illustrate the case for *i*PLS-DA and *i*ECVA, respectively.

2.5 Requirements for Bilinear Models

We have previously underlined that the absence of a common linear intensity axis (spectra not properly normalized) would lead to erroneous predictions in quantitative spectral analyses and in meaningless interpretations for exploratory data analyses. Another prerequisite for multivariate data analysis is that the data conform to the selected model. An assumption that applies to most of the multivariate methods is that the data are low rank bilinear. For most multivariate methods, this implies that the spectral axis must remain constant, that is, the signal(s) for a given chemical compound must appear at the same position in all the spectra. We will see how a different interval-based approach, not aimed at building chemometric models, but rather at spectral data preprocessing can effectively contribute to achieve an efficient and comprehensive horizontal signal alignment.

The whole idea behind spectral alignment is to render the large NMR data sets bilinear and thus suitable for subsequent multivariate chemometric exploratory or regression models such as PCA, PLS, and classification ones such as PLS-DA and ECVA.

2.6 *i*coshift for Data Alignment

One of the most valuable features of ^{1}H NMR spectroscopy is that the observed resonance frequencies are extremely sensitive to the local chemical environment of the nucleus. It is this property that causes the dispersion of the resonances from the various nuclei in a molecule across the NMR spectrum, facilitating the structural characterization and the differentiation between various compounds in a mixture. However, this shift sensitivity also means that resonance frequencies can be affected by apparent insignificant fluctuations in temperature, pH, and the external magnetic field [11]. These minor differences can cause problems when several spectra are compared such as in typical foodomic studies. Often spectral data sets are analyzed by multivariate pattern recognition methods such as PCA that are considerably (and negatively) affected by the presence of shifted signals [21,22] since the requisite of low-rank bi-linearity is not respected.

It should, however, be emphasized that a perfect alignment of NMR spectra also might hinder part of the sought information. This advocates for using a customizable tool, which finds a perfect candidate, in the ***i*coshift** tool. *i*coshift is an interval-based preprocessing tool that has recently been developed both for NMR and for chromatographic methods [23,24].

The first historical attempts to correct for this kind of unwanted source of variation were based on binning procedures [14]. As discussed, this approach entails a significant reduction of the number of variables and therefore represents a way for circumventing the problem since the detailed original spectral features are lost (single peaks are not aligned but gathered in a single bin). The speed and computation power of modern computers no longer require such data loss and allow one to perform the data analyses at the highest spectral resolution. As a result, this has made it necessary that confounding shift patterns be shifted very precisely and the spectra accurately calibrated to prevent such variation influencing pattern recognition.

Common to foodomics analytical platforms such as LC–MS, GC–MS, and NMR is that proper alignment, normalization, and baseline subtraction (not discussed herein) have become imperative data preprocessing steps and that these operations must be applied with great care in order to preserve the quantitative relation between the samples. In contrast to normalization and baseline correction, which are vertical changes to the data, binning and peak alignment entail changes on the horizontal axis (i.e. the chemical shift for NMR spectra). There are several ways of correcting for unwanted shifts, but two models are commonly used for the alignment: compression/expansion (C/E) or insertion/deletion (I/D). The former implicitly assumes that peak widths can be correlated to the spectral axis. The latter, on the contrary, assumes that the peak width be invariant within limited ranges of the spectral axis and remains unchanged in case of shift.

The C/E methods were introduced earlier [21] and are kept on being developed especially for solving chromatographic elution time shifts for which they are principally tailored [25].

I/D based methods were developed a few years later still aiming at solving peak shift issues but with a tendency to focus more on NMR [22,26,27]. Indeed, they often converge faster, especially because they do not include the costly interpolation step, characteristic of the C/E methods, and because of the significantly smaller number of feasible correction functions within the search space. Furthermore, they are more conservative in terms of maintaining the original spectral features unmodified; a needed characteristic when dealing with NMR signals. The interval correlation optimized shifting tool (*i*coshift) [23] belongs to this last class of methods. It adds a tailored pool of customizable features that make it a very valuable tool for NMR signal alignment, but also suitable for other chemical platform analysis such as other spectroscopic techniques or chromatography [24].

Even though an exhaustive description on how the method work can be found in the original paper by Savorani *et al.* [23], here we would like to summarize its structure especially focussing on its interval-based approach. We have seen that a rigid global alignment of the whole spectra might be beneficial for improving the overall signal alignment [12]. However, since the horizontal shift of the NMR signals is different depending on the sensitivity of the molecule they arise from to the causing factor, a global signal alignment is often not able to thoroughly solve the problem. Therefore, a more localized intervention is necessary. The *i*coshift approach, being an interval-based approach, allows the shift correction to be performed in each and every spectral region where this is required. Moreover, it allows working only in those regions that present the misalignment problem, leaving the remaining parts of the spectra unaffected, with obvious advantages in terms of computation time.

Given a common target spectrum (T) to be used as the alignment reference for all spectra and the data set of spectra to be preprocessed (w), using the *i*coshift tool for performing the alignment data preprocessing consists on the following three main steps:

1. definition of the intervals (Seg) through an automated or manual "intervalization" step
2. alignment of each defined interval, using the correlation maximization as performance criterion
3. data set reconstruction, assembling the aligned and the untouched spectral interval, followed by an optional plot of the results, which compares the spectra before and after the alignment process

The workflow of the algorithm is summarized in the scheme in Figure 4 adapted from the one reported in the original *i*coshift paper [23].

The "intervalization" task represents an important part of the algorithm since it allows any kind of interval definition. When contiguous intervals of the same size are wanted, an automated procedure is in charge of automatically defining the interval boundaries on the basis of either (i) the interval size in ppm or data points, or (ii) the number of intervals wanted. In this case, the boundaries of two contiguous intervals share a common data point. If a more tailored interval selection is adopted (intervals of varying size and not adjacent), the user can provide the *i*coshift tool with a list of manually selected intervals that are defined by either the initial and ending data point of each interval or its corresponding value in ppm. The algorithm checks the

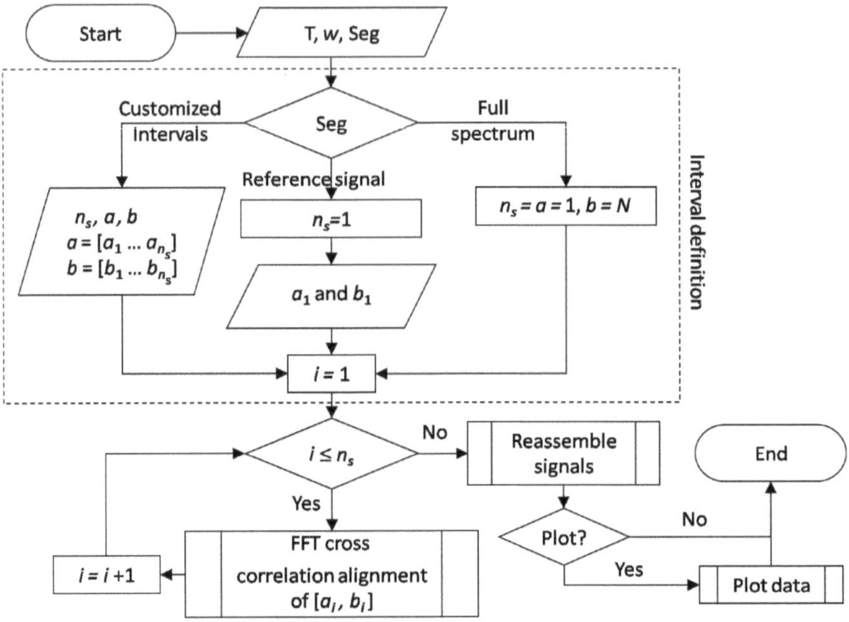

FIGURE 4 Workflow of the *i*coshift algorithm: The section dedicated to interval definition is enclosed in the dashed box.

consistency of the submitted intervals (they have to be defined within the available spectral area). However, it allows defining overlapping intervals as well as using the whole spectrum as a single interval, thus turning *i*coshift into a faster version of its precursor co-shift [12]. Once the intervals are correctly defined, the algorithm is using a Fast Fourier Transform computation engine in which the optimal correction for all the samples is computed together and whose main characteristic is to be a couple of orders of magnitude faster than a classical computation of correlations [26].

An example of the outcomes of using *i*coshift in a misaligned NMR data set is shown in Figure 5.

In the case illustrated in Figure 5, not all the spectral regions needed to be processed and the selected intervals are not adjacent and have different sizes as shown by the grey backgrounds for some of them.

In the case of very different interval sizes and misalignment severity, it is important to limit the allowed shift in the algorithm, and define this for each interval separately. Several optional meta-parameters can be provided for the algorithm to work on the most tailored way, including for instance adding a global alignment preprocessing step and/or limiting the maximum allowed shift for each interval. It is the case shown in Figure 5, in which some small intervals have a very mild signal misalignment, whereas the central wide

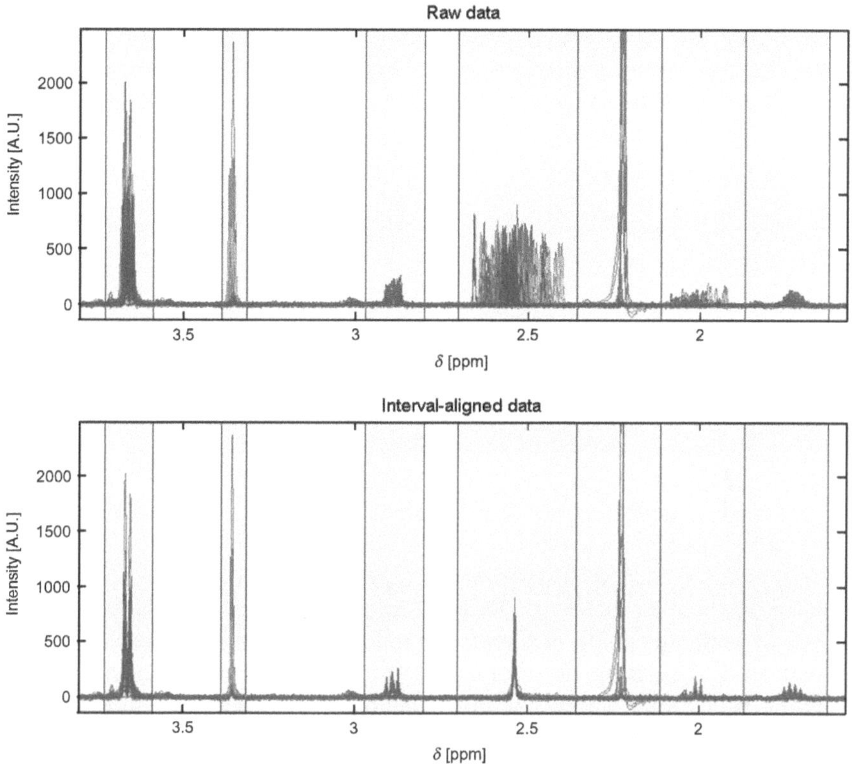

FIGURE 5 Example of a NMR data set *i*coshift signal alignment. The intervals having a background are the ones processed by the tool. (For colour version of this figure, the reader is referred to the online version of this chapter.)

interval shows a severe misalignment. If a common maximum allowed shift was chosen, this would have caused the algorithm to fail in aligning both types of intervals since the requested shift for the most misaligned would have exceeded the dimension of the smaller intervals, which is not acceptable. The algorithm is therefore able to automatically calculate the best maximum allowed shift for each interval allowing a comprehensive alignment of all intervals.

2.7 *i*PCA

PCA is an important and fundamental approach for exploratory data analysis that displays the intrinsic data structure in a simple, low-dimensional orthogonal projection. It highlights similarities and differences among groups as well as the variables involved. The problem under investigation is usually

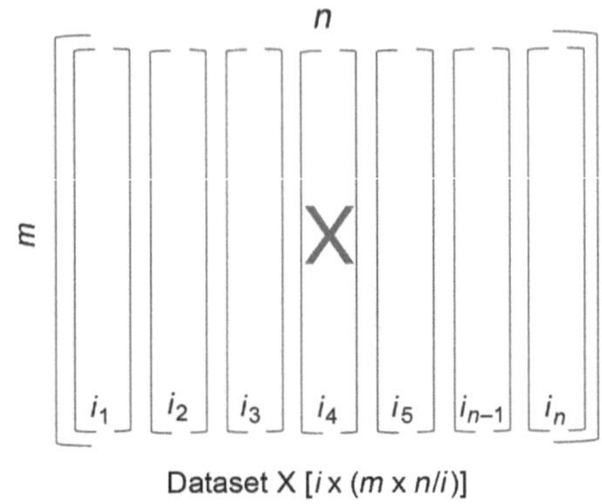

FIGURE 6 Schematic representation of data set splitting into intervals for *i*PCA analysis. In this example, the data set X is split into *i* intervals equally sized and contiguous. (For colour version of this figure, the reader is referred to the online version of this chapter.)

reduced to few latent factors (LVs), sorted by significance (explained variance), which makes it easy to separate useful information from noise.

*i*PCA add an additional layer on the exploratory approach. By splitting up the data into smaller intervals additional information with regards to the main source of variance in the different spectral regions can be achieved. As for regular PCA, colouring the score plot according to pre-known differences between the samples will aid in understanding the patterns seen in the scores plot(s). In order to investigate the data set, the variable space is split into a number of intervals that can be defined as described above. Figure 6 illustrates the case in which a data matrix X ($m \times n$) is divided into i regular, equally sized, and adjacent intervals, spanning the whole variable space (n). Other ways can be adopted using the user knowledge of the data, as it is the case for the following applicative study example.

2.7.1 *i*PCA for Exploratory Data Analysis of GMO Grape Cultivars

An NMR data set of GMO grape juice extracts is used for presenting the advantages in terms of data insight gained using the *i*PCA approach. The data has previously been published by Picone *et al.* [28] aiming at studying how and to which extent a genetic modification can affect a grape variety metabolome and phenotype. Two grape cultivars, Thomson seedless (T) and Silcora (S), were investigated. Their wild-type fruits were compared with some genetically modified lines (1 for T and 2 for S) for a total of five different types of samples.

The sample modification, collection, preparation, and NMR analysis are thoroughly described in the original paper but, for convenience, they are summarized in the box below.

Before NMR analysis, the samples were buffered at pH 5.0 but this did not prevent them from small pH differences that affected the chemical shift of sensitive signals causing a significant peak misalignment in some spectral

Case: *i*PCA for Exploratory Data Analysis of GMO Grape Cultivars

Sample Set

The data consists of two different grape cultivars (Thompson Seedless,T-WT, and Silcora, S-WT). These two cultivars are represented by the wild type, its variety including one copy of the modified gene (T-GM1 and S-GM1) and three copies of the modified gene (only for Silcora, S-GM3). This gives a total of five different grapes. For each of these grapes, nine hydro alcoholic (methanol/water acetate buffer pH 5.0, 2:1) extracts were prepared. Sample extracts were kept frozen at −80 °C until NMR analysis.

NMR Experiment

Upon analysis, 800 μl of clear (centrifuged) extract containing 10% v/v D_2O were placed into a 5-mm NMR tube. ^{1}H NMR spectra were recorded at 300 K on a 400-MHz Varian Mercury-plus spectrometer, in which water and methanol signals are suppressed through the Varian *WET* pre-saturation pulse sequence. Also methanol ^{13}C satellites were suppressed through irradiation of the ^{13}C frequency.

NMR Preprocessed Data Set

The final NMR data matrix submitted to data analysis is dimensioned 43 spectra × 7585 variables spanning 8.32 ppm (8.98–0.66 ppm) after data reduction, outlier detection (2 spectra removed) and preprocessing.

regions. For the present exploratory interval approach, the data set was preprocessed for signal alignment using the *i*coshift tool previously described obtaining a better aligned data set to be submitted to *i*PCA.

The spectral range was divided into its three main chemical regions, as defined by Picone *et al.* [28]: 0.66–3.16 ppm—acidic region, 3.16–5.58 ppm—sugar region, and 5.58–8.98 ppm—aromatic region. Another good reason for dividing the data into these three regions is due to the intensity difference in these three regions, as can be seen by looking at the multiplication factors in the upper part of Figure 7A. Unless they are separated, as done in this *i*PCA, it would be necessary to somehow weight the three regions differently, making sure that each region will have approximately the same impact on the final PCA model. However, through the use of *i*PCA, there is no need to estimate these weights. As for regular PCA, it is important to estimate the number of LVs in each of the three regions. This is, as always, not completely trivial for PCA, but one of the best tools is to examine the explained variance by the PCs (Figure 7A). The figure shows the results for three LVs for each of the intervals. From Figure 7A, it is evident that the most right region (the acidic region) is the "simplest" region, as three PCs explain more than for the two other regions. At the same time, the aromatic region appears to be the most complex as least variance is explained by this PCA. This is partly

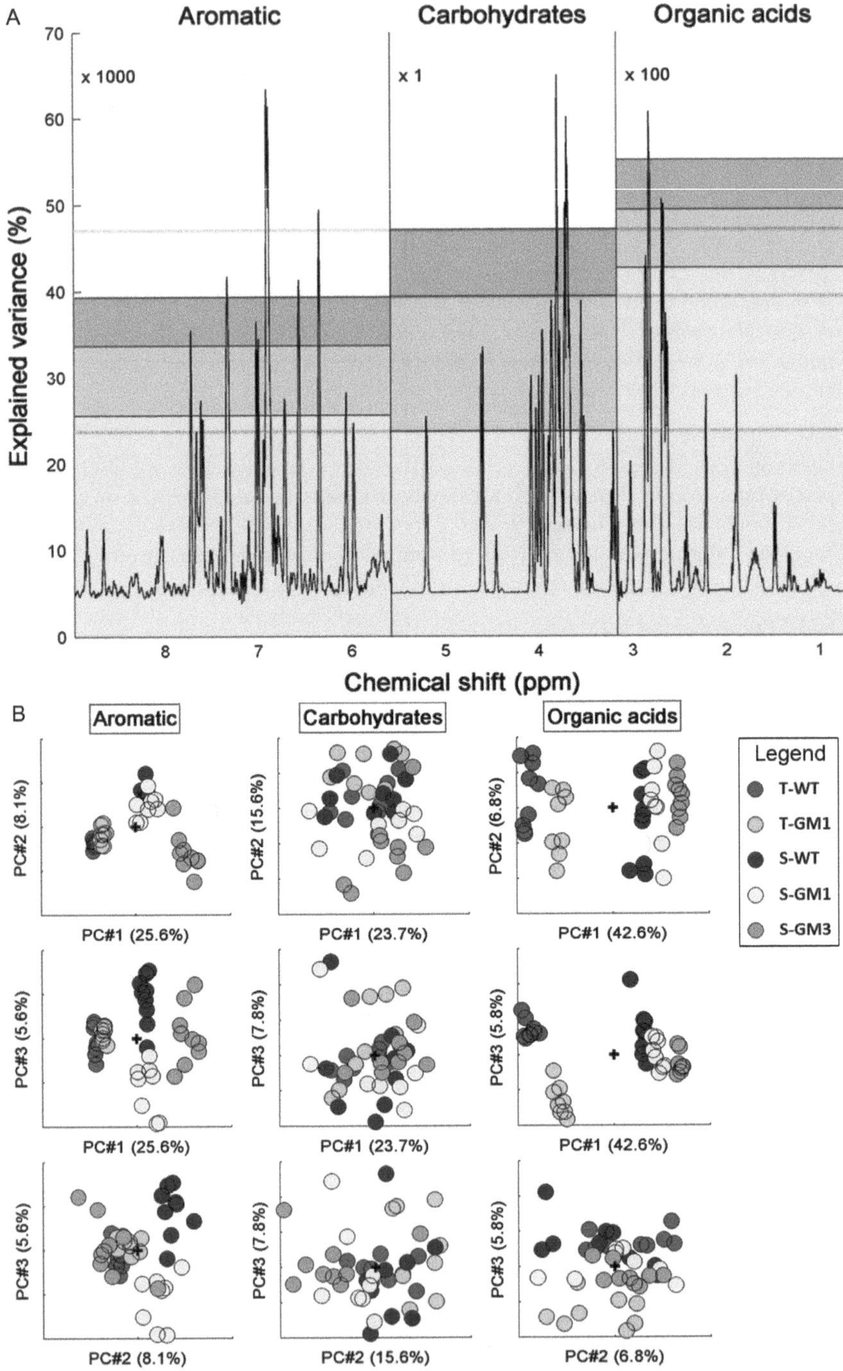

FIGURE 7 (A) *i*PCA explained variance plot as the result of a *i*PCA analysis of the GMO grape NMR data set split into its three main regions. The bars illustrate how the three intervals are described by the first three PCs. Each interval bar is made of three stacked levels representing

due to the lower signal to noise ratio, but it may not be the whole explanation. By plotting the results for the three first PCs for each of these intervals (Figure 7B) and colouring them according to the grape type, it becomes evident that the main source of variation for both the acidic and the aromatic region are the two cultivars. The acidic region even seems to give a nice separation all the way down to the gene-modifications, while the aromatic is not as descriptive in this respect. However, while there are only minor variations left in the subsequent PCs for the acidic and sugar regions, the last plot for the aromatic region (PC2 vs. PC3) gives a hint of difference between, at least, some of the five sample types.

The problem of performing a PCA on the global data set can be appreciated by looking at the red horizontal lines in Figure 7A, which indicate the explained variance for the global model. As it can be observed, the explained variance is basically identical for the global model and the sugar region. This indicates that the information in the two other regions is "lost" in the global model, which, of course, focuses on the sugar region, which holds the main area of variance. Especially for wide data sets (high number of variables, *n*), the information captured in the global PCA is not very detailed, and may very well give a too crude picture of the information present in the data. Investigating the data content in intervals open up for additional information; information that may be hidden by the areas with most variation.

PCA and *i*PCA serve as exploratory tools for understanding the sources of variation in the data. However, often there is a more explicit purpose of the data analysis, such as discrimination between classes or prediction of a certain outcome and further how different chemicals co-vary in the food sample. These types of questions can be addressed by *i*PLSDA, *i*PLS, and multi-block methods respectively.

2.8 *i*PLS

PLS regression [29] is the primary calibration tool in multivariate calibrations and *i*PLS is its interval extention. *i*PLS [7] is based on a stepwise algorithm that builds and validates PLS models of user-defined intervals in the variable space. Validated performances (RMSECV) of these interval models are then compared with each other and with the global model (using all intervals). This allows an immediate localization of those spectral regions that are correlated

the contribution of each of the first three PCs. Explained variance for the global model is described by the three dashed horizontal lines going from PC1 to PC3 (bottom to up). PC1 of the organic acid region is the one describing the most of the variance, which happens to be related to grape genotype; (B) *i*PCA scores plots in which the combinations PC1 versus PC2, PC1 versus PC3, and PC2 versus PC3 are reported for each interval. PC1 for aromatic and organic acid regions is showing a clear tendency to separate GMO lines. (For colour version of this figure, the reader is referred to the online version of this chapter.)

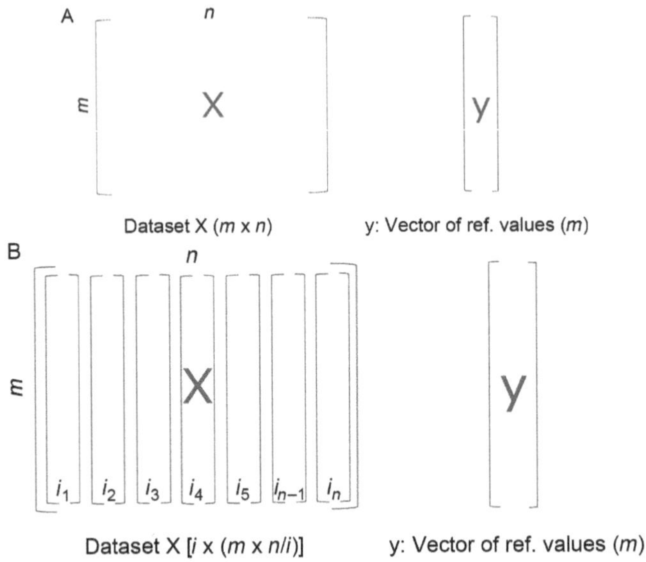

FIGURE 8 Schematic representation of PLS (A) and *i*PLS (B) analysis of a data set. In *i*PLS, the splitting of the data set X is performed with *i* intervals equally sized and contiguous. (For colour version of this figure, the reader is referred to the online version of this chapter.)

with the response *y* variable in the regression equation. Thus, the method results are particularly suitable for identifying important regions in NMR spectroscopic data [8,30–32] with large intensity differences and it therefore becomes a powerful tool for variable (interval) selection. Figure 8 shows the differences between a classical PLS data modelling (A) and an *i*PLS one (B). While the *y* vector containing the response variable remains invariate, the X data matrix is, in the case of the *i*-approach, split into *i* intervals (of equal size for the case in Figure 8B) covering the whole spectral area.

It is once again important to stress that this segmentation does not lead to a reduction of data, like binning does, but it provides "an overall picture of the relevant information in different spectral subdivisions, focusing on important spectral regions" [7]. *i*PLS models shown in this section were carried out in Matlab using the open source *i*PLS toolbox available at http://www.models.life.ku.dk/algorithms.

2.8.1 *i*PLS of NMR Spectra of Commercial Table Wines: Calibration of the Lactic Acid Content

The data originates from ^{1}H NMR analysis of 40 table wines that are different in both geographical origin and colour and are thoroughly described in a previous study by Larsen *et al.* [8] and the experimental settings are summarized in the following box.

Prior to NMR analysis, no buffering and/or pH adjustment has been used, which determines the spectra presenting a quite strong misalignment of the NMR resonance signals. In the original paper, this misalignment issue was

Case: *i*PLS of NMR Spectra of Commercial Table Wines: Calibration of the Lactic Acid Content

Sample Set

A total of 40 samples were prepared from commercial table wines purchased from the same retailer in 75 cl bottles among which 21 are red, 7 are white, and 2 are rosé wines. The geographical origins of the wines span four continents (Europe, America, Africa, and Australia) with the majority representing Western Europe and South America.

NMR Experiment

Wine samples were prepared for NMR analysis by mixing 495 μl of wine with 55 μl of TSP-d_4 solution 5.8 mM in D_2O in a 5-mm NMR tube. The NMR spectra were acquired at 298 K on a Bruker Avance 400 spectrometer using the standard Bruker *water* pulse sequence for water resonance pre-saturation (suppression).

NMR Preprocessed Data Set

The final NMR data matrix submitted to data analysis has the dimensions: 40 spectra $\times$ 8712 variables spanning 5.5 ppm (6.0–0.5 ppm) after data reduction and preprocessing.

resolved using a combination of COW [21] and a tailored use of co-shift [12], in a manual interval fashion that anticipated what is nowadays possible to achieve with the *i*coshift tool in a single command line [23]. Once the intervals were manually defined for the wine data set, *i*coshift took less than 1 s to perform both a co-shift-like global alignment (as a preprocessing step) and the subsequent interval alignment yielding satisfactory results, especially for those signals that were strongly affected by the significant pH differences among wines (e.g. lactic acid). With respect to the lactic acid content, additional information about the concentrations were available for each of the wines, which were obtained through a different analytical approach. These values can be used for performing an *i*PLS analysis of the whole NMR spectral range, with the aim of locating the most informative regions of the spectrum and building calibration models that can be used to accurately predict the amount of lactic acid present in other wine samples for which the alternative chemical analysis is not available. The results of an *i*PLS approach are illustrated in Figure 9.

The number of intervals the variable space has been arbitrarily split into is, for the case illustrated in Figure 9, equal to 70, which makes each interval spanning about 0.08 ppm of the spectral area. This value is perfectly acceptable, being around two times as big the average bin size normally accepted for NMR data sets (0.04 ppm) and it has been manually selected after a visual inspection of the split data set in order to allow the majority of the peaks to be sharply separated in different intervals. Of course a different interval splitting would lead to different model results, but a similar picture showing the

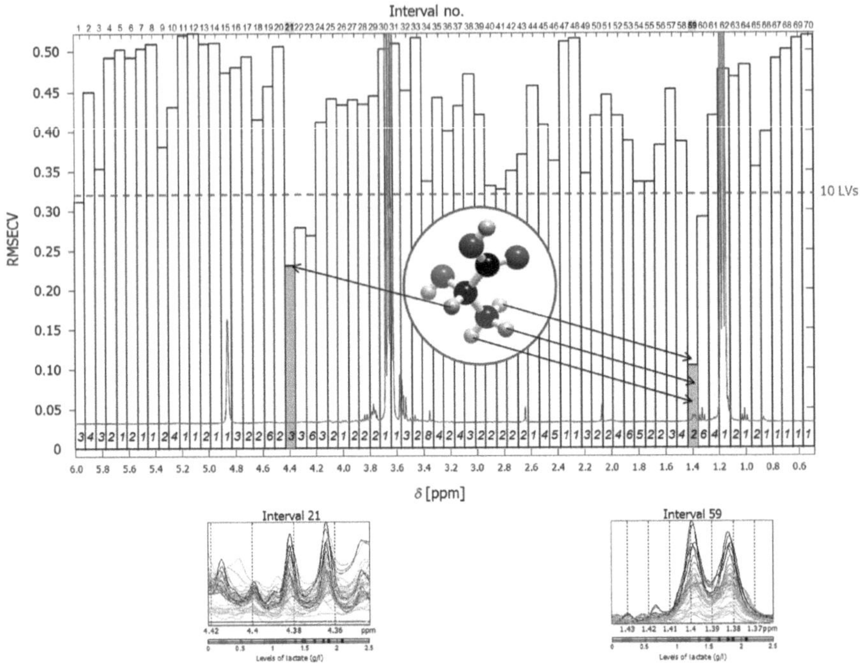

FIGURE 9 *i*PLS summarizing plot for the calibration of the lactic acid content in commercial table wines analyzed by ^{1}H NMR. The interval performances are reported on the vertical axis scale as RMSECV values and the number of LVs used is shown at each interval foot. The highlighted intervals (21 and 59) perform better than the global model (RMSECV represented by the dashed line and its LVs number on the right side) in terms of calibration toward lactate content using a lower number of latent variables (3 and 2 respectively). The lactic acid molecular structure is depicted in the circle showing the protons responsible for the NMR signals dominating the corresponding pointed out intervals. The zoomed-in signals are shown in the two insets at the figure bottom in which the superimposed spectra have been coloured according to the concentration (g/l) of lactic acid showing a clear correlation. (For colour version of this figure, the reader is referred to the online version of this chapter.)

interesting spectral regions, can be obtained also using half the amount of intervals (35) (data not shown). This indicates that the method is successfully able to point out where the sought information lies even with a completely blind approach. The further interval width tuning step is useful for obtaining better performing PLS models that can be used for calibration and prediction purposes.

For the lactic acid case illustrated in Figure 9, two intervals are performing significantly better than the global model both in terms of RMSECV and of number of necessary LVs, and many interesting conclusions can be inferred from this result. The lactic acid molecule (depicted in Figure 9), that is strongly pH sensitive, is represented into the NMR spectrum by two signals having different chemical shift, multiplicity, and area. This is due to the fact that the three methyl protons behave as one producing a doublet centred at 1.39 ppm (interval 59) and having its relative area equal to 3. Furthermore, after careful signal alignment it is possible to correct for its pH sensitivity and sharply separate it from the very close ^{13}C satellites of the ethanol methyl group. On the other hand, the single methine proton gives rise to a quadruplet centred at 4.38 ppm (interval 21), whose total area is one third of the previous one (and spread into 4 peaks instead of 2) and which is much more complicated to align because of a strong overlap with signals belonging to other molecules. In addition, the selected interval splitting does not include the whole quadruplet into interval 21, reducing its modelling power. Nevertheless, *i*PLS demonstrates to be a very robust and intuitive tool since, with no previous knowledge, it is able to directly indicate the user where the information about lactic acid can be found in the spectrum and to build very good calibration models that significantly improve the global model performances (Figure 9, dashed line—10 LVs). As an example, this is illustrated in Figure 10 for the PLS model calculated on the interval 59 only.

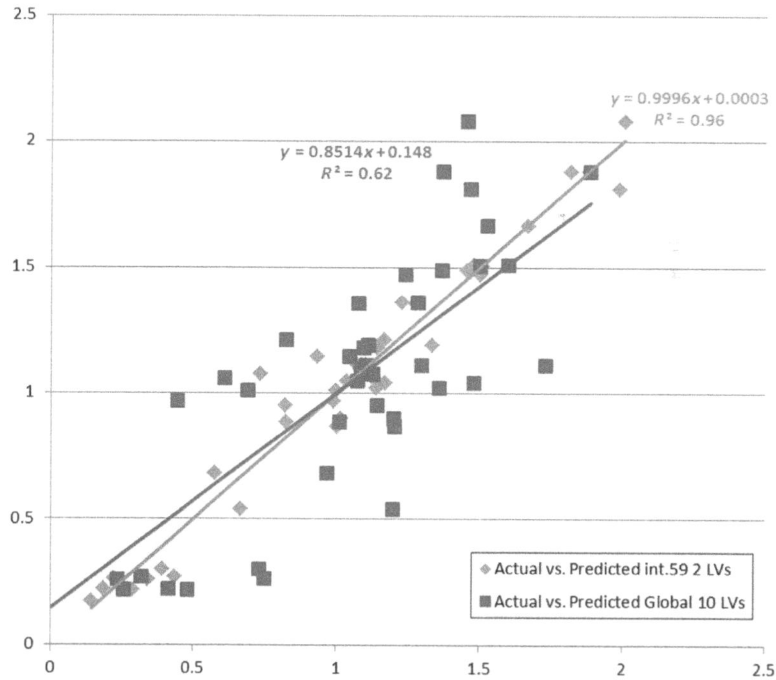

FIGURE 10 Actual vs. predicted plot (calibration curve) of the validated concentrations of lactic acid obtained by the PLS model built for the spectral interval 59 alone (◆) and by the PLS model of the whole spectra area (▪) using the respective best number of LVs as seen in Figure 9. The interval 59 model outperforms the global one using only 2 LVs instead of 10. (For colour version of this figure, the reader is referred to the online version of this chapter.)

Even though the PLS model for interval 21 performs better than the global model, it is easy to understand why it does not perform as well as interval 59: the lower intensity with the consequent baseline noise influence and the lack of sharpness and optimal alignment determine the model to require one LV more for a PLS model that performs almost twice as bad than the other lactate signal.

In summary this case study demonstrates that *i*PLS with a "dumb" interval partitioning readily results in a superior, simple, and easy to interpret solution that significantly enhances the information obtained from the global analysis. These characteristics of *i*PLS make it extremely valuable for biomarker profiling and calibration model improvement in future foodomics studies.

2.9 *i*PLS-DA

Based on a modified PLS in which the response variable *y* vector is made of dummy values (typically 1 and 0) distinguishing different classes, PLS-DA [33,34] is a supervised classification tool able to point out the differences among known groups. PLS-DA is usually applied for the classification of two classes, assigning a "dummy" variable (1 for one class and 0 for the other) to each sample as a reference value in the Y dummy matrix in which each column represents a single class, but it can also be extended to work for an higher number of classes as it is exemplified in Figure 11.

PLS-DA can easily yield overfitted results and therefore a careful validation step is needed in order to select the best number of LVs to be used.

*i*PLS-DA [7] represents the interval-based extension of PLS-DA and it has recently been increasingly applied to investigate different types of data [35–37]. RMSECV, in combination with the number of LVs employed, is traditionally

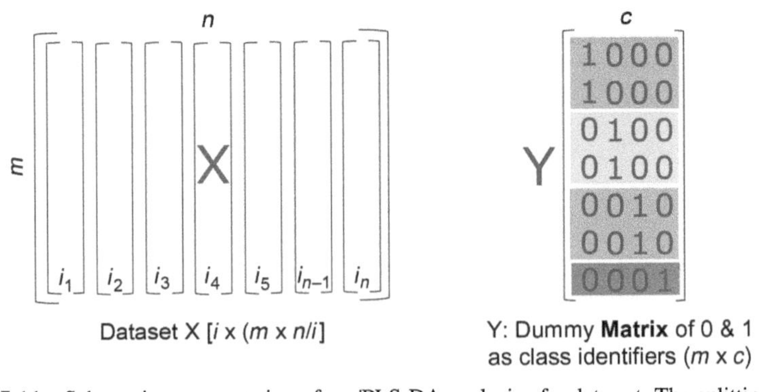

FIGURE 11 Schematic representation of an *i*PLS-DA analysis of a data set. The splitting of the data set X is performed with *i* intervals equally sized and contiguous. The reference matrix Y is a dummy matrix of zeros and ones in which each column represents a defined class that is triggered in the presence of ones. In the example, four classes are addressed. (For colour version of this figure, the reader is referred to the online version of this chapter.)

used as a performance index for assessing the calculated PLS-DA models for each defined interval, but the number of misclassified samples is begun to be used in alternative [38]. A low RMSECV for an interval model utilizing a high number of LVs is often an indication of a spurious casual correlation; moreover, some intervals performing not the lowest RMSECV but using very few LVs may indicate a sound source of information and both cases needs to be further investigated. For the following study case, RMSECV is used as the assessment criterion.

2.9.1 *iPLS-DA for Investigating the Metabolomic Differences Among the Three Silcora GMO Lines*

The same data set as for the *i*PCA case is presented in this section from a classification approach point of view. In the specific case, the way the genetic modification affects the SILCORA (S) grape variety is investigated comparing samples collected from the wild-type line (S-WT), the GMO variant with one copy of the modifying gene (S-GM1) and that one including three copies of the transgenic plasmid (S-GM3). A summary of the experimental settings is presented above into the *i*PCA section. However, since only the SILCORA samples are included in the study, the dimensionality of the final data matrix X is reduced to 27 spectra (3 lines $\times$ 9 samples each class) $\times$ 7585 variables. A 27 $\times$ 3 classes dummy matrix is used as the Y matrix for calculating the PLD-DA models.

The *i*PLS-DA approach is conducted splitting the spectral variable space into 37 equally sized intervals, selected in a user-supervised way in order to keep the main known signals grouped with respect their multiplicity and separated from the others. The results of such an interval classification method are summarized in Figure 12.

For the specific case illustrated in Figure 12, an example is shown in which all interval PLS-DA models are calculated using the same number of LVs (5). This may represent a convenient way of comparing the performances of all intervals using a reasonably low number of LVs since intervals performing a very low RMSECV using an unjustified high number of LVs can sometimes be misleading in the interpretation of the overall results. Only the global model utilizes a higher number of LVs (6), this being the best number for that model, as indicated on the right side of the dashed line.

It is straightforward to see that the two intervals 28 and 29 perform the best and much better than the global model, even being more conservative in the number of LVs used. Indeed, both intervals contain the same kind of chemical information since they split exactly in two parts the complex NMR signal arising for the malic acid protons. It is therefore not surprising to see that they are performing similarly. The biological interpretation of the reason why malic acid is linked to the different genetic lines of Silcora goes beyond the purpose of this chapter but it is interesting to add that this result is in accordance with that of an independent chemical analysis

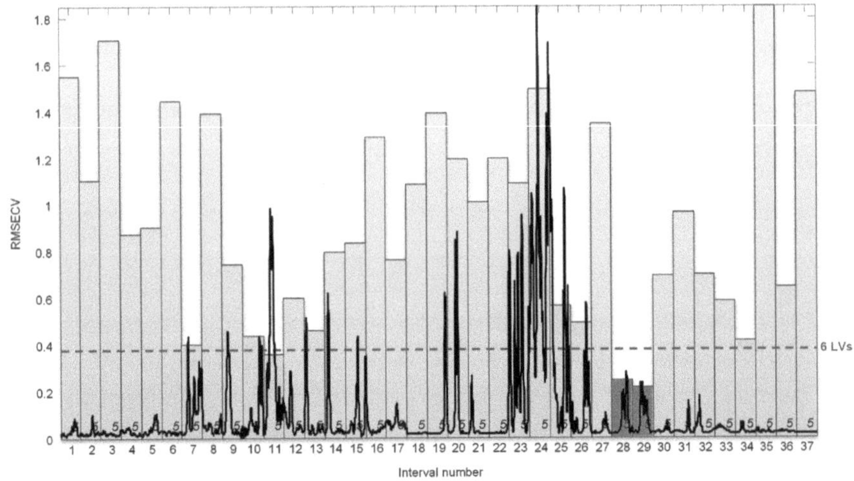

FIGURE 12 *i*PLS-DA plot describing the classification performances (RMSECV) with respect to Silcora grape cultivar genotype discrimination. The intervals 28 and 29, both containing the signals of malic acid, clearly perform better than the global model (dashed horizontal line—6 LVs) using a lower number of LVs (5). (For colour version of this figure, the reader is referred to the online version of this chapter.)

addressing the malic acid content into the three diverse genotypes and that a relationship between the number of plasmids and malic acid concentration exists (data not shown).

Since PLS-DA is nothing else than a convenient way of using PLS for discrimination/classification purposes, it commonly shares with its parent method the use of RMSECV as a parameter for evaluating model performances as shown in the study case above. This is, however, not the most intuitive way for assessing how good a classification model is and a more direct approach is under investigation that utilizes the number of misclassified samples for performance assessment as it is normally done for other classification methods (see ECVA below). This figure of merit does, however, have its drawbacks, for example, due to its stepwise nature. Further, when the number of samples within each class is different the misclassification rate might be too optimistic. Alternative figures of merit, which are often used for evaluating the quality of a classifier, are the Q^2 and the R^2, which both are originally proposed for quality assessment of models for continued responses [39]. For the same reason, they are suboptimal for classification models, although useful for guidance. An alternative is to use the receiver operator characteristic (ROC) where the relation between the sensitivity and the selectivity of the classifier is depicted as a graph [40]. The ROC curve can be further condensed into a single metric using the area under the ROC curve (AUC). A well-performing model has an AUC close to 1, whereas a null model has an AUC around 0.5.

2.10 *i*ECVA

ECVA [41] is a recent chemometric classification tool representing a new approach for grouping samples based on the standard Canonical Variates Analysis, but with an underlying PLS engine. It is able to cope with several different classes yielding powerful separations. As with PLS-DA, it is vital with a good validation as to avoid overfitting.

ECVA consists of several steps that finally lead to the actual class membership prediction. First there is a matrix compression step using SVD (if number of variables exceed number of samples ($n > m$)). This is followed by the calculation of covariance matrices, both for the within class variation and between class variation. Subsequently, a PLS is performed between these matrices and the class relationship and finally a linear discriminant analysis is performed on the PLS results. This indicates that ECVA is a very different classification technique than PLS-DA described above, which is why we have chosen to show how it performs in addition to the above-mentioned techniques.

*i*ECVA [42] is an extension of the *i*PLS concept to ECVA designed to provide meaningful information about which spectral regions hold the main relevance responsible for the separation among groups. Differently form *i*PLS-DA, it does not require a dummy matrix to be the classifier but it conveniently utilizes a y vector in which different classes are addressed with different identifiers that can both be number or strings, making the task much easier. The concept is illustrated in Figure 13 in which the y vector describes four classes (that can be represented by different numbers of samples) addressed by four groups of common strings.

When dealing with more than two classes, there are indications that *i*ECVA achieves better performances both in terms of number of misclassifications (lower) and in terms of number of factors required to obtain such a

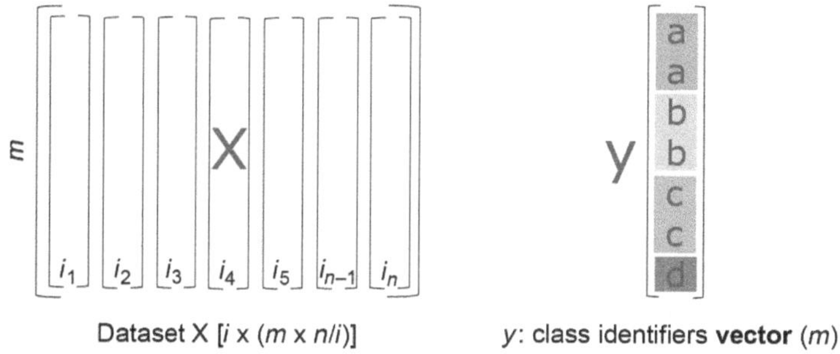

FIGURE 13 Schematic representation of an *i*ECVA analysis of a data set. The splitting of the data set X is performed with i intervals equally sized and contiguous. The reference vector y lists the classes the corresponding samples belong to. In the example, four classes are addressed using strings as class identifiers. (For colour version of this figure, the reader is referred to the online version of this chapter.)

result (lower) compared to *i*PLS-DA, but this is currently under investigation on a dedicated study.

*i*ECVA has recently been used for solving classification or discrimination problems with the advantage of facilitating model interpretation and biomarker profiling [10,30,38]. In the following application, iECVA is applied for the classification of the three aquaculture groups and were carried out in Matlab using the ECVA toolbox available at http://www.models.life.ku.dk/algorithms/.

2.10.1 iECVA for Discrimination of Fish Farming Regimes: Metabolomic Approach

Being a commercial interesting fish, Gilthead sea bream (*Sparus aurata*) is farmed for increasing its production and market availability. However, different farming systems exist that affect the product quality and its shelf-life [43]. A method for investigating the differences among three common farming methods, which also implies diverse feeding regimes, has been recently presented in a research paper combining the NMR analysis advantages with the discrimination power and biomarker profiling features of *i*ECVA [44]. The NMR data set investigated in this section is a subset of the one used for the metabolomic study of the paper and the experimental settings are further described in the following box.

Case: *i*ECVA for Discrimination of Fish Farming Regimes: Metabolomic Approach

Sample Set

Fifty four caudal white muscle extracts of Gilthead sea bream obtained from 18 different fish farmed in 3 different aquaculture systems. For each farming system six fishes were captured; three of them were promptly used for preparing nine NMR samples (in triplicate) by perchloric acid extraction (27 fresh samples), whereas the other three where first stored 16 days under ice flakes before perchloric acid extraction and NMR measurement (27 stored samples).

NMR Experiment

Upon analysis 720 µl of perchloric extract were added 80 µl of D_2O and pH was adjusted to 7.80. Subsequently, the samples were centrifuged 5 min at 14,000 rpm at room temperature and the clear supernatant placed into 5-mm NMR tubes. ^1H NMR spectra were acquired at 298 K using a Varian Mercury 400 MHz NMR spectrometer. The flip angle pulse was chosen to be 60° and the standard Varian *presat* pulse sequence was applied to allow efficient water signal suppression.

NMR Preprocessed Data Set

Only the 27 fresh samples have been included in this analysis, thus the final NMR data matrix is sized 27 spectra × 21,000 variables spanning 10.73 ppm (10.35 to −0.38 ppm) as it results after data reduction and preprocessing.

Even though the pH was manually adjusted to 7.80, the NMR data matrix presented a certain degree of variable misalignment and, for the present investigation, has therefore been preprocessed with the *i*coshift tool. The aligned spectral data set has been then automatically divided into 100 regular intervals by the *i*ECVA function and for each of them an ECVA model has been calculated and validated using a single column vector for distinguishing among the three different farming methods as exemplified in Figure 13. The resulting *i*ECVA plot is shown in Figure 14.

Differently from what has been shown for the *i*PLS-DA case, in this case the model performances are evaluated in terms of number of misclassifications, that is, the number of samples that, after validation, are assigned to a wrong class. As for the *i*PLS-DA case, the *i*ECVA-summarizing plot has been chosen to show the performances of ECVA models calculated using the same number of LVs (3) for facilitating the interpretability. Indeed, it is immediate to spot the few intervals that are performing the best, scoring 0 misclassifications as illustrated by the height of the interval bars. Five intervals from different spectral main regions yield this result pointing out signals that can be used for further interpretation and chemical/biological validation. Even though the global model also performs as well as the selected intervals with 0 misclassifications, it needs one LV more (4) to obtain such a result (not shown). In Figure 14, the five best-performing intervals include sharp isolated signals from molecules that have then been chemically assigned. Since the rationale behind this investigation was the discrimination of the three different farming system, it is reasonable to conclude that these molecules are the ones that are mostly affected by the breeding conditions. From a chemical/biological point of view, in the original paper[44] an interpretation is provided for each of these substances, linking them to the energy depletion after death (histidine), the feeding regimes (glycine and alanine), and the stressing condition related to the diverse farming methods (glycogen).

The result of the *i*ECVA modelling also means that it is actually possible to build a model that can accurately predict which farming system a fish has been subjected to, with a very low margin of error. Indeed each ECVA model built using only the pointed out spectral regions is able to yield 0 misclassifications and, even though the numerosity of the samples used for this study does not allow to be general, it is reasonable to think that a combination of these intervals can constitute a the basis for a very robust prediction model of unknown samples.

As it has been demonstrated, *i*ECVA represents a very convenient way for data exploration when a classification/discrimination target is pursued. It is possible, in a very direct way it, to immediately spot those spectral regions in which the sought information is localized and at the same time to build models that can improve the classification performances with respect to what is achievable using the whole spectral range, enhancing in one shot both the modelling power and the data interpretability, towards biomarker profiling.

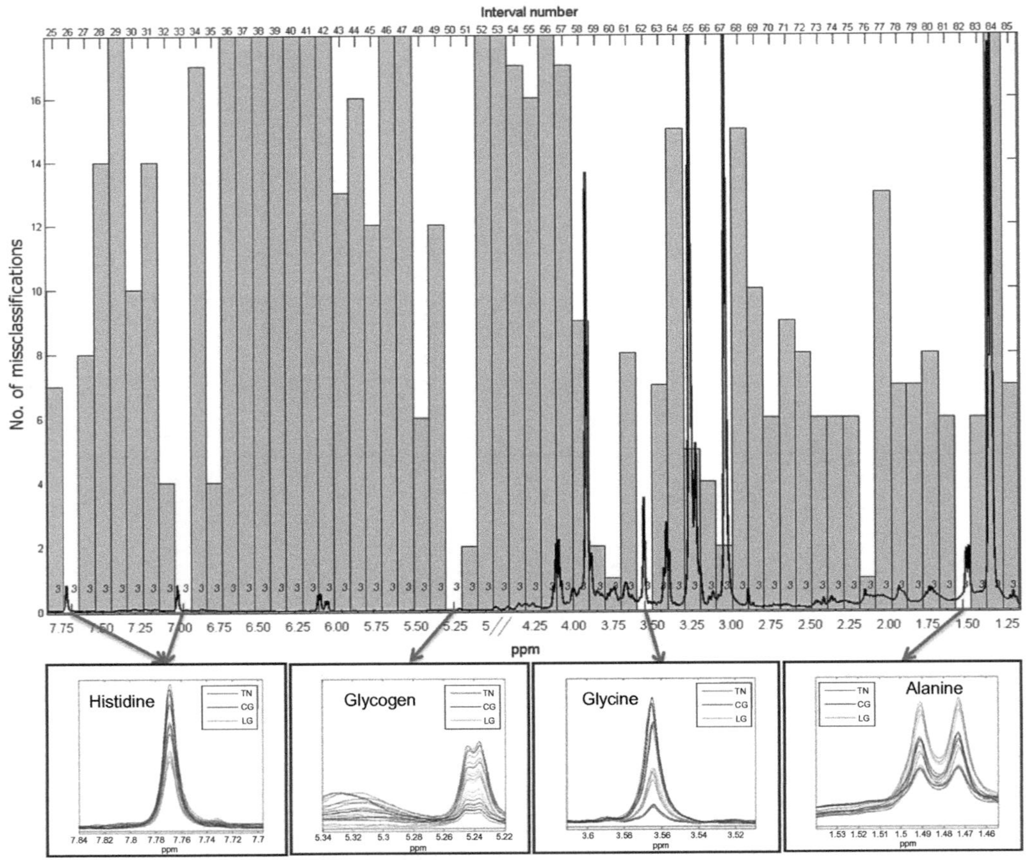

FIGURE 14 *i*ECVA plot describing the classification performances with respect to fish farming system utilized. Five intervals are found to perform as good as the global model yielding 0 misclassifications but with fewer latent variables (3 LVs instead of 4—not shown in the figure) enabling an easy biomarker profiling as illustrated in the insets reporting the involved assigned molecules. (For colour version of this figure, the reader is referred to the online version of this chapter.)

2.11 Block Chemometric Methods

Interval methods are based on splitting the data into blocks of variables that are *more* homogeneous in terms of the information than the one big block. This is usually done by splitting spectra in contiguous segments across the ppm axis (or wavelength axis). Here the assumption is that neighbouring variables are highly correlated and reflect the same chemical information. However, single chemical compounds will produce signals that are distributed across several areas of the spectra. Take for example a protein. Such a molecule consists of different types of chemical bonds and hence gives signals where these have resonance frequencies (for NMR) or absorb light (for vibrational spectroscopy). Only chromatographic methods unambiguously resolve a single chemical compound into a single contiguous interval. Intuitively, such kind of distributed areas should be merged to a single interval for optimal representation of the certain compound. This is however, not trivial, as un-targeted methods like NMR easily reflect more than 100 different chemical compounds that *a priori* are unknown. Further, biological systems do, on the chemical compound level, exhibit a covariance structure, such that, for example, compounds involved in the same biochemical pathways go up and down together. Where interval chemometric methods are efficient in selection of informative intervals, so-called multi-block methodology is able to scrutinize this relevant information.

2.11.1 A Motivating Example

In the *i*PCA case study above, the NMR spectrum was divided into three blocks corresponding resonances from organic acids, carbohydrates, and aromatic protons. These blocks are treated independently by PCA all with three components. This leads to a description of the system in nine components. *Within* a single block, the PCs are uncorrelated and hence reflect different phenomena. However, between blocks these components might be correlated and hence reflect covarying information *between* blocks. Figure 15 shows the correlation between the nine components and we see that some of these are highly correlated and hence could be collapsed into a single common component. With only a moderate loss in information the nine components could be reduced to six components; two common and four unique.

The approach of combining the multiple PCA models is heuristic, and may show reasonable results but might also be suboptimal. For instance; is a correlation of 0.6 between two components sufficient for collapsing to a single common component? As an alternative, multi-block methods aim at extracting and combining information from several different intervals or blocks of data in an optimal way [45–48]. In the present context, a spectral interval represents a single data block. Imagine for example a regression problem solved by *i*PLS, where a total of four intervals are selected. The method Parallel Orthogonalized PLS by Måge *et al.* [46] enables a characterization

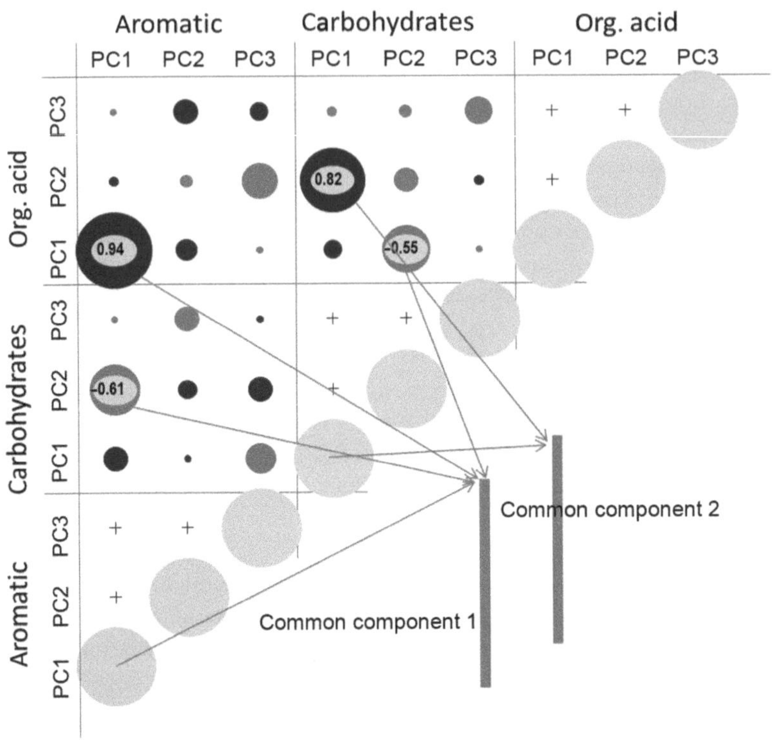

FIGURE 15 Correlations between *i*PCA scores based on the results from the *i*PCA case shown in Figure 7. Diameter and colour of the balls reflect the size and sign of the correlation coefficient between two score vectors (blue/red ~ pos./neg. sign). Within a single interval the different score vectors are mutually orthogonal and here shown as +. The arrows indicate that highly correlated components are merged into a single common component. (For interpretation of the references to colour in this figure legend, the reader is referred to the online version of this chapter.)

of these four intervals in terms of variation common between all intervals and variation unique for a single interval.

Multi-block methods are a rather new area within chemometrics and especially the combination with interval-based selection methods seems to be an interesting avenue for enhancement of predictive performance and understanding of the underlying structure.

3 CONCLUDING REMARKS

This chapter has demonstrated that even very crude variable splitting can achieve major benefits for multivariate data analysis. Through real-case illustrations of the interval-based methods applied for food quality control, it has been shown that they allow performing a quick and simple investigation of large multivariate data sets. The Rolls Royce of interval methods is perhaps *i*PLS, first of all because supervised methods represent a very important and utilized chemometric tool, but also because *i*PLS has demonstrated, through many applications in several different research fields, its worth in calibration performance as well as in model interpretation. One of the most useful elements of interval methods is that intuitive and meaningful plots are an integral part of their outcomes. In general, these plots compare the performance of the global spectral model with the local models calculated for each interval, highlighting those that prove significant and well performing. By means of this graphical interface, important spectral regions can easily be identified for further interpretation and biomarker profiling. Also preprocessing methods generally benefit from being performed in intervals and especially interval-based alignment methods such as *i*coshift have proven to provide a rapid and efficient tool for the horizontal alignment of complex and wide ranging data sets.

Exhaustive modelling of data cries for proper validation in order to prevent overfitting. In for example *i*PLS, RMSECV is the statistics used for guidance on whether to include or exclude intervals in the selection of the optimal subset, this fact tends to produce too optimistic performance estimates (RMSECV) for the selected model. In such situations, the selected intervals may very well be the truly optimal solution, but the performance should be estimated based on external data (test set) or by cross model validation [49]. The large success of interval methods in foodomics and other high-throughput metabolomics research areas has initiated fascinating research in two directions. One direction points toward the use of intervals in two dimensions for their application in higher order data systems such as in hyphenated GC–MS and LC–MS [50] as well as in two NMR systems such as 2D diffusion edited (DOSY) NMR. The multiway methods are just becoming available as common mathematical tools but they still need to be integrated in an interval-based fashion. The alignment preprocessing of 2D spectral data using intervals, currently experimented in a few metabolomic applications, may soon become an available tool. The second direction, which might be even more prosperous, is represented by the combination of interval methods with multi-block methods. Combined in a clever way, they might result in a tremendous help in the future challenges aimed at trying to datamine mega-variate data sets.

This chapter has demonstrated the benefits of using interval-based principles to NMR data only. However, the principles are generic and will apply to all other types of multivariate data where there is a natural ordering such as, for example, vibrational spectroscopy (IR, NIR, Raman) as well as to chromatographic techniques. The ideas also extend to higher order data structure such as LC–MS, where intervals are defined along the retention time shifts and where each interval is handled using higher order methods as PARAFAC and PARAFAC2.

> Data is not the same as information and the concept of common latent variables does not always expand the entire available variable space—that is why interval methods are useful.

REFERENCES

[1] Gibney MJ, Walsh M, Brennan L, Roche HM, German B, van Ommen B. Metabolomics in human nutrition: opportunities and challenges. Am J Clin Nutr 2005;82:497–503.

[2] Savorani F, Rasmussen MA, Mikkelsen MS, Engelsen SB. A primer to nutritional metabolomics by NMR spectroscopy and chemometrics. Food Res Int 2013 In Press. http://dx.doi.org/10.1016/j.foodres.2012.12.025. (http://www.sciencedirect.com/science/article/pii/S0963996912005480).

[3] Capozzi F, Placucci G. Preface, In: 1st International conference in Foodomics, Cesena, Italy, 2009.

[4] Cifuentes A. Food analysis and foodomics foreword. J Chromatogr A 2009;1216:7109.

[5] Johnels D, Edlund U, Grahn H, Hellberg S, Sjostrom M, Wold S, et al. Clustering of aryl C-13 nuclear magnetic-resonance substituent chemical-shifts—a multivariate data-analysis using principal components. J Chem Soc Perkin Trans 1983;2:863–71.

[6] Nicholson JK, Lindon JC, Holmes E. 'Metabonomics': understanding the metabolic responses of living systems to pathophysiological stimuli via multivariate statistical analysis of biological NMR spectroscopic data. Xenobiotica 1999;29:1181–9.

[7] Nørgaard L, Saudland A, Wagner J, Nielsen JP, Munck L, Engelsen SB. Interval partial least squares regression (iPLS): a comparative chemometric study with an example from the near infrared spectroscopy. Appl Spectrosc 2000;54:413–9.

[8] Larsen FH, van den Berg F, Engelsen SB. An exploratory chemometric study of H-1 NMR spectra of table wines. J Chemom 2006;20:198–208.

[9] Duarte I, Barros A, Belton PS, Righelato R, Spraul M, Humpfer E, et al. High-resolution nuclear magnetic resonance spectroscopy and multivariate analysis for the characterization of beer. J Agric Food Chem 2002;50:2475–81.

[10] Lopez-Rituerto E, Savorani F, Avenoza A, Busto JH, Peregrina JM, Engelsen SB. Investigations of La Rioja Terroir for wine production using H-1 NMR metabolomics. J Agric Food Chem 2012;60:3452–61.

[11] Pearce JTM, Athersuch TJ, Ebbels TMD, Lindon JC, Nicholson JK, Keun HC. Robust algorithms for automated chemical shift calibration of 1D H-1 NMR spectra of blood serum. Anal Chem 2008;80:7158–62.

[12] Van den Berg F, Tomasi G, Viereck N. Warping: investigation of NMR pre-processing and correction. In: Engelsen SB, Belton PS, Jakobsen HJ, editors. Magnetic resonance in food science: the multivariate challenge. Cambridge: RSC Publishing; 2005. p. 131–8.

[13] Beckonert O, Keun HC, Ebbels TMD, Bundy JG, Holmes E, Lindon JC, et al. Metabolic profiling, metabolomic and metabonomic procedures for NMR spectroscopy of urine, plasma, serum and tissue extracts. Nat Protoc 2007;2:2692–703.

[14] Spraul M, Neidig P, Klauck U, Kessler P, Holmes E, Nicholson JK, et al. Automatic reduction of NMR spectroscopic data for statistical and pattern-recognition classification of samples. J Pharm Biomed Anal 1994;12:1215–25.

[15] Powers R. NMR metabolomics and drug discovery. Magn Reson Chem 2009;47:S2–S11.

[16] Craig A, Cloarec O, Holmes E, Nicholson JK, Lindon JC. Scaling and normalization effects in NMR spectroscopic metabonomic data sets. Anal Chem 2006;78:2262–7.

[17] Jellema R. Variable shift and alignment. In: Brown SD, Tauler R, Walczak B, editors. Comprehensive chemometrics, vol. 2. Amsterdam: Elsevier; 2009. p. 85e108.

[18] Hibbert DB. Genetic algorithms in chemistry. Chemom Intell Lab Syst 1993;19:277–93.

[19] Leardi R, Nørgaard L. Sequential application of backward interval partial least squares and genetic of relevant spectral regions. J Chemom 2004;18:486–97.

[20] Wehrens R, Putter H, Buydens LMC. The bootstrap: a tutorial. Chemom Intell Lab Syst 2000;54:35–52.
[21] Nielsen NPV, Carstensen JM, Smedsgaard J. Aligning of single and multiple wavelength chromatographic profiles for chemometric data analysis using correlation optimised warping. J Chromatogr A 1998;805:17–35.
[22] Tomasi G, van den Berg F, Andersson CA. Correlation optimized warping and dynamics time warping as pre-processing methods for chromatographic data. J Chemom 2004;18: 1–11.
[23] Savorani F, Tomasi G, Engelsen SB. icoshift: a versatile tool for the rapid alignment of 1D NMR spectra. J Magn Reson 2010;202:190–202.
[24] Tomasi G, Savorani F, Engelsen SB. icoshift: an effective tool for the alignment of chromatographic data. J Chromatogr A 2011;1218:7832–40.
[25] Eilers PHC. Parametric time warping. Anal Chem 2004;76:404–11.
[26] Wong JWH, Durante C, Cartwright HM. Application of fast Fourier transform cross-correlation for the alignment of large chromatographic and spectral datasets. Anal Chem 2005;77:5655–61.
[27] Veselkov KA, Lindon JC, Ebbels TMD, Crockford D, Volynkin VV, Holmes E, et al. Recursive segment-wise peak alignment of biological H-1 NMR spectra for improved metabolic biomarker recovery. Anal Chem 2009;81:56–66.
[28] Picone G, Mezzetti B, Babini E, Capocasa F, Placucci G, Capozzi F. Unsupervised principal component analysis of NMR metabolic profiles for the assessment of substantial equivalence of transgenic grapes (Vitis vinifera). J Agric Food Chem 2011;59:9271–9.
[29] Wold S, Martens H, Wold H. The multivariate calibration-problem in chemistry solved by the PLS method. Lect Notes Math 1983;973:286–93.
[30] Winning H, Roldan-Marin E, Dragsted LO, Viereck N, Poulsen M, Sanchez-Moreno C, et al. An exploratory NMR nutri-metabonomic investigation reveals dimethyl sulfone as a dietary biomarker for onion intake. Analyst 2009;134:2344–51.
[31] Kristensen M, Savorani F, Ravn-Haren G, Poulsen M, Markowski J, Larsen FH, et al. NMR and interval PLS as reliable methods for determination of cholesterol in rodent lipoprotein fractions. Metabolomics 2010;6:129–36.
[32] Savorani F, Kristensen M, Larsen FH, Astrup A, Engelsen SB. High throughput prediction of chylomicron triglycerides in human plasma by nuclear magnetic resonance and chemometrics. Nutr Metab 2010;7:43.
[33] Ståhle L, Wold S. Partial least squares analysis with cross-validation for the two-class problem: a Monte Carlo study. J Chemom 1987;1:185–96.
[34] Barker M, Rayens W. Partial least squares for discrimination. J Chemom 2003;17:166–73.
[35] Ferrari E, Foca G, Vignali M, Tassi L, Ulrici A. Adulteration of the anthocyanin content of red wines: perspectives for authentication by Fourier transform-near infrared and H-1 NMR spectroscopies. Anal Chim Acta 2011;701:139–51.
[36] Rasmussen LG, Winning H, Savorani F, Ritz C, Engelsen SB, Astrup A, et al. Assessment of dietary exposure related to dietary GI and fibre intake in a nutritional metabolomic study of human urine. Genes Nutr 2012;7:281–93.
[37] Larsen FH, Jorgensen H, Engelsen SB, Laerke HN. Metabolic profiling of lymph from pigs fed with beta-glucan by high-resolution H-1 NMR spectroscopy. Livest Sci 2010;133:38–41.
[38] Javidnia K, Parish M, Karimi S, Hemmateenejad B. Discrimination of edible oils and fats by combination of multivariate pattern recognition and FT-IR spectroscopy: a comparative study between different modeling methods. Spectrochim Acta A Mol Biomol Spectrosc 2013;104:175–81.

[39] Westerhuis JA, van Velzen EJJ, Hoefsloot HCJ, Smilde AK. Discriminant Q(2) (DQ(2)) for improved discrimination in PLSDA models. Metabolomics 2008;4:293–6.

[40] Zweig MH, Campbell G. Receiver-operating characteristic (ROC) plots—a fundamental evaluation tool in clinical medicine. Clin Chem 1993;39:561–77.

[41] Nørgaard L, Bro R, Westad F, Engelsen SB. A modification of canonical variates analysis to handle highly collinear multivariate data. J Chemom 2006;20:425–35.

[42] Nørgaard L, Soletormos G, Harrit N, Albrechtsen M, Olsen O, Nielsen D, et al. Fluorescence spectroscopy and chemometrics for classification of breast cancer samples—a feasibility study using extended canonical variates analysis. J Chemom 2007;21:451–8.

[43] Picone G, Engelsen SB, Savorani F, Testi S, Badiani A, Capozzi F. Metabolomics as a powerful tool for molecular quality assessment of the fish Sparus aurata. Nutrients 2011;3:212–27.

[44] Savorani F, Picone G, Badiani A, Fagioli P, Capozzi F, Engelsen SB. Metabolic profiling and aquaculture differentiation of gilthead sea bream by (1)H NMR metabonomics. Food Chem 2010;120:907–14.

[45] Næs T, Tomic O, Mevik BH, Martens H. Path modelling by sequential PLS regression. J Chemom 2011;25:28–40.

[46] Måge I, Menichelli E, Næs T. Preference mapping by PO-PLS: separating common and unique information in several data blocks. Food Qual Prefer 2012;24:8–16.

[47] Smilde AK, Westerhuis JA, de Jong S. A framework for sequential multiblock component methods. J Chemom 2003;17:323–37.

[48] Westerhuis JA, Kourti T, MacGregor JF. Analysis of multiblock and hierarchical PCA and PLS models. J Chemom 1998;12:301–21.

[49] Westerhuis JA, Hoefsloot HCJ, Smit S, Vis DJ, Smilde AK, van Velzen EJJ, et al. Assessment of PLSDA cross validation. Metabolomics 2008;4:81–9.

[50] Skov T, Engelsen SB. Chemometrics, mass spectrometry, and foodomics. In: Cifuentes A, editor. Foodomics: advanced mass spectrometry in modern food science and nutrition. New York: Wiley; 2013. p. 507–34.

Index

Note: Page numbers followed by "*f*" indicate figures, and "*t*" indicate tables.

G

H

I

M

N

O

P

S

T

U

V

FSC
www.fsc.org
MIX
Papier | Fördert
gute Waldnutzung
FSC® C083411

Kolibri 360 GmbH
Ferdinand-Jühlke-Straße 7
99095 Erfurt, Deutschland
produktsicherheit@kolibri360.de